Roswitha Reinbothe

Deutsch als internationale Wissenschaftssprache und der Boykott nach dem Ersten Weltkrieg

Roswitha Reinbothe

Deutsch als internationale Wissenschaftssprache und der Boykott nach dem Ersten Weltkrieg

2., überarbeitete und erweiterte Auflage

DE GRUYTER

ISBN 978-3-11-056992-6
e-ISBN (PDF) 978-3-11-057264-3
e-ISBN (EPUB) 978-3-11-057022-9

Bibliografische Information der Deutschen Nationalbibliothek
Die Deutsche Nationalbibliothek verzeichnet diese Publikation in der Deutschen Nationalbibliografie; detaillierte bibliografische Angaben sind im Internet über http://dnb.dnb.de abrufbar.

Druck und Bindung: CPI books GmbH, Leck

www.degruyter.com

Vorwort zur zweiten Auflage

Die vorliegende Studie, die erstmals die Geschichte des Deutschen als internationale Wissenschaftssprache und – in Verbindung mit dem Wissenschaftsboykott – den Sprachboykott nach dem Ersten Weltkrieg untersucht, erscheint in einer zweiten, überarbeiteten und erweiterten Auflage.

Anhand von umfangreichem Quellenmaterial behandelt das Buch die nach dem Ersten Weltkrieg von den alliierten Wissenschaftlern betriebene Ausgrenzung der deutschen und österreichischen Wissenschaftler und der deutschen Sprache aus dem internationalen Wissenschaftsbetrieb. Zahlreiche Vereinigungen, Kongresse und Publikationen verschiedener naturwissenschaftlicher Disziplinen – Astronomie, Chemie, Geodäsie, Geophysik, Meteorologie, Geographie, Biologie – sowie Mathematik, Medizin und Geschichtswissenschaften werden im Rahmen der internationalen Wissenschafts- und Sprachenpolitik vom 19. Jahrhundert bis in die Zeit nach dem Zweiten Weltkrieg untersucht.

In der neuen Auflage sind zwei Kapitel hinzugefügt und grundlegende Dokumente abgedruckt. Einzelne Informationen, Abbildungen und Tabellen wurden ergänzt. Das Quellen- und Literaturverzeichnis ist erweitert.

Auch in der Chemie spielten die deutschen Wissenschaftler und die deutsche Sprache vor dem Ersten Weltkrieg international eine wichtige Rolle. Sie waren von den Boykottmaßnahmen besonders betroffen. Deshalb ist im ersten Teil des Buches „Im Vorfeld des Boykotts – Die Macht der deutschen Sprache“ ein Kapitel „Chemische Zeitschriften, internationale Chemikerkongresse, Internationale Assoziation der Chemischen Gesellschaften“ eingefügt. Darüber hinaus enthält der letzte Teil (V,1) eine erweiterte Langzeitanalyse der Anzahl chemischer Publikationen aus verschiedenen Ländern, die in *Chemical Abstracts* in der Zeit von 1907 bis 1970 referiert wurden. Darin zeigen sich die Folgen der beiden Weltkriege und die Konkurrenz zwischen deutschen und US-amerikanischen Publikationen, was die Zahl der Referate betraf.

Ergänzt wurde im letzten Teil „Auswirkungen“ noch ein Kapitel „Neuorganisation nach dem Zweiten Weltkrieg und Vordringen des Englischen“. Bei ihrer Neuorganisation des internationalen Wissenschaftsbetriebs nach dem Zweiten Weltkrieg stützten sich die alliierten Wissenschaftler auf die von ihnen nach dem Ersten Weltkrieg etablierten Organisationen und Sprachenregelungen und bauten diese weiter aus. Am Beispiel der Chemie, Mathematik und Psychologie wird gezeigt, wie vor allem US-amerikanische Wissenschaftler ihre internationale Macht in den Wissenschaften ausdehnten und die Anglisierung vorantrieben. Der Wissenschafts- und Sprachboykott nach dem Ersten Weltkrieg hatte dazu die Grundlagen geschaffen. Er führte langfristig zum Rückgang des Deutschen als

https://doi.org/10.1515/9783110572643-001

internationale Wissenschaftssprache, untergrub die wissenschaftliche Mehrsprachigkeit und bahnte der Vorherrschaft des Englischen in den Wissenschaften den Weg.

Eine Anmerkung zur Orthographie: Das Buch ist in der traditionellen, bewährten Rechtschreibung gehalten.

Roswitha Reinbothe

Inhalt

Verzeichnis der Dokumente, Abbildungen und Tabellen — XI

Abkürzungsverzeichnis — XV

Einleitung — 1

I. Im Vorfeld des Boykotts

1. Die Macht der deutschen Sprache — 17
a) Mehrsprachigkeit, Sprachenregelungen, Rivalitäten — **17**
b) International Catalogue of Scientific Literature und deutsche Literaturproduktion — **24**
c) Internationale Assoziation der Akademien — **32**
d) Astronomische Fachzeitschriften, Astronomische Gesellschaft, Solar-Union — **38**
e) Chemische Zeitschriften, internationale Chemikerkongresse, Internationale Assoziation der Chemischen Gesellschaften — **57**
f) Internationale Erdmessung — **67**
g) Internationale Seismologische Assoziation — **77**
h) Internationale Geographenkongresse, Bibliotheca Geographica, Kartographie — **93**
i) Internationale Vereinigung gegen die Tuberkulose — **109**

2. Ansichten zum Krieg und zur deutschen Megalomanie — 120

3. Deutsche Fachliteratur im Krieg: Zensur, Ausfuhrverbot, geheimes Referatenorgan — 137

II. Der Boykott

1. Die Institutionalisierung des Boykotts — 159
a) Die Bildung des Conseil international de recherches — **159**
b) Vorbereitungen zum Aufbau internationaler Fachunionen der Astronomie, Geophysik und Chemie — **170**
c) Gründungskonferenz in Brüssel — **174**

d) Ausschluß der deutschen Sprache — 187
e) Union académique internationale — 202

2. **Kritik, Ächtung und Verdrängung des Deutschen als internationale Publikationssprache der Wissenschaft — 205**

3. **Die Ausschaltung des Deutschen als internationale Kongreßsprache — 247**
a) Geographenkongresse — 252
b) Tuberkulosekonferenzen — 265

III. Gegenaktionen

1. **Proteste gegen den Boykott — 297**
a) Chirurgenkongresse — 304
b) Ophthalmologenkongresse — 317
c) Mathematikerkongresse — 325

2. **Gegenveranstaltungen und -organisationen — 347**
a) Meteorologentagungen — 349
b) Chemikertreffen in Utrecht — 357
c) Versammlungen der Astronomen — 359
d) Baltische Geodätische Kommission — 368

3. **Rettungsaktion für die deutschen Referatenorgane — 380**

4. **Gegenboykott — 393**

IV. Verhandlungen

1. **Conseil international de recherches — 411**

2. **Union académique internationale — 434**

3. **Union astronomique internationale — 450**

4. **Union géodésique et géophysique internationale — 457**

5. **Union internationale de la Chimie pure et appliquée — 464**

V. Auswirkungen

1. **Die Dominanz der französischen und englischen Sprache und der Rückgang des Deutschen — 475**

2. **Nationale Repräsentation, Weltgeltung und Sprachpolitik — 508**

3. **Neuorganisation nach dem Zweiten Weltkrieg und Vordringen des Englischen — 530**

Schlußbemerkung — 560

Anhang

Dokumente — 567
I. Der Aufruf „An die Kulturwelt!" — **567**
II. Die Erklärung der Hochschullehrer des Deutschen Reiches — **572**
III. Aufruf an die Europäer — **572**
IV. Interalliierte Konferenz im Oktober 1918 in London — **574**
V. Statuten des International Research Council 1919 — **577**
VI. Auslands – Merkblatt des Verbandes der Deutschen Hochschulen — **578**
VII. Der Göttinger Mathematiker David Hilbert zum Internationalen Mathematikonkreß 1928 in Bologna — **581**

Quellen- und Literaturverzeichnis — 584
I. Archivalien — **584**
II. Veröffentlichte Quellen — **586**
III. Zeitgenössische Literatur — **597**
IV. Zeitungen, Zeitschriften — **605**
V. Nachschlagewerke — **608**
VI. Sonstige Literatur — **609**

Personenregister — 621

Verzeichnis der Dokumente, Abbildungen und Tabellen

Dokumente

I. Der Aufruf „An die Kulturwelt!“ vom 4. Oktober 1914
II. Erklärung der Hochschullehrer des Deutschen Reiches vom 23. Oktober 1914
III. Aufruf an die Europäer vom Oktober 1914
IV. Interalliierte Konferenz im Oktober 1918 in London
V. Statuten des International Research Council 1919
VI. Auslands-Merkblatt des Verbandes der Deutschen Hochschulen von 1923
VII. Schreiben des Göttinger Mathematikers David Hilbert an die Rektoren der deutschen Hochschulen und die Leiter der mathematischen Seminare wegen der Teilnahme am Internationalen Mathematiker-Kongreß 1928 in Bologna

Abbildungen

Abb. 1: International Catalogue of Scientific Literature, 1902. Titelblatt — 26
Abb. 2: Internationale Assoziation der Akademien. 3. Generalversammlung 1907 in Wien. Titelblatt des Berichts — 36
Abb. 3: Astronomische Nachrichten. Titelblatt der 1. Ausgabe 1823 — 40
Abb. 4: Astronomischer Jahresbericht. Titelblatt der 1. Ausgabe 1900 — 42
Abb. 5: Anteil der Beiträge aus den in der Astronomie besonders aktiven Ländern Deutschland, England, Frankreich, USA, Rußland und Italien in den Astronomischen Nachrichten — 43
Abb. 6: Anteil der Sprachen Deutsch, Englisch, Französisch und Italienisch in den Astronomischen Nachrichten — 44
Abb. 7: Verhältnis des Anteils einer Beitragssprache zum Anteil des Landes, in dem diese Sprache gesprochen wird und aus dem Beiträge stammen, bei den Sprachen Deutsch, Englisch, Französisch und Italienisch in den Astronomischen Nachrichten — 45
Abb. 8: Vierteljahresschrift der Astronomischen Gesellschaft. Titelblatt des ersten Hefts 1866 — 52
Abb. 9: Bericht über die 5. Konferenz der International Union for Co-operation in Solar Research 1913 in Bonn. Titelblatt — 54
Abb. 10: Das Chemische Zentralblatt unter wechselnden Namen 1830–1850–1856–1907. Titelblätter — 59
Abb. 11: Justus Liebig's Annalen der Chemie unter wechselnden Namen 1932–1840–1873–1879. Titelblätter — 61
Abb. 12: 5. Internationaler Kongreß für angewandte Chemie 1903 in Berlin. Titelblatt des Berichts — 65

https://doi.org/10.1515/9783110572643-002

Abb. 13: General-Bericht über die Europäische Gradmessung für das Jahr 1868. Titelblatt — 68
Abb. 14: Verhandlungen der 8. Konferenz der Internationalen Erdmessung 1886 in Berlin. Titelblatt des Berichts — 73
Abb. 15: Beiträge zur Geophysik. Titelblatt des 1. Bands 1887 — 79
Abb. 16: Verhandlungen der 2. Internationalen Seismologischen Konferenz in Straßburg 1903. Titelblatt des Berichts — 84
Abb. 17: 4. Konferenz der Internationalen Seismologischen Assoziation 1911 in Manchester. Titelblatt des Berichts — 91
Abb. 18: 7. Internationaler Geographen-Kongreß 1899 in Berlin. Titelblatt des Verhandlungsberichts — 95
Abb. 19: Bibliotheca Geographica. Titelblatt des 1. Bandes 1895 — 99
Abb. 20: Dreisprachiges Titelblatt des Berichts über die Erste Internationale Tuberkulose-Konferenz 1902 in Berlin — 111
Abb. 21: Dreisprachiges Titelblatt der 1. Ausgabe der Monatsschrift Tuberculosis aus dem Jahr 1903 — 117
Abb. 22: Technische Zeitschriftenschau. Geheimes Referatenorgan aus dem Jahr 1917 — 154
Abb. 23: International Research Council. Titelblatt des Berichts über die Gründungsversammlung 1919 in Brüssel — 175
Abb. 24: International Astronomical Union. Titelblatt des Berichts über die 1. Versammlung 1922 in Rom — 178
Abb. 25: Union géodésique et géophysique internationale. Titelblatt des Berichts über die 1. Versammlung 1922 in Rom — 179
Abb. 26: 5. Konferenz der Permanenten Kommission und 3. und letzte Versammlung der Internationalen Seismologischen Assoziation zu deren Auflösung 1922 in Straßburg. Titelblatt des Berichts — 180
Abb. 27: Union internationale de la Chimie pure et appliquée. Titelblatt des Berichts über die 1. Konferenz 1920 in Rom — 181
Abb. 28: Union académique internationale. Titelblatt des Berichts über die 1. Versammlung 1920 in Brüssel — 203
Abb. 29: Botanisches Centralblatt. Titelblatt des 1. Jahrgangs 1880 und des 23. Jahrgangs 1902 nach Übernahme von der Association Internationale des Botanistes — 226
Abb. 30: Biological Abstracts. Vol. 1. 1927. Titelblatt — 245
Abb. 31: Internationaler Geographenkongreß 1925 in Kairo. Titelblatt des Berichts — 260
Abb. 32: Titelblatt des Berichts über die Internationale Tuberkulose-Konferenz 1920 in Paris — 267
Abb. 33: Zweisprachiges Titelblatt des Bulletin der Internationalen Union gegen die Tuberkulose aus dem Jahr 1926 — 268
Abb. 34: 5. Kongreß der Internationalen Gesellschaft für Chirurgie 1920 in Paris. Titelblatt des Berichts — 305
Abb. 35: Internationaler Mathematikerkongreß 1920 in Straßburg. Titelblatt des Berichts — 329
Abb. 36: Internationaler Mathematikerkongreß 1928 in Bologna. Titelblatt des 1. Bandes des Berichts — 341
Abb. 37: Geodätische Konferenz 1924 in Helsingfors. Zweisprachiges Titelblatt des Verhandlungsberichts — 372

Abb. 38: Werbezettel der Reichszentrale für naturwissenschaftliche Berichterstattung aus dem Jahr 1923 — 391
Abb. 39: Titelblatt des Berichts über die außerordentliche Generalversammlung des Conseil international de recherches 1926 in Brüssel — 423
Abb. 40: Titelblatt des Berichts über die 1. Versammlung des International Council of Scientific Unions 1931 in Brüssel — 432
Abb. 41: Anteil der Länder an der Veranstaltung internationaler Kongresse in Prozenten — 488
Abb. 42: Anteil der in Chemical Abstracts referierten chemischen Publikationen aus den USA, Großbritannien (Commonwealth), Deutschland, Frankreich, Rußland bzw. der Sowjetunion in den Jahren 1907–1970 — 489
Abb. 43: Titelblatt des Berichts über die 4. Generalversammlung des International Council of Scientific Unions 1946 in London — 533
Abb. 44: 11. Internationaler Kongreß für reine und angewandte Chemie 1947 in London. Titelblatt des Berichts — 536
Abb. 45: 17. Internationaler Kongreß für reine und angewandte Chemie 1959 in München. Dreisprachiges Titelblatt des Berichts — 538
Abb. 46: Internationaler Mathematikerkongreß 1950 in Cambridge (Mass.), USA, Titelblatt des Berichts — 541
Abb. 47: Internationaler Mathematikerkongreß 1954 in Amsterdam. Ankündigung des Organisationskomitees in den dreisprachigen Internationalen Mathematischen Nachrichten der Österreichischen Mathematischen Gesellschaft auf deutsch — 548
Abb. 48: Dreisprachiges Psychologisches Wörterbuch. Titelblatt der 1. Ausgabe 1975 — 553
Abb. 49: Psychological Abstracts. Vol. I. 1927. Titelblatt — 554
Abb. 50: The German Journal of Psychology. Titelblatt des 1. Bandes aus dem Jahr 1977 — 555

Tabellen

Tab. 1: Internationale Tuberkulosekonferenz 1912 in Rom. Sprachen der Referenten in Vorträgen und Diskussionsbeiträgen — 115
Tab. 2: Internationale wissenschaftliche Kongresse 1922–1926 — 251
Tab. 3: Internationale Tuberkulosekonferenz 1934 in Warschau. Sprachen der Korreferate und Diskussionsbeiträge, Herkunftsländer der Referenten — 288
Tab. 4: Internationale Tuberkulosekonferenz 1937 in Lissabon. Sprachen der Korreferate und Diskussionsbeiträge, Herkunftsländer der Referenten — 291
Tab. 5: Internationaler Mathematikerkongreß 1932 in Zürich. Sprachen der Beiträge in den einzelnen Sektionen — 343
Tab. 6: Internationaler Mathematikerkongreß 1932 in Zürich. Zahl der Referenten in den Sektionen nach Herkunftsländern — 343
Tab. 7: Internationaler Mathematikerkongreß 1932 in Zürich. Sprachen der Allgemeinen Vorträge (Plenarvorträge) nach Herkunftsländern — 344
Tab. 8: Internationaler Mathematikerkongreß 1932 in Zürich. Sprachen der Sektionsvorträge, Herkunftsländer der Referenten — 345

Tab. 9: Internationale Astronomische Union. Zahl der Präsidenten der Kommissionen und Unterkommissionen nach Herkunftsländern (über 2 Präsidenten) — 456

Tab. 10: Internationale Geodätische und Geophysikalische Union. Präsidenten und Sekretäre der Sektionen bzw. Assoziationen nach Herkunftsländern (Geodäsie, Seismologie, Meteorologie, Erdmagnetismus und Elektrizität, Physikalische Ozeanographie, Vulkanologie und Wissenschaftliche Hydrologie) — 463

Tab. 11: Zentrale wissenschaftliche Institutionen (Zentralbüros) nach Ländern 1914, 1923 — 480

Tab. 12: Offizielle Sprachen internationaler wissenschaftlicher Organisationen und Kongresse im Jahr 1932 — 487

Tab. 13: Aufteilung der internationalen wissenschaftlichen Kongresse auf die Kongreßländer von 1845 bis 1932 — 487

Tab. 14: Anteil der in *Chemical Abstracts* referierten chemischen Publikationen aus den USA, Großbritannien (Commonwealth), Deutschland, Frankreich, Rußland bzw. Sowjetunion und Japan in Prozenten — 490

Tab. 15: Zahl der in *Chemical Abstracts* referierten chemischen Publikationen aus den USA, Großbritannien (Commonwealth), Deutschland, Frankreich, Rußland bzw. Sowjetunion und Japan — 491

Tab. 16: Zitate der deutschen Zeitschriften *Berichte der Deutschen Chemischen Gesellschaft (Chemische Berichte)*, *Liebigs Annalen der Chemie*, *Zeitschrift für Physikalische Chemie* und der englischen Zeitschrift *The Journal of the Chemical Society* in *The Journal of the American Chemical Society* im Jahr 1926 — 494

Tab. 17: Der Anteil von Englisch, Französisch und Deutsch an den im *Index Medicus* aufgeführten Publikationen — 499

Tab. 18: Entwicklung des Anteils der Schüler, die Deutsch, Französisch und Spanisch an den Public High Schools in den USA zwischen 1890 und 1922 lernten — 505

Tab. 19: Internationaler Historikerkongreß 1933 in Warschau. Teilnehmer und Beiträge nach Ländern — 522

Tab. 20: Internationaler Historikerkongreß 1933 in Warschau. Anteil der Sprachen an den Beiträgen — 523

Abkürzungsverzeichnis

AA	Auswärtiges Amt, Berlin
AdS	Académie des Sciences, Paris
AdW	Akademie der Wissenschaften
BA	Bundesarchiv, Berlin-Lichterfelde und Koblenz
BBAW	Archiv der Berlin-Brandenburgischen Akademie der Wissenschaften, Berlin
CIOMS	Council for International Organizations of Medical Sciences
DAAD	Deutscher Akademischer Austauschdienst
FWU	Friedrich-Wilhelms-Universität zu Berlin
FZB	Fachwissenschaftliche Zensurberatungsstelle
GStA PK	Geheimes Staatsarchiv Preußischer Kulturbesitz, Berlin
HU	Humboldt-Universität Berlin
IAU	International Astronomical Union
ICMI	International Commission on Mathematical Instruction
ICPHS	International Council for Philosophy and Human Sciences
ICSU	International Council of Scientific Unions
IMU	International Mathematical Union, Internationale Mathematische Union
IMUK	Internationale Mathematische Unterrichtskommission
IRC	International Research Council
ISSC	International Social Science Council
IUGG	International Union of Geodesy and Geophysics
IUPAC	International Union of pure and applied Chemistry
IUPS	International Union of Psychological Science
IUPsyS	International Union of Psychological Science
IUSP	International Union of Scientific Psychology
Med. Fak.	Medizinische Fakultät
MF	Mikrofiche
Min.Rat	Ministerialrat
MPG	Max-Planck-Gesellschaft, Berlin
NRC	National Research Council
PA AA	Politisches Archiv des Auswärtigen Amts, Berlin
Phil. Fak.	Philosophische Fakultät
Pr.	Preußisch
PrMI	Preußisches Ministerium des Innern
PrMWKV	Preußisches Ministerium für Wissenschaft, Kunst und Volksbildung (Kultusministerium), Berlin
RdI	Reichsamt des Innern, Berlin
RMI	Reichsministerium des Innern, Berlin
St.S.	Staatssekretär
U.A.I.	Union académique internationale, Union astronomique internationale
UA HU	Universitätsarchiv der Humboldt-Universität, Berlin
UNESCO	United Nations Educational, Scientific and Cultural Organization
UNO	Unites Nations Organization

https://doi.org/10.1515/9783110572643-003

VAG	Vereinigte Astronomische Gesellschaft
VDH	Verband der Deutschen Hochschulen

Einleitung

Nach dem Ersten Weltkrieg verhängten die alliierten Akademien der Wissenschaften gegen Deutschland und die mit ihm verbündeten Länder einen Wissenschaftsboykott. Eng verknüpft damit war ein Boykott gegen Deutsch als internationale Wissenschaftssprache. Aus internationalen Wissenschaftsverbänden, Kongressen und Publikationen wurden die deutschen und österreichischen Wissenschaftler und mit ihnen die deutsche Sprache ausgeschlossen. Die Folge des Sprachboykotts war der Statusverlust und Rückgang des Deutschen als internationale Wissenschaftssprache.

Um den Boykott durchzusetzen, gründeten führende alliierte Wissenschaftler neue internationale Wissenschaftsorganisationen, welche die alten internationalen Vereinigungen verdrängten.[1] So ersetzten sie die 1899 ins Leben gerufene Internationale Assoziation der Akademien 1919 durch den Internationalen Forschungsrat (Conseil international de recherches, International Research Council) für die Naturwissenschaften und die Internationale Akademie-Union (Union académique internationale) für die Geisteswissenschaften. Dem Internationalen Forschungsrat, der als Dachorganisation fungierte, wurden acht Fachunionen unterstellt, von denen die wichtigsten die Internationale Astronomische Union (Union astronomique internationale), die Internationale Geodätische und Geophysikalische Union (Union géodésique et géophysique internationale) und die Internationale Union für reine und angewandte Chemie (Union internationale de la Chimie pure et appliquée) waren. Weitere Fachunionen entstanden auf den Gebieten der Mathematik, Physik, Radiotelegraphie, Geographie und Biologie. Auch andere internationale Vereinigungen wie die Internationale Tuberkulose-Union (Union internationale contre la tuberculose) schlossen sich dem Wissenschafts- und Sprachboykott an.

War vor dem Krieg in der Internationalen Assoziation der Akademien, auf den großen Chemikerkongressen und in zahlreichen anderen Vereinigungen die deutsche Sprache gleichrangig mit Französisch und Englisch verwendet worden und hatte in einigen internationalen Fachverbänden wie der Astronomischen Gesellschaft, der Internationalen Erdmessung, der Internationalen Seismologischen Assoziation und der Internationalen Vereinigung gegen die Tuberkulose an führender Stelle gestanden, dominierten in den nach dem Krieg von den Alliierten neu geschaffenen Wissenschaftsverbänden allein Französisch und Englisch.

---

1 Ausnahmen waren das 1905 gegründete Internationale Landwirtschaftliche Institut in Rom sowie die Internationale Meterkonvention von 1875 und das damit verbundene Internationale Komitee für Maße und Gewichte mit Sitz in Paris.

https://doi.org/10.1515/9783110572643-004

Begründet wurde der alliierte Boykott mit dem Verhalten der deutschen Wissenschaftler im Krieg. Nahezu alle deutschen Gelehrten hatten den von Deutschland und Österreich-Ungarn begonnenen Krieg unterstützt, die in Belgien und Frankreich von der deutschen Armee begangenen Kriegsverbrechen[2] geleugnet und den deutschen Militarismus gerechtfertigt. Der Aufruf der 93 renommierten deutschen Wissenschaftler, Schriftsteller und Künstler „An die Kulturwelt!" von 1914 diente den Alliierten als Beleg für den tiefsitzenden Chauvinismus der deutschen Gelehrten. In ihren Augen wurden dadurch die Grundlagen der wissenschaftlichen Zusammenarbeit zerstört.

Einerseits erwartete man, daß mit dem Druckmittel des Boykotts und der dadurch erzeugten Isolation die deutschen Wissenschaftler dazu bewegt werden könnten, sich von Deutschlands Kriegsschuld[3] und Kriegsverbrechen und damit auch von ihrer eigenen Verblendung zu distanzieren. Andererseits und gleichzeitig aber ging es den alliierten Wissenschaftlern darum, das Machtstreben der Deutschen, das sich auf ihr gewaltiges Industrie- und Wissenschaftspotential stützte und nach der Niederlage keineswegs erschüttert war, zu unterminieren und die einflußreichen Positionen, welche diese in internationalen wissenschaftlichen Vereinigungen vor dem Krieg errungen hatten, ihnen zu entwinden. Denn darin erblickte man gefährliche Vorposten der deutschen Expansion, des „Germanismus" und der deutschen „Megalomanie".

Nicht zufällig waren wissenschaftliche Disziplinen wie die Astronomie, Geodäsie, Geophysik, Physik, Chemie, Mathematik, Geographie, Biologie und Medizin von dem Boykott besonders betroffen. Denn diese Wissenschaften waren nicht nur für die Industrie und Kriegstechnik wichtig, sondern die deutschen Wissenschaftler und mit ihnen die deutsche Sprache spielten vor dem Ersten Weltkrieg darin eine international führende Rolle. Die Zentralbüros der Internationalen Erdmessung, der Internationalen Seismologischen Assoziation und der Internationalen Vereinigung gegen die Tuberkulose lagen damals in deutscher Hand, die Astronomische Gesellschaft, die sich als internationale Organisation verstand, und die Zentralstelle für astronomische Telegramme ebenfalls. Diese internationalen Wissenschaftszentralen, die sich vor dem Krieg in Deutschland

---

2 Siehe dazu John Horne, Alan Kramer, *German Atrocities, 1914. A History of Denial*, New Haven, London 2001.

3 Zur Auseinandersetzung um Deutschlands Kriegsschuld und die nationalistische Propaganda gegen die „Kriegsschuldlüge" siehe Ulrich Heinemann, *Die verdrängte Niederlage. Politische Öffentlichkeit und Kriegsschuldfrage in der Weimarer Republik*, Göttingen 1983; Erich J. C. Hahn, The German Foreign Ministry and the Question of War Guilt in 1918–1919, in Carole Fink, Isabel V. Hull, MacGregor Knox (Hrsg.), *German Nationalism and the European Response, 1890–1945*, Norman, London 1985, S. 43–70.

befanden, begünstigten die Verwendung der deutschen Sprache und räumten dieser eine Vorzugsstellung ein, welche die deutschen Direktoren der Zentralbüros und der Vorstand der Astronomischen Gesellschaft in vielfältiger Weise nutzten. Hinzu kam, daß die deutschsprachige Fachliteratur international hoch angesehen und verbreitet war und Deutschland ein weltweites Monopol der naturwissenschaftlichen Referatenorgane besaß.

Im Krieg brach die internationale wissenschaftliche Zusammenarbeit auseinander. Denn die Kriegsgegner intensivierten jeweils ihre eigenen Forschungen für den Krieg. Das wirkte sich auch auf die Verwendung der Sprachen aus: die Alliierten verständigten sich auf Englisch und Französisch, die Mittelmächte auf Deutsch.

Nach dem militärischen Sieg über Deutschland wollten die alliierten Wissenschaftler auch dessen Wissenschaftsbastionen erobern. Um ihre Ziele zu erreichen, verhängten sie den Wissenschafts- und Sprachboykott, tauschten die alten durch neue Organisationen aus, zogen die Zentralbüros aus Deutschland ab und gründeten englisch- und französischsprachige Fachzeitschriften, welche die deutschsprachigen Publikationen ersetzen sollten. Es gelang ihnen, für die Mitarbeit in den neuen Wissenschaftsorganisationen die meisten neutralen Länder zu gewinnen, die allerdings darauf drangen, den Boykott aufzuheben.

Im Vorliegenden wird versucht, die komplexen Zusammenhänge herauszuarbeiten, in denen der Boykott gegen Deutsch als internationale Wissenschaftssprache damals betrieben wurde. Der Ausschluß der deutschen Sprache aus den von den Alliierten gegründeten Wissenschaftsorganisationen ging unmittelbar einher mit dem Ausschluß der deutschsprachigen Gelehrten und kann nicht unabhängig davon beschrieben werden. Er ist mit der Geschichte internationaler wissenschaftlicher Organisationen und der Institutionalisierung des Wissenschaftsboykotts eng verflochten. Die Untersuchung konzentriert sich auf einzelne Fallstudien in den Naturwissenschaften, die von dem Wissenschafts- und Sprachboykott besonders betroffen waren.

Damit die dem Boykott zugrundeliegenden Motive sichtbar werden, wird im ersten Teil auf die Macht- und Sprachenverhältnisse und die damit verbundenen Rivalitäten im internationalen Wissenschaftsbetrieb vor dem Ersten Weltkrieg eingegangen. Im Hinblick darauf werden internationale Vereinigungen, die später durch Boykottorganisationen ersetzt wurden, sowie internationale Kongresse und Publikationen exemplarisch untersucht. Im Mittelpunkt steht dabei die deutsche Sprache in ihrem Zusammenspiel mit anderen Sprachen.

Im Anschluß daran schildert die Arbeit das Verhalten von Wissenschaftlern verschiedener Länder im Krieg und die berechtigte Furcht vor den deutschen Hegemonieansprüchen in den Wissenschaften.[4] In diesem Zusammenhang stehen auch die Verfügungen des preußischen Kriegsministeriums, dem Ausland deutsche Fachliteratur vorzuenthalten, also auch auf diesem Gebiet die deutsche Vormachtstellung auszuspielen. Diese Vorgänge werfen ein Licht auf den Chauvinismus, die Ängste und Sanktionen im Vorfeld des Boykotts.

In den folgenden Teilen geht es darum, die Methoden, Instrumente und Argumente darzulegen, mit denen die alliierten Wissenschaftler den Wissenschafts- und Sprachboykott gegen Deutschland und Österreich durchsetzten. Besonderes Augenmerk gilt dabei den neugeschaffenen internationalen Vereinigungen, Kongressen und Fachpublikationen, die den Boykott betrieben.

Daneben kommen die vielfältigen Gegenaktionen zur Sprache, mit denen die deutschen Wissenschaftler ihre Isolation zu durchbrechen suchten, indem sie zu ihren Veranstaltungen Wissenschaftler aus dem neutralen Ausland einluden, selbst internationale wissenschaftliche Vereinigungen gründeten, die Beschaffung ausländischer Fachliteratur organisierten und den Fortbestand deutscher Referatenorgane sicherten.[5] Darüber hinaus setzten sich zahlreiche ausländische Gelehrte, insbesondere aus neutralen Ländern, dafür ein, daß ihre deutschen und österreichischen Kollegen in die internationale Zusammenarbeit wieder einbezogen wurden. Durch solche Aktionen entstand ein weitverzweigtes Netz internationaler Verständigung und Kooperation, in dem auch die deutsche Sprache zur Geltung kam und mit dem man den Boykott zu unterlaufen versuchte.

Gleichzeitig riefen der Verband der Deutschen Hochschulen und einige Universitäten dazu auf, an Veranstaltungen in ehemals alliierten Ländern nicht teilzunehmen und mit Wissenschaftlern dieser Länder nicht mehr zusammenzuarbeiten, also eine Art Gegenboykott durchzuführen, solange der Boykott aufrechterhalten wurde und jene Wissenschaftler sich nicht ausdrücklich davon distanzierten.

---

4 Zu diesem Hegemoniestreben siehe auch Paul Forman, Scientific Internationalism and the Weimar Physicists: The Ideology and Its Manipulation in Germany after World War I, in *Isis* 64, 1973, S. 151–180, hier S. 161 ff.

5 Die zahlreichen Vortragsreisen, die damals durchgeführt wurden, können wegen der notwendigen Konzentration der Arbeit ebensowenig behandelt werden wie die deutsch-sowjetischen Gemeinschaftsprojekte, die durchaus als Gegenaktionen gegen die westlichen Boykottbestrebungen verstanden wurden; zu den deutsch-sowjetischen Unternehmungen vgl. Paul Weindling, The League of Nations and International Medical Communication in Europe between the First and Second World Wars, in Roger Chartier, Pietro Corsi (Hrsg.), *Sciences et langues en Europe*, Paris 1996, S. 209–219; Jürgen Nötzold, Die deutsch-sowjetischen Wissenschaftsbeziehungen, in Rudolf Vierhaus, Bernhard vom Brocke (Hrsg.), *Forschung im Spannungsfeld von Politik und Gesellschaft. Geschichte und Struktur der Kaiser-Wilhelm-/Max-Planck-Gesellschaft*, Stuttgart 1990, S. 778–800, hier insbesondere S. 778–787.

Die vielen Protestaktionen und Gegenmaßnahmen führten schließlich dazu, daß der ursprünglich bis 1931 geplante Boykott im Jahr 1926 vorzeitig beendet werden mußte. Doch mit der Aufhebung der Boykottbeschlüsse waren die Konflikte keineswegs gelöst. Auf der einen Seite sträubten sich vornehmlich französische und belgische Gelehrte dagegen, ihren einstigen Kriegsgegnern zu weit entgegenzukommen. Auf der anderen Seite waren Reflexion und Einsicht unter den deutschen Gelehrten wenig verbreitet. Vielmehr setzten die meisten ihren Überlegenheitsdünkel und Nationalismus ungebrochen fort. Der Verband der Deutschen Hochschulen und zahlreiche deutsche Universitäten lehnten im Zeichen „nationaler Ehre“ die Mitarbeit in ehemaligen Boykottorganisationen grundsätzlich ab. Dadurch wurden die Wiederaufnahme der wissenschaftlichen Beziehungen und die Wiederzulassung der deutschen Sprache in wichtigen internationalen Wissenschaftsorganisationen lange Zeit blockiert. Überzogene Forderungen, welche die deutschsprachigen Akademien der Wissenschaften und Fachverbände an den Eintritt in die neuen Vereinigungen knüpften, zögerten ebenfalls die Zusammenarbeit hinaus. Gleichwohl konnte sich wegen der mannigfaltigen Verbindungen und Übergänge eine Dichotomie Boykott-Gegenboykott nicht herausbilden.

Eine zentrale Bedingung, die von den deutschen Wissenschaftlern in den Verhandlungen über ihren Eintritt in die ehemaligen Boykottorganisationen gestellt wurde, war die Zulassung der deutschen Sprache und deren Gleichstellung mit Französisch und Englisch. Renommierte deutsche und ausländische Wissenschaftler und Wissenschaftsverbände beteiligten sich an diesen Auseinandersetzungen und zeigten zugleich, welchen Wert sie der deutschen Wissenschaftssprache damals beimaßen.

Doch in dem Konkurrenzkampf um die Geltung der Sprachen ging es nicht zuletzt um nationales Prestige und Macht. Vor allem die französischen Wissenschaftler hatten den Boykott als günstige Gelegenheit genutzt, um ihrer Sprache im internationalen Wissenschaftsbetrieb zu mehr Einfluß zu verhelfen, und wollten diese Errungenschaft nicht aufgeben. So zogen sich die Verhandlungen bis in die dreißiger Jahre hin und waren, was den gewünschten Status der deutschen Sprache betraf, wenig erfolgreich. Denn die veränderten Machtverhältnisse schlugen sich unweigerlich in der Sprachenpolitik nieder. Die darum geführten Kontroversen werden in der Darstellung einzelner Institutionen und im Kapitel über die Verhandlungen ausführlich beschrieben.

Die deutsche Sprache wurde zwar in vielen Vereinigungen, auf Kongressen und in Publikationen nach langer Zeit wieder zugelassen, so auf den internationalen Chemikerkongressen, in der Internationalen Geodätischen und Geophysikalischen Union, in der Internationalen Tuberkulose-Union und den damit verbundenen Publikationen. Doch gleichzeitig verlor Deutsch in zahlreichen internationalen

Wissenschaftsorganisationen seine privilegierte Stellung als offizielle Sprache, die es vor dem Krieg eingenommen hatte, während nun Französisch und Englisch allein als die führenden internationalen Wissenschaftssprachen dominierten. Auf den Vorrang dieser beiden Sprachen legten die alliierten Wissenschaftler großes Gewicht. Denn der Statusverlust des Deutschen beeinflußte das Sprachverhalten anderssprachiger Wissenschaftler, die fortan Deutsch nicht mehr wie früher als lingua franca benutzten, und somit die Stellung des Deutschen als Konferenz-, Publikations-, Rezeptions- und Schulfremdsprache in anderen Ländern. Der Absatz deutschsprachiger Fachliteratur im Ausland ging gleichfalls zurück. Dennoch gab es in einzelnen Disziplinen auch Ausnahmen, wie am Beispiel der Internationalen Mathematikerkongresse gezeigt wird.

Um die Wissenschafts- und Kulturbeziehungen mit dem Ausland, unabhängig von den internationalen Wissenschaftsverbänden, neu zu beleben sowie die Erhaltung und Verbreitung der deutschen Sprache zu fördern und ihre „Weltgeltung" wiederzugewinnen, wurde in der Weimarer Republik eine nationale auswärtige Sprach- und Kulturpolitik in die Wege geleitet. Die damals geschaffenen Institutionen, die teilweise bis heute bestehen, wie die Akademischen Auslandsstellen an den Universitäten, die Deutsche Akademie in München, aus der später das Goethe-Institut hervorging, die Alexander von Humboldt-Stiftung und der Deutsche Akademische Austauschdienst (DAAD), sind als Maßnahmen zu bewerten, mit denen man die Auswirkungen des Boykotts abwehren wollte.

Nationalistische Wissenschaftler und Verbände versuchten darüber hinaus, dem Boykott und dessen Folgen, der Abnahme des deutschen Einflusses und dem Rückgang der deutschen Sprache, entgegenzuarbeiten, indem sie internationale wissenschaftliche Veranstaltungen als Foren nationaler Selbstdarstellung nutzten. Insbesondere Osteuropa als traditioneller Einflußbereich der deutschen Sprache mit seinem hohen Anteil deutschsprachiger Minderheiten schien ihnen ein geeignetes Terrain für die Förderung und Verbreitung des Deutschen, zugleich aber auch für revisionistische Ambitionen und Germanisierungsbestrebungen zu sein, wie Pläne des Deutschen Hochschulverbands und Vorbereitungen auf den Internationalen Historikerkongreß 1933 in Warschau belegen.[6]

Schließlich führten der vom nationalsozialistischen Deutschland entfesselte Zweite Weltkrieg und die Beteiligung vieler deutscher Wissenschaftler an den Nazi-Verbrechen dazu, daß die alliierten Wissenschaftler nach dem Zweiten Weltkrieg sich auf die von ihnen 1919/20 gegründeten internationalen Wissenschaftsorganisationen stützten und diese ausbauten, um den Einfluß der deutschen Wissenschaft und Sprache weiter zurückzudrängen.

6 Siehe dazu unten S. 517–522.

Die Geschichte des Deutschen als internationale Wissenschaftssprache ist mit der internationalen Sprachen- und Wissenschaftspolitik und deren Institutionalisierung in internationalen Wissenschaftsorganisationen eng verknüpft. Diese Geschichte wurde bislang nicht umfassend erforscht, ebensowenig die Geschichte anderer internationaler Wissenschaftssprachen. Der Boykott gegen Deutsch als internationale Wissenschaftssprache stellt einen Kulminationspunkt in dem Konkurrenzkampf der deutschen mit der französischen und englischen Sprache und zugleich einen Wendepunkt in der Entwicklung des Deutschen als internationale Wissenschaftssprache dar. Diesen historischen Prozeß auf zentralen Wissenschaftsgebieten exemplarisch nachzuzeichnen, hat sich die Arbeit zur Aufgabe gemacht. Um die Vorgeschichte und die Nachwirkungen des Wissenschafts- und Sprachboykotts auf einzelnen Fachgebieten vor Augen zu führen und die Entwicklungslinien sichtbar zu machen, wird ein weiter Zeitrahmen gespannt, der sich vom 19. Jahrhundert bis in die Zeit nach dem Zweiten Weltkrieg erstreckt.

Historiker und Politologen haben den Boykott gegen die deutsche Wissenschaft nach dem Ersten Weltkrieg untersucht. Diesen Untersuchungen verdankt die Arbeit wichtige Anregungen. Sie befaßten sich jedoch mit dem Sprachboykott allenfalls am Rande.

Die Politologin Brigitte Schröder-Gudehus hat über den Boykott der deutschen Wissenschaft und die internationalen Wissenschaftsbeziehungen in der Zeit der Weimarer Republik grundlegende Studien vorgelegt.[7] Im Mittelpunkt ihrer Studien stehen die zentralen politischen Auseinandersetzungen um den Internationalen Forschungsrat und die geistige Zusammenarbeit im Rahmen des Völkerbunds, während die Fachunionen und die Internationale Akademie-Union sowie die Verhandlungen über den Eintritt der deutschen Wissenschaftler in diese Verbände nicht behandelt werden.[8] So untersucht sie auch nicht den Ausschluß der deutschen Sprache aus den verschiedenen Fachunionen und die Bemühungen um ihre Wiederzulassung.[9]

7 Brigitte Schröder-Gudehus, *Deutsche Wissenschaft und internationale Zusammenarbeit 1914–1928. Ein Beitrag zum Studium kultureller Beziehungen in politischen Krisenzeiten*, Diss. Genf 1966; dies., *Les scientifiques et la paix. La communauté scientifique internationale au cours des années 20*, Montréal 1978.

8 Vgl. auch Paul Forman [Rezension], Brigitte Schröder-Gudehus, Deutsche Wissenschaft und internationale Zusammenarbeit 1914–1928, in *Isis* 60, 4, 204, 1969, S. 588–590, hier S. 589 f.

9 Schröder-Gudehus erwähnt den Ausschluß der deutschen Sprache von der Internationalen Tuberkulose-Konferenz 1924 in Lausanne, ohne jedoch näher darauf einzugehen (*Deutsche Wissenschaft*, S. 115). Ausführlicher beschäftigt sie sich mit den Angriffen alliierter Wissenschaftler auf die deutsche Vorherrschaft im Publikationswesen, insbesondere hinsichtlich der Referatenorgane. In diesem Zusammenhang verweist sie darauf, daß systematische und detaillierte Untersuchungen darüber fehlen (*Les scientifiques*, S. 97, 136–142).

Einen Aufsatz über den Wissenschaftsboykott hat auch Siegfried Grundmann vorgelegt, ohne jedoch den Sprachboykott zu erwähnen.[10] Weitere Untersuchungen beschäftigen sich mit der Wissenschaftspolitik der Alliierten und der Gründung des Internationalen Forschungsrats,[11] mit der Geschichte des 1931 daraus hervorgegangenen Internationalen Rats der wissenschaftlichen Vereinigungen (International Council of Scientific Unions, Conseil international des unions scientifiques)[12], der Internationalen Astronomie-Union[13], der Internationalen Chemie-Union[14] und der Internationalen Mathematik-Union[15]. Die Physik in der Weimarer Republik untersucht Paul Forman, wobei er einleitend den Wissenschaftsboykott und Gegenboykott kurz beschreibt.[16] In einer weiteren Studie setzt sich Forman ideologiekritisch mit der Instrumentalisierung des wissenschaftlichen Internationalismus für nationale Interessen auseinander.[17] Auf die Reichszentrale für naturwissenschaftliche Berichterstattung geht Elke Behrends im Rahmen ihrer Dissertation über die wissenschaftliche Dokumentation in Deutschland kurz ein.[18] In diesen Arbeiten wird der Sprachboykott jedoch nicht berücksichtigt. Untersuchungen über die Internationale Akademie-Union, die Internationale Geodätische und Geophysikalische Union,[19] die Internationale

---

10 Siegfried Grundmann, Der Boykott der deutschen Wissenschaft nach dem ersten Weltkrieg, in *Wissenschaftliche Zeitschrift der Technischen Universität Dresden*, Jg. 14, H. 3, 1965, S. 799–806.

11 Daniel Kevles, „Into Hostile Political Camps": The Reorganization of International Science in World War I, in *Isis* 62, 1971, S. 47–60; A. G. Cock, Chauvinism and Internationalism in Science: The International Research Council, 1919–1926, in *Notes and Records of the Royal Society* 37 (2), 1983, S. 249–288; Roy MacLeod, Der wissenschaftliche Internationalismus in der Krise. Die Akademien der Alliierten und ihre Reaktion auf den Ersten Weltkrieg, in Wolfram Fischer (Hrsg.), *Die Preußische Akademie der Wissenschaften zu Berlin 1914–1945*, Berlin 2000, S. 317–349.

12 Frank Greenaway, *Science International. A history of the International Council of Scientific Unions*, Cambridge 1996.

13 Adriaan Blaauw, *History of the IAU. The Birth and First Half-Century of the International Astronomical Union*, Dordrecht, Boston, London 1994.

14 Roger Fennell, *History of IUPAC 1919–1987*, Oxford 1994; außerdem Ulrike Fell, *Disziplin, Profession und Nation. Die Ideologie der Chemie in Frankreich vom Zweiten Kaiserreich bis in die Zwischenkriegszeit*, Leipzig 2000.

15 Olli Lehto, *Mathematics without borders. A History of the International Mathematical Union*, New York 1998.

16 Paul Forman, *The Environment and Practice of Atomic Physics in Weimar, Germany: A Study in the History of Science*, Diss. Berkeley 1967 (Mikrofilm Ann Arbor 1981).

17 Paul Forman, Scientific Internationalism.

18 Elke Behrends, *Technisch-wissenschaftliche Dokumentation in Deutschland von 1900 bis 1945 unter besonderer Berücksichtigung des Verhältnisses von Bibliothek und Dokumentation*, Wiesbaden 1995, S. 60–74.

19 Deren Sektion für Seismologie behandelt jedoch Marielle Cremer, *Seismik zu Beginn des 20. Jahrhunderts – Internationalität und Disziplinbildung*, Berlin 2001.

Geographie-Union, die Internationale Tuberkulose-Union, die Baltische Geodätische Kommission sowie zahlreiche in der vorliegenden Studie behandelte Kongresse liegen bislang nicht vor.

Auf einem Teilgebiet der Medizin befaßt sich Paul Weindling mit der Wissenschafts- und Sprachenpolitik in der Zwischenkriegszeit vor allem in Osteuropa. Dabei stellt er fest, daß die Gesundheitsorganisation des Völkerbunds nur Französisch und Englisch benutzte und die Rockefeller Foundation für die Verbreitung des Englischen sorgte, während dagegen die deutschen Wissenschaftler in deutsch-sowjetischen Gemeinschaftsprojekten der deutschen Sprache Geltung verschafften, freilich nicht ohne Hintergedanken an die deutschen Minderheiten und imperialistische Ambitionen. Begrenzt auf dieses Untersuchungsfeld kann Weindling einen Rückgang des Deutschen nicht erkennen. Andere Regionen hat er jedoch nicht in den Blick genommen und den von den alliierten Wissenschaftsverbänden betriebenen Sprachboykott nicht thematisiert.[20]

Zu den internationalen Wissenschaftsbeziehungen nach dem Ersten Weltkrieg liegen außerdem historische Darstellungen vor, die sich mit einzelnen deutschen Institutionen befassen, die Rolle der deutschen Sprache jedoch allenfalls berühren: zur Preußischen Akademie der Wissenschaften in Berlin,[21] zur Kaiser-Wilhelm-Gesellschaft zur Förderung der Wissenschaften,[22] zur Friedrich-Wilhelms-Universität in Berlin[23] und zur Notgemeinschaft der Deutschen Wissenschaft.[24]

Manche Studien zur Geschichte der deutschen auswärtigen Kulturpolitik weisen auf den Wissenschaftsboykott hin. Doch nur Abelein erwähnt auch die

---

20 Paul Weindling, The League of Nations.

21 Wolfgang Schlicker, *Die Berliner Akademie der Wissenschaften in der Zeit des Imperialismus. Teil II: Von der Großen Sozialistischen Oktoberrevolution bis 1933*, Berlin 1975; Wolfram Fischer (Hrsg.), *Die Preußische Akademie der Wissenschaften zu Berlin 1914–1945*, Berlin 2000.

22 Rudolf Vierhaus, Bernhard vom Brocke (Hrsg.), *Forschung im Spannungsfeld von Politik und Gesellschaft. Geschichte und Struktur der Kaiser-Wilhelm-/Max-Planck-Gesellschaft*, Stuttgart 1990; Eckart Henning, Auslandsbeziehungen der Kaiser-Wilhelm-/Max-Planck-Gesellschaft im Überblick (1911–1998), in Rüdiger vom Bruch, Eckart Henning (Hrsg.), *Wissenschaftsfördernde Institutionen im Deutschland des 20. Jahrhunderts*, Berlin 1998 (Dahlemer Archivgespräche Bd. 5), S. 95–113.

23 Erhard Moritz, Zu den Auslandsbeziehungen der Berliner Universität in der Zeit der Weimarer Republik, in *Forschen und Wirken. Festschrift zur 150-Jahr-Feier der Humboldt-Universität zu Berlin*, Bd. I, Berlin 1960, S. 471–497.

24 Kurt Zierold, *Forschungsförderung in drei Epochen. Deutsche Forschungsgemeinschaft. Geschichte – Arbeitsweise – Kommentar*, Wiesbaden 1968; Steffen Richter, *Forschungsförderung in Deutschland 1920–1936*, Düsseldorf 1972; Notker Hammerstein, *Die Deutsche Forschungsgemeinschaft in der Weimarer Republik und im Dritten Reich. Wissenschaftspolitik in Republik und Diktatur 1920–1945*, München 1999.

Ächtung der deutschen Sprache.[25] Nicht einmal auf den Wissenschaftsboykott verweisen die ansonsten aufschlußreichen Arbeiten von Volkhard Laitenberger[26], Lewis Pyenson[27] und Eckard Michels[28].

Andere Wissenschaftler haben sich auf einzelnen Gebieten mit den internationalen Wissenschaftsbeziehungen in der Zeit der Weimarer Republik beschäftigt, den Wissenschafts- und Sprachboykott jedoch gleichfalls nicht beachtet. So hat der US-amerikanische Soziologe Herbert N. Shenton bei seiner Auswertung internationaler Konferenzen der zwanziger Jahre zwar die schwächere Position des Deutschen gegenüber dem Französischen und Englischen festgestellt. Doch diesen Befund kann Shenton nicht erklären, weil er den Boykott nicht berücksichtigt.[29]

In der Linguistik wurde die Geschichte des Deutschen als internationale Wissenschaftssprache bisher nicht systematisch erforscht.[30] Auch den Sprachboykott nahm man lange Zeit nicht zur Kenntnis. Quantitative Erhebungen des jeweiligen Anteils verschiedener Sprachen in einzelnen Fachzeitschriften registrieren zwar den Rückgang der deutschsprachigen Literatur in den Jahren nach dem Ersten Weltkrieg.[31] Doch fehlen ins einzelne gehende Untersuchungen und Erklärungen dieser Entwicklung. Was Stellung und Rückgang des Deutschen als

---

25 Manfred Abelein, *Die Kulturpolitik des Deutschen Reiches und der Bundesrepublik Deutschland. Ihre verfassungsgeschichtliche Entwicklung und ihre verfassungsrechtlichen Probleme.* Köln, Opladen 1968; Kurt Düwell, *Deutschlands Auswärtige Kulturpolitik 1918–1932. Grundlinien und Dokumente.* Köln, Wien 1976.

26 Volkhard Laitenberger, *Akademischer Austausch und auswärtige Kulturpolitik. Der Deutsche Akademische Austauschdienst (DAAD) 1923–1945*, Göttingen u.a. 1976.

27 Lewis Pyenson, *Cultural Imperialism and Exact Sciences. German Expansion Overseas 1900–1930*, New York, Bern, Frankfurt a.M. 1985.

28 Eckard Michels, *Von der Deutschen Akademie zum Goethe-Institut. Sprach- und auswärtige Kulturpolitik 1923–1960*, München 2005.

29 Herbert N. Shenton, *Cosmopolitan Conversation. The Language Problems of International Conferences*, New York 1933; siehe dazu unten, S. 485f.

30 Zu einzelnen Untersuchungsergebnissen vgl. Ulrich Ammon, *Die internationale Stellung der deutschen Sprache*, Berlin, New York 1991, S. 219–277; ders., *Ist Deutsch noch internationale Wissenschaftssprache? Englisch auch für die Lehre an den deutschsprachigen Hochschulen*, Berlin, New York 1998, S. 15–25.

31 E. J. Crane, Growth of Chemical Literature. Contributions of Certain Nations and the Effects of War, in *Chemical and Engineering News* 22/1944, S. 1478–1481, 1496; P. L. K. Gross, E. M. Gross, College Libraries and Chemical Education, in *Science* 66, 1927, S. 385–389; D. B. Baker, F. A. Tate, R. J. Rowlett, Changing Patterns in the International Communication of Chemical Research and Technology, in *Journal of Chemical Documentation*, Vol. 11, No. 2, 1971, S. 90–98; Minoru Tsunoda, Les langues internationales dans les publications scientifiques et techniques, in *Sophia Linguistica* 13, 1983, S. 70–79; Ulrich Ammon, *Ist Deutsch noch internationale Wissenschaftssprache?*, S. 45–89; siehe dazu unten, S. 489–499.

internationale Wissenschaftssprache betrifft, herrschte über die Zeit der Weimarer Republik weitgehend Unklarheit.[32] Quantitative Auswertungen von Publikationen haben ohnehin nur begrenzte Aussagekraft und können zu falschen Schlußfolgerungen verleiten, wenn große Lücken gelassen und weder politische Einwirkungen noch editorische Maßnahmen untersucht werden, wie am Beispiel der Datenerhebungen von Minoru Tsunoda und deren fehlerhafter Verwertung durch Ulrich Ammon nachgewiesen wird.[33]

Sabine Skudlik hat grundsätzliche Fragen der internationalen Kommunikation in den Wissenschaften erörtert und den Anteil von Sprachen in Zeitschriften (Titelsprachen) und auf Kongressen der neueren Zeit ermittelt, wobei sie hinsichtlich der Kongresse hauptsächlich anhand einer Umfrage Auskünfte von Wissenschaftlern auswertete. Ihre Studien setzten sich mit der aktuellen Dominanz des Englischen auseinander. Die Geschichte der Rivalitäten der internationalen Wissenschaftssprachen im 19. und 20. Jahrhundert hat Skudlik nicht untersucht.[34]

Auch Ulrich Ammon befaßte sich, gestützt auf die Studien von Shenton, Tsunoda und Skudlik, mit der internationalen Stellung der Sprachen in den Wissenschaften und dem Rückgang des Deutschen.[35] Doch seine Behauptung, Deutsch hätte als internationale Publikationssprache der Naturwissenschaften im Jahr 1920 den „Höhepunkt“ oder „Zenit“ erreicht, war falsch und zeugte von seiner Unkenntnis des Boykotts und der damit verbundenen historischen Zusammenhänge.[36] Dieser Irrtum fand sogar Eingang in die Sprachgeschichte von Peter von Polenz.[37] Erst nachdem Ammon von mir darauf aufmerksam gemacht worden war,[38] nannte er den Wissenschafts- und Sprachboykott als mögliche

32 Vgl. Peter von Polenz, *Deutsche Sprachgeschichte vom Spätmittelalter bis zur Gegenwart*, Bd. 3, 19. und 20. Jahrhundert, Berlin, New York 1999, S. 219.

33 Tsunoda, Les langues internationales; siehe dazu unten, S. 494–498.

34 Sabine Skudlik, *Sprachen in den Wissenschaften. Deutsch und Englisch in der internationalen Kommunikation*, Tübingen 1990.

35 Ulrich Ammon, *Die internationale Stellung der deutschen Sprache*, S. 212–281; ders., *Ist Deutsch noch internationale Wissenschaftssprache?*.

36 Ulrich Ammon, *Die internationale Stellung der deutschen Sprache*, S. 253f.; vgl. ders., *Ist Deutsch noch internationale Wissenschaftssprache?*, S. 51, 139. Zu Ammon siehe auch unten, S. 493–498.

37 Vgl. Peter von Polenz, *Deutsche Sprachgeschichte*, Bd. 3, S. 217–219.

38 Ammon wurde erstmals von mir im Jahr 1999 über den Boykott, der ihm ebenso wie anderen Linguisten unbekannt war, informiert.

Ursache des Rückgangs der deutschen Sprache in der Zeit der Weimarer Republik.[39]

Die vorliegende Arbeit untersucht erstmals die Geschichte des Deutschen als internationale Wissenschaftssprache und den Sprachboykott nach dem Ersten Weltkrieg. Sie stützt sich dabei auf umfangreiches empirisches Material, insbesondere auf Akten des Politischen Archivs des Auswärtigen Amts, des Bundesarchivs in Berlin und Koblenz, des Geheimen Staatsarchivs Preußischer Kulturbesitz, des Universitätsarchivs der Humboldt-Universität Berlin, des Archivs der Berlin-Brandenburgischen Akademie der Wissenschaften, des Archivs zur Geschichte der Max-Planck-Gesellschaft sowie des Archivs der Académie des Sciences in Paris. Für die Zeit nach dem Zweiten Weltkrieg wurden Akten des Archivs der Internationalen Mathematischen Union (früher Helsinki, jetzt Berlin) herangezogen. Darüber hinaus hat die Studie zahlreiche zeitgenössische Fachpublikationen, insbesondere Fachzeitschriften sowie Verbands- und Kongreßpublikationen ausgewertet.

Um die Verwendung der Sprachen zu erfassen, werden Sprachenregelungen untersucht, welche internationale Vereinigungen, Kongresse oder Publikationsorgane aufstellten. Allerdings wurden Sprachenregelungen nicht immer explizit formuliert und müssen aus dem überlieferten Material erschlossen werden. Im Hinblick auf Kongresse und sonstige Tagungen war allgemein von Verhandlungssprachen die Rede, wobei man zwischen offiziellen und zugelassenen Sprachen oft unterschied. Hinzu kamen vielfältige Differenzierungen.

- Die offiziellen Sprachen dienten als Geschäfts-, Korrespondenz-, Berichts-, Vortrags-, Diskussions-, Publikations-, Dokumenten- und Übersetzungssprachen. Nicht selten wurde eine Sprache als authentische Dokumentensprache festgelegt, um Fehler auszuschließen, die sich durch Übersetzungen einschleichen konnten. – In denjenigen Organisationen, die den Boykott betrieben, waren die offiziellen Sprachen Französisch und Englisch, authentische Dokumentensprache wurde Französisch.
- Die (nur) zugelassenen Sprachen galten für Berichte, Vorträge und Diskussionen auf Kongressen sowie Beiträge in Publikationen. Doch waren diese Sprachen auf Kongressen manchmal nur für die mündlichen Verhandlungen, nicht jedoch deren Veröffentlichung erlaubt. Häufig sollte Beiträgen in diesen

39 Ulrich Ammon, Entwicklung der deutschen Wissenschaftssprache im 20. Jahrhundert, in Friedhelm Debus, Franz Gustav Kollmann, Uwe Pörksen (Hrsg.), *Deutsch als Wissenschaftssprache im 20. Jahrhundert. Vorträge des Internationalen Symposions vom 18./19. Januar 2000*, Stuttgart 2000, S. 59–80, hier S. 68–72; siehe dazu auch ders., *Die Stellung der deutschen Sprache in der Welt*, Berlin u. a. 2015, S. 532–536; Michael D. Gordin, *Scientific Babel. How science was done before and after global English*, Chicago, London 2015, S. 175–185.

Sprachen eine Zusammenfassung in einer der offiziellen Sprachen oder eine Übersetzung hinzugefügt werden. Die zugelassenen Sprachen hatten also einen niedrigeren Rang.[40]

In Verbindung mit den jeweiligen Sprachenregelungen wird die praktische Verwendung der Sprachen in Einladungen und Zirkularen sowie verschiedenen Publikationen (Zeitschriften, Bibliographien, Referatenorganen und Konferenzbänden) anhand der gedruckten Artikel, Vorträge, Diskussionsbeiträge, offiziellen Mitteilungen und Dokumente überprüft. Berichte darüber werden zusätzlich ausgewertet. Dabei läßt sich an einzelnen Beispielen zeigen, wie hoch der Anteil der französischen, englischen und deutschen Beiträge sowie derjenigen Redner oder Autoren, welche die Sprache ihres Herkunftslandes (in der Regel ihre Muttersprache) verwendeten, gegenüber denjenigen, die eine Sprache als lingua franca benutzten, war. Neben den Sprachen der einzelnen Beiträge ist außerdem die Sprache (Hauptsprache) der jeweiligen Publikation von Belang, die für Titelblatt, Inhaltsverzeichnis, Register, Überschriften und Erklärungen benutzt wurde und sich häufig bei Kongreßpublikationen nach dem Kongreßland oder dem Erscheinungsort (Sitz oder Generalsekretariat einer Organisation) richtete.[41]

Aufschluß über die Stellung der Sprachen gibt zudem die Gründungsgeschichte einzelner Institutionen. Denn deren Gründer stellten auch für die Verwendung der Sprachen die Weichen und legten auf die Verankerung ihrer eigenen Sprache in den neu gegründeten Einrichtungen meist großen Wert. So waren für den Gebrauch der Sprachen organisatorische Festlegungen von Bedeutung, die den Sitz einer internationalen Institution, ihres leitenden Komitees, Generalsekretariats oder Zentralbüros, die personelle Zusammensetzung der Leitungsgremien ebenso wie den jeweiligen Versammlungsort betrafen. Oft übernahmen die an einem Kongreßort ansässigen Wissenschaftler und Fachverbände die Organisation eines Kongresses und die Publikation der Verhandlungen. Die Zahl der Teilnehmer aus den einzelnen Ländern und deren Sprachen – das Kongreßland stand hier an privilegierter Stelle – beeinflußten zusätzlich die Sprachenwahl auf Konferenzen.[42] Solche Aspekte werden deshalb in der Beschreibung einzelner Organisationen besonders berücksichtigt.

Wie wichtig diese Posten und Standorte für sprachliche Entscheidungen waren, zeigten die Bestrebungen der alliierten Wissenschaftler – wie im übrigen

40 Zu den Begriffen siehe auch Shenton, *Cosmopolitan Conversation*, S. 221 ff., 248–272; Skudlik, *Sprachen in den Wissenschaften*, S. 61 f., 71, 187, 326; Ammon, *Die internationale Stellung der deutschen Sprache*, S. 242 f.

41 Zum Begriff siehe auch unten S. 26, Anm. 22.

42 Vgl. dazu auch Shenton, *Cosmopolitan Conversation*, S. 89, 94–99, 119–154.

auch der Deutschen in den internationalen Verbänden vor dem Krieg oder danach in der Baltischen Geodätischen Kommission –, die Leitungsgremien der wissenschaftlichen Organisationen selbst zu besetzen, Sitz, Zentralbüros, Generalsekretariate in ihre Länder zu legen und vor allem in den ersten Jahren dort die Versammlungen und Kongresse zu veranstalten. Gerade mit solchen Eingriffen vermochten die alliierten Wissenschaftler in wichtigen Bereichen der deutschen Sprache ihre Machtbasis zu entziehen und einen Sprachenwechsel herbeizuführen. Wenngleich um jene Positionen in den Verhandlungen über die Wiederaufnahme der Zusammenarbeit heftig gerungen wurde, konnten sich Französisch und Englisch in den neugeschaffenen Organisationen als die offiziellen Sprachen etablieren und Deutsch langfristig zurückdrängen. Auf dieser Grundlage setzte sich schließlich Englisch als einzige maßgebliche internationale Wissenschaftssprache nach dem Zweiten Weltkrieg weltweit durch.

I. Im Vorfeld des Boykotts

1. Die Macht der deutschen Sprache

a) Mehrsprachigkeit, Sprachenregelungen, Rivalitäten

Im Zuge der Entwicklung und Spezialisierung der Wissenschaften im 19. Jahrhundert, die mit der Industrialisierung verknüpft waren, wuchs das Interesse der Gelehrten, sich weltweit zu verständigen, die Forschungen zu koordinieren und internationale Standards, Maßeinheiten und Nomenklaturen abzusprechen. Als Mittel der Verständigung dienten neben Briefen, gegenseitigen Besuchen und dem Austausch von Schriften internationale Konferenzen, Vereinigungen und Publikationen, die damals einen großen Aufschwung erlebten.[1] Diese internationalen Organisationen beförderten die Ausdehnung und Rationalisierung der wissenschaftlichen Zusammenarbeit. Gleichzeitig jedoch waren die meisten Wissenschaftler in nationale Institutionen und staatliche Wissenschaftspolitik eingebunden, und unter den führenden Wissenschaftsländern verstärkten sich die nationalen Rivalitäten um Positionen, Einfluß und Macht in dem sich etablierenden internationalen Wissenschaftsbetrieb. Der Umgang mit den Sprachen blieb davon nicht unberührt.

Die in den internationalen Organisationen verwendeten Sprachen waren in der Regel die Sprachen der Länder, in denen die Wissenschaften am weitesten fortgeschritten waren und die über die notwendigen Ressourcen verfügten, um die internationale Zusammenarbeit zu institutionalisieren. Es waren zugleich die Sprachen, die verbreitet waren und von anderssprachigen Wissenschaftlern verstanden wurden. Das waren Französisch, Englisch und Deutsch, in begrenztem Maße auch Italienisch und seltener Spanisch. Wenn Kongresse in anderssprachigen Ländern stattfanden, kamen deren Sprachen manchmal noch hinzu.

---

1 Siehe dazu Office Central des Institutions Internationales, *Annuaire de la vie internationale 1908–1909*, Bruxelles; Union of International Associations, *The 1.978 International Organizations founded since the Congress of Vienna.* Chronological List. With an Introduction by G. P. Speeckaert, Documents No. 7, Brussels 1957; dies., *Les Congrès internationaux de 1681 à 1899.* Liste complète, Documents No. 8, Bruxelles 1960; F. S. L. Lyons, *Internationalism in Europe 1815–1914*, Leyden 1963, insbesondere S. 223–237; Brigitte Schröder-Gudehus, Caractéristiques des Relations Scientifiques Internationales, 1870–1914, in *Cahiers D'Histoire Mondiale*, Vol. X, 1966, S. 161–177; Maurice P. Crosland, The History of the International Organisation of Science: Some Preliminary Sketches, in Frank R. Pfetsch (Hrsg.), *Internationale Dimensionen in der Wissenschaft*, Erlangen 1979, S. 37–60; Peter Alter, Internationale Wissenschaft und nationale Politik. Zur Zusammenarbeit der wissenschaftlichen Akademien im frühen 20. Jahrhundert, in Lothar Kettenacker, Manfred Schlenke, Hellmut Seier (Hrsg.), *Studien zur Geschichte Englands und der deutsch-britischen Beziehungen.* Festschrift für Paul Kluke, München 1981, S. 201–221; Anne Rasmussen, *L'Internationale Scientifique (1890–1914)*, Thèse de doctorat d'histoire, Paris 1995 (Mikrofiche).

https://doi.org/10.1515/9783110572643-005

So wurden zum Beispiel auf dem Internationalen Kongreß für Hygiene und Demographie 1907 in Berlin, dem Internationalen Kongreß für Physiotherapie 1910 in Paris oder dem 17. Internationalen Medizinischen Kongreß 1913 in London als offizielle Sprachen Englisch, Französisch und Deutsch bestimmt, auf dem 14. Internationalen Medizinischen Kongreß 1903 in Madrid hingegen Spanisch, Französisch, Englisch, Deutsch und Italienisch. Die 1902 in Brüssel gegründete Société Internationale de Chirurgie wiederum erklärte Französisch, Deutsch, Englisch und Italienisch zu ihren offiziellen Sprachen.[2]

Der Status „offizielle Sprache" auf internationalen Kongressen bedeutete, daß Vorträge, Reden und Diskussionsbeiträge darin gehalten, anderssprachige Beiträge in die offizielle(n) Sprache(n) übersetzt und Kongreßberichte und -dokumente darin veröffentlicht wurden.

Daneben ließ man häufig noch weitere Sprachen zu. Diese konnten – je nach Kongreßordnung – in Beiträgen benutzt werden, oft mit der Auflage, eine Übersetzung in eine der offiziellen Sprachen hinzuzufügen. Sie selbst dienten jedoch nicht als Übersetzungs-, Dokumenten- und offizielle Publikationssprache.

Die Unterscheidung zwischen offiziellen und zugelassenen Sprachen erlaubte mitunter eine sehr weitgehende Öffnung. So hieß es zum Beispiel in der Geschäftsordnung des 7. Internationalen Physiologenkongresses, der 1907 in Heidelberg stattfand: „Als offizielle Sprachen des Kongresses gelten die deutsche, die englische, die französische und die italienische. Jedes Mitglied kann sich seiner Muttersprache bedienen."[3] Ebenso waren auf dem 5. Internationalen Gynäkologenkongreß 1910 in St. Petersburg für Vorträge und Debatten alle Sprachen zugelassen, jedoch mit der Verpflichtung, daß Zusammenfassungen der Vorträge in eine der drei offiziellen Sprachen Französisch, Deutsch und Englisch geliefert wurden – das galt also auch für die russische Sprache.[4]

Man mußte eben der Tatsache Rechnung tragen, daß Vorträge in weniger bekannten Sprachen sonst kaum zur Kenntnis genommen wurden. Gleichzeitig setzte man bei Gelehrten voraus, daß sie von den offiziellen Sprachen Deutsch, Englisch und Französisch mindestens eine aktiv und die anderen passiv beherrschten. Doch kam es gelegentlich vor, daß Wissenschaftler, obwohl ihre Muttersprache offiziell anerkannt war, sich einer anderen offiziellen Kongreßsprache bedienten, insbesondere dann, wenn nicht alle Zuhörer jener Sprache mächtig waren. Deshalb sprachen manchmal auch deutsche Wissenschaftler französisch oder englisch.

---

2 Vgl. die Reglements von Kongressen und Vereinigungen, in UA HU Berlin, Med. Fak. Nr. 53 (MF); *Tuberculosis*, Vol. IX (1910), S. 36; *Annuaire de la vie internationale 1908–1909*, S. 1138.

3 Reglements von Kongressen und Vereinigungen (wie Anm. 2), Bl. 54.

4 Vgl. ebd.

Eine ähnliche Sprachenregelung wie auf dem internationalen Gynäkologenkongreß in St. Petersburg, die in einer Kombination von offiziellen und nichtoffiziellen Sprachen mit Übersetzungen bestand, hatte man 1906 auf dem 15. Internationalen Medizinischen Kongreß in Lissabon und 1909 auf dem folgenden Kongreß in Budapest getroffen. „In den beiden Generalversammlungen zu Anfang und Schluß der Sitzungen, sowie in den Sektionen war deutsch, französisch und englisch zulässig," berichtete die deutsche Gesandtschaft über den Kongreß in Lissabon an das Auswärtige Amt. „Wer in den Sektionen eine andere Sprache gebrauchen wollte, mußte für sofortige Übersetzung in eine der zulässigen Sprachen sorgen. Viele Portugiesen, Spanier und Italiener waren wenig erbaut über diese Regelementsbestimmung, welche einer babilonischen [sic] Sprachenverwirrung einen Riegel vorschob."[5]

Die Vorherrschaft der Dreisprachigkeit hatte sich, wenn auch nicht ohne Widerstand, weitgehend durchgesetzt. Doch wenigstens italienischen und spanischen Wissenschaftlern wollte man auf dem einen oder anderen Kongreß entgegenkommen und ihre Sprachen, wenn schon nicht als offizielle, so doch als zugelassene Sprachen tolerieren. In der Verteilung der Gewichte auf die verschiedenen Sprachen versuchte man dabei zu differenzieren, nicht nur zwischen offiziellem und zugelassenem Status, sondern auch zwischen Gesamt- und Sektionssitzungen sowie dem Geschäftsverkehr. So wurde in den Statuten des 1909 in Budapest tagenden internationalen Medizinerkongresses bestimmt: „Das Congressbureau gebraucht im internationalen Verkehr die französische, deutsche und englische Sprache. Bei den Fest- und Gesammtsitzungen kann die französische, deutsche, englische und italienische Sprache gebraucht werden, in den Sectionssitzungen auch andere Sprachen, jedoch nur dann, wenn eines der anwesenden Mitglieder den Inhalt des Vortrages oder der Discussion innerhalb der festgesetzten Zeitdauer in einer der erwähnten Sprachen mitteilt."[6]

In seltenen Fällen wurde auch Latein als Vortragssprache anerkannt, so auf dem internationalen Historikerkongreß 1908 in Berlin neben Deutsch, Englisch, Französisch und Italienisch.[7] Darüber hinaus richtete sich – im Rahmen der offiziellen Sprachen – die Sprache der Kongreßberichte oft nach der Sprache des Ortes, an dem der Kongreß getagt hatte.

---

5 Deutsche Gesandtschaft in Lissabon an AA, 27.4.1906, Abschr. in GStA PK, I. HA Rep. 76, Vc Sekt. 1 Tit. XI Teil VI Nr 7 Bd. II, Bl. 323–326a.

6 Statuten des Internationalen Medizinischen Kongresses in Budapest 1909, in GStA PK, I. HA Rep. 76, Vc Sekt. 1 Tit. XI Teil VI Nr. 7 Bd. III, Bl. 61.

7 Vgl. Programm des Internationalen Kongresses für historische Wissenschaften. Berlin 1908. Kongreßordnung, in UA HU Berlin, Phil. Fak. Nr. 1406, Bl. 22.

Während sich vor allem italienischsprachige Wissenschaftler auf internationalen Veranstaltungen gegen die Beschränkung auf die deutsche, französische und englische Sprache zur Wehr setzten, machten sich auch innerhalb des Sprachenregimes der drei führenden Wissenschaftssprachen Rivalitäten bemerkbar.

Die Bastion des Französischen, das bis ins 19. Jahrhundert hinein in Europa als traditionelle Wissenschaftssprache verwendet worden war und zudem noch für viele Länder als internationale Diplomatensprache galt, bemühten sich französische Wissenschaftler und Kulturstrategen gegen den Aufstieg der deutschen und englischen Sprache vehement zu verteidigen. Allein schon die hohe Zahl der nach Paris und Brüssel einberufenen Kongresse sowie der französischen Gelehrten, die nicht nur dort, sondern auch an Kongressen in anderen Ländern teilnahmen, sicherte dem Französischen eine starke Stellung. In Paris wurden außerdem Kongresse durchgeführt, die man zwar als international verstand, auf denen aber Französisch als einzige Kongreßsprache galt, wie auf dem 1913 abgehaltenen ersten Congrès international d'éducation physique, zu dem Deutschland offiziell eingeladen worden war.

Allerdings hielten solche eigenmächtig und einseitig verfügten Sprachregelungen ausländische Wissenschaftler von dem Besuch eines solchen Kongresses eher ab. Der deutsche Physiologe und Geheime Medizinalrat Max Rubner, Mitglied der Preußischen Akademie der Wissenschaften zu Berlin, bemängelte diese Einsprachigkeit in Paris in seinem Bericht an den preußischen Kultusminister Trott zu Solz: „Die bisher angekündigten Vorträge werden fast ausschließlich durch Franzosen gehalten, ob auch andere Gelehrte und Berichterstatter an hervorragender Stelle zu Worte kommen, ist nicht ersichtlich. Entgegen den sonstigen Gebräuchen internationaler Congresse wird nur das Französische als Congresssprache anerkannt, während Deutsch und Englisch ausgeschlossen sind. Es wird nur erwähnt, daß die Resolutionen übersetzt werden sollen. Von deutscher Seite dürfte im Allgemeinen die Beteiligung eine sehr beschränkte sein."[8]

„Unter diesen Umständen", schrieb daraufhin der zuständige Vertreter des Reichsamts des Innern, Theodor Lewald, der sich zuvor mit dem preußischen Kultusministerium abgesprochen hatte, an das Auswärtige Amt, „stelle ich ergebenst anheim, die Einladung ablehnend zu beantworten, ohne die von Rubner berührte Sprachenfrage in die Erörterung zu ziehen. Die Regierungen der größeren Bundesstaaten sind entsprechend verständigt." Ohnehin würde unter deutschen Gelehrten wenig Neigung bestehen, am Kongreß teilzunehmen.[9] Dar-

8 Rubner an Trott zu Solz, 29.1.1913, Abschr. in PA AA, R 64497.
9 Lewald, RdI, an AA, 20.2.1913, in ebd.

aufhin teilte das Auswärtige Amt der Französischen Botschaft in Berlin lediglich mit, daß eine amtliche Beteiligung des Deutschen Reichs an dem Kongreß in Paris nicht möglich sei.[10]

Auch auf internationalen Kongressen, die in anderen Städten durchgeführt wurden, dominierte zuweilen Französisch. So lautete im „Règlement Provisoire" des Internationalen Archäologenkongresses 1905 in Athen der Sprachenparagraph: „La langue officielle du Congrès est le français; il est employé pour la rédaction des procès-verbaux du Congrès et la correspondance de la Commission et du Comité. Toutefois, les membres du Congrès pourront dans leurs lettres, leurs communications ou leurs mémoires, se servir aussi du grec, de l'allemand, de l'anglais ou de l'italien."[11] Die französischen Archäologen und Politiker hatten allerdings alle Hebel in Bewegung gesetzt, um den Kongreß zu dominieren und die deutsche Konkurrenz auszustechen.[12]

Ähnlich wie auf dem Archäologenkongreß in Athen wurde im französischsprachigen „Règlemen" des internationalen Medizinerkongresses, der ein Jahr später in Lissabon tagte, der französischen Sprache eine bevorzugte Stellung eingeräumt: „La langue française est la langue officielle du Congrès pour les relations internationales. Dans les assemblées générales ainsi que dans les sections, les langues allemande, anglaise et française pourront être employées."[13]

Zudem spielte im Permanenten Komitee für internationale medizinische Kongresse, das man 1910 auf dem Kongreß im Haag einrichtete, um die Kongresse besser organisieren zu können, die französische Sprache eine privilegierte Rolle. Denn der Sitz des Komitees wurde nach Paris gelegt. In der Regel wirkte sich die Wahl des Sitzes einer internationalen Organisation darauf aus, daß der dort gesprochenen Landessprache eine Vorrangstellung zukam. Ohnehin mußten gewichtige Gründe ins Feld geführt werden, um die Standortwahl einer permanenten Institution rechtfertigen zu können.

Für die Gründung jener ständigen Einrichtung des Komitees für internationale medizinische Kongresse in Paris hatten sich auch der Anatom Wilhelm Waldeyer und der Urologe Carl Posner, die den Vorsitz und die Geschäftsführung des Deutschen Reichskomitees für den Kongreß in Lissabon innehatten, in einem Antrag an das Deutsche Reichskomitee eingesetzt und diesen Antrag dem preu-

---

10 Vgl. AA an Botschaft der Französischen Republik, 26.2.1913, in ebd.

11 UA HU Berlin, Phil. Fak. Nr. 1406, Bl. 13.

12 Dazu ausführlich Rasmussen, *L'Internationale Scientifique*, S. 186ff.

13 XV Congrès International de Médecine, Lissabon 19.-26.4.1906, Règlement, Art. 20, in GStA PK, I. HA Rep. 76, Vc Sekt. 1 Tit. XI Teil VI Nr. 7 Bd. II, Bl. 123. Zu den Übersetzungen aus anderen Sprachen siehe Kapitel I. 1.

ßischen Kultusministerium überreicht. In ihrem dem Antrag beigefügten Bericht erläuterten sie ihre Entscheidung:

> Im Antrage war Paris hierfür vorgeschlagen, keineswegs um eine Superiorität der französischen Medizin anzuerkennen, sondern aus folgenden Gründen:
>
> 1) Der internationale medizinische Congress ist eine Schöpfung der französischen Aerzte; er tagte in Paris zuerst 1867, dann noch einmal 1900.
>
> 2) Es schien zweckmäßig, ein grosses wissenschaftliches Centrum zu wählen – nur London, Paris, Berlin kamen in Betracht. London ist wegen seiner geographischen Lage ungeeignet, Berlin hätte – von uns vorgeschlagen – wenig Aussicht auf Annahme gehabt, während wir glaubten, durch Vorschlag von Paris die Vertreter der anderen Nationen am ehesten zur Zustimmung zu bewegen.
>
> 3) Auch die internationale Vereinigung der Akademien hat ihre erste Tagung in Paris gehalten.
>
> 4) Der Sitz des Bureaus ist von wesentlich technischer Bedeutung. In Paris würden die geeigneten Hülfskräfte (z. B. im Bureau des renseignements u. der Sorbonne) leicht zu haben sein. Weiteren, massgebenden Einfluss hat solch Bureau nicht – z. B. ist auch der Sitz der Gesellschaft Deutscher Naturforscher und Aerzte nicht Berlin, sondern Leipzig.

Der letzte Hinweis sollte wohl klarmachen, daß Paris wie Leipzig ohnehin unter der Hegemonie der Berliner Wissenschaft stand und deshalb die Ortswahl gleichgültig war. Jedenfalls versuchten die Vertreter der deutschen Medizin die Bedeutung der Wahl von Paris für den Sitz des Permanenten Komitees herunterzuspielen: „Selbstverständlich legen wir auf die Wahl des Orts kein entscheidendes Gewicht, würden vielmehr auch jeder anderen, passenden Stadt zustimmen." Was dabei die deutschen Wissenschaftler anscheinend nicht beunruhigte – vielleicht aus einem Gefühl der Überlegenheit heraus, war die Konsequenz jener Entscheidung für die Sprachenwahl. Um so mehr rückten sie den Nutzen in den Vordergrund, den sie sich für die deutsche Medizin von einem Pariser Büro versprachen: „Von der Annahme unseres Prinzips aber", so erklärten sie, „erhoffen wir einen erneuten Aufschwung der internationalen Congresse und die Möglichkeit, die deutsche Wissenschaft auf ihnen in noch erhöhtem Masse, ihrer Bedeutung entsprechend, zur Geltung zu bringen!"[14]

Französisch wurde, was naheliegend war, die offizielle Sprache des Permanenten Komitees in Paris, auf dessen Versammlungen freilich auch Deutsch, Englisch und Italienisch gleichberechtigt zugelassen waren, wie man es im „Règlement Général des Congrès Internationaux de Médecine" festgeschrieben

14 Waldeyer, Posner, Deutsches Reichskomitee für den Kongreß in Lissabon, 25. 3. 1906, in GStA PK, I. HA Rep. 76, Vc Sekt. 1 Tit. XI Teil VI Nr. 7 Bd. II, Bl. 222 f.; Hervorhebung i. Orig.

hatte: „Le français est la langue officielle de la Commission permanente et de son Bureau. Dans les réunions on pourra faire usage également de l'allemand, de l'anglais et de l'italien."[15] - Spanisch und Esperanto waren bei den 1911 in London geführten Verhandlungen ausdrücklich ausgeschlossen worden.[16]

Auf Französisch als einzige offizielle Geschäfts-, Verhandlungs- und Publikationssprache hatte man sich auch im 1875 errichteten Internationalen Büro für Maße und Gewichte (Bureau international des poids et mesures) geeinigt, dessen Sitz in Sèvres bei Paris angesiedelt worden war, als dessen Präsident jedoch der deutsche Astronom Wilhelm Foerster fungierte.[17]

Bei romanischsprachigen Wissenschaftlern war Französisch ohnehin die bevorzugte lingua franca. Das zeigte sich auch in Publikationen. In der von italienischen Wissenschaftlern ab 1907 herausgegebenen internationalen wissenschaftlichen Zeitschrift *„Scientia"*, als „Internationale Zeitschrift für wissenschaftliche Synthese" gedacht, erschienen zwar Titelblatt und Überschriften über einzelne Rubriken viersprachig, auf Italienisch, Französisch, Deutsch und Englisch, die Beiträge waren in einer dieser Sprachen verfaßt und unter dem Verlagsort Bologna waren Verlage in London, Paris und Leipzig für den Vertrieb aufgeführt. Doch für die Referate, Berichte und allgemeinen Übersichten wählte man nur Französisch, wie auch im Supplément die deutschen, englischen und italienischen Aufsätze in französischer Übersetzung zu finden waren. Französisch war in *„Scientia"* die vorherrschende Publikationssprache.[18]

Wie die französische übernahmen in anderen Wissenschaftsorganisationen die deutsche oder englische Sprache die Führung, gestützt auf herausragende Leistungen und eine zielstrebig betriebene Wissenschafts- und Sprachenpolitik.

Auch wenn in der internationalen wissenschaftlichen Zusammenarbeit vor dem Ersten Weltkrieg die Dreisprachigkeit sich weitgehend behaupten konnte,

---

15 Règlement Général des Congrès Internationaux de Médecins, 17. Internationaler Medizinischer Kongreß 6.-12. 8. 1913 in London, in GStA PK, I. HA Rep.76, Vc Sekt. 1 Tit. XI Teil VI Nr. 7 Bd. III, Bl. 245–248.

16 Vgl. Deutsches Reichskomitee für den 17. internationalen medizinischen Kongreß (1913 in London), in *Berliner klinische Wochenschrift*, Nr. 9, 1912, S. 234. Zur Auseinandersetzung um die Sprachenfrage auf weiteren Kongressen sowie zur Verwendung von Kunstsprachen siehe Rasmussen, *L'Internationale scientifique*, S. 474 ff., 545 ff.

17 Siehe dazu *Annuaire de la vie internationale 1908–1909*, S. 315–324; Karl Griewank, Aus den Anfängen gesamtdeutscher Wissenschaftspflege, in *Volkstum und Kulturpolitik*, hrsg. von Heinrich Konen und Johann Peter Steffes, Köln 1932, S. 214–217.

18 Vgl. *„Scientia"* (Rivista di Scienza), Organo internazionale di sintesi scientifica – Revue internationale de synthèse scientifique – Internationale Zeitschrift für wissenschaftliche Synthese – International Review of Scientific Synthesis, Vol./Band XV, Anno-Année-Jahr-Year VIII, 1914; vgl. dazu auch Rasmussen, *L'Internationale scientifique*, S. 512.

setzten sich, je nach Disziplin und Einflußbereich in unterschiedlicher Weise, in der Sprachenfrage die nationalen Ambitionen fort. In diesem Ensemble miteinander konkurrierender Sprachen erlangte die deutsche Sprache eine gegenüber Englisch und Französisch gleichrangige, teilweise sogar dominante Position. Das ging einerseits auf besondere Leistungen sowie organisatorische Initiativen deutscher Wissenschaftler zurück, andererseits und gleichzeitig aber machten deutsche Politiker, Militärstrategen und Wissenschaftler ihren Einfluß geltend, um die deutsche Sprache zu verbreiten und deren internationalen Rang in den Wissenschaften zu erhöhen. So wurde die deutsche Sprache nicht nur als Instrument der Verständigung, sondern zugleich auch des Macht- und Prestigegewinns benutzt.

Die internationale Stellung der deutschen Wissenschaftssprache und die damit verbundene Wissenschafts- und Sprachenpolitik in der damaligen Zeit sollen im folgenden exemplarisch auf einzelnen Gebieten untersucht werden, auf denen deutsche Wissenschaftler und die deutsche Sprache mit an führender Stelle standen. Besonderes Augenmerk gilt dabei Institutionen, die, vielfach miteinander verknüpft, für die internationale wissenschaftliche Kommunikation bedeutsam waren: internationalen Vereinigungen, Kongressen und Publikationen. In den Blick genommen werden der International Catalogue of Scientific Literature und die Internationale Assoziation der Akademien sowie Unternehmungen in der Astronomie, Chemie, Geodäsie, Seismologie, Geographie und Tuberkuloseforschung.

b) International Catalogue of Scientific Literature und deutsche Literaturproduktion

Von der britischen Royal Society wurde ein großangelegtes internationales bibliographisches Unternehmen mit dem *International Catalogue of Scientific Literature* in die Wege geleitet, dessen Hauptsprache Englisch war, was mit der Gründungsgeschichte zusammenhing, aber auch damit, daß Englisch damals die am weitesten verbreitete Sprache war.

Ab 1867 hatte die Royal Society den *Catalogue of Scientific Papers*, eine Bibliographie periodischer Publikationen auf dem Gebiet der Naturwissenschaften, herausgegeben. Da jedoch die literarische Produktion gewaltige Ausmaße erreichte und es um so notwendiger wurde, eine vollständige Bibliographie naturwissenschaftlicher Arbeiten zu erstellen, in der auch die selbständigen Werke enthalten waren, wandte sich die Royal Society 1894 an zahlreiche Gesellschaften, Institute und Gelehrte in anderen Ländern, um eine umfassende internationale Bibliographie mit diesen gemeinsam zu erarbeiten. Zu diesem Zweck lud sie zur internationalen Konferenz im Jahre 1896 nach London ein.[19]

Weitere Konferenzen folgten, ein Zentralbüro in London sowie Regionalbüros in verschiedenen Ländern, auch in Deutschland, wurden installiert, ein Internationaler Rat (International Council), dem Delegierte der beteiligten Staaten angehörten, wurde gebildet, und schließlich konnten die ersten Bände des Katalogs, welche die Literatur des Jahres 1901 verzeichneten, 1902 erscheinen. Der Katalog umfaßte siebzehn Disziplinen, deren Literatur, in einem Autoren- und Sachkatalog, in Einzelbänden zusammengestellt war. Regionalbüros in 34 Ländern beteiligten sich vor dem Ersten Weltkrieg daran. (Abb. 1)

Zuerst hatte man die Katalog-Konferenzen nur auf Englisch, Deutsch und Französisch durchgeführt und die Kongreßbeschlüsse vom Englischen nur ins Deutsche und Französische übersetzt. So bestimmte die auf der ersten Konferenz 1896 in London verabschiedete Resolution:

> Dass Englisch, Französisch und Deutsch die offiziellen Sprachen der Conferenz sein sollen, dass es aber jedem Delegierten freistehen soll, bei der Conferenz in einer anderen Sprache zu sprechen, vorausgesetzt, dass er für das Protocoll der Conferenz eine schriftliche Uebersetzung seiner Rede in eine der offiziellen Sprachen liefert.[20]

Nachdem aber die italienische Regierung ihre Teilnahme davon abhängig gemacht hatte, daß auch das Italienische als offizielle Sprache der Konferenzen und des Katalogs aufgenommen wurde – um entsprechenden Druck auszuüben, war sie der zweiten Konferenz in London 1898 ostentativ ferngeblieben –, reihte man auch noch Italienisch in diejenigen Sprachen ein, die im Katalog nicht übersetzt zu werden brauchten und in denen anderssprachige Titel wiedergegeben werden konnten.[21]

Die Sprache des Internationalen Katalogs, als dessen Herausgeberin die Royal Society für den International Council fungierte, war Englisch; das betraf

---

19 Zur Geschichte vgl. das Vorwort (Preface) in den Bänden des 1. Jahrganges (1901) des *Catalogue of Scientific Literature*, London 1902; Fritz Milkau, *Die Internationale Bibliographie der Naturwissenschaften nach dem Plane der Royal Society.* Eine orientierende Übersicht, Berlin 1899; Anne Rasmussen, *L'Internationale Scientifique*, S. 229 f., siehe dort auch zu weiteren Bibliographien; Eckhardt Fuchs, Schriftenaustausch, Copyright und Dokumentation: Das Buch als Medium der internationalen Wissenschaftskommunikation vor dem Ersten Weltkrieg unter besonderer Berücksichtigung Deutschlands und der Vereinigten Staaten von Amerika, in *Leipziger Jahrbuch zur Buchgeschichte* 7, 1997, S. 125–168.

20 Royal Society of London, Report of the Proceedings at the International Conference on an Catalogue of Scientific Literature held in London July 14–17, 1896, S. III.

21 Vgl. Milkau, *Die Internationale Bibliographie*, S. 13, 48, 52.

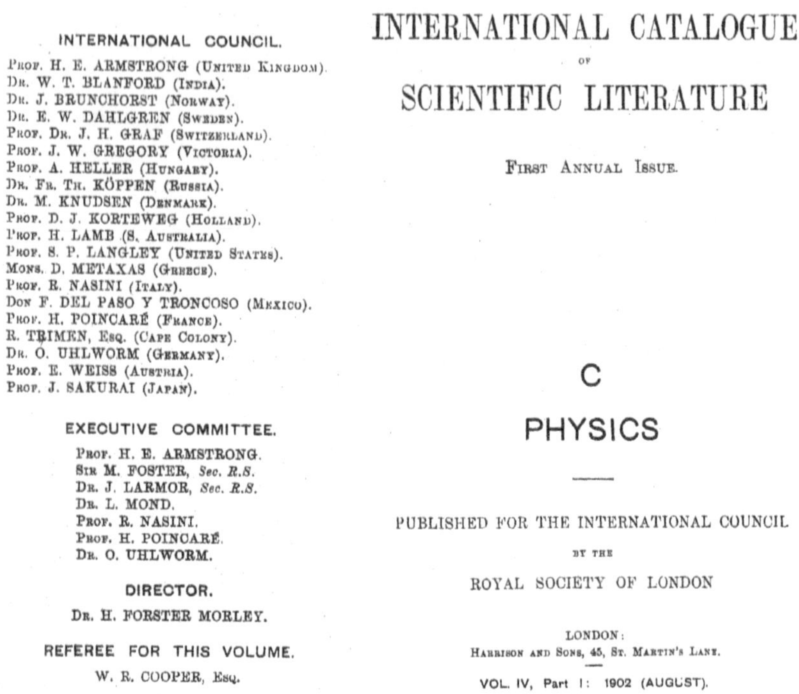

INTERNATIONAL COUNCIL.

Prof. H. E. ARMSTRONG (United Kingdom).
Dr. W. T. BLANFORD (India).
Dr. J. BRUNCHORST (Norway).
Dr. E. W. DAHLGREN (Sweden).
Prof. Dr. J. H. GRAF (Switzerland).
Prof. J. W. GREGORY (Victoria).
Prof. A. HELLER (Hungary).
Dr. Fr. Th. KÖPPEN (Russia).
Dr. M. KNUDSEN (Denmark).
Prof. D. J. KORTEWEG (Holland).
Prof. H. LAMB (S. Australia).
Prof. S. P. LANGLEY (United States).
Mons. D. METAXAS (Greece).
Prof. R. NASINI (Italy).
Don F. DEL PASO Y TRONCOSO (Mexico).
Prof. H. POINCARÉ (France).
R. TRIMEN, Esq. (Cape Colony).
Dr. O. UHLWORM (Germany).
Prof. E. WEISS (Austria).
Prof. J. SAKURAI (Japan).

EXECUTIVE COMMITTEE.

Prof. H. E. ARMSTRONG.
Sir M. FOSTER, *Sec. R.S.*
Dr. J. LARMOR, *Sec. R.S.*
Dr. L. MOND.
Prof. R. NASINI.
Prof. H. POINCARÉ.
Dr. O. UHLWORM.

DIRECTOR.

Dr. H. FORSTER MORLEY.

REFEREE FOR THIS VOLUME.

W. R. COOPER, Esq.

INTERNATIONAL CATALOGUE
OF
SCIENTIFIC LITERATURE

First Annual Issue.

C
PHYSICS

PUBLISHED FOR THE INTERNATIONAL COUNCIL
BY THE
ROYAL SOCIETY OF LONDON

LONDON:
Harrison and Sons, 45, St. Martin's Lane.

VOL. IV, Part I: 1902 (AUGUST).

Abb. 1: *International Catalogue of Scientific Literature*, 1902. Titelblatt. Exemplar der Staatsbibliothek Berlin

den Namen des Katalogs, die Liste der Namen der beteiligten Länder, Titelblatt, Vorwort, einige Erläuterungen sowie die Überschriften.[22] „The various headings

22 Der Bibliothekar und Bibliothekswissenschaftler Fritz Milkau, später (1921–1925) Generaldirektor der Preußischen Staatsbibliothek in Berlin, bezeichnete im Hinblick auf den Katalog das Englische als „die Sprache der Bibliographie“ (ebd., S. 21). Der Mathematiker Walther von Dyck, Professor an der Technischen Hochschule München und Mitglied der mathematisch-physikalischen Klasse der Kgl. Bayerischen Akademie der Wissenschaften in München, sprach von „Englisch als Hauptsprache des Katalogs“ in seinem im Dezember 1896 der Akademie erstatteten Bericht über die Verhandlungen und Beschlüsse der im Juli 1896 stattgefundenen „Internationalen Katalog-Konferenz“. Dieser Bericht wurde von der Akademie an das preußische Kultus-

and sub-headings throughout the Subject Index are given in English", stand im Vorwort des Katalogs. Doch unterhalb dieser Ebene vereinbarte man weitere offizielle Sprachen: Französisch, Deutsch und Italienisch, teilweise auch Latein. So wurden im Vorspann Sachregister und Index in den vier offiziellen Sprachen Englisch, Französisch, Deutsch und Italienisch – in dieser Reihenfolge – hintereinander gedruckt.

Dazu hieß es im Vorwort des Katalogs:

> A Schedule of Classification and an Index thereto will be prefixed to each volume in English, French, German, and Italian. This will not only enable the scientific worker to study the system of classification in the language with which he is most familiar, but also in cases of doubt – e.g. as to the meaning of a word – will enable him to refer to the corresponding entry in another language. Should there be a marked discrepancy among the schedules on any point the English schedule is to be taken as guide, the schedules printed in that language beeing those which were approved by the International Council.[23]

Auch die englischen Überschriften im Sachkatalog ließen sich mit Hilfe der Klassifizierung und der viersprachigen Verzeichnisse am Anfang bei Bedarf entschlüsseln.

Im Autorenkatalog sollten die Titel, wenn sie im Original in einer Sprache, die nicht zu den offiziellen Sprachen zählte, verfaßt worden waren, zwar – soweit das möglich war – in der Originalsprache oder in deren lateinischer Transkription wiedergegeben, aber zusätzlich in eine jener fünf Sprachen übersetzt werden, je nach dem Belieben des betreffenden Regionalbüros.

Im Sachkatalog hingegen waren die Titel, wenn sie einer anderen als einer der offiziellen Sprachen entstammten, nur in Übersetzung aufgeführt, mit einem zusätzlichen Hinweis auf die Originalsprache.

> The entries in the Subject Indexes are in the language of the original paper when that is one of the following five languages: Latin, English, French, German, and Italian. These are the only languages used in the Subject Index, but in case of translation the name of the language of the original is inserted within round brackets.[24]

---

ministerium weitergereicht. In GStA PK, I. HA Rep.76, Vc Sekt. 1 Tit. XI Teil III Nr. 18 Bd. 2, Bl. 78–87, Zitat Bl. 86.

23 Preface in *International Catalogue of Scientific Literature*, First Annual Issue. C. Physics, published for the International Council by the Royal Society of London, Vol. IV, Part I, London 1902, S. VIII.

24 Ebd.

Das Deutsche Büro der internationalen Bibliographie der Naturwissenschaften, das in Berlin unter der Leitung des Königlichen Oberbibliothekars Oskar Uhlworm eingerichtet worden war und allein über zehn Angestellte verfügte – es wurde von der Reichsregierung jährlich mit 40.000 Mark finanziert –, zeichnete sich durch besonders großen Eifer aus. Als wollte Uhlworm die englische Dominanz in dem internationalen Unternehmen durch deutschen Fleiß und deutsche Gründlichkeit unterlaufen, lieferte er an das Zentralbüro in London für damalige Verhältnisse recht große Mengen deutschsprachiger Literaturangaben. Die betreffenden Literatur-Zettel aus Berlin überstiegen anfangs sogar die Gesamtzahl der von allen anderen Büros nach London geschickten Zettel, wie Uhlworm in seinem Bericht nicht ohne Stolz vermerkte, als käme es in erster Linie auf Quantitäten an. So stammten nach seiner Zählung von den bis Ende 1902 in London insgesamt eingegangenen 136.139 Zetteln allein 78.980, also über die Hälfte, vom Deutschen Büro.[25] Bereits Ende 1903 zählte Uhlworm rund 132.000 Eintragungen im großen Katalog für die vom Berliner Büro seit seines Bestehens mitgeteilte deutsche Literatur, wohingegen er als Gesamtzahl der von allen Staaten gelieferten Eintragungen, wie der Vorjahresbericht ergeben hatte, nur rund 284.000 feststellen konnte.[26] In den folgenden Jahren änderten sich diese Abstände kaum. Karl Kerkhof, ein Mitarbeiter Uhlworms, ermittelte später für den Zeitraum von 1901 bis 1911 von insgesamt 1.854.514 dem Zentralbüro des internationalen Katalogs zugegangenen Zetteln allein 829.054 deutsche.[27]

Dabei fiel ins Gewicht, daß zahlreiche ausländische Autoren ihre Originalarbeiten in deutschen Zeitschriften veröffentlichten. Bei der Auswertung von sechs ausgewählten Zeitschriften der Medizin und angrenzender Gebiete aus dem Jahr 1913 kam Kerkhof sogar zu einem Ausländeranteil von etwa 50 Prozent; in einer entsprechenden Untersuchung von vier Zeitschriften auf dem Gebiet der Physik und Chemie waren es etwa 37 Prozent ausländische Beiträge.[28] Oft waren diese Beiträge in deutscher Sprache verfaßt.

---

25 Vgl. Uhlworm, Bericht über die Tätigkeit des Deutschen Bureaus der internationalen Bibliographie in der Zeit vom 1. Januar 1902 bis zum 31. Dezember 1902, 9.1.1903, in GStA PK, I. HA Rep. 76, Vc Sekt. 1 Tit. XI Teil III Nr. 18 Bd. 2, Bl. 390 – 392.

26 Vgl. Uhlworm, Bericht über die Tätigkeit des Deutschen Bureaus der internationalen Bibliographie in der Zeit vom 1.1.1903 bis 31.12.1903, in GStA PK, I. HA Rep. 76, Vc Sekt. 1 Tit. XI Teil III Nr. 18 Bd. 3, Bl. 39 – 41.

27 Karl Kerkhof, Die internationalen naturwissenschaftlichen Organisationen vor und nach dem Weltkriege und die deutsche Wissenschaft, in *Internationale Monatsschrift für Wissenschaft, Kunst und Technik*, Jg. 12, H. 3, Januar 1921, Sp. 237.

28 Karl Kerkhof, Die Weltgeltung des deutschen Schrifttums, in *Forschungen und Fortschritte*, 9. Jg., Nr. 27, 20.9.1933, S. 401 f.

Die deutsche Sprache wurde also häufig von Wissenschaftlern, deren Muttersprache nicht Deutsch war, als Publikationssprache benutzt und war im Internationalen Katalog allein schon quantitativ gut repräsentiert.[29]

Neben seinen Diensten für das Londoner Zentralbüro stellte das Deutsche Büro der internationalen Bibliographie in Berlin das von ihm gesammelte Material auch Wissenschaftlern und Institutionen in Deutschland zur Verfügung, bevor der Internationale Katalog überhaupt erscheinen konnte. So gab das Büro im Auftrag des Reichsamtes des Innern wöchentlich eine eigene *Bibliographie der Deutschen Naturwissenschaftlichen Literatur* heraus. Von dieser Veröffentlichung konnten nicht zuletzt die zahlreichen deutschsprachigen Fachzeitschriften, Bibliographien und Referatenorgane profitieren, sie konnten ihre Literaturübersichten vervollständigen und viel früher, häufiger und kostengünstiger publizieren als der doch etwas schwerfällig produzierte und ziemlich teure Internationale Jahreskatalog.

Von Anfang an hatte die Akademie der Wissenschaften in Berlin in ihrem Bericht an das preußische Kultusministerium geraten, die deutsche Mitarbeit am Internationalen Katalog davon abhängig zu machen, daß im Hinblick auf den Gebrauch des Katalogs die deutsche Sprache gebührend berücksichtigt würde und daß

> die jetzt bestehenden deutschen Jahresberichte über die Fortschritte der Mathematik und der Naturwissenschaften nicht unter dem internationalen von der Londoner Royal Society geplanten Kataloge leiden. Diese Jahresberichte verfolgen sehr viel weitere Zwecke als der genannte Katalog und werden daher durch den letzteren keineswegs überflüssig; sie werden nach wie vor als ein nothwendiges Unternehmen im vollen Umfange erhalten bleiben

---

29 Bei dem Auszug aus dem *Zoological Record* des Jahres 1910, den Ulrich Ammon abgedruckt hat (*Ist Deutsch noch internationale Wissenschaftssprache?*, S. 3; ders., Entwicklung der deutschen Wissenschaftssprache, S. 61 f.), ist zu bedenken, daß der *Zoological Record* damals in den *International Catalogue of Scientific Literature* integriert war, sich also nicht nur an Wissenschaftler in Großbritannien richtete, daß hier Deutsch Übersetzungssprache war und das Deutsche Büro für die umfassende Belieferung mit deutschsprachigen Literaturtiteln sorgte. Überdies war Max Hartmann, der in dem Auszug einer Spalte der S. 14 allein mit 8 Titeln vertreten ist, davon 3 Titeln auf portugiesisch und deutsch, ein bekannter deutscher Zoologe und Biologe, der 1909 neun Monate auf Einladung der brasilianischen Regierung am Institut Oswaldo Cruz bei Rio de Janeiro zusammen mit dem Brasilianer Carlos Chagas forschte und die Forschungsergebnisse in dem Fachorgan des Instituts publizierte. Aus diesem Grunde erschienen drei Aufsätze von ihm auf portugiesisch und deutsch, davon zwei zusammen mit Chagas verfaßt. Deutsch diente in diesem Fall also nicht als lingua franca. Hartmann wurde 1935 Direktor des Kaiser-Wilhelm-Instituts für Biologie in Berlin; vgl. Heng-an Chen, *Die Sexualitätstheorie und „Theoretische Biologie" von Max Hartmann in der ersten Hälfte des zwanzigsten Jahrhunderts*, Stuttgart 2003, S. 32 f.; zur Korrektur siehe Ammon, *Die Stellung der deutschen Sprache in der Welt*, S. 522.

> müssen, und dürften daher, soweit sie aus öffentlichen Mitteln unterstützt werden, keinerlei Schmälerung erfahren. Insofern aber der internationale Katalog Hülfsmittel bieten wird, diese Berichte vollkommener und schneller als bisher erscheinen zu lassen, wird er dieselben sehr fördern.[30]

Jedenfalls war man in Deutschland bestrebt, die internationale Arbeit am Katalog für die Vervollkommnung der eigenen bibliographischen Werke zu nutzen. Dabei wurden die Ziele noch weiter gespannt. Als wäre ein Wettkampf um die weltweit besten Bibliographien entbrannt, wurden deutsche Bibliographen dazu aufgerufen, nicht nur den *International Catalogue of Scientific Literature* und die britische Zeitschrift *The Review of Reviews* (seit 1890), sondern auch herausragende amerikanische Werke wie den *Index Medicus* (seit 1879), den *Index-Catalogue of the library of the Surgeon-General's Office* (seit 1880) und den von der American Library Association herausgegebenen *The Annual Literary Index* (seit 1893) möglichst zu übertreffen. „Lassen wir Deutsche uns nicht länger von den Amerikanern beschämen," forderte 1897, als der Londoner Katalog noch nicht erschienen war, der Bibliothekar an der Königlichen Bibliothek in Berlin, Alfred Schulze, im *Börsenblatt für den Deutschen Buchhandel*, „sondern schaffen wir mit dem neuen Jahrhundert, an dessen Schwelle wir stehen, ein so mustergiltiges Zeitschriften-Repertorium, daß der sehr verbesserungsbedürftige *Literary Index* in den Schatten gestellt wird!"[31]

Immerhin gelang es im Lauf der Jahrzehnte ambitionierten Gelehrten und Verlegern in Deutschland, ein dichtes Netz deutschsprachiger Fachzeitschriften mit Literaturübersichten und Referaten zu knüpfen, das den hohen Stand der Wissenschaften in Deutschland dokumentierte und international Anerkennung fand. Auch hier beeindrucken die Zahlen: So betrug zum Beispiel in der Chemie in dem amerikanischen Referatenorgan *Chemical Abstracts* im Jahr 1909 der Anteil der besprochenen Beiträge aus deutschen Zeitschriften allein 45 %, gegenüber 20,1 % aus US-amerikanischen, 13,4 % aus britischen und 13,2 % aus französischen Journalen. In dem französischen *Bulletin de la Société chimique* war der deutsche Anteil noch höher, was mit den besonderen Interessen französischer Chemiker an der deutschen Chemie zusammenhing; er betrug in der Zeit vor dem Ersten Weltkrieg im Durchschnitt sogar mehr als 70 %.[32]

---

30 Königliche Akademie der Wissenschaften zu Berlin an Kultusminister, 22.4.1897, in BBAW-Archiv, II-XII-37, Bl. 42f., Zitat Bl. 43.

31 Alfred Schulze, Eine Forderung an die deutsche Bibliographie, in *Börsenblatt für den Deutschen Buchhandel*, No. 89, 20.4.1897; siehe dazu auch *Börsenblatt* No. 93, 24.4.1897.

32 Die Zahlen zu *Chemical Abstracts* nach D. B. Baker, F. A. Tate, R. J. Rowlett, Changing Patterns in the International Communication of Chemical Research and Technology, in *Journal of Chemical*

Freilich waren auch kritische Stimmen zu hören, die, wie der Altphilologe Hermann Diels, Sekretar der philosophisch-historischen Klasse der Preußischen Akademie der Wissenschaften in Berlin, vor der „Überfülle periodischer Ware", der „innerlich ungesund[en] Zeitschriftenflut" warnten.[33]

Auf der anderen Seite aber war diese ausufernde Literaturproduktion häufig mit einem Überlegenheitsgefühl gepaart, das auf Wissenschaftler aus anderen Ländern eher abstoßend wirkte. Zum Beispiel ließ sich der renommierte Chemiker Wilhelm Ostwald aus Leipzig, der 1909 den Nobelpreis für Chemie erhielt, auf dem viersprachig durchgeführten Internationalen Kongreß für angewandte Chemie 1906 in Rom in seiner Rede, die er als Delegierter der deutschen Regierung dort hielt, nicht davon abhalten, die chemische Wissenschaft in Deutschland und insbesondere den Umfang ihrer deutschsprachigen Fachliteratur über alles zu loben, als wäre das allein schon Beweis genug für die deutsche Spitzenposition.

„Dann aber fühlen wir," so holte Ostwald in seiner Rede auf dem internationalen Chemikerkongreß aus,

> daß die Wissenschaft und Technik, in deren Namen wir heute versammelt sind, ihre Heimat zu unserer Zeit vorwiegend in Deutschland aufgeschlagen hat. Vergleichen wir nur, um irgend einen Maßstab zu haben, die Gesamtmenge chemischer und chemisch-technischer Literatur, die in deutscher Sprache gedruckt wird, mit der in anderen Sprachen, so werden wir nicht nur finden, daß sie jeder anderen chemischen Literatur an Umfang überlegen ist, sondern auch noch, daß sie nicht weniger beträgt, als alle andern zusammengenommen.[34]

Die auffällig kühle Reaktion seiner Zuhörer konnte Ostwald gar nicht verstehen. – Noch 1868 hatte Adolphe Wurtz in dem von ihm herausgegebenen *Dictionnaire de Chimie pure et appliquée* geschrieben:

> La chimie est une science française.[35]

Documentation, Vol. 11, No. 2, 1971, S. 90 – 98, hier S. 91; zum *Bulletin de la Société chimique* vgl. Ulrike Fell, *Disziplin, Profession und Nation. Die Ideologie der Chemie in Frankreich vom Zweiten Kaiserreich bis in die Zwischenkriegszeit*, Leipzig 2000, S. 121 f.

33 Hermann Diels, Die Organisation der Wissenschaft, in Paul Hinneberg (Hrsg.), *Die Kultur der Gegenwart. Ihre Entwicklung und ihre Ziele*, Berlin, Leipzig 1912, S. 632 – 691, Zitat S. 687.

34 Rede Wilhelm Ostwalds in BA Berlin R 1501/111154, Bl. 161 – 170; abgedruckt in Atti del VI Congresso Internazionale di Chimica Applicata, Roma, 26 Aprile – 3 Maggio 1906, Vol. I, S. 33 – 36, Zitat S. 33; *National-Zeitung* (Berlin) No. 276, 1. 5. 1906. Ostwald hatte sich später allerdings für die Errichtung eines Internationalen Instituts für Chemie eingesetzt, sowie für die Einführung von Esperanto oder einer anderen Kunstsprache in der internationalen Kommunikation.

35 Adolphe Wurtz, Discours préliminaire. Histoire des doctrines chimiques depuis Lavoisier, in ders. [Hrsg.], *Dictionnaire de Chimie pure et appliquée*, Paris 1868 [Separatdruck] und in ders. [Hrsg.], *Dictionnaire de Chimie pure et appliquée*, Bd. I, S. I, Paris 1869; vgl. Fell, *Disziplin*,

Das hatte damals nicht weniger Empörung bei nichtfranzösischen Chemikern ausgelöst.

Der selbstgefällige und überhebliche Blick auf die Mengen deutschsprachiger Literaturproduktion führte unter deutschen Wissenschaftlern zu unterschiedlichen Bewertungen des Internationalen Katalogs. Während die einen diesen als zweckmäßige Ergänzung der deutschen *Fortschritte* und *Jahresberichte* verstanden, sahen andere darin eher ein „überflüssig[es]" Werk, und vor allem Bearbeiter der deutschen Bibliographien und Jahresberichte sowie deren Verleger befürchteten „eine gefährliche, mit allen Mitteln zu bekämpfende Konkurrenz".[36] Ohnehin störe deutsche Gelehrte am Katalog, wie der Leiter des Deutschen Büros, Oskar Uhlworm, berichtete, neben dem System, der langsamen Erscheinungsweise und dem hohen Preis „die Wahl der englischen Sprache für die Überschriften". Wenngleich der Internationale Katalog wohl aus solchen Gründen nur von wenigen Institutionen in Deutschland bezogen wurde, sprachen die Vertreter der deutschen Akademien sich dennoch für die weitere Mitarbeit an diesem Projekt aus.[37]

c) Internationale Assoziation der Akademien

Sicherlich die bedeutendste internationale Vereinigung war damals die Internationale Assoziation der Akademien, welche, ohne sich auf bestimmte Wissenschaften zu beschränken, in zwei Sektionen die mathematisch-naturwissenschaftlichen und geisteswissenschaftlichen Disziplinen umfaßte.[38] Auf naturwissenschaftlichem Gebiet wurden vor allem astronomische, geodätische,

---

Profession und Nation, S. 15; Christoph Meinel, Nationalismus und Internationalismus in der Chemie des 19. Jahrhunderts (1983), S. 233.

36 Uhlworm, Deutsches Büro der Internationalen Bibliographie, 8.11.1907, in BBAW-Archiv, II-XII-38, Bl. 77 f.

37 Aufzeichnung über die Beratung im Reichsamt des Innern, betreffend die Frage der Weiterbeteiligung des Reichs an dem von der Royal Society in London herausgegebene[n] International Catalogue of Scientific Literature, Berlin, 5.2.1910, in ebd., Bl. 112–115, Zitat Bl. 114.

38 Vgl. dazu Conrad Grau, *Die Berliner Akademie der Wissenschaften in der Zeit des Imperialismus*, Teil I: Von den neunziger Jahren des 19. Jahrhunderts bis zur Großen Sozialistischen Oktoberrevolution, Berlin 1975, S. 17 f.; Alter, Internationale Wissenschaft; Brigitte Schroeder-Gudehus, Die Akademie auf internationalem Parkett. Die Programmatik der internationalen Zusammenarbeit wissenschaftlicher Akademien und ihr Scheitern im Ersten Weltkrieg, in Jürgen Kocka (Hrsg.), *Die Königlich Preußische Akademie der Wissenschaften zu Berlin im Kaiserreich*, Berlin 1999, S. 175–195.

geophysikalische, meteorologische und medizinische Forschungen sowie der *International Catalogue of Scientific Literature* unterstützt.

Hervorgegangen war die Assoziation aus dem Zusammenschluß der drei deutschen Akademien in München, Leipzig und Göttingen mit der österreichischen Akademie in Wien 1893 zum sogenannten Kartell der Akademien, dem sich erst 1906 die Preußische Akademie der Wissenschaften in Berlin anschloß und 1911 die Heidelberger Akademie. Daß man bei dieser deutschsprachigen Vereinigung bereits eine internationale Orientierung im Sinn hatte, davon zeugte die Sprachenregelung in dem Entwurf der Statuten. „Die Correspondenzen des Verbandes", hieß es dort,

> können in lateinischer, deutscher, englischer, französischer oder italienischer Sprache geführt werden.[39]

Unter maßgeblicher Beteiligung der Londoner Royal Society, insbesondere deren Mitglieds und späteren Sekretärs Arthur Schuster, der zusammen mit anderen britischen Gelehrten zu den Kartellsitzungen eingeladen worden war, ging man daran, den gelehrten Kreis zu erweitern, und gründete 1899 in Wiesbaden die Internationale Assoziation der Akademien. Gründungsmitglieder waren neben den vier deutschen und der österreichischen Akademie die Royal Society in London, die Académie des Sciences in Paris, die Kaiserliche Akademie der Wissenschaften in St. Petersburg und die National Academy of Sciences in Washington. Die Reale Accademia dei Lincei in Rom, die auch eingeladen worden war, aber keine Vertreter schickte, schloß sich kurz danach der Vereinigung an. In den folgenden Jahren forderte man weitere Akademien zum Beitritt auf, so daß bis zum Beginn des Ersten Weltkriegs der Assoziation 24 Akademien aus 16 Ländern angehörten.[40]

Jede Akademie verfügte über eine Stimme. Generalversammlungen wurden alle drei Jahre einberufen und an wechselnden Orten, jeweils dem Sitz einer Akademie, durchgeführt. Zwischen den Generalversammlungen repräsentierte die Assoziation ein Komitee, das aus Delegierten der Mitgliedsakademien sich zusammensetzte; jede Akademie stellte ein bis zwei Delegierte, je nachdem ob eine Akademie in einer oder zwei Sektionen vertreten war. Präsident des Komitees wurde der Delegierte derjenigen Akademie, an deren Sitz die nächste General-

---

39 Entwurf der Statuten des Verbandes wissenschaftlicher Körperschaften, überreicht von Hermann Sauppe, dem Beständigen Sekretär der Königlichen Gesellschaft der Wissenschaften in Göttingen, 12.3.1893, in GStA PK, I. HA Rep. 76, Vc Sekt. 1 Tit. 11 Teil VI Nr. 8 Bd I, Bl. 48.

40 Zur Gründungsgeschichte vgl. Schröder-Gudehus, *Deutsche Wissenschaft*, S. 43–47; Peter Alter, Internationale Wissenschaft und nationale Politik.

versammlung stattfand.[41] Durch diesen regelmäßigen Wechsel wollte man offensichtlich unterbinden, daß ein Machtzentrum sich herausbilden konnte.

Gleichwohl zeigten sich auch in der Assoziation die Rivalitäten der Akademien der Großmächte. Während die führende deutsche Akademie, die Preußische Akademie der Wissenschaften in Berlin, der Assoziation nicht allzu viele Kompetenzen übertragen, zugleich aber möglichst die Oberhand gewinnen wollte,[42] bemühten sich die Delegierten der britischen und französischen Akademien, der Assoziation Kontrollmöglichkeiten über die Gründung neuer internationaler wissenschaftlicher Vereinigungen zu verschaffen.[43] Man hatte dabei unter anderem die Internationale Seismologische Assoziation im Auge, die unter deutscher Federführung ins Leben getreten war.[44] Eine Überprüfung und enge Bindung solcher Organisationen an die Internationale Assoziation der Akademien sollte offenbar verhindern, daß der deutsche Einfluß sich über Gründungsinitiativen hemmungslos ausbreiten konnte. So war es wenig verwunderlich, daß der Delegierte der Berliner Akademie, Hermann Diels, – im übrigen als einziger – gegen den britisch-französischen Antrag stimmte, der vorsah, die Aufgaben der Assoziation zu erweitern und dadurch die Möglichkeit, nach Belieben neue internationale Wissenschaftsorganisationen zu schaffen, einzugrenzen. Diels begründete seine Ablehnung, wie im Bericht der Generalversammlung 1904 in London wiedergegeben wurde: „it might become so customary as to introduce a monopoly".[45]

Auf der anderen Seite waren internationale Vereinigungen wie die auf amerikanische Initiative 1904 gegründete Internationale Solar-Union (International Union for Co-operation in Solar Research) durchaus daran interessiert, sich unter das Patronat der Assoziation zu stellen und mit gutem Beispiel voranzugehen.[46]

---

41 Vgl. Statuts adoptés dans la Conférence tenue à Wiesbaden les 9 et 10 octobre 1899, in Association internationale des Académies. Première Assemblée générale, tenue à Paris, du 16 au 20 avril 1901. Compte rendu. Procès-verbaux des séances, Paris 1901, S. 57–61.

42 Vgl. Conrad Grau, *Die Berliner Akademie der Wissenschaften in der Zeit des Imperialismus.* Teil I, S. 17 f.; Peter Alter, Internationale Wissenschaft, S. 204.

43 Vgl. International Association of Academies. Second General Assembly, held in London, May 25–27, 1904. Report of Proceedings, London 1904, S. 7.

44 Vgl. ebd., S. 13–15; vgl. Schroeder-Gudehus, Die Akademie, S. 183. Zur Internationalen Seismologischen Assoziation siehe Kapitel I.1.g).

45 International Association of Academies 1904, S. 7; vgl. Schroeder-Gudehus, Die Akademie, S. 183.

46 Vgl. Internationale Assoziation der Akademien. Vorbericht für die am 30. Mai 1906 zu Wien beginnende Zusammentretung des Ausschusses, Wien 1906, S. 8; siehe dazu Kapitel I.1.d), S. 55; vgl. Schroeder-Gudehus, Die Akademie, S. 182.

Die offiziellen Sprachen der Assoziation waren Deutsch, Englisch und Französisch. Bereits der „Plan zur Gründung einer internationalen Association gelehrter Gesellschaften", den die Berliner Akademie ausgearbeitet hatte, wurde in den drei Sprachen, synoptisch in drei Spalten nebeneinander, gedruckt. Zwar hieß es in dem Plan: „Die Verhandlungssprache der Conferenz ist frei", doch gleich im nächsten Satz wurde diese Freiheit wieder eingeschränkt:

> die Protokolle werden deutsch, englisch, französisch aufgenommen.[47]

Die freie Sprachenwahl auf der Gründungskonferenz bezog sich also auf diese drei Sprachen.

Wie wichtig man die Dreisprachigkeit nahm, kam auch darin zum Vorschein, daß eine besondere Kommission, bestehend aus den Delegierten Walther von Dyck, Mitglied der Bayrischen Akademie der Wissenschaften und Professor für Mathematik an der Technischen Hochschule München, Gaston Darboux, Sekretär der Académie des Sciences und Professor der Mathematik an der Universität Paris, und dem Physiker Arthur Schuster von der Londoner Royal Society, mit der dreisprachigen Formulierung der Beschlüsse der Gründungskonferenz betraut wurde. Zudem übersetzte eine „Subcommission", in der außer den genannten noch der Astronom Arthur von Auwers von der Berliner Akademie mitwirkte, den auf Deutsch vorgelegten Statutenentwurf in die französische und englische Sprache, so daß auf der Versammlung die einzelnen Paragraphen dreisprachig verlesen werden konnten.[48] Ohnehin waren es auf der Gründungskonferenz nur die russischen Teilnehmer, die nicht ihre Muttersprache verwenden konnten und deshalb Französisch sprachen.[49]

Auch auf den folgenden Generalversammlungen in Paris 1901, London 1904 und Wien 1907 herrschte Dreisprachigkeit, insbesondere was die Anträge und Beschlüsse betraf. Es wurden Sekretäre bestimmt, die für authentische Übersetzungen sorgten.[50] (Abb. 2)

---

47 Kgl. Preussische Akademie der Wissenschaften, Berlin, im Juni 1899, Plan zur Gründung einer internationalen Association gelehrter Gesellschaften, in GStA PK, I. HA Rep. 76, Vc. Sekt. 1 Tit. 11 Teil VI Nr. 8 Bd. I, Bl. 79 f.

48 Vgl. Protokoll über die Conferenz in Wiesbaden behufs Gründung einer Internationalen Association der Akademien. 9. und 10. October 1899, in ebd., Bl. 88 – 95.

49 Vgl. dazu die Berichte über die Konferenz in der Presse; *Die Post*, 24. Jg., No. 281 vom 13.10. 1899; *Allgemeine Zeitung* (München) vom 12.10.1899. Beilagen zu Protokoll [wie Anm. 48], Bl. 85 f.

50 Vgl. International Association of Academies, Second General Assembly, London 1904. Report of Proceedings, S. 5.

Internationale Assoziation der Akademien
29. Mai bis 2. Juni 1907.

Dritte Generalversammlung in Wien

vom

29. Mai bis 2. Juni 1907 unter dem Vorsitze der kais. Akademie der Wissenschaften in Wien.

Bericht über die Verhandlungen.

Wien, 1907.
Druck der k. k. Hof- und Staatsdruckerei.

Abb. 2: Internationale Assoziation der Akademien. 3. Generalversammlung 1907 in Wien. Titelblatt des Berichts

Darüber jedoch, wie weit man in der Verwendung der drei Sprachen gehen sollte, gingen die Meinungen vorerst auseinander.

Der Wunsch des Pariser Delegierten Georges Picot,

> daß alle an die verbündeten Akademien gerichteten Mitteilungen in den drei üblichen Verhandlungssprachen (deutsch, englisch, französisch) abgefaßt werden,

wurde auf der Generalversammlung 1907 in Wien von Schuster für nicht zweckmäßig befunden.

„Herr Schuster", heißt es im Protokoll,

> will angesichts des übermäßigen Umfanges und der allzu großen Kosten, den derartig abgefaßte Mitteilungen erhalten, beziehungsweise die aus ihnen erwachsen würden, die Mehrsprachigkeit auf die eventuellen Beschlußfassungen beschränkt wissen.[51]

Nachdem auch der österreichische Präsident diese Auffassung vertreten und niemand Schuster widersprochen hatte, galt dessen Vorschlag als angenommen.[52]

Eine weitere Entscheidung begünstigte die Mehrsprachigkeit. Da die Orte der Versammlungen und damit auch die Leitung der Assoziation regelmäßig wechselten, wirkte sich das auf den Gebrauch der Sprachen in der Weise aus, daß abwechselnd – je nach Versammlungsort – eine der offiziellen Sprachen der Assoziation als die Sprache des jeweiligen Versammlungsberichts fungierte und folglich auch Titelsprache war. Diese Funktion übernahm auf der Konferenz 1910 in Rom Italienisch, das auf diese Weise erstmals als vierte Sprache zu den drei etablierten hinzukam.

Andere wissenschaftliche Publikationen der Assoziation wie die Enzyklopädie des Islam wurden ebenfalls in drei Sprachen und Ausgaben gedruckt. Bei diesem Projekt hatte es allerdings viel Mühe gekostet, einwandfreie Übersetzungen der Artikel ins Französische und Englische zu erzielen.[53]

Zweifellos wirkte sich der Umstand, daß in der Internationalen Assoziation der Akademien Deutschland als einziges Land allein mit vier Akademien vertreten war, nicht nur auf dessen Einflußmöglichkeiten, sondern, unterstützt von den Österreichern, auch auf die Stellung der deutschen Sprache in der Vereinigung aus. Schon der Wunsch, die Gründungsversammlung in Deutschland stattfinden zu lassen, zeugte von einem besonderen Anspruch. Möglicherweise wollte die Royal Society ein Gegengewicht schaffen, als sie anregte, die erste Konferenz der Assoziation in Paris abzuhalten. In die gleiche Richtung wies wohl der Vorschlag von Schuster auf der Generalversammlung 1907 in Wien, bei der dreisprachigen Überarbeitung der Statuten den französischen Text als den authentischen anzusehen.[54] Doch eine solche Regelung, wonach der französischen Sprache ein

51 Internationale Assoziation der Akademien, 29. Mai bis 2. Juni 1907. Dritte Generalversammlung in Wien. Bericht über die Verhandlungen, Wien 1907, S. 45 f.

52 Vgl. ebd., S. 46.

53 Vgl. Associazione internazionale delle Accademie. Relazione delle adunanze tenute in Roma dall' Associazione internazionale delle Accademie nei giorni 9 – 15 maggio 1910, Roma 1911, S. 56.

54 Vgl. Internationale Assoziation der Akademien, Dritte Generalversammlung in Wien 1907, Bericht, S. 14.

Vorrang eingeräumt worden wäre, wurde anscheinend erst gar nicht diskutiert; jedenfalls ist eine solche Diskussion nicht dokumentiert. Anzunehmen ist, daß die Vertreter der deutschen Akademien eine solche Privilegierung der französischen Sprache strikt ablehnten.

Stattdessen stimmte man in Wien über die Frage ab, ob auf der bevorstehenden Generalversammlung 1910 in Rom die Wahl einer internationalen Hilfssprache beraten werden sollte. Das Ergebnis war: Von 21 in Wien vertretenen Akademien sprachen sich 12 dagegen aus, die Akademien von Amsterdam, Kopenhagen, Tokio und Washington waren dafür, vier weitere vertraten die Ansicht, daß die Assoziation nicht berufen sei, die Wahl einer internationalen Hilfssprache zu treffen, und die belgische Akademie enthielt sich der Stimme, weil sich ihre beiden Klassen in entgegengesetztem Sinne ausgesprochen hatten (die Classe des Sciences war dafür gewesen).[55]

d) Astronomische Fachzeitschriften, Astronomische Gesellschaft, Solar-Union

Die Astronomie gehörte zu den führenden Wissenschaften des 19. Jahrhunderts, die mit Mathematik, Geodäsie, Geologie, Geographie, Meteorologie, Geophysik und Physik eng verflochten war. In dieser Zeit wurde der Aufschwung der astronomischen Wissenschaft durch die technische Entwicklung der Optik und die dadurch beflügelte Gründung zahlreicher neuer Sternwarten besonders gefördert. Während noch im 17. und 18. Jahrhundert die leistungsfähigsten Sternwarten in Frankreich und England zu finden waren, rückten im Laufe des 19. Jahrhunderts die Sternwarten in Deutschland und um die Jahrhundertwende in den USA an die Spitze.[56]

Im folgenden soll dargestellt werden, welche Rolle die deutsche Sprache im Vergleich zur englischen und französischen damals in der Astronomie spielte. Untersucht werden astronomische Fachzeitschriften, die Astronomische Gesellschaft und die International Union for Co-operation in Solar Research, kurz Solar-Union genannt.

Nachdem mehrere Versuche, eine deutschsprachige Fachzeitschrift zu gründen, nicht erfolgreich gewesen waren, gründete der Astronom Heinrich Christian Schumacher, Professor der Astronomie in Kopenhagen und Mitglied akademischer Gesellschaften in Kopenhagen, London, Edinburgh und Neapel, mit fi-

55 Ebd., S. 14 f.
56 Vgl. Dieter B. Herrmann, *Geschichte der modernen Astronomie*, Berlin 1984, S. 181.

nanzieller Unterstützung des dänischen Königs 1821 in Altona bei Hamburg, wo er an der Sternwarte forschte, die *Astronomischen Nachrichten.* Es war eine Fachzeitschrift, in der vor allem deutsche, aber auch anderssprachige Beiträge abgedruckt wurden und die bald zum internationalen Sammelpunkt astronomischer Mitteilungen avancierte.[57]

> Ich lasse die Beiträge der verschiedenen Herrn Verfasser so, wie ich sie von Ihnen erhalte, abdrucken [...]. Was in englischer, französischer, oder lateinischer Sprache mir zugesandt wird, erscheint im Originale.

Das schrieb Schumacher im Vorwort zur ersten Nummer der von ihm allein herausgegebenen Zeitschrift.[58] Diese Sprachenregelung, dazu das hohe Ansehen, das Schumacher in Astronomenkreisen genoß, und seine unermüdliche Arbeit für diese Zeitschrift bewirkten, daß alle bedeutenden Astronomen dort publizierten. (Abb. 3)

Demgegenüber konnten die von der 1820 gegründeten britischen Royal Astronomical Society herausgegebenen Zeitschriften, die *Memoirs* (ab 1821) und die *Monthly Notices of the Royal Astronomical Society* (ab 1827), die, abgesehen von gelegentlichen Artikeln auf Französisch, im Grunde monoglott waren, zur damaligen Zeit diese Reichweite nicht erzielen, ebensowenig das 1849 in den USA gegründete *Astronomical Journal*, das die *Astronomischen Nachrichten* bewußt nachzuahmen versuchte, das aber nach jahrelanger Unterbrechung erst 1886 wieder erschien. Französische astronomische Fachzeitschriften wurden ohnehin erst ab 1884 (*Bulletin Astronomique*) herausgegeben.[59]

So waren die *Astronomischen Nachrichten* „während des gesamten 19. Jahrhunderts die wirksamste und angesehenste astronomische Fachzeitschrift der Welt."[60]

---

57 Vgl. Jürgen Hamel, H. C. Schumacher – Zentrum der internationalen Kommunikation in der Astronomie und Mittler zwischen Dänemark und Deutschland, in Wolfgang R. Dick, Jürgen Hamel (Hrsg.), *Astronomie von Olbers bis Schwarzschild. Nationale Entwicklungen und internationale Beziehungen im 19. Jahrhundert.* Acta Historica Astronomiae. Vol. 14, Frankfurt a .M. 2002, S. 89–120. Zu den ersten deutschen astronomischen Fachzeitschriften siehe Dieter B. Herrmann, *Die Entstehung der astronomischen Fachzeitschriften in Deutschland (1798–1821)*, Berlin-Treptow 1972 (Veröffentlichungen der Archenhold-Sternwarte Berlin-Treptow Nr. 5). Altona gehörte damals zu Dänemark, das dort die deutsche Sprache tolerierte. 1866 wurde Altona mit Schleswig-Holstein preußisch.

58 Schumacher, Vorwort, in *Astronomische Nachrichten* Bd. 1, 1823, S. 1.

59 Vgl. Virginia Trimble, Michael Hoskin, Astronomical Societies and Publications, in *Encyclopedia of Astronomy and Astrophysics*, Vol. 1, S. 121–124.

60 Dieter B. Herrmann, Zur Internationalität der ersten astronomischen Fachzeitschriften, in *Mitteilungen der Archenhold-Sternwarte Berlin-Treptow* Nr. 96, Berlin-Treptow 1974, S. 4.

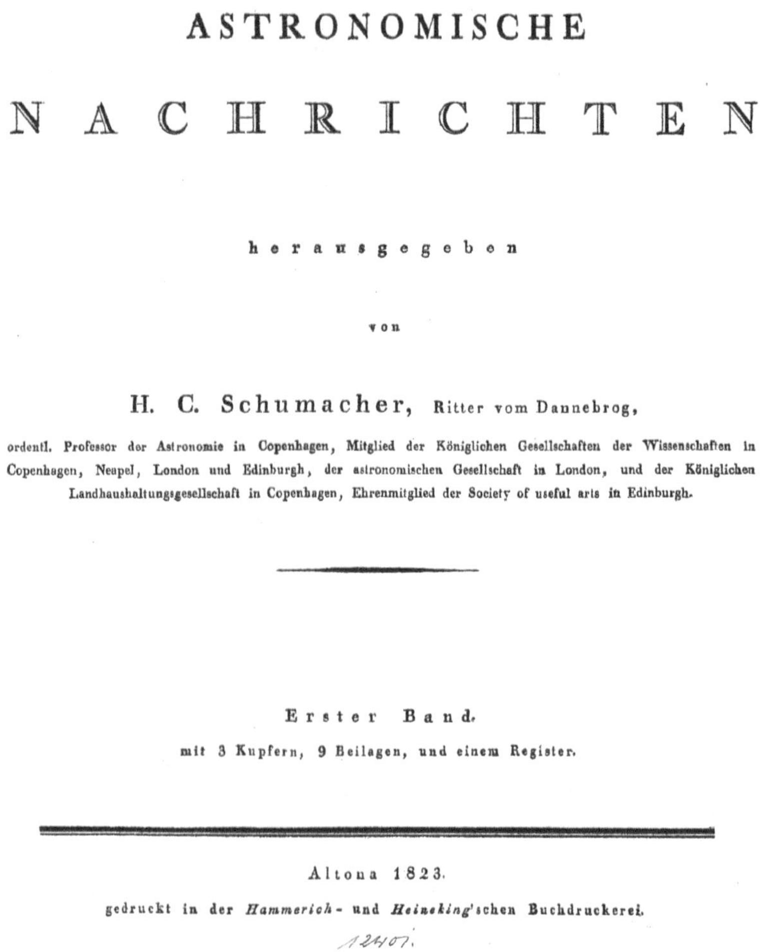

ASTRONOMISCHE

NACHRICHTEN

herausgegeben

von

H. C. Schumacher, Ritter vom Dannebrog,

ordentl. Professor der Astronomie in Copenhagen, Mitglied der Königlichen Gesellschaften der Wissenschaften in Copenhagen, Neapel, London und Edinburgh, der astronomischen Gesellschaft in London, und der Königlichen Landhaushaltungsgesellschaft in Copenhagen, Ehrenmitglied der Society of useful arts in Edinburgh.

Erster Band.

mit 3 Kupfern, 9 Beilagen, und einem Register.

Altona 1823.

gedruckt in der *Hammerich*- und *Heineking*'schen Buchdruckerei.

Abb. 3: *Astronomische Nachrichten.* Titelblatt der 1. Ausgabe 1823. Exemplar der Universitätsbibliothek Johann Christian Senckenberg, Frankfurt am Main

Um der wachsenden Literatur auf dem Gebiet der Astronomie Rechnung zu tragen, bot die Zeitschrift, die von Anfang an auch Rezensionen enthielt, ab 1913 zusätzlich ein *Literarisches Beiblatt zu den Astronomischen Nachrichten* mit Referaten an.

Allerdings wurde daneben schon seit 1891 das *Jahrbuch der Astronomie und Geophysik* herausgegeben, das jährlich über „die wichtigsten Fortschritte auf den Gebieten der Astrophysik, Meteorologie und physikalischen Erdkunde“ berichtete. Und ab 1900 erschien das weltweit erste und damals international bedeutendste Referatenorgan für das gesamte Gebiet der Astronomie in deutscher Sprache, der *Astronomische Jahresbericht*, der, ausgehend von der Literatur des Jahres 1899, einen jährlichen Überblick über die internationale Literatur erstellte, deren Titel er in der Schreibweise des Originals wiedergab.[61] (Abb. 4)

Was das quantitative Verhältnis der Sprachen Deutsch, Englisch, Französisch und Italienisch[62] in den *Astronomischen Nachrichten* betraf, insbesondere im Hinblick auf die Beiträge aus Deutschland, England, Frankreich, Italien, Rußland und den USA, der damals aktivsten Länder in der Astronomie, liegt hierzu eine Studie von Dieter B. Herrmann vor, der rund 21. 000 Beiträge der Zeitschrift aus den Jahren 1823 bis 1920 untersucht hat:

Danach kamen, bezogen auf die Gesamtzahl der ausgewerteten Beiträge, in den einzelnen Bänden der Zeitschrift für die Zeit bis zum Ersten Weltkrieg jeweils zwischen 40 – 60 % der Beiträge aus Deutschland gegenüber 4 – 12 % aus England, 2 – 9 % aus Frankreich, 0 – 18 % aus den USA, 0 – 9 % aus Rußland und 3 – 11 % aus Italien. (Abb. 5)

In dem gleichen Zeitraum betrug der Anteil der Sprachen an den Beiträgen für Deutsch 60 – 83 %, Englisch 5 – 25 %, Französisch 5 – 15 % und Italienisch 0 – 10 %. (Abb. 6)

Die deutsche Sprache, die auch von Astronomen mit anderer Muttersprache verwendet wurde, hatte hier also eine starke Bastion. Demgegenüber stammten die englischsprachigen Beiträge fast durchweg von Autoren, deren Muttersprache Englisch war, ebenso die italienischsprachigen von Italienern, die sich jedoch auch anderer Sprachen, vorzugsweise des Französischen bedienten. Erst um die Jahrhundertwende änderte sich das geringfügig bei Englisch, mit aufsteigender Tendenz, d. h. daß allmählich auch Englisch in der Zeitschrift als Publikationssprache von Gelehrten aus nichtenglischen Sprachräumen benutzt wurde, allerdings zur damaligen Zeit noch hinter Deutsch. Dagegen wies Französisch, das

61 Vgl. Wolfgang R. Dick, Die Astronomische Gesellschaft zwischen internationaler Wirksamkeit und nationalen Schranken (1863 – 1933), in Wolfgang R. Dick/Jürgen Hamel (Hrsg.), Beiträge zur Astronomiegeschichte Bd. 3, Acta Historica Astronomiae Vol. 10, Frankfurt a. M. 2000, S. 148 – 159, hier S. 154. Erst 1968 stellte der *Astronomische Jahresbericht* sein Erscheinen ein; sein englischsprachiger Nachfolger wurden die erstmals 1969 erschienenen *Astronomy and Astrophysics Abstracts*. Siehe dazu Lutz D. Schmadel, 100 Jahre astronomische Bibliographie in Deutschland, in *Mitteilungen zur Astronomiegeschichte*, Nr. 16, Juni 2000, S. 1.

62 Italienisch trat an die Stelle der lateinischen Sprache.

Astronomischer Jahresbericht

Mit Unterstützung der

Astronomischen Gesellschaft

herausgegeben von

Walter F. Wislicenus.

I. Band

enthaltend

die Litteratur des Jahres

1899.

Berlin.

Druck und Verlag von Georg Reimer.

1900.

Abb. 4: *Astronomischer Jahresbericht*. Titelblatt der 1. Ausgabe 1900. Exemplar der Universitätsbibliothek Johann Christian Senckenberg, Frankfurt am Main

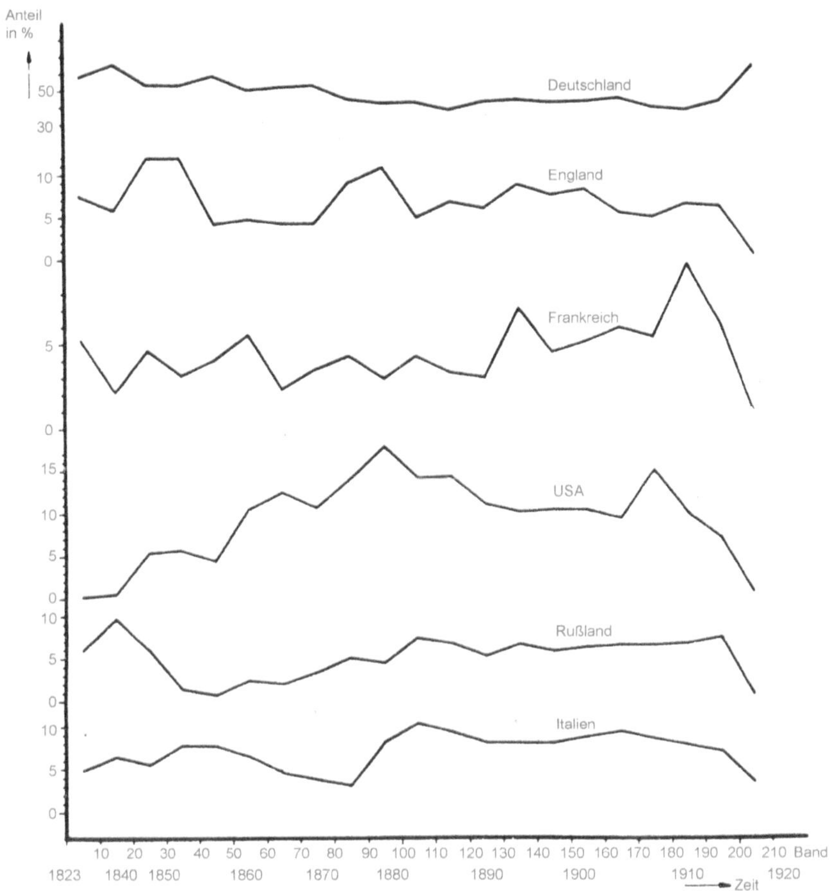

Abb. 5: Anteil der Beiträge aus den in der Astronomie besonders aktiven Ländern Deutschland, England, Frankreich, USA, Rußland und Italien in den *Astronomischen Nachrichten* (nach Herrmann, Zur Internationalität der ersten astronomischen Fachzeitschriften, S. 5).

insgesamt einen geringen Anteil an der Gesamtproduktion hatte, mehr Autoren aus dem nichtfranzösischen als dem französischen Sprachraum auf. Zudem war, wenn man das Verhältnis von Beitragssprache und Muttersprache der Autoren in den verschiedenen Publikationssprachen vergleicht, unter den französischsprachigen Beiträgen der Anteil der Autoren am höchsten, die nicht ihre Muttersprache benutzten. Großenteils waren das russische Astronomen, deren Muttersprache nach den Regeln der Zeitschrift darin keine Verwendung fand. Oft

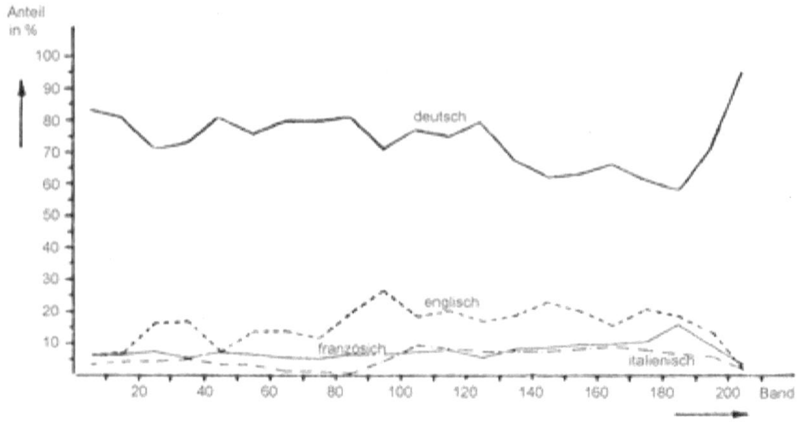

Abb. 6: Anteil der Sprachen Deutsch, Englisch, Französisch und Italienisch in den *Astronomischen Nachrichten* (nach Herrmann, a. a. O., S. 6).

wählten russische Astronomen aber auch Deutsch als Publikationssprache.[63] (Abb. 7)

Im Laufe der Zeit waren jedoch vermehrt kritische Stimmen über die nachlassende Qualität der Zeitschrift zu hören, was in erster Linie dem auf Schumacher folgenden Herausgeber zur Last gelegt wurde. Um 1880 kritisierten viele Astronomen das niedrige Niveau der Zeitschrift als geradezu skandalös, und Eduard Schönfeld, Professor der Astronomie und Direktor der Sternwarte Bonn, der lange Zeit Vorstandsmitglied und Schriftführer der damals international geachteten Astronomischen Gesellschaft war, klagte „über die zu Tage tretende Kunst, den Raum mit möglichst wenig Inhalt zu füllen".[64] Daraufhin wurde auf Betreiben des Vorstands der Astronomischen Gesellschaft und mit Unterstützung des preußischen Kultusministeriums, das nach zähen Verhandlungen die Eigentumsrechte erwarb, die Herausgeberschaft 1881 neu geregelt und unter die Aufsicht der Astronomischen Gesellschaft gestellt. Deren Mitglieder, die aus verschiedenen Ländern kamen, könnten, so war das Kalkül, der Zeitschrift das nötige Material zuführen und dabei behilflich sein, das unter Schumacher gepflegte hohe Niveau wieder zu erreichen und die *Astronomischen Nachrichten* zum Zentralblatt der

63 Herrmann, Zur Internationalität des ersten astronomischen Fachzeitschriften, S. 5 – 7. Pro Jahr erschienen vier Hefte der *Astronomischen Nachrichten*, die dann in einem Band zusammengefaßt wurden.

64 Zitiert nach Gisela Münzel, Beiträge zur Geschichte der Astronomischen Gesellschaft aus Leipziger Archivalien, in *Die Sterne*, H. 5, 69 (1993), S. 289 – 293, Zitat S. 291.

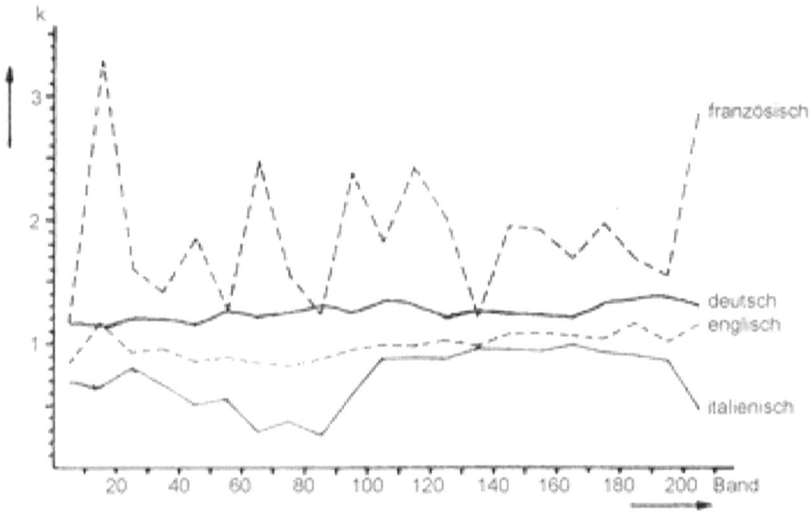

Abb. 7: Verhältnis des Anteils einer Beitragssprache zum Anteil des Landes, in dem diese Sprache gesprochen wird und aus dem Beiträge stammen, bei den Sprachen Deutsch, Englisch, Französisch und Italienisch in den *Astronomischen Nachrichten* (nach Herrmann, a. a. O., S. 7). Beträgt der Quotient (k) 1, bedeutet das, daß die betreffende Sprache nur von allen Autoren des Landes der Sprache (als Muttersprache) verwendet wird. Ist er höher als 1, wird die betreffende Sprache in diesem Ausmaß von anderssprachigen Autoren als lingua franca benutzt. Ist er niedriger als 1, verwenden nicht alle Autoren in den Beiträgen ihre eigene Landessprache (Muttersprache); vgl. ebd.

internationalen periodischen astronomischen Literatur auszubauen. Mit der Redaktion und Herausgabe des Blattes betraute man den damaligen Vorsitzenden der Astronomischen Gesellschaft und Direktor der Sternwarte Kiel, Adalbert Krüger. Der Gedanke freilich, daß mit dieser Lösung die internationalen Bande der Gesellschaft nicht nur für die Zeitschrift, sondern zugleich auch für die deutsche Position in der Astronomie und damit auch für die Geltung der deutschen Sprache genutzt werden könnten, schien den Beteiligten keineswegs fernzuliegen.[65]

Die Astronomische Gesellschaft spielte ohnehin eine bedeutsame Rolle in der internationalen Astronomie. Sie war nach einigen Vorläuferorganisationen, die jedoch nicht lange Bestand hatten, 1863 in Heidelberg auf Initiative deutscher Astronomen gegründet worden, mit dem Anspruch, eine internationale Vereini-

65 Vgl. ebd.; Herrmann, Zur Internationalität, S. 7; Dick, Die Astronomische Gesellschaft, S. 155.

gung von Astronomen und Freunden der Astronomie zu bilden, welche die Zusammenarbeit von Sternwarten auf der ganzen Welt koordinierte, neue Forschungsergebnisse auf Versammlungen diskutierte und in eigenen Veröffentlichungen publizierte. Die Einladung zur Gründungsveranstaltung hatte man in den *Astronomischen Nachrichten* abgedruckt.

Zu den 26 Gründungsmitgliedern zählten neunzehn deutsche Astronomen, davon vier von ausländischen Sternwarten, sowie einige ausländische Wissenschaftler aus verschiedenen Ländern; bis zum Ende des Jahres hatten sich „konstituierende Mitglieder" aus England, Frankreich, Belgien, den Niederlanden, Italien, der Schweiz, Österreich, Griechenland, Malta, Portugal, Polen, Estland, Litauen, Schweden, Finnland und Rußland zusammengefunden.[66]

> Die Geschäftssprache der Gesellschaft ist die deutsche,

legten die „Statuten der astronomischen Gesellschaft" von Anfang an fest, während im nächsten Satz die Internationalität der Gesellschaft verankert wurde:

> Die Mitgliedschaft ist an keine Nationalität gebunden. (§ 4)[67]

So wurde die deutsche Sprache zur Sprache der internationalen Verständigung in der Gesellschaft erklärt, was sich angesichts der Mitgliedschaft einiger der bedeutendsten Astronomen der Welt und des wachsenden Ansehens der Gesellschaft auf die gesamte Astronomie auswirkte. Zumindest die passive Beherrschung des Deutschen wurde vorausgesetzt.

Zwar schränkte man später diese Sprachenregelung geringfügig ein; wenigstens in den Publikationen der Gesellschaft waren andere Sprachen, wenn auch nicht erwünscht, so doch immerhin zugelassen – eine Forderung der aus-

---

66 Bericht über die zweite Astronomen-Versammlung zu Heidelberg vom 27. bis 29. August 1863. Publication der Astronomischen Gesellschaft. Leipzig. Verlag von Wilhelm Engelmann. 1864, in GStA PK, I. HA Rep. 76, Vc Sekt. 1 Tit. 1 Teil VI Nr. 4 Bd. I, Bl. 2–8; Verzeichnis der Constituierenden Mitglieder, in ebd., Bl. 9 f.; Statuten der astronomischen Gesellschaft, in ebd., Bl. 11 f.; zur Geschichte der Astronomischen Gesellschaft vgl. Felix Schmeidler, *Die Geschichte der Astronomischen Gesellschaft*, Jubiläumsband 125 Jahre Astronomische Gesellschaft, Hamburg 1988; darin werden jedoch keine Archivmaterialien ausgewertet; Dick, Die Astronomische Gesellschaft; Gudrun Wolfschmidt, Internationalität von der VAG (1800) bis zur Astronomischen Gesellschaft, in Dick, Hamel (Hrsg.), *Astronomie*, S. 182–240, hier S. 190–194. Zu den Teilnehmern der Gründungsversammlung: K.-H. Tiemann, The founding meeting of the astronomical society on August 28, 1863 and its members, in Astronomische Gesellschaft, *Abstract Series* No. 4, 1990, S. 82.

67 Statuten der astronomischen Gesellschaft, in Bericht über die zweite Astronomen-Versammlung zu Heidelberg 1863, Bl. 11 f.

ländischen Mitglieder, die sich in der Praxis hier und da durchgesetzt hatte und allein schon mit Rücksicht auf die Jahresberichte der ausländischen Sternwarten zu respektieren war. In der Regel waren das Englisch und Französisch, die in den Schriften, Korrespondenzen oder auf den Versammlungen der Gesellschaft verwendet wurden, was allerdings nicht oft geschah; selbst einige Engländer trugen – angesichts der deutschsprachigen Mehrheit – auf den Versammlungen in deutscher Sprache vor.[68]

Zum Sprachverhalten in der Korrespondenz, die fast alle namhaften Astronomen der Welt mit der Gesellschaft führten, stellt Gisela Münzel anhand von Archivalien im Universitätsarchiv Leipzig für die Zeit von 1879 bis 1914 fest:

> Die Korrespondenz wurde überwiegend in deutscher Sprache geführt, der sich auch die in Skandinavien, Rußland und den Niederlanden lebenden Astronomen bedienten. Die italienischen, belgischen und französischen Astronomen verwandten die französische Sprache, die englischen, australischen und amerikanischen Astronomen schrieben entweder Deutsch oder Englisch. Es gab keine Verständigungsprobleme.[69]

Bereits 1865 hatte man auf der Versammlung in Leipzig den Sprachenparagraphen in den Statuten anders formuliert (jetzt §5):

> Die Geschäftssprache der Gesellschaft ist die deutsche. Für die wissenschaftlichen Publicationen ist dieselbe wünschenswerth, nicht obligatorisch.[70]

Doch auch dieser ausdrückliche Wunsch, möglichst die deutsche Sprache in den Veröffentlichungen der Gesellschaft zu verwenden, mußte bald wieder gestrichen werden. Die 1881 auf der Versammlung in Straßburg beschlossene Fassung lautete schließlich:

> Die Geschäftssprache der Gesellschaft ist die deutsche. Für die wissenschaftlichen Publicationen ist dieselbe nicht obligatorisch.[71]

Mit dieser Einschränkung wurde die dominante Stellung der deutschen Sprache in der Gesellschaft freilich nicht angetastet.

Der Grund für diese führende Rolle, welche die deutsche Sprache in der Astronomie übernahm, lag darin, daß die Initiative zur Gründung der Astrono-

---

68 Vgl. Dick, Die Astronomische Gesellschaft, S. 153.

69 Münzel, Beiträge zur Geschichte der Astronomischen Gesellschaft, S. 293.

70 Statuten der Astronomischen Gesellschaft, in *Vierteljahresschrift der Astronomischen Gesellschaft*, 5. Jg., 1870, S. 4–10, Zitat S. 5.

71 Statuten der Astronomischen Gesellschaft, in *Vierteljahresschrift der Astronomischen Gesellschaft*, 17. Jg., 1882, S. 66–74, Zitat S. 67.

mischen Gesellschaft, die sich von Anfang an als internationale Organisation verstand, von deutschen Astronomen ausging, die weltweit hoch angesehen waren, daß die meisten Mitglieder Deutsche waren und daß als Gründungsort und als Sitz der Gesellschaft deutsche Städte gewählt worden waren. Der privilegierte Status der deutschen Sprache in der Gesellschaft zog wiederum alle deutsch sprechenden Astronomen aus dem In- und Ausland, ob sie nun Deutsch als Mutter- oder Fremdsprache beherrschten, an, wodurch dieser um so mehr gefestigt wurde.

Der Umstand, daß fast die Hälfte der Mitglieder der Gesellschaft aus deutschsprachigen Ländern kam und darüber hinaus Wissenschaftler aus den skandinavischen Ländern, den Niederlanden und Rußland meistens Deutsch konnten, erleichterte wohl die Entscheidung, an Deutsch als bevorzugter Geschäfts-, Versammlungs- und Publikationssprache festzuhalten.

Auf der Versammlung der Astronomischen Gesellschaft 1913 in Hamburg versuchte Hugo Seeliger, deren langjähriger Vorsitzender und Direktor der Sternwarte München, dieser starken Repräsentanz der Deutschen in der Gesellschaft nachzugehen: „Die Geschichte ihrer Gründung macht es erklärlich“, meinte er, „und vielleicht hat auch der Gebrauch der deutschen Sprache als Geschäftssprache dabei mitgewirkt, daß die deutschen Reichsangehörigen besonders zahlreich in ihr vertreten sind.“[72] Der Gedanke hingegen, daß die gleichberechtigte Zulassung weiterer Sprachen, zumindest des Englischen und Französischen, auch den ausländischen Teilnehmerkreis erheblich hätte erweitern und die Gesellschaft zu einer wirklich weltumspannenden Vereinigung hätte machen können, schien dem deutschen Vorsitzenden nicht in den Sinn zu kommen. Mit einer derartigen Öffnung der Gesellschaft hätte man freilich einen Führungs- und Machtverlust der deutschen Astronomen riskiert.

Möglicherweise aus dem gleichen Grund hatte man weder mit der älteren britischen Astronomischen Gesellschaft, der Royal Astronomical Society, die 1820 in England gegründet worden war,[73] noch mit anderen astronomischen Institutionen des Auslands Absprachen getroffen, um gemeinsam eine internationale Vereinigung zu bilden.

Was die internationale Zusammensetzung der Mitgliedschaft betraf, so zählte der Astronom Wilhelm Foerster, Direktor der Sternwarte in Berlin und in den ersten Jahren Vorstandsmitglied der Gesellschaft, 1879 in seinem Bericht an den Königlichen Staatsminister für geistliche, Unterrichts- und Medizinal-Angele-

72 Der Vorsitzende der Gesellschaft, Hugo Seeliger, in seinem Bericht über die Versammlung der Astronomischen Gesellschaft 1913 in Hamburg, in ebd., 48. Jg., 1913, S. 176.

73 In der Royal Astronomical Society konnten Ausländer nur assoziierte Mitglieder werden, die nicht in den Vorstand gewählt werden konnten; vgl. Wolfschmidt, Internationalität, S. 190.

genheiten, von Puttkamer, insgesamt 260 Mitglieder der Gesellschaft, davon waren 90 aus Deutschland, 55 aus Rußland, 20 aus den skandinavischen Ländern, 15 aus Belgien und Holland, 15 aus Österreich-Ungarn, 15 aus England, 15 aus Italien, Spanien, Portugal und Griechenland, 8 aus Frankreich, 6 aus der Schweiz und 21 aus den übrigen Erdteilen.[74] Nach einem Mitgliederverzeichnis von 1887 waren unter den inzwischen 329 Mitgliedern auch 20 Astronomen aus den USA, 1913 unter 422 Mitgliedern bereits 48 Nordamerikaner.[75]

Während für die Aufnahme neuer Mitglieder in geheimer Abstimmung die einfache Majorität erforderlich war, konnten die in den Statuten der Gesellschaft niedergelegten Bestimmungen nur mit einer Zweidrittel-Mehrheit der auf einer Versammlung anwesenden Mitglieder geändert werden. Mit dieser Regelung war es allerdings kaum möglich, die Dominanz der deutschen Wissenschaftler und der deutschen Sprache in der Astronomischen Gesellschaft zu brechen.

Das verhinderte allein schon die zahlenmäßige Überlegenheit der deutschen Mitglieder. Es ist nicht auszuschließen, daß gerade durch diese Übermacht der Deutschen, die sich auch in der Sprachenregelung niederschlug, Astronomen aus anderen Ländern, z. B. aus Frankreich, England und den USA, welche des Deutschen nicht mächtig waren oder die deutsche Führungsmacht nicht akzeptierten, von der Gesellschaft ferngehalten wurden. Jedenfalls fällt auf, dass einige bedeutende Astronomen fehlten, und einige Berichte über astronomische Unternehmungen in anderen Ländern auch. Die schrittweise Erweiterung des Sprachenparagraphen in den Statuten weist ebenfalls darauf hin, dass es hier durchaus Widerspruch gab, der sich dann in einem Kompromiß niederschlug, welcher freilich nur minimale Zugeständnisse enthielt.

Nicht zufällig saßen im Vorstand überwiegend deutsche Astronomen, anfangs aus dem Ausland nur der Direktor der bedeutenden russischen Sternwarte in Pulkowo bei St. Petersburg, Otto Struve, der aber auch deutscher Herkunft war und die deutsche Sprache beherrschte. Immerhin wurden bis 1914 einzelne österreichische, englische, schwedische, holländische, amerikanische, französische und russische Astronomen jeweils für eine begrenzte Zeit in den Vorstand gewählt, doch den Vorsitzenden stellten in dieser Zeit meistens die Deutschen,

---

74 W. Foerster an von Puttkamer 14. 8. 1879, „Der Direktor der Sternwarte berichtet in Betreff der bevorstehenden Versammlung der internationalen astronomischen Gesellschaft" in Berlin, in GStA PK, I. HA Rep. 76, Vc Sekt. 1 Tit. 11 Teil VI Nr. 4 Bd. I, Bl. 14–20, hier Bl. 15.

75 Verzeichnis der Mitglieder der Astronomischen Gesellschaft, 1. November 1887, in *Vierteljahresschrift der Astronomischen Gesellschaft*, 22. Jg., 1887, S. 404–416; Hugo Seeliger, in ebd., 48. Jg., 1913, S. 176.

abgelöst nur für eine längere Zeit von Otto Struve und dem Direktor der Sternwarte Stockholm, Hugo Gyldén.[76]

Der Sitz der Gesellschaft als auch der Verlagsort für deren Schriften war von Anfang an Leipzig:

> Der Sitz der Gesellschaft als Ort der Sammlungen und Ausgangspunkt der Publicationen ist zunächst Leipzig,

hieß es in den Statuten von 1863.[77] Wenngleich man einen späteren Wechsel nicht ausschloß, blieb es dabei bis 1945. Versammlungen sollten in der Regel alle zwei Jahre stattfinden, an wechselnden Orten, die jeweils auf der vorhergehenden Versammlung festzulegen waren. Es war naheliegend, daß auch hier in der Mehrzahl deutschsprachige Städte bevorzugt wurden.[78]

Als Veröffentlichungen der Gesellschaft erschienen nicht nur vierundzwanzig Schriften als „Publication der Astronomischen Gesellschaft", sondern auch der berühmte Zonenkatalog mit neunzehn Bänden, welcher die Ergebnisse der Beobachtungen des über mehrere Jahrzehnte durchgeführten großen Zonenunternehmens, der größten und bedeutendsten Arbeit der Gesellschaft, die ihr hohes internationales Ansehen begründete, darlegte.[79] Daneben gab man seit 1866 eine eigene deutschsprachige Zeitschrift, die *Vierteljahresschrift der Astronomischen*

---

76 Verzeichnisse der Mitglieder und des Vorstands wurden in der *Vierteljahresschrift der Astronomischen Gesellschaft* in Verbindung mit Berichten über die jeweiligen Versammlungen abgedruckt; zum Überblick über die Vorstandsmitglieder vgl. Schmeidler, *Die Geschichte der Astronomischen Gesellschaft*, S. 11 ff.

77 Statuten, in GStA PK, I. HA Rep. 76, Vc Sekt. 1 Tit. 11 Teil VI Nr. 4 Bd. I, Bl. 12.

78 Bis 1879 waren das Heidelberg, Leipzig, Bonn, Wien, Stuttgart, Hamburg, Berlin, allerdings auch Leiden und Stockholm. Von 1863 bis 1914 lagen von insgesamt 25 Versammlungsorten 15 in Deutschland, 3 in Österreich; die restlichen 7 verteilten sich auf Leiden, Stockholm, Genf, Brüssel, Utrecht, Budapest und Lund. In England, Frankreich, Italien und den USA fanden keine Versammlungen der Astronomischen Gesellschaft statt. Zu den Versammlungen siehe Wilhelm Seggewiss, Die Versammlungen der Astronomischen Gesellschaft 1863–1981, in *Mitteilungen der Astronomischen Gesellschaft*, Nr. 57, 1982, S. 135–142.

79 An dem Zonenunternehmen der Gesellschaft, der jahrzehntelangen Beobachtung und Erfassung der genauen Örter aller Sterne bis zur 9. Größe, hatten sich 13 Sternwarten aus 8 Ländern, darunter aus den USA und Rußland, beteiligt, denen bestimmte Zonen des Nordhimmels zugeteilt worden waren. Das Unternehmen wurde später von 5 Sternwarten auf einen Teil des Südhimmels ausgedehnt. Darüber hinaus erschien 1915 das berühmte Standardwerk der Gesellschaft „Geschichte und Literatur des Lichtwechsels der bis Ende 1915 als sicher veränderlich anerkannten Sterne"; vgl. Schmeidler, *Die Geschichte der Astronomischen Gesellschaft*, S. 29 f., 39, 42–50; Lutz Brandt, F. W. Bessel und die Zonenunternehmen der Astronomischen Gesellschaft, in *Sterne und Weltraum*, 24. Jg., 1985, S. 10–15.

Gesellschaft heraus, die, wie Foerster stolz hervorhob, „sich zu einem der geachtetsten Organe der Astronomie aufgeschwungen hat.“[80] Die Zeitschrift veröffentlichte Versammlungsberichte mit wissenschaftlichen Vorträgen, Jahresberichte der Sternwarten verschiedener Länder (ab 1877), teilweise in deren Landessprache, und Referate über die internationale astronomische Literatur („Literarische Anzeigen“), wobei die Titel in der Originalsprache wiedergegeben waren. Vereinzelt tauchten auch Beiträge in englischer und französischer Sprache auf. (Abb. 8) Daneben wirkte die Gesellschaft an der Herausgabe der *Astronomischen Nachrichten* und des *Astronomischen Jahresberichts* mit, von denen bereits die Rede war.

Da die Gesellschaft außer Astronomen auch Freunde der Astronomie und „finanzielle Kräfte“ aufnahm – darunter waren Geschäftsleute, Techniker und Militärs -, konnte auf diese Weise über die Mitgliedsbeiträge hinaus Geld für die Druckkosten der Schriften der Gesellschaft aufgebracht werden.[81] Deshalb war es möglich, die deutschsprachigen Publikationen an alle Mitglieder gratis zu verteilen und mit den Schriften anderer Gesellschaften zu tauschen. Von den Mitgliedern wiederum erwartete man, dass sie die von ihnen verfaßten oder herausgegebenen Werke astronomischen oder verwandten Inhalts der Bibliothek der Gesellschaft zur Verfügung stellten.[82]

Nicht nur mit ihren Schriften, sondern vor allem durch die von ihr gepflegte internationale Vernetzung wissenschaftlicher Arbeiten – an herausragender Stelle stand das Zonenunternehmen – hatte die Astronomische Gesellschaft weltweit eine führende Stellung in der Astronomie errungen. Eine wichtige Initiative bildete in diesem Zusammenhang außerdem die auf Vorschlag Foersters 1884 gegründete Zentralstelle für Astronomische Telegramme in Kiel, die den telegraphischen Verkehr der europäischen Sternwarten besorgte.[83] „Sie [die Astronomische Gesellschaft] steht“, so berichtete Foerster 1879, „an der Spitze mehrerer, die wichtigsten Sternwarten aller Erdteile umfassender astronomischer Unternehmungen und hat sich [...] mehrfach an der Organisation von astrono-

80 Foerster an von Puttkamer 14. 8. 1879, in GStA PK, I. HA Rep. 76, Vc Sekt. 1 Tit. 11 Teil VI Nr. 4 Bd. I, Bl. 19. Die Zeitschrift erschien bis 1945 und wurde ab 1949 ersetzt durch die *Mitteilungen der Astronomischen Gesellschaft.*

81 Wilhelm Foerster an den Minister der geistlichen, Unterrichts- u. Medicinal-Angelegenheiten, 22. 3. 1864, in ebd., Bl. 1.

82 Im Jahr 1896 wurde die Bibliothek allerdings verkauft; siehe dazu Schmeidler, *Die Geschichte der Astronomischen Gesellschaft*, S. 41 f.

83 Vgl. dazu Wilhelm Foerster, Die Errichtung einer Centralstelle für astronomische Telegramme in Kiel, in *Astronomische Nachrichten*, Nr. 2472, Bd. 103, 1882, Sp. 369 – 374.

Vierteljahrsschrift

der

Astronomischen Gesellschaft.

Erstes Heft.

(Januar 1866.)

Inhalt:

Bericht über die Versammlung der Gesellschaft in Leipzig vom 31. August bis 2. September 1865.

Vorträge zum Gedächtniss der verstorbenen Mitglieder: W. v. Struve, J. A. C. Zech, C. L. Gerling.

Leipzig,

Verlag von Wilhelm Engelmann.

1866.

Abb. 8: *Vierteljahresschrift der Astronomischen Gesellschaft.* Titelblatt des ersten Hefts 1866. Exemplar der Universitätsbibliothek Johann Christian Senckenberg, Frankfurt am Main

mischen Expeditionen leitend betheiligt."[84] Rückblickend würdigte der Direktor des Astronomischen Recheninstituts in Berlin-Dahlem, August Kopff, ihre ehemalige international zentrale Rolle: Die Gesellschaft

> war in den ersten Jahrzehnten ihres Bestehens der eigentliche Mittelpunkt astronomischer Zusammenarbeit für alle Nationen gewesen.[85]

Doch nicht alle Astronomen teilten diese Ansicht. Der amerikanische Astronom George Ellery Hale, Direktor des Mount Wilson Observatoriums und Mitglied der Astronomischen Gesellschaft, der 1895 das englischsprachige *Astrophysical Journal* und 1904 die International Union for Co-operation in Solar Research, kurz Solar-Union und auf deutsch Internationale Vereinigung für Sonnenforschung genannt, mitgegründet hatte, bestritt die Internationalität der Astronomischen Gesellschaft, eben weil Deutsch die alleinige Tagungssprache war und die Versammlungen nicht abwechselnd in den verschiedensten Ländern stattfanden. Hinzu kamen Differenzen zwischen dem Konservatismus der tonangebenden deutschen Astronomen und dem neu aufkommenden Interesse an der Astrophysik, in der die US-amerikanischen Astronomen führend waren.[86]

Als ob die Solar-Union ein Gegenbeispiel für eine internationale Wissenschaftsvereinigung statuieren sollte, wurden hier Englisch, Französisch und Deutsch als gleichrangige Kongreßsprachen anerkannt und auf den Konferenzen besondere Sekretäre gewählt, die jeweils für eine der drei Sprachen zuständig waren. Statuten wie Beschlüsse druckte man in diesen drei Sprachen, wobei als authentisch jeweils der Text in der Sprache galt, in deren Land er formuliert worden war, d. h. wo die Versammlung stattgefunden hatte. So wurde auch auf einen angemessenen Wechsel der Konferenzorte Wert gelegt. – das waren 1904 St. Louis, 1905 Oxford, 1907 Meudon bei Paris, 1910 Mount Wilson/Pasadena und 1913 Bonn. Die Titelsprache des Konferenzberichts war allerdings Englisch (Abb. 9).

Es war nicht gerade ein Zeichen von internationaler Aufgeschlossenheit, daß die Astronomische Gesellschaft bzw. deren Vorstand sich wenig geneigt zeigte, mit der Solar-Union auf dem Gebiet der Sonnenforschung zusammenzuarbeiten.

---

84 Foerster an von Puttkamer 14. 8. 1879, in GStA PK, I. HA Rep. 76, Vc Sekt. 1 Tit. 11 Teil VI Nr. 4 Bd. I, Bl. 19.

85 A. Kopff, Die Versammlung der Astronomischen Gesellschaft in Kopenhagen, in *Die Naturwissenschaften* 14. Jg., 1926, H. 42, Sonderdruck.

86 Vgl. Dieter B. Herrmann, Zur Frühentwicklung der Astrophysik in Deutschland und in den USA. Ein quantitativer Vergleich, in *Mitteilungen der Archenhold-Sternwarte Berlin-Treptow*, Nr. 95, Berlin-Treptow 1974; Wolfgang R. Dick, Die Verlegung der Berliner Sternwarte nach Babelsberg – ein konservativer Neubeginn, in *Berichte zur Wissenschaftsgeschichte* 20, 1997, S. 297–305.

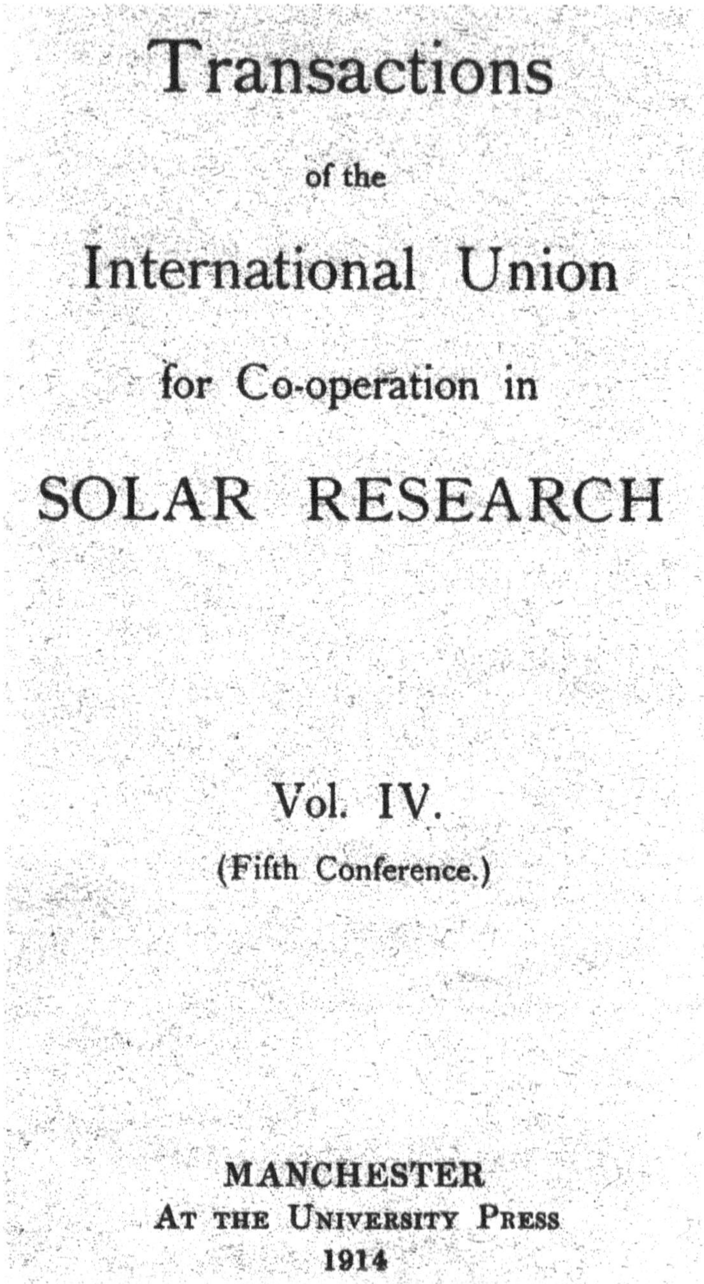

Transactions

of the

International Union

for Co-operation in

SOLAR RESEARCH

Vol. IV.

(Fifth Conference.)

MANCHESTER
AT THE UNIVERSITY PRESS
1914

Abb. 9: Bericht über die 5. Konferenz der International Union for Co-operation in Solar Research 1913 in Bonn. Titelblatt

Vermutlich verhielt sich die Gesellschaft so ablehnend, weil sie ihr langgehegtes Monopol nicht aufgeben wollte und jene als Konkurrenz empfand. Jedenfalls blieb eine entsprechende Anfrage Hales an die Astronomische Gesellschaft ohne Antwort. – Hale war damals in den USA Vorsitzender des Commitee on Solar Research der National Academy of Sciences und wurde in das Exekutivkomitee der Solar-Union gewählt, dem auch der britische Physiker Arthur Schuster als Vorsitzender und anfangs der schwedische Physikochemiker Svante Arrhenius, der 1903 den Nobelpreis für Chemie erhalten hatte, angehörten.

Die Astronomische Gesellschaft wurde also nicht Mitglied der Solar-Union, an der sich jedoch die Deutsche Physikalische Gesellschaft (Berlin) und die Internationale Assoziation der Akademien beteiligten.[87] Die jeweils führende Akademie der Internationalen Assoziation ernannte für einen Zeitraum von drei Jahren ein Mitglied des Exekutivkomitees der Solar-Union. Zugleich wurde die Internationale Sonnenforschung unter das Patronat der Internationalen Assoziation der Akademien gestellt und erstattete dieser alle drei Jahre Bericht. Für diese enge Verbindung zwischen den beiden internationalen Vereinigungen hatte sich das Komitee der Solar-Union eingesetzt. Der entsprechende von Schuster gestellte Antrag war auf der dritten Generalversammlung der Internationalen Assoziation der Akademien 1907 in Wien einstimmig angenommen worden.[88]

Auch im Bereich der Nomenklatur, die in der internationalen Zusammenarbeit möglichst verbindlich nach einheitlichen Prinzipien standardisiert werden sollte, beanspruchte die Astronomische Gesellschaft das Monopol, die Bezeichnungen der veränderlichen Sterne zu vergeben. Der Konflikt spitzte sich später zu, zumal die zuständige „Veränderliche Kommission“ der Gesellschaft bzw. einzelne ihrer Mitglieder eigenmächtig über die Benennung neuentdeckter Sterne entschieden und einer internationalen Abstimmung aus dem Weg gingen.

87 Vgl. Transactions of the International Union for Co-operation in Solar Research, Vol. I (First and Second Conferences), Manchester 1906, insbes. S. 1–4, 8–10, 173–176, 230–257; Vol. IV (Bonn 1913), Manchester 1914. Das Zentralbüro der Solar-Union wurde unter Leitung Schusters in Manchester eingerichtet, in Verbindung mit den Physikalischen Laboratorien der Universität. Seine Kritik an der Astronomischen Gesellschaft äußerte Hale 1912 gegenüber Ejnar Hertzsprung, dieser berichtete darüber in seinem Brief an Karl Schwarzschild; siehe dazu Dieter B. Herrmann, *Ejnar Hertzsprung. Pionier der Sternforschung*, Berlin, Heidelberg u. a. 1994, S. 73 f.; vgl. Dick, Die Astronomische Gesellschaft, S. 157.

88 Vgl. dazu Internationale Assoziation der Akademien. Vorbericht für die am 30. Mai 1906 zu Wien beginnende Zusammentretung des Ausschusses, Wien 1906, S. 8 ff.; Internationale Assoziation der Akademien, 29. Mai bis 2. Juni 1907. Dritte Generalversammlung in Wien. Bericht über die Verhandlungen, Wien 1907, S. 26.

> Während all den Jahren meiner Mitgliedschaft der A.G.-Kommission habe ich niemals eine Benennungsliste zur Gutheißung vorgelegt bekommen [...] und bin auch nicht um meine Meinung [...] gefragt [worden],

schrieb 1937 rückblickend der bekannte dänische Astronom Ejnar Hertzsprung, der lange Zeit in Deutschland geforscht hatte, an den damaligen Vorsitzenden der Gesellschaft, Ludendorff. Hertzsprung stellte deshalb an die Gesellschaft den Antrag,

> keine neue Benennungsliste herauszugeben, bis eine wahrlich internationale Lösung gefunden sei.

Die Kritik an jenem selbstherrlichen und autoritären Stil verband sich mit der wiederholt angestimmten Klage über die fehlende Internationalität der Gesellschaft, die „national einseitig(e) Majorität" der deutschen Mitglieder und die

> Bestimmungen, wonach der Sitz der Gesellschaft an Deutschland gebunden ist und die leitende Sprache deutsch sein soll.[89]

Doch die deutschsprachige Mehrheit in der Astronomischen Gesellschaft ignorierte weitgehend diese Kritik und verteidigte hartnäckig ihre Macht. Damit aber verspielte sie die günstige Gelegenheit, die Gesellschaft zu einer wirklich internationalen Vereinigung auszubauen, und zwar auf der Basis der Gleichberechtigung der Astronomen aus den verschiedenen Ländern und der damals wichtigsten Sprachen in den Wissenschaften Deutsch, Englisch und Französisch. Nur unter solchen Bedingungen hätte wahrscheinlich die deutsche Sprache eine starke Stellung in der Astronomie langfristig behaupten können. Vielleicht hätte eine stärkere Berücksichtigung der Ansichten, Interessen und Sprachen der ausländischen Gelehrten in der Astronomischen Gesellschaft den nach dem Ersten Weltkrieg betriebenen Boykott gegen die deutsche Wissenschaft und Sprache, der von bekannten Astronomen, Mathematikern und Physikern aus Frankreich, Belgien, England und den USA, darunter dem amerikanischen Astronomen und Wissenschaftsorganisator Hale und dem britischen Physiker Arthur Schuster, angeführt wurde, verhindern oder zumindest abschwächen können.

Stattdessen fielen die Astronomische Gesellschaft und mit ihr die deutsche Sprache in der internationalen Zusammenarbeit der Astronomen an erster Stelle unter die Boykottmaßnahmen der Alliierten. Zwar hatte der schwedisch-dänische Astronom Elis Strömgren, seit 1907 Professor und Direktor der Sternwarte in Ko-

89 Hertzsprung an Ludendorff 15.6.1937, zitiert nach Herrmann, *Ejnar Hertzsprung*, S. 167.

penhagen, sich bemüht, während des Krieges und danach zwischen den verfeindeten Kontrahenten zu vermitteln – in diesem Sinne nahm er auch den Vorsitz der Astronomischen Gesellschaft von 1921 bis 1930 wahr. Er konnte jedoch nicht verhindern, daß die alliierten Wissenschaftler neben und gegen die Astronomische Gesellschaft eine neue internationale Organisation ins Leben riefen, die Union astronomique internationale (International Astronomical Union), der sich die Solar-Union anschloß und aus der mit den deutschen und österreichischen Wissenschaftlern zugleich die deutsche Sprache ausgeschlossen wurde. Die Sprachen der Internationalen Astronomischen Union waren Englisch und Französisch.[90]

e) Chemische Zeitschriften, internationale Chemikerkongresse, Internationale Assoziation der Chemischen Gesellschaften

Im 19. Jahrhundert erlangten in der Chemie neben *Gmelins Handbuch der anorganischen Chemie*[91] und *Beilsteins Handbuch der organischen Chemie*[92] sowie weiteren Hand- und Lehrbüchern, auch in französischer und englischer Sprache, deutsche Fachzeitschriften weltweit Anerkennung. Darunter befand sich das *Chemische Zentralblatt*, das als Referatenzeitschrift umfassend und schnell über die neue chemische Literatur des In- und Auslands informierte. Wegen der engen Verbindung von Chemie und Pharmazie erschien es zunächst ab 1830 unter dem Namen *Pharmaceutisches Central-Blatt*, im Verlag Leopold Voss in Leipzig unter der redaktionellen Leitung des Physikers und Naturphilosophen Gustav Theodor Fechner. Da mit der chemischen Forschung und Industrie auch die chemische

90 Siehe Kapitel II.1.b) und IV.3.

91 *Gmelins Handbuch der anorganischen Chemie* ging aus dem von dem deutschen Chemiker Leopold Gmelin, Professor der Medizin und Chemie in Heidelberg, 1817 herausgegebenen *Handbuch der theoretischen Chemie* hervor. Es umfaßte zahlreiche Bände und erlebte mehrere Auflagen. Ab 1922 wurde es von der Deutschen Chemischen Gesellschaft herausgegeben.

92 Friedrich Konrad Beilstein, in St. Petersburg als Sohn deutscher Eltern geboren, studierte an deutschen Universitäten, promovierte und habilitierte sich in Göttingen und lehrte erst in Göttingen, dann in St. Petersburg. Er gab das Handbuch ab 1881 heraus. Es erschien ebenfalls in zahlreichen Bänden und mehreren Auflagen und wurde ab 1896 von der Deutschen Chemischen Gesellschaft herausgegeben; vgl. Friedrich Richter, Beilsteins Handbuch – 75 Jahre organisch-chemischer Dokumentation, in *Angewandte Chemie*, 70/10 1958, S. 279 – 284; *Einhundert Jahre Beilsteins Handbuch der Organischen Chemie. Festschrift*, Frankfurt 1981; siehe dazu auch Michael Gordin, *Scientific Babel*, S. 284 – 289.

Literatur zunehmend größere Bedeutung gewann, wurde sein Name bald geändert: 1850 in *Chemisch-Pharmaceutisches Central-Blatt* und 1856 in *Chemisches Central-Blatt* – ab 1907 in der neuen Schreibweise: *Chemisches Zentralblatt* (Abb. 10)

Wie die Redaktion in der ersten Nummer des Referatenorgans ankündigte, sollte „nicht blos die deutsche, sondern auch ausländische, namentlich die französische, englische, holländische und italienische Literatur berücksichtigt werden".[93] Doch die Sprache der Referate war durchgehend Deutsch. Das legte es anderssprachigen Chemikern nahe, Deutsch zu verstehen, wenn sie sich über die internationale Fachliteratur informieren wollten. Das Referatenblatt wurde erst vierzehntägig und bereits im Gründungsjahr wöchentlich herausgegeben. Von Anfang an verschaffte ein Autoren- und Sachregister am Jahresende einen Überblick über die besprochene Literatur. Für die Fortführung sorgte später die 1867 in Berlin gegründete Deutsche Chemische Gesellschaft, die im Jahr 1897 die Herausgabe übernahm.[94] Das *Chemische Zentralblatt* erwies sich als überaus nützlich und erfolgreich, so daß die American Chemical Society es zum Vorbild nahm, als sie 1907 die *Chemical Abstracts* ins Leben rief und damit ein amerikanisches Konkurrenzunternehmen in englischer Sprache.[95]

Eine andere weltbekannte Zeitschrift waren *Liebigs Annalen der Chemie.* Namhafte deutsche und ausländische Chemiker publizierten dort ihre Originalarbeiten in deutscher Sprache. Nach der Vereinigung des *Archivs des Apotheker-Vereins im nördlichen Deutschland* und des *Magazins für Pharmacie und Experimentalkritik* gründete 1832 Justus von Liebig mit weiteren deutschen Chemikern[96] die *Annalen der Pharmacie,* die 1840 als *Annalen der Chemie und Pharmacie* weitergeführt und nach Liebigs Tod zu seinen Ehren 1873 in *Justus Liebig's An-*

93 Ankündigung der Redaktion, in *Pharmaceutisches Central-Blatt* 1/1 1830, S. 2.

94 Vgl. Maximilian Pflücke, Das Chemische Zentralblatt 125 Jahre alt, in *Angewandte Chemie*, 66/17–18 1954, S. 537–541; Christian Weiske, Das Chemische Zentralblatt – ein Nachruf, in *Chemische Berichte* 106/4 1973, S. I-XVI; Dunja Langanke, Das Chemische Zentralblatt im Wandel der Zeiten – der Weg von der gedruckten zur elektronischen Ausgabe, in *Information. Wissenschaft & Praxis*, 60/3 2009, S. 143–150.

95 Chemiker der USA hatten sich 1876 zur American Chemical Society zusammengeschlossen und als deren Referatenorgan 1907 die *Chemical Abstracts* gegründet; vgl. Appeal of the American Chemical Society, in *Science* 55, 24.3.1922, S. 307–310.

96 Liebig, der 1845 den Adelstitel erhielt, lehrte damals als Professor der Chemie an der Universität Gießen, wo er in einem chemischen Laboratorium experimentierte und zahlreiche deutsche und ausländische Chemiker ausbildete, die später berühmt wurden. Mitherausgeber der *Annalen* waren 1832 die Apotheker Rudolph Brandes und Philipp Lorenz Geiger.

Abb. 10: Das *Chemische Zentralblatt* unter wechselnden Namen 1830-1850-1856-1907. Titelblätter. Exemplare der Universitätsbibliothek Johann Christian Senckenberg, Frankfurt am Main

nalen der Chemie und Pharmacie umbenannt wurden. Ab 1874 hießen sie nur noch *Justus Liebig's Annalen der Chemie* und später *Liebigs Annalen.*[97] (Abb. 11)

Neben weiteren deutschsprachigen Zeitschriften der Chemie fanden insbesondere die ab 1868 herausgegebenen *Berichte der Deutschen Chemischen Gesellschaft,*[98] in denen Sitzungsberichte, neueste Forschungsergebnisse, Vorträge bekannter deutscher Chemiker und Korrespondenzen auswärtiger Chemiker mitgeteilt wurden, international weite Verbreitung. Ab 1898 veröffentlichten sie auch die Berichte der Deutschen Atomgewichtskommission und ab 1903 der Internationalen Atomgewichtskommission.[99]

Besondere Bedeutung erlangte darüber hinaus eine Zeitschrift, die der Professor der Chemie in Leipzig, Wilhelm Ostwald[100], und der Niederländer Jacobus Henricus van't Hoff, Professor der Chemie an der Universität Amsterdam und später in Berlin, 1887 gründeten: die deutschsprachige *Zeitschrift für Physikalische Chemie*, an der namhafte ausländische Chemiker mitwirkten.[101] Die beiden Herausgeber wurden später für ihre herausragenden Forschungen geehrt: Van't Hoff erhielt 1901 den ersten Nobelpreis für Chemie, Ostwald erhielt ihn 1909.

Die internationale Zusammenarbeit der Chemiker, die sich zunächst über Fachzeitschriften und andere Publikationen austauschten, setzte sich in persönlichen Begegnungen und Auseinandersetzungen auf internationalen Versammlungen fort.[102] So fand der erste große internationale Chemikerkongreß im September 1860 in Karlsruhe statt, wo sich 140 Chemiker aus 12 Ländern – aus Deutschland, Frankreich, Großbritannien, Österreich, Rußland, der Schweiz, Schweden, Belgien, Italien, Spanien, Portugal und Mexiko – versammelten, um wichtige theoretische und sprachliche Fragen zu klären und sich über chemische Ausdrücke, Formeln und Nomenklaturen in verschiedenen Sprachen zu verständigen, insbesondere über präzise Definitionen der Begriffe „Atom", „Mole-

97 Siehe dazu auch Henning Hopf, Die Lage der Wissenschaftssprache Deutsch in der Chemie, in Wieland Eins, Helmut Glück, Sabine Pretscher (Hrsg.), *Wissen schaffen – Wissen kommunizieren. Wissenschaftssprachen in Geschichte und Gegenwart*, Wiesbaden 2011, S. 95–108.

98 Anfangs (bis 1877) hießen sie noch: *Berichte der Deutschen Chemischen Gesellschaft zu Berlin*, wie sich die Gesellschaft zuerst nannte, und später nur noch *Chemische Berichte.*

99 Siehe dazu Walter Hückel, 100 Jahre Geschichte der Berichte, in *Chemische Berichte*, 100/1 1967, S. I-LIII.

100 Ostwald hatte vorher in Dorpat und Riga gelehrt.

101 Die Zeitschrift hieß anfangs *Zeitschrift für Physikalische Chemie, Stöchiometrie und Verwandtschaftslehre.*

102 Siehe dazu auch Christoph Meinel, Nationalismus und Internationalismus in der Chemie des 19. Jahrhunderts, in Peter Dilg (Hrsg.), *Perspektiven der Pharmaziegeschichte. Festschrift für Rudolf Schmitz zum 65. Geburtstag*, Graz 1983, S. 225–242.

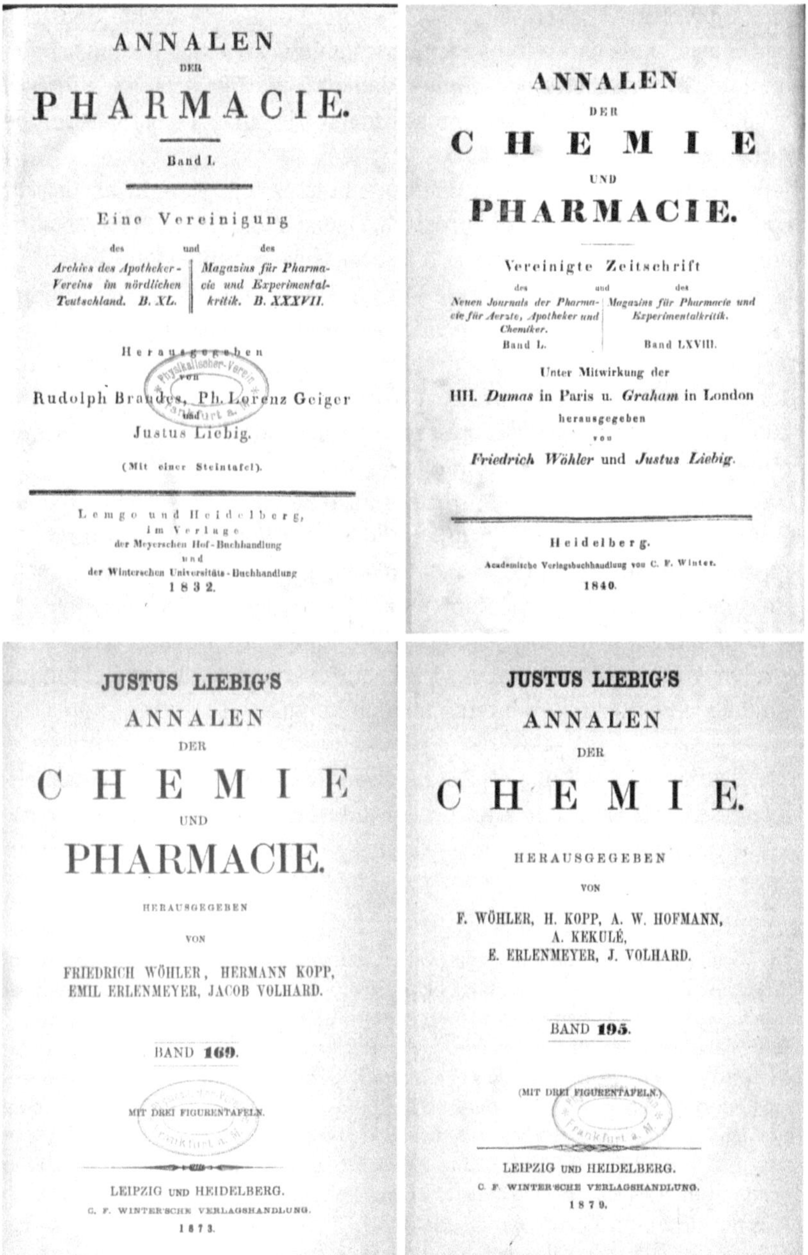

ANNALEN
DER
PHARMACIE.
Band I.
Eine Vereinigung
des Archivs des Apotheker-Vereins im nördlichen Teutschland. B. XL.
und
des Magazins für Pharmacie und Experimentalkritik. B. XXXVII.
Herausgegeben
von
Rudolph Brandes, Ph. Lorenz Geiger
und
Justus Liebig.
(Mit einer Steintafel).
Lemgo und Heidelberg,
im Verlage
der Meyerschen Hof-Buchhandlung
und
der Winterschen Universitäts-Buchhandlung
1832.

ANNALEN
DER
CHEMIE
UND
PHARMACIE.
Vereinigte Zeitschrift
des Neuen Journals der Pharmacie für Aerzte, Apotheker und Chemiker. Band L.
und
des Magazins für Pharmacie und Experimentalkritik. Band LXVIII.
Unter Mitwirkung der
HH. Dumas in Paris u. Graham in London
herausgegeben
von
Friedrich Wöhler und Justus Liebig.
Heidelberg.
Academische Verlagsbuchhandlung von C. F. Winter.
1840.

JUSTUS LIEBIG'S
ANNALEN
DER
CHEMIE
UND
PHARMACIE.
HERAUSGEGEBEN
VON
FRIEDRICH WÖHLER, HERMANN KOPP,
EMIL ERLENMEYER, JACOB VOLHARD.
BAND 169.
MIT DREI FIGURENTAFELN.
LEIPZIG UND HEIDELBERG.
C. F. WINTER'SCHE VERLAGSHANDLUNG.
1873.

JUSTUS LIEBIG'S
ANNALEN
DER
CHEMIE.
HERAUSGEGEBEN
VON
F. WÖHLER, H. KOPP, A. W. HOFMANN,
A. KEKULÉ,
E. ERLENMEYER, J. VOLHARD.
BAND 195.
(MIT DREI FIGURENTAFELN.)
LEIPZIG UND HEIDELBERG.
C. F. WINTER'SCHE VERLAGSHANDLUNG.
1879.

Abb. 11: *Justus Liebig's Annalen der Chemie* unter wechselnden Namen 1932-1840-1873-1879. Titelblätter. Exemplare der Universitätsbibliothek Johann Christian Senckenberg, Frankfurt am Main

kül“ und „Äquivalent“.[103] Der seit 1858 in Gent (Belgien) lehrende deutsche Chemiker August Kekulé hatte eine solche Versammlung angeregt und mit seinem Kollegen an der Technischen Hochschule – damals Polytechnischen Schule – in Karlsruhe, Karl Weltzien, und dem französischen Chemiker in Paris, Adolphe Wurtz, vorbereitet.

Einladungsschreiben wurden an Chemiker in ganz Europa auf französisch, deutsch oder englisch verschickt. Französisch, Deutsch und Englisch waren auch die Sprachen des Kongresses,[104] die von den meisten bedeutenden Chemikern damals verstanden wurden. Um auf jeden Fall die mehrsprachige Verständigung zu unterstützen und für die gleichberechtigte Geltung der verschiedenen Länder und Sprachen und für Übersetzungen zu sorgen, ernannte man fünf Chemiker aus Frankreich, Deutschland, Großbritannien, Belgien und Rußland, darunter Wurtz und Kekulé, zu Sekretären des Kongresses. Eine besondere Kommission wurde gebildet, um bestimmte Fragen zu formulieren. Doch konnte man angesichts der „Anarchie, die in der chemischen Ausdrucksweise herrscht“,[105] so schnell keine Einigung über die verschiedenen Theorien und Nomenklaturen herbeiführen. Es dauerte noch etwa dreißig Jahre, bis die nächsten internationalen Chemikerkongresse veranstaltet wurden: die Konferenz 1889 zur Zeit der Weltausstellung in Paris, wo wieder eine Internationale Kommission für chemische Nomenklatur ins Leben gerufen wurde, 1892 der Congrès International de nomenclature chimique in Genf und ab 1894 die großen Internationalen Kongresse für angewandte Chemie.

Den 1. Internationalen Kongreß für angewandte Chemie, der mit wirtschaftlichen Interessen eng verknüpft war, organisierte die Belgische Chemikervereinigung (Association belge des Chimistes) zur Zeit der Weltausstellung 1894 in

103 Außer 14 Teilnehmern, die nicht registriert waren, kamen aus Deutschland: 56, Frankreich: 21, Großbritannien: 17, Österreich: 7, Rußland: 7, Schweiz: 6, Schweden: 4, Belgien: 3 (darunter der deutsche Chemiker Kekulé), Italien: 2, Spanien: 1, Portugal: 1 und Mexiko: 1; vgl. Karl Engler, Vier Jahrzehnte chemischer Forschung unter besonderer Rücksicht auf Baden als Heimstätte der Chemie, in *Festgabe zum Jubiläum der Vierzigjährigen Regierung seiner Königlichen Hoheit des Grossherzogs Friedrich von Baden*, Karlsruhe 1892, S. 346–355; *Compte rendu des séances du congrès international des chimistes réuni à Carlsruhe le 3, 4 et 5 septembre 1860*, Anlage 8, in Richard Anschütz, *August Kekulé*, Bd. 1, Berlin 1929, S. 671–688, wieder abgedruckt in: Mary Jo Nye, The Question of the Atom: From the Karlsruhe Congress to the First Solvay Conference, 1860–1911, 1984, S. 633–650; Alfred Stock, *Der internationale Chemiker-Kongreß. Karlsruhe 3.–5. September 1860, vor und hinter den Kulissen*, Berlin 1933; siehe auch Bernadette Bensaude-Vincent, Karlsruhe, septembre 1860: l'atome en congrès, in Les Congrès Scientifiques Internationaux, *Relations internationales* 62/1990, S. 149–169.

104 Vgl. Stock, *Der internationale Chemiker-Kongreß*, S. 17.

105 Wurtz, zitiert nach ebd., S.7.

Brüssel und Antwerpen (Anvers).[106] Nach der Kongreßordnung waren dort eigentlich alle Sprachen zugelassen. Doch wurden die Redner gebeten, möglichst französisch zu sprechen, um die Diskussion zu erleichtern, oder, falls ihnen das nicht möglich war, die deutsche oder englische Sprache zu benutzen.[107] Ähnliche Sprachenregelungen, die Französisch bevorzugten, trafen der 2. und der 4. Internationale Kongreß für angewandte Chemie, die man 1896 und 1900 in Paris abhielt.[108]

Das änderte sich allerdings, als der 3. Internationale Kongreß für angewandte Chemie 1898 in Wien stattfand und als gleichberechtigte Kongreßsprachen Deutsch, Französisch und Englisch bestimmt wurden.[109] Dabei war es naheliegend, daß angesichts der deutschsprachigen Umgebung und der großen Zahl deutschsprachiger Teilnehmer in Wien vorwiegend Deutsch gesprochen wurde, auch von vielen anderssprachigen Chemikern. So waren von 245 im Kongreßband abgedruckten Vorträgen allein 213 (87 Prozent) auf deutsch und nur 31 auf französisch. Die englische Sprache war sogar nur in einem einzigen Vortrag vertreten, den ein US-amerikanischer Chemiker hielt.[110]

Ähnlich wie in Wien galten auf dem 5. Internationalen Kongreß für angewandte Chemie 1903 in Berlin als Kongreßsprachen Deutsch, Französisch und Englisch.[111] Es war naheliegend, daß auch hier die deutsche Sprache dominierte. Aus Deutschland kamen ohnehin die meisten Teilnehmer und Referenten. So

106 Congrès International de Chimie appliquée organisé par l'Association belge des Chimistes sous le patronage du Gouvernement Belge, Bruxelles-Anvers, 4–11 Août 1894. Compte-Rendu par Fr. Sachs, secrétaire général, Bruxelles 1894.

107 Vgl. Règlement du Congrès, Art. 23., ebd., S. XI.

108 Deuxième Congrès International de Chimie appliquée. Organisé sous le Patronage du Gouvernement Français par l'Association des Chimistes de Sucrerie & de Distillerie de France et des Colonies (M. L. Lindet, Président) et réuni à Paris, du 27 juillet au 5 août 1896, sous la Présidence de M. Berthelot, Secrétaire perpétuel de l'Académie des Sciences. Comptes Rendus par François Dupont, Secrétaire Général du Congrès, Secrétaire Général de l'Association des Chimistes de Sucrerie et de Distillerie, Tome I-V, Paris 1897; IVe Congrès International de Chimie appliquée. Tenu à Paris, du 23 au 28 Juillet 1900. Compte Rendu in-extenso par M. Henri Moissan, Président du Congrès, et M. François Dupont, Secrétaire Général, Tome I-III, Paris 1902.

109 Bericht über den III. Internationalen Congress für angewandte Chemie. Wien 1898. Drei Bände verfasst von dem Generalsecretär des Congresses Friedrich Strohmer, Director der Versuchsstation für Zuckerindustrie in Wien, Wien 1899.

110 Die Royal Society hatte keine Delegierten geschickt, weil ihr der Kongreß ‚zu technisch' erschien; vgl. Greenaway, *Science International*, S. 10.

111 V. Internationaler Kongress für angewandte Chemie. Berlin 2.–8. Juni 1903. Bericht, erstattet vom Präsidenten des Kongresses Dr. Otto N. Witt, Geheimer Regierungsrat und Professor an der Königlichen Technischen Hochschule zu Berlin, und dem wissenschaftlichen Sekretär des Kongresses, Dr. Georg Pulvermacher, Bd. I-IV, Berlin 1904.

waren von den 505 im Kongreßband abgedruckten Vorträgen allein 339 (67 Prozent) auf deutsch, 93 (18 Prozent) auf französisch und 73 (15 Prozent) auf englisch. (Abb. 12)

Auf dem folgenden 6. Internationalen Kongreß für angewandte Chemie 1906 in Rom wurde die Dreisprachigkeit zur Viersprachigkeit erweitert. Zu Französisch, Deutsch und Englisch kam dort noch Italienisch, die Sprache des Gastlandes, hinzu. [112]

Während auf den ersten internationalen Chemikerkongressen Englisch nur eine marginale Rolle spielte, änderte sich das auf den letzten beiden Kongressen vor dem Ersten Weltkrieg, die erstmals in englischsprachigen Ländern abgehalten wurden. So fand der 7. Internationale Kongreß für angewandte Chemie 1909 in Großbritannien statt.[113] Insgesamt 3.100 Chemiker aus 22 Ländern nahmen daran teil. An der Viersprachigkeit der offiziellen Kongreßsprachen hielt man weiterhin fest. Doch rückte nun im englischsprachigen Umfeld die englische Sprache in den Vorträgen und Diskussionen an die erste Stelle. Auf dem folgenden 8. Kongreß 1912 in Washington und New York gewann die englische Sprache noch größere Gewicht.[114] Dafür sorgte auch die rege Beteiligung der US-amerikanischen Chemiker, die über 78 Prozent der Teilnehmer stellten. Gleichwohl wurde auch hier an den vier offiziellen Kongreßsprachen Englisch, Deutsch, Französisch und Italienisch festgehalten. Der folgende Kongreß, der 1915 in St. Petersburg abgehalten werden sollte,[115] mußte jedoch wegen des Ersten Weltkriegs ausfallen.

Jedenfalls zeigte sich bei den internationalen Chemikerkongressen vor dem Ersten Weltkrieg, daß die deutsche Sprache neben Französisch, Englisch und Italienisch gut vertreten war.

Wenige Jahre vor dem Krieg setzten sich außerdem führende Chemiker dafür ein, die nationalen chemischen Gesellschaften in einer internationalen Organisation zusammenzuschließen. Wie von dem deutschen Chemiker Wilhelm Ostwald und seinem französischen Kollegen Albin Haller geplant, versammelten sich auf Einladung der Société Chimique de France im April 1911 in Paris drei Delegierte der französischen Gesellschaft, zwei der Chemical Society of London und

---

112 Atti del VI Congresso Internazionale di Chimica Applicata, Roma, 26 Aprile – 3 Maggio 1906. Compilati a cura del Prof. Emanuele Paternò, Presidente del Congresso, e del Prof. Vittorio Villavecchia, Segretario Generale del Congresso, Vol. I-VII, Roma 1907.

113 Seventh International Congress of Applied Chemistry, London, May 27th to June 2nd, 1909. Edited by Sir William Ramsay, K.C.B., F.R.S. (Acting President of the Congress) and William Macnab (Hon. General Secretary), assisted by Alfred Chaston Chapman, Vol. I-XII, London 1910.

114 Eighth International Congress of Applied Chemistry. Washington and New York. September 4 to 13, 1912, Vol. I-XXIX.

115 Vgl. ebd., Vol. XXVIII, S. 205–209.

V. INTERNATIONALER KONGRESS
FÜR ANGEWANDTE CHEMIE
BERLIN 2.—8. JUNI 1903

BERICHT

erstattet vom

PRÄSIDENTEN DES KONGRESSES
DR. OTTO N. WITT
Geheimer Regierungsrat und Professor an der Königlichen Technischen Hochschule zu Berlin

und dem

WISSENSCHAFTLICHEN SEKRETÄR DES KONGRESSES
DR. GEORG PULVERMACHER.

ERSTER BAND.
Vorgeschichte des Kongresses.
Verlauf des Kongresses.
Verhandlungen der Sektionen I und II.

BERLIN 1904.
DEUTSCHER VERLAG (Ges. m. b. H.)
SW. 11, Königgrätzer Strasse 41/42.

Abb. 12: 5. Internationaler Kongreß für angewandte Chemie 1903 in Berlin. Titelblatt des Berichts

drei der Deutschen Chemischen Gesellschaft und gründeten die Association Internationale des Sociétés Chimiques. Als Aufgaben der Assoziation wurden neben der Bildung von internationalen Kommissionen, insbesondere für anorganisch-chemische und organisch-chemische Nomenklatur und die Vereinheitlichung der physikalisch-chemischen Formelzeichen, die Herausgabe von Publikationen und die Einberufung von Konferenzen und Kongressen bestimmt.[116] Geleitet wurde die Assoziation von einem Conseil, in dem jedes Land durch drei Delegierte einer Chemischen Gesellschaft vertreten war. In kurzer Zeit schlossen sich chemische Gesellschaften aus den Niederlanden, der Schweiz, den USA, Rußland, Norwegen, Österreich, Italien, Dänemark, Japan, Spanien und Belgien der Assoziation an.

Zum ersten Präsidenten dieser Internationalen Assoziation der Chemischen Gesellschaften wurde Wilhelm Ostwald gewählt. Die deutschen Chemiker bildeten auch das erste Büro der Assoziation, bestehend aus dem Präsidenten, Vizepräsidenten und Generalsekretär, bis zur nächsten Konferenz 1912 in Berlin.[117]

Nach den beiden Konferenzen in Paris und Berlin sollte die nächste Tagung 1913 ursprünglich in London unter William Ramsay als Präsidenten stattfinden. Doch da der belgische Chemiker und Industrielle Ernest Solvay der Assoziation eine großzügige Spende von 250.000 francs und den Unterhalt eines ständigen Büros versprach und ähnlich wie das Internationale Solvay-Institut für Physik ein Internationales Institut für Chemie in Brüssel finanzieren wollte – für den Vorstand waren Albin Haller, Wilhelm Ostwald und William Ramsay als Delegierte der Assoziation vorgesehen –, wurde die Konferenz 1913 nach Brüssel gelegt. Die Konferenz nahm Solvays Angebot an und erörterte die Statuten eines Internationalen Solvay-Instituts für Chemie,[118] das dann aber erst ab 1922 regelmäßig eigene Tagungen durchführte.

Der regelmäßige Wechsel der Präsidenten und Büros und, in Verbindung damit, der Konferenzorte und führenden Sprachen brachte zum Ausdruck, daß man auf die gleichberechtigte Repräsentanz der drei verbreiteten Sprachen Französisch, Deutsch und Englisch großen Wert legte. Dies zeigte sich auch im Projekt einer dreisprachigen chemischen Zeitschrift, das sich jedoch nicht mehr realisieren ließ.[119] Schließlich wurde nach dem Krieg das Konzept der Dreispra-

---

116 Vgl. Compte-Rendu des Séances des Délégués des Sociétés chimiques allemande, anglaise et française, réunis à Paris, le 25 Avril 1911, dans le but de fonder une Association Internationale des Sociétés Chimiques, Paris 1911; siehe dazu auch Patterson, Austin M., International Chemistry, in *Science* 69/1929, S. 531–536; Roger Fennell, *History of IUPAC 1919–1987*, Oxford 1994, S. 3–10.

117 Vgl. Auszug aus den Protokollen der zweiten in Berlin vom 11. bis 13. April 1912 veranstalteten Tagung der Internationalen Assoziation der Chemischen Gesellschaften, in *Berichte der Deutschen Chemischen Gesellschaft* 45/1912, S. 1454–1463.

118 International Association of Chemical Societies. Extract from the minutes of the third session of the Council held in the Institut Solvay (Physiologie), Parc Léopold, Brussels, September 19th – 23rd, 1913, in *Berichte der Deutschen Chemischen Gesellschaft* 46/1913, S. 3907–3915.

119 Vgl. ebd., S. 3910 f.; Roger Fennell, *History of IUPAC*, S. 8.

chigkeit verworfen, als die Chemiker der alliierten Länder die Internationale Assoziation der Chemischen Gesellschaften auflösten und stattdessen die Union internationale de la Chimie pure et appliquée gründeten, aus der sie die deutschen und österreichischen Chemiker und mit ihnen die deutsche Sprache ausschlossen.[120]

f) Internationale Erdmessung

Im Jahr 1862 kamen in Berlin unter Führung des ehemaligen Chefs der beim preußischen Generalstab angesiedelten Landesvermessung (Trigonometrische Abteilung), Generalleutnant Johann Jakob Baeyer, Vertreter der Landesvermessung aus Preußen, Sachsen und Österreich zusammen und erörterten die Gründung einer internationalen Vereinigung für Gradmessung; eine Anzahl von Staaten hatte ihre Teilnahme an einer solchen Vereinigung bereits zugesagt oder in Aussicht gestellt. Zwei Jahre später fand in Berlin die erste Konferenz statt, zu der Baeyer im Namen der preußischen Regierung eingeladen hatte und auf der Vertreter von dreizehn Staaten, darunter sieben deutschen, die „Mitteleuropäische Gradmessung" gründeten. Diese wurde dann auf einer weiteren Konferenz 1867 in Berlin – nach dem Beitritt Spaniens, Portugals und Rußlands – zur „Europäischen Gradmessung" (Abb. 13) und 1886 – wieder in Berlin – zur „Internationalen Erdmessung" erweitert, an der sich bald 23 Staaten beteiligten. Es war, im Unterschied zur Astronomischen Gesellschaft, also eine Vereinigung von Staaten, nicht von Personen.[121]

Der Zweck dieser internationalen Verbindung der Landesvermessungen war, die Messungseinrichtungen, -techniken, -methoden und -ergebnisse der verschiedenen Länder miteinander zu vergleichen – auch im Hinblick auf die jeweiligen Landesgrenzen und deren Kontrollen – und die Maßeinheiten zu regulieren. Außerdem nahm man sich vor, durch die Verknüpfung der Landflächenmessungen

---

120 Siehe dazu unten, S. 173, 177, 181 ff.

121 Vgl. Lewald (RdI) an St.S. des AA, 11.8.1916, in PA AA, R 64778; vgl. Georges Perrier, *Kurze Geschichte der Geodäsie. Wie der Mensch die Erde gemessen und gewogen hat*, Bamberg 1950; Ulrich Völter, *Geschichte und Bedeutung der Internationalen Erdmessung*, Diss. Ing. (Deutsche Geodätische Kommission bei der Bayerischen Akademie der Wissenschaften, Reihe C, Heft 63), München 1963, S. 10 f.; Lyons, *Internationalism in Europe 1815–1914*, S. 229 f.: Baeyer hatte 1857 sein militärisches Amt aufgegeben. An der Gründungsversammlung 1864 beteiligten sich Vertreter aus Baden, Hannover, Hessen-Darmstadt, Hessen-Kassel, Mecklenburg, Preußen, Sachsen, Italien, Polen, Schweden, Norwegen, Österreich und der Schweiz. Später kamen noch Vertreter aus Bayern und Württemberg hinzu. Hannover und Hessen-Kassel wurden 1866 von Preußen annektiert.

General-Bericht

über die

Europäische Gradmessung

für das Jahr 1868.

Berlin.
Druck und Verlag von Georg Reimer.
1869.

Abb. 13: General-Bericht über die Europäische Gradmessung für das Jahr 1868. Titelblatt. Exemplar der Universitätsbibliothek Johann Christian Senckenberg, Frankfurt am Main

mit astronomischen Beobachtungen der geographischen Breiten und Längen, mit Schwere- und Höhenmessungen und Berechnungen der Schwankungen der Polhöhe eine umfassende Kenntnis der Erdgestalt gemeinsam zu gewinnen, die wiederum für die Landesvermessungen von Bedeutung war. Nicht zufällig interessierte sich für die Vermessungen und kartographischen Karten der Landflächen und Meere das Militär, um sich genaue Kenntnisse darüber zu verschaffen. Deshalb kam es nicht selten vor, daß – wie in Preußen – die Landesvermessung in den Händen des Militärs lag.[122]

Mit der internationalen Ausdehnung der Vermessungen, wie im übrigen auch der Astronomie, wurden jedoch nicht nur wissenschaftliche und militärische, sondern auch wirtschaftliche Interessen verknüpft. „Die großen optischen und mechanischen Werkstätten des Gründerstaates Deutschland werden gleichfalls lebhaftes Interesse in dieser Hinsicht haben", schrieb der Hofrat Dr. Richard Schuman, Professor für höhere Geodäsie und Sphärische Astronomie an der Technischen Hochschule in Wien und Vorstand des kaiserlich-königlichen Gradmessungsbureaus dort, 1917 an den deutschen Botschafter in Wien. Dabei bezog er sich auf den Vorteil, den ein Beitritt der geodätisch noch kaum erschlossenen Türkei zur Internationalen Erdmessung nicht nur den deutschen und österreichischen Vermessungskommissionen, sondern zugleich den optisch-mechanischen Firmen bringen würde. Schuman konnte sich hier auf die Erfahrungen stützen, die man einige Zeit vorher bei der Vermessung Griechenlands gesammelt hatte, die vom österreichisch-ungarischen Militärgeographischen Institut ausgeführt worden war. Um so mehr bedauerte er es, daß die Vermessung von Konstantinopel mit den dazugehörigen Instrumentenlieferungen bereits die Franzosen übernommen hatten, während die großen optisch-mechanischen Werkstätten Wiens trotz ihrer Bemühungen dieses Mal leer ausgegangen waren.[123]

Der Umstand, daß die Gründung der Internationalen Erdmessung auf eine preußische Initiative zurückging, die eines fähigen Wissenschaftsorganisators noch dazu, und daß allein sieben deutsche Staaten daran teilnahmen, in einer Zeit, als diese noch nicht im Deutschen Reich vereinigt waren und jeweils eine Stimme hatten,[124] führte dazu, daß die deutschen Geodäten von Anfang an die Vereinigung dominierten. Diese deutsche Dominanz hatte weitreichende institu-

---

122 Vgl. Wilhelm Foerster, 50 Jahre internationaler Erdmessungsarbeit, in *Norddeutsche Allgemeine Zeitung*, Unterhaltungs-Beilage, Nr. 219, 18.9.1912; ders., Die internationale Organisation der Erdmessung, in *Internationale Wochenschrift für Wissenschaft, Kunst und Technik*, 4.5.1907, Sp. 159–164.

123 Richard Schuman an den deutschen Botschafter in Wien, 15.4.1917, in PA AA, R 64778.

124 Erst ab 1895 hatte Deutschland in der Internationalen Erdmessung bei den Abstimmungen nur noch eine Stimme; vgl. Völter, *Geschichte und Bedeutung der Internationalen Erdmessung*, S. 12.

tionelle Folgen, zumal die preußische Regierung das Unternehmen großzügig subventionierte.

Als oberstes Organ der Vereinigung fungierte die alle drei Jahre abgehaltene allgemeine Konferenz bzw. Generalkonferenz; die wissenschaftliche und organisatorische Leitung oblag der dort gewählten Permanenten Kommission, später dem Präsidium. Um die anfallenden Arbeiten bewältigen zu können, wurde 1866 – als ausführendes Organ der Permanenten Kommission – ein Zentralbüro der Europäischen Gradmessung geschaffen. Dieses Zentralbüro, das, in Kenntnis des Forschungsstandes, die verschiedenen Landesberichte über die Gradmessungen zu sammeln, in einem Generalbericht zu veröffentlichen und allseitige fachliche Unterstützungen zu gewähren hatte, errichtete man, nach Genehmigung des preußischen Königs in einer Kabinettsorder, in Berlin. Es unterstand der Oberaufsicht des preußischen Kultusministeriums und wurde von der preußischen Regierung finanziert. Abgesehen davon, daß man in Preußen zielstrebig darauf hingearbeitet hatte, wurde die Wahl des Sitzes des Zentralbüros in Berlin noch dadurch begünstigt, daß die Vertreter der beteiligten Länder den preußischen Generalleutnant Baeyer, der zudem Gründer der Vereinigung war, für den geeigneten Präsidenten bzw. Direktor hielten. Er wurde zunächst vom preußischen Kriegsministerium bezahlt.

Bald gründete man eine weitere preußische Institution, um die mit der Erweiterung der Organisation gewachsenen Aufgaben des Zentralbüros mit Hilfe einer personell und materiell gut ausgerüsteten Einrichtung meistern zu können und zugleich dessen Bindung an den preußischen Staat zu festigen und langfristig zu sichern. Zu diesem Zweck wurde im Jahr 1869, ebenfalls unter Aufsicht des preußischen Kultusministeriums, das Königlich Preußische Geodätische Institut in Berlin errichtet. Das Institut sollte zwar auch preußische Gradmessungsarbeiten ausführen, zugleich und vor allem aber als internationales Zentralbüro der damals noch Europäischen Gradmessung und bald als wissenschaftlicher Mittelpunkt der über alle Kontinente und Meere ausgedehnten Messungsarbeiten der Internationalen Erdmessung fungieren.

Der Präsident bzw. Direktor des Zentralbüros war in Personalunion der Präsident bzw. Direktor des Geodätischen Instituts; er wurde von der preußischen Regierung ernannt und bezahlt. Zu dieser Doppelrolle im Spiel zwischen nationalen und internationalen Interessen schien damals niemand anderes prädestiniert zu sein als der preußische Generalleutnant Baeyer, dessen Autorität wiederum eine solche Einrichtung überhaupt ermöglicht und den Anstoß dazu gegeben hatte. Baeyer gelang es zudem, das Geodätische Institut 1877 mit der Königlich Preußischen Akademie der Wissenschaften in Berlin zu verbinden und unter seinem Vorsitz eine sechsköpfige wissenschaftliche Kommission zu bilden, welche die Forschungen des Geodätischen Instituts und Zentralbüros begutachtete und überwachte.[125]

Mit diesem Schachzug der Verschmelzung von preußischer und internationaler geodätischer Organisation hatte sich die preußische Regierung eine starke Machtposition in der Europäischen Gradmessung und deren Folgeorganisation, der Internationalen Erdmessung, verschafft. Das auf der ganzen Welt gesammelte geodätische Material stand ihr somit zur Verfügung. Dabei wurden die Erwartungen recht hoch geschraubt. Denn wie es Baeyer und Wilhelm Foerster, der Direktor der Sternwarte Berlin, der anfangs auch im Zentralbüro saß, in ihrem dem Kultusministerium vorgelegten Plan zur Institutsgründung ausgemalt hatten, schwebte ihnen als großartiges Ziel vor Augen, „Preußen auf mehrere Menschenalter hin zu einem wissenschaftlichen Zentrum von Europa zu machen“[126] – und schließlich der ganzen Welt.

Doch gegen die deutschen Ambitionen erhoben sich bald Bedenken, die sich nach dem Tod Baeyers im Jahr 1885 noch verstärkten. Überlegungen wurden angestellt, das Zentralbüro der Internationalen Erdmessung vom Preußischen Geodätischen Institut abzukoppeln, in einem kleinen neutralen Land wie der Schweiz anzusiedeln und, statt von Preußen unterhalten zu lassen, aus Beiträgen der Teilnehmerstaaten zu finanzieren. Der Direktor des Zentralbüros sollte nicht mehr von der preußischen Regierung ernannt, sondern von der Permanenten Kommission gewählt werden und dieser unterstehen.

Die taktischen Manöver, die nun der Astronom und Wissenschaftsorganisator Wilhelm Foerster, der an der Errichtung des Zentralbüros beteiligt gewesen war, im Auftrag des preußischen Kultusministerium dagegen in Gang setzte, um unter allen Umständen die Verlegung des Zentralbüros zu verhindern und die Vor-

---

125 Vgl. Protokolle der Verhandlungen der permanenten Commission der europäischen Gradmessung vom 23. bis 29. September 1869 in Florenz. (Als Manuskript gedruckt), S. 4 ff; Generalbericht über die Europäische Gradmessung für das Jahr 1869, Berlin 1870, S. 23; Bericht über die Verhandlungen der vom 21. bis 30. September 1871 in Wien abgehaltenen Dritten allgemeinen Conferenz der Europäischen Gradmessung, zugleich als Generalbericht für 1871 herausgegeben vom Central-Büreau der Europäischen Gradmessung, Berlin 1872, S. 9 ff.; Völter, *Geschichte*, S. 10 f.; Lothar Lerbs, *Über die Entwicklung des Geodätischen Instituts Potsdam von der Gründung 1870 bis zur Eingliederung in das Zentralinstitut Physik der Erde 1969*, Diss. rer. nat., Berlin 1970; Klaus-Harro Tiemann, Die Zusammenarbeit von Friedrich Althoff und Wilhelm Foerster bei der Reorganisation des preußischen Geodätischen Instituts und der Europäischen Gradmessung zur Internationalen Erdmessung 1885/1886, in Bernhard vom Brocke (Hrsg.), *Wissenschaftsgeschichte und Wissenschaftspolitik im Industriezeitalter: Das „System Althoff“ in historischer Perspektive*, Hildesheim 1991, S. 405 – 424.

126 Promemoria betreffend die Organisation eines Instituts für höhere Meßkunde, 16. 3. 1867, zitiert nach Lerbs, *Über die Entwicklung des Geodätischen Instituts Potsdam*, S. 15.

herrschaft Preußens in der damals noch Europäischen Gradmessung zu erhalten, hat Tiemann ausführlich dargestellt.[127] Foerster scheute nicht einmal davor zurück, seine Kollegen in der Permanenten Kommission derart unter Druck zu setzen, daß er damit drohte, Preußen würde aus der Organisation ausscheiden, wenn das Zentralbüro in ein anderes Land verlegt werden sollte. Diese Drohung verfehlte nicht die beabsichtigte Wirkung. Schließlich war man bereit, den Sitz des Zentralbüros in Preußen zu belassen, allerdings nur unter der Bedingung, daß das Zentralbüro der Leitung der Permanenten Kommission unterstellt und aus einem von den Mitgliedstaaten aufgebrachten Budget finanziert wurde.

In diesem Sinne verabschiedete man auf der 1886 in Berlin tagenden Konferenz eine von der preußischen Regierung entworfene Übereinkunft und schuf damit die Grundlage, um die Europäische Gradmessung zur Internationalen Erdmessung zu erweitern. Der Leiter des Zentralbüros und gleichzeitige Direktor des Preußischen Geodätischen Instituts, den weiterhin die preußische Regierung ernannte, war automatisch ständiges Mitglied der Permanenten Kommission – und später des Präsidiums. (Abb. 14)

In den folgenden Jahren wurde das Preußische Geodätische Institut reorganisiert und 1892 auf den Telegraphenberg bei Potsdam verlegt, wo sich bereits das Astrophysikalische und das Meteorologische Observatorium befanden. Die Position des Direktors wertete man wissenschaftlich auf, indem Baeyers Nachfolger, der international geachtete Geodät Friedrich Robert Helmert, gleichzeitig die neu eingerichtete Professur für Geodäsie an der Friedrich Wilhelms-Universität zu Berlin erhielt. Unter seiner Leitung gelang es, das preußische Institut in der Zeit vor dem Ersten Weltkrieg zur weltweit führenden geodätischen Institution auszubauen.[128]

Wissenschaftliches Zentrum der internationalen geodätischen Vereinigung blieb also nach wie vor Preußen. Die Teilnehmerstaaten zahlten jetzt zur Unterstützung der Kosten des Zentralbüros jährlich Beiträge über ihre diplomatischen Vertreter an die Legationskasse in Berlin, und die Korrespondenz des Präsidiums der Permanenten Kommission mit den beteiligten Regierungen lief ebenfalls über deren Repräsentanten in Berlin.[129]

Zwar schufen die anderen Länder ein Gegengewicht durch die Besetzung der Permanenten Kommission und des von der Generalkonferenz gewählten Präsi-

127 Vgl. Tiemann, Zusammenarbeit.

128 Vgl. ebd., S. 409–418.

129 Vgl. Neue Übereinkunft der internationalen Erdmessung, angenommen an der XI. General-Conferenz in Berlin, October 1895, in Verhandlungen der vom 25. September bis 12. October 1895 in Berlin abgehaltenen Elften Allgemeinen Conferenz der Internationalen Erdmessung und deren Permanenten Commission, Berlin 1896, Anlage IV, S. 280–282, hier Art. 8, S. 281f.

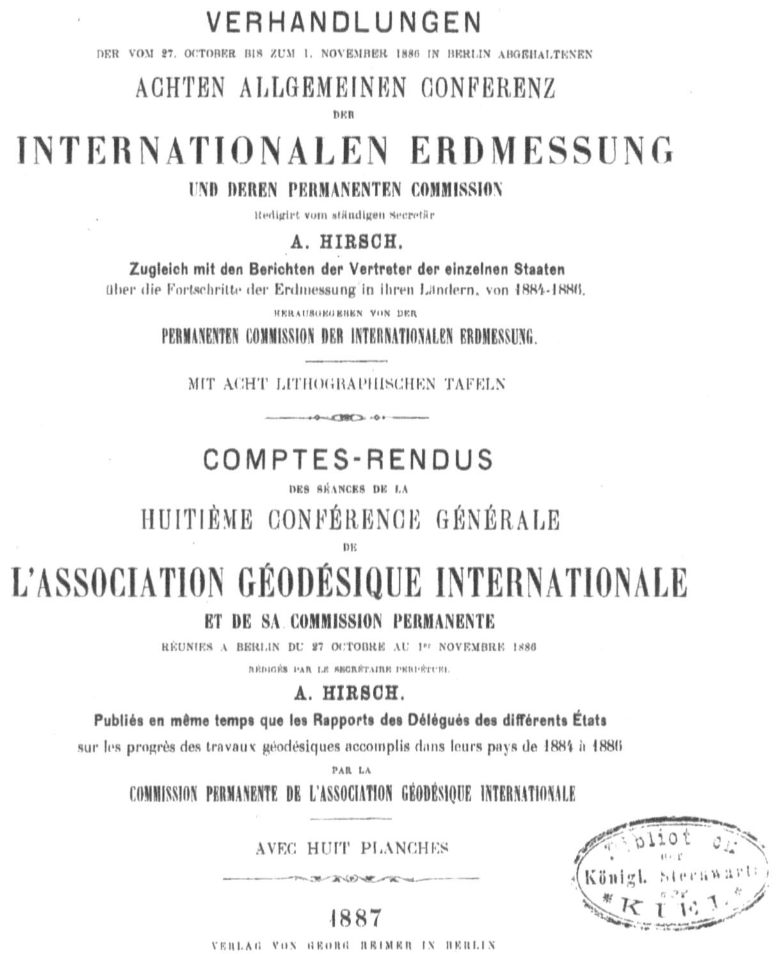

VERHANDLUNGEN

DER VOM 27. OCTOBER BIS ZUM 1. NOVEMBER 1886 IN BERLIN ABGEHALTENEN

ACHTEN ALLGEMEINEN CONFERENZ

DER

INTERNATIONALEN ERDMESSUNG

UND DEREN PERMANENTEN COMMISSION

Redigirt vom ständigen Secretär

A. HIRSCH.

Zugleich mit den Berichten der Vertreter der einzelnen Staaten über die Fortschritte der Erdmessung in ihren Ländern, von 1884–1886.

HERAUSGEGEBEN VON DER

PERMANENTEN COMMISSION DER INTERNATIONALEN ERDMESSUNG.

MIT ACHT LITHOGRAPHISCHEN TAFELN

COMPTES-RENDUS

DES SÉANCES DE LA

HUITIÈME CONFÉRENCE GÉNÉRALE

DE

L'ASSOCIATION GÉODÉSIQUE INTERNATIONALE

ET DE SA COMMISSION PERMANENTE

RÉUNIES A BERLIN DU 27 OCTOBRE AU 1er NOVEMBRE 1886

RÉDIGÉS PAR LE SECRÉTAIRE PERPÉTUEL

A. HIRSCH.

Publiés en même temps que les Rapports des Délégués des différents États sur les progrès des travaux géodésiques accomplis dans leurs pays de 1884 à 1886

PAR LA

COMMISSION PERMANENTE DE L'ASSOCIATION GÉODÉSIQUE INTERNATIONALE

AVEC HUIT PLANCHES

1887

VERLAG VON GEORG REIMER IN BERLIN

IMPRIMÉ PAR ATTINGER FRÈRES, A NEUCHATEL

Abb. 14: Verhandlungen der 8. Konferenz der Internationalen Erdmessung 1886 in Berlin. Titelblatt des Berichts. Exemplar der Bibliothek der Sternwarte Kiel

diums. Dieses bestand im Jahr 1912 aus dem Präsidenten, zu dem der französische General Léon Bassot, Leiter der Geodätischen Sektion im Geographischen Amt der Armee in Paris, ernannt worden war, seinem Stellvertreter, dem englischen Astronomen Sir George Darwin aus Cambridge, dem Schriftführer (Ständigen

Sekretär), dessen Amt der niederländische Astronom H. G. van de Sande Bakhuyzen aus Leiden ausübte, und dem deutschen Geodäten und Direktor des Zentralbüros in Potsdam, Friedrich Robert Helmert.[130] Doch wurde die deutsche Wissenschaftsmacht dadurch kaum eingeschränkt, zumal dem Präsidium vor allem Verwaltungsaufgaben oblagen.

Von der geodätischen Zentrale in Deutschland profitierte auch die deutsche Sprache, die als vorrangige Geschäfts- und Publikationssprache des Zentralbüros Verwendung fand. Wie sich der Sitz einer internationalen Organisation auf die Vorzugsstellung der betreffenden Landessprache auswirkte, in diesem Falle das Deutsche, so übten darauf ebenso die jeweiligen Konferenzorte einen Einfluß aus, weil die Wissenschaftler des betreffenden Landes dort recht zahlreich erschienen. Es war wohl nicht zufällig, daß von den 17 Konferenzen, die zwischen 1864 und 1912 abgehalten wurden, allein 10 in deutschsprachigen Städten stattfanden, demgegenüber nur 3 auf französischsprachigem Gebiet und jeweils nur eine in Italien, Dänemark, Ungarn und Großbritannien.

Die von den Mitgliedsstaaten vereinbarte „Übereinkunft, betreffend die Organisation der Internationalen Erdmessung, von Oktober 1886" und die „Neue Übereinkunft der Internationalen Erdmessung, angenommen an der XI. General-Conferenz in Berlin, October 1895" wurden in deutscher und französischer Sprache abgefaßt, wenngleich die Konventionen selbst keinen Sprachenparagraphen enthielten.[131]

Ebenfalls auf Deutsch und Französisch verständigte man sich im allgemeinen auf den Konferenzen und publizierte die dort geführten Verhandlungen in diesen beiden Sprachen. Neben den zweisprachigen Verhandlungsprotokollen der alle drei Jahre einberufenen allgemeinen Konferenzen und der Sitzungen der Permanenten Kommission sowie den jährlichen Berichten des Zentralbüros erschien noch die Schriftenreihe „Neue Folge der Veröffentlichungen" des Zentralbüros, in der Deutsch Publikationssprache war. Alle Publikationen des Zentralbüros erschienen bei dem Berliner Verlag von Georg Reimer. Darüber hinaus publizierten Geodäten oft in den *Astronomischen Nachrichten*.

Doch die vorgesehene Zweisprachigkeit wurde nicht immer strikt eingehalten. Gelegentlich waren auch andere Sprachen zugelassen, insbesondere dann, wenn die Konferenzen in einem anderssprachigen Land stattfanden. So hieß es z. B. im Protokoll der 1869 in Florenz tagenden Permanenten Kommission der Europäischen Gradmessung, die zwischen den allgemeinen Konferenzen damals

---

130 Vgl. Foerster, 50 Jahre internationaler Erdmessungsarbeit; Völter, *Geschichte*, S. 12.

131 Vgl. Lewald (RdI) an St.S. des AA, 11.8.1916, in PA AA, R 64778; Neue Übereinkunft von 1895, in Verhandlungen der Elften Allgemeinen Conferenz der Internationalen Erdmessung in Berlin 1895, Anlage IV, S. 280–282.

die Geschäfte wahrnahm, daß „in Betreff der Sprache, in der die Verhandlungen geführt werden sollen, bestimmt worden [sei], dass Jeder seine Sprache rede und dass die Worte des Präsidenten, die Anträge und Abstimmungen aus dem Deutschen ins Italienische und umgekehrt zu übersetzen seien, wozu sich der Präsident und einige andere Herren erbieten".[132] Diese deutsch-italienische Verständigung auf der Konferenz in Florenz war ohnehin praktisch, weil vorwiegend deutsch- und italienischsprechende Herren anwesend waren. Doch der Bericht über die Tätigkeit der Permanenten Kommission wie auch die Protokolle über deren jeweilige Sitzungen wurden dort wie üblich zusätzlich auf Französisch mitgeteilt – eine Aufgabe, die der Sekretär der Kommission und Direktor der Sternwarte Neuchâtel in der französischsprachigen Schweiz, Adolphe Hirsch, übernahm.[133]

Der offizielle Status der französischen Sprache in der Internationalen Erdmessung (Association Géodésique Internationale) hing damit zusammen, daß Frankreich im 18. Jahrhundert in der Geodäsie führend gewesen war und Französisch ohnehin als traditionelle Sprache in den Wissenschaften sowie Diplomatensprache in Europa galt. Zudem wurde von Geodäten der romanischsprachigen Länder Französisch favorisiert. Von Anfang an existierten sowieso Verbindungen der vereinigten Geodäten zu Frankreich, doch trat dieses erst 1871 der Europäischen Gradmessung bei. Daß damals die englische Sprache so gut wie keine größere Bedeutung gewann, jedenfalls nicht im offiziellen Rahmen der Institution, mag damit zusammenhängen, daß die USA erst 1889 und Großbritannien 1898 sich der Internationalen Erdmessung anschlossen. Für deren Vertreter schien es allerdings selbstverständlich zu sein, sich auf Englisch zu äußern, mündlich wie schriftlich.[134]

Auch schon früher tauchten Einwände gegen die Regelung der Zweisprachigkeit auf, wobei nicht klar ist, wer sich mit welcher Begründung dagegen wehrte. So hieß es in den „Protokollen über die Verhandlungen der permanenten Commission der Europäischen Gradmessung", die 1871 in Wien geführt wurden, zur Publikation der Protokolle und Berichte der allgemeinen Konferenz lediglich:

---

132 Protokolle der Verhandlungen der permanenten Commission der europäischen Gradmessung 1869 in Florenz, S. 1.

133 Vgl. ebd., S. 4, 11, 22.

134 Bis 1889 traten auch noch Mexiko, Chile, Argentinien und Japan der Internationalen Erdmessung bei.

> Es wird mit 5 gegen 2 Stimmen die Publikation in zwei Sprachen, in deutscher und französischer [...] beschlossen.[135]

Möglicherweise versuchten zwei deutsche Geodäten nach dem Sieg der deutschen Armeen über Frankreich Französisch als Publikationssprache der Europäischen Erdmessung zurückzudrängen. Oder aber die Bevollmächtigten Spaniens und Rußlands in der Permanenten Kommission, der Oberst und Direktor des Geographischen Instituts in Madrid, Carlos Ibañez, der später von 1874 bis 1891 Präsident der Vereinigung wurde, und der Generalmajor und Direktor des Kriegskartendepots in St. Petersburg, von Forsch, setzten sich für die zusätzliche Verwendung ihrer Landessprachen ein.

Der Erste Weltkrieg beendete schließlich diese bis dahin funktionierende geodätische Zusammenarbeit und damit auch die Vorrangstellung der deutschen Sprache in der internationalen Geodäsie, zumal die Kriegsgegner den Führungsanspruch Deutschlands nicht mehr akzeptierten.

Zwar wurden während des Krieges noch Anstrengungen unternommen, die Internationale Erdmessung zu retten: Als im Jahr 1916 die Konvention auslief, weil sie wegen des Krieges nicht, wie geplant, auf einer Konferenz in St. Petersburg 1915 hatte verlängert werden können, wandte sich der Ständige Sekretär im Präsidium der Internationalen Erdmessung, der Holländer van de Sande Bakhuyzen, Direktor der Sternwarte Leiden, an diejenigen Mitglieder der Permanenten Kommission, welche damals die neutralen Länder vertraten, und schlug vor, daß diese die Übereinkunft bis zwei Jahre nach Friedensschluß weiter aufrechterhalten sollten. Vorgesehen war, dann eine allgemeine Konferenz der bislang an der Internationalen Erdmessung beteiligten Staaten einzuberufen und über die Zukunft des Unternehmens zu entscheiden. Der im Reichsamt des Innern zuständige Geheime Regierungsrat Theodor Lewald, der vom preußischen Kultusministerium über diesen Plan informiert worden war, betonte in seinem Schreiben an den Staatssekretär des Auswärtigen Amts die Bedeutung dieses Schrittes für die deutschen Interessen:

> Bei der Wichtigkeit der internationalen Erdmessung, in der Deutschland infolge seiner hervorragenden Arbeiten und der Verbindung des Zentralbureaus mit dem Königlich Preußischen Geodätischen Institut in Potsdam seit ihrem Bestehen die führende Stellung hat, wäre ihr Zerfall infolge des Krieges aufs Lebhafteste zu bedauern.

135 Protokolle über die Verhandlungen der permanenten Commission der europäischen Gradmessung, abgehalten am 19., 20. und 21. September und am 28. und 30. September 1871 in Wien. (Als Manuskript gedruckt.), S. 9f.

Im Einvernehmen mit dem preußischen Kultusminister „ist daher dem Vorschlag deutscherseits stillschweigend beigetreten worden." Das Auswärtige Amt wurde aufgefordert, darauf hinwirken, daß sich die österreichische Regierung dem deutschen Standpunkt anschließt.[136]

Die Aktion hatte zunächst Erfolg. Die sechs neutralen Staaten Schweiz, Niederlande, Spanien, Dänemark, Schweden und Norwegen gründeten 1917 eine „Association géodésique réduite entre États neutres", die zusammen mit Deutschland und Österreich-Ungarn die Fortsetzung der Internationalen Erdmessung mit ihren Beiträgen gewährleistete und das Zentralbüro in Potsdam weiterhin unterstützte. Ursprünglich hatten auch die USA ihre Beteiligung zugesagt, nach ihrem Eintritt in den Krieg aber die Beziehungen abgebrochen. Finnland wollte nach dem Krieg der Internationalen Erdmessung beitreten, unter der Voraussetzung, daß vorher zwei jüngere finnische Gelehrte am Geodätischen Institut in Potsdam entsprechend ausgebildet worden waren.[137]

Es herrschte also durchaus ein Interesse in den damals neutralen Ländern, unter den vor dem Ersten Weltkrieg etablierten Bedingungen mit den deutschen Geodäten in der Internationalen Erdmessung weiterhin zusammenzuarbeiten. Dieses Interesse wurde allerdings von den Alliierten durchkreuzt.

g) Internationale Seismologische Assoziation

Ein Forschungsbereich, in dem andere Länder bereits einen Vorsprung errungen hatten, deutsche Wissenschaftler aber die Initiative zur internationalen Organisierung ergriffen und dabei eine wissenschaftliche Institution in Deutschland zum führenden Zentrum aufbauten, war die Erdbebenforschung.

Während in Ländern wie Japan, Rußland und Italien, die – im Unterschied zu Deutschland – häufig von schweren Erdbeben heimgesucht wurden, die seismologische Forschung notgedrungen forciert und ein Netz von Meßstationen errichtet worden war, wie übrigens auch im britischen Kolonialreich, erlebte die Seismologie in Deutschland erst gegen Ende des 19. Jahrhunderts einen Aufschwung, als es möglich wurde, dank einer hochentwickelten Feinmechanikin-

136 Der Staatssekretär des Innern, i. A. Lewald, an den Staatssekretär des Auswärtigen Amts, 7.3. 1917, in PA AA, R 64778. Ein entsprechender Antrag war bereits 1916 von der österreichischen Kommission der Internationalen Erdmessung an das K. K. Ministerium für Kultus und Unterricht gestellt worden; vgl. dazu Richard Schuman an den deutschen Botschafter in Wien, 15.2.1917, in ebd.

137 Vgl. Der Minister der geistlichen und Unterrichts-Angelegenheiten an den Minister der Auswärtigen Angelegenheiten, 7.10.1918, in ebd.; vgl. Völter, *Geschichte*, S. 13.

dustrie mit empfindlichen Apparaten stärkere Erdbeben (Fernbeben), unabhängig von der lokalen Erschütterung, rund um die Erde zu registrieren und zu messen und dadurch Erkenntnisse über das Erdinnere zu gewinnen. Dieser technische Fortschritt legte es nahe, die Messungen international zu organisieren und weltweit systematisch zu betreiben.

Im folgenden soll geschildert werden, wie es deutschen Seismologen gelang, sich an die Spitze eines solchen Unternehmens zu stellen und darin auch der deutschen Sprache eine Vorrangstellung einzuräumen.

Zuerst war es der in Japan forschende britische Geologe und Seismologe John Milne, seit 1876 Professor für Geologie und Bergbau am Technischen College in Tokio, der Anfang 1895 anregte, den Erdbebendienst international zu organisieren. In demselben Jahr veröffentlichte kurze Zeit später auch der deutsche Astronom und Seismologe Ernst von Rebeur-Paschwitz, der mit Milne in Verbindung stand, in den *Beiträgen zur Geophysik* „Vorschläge zur Errichtung eines internationalen Systems von Erdbeben-Stationen", das mit einer „Centralstelle für die Sammlung und Publication von Erdbebennachrichten aus der ganzen Welt" ausgestattet werden sollte. Als Ausgangspunkt der Messungen war Japan vorgesehen. „Die vorstehenden Vorschläge", so hieß es in einer Aufforderung zum Schluß, „sollen, nachdem dieselben die Billigung einer grösseren Anzahl von Seismologen verschiedener Länder gefunden haben, in deutscher und französischer Sprache durch directe Versendung möglichst weit verbreitet werden."

Nach dieser Veröffentlichung legte der deutsche Geograph Georg Gerland, der 1875 auf den neugeschaffenen Lehrstuhl für Geographie an der Universität Straßburg berufen worden war und seit 1887 die *Beiträge zur Geophysik* herausgab, mit Unterstützung anderer Gelehrter jene Vorschläge dem 6. Internationalen Geographenkongreß 1895 in London vor. Die Vorschläge waren außerdem von 25 Wissenschaftlern aus 11 Ländern unterzeichnet worden, darunter auch Milne. Die Aktion hatte Erfolg: Der Geographenkongreß hielt ein internationales System von Erdbebenstationen nicht nur für nützlich, sondern auch für wissenschaftlich notwendig und verabschiedete dazu eine kurze Resolution.[138] (Abb. 15)

---

138 Vgl. Ernst von Rebeur-Paschwitz, Vorschläge zur Errichtung eines internationalen Systems von Erdbeben-Stationen, in *Beiträge zur Geophysik* 2, 1895, S. 773–782, Zitate S. 789, 782; Georg Gerland, Die Einrichtung eines Internationalen Systems von Erdbeben-Stationen, Auszug in Report of the Sixth International Geographical Congress held in London, 1895, London 1896, S. 767, Resolution in ebd., S. 783; G. Gerland, Die Kaiserl. Hauptstation für Erdbebenforschung in Strassburg und die moderne Seismologie, in *Beiträge zur Geophysik*, Bd .4, 1900, S. 435; Emil Wiechert, Internationale Erdbebenforschung, in *Internationale Wochenschrift für Wissenschaft, Kunst und Technik*, 15.6.1907, Sp. 349–356; vgl. Lyons, *Internationalism in Europe*, S. 230 ff.;

Beiträge zur Geophysik.

Abhandlungen

aus dem

geographischen Seminar der Universität Strassburg.

Herausgegeben

von

Prof. Dr. Georg Gerland.

I. Band.

Stuttgart.

E. Schweizerbart'sche Verlagshandlung (E. Koch).

1887.

Abb. 15: *Beiträge zur Geophysik*. Titelblatt des 1. Bands 1887. Exemplar der Universitätsbibliothek Johann Christian Senckenberg, Frankfurt am Main

Noch im gleichen Jahr, nach dem Tod von Rebeur-Paschwitz, wurde Gerland von sich aus aktiv, ohne jedoch seine Schritte mit den Unterzeichnern der „Vorschläge" abzusprechen. So ließ er die Vorschläge mit der Liste der Unterzeichner – wie ursprünglich vorgesehen – in deutscher und französischer Sprache drucken, schickte sie an Gelehrte und wissenschaftliche Einrichtungen in vielen Ländern und veröffentlichte sie in verschiedenen Zeitschriften. Den Vorschlägen stellte er einen eigenen Aufruf voran, in dem er alle Interessenten aufforderte, mit ihm in Straßburg Verbindung aufzunehmen. Auf diese Weise machte Gerland sich als Wissenschaftsorganisator international bekannt, während er als Seismologe bis dahin überhaupt nicht hervorgetreten war.[139]

Gerland schwebte die Organisationsstruktur der Internationalen Erdmessung vor, die er nun zielstrebig auf eine zu gründende internationale seismologische Vereinigung übertragen wollte – mit einem Zentralbüro in Straßburg unter seiner Direktion und somit unter deutscher Führung. Freilich war ihm klar, daß, um dieses Ziel zu erreichen, erst einige Vorbedingungen zu erfüllen waren. Dazu gehörte die Errichtung eines gut ausgestatteten seismologischen Instituts in Straßburg mit der Funktion, wie sie das Potsdamer Geodätische Institut für das Zentralbüro der Internationalen Erdmessung ausübte.

In dieser Richtung unternahm Gerland alsbald den nächsten Schritt: 1897 überreichte er der deutschen Regierung eine Petition, in der er für die Gründung und Unterhaltung einer deutschen Zentralstation für Erdbebenforschung in Straßburg und eine damit verbundene internationale Zentralstelle Gelder beantragte. Um die Wahl des Standorts Straßburg zu untermauern, für den sonst wenig sprach, gab er vor, der Internationale Geographenkongreß in London hätte für ein internationales System der Erdbebenbeobachtung die Zentralstelle in Straßburg vorgesehen.[140]

Mit einer solchen Verdrehung der Tatsachen erwarb Gerland sich das Wohlwollen von Reichs- und Landesregierung, die sogleich bereit waren, das Prestigeprojekt großzügig zu fördern. Der Reichstag sowie der Landesausschuß von Elsaß-Lothringen bewilligten bald die erforderlichen Gelder,[141] und so konnte bereits 1899 auf dem Gelände der Straßburger Universität mit dem Bau der „Kaiserlichen Hauptstation für Erdbebenforschung", wie sie offiziell genannt

---

Marielle Cremer, *Seismik zu Beginn des 20. Jahrhunderts – Internationalität und Disziplinbildung*, Berlin 2001, S. 70 f.

139 Vgl. Cremer, *Seismik*, S. 71 f.

140 Vgl. ebd., S. 72 ff.

141 Der Reichstag bewilligte für die Errichtung der Hauptstation in Straßburg 30000 Mark und 3000 Mark jährlich für den Unterhalt, zu dem in gleicher Höhe Elsaß-Lothringen beitrug; vgl. Gerland, Die Kaiserl. Hauptstation, S. 427.

wurde, begonnen werden, deren Direktion, wie geplant, Gerland ein Jahr später übernahm.

Zur wissenschaftlichen und politischen Beratung wurde unter dem Vorsitz des zuständigen Geheimen Regierungsrats im Reichsamt des Innern, Theodor Lewald, ein Kuratorium eingesetzt, dem Seismologen aus mehreren deutschen Ländern angehörten.

Damit die Straßburger Hauptstation nicht nur in Deutschland, sondern weltweit Beobachtungsmaterial über Erdbeben sammeln und auswerten und sich dadurch international profilieren konnte, regte Gerland an, mehrere Erdbebenstationen in den deutschen Kolonien aufzubauen und außerdem über das Auswärtige Amt die deutschen Konsulate in aller Welt zu verpflichten, regelmäßig Berichte über Erdbeben zu liefern, mit den ihnen zugänglichen Informationen lokaler wissenschaftlicher und staatlicher Stellen.[142]

Der nächste Schachzug Gerlands folgte auf dem 7. internationalen Geographenkongreß 1899 in Berlin. Von fünf deutschen Gelehrten unterstützt, schlug Gerland dort die Gründung einer „Internationalen Seismologischen Gesellschaft" vor, was allseits Zustimmung fand. Als Publikationsorgan der Vereinigung bot er – in Anlehnung an die Vorschläge von Rebeur-Paschwitz – die von ihm seit 1887 herausgegebene Zeitschrift *Beiträge zur Geophysik* an, von der bis dahin gerade erst drei Bände erschienen waren und die, ursprünglich auf „Abhandlungen aus dem geographischen Seminar der Universität Strassburg" beschränkt, sich bereits ab dem zweiten Band 1895 zur „Zeitschrift für physikalische Erdkunde" erweitert hatte – ab 1905 dann mit dem Zusatz „Zugleich Organ der Kaiserlichen Hauptstation für Erdbebenforschung zu Strassburg i. E.".

Möglicherweise in bewußt unklarer Formulierung sprach Gerland zwar in seinem dem Geographenkongreß vorgelegten „Aufruf zur Gründung einer Internationalen Seismologischen Gesellschaft" von einer „Centralstelle Strassburg", doch diese Bezeichnung bezog sich hier auf seinen Vorschlag, die Veröffentli-

---

142 Vgl. Georg Gerland, Über Verteilung, Einrichtung und Verbindung der Erdbebenstation im Deutschen Reich, in *Beiträge zur Geophysik* Bd. VI, 1904, S. 464 ff.; Denkschrift über die Durchführung der vom Kuratorium der Kaiserlichen Hauptstation für Erdbebenforschung beschlossenen Organisation des seismischen Beobachtungsdienstes in den deutschen Bundesstaaten und den Schutzgebieten, in ebd., Bd. VII, 1905, S. 415–421; Denkschrift über die von den Vertretungen des Deutschen Reichs im Auslande eingegangenen Erdbebennachrichten, in ebd., S. 423–435; siehe dazu auch Cremer, *Seismik*, S. 74–77. Zum Aufbau von Erdbebenstationen in den Kolonien hatte auch der Göttinger Seismologe Emil Wiechert den „Entwurf einer Denkschrift über seismologische Beobachtungen in den Deutschen Kolonien" vorgelegt, abgedruckt in Verhandlungen der vom 24. bis 28. Juli 1903 zu Strassburg abgehaltenen Zweiten Internationalen Seismologischen Konferenz, red. von Emil Rudolph, in *Beiträge zur Geophysik*, Ergänzungsband II, 1904, S. 313–318.

chung der Erdbebennachrichten in seiner Zeitschrift zu zentralisieren. Von einer „festen Concentration der internationalen seismischen Veröffentlichungen“, vom „Werth eines seismischen Centralorgans“ war in dem Aufruf die Rede. Seinen Plan hingegen, in Straßburg auch das internationale Zentralbüro der Vereinigung zu errichten, erwähnte Gerland vorsichtshalber nicht.

Vielmehr stellte er auf dem Kongreß den Antrag, daß sich die fünf deutschen Unterzeichner seines Aufrufs (F. R. Helmert, Georg Neumayer, Ferdinand von Richthofen, Alexander Supan, Hermann Wagner) und die von denselben kooptierten Gelehrten als „Permanente Kommission für internationale Erdbebenforschung“ konstituierten. Doch diese deutsche Übernahme ging den anderen Kongreßteilnehmern offensichtlich zu weit. Zwar hielten sie die Bildung einer solchen Kommission für „wünschenswerth“, aber sie zogen es vor, mit deren Einrichtung die Geschäftsführung des Kongresses zu beauftragen.[143]

Kurze Zeit nach dem Kongreß in Berlin reichte Gerland eine neue Petition bei der deutschen Regierung ein, in der er um die Aufnahme diplomatischer Verhandlungen mit den ausländischen Regierungen ersuchte. Diese sollten im Hinblick auf die Bedeutung der seismischen Erforschung der Welt gebeten werden, Delegierte zu den Jahresversammlungen der geplanten internationalen Gesellschaft zu entsenden. In diesem Zusammenhang, gab Gerland den Rat, solle man darauf hinweisen, daß die Straßburger Hauptstation für die wissenschaftliche Einrichtung der internationalen Erdbebenforschung Sorge tragen würde. – So wollte Gerland den diplomatischen Weg nutzen, um auf die Gründung des Zentralbüros der Vereinigung in Straßburg geschickt hinzuarbeiten.

Wenngleich die Akademien der Wissenschaften in Berlin und Göttingen, die das preußische Kultusministerium mit der Begutachtung dieses Antrags betraut hatte, wie auch das Kartell der Akademien Gerlands Gesuch ablehnten, weil sie die Initiative für verfrüht hielten und außerdem der Ansicht waren, daß die gerade erst ins Leben gerufene Straßburger Hauptstation für Erdbebenforschung eine internationale Führungsrolle sich nicht anmaßen könnte, setzte Gerland sich einfach darüber hinweg und nahm das weitere Vorgehen selbst in die Hand: Er verschickte eigenmächtig an Wissenschaftler in Deutschland und neunzehn ausländischen Staaten Einladungen zu der ersten internationalen seismologischen Konferenz in Straßburg 1901.

---

143 Vgl. G. Gerland, Aufruf zur Gründung einer Internationalen Seismologischen Gesellschaft, in Verhandlungen des Siebenten Internationalen Geographen-Kongresses Berlin 1899, Erster Teil, London, Berlin, Paris 1901, S. 298–302, Anträge, in ebd., S. 302, Kongreßbeschluß zur Erdbebenforschung, in ebd., S. 308; vgl. G. Gerland, Die Kaiserl. Hauptstation, S .438 f.; Cremer, *Seismik*, S. 78.

Trotz der berechtigten Einwände deutscher Wissenschaftler und Reichsvertreter erhielt Gerland schließlich doch noch Rückendeckung vom preußischen Kultusministerium, insbesondere von dem rührigen Ministerialdirektor Friedrich Althoff, der ohnehin vorhatte, Straßburg zum Wissenschaftszentrum auszubauen. Nach dem Einlenken Althoffs war auch das Auswärtige Amt schnell bereit, die ausländischen Regierungen über die internationale Straßburger Konferenz zu informieren und sie um Entsendung von Vertretern zu bitten.[144]

Auf der Konferenz in Straßburg lief dann fast alles nach Gerlands Plan. Dort wurde die Gründung einer internationalen seismologischen Staatenassoziation empfohlen und angeregt, daß die deutsche Regierung zu diesem Zweck Verhandlungen mit den anderen Staaten aufnehmen und diesen einen Statutenentwurf unterbreiten sollte, der sich an die Internationale Erdmessung anlehnte. Bis zur Gründung der Organisation sollte – als Zeichen der Dankbarkeit für Gerlands Engagement – die Kaiserliche Hauptstation für Erdbebenforschung in Straßburg unter der Direktion Gerlands *provisorisch* die Aufgaben eines internationalen Zentralbüros wahrnehmen.[145]

Gerland hatte also sein Ziel fast erreicht. Er mußte nur noch das gewonnene Terrain absichern. Das folgte auf der nächsten Konferenz, die er wiederum nach Straßburg einberief. Auf dieser 2. Internationalen Seismologischen Konferenz 1903 in Straßburg wurde nun, nach der Beratung des von Gerland vorgelegten Entwurfs der „Übereinkunft" („Convention"), die Gründung der Assoziation beschlossen und als Sitz des Zentralbüros Straßburg festgelegt. Die Verhandlungen der Staaten sollten, ähnlich wie bei der Erdmessung, über deren diplomatische Vertreter in Berlin geführt und die Mitgliedsbeiträge an die Legationskasse in Berlin gezahlt werden – eine weitere Verbeugung vor der zentralen Position des Deutschen Reichs. (Abb. 16)

Die Versuche der deutschen Seite, neben der Direktion des Zentralbüros auch noch den Posten des Generalsekretärs zu besetzen, indem entweder der Direktor des Zentralbüros (also Gerland) oder ein anderer ständiger Mitarbeiter des Zen-

---

144 Vgl. Cremer, *Seismik*, S. 78–86; vgl. Regierungsrat Theodor Lewald vom Reichsamt des Innern auf der Konferenz, in Verhandlungen der vom 11. bis 13. April 1901 zu Strassburg abgehaltenen Ersten Internationalen Seismologischen Konferenz, red. von Emil Rudolph, in *Beiträge zur Geophysik*, Ergänzungsband I, 1902, S. 48 f. Zur Wissenschaftspolitik Althoffs siehe vom Brocke (Hrsg.), *Wissenschaftsgeschichte*.

145 Vgl. Verhandlungen der Ersten Internationalen Seismologischen Konferenz 1901 in Straßburg, S. 50 f. Auf der Konferenz waren 35 Gelehrte aus Belgien, Dänemark, Deutschland, Italien, Österreich-Ungarn, Schweiz, Rußland und Japan vertreten, außerdem als Kommissar der Reichsverwaltung der Geheime Regierungsrat im Reichsamt des Innern, Theodor Lewald; vgl. ebd., S. 1–4.

VERHANDLUNGEN

DER

VOM 24.–28. JULI 1903 ZU STRASSBURG

ABGEHALTENEN

ZWEITEN INTERNATIONALEN SEISMOLOGISCHEN KONFERENZ

REDIGIERT VOM SEKRETÄR DER KONFERENZ

PROF. DR. EMIL RUDOLPH

COMPTES-RENDUS DES SÉANCES

DE LA

DEUXIÈME CONFÉRENCE SISMOLOGIQUE INTERNATIONALE

RÉUNIE À STRASBOURG DU 24 AU 28 JUILLET 1903

RÉDIGÉS PAR LE SECRÉTAIRE DE LA CONFÉRENCE

PROF. DR. EMIL RUDOLPH

MIT 1 TAFEL.

LEIPZIG
VERLAG VON WILHELM ENGELMANN
1904

Abb. 16: Verhandlungen der 2. Internationalen Seismologischen Konferenz in Straßburg 1903. Titelblatt des Berichts. Exemplar der Universitätsbibliothek Johann Christian Senckenberg, Frankfurt am Main

tralbüros damit betraut werden sollte, wehrten allerdings die anderen Konferenzteilnehmer ab, so daß die Deutschen klugerweise selbst diesen Vorstoß, der zudem über die Abmachungen der Internationalen Erdmessung weit hinausging, wieder zurückzogen. Auch die Regelung, wonach eine Verlegung des Sitzes des Zentralbüros von der Generalversammlung nur einstimmig zu beschließen sei, mußte wieder fallengelassen werden. Denn es war allzu offensichtlich, daß die deutschen Strategen diesen Posten in Straßburg langfristig in der Hand behalten wollten.[146]

Dennoch hatte das Deutsche Reich seine Machtstellung in der internationalen Seismologie festschreiben können. Daß die deutschen Interessen so leicht durchgesetzt werden konnten, war einerseits der organisatorischen Initiative Gerlands zu verdanken. Andererseits und gleichzeitig aber war damit ein Führungsanspruch und eine zielstrebig betriebene Machtpolitik verbunden, die sich darauf stützen konnte, daß die deutschen Vertreter die Straßburger Konferenzen weitgehend dominierten. So waren auf der ersten Konferenz von insgesamt 35 Teilnehmern allein 20 aus Deutschland, während bedeutende Wissenschaftler aus anderen Ländern, unter anderem aus Großbritannien, Frankreich und den USA, fehlten. Ähnlich war das Zahlenverhältnis auf der zweiten Konferenz, die stärker besucht war. Dort kamen von insgesamt 99 Teilnehmern allein 65 aus dem Deutschen Reich.[147]

Doch wie zu erwarten war, regte sich in anderen Ländern Widerstand gegen die Beschlüsse der Straßburger Konferenzen. Insbesondere Großbritannien, Frankreich und Italien waren nicht bereit, Straßburg als ständigen Sitz des Zentralbüros und damit die Vormachtstellung des Deutschen Reichs in der Seismologie zu sanktionieren. Um jedoch die internationale Organisierung der Erdbebenforschung nicht scheitern zu lassen, einigte man sich schließlich auf einen Kompromiß: Eine Kommission der 1899 gegründeten Internationalen Assoziation der Akademien, die man in erster Linie dafür zuständig hielt, wurde 1904 unter dem Vorsitz des britischen Geophysikers und Mitglieds der Royal Society, Arthur Schuster, eingesetzt, um die „Übereinkunft" noch einmal zu überarbeiten. Von deutscher Seite schickte man in die Kommission den deutschen Geodäten Robert Helmert, Direktor des Preußischen Geodätischen Instituts und des Zentralbüros der Internationalen Erdmessung, deren Verfassung auch weiterhin als Vorbild

146 Vgl. Verhandlungen der Zweiten Internationalen Seismologischen Konferenz 1903 in Straßburg, S. 34f., 67f., 284f. (Art. 4), 286f. (Art. 10, 12), 294–298 (Art. 3, 11, 13–14); Cremer, *Seismik*, S. 93–102.

147 Vgl. Verhandlungen der Ersten Internationalen Seismologischen Konferenz in Straßburg 1901; S. 1–4; Verhandlungen der Zweiten Internationalen Seismologischen Konferenz in Straßburg 1903, S. 358–362.

empfohlen wurde. Doch die ausländischen Gelehrten hatten inzwischen aus den allzu großen Zugeständnissen, die den deutschen Initiatoren der Internationalen Erdmessung wie auch der Erdbebenforschung eingeräumt worden waren, die Lehren gezogen.[148]

So wurde nach der von der Kommission geänderten Konvention das Zentralbüro zwar der Direktion einer Erdbebenstation unterstellt, aber ein bestimmter Sitz nicht mehr festgelegt, die Fixierung auf Straßburg also rückgängig gemacht. Stattdessen übertrug man der Generalversammlung aller Mitglieder die Wahl des jeweiligen Standorts, was einen Wechsel ermöglichte und auch andere Länder zum Zuge kommen lassen sollte. Ebenfalls gestrichen wurde die prominente Rolle der deutschen Regierung und Hauptstadt hinsichtlich der Korrespondenzen und diplomatischen Verhandlungen der Teilnehmerstaaten und der Einzahlung der Mitgliedsbeiträge. Diese Aufgaben übertrug man jetzt dem Generalsekretär der Assoziation, der vom Zentralbüro vollkommen unabhängig war und die Berichte der Generalversammlungen wie der Konferenzen der Permanenten Kommission, auf denen die Delegierten der Mitgliedsstaaten zusammenkamen, zu veröffentlichen hatte. Die Permanente Kommission fungierte als Leitungsgremium der Organisation, an deren Spitze der Präsident und Vizepräsident zusammen mit dem Generalsekretär standen, wodurch ein gewisses Gegengewicht gegen ein allzu mächtiges deutsches Zentralbüro gebildet wurde. Gleichwohl gehörte der Direktor des Zentralbüros ebenfalls der Permanenten Kommission an. Um einer unerwünschten Machtkonzentration vorzubeugen, wurde ausdrücklich verfügt, daß das Amt des Präsidenten und das des Direktors des Zentralbüros nicht von ein und derselben Person ausgeübt werden durfte.

Wenngleich in der revidierten Fassung der Vereinbarung von einer Vorzugsstellung des Deutschen Reiches nun nicht mehr die Rede war, kamen die ausländischen Wissenschaftler den Wünschen Gerlands dennoch entgegen und honorierten dessen Einsatz für die Gründung der Organisation, indem sie als *vorläufigen* Sitz des Zentralbüros Straßburg akzeptierten.[149]

Auf dieser Grundlage wurde schließlich auf einer weiteren Versammlung 1905 in Berlin die Internationale Seismologische Assoziation von den Vertretern der beteiligten Staaten neu organisiert und die „Übereinkunft, betreffend die Organisation der internationalen seismologischen Assoziation. – Juli 1903. Abgeändert August 1905“ verabschiedet. Deutschland, Belgien, die Niederlande, Norwegen,

---

148 Zu den Auseinandersetzungen in der Internationalen Assoziation der Akademien um die Bildung der Kommission: International Association of Academies. Second General Assembly. Report of Proceedings, London 1904, S. 13–15; zur Besetzung der Kommission ebd., S. 39.
149 Zu den Vorgängen ausführlich Cremer, *Seismik*, S. 105–120, 300–306.

die Schweiz, Italien, Griechenland, Spanien, Portugal, Ungarn, Bulgarien, Rumänien, Rußland, Japan, Mexiko, Chile und Kongo schlossen sich der Assoziation an. Die USA und Großbritannien traten der Organisation 1906 bei, Österreich 1907 und Frankreich vorläufig 1907 und endgültig 1908.[150]

Gerlands Politik, die Initiative an sich zu reißen und vollendete Tatsachen zu schaffen, womit er die Konferenzteilnehmer wie auch die deutsche Regierung erheblich unter Druck gesetzt hatte, forcierte einerseits den Zusammenschluß der Seismologen und beförderte zur gleichen Zeit seine Karriere. Ihm wurde zugestanden, vorerst in Straßburg das Zentralbüro mit der gerade eröffneten Kaiserlichen Hauptstation für Erdbebenforschung zu verknüpfen und den doppelten Direktorenposten von Erdbebenstation und Zentralbüro persönlich zu bekleiden. In dieser Funktion wurde er gleichzeitig ständiges Mitglied in der Permanenten Kommission der Internationalen Seismologischen Assoziation. Andererseits aber schien das offenkundige Streben des deutschen Wissenschaftsorganisators und seiner Mitstreiter nach Hegemonie und Macht ausländische Kollegen zu stören und zu drängen, gegenzusteuern.

In dieser Situation, in der Deutschland personell und materiell die wissenschaftliche Organisierung der internationalen Seismologie, insbesondere der Verbindungen zwischen den Erdbebenstationen auf der ganzen Welt, in der Hand hatte, spielte die deutsche Sprache in der Vereinigung vor allem am Anfang eine dominante Rolle, auch wenn zunächst eine Sprachenregelung nicht schriftlich fixiert wurde.

Schon die quantitative Übermacht der Deutschen in der Organisation förderte die Verwendung des Deutschen als Konferenzsprache, zumal auch einzelne Vertreter aus Österreich und der deutschsprachigen Schweiz beteiligt waren. So wurden auf der ersten Straßburger Konferenz von neun Vorträgen allein sieben in deutscher Sprache gehalten und nur ein Vortrag auf Englisch und einer auf Französisch; von achtzehn Beiträgen waren vierzehn auf Deutsch, zwei auf Englisch und zwei auf Französisch.

Eigenartig mutet es allerdings an, wenn im Verhandlungsbericht der 2. Konferenz in Straßburg ein Verzeichnis der Teilnehmerstaaten steht, in dem die Namen der Länder zwar in deutscher Sprache, aber in der Reihenfolge nach dem Anfangsbuchstaben aufgeführt werden, den sie in der französischen Sprache haben, wie ausdrücklich erklärt wird, obwohl ihre französischen Namen gar nicht erwähnt werden. So kommt es, daß das Deutsche Reich (Allemagne) und in Verbindung damit die einzelnen deutschen Bundesstaaten an der Spitze der

---

150 Vgl. ebd., S. 120–131; Emil Wiechert, Internationale Erdbebenforschung.

Teilnehmerliste stehen. Vermutlich war die Besetzung der ersten Stelle durch Deutschland der einzige Zweck dieser verdrehten Konstruktion.[151]

Wie bei der Internationalen Erdmessung erschien die „Übereinkunft" der Internationalen Seismologischen Assoziation in deutscher und französischer Sprache; gleichfalls auf Deutsch und Französisch wurden die Verhandlungsberichte der ersten beiden Konferenzen gedruckt, in denen darüber hinaus einzelne englisch- und italienischsprachige Beiträge zu finden waren. Veröffentlicht wurden die Verhandlungsberichte der Straßburger Konferenzen in Ergänzungsbänden der von Gerland herausgegebenen Zeitschrift *Beiträge zur Geophysik*, jeweils zuerst die deutschsprachige vor der französischsprachigen Fassung. – Gerland konnte anfangs noch die Fäden ziehen.

Doch schien er dabei wenig Sinn für die Interessen und Empfindlichkeiten anderer Wissenschaftler aufzubringen, insbesondere was die Sprachenwahl in den von ihm herausgegebenen *Beiträgen zur Geophysik* betraf, die durch die enge Verbindung von Hauptstation und Zentralbüro für die Internationale Seismologische Assoziation von Bedeutung waren und die Gerland eigentlich auch als deren Zentralorgan verstand. Zwar wurden in diesem vorwiegend deutschsprachigen Blatt auch englisch- und französischsprachige Abhandlungen abgedruckt, aber die vom deutschen Direktor erstellten Jahresberichte der Hauptstation erschienen dort nur auf Deutsch. Ebenfalls nur in deutscher Sprache waren die Beschreibungen in den Erdbeben-Katalogen, so im „Katalog der im Jahre 1903 bekannt gewordenen Erdbeben", sowie die Besprechungen der in- und ausländischen Fachliteratur verfaßt.[152] Augenscheinlich war Gerland bestrebt, der deutschen Sprache eine führende Rolle zuzuschanzen.

Dabei ging er wohl wie selbstverständlich davon aus, daß die in der Assoziation zusammengeschlossenen Seismologen die deutsche Sprache wenigstens passiv beherrschten oder andernfalls erlernten. Auf der anderen Seite aber ging dieses Kalkül nicht auf, sondern verkehrte sich eher ins Gegenteil. Da Gerlands eigenmächtige Sprachenpolitik seine anderssprachigen Gegenspieler brüskierte, versuchten diese sich mit den ihnen zur Verfügung stehenden Machtmitteln dagegen zu wehren.

---

151 Vgl. Verhandlungen der Zweiten Internationalen Seismologischen Konferenz in Straßburg 1903, S. 354–357.

152 Vgl. Jahresbericht des Direktors der Kaiserlichen Hauptstation für Erdbebenforschung für das Rechnungsjahr 1904 ff., in *Beiträge zur Geophysik* 1905–1913, 1915; Katalog der im Jahre 1903 bekannt gewordenen Erdbeben, im Auftrage der Kaiserlichen Hauptstation für Erdbebenforschung zu Strassburg i. Els. zusammengestellt und herausgegeben von Prof. Dr. E. Rudolph, in *Beiträge zur Geophysik*, Ergänzungsband III, Leipzig 1905; Besprechungen der Fachliteratur ab Bd. X, 1910.

Bereits 1901 hatte der britische Seismologe Charles Davison, der neben Milne Sekretär des Seismologischen Komitees der British Association for the Advancement of Science war, der ersten Straßburger Konferenz, an der er selbst nicht teilnahm, schriftlich den Vorschlag unterbreitet, daß in den Veröffentlichungen der Assoziation allen Abhandlungen ein Auszug in französischer Sprache beigefügt werden sollte. Ebenso sollten, wie er empfahl, bei Tafeln und Bildern französische Übersetzungen die Sprache des Autors ergänzen.[153] Doch eine solche Aufwertung des Französischen gegenüber dem Deutschen wollten die deutschen Organisatoren, solange das Zentralbüro in ihrer Hand war, nicht ohne weiteres zugestehen.

Wohl um ein Gegengewicht gegen die Macht des deutsch dominierten Zentralbüros und der deutschsprachigen *Beiträge zur Geophysik* in die Waagschale zu werfen, sorgten die ausländischen Kontrahenten dafür, daß die Verhandlungsberichte der Generalversammlungen und der Permanenten Kommission vom Generalsekretär selbständig ediert wurden und daß als deren Publikationssprache Französisch die Oberhand gewann.

Die Verhandlungsberichte der ersten beiden Tagungen der Permanenten Kommission in Rom 1906 und in Den Haag 1907 sowie der daran anschließenden ersten Generalversammlung in Den Haag waren noch auf Französisch und Deutsch – in dieser Reihenfolge – publiziert worden. Doch hatte man bereits bestimmt, daß der französische Text als der authentische gelten sollte.[154]

Aus diesem Grunde war auch das Zentralbüro in Straßburg aufgefordert worden, Dokumente auf Französisch vorzulegen.

Der nächste Schritt jedoch war gravierender. Zwei Jahre später nämlich wurde beschlossen, die Verhandlungsberichte nicht mehr zweisprachig, sondern nur noch auf Französisch zu drucken, den deutschsprachigen Teil also einfach zu streichen. Ausnahmen von dieser Einsprachigkeit sollten lediglich die auf den Versammlungen gestellten Anträge bilden sowie einzelne Beiträge in deutscher, englischer oder italienischer Sprache.

Französisch wurde demzufolge die Publikationssprache der Verhandlungsberichte von 1909 und 1911, in denen, wie ein spärliches Relikt aus alter Zeit,

---

153 Vgl. Verhandlungen der Ersten Internationalen Seismologischen Konferenz in Straßburg 1901, S. 38.

154 Vgl. Comptes Rendus des séances de la première réunion de la Commission Permanente de l'Association Internationale de Sismologie réunie à Rome du 16 au 20 Octobre 1906. Rédigé par le secrétaire général R. de Kövesligethy, zur Rolle des französischen Textes, S. 72; Comptes Rendus des séances de la deuxième réunion de la Commission Permanente et la première Assemblée Générale de l'Association Internationale de Sismologie réunie à La Haye du 21 au 25 Septembre 1907. Rédigé par le secrétaire général R. de Kövesligethy.

lediglich über den am Schluß angehängten Rubriken – Beilagen, Vorträge, Anhang. Amtliche Rundschreiben – Überschriften auf Französisch und Deutsch noch übrig geblieben waren. Die deutsche Sprache hatte man hier also weitgehend entmachtet. (Abb. 17)

Es war der britische Geophysiker Arthur Schuster, der, 1907 zum Präsidenten der Assoziation gewählt, auf der dritten Versammlung der Permanenten Kommission 1909 in Zermatt, an der Gerland im übrigen nicht teilnahm, den entscheidenden Antrag stellte und allein Kostengründe für die Streichung der deutschsprachigen Verhandlungsberichte ins Feld führte, während er andere Gründe tunlichst verschwieg:

> Jusqu'ici on avait donné, à l'instar des comptes-rendus de l'Association géodésique internationale, la traduction allemande des procès-verbaux et des documents publiés dans les Annexes. L'état peu consolant des finances, qu'on a constaté aujourd'hui, justifiera peut-être la proposition de *supprimer dorénavant cette traduction allemande* et cela d'autant plus que le Bureau central, lui-même rédige, depuis le commencement de cette année, tous ses documents en français. On épargnera de cette manière une somme assez considérable et le volume de la publication se réduira à peu près à la moitié. Si l'on suit l'habitude de l'Association des Académies cela n'aura aucun inconvénient, car chaque communication pourra être rédigée, au milieu du texte français des Comptes-rendus, dans la langue originale, soit en allemand, en anglais ou en italien. Les motions seules seront traduites en trois langues, en indiquant cependant toujours la langue, dans laquelle elles sont été formulées.[155]

Schusters Vorschlag wurde, ohne daß irgendjemand Einwände dagegen erhoben hatte, einstimmig angenommen.

Sicherlich begünstigte diese Entscheidung der Umstand, daß sich im Lauf der Jahre nicht nur der Unwillen gegen Gerlands Macht- und Sprachenpolitik, sondern gleichzeitig auch die Kritik an der als unzulänglich empfundenen wissenschaftlichen Arbeit des Zentralbüros verstärkt hatte. So konnte nur durch einen Wechsel an der Spitze, nämlich die Ablösung Gerlands 1910 durch den renommierten Geophysiker und Seismologen Oskar Hecker, das Zentralbüro in Straßburg unter deutscher Führung bis zum Ersten Weltkrieg gehalten werden. Eine

155 Schuster, in Comptes Rendus des séances de la troisième réunion de la Commission Permanente de l'Association Internationale de Sismologie réunie à Zermatt du 30 août au 2 septembre 1909. Rédigé par le secrétaire général R. de Kövesligethy, Budapest 1910, Zitat S. 31 (Hervorhebung von R. R.); vgl. Comptes Rendus des séances de la quatrième conférence de la Commission Permanente et de la deuxième Assemblée Générale de l'Association Internationale de Sismologie réunie à Manchester du 18 au 21 Juillet 1911, Budapest 1912.

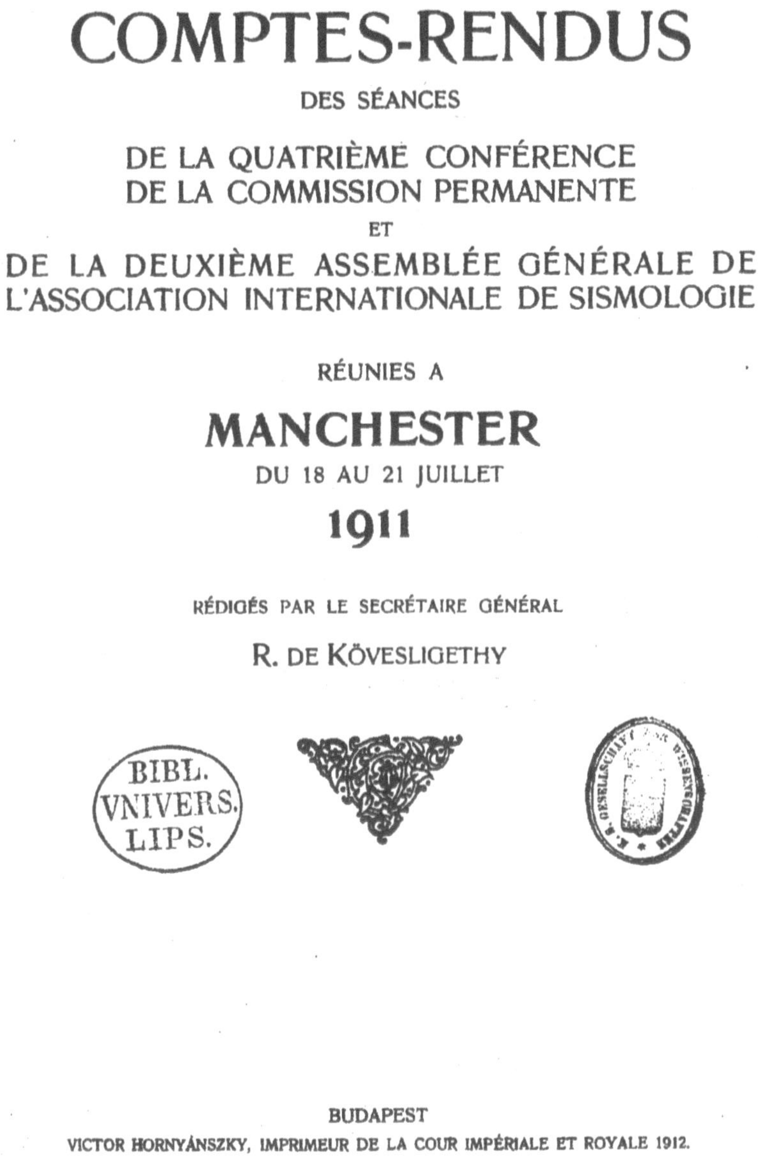

COMPTES-RENDUS

DES SÉANCES

DE LA QUATRIÈME CONFÉRENCE
DE LA COMMISSION PERMANENTE

ET

DE LA DEUXIÈME ASSEMBLÉE GÉNÉRALE DE
L'ASSOCIATION INTERNATIONALE DE SISMOLOGIE

RÉUNIES A

MANCHESTER

DU 18 AU 21 JUILLET

1911

RÉDIGÉS PAR LE SECRÉTAIRE GÉNÉRAL

R. DE KÖVESLIGETHY

BUDAPEST

VICTOR HORNYÁNSZKY, IMPRIMEUR DE LA COUR IMPÉRIALE ET ROYALE 1912.

Abb. 17: 4. Konferenz der Internationalen Seismologischen Assoziation 1911 in Manchester. Titelblatt des Berichts

spätere Verlegung in ein anderes Land wurde damals ausdrücklich nicht ausgeschlossen.[156]

Schon vorher hatte man dafür gesorgt, daß die Korrespondenz des Zentralbüros nicht nur in deutscher, sondern auch in englischer und französischer Sprache erfolgte. Für die Übersetzungen ins Englische und Französische und die Schreibarbeiten war eigens eine Mitarbeiterin des Zentralbüros angestellt worden.[157]

Auch das Zentralorgan der Kaiserlichen Hauptstation, die mit dem Zentralbüro nach wie vor eng verflochten war, erlebte eine Umgestaltung. Nach dem Ausscheiden Gerlands von Hecker und Emil Rudolph weiterhin herausgegeben, jetzt, in Würdigung der Verdienste Gerlands, unter leicht abgewandeltem Namen als *G. Gerlands Beiträge zur Geophysik*, führte man 1912 – als Zeichen internationaler Aufwertung – auf dem Titelblatt erstmals die Mitwirkung namhafter deutscher und vor allem ausländischer Fachgelehrter auf, darunter befand sich die Spitze der Internationalen Seismologischen Assoziation: der neue russische Präsident Fürst Boris Borisowitsch Galitzin, der ehemalige britische Präsident Arthur Schuster, der belgische Vizepräsident Georges Lecointe und der ungarische Generalsekretär Rádo von Kövesligethy.

An dem vorwiegend deutschsprachigen Charakter der Zeitschrift änderte sich dadurch allerdings nichts. Vielmehr schien Hecker bemüht zu sein, mit der 1914 erstmals hinzugefügten „Beilage: Mitteilungen des Zentralbureaus der Internationalen Seismologischen Assoziation“, in der sich zum ersten Mal auch ein Tätigkeitsbericht des Zentralbüros befand, ein deutschsprachiges Gegenstück zu den französischsprachigen Verhandlungsberichten zu etablieren.[158]

Die weitere Zuspitzung nationaler Rivalitäten erschwerte zwangsläufig die internationale Zusammenarbeit auch in der Erdbebenforschung, und das um so mehr, als diese für die Industrie (Meßinstrumente, Erkundung von Rohstofflagern, Spannungsmessungen in Materialien) und die Kriegsforschung (Lokalisierung von Geschützstellungen) zunehmend an Bedeutung gewann. Mit Deutsch-

---

156 Vgl. Arthur Schuster an Reichskanzler Bethmann Hollweg, 9.6.1910, Abschr. in PA AA, R 64744; Der Staatssekretär des Innern an den Präsidenten der Internationalen Seismologischen Assoziation Arthur Schuster, 15.7.1910, Abschr. in ebd.; vgl. dazu Cremer, *Seismik*, S. 150–178. Cremer hat die deutsche Machtpolitik detailliert dargelegt, ohne jedoch die Sprachenfrage zu berühren.

157 Vgl. Georg Gerland, Jahresbericht des Direktors der Kaiserl. Hauptstation für Erdbebenforschung und der übrigen deutschen Stationen für das Rechnungsjahr vom 1. April 1906 bis 31. März 1907, in *Beiträge zur Geophysik*, Bd. IX, 1908, S. 573.

158 Mitteilungen des Zentralbureaus der Internationalen Seismologischen Assoziation, Nr. 1–5, in *G. Gerlands Beiträge zur Geophysik*, Bd. XIII, 1914, Beilage, S. 1–125.

lands Niederlage im Ersten Weltkrieg endete schließlich dessen privilegierte Stellung in der internationalen Seismologie, indem das Zentralbüro der deutschen Regie entzogen und mit den deutschen Wissenschaftlern auch die deutsche Sprache aus der Organisation ausgeschlossen wurde.

h) Internationale Geographenkongresse, Bibliotheca Geographica, Kartographie

Wie die meisten internationalen wissenschaftlichen Kongresse wurden auch die internationalen Geographenkongresse mehrsprachig durchgeführt; vor dem Ersten Weltkrieg zählten zu den offiziellen Kongreßsprachen in der Regel Französisch, Englisch und Deutsch, zugelassen waren noch Italienisch und einmal Spanisch.

Sowohl auf dem ersten Internationalen Geographenkongreß, der 1871 nach Antwerpen einberufen worden war, als auch auf dem folgenden Kongreß 1875 in Paris legte man sich zunächst auf keine Sprachen fest. Vielmehr sollte jeder Teilnehmer die Sprache seiner Wahl benutzen können, wie es im „Règlement du Congrès" ganz liberal hieß: „Les orateurs pourront employer la langue de leur choix."[159] So wurden in Paris die Begrüßungsreden der Vorsitzenden der ausländischen geographischen Gesellschaften in sieben verschiedenen Sprachen gehalten, und zwar auf Deutsch, Englisch, Russisch, Französisch, Italienisch, Ungarisch und Niederländisch; die nichtfranzösischen Ansprachen übersetzte man dann noch ins Französische.[160] Freilich trafen auch die Organisatoren ihre Sprachenwahl; für Ankündigung, Einladung und die Geschäftsordnung des Kongresses sowie die Bestimmungen für die begleitende Ausstellung in Paris wählten sie natürlich Französisch. Französisch war auch die vorherrschende Publikationssprache.

---

159 Règlement du Congrès, Art. 13, in Congrès International des Sciences Géographiques, tenu à Paris du 1er au 11 août 1875, Compte Rendu des Séances, Tome II, Paris 1880, S. 2; vgl. Règlement du Congrès, Art. 6, in Compte Rendu du Congrès des Sciences Géographiques, Cosmographiques et Commerciales, tenu à Anvers du 14 au 22 août 1871, Tome I, Anvers 1872 (Reprint Nendeln/Liechtenstein 1972), S. LIV.

160 Vgl. Règlement du Congrès Paris 1875, Tome II, S. 17–25. Die Reihenfolge der Reden erfolgte nach dem Alter der Gesellschaften. In Paris war 1821 die erste geographische Gesellschaft (Société de Géographie) gegründet worden, dieser folgte die Gründung der Gesellschaft für Erdkunde in Berlin 1828 sowie weiterer Gesellschaften: in London 1830, St. Petersburg 1845, Genf 1858, Rom 1867, Budapest 1872, Amsterdam 1873 und Kairo 1875.

Obwohl die deutsche Regierung zu dem Kongreß in Paris offiziell eingeladen worden war, schickte sie keine amtlichen Vertreter. Doch namhafte deutsche Geographen beteiligten sich an dem Kongreß und hielten dort Vorträge auf Deutsch. Der Auftritt der deutschen Gelehrten in Paris schien aus deutscher Sicht so überragend gewesen zu sein, daß der Professor für Geographie in Göttingen, August Grisebach, an den preußischen Kultusminister Falk berichtete:

> Während die geringe Betheiligung Deutschlands an dieser Ausstellung auffiel, so wurde dafür ein glänzender Ersatz dadurch geboten, daß kein Land durch die Anwesenheit berühmter und bedeutender Persönlichkeiten auf dem Congresse gleich würdig vertreten war, wie das unsrige. Hierdurch und durch ihre hervorragende Theilnahme an den Verhandlungen trat es klar zu Tage, welch hohe Stellung in der geographischen Forschung Deutschland gegenwärtig einnimmt.[161]

Nachdem die folgenden Kongresse in Venedig (1881), Paris (1889), Bern (1891) und London (1895) abgehalten worden waren, veranstaltete man den 7. Internationalen Geographenkongreß 1899 in Berlin. In der offiziellen Einladung zum Kongreß, welche die dafür zuständige Gesellschaft für Erdkunde zusammen mit dem allgemeinen Programm versandte, wurden die Kongreßsprachen festgelegt:

> Als Sprachen des Kongresses sind nach früherem Vorgang zulässig: Deutsch, Englisch, Französisch, Italienisch.[162]

Die Titel der Vorträge gab man in der Sprache wieder, in der sie der Geschäftsführung eingereicht worden waren.[163](Abb. 18)

Doch gegenüber den vier zugelassenen Sprachen beschränkte man sich bei den offiziellen Sprachen des Kongresses auf drei, wie bereits vorher praktiziert; Italienisch gehörte hier nicht mehr dazu. So wurden die Einladungen und das Programm nur in deutscher, englischer und französischer Sprache verschickt; jeweils hundert Exemplare erhielt auch das Auswärtige Amt zur Versendung.[164] Die Beschlüsse des Kongresses publizierte man im Verhandlungsbericht ebenfalls

161 Prof. Grisebach, Göttingen, an den Minister der geistlichen, Unterrichts- und Medicinalangelegenheiten, Dr. Falk, 30.9.1875, in GStA PK, I. HA Rep.76, Vc Sekt. 1 Tit. XI Teil VI Nr. 2 Bd. I, Bl. 294 f.

162 Einladung der Gesellschaft für Erdkunde zu Berlin, gez. Kollm, v. Richthofen, November 1898, in GStA PK, I. HA Rep. 76, Vc Sekt. 1 Tit. XI Teil VI Nr. 2 Bd. III, Bl. 40 f., Zitat Bl. 40.

163 Vgl. 7. Internationaler Geographenkongreß Berlin 1899, Tagesordnung, in ebd., Bl. 177.

164 Vgl. Kollm, von Richthofen, Geschäftsführung des 7. Internationalen Geographenkongresses, an AA, 10.3.1899, in ebd., Bl. 48.

Verhandlungen

des

Siebenten

Internationalen Geographen-Kongresses

Berlin 1899

Erster Theil

London.
Sampson Low & Co.

Berlin.
W. H. Kühl.
1901.

Paris.
H. Le Soudier.

Abb. 18: 7. Internationaler Geographen-Kongreß 1899 in Berlin. Titelblatt des Verhandlungsberichts. Exemplar der Universitätsbibliothek Johann Christian Senckenberg, Frankfurt am Main

in diesen drei Sprachen,[165] in dem ansonsten – angesichts der Kongreßstadt Berlin – erstmals die deutsche Sprache die Sprache des Kongreßberichts war. – Noch in Bern 1891 war die Sprache des Berichts Französisch gewesen (die Geographische Gesellschaft der Schweiz war in Genf gegründet worden), in dem allerdings die deutsche Sprache gebührend Berücksichtigung fand, und in London 1895 erstmals Englisch.[166]

Während auf dem Kongreß 1904 in den USA, der in Washington, Philadelphia, New York und St. Louis in Verbindung mit der Weltausstellung und dem International Congress of Arts and Sciences durchgeführt wurde, auf Wunsch der Kongreßleitung zu den herkömmlichen vier zugelassenen Sprachen noch Spanisch hinzugefügt wurde,[167] begnügte man sich 1908 in Genf bei Vorträgen, Berichten, Reden und Diskussionsbeiträgen wieder mit den vormals verwendeten Sprachen; zusätzlich konnten noch Arbeiten in lateinischer Sprache eingereicht werden. Dazu hieß es im Règlement du Congrès:

> Les trois langues nationales de la Suisse, à savoir l'*allemand*, le *français* et l'*italien*, sont, ainsi que l'*anglais*, déclarées *langues du Congrès*. Les communications orales pourront donc être faites et les manuscrits et leur résumé rédigés, à volonté, dans l'une ou l'autre de ces quatre langues. Les mémoires peuvent aussi être écrits en *latin*.[168]

Da wiederum nur Französisch, Deutsch und Englisch als offizielle Sprachen galten, wurden die auf dem Kongreß verabschiedeten Resolutionen in diesen drei Sprachen gedruckt.[169]

Zwar bemühte sich 1913 auf dem Kongreß in Rom die spanische Real Sociedad Geográfica de Madrid darum, daß auch Spanisch als offizielle Kongreßsprache anerkannt wurde, woraufhin der Vertreter Rußlands für den Fall, daß diesem Begehren stattgegeben werden sollte, das gleiche für Russisch verlangte. Um diesen Ansprüchen den Wind aus den Segeln zu nehmen, schlug der italienische

---

165 Vgl. Verhandlungen des Siebenten Internationalen Geographen-Kongresses Berlin 1899, 1. Teil, Berlin 1901, S. 306–322.

166 Vgl. Compte Rendu du Vme Congrès des Sciences Géographiques, tenu à Berne du 10 au 14 août 1891/Verhandlungen des fünften internationalen Kongresses der geographischen Wissenschaften zu Bern, 10. bis 14. August 1891, Bern 1892 (Reprint Nendeln/Liechtenstein 1972); vgl. Report of the Sixth International Geographical Congress, held in London, 1895, London 1896.

167 Vgl. General Anouncement. Eighth International Geographic Congress, Washington 1904, S. 6, in GStA PK, I. HA Rep.76, Vc Sekt. 1 Tit. XI Teil VI Nr. 2 Bd. III, Bl. 268.

168 Règlement du Congrès, Art. VIII, in Neuvième Congrès International de Géographie. Genève, 27 juillet – 6 août 1908, Compte Rendu des Travaux du Congrès, Tome I, Genève 1909, S. 23, Hervorhebung i. Orig. Von der lateinischen Sprache machte jedoch niemand Gebrauch.

169 Zu den Resolutionen vgl. ebd., S. 126–152.

Professor der politischen Ökonomie, Ausonio Franzoni, vor, in Zukunft zu erlauben, daß Vorträge und Redebeiträge in jeder beliebigen Sprache gehalten werden könnten, doch mit der Verpflichtung, daß die Autoren eine Zusammenfassung ihrer Beiträge auf Französisch liefern sollten, der Diplomatensprache, die alle verstünden. Diesen Vorschlag jedoch lehnte der österreichische Vertreter als „absolut nicht annehmbar" ab. Schließlich einigte man sich darauf, alles beim alten zu lassen, also bei den vier Kongreßsprachen Französisch, Englisch, Italienisch und Deutsch.[170]

Die deutsche Sprache nahm also auf den internationalen Geographenkongressen vor dem Ersten Weltkrieg eine gegenüber Französisch und Englisch durchaus gleichrangige Stellung ein. Angesichts der hohen Teilnehmerzahl deutscher Geographen auf den Kongressen kam sie darüber hinaus reichlich zur Geltung. Allerdings übertrafen die französischen Gelehrten, was die Zahl der Kongreßteilnehmer und -beiträge anging, oft die deutschen. Anders war es nur in Berlin, in den USA und 1913 in Rom. Während an dem Kongreß in Rom zwar weniger Franzosen als Deutsche teilnahmen, wurden dennoch mehr französisch- als deutschsprachige Beiträge präsentiert, da mehr Ausländer Französisch als lingua franca benutzten.

Ein weiterer internationaler Wirkungsbereich eröffnete sich der deutschen Sprache dadurch, daß eine in Deutschland herausgegebene geographische Bibliographie als internationale Bibliographie anerkannt wurde. Deutsche Geographen hatten es nämlich verstanden, einer geplanten Koordination nationaler bibliographischer Arbeiten zuvorzukommen.

So hatte sich der 5. Internationale Geographenkongreß 1891 in Bern dafür ausgesprochen, „daß in allen Kulturländern Bibliographien der geographischen Wissenschaften ausgearbeitet und veröffentlicht werden und zwar soviel wie möglich nach einem einheitlichen Plane." Zu diesem Zweck sollte zunächst in jedem Land eine zentrale Kommission mit der Aufgabe betraut und ein Austausch zwischen den nationalen Kommissionen organisiert werden, um auf diesem Wege eine internationale Bibliographie zusammenzustellen.[171]

Doch die deutsche Gesellschaft für Erdkunde in Berlin zog es vor, das Projekt in die eigene Hand zu nehmen. Nachdem sie seit 1853 im Anhang des Jahresbandes ihrer Zeitschrift Verzeichnisse der laufenden geographischen Literatur veröffentlicht hatte, freilich unter besonderer Berücksichtigung der deutschsprachigen Schriften, faßte sie, angeregt durch den Berner Kongreß, 1893 den

---

170 Atti del X Congresso Internazionale di Geografia, Roma MCMXIII, Part. 1, Rom 1915 (Reprint Nendeln/Liechtenstein 1972), S. CXCIf., Zitat S. CXCII.

171 Schweizerische Gesandtschaft an Auswärtiges Amt, 26.8.1892, in GStA PK, I. HA Rep.76, Vc Sekt. 1 Tit. XI Teil VI Nr. 2 Bd. II, Bl. 277 f.; vgl. Compte Rendu Congrés Berne 1891, S. 113.

Beschluß, auch die ausländische Literatur möglichst vollständig zu erfassen und selbst eine internationale geographische Bibliographie zu edieren. Diese Bibliographie konnte bereits 1895 erstmals erscheinen, von Otto Baschin bearbeitet, der damals wissenschaftlicher Beamter am Königlichen Meteorologischen Institut in Berlin war. Im Hinblick auf die angestrebte Internationalität hatte man ihr den lateinischen Namen *Bibliotheca Geographica* gegeben (Abb. 19).

Um nun die mit dem Unternehmen verbundenen aufwendigen bibliographischen Arbeiten bewältigen zu können, wandte sich drei Jahre später der Vorsitzende der Gesellschaft für Erdkunde zu Berlin, Ferdinand von Richthofen, mit einer Eingabe an den Reichskanzler Hohenlohe-Schillingsfürst und bat um finanzielle Unterstützung von jährlich 3000 M. Dabei machte er genauere Angaben zu dem bibliographischen Werk:

> Jeder Band umfaßt auf etwa 26 Bogen gegen 10000 Titel von Büchern, Abhandlungen und Karten aus allen Gebieten der Geographie im weitesten Sinn, und in etwa 20 verschiedenen Sprachen. Die Abhandlungen wurden aus mehr als 800 in allen Ländern erscheinenden Zeitschriften entnommen. Es wird dafür gesorgt, daß Titel in minder bekannten Sprachen, neben der Anführung im Wortlaut, in deutscher Uebersetzung beigefügt werden. Für die Literatur der leitenden Kulturstaaten wird annähernd Vollständigkeit erzielt; geringer ist sie für die italienische, spanische, skandinavische und russische; am geringsten für die portugiesischen, balkanstaatlichen, mittel- und südamerikanischen, asiatischen, australischen und afrikanischen Literaturen, da es dem Herausgeber in den wenigen Jahren seiner Tätigkeit noch nicht gelungen ist, in allen Ländern die Beihülfe gleichwerthiger Mitarbeiter anzuwerben. Auch standen ihm ausreichende finanzielle Mittel dafür nicht zu Gebote.[172]

Den naheliegenden Gedanken einer Zusammenarbeit mit den geographischen Gesellschaften in London und Paris und einer Kostenteilung, die dadurch anfallen würde, hatte man zwar erwogen, dann aber wieder verworfen, weil man davon ausging, daß, abgesehen von einer gewissen Schwerfälligkeit der Organisation, „jene Gesellschaften sich nicht ohne erhebliche Anforderungen bezüglich sprachlicher und typographischer Aenderungen betheiligen würden."[173] Solche weitreichenden Zugeständnisse, die insbesondere die vorrangige Verwendung der deutschen Sprache beeinträchtigt hätten, wollte man ausländischen Koproduzenten nicht machen.

Ohnehin hätte die *Bibliotheca Geographica* bereits im In- und Ausland „ungetheilte Anerkennung" gefunden, rühmte Richthofen in seiner Eingabe das deutsche Werk; sie würde gegenüber der von der Londoner Royal Society ge-

---

172 Der Vorsitzende der Gesellschaft für Erdkunde zu Berlin, Ferdinand von Richthofen, an Reichskanzler Hohenlohe-Schillingsfürst, 27.6.1898, in GStA PK, I. HA Rep. 76, Vc Sekt. 1 Tit .XI Teil VI Nr. 2 Bd. III, Bl. 21–26, Zitat Bl. 22f.

173 Ebd., Bl. 25.

BIBLIOTHECA GEOGRAPHICA

HERAUSGEGEBEN

VON DER

GESELLSCHAFT FÜR ERDKUNDE ZU BERLIN

BEARBEITET

VON

OTTO BASCHIN

UNTER MITWIRKUNG

VON

DR. ERNST WAGNER

BAND I

JAHRGANG 1891 UND 1892.

BERLIN W. 8.

W. H. KÜHL

1895.

Abb. 19: *Bibliotheca Geographica.* Titelblatt des 1. Bandes 1895. Exemplar der Universitätsbibliothek Johann Christian Senckenberg, Frankfurt am Main

planten großen bibliographischen Veröffentlichung[174] „eine ungleich bequemere, vollständigere, vielseitigere und zweckentsprechendere Quelle literarischer Information für Jeden sein, der auf geographischem Gebiet arbeiten will, oder der, was über einen Gegenstand nach allen Seiten hin geschrieben worden ist, mit einem Blick umfassen will." So sei die in Berlin herausgegebene Bibliographie bereits zum wichtigen Nachschlagewerk für Wissenschaftler und Staatsbehörden geworden. „Sie ist unentbehrlich nicht nur für jede wissenschaftliche Arbeit auf dem Gebiete der Geographie im weitesten Sinn und der Kartographie, sondern auch für diejenigen, welche sich mit Verkehrsverhältnissen, Volkswirtschaft, Kolonialwesen der einzelnen Staaten, Geologie, Geodäsie, Hydrographie, Klimatologie, Völkerkunde, Missionswesen u.s.w. beschäftigen, da man in ihr alles, was die geographische Seite dieser Disciplinen betrifft, in leicht erkennbarer Weise zusammengestellt findet."

Schließlich, so befand Richthofen in seiner Petition, käme der Nutzen in erster Linie Deutschland zugute. „Dies trifft insofern zu", erklärte er nicht ohne Überheblichkeit, „als die wissenschaftliche Geographie gegenwärtig in keinem anderen Land auf gleich großer Höhe steht und so zahlreiche Bearbeiter findet."[175] Mit dieser Eingabe erreichte Richthofen, daß die *Bibliotheca Geographica* aus dem Kaiserlichen Dispositionsfonds subventioniert wurde.

Der Plan, dem internationalen Geographenkongreß die *Bibliotheca Geographica* als die gewünschte Bibliographie zu empfehlen und damit eine Menge Arbeit und Kosten zu ersparen, hatte jedenfalls Erfolg. Nachdem auf dem Kongreß in London 1895 der allgemeine Beschluß gefaßt worden war, daß das Londoner Permanente Büro Fachleute heranziehen sollte, um, wie auf dem Kongreß in Bern angeregt, die Erstellung einer Bibliographie in Angriff zu nehmen,[176] setzten sich die Berliner Gesellschaft für Erdkunde und die britische Royal Geographical Society in Verbindung und gelangten in ihren Beratungen zu dem Ergebnis, daß die von den Berlinern jährlich publizierte Bibliographie alle von dem Kongreß gestellten Anforderungen erfülle.[177]

Dieser Befund wurde dem 1899 in Berlin tagenden 7. Internationalen Geographenkongreß mitgeteilt. Dort stellte das Londoner Büro den Antrag:

---

174 Damit war der International Catalogue of Scientific Literature gemeint, der 1902 erstmals erschien.

175 von Richthofen an Reichskanzler Hohenlohe-Schillingsfürst, 27.6.1898, Bl. 21–26.

176 Vgl. Report of the Sixth International Geographical Congress, held in London, 1895, London 1896, S. 780.

177 Vgl. Report by the Officers of the London Congress of 1895, in Verhandlungen des Siebenten Internationalen Geographen-Kongresses Berlin 1899, 1 .Teil, Berlin 1901, S. 286f.

> The Bureau proposes, that the "Bibliotheca Geographica" be accepted as an efficient international Bibliography.[178]

Der ehemalige Generalsekretär des Londoner Kongresses, Hugh Robert Mill, erläuterte diese Entscheidung:

> Die von der Gesellschaft für Erdkunde zu Berlin herausgegebene „Bibliotheca Geographica" des Herrn Otto Baschin ist so vorzüglich, dass sie allen an eine Bibliographie zu stellenden Anforderungen vollauf genügt und alle unsere Wünsche erfüllt.[179]

Damit hätte sich, so schloß Mill in einem weiteren Antrag, der vom Londoner Kongreß erteilte Auftrag erledigt.

Nachdem schon vorher die Gesellschaft für Erdkunde den Teilnehmern des Berliner Kongresses, um ihnen die Zustimmung zu erleichtern, den fünften Band der von ihr herausgegebenen Bibliographie großzügig überreicht hatte, wurden diese Anträge angenommen, die der deutschen geographischen Bibliographie internationale Geltung zusprachen.

Stolz kommentierte abschließend der Vorsitzende der Sitzung, der Göttinger Geheime Regierungsrat und Professor der Geographie, Hermann Wagner, die zum Ausdruck gebrachte Wertschätzung deutscher wissenschaftlicher Arbeit:

> Wir haben durch diesen deutschen Fleiss der Wissenschaft wieder etwas geboten, was zu unserer Freude von den anderen Nationen auch anerkannt wird. [180]

Diese Anerkennung bedeutete zugleich, daß Deutsch als die Hauptsprache der Bibliographie fungierte. Unter dem lateinischen Namen *Bibliotheca Geographica* erschienen Titelblatt, Vorwort, Inhaltsverzeichnis, Überschriften für die einzelnen Länder und Sachgebiete sowie Erläuterungen auf deutsch. Zahlreiche deutsche Übersetzungen von Titeln aus slawischen und orientalischen Sprachen – davon die meisten aus dem Russischen – fanden sich ohnehin darin. Doch wurden auch andere „westeuropäische Sprache[n]" als Übersetzungssprachen zugelassen. Im allgemeinen verwendete man noch Englisch und Französisch.[181]

---

178 Einführung einer internationalen geographischen Bibliographie, in ebd., S. 132.
179 Ebd., S. 133.
180 Ebd.
181 Vgl. *Bibliotheca Geographica*. Herausgegeben von der Gesellschaft für Erdkunde zu Berlin. Bearbeitet von Otto Baschin. Band V. Jahrgang 1896. Berlin: W. H. Kühl 1899, Zitat S. IX (Vorbemerkungen des Bearbeiters O. Baschin). Nach dem 19. Band (1917) wurde das Erscheinen eingestellt.

Ein anderes Feld deutschen wissenschaftlichen Fleißes war die Kartographie. Wissenschaftler und Militärstellen arbeiteten hier eng zusammen.

> Das Deutsche Reich spielt auf dem Gebiete der wissenschaftlichen Kartographie eine führende Rolle,

betonte Albrecht Penck, seit 1906 als Nachfolger Ferdinand von Richthofens Professor der Geographie an der Friedrich-Wilhelms-Universität Berlin, in seinem Bericht an den preußischen Kultusminister 1908.[182] Fünf Jahre später sah er bereits diese Führungsrolle bedroht:

> Auf dem Gebiete der Kartographie marschiert Deutschland bisher an der Spitze. Unübertroffen sind unsere deutschen Generalstabskarten. Unsere deutschen Handatlanten beherrschen den Weltmarkt und sind anerkannt die besten. Aber wer schärfer zusieht, bemerkt, daß auf dem Gebiete der kartographischen Industrie der Fortschritt in den letzten Jahren mehr auf Seiten der technischen Ausführung, als auf einer Vervollkommnung des Inhaltes gelegen hat. Auf dem Gebiete der kartographischen Technik aber ist uns das Ausland schon sehr nahe gekommen: es sei nur auf die in England gefertigten Blätter der Weltkarte verwiesen, welche einen großen Fortschritt gegen die früheren englischen Leistungen bekunden. Leicht kann uns also jetzt das Ausland auf dem Gebiete der kartographischen Industrie erreichen, und unter solchen Umständen könnte die Nichtbeteiligung von Deutschland an der Weltkarte leicht von einer ungünstigen Wirkung auf das Ansehen der deutschen Kartographie überhaupt begleitet sein. Die Mitarbeit an der Weltkarte wird der deutschen Kartographie neue Impulse geben.[183]

Das Kultusministerium hielt diesen Bericht für so wichtig, daß es Abschriften an den Generalstab der Armee, das Reichsamt des Innern und das Reichskolonialamt schickte.[184]

Auf dem internationalen Geographenkongreß in Bern 1891 war auf Anregung Pencks, der damals noch in Wien lehrte, beschlossen worden, eine einheitliche Weltkarte im Maßstab 1: 1 000 000 herzustellen und eine Kommission mit der Organisation dieses Projekts zu betrauen.[185] Doch die Realisierung des Vorhabens verzögerte sich wegen zahlreicher Schwierigkeiten, die unter anderem die Einigung auf einheitliche Prinzipien und Maßangaben sowie die Verwendung ver-

---

182 Penck an den Minister der geistlichen, Unterrichts- und Medizinalangelegenheiten, 18.9. 1908, in GStA PK, I. HA Rep. 76, Vc Sekt. 1 Tit. XI Teil VI Nr .2 Bd. III, Bl. 323.

183 Penck an den Minister der geistlichen und Unterrichtsangelegenheiten, 13.10.1913, Abschrift in BA Berlin, R 1501/108975, Bl. 14f.

184 Vgl. Minister der geistlichen und Unterrichtsangelegenheiten an Reichsamt des Innern, 16.11. 1913, in ebd., Bl. 12.

185 Vgl. Compte Rendu Congrés Berne 1891, S. 105–108, 191–198.

schiedener Sprachen und deren Transkription in die lateinische Schrift betrafen, welche die „Kulturstaaten“ wie selbstverständlich zugrunde legten. Während auf der Weltkarte für Ortsnamen und andere Bezeichnungen in den Kolonien ohnehin nur die Schreibweise der Kolonialmacht galt, sollten in anderen Ländern, die nicht die lateinische Schrift gebrauchten, zusätzlich getrennte Blätter in der jeweils landesüblichen Schreibweise angefertigt werden.[186]

Nachdem siebzehn Jahre lang solche Fragen diskutiert worden waren, bildete man 1908 auf dem Internationalen Geographenkongreß in Genf erneut ein internationales Komitee, welches das Weltkartenprojekt nun energisch vorantrieb.[187]

> Die Sprache der Verhandlungen, deren Leitung man mir anvertraute, war die englische,

berichtete Penck dem Kultusministerium in Berlin über das Komitee, dem neben Penck noch je ein Vertreter aus Großbritannien, Frankreich, Rußland und den USA angehörte und das es sich zur Aufgabe machte, Weltkartenkonferenzen durchzuführen.[188]

Von den britischen Kartographen waren bereits zahlreiche Kartenblätter für die Weltkarte hergestellt und verschickt worden, während man sich in Deutschland daran nicht beteiligt hatte. So war es naheliegend, daß die Briten die Führung des Projekts übernahmen, was sich nicht zuletzt im vorrangigen Gebrauch der englischen Sprache, aber auch der Durchsetzung ihrer Vorstellungen niederschlug und dazu führte, daß die erste Weltkartenkonferenz 1909 in London stattfand.

Penck, der nicht vergaß, die Ruhmestaten der deutschen Kartographie erneut zu preisen,[189] gab der deutschen Regierung den Rat, an dieser Konferenz unbedingt teilzunehmen, um dem Deutschen Reich „von vornherein maßgebenden

---

186 Vgl. Report Geographical Congress London 1895, S. 370–386, Verhandlungen des Geographen-Kongresses Berlin 1899, I, S. 208–229; vgl. Beschlüsse. Verzeichnis der Beschlüsse der Weltkartenkonferenz 1913 in Paris, Abschrift in PA AA, R 64508.

187 Vgl. Neuvième Congrès International de Géographie. Genève 1908, I, S. 127–134, 331–335, 397–400.

188 Penck an den Minister der geistlichen, Unterrichts- und Medizinalangelegenheiten, 18.9. 1908, in GStA PK, I. HA Rep. 76, Vc Sekt. 1 Tit. XI Teil VI Nr. 2 Bd. III, Bl. 321. Dem Komitee gehörten außer Penck Colonel Charles F. Close (Großbritannien), der Geologe Prof. William Morris Davis (USA), der Kartograph Franz Schrader (Frankreich) und General Jules de Schokalsky (Rußland) an.

189 Vgl. Penck an den Minister der geistlichen, Unterrichts- und Medizinalangelegenheiten, 30.8. 1909, Stellungnahme zur Bildung eines int. Komitees zur Herstellung einer einheitlichen Erdkarte 1:1 000 000, in ebd., Bl. 394ff.

Einfluß" auf das Unternehmen zu sichern. „Nur möchte ich wünschen, daß der Schwerpunkt des Weltkartenunternehmens dabei nicht ganz nach England verlegt werden würde," unterstrich Penck die Dringlichkeit des deutschen Eingreifens im Hinblick auf die deutsch-englische Rivalität.

> Als Urheber des Planes [...] habe ich denselben immer als eine deutsche Idee betrachtet, und ich habe, im Auslande wirkend, diese[n] Standpunkt[,] nicht ohne Schwierigkeiten zu begegnen, immer hoch gehalten. Bei dieser Sachlage möchte ich annehmen, wird es gerechtfertigt sein, wenn das Deutsche Reich bei Annahme der englischen Einladung für sich selbst eine gewisse Ausnahmestellung, sei es als Sitz der zu begründenden Kommission, sei es als erster Versammlungsort derselben, sei es als Sammelstelle der erhofften Karteneinläufe in Anspruch nimmt.[190]

Doch die Hoffnungen auf eine „Ausnahmestellung" erfüllten sich nicht. Zwar reiste eine deutsche Delegation unter Führung Pencks zu der Londoner Weltkartenkonferenz und beteiligte sich an der dort eingesetzten Internationalen Kartenkommission. Aber als Versammlungsort der nächsten Konferenz 1913 wählte man Paris.

Zweifellos waren hier nationale Konkurrenzen im Spiel. Der Chef der Landesaufnahme beim preußischen Generalstab, General von Bertrab, der an der Weltkartenkonferenz in Paris, auf der 34 Staaten vertreten waren, teilnahm, wies in seinem Bericht über die Konferenz darauf hin,

> daß Frankreich und besonders England mit der Weltkarte nicht nur wissenschaftliche, sondern namentlich hinsichtlich ihrer Kolonialreiche auch praktische Zwecke verfolgen. In erster Linie den englischen Forderungen wurde tatsächlich die endgültig festgelegte Art der Beschreibung und Darstellung angepaßt, ohne daß die deutsche Abordnung darauf einen wesentlichen Einfluß auszuüben imstande war, da Deutschland noch keine praktische Erfahrung durch Vorlage selbst hergestellter Probeblätter nachweisen konnte.[191]

Ohnehin, so meinte Bertrab, zeugten die Bestrebungen, den Kolonien, welche eine eigene Landesaufnahme besaßen, jeweils eine Stimme zu geben, so daß England allein über sieben Stimmen verfügen konnte, von nationalen Ambitionen.[192]

---

190 Penck an den Minister der geistlichen, Unterrichts- und Medizinalangelegenheiten, 18.9. 1908, in ebd., Bl. 323.

191 von Bertrab, Chef der Landesaufnahme, Bericht über die Weltkartenkonferenz in Paris 1913, 28.1.1914, in PA AA, R 64508.

192 Vgl. ebd.; vgl. dazu auch Mechtild Roessler, La géographie aux congrès internationaux: échanges scientifiques et conflits politiques, in *Relations Internationales* No. 62, 1990, S. 183–187.

Eine weitere Entscheidung, die den Deutschen keineswegs angenehm war, wurde in Paris getroffen: Ein Ständiges Büro, dem die Entwürfe der Kartenblätter zur Begutachtung vorzulegen waren, das den Nachrichtenaustausch organisierte und einen Jahresbericht herausgab, sollte in Southampton eingerichtet werden, wo sich die Landesaufnahme für Großbritannien und Irland befand, deren Generaldirektor Colonel Close war. Damit war für den Chef der preußischen Landesaufnahme klar, „daß England durch diese Einrichtung zunächst seinen Einfluß auf die Gestaltung der Karte befestigt und erweitert."[193]

Immerhin wurden als Verhandlungssprachen der Weltkartenkonferenzen Englisch, Französisch und Deutsch anerkannt und die Beschlüsse in diesen drei Sprachen veröffentlicht. „Die in den drei Sprachen Deutsch, Englisch und Französisch vorliegenden Texte sollen gleichmäßig als offiziell gelten, als authentisch aber nur der Text in der Sprache des Landes, in welchem die Konferenz abgehalten wurde, die ihn formulierte", hieß es zu den Beschlüssen der Weltkartenkonferenz in Paris.[194] Die Konferenzstädte London und Paris hatten also einen Prestigevorsprung.

Zudem war, was Penck in seinem Bericht an das preußische Kultusministerium höchst bedauerlich fand, „auch nicht zu hindern, daß der deutsche Name für die Weltkarte verloren ging."[195] Denn auf Vorschlag Englands sei der französische Name „Carte internationale du Monde au 1: 1 000 000" angenommen worden. „Dankbar erkennt de Margerie[196] diese Huldigung der französischen Sprache in seinem Berichte über die Konferenz an, und findet in ihr einen Trost für den abnehmenden französischen Einfluß im Auslande", kommentierte Penck etwas spöttisch diese englisch-französische Entente.[197]

Die getroffene Sprachenregelung wirkte sich auf das Kartenwerk in der Weise aus, daß „jedes Blatt in erster Linie in französischer Sprache die Bezeichnung Carte internationale du Monde au 1: 1 000 000e und darunter denselben Titel in der nationalen Sprache des Staates, der das Blatt herausgibt", tragen sollte.[198] Dazu war die Legende, die alle auf dem Blatt verwendeten Zeichen erläuterte,

193 von Bertrab 28.1.1914, Bericht über die Weltkartenkonferenz in Paris 1913 und über die dort gefaßten Beschlüsse (S. 15), Abschrift in PA AA, R 64508.

194 Beschlüsse der Weltkartenkonferenz in Paris 1913, S. 1, Abschrift in ebd.

195 Penck an den Minister der geistlichen und Unterrichtsangelegenheiten, 6.4.1914, in PA AA, R 64508.

196 Der französische Geograph Emmanuel de Margerie war Generalsekretär der Weltkartenkonferenz in Paris 1913.

197 Penck an den Minister der geistlichen und Unterrichtsangelegenheiten, 6.4.1914, Abschrift in PA AA, R 64508.

198 Beschlüsse der Weltkartenkonferenz in Paris 1913, 4. e, S. 3, Abschrift in ebd.

neben der Sprache des Landes, welches das Kartenblatt herausgab, mindestens in einer der drei offiziellen Sprachen der Konferenzen zu verfassen.[199]

Wenigstens in dieser Vereinbarung sah Penck noch einen gewissen Spielraum für die Verwendung der deutschen Sprache:

> Der deutsche Anteil an der Karte kommt heute äußerlich nur darin zum Ausdruck, daß die Beschlüsse der Pariser Konferenz deutsch, englisch und französisch veröffentlicht werden sollen, ebenso wie es die der Londoner Konferenz bereits sind. Das Deutsche erscheint sohin als eine Sprache der Karte, in welcher z. B. Erläuterungen auf ihr gedruckt werden können. Dies belebt die Hoffnung, daß von der Weltkarte nicht die deutschen Ortsnamen verschwinden werden, welche so zahlreiche Ortschaften im Osten und Südosten Europas tragen, und welche längst die internationalen geworden sind.[200]

Penck erwähnte in diesem Zusammenhang den Versuch der Geographischen Gesellschaft in Budapest, auf der Weltkarte sämtliche deutschen Ortsnamen in Ungarn nicht zu nennen. Da er solchen Bestrebungen entgegentreten und dafür Sorge tragen wollte, daß die deutsche Sprache gebührend berücksichtigt und deutschsprachige Ortsnamen in anderen Ländern, wo deutsche Siedlungsgebiete waren, auf der Weltkarte wenigstens unter oder neben dem offiziellen Namen aufgeführt wurden, übernahm er den Vorsitz der ersten der drei eingesetzten Kommissionen, die sich mit konventionellen Zeichen und Namen befaßte. Hier konnte er außerdem, was ihm wichtig war, Deutschlands Interesse verfolgen,

> in den entsprechenden Blättern der Erdkarte eine einheitliche Darstellung seines ausgedehnten Kolonialbesitzes zu erhalten.[201]

Den Vorsitz der anderen beiden Kommissionen hatte jeweils ein englischer und ein französischer Fachmann inne, so daß, wie Penck mit Genugtuung feststellte, die Kommissionen „also unter deutscher, französischer und englischer Leitung" standen.[202]

Wenn schon nicht der Sitz des Ständigen Büros in Deutschland errichtet worden war, so sollten nach den Ansichten von Bertrab und Penck wenigstens die Befugnisse des englisch geführten Büros nur auf eine Art Geschäftsstelle begrenzt

---

199 Vgl. ebd., 4. h.

200 Penck an den Minister der geistlichen und Unterrichtsangelegenheiten, 6.4.1914, Abschrift in PA AA, R 64508.

201 Penck an den Minister der geistlichen und Unterrichtsangelegenheiten, 15.5.1914, Abschrift in BA Berlin, R 1501/108975, Bl. 88; vgl. Penck an den Minister der geistlichen und Unterrichtsangelegenheiten, 6.4.1914, Abschrift in PA AA, R 64508.

202 Penck an den Minister der geistlichen und Unterrichtsangelegenheiten, ebd.

werden. Daneben könnte, wie Penck meinte, ein permanenter Ausschuß eingerichtet werden,

> vielleicht als Organ einer internationalen Association cartographique,[203] in welchem eine beschränkte Anzahl von Vertretern verschiedener Staaten Sitz und Stimme haben würde. Dadurch würde meines Erachtens auch die Möglichkeit eröffnet werden, daß Deutschland auf die Weiterentwicklung der Weltkarte jenen Einfluß ausübt, den es als Ursprungsland der Idee stets auszuüben berechtigt ist.[204]

Auch Bertrab war daran gelegen,

> möglichst bald der neuen Einrichtung eine Form zu geben, in welcher Deutschland der seiner Machtstellung entsprechende Einfluß gesichert wird.[205]

Es waren ähnliche Überlegungen, wie sie in umgekehrter Richtung von anderen Mächten gegenüber den von Deutschland dominierten Zentralbüros der Internationalen Erdmessung und Erdbebenforschung angestellt worden waren.

Um ihrem Ziel näher zu kommen, gelang es zunächst den Vertretern der deutschen Kartographie in Paris, den Beschluß herbeizuführen, daß eine dritte Weltkartenkonferenz in Berlin abgehalten werden sollte. Der deutsche Botschafter in Paris, Wilhelm von Schoen, begrüßte in seinem Bericht an das Auswärtige Amt diese Wahl, „sowohl aus praktischen Gründen, wie auch mit Rücksicht auf unser Ansehen. Die erste Konferenz hat in London stattgefunden, die zweite in Paris – so erscheint es denn naturgemäß, daß die nächste in Berlin tagt.“[206]

In Berlin wurden seitens der deutschen Regierung intensive Vorbereitungen getroffen, eine kommissarische Besprechung der zuständigen Reichsämter mit den deutschen Delegierten der Pariser Konferenz einberufen, ein vorbereitendes Komitee eingesetzt – „im Interesse der Wahrung des deutschen Einflusses auf das Unternehmen“, wie der Kultusminister Trott zu Solz erklärte, „nachdem die vorangegangenen Konferenzen in England und Frankreich getagt haben und es, namentlich im Hinblick auf die nach den Pariser Beschlüssen erfolgte Begründung einer Zentralstelle des Unternehmens in England, geboten erscheint, den von Deutschland vertretenen Interessen auf diesem Wege den entsprechenden

203 Über die Gründung einer Association Cartographique war bereits auf den Internationalen Geographenkongressen in London 1895 und Berlin 1899 beraten worden; vgl. Report of the Sixth International Geographical Congress, London 1895, S. 386, und Verhandlungen des Siebten Internationalen Geographen-Kongresses, Berlin 1899, I, S. 221–227, 261.

204 Penck an den Minister der geistlichen und Unterrichtsangelegenheiten, 6.4.1914, Abschrift in PA AA, R 64508.

205 von Bertrab 28.1.1914, in PA AA, R 64508.

206 von Schoen an Bethmann Hollweg (Auswärtiges Amt), 19.12.1913, in PA AA, R 64508.

Nachdruck zu verleihen."[207] Um für die deutsche Einflußnahme günstige Bedingungen zu schaffen, ordnete General von Bertrab erstmals die Ausführung von deutschen Probeblättern zur Weltkarte an.[208] – Doch die Weltkartenkonferenz in Berlin fand nicht mehr statt. Der Erste Weltkrieg beendete diesen Plan.

Schon vorher hatte der von 1897 bis 1916 amtierende Staatssekretär des Reichsmarineamts, Großadmiral Alfred von Tirpitz, der an der Weltmachtpolitik des deutschen Kaiserreichs und den Rüstungsvorbereitungen zum Krieg maßgeblich beteiligt gewesen war, unabhängig von dem internationalen Weltkartenprojekt verfügt, daß ein „deutsches Weltkartenwerk" hergestellt werden sollte, um auch auf diesem Gebiet den englischen Rivalen zu übertrumpfen. Damit wollte er zugleich der deutschen Sprache – gegen die Konkurrenz des Englischen – weltweit mehr Einfluß verschaffen.

In seinen „Erinnerungen" schilderte Tirpitz rückblickend seine Strategie:

> Eines der Mittel, mit denen England in der ganzen Welt seine Sprache ausgebreitet hat, sind die Seekarten. Indem England fast die ganzen Meere vermaß, erfüllte es eine große Kulturaufgabe. Im vorigen Jahrhundert fuhr im wesentlichen alles nach englischen Karten; andere gab es höchstens in örtlich engen Begrenzungen. Auch unsre Kauffahrtei war gewöhnt, mit englischen Karten zu fahren, selbst da, wo es deutsche Karten gab. Ich unternahm nun in systematischer Weise ein deutsches Weltkartenwerk herzustellen. Wir besaßen ja schon Karten von unsern Gewässern, die mit größerer Genauigkeit und Gründlichkeit als die englischen bearbeitet waren, aber sie hatten manche Eigenschaften, an welche die Schiffer nicht gewohnt waren. Ich setzte mich nun mit unsrer Seemannswelt in Verbindung, stellte ihre Neigungen in allen Einzelheiten bis auf die Form und die Papierart fest, und wir kamen zuletzt zu einer Anordnung, die nicht nur genügte, sondern mit der unsre Karten die englischen übertrafen. Nun haben wir uns bemüht, zunächst die großen Strecken mit Karten zu versehen, die in die hunderte gingen, eine davon war die Fahrt von Deutschland nach Ostasien. *Ich veranlaßte dies mit aus dem Grunde, um etwas für die Ausbreitung unserer Sprache und die Stärkung des Deutschtums zu tun.*[209]

---

207 Der Minister der geistlichen und Unterrichtsangelegenheiten, Trott zu Solz, an das Reichsamt des Innern, 13.5.1914, in BA Berlin, R 1501/108975, Bl. 50; vgl. dazu auch Schulze (RdI), Niederschrift über die am 19. Juni 1914 im Reichsamt des Innern abgehaltene Besprechung der Vorbereitungen und Maßnahmen für die in Deutschland abzuhaltende 3. internationale Konferenz zur Herstellung einer Erdkarte im Maßstabe von 1: 1 000 000, in ebd. Bl. 97f.

208 von Bertrab, 28.1.1914, in PA AA, R 64508.

209 Alfred von Tirpitz, *Erinnerungen*, Leipzig 1920, S. 75f. (Hervorhebung von R. R.); zur auswärtigen Sprach-, Bildungs- und Wissenschaftspolitik von Tirpitz: Roswitha Reinbothe, *Kulturexport und Wirtschaftsmacht. Deutsche Schulen in China vor dem Ersten Weltkrieg*, Frankfurt a. M. 1992, S. 172f., 192–230.; dies., Die Gründung der „Deutsch-Chinesischen Hochschule" in Tsingtau (Qingdao) und die Rolle Otto Frankes, in *Bochumer Jahrbuch zur Ostasienforschung* 25, 2001, S. 223–241.

i) Internationale Vereinigung gegen die Tuberkulose

Auf dem Gebiet der Medizin hatte in Deutschland die Tuberkuloseforschung mit der bahnbrechenden Entdeckung des Tuberkel-Bazillus durch Robert Koch und mit Hilfe gut ausgestatteter Kliniken die Seuchenbekämpfung wesentlich weitergebracht. Besonders gefördert wurden Forschung und medizinische Maßnahmen von dem Ministerialdirektor Friedrich Althoff, der im preußischen Ministerium der geistlichen, Unterrichts- und Medizinal-Angelegenheiten, wie das Kultusministerium wörtlich hieß, für den Universitäts- und Wissenschaftsbetrieb zuständig war. In dieser Funktion regte Althoff 1895 die Gründung des Deutschen Zentralkomitees zur Errichtung von Heilstätten für Lungenkranke an, das sich später Deutsches Zentralkomitee zur Bekämpfung der Tuberkulose nannte, und wurde zugleich dessen Präsidiumsmitglied. Sechs Jahre später betrieb er von dort aus die Gründung der Internationalen Vereinigung gegen die Tuberkulose.

Den Anstoß dazu hatte der Antrag des Professors an der Universität Wien, Leopold von Schrötter, auf dem Internationalen Tuberkulose-Kongreß 1898 in Paris gegeben, eine permanente internationale Kommission einzusetzen. Nachdem dieser Antrag nicht angenommen worden war, sondern man sich darauf hatte beschränken wollen, von Zeit zu Zeit internationale Versammlungen zum Studium und zur Vorbeugung gegen die Tuberkulose einzuberufen, also keine feste Organisationsstruktur zu etablieren, wurde Schrötters Plan von Berlin aus weiterverfolgt. Denn hier bot sich, ähnlich wie auf anderen Gebieten, die günstige Gelegenheit, eine internationale Organisation unter deutscher Führung aufzubauen.

Schon ein Jahr nach dem Kongreß in Paris wurden auf der deutschen Tuberkulosetagung 1899 in Berlin, die sich mit der Bekämpfung der Tuberkulose als Volkskrankheit befaßte und zu der man Delegierte aus anderen Ländern eingeladen hatte, die ersten Schritte in „privaten Verhandlungen" angebahnt. Als dann im folgenden Jahr auf dem internationalen Tuberkulose-Kongreß in Neapel zwar eine Kommission tagte, aber die Vorverhandlungen stecken blieben, nahm Althoff das Unternehmen in eigene Regie. Auf der Präsidialsitzung des Deutschen Zentralkomitees zur Errichtung von Heilstätten für Lungenkranke stellte er Anfang 1901 seinen Plan vor, ein Internationales Zentralbüro für den weltweiten Kampf gegen die Tuberkulose zu errichten. Das Büro sollte Mitteilungen über die Bekämpfung der Tuberkulose in allen Ländern zusammentragen, die gesamte einschlägige Literatur sammeln, Auskünfte erteilen und ein eigenes Publikationsorgan herausgeben, mit Informationen über die Entwicklung der Lage in den verschiedenen Ländern sowie Literaturübersichten.[210]

210 Über Althoffs Initiative vgl. *Tuberculosis* Vol. VII (1908), No. 1, S. 1f.; zur Gründungsge-

Althoffs Plan wurde sogleich umgesetzt: Eine Kommission wurde gebildet, eine Satzung ausgearbeitet und in Berlin ein „Internationales Central-Bureau zur Bekämpfung der Tuberkulose" gegründet. Den Tuberkulosevereinigungen anderer Länder schickte man die Satzung zu und forderte sie zum Beitritt auf. Alsdann lud ein „Organisationsausschuß" des Internationalen Zentralbüros zur ersten internationalen Tuberkulosekonferenz 1902 nach Berlin ein. (Abb. 20)

Es waren die deutschen Akteure des Projekts: Ministerialdirektor Althoff und die Berliner Professoren Bernhard Fränkel, Carl Gerhardt, Ernst von Leyden und Gotthold Pannwitz, die für den einladenden Organisationsausschuß allein verantwortlich zeichneten. In ihrem „I. Rundschreiben an sämtliche Herren Mitglieder" – „Betrifft Herbstkonferenz 1902" konnten sich die Organisatoren bereits darauf berufen, daß „eine große Zahl von hervorragenden Vertretern der Tuberkulose-Wissenschaft und –Praxis aus allen Ländern dem Internationalen Zentralbureau beigetreten" sei. So hatten sie geschickt vollendete Tatsachen geschaffen und erreicht, daß an der Konferenz in Berlin sich Delegierte aus sechzehn Staaten beteiligten.[211]

Nachdem es gelungen war, das Zentralbüro an Berlin fest zu binden, ging Althoff daran, die internationale Organisation um dieses Zentrum herum aufzubauen. Das sollte sich auch in der Umwandlung des Namens niederschlagen. So stellten Althoff und das von ihm geleitete Kuratorium, das auf der Berliner Konferenz gebildet worden war, ein Jahr später den Antrag, das Internationale Zentralbüro in „Internationale Vereinigung gegen die Tuberkulose" umzubenennen. Doch erst auf der Konferenz in Paris im Jahr 1905 wurde diesem Antrag stattgegeben.[212]

---

schichte: Bernhard Fränkel, Die Internationale Vereinigung gegen die Tuberkulose, in *Internationale Wochenschrift für Wissenschaft, Kunst und Technik*, 11.5.1907, Sp. 185–192; ders., Fr. Althoff und die Bekämpfung der Tuberkulose, in *Deutsche Medizinische Wochenschrift*, Jg. 34, 2 (5.11. 1908), S. 1948 f.; Arnold Sachse, *Friedrich Althoff und sein Werk*, Berlin 1928, S. 251–258; ein kurzer Hinweis findet sich bei Bernhard vom Brocke, Hochschul- und Wissenschaftspolitik in Preußen und im Deutschen Kaiserreich 1882–1907: das „System Althoff", in Peter Baumgart (Hrsg.), Bildungspolitik in Preußen zur Zeit des Kaiserreichs, Stuttgart 1980, S. 9–118, hier S. 52.

211 I. Rundschreiben 12.7.1902, in *Tuberculosis* Vol. I (1903), S. 87–89, Zitat S. 87; zur Konferenz in ebd., S. 202–204, 215 ff.; Die Erste Internationale Tuberkulose-Konferenz, Berlin, 22.–26. Oct. 1902, Bericht. Im Auftrage des Internationalen Central-Bureaus zur Bekämpfung der Tuberkulose herausgegeben von: Prof. Dr. Pannwitz, Berlin 1903.

212 Zuerst lautete der vorgeschlagene Name: „Internationale Vereinigung zur Bekämpfung der Tuberkulose", der dann später verkürzt wurde. Vgl. Außerordentliche Sitzung des Engeren Rates, Tages-Ordnung, in *Tuberculosis* Vol. II (1903), No. 2, S .60; Begründung des Antrags durch Althoff, in Protokoll der Internationalen Tuberkulosekonferenz in Kopenhagen 1904, in *Tuberculosis* Vol. III (1904), No. 8, S. 354; Beschluß in Bericht über die Konferenz in Paris, in *Tuberculosis* Vol. IV, No. 10, S. 481; Satzung der Internationalen Vereinigung gegen die Tuberkulose, in ebd., S. 482–489.

Die Erste Internationale Tuberkulose-Konferenz.
La Première Conférence Internationale Antituberculeuse.
The First International Conference on Tuberculosis.

Berlin, 22.—26. Oct. 1902.

Bericht. Rapport. Report.

Im Auftrage
des Internationalen Central-Bureaus zur Bekämpfung der Tuberkulose
herausgegeben von:

Par ordre
du Bureau central international pour
la lutte contre la tuberculose édité par:

By order
of the Central International Bureau for
the prevention of consumption edited by:

Prof. Dr. Pannwitz.

Berlin.
Internationales Central-Bureau zur Bekämpfung der Tuberkulose.
1903.
Commissionsverlag von Joh. Ambrosius Barth, Leipzig.

Abb. 20: Dreisprachiges Titelblatt des Berichts über die Erste Internationale Tuberkulose-Konferenz 1902 in Berlin. Exemplar der Universitätsbibliothek Johann Christian Senckenberg, Frankfurt am Main

Es war der umgekehrte Weg, den man normalerweise beschritt. Denn eigentlich wäre es angebracht gewesen, erst die Vereinigung unter internationaler Beteiligung zu gründen und dann von den Mitgliedern die Zentrale und deren Sitz wählen zu lassen. Aber mit einer solchen Prozedur hätten Althoff und die Berliner Professoren womöglich die Etablierung der Organisation in Berlin riskiert. Vermutlich zielte ihre Taktik darauf ab, Widerstände gegen ein in Deutschland errichtetes Zentralbüro, wie sie bei der Internationalen Erdmessung und Erdbebenforschung sich erhoben, von vornherein auszuschalten.

Laut Satzung war Berlin Sitz der Vereinigung. Die geschäftliche Leitung oblag einem Kuratorium, später „Verwaltungs-Kommission" genannt, dessen Vorsitz bis 1908 Althoff, danach Bernhard Fränkel und ab 1912 der Präsident des Reichsgesundheitsamts, Franz Bumm, ausübten. Als Generalsekretär fungierte der deutsche Militärarzt und Professor Gotthold Pannwitz. Um die materielle Basis abzusichern, streckte das Deutsche Zentralkomitee zur Errichtung von Heilstätten für Lungenkranke die Verwaltungskosten vor, solange diese nicht mit Mitgliedsbeiträgen gedeckt werden konnten. Darüber hinaus wurde das Unternehmen von der preußischen Regierung und einem Berliner Industriellen subventioniert.

So lag jedenfalls die praktische Organisationsarbeit von Anfang an in deutscher Hand, mit Zentralbüro, Generalsekretariat und Vorsitz des Kuratoriums, während an die Spitze der Institution – als repräsentatives Gegengewicht – ein französischer Präsident gewählt wurde, das war zunächst Paul Brouardel, Professor an der Medizinischen Fakultät in Paris, Mitglied des Institut de France, der Académie des Sciences und Académie de Médecine sowie Vorsitzender der Fédération des Œuvres antituberculeuses en France. Ab 1906 bekleidete diesen Posten der damalige französische Außenminister Léon Bourgeois, der zugleich Vorsitzender der Commission Permanente de préservation de la tuberculose in Paris war. – Bourgeois, ehemaliger Ministerpräsident, Vertreter Frankreichs auf den Haager Friedenskonferenzen 1899 und 1907, setzte sich später für die Errichtung des Völkerbunds ein, aber auch für den Boykott. Im Jahr 1920 erhielt er den Friedensnobelpreis.[213]

Eine Sprachenregelung wurde damals in der Satzung der Internationalen Tuberkulose-Vereinigung nicht explizit festgelegt. Doch die Veröffentlichung der Satzung in den drei Sprachen Deutsch, Französisch und Englisch kam einer solchen Bestimmung gleich und wurde auch so verstanden.

213 Zur personellen Zusammensetzung und den Satzungen vgl. Die Erste Internationale Tuberkulose-Konferenz, Berlin, 22.–26. Oct. 1902, Bericht; *Tuberculosis* Vol. I (1903), No. 1, S. 17–22, Vol. IV (1905), No. 10, S. 482–489. Zur Finanzierung vgl. *Tuberculosis* Vol. II (1903), No. 1, S. 42.

Dementsprechend führte man die Verhandlungen der jährlichen Konferenzen hauptsächlich in diesen drei Sprachen und publizierte dreisprachige Verhandlungsberichte.

„Der vorliegende Konferenz-Bericht", hieß es zum Bericht der Berliner Konferenz von 1902,

> stellt das Verhandlungs-Material in den durch die Satzung bestimmten Sprachen – Deutsch, Französisch, Englisch – derart zusammen, dass alle Vorträge in der Originalsprache mit vorangeschickten dreisprachigen Leitsätzen, alle Diskussionsmittheilungen in der Originalsprache mit angehängten kurzen Auszügen aufgenommen sind. Die Berichte über den Stand der Tuberkulose-Bewegung, sowie die Reden in der Eröffnungs- und Schlusssitzung sind in extenso in allen drei Sprachen wiedergegeben. Es ist auf diese Weise versucht worden, dem Berichtsmaterial den internationalen Charakter zu bewahren.[214]

Für die Übersetzungen stand ein korrespondierendes Mitglied des Zentralbüros, Eduard Fuster aus Paris, zur Verfügung. Das hinderte jedoch deutsche Konferenzteilnehmer nicht, gelegentlich auch französisch oder englisch zu sprechen.

Ebenfalls auf Deutsch, Französisch und Englisch wurden Einladungen, Zirkulare und Programme zu den Konferenzen gedruckt, die, dem internationalen Anspruch gemäß, in verschiedenen Ländern stattfanden: Berlin 1902, Paris 1903, Kopenhagen 1904, Paris 1905, Haag 1906, Wien 1907, Philadelphia 1908, Stockholm 1909, Brüssel 1910, Rom 1912, Berlin 1913. Die nächste Konferenz, die im Herbst 1914 in Bern tagen sollte, konnte wegen des Weltkriegs nicht mehr durchgeführt werden.

Auch auf den Internationalen Tuberkulosekongressen, die, unabhängig von der Vereinigung, doch teilweise mit dieser verknüpft, in größeren Abständen veranstaltet wurden, herrschte in der Regel offiziell Dreisprachigkeit. So lautete die Verfügung im „Règlement" des Internationalen Tuberkulosekongresses 1905 in Paris:

> Les langues officielles du Congrès sont l'allemand, l'anglais et le français.[215]

Doch war auf dem Kongreß in Paris Französisch die vorherrschende Sprache. Nur in Philadelphia und Washington, D. C., im Jahr 1908 kam wie bei anderen Kongressen in den USA noch Spanisch als Kongreßsprache hinzu. Dieses Mal wurden

214 Die Erste Internationale Tuberkulose-Konferenz, Berlin 1902, Bericht, S. XVIII.

215 Règlement, Art. 15, in Congrès International de la Tuberculose, tenu à Paris, du 2 au 7 Octobre 1905, Tome I, Paris 1906, S. 14; siehe auch *Tuberculosis* Vol. IV (1905), No. 3, S. 123.

die Vorträge und Verhandlungen in vier Sprachen gedruckt, wozu eigens ein Übersetzungskomitee eingerichtet worden war.[216]

Zwar hatte der italienische Vertreter Maragliano 1903 den Antrag gestellt, angesichts der ohne Diskussion verfügten Sprachenregelung auch Italienisch als offizielle Sprache der Vereinigung anzuerkennen, andernfalls einzig und allein Französisch zu verwenden – im Hinblick auf dessen Status als Diplomatensprache. Doch nachdem selbst der französische Präsident der Vereinigung sich weiterhin für die Dreisprachigkeit ausgesprochen hatte, da sonst außer der italienischen die viel weiter verbreitete spanische Sprache hinzukommen müßte – auf Französisch als lingua franca ging er erst gar nicht ein –, und nachdem Maragliano zur Sitzung, auf welcher die Sprachenfrage behandelt werden sollte, nicht erschienen war, blieb zunächst alles beim alten ohne Diskussion.[217] Erst als auf der Konferenz 1913 in Berlin auf Antrag der italienischen Tuberkulose-Gesellschaft die Sprachenfrage erneut auf die Tagesordnung gesetzt wurde, erklärte man sich zu einer flexibleren Handhabung der Konferenzsprachen bereit. Nun sollte vor jeder Tuberkulosekonferenz der „Engere Rat", dem von den Teilnehmerstaaten gewählte Mitglieder angehörten, bestimmen, welche Sprachen für die Verhandlungen zugelassen wurden.[218]

Wie sich die Sprachen auf den Konferenzen verteilten, soll am Beispiel der Internationalen Tuberkulosekonferenz 1912 in Rom gezeigt werden:

216 Vgl. Preliminary Announcement of the International Congress on Tuberculosis, Washington D.C., U.S.A., 21. Sept. – 12. Oct. 1908, in *Tuberculosis* Vol. VII (1908), No. 2, S. 56; Lawrence F. Flick, The International Congress on Tuberculosis, in *Tuberculosis* Vol. VII (1908), No. 3, S. 307.

217 Vgl. Prof. E. Maragliano an den Präsidenten, 2.5.1903, in Séance du Conseil Particulier. Protokoll, in *Tuberculosis* Vol. II (1903), No. 8, S. 365; M. le Président [Brouardel], in ebd., S. 365 f.; Internationale Tuberkulosekonferenz in Kopenhagen 26.–29. Mai 1904, in *Tuberculosis.*, Vol. III (1904), No. 6, S. 222.

218 Vgl. Bekanntgabe der Beschlüsse des Engeren Rats, in Elfte Internationale Tuberkulose-Konferenz, Berlin, 22.–25. Oktober 1913. Bericht. Im Auftrage der Verwaltungskommission der Internationalen Vereinigung gegen die Tuberkulose herausgegeben vom Generalsekretär Prof. Dr. Pannwitz, Berlin-Charlottenburg 1914, S. 579.

Tab.1: Internationale Tuberkulosekonferenz 1912 in Rom. Sprachen der Referenten in Vorträgen und Diskussionsbeiträgen nach Herkunftsländern[219] (Deutschland: D, Österreich: A., Frankreich: F, Belgien: B, Großbritannien: GB)

Sprachen	Referenten	Beiträge	Referenten (Beitr.) nach Herkunftsländern
Deutsch	36 (58,1 %)	44 (59,5 %)	D: 24 (31), A: 1 (2), andere: 11 (11)
Französ.	23 (37,1 %)	26 (35,1 %)	F: 8 (7), B: 2 (2), andere: 13 (17)
Englisch	3 (4,8 %)	4 (5,4 %)	GB: 3 (4)
Insgesamt	62	74	

Die Referenten, die ihre Beiträge in deutscher Sprache vortrugen, bestritten also knapp 60 Prozent aller Beiträge; dabei war allerdings die Zahl der deutschen Referenten relativ hoch, von diesen hielten außerdem mehrere zwei, ein Referent hielt sogar drei Beiträge. Unter den Referenten aus anderen Ländern, die deutsch sprachen, ragten die Norweger mit fünf Vertretern heraus, weitere kamen aus Wien (1), Budapest (2), Prag (1), Belgrad (1), Sarajewo (1) und Italien (1). Letzterer war dem Namen nach vermutlich deutscher Herkunft.

Bei den französisch sprechenden Referenten fällt auf, daß zwar die Referenten aus Frankreich nur ein Drittel der Referenten aus Deutschland zählten, daß aber die Zahl der Referenten aus anderssprachigen Ländern, die Französisch als lingua franca wählten, höher war als derjenigen, die Deutsch wählten. Jene Referenten kamen aus Spanien (2), Schweden (2), Dänemark (1), den Niederlanden (1), Portugal (1), Rumänien (1), Bulgarien (1), Rußland (1) und Brasilien (1). Einige von diesen beteiligten sich mit zwei Beiträgen. Ein weiterer französisch sprechender Referent kam aus der Schweiz. Auch ein deutscher Referent zog es vor, französisch zu sprechen. Das romanischsprachige Kongreßland begünstigte freilich die Verwendung des Französischen.

Englisch hingegen spielte auf der Konferenz nur eine marginale Rolle.

Außer den Konferenzberichten, die in gesonderten Bänden mit einem dreisprachigen Titelblatt erschienen, gab die Vereinigung gegen die Tuberkulose, wie vorgesehen und in der Satzung niedergelegt, eine eigene Monatsschrift heraus, die Berichte der Tuberkulose-Gesellschaften einzelner Länder wie der Berliner Zentrale veröffentlichte, über die internationalen Konferenzen informierte und Referate zur Tuberkuloseliteratur enthielt. Sie erschien ab 1903, ebenfalls in drei Sprachen, unter dem Namen *Tuberculosis*, zuerst beim Verlag von Johann Ambrosius Barth in Leipzig, dann im Selbstverlag in Berlin. Anfangs wurde sie noch

219 Zehnte Internationale Tuberkulose-Konferenz, Rom, 10.–14. April 1912. Bericht [...], Hrsg. von Pannwitz, Berlin-Charlottenburg 1912.

„im Auftrage des Internationalen Central-Bureaus herausgegeben von F. Althoff, B. Fränkel, C. Gerhardt, E. von Leyden, G. Pannwitz", also dem ersten deutsch besetzten „Organisationsausschuß". Doch schon kurze Zeit später fungierte, angepaßt an die modifizierte Organisationsstruktur, als Herausgeber Generalsekretär Pannwitz, während als Auftraggeber das Kuratorium – später die Verwaltungskommission – auftrat, dem unter deutschem Vorsitz auch ausländische Mitglieder angehörten. (Abb. 21)

Auf die „Dreisprachigkeit" wurde viel Wert gelegt. Nicht nur das Titelblatt der Zeitschrift war vorwiegend dreisprachig, sondern offizielle Mitteilungen und Beschlüsse wurden in den drei Sprachen gedruckt. Ab dem zweiten Jahrgang erschienen auch die Überschriften über die einzelnen Rubriken, die „Kleinen Mitteilungen" und Referate nicht mehr nur in deutscher, sondern auch französischer und englischer Sprache.

„Es ist beabsichtigt", schrieben Althoff und Pannwitz 1903 in den „Mitteilungen des Kuratoriums an die Herren Mitglieder des Internationalen Centralbureaus" zur Monatsschrift *Tuberculosis*,

> jeder Originalmitteilung ein kurzes Résumé in den anderen beiden Sprachen hinzuzufügen, ebenso auch die Berichte zu behandeln und sämtliche Referate im Wortlaute dreisprachig wiederzugeben.[220]

Gleichwohl war es naheliegend, daß in der Zeitschrift die deutsche Sprache an bevorzugter Stelle stand, gefolgt von Französisch, das im übrigen auf den Konferenzen in Paris auch einige deutsche Gelehrte benutzten und in das anderssprachige Beiträge der Pariser Konferenzen übersetzt und so in *Tuberculosis* abgedruckt wurden.[221]

Ergänzt wurde dieses offizielle Zentralorgan der internationalen Tuberkulosevereinigung durch die deutsche *Zeitschrift für Tuberkulose und Heilstättenwesen*, die ab 1906 *Zeitschrift für Tuberkulose* hieß. Diese Fachzeitschrift wurde bereits seit 1900 von Carl Gerhardt, Bernhard Fränkel und Ernst von Leyden herausgegeben, den Berliner Hochschullehrern, die auch zu den Gründern der Internationalen Vereinigung gegen die Tuberkulose und deren Zeitschrift *Tuberculosis* gehörten. Nicht zufällig verfolgte die *Zeitschrift für Tuberkulose und Heilstättenwesen* ähnliche Ziele wie *Tuberculosis*. „Wir wünschen", erklärte von Leyden zur Einführung, „dass die Zeitschrift ein getreues und möglichst voll-

---

220 Althoff, Pannwitz, Mitteilungen des Kuratoriums, in *Tuberculosis* Vol. II (1903), S. 41 f., Zitat S. 41.

221 Vgl. Séance Publique du Bureau International de la Tuberculose [in Paris], 5.5.1903, in *Tuberculosis* Vol. II, No. 9, S. 413 ff.; Réunion du Bureau Central International, in ebd., S. 464 ff.

TUBERCULOSIS

BULLETIN MENSUEL
DU BUREAU CENTRAL INTERNATIONAL POUR LA LUTTE CONTRE LA TUBERCULOSE

MONTHLY PUBLICATION
OF THE CENTRAL INTERNATIONAL BUREAU FOR THE PREVENTION OF CONSUMPTION

MONATSSCHRIFT
DES INTERNATIONALEN CENTRALBUREAUS ZUR BEKÄMPFUNG DER TUBERKULOSE

IM AUFTRAGE DES INTERNATIONALEN CENTRAL-BUREAUS

HERAUSGEGEBEN VON

F. ALTHOFF, B. FRÄNKEL, C. GERHARDT, E. v. LEYDEN, G. PANNWITZ

VOL. I

MIT ZAHLREICHEN ABBILDUNGEN UND EINER KARTE

LEIPZIG, 1903

Abb. 21: Dreisprachiges Titelblatt der 1. Ausgabe der Monatsschrift *Tuberculosis* aus dem Jahr 1903. Exemplar der Universitätsbibliothek Johann Christian Senckenberg, Frankfurt am Main

ständiges Bild vom Stande und dem Fortschritte des Kampfes gegen die Tuberkulose in allen Kulturländern geben möge." So sollte die Zeitschrift „[f]ür Originalarbeiten aus allen diesen Gebieten geöffnet sein", „ein möglichst vollständiges Bild der Weltliteratur auf diesem Gebiete [...] geben und über die wichtigsten Arbeiten den Leser durch möglichst kurze sachgemässe Referate im Laufenden [...] erhalten."[222]

Die internationale Orientierung der *Zeitschrift für Tuberkulose und Heilstättenwesen* kam sichtbar dadurch zum Ausdruck, daß auf dem Titelblatt neben deutschen zahlreiche ausländische Herren als Mitarbeiter genannt werden konnten und Beiträge auch in französischer oder englischer Sprache abgedruckt wurden.

> Die Originalarbeiten und Referate können in Deutscher, Französischer oder Englischer Sprache erscheinen,

stand im Vorspann des Blatts.

Obwohl dieses Fachorgan einen umfangreichen Referatenteil enthielt, gaben die deutschen Mediziner Ludolph Brauer, Oskar de la Camp und Georg Schröder ab 1907 noch ein gesondertes Referatenorgan zur Tuberkuloseforschung heraus, dem man, unter Berücksichtigung ausländischer Literatur und ausländischer Beiträge, gleich einen internationalen Namen gab: *Internationales Centralblatt für die gesamte Tuberkulose-Literatur.* Darin waren auch französisch- und englischsprachige Referate zu finden. Doch in diesem wie auch den oben erwähnten Fachzeitschriften war die vorrangige Sprache Deutsch.

Die deutsche Wissenschaftssprache war in der internationalen Tuberkuloseforschung also gut repräsentiert, gestützt auf das organisatorische Engagement deutscher Politiker und Mediziner, die Besetzung leitender Posten und die Errichtung der Zentrale in Berlin sowie wissenschaftliche Publikationen. Dabei wurden die deutschen Aktivitäten von dem „berechtigten Gefühl der Befriedigung" getragen, wie Ernst von Leyden lobend hervorhob, „dass der planmässige Kampf gegen die Tuberkulose am eifrigsten und erfolgreichsten in *Deutschland* geführt worden ist".[223]

---

222 Ernst von Leyden, Zur Einführung, in *Zeitschrift für Tuberkulose und Heilstättenwesen*, 1. Bd., Leipzig 1900, S. 3.

223 Ebd., S. 1; Hervorhebung i. Orig. In den USA erschien seit 1898 vierteljährlich das Magazin *The Journal of Tuberculosis*, in dem auch ausländische Beiträge abgedruckt wurden, allerdings nur in englischer Übersetzung. In Frankreich kam vierteljährlich *L'Œuvre antituberculeuse* heraus.

Mit der Internationalen Vereinigung gegen die Tuberkulose (Association contre la Tuberculose, International Anti-Tuberculosis Association) wurde auf deutsche Initiative eine internationale Institution ins Leben gerufen, welche praktisch unter deutscher Leitung stand und in der die deutsche Sprache eine maßgebliche Rolle spielte. Sicherlich förderten die drängenden Probleme der Tuberkulosebekämpfung sowie der hohe Stand der Tuberkuloseforschung und der medizinischen Einrichtungen in Deutschland die Bereitschaft der Gesellschaften und Vertreter anderer Staaten, sich der deutschen Initiative anzuschließen. So gehörten 1910 der Vereinigung bereits Tuberkulose-Gesellschaften aus 26 Ländern an.[224]

Doch ist auf der anderen Seite nicht zu übersehen, daß bei der Gründung und Organisation der Internationalen Vereinigung gegen die Tuberkulose – ähnlich wie bei der von Althoff geförderten Internationalen Erdmessung und Internationalen Erdbebenforschung – neben wissenschaftlichen auch machtpolitische Interessen im Spiel waren.

224 Vgl. Neunte Internationale Tuberkulose-Konferenz, Brüssel, 6.–8. Oktober 1910. Bericht. Hrsg. von Pannwitz, Berlin-Charlottenburg 1911, S. XII.

2. Ansichten zum Krieg und zur deutschen Megalomanie

Am 1. August 1914 erklärte Deutschland Rußland den Krieg, zwei Tage später folgte die Kriegserklärung an Frankreich. Nachdem deutsche Truppen in das neutrale Belgien einmarschiert waren, trat am 4. August England in den Krieg gegen Deutschland ein.

Vorausgegangen war, nach der Ermordung des österreichischen Thronfolgers und seiner Frau durch serbische Nationalisten am 28. Juni 1914 in Sarajewo, die Kriegserklärung Österreich-Ungarns an Serbien am 28. Juli, die der deutsche Bündnispartner unterstützt und die zur Generalmobilmachung Rußlands geführt hatte. Um die Zustimmung der deutschen Bevölkerung zum Krieg zu gewinnen, waren Lügen über angebliche feindliche Angriffe auf Deutschland ausgestreut worden.

Deutschlands und Österreichs Schuld am Beginn des Ersten Weltkriegs ist anhand zahlreicher Dokumente belegt. Sie wurde nicht nur von den Alliierten nachgewiesen und im Friedensvertrag von Versailles festgeschrieben, sondern damals auch von deutscher Seite anhand der Akten des Auswärtigen Amtes bestätigt. Denn bereits 1919 ermittelte der vom „Rat der Volksbeauftragten" mit der Untersuchung beauftragte Unabhängige Sozialdemokrat Karl Kautsky diesen Tatbestand. Doch die deutsche Regierung verzögerte die Veröffentlichung der einschlägigen Akten und unterschlug belastende Fakten, um den Siegermächten keine Handhabe für härtere Friedensbedingungen zu liefern. Eine kritische Auseinandersetzung über den Krieg und seine Ursachen wurde in der deutschen Öffentlichkeit blockiert und ein radikaler Bruch mit der Weltmachtpolitik des Kaiserreichs hintertrieben. Die Abwehr jeglichen Unrechtsbewußtseins und die Überschätzung der machtpolitischen Möglichkeiten beförderten vielmehr in der Weimarer Republik die nationalistische Propaganda gegen die angebliche „Kriegsschuldlüge" der Siegermächte und das „Friedensdiktat" von Versailles und nährten revisionistische Hoffnungen auf die Wiederherstellung der alten Größe.[228]

228 Vgl. Karl Kautsky, *Wie der Weltkrieg entstand. Dargestellt nach dem Aktenmaterial des Auswärtigen Amts*, Berlin 1919; Fritz Fischer, *Griff nach der Weltmacht. Die Kriegszielpolitik des kaiserlichen Deutschland 1914/18*, Düsseldorf 1961; ders., *Krieg der Illusionen. Die deutsche Politik von 1911–1914*, Düsseldorf 1970²; Heinemann, *Die verdrängte Niederlage*; Hahn, The German Foreign Ministry; Peter Grupp, *Deutsche Außenpolitik im Schatten von Versailles 1918–1920. Zur Politik des Auswärtigen Amts vom Ende des Ersten Weltkriegs und der Novemberrevolution bis zum Inkrafttreten des Versailler Vertrags*, Paderborn 1988; Hans Mommsen, *Die verspielte Freiheit. Der Weg der*

https://doi.org/10.1515/9783110572643-006

Es war nicht nur der Ausbruch des Krieges, welchen das Deutsche Reich zu verantworten hatte, sondern auch eine verheerende Kriegführung: die völkerrechtswidrige Mißachtung der Neutralität Belgiens und die vom deutschen Heer in Belgien und Frankreich begangenen Kriegsverbrechen. Sie sind heute durch die Forschung umfassend dokumentiert: Massaker an der Zivilbevölkerung, darunter an Kindern und Frauen, Vertreibungen und Deportationen, Plünderungen, Niederbrennen von Häusern, auch ganzen Dörfern und der Altstadt von Löwen, von wissenschaftlichen Einrichtungen wie der berühmten Universitätsbibliothek Löwen mit ihren wertvollen alten Handschriften, Zerstörungen von Kirchen wie der Kathedrale von Reims und Kunstdenkmälern.[229]

Gegen den von Deutschland und Österreich-Ungarn begonnenen Krieg und die deutschen Kriegsverbrechen wandten sich sogleich zahlreiche Wissenschaftler der alliierten Länder. Doch eine Verständigung mit ihren deutschen Kollegen erreichten sie damals nicht.[230]

Nahezu alle deutschen Wissenschaftler rechtfertigten die Kriegspolitik des Deutschen Reiches und leugneten die dem deutschen Militär vorgeworfenen Verbrechen. Prominentestes Beispiel der zahlreichen Aufrufe und Reden deutscher Professoren im Krieg war der Aufruf von 93 Repräsentanten deutscher Wissenschaft und Kultur „An die Kulturwelt!" vom 4. Oktober 1914 mit seinen strophenartig angelegten Dementis:

> *Es ist nicht wahr*, daß Deutschland diesen Krieg verschuldet hat. [...] *Es ist nicht wahr*, daß wir freventlich die Neutralität Belgiens verletzt haben. [...] *Es ist nicht wahr*, daß eines einzigen belgischen Bürgers Leben und Eigentum von unseren Soldaten angetastet worden ist, ohne daß die bitterste Notwehr es gebot. [...] *Es ist nicht wahr*, daß unsere Truppen brutal gegen Löwen gewütet haben. [...] *Es ist nicht wahr*, daß unsere Kriegführung die Gesetze des Völkerrechts mißachtet. Sie kennt keine zuchtlose Grausamkeit. [...] *Es ist nicht wahr*, daß der Kampf gegen unseren sogenannten Militarismus kein Kampf gegen unsere Kultur ist, wie unsere Feinde heuchlerisch vorgeben. [...]

In ihrem Aufruf stellten sich die Vertreter des deutschen „Kulturvolk(s)" mit ihrem Namen und ihrer „Ehre" rückhaltlos hinter das deutsche Militär, während sie die zu Recht erhobenen Beschuldigungen als „vergiftet(e) Waffen der Lüge" ihrer Feinde brandmarkten, ohne freilich damals in der Lage zu sein, ihre Verleum-

---

Republik von Weimar in den Untergang 1918 bis 1933, Berlin 1989; Heinrich August Winkler, *Der lange Weg nach Westen*, Bd. 1. *Deutsche Geschichte vom Ende des Alten Reiches bis zum Untergang der Weimarer Republik*, 5. durchges. Auflage, München 2002; ders., *Weimar 1918–1933. Die Geschichte der ersten deutschen Demokratie*, 4. durchges. Aufl., München 2005.

229 Vgl. insbesondere Horne, Kramer, *German Atrocities*, und die dort zitierte Forschung.

230 Vgl. Hermann Kellermann (Hrsg.), *Der Krieg der Geister. Eine Auslese deutscher und ausländischer Stimmen zum Weltkriege 1914*, Dresden 1915.

dungen zu überprüfen. Um die von ihren Gegnern betonte Unterscheidung zwischen preußischem Militarismus und deutscher Kultur zurückzuweisen, krönten die deutschen Kulturvertreter ihre Apologie mit einem Loblied auf den deutschen Militarismus: die Einheit von Heer und Volksgemeinschaft, von Militärmacht und Kultur:

> Ohne den deutschen Militarismus wäre die deutsche Kultur längst vom Erdboden getilgt. Zu ihrem Schutze ist er aus ihr hervorgegangen in einem Lande, das jahrhundertelang von Raubzügen heimgesucht wurde wie kein zweites. Deutsches Heer und deutsches Volk sind eins. Dieses Bewußtsein verbrüdert heute 70 Millionen Deutsche ohne Unterschied der Bildung, des Standes und der Partei.[231]

Darüber hinaus wurde das deutsche Militär nicht nur als ‚Retter' der angeblich bedrohten deutschen Kultur gerühmt, sondern es schien den Gelehrten zum „Verteidiger europäischer Zivilisation" noch besonders prädestiniert zu sein, nicht zuletzt deshalb, weil es einen rigiden Rassismus vertrat: „Sich als Verteidiger europäischer Zivilisation zu gebärden," befanden die Gelehrten, „haben die am wenigsten das Recht, die sich mit Russen und Serben verbünden und der Welt das schmachvolle Schauspiel bieten, Mongolen und Neger auf die weiße Rasse zu hetzen."[232]

Der Aufruf wurde am 4. Oktober 1914 in deutschen Zeitungen veröffentlicht, außerdem in zehn Sprachen übersetzt und vor allem in neutralen Ländern verbreitet.

Adolf von Baeyer, Emil von Behring, Paul Ehrlich, Rudolf Eucken, Emil Fischer, Wilhelm Foerster, Fritz Haber, Ernst Haeckel, Adolf von Harnack, Gerhart Hauptmann, Felix Klein, Karl Lamprecht, Philipp Lenard, Max Liebermann, Eduard Meyer, Walther Nernst, Wilhelm Ostwald, Max Planck, Max Reinhardt, Karl Robert, Wilhelm Röntgen, Max Rubner, Karl Voßler, Wilhelm Waldeyer, August von Wassermann, Wilhelm Wien, Ulrich von Wilamowitz-Moellendorff, Ri-

---

231 Zitiert nach Jürgen von Ungern-Sternberg; Wolfgang von Ungern-Sternberg, *Der Aufruf ‚An die Kulturwelt!'. Das Manifest der 93 und die Anfänge der Kriegspropaganda im Ersten Weltkrieg. Mit einer Dokumentation*, Stuttgart 1996, S. 145 f., Hervorhebung nach ebd. Der Aufruf mit den Namen der Unterzeichner ist im Anhang abgedruckt, siehe Dokument I, S. 567–571; vgl. Kellermann (Hrsg.), *Der Krieg der Geister*, S. 64–68; Klaus Schwabe, *Wissenschaft und Kriegsmoral. Die deutschen Hochschullehrer und die politischen Grundfragen des Ersten Weltkrieges*, Göttingen u .a. 1969, S. 22–25; Bernhard vom Brocke, ‚Wissenschaft und Militarismus'. Der Aufruf der 93 ‚An die Kulturwelt!' und der Zusammenbruch der internationalen Gelehrtenrepublik im Ersten Weltkrieg, in William M. Calder III, Hellmut Flashar, Theodor Lindken (Hrsg.), *Wilamowitz nach 50 Jahren*, Darmstadt 1985, S. 649–719.

232 Zitiert nach Ungern-Sternberg, *Der Aufruf ‚An die Kulturwelt!'*, S. 145.

chard Willstätter, Wilhelm Wundt, um nur einige renommierte Wissenschaftler und Künstler zu nennen, hatten ihn unterzeichnet.

Inzwischen hat sich herausgestellt, daß dieser Aufruf auf Betreiben des Nachrichtenbüros des Reichsmarineamts, unter Beteiligung der Presseabteilung des Auswärtigen Amts und unter Mitarbeit zweier deutscher Schriftsteller, nämlich Ludwig Fuldas, des eigentlichen Verfassers des Textes, und Hermann Sudermanns, sowie einiger Wissenschaftler zu Propagandazwecken erstellt, übersetzt und verbreitet worden war. Die Sammlung prominenter Unterschriften sollte ihm das nötige Gewicht verleihen. Abgesehen davon, daß viele Unterzeichner noch nicht einmal den Text kannten, den sie unterschrieben, war den meisten allerdings jenes Komplott nicht bekannt, was wiederum ein Licht auf ihre politische Instrumentalisierung und Verfügbarkeit wirft.[233]

Ein weiterer Aufruf, die „Erklärung der Hochschullehrer des Deutschen Reiches“ vom 16. Oktober 1914, den der bekannte Altphilologe Ulrich von Wilamowitz-Moellendorff verfaßt hatte, fand über 3000 Unterzeichner an allen Hochschulen und Universitäten des Reichs. Auch hier wurde die Einheit von deutschem Heer und deutschem Volk beschworen und die enge Verbindung von Wissenschaft und Militär gelobt, das jener seine Leistungen weitgehend verdankte und das man für berufen hielt, die „Freiheit“ Europas zu erkämpfen – und damit die Vormachtstellung des Deutschen Reichs:

> Jetzt steht unser Heer im Kampfe für Deutschlands Freiheit und damit für alle Güter des Friedens und der Gesittung nicht nur in Deutschland. Unser Glaube ist, daß für die ganze Kultur Europas das Heil an dem Siege hängt, den der deutsche „Militarismus“ erkämpfen wird, die Manneszucht, die Treue, der Opfermut des einträchtigen freien deutschen Volkes.[234]

Daß Deutschland ohnehin längst „die Führung in der Wissenschaft“ übernommen hätte, davon ging Wilamowitz wie viele andere deutsche Wissenschaftler in ihrer maßlosen Selbstüberschätzung wie selbstverständlich aus.[235]

---

233 Vgl. Ungern-Sternberg, *Der Aufruf ‚An die Kulturwelt!'*; vom Brocke, ‚Wissenschaft und Militarismus', S. 661 ff.; Hans Wehberg, *Wider den Aufruf der 93! Das Ergebnis einer Rundfrage an die 93 Intellektuellen über die Kriegsschuld*, Charlottenburg (Berlin) 1920; außerdem Schwabe, *Wissenschaft und Kriegsmoral*, S. 22 ff.; Schröder-Gudehus, *Deutsche Wissenschaft*, S. 76 f.

234 Siehe im Anhang, Dokument II, S. 572; vgl. dazu Schwabe, *Wissenschaft und Kriegsmoral*, S. 23–26; vom Brocke, ‚Wissenschaft und Militarismus', S. 650 ff., mit weiteren Literaturhinweisen, S. 665; Ungern-Sternberg, *Der Aufruf ‚An die Kulturwelt!'*, S. 58.

235 Wilamowitz-Moellendorff, in *Internationale Monatsschrift für Wissenschaft, Kunst und Technik* 9, 15.10.1914, Sp. 103, zitiert nach vom Brocke, ‚Wissenschaft und Militarismus', S. 665 f., Anm. 27. Hier finden sich noch weitere Zitate zu der weltweiten Führungsrolle, die sich deutsche Wissenschaftler selbstherrlich zuschrieben.

Nicht, daß nicht auch auf der Gegenseite nationalistische und chauvinistische Propaganda reichlich zu finden war. Doch die Aufrufe, Erklärungen und Reden deutscher Wissenschaftler zum Krieg wogen besonders schwer, weil Deutschland für den Ausbruch des Krieges verantwortlich war, völkerrechtliche Übereinkommen brach und sich schwerer Kriegsverbrechen schuldig machte.

Nur wenige Repräsentanten der deutschsprachigen Wissenschaft hatten den Aufruf „An die Kulturwelt!" nicht unterzeichnet wie der Physiker Albert Einstein, der Historiker Hans Delbrück und der Mathematiker David Hilbert, ihre Unterschrift wieder zurückgezogen wie der Astronom Wilhelm Foerster und der Mediziner Albert Neisser oder sich öffentlich davon distanziert wie der Chemiker Paul Ehrlich, der Bakteriologe August von Wassermann und der Nationalökonom Lujo Brentano.[236] Immerhin erklärte später die Mehrheit der Unterzeichner, nicht mehr mit allen Behauptungen und Formulierungen des Textes einverstanden zu sein. Zu einem Widerruf kam es jedoch nicht; manche befürchteten, ein Widerruf könnte im Ausland als „Unmännlichkeit" ausgelegt werden.[237]

Eine Gegenkundgebung „Aufruf an die Europäer", die damals der Arzt und Physiologe Georg Friedrich Nicolai vergeblich in die Wege zu leiten versuchte, fand außer der Zustimmung Einsteins und des Astronomen Wilhelm Foerster nur noch die Unterschrift des Privatgelehrten Otto Buek.[238] Nicolai aber sollte für seinen Pazifismus büßen. Er wurde nicht nur während des Krieges versetzt und degradiert, sondern auch noch danach von Wissenschaftlern bestraft, die nach wie vor an leitender Stelle standen: Unter Führung des Rektors Eduard Meyer und Mitwirkung von Wilamowitz-Moellendorff – beide hatten die militaristischen Manifeste unterzeichnet – entzog der Senat der Berliner Universität Nicolai 1920 die Venia legendi.[239]

Zu Recht empörte die Rechtfertigung der Kriegspolitik des Deutschen Reiches durch fast alle deutschen Gelehrten andere Wissenschaftler, vor allem in den alliierten Ländern.

---

236 Delbrück, Hilbert, Foerster, Neisser und Ehrlich hatten allerdings die „Erklärung der Hochschullehrer des Deutschen Reiches" vom 16. Oktober 1914 unterschrieben; siehe im Anhang, Dokument II.

237 Vgl. Wehberg, *Wider den Aufruf der 93!*, S. 8–29, Zitat S. 12; vom Brocke, ‚Wissenschaft und Militarismus', S. 661, 682; Ungern-Sternberg, *Der Aufruf ‚An die Kulturwelt!'*, S. 61–77.

238 Georg Friedrich Nicolai, *Die Biologie des Krieges. Betrachtungen eines Naturforschers den Deutschen zur Besinnung*, 1. Originalausgabe, 2. Aufl., Zürich 1919, Aufruf an die Europäer, ebd., S. 12–14; Siehe im Anhang, Dokument III, S. 572ff.

239 Vgl. Wolf Zuelzer, *Der Fall Nicolai*, Frankfurt a. M. 1981; vom Brocke, ‚Wissenschaft und Militarismus', S. 683f.

Der britische Chemiker William Ramsay, Mitglied der Royal Society, assoziiertes Mitglied des Institut de France und korrespondierendes Mitglied der Akademien in Berlin, Göttingen, München und Wien, der einst bei Liebig in Gießen studiert hatte[240] und dem 1904 der Nobelpreis für Chemie verliehen worden war, verbreitete bereits wenige Tage nach dem Erscheinen jenes Aufrufs der 93 deutschen Kulturvertreter eine Gegenerklärung, die zahlreiche Ansichten enthielt, die auch andere Gelehrte in den alliierten Ländern teilten und die schließlich zu den Boykottmaßnahmen gegen deutsche Wissenschaftler führten.[241]

Am 8. Oktober 1914 veröffentlichte die renommierte englische Zeitschrift *Nature* unter dem Titel „Germany's Aims and Ambitions“ Ramsays Einschätzung der Lage.[242]

In Ramsays Augen war der Krieg ein Kampf um grundsätzliche, doch entgegengesetzte moralische und politische Werte, ein „war of humanity against inhumanity; of principle against expediency; of right against wrong“. Die Greueltaten der Deutschen in Belgien und Frankreich zeugten seiner Ansicht nach vom Rückfall Deutschlands in die Barbarei („relapsing into barbarism“). Ursache dieser Barbarei seien, meinte Ramsay, der autoritäre „Teutonic character“, der sich vom liberalen, demokratischen „Anglo-Saxon character“ wesentlich unterscheide, und das Weltmachtstreben der Deutschen:

> their ideal [...] is to secure world supremacy for their race, [...] "Deutschland über Alles in der Welt". Therefore the war.

Diesem Ziel diene der Versuch, alles, was jenem „ideal“ nicht entspreche oder im Wege stehe, „the unfit“, zu eliminieren und zugleich mittels des Krieges das Problem des Bevölkerungswachstums zu ‚lösen'. Moralische Grundsätze würden vollkommen ignoriert, auch in der Wissenschaft. Staat, Industrie, Militär und Wissenschaft hätten sich ohnehin in diesem Machtstreben eng verbündet – wie es ja auch in den deutschen Manifesten deutlich zum Ausdruck kam. So herrschten

---

240 Ein Hinweis auf Ramsay's Studien in Gießen bei Liebig und in Tübingen findet sich bei Rainald von Gizycki, Centre and Periphery in the International Scientific Community: Germany, France and Great Britain in the 19th Century, in *Minerva* 11, 1973, S. 474 – 494, hier S. 483.

241 Freilich waren auch weniger scharfe Reaktionen zu vernehmen. Zu den Reaktionen im Ausland auf den „Aufruf an die Kulturwelt!“ und ähnliche Verlautbarungen vgl. Schröder-Gudehus, *Deutsche Wissenschaft*, S. 70 – 88; dies., *Les scientifiques*, S. 76 – 97; Lawrence Badash, British and American Views of the German Menace in World War I, in *Notes and Records of the Royal Society of London*, 34 (1), 1979, S. 91 – 121; vom Brocke, ‚Wissenschaft und Militarismus', S. 666 – 682; Ungern-Sternberg, *Der Aufruf*, S. 81 – 104.

242 Ramsay, Germany's Aims and Ambitions, in *Nature* 94, 8.10.1914, S. 137 – 139; vgl. Badash, British and American Views, S. 98 f.

in Deutschland, wie Ramsay feststellte, in Wissenschaft, Industrie und Militär die gleichen Hierarchien und Verhaltensweisen, unter dem Regiment einer omnipotenten Oligarchie: „The same obedience to command and the same attention to detail may be noticed in their industrial and scientific work as in their army."

Unter dem Motto „never again" müßten die Alliierten deshalb alles tun, forderte Ramsay, um diesen gefährlichen teutonischen Despotismus, der sich wie ein Krebsgeschwür („like a cancer") in die Moral der deutschen Nation eingefressen hätte, ein für allemal zu vernichten.

Den wissenschaftlichen Fortschritt würde das nicht hemmen, ganz im Gegenteil. Denn, so sein von Ressentiments nicht ganz freier Befund, weder seien die größten Fortschritte im wissenschaftlichen Denken von Mitgliedern der „deutschen Rasse" ausgegangen, noch hätten früher die Anwendungen wissenschaftlicher Erkenntnisse ihren Ursprung in Deutschland gehabt. Vielmehr sei der ehemalige Ruhm der deutschen Wissenschaft vor allem jüdischen Gelehrten zu verdanken, auf deren Vitalität und intellektuelle Aktivität man weiterhin fest vertrauen könne. Dagegen sei, abgesehen von den herausragenden Leistungen einzelner deutscher Gelehrten, das Metier deutscher Wissenschaftler eher die Ausbeutung von Erfindungen und Entdeckungen anderer gewesen („exploitation of the inventions and discoveries of others"). Darin seien die Deutschen bemerkenswert. Die Wissenschaft aber könnte darauf verzichten.

Restriktionen gegen deutsche Wissenschaftler („restrictions of the Teutons") – dieser Gedanke tauchte hier erstmals in allgemeiner Form auf – könnten jedenfalls die Welt von einer Flut der Mittelmäßigkeit („from a deluge of mediocrity") befreien. Einige Monate später wurde Ramsay – im Vorgriff auf den späteren Boykott – konkret:

> Internationale Versammlungen zu wissenschaftlichen Zwecken werden ganz sicher auch künftig stattfinden, aber nur unter der Bedingung, daß deutsche und österreichische Vertreter ausgeschlossen werden.[243]

---

243 William Ramsay in *Süddeutsche Monatshefte*, August 1915, S. 829. Es handelt sich dabei um die Übersetzung der Antwort Ramsays auf Fragen, welche die schwedische Tageszeitung *Svenska Dagbladet* in Stockholm an berühmte Vertreter der Wissenschaft, Kunst und Literatur in der ganzen Welt gestellt hatte: „1. Welche Folgen wird der Krieg für die internationale gemeinsame Arbeit auf dem Gebiet der Kultur haben? 2. Inwiefern werden nach dem Friedensschluß Schwierigkeiten entstehen, die von den Vertretern der Wissenschaft, der Kunst und Literatur zur Förderung der geistigen Interessen geschlossenen, aber gegenwärtig durch die während des Krieges entstandenen und verschärften Interessen- und Gefühlsgegensätze zerrissenen Verbindungen wieder anzuknüpfen?" Unter der Überschrift „Wird die gemeinsame geistige Arbeit nach dem Krieg wieder aufgenommen werden?" wurden verschiedene Antworten, die ausländische Gelehrte und Künstler gegeben hatten, übersetzt und in den *Süddeutschen Monatsheften* im Au-

Für wenig angemessen hielt Ramsay es jedoch, das in seinen Augen unwürdige Verhalten einiger deutscher Universitätslehrer nachzuahmen, welche die ihnen von englischen Universitäten, Akademien und wissenschaftlichen Gesellschaften verliehenen Auszeichnungen zurückgegeben hatten.[244] Demgegenüber war Ramsay in der Londoner Chemical Society dafür eingetreten, die deutschen Ehrenmitglieder nicht auszuschließen, ohne das jedoch abwenden zu können.[245]

Die Ausführungen Ramsays in der Zeitschrift *Nature* erregten auch in Frankreich Aufmerksamkeit, wo sie alsbald ins Französische übersetzt und in der *Revue Scientifique* abgedruckt wurden.[246]

In Belgien und Frankreich war man natürlich von den dort sich abspielenden Kriegsereignissen besonders betroffen, so daß die Entrüstung über die affirmative und chauvinistische Kundgebung der deutschen Gelehrten um so heftiger war.

Auf der Sitzung der Académie des Inscriptions et Belles-Lettres im Institut de France in Paris am 23. Oktober 1914 verlas deren Präsident, Émile Chatelain, eine öffentliche Erklärung der Akademie, in der diese sich tief beunruhigt zeigte über die von den deutschen Truppen verübten Verbrechen in Belgien und Frankreich:

> des actes de barbarie disciplinée, exécutions d'otages, massacres de non-combattants, de femmes et d'enfants, commis en Belgique et en France par les armées allemandes, en violations des lois de la guerre.[247]

Indem die deutschen Gelehrten, ohne die tatsächlichen Vorgänge zu untersuchen und Zeugnisse und Beweise zur Kenntnis zu nehmen, die Untaten der deutschen Armee einfach bestritten und zu verschleiern halfen, verletzten sie, so befand die französische Akademie, die in der akademischen Gemeinschaft geachteten

---

gust 1915, S. 820 – 832, abgedruckt. Die Veröffentlichung der Antworten aus Deutschland folgte dann im Oktober 1915, S. 120 – 136. Zu diesen Antworten vgl. Schröder-Gudehus, *Deutsche Wissenschaft*, S. 82 – 85; zu Ramsay vgl. Badash, British and American Views, S. 98 f.

244 Ramsay, Germany's Aims, S. 138; vgl. Badash, S. 106; Erklärung der Universitätslehrer vom 7.9.1914, in Kellermann, *Der Krieg der Geister*, S. 28 f.; zu dieser Erklärung vgl. Schwabe, *Wissenschaft und Kriegsmoral*, S. 23, 195 f., Anm. 28; vom Brocke, ‚Wissenschaft und Militarismus', S. 715.

245 Vgl. Ruske, 100 Jahre Deutsche Chemische Gesellschaft, S. 96; Badash, British and American Views of the German Menace, S. 110.

246 William Ramsay, Ambitions et visées germaniques, in *Revue Scientifique*, 52. Jg., 8.8.-14.11. 1914, S. 173 – 175. In der Sammlung von Kellermann, *Der Krieg der Geister*, taucht Ramsays Stimme nicht auf. Die Zusammenstellung: Akademiker des feindlichen Auslands über Deutschland. Materialien, beim Leipziger Kartelltage der deutschen Akademien der Wissenschaften im Mai 1915 mitgeteilt von Gustav Roethe, enthält nur einen Auszug.

247 Académie des Inscriptions et Belles-Lettres, *Comptes Rendus des Séances de L'Année 1914*, Paris 1914, S. 577 f.

Pflichten von Ehre und Loyalität („un devoir d'honneur et de loyauté") und verspielten so ihre Glaubwürdigkeit. Auf dieser Basis wollte man nicht mehr zusammenarbeiten und kommunizieren.

Wenige Tage nach dieser Akademiesitzung fand die öffentliche Jahresversammlung des Institut de France am 26. Oktober 1914 in Paris statt, an der die Mitglieder der fünf in dem Institut zusammengeschlossenen Akademien – Académie Française, Académie des Inscriptions et Belles-Lettres, Académie des Sciences, Académie des Beaux-Arts, Académie des Sciences Morales et Politiques – teilnahmen.

Der Präsident des Institut de France, der Mathematiker Paul Appell, der die Versammlung leitete, holte in seiner Eröffnungsrede, in der er über den Krieg sprach, weiter aus und geißelte – ähnlich wie Ramsay – das Weltherrschaftsstreben der Deutschen, ohne jedoch auf die Rolle der deutschen Wissenschaftler in diesem Zusammenhang einzugehen. In dem „gigantischen Drama" des Krieges sah er ebenfalls zwei gegensätzliche Konzeptionen der künftigen Weltzivilisation sich bekämpfen: Auf der Seite der Alliierten die der Menschenrechte und Humanität, begründet auf Freiheit und Gerechtigkeit in der Gemeinschaft verschiedener Rassen und Nationen, „dans un monde affranchi et pacifié", in der Deutschland nur ein Element unter anderen sein sollte. – Auf der Gegenseite das deutsche Streben nach weltweiter Hegemonie und Gewaltherrschaft, der „ambitions monstrueuses et dominatrices":

> Le rêve allemand, naïvement avoué, est de faire de l'Allemagne le centre d'un monde, organisé comme un cuirassé, où tout se ferait avec méthode, régularité et soin, sous la domination d'un gouvernement puissant et impitoyable siégeant à Berlin; les autres peuples de l'ancien et du nouveau continent étant admis à vivre en vassaux dociles, dans une prospérité sans dignité et sans honneur.[248]

Dieses Streben nach Hegemonie, das man auch bei den deutschen Wissenschaftlern fest verwurzelt sah, wurde mehr und mehr zur Zielscheibe der Angriffe der alliierten Wissenschaftler auf die deutschen. So verurteilte die Académie des Sciences, die französische Akademie der Naturwissenschaften, in ihrer Protesterklärung vom 3. November 1914 neben den Kriegsverbrechen den in dem Aufruf „An die Kulturwelt!" und in der „Erklärung der Hochschullehrer des Deutschen Reiches" angemaßten Führungsanspruch, dem sich die Wissenschaftler Europas anscheinend wie selbstverständlich zu unterwerfen hatten:

---

248 Paul Appell, Le conflit de deux civilisations, in *Revue Scientifique*, 52. Jg., 8.8.-14.11.1914, S. 173. Die Rede ist hier abgedruckt in einer Zusammenstellung von Antworten auf das Manifest der 93 deutschen Intellektuellen. In dieser Zusammenstellung findet sich auch der Artikel von Ramsay in französischer Übersetzung.

> Elle proteste donc contre la prétention de lier l'avenir intellectuel de l'Europe à l'avenir de la science allemande et contre l'affirmation que le salut de la civilisation européenne est dans la victoire du militarisme allemand, solidaire de la culture allemande.

In ähnlicher Weise wie Ramsay stellte dieses Gegenmanifest aus Paris der deutschen „barbarie savante produite par l'union du militarisme et de la culture germanique", von der man sich befreien müsse, die „civilisation humaine" entgegen, die mit den „civilisations latine et anglosaxonne" gleichgesetzt wurde. Ähnlich wie Ramsay versuchte man sich gegen den Überlegenheitsdünkel der Deutschen zu wehren, indem man die deutsche Wissenschaft abqualifizierte und in umgekehrter Richtung dieser die Überlegenheit der lateinisch-angelsächsischen Zivilisation entgegenhielt: Seit drei Jahrhunderten hätte diese die meisten großen Entdeckungen in Mathematik, Physik und in den Naturwissenschaften und außerdem die bedeutendsten Erfinder des 19. Jahrhunderts hervorgebracht.[249]

So entwickelte sich die Kontroverse mit den deutschen Wissenschaftlern über den Krieg zum Kräftemessen der wissenschaftlichen Kapazitäten und darüber hinaus zur grundsätzlichen wenn auch abstrakten Auseinandersetzung um die Rolle der Wissenschaft im Kampf um die ‚richtige' Zivilisation. Die Antinomie Humanität – Barbarei wurde dabei starr fixiert; deren Pole wurden unterschiedlichen Sprach- und Kulturräumen zugeordnet – lateinisch und angelsächsisch auf der einen, germanisch auf der anderen Seite.

Auch die Sprachen verknüpfte man mit jener Dichotomie. Damit mag zusammenhängen, daß gerade in dieser Zeit in Frankreich Vorschläge auftauchten, wenn nicht Französisch, dann wenigstens Latein wieder international zur lingua franca zu machen, so wie man nach dem Krieg wissenschaftliche Konferenzen allein für lateinisch- bzw. romanischsprachige Länder einberief.

Neben den Resolutionen verschiedener akademischer Institutionen ergriffen immer wieder einzelne ausländische Wissenschaftler das Wort, wobei sie über die aktuelle Konfrontation hinaus hier und da ihre Wertschätzung der deutschen Wissenschaft keineswegs verhehlten, andererseits aber auch ihre grundsätzlichen Probleme mit der Überheblichkeit, Besserwisserei und besitzergreifenden Attitüde ihrer deutschen Kollegen zur Sprache brachten. Wie groß das Entsetzen war, zeigte sich auch in dem Brief, den der Präsident der Columbia Universität in New York, Nicholas Murray Butler, der früher die deutsche Wissenschaft verehrt hatte,

---

249 Académie des Sciences, in ebd., S. 172; zu den Reaktionen französischer Wissenschaftler vgl. Andreas Kleinert, Von der Science allemande zur Deutschen Physik. Nationalismus und moderne Naturwissenschaft in Frankreich und Deutschland zwischen 1914 und 1940, in *Francia* Bd. 6, 1978, S. 509–525; vom Brocke, ‚Wissenschaft und Militarismus', S. 667.

an den Rektor der Universität Uppsala schrieb und in dem er von der „erstaunliche(n) Selbstprostitution deutscher Gelehrsamkeit und Wissenschaft vor nationaler Eroberungsgier“ sprach.[250]

Die Auseinandersetzung mit dem anmaßenden Verhalten der deutschen Gelehrten wurde in Frankreich während des Krieges auch in die Lehrveranstaltungen hineingetragen, um den Studenten die damit verbundenen Gefahren vor Augen zu führen und sie dafür zu gewinnen, sich von den deutschen Wissenschaftsprodukten möglichst zu distanzieren und abzuwenden.

So warnte der Physiologe Léon Maquenne, Mitglied des Institut de France und Professor am Muséum national d'Histoire naturelle, Anfang 1915 in der Eröffnungsveranstaltung seines Kurses über Pflanzenphysiologie die Studenten vor dem Herrschaftsanspruch der Deutschen, den „manœuvres de germanisation universelle entreprises par l'Allemagne“. Nicht ohne Absicht würden die deutschen Gelehrten in ihren Werken die Arbeiten und Forschungen ausländischer Wissenschaftler einfach „vergessen“. Daß sich diese Entwicklung schon seit längerer Zeit abzuzeichnen schien, versuchte er an einem Beispiel zu illustrieren. In seine Erinnerung hatte sich nämlich die Erklärung eines der angesehensten deutschen Chemiker auf einem internationalen Chemiker-Kongreß, der bereits fünfundzwanzig Jahre zurücklag, tief eingegraben: „La chimie a commencé par être une science française; aujourd'hui, elle est devenue une science allemande.“[251]

Wenngleich Maquenne die Leistungen deutscher Wissenschaftler durchaus zu schätzen wußte, wandte er sich entschieden gegen diesen Überlegenheitswahn; „supériorité“, „domination“, „hegemonie“, „Deutschtum“, „Deutschland über alles“, „pangermanisme“, „suprématie mondiale“ waren die Begriffe und Formeln, mit denen er die deutschen Ambitionen charakterisierte. Insbesondere die Verflechtung von intellektueller Überheblichkeit und militärischer Gewalt hielt er für gefährlich in diesem, wie er betonte, ersten Wissenschaftskrieg Deutschlands („la première guerre *scientifique* de l'Allemagne“).[252]

---

250 Der Brief ist vom 15.4.1919; vgl. dazu Wehberg, *Wider den Aufruf der 93!*, S. 30; vom Brocke, ‚Wissenschaft und Militarismus', S. 682.

251 L. Maquenne, in der Einleitung seiner Eröffnungsveranstaltung am 23.2.1915, „Quelques Mots sur la Mentalité Allemande“, abgedruckt in *Revue Scientifique* 53, 27.3.-3.4.1915, S. 97–100; vgl. dazu auch Ostwald in seiner Rede auf dem Internationalen Chemikerkongreß 1906, siehe oben, S. 31.

252 L. Maquenne, in *Revue Scientifique* 53/1915, S. 100, Hervorhebung i. Orig.. Zur Kritik führender amerikanischer Wissenschaftler an den deutschen weltpolitischen Ambitionen vgl. Badash, British and American Views, S. 107.

Auch der französische Biologe Félix Henneguy, Mitglied der Académie des Sciences und der Académie de Médecine sowie Professor am Collège de France in Paris, prangerte in seiner Vorlesung über vergleichende Embryogenese das dominante Auftreten der deutschen Gelehrten an. Das schändliche Manifest der 93 Intellektuellen habe glücklicherweise, so meinte er, eine Wende herbeigeführt und Chancen für eine Umkehr eröffnet. Die dreiste Behauptung einer Überlegenheit der deutschen Rasse über alle anderen, die offenkundige „Megalomanie" der Deutschen könnte endlich, wie Henneguy hoffte, denjenigen die Augen öffnen, die sich von der deutschen Kultur und Wissenschaft bis dahin hätten blenden und täuschen lassen. Schließlich hätten sich die deutschen Wissenschaftler durch ihre Solidarität mit dem deutschen Militär und ihren totalen Mangel an Moral und Kritik selbst disqualifiziert. Da aber ein kritischer Geist die Grundlage wissenschaftlichen Arbeitens bilden müsse, sei das Vertrauen in die Forschungsarbeiten der deutschen Wissenschaftler zerstört. („ils ont fait preuve d'une absence totale de sens critique, ce qui est certainement contraire à l'esprit scientifique.") Eine Zusammenarbeit schien Henneguy deshalb auf lange Sicht nicht mehr möglich zu sein.

Angesichts dieses Zusammenbruchs wissenschaftlicher Kommunikation forderte Henneguy dazu auf, die eigene Ohnmacht endlich zu überwinden und die wissenschaftliche Barbarei („barbarie scientifique") wie die brutale Gewalt der Deutschen zu besiegen. Dazu gehörte für den Biologen nicht zuletzt auch die Abwendung von dem übermächtigen Einfluß der deutschen Sprache und deutschsprachiger Publikationen.[253]

Einen Schritt weiter ging der einflußreiche Mathematiker Émile Picard, Mitglied der Académie des Siences in Paris, 1910 deren Präsident, ab 1917 ständiger Sekretär der Sektion für Mathematik und Astronomie. Der Mathematiker war außerdem Mitglied zahlreicher ausländischer Akademien und Professor an der Sorbonne. In mehreren Veröffentlichungen äußerte er sich zu dem Verhalten der deutschen Gelehrten und schlug weitreichende praktische Konsequenzen vor. Damit dem in jeder Hinsicht gefährlichen Superioritätswahn der Deutschen, ihrem kollektiven Wahnsinn („la démence collective"), ein Riegel vorgeschoben wurde, setzte er sich dafür ein, Deutschland soweit wie möglich zu isolieren, um es zur Umkehr zu zwingen:

> d'isoler le plus possible l'Allemagne, pour lui ôter toute possibilité de reprendre ses rêves de domination universelle. Le sang de millions de morts l'exige.

253 F. Henneguy, Du rôle de l'Allemagne dans l'évolution des sciences biologiques (Auszug aus der Eröffnungsvorlesung am Collège de France), in *Revue Scientifique* 53, 27.2.-6.3.1915, S. 70–74, Zitate S. 73.

Nicht nur sollten die wissenschaftlichen Verbindungen mit Deutschland aufgelöst werden, sondern man sollte sich gleichzeitig, wie er empfahl, der nebulösen unsozialen deutschen Denkweise entziehen:

> Il est essentiel que nous débarrassions des brumes de la pensée germanique et de l'esprit systématique allemand, qui tourne si souvent le dos au sens commun.[254]

Noch während des Krieges wurden die ersten Maßnahmen gegen die deutschen Wissenschaftler getroffen: Einige Akademien und wissenschaftliche Gesellschaften beschlossen den Ausschluß ihrer deutschen assoziierten und korrespondierenden Mitglieder, allerdings nicht ohne auf Widerstand in den eigenen Reihen zu stoßen.

Bereits am 23. Oktober 1914 hatte die Akademie der Wissenschaften in Lissabon den Kontakt mit deutschen Wissenschaftlern und Künstlern abgebrochen und andere Akademien dazu aufgerufen, das Gleiche zu tun.[255]

Während die britische Royal Society sich dafür aussprach, diese Frage erst am Ende des Krieges zu entscheiden, wollte die Royal Geographical Society in London, die älteste geographische Gesellschaft der Welt, damit nicht warten; Anfang 1915 strich sie alle den feindlichen Nationen angehörenden Ehrenkorrespondenten und ordentlichen Mitglieder aus ihren Listen. Ebenso verfuhr die britische Chemical Society.[256] Auch die American Chemical Society schloß ihre Ehrenmitglieder Walther Nernst, Wilhelm Ostwald und Emil Fischer aus, die französische Société chimique ihre Ehrenmitglieder Adolf von Baeyer, Emil Fischer und Richard Willstätter.[257]

---

254 Émile Picard, *L'histoire des sciences et les prétentions allemandes*, als Broschüre der Académie des Sciences 1915 vorgelegt, vgl. Académie des Sciences, *Comptes Rendus Hebdomadaires des Séances*, (161) 4.10.1915, S. 410 f.; abgedruckt in Gabriel Petit, Maurice Leudet (Hrsg.), *Les Allemands et la Science*, Paris 1916, S. 283–299, danach Zitate S. 290, 297 f.; vgl. dazu auch Schröder-Gudehus, *Deutsche Wissenschaft*, S. 86 f.

255 Vgl. Auszug aus dem Protokoll der Gesamtakademie der Preußischen Akademie der Wissenschaften vom 18.2.1915, in: BBAW-Archiv, Hist. Abt. II-XII-31, Bl. 29; Hugo Schuchardt „An die Portugiesen", in ebd., Bl. 33; vgl. dazu auch vom Brocke, ‚Wissenschaft und Militarismus', S. 675 f.

256 Der Beschluß des Council der Royal Geographical Society, der am 8.2.1915 gefaßt wurde, sollte allerdings nur für die Dauer des Krieges gelten. Vgl. Beilage zur *Vossischen Zeitung* vom 22. 2. 1915; auch in BBAW-Archiv, Hist. Abt. II-XII-31, Bl. 45; zur Royal Society und Chemical Society vgl. Badash, British and American Views, S. 110 ff., vom Brocke, ‚Wissenschaft und Militarismus', S. 674.

257 Zum Ausschluß aus der American Chemical Society vgl. Rubner, Auszug aus dem Protokoll der Gesamtsitzung der Preußischen Akademie der Wissenschaften in Berlin vom 29.7.1926, in BBAW- Archiv, Hist. Abt. II-XII-32, Bl. 91; zum Ausschluß aus der Société chimique (12. März 1915) vgl. Ulrike Fell, *Disziplin, Profession und Nation*, S. 139 f.

In Paris wurden außerdem die deutschen Mitglieder der Académie des Inscriptions et Belles-Lettres, die den berüchtigten Aufruf unterzeichnet hatten, auf der Sitzung am 19.2.1915 ausgeschlossen: Wilhelm Dörpfeld, J. de Groot, Adolf v. Harnack, Karl Robert und Ulrich v. Wilamowitz-Moellendorff, während einige französische Gelehrte gleichzeitig ihre Mitgliedschaft in den deutschen Akademien niederlegten.[258]

Ebenso wie die Académie des Inscriptions et Belles-Lettres brach die Académie des Sciences die Kommunikation mit den deutschen Wissenschaftlern ab; auf ihrer Sitzung am 15.3.1915 in Paris strich sie die Chemiker Adolf v. Baeyer und Emil Fischer, den Mathematiker Felix Klein und den Anatom Wilhelm Waldeyer aus ihrer Mitgliederliste.[259]

Dieser Entscheidung waren allerdings heftige Debatten vorausgegangen. Obwohl die Académie des Sciences noch am 5. Oktober 1914 beschlossen hatte, keine Maßnahmen gegen die deutschen Gelehrten zu ergreifen, wurde die Frage erneut am 15. März 1915 auf der geheimen Sitzung des Comité Secret diskutiert. Die weitestgehende Forderung stellte dort der Physiologe Albert Dastre, Präsident der Société de Biologie[260]; er schlug vor, die Beziehungen gleich mit allen deutschen Wissenschaftlern und nicht nur den Unterzeichnern des Aufrufs zu beenden, weil die Ursache des schändlichen Verhaltens in der deutschen Kultur schlechthin zu suchen sei:

> c'est la culture allemande qu'il faut tenir pour responsable. Tous les Allemands sont également indignes à cause d'elle; il n'y a pas de distinction à faire entre les signataires et les autres ; il faut les rayer tous ou n'en rayer aucun.

---

258 Vgl. Akademiker des feindlichen Auslands über Deutschland. Materialien, beim Leipziger Kartelltage der deutschen Akademien der Wissenschaften im Mai 1915 mitgeteilt von Gustav Roethe, S. 11. Die geisteswissenschaftliche Klasse der belgischen Akademie der Wissenschaften entschloß sich erst 1919 zum Ausschluß aller deutschen korrespondierenden Mitglieder aus ihrem Verband, vgl. Académie Royale de Belgique, *Bulletins de la Classe des Lettres et des Sciences Morales et Politiques*, Bruxelles 1919.

259 Zu den deutschen Mitgliedern in den Akademien des Institut de France und den französischen Mitgliedern in der Berliner Akademie sowie deren Ausschluß bzw. Niederlegung der Mitgliedschaft vgl. Conrad Grau, Die Preußische Akademie und die Wiederanknüpfung internationaler Wissenschaftskontakte nach 1918, in Wolfram Fischer (Hrsg.), *Die Preußische Akademie der Wissenschaften*, S. 283–287. Danach wurden von den insgesamt 45 deutschen Mitgliedern in den Akademien des Institut de France 17 ausgeschlossen. Picard legte seine seit 1898 bestehende Mitgliedschaft in der Preußischen Akademie der Wissenschaften zu Berlin 1916 nieder.

260 Vgl. auch A. Dastre, Du role restreint de l'Allemagne dans le progrès des sciences, in Petit, Leudet (Hrsg.), *Les Allemands et la Science*, S. 75–97. Zu Dastre vgl. Andreas Kleinert, Von der Science allemande, S. 511 f.

Diese extreme Meinung fand jedoch keine Zustimmung. Vielmehr beschränkte man sich in der Frage des Ausschlusses auf die Unterzeichner des Aufrufs „An die Kulturwelt!". Doch auch dabei prallten die unterschiedlichsten Meinungen aufeinander. Während die einen sich gegen Maßnahmen überhaupt aussprachen, weil sie sich kein Urteil anmaßen wollten oder negative Auswirkungen auf neutrale Wissenschaftler befürchteten, regten andere wiederum eine Absprache mit den alliierten Akademien an oder setzten sich, indem sie erst einmal das Ende des Krieges abwarten wollten, für eine vorläufige Suspendierung ein, wie beispielsweise der Mathematiker Paul Appell. Als der entschiedenste Verfechter eines Ausschlusses der Deutschen profilierte sich bereits Émile Picard, später einer der führenden Akteure des Boykotts. Der Ausschluß war für ihn eine grundsätzliche Frage der Moralität: „Les signataires doivent être exclus parce qu' indignes".

Wieviele Akademiemitglieder dennoch gegen Sanktionen waren, zeigte sich an der Abstimmung: Auf die Frage, ob prinzipiell die deutschen Unterzeichner auszuschließen seien, wurden von 41 Stimmen nur 22 für den Ausschluß und 15 dagegen abgegeben, 2 Gelehrte enthielten sich der Stimme und 2 weitere stimmten nicht ab. Bei der dann folgenden Abstimmung über den Ausschluß der vier betroffenen deutschen Wissenschaftler votierten von 26 Stimmberechtigten 19 dafür, 4 dagegen, 1 enthielt sich und 2 stimmten wieder nicht mit ab.[261] Als man dann auf einer weiteren Sitzung den Text verabschiedete, der eine kurze Zusammenfassung des militaristischen Manifests enthielt und in dem der Ausschluß der „indignes" verfügt wurde, stimmten nur 16 dafür und 7 dagegen.[262]

Es zeigte sich also, daß die französischen Wissenschaftler durchaus unterschiedlicher Ansicht waren und keineswegs einen geschlossenen Block darstellten. Vor diesem Hintergrund erscheint es wohl nicht als unwahrscheinlich, daß eine kritische Reflexion des Intellektuellenmanifests, die man von den deutschen Kollegen wenigstens nachträglich erwartete, eine Wiederannäherung hätte herbeiführen können. Stattdessen jedoch verhärteten sich die Fronten, und das um so mehr, als der Krieg eskalierte. Eine Verständigung rückte in weite Ferne.

In ihrer Reaktion auf die zahlreichen Proteste ausländischer Gelehrter diskutierte die Preußische Akademie der Wissenschaften in Berlin nicht etwa die deutsche Kriegspolitik und deren Unterstützung durch die deutschen Akademiker, also den Gegenstand der Kritik, sondern vielmehr Sanktionen gegen die Kritiker, eben jene ausländischen Wissenschaftler und Akademien, die „sich seit

---

261 Archives AdS Paris, Comité secret 1912–1918, Bl. 181 ff.; vgl. dazu auch Akademiker des feindlichen Auslands über Deutschland. Materialien beim Leipziger Kartelltage der deutschen Akademien der Wissenschaften im Mai 1915, mitgeteilt von Gustav Roethe, S. 11 f.

262 Auf der Sitzung des Comité secret am 22.3.1915, in Archives AdS Paris, Comité Secret 1912–1918, Bl. 184 f.

Beginn des Krieges schwere Schmähungen gegen Deutschland, den deutschen Kaiser, die deutsche Kultur und Wissenschaft, sowie auch beleidigende Angriffe und Maßregeln gegen einzelne deutsche Gelehrte [haben] zuschulden kommen lassen", wie es in dem Antrag der Berliner Akademie auf der Tagung des Kartells der deutschsprachigen Akademien der Wissenschaften im Mai 1915 in Leipzig hieß.[263] Dabei ging es vor allem um den Ausschluß Sir William Ramsays, korrespondierendes Mitglied der physikalisch-mathematischen Klasse der Berliner Akademie, sowie der korrespondierenden Mitglieder der französischen Akademien. Nachdem auf der Kartelltagung eine Entscheidung nicht hatte herbeigeführt werden können, setzten die Gelehrten der Berliner Akademie, die sich keineswegs einig waren, ihre heftigen Auseinandersetzungen fort. Schließlich verfehlte auf der Gesamtsitzung der Akademie im Juli 1915 der Antrag des Althistorikers Eduard Meyer, Ramsay auszuschließen, bei der Abstimmung, wenn auch knapp, die erforderliche absolute Mehrheit.[264] Die Akademie entschied sich hingegen für den Antrag des Physikers Max Planck, seit 1912 ständiger Sekretar der physikalisch-mathematischen Klasse, und des Ägyptologen Adolf Erman, zunächst keine konkreten Schritte gegen ausländische Akademien zu unternehmen, sondern das Kriegsende abzuwarten. Dieser Antrag wurde mit 35 gegen 19 Stimmen angenommen. [265]

Unabhängig davon lehnte es die Deutsche Chemische Gesellschaft bereits während des Krieges ab, Ramsay aus der Liste der Ehrenmitglieder zu streichen. Gegen eine solche Strafmaßnahme hatte sich insbesondere Emil Fischer gewandt.[266]

---

263 Protokolle der Kartellversammlung des Verbandes Deutscher Wissenschaftlicher Körperschaften in Leipzig am 21.5.1915, S. 2; die Protokolle sind auch abgedruckt in Kaiserl. Akademie der Wissenschaften Wien, Almanach für das Jahr 1915, 65. Jg., Wien 1915, S. 296–306. Zu den Auseinandersetzungen vor und auf der Tagung: Conrad Grau, *Die Berliner Akademie der Wissenschaften in der Zeit des Imperialismus*, Teil I, Berlin 1975, S. 182–184.

264 31 stimmten für den Antrag, 23 dagegen. Die absolute Mehrheit hätte 33 Stimmen erfordert; vgl. Auszug aus dem Protokoll der Sitzung der Gesamtakademie der Preußischen Akademie der Wissenschaften in Berlin vom 22. Juli 1915, in BBAW-Archiv, II-XII-31, Bl. 94; Grau, *Die Berliner Akademie*, S. 185.

265 Auszug aus dem Protokoll der Sitzung der Gesamtakademie der Preußischen Akademie der Wissenschaften in Berlin vom 22. Juli 1915, in BBAW-Archiv, II-XII-31, Bl. 94; Anträge für die Gesamtsitzung am 22. Juli 1915, in ebd., Bl. 89 f.; vgl. Grau, *Die Berliner Akademie*, S. 185 ff.; Friedrich Künzel, *Max Plancks Wirken an der Berliner Akademie der Wissenschaften als ordentliches Mitglied und Sekretar zwischen 1894 und 1947*, Diss. HU Berlin 1984, S. 49–53.

266 Vgl. Ruske, *100 Jahre Deutsche Chemische Gesellschaft*, S. 96; Badash, British and American Views, S. 111.

Eine konkrete ‚Bestrafung' der portugiesischen Akademie, die wohl als erste zum Abbruch der Wissenschaftsbeziehungen mit Deutschland aufgerufen hatte, setzten die deutschen Gelehrten allerdings sofort in die Tat um: „Selbstverständlich wird dieser Academia von unsern Publicationen Nichts mehr zugesendet werden", heißt es im Protokoll der Sitzung der Preußischen Akademie vom 18. Februar 1915. Darunter steht der handschriftliche Vermerk, der zwei Tage später hinzugefügt wurde: „In den Versendungslisten gestrichen".[267]

Der solchermaßen verfügte Entzug deutschsprachiger Wissenschaftspublikationen hatte allerdings auf der alliierten Seite sein Gegenspiel: Zunehmend gelangte die „Flut der Mittelmäßigkeit" in Gestalt deutschsprachiger Publikationen, die andere Länder angeblich überschwemmte und von der William Ramsay und Henneguy sprachen, ins Visier der Kritiker an den Methoden deutscher Gelehrter, „en défendant la science contre les procédés des savants germaniques, aussi dangereux que les monstrueuses pratiques de leurs armées."[268]

267 BBAW-Archiv, II-XII-31, Bl. 29.

268 F. Henneguy, Du rôle de l'Allemagne dans l'evolution des sciences biologiques, in *Revue Scientifique* 53, S. 70.

3. Deutsche Fachliteratur im Krieg: Zensur, Ausfuhrverbot, geheimes Referatenorgan

Noch im März 1914 hatte sich der Staatssekretär des Reichsamts des Innern, Clemens von Delbrück, gegenüber dem Staatssekretär des Auswärtigen Amts für die Beteiligung Deutschlands am *International Catalogue of Scientific Literature* zunächst bis 1920 ausgesprochen und war bereit gewesen, das Unternehmen weiterhin mit jährlich 40.000 Mark zu unterstützen. Neben der wissenschaftlichen unterstrich er vor allem die politische Bedeutung der deutschen Mitarbeit. „In politischer Beziehung", so erklärte er, „ist es meines Erachtens als ausgeschlossen zu betrachten, daß sich das Deutsche Reich, das sich nach eingehenden Beratungen nunmehr 15 Jahre lang an dem internationalen Unternehmen beteiligt, der Weiterbeteiligung entzieht und dadurch bei dem ganz überragenden Anteil der deutschen wissenschaftlichen Publikationen das ganze Unternehmen, das wohl eins der größten und bedeutsamsten der Royal Society ist, in seinem Weiterbestand gefährdet."[269] Nach der Zustimmung der Akademie der Wissenschaften in Berlin, des Kultusministeriums, des deutschen Botschafters in London, des Auswärtigen Amts und des Reichsschatzamts wurde die Bereitschaft Deutschlands, sich am Katalog weiterhin zu beteiligen, erklärt.[270]

Doch mit Beginn des Krieges wendete sich das Blatt. Auf einer vom Reichsamt des Innern einberufenen kommissarischen Beratung der beteiligten Ressorts mit dem Leiter des Deutschen Büros der internationalen Bibliographie, Oskar Uhlworm, beschloß man, die Weiterarbeit am Katalog aufzukündigen.

„In der Konferenz", so hielt der Vertreter des Auswärtigen Amts in seiner „Notiz" nachträglich fest,

> herrschte Einverständnis darüber, daß die Etatsposition in Kapitel 3 Titel 2 der „Einmaligen Ausgaben" im Etat des Reichsamts des Innern, betr. Unterstützung der „International Convention of the International Catalogue of Scientific Literature" mit einem Betrage von 40.000

269 Delbrück an Staatssekretär des AA, 28.3.1914, in PA AA, R 64543. Zum Internationalen Katalog siehe oben Kapitel I. 1. b).

270 Vgl. AdW Berlin, Entwurf einer vom Reichsamt des Innern gewünschten gutachtlichen Äußerung der Akademie über das Katalogunternehmen der Royal Society, in BBAW-Archiv, Hist. Abt. II-XII-38, Bl. 125f; Fürst von Lichnowsky an AA, 5.4.1914, in PA AA, R 64543; Lewald (RdI) an Staatssekretär des AA, 18.5.1914, in ebd.

https://doi.org/10.1515/9783110572643-007

> M, *nicht* aufrechtzuerhalten sei, da es sich dabei im Grunde um eine Veranstaltung der Englischen Royal Society in London handle.[271]

Auch die Preußische Akademie der Wissenschaften in Berlin, der die Streichung der Gelder vom Kultusministerium angekündigt worden war, beschloß nach kurzer Debatte auf Antrag Harnacks,

> dem Ministerium anzuzeigen, daß die Akademie nach den mit dem Internationalen Katalog gemachten Erfahrungen, nicht allein in Folge des Krieges, keinen Wert mehr legt auf eine Unterstützung der Arbeiten des Katalogs.[272]

Vor dem Hintergrund dieser übereinstimmenden Ablehnung verfügte der Staatssekretär des Innern den Austritt Deutschlands aus dem Unternehmen und die Auflösung des Deutschen Büros der internationalen Bibliographie der Naturwissenschaften. „Es ergibt sich hieraus", schrieb er an den Staatssekretär des Auswärtigen Amts,

> daß infolge des Krieges mit England die am 11/12. Juni 1914 in London vor dem International Council namens der deutschen Regierung abgegebene Erklärung der Weiterbeteiligung Deutschlands an dem Unternehmen bis Ende des Kalenderjahres 1920 als zurückgenommen gilt, daß demgemäß deutsches Material für den International Catalogue of Scientific Literature an das der Royal Society unterstehende Centralbureau in London nicht mehr geliefert und eine Verpflichtung zur Abnahme amtlich subskribierter Bände des Internationalen Katalogs nicht mehr anerkannt wird.[273]

Während das Reichsamt des Innern es für angemessen hielt, die britische Regierung davon in Kenntnis zu setzen und es dieser zu überlassen, die Royal Society zu informieren, sollte nach Auffassung des Auswärtigen Amts eine Mitteilung an die Regierung Großbritanniens „unter den obwaltenden Umständen besser unterbleiben."[274] Stattdessen wurde ein Text über die Aufkündigung der deutschen Mitarbeit am Katalog und die Auflösung des deutschen Büros der internationalen Bibliographie in die *Norddeutsche Allgemeine Zeitung* und den

---

271 Kuntzen (AA), Notiz, 22.10.1914, in PA AA, R 64543, Hervorhebung i. Orig.

272 Auszug aus dem Protokoll der Sitzung der Gesamtakademie vom 22.10.1914, gez. Planck, in BBAW-Archiv, II-XII-38, Bl. 131; AdW an Kultusministerium, 22.10.1914, in ebd., Bl. 132.

273 RdI, Unterstaatssekretär Richter, an Staatssekretär des AA, 17.11.1914, in PA AA, R 64543.

274 Vgl. ebd; St.S. AA an St.S. RdI, 28.11.1914, in ebd.

Berliner Lokal-Anzeiger lanciert.[275] Die Arbeiten des Deutschen Büros wurden am 1. April 1915 eingestellt.

Damit der Band des Internationalen Katalogs für Zoologie wenigstens für den Jahrgang 1914 noch fertiggestellt werden konnte, hatte sich der Amerikaner Herbert Haviland Field, der die naturwissenschaftliche Bibliographie *Concilium Bibliographicum* in Zürich herausgab, an die Akademie der Wissenschaften in Berlin gewandt, um, stellvertretend für die Londoner Zoologische Gesellschaft, den vor dem Krieg gepflegten Tauschverkehr mit der Akademie fortsetzen und deren noch fehlende Abhandlungen und Sitzungsberichte von 1914 erhalten zu können. Doch schon die Bemerkungen, die der Germanist Gustav Roethe an den Rand des Briefes von Field geschrieben hatte, ließen keinerlei Entgegenkommen der deutschen Gelehrten erwarten. „Daran haben wir gar kein Interesse," stand neben Fields Anliegen, den Band Zoologie des Katalogs zu vollenden; und über den Vorschlag des Schriftenaustausches – Field wollte im Gegenzug der Akademie die *Proceedings* und *Transactions* der Zoological Society schicken – empörte sich Roethe: „Das wäre verkappter Schriftenaustausch mit London während des Krieges."[276] Field erhielt von der Akademie den Bescheid, sie könne auf seinen Vorschlag nicht eingehen.[277]

Auch Fields Bemühungen, die amerikanische Botschaft in Berlin als Vermittlerin einzuschalten, blieben ohne Erfolg. Der Staatssekretär des Reichsamts des Innern teilte dem Staatssekretär des Auswärtigen Amts seine entschiedene Ablehnung mit: „Im Einvernehmen mit dem Herrn Minister der geistlichen und Unterrichts-Angelegenheiten halte ich es nicht für angezeigt, dem Antrag des Amerikaners Herbert Field in Zürich zu entsprechen. Es erscheint nicht angängig, nachdem die Beziehungen zu dem International Catalogue of Scientific Literature auf Grund reiflicher Erwägung gelöst worden sind, auf einem Umwege[278] diese Einrichtung noch zu fördern."[279] Die amerikanische Botschaft wurde durch das Auswärtige Amt daraufhin abschlägig beschieden.[280]

Wenngleich die internationale Bibliographie auf dem Gebiet der Zoologie weiterhin herausgegeben werden konnte, und zwar wie früher von der britischen

---

275 Vgl. St.S. RdI. an St.S. AA, 6.3.1915, in ebd.; „Internationale Bibliographie", in *Norddeutsche Allgemeine Zeitung*, 23.3.1915; „Zerrissen", in *Berliner Lokal-Anzeiger*, No. 151, 23.3.1915.

276 Field an K. Preußische Akademie der Wissenschaften Berlin, 12.2.1915, in BBAW-Archiv, II-XII-38, Bl. 134.

277 Vgl. AdW, Roethe, an Concilium Bibliographicum, 9.3.1915, in ebd., Bl. 136.

278 Randbemerkung: „Das dürfte den Kernpunkt der Sache treffen! Sa."

279 St.S. RdI, i. A. Gallenkamp, an St.S. AA, 6.8.1915, in PA AA, R 64543.

280 Vgl. AA an Botschaft der Vereinigten Staaten von Amerika in Berlin, 30.9.1915, Konzept in ebd.

Zoological Society als *Zoological Record* – dieser war in den Internationalen Katalog integriert worden –, bedeutete der Rückzug Deutschlands das Ende des *International Catalogue of Scientific Literature*. Dieser erschien für die Literatur des Jahres 1914 zum letzten Mal. Damit verschwand ein großangelegtes internationales bibliographisches Nachschlagewerk, in dem in den dort repräsentierten siebzehn Disziplinen die deutschsprachige naturwissenschaftliche Literatur umfassend vertreten war.

Noch auf andere Weise wirkte sich der Krieg auf die wissenschaftliche Literaturproduktion in Deutschland aus, nicht nur in wissenschaftlicher und wirtschaftlicher, sondern auch politischer Hinsicht. Denn das preußische Kriegsministerium verhängte eine Zensur, eine „Beaufsichtigung von Veröffentlichungen in der Fachliteratur", um den Kriegsgegnern keine Informationen „über die Kriegsknappheit wichtiger Bedarfsstoffe und unserer technischen und wirtschaftlichen Auskunftsmittel zur Beseitigung dieser Kriegsknappheit" zu liefern. „Je sachkundiger und je mehr ins Einzelne gehend diese Mitteilungen sind, umso schädlicher wirken sie", warnte das Kriegsministerium. Deshalb sollten kriegswichtige wissenschaftliche Erkenntnisse dem Feind nicht mehr zugänglich sein. „Dieser Gesichtspunkt", schrieb das Kriegsministerium Anfang 1915 an das Ministerium der geistlichen und Unterrichtsangelegenheiten (Kultusministerium), „ist den Herausgebern und Mitarbeitern unserer wissenschaftlichen Zeitschriften, die sich vorzugsweise aus akademischen Kreisen zusammensetzen, offenbar nicht geläufig. Der im Frieden durchgreifende Gesichtspunkt, durch sachkundige Belehrung der Öffentlichkeit zu nützen, wird jetzt im Kriege noch immer festgehalten."[281]

Diese Öffentlichkeitsarbeit wollte man, wie schon die Pressezensur zeigte,[282] in jeder Hinsicht blockieren, um so mehr, als eine enge Verbindung zwischen Wissenschaft, Technik, Wirtschaft und Kriegführung bestand. Doch konnte das Kriegsministerium nicht selbst die „Beaufsichtigung der Fachliteratur" vornehmen, weil ihm hierzu die nötigen Fachleute fehlten. Deshalb bat es das preußische Kultusministerium, seine Abteilung für Kunst und Wissenschaft „als die berufene Stelle" damit zu betrauen.

---

281 Kriegsministerium, von Wandel, an den Minister der geistlichen und Unterrichtsangelegenheiten [Kultusminister], 6.2.1915, in GStA PK, I. HA Rep.76, Vc Sekt. 1 Tit. XI Teil VII Nr. 41 Adhib. A Bd. I, Bl. 1.

282 Zur Pressezensur vgl. Kurt Koszyk, *Deutsche Pressepolitik im Ersten Weltkrieg*, Düsseldorf 1968; Martin Creutz, *Die Pressepolitik der kaiserlichen Regierung während des Ersten Weltkriegs*, Frankfurt a. M. 1996.

„Durch diese Abteilung“, erklärte das Kriegsministerium,

> würde den Herausgebern und Mitarbeitern der wissenschaftlichen und halbwissenschaftlichen Literatur klar gemacht werden können, worin ihre Aufgabe besteht. Diese Literatur hat m. E. nicht die Aufgabe, unsere Versorgung, ihre Schwierigkeiten und ihre Auskunftsmittel durch Veröffentlichung dem Feinde bekannt zu machen, sondern vielmehr die in der Literatur des Auslandes zerstreut auftretenden Nachrichten von Interesse zu finden und in den deutschen Zeitschriften zur Kenntnis zu bringen, damit unsere Lage durch die Kenntnis von den Schwierigkeiten des Auslandes und die sich daraus für uns ergebenden Maßnahmen und Schlußfolgerungen erleichtert wird.[283]

So sollten die wissenschaftlichen Zeitschriften, wie das Kriegsministerium verlangte, in den Dienst der deutschen Kriegführung und einer Art ‚Auslandsspionage' gestellt werden, während man gleichzeitig darauf bedacht war, die eigenen wissenschaftlichen ‚Geheimnisse' abzuschotten.

Auch der Kultusminister Trott zu Solz war „gern bereit“, „bei der Beaufsichtigung von Veröffentlichungen in der Fachliteratur mitzuwirken, um Nachteile bei der Versorgung des Heeres und in der Kriegführung zu vermeiden.“[284] Wegen der Form der Durchführung der Zensur hatte er sich sogleich mit namhaften Gelehrten, dem Chemiker und Nobelpreisträger von 1902, Emil Fischer, dem Physiologen Max Rubner, dem Volkswirtschaftler Max Sering, dem Technikwissenschaftler Otto Kammerer sowie dem Vorsitzenden des Börsenvereins der Deutschen Buchhändler, Karl Siegismund, in Verbindung gesetzt.

Das Ergebnis dieser Beratung mit den Vertretern kriegswichtiger Disziplinen war, daß eine „allgemeine Vorzensur“ angesichts der großen Zahl der Zeitschriften nicht praktikabel erschien. Vielmehr wollte man ein Rundschreiben verfassen und, unterzeichnet vom Vorsitzenden des Börsenvereins der Deutschen Buchhändler, Karl Siegismund, „in kollegialer Form“ an alle Verleger schicken. Diese sollten in dem Rundschreiben ermahnt werden, ihre „patriotischen Pflichten“ zu erfüllen und „die durch den Krieg gebotenen Rücksichten“ wahrzunehmen, d. h. selbst eine Vorzensur auszuüben. In Zweifelsfällen hatten sie die Manuskripte dem Kultusministerium vorzulegen.

„Die vier vorerwähnten Gelehrten“, teilte das Kultusministerium dem Kriegsministerium mit, „haben sich gern bereit erklärt, mit dem ihnen zur Verfügung stehenden Stab jüngerer Gelehrter die Durchsicht der Manuskripte vor-

283 Kriegsministerium, von Wandel, an den Minister der geistlichen und Unterrichtsangelegenheiten [Kultusminister], 6. 2. 1915, in GStA PK, I. HA Rep. 76, Vc Sekt. 1 Tit. XI Teil VII Nr. 41 Adhib. A Bd. I, Bl. 1 f.

284 Der Minister der geistlichen und Unterrichtsangelegenheiten [Kultusminister], Trott zu Solz, an den Kriegsminister, 20. 2. 1915, Konzept in ebd., Bl. 3.

zunehmen." In diesem Zusammenhang hatten die Gelehrten geraten, „unliebsame Mitteilungen" nicht nur in der Fachpresse, sondern auch in Broschüren, wo sie oft eingehender behandelt werden könnten, und in Zeitungen der Zensur zu unterwerfen und dabei eine Verbindung zur Zensur der Tagespresse herzustellen.[285]

Um diese Fragen sowie die Organisation der Zensur zu beraten, schlug der Kultusminister vor, eine „kommissarische Aussprache" der beteiligten Ressorts mit den Gelehrten und Siegismund anzuberaumen.[286] Das Kriegsministerium war damit einverstanden und bat den stellvertretenden Generalstab der Armee, das Reichsmarineamt und das Oberkommando in den Marken, zu der Besprechung Vertreter zu entsenden. Unter den drei Kommissaren, die das Kriegsministerium für die Zensur-Besprechung bestimmte, befand sich auch der Direktor des Kaiser-Wilhelm-Instituts für Physikalische Chemie und Elektrochemie in Berlin, Fritz Haber, der die Forschungen für den Gaskrieg betrieb. Haber nahm dann jedoch an dieser Besprechung nicht teil.[287]

Die im Kultusministerium versammelten Zensoren begrüßten den Plan,

> durch Vermittlung des Herrn Siegismund bei den Verlegern eine freiwillige Unterwerfung unter die in Aussicht genommenen Maßnahmen herbeizuführen, da eine Vorzensur nach Lage der gesetzlichen Bestimmungen nicht eingeführt werden und die an sich mögliche nachträgliche Beschlagnahme unangebrachter Artikel den angerichteten Schaden nicht aus der Welt schaffen könne.

Man vereinbarte, unter Leitung des Kultusministers und in enger Zusammenarbeit mit den Militärstellen – beim stellvertretenden Generalstab war ohnehin bereits eine „Oberzensurstelle" eingerichtet worden[288] – „eine aus den mitwirkenden Gelehrten zu bildende Zentralstelle" zu schaffen, welche die Verlagsprodukte überwachen sollte. Zunächst wurde ein „kleiner Ausschuß" gebildet, bestehend aus Major Erhard Deutelmoser von der Pressestelle des Großen Generalstabs, dem

---

285 Ebd.

286 Vgl. ebd., Bl. 4.

287 Vgl. Kriegsministerium an Minister der geistlichen und Unterrichts-Angelegenheiten (Geheim), 9.3.1915, in ebd., Bl. 5. Der Gaskrieg wurde von den Deutschen am 22.4.1915 bei Ypern in Belgien begonnen. Zur Rolle Habers im Gaskrieg vgl. Ludwig F. Haber, *The poisonous cloud. Chemical warfare in the First World War*, Oxford 1986; Dietrich Stoltzenberg, *Fritz Haber. Chemiker, Nobelpreisträger, Deutscher, Jude. Eine Biographie*, Weinheim u.a. 1998, S. 240–325; Margit Szöllösi-Janze, *Fritz Haber 1868–1934. Eine Biographie*, München 1998, S. 316–373.

288 Die Oberzensurstelle war im Oktober 1914 beim stellvertretenden Generalstab eingerichtet worden, um eine Vereinheitlichung der Pressezensur herbeizuführen; sie nahm ihre Tätigkeit jedoch erst im Februar 1915 auf. Im Oktober 1915 wurde sie in das neugeschaffene Kriegspresseamt eingegliedert, das der Obersten Heeresleitung unterstand; vgl. dazu Koszyk, *Deutsche Pressepolitik*; Creutz, *Die Pressepolitik*, insbes. S. 47 ff.

späteren Chef des Kriegspresseamts, und dem Chef des Nachrichtenbüros des Reichsmarineamts, Kapitän zur See Heinrich Löhlein – Löhlein hatte an dem berüchtigten Aufruf „An die Kulturwelt!" von 1914 mitgewirkt –, sowie dem Chemiker Emil Fischer und Siegismund. Dieser Ausschuß sollte die Einzelheiten des späteren Geschäftsgangs beraten, dem Kultusministerium Vorschläge dazu unterbreiten und das Rundschreiben an die Verleger entwerfen.[289]

Daß die Zensur wissenschaftlicher Publikationen im Krieg nicht gerade dazu geeignet war, deren Qualität und Ansehen zu steigern, liegt auf der Hand. Doch die Zensur allein schien dem Kriegsministerium nicht zu genügen oder nicht schnell und effektiv genug umgesetzt zu werden, abgesehen davon, daß auf militärischer Seite auch rechtliche Bedenken im Hinblick auf die Befugnisse der verschiedenen Militärstellen auftauchten.[290] Jedenfalls kam noch eine einschneidende Sicherheitsmaßnahme hinzu: das Verbot der Ausfuhr wissenschaftlicher Bücher und Zeitschriften nicht nur ins feindliche, sondern sogar ins verbündete und neutrale Ausland. Auch auf diese Länder wollte man das Ausfuhrverbot ausdehnen, weil man befürchtete, auf dem Umweg über verbündete oder neutrale Länder könnte das wissenschaftliche Gut ins Lager der Kriegsgegner gelangen.

Selbst medizinische Publikationen unterlagen dem Ausfuhrverbot. Das Kriegsministerium untersagte im September 1915 in einem Erlaß, medizinische Werke und Zeitschriften auszuführen, „welche für die Kriegsführung des feindlichen Auslandes von Nutzen sein können." Die Absicht des Kriegsministeriums dabei war, „die in den Druckschriften niedergelegten Früchte der deutschen medizinischen Wissenschaft dem Sanitätswesen des feindlichen Auslandes vorzuenthalten."[291] Dies schien um so wichtiger zu sein, als die Deutschen mit dem Einsatz von Massenvernichtungswaffen, dem Gaskrieg, begonnen hatten und notgedrungen Forschungen über die Wirkung des Gases und Maßnahmen dagegen forciert wurden. Das Ausfuhrverbot für medizinische Schriften sollte auf der Seite der Gegner die Arbeit der Wissenschaftler und Ärzte behindern und dadurch die Behandlung der Kranken und Verwundeten erschweren, es war Teil einer brutalen Strategie zur Vernichtung des Feindes. Der gute Ruf der deutschen medizinischen Wissenschaft wurde dadurch allerdings ramponiert

Auf der anderen Seite jedoch war der Glaube, mit dem Entzug deutscher medizinischer Literatur könnte man den Kriegsgegnern schaden, weil der eigene

289 Aufzeichnung über die Besprechung am 23.3.1915, in GStA PK, I. HA Rep. 76, Vc Sekt. 1 Tit. XI Teil VII Nr. 41 Adhib. A Bd. I, Bl. 18f.

290 Vgl. Aufzeichnung über die Besprechung im Kultusministerium, „Vertraulich!", 8.2.1916, in ebd., Bl. 100.

291 Kriegsministerium, allgemeines Kriegs-Departement, 11.9.1915, Abschr. in ebd., Bl. 173.

Forschungsstand als unübertroffen galt, ohnehin zweifelhaft. „Nous n'avons pas attendu les lumières de l'Allemagne pour soigner les malades et les guérir", verwahrte sich die Redaktion der renommierten französischen *Presse médicale* in einem längeren Artikel gegen den Hochmut der deutschen Strategen. Deren Maßnahmen waren angesichts des ungeheuren Blutbads und der schweren Verwundungen im Krieg aus der Sicht der französischen Redaktion inhuman und unnötig. Darüber hinaus würde Deutschland in den neutralen Staaten auf ein wichtiges Instrument der Propaganda verzichten.[292]

Letzteres war wohl hauptsächlich der Grund, warum der Herausgeber der *Deutschen Medizinischen Wochenschrift*, der Geheime Sanitätsrat und Professor Dr. Schwalbe, der sich ebenfalls gegen das Verbot wandte, mit dem Hinweis „Betrifft Ausfuhrverbot medizinischer Werke und Druckschriften in das neutrale Ausland" eine Abschrift des Artikels dem preußischen Kultusminister Trott zu Solz überreichte.[293]

Es war nicht verwunderlich, daß in verbündeten und neutralen Ländern, wo man die zahlreichen Abonnenten und Käufer deutscher medizinischer Schriften verprellte, die Empörung über das Ausfuhrverbot wuchs. Denn unter das pauschale Verdikt waren medizinische Zeitschriften gefallen wie die *Deutsche Medizinische Wochenschrift*, die *Berliner klinische Wochenschrift*, das *Zentralblatt für innere Medizin*, die *Dermatologische Wochenschrift*, der *Medizinische Jahresbericht*, zahnärztliche Bücher und sogar das seit 1882 immer wieder neuaufgelegte Buch des bekannten Chirurgen Friedrich von Esmarch *Die erste Hilfe bei plötzlichen Unglücksfällen*, das ohnehin bereits in zahlreiche Sprachen übersetzt worden war.[294]

Die Österreichisch-Ungarische Botschaft sah sich veranlaßt, beim Auswärtigen Amt gegen das Ausfuhrverbot Einspruch zu erheben, weil dadurch in Österreich „nicht nur der Buchhandel, sondern in erster Linie die Wissenschaft und durch sie die Allgemeinheit schwer geschädigt wird."[295] Dort führte das Ausfuhrverbot dazu, daß österreichische Mediziner, die mit deutschen gemeinsam

---

292 *Presse médicale*, 11.11.1915, Abschr. in ebd., Bl. 35 ff.

293 Schwalbe an Trott zu Solz, 24.11.1915, in ebd., Bl. 34.

294 Vgl. Die Vorstände des Deutschen Verlegervereins und der Vereinigung der medizinischen Verleger in Leipzig, 12.10.1915, zitiert nach Eingabe der Herausgeber der *Berliner klinischen Wochenschrift*, C. Posner, und der *Deutschen Medizinischen Wochenschrift*, J. Schwalbe, an RdI, 12.11. 1915, in UA HU Berlin, Med. Fak. 141, Bl. 40 f.

295 K.u.K. Österreichisch-Ungarische Botschaft, Kommerzdirektion, an AA, 6.1.1916, Abschr. in GStA PK, I. HA Rep. 76, Vc Sekt. 1 Tit. XI Teil VII Nr. 41 Adhib. A Bd. I, Bl. 79.

Zeitschriften herausgaben, deren Verlagsort in Deutschland lag, noch nicht einmal die von ihnen selbst herausgegebenen Journale beziehen konnten.[296]

In der Schweiz waren die Erfahrungen nicht besser: In Deutschland verlegte Bücher von Schweizer Autoren, die für den Lehr- und Studienbetrieb an den Universitäten benötigt wurden, konnte man nicht mehr erhalten.[297] So hatte der Direktor der Chirurgischen Klinik in Basel und Professor an der dortigen Universität, Fritz de Quervain, noch nicht einmal ein Exemplar der bei einem Leipziger Verlag erschienenen Neuauflage seiner *Speziellen chirurgischen Diagnostik* beziehen können.[298]

Wissenschaftler, Ärzte und Buchhändler in der Schweiz verurteilten empört das Ausfuhrverbot. Wie der Präsident des Schweizerischen Buchhändlervereins, Alexander Francke, mitteilte, sei es für alle, die davon hörten, „schwer zu verstehen", daß „die Segnungen neuer ärztlicher Forschungen, auch wenn sie verwundeten Feinden zugute kommen sollten", wie Waffentechniken geheimgehalten würden, ganz abgesehen davon, „daß natürlich auch die in Feindeshände gefallenen verwundeten Deutschen durch solchen Entzug einer besseren Heilungsmöglichkeit verlustig gehen." In der Schweiz seien insbesondere Ärzte und Wissenschaftler von der Maßregel betroffen, unter denen deshalb „eine nicht geringe Verstimmung" herrsche.[299]

Der Direktor des Physiologischen Instituts der Universität Bern, Leon Asher, schickte dieses an ihn gerichtete Schreiben an die Deutsche Botschaft in Bern, indem er ergänzend hinzufügte, daß sich die Medizinischen Fakultäten der deutschsprachigen Schweiz mit dem Ausfuhrverbot bereits befaßt hätten. „Grade besonders deutschfreundliche, angesehene Mitglieder der medizin[ischen] Fakultät Bern haben scharfe Kritik geübt", berichtete Asher.

> Es wurde darauf hingewiesen, daß kein anderes Land ein ähnliches Verbot erlassen habe, daß die an Zahl zur Zeit jedenfalls nicht vielen medizinischen Entdeckungen, die etwa an das feindliche Ausland gelangen könnten, doch auch deutschen Gefangenen mit zu gute kämen, vor allem aber, daß die engen geistigen Wechselbeziehungen zwischen der deutschen und der deutschschweizerischen Medizinwissenschaft Schaden leiden.[300]

296 Vgl. Eingabe der Herausgeber, in UA HU Berlin, Med. Fak. 141, Bl. 45.

297 Vgl. Helbing & Lichtenhahn, Basel, an den Vorstand des Deutschen Verlegervereins und der Vereinigung medizinischer Verleger in Leipzig, Abschr. o. D. in Anlage zur Denkschrift betreffend das Ausfuhrverbot medizinischer Werke und Zeitschriften nach dem Ausland, in GStA PK, I. HA Rep. 76, Vc Sekt. 1 Tit. XI Teil VII Nr. 41 Adhib. A Bd. I, Bl. 32.

298 Vgl. Eingabe der Herausgeber, in UA HU Berlin, Med. Fak. 141, Bl. 48.

299 Francke an Asher, 29.11.1915, Abschr. in GStA PK, I. HA Rep.76, Vc Sekt. 1 Tit. XI Teil VII Nr. 41 Adhib. A Bd. I, Bl. 68f.

300 Leon Asher an Deutschen Botschafter in Bern, 5.12.1915, Abschr. in ebd., Bl. 68.

Wie sich dieser Schaden im Schweizer Buchhandelsgewerbe auswirkte, schilderte ein Buchhändler aus Lausanne. Seine Bestellzettel an deutsche Verlage waren mit der Bemerkung zurückgeschickt worden „Medizinische Sachen dürfen ins Ausland nicht geliefert werden." Unter den Bestellungen hatten sich Lehrwerke befunden, die von Studenten zu Studienzwecken gebraucht wurden. Der Buchhändler, der ein solches Exportverbot, noch dazu auf medizinischem Gebiet, für „unmenschlich" hielt, bedauerte es, auf die deutschsprachigen medizinischen Werke verzichten zu müssen, die er nun „wohl oder übel durch französische Bücher ersetzen" müsse, und er gab zu bedenken: „Eine Aufrechterhaltung dieses Verbotes würde für Deutschland eine geistige Niederlage sein".[301]

Doch auch in Deutschland versuchten Verleger und Wissenschaftler, sich gegen solch weitreichende Eingriffe in den Vertrieb medizinischer Literatur zu wehren. Im Vordergrund standen dabei allerdings weniger humane Gesichtspunkte als wirtschaftliche und politische Interessen.

Einen Monat nach jenem Verbot wandten sich die Vorstände des Deutschen Verlegervereins und der Vereinigung der medizinischen Verleger in Leipzig mit einer Eingabe an die Medizinalabteilung des preußischen Kriegsministeriums und an das Sächsische Kriegsministerium, in der sie geltend machten, „dass es für den medizinischen Verleger sehr schwer ist zu entscheiden, welche medizinischen Druckschriften für die Kriegführung des feindlichen Auslandes von Nutzen sein könnten und welche nicht." Denn auf dem Nutzen der deutschen medizinischen Forschung und Praxis gründete ja gerade deren weltweites Ansehen. „Die medizinische Wissenschaft Deutschlands", argumentierten die Verleger, „marschiert so an der Spitze der medizinischen Wissenschaft der Welt – was ja am besten dadurch bewiesen wird, dass in Friedenszeiten eine Menge russischer Studenten Medizin in Deutschland zu lernen versuchen, und dass die japanische medizinische Wissenschaft ganz und gar auf deutscher Grundlage aufgebaut ist –, dass man wohl nicht unrecht hat, wenn man behauptet, dass die Mehrzahl der deutschen wissenschaftlichen Bücher und Zeitschriften dem Auslande von Nutzen sind."[302] Andererseits machte man darauf aufmerksam, daß die medizinische Wissenschaft des Auslands keineswegs von den deutschen Forschungen und Publikationen abhängig oder der deutschen Wissenschaft unterlegen sei. In

301 Jean Biedermann, Lausanne, An die Redaktion des Börsenblattes für den Deutschen Buchhandel, o. D., Abschr. in ebd., Bl. 32.

302 Die Vorstände des Deutschen Verlegervereins und der Vereinigung der medizinischen Verleger in Leipzig, 12.10.1915, zitiert nach Eingabe der Herausgeber der *Berliner klinischen Wochenschrift*, C. Posner, und der *Deutschen Medizinischen Wochenschrift*, J. Schwalbe, an RdI, 12.11. 1915, in UA HU Berlin, Med. Fak. 141, Bl. 40 f.

französischen und englischen medizinischen Zeitschriften würden die Fragen der Kriegsheilkunde von hervorragenden Fachgelehrten gründlich behandelt.[303]

Vor allem aber warnten die Verleger vor den schädlichen Auswirkungen eines Ausfuhrverbots in den neutralen und verbündeten Ländern, worin sie weniger eine Schädigung des Feindes als der deutschen Verlagsproduktion und des deutschen medizinischen Zeitschriftenwesens erblickten. So befürchteten die deutschen Verleger, die auf den Buch- und Zeitschriftenexport angewiesen waren, daß ihre Absatzmärkte in neutralen Ländern an französische und englische Konkurrenten verloren gingen, zumal diese nicht untätig blieben, um die Lücken auszufüllen. „Dass Bestrebungen, die deutsche medizinische Literatur durch die französische und englische bei den Aerzten der neutralen Länder zu ersetzen, schon jetzt im Gange sind, ist uns mehrfach mitgeteilt worden", schrieben die Herausgeber der *Berliner klinischen Wochenschrift* und der *Deutschen Medizinischen Wochenschrift* in ihrer Eingabe an das Reichsamt des Innern.[304]

Solche Bestrebungen wirkten sich zwangsläufig auf die Stellung der deutschen Sprache in jenen Ländern aus. Denn um die deutschen Bücher und Zeitschriften lesen zu können, mußte man des Deutschen mächtig sein. Würden die deutschsprachigen Publikationen durch anderssprachige ersetzt, fiele eine wichtige Motivation fort, die deutsche Sprache zu lernen. – Doch die sprachlichen Folgen hatten die Verleger weniger im Blick.

Vielmehr befürchteten sie einen langfristigen ökonomischen Schaden. „Denn," so klagten die Vorstände des Deutschen Verlegervereins und der Vereinigung medizinischer Verleger, „gewöhnen sich die Länder bei noch lange dauerndem Krieg an die andere Literatur, dann können wir darauf gefasst sein, ganz ausgeschaltet zu werden." Um solche Gefahren möglichst abzuwenden, plädierten die Verleger dafür, das Ausfuhrverbot für medizinische Literatur – das im übrigen von den Generalkommandos der verschiedenen deutschen Länder unterschiedlich gehandhabt wurde – entweder ganz aufzuheben oder auf ganz wenige spezielle Gebiete zu beschränken.[305] Lieber wollte man sich einer Zensur unterwerfen, als den Export einzustellen, wodurch nicht zuletzt die wirtschaftliche Existenz medizinischer Verlage bedroht würde.[306]

---

303 Eingabe von Posner und Schwalbe, 12.11.1915, in ebd., Bl. 43.
304 Ebd., Bl. 46.
305 Die Vorstände, in ebd., Bl. 41 f.
306 Vgl. Urban, Vereinigung medizinischer Verleger, an Kriegspresseamt, o. D., in ebd., Bl. 42; vgl. dazu auch: Der Vorstand des Deutschen Verlegervereins, A. Meiner, Der Vorstand der Vereinigung der medizinischen Verleger, Ed. Urban, an Reichskanzler, 20.11.1915, Abschr. in UA HU Berlin, Med. Fak. 294, Bl. 40 – 43.

Weitere Protestschreiben folgten. Im November 1915 richtete der Vorstand der Vereinigung der medizinischen Verleger an das Kriegsministerium und die Medizinalabteilung des Kriegsministeriums eine ausführliche „Denkschrift, betreffend das Ausfuhrverbot medizinischer Werke und Zeitschriften nach dem Ausland", in der die in den Eingaben vorgebrachten Argumente näher erläutert wurden. In ihrer Denkschrift räumten die Verleger sogar ausdrücklich ein, daß die „Meinung", die Fortschritte der medizinischen Wissenschaft sollten unter dem neutralen Roten Kreuz stehen und allen Verwundeten, auch denen des Feindes, zugute kommen, sich „etwa entgegenstehenden höheren militärischen Erwägungen fügen" müsse. Nicht aus humanitären Gründen also verlangten sie das Ausfuhrverbot medizinischer Schriften aufzuheben, so versicherten sie, sondern – ganz im Sinne der Kriegspolitik – im Hinblick auf strategische Ziele. Unter diesem Blickwinkel rückten sie die imperialistische Verwertbarkeit der deutschen Fachliteratur ins Zentrum ihrer Argumentation. Als ein geeignetes Beispiel, das diesen Wert hinreichend zu dokumentieren schien, nannten sie unter anderem Japan: „*Die Geltung der deutschen medizinischen Literatur* als Lehr- und Lernbehelf in Japan stellt gewissermassen einen *geistigen Landbesitz* dar, den wir doch nicht unverteidigt an irgend ein anderes Land abgeben dürfen", mahnte die Denkschrift und verallgemeinerte diesen Befund:

> Deutschland ist durch den Krieg auf dem Weg zur Weltmacht. Einen Pfeiler dazu bildet die ausserordentlich grosse Verbreitung der deutschen Wissenschaft in allen Ländern des Erdteils. Sollen wir selbst Hand anlegen, diesen Pfeiler zu schwächen, oder ist es nicht richtiger, ihn nach Möglichkeit zu stützen?[307]

Wenige Tage später reichte der Vorstand der Vereinigung der medizinischen Verleger zusammen mit dem Vorstand des Deutschen Verlegervereins eine Eingabe an den Reichskanzler ein.[308] Unterstützung sollte diese Petition durch eine Eingabe aller Medizinischen Fakultäten des Deutschen Reiches an den Reichskanzler finden, in der vor den „gefährlichen Nachwirkungen" des Ausfuhrverbots auf die „Ausbreitung des Einflusses und Ansehens der deutschen medizinischen Wissenschaft im Auslande" gewarnt wurde. Den Text hatte der Dekan der Medizinischen Fakultät der Universität Göttingen, Paul Jensen, an den Dekan der

---

307 Denkschrift [8.11.1915] in GStA PK, I. HA Rep. 76, Vc Sekt. 1 Tit. XI Teil VII Nr. 41 Adhib. A Bd. I, Bl. 23–32, Hervorhebung i. Orig.

308 Vgl. Meiner, Urban an Reichskanzler, 20.11.1915, Abschr. in UA HU Berlin, Med. Fak. 294, Bl. 40–43.

Medizinischen Fakultät in Berlin geschickt und wegen der Mitunterzeichnung angefragt.[309]

Auch die Preußische Akademie der Wissenschaften in Berlin schaltete sich ein und empfahl eine erneute Prüfung des Ausfuhrverbots, die sich nicht nur auf die medizinische, sondern auch die chemische Literatur erstrecken sollte.[310]

Aufgrund der Proteste kamen auf Betreiben des preußischen Kultusministeriums die Verhandlungen über die Fragen von Ausfuhrverbot und Zensur wieder ins Rollen.[311] Inzwischen waren weitere Gründe hinzugekommen, die gegen ein Ausfuhrverbot sprachen: Einerseits ließ sich nicht ausschließen, daß in Deutschland veröffentlichte Publikationen trotz Ausfuhrkontrolle ins Ausland gelangen konnten. Andererseits befürchtete man, daß als Folge des Exportverbots „daraufhin auch von seiten unserer Feinde die Ausfuhr der hauptsächlich in Betracht kommenden Zeitschriften unterbunden wird", an deren Bezug und Auswertung den deutschen Militärstellen jedoch sehr gelegen war.[312]

Um dennoch „die Errungenschaften deutscher Wissenschaft und Technik", insbesondere „Druckschriften militärischer, kriegswirtschaftlicher, geographischer, volkswirtschaftlicher, medizinischer, statistischer, chemischer und technischer Natur" den Kriegsgegnern zu entziehen,[313] einigten sich schließlich in einer gemeinsamen vertraulichen Besprechung am 26. Februar 1916 Kriegs- und Kultusministerium, Kriegspresseamt, Wissenschaftler und Verleger darauf, das Ausfuhrverbot durch eine verschärfte Zensur der inländischen Fachliteratur zu beschränken oder ganz zu ersetzen, wie man es bereits ein Jahr vorher geplant hatte. Zahlreiche namhafte Wissenschaftler nahmen an der Beratung teil und bekundeten ihre Bereitschaft zur Zusammenarbeit, darunter die bereits früher hinzugezogenen Gelehrten Emil Fischer, Max Rubner, Max Sering und Otto Kammerer, außerdem Fritz Haber, der in der Zentralstelle für Chemie im Kriegsministerium tätig war, der Physiker Walther Nernst, der Geograph Albrecht Penck und der Anatom Wilhelm Waldeyer, Vorsitzender Sekretar der Preußischen Aka-

---

309 Vgl. Der Dekan der Medizinischen Fakultät zu Göttingen, Jensen, [Vorlage für medizinische Fakultäten zur Unterzeichnung einer Eingabe an den Reichskanzler], Dezember 1915, in ebd., Bl. 46 f, Zitat Bl. 47.

310 Vgl. Preußische Akademie der Wissenschaften, der Vorsitzende Sekretar, gez. Waldeyer, an Medizinalabteilung des Kriegsministeriums, 18.12.1915, in GStA PK, I. HA Rep. 76, Vc Sekt. 1 Tit. XI Teil VII Nr. 41 Adhib. A Bd. I, Bl. 71 f.

311 Vgl. Kultusminister an Kriegsminister, 8.12.1915, in ebd., Bl. 47; 18.1.1916, in ebd., Bl. 76 f.; 12.2.1916, in ebd., Bl. 85 f.

312 Minister der geistlichen und Unterrichtsangelegenheiten [Kultusminister], Trott zu Solz, an Kriegsminister, 4.2.1916, in ebd., Bl. 83 f., Zitat Bl. 84.

313 Kriegsministerium an sämtliche Königlichen stellvertretenden Generalkommandos, 1.4.1916, in ebd., Bl. 167 ff., Zitat Bl. 167.

demie der Wissenschaften zu Berlin.[314] – So beteiligte sich später zum Beispiel Haber an der Vorzensur chemischer Publikationen.[315]

Für die Durchführung der Zensur, die man als „wissenschaftliche Vorprüfung und Beratung durch Fachgenossen" umschrieb,[316] um Kompetenzstreitigkeiten mit den militärischen Zensurstellen zu vermeiden, wurde im Kultusministerium eine zentrale Stelle eingerichtet, der man den Namen „Fachwissenschaftliche Zensurberatungsstelle für den Text von Zeitschriften und Büchern" gab. Wissenschaftliche „Vertrauensmänner" der FZB, so die Abkürzung, übernahmen es, die naturwissenschaftlich-technische und nationalökonomische Literatur vor der Drucklegung zu prüfen. Die Richtlinien für ihre Arbeit empfingen sie von der Oberzensurstelle des Kriegspresseamts, während als Geschäftsführer der FZB Wichard von Moellendorff von der Kriegschemikalien-Aktiengesellschaft fungierte. Doch auch die Verleger wurden verpflichtet, die Texte ihrer Autoren zu zensieren, d. h. ihr „eigener Zensor" zu sein, und nur in zweifelhaften Fällen sich an die FZB zu wenden; bei Zuwiderhandlung drohten ihnen Sanktionen.[317]

Nachdem man also dieses Sicherheitsnetz geknüpft hatte, konnte man das Ausfuhrverbot weitgehend aufheben. „Das Erscheinen einer Fachzeitschrift", so teilte das Kriegsministerium sämtlichen Königlichen stellvertretenden Generalkommandos mit, „gibt also in Zukunft die Gewähr, daß schädliche Artikel in ihr nicht enthalten sind, der Ausfuhr somit nichts mehr im Wege steht."[318]

Was die medizinischen Schriften betraf, so übertrug das Kriegsministerium deren Zensur den Sanitätsämtern, die um „wohlwollende Nachprüfung der Anträge" und „milde Handhabung der Prüfung, ob sich eine medizinische Schrift zur Ausfuhr eignet oder nicht", ersucht wurden.[319]

Damit auch die medizinischen Verleger ihren Kriegspflichten nachkamen, schickte ihnen die Medizinal-Abteilung des Kriegsministeriums ein „Merkblatt über die Zulässigkeit der Veröffentlichung und Ausfuhr von Zeitschriften und Werken medizinischen Inhalts", in dem die Zensurrichtlinien dargelegt wurden. Danach war der Druck von Abhandlungen, welche die Bevölkerung beunruhigten,

314 Vgl. Aufzeichnung über die Besprechung im Kultusministerium, 26. 2. 1916, in ebd., Bl. 152 f.; dazu auch Aufzeichnung über die Besprechung im Kultusministerium, 8. 2. 1916, in ebd., Bl. 100 f.

315 Vgl. Szöllösi-Janze, *Fritz Haber*, S. 333.

316 Aufzeichnung über die Besprechung im Kultusministerium, „Vertraulich!", 8. 2. 1916, in GStA PK, I. HA. Rep. 76, Vc Sekt. 1 Tit. XI Teil VII Nr. 41 Adhib. A Bd. I, Bl. 100 f., Zitat Bl. 100.

317 Kriegsministerium an sämtliche Königlichen stellvertretenden Generalkommandos, 1. 4. 1916, in ebd., Bl. 167 ff.; Kultusminister an Kriegsminister, 21. 3. 1916, Konzept in ebd., Bl. 154 – 158, Zitat Bl. 156.

318 Ebd., Bl. 168. Zur Geschäftsordnung der FZB vgl. ebd., Bl. 184 f.

319 Kriegsministerium, Medizinal-Abteilung, Schultzen, an sämtliche Königlichen Sanitätsämter einschließlich der militärischen Institute, 14. 4. 1916, in ebd., Bl. 175 f., Zitat Bl. 175.

ein ungünstiges Licht auf die Gesundheitsverhältnisse und Sanitätsmaßnahmen im deutschen Heer sowie dem der verbündeten Länder warfen oder über Schutzmaßnahmen gegen Gasangriffe informierten, grundsätzlich verboten. Zur gleichen Zeit schränkte man das generelle Ausfuhrverbot ein. Während diejenigen medizinischen Publikationen, die bereits vor dem Krieg veröffentlicht worden waren, nun freigegeben wurden, zumal sie ohnehin bereits bekannt waren, sollten die Verleger die übrige medizinische Literatur vor der Veröffentlichung der Zensur der Sanitätsämter unterwerfen, die dann – im Falle der Unbedenklichkeit – die Ausfuhrerlaubnis erteilten.[320]

So wurde die deutsche Fachliteratur im Krieg zensiert, um wissenschaftliche Erkenntnisse vor den Gegnern geheimzuhalten und eine begrenzte wissenschaftliche Nachrichtensperre zu verhängen.

Gleichzeitig aber bemühte man sich, in umgekehrter Richtung die wissenschaftliche Literatur des Auslands möglichst vollständig zu erfassen und auszuwerten. Um das zu erreichen, hatte man ja gerade das Ausfuhrverbot für deutsche wissenschaftliche Literatur aufgehoben, damit die Kriegsgegner nicht auf den Gedanken kamen, mit den gleichen Waffen zurückzuschlagen. „Es erscheint für die Landesverteidigung wertvoll", schrieb das preußische Kriegsministerium an das Kultusministerium, „daß die in der ausländischen technisch-wissenschaftlichen Literatur erscheinenden Mitteilungen, welche für die Rüstung und Kriegführung von Interesse sein können, gesammelt und den beteiligten Stellen zugänglich gemacht werden." Das Kriegsministerium bat deshalb, „geeignete Persönlichkeiten aus dem Kreise der technischen Wissenschaft zu einer geordneten und regelmäßigen Berichterstattung über die in Betracht kommenden Veröffentlichungen zu vereinigen."[321] Dabei stellte sich das Kriegsministerium eine „Organisation" vor, welche die ausländische Fachliteratur nicht nur sammelte und darüber berichtete, sondern außerdem „in fachkundig ausgeführter deutscher Übersetzung" vorlegte. Die im Kriegsministerium eingerichtete Zentralstelle für Chemie sollte bei der Durchführung des Plans behilflich sein.[322]

Kurze Zeit später fand im Kultusministerium unter Beteiligung von Fritz Haber als Vertreter der Zentralstelle für Chemie im Kriegsministerium eine Vorbespre-

---

320 Vgl. Kriegsministerium, Medizinal-Abteilung, Schultzen, Merkblatt, in UA HU Berlin, Med. Fak. 141, Bl. 51. Das Merkblatt wurde am 3.10.1916 den Universitätskuratoren und der Medizinischen Fakultät der Universität Berlin vom Kultusministerium geschickt, vgl. ebd., Bl. 50.

321 Kriegsministerium, von Wandel, an Minister der geistlichen und Unterrichts-Angelegenheiten [Kultusminister], 18.1.1916, in GStA PK, I. HA Rep. 76, Vc Sekt. 1 Tit. XI Teil VII Nr. 41 Adhib. A Bd. I, Bl. 82, vgl. dazu Elke Behrends, *Technisch-wissenschaftliche Dokumentation*, S. 54–59.

322 Kriegsministerium, von Wandel, 18.1.1916, in GStA PK, I. HA Rep. 76, Vc Sekt. 1 Tit. XI Teil VII Nr. 41 Adhib. A Bd. I, Bl. 82.

chung mit Fachleuten statt, darunter Herausgebern wissenschaftlicher Zeitschriften, die mit der Auswertung ausländischer Literatur bereits bestens vertraut waren. Es wurde die Bildung einer Kommission ins Auge gefaßt, deren Geschäftsführer Conrad Matschoß vom Vorstand des Vereins Deutscher Ingenieure werden sollte.[323] Auf der dann ebenfalls im Kultusministerium anberaumten vertraulichen Besprechung am 8. Februar 1916 nahmen neben den Vertretern von Kriegs- und Kultusministerium, der Zentralstelle für Chemie im Kriegsministerium (Haber, Epstein) und der Oberzensurstelle des Kriegspresseamts weitere Sachverständige teil, darunter neben Bibliothekaren von der Königlichen Bibliothek, der Bibliothek der Technischen Hochschule und vom Kaiserlichen Patentamt der Herausgeber der *Naturwissenschaften*, Arnold Berliner, der Redakteur des *Chemischen Zentralblatts*, Albert Hesse, und der *Elektrotechnischen Zeitschrift*, Zehme, außerdem Conrad Matschoß sowie Drechsler vom Amerika-Institut, das den Schriftenaustausch mit den USA organisierte. Es wurde vereinbart, eine „Zentralstelle" unter Leitung von Matschoß zu schaffen, welche, gestützt auf „Referenten und fachmännische Beurteiler" die ausländische wissenschaftliche Literatur mit knappen Inhaltsangaben in einem Referatenorgan präsentieren sollte. Die Bibliothekare und das Amerika-Institut wurden für die Beschaffung der Literatur gebraucht, während die Vertreter der Zeitschriftenredaktionen dabei behilflich sein sollten, „genügend Fachleute für die Zusammenstellung und Bearbeitung geeigneter Aufsätze" zu finden. Matschoß legte bereits den Probedruck einer *kriegstechnischen Zeitschriftenschau* vor, die allgemein Zustimmung fand, deren Namen man jedoch lieber, friedlicher klingend, in *Technische Zeitschriftenschau* umänderte. Ein Stichwortverzeichnis wurde mit den militärischen Referenten abgesprochen. Ohnehin sollte die Zentralstelle durch Vermittlung des Kultusministeriums mit dem Kriegsministerium und Reichsmarineamt in Verbindung stehen.[324]

Die *Technische Zeitschriftenschau* erschien vom 26. Februar 1916 bis zum 30. September 1918 vierzehntägig in numerierten Exemplaren. „Als Manuskript gedruckt." – „Vertraulich! Nicht für die Presse.". Sie wurde vom Kriegspresseamt zunächst nur an militärische und staatliche Stellen versandt. Später wurden noch einzelne Personen und Unternehmen der Kriegswirtschaft einbezogen. Die Referate, nach kriegstechnisch relevanten Sachgebieten geordnet, waren auf Deutsch, ebenso die Titel der besprochenen Aufsätze, von denen viele den Fachzeitschriften der Kriegsgegner entstammten, aber auch deutschen Zeitschriften, welche

---

323 Vgl. Kultusminister an Kriegsminister, 4.2.1916, in ebd., Bl. 83 f.; vgl. Behrends, S. 54 f.

324 Aufzeichnung über die Besprechung im Kultusministerium, „Vertraulich!", 8.2.1916, in GStA PK, I. HA Rep. 76, Vc Sekt. 1 Tit. XI Teil VII Nr. 41 Adhib. A Bd. I, Bl. 100 f.; vgl. Behrends, S. 55.

über neue Entwicklungen in den alliierten Ländern zu berichten wußten. Auf Wunsch konnten die vollständigen Aufsätze im Original (Reproduktionen) oder in Übersetzung zugestellt werden. (Abb. 22)

So schufen die deutschen Behörden, von Fachleuten bereitwillig unterstützt, ein geheimes kriegstechnisches Referatenorgan, das bis zum Kriegsende erschien. Nach dem Krieg wurde die *Technische Zeitschriftenschau* vom Verein Deutscher Ingenieure weiterhin herausgegeben, dann aber die gesamte technische Literatur umfassend und öffentlich.[325]

Auch in Paris hatte man sich im Ersten Weltkrieg mit einer Zensur wissenschaftlicher Literatur befaßt. Doch erst gegen Ende des Krieges, am 8. April 1918, fand dazu eine Besprechung des Comité secret der Académie des Sciences statt. Zeitschriftenartikel, welche für die Landesverteidigung wichtige Themen behandelten, hatten den Anstoß dazu gegeben. Um solche Publikationen fortan zu unterbinden, sprach sich der Mathematiker Jacques Hadamard dafür aus, bei der Regierung auf eine strenge Zensur hinzuwirken. „Il pense", hieß es dazu im Protokoll, „que l'Académie devrait intervenir avec énergie auprès des pouvoirs publics pour obtenir une censure rigoureuse de toute les communications d'ordre scientifique pouvant renseigner l'ennemi sur ce qui se fait chez nous. Il voudrait en outre qu'elle réclamât aussi des sanctions sévères contre les auteurs de ces indiscrétions."[326]

Der Geologe Alfred Lacroix und die Mathematiker Paul Appell und Paul Painlevé wandten ein, daß die Akademie die Regierung zwar auf die Gefahren derartiger Veröffentlichungen aufmerksam machen und ein Verbot fordern sollte, ohne jedoch Sanktionen gegen Personen zu verlangen – eine Auffassung, die von anderen Gelehrten geteilt wurde. Der weitergehende Vorschlag des Technikers und Geologen Léon Lecornu hingegen, das Verbot auch auf einzelne Beiträge in den Sitzungsberichten der Akademie bis hin zu Arbeiten auf dem Gebiet der Medizin und Chirurgie auszudehnen, stieß, was den letzten Aspekt betraf, auf Protest, weil, wie der Mediziner Édouard Quénu darlegte, die medizinische Veröffentlichung gerade im Krieg unverzichtbar sei, „qu'elle a sauvé la vie d'innombrables blessés en contribuant à l'éducation des chirurgiens." – Es war ein humanitärer Standpunkt, der keinen Unterschied machte zwischen Verwundeten auf der eigenen und der feindlichen Seite und den Quénu ganz entschieden verfocht. Bei deutschen Wissenschaftlern, Politikern und Verlegern, die sich um

---

325 Vgl. Bericht über die Sitzung am 23.2.1916 im Verein deutscher Ingenieure, 23.2.1916, in GStA PK, I. HA Rep. 76, Vc Sekt. 1 Tit. XI Teil VII Nr. 41 Adhib. A Bd. 1, Bl. 106f.; *Technische Zeitschriftenschau*, in GStA PK, I. HA Rep. 76, Vc Sekt. 1 Tit. XI Teil VII Nr. 41 Adhib. B Bd. I; vgl. Behrends, S. 56ff.

326 Comité secret du 8 avril 1918, in Archives AdS, Comité Secret 1912–1918, Bl. 410.

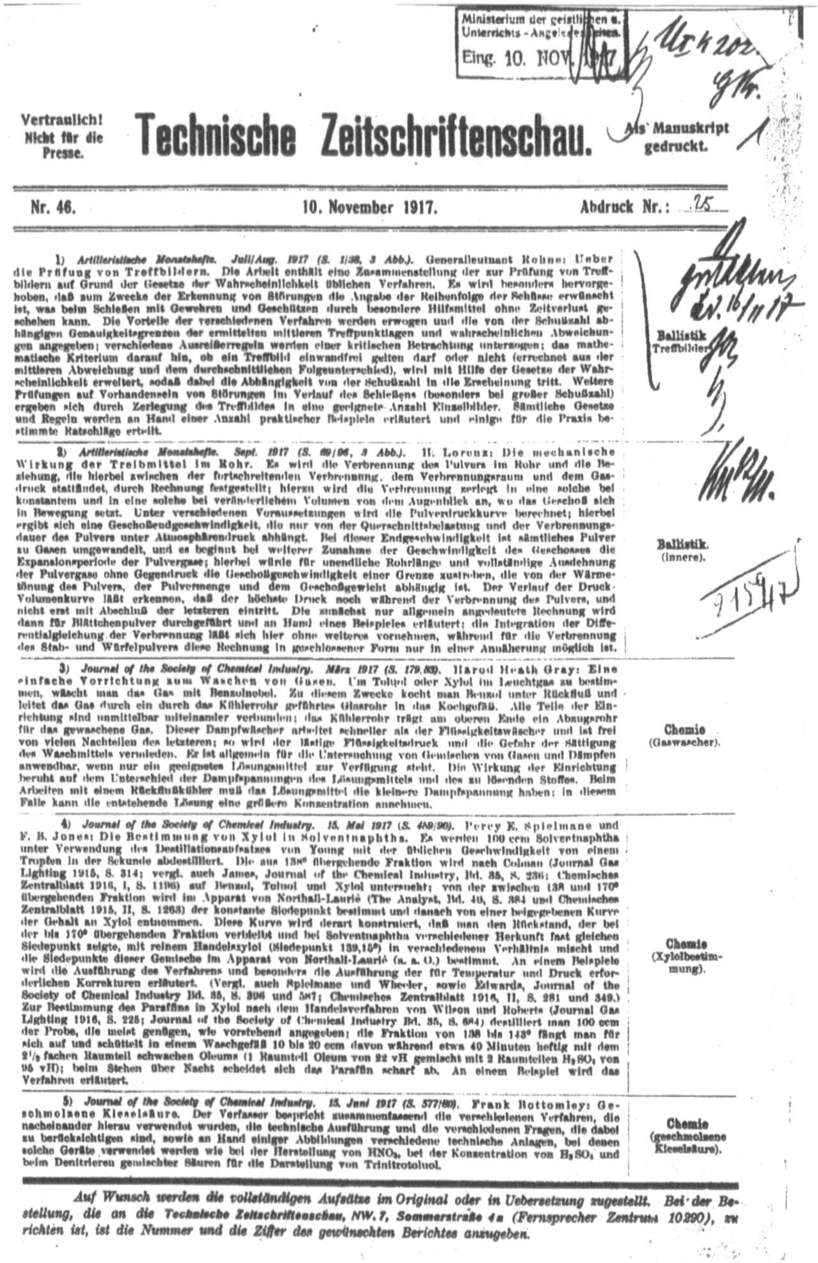

Ministerium der geistlichen u. Unterrichts-Angelegenheiten. Eing. 10. NOV. 1917

Vertraulich! Nicht für die Presse.

Technische Zeitschriftenschau.

Als Manuskript gedruckt.

Nr. 46. 10. November 1917. Abdruck Nr.: 25

1) *Artilleristische Monatshefte. Juli/Aug. 1917 (S. 1/38, 3 Abb.).* Generalleutnant Rohne: Ueber die Prüfung von Treffbildern. Die Arbeit enthält eine Zusammenstellung der zur Prüfung von Treffbildern auf Grund der Gesetze der Wahrscheinlichkeit üblichen Verfahren. Es wird besonders hervorgehoben, daß zum Zwecke der Erkennung von Störungen die Angabe der Reihenfolge der Schüsse erwünscht ist, was beim Schießen mit Gewehren und Geschützen durch besondere Hilfsmittel ohne Zeitverlust geschehen kann. Die Vorteile der verschiedenen Verfahren werden erwogen und die von der Schußzahl abhängigen Genauigkeitsgrenzen der ermittelten mittleren Treffpunktlagen und wahrscheinlichen Abweichungen angegeben; verschiedene Ausreißerregeln werden einer kritischen Betrachtung unterzogen; das mathematische Kriterium darauf hin, ob ein Treffbild einwandfrei gelten darf oder nicht (errechnet aus der mittleren Abweichung und dem durchschnittlichen Folgeunterschied), wird mit Hilfe der Gesetze der Wahrscheinlichkeit erweitert, sodaß dabei die Abhängigkeit von der Schußzahl in die Erscheinung tritt. Weitere Prüfungen auf Vorhandensein von Störungen im Verlauf des Schießens (besonders bei großer Schußzahl) ergeben sich durch Zerlegung des Treffbildes in eine geeignete Anzahl Einzelbilder. Sämtliche Gesetze und Regeln werden an Hand einer Anzahl praktischer Beispiele erläutert und einige für die Praxis bestimmte Ratschläge erteilt. — Ballistik (Treffbilder).

2) *Artilleristische Monatshefte. Sept. 1917 (S. 69/96, 3 Abb.).* H. Lorenz: Die mechanische Wirkung der Treibmittel im Rohr. Es wird die Verbrennung des Pulvers im Rohr und die Beziehung, die hierbei zwischen der fortschreitenden Verbrennung, dem Verbrennungsraum und dem Gasdruck stattfindet, durch Rechnung festgestellt; hierzu wird die Verbrennung zerlegt in eine solche bei konstantem und in eine solche bei veränderlichem Volumen von dem Augenblick an, wo das Geschoß sich in Bewegung setzt. Unter verschiedenen Voraussetzungen wird die Pulverdruckkurve berechnet; hierbei ergibt sich eine Geschoßendgeschwindigkeit, die nur von der Querschnittsbelastung und der Verbrennungsdauer des Pulvers unter Atmosphärendruck abhängt. Bei dieser Endgeschwindigkeit ist sämtliches Pulver zu Gasen umgewandelt, und es beginnt bei weiterer Zunahme der Geschwindigkeit des Geschosses die Expansionsperiode der Pulvergase; hierbei würde für unendliche Rohrlänge und vollständige Ausdehnung der Pulvergase ohne Gegendruck die Geschoßgeschwindigkeit einer Grenze zustreben, die von der Wärmetönung des Pulvers, der Pulvermenge und dem Geschoßgewicht abhängig ist. Der Verlauf der Druck-Volumenkurve läßt erkennen, daß der höchste Druck noch während der Verbrennung des Pulvers, und nicht erst mit Abschluß der letzteren eintritt. Die zunächst nur allgemein angedeutete Rechnung wird dann für Blättchenpulver durchgeführt und an Hand eines Beispieles erläutert; die Integration der Differentialgleichung der Verbrennung läßt sich hier ohne weiteres vornehmen, während für die Verbrennung des Stab- und Würfelpulvers diese Rechnung in geschlossener Form nur in einer Annäherung möglich ist. — Ballistik (innere).

3) *Journal of the Society of Chemical Industry. März 1917 (S. 179/83).* Harod Heath Gray: Eine einfache Vorrichtung zum Waschen von Gasen. Um Toluol oder Xylol im Leuchtgas zu bestimmen, wäscht man das Gas mit Benzolnebel. Zu diesem Zwecke kocht man Benzol unter Rückfluß und leitet das Gas durch ein durch das Kühlerrohr geführtes Glasrohr in das Kochgefäß. Alle Teile der Einrichtung sind unmittelbar miteinander verbunden; das Kühlerrohr trägt am oberen Ende ein Abzugsrohr für das gewaschene Gas. Dieser Dampfwäscher arbeitet schneller als der Flüssigkeitswäscher und ist frei von vielen Nachteilen des letzteren; so wird der lästige Flüssigkeitsdruck und die Gefahr der Sättigung des Waschmittels vermieden. Er ist allgemein für die Untersuchung von Gemischen von Gasen und Dämpfen anwendbar, wenn nur ein geeignetes Lösungsmittel zur Verfügung steht. Die Wirkung der Einrichtung beruht auf dem Unterschied der Dampfspannungen des Lösungsmittels und des zu lösenden Stoffes. Beim Arbeiten mit einem Rückflußkühler muß das Lösungsmittel die kleinere Dampfspannung haben; in diesem Falle kann die entstehende Lösung eine größere Konzentration annehmen. — Chemie (Gaswascher).

4) *Journal of the Society of Chemical Industry. 15. Mai 1917 (S. 489/90).* Percy E. Spielmann und F. B. Jones: Die Bestimmung von Xylol in Solventnaphtha. Es werden 100 ccm Solventnaphtha unter Verwendung des Destillationsaufsatzes von Young mit der üblichen Geschwindigkeit von einem Tropfen in der Sekunde abdestilliert. Die aus 138° übergehende Fraktion wird nach Colman (Journal Gas Lighting 1915, S. 314; vergl. auch James, Journal of the Chemical Industry, Bd. 35, S. 236; Chemisches Zentralblatt 1916, I, S. 1196) auf Benzol, Toluol und Xylol untersucht; von der zwischen 138 und 170° übergehenden Fraktion wird im Apparat von Northall-Laurié (The Analyst, Bd. 40, S. 384 und Chemisches Zentralblatt 1915, II, S. 1263) der konstante Siedepunkt bestimmt und danach von einer beigegebenen Kurve der Gehalt an Xylol entnommen. Diese Kurve wird derart konstruiert, daß man den Rückstand, der bei der bis 170° übergehenden Fraktion verbleibt und bei Solventnaphtha verschiedener Herkunft fast gleichen Siedepunkt zeigte, mit reinem Handelsxylol (Siedepunkt 139,15°) in verschiedenem Verhältnis mischt und die Siedepunkte dieser Gemische im Apparat von Northall-Laurié (a. a. O.) bestimmt. An einem Beispiele wird die Ausführung des Verfahrens und besonders die Ausführung der für Temperatur und Druck erforderlichen Korrekturen erläutert. (Vergl. auch Spielmann und Wheeler, sowie Edwards, Journal of the Society of Chemical Industry Bd. 35, S. 396 und 587; Chemisches Zentralblatt 1916, II, S. 281 und 349.) Zur Bestimmung des Paraffins in Xylol nach dem Handelsverfahren von Wilson und Roberts (Journal Gas Lighting 1916, S. 225; Journal of the Society of Chemical Industry Bd. 35, S. 684) destilliert man 100 ccm der Probe, die meist genügen, wie vorstehend angegeben; die Fraktion von 138 bis 143° fängt man für sich auf und schüttelt in einem Waschgefäß 10 bis 20 ccm davon während etwa 40 Minuten heftig mit dem 2½ fachen Raumteil schwachen Oleums (1 Raumteil Oleum von 22 vH gemischt mit 2 Raumteilen H_2SO_4 von 95 vH); beim Stehen über Nacht scheidet sich das Paraffin scharf ab. An einem Beispiel wird das Verfahren erläutert. — Chemie (Xylolbestimmung).

5) *Journal of the Society of Chemical Industry. 15. Juni 1917 (S. 577/80).* Frank Bottomley: Geschmolzene Kieselsäure. Der Verfasser bespricht zusammenfassend die verschiedenen Verfahren, die nacheinander hierzu verwendet wurden, die technische Ausführung und die verschiedenen Fragen, die dabei zu berücksichtigen sind, sowie an Hand einiger Abbildungen verschiedene technische Anlagen, bei denen solche Geräte verwendet werden wie bei der Herstellung von HNO_3, bei der Konzentration von H_2SO_4 und beim Denitrieren gemischter Säuren für die Darstellung von Trinitrotoluol. — Chemie (geschmolzene Kieselsäure).

Auf Wunsch werden die vollständigen Aufsätze im Original oder in Uebersetzung zugestellt. Bei der Bestellung, die an die Technische Zeitschriftenschau, NW. 7, Sommerstraße 4a (Fernsprecher Zentrum 10290), zu richten ist, ist die Nummer und die Ziffer des gewünschten Berichtes anzugeben.

Abb. 22: *Technische Zeitschriftenschau.* Geheimes Referatenorgan aus dem Jahr 1917. Exemplar des Geheimen Staatsarchivs Preußischer Kulturbesitz, Berlin, GStA PK, I. HA Rep. 76, Vc Sekt. 1 Tit. XI Teil VII Nr. 41 Adhib. B Bd. I, Bl. 1.

Zensur und Ausfuhrverbot medizinischer Zeitschriften sorgten, war eine solche Stimme, soweit die Dokumente darüber Auskunft geben, nicht zu vernehmen.

Nachdem auf jener geheimen Sitzung der Académie des Sciences noch das Problem der fachlichen Kompetenzen der Zensoren erörtert worden war, verabschiedete man schließlich einstimmig eine von Appell formulierte Resolution:

> L'Académie des Sciences, émue de certaines publications relatives à des travaux techniques intéressant la Défense nationale, émet le voeu que des mesures efficaces soient prises pour prévenir toute divulgation de cette nature.[327]

Wenn man bedenkt, daß sich die französischen Wissenschaftler erst spät zu einer solchen Maßnahme entschlossen, was wiederum der deutschen Seite zugute kam, und wenn man die Verhaltensweisen der deutschen und französischen Gelehrten vergleicht, zeigen sich hier recht unterschiedliche Mentalitäten.

Auf jeden Fall aber schädigten die restriktiven Eingriffe und Verbote der Militärinstanzen des Kaiserreichs das Ansehen der deutschen Fachliteratur und damit auch der deutschen Wissenschaftssprache im Ausland.

327 Ebd., Bl. 411.

II. Der Boykott

1. Die Institutionalisierung des Boykotts

a) Die Bildung des Conseil international de recherches

Der britische Chemiker William Ramsay hatte bereits 1915 davon gesprochen, daß nach dem Krieg deutsche und österreichische Wissenschaftler von internationalen Versammlungen ausgeschlossen würden.[1] Die Vorstellungen, die der französische Mathematiker Émile Picard im selben Jahr äußerte, gingen in die gleiche Richtung: Deutschland, so verlangte er, sollte von internationalen Kongressen ausgeschlossen werden, weil diese für den„Germanismus" zum Sprungbrett geworden wären („Ceux-ci sont devenus un tremplin pour le Germanisme") und Deutschland sich mit seiner „Barbarei" außerhalb der zivilisierten Nationen gestellt hätte.[2] Mit der gleichen Begründung forderte Picard, inzwischen ständiger Sekretär der Académie des Sciences in Paris, 1917 die Ablösung der alten internationalen Assoziationen durch neu zu bildende Organisationen, deren Tür Deutschland verschlossen bleiben sollte, um sich vor dessen heimtückischer Invasion zu schützen:

> Les anciennes Associations internationales, qui étaient un tremplin pour le Germanisme, doivent donc être regardées comme mortes. Il n' y a qu' une manière de s'opposer à l'invasion d'adversaires déloyaux et fourbes, c'est de leur fermer la porte et de ne se prêter à aucune compromission avec eux. Nous arriverons, j'en ai plus que l'espérance, à organiser avec nos alliés et nos amis des groupements d'ou l'Allemagne sera exclue.[3]

Bereits wenige Monate vorher hatte Picard in einem Brief an den anderen ständigen Sekretär der Académie des Sciences, den Geologen Alfred Lacroix, die Dringlichkeit derartiger Sanktionen unterstrichen, weil andernfalls die Deutschen, selbst wenn sie militärisch geschlagen wären, all ihre internationalen Positionen in den Wissenschaften nach dem Krieg weiterhin behaupten könnten:

---

1 William Ramsay in *Süddeutsche Monatshefte*, August 1915, S. 829. Ramsay starb 1916; zu Ramsay siehe auch oben S. 125–127.

2 Émile Picard, L'histoire des sciences, in Petit, Leudet (Hrsg.), *Les Allemands et la Science*, S. 298; vgl. Schröder- Gudehus, *Deutsche Wissenschaft*, S. 86f. Die Broschüre *L'histoire des sciences et les prétentions de la science allemande* hatte Picard bereits am 4.10.1915 der Académie des Sciences in Paris überreicht; vgl. Académie des Sciences de l'Institut de France, *Comptes rendus hebdomadaires des séances*, 1915, S. 410f.

3 Émile Picard, Les relations scientifiques internationales après la guerre, in *Journal des débats* 17.10.1917; vgl. Schröder-Gudehus, *Deutsche Wissenschaft*, S. 87.

https://doi.org/10.1515/9783110572643-008

> Il est urgent que nous agissions dès maintenant pour les relations internationales scientifiques d'après-guerre. Les Allemands agissent activement, et on vient de nous raconter au Bureau des Longitudes, à propos de l'association géodésique, de faits incroyables. Si nous restons inertes, ils garderont scientifiquement toutes leurs positions, quand bien même ils seraient militairement archi-battus.[4]

Aus diesem Grund hatte sich Picard auch an den amerikanischen Astrophysiker George Ellery Hale, Foreign Secretary der National Academy of Sciences in Washington und Vorsitzender des 1916 gegründeten National Research Council, in einem Brief gewandt, in dem er ganz entschieden dafür plädierte, deutsche Wissenschaftler aus den internationalen Forschungsorganisationen zu verbannen und zu diesem Zweck die alten Assoziationen aufzulösen und neue zu gründen. Solche Überlegungen fielen, nachdem die USA in den Krieg eingetreten waren, bei Hale auf fruchtbaren Boden, der deswegen schon mit dem britischen Physiker Arthur Schuster, Sekretär der Royal Society in London, korrespondiert hatte.[5]

Schließlich lud Schuster zur Konferenz der Akademien der Alliierten nach London ein, um das Vorgehen gemeinsam abzustimmen.[6]

Im Zusammenspiel dieser drei Protagonisten Hale, Schuster und Picard wurde der Boykott gegen deutsche und österreichische Wissenschaftler für die Zeit nach dem Krieg eingefädelt. Dabei fiel sicherlich ins Gewicht, daß, abgesehen von dem chauvinistischen Verhalten deutscher Wissenschaftler im Krieg, nicht nur Picard, sondern auch Schuster und Hale bereits vor dem Krieg schlechte Erfahrungen mit der deutschen Machtpolitik in internationalen wissenschaftlichen Institutionen gemacht hatten, insbesondere in der Astronomie, Geophysik, Geodäsie und Seismologie, wie oben geschildert. Nicht zufällig waren gerade Vertreter dieser Disziplinen an der Vorbereitung und Durchführung des Boykotts maßgeblich beteiligt, wobei sie sich auf bestehende Organisationsstrukturen stützen

4 Émile Picard an Alfred Lacroix 6.6.1917, in Archives AdS Paris (Archives de l'Académie des Sciences, Paris), Picard, Correspondance administrative, Lettres de Picard à Lacroix 1904–1927. Picard war Mitglied des Bureau des Longitudes in Paris, das mit Astronomie und Geodäsie befaßt war.

5 Picard an Hale 22.7.1917, nach Daniel Kevles, „Into Hostile Political Camps": The Reorganization of International Science in World War I, in *Isis* 62, 1971, S. 49. Zum Briefwechsel Schuster-Hale ebd., S. 49 ff.; Schröder-Gudehus, *Les scientifiques*, S. 103; zur Korrespondenz Hale-Schuster-Picard u.a. ausführlich: Adriaan Blaauw, *History of the IAU*, S. 21–43.

6 Einladungsschreiben von Arthur Schuster, 5.11.1917, Abschr. in Archives AdS Paris, Comité secret 1912–1918, 17.12.1917, Eingang bestätigt von Paul Painlevé [Präsident der Académie des Sciences], Bl. 388 f.; Einladungen wurden außerdem an die Akademien in Rom, Washington und Tokio und an die Regierungen Belgiens, Portugals und Serbiens geschickt; vgl. Blaauw, *IAU*, S. 38.

konnten, die größtenteils von deutschen Wissenschaftlern aufgebaut worden waren. Auch der belgische Astronom Georges Lecointe, korrespondierendes Mitglied der belgischen und der französischen Akademie der Wissenschaften, Direktor des Observatoriums in Uccle bei Brüssel und Vizepräsident der Internationalen Seismologischen Assoziation, deren Präsident zeitweise Schuster gewesen war, setzte sich aktiv für Boykottmaßnahmen ein.[7]

Die Politik war nicht erst mit dem Krieg in die internationale Gemeinschaft der Wissenschaftler eingebrochen,[8] der Krieg hatte allerdings die Rivalitäten verschärft und angesichts der engen Verflechtung von Wissenschaft, Wirtschaft, Staat und Militär im Krieg zwangsläufig zum Bruch geführt. Es lag nahe, daß sich aufgrund der neuen Machtkonstellationen die Wissenschaftler nicht nur im Krieg, sondern auch für die Zeit danach international neu gruppierten. Die besondere Aggressivität des deutschen Militärs und dessen Verteidigung durch nahezu alle deutschen Wissenschaftler hatten die scharfe Reaktion alliierter Wissenschaftler heraufbeschworen, die in dem Plan gipfelte, die deutschen Wissenschaftler und ihre Bündnispartner aus der internationalen Wissenschaftlergemeinschaft auszuschließen.

Die wichtigste taktische Frage des alliierten Projekts dabei war, wie einerseits die deutschen und österreichischen Wissenschaftler isoliert, andererseits und gleichzeitig aber die neutralen für die Zusammenarbeit mit den alliierten Wissenschaftlern gewonnen werden konnten. Das ließ sich über Abstimmungen in den bestehenden internationalen Assoziationen nicht erreichen.[9]

---

7 Georges Lecointe, H. Guchtenaere, Les relations intellectuelles internationales d'aprés guerre, Paris, 14.12.1917, in Académie Royale de Belgique, *Bulletin de la Classe des Sciences*, 1, 1919, S. 39–47; zu dieser Denkschrift, die Lecointe im Dezember 1917 der belgischen Regierung vorlegte, vgl. Schröder-Gudehus, *Deutsche Wissenschaft*, S. 104–108. Schröder-Gudehus erwähnt jedoch nicht die Positionen, die Lecointe sowie Schuster und Hale in den alten internationalen Wissenschaftsorganisationen innehatten, sowie die damit verbundenen Auseinandersetzungen mit der deutschen Wissenschafts- und Machtpolitik. (Schuster, Sekretär der Royal Society und Mitglied der Royal Astronomical Society in London, Mitbegründer der Internationalen Assoziation der Akademien, war seit 1904 Vorsitzender der Solar-Union (International Union for Cooperation in Solar Research) und 1908–1911 Präsident der Internationalen Seismologischen Assoziation. Hale, der wie Lecointe Mitglied der Astronomischen Gesellschaft gewesen war und 1904 die Solar-Union mitgegründet hatte, war zusammen mit Schuster im Exekutivkomitee der Solar-Union.)

8 Vgl. dazu auch Alter, Internationale Wissenschaft und nationale Politik; dagegen Kevles, „Into Hostile Political Camps", S. 48.

9 Zur Frage der Neutralen vgl. Comité secret 30.9.1918, [gez.] Painlevé, in Archives AdS Paris, Comité secret 1912–1918, Bl. 431; Lecointe, Guchtenaere, Les relations intellectuelles internationales d'aprés guerre, S. 47; dazu auch Kevles, „Into Hostile Political Camps", S. 50f.; Schröder-Gudehus, *Les scientifiques*, S. 105f.

Das Ziel, das Hale und die National Academy of Sciences in Washington verfolgten, war die Etablierung einer neuen umfassenderen und vor allem effektiveren internationalen Wissenschafts- und Forschungsorganisation, als die 1899 gegründete Internationale Assoziation der Akademien es jemals gewesen war. Sie sollte zunächst, vermutlich unter amerikanischer Führung, von den Wissenschaftlern der Alliierten errichtet werden, um, auf der Basis der Zusammenarbeit von Wissenschaft, Staat, Industrie und Militär, notwendige Forschungen für den Krieg gegen Deutschland und seine Verbündeten zu leisten und Weichen für die Nachkriegszeit zu stellen. Dazu waren, so der amerikanische Vorschlag, in den Ländern nationale „Research Councils" zu gründen, die dort alle relevanten wissenschaftlichen Institutionen mit einbezogen, wie in den USA, wo bereits 1916 unter maßgeblicher Beteiligung Hales der National Research Council gebildet worden war. Diese national zentralisierten Wissenschaftsorganisationen sollten Delegierte in einen „Inter-Allied Research Council" entsenden, der ein permanentes Büro in Paris oder London unterhalten und dort Konferenzen veranstalten würde. Weil sich angesichts des Krieges das Projekt anfangs zwangsläufig auf die Alliierten beschränkte, konnten diese die Bedingungen nach ihren Vorstellungen festlegen. Es war selbstverständlich, daß Deutschland und Österreich von vorneherein ausgeschlossen, aber auch die Neutralen nicht beteiligt waren, ohne daß es einer besonderen Erklärung bedurfte. Nach dem Krieg wollte man das Wissenschaftsspektrum erweitern und noch andere Länder einladen, sich um den Kern der Wissenschafts-Entente zu gruppieren. Ein Ausschluß deutscher und österreichischer Wissenschaftler wurde in diesem Zusammenhang nicht ausdrücklich erwähnt.[10]

Das schrittweise Vorgehen beim Aufbau der neuen internationalen Organisation, das der amerikanische Plan vorsah, schien, wenn auch in umgekehrter Richtung und unter den Bedingungen des Krieges, der oben beschriebenen Taktik deutscher Wissenschaftsorganisatoren vor dem Krieg ähnlich zu sein, die darauf bedacht waren, erst ihre Machtpositionen zu sichern, bevor sie darangingen, den Rahmen der von ihnen geschaffenen Vereinigung international auszudehnen. Nach diesem Verfahren wandelte sich auch das von den USA vorgeschlagene alliierte alsbald zum internationalen Projekt, was sich ebenfalls im Wechsel des

10 Suggestion for the International Organization of Science and Research. Submitted by the Council of the National Academy of Sciences; Outline of plan for an Inter-Allied Research Council, in Archives AdS Paris, Association internationale des académies; nach einer handschriftlichen Notiz auf dem gedruckten Vorschlag war dieser als Vorlage für die Konferenz der alliierten Akademien im Oktober 1918 in London gedacht und von Hale am 9.8.1918 an die AdS Paris geschickt worden; vgl. Kevles, „Into Hostile Political Camps", S. 52ff.; Schröder-Gudehus, *Les scientifiques*, S. 106f.; Blaauw, *IAU*, S. 33ff.

Namens der geplanten Institution niederschlug: vom „Inter-Allied Research Council“ zum „International Research Council“. Die Überlegenheit einer solchen internationalen Wissenschafts- und Forschungsorganisation über die alten Assoziationen, vor allem aber über die deutsche Organisations- und Wissenschaftsmacht, sollte durch die Effektivität der Organisationsstruktur und der engen interdisziplinären Zusammenarbeit erzielt werden.

Die Académie des Sciences in Paris indes setzte den Akzent anders. Zwar strebte auch sie die Gründung neuer Wissenschaftsorganisationen ohne die Deutschen und Österreicher an, wobei man großen Wert auf die angewandten Wissenschaften legte und, was besonders betont wurde, auf Bibliographien. Doch in erster Linie ging es der französischen Akademie darum, zusätzliche, unmittelbar wirksame Sanktionen gegen Deutschland und Österreich zu verhängen.

Zu diesem Zweck wurden bereits im Dezember 1917 die allgemeinen Richtlinien bestimmt, an die sich die Delegierten der französischen Akademie auf der alliierten Konferenz halten sollten, die man im Oktober 1918 in London durchführen wollte:

> Il est désirable que les Alliés étudient dès maintenant la création de nouvelles Associations internationales d'où seront exclues les puissances qui sont en guerre avec eux.

Eine Generalversammlung der Vertreter aller Alliierten sollte später die Grundlage schaffen für die Bildung einer alliierten Wissenschafts-Entente („entente scientifique“). Was noch bestehende internationale Assoziationen betraf, die auf zwischenstaatlichen Verträgen beruhten, sollten sich vor der Londoner Konferenz die Delegierten der Akademie mit dem französischen Außenministerium beraten.[11]

Ergebnis dieser Beratungen war, daß man sich darauf verständigte, für die Auflösung der alten internationalen Organisationen einzutreten, soweit die Abmachungen und Verträge es erlaubten: „Il apparaît que les anciennes organisations internationales devront être dissoutes pour autant que les règlements admis en commun ou le conventions internationales diplomatiques le permettront.“ Weil dabei aber die Gefahr bestand, daß die Neutralen sich dagegen stellen und dann eben ohne die Alliierten mit den Deutschen weiterhin zusammenarbeiten könnten, sollte Deutschland im Friedensvertrag gezwungen werden, sich aus den alten internationalen Organisationen zurückzuziehen, solange die Reparationen nicht bezahlt waren:

---

11 Comité secret 17.12.1917, [gez.] Painlevé, in Archives AdS Paris, Comité secret 1912–1918, Bl. 388 ff., hier Bl. 389 f.

> La présence des neutres sera un obstacle à ces dissolutions, à moins que, au moment de la paix, l'Allemagne ne soit contrainte de se retirer des organisations internationales résultant de conventions diplomatiques, jusqu'à ce que soient accomplies les réparations et les expiations nécessaires. Les neutres n'auraient, dans ce cas, aucune objection à présenter.

Gleichzeitig oder schon vorher sollten anstelle der alten neue internationale Organisationen von den Alliierten gegründet werden, für die man die Neutralen gewinnen wollte: „À la place des anciennes associations, les Alliés fonderont de nouvelles associations avec le concours éventuel des neutres." [12] Auf diesem Weg, so das Kalkül, könnten die neutralen Akademien in die geplanten neuen Assoziationen hinübergezogen werden.

Zwar wollte, wie Picard später Lacroix in einem Brief mitteilte, die französische Regierung den Delegierten der Akademie keine Instruktionen auf den Weg nach London mitgeben, sondern erst deren Bericht über die Konferenz abwarten; „c'est la prudence diplomatique, ici très naturelle et très sage", war dazu Picards Kommentar.[13] Doch die Absprachen mit dem Außenministerium gingen bereits in die Resolution ein, die, von Picard vorgelegt, die Akademie im September 1918 einstimmig verabschiedete. Die französischen Delegierten versuchten dann auf der Konferenz der alliierten Akademien in London ihre Resolution durchzusetzen.[14]

Diese Resolution ging einleitend davon aus, daß persönliche Beziehungen zwischen den Gelehrten der beiden Kriegsparteien unmöglich seien, solange die Mittelmächte für ihre Verbrechen gegen die Menschlichkeit nicht Wiedergutmachung und Sühne geleistet hätten („les réparations et les expiations, rendues nécessaires par les crimes qui ont mis les Empires du Centre au ban de l'humanité") und so in den Kreis der zivilisierten Nationen zurückkehren könnten. An erster Stelle forderte deshalb die Resolution, die Mittelmächte sollten durch eine Bestimmung des Friedensvertrags gezwungen werden, sich aus internationalen wissenschaftlichen Assoziationen zurückzuziehen, die auf zwischenstaatlichen Verträgen beruhten und persönliche Beziehungen zwischen den Mitgliedern verlangten. Ausgenommen wurden nur unverzichtbare administrative Vereinba-

12 Comité secret 30.9.1918, ebd., Bl. 431. Das Reparations-Argument entsprang wohl eher taktischen Überlegungen und tauchte später nicht wieder auf.

13 Picard an Lacroix, 20.9.1918, in Archives AdS Paris.

14 Comité secret 30.9.1918, [gez.] Painlevé, in Archives AdS Paris, Comité secret 1912–1918, Bl. 431.

rungen öffentlicher Institutionen, wie die Regelungen des Schiffs- und Eisenbahnverkehrs oder Telegraphenwesens.[15]

Andere internationale Abmachungen sollten, sobald die Umstände es erlaubten, nach den Statuten der jeweiligen Vereinigungen von den Wissenschaftsverbänden der alliierten Länder aufgekündigt werden. Gleichzeitig sprach sich die französische Resolution für die sofortige Gründung neuer Assoziationen ohne deutsche und österreichische Wissenschaftler, eventuell mit Beteiligung der Neutralen, aus:

> 2° – Aussitôt que les circonstances le permettront, les conventions internationales, ne rentrant pas dans les deux catégories précédentes, seront dénoncées par chacun des groupements compétents de l'Entente et des États-Unis d'Amérique, conformément aux statuts et règlements propres à chacune d'elles.
>
> Les nouvelles Associations reconnues utiles aux progrès des Sciences et de leurs applications seront établies dès maintenant par les Alliés et les États-Unis avec le concours éventuel des neutres.[16]

Darüber hinaus verlangte die Académie des Sciences in ihrer Resolution, daß die alliierten Regierungen darauf verzichten sollten, Delegierte zu internationalen Versammlungen zu schicken, an denen Vertreter der Mittelmächte teilnahmen. Die gleiche Regelung wollte man sogar auf den privaten Verkehr der alliierten Wissenschaftler ausdehnen und diesen auferlegen, sich von Unternehmungen fernzuhalten, in denen Deutsche oder Österreicher mitwirkten.[17]

---

15 Artikel 1 der französischen Resolution, in ebd., Bl. 431f.; die französische Resolution ist vollständig wiedergegeben in Anm. 17.

16 Archives AdS Paris, Comité secret 1912–1918, Bl. 432. Obwohl Rußland im Krieg gegen Deutschland auf der Seite der Alliierten gekämpft hatte, war es nach der Oktoberrevolution 1917 wie selbstverständlich von dieser neuen Wissenschaftsallianz ausgeschlossen, ohne daß es erwähnt wurde.

17 Vgl. Artikel 3 der französischen Resolution.

Der vollständige Text der Resolution der Académie des Sciences, welcher deren rigide Ausschlußpolitik zusammenfaßt, lautet:

„L'Académie, estimant que les relations personnelles sont impossibles entre les savants des deux groupes belligérants jusqu'à ce que les réparations et les expiations, rendues nécessaires par les crimes qui ont mis les Empires du Centre au ban de l'humanité, leur permettent de rentrer dans le concert des nations civilisées, formule les vœux suivants:

1° – Les Empires centraux seront contraints, par une disposition du traité de paix, de se retirer des Associations scientifiques internationales résultant de conventions diplomatiques et impliquant des relations personnelles entre leurs membres. Cette mesure laisserait de côté les accords amenant seulement les relations administratives indispensables entre les services publics, comme celles qui réglementent la navigation, les chemins de fer, les télégraphes, etc...

Doch auf der interalliierten Konferenz der Akademien vom 9. bis 11. Oktober 1918 in London setzten sich in den heftigen Auseinandersetzungen nicht alle von den Franzosen geforderten Maßregeln gegen deutsche und österreichische Wissenschaftler durch, zumal die Akademien sich nicht anmaßen konnten, über das Verhalten der Regierungen und Staatsbürger zu bestimmen.[18] Auch die Forderung der Académie des Sciences, die Auflösung zwischenstaatlicher Verträge im Friedensvertrag zu regeln,[19] war nicht Sache der Wissenschaftler, sondern der Regierungen und fand erst später ihren Niederschlag im Vertrag von Versailles.

Ebensowenig stimmten die Gelehrten auf der Londoner Konferenz dem Vorschlag des belgischen Astronomen Georges Lecointe zu, für eine begrenzte Zeit alle ausländischen Mitglieder auf der Seite der Kriegsgegner aus den Listen der

---

2° – Aussitôt que les circonstances le permettront, les conventions internationales, ne rentrant pas dans les deux catégories précédentes, seront dénoncées par chacun des groupements compétents de l'Entente et des États-Unis d'Amérique, conformément aux statuts et règlements propres à chacune d'elles.

Les nouvelles Associations reconnues utiles aux progrès des Sciences et de leurs applications seront établies dès maintenant par les Alliés et les États-Unis avec le concours éventuel des neutres.

3° – Les Gouvernements des pays alliés et des États-Unis s'abstiendront d'envoyer des délégués à toute réunion internationale où devraient figurer des représentants des Empires du Centre.

Il est désirable que les nationaux des pays de l'Entente et des États-Unis adoptent la même ligne de conduite et ne prennent part à aucune entreprise où collaboreraient des nationaux de ces Empires.

4° – Des dispositions doivent être étudiées pour qu'une collaboration intime s'établisse entre les Alliés et les États-Unis, particulièrement dans le domaine des sciences appliquées et pour la publication de certains ouvrages de bibliographie." (Archives AdS Paris, Comité secret 1912–1918, Bl. 431 f.);

vgl. dazu Schröder-Gudehus, *Deutsche Wissenschaft*, S. 93, 105; dies., *Les scientifiques*, S. 109; Blaauw, *IAU*, S. 43 f.

18 Vgl. Artikel 3 der französischen Resolution. Vertreten waren auf der Konferenz in London: Großbritannien (12), Frankreich (7), Belgien (3), USA (6), Italien (1), Portugal (1), Serbien (2), Japan (2), Brasilien (1) [allerdings war der Vertreter Portugals nicht erschienen]; vgl. Conférence des Académies des Sciences interalliées, tenue à Londres en octobre 1918, Compte Rendu, in Académie Royale de Belgique, *Bulletin de la Classe des Sciences*, 1, 1919, S. 55 f; Preliminary Report of Inter-Allied Conference on International Scientific Organizations, held at the Royal Society on October 9–11, 1918, in *Year-Book of the Royal Society of London*, 23, 1919, S. 181–184, siehe dazu unten, Dokument IV; vgl. Schröder-Gudehus, *Les scientifiques*, S. 108. Zu den Auseinandersetzungen auf der Konferenz: Kevles, „Into Hostile Political Camps", S. 56 ff.

19 Artikel 1 der französischen Resolution.

alliierten Akademien zu streichen.[20] Zwar hatten sich auch Delegierte der Royal Society dafür ausgesprochen,[21] doch die Amerikaner waren dagegen.[22]

Die Gegner einer solchen Aktion wie auch der weitergehenden französischen Forderungen[23] verwiesen auf die einstimmig verabschiedete Erklärung (Präambel) zu den Londoner Resolutionen, in der, ähnlich wie in der französischen Vorlage, doch, gestützt auf eine von der Royal Society eingebrachte Erklärung, zurückhaltender und ausführlich begründet, persönliche Beziehungen mit Wissenschaftlern der Mittelmächte für unmöglich gehalten wurden, solange diese sich nicht von den politischen Einstellungen und Methoden distanzieren würden, die zu den Kriegsverbrechen geführt hätten.[24]

Außerdem hielt man den oben zitierten zweiten Artikel der französischen Resolution, der die Kündigung der Mitgliedschaft in bestehenden internationalen Assoziationen und die Gründung neuer Wissenschaftsvereinigungen ohne und gegen deutsche und österreichische Wissenschaftler vorsah, für vollkommen ausreichend. Dieser Artikel, den man in die in London verabschiedeten Resolutionen fast wörtlich übernahm und dort an die erste Stelle setzte, bildete die Grundlage für den späteren Boykott.[25] Die Delegierten der Royal Society stimmten

---

20 Vgl. Conférence à Londres 1918, Compte Rendu, in Académie Royale de Belgique, *Bulletin de la Classe des Sciences*, 1, 1919, S. 52 f.; *Year-Book of the Royal Society of London*, 23, 1919, S. 181–184, siehe dazu unten, Dokument IV; vgl. Schröder-Gudehus, *Deutsche Wissenschaft*, S. 93.

21 Zur Diskussion im Council der Royal Society vgl. *Year-Book of the Royal Society of London* 1919, S. 172.

22 Vgl. Blaauw, *IAU*, S. 49.

23 Artikel 3 der französischen Resolution, siehe oben, S. 166.

24 In der Londoner Erklärung hieß es u. a.: „[...] ce sont les horreurs organisées, encouragées et imaginées, dès l'origine, dans le seul but de terroriser les populations inoffensives. La destruction d'innombrables propriétés privées, les violences et les massacres sur terre et sur mer, le torpillage des navires-hôpitaux, les insultes et les tortures infligées aux prisonniers de guerre laisseront, dans l'histoire des nations coupables, une tache que ne saurait laver la simple réparation des dommages matériels. Pour restaurer la confiance, sans laquelle toute collaboration fructueuse serait impossible, les Empires centraux devront désavouer les méthodes politiques dont l'application a engendré les atrocités qui ont indigné le monde civilisé", in Conférence à Londres 1918, Compte Rendu, in Académie Royale de Belgique, *Bulletin de la Classe des Sciences*, 1, 1919, S. 58; *Year-Book of the Royal Society of London*, 23, 1919, S. 181–184, siehe dazu unten im Anhang, Dokument IV. Zur Vorlage der Erklärung der Royal Society durch Schuster vgl. Ansprache Schusters auf der Konferenz, La Conférence Interalliée des Académies Scientifiques à Londres, in *Revue Scientifique*, 56. Jg., 16.-23. 11. 1918, S. 675 f.; Auszug aus der Präambel bei Schröder-Gudehus, *Deutsche Wissenschaft*, S. 91, und *Les scientifiques*, S. 319 f.; dazu auch Kevles, „Into Hostile Political Camps", S. 55 f.; Blaauw, *IAU* (S. 46), spricht von „a slightly modified version of a text adopted by the Royal Society for submission to the Conference".

25 Artikel 1 der Londoner Resolution lautete: „1° Aussitôt que les circonstances le permettront, les conventions relatives aux Associations scientifiques internationales seront, conformément

zu, obwohl diese ursprünglich eine gemäßigtere Linie verfolgt hatte, was die deutsche und österreichische Mitarbeit in den geplanten internationalen Vereinigungen betraf.[26] Die amerikanische Delegation enthielt sich sogar bei der Abstimmung über diesen gewichtigen Artikel der Stimme, wie aus einem Bericht Hales an Präsident Wilson hervorgeht.[27] Dem Boykott stellte sie sich jedenfalls nicht entgegen. „Boycott of German Scientists", überschrieb die Londoner *Times* ihren Bericht[28] und traf damit den Kern der folgenschweren Entscheidungen der Londoner Konferenz.

Die Londoner Beschlüsse kombinierten die reduzierte französische Resolution mit dem amerikanischen Vorschlag und der britischen Erklärung. So beschlossen also die alliierten Akademien, sich aus den bestehenden internationalen Wissenschaftsvereinigungen zurückzuziehen und neue zu gründen, und zwar einen „Conseil international" auf der Grundlage einer „Fédération des Conseils nationaux", wofür die Amerikaner sich eingesetzt hatten. Zunächst jedoch bildete man, gestützt auf eine von den amerikanischen Delegierten vorgelegte Resolution, eine Kommission, die einen allgemeinen Plan für die neu zu schaffenden internationalen Organisationen erstellen sollte, der den Bedürfnissen der verschiedenen Zweige wissenschaftlicher, industrieller und, in Verbindung damit, kriegswichtiger Forschungen entsprach. Dieser Plan sollte auf einer weiteren Konferenz Ende November in Paris bereits vorliegen.[29]

---

aux statuts ou règlements propres à chacune d'elles, dénoncées par les groupements compétents des nations en guerre avec les Empires centraux.

Les nouvelles Associations reconnues utiles au progrès des sciences et de leurs applications seront établies, dès maintenant, par les nations en guerre avec les Empires centraux, avec le concours éventuel des Neutres." Conference des Académies des Sciences interalliées à Londres 1918, Compte Rendu, in Académie Royale de Belgique, *Bulletin de la Classe des Sciences*, 1, 1919, S. 58 f.; *Year-Book of the Royal Society of London*, 23, 1919, S. 181–184, siehe dazu unten Dokument IV; vgl. Schröder-Gudehus, *Deutsche Wissenschaft*, S. 105; dies., *Les scientifiques*, S. 109.

26 Vgl. dazu Alter, Internationale Wissenschaft und nationale Politik, S. 214 f.; Die Resolution der Royal Society lautete lediglich: „That it is desirable for the Allied nations to establish organizations for scientific co-operation". Diese Forderung hielt man im Rahmen des Artikels 1 der Londoner Resolution für angenommen, wenngleich dieser sehr viel weiterging, vgl. *Year-Book of the Royal Society of London* 1919, S. 184. Zur Opposition unter britischen Wissenschaftlern vgl. A. G. Cock, Chauvinism and Internationalism in Science.

27 Hale an Präsident Wilson, 15.10.1918, nach Blaauw, *IAU*, S. 48. Zur Taktik Hales, insbesondere Hales Rücksichten auf die Einwände des amerikanischen Präsidenten Woodrow Wilson, der gegen eine Diskriminierung deutscher Wissenschaftler war, vgl. Kevles, „Into Hostile Political Camps", S. 54 f.

28 *The Times*, London, 21.10.1918, zitiert nach Cock, S. 255.

29 Conférence Interalliée des Académies, tenue à Londres les 9, 10 et 11 octobre 1918, in Archives AdS Paris, Association internationale des académies; Conference à Londres 1918, Compte rendu,

Nachdem inzwischen der Waffenstillstand am 11. November 1918 geschlossen worden war, diskutierte die zweite Konferenz der alliierten Akademien der Wissenschaften vom 26. bis 29. November in Paris die verschiedenen Vorschläge der Kommission zur Umsetzung der Londoner Beschlüsse, insbesondere zur Bildung des geplanten Conseil international de recherches (International Research Council), wie er jetzt hieß.[30]

Wichtigstes Ergebnis der Konferenz in Paris war die Ernennung eines fünfköpfigen Exekutivkomitees, bestehend aus Hale, Picard, Schuster, Lecointe und dem italienischen Mathematiker Vito Volterra von der Reale Accademia dei Lincei in Rom, das, mit Émile Picard als Präsidenten, die Führung der Organisation übernahm und weitreichende Kompetenzen erhielt. Es hatte, auf der Grundlage der Londoner Resolutionen, über die Vorschläge zur Gründung neuer Fachorganisationen zu beraten, für damit verbundene wichtige Fragen Kommissionen einzusetzen, Verbindung mit wissenschaftlichen Institutionen und Personen aufzunehmen, Konferenzen einzuberufen sowie den Zeitpunkt zu bestimmen, wann es die Voraussetzungen für gegeben hielt, den Conseil international de recherches zu gründen. Das Geschäftsbüro legte man nach London, wo es unter der Leitung Schusters stand, der die Funktion des Generalsekretärs übernahm. Ohne die Bildung nationaler Forschungsräte in den einzelnen Ländern, wie ursprünglich geplant, abzuwarten, wurde von den führenden Wissenschaftlern der einflußreichsten alliierten Akademien ein Machtzentrum installiert, das als Gegenprojekt zu der noch bestehenden Internationalen Assoziation der Akademien den Aufbau des Internationalen Forschungsrats in die Hand nahm, aus dem Deutschland und die mit ihm im Krieg verbündeten Mächte von Anfang an ausgeschlossen waren.[31]

---

in Académie Royale de Belgique, *Bulletin de la Classe des Sciences*, 1, 1919, S. 49 – 61, Resolutionen S. 58 – 60; *Year-Book of the Royal Society of London*, 23, 1919, S. 181 – 184, siehe dazu unten, Dokument IV; die deutsche Übersetzung eines Auszugs der in London verabschiedeten Resolutionen findet sich bei Schröder-Gudehus, *Deutsche Wissenschaft*, S. 92 f. Zur amerikanischen Resolution vgl. Blaauw, *IAU*, S. 47.

30 Zu den Vorschlägen: Conférence Interalliée des Académies Scientifiques. Propositions prises en considération, in Archives AdS Paris, Association internationale des académies.

31 Conférence des Académies des Sciences interalliées. Deuxième Session, tenue à Paris en novembre 1918, Compte Rendu, in Académie Royale de Belgique, *Bulletin de la Classe des Sciences*, 1, 1919, S. 63 – 81; vgl. Schröder-Gudehus, *Deutsche Wissenschaft*, S. 93 – 96; dies., *Les scientifiques*, S. 110 – 116. Auf der Konferenz in Paris waren Vertreter aus Frankreich (13), Großbritannien (9), USA (6), Italien (5), Belgien (3), Rumänien (4), Serbien (2), Polen (1), Portugal (1), Japan (2), Brasilien (1).

b) Vorbereitungen zum Aufbau internationaler Fachunionen der Astronomie, Geophysik und Chemie

Eine weitere wichtige Entscheidung der Konferenz in Paris bedeutete die Verabschiedung der Statuten zweier internationaler Fachunionen, deren Gründung man im Kampf gegen deutsche Machtpositionen für überaus wichtig hielt und die zum Vorbild für weitere Unionsgründungen auf anderen Fachgebieten wurden. Die Fachunionen, für die man zuallererst die Grundlagen schuf, waren die Union astronomique internationale und die Union géophysique internationale.[32] – Diese Unternehmen waren als Gegenstück zur Astronomischen Gesellschaft und Ersatz der Internationalen Erdmessung und Internationalen Erdbebenforschung konzipiert, richteten sich also gegen die damals wohl bedeutendsten internationalen Fachvereinigungen, in denen deutsche Wissenschaftler dominierten.

Dem Aufbau dieser Fachunionen waren einige Vorbereitungen vorausgegangen. Bereits 1917 hatte die Commission géodésique française du Ministère de l'Instruction publique in Paris sich für Verhandlungen mit den Alliierten ausgesprochen, um eine internationale geodätische Assoziation zu gründen, von der die Mittelmächte ausgeschlossen sein sollten. Diesen Plan, der gleichzeitig den Abzug des Zentralbüros der Internationalen Erdmessung aus Potsdam vorsah, hatte Picard nicht nur der Adadémie des Sciences, sondern auch Hale mitgeteilt.[33]

Im selben Jahr sprach der französische Hydrograph Ronand mit dem britischen Astronomen Herbert Hall Turner, Direktor des Observatoriums in Oxford, über ihm wichtig erscheinende Maßnahmen der Alliierten gegen Deutschland auf den Gebieten der Astronomie, Geodäsie und Seismologie, worüber Turner wiederum Hale informierte.[34] Schließlich schickte der Geologe Charles Lallemand, Direktor der Landesaufnahme Frankreichs und ehemaliger französischer Delegierter in der alten Internationalen Erdmessung, im Dezember 1917 an die Entente-Länder ein Rundschreiben, in dem er vorschlug, eine neue geodätische Vereinigung derjenigen Länder, die gegen die Mittelmächte Krieg führten, zu bilden.[35] Damit überging Lallemand die von sechs neutralen Staaten 1917 gegründete „Association géodésique réduite entre États neutres“, die vorhatte, nach

32 Conférence à Paris 1918, Compte Rendu, in Académie Royale de Belgique, *Bulletin de la Classe des Sciences*, 1, 1919, S. 69–72; vgl. Schröder-Gudehus, *Deutsche Wissenschaft*, S. 95; dies., *Les scientifiques*, S. 111.

33 Comité secret 17.12.1917, [gez.] Painlevé, in Archives AdS Paris, Comité secret 1912–1918, Bl. 389; Picard an Hale, 22.7.1917, nach Blaauw, *IAU*, S. 24.

34 Turner an Hale, 26.6.1917, nach Blaauw, *IAU*, S. 23.

35 Vgl. L. Krüger, Geodätisches Institut und Zentralbüro der Internationalen Erdmessung, an RMI, 5.3.1919, Abschr. in PA AA, R 64778; vgl. Blaauw, *IAU*, S. 65.

dem Krieg eine Konferenz der an der Internationalen Erdmessung beteiligten Staaten einzuberufen, um über die Zukunft der Vereinigung zu beraten.[36] Doch diesen Plan wollte man von französischer Seite gerade durchkreuzen; daher rührte wohl die große Eile.

Im Lauf des folgenden Jahres tauschten sich Hale und Schuster ebenfalls über die Frage neuer internationaler Assoziationen der Geophysik und Astronomie ohne deutsche Beteiligung aus.[37] Und Picard begrüßte bereits das Vorhaben, dem Astronomischen Rechen-Institut in Berlin das Monopol der Berechnungen der Ephemeriden zu entwinden und diese Arbeiten möglichst in das französische Bureau des Longitudes, dessen Mitglied er war, zu verlegen („de tenter d'enlever à l'Allemagne le monopole de ces éphémérides, appartenant actuel au Rechen-Institut de Berlin. Le Bureau des Longitudes a étudié la question avec soin.").[38] Wenn die Akademie diese Bestrebungen fördern würde, so wäre das, erklärte Picard, nicht nur im patriotischen Interesse, sondern könnte auch dazu beitragen, den etwas vernachlässigten Forschungen in Frankreich neuen Auftrieb zu geben („une entreprise qui a un intérêt patriotique et doit contribuer au relèvement en France de recherches qui ont été quelque peu abandonnées").[39]

Nachdem auch die amerikanischen Delegierten auf der Konferenz in London in der von ihnen vorgelegten Resolution die Bildung zweier Komitees empfohlen hatten, die sich mit der Ausarbeitung von Plänen für eine astronomische und geophysikalische Organisation befassen sollten[40] – das wurde jedoch in die Londoner Resolutionen nicht gesondert aufgenommen –, legte die Académie des Sciences, die daran besonders interessiert war, der Konferenz in Paris Vorschläge zur Gründung der beiden wichtigen Fachunionen vor, die eigentlich schon Statutenentwürfen entsprachen. Der Statutenentwurf zur Union astronomique, den Mitglieder der Akademie und des Bureau des Longitudes ausgearbeitet hatten, war vorher der Académie des Sciences von Picard unterbreitet worden; dieser Entwurf stellte die Ausgrenzung deutscher Wissenschaftler gleich an den Anfang:

36 Siehe dazu oben S. 76; Blaauw, *IAU*, S. 63–67.

37 Hale an Schuster 17. und 19.6.1918, nach Blaauw, *IAU*, S. 37 f.; Schuster an Hale 27.7.1918, nach ebd., S. 41 f.

38 Comité secret 7.1.1918, [gez.] Painlevé, in Archives AdS Paris, Comité secret 1912–1918, Bl. 391–393, hier Bl. 391.

39 Ebd.

40 Zur amerikanischen Resolution vgl. Blaauw, *IAU*, S. 47.

> Il est institué, sous le nom d'Union astronomique, une association internationale entre les pays actuellement en guerre avec l'Allemagne. Cette association a pour objet le progrès général de l'Astronomie et des sciences et arts connexes.[41]

Für die Leitung der Astronomischen Union war ein internationales Komitee vorgesehen, das sich aus Delegierten nationaler Komitees zusammensetzen und verschiedene Publikationen herausgeben sollte.

Ähnlich sah der Plan der Union géophysique internationale aus, den Lallemand im Namen der Académie des Sciences auf der Pariser Konferenz vorstellte. Mitglieder dieser neuen geophysikalischen Union sollten wiederum nur die Kriegsgegner Deutschlands sein. Geplant waren zwei Sektionen: eine für Geodäsie einschließlich Topographie und Kartographie und die andere für Meteorologie, Erdmagnetismus und Seismologie. Jeder Sektion wurde ein Büro mit einem Präsidenten, Vizepräsidenten und Sekretär zugeteilt, und über beiden Sektionen stand, so der Plan, ein aus Delegierten der nationalen Komitees gebildetes internationales Komitee mit einem Zentralbüro und einem Generalsekretär, das, wie auch die Sektionen, in gewissen Abständen Versammlungen zu veranstalten hatte; Präsident der Vereinigung sollte der älteste der Präsidenten der Sektionen sein.[42]

Auf der Konferenz in Paris wurden beide Vorschläge in ihren Grundzügen akzeptiert, mit geringfügigen Änderungen und unter Weglassung detaillierter

---

41 Proposition de l'Académie des Sciences de Paris. Union astronomique, Conférence interalliée des académies scientifiques. Propositions prises en considération, in Archives AdS Paris, Association internationale des académies. Der Passus «entre les pays actuellement en guerre avec l'Allemagne» wurde allerdings auf der Konferenz nicht übernommen, da es eine entsprechende allgemeine Regelung in den Londoner Beschlüssen gab. Zur Vorlage des Statutenentwurfs in der Akademie durch Picard: Comité secret 25.11.1918, [gez.] Painlevé, in Archives AdS Paris, Comité secret 1912–1918, Bl. 451.

42 Proposition de l'Académie des Sciences de Paris. Bases proposées pour la création d'une Union géophysique internationale, in Archives AdS Paris, Association internationale des académies.; zur Vorlage des Plans in der Akademie durch Lallemand (im Namen der Section de Géographie et Navigation): Comité secret 25.11.1918, [gez.] Painlevé, in Archives AdS Paris, Comité secret 1912–1918, Bl. 453. Zur Vorstellung des Entwurfs durch Lallemand auf der Konferenz in Paris und Diskussion: Conférence interalliée des académies scientifiques. Séance du 28 Novembre 1918 (Matin) [Protokoll masch. schr.], S. 5–37, in Archives AdS Paris, Association internationale des académies. – Die Vermutung von Schröder-Gudehus (*Deutsche Wissenschaft*, S. 95), die beiden Statutenentwürfe (Astronomie und Geophysik) seien erst von dem auf der Konferenz in Paris gebildeten Sonderausschuß erstellt worden, ist nicht richtig, sie wurden jedoch von diesem überarbeitet.

Bestimmungen.[43] Zudem bildeten die Astronomen und Geophysiker auf der Konferenz einen Sonderausschuß, der die Statutenentwürfe überprüfte und empfahl, so schnell wie möglich Gründungsversammlungen der Astronomischen und der Geophysikalischen Union einzuberufen. Außerdem regte man weitere astronomische Vorhaben an: ein internationales Zeitbüro, ein Zentralbüro für astronomische Telegramme, ein astronomisches Referatenorgan, die Berechnung der Ephemeriden, eine photographische Karte des Himmels und die Einbeziehung der Solar-Union. Weitere Fachunionen waren geplant und, in Verbindung damit, Bibliographien, Referatenorgane und Schriftenaustausch sowie enge Universitätsbeziehungen und große internationale Versuchsstationen nach dem Vorbild der deutschen Zoologischen Station in Neapel, die im Krieg von den Italienern beschlagnahmt worden war.[44]

Neben der Astronomie und Geophysik bildete die Chemie die dritte Disziplin, in der die alliierten Chemiker den Aufbau einer neuen Fachunion ohne und gegen die deutschen Wissenschaftler zuallererst betrieben, um deren Führungsmacht zu brechen. Auf der Konferenz in Paris wurde zu diesem Zweck eine „Commission pour la Coopération Internationale en Chimie" eingesetzt, welche die Auflösung der 1911 gegründeten Association Internationale des Sociétés Chimiques – deren Gründungsmitglieder waren die französische Société Chimique, die britische Chemical Society und die Deutsche Chemische Gesellschaft gewesen – in die Wege leitete. An deren Stelle sollte zunächst ein „Comité International de Chimie" treten. Als dessen Aufgabe nannte man als erstes die Vorbereitung von Publikationen, sodann Fragen der Standardisierung (Atomgewicht, Nomenklatur), die Organisation internationaler Kongresse sowie die Förderung spezieller Forschungsvorhaben. Die Pariser Konferenz billigte diesen Plan. Albin Haller, Professor der Chemie in Paris und Mitglied der Académie des Sciences, schien als Vollstrecker der organisatorischen Umwandlung besonders geeignet zu sein. Denn er war nicht nur der damalige und letzte Präsident der alten Assoziation – deren erster Präsident war der deutsche Chemiker Wilhelm Ostwald gewesen –, sondern er übernahm gleichzeitig auch das Präsidentenamt der in Paris errichteten neuen Kommission.[45]

---

43 Statt Topographie wurden jetzt in der Sektion für Geodäsie die Gezeiten aufgeführt, und in der Sektion für Meteorologie kam noch die Vulkanologie hinzu, vgl. A.– Pour l'Union astronomique, B.– Pour l'Union géophysique, in Conférence des Académies des Sciences interalliées. Deuxième Session, tenue à Paris en novembre 1918, Compte Rendu ..., in Académie Royale de Belgique, *Bulletin de la Classe des Sciences*, 1, 1919, S. 69 – 71.

44 Ebd., S. 71 – 75.

45 Rapport de la Commission „pour la coopération internationale en Chimie" désignée par la Conférence de Paris, au Comité Exécutif du Conseil International de Recherches, in Archives AdS

c) Gründungskonferenz in Brüssel

Nachdem auf den Konferenzen in London und Paris die Grundlagen gelegt und vom Exekutivkomitee auf einer Sitzung im Mai 1919 in Paris weitere Absprachen getroffen worden waren – inzwischen hatte auch die Royal Society Statutenentwürfe für die Astronomische und Geophysikalische Union vorgelegt,[46] und auf zwei Versammlungen chemischer Gesellschaften 1919 in Paris und London war eine Fédération des Sociétés de Chimie pure et appliquée gebildet worden[47] –, fand schließlich vom 18. bis 28. Juli 1919 in Brüssel die dritte Konferenz der alliierten Akademien und zugleich die Gründungskonferenz des Internationalen Forschungsrats und der ersten drei Fachunionen statt.[48] (Abb. 23)

Einen Monat vor der Konferenz, am 28.6.1919, war der Friedensvertrag in Versailles unterzeichnet worden, in dem, wie von der Académie des Sciences gewünscht, die Auflösung zwischenstaatlicher Konventionen – mit zahlreichen Ausnahmen wirtschaftlicher und technischer Abmachungen – in Artikel 282 und 299 bestimmt wurde.[49] Das betraf auch die Konventionen der Internationalen Erdmessung, Internationalen Erdbebenforschung und Internationalen Tuberkulosevereinigung und hatte zur Folge, daß gleichzeitig deren Zentralbüros, die in Deutschland unter deutscher Leitung standen, aufgelöst werden mußten.

Obwohl mit dem Friedensvertrag der Kriegszustand beendet war, berief man sich in den Statuten des in Brüssel gegründeten Conseil international de recherches immer noch auf den Londoner Ausschlußparagraphen, nach dem die neu zu gründenden Organisationen auf die Nationen beschränkt werden sollten, die sich im Krieg gegen die Mittelmächte befanden, während man die Beteiligung der

---

Paris, Conférence interalliée des académies scientifiques. Propositions prises en considération, S. 5ff. In der Kommission waren außerdem Moureu (Frankreich), Frankland (Großbritannien), Noyes (USA), Nasini (Italien), Sakurai (Japan).

46 Die Royal Society hatte zu diesem Zweck zwei Komitees gebildet; vgl. *Year-Book of the Royal Society of London* 1920, S. 177.

47 Vgl. La Conférence Interalliée de la Chimie. 14 – 15 – 16 avril 1919, in *Chimie et Industrie*, Vol. 2, No. 5, mai 1919, S. 497 – 588.

48 International Research Council. Constitutive Assembly held at Brussels, July 18th to July 28th, 1919. Reports of Proceedings, ed. by Sir Arthur Schuster, London; Rapport du Comité Exécutif Provisoire, in ebd., S. 76f. Auf der Konferenz waren Delegierte aus Belgien (106), Frankreich (48), USA (27), Kanada (2), Großbritannien (19), Italien (15), Rumänien (2), Serbien (2), Polen (1), Portugal (1), Japan (1), Neuseeland (1), vgl. ebd., S. 49 – 62; Schröder-Gudehus, *Deutsche Wissenschaft*, S. 96.

49 Der Vertrag von Versailles. Der Friedensvertrag zwischen Deutschland und den Alliierten und Assoziierten Mächten nebst dem Schlußprotokoll und der Vereinbarung betr. die militärische Besetzung der Rheinlande. Im Auftrage des Auswärtigen Amtes hrsg., Berlin 1924², Teil X, Abschnitt 1. Staatsverträge, Art. 282; Abschnitt 5. Verträge ..., Art. 299.

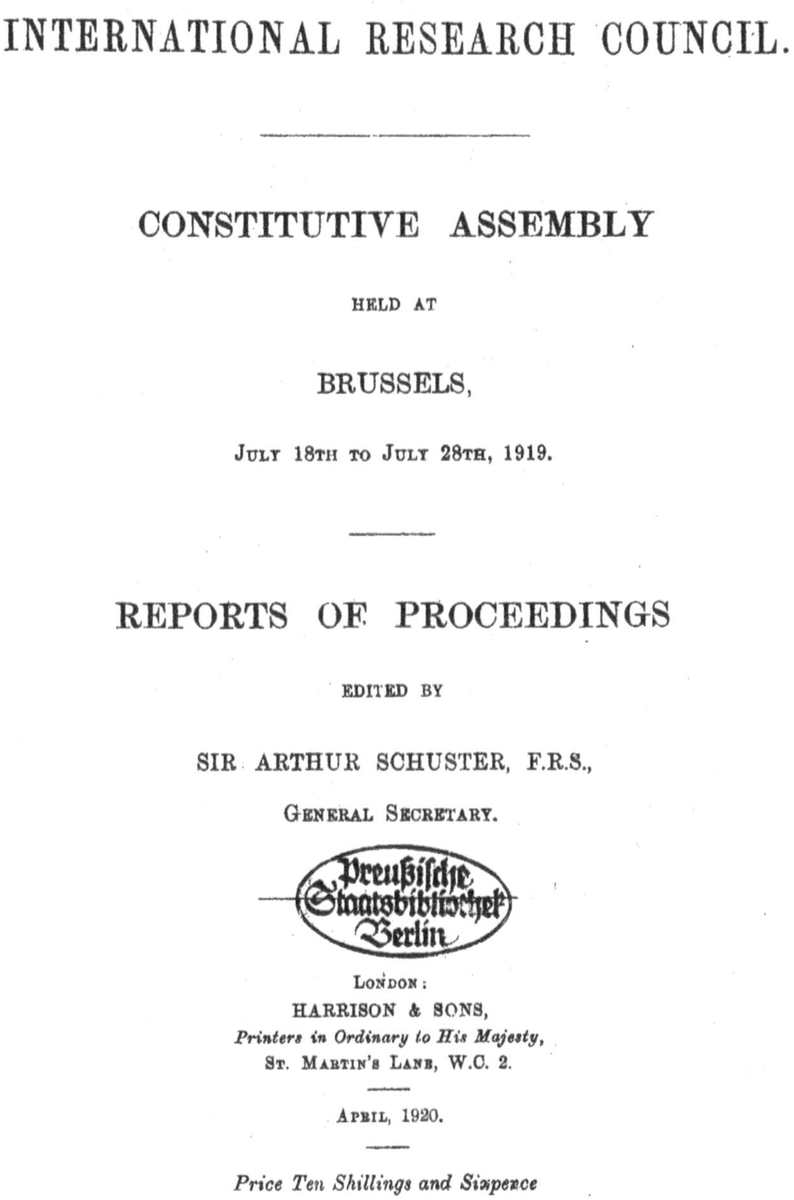

INTERNATIONAL RESEARCH COUNCIL.

CONSTITUTIVE ASSEMBLY

HELD AT

BRUSSELS,

July 18th to July 28th, 1919.

REPORTS OF PROCEEDINGS

EDITED BY

SIR ARTHUR SCHUSTER, F.R.S.,

General Secretary.

London:
HARRISON & SONS,
Printers in Ordinary to His Majesty,
St. Martin's Lane, W.C. 2.

April, 1920.

Price Ten Shillings and Sixpence

Abb. 23: International Research Council. Titelblatt des Berichts über die Gründungsversammlung 1919 in Brüssel. Exemplar der Staatsbibliothek Berlin

Neutralen nur vage in Aussicht stellte („par les nations en guerre avec les Empires centraux, avec le concours éventuel des Neutres")[50].

Doch zur Gründungskonferenz in Brüssel hatte man die Neutralen noch nicht einmal eingeladen. Vor allem die französische Seite legte Wert darauf, daß die alliierten Akademien die Bedingungen alleine bestimmten und erst ihre Ausschlußpolitik gegenüber Deutschland und seinen ehemaligen Verbündeten Österreich, Ungarn, Bulgarien und der Türkei absicherten, bevor sie die Neutralen in ihren Kreis aufnahmen. Denn von dieser Seite war Widerstand zu erwarten, wie sich bald zeigte. Zwar war bereits auf der Sitzung des Exekutivkomitees im Mai 1919 die Einladung neutraler Länder einstimmig beschlossen worden, aber Picard bestand darauf, vor der Gründungsversammlung in Brüssel keine Einladungen zu verschicken.[51]

Denn in Brüssel sollten erst noch weitere Absicherungen in die Statuten eingebaut werden: So sollten diese zwölf Jahre gelten, und zwar vom 1. Januar 1920 bis zum 31. Dezember 1931, und konnten nur mit einer Zweidrittelmehrheit geändert werden. Um eine Änderung der Statuten zusätzlich zu erschweren, berechnete man die Zahl der Stimmen der Delegierten nach der Einwohnerzahl der jeweiligen Länder einschließlich ihrer Kolonien, damit später die alliierten Mitglieder ihre Macht behaupten konnten, sobald die neutralen Länder, die niedrigere Bevölkerungszahlen aufwiesen und somit über weniger Stimmen verfügten, hinzukamen. Ohnehin brauchten diese wie auch weitere berechtigte Länder zu ihrem Eintritt in die neuen Vereinigungen die Zustimmung von Dreivierteln der Mitgliederstimmen. – Es waren Sicherheitsklauseln, wie sie bereits in den Unionsvorschlägen der Académie des Sciences verankert worden waren und in Brüssel nun durchgesetzt wurden.[52]

Gleichzeitig mit dem Forschungsrat, der als Zentrale fungierte, und in enger Verbindung damit, wurden in Brüssel drei Fachunionen ins Leben gerufen, denen man besonders große Bedeutung beimaß und die kurz darauf ihre ersten Versammlungen abhielten:

1. Die Union astronomique internationale mit allein 32 Kommissionen, darunter für Ephemeriden, astronomische Telegramme, Solarforschung sowie Publikationen, Bibliographien und Referatenorgane. Präsidenten und Mitglieder der Kommissionen wurden auf der Generalversammlung auf Vorschlag des

50 Artikel 1 der Londoner Resolution, siehe im Anhang, Dokument IV und V.

51 Vgl. Kevles, „Into Hostile Political Camps", S. 57.

52 International Research Council. Constitutive Assembly, 1919. Reports of Proceedings, S. 156, 158f.; vgl. Proposition de l'Académie des Sciences de Paris. Union astronomique, Union géophysique internationale, Conférence interalliée des académies scientifiques. Propositions prises en considération, in Archives AdS Paris.

Exekutivkomitees der Union gewählt; die Kommissionen durften mit Zustimmung des Exekutivkomitees eigene Publikationen herausgeben.[53] (Abb. 24)
2. Die Union géodésique et géophysique internationale mit sechs Sektionen (Geodäsie, Seismologie, Meteorologie, Erdmagnetismus und Elektrizität, Ozeanographie, Vulkanologie), die jeweils eigene Leitungsorgane bilden, Zentralbüros einrichten und Publikationen herausgeben konnten. Später (1922) kam noch eine siebte Sektion für wissenschaftliche Hydrologie dazu. (Abb. 25 und Abb. 26)
3. Die Union internationale de la Chimie pure et appliquée. (Abb. 27)

Diese drei Fachgesellschaften waren dem Forschungsrat angegliedert, übernahmen also auch dessen Restriktionen und etablierten ihren Sitz in Paris oder London. Während ihre Statuten bereits 1919 in Brüssel verabschiedet werden konnten, lagen für weitere acht Fachunionen (Mathematik, Physik, Radiotelegraphie, Geologie, Biologie, Geographie, Bibliographie und Dokumentation, Technik) Statutenentwürfe vor.[54]

An die Stelle der Astronomischen Gesellschaft, der seit 1863 bestehenden internationalen Vereinigung, sollte jetzt also die Internationale Astronomische Union treten, in die auch die Solar-Union – ohne die deutschen und österreichischen Mitglieder – integriert wurde.[55] An die Stelle der alten Internationalen Erdmessung (International Geodetic Association), die man als „now non-exis-

---

53 Zum Protest der Royal Astronomical Society dagegen, daß solche gravierenden Entscheidungen ohne Beratung mit den Fachgesellschaften getroffen wurden, vgl. Schröder-Gudehus, *Les scientifiques*, S. 120.

54 Vgl. Rapport du Comité exécutif provisoire, in International Research Council. Constitutive Assembly, 1919. Reports of Proceedings, S. 76 f; zu den Fachunionen ebd., S. 20 – 44; Statuten und Statutenentwürfe ebd., S. 155 – 281 [erst auf französisch, dann auf englisch]. Ein Auszug des Statuts des Internationalen Forschungsrats ist im Anhang abgedruckt, siehe im Anhang, Dokument V; das Statut ist außerdem abgedruckt in Schröder-Gudehus, *Deutsche Wissenschaft*, S. 274 – 278. Gegründet wurden 1919 die Union internationale des Sciences biologiques, 1920 die Union internationale mathématique, 1922 die Union internationale de Physique pure et appliquée, die Union internationale de Radiotélégraphie scientifique und die Union géographique internationale; außerdem kam noch der Statutenentwurf einer Union internationale des Sciences médicales hinzu, vgl. International Research Council, Second Assembly held at Brussels July 25th to July 29th, 1922. Reports of Proceedings, London 1923, S. 19 – 28, 124 – 129; International Research Council, 1925, Reports of Proceedings, S. 90 – 100. Zu Protesten der London Mathematical Society, der British Engineering Standards Association, der Royal Geographical Society, von Biologen und Meteorologen in Großbritannien gegen die Unionsprojekte vgl. Schröder-Gudehus, *Les scientifiques*, S. 121 f.

55 Dazu Schriftwechsel Schuster-Hale bei Blaauw, *IAU*, S. 56.

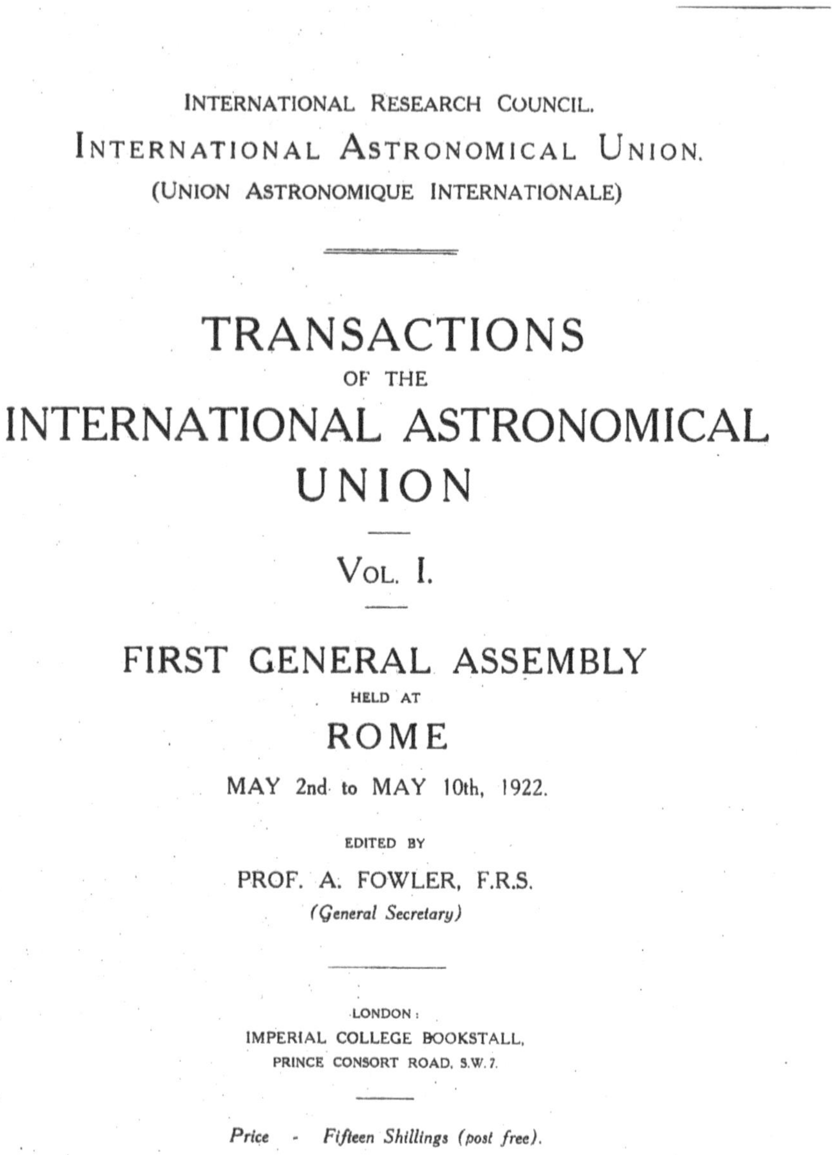

INTERNATIONAL RESEARCH COUNCIL.

INTERNATIONAL ASTRONOMICAL UNION.

(UNION ASTRONOMIQUE INTERNATIONALE)

TRANSACTIONS

OF THE

INTERNATIONAL ASTRONOMICAL UNION

VOL. I.

FIRST GENERAL ASSEMBLY

HELD AT

ROME

MAY 2nd to MAY 10th, 1922.

EDITED BY

PROF. A. FOWLER, F.R.S.

(General Secretary)

LONDON:

IMPERIAL COLLEGE BOOKSTALL,

PRINCE CONSORT ROAD, S.W. 7.

Price - Fifteen Shillings (post free).

Abb. 24: International Astronomical Union. Titelblatt des Berichts über die 1. Versammlung 1922 in Rom

tent" betrachtete, wie der Generalsekretär der neuen Union, Lyons, es ausdrückte, trat die Sektion Geodäsie der Internationalen Geodätischen und Geophysikali-

CONSEIL INTERNATIONAL DE RECHERCHES

UNION GÉODÉSIQUE ET GÉOPHYSIQUE INTERNATIONALE

PREMIÈRE ASSEMBLÉE GÉNÉRALE

RÉUNIE A ROME DU 2 AU 10 MAI 1922

TOULOUSE

IMPRIMERIE ET LIBRAIRIE ÉDOUARD PRIVAT

14, RUE DES ARTS (SQUARE DU MUSÉE)

1923

Abb. 25: Union géodésique et géophysique internationale. Titelblatt des Berichts über die 1. Versammlung 1922 in Rom

COMPTES-RENDUS

DES SÉANCES

DE LA CINQUIÈME CONFÉRENCE DE LA COMMISSION PERMANENTE ET DE LA TROISIÈME ET DERNIÈRE ASSEMBLÉE GÉNÉRALE, ASSEMBLÉE GÉNÉRALE DE DISSOLUTION DE L'ASSOCIATION INTERNATIONALE DE SISMOLOGIE RÉUNIE A

STRASBOURG

LES 24 ET 25 AVRIL

1922

RÉDIGÉS PAR L'ANCIEN SECRÉTAIRE GÉNÉRAL

R. DE KÖVESLIGETHY

BUDAPEST

VICTOR HORNYÁNSZKY, IMPRIMEUR DE LA COUR IMPÉRIALE ET ROYALE

1922.

Abb. 26: 5. Konferenz der Permanenten Kommission und 3. und letzte Versammlung der Internationalen Seismologischen Assoziation zu deren Auflösung 1922 in Straßburg. Titelblatt des Berichts

UNION INTERNATIONALE

DE LA CHIMIE PURE ET APPLIQUÉE

COMPTES RENDUS

DE LA

PREMIÈRE CONFÉRENCE INTERNATIONALE

DE LA CHIMIE

ROME 22-24 JUIN 1920

SECRÉTARIAT GÉNÉRAL

JEAN GÉRARD

49, Rue des Mathurins, Paris

Abb. 27: Union internationale de la Chimie pure et appliquée. Titelblatt des Berichts über die 1. Konferenz 1920 in Rom

schen Union – ohne die deutschen Wissenschaftler und ohne das alte internationale Zentralbüro, das in Potsdam an das Geodätische Institut angeschlossen und von einem deutschen Direktor geleitet worden war.[56]

Was die alte Internationale Seismologische Assoziation betraf, so widerfuhr dieser ein ähnliches Schicksal: Sie sollte auf Betreiben ihres belgischen Vizepräsidenten Georges Lecointe, der auch im Exekutivkomitee des Internationalen Forschungsrats saß, zum nächst möglichen Zeitpunkt aufgelöst und das internationale Zentralbüro in Straßburg, das von Anfang an unter deutscher Leitung stand, nun unter französischer Direktion in Straßburg, das wieder zu Frankreich gehörte, weitergeführt werden, jetzt in Verbindung mit der Sektion Seismologie der Union géodésique et géophysique internationale.[57]

In der Chemie wurde die alte Internationale Assoziation der chemischen Gesellschaften (Association Internationale des Sociétés Chimiques) mitsamt den ihr angeschlossenen Kommissionen, so auch dem Internationalen Komitee der Atomgewichte, aufgelöst und durch eine neue Organisation, die Union internationale de la Chimie pure et appliquée, ersetzt, die aus der in Paris 1918 eingesetzten Kommission und der 1919 ins Leben gerufenen Fédération des Sociétés de Chimie pure et appliquée hervorging.[58]

Wie schon in der Vorbereitungsphase abgesprochen, konnten die französischen Wissenschaftler in den neuen drei Fachunionen einflußreiche Posten besetzen: Benjamin Baillaud – Direktor des Observatoriums in Paris, Mitglied der Académie des Sciences und des Bureau des Longitudes, ehemaliges Mitglied der Astronomischen Gesellschaft und ehemaliger französischer Delegierter bei der Internationalen Erdmessung – wurde Präsident der Internationalen Astronomischen Union. Der bereits erwähnte Geologe Charles Lallemand wurde Präsident der Internationalen Union für Geodäsie und Geophysik und Charles Moureu, Professor der Chemie am Collège de France und Mitglied der Académie de Médecine und des Institut de France, wurde Präsident der Union internationale de la Chimie pure et appliquée. Deren Generalsekretär wurde ebenfalls ein Franzose:

---

56 H. G. Lyons, The Brussels meeting of the International Research Council, in *Nature*, 14.8.1919, S. 464–466, hier 465. Die Gültigkeitsdauer der Konvention der Internationalen Erdmessung war 1916 abgelaufen.

57 International Research Council, 1919, Reports of Proceedings, S. 21 f.

58 Gegen die Auflösung der 1911 gegründeten Association Internationale des Sociétés Chimiques erhoben sich allerdings auch Gegenstimmen; 3 von 10 Akademievertretern stimmten dagegen; vgl. International Research Council, 1919, Reports of Proceedings, S. 25. Zur Fédération des Sociétés de Chimie pure et appliquée siehe La Conférence Interalliée de la Chimie 14–15–16 avril, in *Chimie et Industrie*, Vol. 2, No. 5, Mai 1919, S. 497–588. Zur Geschichte der alten Internationalen Assoziation, siehe oben, Kapitel I.1.e);. siehe dazu auch Roger Fennell, *History of IUPAC 1919–1987*, Oxford 1994.

Jean Gérard, Generalsekretär der französischen Société de Chimie Industrielle und der Fédération Nationale des Associations de Chimie. Zu Generalsekretären der beiden ersten Unionen ernannte man jeweils einen Briten: Alfred Fowler, Professor für Astrophysik am Imperial College of Science in London und Sekretär der Royal Astronomical Society, und Colonel Henry G. Lyons, Direktor des Science Museum in London.[59]

Vermutlich ging den Vertretern anderer Länder die französische Dominanz zu weit, so daß bereits auf der ersten Generalversammlung der Astronomischen Union 1922 in Rom anstelle Baillauds ein neuer Präsident an die Spitze der Astronomischen Union gewählt wurde, und zwar der amerikanische Astronom William Wallace Campbell, Direktor des Lick Observatoriums auf dem Mount Hamilton in Kalifornien, USA.

Im gleichen Jahr mußte die französische Führung der Union internationale de la Chimie pure et appliquée ebenfalls einen Teil ihrer Macht abgeben. Das Präsidentenamt, das bis dahin Moureu innegehabt hatte, fiel an den britischen Chemiker Sir William Pope, Mitglied der Royal Society, Professor an der Universität Cambridge und Vorsitzender des British Federal Council for pure and applied Chemistry, während das Generalsekretariat weiterhin unter Jean Gérard in Paris blieb.

Die Sektion Geodäsie der Union géodésique et géophysique internationale leitete von Anfang an ein Amerikaner, Major William Bowie, Vorsitzender der American Geophysical Union und Leiter der Division of Geodesy, U. S. Coast and Geodetic Survey, Washington, D. C. – Bowie löste später (1933) Lallemand als Präsidenten der Union ab. Den Posten des Sekretärs der Sektion Geodäsie bekleidete Colonel Georges Perrier, Leiter der Section de Géodésie au Service géographique de l'Armée in Paris.

Auch in der Seismologie wurden die führenden Posten unter den alliierten Großmächten verteilt. Herbert Hall Turner, Direktor des Observatoriums in Oxford, Professor der Astronomie und Mitglied der Royal Society, wurde Präsident der Sektion Seismologie, zu deren Generalsekretär man den französischen Geophysiker Edmond Rothé berief. Dieser übernahm die Leitung der ehemaligen deutschen Hauptstation für Erdbebenforschung und des dieser angeschlossenen

---

59 International Research Council 1919, Reports of Proceedings, S. 15, 20, 25. Vizepräsidenten der Internationalen Astronomischen Union wurden: William Wallace Campbell (USA), Dyson (Großbritannien), Lecointe (Belgien) und Ricco (Italien). Als Vizepräsidenten der Internationalen Geodätischen und Geophysikalischen Union fungierten die Leiter der Sektionen.

internationalen Zentralbüros in Straßburg.[60] Die alte Internationale Seismologische Assoziation wurde 1922 offiziell aufgelöst.[61]

An der Spitze der ersten internationalen Fachunionen herrschte also eine starke französisch-britisch-US-amerikanische Allianz, die mit dem Führungspersonal der zentralen Ebene des übergeordneten Forschungsrats korrespondierte.

Denn das fünfköpfige Exekutivkomitee des Internationalen Forschungsrats – mit Picard als Präsidenten und Schuster als Generalsekretär – wurde in Brüssel wiedergewählt.[62] Den ständigen Sitz der Zentrale legte man nach Brüssel, wo auch die Generalversammlungen alle drei Jahre stattfinden sollten, während das Generalsekretariat unter Schuster nach London kam. Alfred Lacroix hatte als Vorsitzender der Konferenz und Vertreter Picards, der an der Gründungskonferenz nicht teilnehmen konnte, sich für Brüssel als zentralen Ort eingesetzt und erreicht, daß sein Antrag einstimmig angenommen wurde.[63] Aus französischer Sicht war von Bedeutung, daß nicht nur ein enger Bundesgenosse und Opfer des Krieges damit geehrt wurde, sondern daß man langfristig eine französischsprachige Umgebung wählte, wodurch die französische Sprache in der Organisation stark aufgewertet wurde. Als wäre es bei der Wahl Brüssels zum Sitz des Conseil international de recherches um eine wichtige Eroberung gegangen, feierte Picard dies in seinem Brief an Lacroix als „großen Sieg“:

> Vous avez remporté une grande victoire, en obtenant que Bruxelles soit siège du Conseil.[64]

Nachdem in Brüssel die wichtigsten Entscheidungen gefallen und die führenden Positionen besetzt worden waren, vereinbarte man, eine begrenzte Zahl weiterer Länder, darunter 10 neutrale, zum Beitritt in die neugeschaffenen Organisationen

---

60 Vgl. International Research Council, 1919, Reports of Proceedings, S. 21f.; Cremer, *Seismik*, S. 209–229.

61 Comptes-Rendus des séances de la cinquième conférence de la Commission Permanente et de la troisième et dernière Assemblée Générale, Assemblée Générale de dissolution de l'Association internationale de Sismologie réunie à Strasbourg les 24 et 25 avril 1922, rédigés par l'ancien Secrétaire Général R. de Kövesligethy, Budapest 1922.

62 1922 wurde das Exekutivkomitee, vor allem auf Wunsch der amerikanischen Delegierten, um jeweils einen Delegierten der jetzt fünf Fachunionen erweitert, so daß es sich dann aus 4 Briten, 3 Franzosen, 1 US-Amerikaner, 1 Belgier und 1 Italiener zusammensetzte; vgl. International Research Council, 1922, Reports of Proceedings, S. 12f., 16, 58.

63 International Research Council, 1919, Reports of Proceedings, S. 6ff.

64 Picard an Lacroix, 6.8.1919, in Archives AdS Paris. 1922 schlugen die USA vor, die Generalversammlungen des Internationalen Forschungsrats auch an anderen Orten stattfinden zu lassen, vgl. International Research Council, 1922, Reports of Proceedings, S. 5. Damit setzten sie sich damals jedoch nicht durch.

aufzufordern.[65] Lacroix, Vorsitzender der Gründungsversammlung, faßte zum Schluß das Ergebnis zusammen: „Aujourd'hui la maison est prête, l'entrée en restera interdite aux Allemands et à leurs alliés, mais nous avons pensé que le moment était venu d'inviter les savants des nations neutres à collaborer avec nous."[66]

Allerdings waren in den Beratungen in Brüssel auch erhebliche Differenzen aufgetaucht. Die Ausschlußpolitik gegenüber Deutschland, die Absicherungen in den Statuten und die Hinhaltetaktik gegenüber den Neutralen gingen auf Vorschläge der Pariser Académie des Sciences zurück. Doch selbst in der französischen Akademie war bereits vor der Londoner Konferenz von einem Mitglied die Frage gestellt worden, ob die Neutralen zur Generalversammlung eingeladen würden, was jedoch Picard in seinem starren Freund-Feind-Denken strikt zurückwies: „[...] nous devons d'abord causer entre amis. La réunion générale des Alliés verra quelle ligne de conduite elle doit adopter à l'égard des neutres."[67] Dennoch bedauerte es der Chemiker Armand Gautier, ehemaliger Präsident der Académie des Sciences und der Académie de Médecine, daß Wissenschaftler aus den neutralen Ländern schon zur Konferenz in Paris nicht eingeladen worden waren.[68] Die Frage eines anderen französischen Gelehrten, was man denn tun könnte, wenn ehemals neutrale Wissenschaftler, nachdem sie sich Internationalem Forschungsrat und Fachunionen angeschlossen hätten, in ähnliche, von Deutschland gebildete Gesellschaften eintreten würden, beschied Picard rigoros: „cela devra être un cas d'exclusion".[69] Picard befürchtete nämlich, daß sich unter den neutralen Nationen „probablement complices des Allemands" verbargen.[70]

Als aber Charles Moureu, der Präsident der Union internationale de la Chimie pure et appliquée, auf der Gründungsversammlung in Brüssel verlangte, daß später in die neuen Organisationen eintretende Mitglieder sich vor ihrer Zulassung zu den Londoner Beschlüssen, also dem Ausschluß der Deutschen und

---

65 Das waren Dänemark, die Niederlande, Schweden, Norwegen, die Schweiz, Spanien, Monaco, die Tschechoslowakei, China, Siam, Argentinien, Chile, Mexiko; vgl. International Research Council, 1919, Reports of Proceedings, S. 8. Demgegenüber wurde Griechenland, Brasilien, Australien und Südafrika angeboten, sich dem Internationalen Forschungsrat und seinen Fachunionen neben den auf der Konferenz vertretenen Staaten als Gründerstaaten anzuschließen; vgl. Statut, in International Research Council, 1919, Reports of Proceedings, S. 156.

66 Ebd., S. 11.

67 Comité secret 17.12.1917, in Archives AdS Paris, Comité secret 1912–1918, Bl. 390.

68 Comité secret 25.11.1918, ebd., Bl. 451.

69 Ebd., Bl. 453.

70 Picard an Hale, 22.7.1917, zitiert nach Blaauw, *IAU*, S. 24, 63; Picard bezog sich hier auf die „Association géodésique réduite entre États neutres", siehe dazu oben S. 76 f., 170; zum Mißtrauen Picards gegenüber den Neutralen vgl. Schröder-Gudehus, *Deutsche Wissenschaft*, S. 108.

Österreicher, bekennen müßten und sich nicht an wissenschaftlichen Unternehmungen beteiligen dürften, die von jenen gegründet worden seien, fand das keine Zustimmung.[71] Vor allem die amerikanischen Delegierten, die sich schon bei der Abstimmung über den Ausschlußparagraphen der Stimme enthalten hatten, zeigten auch hier ihre Zurückhaltung. Schon vorher hatte Hale, der an der Gründungsversammlung nicht teilnahm, auf eine sofortige Hinzuziehung der Neutralen gedrängt. Falls sich Picard und seine Verbündeten dem weiterhin widersetzen sollten, würden, wie Hale Schuster erklärte, die amerikanischen Delegierten mit ihrem Rückzug aus dem Forschungsrat drohen.[72]

Jedenfalls erhoben sich von Anfang an Bedenken gegen einen starren und kompromißlosen Boykott, wie er von Picard und seinen französischen und belgischen Mitstreitern angestrebt wurde. Zwar gelang es diesen noch auf der Generalversammlung des Forschungsrats 1922 in Brüssel, den Fachunionen einen weiteren Riegel vorzuschieben mit der Bestimmung, daß diesen nur Länder beitreten durften, die auch Mitglieder des Forschungsrats waren – den Antrag stellte Picard.[73] Doch das Streben der Fachunionen nach Unabhängigkeit konnte das auf Dauer nicht bremsen.[74] Schließlich führte der Beitritt der ehemals neutralen Länder zur Streichung des Boykottparagraphen, wenn auch erst nach einer Zeit von sieben Jahren. Nachdem erstmals Wissenschaftler der neutralen Länder zur zweiten Generalversammlung des Forschungsrats 1922 eingeladen worden waren, stellte der schwedische Delegierte, der Ophthalmologe Allvar Gullstrand, Nobelpreisträger von 1911, sofort einen solchen Antrag und verlangte gleichzeitig eine für die kleinen Staaten günstigere Aufteilung der Delegiertenstimmen. Er wurde dabei von dem Schweizer Astronomen und Direktor des Observatoriums in Genf, Raoul Gautier, unterstützt. Der Antrag fand damals jedoch noch nicht die erforderliche Mehrheit.[75]

---

71 International Research Council, 1919, Reports of Proceedings, S. 4.

72 Vgl. Kevles, „Into Hostile Political Camps“, S. 57; Schröder-Gudehus, *Les scientifiques*, S. 116 f.; zu unterschiedlichen Ansichten in den USA vgl. Blaauw, *IAU*, S. 31 ff., 44 f.

73 International Research Council, 1922, Reports of Proceedings, S. 9, 14.

74 Vor allem Hale setzte sich später – gegen Picard – für die Unabhängigkeit der Fachunionen ein, vgl. Cock, Chauvinism, S. 265. Erst 1931 wurde den Fachunionen ihre Unabhängigkeit zugestanden und der Internationale Forschungsrat in einen Internationalen Rat wissenschaftlicher Vereinigungen (International Council of Scientific Unions) umbenannt. Präsident wurde jetzt Hale. Zur Geschichte vgl. Frank Greenaway, *Science International. A history of the International Council of Scientific Unions*, Cambridge 1996.

75 Vgl. International Research Council, 1922, Reports of Proceedings, S. 6 f.; Schröder-Gudehus, *Deutsche Wissenschaft*, S. 220. Im Zuge der Umorganisierung des Forschungsrats 1931 wurde auch die Stimmenaufteilung geändert. Jedes Land verfügte von da an über eine Stimme.

d) Ausschluß der deutschen Sprache

Die Gründungsmitglieder des Forschungsrats und der Fachunionen sorgten dafür, daß die deutsche Sprache aus den neugeschaffenen internationalen Wissenschaftsverbänden ausgeschlossen wurde. Gleichzeitig legte man den Gebrauch der Sprachen auf lange Sicht neu fest.

Die auf den ersten Konferenzen in London, Paris und Brüssel verwendeten Sprachen waren Englisch und Französisch. Das waren auch die offiziellen Sprachen des Internationalen Forschungsrats (Conseil international de recherches, International Research Council). Damit hob man die in der alten Internationalen Assoziation der Akademien gepflegte Dreisprachigkeit Deutsch-Französisch-Englisch auf und ersetzte sie durch die Zweisprachigkeit Französisch-Englisch. Diese wurde durch die Aufteilung: Sitz und Generalversammlungen in Brüssel – Generalsekretariat in London ebenso begünstigt wie durch die Besetzung der Leitungsposten der neuen Organisationen, die fast nur englisch- und französischsprachige Wissenschaftler einnahmen. Französisch und Englisch waren folglich die Publikationssprachen der offiziellen Berichte der Generalversammlungen des Internationalen Forschungsrats in Brüssel wie der Fachunionen.

Zwar war Französisch zunächst die vorherrschende Sprache, was damit zusammenhing, daß einem französischsprachigen Präsidenten die Leitung der Generalversammlungen des Conseil oblag, daß die Sprache des Landes, in dem man konferierte, eine bevorzugte Stellung einnahm, das war in Brüssel eben Französisch, und daß Franzosen und Belgier rein quantitativ die Versammlungen in Brüssel dominierten – auf der Gründungsversammlung 1919 stellten sie unter den Teilnehmern allein siebzig Prozent.[76] Diesem Umstand war es vermutlich zu verdanken, daß der französische Text der Dokumente als der authentische galt. Von Bedeutung mag außerdem gewesen sein, daß Französisch traditionell als Diplomatensprache verwendet wurde, worauf sich die französischen und belgischen Gelehrten gern beriefen.

Doch Englisch kam auch zur Geltung, mit der Zeit in verstärktem Maße. Neben englischsprachigen Beiträgen in den Konferenzberichten wurden Anträge, Resolutionen und Statuten des Internationalen Forschungsrats und der Fachunionen wie auch die Statutenentwürfe der Unionsprojekte sowohl auf Französisch als auch Englisch gedruckt, was einer offiziellen Sanktionierung der Zweisprachig-

76 Im Unterschied dazu hatten die Konferenzen der alten Internationalen Assoziation der Akademien, die keinen festen Sitz hatte, an verschiedenen Orten stattgefunden, wodurch abwechselnd eine der drei offiziellen Sprachen Deutsch, Französisch und Englisch bevorzugt zur Geltung kam.

keit im Forschungsrat und in den Fachunionen gleichkam. Damit wurde der Ausschluß der deutschen Sprache zugleich praktisch besiegelt.

Ohne daß es eines besonderen Sprachenparagraphen, einer Erklärung oder gar Aussprache bedurfte, wurde die deutsche Sprache unter der Hand aus diesen sich international verstehenden Wissenschaftsorganisationen, den damit verbundenen internationalen Kongressen und Publikationen verbannt, auf Gebieten, auf denen sie vor dem Ersten Weltkrieg neben Französisch und Englisch eine international führende Rolle gespielt hatte.

Der Verhandlungsbericht der Gründungsversammlung des Internationalen Forschungsrats verwies, was das Statut betraf, lediglich auf die zweisprachigen Fassungen:

> Le texte des Statuts en français et en anglais est reproduit dans les Annexes XX et 20.[77]

Dabei galt der französische Text als grundlegend: „Le présent texte français servira exclusivement pour l'interpretation à donner aux articles de la Convention" hieß es gleichlautend in den verabschiedeten Statuten des Internationalen Forschungsrats und der Fachunionen sowie in den Statutenentwürfen der geplanten Unionen.[78]

Eine explizite Ausschaltung der deutschen Sprache wurde in den Statuten der neuen Organisationen erst gar nicht formuliert. Das hätte vermutlich neutrale Länder brüskiert, an erster Stelle die Schweiz, in der Deutsch eine der Landessprachen war, aber auch Wissenschaftler aus skandinavischen Ländern und den Niederlanden, die häufig Deutsch als lingua franca benutzten. Es war sicherlich geschickter, den Ausschluß des Deutschen implizit zu betreiben und damit der öffentlichen Diskussion zu entziehen.

Andererseits war eine ausdrückliche Ausgrenzung von Sprachen auch in den Vorkriegsorganisationen nicht üblich gewesen. Vielmehr hatte man sich damals auf die Benennung weniger offizieller und zugelassener Sprachen beschränkt, was automatisch als Ausschluß aller anderen Sprachen zu verstehen war. Was allerdings die besondere Situation im Hinblick auf die deutsche Wissenschaftssprache betraf, so gehörte diese vor dem Krieg fast immer und selbstverständlich zu den offiziellen und zugelassenen Sprachen internationaler Veranstaltungen und Publikationen, wie oben gezeigt wurde. Um so einschneidender war es, daß nach dem Krieg die deutsche Sprache von den alliierten Wissenschaftsorganisa-

77 International Research Council, 1919, Reports of Proceedings, S. 7.

78 Ebd., S. 159, 164, 178, 184, 189, 194, 199, 204, 210, 216, 221; dazu auch S. 2.

toren zusammen mit den deutschen und österreichischen Wissenschaftlern aus dem „Haus“ hinausgeworfen wurde.

Nachdem im Krieg die Kommunikation der alliierten mit den deutschen und österreichischen Wissenschaftlern ohnehin abgebrochen war, wurde nach dem Krieg dieser Bruch von den Alliierten mit dem Internationalen Forschungsrat und den ihm angeschlossenen Fachunionen langfristig institutionalisiert. Da man auch die neutralen Staaten und Wissenschaftler, obwohl sie international eine bedeutsame Rolle spielten, zunächst auf Abstand hielt und an der Gründung der neuen Organisationen nicht beteiligte, gab es niemanden, der sich von Anfang an für die Verwendung der deutschen Sprache hätte einsetzen können. Das aber wollte man ja gerade verhindern, zumal die deutsche Sprache ein wichtiges Instrument der Verbreitung des Ansehens und der Macht der deutschen Wissenschaft war.

Die exklusive Einladungspolitik, die Bestimmung der Satzungen und die nationale Zusammensetzung des Führungspersonals wie der Konferenzen brachten es mit sich, daß Französisch und Englisch unangefochten die alleinigen offiziellen Wissenschaftssprachen in den neuen Institutionen werden konnten, während man die deutsche Sprache für die Kommunikation gar nicht erst brauchte. Später freilich ließen sich die einmal gelegten Grundlagen nur äußerst schwer ändern, wie sich dann zeigte.

Auf der Generalversammlung des Internationalen Forschungsrats 1928 verteidigte dessen Generalsekretär Arthur Schuster in seinem Bericht die englisch-französische Zweisprachigkeit:

> It has been usual to adopt the French language as the one which, in cases of doubt, shall be the decisive one, having regard to the established practise of adopting that language in diplomatic documents. We have in this respect followed the old tradition. In our printed proceedings each important resolution is given in French and English. Whether other languages should be added to these is only a matter of expense.[79]

Daß Schuster die Beschränkung auf die englisch-französische Zweisprachigkeit allein finanziellen Gründen zuschrieb, klang freilich wenig überzeugend.

Ebenso wie aus dem Forschungsrat schloß man die deutsche Sprache aus den neugegründeten internationalen Fachunionen aus. Während vor dem Krieg in den meisten internationalen Wissenschaftsverbänden, deren Kongressen und Veröffentlichungen wie in der Internationalen Assoziation der Akademien Deutsch, Französisch und Englisch gleichrangig nebeneinander verwendet wurden, verlor danach die deutsche Sprache gerade in der Astronomie, Geodäsie, Seismologie

---

79 International Research Council, 1928, Reports of Proceedings, S. 23.

und Chemie endgültig ihre dominante Position. Vor dem Krieg hatten als offizielle Sprachen in der Internationalen Astronomischen Gesellschaft Deutsch, in der Solar-Union Deutsch, Englisch und Französisch, in der Internationalen Erdmessung wie Internationalen Erdbebenforschung Deutsch und Französisch und auf den großen internationalen Kongressen für angewandte Chemie Deutsch, Französisch, Englisch und Italienisch gegolten.

In der Internationalen Astronomischen Union führte man dagegen die Verhandlungen fast nur noch auf Französisch und Englisch. Hinzu kam noch die Sprache des Landes, in dem die jeweilige Generalversammlung tagte. So wurden 1922 in Rom die Protokolle der Sitzungen auf Englisch, Französisch und Italienisch verlesen.[80]

Auch die Verhandlungsberichte der internationalen astronomischen Konferenzen wechselten die Sprachen. Während früher die Berichte der internationalen Generalversammlungen der Astronomischen Gesellschaft auf Deutsch in der *Vierteljahresschrift der Astronomischen Gesellschaft* veröffentlicht wurden, wobei französische, englische, italienische und spanische Beiträge durchaus Berücksichtigung fanden, avancierten allein Französisch und Englisch zu den Publikationssprachen der Versammlungsberichte der Internationalen Astronomischen Union, die nun unter dem Namen *Transactions of the International Astronomical Union* firmierten.

> It was resolved: [...] That subject-matter for publication by the Union should be either in the French or English language, and that translations would not be necessary,

lautete eine Resolution des Exekutivkomitees der Internationalen Astronomischen Union, die auf dessen erster Sitzung in Brüssel 1919 verabschiedet wurde.[81] Der später der Generalversammlung 1922 in Rom unterbreitete weitergehende Vorschlag des französischen Vizepräsidenten der Union und Direktors des Observatoriums in Paris, Henri Deslandres, wichtige astronomische Angelegenheiten sowohl auf Englisch als auch Französisch und darüber hinaus in der Sprache des Landes, in der die Union gerade tagte, zu publizieren, wurde dann doch als zu kostspielig befunden. Dagegen einigte man sich auf den von dem niederländischen Vizepräsidenten der Union und Direktor der Sternwarte in Leiden, Willem de Sitter, angeregten Kompromiß, wonach nur noch die Beschlüsse der Unionsversammlungen über astronomische Fragen in englischer und zugleich französischer Sprache veröffentlicht werden sollten.

---

80 Vgl. Transactions of the International Astronomical Union, Vol. I. First General Assembly held at Rome May 2nd to May 10th, 1922, (ed. by Fowler), London, S. 153.

81 Ebd., S. 6; dazu auch Blaauw, *IAU*, S. 7, 11.

Wenngleich Englisch und Französisch die Verhandlungsberichte der Union dominierten, erschienen ansonsten hier und da auch einzelne anderssprachige Beiträge, allerdings lange Zeit nicht auf Deutsch.[82]

Über die *Transactions of the International Astronomical Union* hinaus bemühten sich die alliierten Astronomen noch auf weiteren Feldern, die deutsche Fachsprache und Fachliteratur auszustechen. Denn Deutsch hatte sich im 19. Jahrhundert zur vorherrschenden Publikationssprache der Astronomie entwickelt: In den international angesehenen deutschsprachigen Zeitschriften wie den *Astronomischen Nachrichten*, dem *Astronomischen Jahresbericht* und der *Vierteljahresschrift der Astronomischen Gesellschaft* waren nicht nur von Astronomen, sondern auch Geophysikern und Geodäten aus vielen Ländern Forschungsergebnisse, Berichte und Referate veröffentlicht worden.[83] Diese Fachzeitschriften wollten die alliierten Akademien nach dem Krieg so schnell wie möglich durch französisch- und englischsprachige Neuschöpfungen oder den Ausbau vorhandener Blätter ersetzen. Großes Gewicht legten sie zunächst auf Bibliographien und Referatenorgane.

Zwar waren noch in dem Entwurf der Statuten der Union astronomique internationale, den die französische Académie des Sciences 1918 der Konferenz in Paris vorgelegt hatte, für die Publikationen dieser Organisation – mit Rücksicht auf den italienischen Bündnispartner – Ausgaben in drei Sprachen empfohlen worden, wobei man besonderen Wert auf die Herausgabe astronomischer Referatenliteratur legte:

> en trois éditions: en langue française, en langue anglaise, en langue italienne, si les ressources le permettent.[84]

Als diese Sprachenregelung auf der Sitzung des Comité secret der französischen Akademie unmittelbar vor der Konferenz in Paris diskutiert wurde, wobei man sich auch auf andere Disziplinen bezog, ging es lediglich um die Frage, ob die Veröffentlichungen in den drei Sprachen Französisch, Englisch und Italienisch obligatorisch, möglich und vor allem finanzierbar seien oder ob auch zwischen diesen drei Sprachen alternativ gewählt werden könnte. In diesem Zusammenhang tauchte nur kurz die Anregung auf, eine internationale Hilfssprache zu

---

82 Vgl. Transactions of the International Astronomical Union, 1922, S. 153, sowie die folgenden Versammlungsberichte.

83 Siehe dazu oben S. 41–46.

84 Propositions de l'Académie des Sciences de Paris, Union astronomique, Conférence interalliée des académies scientifiques. Propositions prises en considération, in Archives AdS Paris, Association internationale des académies.

verwenden, und zwar Latein, doch diese Möglichkeit wurde nicht weiter verfolgt. Schließlich stimmten die Akademiemitglieder einer flexiblen Handhabung der Dreisprachigkeit zu, gegen die sich dann später die englisch-französische Zweisprachigkeit durchsetzte. – Die deutsche Sprache wurde erst gar nicht erwähnt. Daß sie von vorneherein ausgeschlossen war, schien selbstverständlich zu sein.[85]

Die Bemühungen der französischen Astronomen machten sich auch in dieser Hinsicht bald bezahlt. So erreichten sie, daß die von dem Observatorium in Paris herausgegebenen Referatenhefte des *Bulletin astronomique* alsbald im Namen der Union astronomique internationale publiziert werden konnten, zweifellos in der Absicht, den weltweit verbreiteten deutschen *Astronomischen Jahresbericht* zu verdrängen.[86]

Ebenfalls nur in französischer oder englischer Sprache sollten nach dem Krieg auch die Publikationen anderer Fachunionen erscheinen. Die 1922 gegründete Union internationale de Radiotélégraphie scientifique nahm diese Sprachenregelung ausdrücklich auch für ihre Kommissionen auf:

> [...] les documents devront être rédigés soit en langue française, soit en langue anglaise. Pour les documents définitifs la langue française fera foi.[87]

In der Geodäsie und Geophysik vollzogen sich ähnliche sprachliche Veränderungen. Die Verhandlungsberichte der Generalversammlungen der Union géodésique et géophysique internationale, auf denen unter anderem die Sekretäre der sieben Sektionen über ihre Arbeiten informierten, wurden in französischer Sprache gedruckt; Ausnahmen bildeten wenige englischsprachige Beiträge sowie Ansprachen, die in der Sprache des Landes gehalten wurden, in dem die Konferenz stattfand.[88] Erst später gewann Englisch neben Französisch an Gewicht, nachdem der französische Präsident der Union, Lallemand, nach einer vierzehnjährigen Amtszeit 1933 von dem amerikanischen Geodäten Bowie abgelöst wurde, dem ein britischer Generalsekretär, Colonel Winterbotham von der geographischen Abteilung des britischen Kriegsministeriums, zur Seite stand.

---

85 Comité secret 25.11.1918, [gez.] Painlevé, in Archives AdS Paris, Comité secret 1912–1918, Bl. 452. Auch auf der Generalversammlung des Internationalen Forschungsrats wurde 1919 der Antrag gestellt, ein Komitee einzurichten, das den Stand und die Aussichten einer internationalen Hilfssprache untersuchen und darüber berichten sollte. Doch diese Aufgabe wurde später dem Völkerbund überlassen und nicht weiter diskutiert; vgl. International Research Council, ... Assembly, Reports of Proceedings, 1919, S. 73f., 1922, S. 11, 1925, S. 31.

86 Zum *Bulletin astronomique* siehe Kapitel II, 2, S. 228.

87 International Research Council, 1922, Reports of Proceedings, S. 21, 95.

88 Vgl. Union géodésique et géophysique internationale. Première Assemblée générale réunie à Rome du 2 au 10 mai 1922, Toulouse 1923, sowie die folgenden Generalversammlungen.

Das hatte außerdem zur Folge, daß die Verhandlungsberichte der Generalversammlungen statt wie bisher in Frankreich von da an in Großbritannien gedruckt wurden. Nun mehrten sich nicht nur die englischsprachigen Beiträge im Versammlungsbericht, sondern, um die englisch-französische Zweisprachigkeit zu unterstreichen, wurden erstmals auf dem Titelblatt der Name der Union und im Bericht das Inhaltsverzeichnis und die abgeänderten Statuten sowohl auf Französisch als auch Englisch gedruckt,[89] später darüber hinaus der Bericht des Generalsekretärs ebenso wie Resolutionen und wichtige Beiträge.[90]

Die deutsche Sprache hingegen kam in den Verhandlungsberichten der Generalversammlungen der Union géodésique et géophysique internationale lange Zeit überhaupt nicht vor, ebensowenig in den Tagungsberichten und Fachorganen der sieben Sektionen der Union – Geodäsie, Seismologie, Vulkanologie, Meteorologie, Erdmagnetismus und Elektrizität, Ozeanographie, wissenschaftliche Hydrologie –, also auf Gebieten, auf denen die deutsche Sprache einst führend gewesen war.

Vor allem mit der Verlegung der internationalen Zentralbüros von Deutschland nach Frankreich büßte die deutsche Sprache Machtpositionen ein, denn das Zentralbüro der Internationalen Erdmessung in Berlin und später in Potsdam und das Zentralbüro der Internationalen Seismologischen Assoziation in Straßburg hatten Kataloge weltweit ermittelter Beobachtungsdaten und eigene Veröffentlichungen herausgegeben, vorwiegend in deutscher Sprache, sowie in deutscher und französischer Sprache Konferenzberichte und, in Verbindung damit, ihre Rechenschaftsberichte und die nationalen Berichte anderer Länder publiziert.

Nach dem Krieg erschienen stattdessen die Verhandlungen der Generalversammlungen der Sektion Geodäsie der Internationalen Union für Geodäsie und Geophysik – das Aufgabenfeld der Sektion entsprach dem der ehemaligen Internationalen Erdmessung[91] – ebenso wie die Berichte über neueste geodätische Beobachtungen und Arbeiten in dem ab 1924 vom Zentralbüro der Sektion in Paris herausgegebenen *Bulletin géodésique.* Die deutsche Sprache schloß man von vorneherein aus. So lautete nach der „Condition de publication" die Sprachenregelung im *Bulletin géodésique:*

---

89 Vgl. Union géodésique et géophysique internationale. International Union of Geodesy and Geophysics, Cinquième Assemblée générale réunie à Lisbonne 17–25 septembre, 1933, London and Southampton 1934.

90 Vgl. Union géodésique et géophysique internationale. International Union of Geodesy and Geophysics, Sixième Assemblée générale réunie à Édimbourg 14–15 septembre 1936, London and Southampton 1937.

91 Siehe dazu oben das Kapitel über die Internationale Erdmessung.

> Les langues admises sont en principe l'anglais, l'espagnol, le français et l'italien.[92]

Den Bericht über die erste Generalversammlung der Sektion Geodäsie 1922 in Rom übersetzte man aus der französischen in die englische und italienische,[93] den Bericht über die Versammlung 1924 in Madrid aus der französischen in die englische und spanische Sprache.[94] Eine dreisprachige Ausgabe des Versammlungsberichts wollte man jedoch bald nicht mehr herstellen, da die Kosten zu hoch waren. Der Vorschlag des Vertreters der britischen Delegation auf der dritten Generalversammlung 1927 in Prag, aus ökonomischen Gründen den Bericht in Zukunft nur noch auf Französisch zu drucken, das ohnehin fast jeder beherrsche, wurde deshalb einstimmig angenommen.[95] Gleichwohl fanden sich im *Bulletin géodésique* nach wie vor englischsprachige Beiträge, außerdem Texte sowohl in französischer als auch englischer, selten in italienischer oder spanischer Sprache.

Daneben veröffentlichte man allgemeine Berichte sowie die Landesberichte über geodätische Arbeiten, welche die Mitgliedstaaten den Generalversammlungen vorlegten, nun in den *Travaux de la Section de Géodésie de l'Union géodésique et géophysique internationale.*[96] Deutschland und Österreich waren darin jahrelang ebensowenig vertreten wie die deutsche Sprache. Eine kommentierte Bibliographie unter dem Namen *Bibliographie géodésique internationale annuelle* – mit Referaten in französischer Sprache –, die erstmals die Literatur des Jahres 1928 dokumentierte, rundete die Publikationstätigkeit der Geodätischen Sektion ab. Da man auf die Mithilfe der Geodäten in möglichst vielen Ländern angewiesen war, um den Anspruch einer internationalen Bibliographie zu erfüllen, gestattete man denjenigen Autoren, die des Französischen nicht mächtig waren, die Referate, wie es hieß, auch in einer der vier verbreiteten Sprachen: Englisch, Italie-

---

92 *Bulletin géodésique.* Organe de la Section de Géodésie de l'Union géodésique et géophysique internationale. Publié par le Secrétariat de la Section, No. 1, Année 1924, Toulouse, Paris. Der zitierte Satz wurde allerdings in den folgenden Heften weggelassen, doch in der Praxis gleichwohl befolgt.

93 Vgl. Publications de la Section de Géodésie, in *Bulletin géodésique*, No. 7, 1925; Comptes rendus de la deuxième Assemblée générale de la Section de Géodésie de l'Union géodésique et géophysique internationale réunie à Madrid du 24 septembre au 8 octobre 1924, rédigés et publiés avec pièces annexes par le Secrétaire Georges Perrier, in ebd., S. 464.

94 Vgl. Comptes rendus de la troisième Assemblée générale de la Section de Géodésie de l'Union géodésique et géophysique internationale réunie à Prague du 29 août au 10 septembre 1927, in *Bulletin géodésique*, No. 18, 1928, S. 290 f.

95 Impression des Comptes rendus des Assemblées générales de la Section de Géodésie en français seulement, in ebd., S. 273.

96 *Travaux de la Section de Géodésie de l'Union géodésique et géophysique internationale*, publié par le Secrétaire Georges Perrier, Paris.

nisch, Spanisch und Deutsch zu schicken, die dann vom Sekretariat ins Französische übersetzt werden sollten.[97] – Immerhin mußte man hier, in diesem eng begrenzten Rahmen, der Verbreitung des Deutschen doch Rechnung tragen.

In der Seismologie spielten sich ähnliche sprachliche Umstellungen ab wie in der Geodäsie:

> L'ordre du jour [...] avait été distribué aux membres en langue anglaise et en langue française,

vermerkte der Bericht der ersten Konferenz der Sektion Seismologie der Union géodésique et géophysique internationale in Rom 1922.[98] Dieser wie auch die folgenden Berichte der seismologischen Konferenzen erschienen vorwiegend auf Französisch, mit einzelnen Beiträgen in englischer Sprache. Das seismologische Zentralbüro in Straßburg, jetzt unter französischer Führung, gab nicht nur die Konferenzberichte, sondern darüber hinaus wie früher die Berichte und Mitteilungen des Zentralbüros heraus, allerdings nur noch in französischer Sprache, ergänzt durch Beiträge auf Englisch. *G. Gerlands Beiträge zur Geophysik* wurden durch die neu gegründete Zeitschrift *Travaux scientifiques* ersetzt, in der sich über Jahre hinweg keine deutschsprachigen Berichte mehr fanden.[99] Außerdem gewährte die Seismologische Sektion der Internationalen Union für Geodäsie und Geophysik den englischsprachigen *Bulletins of the Seismological Committee of the British Association for the Advancement of Science* – der Vorsitzende dieses Komitees, Herbert Hall Turner, war gleichzeitig Präsident der Seismologischen Sektion – finanzielle Unterstützung. Diese *Bulletins* wurden als offizieller Erdbebenkatalog der Seismologischen Sektion anerkannt. – Früher hatte das unter deutscher Leitung stehende Zentralbüro in Straßburg den Erdbebenkatalog herausgegeben. Nun sollten diesen die britischen *Bulletins* ersetzen und erhielten, ihrem Anspruch gemäß, bald einen internationalen Namen: *International Seismological Summary.*[100] Jedenfalls teilten sich französische und britische Seismo-

---

97 Vgl. Mesures prises pour l'Établissement d'une Bibliographie géodésique internationale annuelle, in *Bulletin géodésique*, No. 21, 1929, S. 5–8.

98 Union géodésique et géophysique internationale. Section de Sismologie. Comptes Rendus des Séances de la Première Conférence. Réunie à Rome du 2 au 10 mai 1922. Rédigés par le Secrétaire E. Rothé, Toulouse 1922, S. 13.

99 *Travaux scientifiques.* Union géodésique et géophysique internationale. Section de Sismologie. Publications du Bureau Central Sismologique International. Sous la direction de E. Rothé, Secrétaire de la Section de Sismologie [Hrsg.]; vgl. Cremer, *Seismik*, S. 237 f.

100 Vgl. The International Seismological Summary, in Union géodésique et géophysique internationale. Cinquième Assemblée générale ...Lisbonne 1933, London and Southampton 1934,

logen, jeweils in ihrer Sprache, die Publikationen, die vor dem Krieg auf Deutsch erschienen waren.

Die anderen Sektionen der Union géodésique et géophysique internationale – für Meteorologie, Erdmagnetismus und Elektrizität, Vulkanologie, Ozeanographie und Hydrologie – verhielten sich, was die Verwendung der Sprachen auf ihren Konferenzen und in ihren Publikationen betraf, nicht anders.

In der internationalen Chemie wurde die deutsche Sprache ebenfalls boykottiert. Die Verhandlungssprachen der alten Internationalen Assoziation der chemischen Gesellschaften waren Französisch, Englisch und Deutsch gewesen.[101] In der Union internationale de la Chimie pure et appliquée hingegen wurde nur noch auf Englisch und Französisch verhandelt, wobei Französisch vorherrschend war. Englische Beiträge übersetzte man sogleich in die französische Sprache. Das wirkte sich, gefördert vom ersten französischen Präsidenten sowie vom ständigen Generalsekretariat in Paris, in der Weise aus, daß die Berichte der jährlich abgehaltenen Konferenzen und Generalversammlungen ebenso wie der Kommissionen der Union nur noch auf Französisch erschienen, auch wenn die Konferenzländer ständig wechselten.[102]

In Verbindung mit den Konferenzen sollten, so wie es früher der Brauch gewesen war, alle drei oder vier Jahre große internationale Chemie-Kongresse nun von der Union einberufen werden. Auch hier torpedierte man eine vor dem Ersten Weltkrieg lange geübte Sprachenpraxis.

Während – wie in London 1909 und auf den vorangegangenen großen internationalen Chemie-Kongressen – in der Kongreßordnung des achten Internationalen Kongresses für angewandte Chemie 1912 in Washington und New York festgelegt worden war: „The official languages of the Congress are English, German, French, and Italian",[103] bestimmte dagegen die erste Generalversammlung

S. 122ff.; zu den französisch-britischen Rivalitäten bei der Zuteilung des Zentralbüros und der Publikationen der Sektion für Seismologie vgl. Cremer, *Seismik*, S. 219–223, 226–229.

101 Siehe dazu oben, S. 66; vgl. Fennell, *History of IUPAC*, S. 8.

102 Vgl. Union internationale de la Chimie pure et appliquée. Comptes rendus de la première conférence internationale de la Chimie. Rome 22–24 juin 1920, [Hrsg.] Secrétariat Général. Jean Gérard, Paris; vgl. die Konferenzberichte der folgenden Jahre.

103 Constitution and By-Laws of the Eighth International Congress of Applied Chemistry, in Transactions and Organization. Eighth International Congress of Applied Chemistry. Washington and New York. September 4 to 13, 1912, Vol. XXVIII, S. 1–5, Zitat S. 2; vgl. Regulations of the Congress, in Seventh International Congress of Applied Chemistry. London, May 27th to June 2nd, 1909. Organization of the Congress. General Meetings, edited by Sir William Ramsay, K.C.B., F.R.S. (Acting President of the Congress) and William Macnab (Hon. General Secretary), London 1910, S. 139–141, insbes. S. 140; siehe dazu oben, S. 62–65.

der Union internationale de la Chimie pure et appliqué (IUPAC) 1920 in Rom in der dort beschlossenen Kongreßordnung:

> Les langues usuelles sont l'anglais, le français et l'italien.[104]

Die deutsche Sprache wurde also einfach gestrichen.

In der Diskussion über die Sprachenregelung zukünftiger Kongresse, die man auf der ersten Generalversammlung in Rom führte und in der man sich auf die früheren Chemiekongresse berief, wurde sogar so getan, als hätte die deutsche Sprache auch vorher niemals dazugehört. Man schwieg, soweit sich das dem veröffentlichten Protokoll der Diskussion entnehmen läßt, darüber hinweg und sprach, indem man die Tatsachen schlichtweg verfälschte, nur noch von drei offiziellen Sprachen der früheren internationalen Chemie-Kongresse. Selbst zu den zugelassenen Sprachen wurde Deutsch nicht gezählt. Offensichtlich wollte man auf diese Weise einer Auseinandersetzung über den Sprachboykott ausweichen, der bereits in der Unterschlagung der früheren Stellung der deutschen Sprache sich manifestierte.

Während die alliierten Chemiker solchermaßen die Ausschaltung des Deutschen betrieben, nutzten die französischen Gelehrten sogleich die Gelegenheit, nun einzig und allein Französisch zur offiziellen Sprache der internationalen Chemie-Kongresse zu befördern. Andere Sprachen sollten zwar noch zugelassen werden, aber nur dann, wenn die Redner ihren Beiträgen jeweils ein Resümee auf Französisch hinzufügten. Doch gegen diese Abwertung ihrer Sprachen wehrten sich die englisch- und italienischsprachigen Kollegen, die Englisch und Italienisch als Kongreßsprachen nicht aufgeben wollten, sowie der holländische Chemiker Hugo R. Kruyt.

Kruyt schlug vor, in Zukunft die Sprachenordnung flexibel zu handhaben und bei jedem Kongreß auch, aber nicht nur, im Hinblick auf die Sprache des Gastlandes neu zu beschließen. Dieser Vorschlag jedoch wurde verworfen. Denn, so das Gegenargument, auf einem internationalen Kongreß in Rußland oder Griechenland könnte schließlich auch nicht Russisch bzw. Griechisch als Kongreßsprache dienen, da viele diese Sprachen nicht verstehen würden. Worum es aber den Gegnern einer weniger rigiden Sprachenregelung vor allem ging, war, zum einen zu verhindern, daß womöglich der deutschen Sprache doch noch ein Ein-

104 Assemblée générale, troisième séance, 23.6.1920, Congrès, Art. 28 und 29, in Union internationale de la Chimie pure et appliquée. Comptes rendus de la première conférence internationale de la Chimie. Rome 1920, S. 43 ff., 66. Auf der ersten Generalversammlung und Konferenz der Union waren Frankreich, Belgien, Großbritannien, die USA, Italien, Griechenland, Polen, die Tschechoslowakei, die Niederlande und Dänemark vertreten.

fallstor geöffnet werden könnte, auch wenn man darüber vorsichtshalber nicht sprach, und zum anderen dafür zu sorgen – so jedenfalls die Franzosen –, daß Französisch allein zur offiziellen Kongreßsprache avancierte.

Wie sehr man bestrebt war, die deutsche Sprache, wenn auch indirekt, zu diskreditieren und gleichzeitig Französisch aufzuwerten, zeigte der Einwand eines Franzosen, der zu illustrieren versuchte, wie unvorteilhaft oder gar gefährlich der Gebrauch der deutschen statt der französischen Sprache doch sei. So hätte auf einer Versammlung in Wien, die dort 1912 im Rahmen der Tagung der internationalen Ölkommission stattgefunden habe und der vierzig deutsche und österreichische Professoren beigewohnt hätten, die auf Deutsch geführte Diskussion bewirkt, daß zunächst alle Abstimmungen im Sinne der Deutschen und Österreicher entschieden worden wären. Erst als man ein Resümee der Anträge auf französisch formuliert habe, hätte das Abstimmungsergebnis sich komplett geändert. Die Deutschen und Österreicher wären als einzige übrig geblieben, die noch ihre Positionen vertreten hätten.[105]

Die Franzosen, die auf der Generalversammlung der Chemie-Union 1920 in Rom mit fünf Repräsentanten das größte Kontingent der an der Sprachen-Diskussion aktiv teilnehmenden Chemiker stellten – hinzukamen noch je zwei Vertreter aus Belgien und Italien und je ein Vertreter aus Polen, der Tschechoslowakei, den Niederlanden und den USA –, konnten sich wie in einem abgekarteten Spiel die Argumentationsbälle gut zuspielen. Gleichwohl mußten sie die Wünsche ihrer englisch- und italienischsprachigen Kollegen respektieren.

Mit Rücksicht darauf handelte man schließlich einen Kompromiß aus, indem man das Verhältnis von offiziellen und zugelassenen Kongreßsprachen neu justierte. Dabei gelang es, wie geplant, Französisch zur offiziellen Sprache der Chemie-Kongresse zu erklären, zur Sprache der Berichte, Anträge, Resolutionen und offiziellen Dokumente, die, sofern sie nicht im Original auf Französisch verfaßt waren, ins Französische zu übersetzen waren, um Irrtümer bei der Interpretation, wie es hieß, zu vermeiden. Doch zog man es vor, das Wort „offiziell" nicht mehr zu verwenden, um nationale Empfindlichkeiten zu schonen, obwohl der dem Französischen zugesprochene Status dem eigentlich doch genau entsprach. Um so mehr aber offenbarte dieser Schachzug die Absicht, die dahinter stand und geschickt kaschiert werden sollte.

Neben dieser Sonderrolle der französischen Sprache auf den internationalen Chemie-Kongressen begrenzte man die „langues usuelles", also die gebräuchlichen oder zu verwendenden Sprachen, auf Französisch, Englisch und Italienisch und stellte diese Bestimmung dem Reglement voran. Sollte ein Redner eine an-

105 Vgl. ebd., S. 43 f.

dere Sprache benutzen, war er angehalten, eine Übersetzung seines Vortrags oder dessen Zusammenfassung in einer der drei üblichen Sprachen zu liefern. Diese Auflage indes konnte und sollte wohl die Bereitschaft fördern, sich von Anfang an einer der drei anerkannten Sprachen zu bedienen. Andererseits rechnete man ohnehin damit, daß eine der drei Sprachen jeder Kongreßteilnehmer beherrschen würde oder wenigstens bestrebt war, zu erlernen, so daß sich eine Begrenzung der „anderen Sprachen", die der amerikanische Delegierte angeregt hatte, wie er später selbst einräumte, erübrigen würde. Vermutlich wäre es bei dem amerikanischen Vorschlag um einen weiteren Sicherheitsriegel gegen das Eindringen der deutschen Sprache gegangen, den man aber nicht mehr für notwendig hielt.[106]

Die auf der ersten Generalversammlung der Chemie-Union in Rom dann einstimmig verabschiedete Sprachenregelung der Kongreßordnung, welche implizit die Ausschaltung der deutschen Sprache verfügte, lautete schließlich:

> Les langues usuelles sont l'anglais, le français et l'italien.
> Il peut être fait des communications dans une autre langue, si les auteurs peuvent en donner ou en faire donner une traduction ou un résumé dans une des langues usuelles.
> En vue d'éviter les erreurs d'interprétation, tous les rapports, les vœux, les résolutions et les actes officiels, s'ils ne sont pas rédigés originellement en français, doivent être traduits en cette langue. (Art. 28)[107]

Diese Sprachenregelung, die Französisch zur offiziellen Sprache bestimmte, führte gleichzeitig dazu, daß Französisch zur Publikationssprache der Berichte der jährlichen Konferenzen, Generalversammlungen und der Kommissionen der Union internationale de la Chimie pure et appliquée aufrückte. Bevor jedoch der erste große internationale Chemikerkongreß nach dem Krieg wieder stattfand – das war erst 1934 – , wurde über die Sprachen neu verhandelt.[108]

Ein weiteres Feld, auf dem man in der Chemie die Verbreitung der deutschen Sprache torpedierte, boten die Fachpublikationen. Denn auf dem Gebiet der chemischen Fachliteratur hatte Deutschland vor dem Ersten Weltkrieg eine Spitzenstellung erobert. Allein 45 Prozent der in *Chemical Abstracts* 1909 resümierten Zeitschriftenliteratur kamen aus Deutschland.[109] Es war sicherlich bezeichnend,

106 Ebd., S. 44 f.
107 Ebd., S. 45, 66.
108 Siehe dazu unten S. 465 – 470.
109 Vgl. Crane, Growth of Chemical Literature, S. 1478 – 1481, 1496; D. B. Baker, F. A. Tate, R. J. Rowlett, Changing Patterns in the International Communication of Chemical Research and Technology, in *Journal of Chemical Documentation*, Vol. 11, No. 2, 1971, S. 90 – 98, hier S. 90 f.; siehe dazu unten, S. 488 – 491.

daß bereits auf der Konferenz der alliierten Akademien 1918 in Paris[110] sowie der interalliierten Chemie-Konferenzen 1919 in Paris und London an die erste Stelle der Aufgaben die Erstellung von Publikationen, insbesondere Bibliographien und Referatenorganen sowie Handbüchern, rückte, in der Absicht, auf diesem Gebiet die verbreiteten deutschsprachigen Werke und Zeitschriften langfristig zu verdrängen.

Charles Moureu, erster Präsident der neu gegründeten Union internationale de la Chimie pure et appliqué, hatte auf der Konferenz der alliierten Chemiker 1919 in Paris noch eingestehen müssen: „[...] nous en sommes presque tous réduits à recourir à des publications allemandes".[111] Deutsche Fachliteratur, klagte Moureu, sei nahezu unentbehrlich geworden an allen europäischen und amerikanischen Universitäten ebenso wie in den Laboratorien, weil man sich allzu sorglos der geschickten Beharrlichkeit und oft unlauteren Werbung der Feinde („l'adroite persévérance et la publicité souvent déloyale de nos ennemis") ausgeliefert hätte. Viele Chemiker würden selbst die Arbeiten aus romanisch- oder englischsprachigen Ländern nur über deutsche Veröffentlichungen kennen.[112] Mit diesem Mißstand wollte man nun gründlich aufräumen.

Während in Frankreich Anstrengungen unternommen wurden, französische Zeitschriften ins Leben zu rufen und mit einem neuen Referatenorgan dem deutschen *Chemischen Zentralblatt* Konkurrenz zu machen,[113] gingen die Bestrebungen der alliierten Chemiker über die Gründung einzelner Fachblätter weit hinaus.

Vor allem faßte man ins Auge, die bibliographischen Dienste effektiver zu machen und zu zentralisieren, um die Fachzeitschriften und Referatenorgane und damit auch die Chemiker der alliierten Länder über die internationale Fachliteratur möglichst schnell und umfassend zu informieren und aus der Abhängigkeit von den deutschsprachigen Fachpublikationen zu befreien. Zudem sollten eigene Handbücher die verbreiteten deutschen Werke wie Beilsteins Handbuch der organischen Chemie oder Richters Lexikon der Kohlenstoffverbindungen ersetzen. Das jedenfalls wurde als vorrangiges Ziel der alliierten Fédération des Sociétés de Chimie pure et appliquée, dem unmittelbaren Vorläufer der Internationalen Chemie-Union, formuliert:

---

110 Siehe dazu oben S. 169–173.

111 La Conférence Interalliée de la Chimie. 14–15–16 avril 1919, in *Chimie et Industrie*, Vol. 2, No. 5, mai 1919, S. 569; vgl. Fell, *Disziplin*, S. 202.

112 La Conférence Interalliée de la Chimie 1919, in *Chimie et Industrie*, Vol. 2, No. 5, mai 1919, S. 569.

113 Vgl. Fell, *Disziplin*, S. 203, 319 f.

> Le but le plus immédiat était de créer entre alliés, une organisation commune, en vue d'une documentation unique, complète et rapide. Il y aurait lieu d'envisager, plus tard, la publication en commun de grands traités constituant des organes de reseignements du type du Beilstein ou du Richter, par example, en chimie organique.[114]

Da die Internationale Chemie-Union anfangs unter französischer Führung stand und ihren Sitz in Paris aufgeschlagen hatte, schien die Gelegenheit günstig zu sein, die geplante zentrale Dokumentationsstelle, das „Office International de la Chimie", wie man es nannte, das sich auf ein Netz nationaler Büros in möglichst vielen Ländern stützen sollte, in Paris zu errichten, wo die französischen Gastgeber gleichzeitig und in Verbindung damit außerdem noch ein „Maison de la Chimie" eröffnen wollten.[115] Es war offensichtlich, daß die französischen Chemiker ein besonderes Interesse daran hatten, die Macht der deutschen chemischen Literatur zu untergraben[116] und zugleich die internationale Chemie in Paris zu zentralisieren. Mit dem internationalen Büro in Paris, in einem „Maison de la Chimie", wollte man offenbar ein Gegenstück zum Hofmann-Haus in Berlin kreieren, das Sitz der Deutschen Chemischen Gesellschaft war und nach dem Verständnis deutscher Chemiker als „internationale Zentralstelle" für Publikationen chemischer Literatur bereits fungierte.[117] Doch die Chemiker aus Großbritannien und den USA, wo bereits mit den 1907 gegründeten *Chemical Abstracts* ein groß angelegter englischsprachiger Referatendienst betrieben wurde, waren nicht bereit, sich nun einer französischen Hegemonie zu unterwerfen.[118]

Nicht ohne Grund waren es internationale Organisationen der Astronomie, Geodäsie, Geophysik und Chemie, deren Neugründung die alliierten Wissenschaftler zuallererst in Angriff nahmen. Denn die deutschen Wissenschaftler – und mit ihnen die deutsche Sprache – hatten vor dem Krieg auf diesen Gebieten eine beherrschende Stellung gehabt. Diese Macht wollte man ihnen entziehen, damit verknüpft war die Ächtung der deutschen Sprache. Dadurch daß die deutsche Sprache weder als zugelassene noch als offizielle Sprache in den von den Alliierten breit angelegten internationalen Wissenschaftsinstitutionen, ihren

---

114 La Conférence Interalliée de la Chimie. 14–15–16 Avril 1919, in *Chimie et Industrie*, Vol. 2, No. 5, mai 1919, S. 498; vgl. ebd., S. 508f., 558f., 569.

115 Vgl. Union internationale de la Chimie, L'Organisation de la Documentation; Projet de Convention Internationale pour la Création à Paris d'un Office International de Chimie; Projet de Règlement de l'Office International de Chimie, in PA AA, R 64526. Das Maison de la Chimie wurde allerdings erst 1934 eingeweiht; vgl Fell, *Disziplin*, S. 220.

116 Vgl. Fell, *Disziplin*, S. 202f.

117 Fritz Haber an Botschafter von Hoesch in Paris, 5.5.1927, in PA AA, Botschaft Paris 1026 B, Bd. 5.

118 Vgl. dazu Fell, *Disziplin*, S. 300f.

Kongressen und Publikationen anerkannt war, verlor sie den internationalen Status, den sie vor dem Krieg errungen hatte. So war es auch beabsichtigt.

e) Union académique internationale

Während der Internationale Forschungsrat und die ihm angeschlossenen Fachunionen die Naturwissenschaften umfaßten, wurde für die Geisteswissenschaften – als Gegenprojekt zu der geisteswissenschaftlichen Sektion der alten Internationalen Assoziation der Akademien – 1919 von Vertretern der historisch-philologischen Klassen der alliierten Akademien die Union académique internationale gegründet, die wie der Forschungsrat ihren Sitz nach Brüssel legte. (Abb. 28)

Von dieser Organisation waren die Mittelmächte ebenfalls ausgeschlossen. Doch abgesehen von diesen Restriktionen schien die Organisationsstruktur der Internationalen Akademie-Union nicht so rigide zu sein wie die des Forschungsrats. Zur zweiten Versammlung, die bereits im Oktober 1919 in Paris stattfand, lud man Wissenschaftler aus ehemals neutralen Ländern sowie aus Rußland ein, jedes Land bekam von Anfang an gleichberechtigt zwei Stimmen und ein besonderer Ausschlußparagraph wurde in die 1923 verabschiedeten Statuten nicht aufgenommen. Anders als im Forschungsrat wurden die Mitglieder des zentralen Büros alle drei Jahre neu gewählt und waren unmittelbar nach einer Amtszeit nicht wieder wählbar.

Offensichtlich war man bestrebt, auf diese Weise zu verhindern, daß sich feste Machtstrukturen herausbilden konnten. Die Ängste, welche die Naturwissenschaftler vor unliebsamen Eindringlingen hatten, waren hier offenbar nicht so groß. Allerdings waren die Geisteswissenschaftler nicht in dem Maße wie die Naturwissenschaftler in die Machtkämpfe involviert, die sich im Zusammenhang mit der Entwicklung von Technik, Industrie und Militär abspielten.

Die deutsche Sprache wurde jedoch aus der Union académique internationale genauso verbannt wie aus dem Forschungsrat und seinen Fachunionen. Als offizielle Geschäftssprache wählte man nur Französisch:

> La langue française est adoptée comme langue officielle de l'U.A.I. pour la correspondance et toutes les pièces administratives,

hieß es in den Statuten.[119] Diese Regelung bewirkte, daß Französisch auch die bevorzugte Wissenschaftssprache in der Internationalen Akademie-Union wurde.

---

119 Union académique internationale, Compte rendu de la Conférence préliminaire de Paris, 15

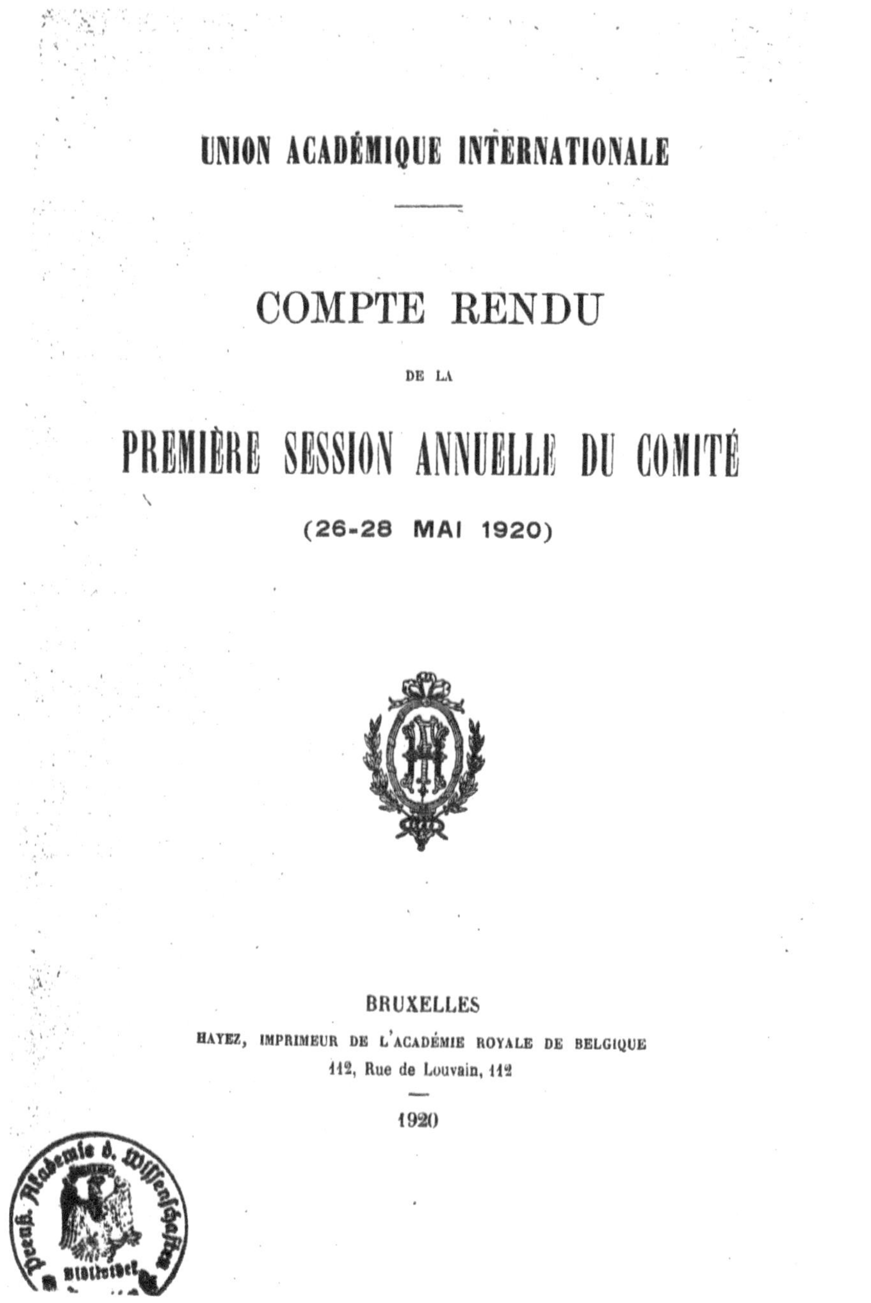

UNION ACADÉMIQUE INTERNATIONALE

COMPTE RENDU

DE LA

PREMIÈRE SESSION ANNUELLE DU COMITÉ

(26-28 MAI 1920)

BRUXELLES

HAYEZ, IMPRIMEUR DE L'ACADÉMIE ROYALE DE BELGIQUE

112, Rue de Louvain, 112

1920

Abb. 28: Union académique internationale. Titelblatt des Berichts über die 1. Versammlung 1920 in Brüssel

Erster Präsident der Internationalen Akademie-Union wurde der belgische Historiker Henri Pirenne, der während der deutschen Besetzung Belgiens nach Deutschland verschleppt und dort interniert worden war.[120]

et 17 mai 1919, Paris 1919; Compte rendu de la seconde Conférence académique, tenue à Paris, 15 – 18 octobre 1919, Paris 1919; Statuts, in BBAW-Archiv, Hist. Abt. II-XII-33, Bl. 1.

120 Siehe dazu Henri Pirenne, Souvenirs de captivité en Allemagne (mars 1916 – novembre 1918), Bruxelles 1921.

2. Kritik, Ächtung und Verdrängung des Deutschen als internationale Publikationssprache der Wissenschaft

„Why should our scientists look to Germany and to the German language as necessary for scientific advance in this country?“, fragte in den USA der Mathematiker und Physiker Edwin Bidwell Wilson, Leiter der Physikabteilung des Massachusetts Institute of Technology, Cambridge (Mass.), in einem Artikel, der 1918 mit der Überschrift „Insidious Scientific Control“ in *Science* erschien, der von der American Association for the Advancement of Science seit 1880 herausgegebenen renommierten Zeitschrift. Nach Wilsons Ansicht war es weniger der Fortschritt der deutschen Wissenschaft als die Unentbehrlichkeit der deutschen Fachliteratur, die in der Vergangenheit bei amerikanischen Wissenschaftlern die Wertschätzung Deutschlands und der deutschen Sprache begründet habe. Viele Lehrer und Studenten hätten es so empfunden,

> that the German language was more essential for scientific uses than any other, and that the German training was the one to which our graduates who were not satisfied with what they found in this country should turn.[121]

An einigen Beispielen illustrierte Wilson die Bedeutung der deutschsprachigen Fachliteratur für amerikanische Wissenschaftler:

> The fact is that any scientist must have the means himself readily to look up the literature on any scientific subject; and the fact is that the great compendiums of science, the great yearly reviews of scientific progress, are made by Germans, and published in the German language. It is impossible for a mathematician to work to advantage without being able to consult the *Jahrbuch für Mathematik*. The *Revue Semestrielle* will not alone suffice, nor is it necessary. It is impossible for a physicist to work without consulting the *Fortschritte der Physik; Science Abstracts* are not sufficient. And so it is in many other fields of science. The physicist must consult Winkelmann's "Handbuch der Physik"; there is no real English or French equivalent. The "Mathematical Encyclopedia" commenced its publication as a German compendium indispensable to the mathematician; fortunately, an improved edition was soon taken up in France.[122]

---

121 Edwin Bidwell Wilson, Insidious Scientific Control, 23.10.1918, in *Science* 48, 15.11.1918, S. 491–493, Zitate S. 491f.

122 Ebd., S. 492. Zur Führungsrolle Deutschlands in den Wissenschaften vor dem Ersten Weltkrieg vgl. Rainald von Gizycki, Centre and Periphery in the International Scientific Community: Germany, France and Great Britain in the 19th Century, in *Minerva* 11, 1973, S. 474–494; siehe oben, Kapitel I.1.

https://doi.org/10.1515/9783110572643-009

Dasjenige Land, so verallgemeinerte Wilson seinen Befund, welches dafür sorgte, die besten Handbücher und Berichte über den Fortschritt in den Wissenschaften zu publizieren, würde von anderen Ländern zwangsläufig als das für die wissenschaftliche Entwicklung entscheidende Land betrachtet werden, „and the language of that country will have to be taught to all young scientists". Gleichzeitig aber würde mit diesen Instrumenten der Sprache und Publikationen eine Macht ausgeübt, der gute ebenso wie schlechte Absichten zugrunde liegen könnten. Dieser Einflußmöglichkeiten schien sich nach Wilsons Auffassung die deutsche Regierung offenbar bewußt zu sein; denn sie habe diese Machtmittel im Krieg eingesetzt, um die Öffentlichkeit in anderen Ländern in ihrem Sinne zu beeinflussen.

Während Wilson es durchaus befürwortete, daß die englischsprachigen Wissenschaftler Deutsch ebenso wie andere Fremdsprachen lernten, um Veröffentlichungen in diesen Sprachen lesen zu können, wandte er sich jedoch dagegen, daß die deutschen Wissenschaftler andere dominierten und die amerikanischen Gelehrten nach dem Krieg von deutschen wissenschaftlichen Handbüchern, Zeitschriften und Referatenorganen weiterhin abhängig blieben, also gezwungen waren, deutsche Bücher und Zeitschriften zu lesen und, was die jüngeren Wissenschaftler betraf, deswegen die deutsche Sprache zu erlernen – auf Kosten anderer Sprachen und anderssprachiger Literatur.

Worauf Wilson es in seiner Argumentation abgesehen hatte, war die Aufwertung und Ausweitung wissenschaftlicher Publikationen in englischer Sprache mit dem Ziel, die deutschsprachige Fachliteratur zu ersetzen. Das schien ihm allein schon deshalb gerechtfertigt zu sein, weil Englisch als Muttersprache viel weiter als Deutsch verbreitet und zudem, wie er meinte, für Ausländer leichter zu erlernen sei. Vor allem aber könnte sich, wenn ein dem deutschen mindestens gleichwertiges englischsprachiges Publikationsnetz aufgebaut würde, die amerikanische Wissenschaft dem deutschen Einfluß entziehen.[123] Denn ähnlich wie es Picard in seinem Brief an Lacroix zum Ausdruck gebracht hatte, wollten Wilson und andere amerikanische Wissenschaftler verhindern,

> that we may win the war in the military sense, only to find ourselves dominated by German knowledge and German science.[124]

---

123 Vgl. Wilson, Insidious Scientific Control, S. 492.

124 Ebd., S. 491; vgl. F. J. Teggart, University of California, zitiert in *Bulletin of the American Association of University Professors*, Vol. IV, No. 5, May 1918, S. 9; G. A. Miller, Scientific Activity and the War, in *Science* 48, 2.8.1918, S. 117; Picard an Lacroix 6.6.1917, in Archives AdS Paris, siehe oben, Kapitel II.1.a); vgl. Forman, *The Environment and Practice of Atomic Physics*, S. 2.

Es sei nun, wie Wilson erklärte, die Aufgabe des 1916 in den USA errichteten National Research Council, der dort die Zusammenarbeit von Wissenschaft, Industrie, Staat und Militär vorantrieb, die deutsche Vorherrschaft in den Wissenschaften zu brechen und zu diesem Zweck auch die Publikation englischsprachiger Jahresberichte und Handbücher zu organisieren. Damit würde diese neu geschaffene Einrichtung nicht nur die Forschung in den USA stimulieren, sondern zugleich „displace the insidious control of Germany".[125]

Die Ablösung der deutschen durch englische Fachliteratur hatte auch der amerikanische Biologe Frank A. Spragg, der am Michigan Agricultural College lehrte, im Sinn, als er kurze Zeit später in *Science* die Frage stellte:

> Is it not about time that the English-speaking people see to it that the scientific literature be published in English?[126]

Spragg verwies ebenso wie Wilson auf die Übermacht der deutschen Sprache und Fachliteratur und hielt dem die große Zahl englischsprechender Menschen entgegen. Um das Mißverhältnis sichtbar zu machen, rechnete Spragg an einem Beispiel die Menge deutschsprachiger Zeitschriften im Vergleich zu anderssprachigen vor: So seien vor dem Krieg auf dem Gebiet der Biologie von den im *International Catalogue of Scientific Literature* aufgeführten 286 Zeitschriften allein 169 deutsch gewesen (davon 20 in Österreich, 5 in der Schweiz und 2 in Polen gedruckt), 49 englisch (davon 36 in den USA gedruckt), 25 russisch, 14 französisch (davon 3 in der Schweiz, 2 in Russland und 1 in Polen gedruckt), 10 holländisch, 8 dänisch, 6 ungarisch, 3 polnisch und 2 schwedisch. Diese erdrückende Zahl deutscher Fachzeitschriften hätte bewirkt, so befand Spragg ebenso wie Wilson, „that the scientific world has been forced to know German". Englische und amerikanische Wissenschaftler, aber auch andere, hätten sich nicht nur daran gewöhnt, die Zeitschriften in deutscher Sprache zu lesen, sondern sogar ihre Forschungsergebnisse zuerst auf Deutsch zu publizieren:

> It has become the habit of most of our English and American scientists, as well as those in other countries, to publish their discoveries first in German and then (if they get to it) to publish in their own language.[127]

125 Wilson, Insidious Scientific Control, S. 493.
126 Frank A. Spragg, Biological Literature in English, in *Science* 49, 3.1.1919, S. 23f.
127 Ebd., S. 23; vgl. Neil E. Stevens, American Botany and the Great War, in *Science* 48, 23.8.1918, S. 177–179.

Eine solche Bevorzugung der deutschen und Vernachlässigung der eigenen Sprache und wissenschaftlichen Literatur sah Spragg nicht gerechtfertigt:

> There is more reason to have the world's scientific literature in English than to have it in German.[128]

Die Vorrangstellung des Deutschen in der internationalen Fachliteratur wollten anderssprachige Wissenschaftler um so weniger tolerieren, als angesichts der deutschen Macht- und Kriegspolitik auch die deutsche Sprache und Wissenschaft in Verruf geraten waren. Wie der Mathematiker George Abram Miller, der an der University of Illinois lehrte, Mitglied des Vorstands der American Association for the Advancement of Science war und 1920 zum Präsidenten der Mathematical Association of America gewählt wurde, erklärte, sollten amerikanische Studenten nicht mehr das Gefühl haben,

> that the great majority of the best expository works relating to their subject are to be found only in the language of a people of low ideals imbued with a morbid desire to dominate the world at any cost.[129]

Ebenso wie in *Science* wurde in der bekannten, 1859 gegründeten englischen Zeitschrift *Nature* die Abhängigkeit von der deutschen Fachliteratur, insbesondere von deutschen Referatenorganen, beklagt, die man nicht länger hinnehmen wollte:

> We have, in the past, been far too reliant in many subjects on the foreign, and especially on the German, journals for our supply of the world's scientific and technical literature, and it is high time that we became independent and self-supporting in this respect.[130]

Vor dem Hintergrund der Ausbreitung der deutschen Wissenschaftssprache und Fachliteratur kritisierte der englische Zoologe Lord Walsingham zudem die früheren Versuche deutscher Zoologen, deutsche Fachbegriffe und Namen, ungeachtet anderssprachiger Begriffe, Bezeichnungen und Beschreibungen sowie deren Geschichte, international durchzusetzen und die Diskussion über die Regeln der Nomenklatur zu dominieren. Walsingham erinnerte in diesem Zusammenhang an das Verhalten deutscher Wissenschaftler auf dem Internationalen Zoologenkongreß 1913 in Monaco,

128 Spragg, Biological Literature in English, S. 24.
129 G. A. Miller, Scientific Activity and the War, in *Science* 48, 2.8.1918, S. 117 f., Zitat S. 117.
130 The Co-ordination of Scientific Publication, in *Nature* 101, 16.5.1918, S. 213.

> how persistently the representatives of German scientific societies endeavoured on that occasion to dominate the discussions, especially on the subject of the rules of nomenclature, and insisted that the names habitually employed in Germany should receive the sanction of long usage, to the exclusion of all attempts to trace out the literary history of each species and to preserve for it the name bestowed by the first author who described or figured it. The attempt was one which, had it been successful, would have obliged the naturalists of other countries to accept German nomenclature and place themselves thus far unreservedly under German regulations and restrictions. In the Catalogue of Lepidoptera, published in 1871 by Staudinger and Wocke,[131] precedence is improperly but deliberately assigned to German names in preference to earlier ones given by French authors.[132]

Da nach Ansicht Walsinghams ohnehin nur die Deutschen diese Vorliebe für die deutsche Sprache bei den Bezeichnungen von Arten oder Gattungen hätten, regte er an, andere Wissenschaftler sollten Namen und Beschreibungen in deutscher Sprache künftig nicht mehr akzeptieren. Deutschen Gelehrten, welche die Wissenschaft höher schätzten als das Streben nach Weltherrschaft, dürfte es keine Schwierigkeiten bereiten, ihre Arbeiten in englischer oder französischer Sprache zu publizieren:

> To those Germans, if any there be, who are honestly well disposed, and who put the interests of science before the greed for world-domination, it can be no hardship to publish their descriptions in the English or French language, with which the great majority of their scientific workers are more or less intimately acquainted.[133]

Walsingham leitete seine Ausführungen mit einem Zitat des britischen Zoologen George F. Hampson ein:

> No quotations from German authors, published since August, 1914, are included. "Hostes humani generis".[134]

---

131 Catalog der Lepidopteren des europaeischen Faunengebietes von Otto Staudinger und M. Wocke, Dresden 1871.

132 Walsingham, German Naturalists and Nomenclature [Letter to the Editor], in *Nature* 102, 5.9.1918, S. 4; vgl. Lawrence Badash, British and American Views of the German Menace in World War I, in *Notes and Records of the Royal Society of London*, 34 (1), 1979, S. 91–121, hier S. 105; A. G. Cock, Chauvinism and Internationalism in Science: The International Research Council, 1919–1926, in *Notes and Records of the Royal Society of London*, 37 (2), 1983, S. 249–288, hier S. 225.

133 Walsingham, German Naturalists and Nomenclature.

134 George Hampson in *Proceedings of the Zoological Society* 1918, S. 55; zitiert nach ebd; vgl. Cock, S. 225.

Diesem Verdikt stimmte Walsingham zu, beschränkte es aber auf Publikationen in deutscher Sprache.[135]

Einer solchen Mißachtung deutschsprachiger Schriften widersetzte sich hingegen der amerikanische Biologe W. J. Holland von der Carnegie Institution of Washington und veröffentlichte in *Science* seinen Gegenstandpunkt unter der Fragestellung:

> Shall writers upon the biological sciences agree to ignore systematic papers published in the German language since 1914?[136]

Wenngleich Holland, wie er betonte, den deutschen Überlegenheitsdünkel und die „Teutonic megalomania" als ärgerlich und lächerlich zugleich empfand, wollte er dem Vorschlag nicht zustimmen, künftig die Arbeiten deutscher Naturwissenschaftler zu ignorieren, wenn sie in deutscher statt in englischer oder französischer Sprache veröffentlicht würden. Denn Holland hoffte nicht nur auf ein Ende der Feindseligkeiten und Überheblichkeiten nach dem Krieg, sondern er wollte sich auch nicht davon abbringen lassen, verdiente deutsche Gelehrte und deren Arbeiten in deutscher Sprache zu respektieren:

> These men naturally write in German. It is their mother tongue, and there are, or used to be, a host of periodicals open to them. If by chance some of them should erect a genus, or describe a species having validity, according to the inexorable 'law of priority' the names given by them will have to stand in the future literature of science, and it will not mend matters to pass resolutions declaring that only papers published in English and French shall be taken into consideration by systematic workers. This war is not going to last forever.[137]

Hampson jedoch widersprach. Als Alternative zur früher international anerkannten Wissenschaftssprache Latein kamen für ihn nur Englisch oder Französisch in Betracht, jedenfalls nicht Deutsch. Die deutsche Sprache war in seinen Augen diskreditiert:

> German is, without doubt, a barbarous language only just emerging from the stage of the primitive Gothic character, and I venture to suggest that it would be to the advantage of science to treat it as such from the date August 1, 1914.[138]

---

135 Vgl. Walsingham, German Naturalists and Nomenclature; Schröder-Gudehus, *Deutsche Wissenschaft*, S. 86; Cock, S. 225.

136 W. J. Holland, 18.10.1918, in *Science* 48, 8.11.1918, S. 469–471, Zitat S. 469.

137 Ebd., S. 470.

138 G. F. Hampson, Systematic papers published in the German language, in *Science* 49, 21.2.1919, S. 193.

Vor allem in Frankreich regte sich Widerstand gegen die Dominanz der deutschen Wissenschaftssprache und -literatur. Der Biologe Félix Henneguy, Professor am Collège de France in Paris und Mitglied der Académie des Sciences, räumte in seiner 1915 gehaltenen Vorlesung über vergleichende Embryogenese, wovon ein Auszug in der *Revue Scientifique* abgedruckt wurde,[139] ein, daß seit Jahrzehnten Deutschland in den biologischen Wissenschaften eine führende Stellung einnahm. Dabei spielten, wie Henneguy anerkennend hervorhob, die diversen *Jahresberichte*, die wie in anderen Disziplinen auch in allen Zweigen der Biologie erschienen und für bibliographische Recherchen sehr wertvoll waren, eine wichtige Rolle, da sie einen Überblick über den aktuellen Forschungsstand gaben. Die Bibliographien und Referatendienste erforderten eine spezielle Organisation der Redaktion, die es, wie er bedauerte, in Frankreich nicht gab. Denn es verlangte eine aufwendige Arbeit, alle im In- und Ausland erschienenen Publikationen zu recherchieren und zu lesen und sich dabei des Systems der „Spionage", wie Henneguy es nannte, zu bedienen, das die „Teutonen" seiner Ansicht nach recht gut beherrschten. Doch diese Fähigkeit hielt Henneguy auf diesem Feld durchaus für nützlich, da schließlich die ganze Welt davon profitieren könnte.

Eine andere respektable Leistung der deutschen Wissenschaft würdigte Henneguy genauso wie Wilson, und zwar die von zahlreichen kompetenten Spezialisten gemeinsam erarbeiteten Lehr- und Handbücher wie *Bronns Klassen und Ordnungen des Thier-Reichs* und Zeitschriften wie *Fauna und Flora des Golfs von Neapel und der angrenzenden Meeresteile*, seit 1890 herausgegeben von der Zoologischen Station in Neapel. Dabei käme der deutschen Wissenschaftsproduktion zugute, daß die deutsche Regierung Forschung, Professoren und Laboratorien großzügig subventionierte.

Doch der Einfluß der deutschen Wissenschaft auf die Gelehrten in Frankreich und anderen Ländern sei vorteilhaft und schädlich zugleich, gab Henneguy zu bedenken. Einerseits habe man den Deutschen die erwähnten Publikationen und darüber hinaus die neuen technischen Methoden, die auf dem Gebiet der Histologie und Zytologie üblich seien, größtenteils zu verdanken, wenngleich auch viele außerhalb Deutschlands erfunden und perfektioniert worden seien. Andererseits hätten die Deutschen es verstanden, die Erfindungen und Entdeckungen anderer auszubeuten und davon zu profitieren und schließlich dank ihres Orga-

139 Félix Henneguy, Du rôle de l'Allemagne dans l'évolution des Sciences biologiques, in *Revue Scientifique* 53, 27.2.-6.3.1915, S. 70–74; siehe oben, S. 131; zu Henneguy vgl. auch Harry W. Paul, *The Sorcerer's Apprentice. The French Scientist's Image of German Science 1840–1919*, Gainesville 1972, S. 47–50.

nisationstalents in ihr Publikationsnetz einzuspannen[140]– ein Vorwurf, den auch Ramsay und andere Wissenschaftler erhoben hatten.

Der französische Zoologe Maurice Caullery zeichnete dazu ein drastisches Bild:

> Sitôt [...] qu'une question intéressante est soulevée, ici ou là, une véritable fourmilière allemande s'y jette, l'explore, l'accapare, lui donne figure germanique.[141]

Deutschlands Überlegenheit auf dem Gebiet der Biologie führte Albert Dastre, Präsident der Société de Biologie, Mitglied des Institut de France und der Académie de Médecine, der Caullery zitierte, auf dessen enorme Produktion zurück, welche diese Emsigkeit und Vereinnahmung fremder Forschungsleistungen auslöste.[142] Es sei unbedingt notwendig, forderte Henneguy, sich derartigen Freveltaten zu widersetzen, weil dadurch die französischen Gelehrten, ihrer Originalität beraubt, die Initiative auf ihrem Forschungsgebiet verloren hätten.[143]

Welches Gewicht diese Vorwürfe gerade im Hinblick auf die deutsche Publikationsmacht hatten, läßt sich ermessen, wenn man den allgemeinen Befund des amerikanischen Wissenschaftshistorikers Derek J. de Solla Price bedenkt. Dieser weist, ohne ein bestimmtes Land hervorzuheben, auf die gängigen Prioritätskonflikte – auch damit verbundene Betrügereien – in den Wissenschaften hin und betont die Bedeutung, welche die Ansprüche auf wissenschaftliches Eigentum für den Wissenschaftler grundsätzlich haben. In der Regelung der Eigentumsansprüche – und nicht in der Information – hat er das Hauptmotiv für die Veröffentlichung von Aufsätzen gefunden.[144] Worauf Solla Price jedoch nicht eingeht, ist die mit solchen Interessen verknüpfte Gefahr, daß die gedankliche und sprachliche Konzentration der Darstellung vernachlässigt wird.

Gerade diese fundamentale Anforderung an wissenschaftliche Publikationen sahen französische Gelehrte bei ihren deutschen Kontrahenten oft nicht erfüllt. So fällte der französische Biologe Henneguy über die Qualität der meisten deutschen Erzeugnisse ein vernichtendes Urteil: Langatmigkeit, Weitschweifigkeit und Unklarheit („la patience, la prolixité, l'obscurité") zeichneten seiner Ansicht nach, im Unterschied zu der den Franzosen eigenen Präzision und Klarheit, die

---

140 Vgl. Henneguy, Du rôle de l'Allemagne dans l'évolution des Sciences biologiques.
141 Zitiert nach Albert Dastre, Du rôle restreint de l'Allemagne dans le progrès des sciences, in Petit, Leudet (Hrsg.), *Les Allemands et la Science*, S. 75–97, Zitat S. 94.
142 Vgl. ebd., S. 94.
143 Vgl. Henneguy, Du rôle de l'Allemagne dans l'évolution des Sciences biologiques, S. 72.
144 Derek J. de Solla Price, *Little Science, Big Science. Von der Studierstube zur Großforschung*, Frankfurt a. M. 1974, S. 77, 80 f.

deutsche Gelehrtenproduktion aus. Zudem würden in deutschen Werken hauptsächlich deutsche Arbeiten erwähnt, ausländische dagegen häufig verschwiegen oder nur kurz zitiert. Weniger wichtige Details fände man lang und breit ausgewalzt, während herausragende neue Erkenntnisse, die ohnehin selten vorkämen, in einem unklaren Wortschwall untergingen. Theoretische Fragen würden in solch einem Stil vorgetragen, daß ein „esprit latin" die meiste Zeit nichts verstünde. Wenn man dennoch die Geduld aufbrächte, einen langen Aufsatz zu Ende zu lesen, könnte man feststellen, daß sich dessen Inhalt auf wenige Seiten beschränkte.[145]

Die übermäßige Länge wissenschaftlicher Texte aus deutscher Hand schrieb Henneguy der Schwerfälligkeit des deutschen Geistes und der deutschen Sprache zu, deren

> longues périodes, accumulant un grand nombre des phrases incidentes, manquent totalement de logique et de clarté.[146]

Indem Henneguy hier sogar so weit ging, dem Geist der deutschen Sprache selbst einen Mangel an Logik und Klarheit abzusprechen, verfiel er dem Irrtum, Sprache und Verwendung der Sprache gleichzusetzen, wie er gleichzeitig wohl auch den Umstand aus den Augen verlor, daß wie im Deutschen auch in allen anderen Sprachen neben klaren, logisch strukturierten Texten wirre, weitschweifige und langweilige Machwerke in Hülle und Fülle zu finden waren.

Der Biologe Émile Gley, Professor am Pariser Collège de France und Mitglied der Académie de Médecine, übte ähnlich wie Henneguy Kritik an der deutschen Wissenschaftssprache: „La lourdeur et l'illogisme de la langue allemande engendrent fréquemment la prolixité et l'obscurité; on se perd dans de longues phrases surchargées d'incidentes; les redites contribuent encore à l'embarras du discours, redites inutiles bien souvent".[147] Schwerfälligkeit der Gedanken, Mißbrauch von Abstraktion und Systematisierung, Kritiklosigkeit, Neigung zur Metaphysik und Abneigung gegen den Positivismus warf Gley den deutschen Autoren vor,

> [...] quelques défauts propres à l'esprit germanique, la lourdeur qui répond à celle de la langue, l'abus de l'abstraction, le manque de critique.[148]

145 F. Henneguy, Du rôle de l'Allemagne dans l'évolution des Sciences biologiques, S. 71.
146 Ebd.
147 E. Gley, Science et Savants, in Gabriel Petit, Maurice Leudet (Hrsg.), *Les Allemands et la Science*, Paris 1916, S. 179–198, Zitat S. 185.
148 Ebd., S. 185, 190, Zitat S. 185.

Allerdings räumte Gley ein, daß es durchaus auch deutsche Autoren gab, die klar und präzise schreiben würden; doch das waren seiner Ansicht nach Ausnahmen.[149]

Der französische Mathematiker Émile Picard, der an der Institutionalisierung des Boykotts gegen deutsche Wissenschaftler maßgeblich beteiligt war, bemängelte ebenfalls die langen, unausgewogenen deutschsprachigen Texte, in denen der wissenschaftliche Wert der jeweiligen Aussagen nicht richtig gewichtet würde und Quantität über Qualität gehe, was nicht zuletzt auch die Unfähigkeit der Redaktionen widerspiegele. So sei Deutschland das Land mit den meisten wissenschaftlichen Druckerzeugnissen, und die deutsche Wissenschaft wähne sich schon aus diesem Grunde „über allem“:

> Ce défaut dans l'estimation de la valeur scientifique a conduit à apprécier la quantité aux dépens de la qualité, et l'Allemagne étant sans conteste le pays où les presses des imprimeries scientifiques travaillent le plus, la science allemande s'est estimée *audessus de tout*.[150]

Picard sah zudem einen Zusammenhang zwischen dem Verhältnis der Deutschen zu ihrer Sprache und ihrem Überlegenheitswahn, den er als kollektiven Wahnsinn („démence collective“) brandmarkte.[151] So hätte man sich in Deutschland angemaßt, der deutschen Sprache eine Überlegenheit über andere Sprachen zuzuschreiben, unter anderem wegen ihrer Eigenschaft, Komposita bilden zu können, obwohl im Deutschen die Regeln der Bildung von Komposita und der Beziehungen zwischen deren einzelnen Wortbestandteilen eher unklar seien. Der französische Mathematiker führte dazu aus:

> Je n'ose décider dans quelle mesure la langue allemande contribue aux défauts signalés plus haut. Il se peut que la formation de mots composés, où le rapport entre les composants est si mal défini, joue là un certain rôle ; il est étrange en tous cas que, depuis Fichte, les Allemands trouvent dans cette agglutination un signe de supériorité, mais nous devons nous incliner, la langue allemande étant, d'après ce célèbre philosophe, une langue mère (Müttersprache) [sic!], tandis que les langues néo-latines sont des langues dérivées et, par suite, inférieures.[152]

---

149 Vgl. ebd., S. 186.

150 Émile Picard, L'histoire des sciences et les prétentions allemandes, in Petit, Leudet (Hrsg.), *Les Allemands et la Science*, S. 283 – 299, Zitat S. 291, Hervorhebung i. Orig.

151 Ebd., S. 290.

152 Ebd., S. 291.

Ein besonderer Stein des Anstoßes war bei den Franzosen die Menge der deutschen Publikationen, die nicht nur Picard und Dastre beanstandeten. Henneguy mißfiel ebenso wie Spragg, daß die wissenschaftlichen Veröffentlichungen der deutschen Biologen derartige Ausmaße annahmen, daß ihr Umfang etwa dem der Publikationen aller anderen Länder zusammen entsprach. Das seiner Ansicht nach Gefährliche aber war, daß die Wissenschaftler anderer Länder sich von dieser deutschen Masse allzusehr beeindrucken, ja geradezu hypnotisieren lassen würden und unfähig seien, sich dagegen zu wehren:

> Elles se sont laissé hypnotiser par la masse imposante de la production germanique; elles se sont tacitement reconnues incapables de lutter contre l'envahissement des publications teutonnes et ont accepté, comme de bon aloi, tout ce qui venait d'outre-Rhin.[153]

Als immerhin gutes Zeichen wertete es Henneguy hingegen, daß man in Frankreich nur wenige finden könnte, die ihre Forschungen, in der Hoffnung, ihnen dadurch mehr Glanz und Publizität zu verleihen, in deutschen Publikationen veröffentlichten, während viele russische, skandinavische, belgische und italienische Gelehrten ihre Aufsätze in deutscher Sprache schreiben würden[154] – auch Engländer und Amerikaner, wie Spragg beklagte.[155]

Noch einen weiteren Grund für die Masse und Überlänge deutscher Elaborate meinte Henneguy herausgefunden zu haben: die Bezahlung deutscher Autoren nach der Anzahl der Seiten, was diese seiner Meinung nach dazu trieb, mehr zu schreiben, um mehr zu verdienen („l'instinct de lucre").[156] Daneben schien ihm bei den ‚schreibwütigen' Deutschen das stärkere Gewicht, das eine Arbeit von hundert Seiten gegenüber einer von zehn Seiten hat, einen großen Schreibanreiz auszuüben.

Als Folge solcher Vielschreiberei stellte der französische Gelehrte fest, daß nicht nur die Zahl, sondern auch der Umfang der deutschen Zeitschriften jedes Jahr um ein Vielfaches zunähmen. Zum Beispiel seien von der *Zeitschrift für wissenschaftliche Zoologie* 1913/14 in einem Zeitraum von sechs Monaten allein 13 Hefte in drei Bänden mit insgesamt 2 205 Seiten produziert worden. Ein weiteres Zahlenbeispiel führte Henneguy an: Auf den Gebieten der Anatomie, Histologie, Zytologie, Embryogenese und Zoologie würden in Deutschland mindestens vier-

153 Henneguy, Du rôle de l'Allemagne dans l'évolution des Sciences biologiques, in *Revue Scientifique* 53, 1915, S. 71.
154 Henneguy, L'Allemagne et les Sciences biologiques, in Petit, Leudet, (Hrsg.), *Les Allemands et la Science*, S. 205 – 217, hier S. 209.
155 Vgl. Spragg, Biological Literature in English, S. 23.
156 Henneguy, L'Allemagne et les Sciences biologiques, S. 209.

mal so viele Periodika herauskommen wie in Frankreich, mit einem Umfang, der mehr als das Zehnfache der französischen Ausgaben betrage.[157]

Was aber in den Augen des französischen Biologen besonders schädlich zu sein schien, war der Einfluß der deutschen Wissenschaftssprache auf die jungen französischen Gelehrten. Da diese gezwungen seien, die zahlreichen deutschen Arbeiten zu lesen, würden sie nämlich, während sie die französische Sprache nicht einmal ausreichend beherrschten, ihren sprachlichen Stil mehr und mehr an der deutschen Sprache orientieren und nicht nur altbewährte präzise französische Begriffe durch weniger klare deutsche Begriffe bzw. Germanismen oder Neologismen ersetzen, sondern auch weitschweifige, ermüdende Ausführungen einem geordneten Aufbau vorziehen.

> A force de lire des travaux allemands, ils ont pris la manière d'écrire des Teutons: de longues phrases, ponctuées à tort et à travers, des termes impropres, une confusion entre les verbes neutres et les verbes actifs [...], des néologismes fâcheux empruntés à la langue germanique, pour remplacer d'anciens termes français plus clairs et plus précis, enfin une prolixité et un manque d'ordre qui rend la lecture fatigante et fastidieuse.[158]

In Verbindung mit diesem Vorwurf der Anpassung an jenen schlechten teutonischen Stil beklagte Henneguy den Mangel an Originalität bei den jungen französischen Autoren, verursacht durch ihr blindes Vertrauen in die deutsche Literatur und ihren fehlenden Sinn für Kritik. Indem die jungen Franzosen die als unfehlbar geltenden Lehrmeinungen der deutschen Wissenschaft unkritisch übernehmen würden, kämen sie in ihren Forschungsarbeiten zwangsläufig zu ähnlichen Ergebnissen, während sie bei abweichenden Ergebnissen eher dazu neigten, einen Irrtum anzunehmen und an ihren eigenen Fähigkeiten zu zweifeln, als Fehler bei ihren deutschen Vorbildern zu suchen.

Angesichts des Verhaltens deutscher Wissenschaftler im Krieg schien es Henneguy um so notwendiger zu sein, sich von diesem weitreichenden deutschen Einfluß zu befreien:

> Nous devons lutter [...] pour nous affranchir de la domination que nous nous laissions imposer par la science allemande.[159]

Das kritiklose Vertrauen in die deutschsprachige Fachliteratur müßte einem tiefen Mißtrauen weichen, forderte Henneguy:

---

157 Ebd.

158 Henneguy, Du rôle de l'Allemagne dans l'évolution des Sciences biologiques, in *Revue Scientifique* 53, 1915, S. 72.

159 Ebd., S. 73.

> Nous ne pouvons plus avoir aucune confiance dans leurs productions scientifiques [...] ; nous devront considérer comme suspectes toutes leurs publications comme tout objet *made in Germany.*[160]

Auch in der Académie des Sciences in Paris wurde das Sprachen- und Literaturproblem diskutiert. Der Physiologe Maquenne kritisierte dort ähnlich wie Henneguy die Neigung junger französischer Wissenschaftler, in ihren Aufsätzen an ausländische, insbesondere deutsche Vorbilder sich anzulehnen und Wörter und Fachausdrücke zu verwenden, die, häufig Komposita, formal nicht korrekt und unpräzise, mehr deutsch als französisch seien, während die jungen Autoren die Grundregeln der Grammatik und des Stils der französischen Sprache vernachlässigen würden, so daß man manchmal denken könnte, die Aufsätze seien von Ausländern geschrieben worden. Deshalb regte Maquenne an, die Akademie solle sich für den Schutz der französischen Wissenschaftssprache einsetzen.[161] Ein erster Schritt war daraufhin der Aufruf „Observations sur le langage scientifique moderne", der von zwanzig Mitgliedern der Akademie, darunter Henneguy, Lacroix, Lallemand, Maquenne und Picard, in den Sitzungsberichten der Académie des Sciences veröffentlicht wurde.[162]

Um den Einfluß deutscher Bücher, Zeitschriften und Bibliographien in Frankreich ebenso wie in anderen Ländern zurückzudrängen und gleichzeitig französische Publikationen zu propagieren, war von führenden französischen Wissenschaftlern bereits 1916 in Paris ein „Comité du livre" gegründet worden.[163]

Die Ächtung der deutschsprachigen Fachpublikationen und der Wunsch nach Unabhängigkeit machten es erforderlich, Ersatz zu beschaffen. Das hatten Wilson und andere Wissenschaftler ohnehin verlangt. So wurden Pläne entworfen, internationale wissenschaftliche Publikationen unter Führung der Entente und in deren Sprachen gemeinsam herauszugeben, um sich die Arbeit zu teilen. Zur gleichen Zeit nahm man, unabhängig davon, nationale Projekte in Angriff.

Einen ersten Vorschlag zu einem Bündnis nichtdeutscher Produzenten wissenschaftlicher Literatur machte der italienische Herausgeber der seit 1907 erschienenen mehrsprachigen internationalen Zeitschrift „*Scientia*", Eugenio Rignano, der für eine „Vierer-Entente in den Wissenschaften" („Scientific Quadruple Entente", „Quadruple Entente Scientifique") plädierte, ein Wissenschaftsbündnis

---

160 Ebd.; Hervorhebung i. Orig.

161 Comité secret 7.1.1918, in Archives AdS Paris, Comité secret 1912–1918, Bl. 392f.

162 Observations sur le langage scientifique moderne, note de ... Henneguy, A. Lacroix, Lallemand, Lecornu, Maquenne, Emil Picard ...., in AdS, *Comptes Rendus* 166, 1918, S. 236–240.

163 Comité du livre, in Archives AdS Paris, Commission Administrative 1913–1918. Das Comité du livre war am 18.4.1916 in Paris gegründet worden.

zwischen England, Frankreich, Italien und Rußland gegen Deutschland. Bereits Anfang 1917 veröffentlichte Rignano seinen Vorschlag gleichzeitig in vier wissenschaftlichen Zeitschriften, einem englisch-, französisch-, italienisch- und russischsprachigen Blatt, um damit unter den Wissenschaftlern dieser Länder eine Diskussion über den „friedlichen Krieg der Befreiung von der deutschen Hegemonie" zu eröffnen.

> This pacific war of liberation from German hegemony, that is beeing prepared even during this bloody war and that must be continued more vigorously than ever after peace comes, must also be carried into the scientific domain, of which also Germany was gradually taking sole control. [164]

Die Instrumente, mit denen die Deutschen die Wissenschaften anscheinend weltweit beherrschten und kontrollierten, waren für Rignano – ähnlich wie für Henneguy, Wilson und Spragg – die zahllosen Periodika. Obwohl diese oft in internationaler Zusammenarbeit als internationale Organe erschienen, mit Beiträgen in verschiedenen Sprachen, waren sie in den Augen Rignanos in Wirklichkeit Werkzeuge der deutschen Hegemonie in den Wissenschaften, welche die Eigenproduktion in anderen Ländern erstickten:

> The numberless *Archivs, Jahrbücher, Zeitschriften, Zentralblätter*, and so on, which have been yearly increasing in number and volume, have gradually monopolized the whole of the scientific production of the world by gathering widely, and even demanding, the collaboration of learned men of all countries. Thus were apparently built up international scientific organs, but in reality German instruments of control and monopoly of science.[165]

Deutsche Wissenschaftler, so berichtete Rignano, hätten über die Verbreitung ihrer Schriften hinaus sogar versucht, in der von ihm herausgegebenen viersprachigen Zeitschrift „*Scientia*" der deutschen Sprache eine Vorrangstellung einzuräumen. So sei ihm vor dem Krieg der Vorschlag unterbreitet worden, in der Beilage von „*Scientia*", in der alle deutsch-, englisch- und italienischsprachigen Artikel zusätzlich in französischer Übersetzung abgedruckt wurden, nunmehr die französische durch eine deutsche Übersetzung aller englischen, französischen und italienischen Artikel zu ersetzen. Dieser Versuch hatte bei Rignano den

---

164 Eugenio Rignano, A Plea for a Scientific Quadruple Entente [Letter to the Editor], in *Nature* 98, 25.1.1917, S. 408f., Zitat S. 408; ders., Pour une Quadruple Entente Scientifique, in *Revue générale des Sciences pures et appliquées* 28, 30.1.1917, S. 38–40; vgl. Schröder-Gudehus, *Deutsche Wissenschaft*, S. 88.
165 Rignano, A Plea for a Scientific Quadruple Entente, S. 408; vgl. Schröder-Gudehus, *Deutsche Wissenschaft*, S. 87.

Eindruck erweckt, als ob eine internationale wissenschaftliche Zeitschrift, die nicht die deutsche Sprache favorisierte und von Deutschen herausgegeben wurde, für diese als Bedrohung ihrer Hegemonie in den Wissenschaften empfunden würde, die sie damals mehr und mehr hätten festigen wollen.[166]

Um nun endlich das deutsche Zeitschriftenmonopol zu zerschlagen, gab Rignano den Rat, die in der Wissenschafts-Entente zusammengeschlossenen vier Länder sollten in den wichtigsten Wissenschaftszweigen ähnliche Zeitschriften mit ähnlichen Methoden in ihren Ländern und in ihren Sprachen herausgeben, die den deutschen Erzeugnissen das Wasser abgraben könnten:

> To take from Germany its scientific hegemony, one of the most suitable, efficacious, and prompt means is, it seems, the creation in each of the principal branches of science of "Archives", "Year-Books", and "Journals" in general, which are international in so far as collaboration and content are concerned, but which are edited and published in the countries of the Entente.[167]

Als Beispiel dafür, wie man sich überall vor der Überflutung mit deutschen Druckschriften zu retten suchte, nannte Rignano die Herausgabe einer neuen Zeitschrift in Petersburg, und zwar die *Archives russes d'Anatomie, d'Histologie et d'Embryologie* – in französischer Sprache und wohl nicht zufällig gerade diejenigen Gebiete der Biologie umfassend, die der französische Biologe Henneguy in seinem Angriff auf die deutschen Referatenorgane hervorgehoben hatte. – Jedenfalls wurde diese Zeitschriftengründung als Erfolg im Kampf gegen die deutsche Publikationsmacht verbucht, zumal russische Wissenschaftler vorher ihre Aufsätze oft in deutscher Sprache in deutschen Zeitschriften veröffentlicht hatten.[168]

Nach den Vorstellungen Rignanos sollten die von ihm vorgeschlagenen Publikationen jeweils von Vertretern der vier Länder Großbritannien, Frankreich, Rußland und Italien redigiert werden, möglichst mit geistiger und materieller Unterstützung der jeweiligen Unterrichtsminister und der wichtigsten Wissenschaftsverbände in diesen Ländern. Die Herausgeberschaft sei einem Gremium von vier Verlegern anzuvertrauen, die aus den besten Verlegern jedes Landes ausgewählt werden sollten. Während dieser Plan vorsah, daß jeder Autor in einer der zugelassenen vier Sprachen publizieren konnte, sollten die nichtfranzösischen Beiträge zusätzlich von einer französischen Übersetzung begleitet sein, um

166 Vgl. Rignano, A Plea for a Scientific Quadruple Entente, S. 409.
167 Ebd., S. 408.
168 Vgl. ebd.

den Lesern, die, wie Rignano voraussetzte, meistens Französisch könnten, die Lektüre zu erleichtern.

Dabei legte Rignano großen Wert darauf, daß die deutschen Publikationen auf keinen Fall sklavisch nachgeahmt wurden. Ohnehin habe man in den letzten Jahren bei den meisten deutschen Zeitschriften eine deutliche Verschlechterung ihrer Qualität festgestellt. Ganz offensichtlich verfolgten nämlich deren Herausgeber die Absicht, vermutete Rignano, weder viele Ideen zu verbreiten noch die interessantesten Ergebnisse wirklich wichtiger Forschungen bekannt zu geben, gleichzeitig aber jedes Jahr einige Zentner bedruckten Papiers in Umlauf zu bringen, zugunsten der Profite der deutschen Verleger, wenn schon nicht zur Ehre der deutschen Wissenschaft.[169] – Möglicherweise hatten sich hier die Einwirkungen der Kriegszensur in Deutschland bemerkbar gemacht.

Jedenfalls sollten die Zeitschriften der „Scientific Quadruple Entente“ weniger drucken als die deutschen, indem die Redaktionen besser auswählten und sowohl analytischen wie synthetischen Ausarbeitungen Raum gaben, was Rignano um so wichtiger zu sein schien, als seiner Ansicht nach der „exzessive analytische Geist“ der Deutschen („the excessively analytic spirit of the Germans“) nicht nur die Menge der Faktensammlungen und Verlagsprodukte vermehren, sondern zugleich den weiten Blick der Wissenschaftler verengen würde.[170]

Auf lange Sicht sollte nach dem Plan Rignanos dieses Zeitschriftenprojekt keineswegs auf die Entente beschränkt bleiben, vielmehr war es erwünscht, auch neutrale Länder hinzuziehen und später, wenn möglich, Deutschland. Zunächst aber ging es darum, die deutsche Vorherrschaft zu beenden und zu zeigen, daß auch andere Nationen wichtige wissenschaftliche Beiträge zu liefern in der Lage waren:

> Thus these publications would have the effect of taking away from Germany that monopoly of science at which it has arrived during fairly recent years with so much success. We would thus show it the value of the scientific contributions of other nations, and this would lower its immoderate and ridiculous pride which has been one of the causes of the present war.[171]

Der Biologe E. Gley stimmte im wesentlichen den Ausführungen Rignanos zu, was die Einschätzung der deutschen Strategie betraf, die Wissenschaftspublikationen weltweit zu beherrschen, und auf der Seite der Entente die Aufgabe, in einem

---

169 Vgl. ebd.
170 Ebd.
171 Ebd., S. 409.

„guerre pacifique"[172] zur Befreiung von der deutschen „hegemonie scientifique"[173] jenem Monopolisierungsdrang der Deutschen Gleichwertiges oder Besseres in den vier Sprachen der Entente: Englisch, Französisch, Italienisch und Russisch entgegenzusetzen. Allerdings wandte sich Gley gegen die Bildung eines großen internationalen Publikationsunternehmens unter der Direktion einer „Quadruple Entente Scientifique" – abgesehen davon, daß diese seiner Meinung nach unter Einbeziehung der USA und Japans eine „Sextuple Entente Scientifique" werden müßte. Denn einerseits sei eine derartig große zentrale Organisation zu schwerfällig, um mit den einschlägigen deutschen Zeitschriften in den wichtigsten Zweigen der Wissenschaft konkurrieren zu können, noch dazu in den vier Hauptsprachen der Entente, während andererseits ohnehin in verschiedenen Ländern und Sprachen zahlreiche Zeitschriften nach Art der deutschen *Zentralblätter* bereits erschienen, welche die Vielfalt der Forschungen und Arbeiten dort widerspiegeln würden. Gleichwohl wünschte Gley die Gründung einzelner neuer Zeitschriften, z. B. in Anatomie und Zoologie, weil man eine Waffe brauchte, um gegen die Übermacht der deutschen Organe *Anatomischer Anzeiger* und *Zoologischer Anzeiger* zu kämpfen.[174]

Darüber hinaus forderte Gley, die deutschsprachigen *Handbücher* und *Ergebnisse* zu ersetzen:

> Il ne paraît pas qu'il soit d'une extrême difficulté de réunir quelques spécialistes autorisés et actifs et quelques éditeurs intelligents et entreprenants qui organiseraient la publication de grands ouvrages didactiques vraiment internationaux, avec une équipe de collaborateurs anglo-américains, français, italiens, russes, parmi lesquels serait choisi, pour chacune des parties de l'ouvrage, pour chacun des chapitres, l'homme le plus qualifié et par sa compétence et par son talent d'exposition. Cette idée est dans l'air.[175]

Auf jeden Fall müßten solche grundlegenden Werke außerhalb Deutschlands erscheinen, stellte Gley klar. Die Handbücher könnten, wie er vorschlug, auch simultan auf Englisch und Französisch herausgegeben werden, damit sich der anglo-lateinische Geist („la pensée anglo-latine") auf der ganzen Welt ausbreiten könnte.[176]

---

172 E. Gley, Remarques sur la „Quadruple Entente Scientifique", in *Revue générale des Sciences pures et appliquées* 28, 15.6.1917, S. 326 – 332, Zitat S. 326 ; vgl. Schröder-Gudehus, *Deutsche Wissenschaft*, S. 119.

173 Gley, Remarques sur la „Quadruple Entente Scientifique", S. 328.

174 Ebd., S. 327 f.

175 Ebd., S. 328.

176 Ebd.

Rignano hatte nicht nur die Diskussion darüber angestoßen, wie das deutsche Zeitschriftenmonopol in alliierter Zusammenarbeit unterminiert werden könnte, sondern er zog sogleich auch eine praktische Konsequenz: Aus der von ihm herausgegebenen viersprachigen wissenschaftlichen Zeitschrift *„Scientia"* wurde ab 1917 die deutsche Sprache weitgehend eliminiert: Der bis dahin auf dem Titelblatt neben der italienischen, französischen und englischen Version stehende deutschsprachige Untertitel „Internationale Zeitschrift für wissenschaftliche Synthese" und der Vertriebsort in Deutschland wurden gestrichen, ebenso die deutschsprachigen Überschriften der einzelnen Rubriken: „Kritische Notiz" – „Referate" – „Allg. Uebersichten" – „Zeitschr. Umschau" – „Chronik". Gleichzeitig wurden deutschsprachige Beiträge, Referate und Rezensionen nicht mehr gedruckt und deutschsprachige Publikationen nur noch selten zitiert oder rezensiert. Dieser Boykott gegen die deutsche Sprache in *„Scientia"* währte insgesamt sieben Jahre.[177] – Im Jahr 1924 erschien erstmals wieder ein Beitrag in deutscher Sprache, und zwar über „Die relativistische Zeitlehre" von dem Philosophen Hans Reichenbach, der damals an der Technischen Hochschule in Stuttgart lehrte.[178] Im gleichen Jahr war vorher ein Aufsatz Max Borns veröffentlicht worden, allerdings noch in französischer Übersetzung.[179] Erst ab Mitte 1925 tauchte die deutsche Sprache in *„Scientia"* wieder auf dem Titelblatt und in den Überschriften der einzelnen Rubriken auf. Außer Deutsch war jetzt noch Spanisch hinzugekommen.

Praktische Schritte gegen Deutsch als internationale wissenschaftliche Publikationssprache und das Monopol der deutschsprachigen Fachliteratur unternahmen die alliierten Wissenschaftler von Anfang an im Rahmen der Gründung des Internationalen Forschungsrats und seiner Fachunionen.

Bereits im Dezember 1917, also vor der ersten Konferenz der alliierten Akademien 1918 in London, hatte der belgische Astronom Lecointe in seiner mit Guchtenaere verfaßten Denkschrift gefordert, den kostenlosen internationalen Austausch mit deutschen Druckschriften einzustellen und Wissenschaftlern aus den alliierten Ländern zu untersagen, in deutschen Fachorganen zu publizieren; bei Verstößen sollte man sie mit dem Ausschluß von öffentlichen Ämtern und Ehrungen bestrafen.[180]

Größere Bedeutung jedoch gewannen die Pläne, alliierte Zeitschriften, insbesondere Referatenorgane, in allen Disziplinen zu gründen und die deutsch-

---

177 Vgl. *„Scientia"* 1917 (Jg. 11) – 1925 (Jg. 19).

178 Hans Reichenbach, Die relativistische Zeitlehre, in *„Scientia"* 1924 (Jg. 18), S. 361–382.

179 Max Born, Recherches récentes sur la théorie de l'affinité chimique, in ebd., S. 155–168.

180 Georges Lecointe, H. de Guchtenaere, Les relations intellectuelles internationales d'après guerre, in Académie Royale de Belgique, *Bulletin de la Classe des Sciences* 1, 1919, S. 45 f.; vgl. Schröder-Gudehus, *Deutsche Wissenschaft*, S. 107.

sprachigen Blätter auf dem internationalen Markt zu verdrängen, so wie das auch Rignano und Gley gefordert hatten. Schon in ihrer im Oktober 1918 der Konferenz in London vorgelegten Resolution legte die französische Académie des Sciences großen Wert auf die Erstellung alliierter Bibliographien.[181]

Ausführlicher ging der belgische Botaniker Jean Massart, Professor an der Universität Brüssel und Mitglied der Académie Royale des Sciences, auf die Gründung alliierter Referatenorgane in einer weiteren Resolution ein, die er ebenfalls auf der Londoner Konferenz einbrachte. Das Unternehmen schien ihm so wichtig zu sein, daß er es für geboten hielt, die Regierungen der Mitgliedsländer um Unterstützung zu ersuchen:

> Permettre la création de recueils bibliographiques dans toutes les branches, afin de nous rendre indépendants des «Centralblatt» et «Jahresberichte». Les Gouvernements devraient soutenir pécuniairement ces entreprises en souscrivant des abonnements.[182]

Die Beratungen über geeignete Maßnahmen gegen *Centralblatt* und *Jahresbericht*, wie sich in verschiedenen Disziplinen deutsche Zeitschriften nannten, die über den aktuellen Forschungsstand und die internationale Literatur referierten, wurden jedoch auf die wenig später tagende zweite alliierte Konferenz in Paris verschoben, deren Vorbereitung einem Komitee oblag.[183]

Bereits vor der Pariser Konferenz berichtete *Nature* über die diesem Komitee vorliegenden Anträge, welche verlangten, alliierte Bibliographien und Referatenblätter als Ersatz für die unerwünschten deutschen Produkte zu schaffen, und befürwortete sie im Sinne Massarts:

> Among the subjects referred to the committee of inquiry is the organization of the publication of bibliographical works in all branches of science. It is felt that the scientific world has hitherto relied too much upon "Centralblätter" and "Jahresberichte" for information upon recent additions to knowledge. These publications quite naturally give undue prominence to work done in Germany, while work published in other countries is not infrequently ignored. It is therefore important that complete abstracts and bibliographies of science should be published in the Allied countries, without regard to any similar works that may be appearing in Germany. It cannot, however, be expected that the income to be derived from the sale of these works of reference will defray the cost of preparation and pub-

---

181 Comité secret 30.9.1918, in Archives AdS Paris, Comité secret 1912–1918, Bl. 432; siehe oben S. 166, Anm. 17, Artikel 4 der Resolution.

182 Propositions formulées par M. Jean Massart, Annexe III, Conférence des Académies des Sciences interalliées, Londres 1918, Compte Rendu, in Académie Royale de Belgique, *Bulletin de la Classe des Sciences* 1, 1919, S. 61.

183 Vgl. Conférence des Académies des Sciences interalliées, Londres 1918, Compte Rendu, in ebd., S. 53.

> lication, and it would therefore appear that such work would require Government subsidies.[184]

In diesem Zusammenhang sprach man sich für die Fortführung des *International Catalogue of Scientific Literature* ohne Deutsche und Österreicher aus[185] – ein Plan, der sich allerdings nicht realisieren ließ.

Vor allem in die in Paris unterbreiteten Vorschläge zur Gründung von Fachunionen waren Publikationspläne eingegangen, die sich hauptsächlich um neue Referatenorgane drehten. So wurde in dem Statutenentwurf der französischen Académie des Sciences zur Gründung einer Internationalen Astronomischen Union neben der Veröffentlichung der Sitzungsberichte und Forschungsergebnisse ein Berichts- und Referatenorgan ins Auge gefaßt – als Gegenstück zu den verbreiteten astronomischen Zeitschriften in deutscher Sprache:

> Elle [die Astronomische Union, R.R.] publiera un recueil donnant le plus rapidement possible les résumés des travaux astronomiques récents. La publication sera faits, sous la direction du Comité international, en trois éditions: en langue française, en langue anglaise, en langue italienne, si les ressources le permettent.[186]

Ähnliche Pläne wurden in anderen Disziplinen verfolgt. Grundsätzlich forderte die von der Académie des Sciences gebildete Kommission für Zoologie und Anatomie, der außer den französischen Biologen Charles Flahault, Léon Guignard und Edmond Perrier auch Jean Massart angehörte:

> Publications bibliographiques interalliées à substituer aux Jahresbericht allemands.[187]

So sollte auch der *Zoological Record*, den die britische Zoological Society wieder herausgab, in alliierter Zusammenarbeit vervollständigt werden, in der Absicht: „remplaçant le Jahresbericht".[188]

---

184 *Nature* 102, 14.11.1918, S. 212.

185 Vgl. ebd.

186 Proposition de l'Académie des Sciences de Paris. Union astronomique, Conférence interalliée des académies scientifiques. Propositions prises en considération, in Archives AdS Paris, Association internationale des académies. Zur Diskussion in der Akademie siehe oben S. 191.

187 Propositions de la Commission de Zoologie et d'Anatomie de l'Académie des Sciences de Paris, in ebd.

188 Comité secret 25.11.1918, in Archives AdS Paris, Comité secret 1912–1918, Bl. 453. Der *Zoological Record* war vorübergehend in den *International Catalogue of Scientific Literature* integriert worden.

Die Biologen präsentierten außerdem auf der alliierten Konferenz 1918 in Paris für alle Disziplinen „Principes directeurs pour la bibliographie". Darin wurde empfohlen, bereits existierende Referatenorgane in den alliierten und neutralen Ländern so weit wie möglich zu nutzen und auszubauen statt neue zu gründen. In den verschiedenen Wissenschaftszweigen seien dazu besondere Kommissionen einzusetzen, lautete der Vorschlag. Worüber anscheinend von Anfang an Klarheit bestand, war der Auschluß der deutschen Sprache: „Accepter dans chaque recueil des résumés en anglais, en français et en italien."[189]

Schon einmal hatten sich Botaniker verschiedener Länder für ein internationales Referatenorgan eingesetzt, allerdings genau in der umgekehrten Richtung. Nachdem 1901 die Association Internationale des Botanistes in Genf gegründet worden war, deren Präsident der deutsche Botaniker Karl Eberhard von Goebel wurde, kaufte die Assoziation das in Deutschland seit 1880 verlegte angesehene Referatenorgan *Botanisches Centralblatt*, das damals Oskar Uhlworm herausgab, und machte es zum zentralen Referatenorgan der internationalen Gesellschaft mit einer international besetzten Redaktion unter der Leitung eines holländischen Chefredakteurs. Die Referate wurden ab diesem Zeitpunkt nicht mehr nur in deutscher, sondern auch in englischer und französischer Sprache gedruckt. Doch da man an dem deutschen Namen und Titelblatt, der deutschsprachigen Gliederung und der Druckerei in Deutschland weiterhin festhielt, Deutsch also die Sprache der Zeitschrift blieb, erweckte das *Botanische Centralblatt* den Eindruck, als handele es sich nach wie vor um ein deutsches Unternehmen mit einem internationalen Mitarbeiterstab.[190] (Abb. 29)

Nach dem Krieg wollte nun Charles Flahault, Mitglied der Académie des Sciences und Direktor des Botanischen Instituts der Universität Straßburg sowie ehemaliger Redakteur des *Botanischen Centralblatts*, dafür sorgen, daß dieses in Deutschland gedruckte internationale dreisprachige Fachorgan, dem rein äußerlich der deutsche Charakter immer noch anhaftete, ebenso wie die Association Internationale des Botanistes aufgelöst wurde. Die Konferenz der alliierten Akademien in Paris, so sein Vorschlag, solle ihn dazu ermächtigen, von dem in den Niederlanden lebenden Chefredakteur die Unterlagen anzufordern, die man brauchte,

189 Principes directeurs pour la bibliographie, Conférence interalliée des académies scientifiques. Propositions prises en considération, in Archives AdS Paris, Association internationale des académies.

190 Vgl. *Botanisches Centralblatt*. Referirendes Organ der Association Internationale des Botanistes für das Gesammtgebiet der Botanik, 23. Jg., 1902. Uhlworm war außerdem Mitherausgeber des *Centralblatts für Bakteriologie* und leitete bis zu seiner Auflösung 1914 das Deutsche Büro der Internationalen Bibliographie der Naturwissenschaften (International Catalogue of Scientific Literature); siehe oben, Kapitel I.1.b) und Kap. I.3, S. 137 ff.

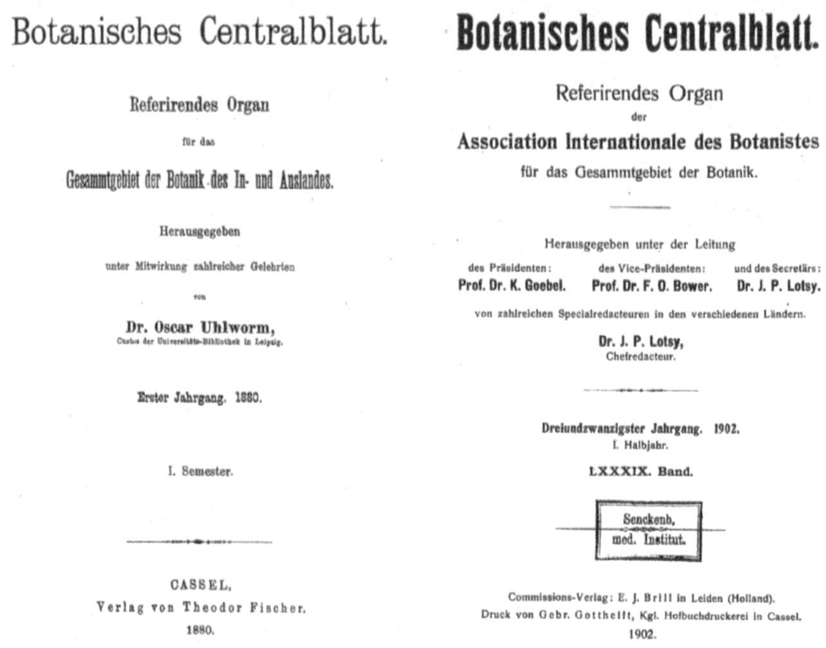
Botanisches Centralblatt.

Referirendes Organ

für das

Gesammtgebiet der Botanik des In- und Auslandes.

Herausgegeben

unter Mitwirkung zahlreicher Gelehrten

von

Dr. Oscar Uhlworm,

Custos der Universitäts-Bibliothek in Leipzig.

Erster Jahrgang. 1880.

I. Semester.

CASSEL,

Verlag von Theodor Fischer.

1880.

Botanisches Centralblatt.

Referirendes Organ

der

Association Internationale des Botanistes

für das Gesammtgebiet der Botanik.

Herausgegeben unter der Leitung

des Präsidenten: Prof. Dr. K. Goebel. des Vice-Präsidenten: Prof. Dr. F. O. Bower. und des Secretärs: Dr. J. P. Lotsy.

von zahlreichen Specialredacteuren in den verschiedenen Ländern.

Dr. J. P. Lotsy,

Chefredacteur.

Dreiundzwanzigster Jahrgang. 1902.

I. Halbjahr.

LXXXIX. Band.

Senckenb. med. Institut.

Commissions-Verlag: E. J. Brill in Leiden (Holland).

Druck von Gebr. Gotthelft, Kgl. Hofbuchdruckerei in Cassel.

1902.

Abb. 29: *Botanisches Centralblatt.* Titelblatt des 1. Jahrgangs 1880 und des 23. Jahrgangs 1902 nach Übernahme von der Association Internationale des Botanistes. Exemplare der Universitätsbibliothek Johann Christian Senckenberg, Frankfurt am Main

„pour officiellement rompre avec l'Allemagne et créer un organisme nouveau".[191] – Jedenfalls führte Flahaults Begehren im Rahmen der alliierten Boykottpolitik dazu, daß das *Botanische Centralblatt* als referierendes Organ der Internationalen Vereinigung der Botaniker letztmals 1919 herauskam. Nach zweijähriger Unterbrechung wurde es ab 1922 nur noch im Auftrag der Deutschen Botanischen Gesellschaft als nationales Referatenorgan fortgesetzt.

Was nun die Gründung eines botanischen Konkurrenzblatts betraf, so war den 1918 in Paris versammelten alliierten Botanikern, unter denen die amerikanischen Vertreter des Fachs allerdings fehlten, durchaus nicht entgangen, daß inzwischen in den USA ein Referatenorgan für Botanik gegründet worden war. Wenngleich man noch kein Exemplar zu Gesicht bekommen hatte, war man, statt eine neue Zeitschrift ins Leben zu rufen, unter Umständen bereit, sich diesem

191 Conférence interalliée des académies scientifiques, séance du 28 novembre 1918 (après-midi), Paris (Masch. schr.), in Archives AdS Paris, Association internationale des académies, S. 33.

vielversprechenden amerikanischen Unternehmen anzuschließen, und wollte mit den Herausgebern Verbindung aufnehmen. Zunächst aber wurde, um diese Fragen zu klären, von den auf der Konferenz anwesenden Biologen eine Kommission eingesetzt.[192]

Jedenfalls nahm auf der Konferenz der alliierten Akademien in Paris die Diskussion über die Neugründung oder den Ausbau von Bibliographien und Referatenorganen verhältnismäßig viel Raum ein. Dabei wurde das gemeinsame Ziel fast schon formelhaft immer wieder beschworen: „remplacer les recueils allemands".[193] Massart, der diese Formel wiederholt gebrauchte, sprach sich allerdings dagegen aus, die Referatenorgane zugleich in drei Editionen herauszugeben, einer englischen, französischen und italienischen, wie es im Vorschlag der Académie des Sciences zur Astronomischen Union angeregt worden war. Vielmehr hielt er es für ausreichend, wenn die Referate in einer der drei Sprachen erschienen:

> Il serait bien préférable, je pense, d'accepter dans chaque recueil bibliographique des résumés publiés indifféremment en français, en anglais ou en italien.[194]

Russisch fiel, im Unterschied zu den Plänen Rignanos, im Projekt der alliierten Akademien freilich fort, und die deutsche Sprache war ohnehin tabu.

Auch die anderen Fachwissenschaftler sollten wie die Biologen bibliographische Kommissionen bilden, wurde empfohlen. Doch da hier die Vorbereitungen noch nicht weit gediehen waren, übertrug man die Organisation weiterer Kommissionen für Bibliographien in Mathematik, Physik, Chemie, Geologie und Mineralogie dem neu gewählten Exekutivkomitee.[195] Dessen Überprüfung überließ man auch einen von Paul Otlet, dem Generalsekretär der Union des Associations internationales und des Institut International de Bibliographie in Brüssel, ausgearbeiteten allgemeinen Plan, betreffend Bibliographien, Referatenorgane und Do-

192 Vgl. Principes directeurs pour la bibliographie, Conférence interalliée des académies scientifiques. Propositions prises en considération, in Archives AdS Paris, Association internationale des académies, S. 33, 37.

193 So in einem Beitrag von Massart kurz hintereinander allein dreimal; Conférence interalliée des académies scientifiques, séance du 28 novembre 1918 (après-midi), Paris (Masch. schr.), in ebd., S. 38.

194 Ebd., S. 41.

195 Vgl. ebd., S. 37, 42; Conférence des Académies des Sciences interalliées, Paris 1918, Compte Rendu, in Académie Royale de Belgique, *Bulletin de la Classe des Sciences* 1, 1919, S. 75.

kumentation.[196] Ebenso verfuhr man mit dem Projekt, das der italienische Hydrauliker Gaudenzio Fantoli vorstellte, der Gründung eines

> Institut International (interallié) de documentation technique et de technobibliographie aux buts de substituer celui qui avait siège à Berlin dans la rédaction d'un grand annuaire technique et d'en élargir beaucoup plus rationnellement les fonctions d'information documentaire et de bibliographie technique.[197]

Ein Jahr später wurden auf der Gründungskonferenz des Internationalen Forschungsrats und der ersten Fachunionen 1919 in Brüssel die Fragen der alliierten Publikationen weiterdiskutiert, einerseits in Verbindung mit den einzelnen Fachunionen, andererseits im Hinblick auf die Gründung einer Internationalen Union für Bibliographie und Dokumentation.

In der Astronomie, in der es darum ging, den renommierten *Astronomischen Jahresbericht* zu verdrängen, hieß es nun von französischer Seite zu den Sprachen der Referate, gemäß dem Vorschlag Massarts:

> Quant à la langue, on emploierait indifféremment l'anglais, le français et l'italien.[198]

In jeder Sprache eine Edition herzustellen, wie ursprünglich angeregt, schien dann doch zu aufwendig und kostspielig zu sein. Vielmehr suchte man auch hier den Anschluß an eine bestehende Zeitschrift. Eine besondere „Commission des analyses de travaux et de bibliographie" der Internationalen Astronomischen Union wurde gebildet,[199] welche die Lage prüfen sollte. Deren Vorschlag fand dann auf der ersten Generalversammlung der Astronomischen Union 1922 in Rom Zustimmung: Man ermächtigte die Herausgeber des französischen *Bulletin astronomique*, der Zeitschrift des Observatoriums in Meudon bei Paris, im Namen der Union die Referatendienste zu organisieren und auf dem Titelblatt der jeweiligen Referatenhefte zu schreiben: „Publié sous les auspices de l'Union Astronomique Internationale." Zweifellos bedeutete dies eine Aufwertung des *Bulletin astronomique*. Um den französischen Astronomen diese Arbeit zu er-

196 Vgl. Proposition soumise à la Conférence interalliée des académies par l'Institut International de Bibliographie, Conférence interalliée des académies scientifiques. Propositions prises en considération, in Archives AdS Paris, Association internationale des académies. Otlet nahm an der Konferenz in Paris nicht teil.

197 Conférence interalliée des académies scientifiques, séance du 28 novembre 1918 (matin), Paris (Masch. schr.), S. 37 ff., in ebd.

198 Bericht von Bigourdan, in International Research Council, Constitutive Assembly, Brüssel 1919, Reports of Proceedings, S. 105–109, Zitat S. 109.

199 Vgl. Union astronomique internationale, in ebd., Annexe XXII, S. 165.

leichtern, wurden alle Autoren aufgefordert, ihren Aufsätzen jeweils eine Zusammenfassung voranzustellen und ebenso wie die Herausgeber diverser Schriften ein Exemplar ihrer Publikationen an das Pariser Observatorium zu schicken.[200]

In der Chemie war schon vorher ein Austausch der Abstractdienste unter den alliierten Ländern vereinbart worden, um das *Chemische Zentralblatt* zu ersetzen.[201]

Die Physiker schlugen einen anderen Weg ein; sie planten, im Rahmen der Union internationale de Physique verschiedene Bibliographien herauszugeben und dabei schon bestehende zusammenzuschließen. Vorgeschlagen wurde, die bewährte Organisation des in den USA herausgegebenen Referatenorgans *Science Abstracts* (Section Physics) zu nutzen und dieses um einige Aspekte zu erweitern. Der englischsprachigen Ausgabe sollte eine französischsprachige zur Seite gestellt werden, betreut von der Société Française de Physique. Darüber hinaus zog man eine italienischsprachige Ausgabe in Erwägung, um die sich die Redaktion von *Il Nuovo Cimento* zu kümmern hatte.[202]

Für die einzelnen Sektionen der Biologie, für die das internationale Publikationswesen besonders wichtig war, legte ein Ausschuß der „Commission de bibliographie" der Fédération Française des Sociétés des Sciences naturelles, zu der sich die französischen biologischen Gesellschaften zusammengeschlossen hatten, einen ausgefeilten Plan vor, in dem die deutschsprachigen Zeitschriften im einzelnen aufgezählt wurden, die man durch alliierte Fachorgane ersetzen wollte,

> en vue de substituer des organes interalliés aux périodiques allemands.[203]

Der Plan machte deutlich, in welchem Ausmaß die deutschen Zeitschriften, die verdrängt werden sollten, gleichzeitig als Vorbild dienten. So mußte man mit Blick auf die Botanik zugeben:

> On peut donc dire que jusqu'en septembre 1918, les botanistes ne pouvaient être entièrement documentés qu'en s'adressant à des publications allemandes.[204]

---

200 Vgl. *Transactions of the International Astronomical Union*, Vol. I, First General Assembly, Rome 1922, S. 159, 207.
201 Vgl. The Interallied Chemical Conference, in *Science* 50, 5.9.1919, S. 224 f.
202 Vgl. Union internationale de Physique, in International Research Council, Constitutive Assembly, Brüssel 1919, Reports of Proceedings, S. 28 f.
203 Fédération Française des Sociétés des Sciences naturelles, in ebd., Annexe XV, S. 113–123, Zitat S. 113.
204 Ebd., S. 114.

Deshalb schien es bei der Gründung einer neuen Zeitschrift zweckmäßig zu sein,

> de prendre pour base les périodiques allemands auxquels elle tendrait à se substituer.[205]

In der Zoologie schien der Vorsprung der deutschen Referatenorgane, den man einholen wollte, noch größer zu sein, wie der Bericht der französischen Gesellschaft darlegte.

> L'exposé de l'état actuel des publications documentaires de la zoologie fait très nettement ressortir que la plupart d'entre elles, et les plus importantes, sont entre les mains des Allemands et qu'il est impossible de trouver actuellement parmi les nations alliées, les organes de documentation indispensables.[206]

Zu den wichtigsten deutschen Zeitschriften, die man aus dem Felde schlagen wollte, zählten in der Botanik: *Botanisches Centralblatt* (seit 1880) und *Just's Botanischer Jahresbericht* (seit 1873), in der Zoologie: *Zoologischer Jahresbericht* (seit 1880 herausgegeben von der Zoologischen Station in Neapel), *Jahresbericht der Anatomie und Entwicklungsgeschichte* (seit 1897), *Ergebnisse der Anatomie und Entwicklungsgeschichte* (seit 1891/92), *Anatomischer Anzeiger* (seit 1886), *Zentralblatt für Zoologie, allgemeine und experimentelle Biologie* (seit 1912)[207], *Centralblatt für Bakteriologie und Parasitenkunde* (seit 1887), *Archiv für Hydrobiologie* (seit 1905/06) und *Zeitschrift für wissenschaftliche Mikroskopie und mikroskopische Technik* (seit 1884), in der Biochemie: *Zentralblatt für Biochemie und Biophysik* (seit 1910)[208], in der Physiologie: *Centralblatt für Physiologie* (seit 1887) und *Zeitschrift für physiologische Chemie* (seit 1877).[209]

Auf jeden Fall sollten, so der französische Vorschlag, in der Biologie fünf alliierte Zeitschriften (Referatenorgane) auf den Gebieten der Botanik, Zoologie, Anatomie, allgemeinen Biologie und Physiologie herausgegeben werden, in der Absicht, die deutschen Vorläufer auszuschalten. Diese fünf Zeitschriften hielt man für

205 Ebd., S. 115.

206 Ebd., S. 116; vgl. Schröder-Gudehus, *Deutsche Wissenschaft*, S. 119.

207 Hervorgegangen aus: *Zoologisches Zentralblatt* (1894–1911) und *Zentralblatt für allgemeine und experimentelle Biologie* (1910–1912).

208 Hervorgegangen aus: *Biochemisches Centralblatt* (*Zentralblatt*) 1902–1910.

209 Fédération Française des Sociétés des Sciences naturelles, in International Research Council, Constitutive Assembly, Brüssel 1919, Reports of Proceedings, S. 114–119.

> indispensables à créer si l'on veut permettre aux alliés et aux neutres de ne plus s'adresser à l'Allemagne pour la fourniture de leurs instruments de documentation.[210]

Um die Recherchen und Referate der verschiedenen Zweige der Biologie zu koordinieren, schlug man die Bildung eines „Office interallié de publications scientifiques de documentation et d'information" vor, dem Vertreter der Mitgliedsländer angehören sollten, die man verpflichten wollte, regelmäßig Analysen der in den nationalen Zeitschriften erschienenen Artikel zu liefern. Für jede Publikation war ein Generalsekretär vorgesehen; finanziell unterstützt werden sollte sie, falls notwendig, von den Regierungen und den großen Wissenschaftsverbänden der Alliierten. Zu den Sprachen hieß es in dem französischen Vorschlag:

> Trois langues seront seules admises au bulletin: anglaise, française et italienne. Les nations parlant une autre langue devront donc adresser leurs analyses dans une des trois langues admises.[211]

Auch deutschsprachige Arbeiten sollten der Vollständigkeit halber berücksichtigt werden. Deren Auswertung wollte man in Verbindung mit dem jeweiligen alliierten Referatenorgan auf die Wissenschaftsverbände in den einzelnen Mitgliedsländern verteilen. Referiert werden sollten sie freilich nicht in deutscher, sondern ebenfalls nur in englischer, französischer oder italienischer Sprache, wie man ausdrücklich festhielt.[212]

Der Vorschlag der „Commission de Bibliographie" der Fédération Française des Sociétés des Sciences naturelles, der auch der Académie des Sciences unterbreitet worden war,[213] ging weitgehend in die Beschlüsse ein, die auf der alliierten Generalversammlung 1919 in Brüssel gefaßt wurden. Die noch im Planungsstadium steckende Union internationale des Sciences biologiques gliederte man in sechs Sektionen: allgemeine Biologie, Physiologie, Zoologie, Botanik, Medizin und angewandte Biologie (mit Meeresbiologie, Naturschutz und Landwirtschaft).[214] Von jeder dieser Sektionen sollten zwei Referatenorgane, das eine jährlich – wie die *Jahresberichte* –, das andere in kurzen Abständen – wie die *Zentralblätter* –, herausgegeben werden, empfahl eine einstimmig verabschiedete Resolution der versammelten Biologen:

---

210 Ebd., S. 120, 123; Zitat S. 120.

211 Ebd., S. 121, 123, Zitat S. 121; vgl. Schröder-Gudehus, *Deutsche Wissenschaft*, S. 118.

212 Vgl. International Research Council 1919, Reports of Proceedings, S. 121.

213 Vgl. ebd., S. 122 f.

214 Union internationale des Sciences biologiques, in ebd, S. 34–38; Projet de Statuts pour une Union internationale des Sciences biologiques, in ebd., Annexe XXXI, S. 205–210, hier S. 206.

> Il est désirable d'assurer l'existence, pour chacune des sciences biologiques, de deux publications périodiques de documentation bibliographiques:
> 1. L'une paraissant au moins chaque année (Année biologique, Annuaire botanique, etc.), donnant les titres et analyses des travaux parus dans le courant de l'année précédente et classés méthodiquement par matière;
> 2. L'autre paraissant à courte périodicité (Bulletin, Abstracts, etc.), donnant, dans l'ordre chronologique de leur apparition, les titres de toutes les publications avec ou sans analyse très sommaire.
> Il est entendu qu'on cherchera à utiliser les périodiques existants et répondant déjà aux buts poursuivis.[215]

Dabei wollte man den in kurzen Abständen erscheinenden Referatendiensten den Vorzug vor Jahresberichten geben. Außerdem sprach man sich – wie schon in Paris – dafür aus, bereits bestehende Referatendienste, die den Ansprüchen genügten, zu unterstützen, statt in jedem Fall neue zu gründen. Auch hier empfahl sich unter anderem die französische Zeitschrift *L'Année biologique*, der sogleich ein jährlicher Zuschuß von 24000 Francs zugebilligt wurde.[216]

In der Zoologie beabsichtigte man hingegen, den britischen *Zoological Record* zu fördern sowie die *Bibliographia Zoologica*, herausgegeben vom *Concilium Bibliographicum* unter Leitung des Amerikaners Herbert Haviland Field in Zürich. Die Botaniker planten, mit den Herausgebern der 1918 in den USA gegründeten *Botanical Abstracts* sich in Verbindung zu setzen, die Physiologen faßten eine Zusammenarbeit mit der Redaktion der britisch-amerikanischen *Physiological Abstracts* ins Auge, die 1916 gegründet worden waren, und die Mediziner sprachen sich für die Unterstützung des amerikanischen *Index Medicus* aus.[217]

So bahnten sich vielfältige Kooperationen an mit dem Ziel, die deutschsprachigen Publikationen zu verdrängen. Doch war dabei nicht zu übersehen, daß die Neuordnung des internationalen Referatenwesens gleichwohl von nationalen Interessen geprägt war. Über die Form der Zusammenarbeit bestand keineswegs Einigkeit. Die französischen Biologen dachten eher an eine „Transformation" bestehender nationaler Referatenorgane in alliierte bzw. internationale Organe. Vor allem aber störte es sie, daß Zeitschriften wie die *Botanical Abstracts* oder die *Physiological Abstracts* nur in englischer Sprache und unter englischem Titel erschienen, wohingegen sie lieber alliierte Referatenorgane unter den französischen Namen *Bulletin de Botanique* und *Bulletin de Physiologie interallié* sehen wollten,[218] oder als Jahresbericht ein *Année physiologique*, dessen Gründung man auf

---

215 Ebd., S. 34.
216 Ebd., S. 34 f.
217 Ebd., S. 36 f.
218 Fédération Française des Sociétés des Sciences naturelles, in ebd., S. 114, 119, 122.

der Konferenz in Brüssel beschloß.[219] – Rivalitäten spielten eben auch in die alliierten Projekte hinein.

Daß in Brüssel die französischen Vorschläge auf dem Gebiet der Biologie sich weitgehend durchsetzen konnten, war sicherlich auch der starken Präsenz und Einflußnahme der französischen Biologen zu verdanken, die nicht nur den Präsidenten (Yves Delage) und Generalsekretär (Charles Flahault) der geplanten Internationalen Biologischen Union stellten, sondern auch zahlreiche Posten in den Sektionen besetzten. Auffallend ist, daß amerikanische Biologen – außer einem Mediziner – an der Versammlung in Brüssel nicht teilnahmen. Sie schienen es vorzuziehen, sich ihren eigenen Projekten zu widmen.

Auf der Gründungsversammlung in Brüssel wurden außer den bibliographischen Projekten der Fachunionen noch der Plan und Statutenentwurf einer „Union internationale pour la Bibliographie et la Documentation“ sowie eine Dokumentationsstelle für Technik und Industrie vorgestellt, welche die Zusammenarbeit der einzelnen Fachunionen auf dem Gebiet der Publikationen koordinieren sollten.[220] Doch weder die Bibliographische Union noch die Dokumentationsstelle für Technik und Industrie, die auf einen Plan Paul Otlets zurückgingen, wurden jemals gegründet, ebensowenig das von französischer Seite vorgeschlagene „Office interallié de publications scientifiques de documentation et d'information“. Später nahm sich der Völkerbund der internationalen Koordination der Referatenorgane der verschiedenen Disziplinen und Länder an, ebenfalls ohne Erfolg.[221]

Es hatte sich gezeigt, daß eine Zentralisierung des alliierten bzw. internationalen Bibliographie- und Referatenwesens über den Internationalen Forschungsrat und eine besondere Internationale Bibliographische Union nicht zu erreichen war. Denn abgesehen davon, daß man sich nicht auf ein einheitliches Klassifikationssystem für alle Wissenschaften einigen konnte, war eine solche zentrale Organisation viel zu umfassend und schwerfällig, um die internationale Fachliteratur in allen Disziplinen schnell und vollständig zu erfassen. Hinzu kam, daß gerade die Ausschaltung der deutschen Wissenschaftler, die immerhin den

219 Union internationale des Sciences biologiques, in ebd., S. 36.

220 Vgl. Union internationale pour la Bibliographie et la Documentation, in ebd., S. 40–42; Projet de Statutes pour une Union internationale pour la Bibliographie et la Documentation, in ebd., Annexe XXXIII, S. 217–221; l'Organisation de la Documentation en matière technique et industrielle, in ebd., Annexe XVI, S. 124–139; vgl. auch Schröder-Gudehus, *Deutsche Wissenschaft*, S. 117.

221 Vgl. International Research Council, Third Assembly, 1925, Reports of Proceedings, S. 36; vgl. Margarete Rothbarth, *Geistige Zusammenarbeit im Rahmen des Völkerbundes*, Münster 1931, S. 82–87; Schröder-Gudehus, *Deutsche Wissenschaft*, S. 118.

größten Teil der Fachpublikationen weltweit produzierten, das ambitionierte alliierte Unternehmen blockierte.

Auch den dem Forschungsrat unterstellten Fachunionen fiel es nicht leicht, größere bibliographische Projekte zu realisieren. Wie auf der zweiten Konferenz der Astronomischen Union 1925 in Cambridge zum Vorschein kam, war man noch nicht sehr viel weiter gekommen. „The committee on bibliography expressed the immediate and fundamental need for a complete international bibliography of astronomy", hieß es in einem Bericht in *Science*; jedes Mitgliedsland solle so schnell wie möglich die dort erschienenen astronomischen Arbeiten katalogisieren,[222] als stünde man noch am Anfang.

Schneller hingegen verlief die Gründung einzelner Zeitschriften in anderen Fachunionen und deren Sektionen, wie zum Beispiel in der Seismologie der *Travaux scientifiques*, welche die Aufgaben von *G. Gerlands Beiträgen zur Geophysik* übernahmen,[223] oder, in Konkurrenz zur deutschen *Zeitschrift für Vulkanologie*, des *Bulletin Volcanologique*, Organ der von Alfred Lacroix geleiteten Sektion für Vulkanologie der Union géodésique und géophysique internationale, das ab 1924 erschien. Von diesem Blatt wurden deutsche Mitarbeiter und die deutsche Sprache ausdrücklich ausgeschlossen, solange Deutschland nicht dem Völkerbund angehörte – eine Begründung, die man häufig heranzog, um die Aufrechterhaltung des Boykotts weiterhin zu rechtfertigen.[224]

Wie rigoros der Boykott gegen die deutsche Sprache in den Publikationen der Fachunionen durchgesetzt wurde, zeigt folgendes Beispiel: Immanuel Friedlaender hatte 1914 das Vulkan-Institut in Neapel und die *Zeitschrift für Vulkanologie* gegründet. Als er 1925 bei dem Sekretär der Sektion für Vulkanologie der Internationalen Geodätischen und Geophysikalischen Union, Alessandro Malladra, der das internationale Zentralbüro für Vulkanologie in Neapel leitete, welches wiederum das *Bulletin Volcanologique* herausgab, anfragte, ob er in dieser Zeitschrift eine Rezension in deutscher Sprache veröffentlichen könnte, wurde er abschlägig beschieden. Nachdem Malladra sich deswegen an Alfred Lacroix gewandt hatte, wies dieser in aller Deutlichkeit darauf hin, daß ebenso wie die Deutschen auch die deutsche Sprache im Internationalen Forschungsrat und seinen Fachunionen – und damit auch in allen Publikationen wie Veranstaltungen – nicht zugelassen sei:

---

222 Warren K. Green, The Meeting of the International Astronomical Union, in *Science* 62, 18.12.1925, S. 555–557, Zitat S. 556.

223 Siehe oben S. 195 f.

224 Vgl. Immanuel Friedlaender, Entwicklung der Vulkanologischen Zeitschriften, 1.2.1925, in PA AA, R 64614.

> Pour l'instant la langue allemande n'est pas admise par les organismes dépendant du Conseil international de recherches dont dépendent les Unions. Tant que l'Assemblée générale du Conseil n'en aura pas décidé autrement, nous ne pouvons pas l'admettre, pas plus que nous ne pouvons admettre d'allemands dans notre organisme.[225]

Malladra, der es Friedlaender gegenüber bedauerte, seine deutschsprachige Rezension ablehnen zu müssen, schickte diesem den Wortlaut der Stellungnahme von Lacroix.

Neben den Fachunionen gewannen, was die Produktion wissenschaftlicher Literatur, insbesondere der gewünschten Bibliographien und Referatenorgane betraf, nationale Wissenschaftsorganisationen größeres Gewicht, zumal die nationalen Bibliographien die Basis bilden sollten, auf der man die internationalen Bibliographien zusammenstellen wollte. Da zudem in einzelnen Fächern die Absicht bestand, nationale in internationale Abstractdienste zu transformieren, blieb es nicht aus, wie schon am Beispiel der Biologie gezeigt wurde, daß nationale oder nationalistische Interessen sich geltend machten und unter die internationalen Pläne mischten. So traten hier und da Bestrebungen auf, die alliierte oder internationale Zusammenarbeit für nationale Ambitionen zu instrumentalisieren.

Allerdings mußten, so jedenfalls in Frankreich, die nationalen Referatendienste erst noch aufgebaut oder verbessert werden, da man sich auf die deutschen Zeitschriften weitgehend gestützt hatte. Wie der französische Chemiker Charles Moureu 1919 auf einer Sitzung des Comité secret der Académie des Sciences einräumen mußte, befanden sich die französischen Bibliographien in einem jämmerlichen Zustand:

> La bibliographie scientifique française est d'une lamentable pauvreté, tandis que l'Allemagne inonde le monde des ses publications bibliographiques.[226]

Abhilfe könne nur geschaffen werden, wenn große Anstrengungen unternommen und öffentliche Gelder zur Verfügung gestellt würden, erklärte Moureu.[227]

Doch da man stark motiviert war und das nationale Prestige auf dem Spiel stand, gelang es in Frankreich, mehrere bibliographische Vorhaben zu initiieren, was dadurch erleichtert wurde, daß sich die Wissenschaftsverbände Frankreichs 1919 zur Confédération nationale des Sociétés scientifiques françaises zusam-

225 Alfred Lacroix an Malladra, zitiert nach A. Malladra an Immanuel Friedlaender, 11.1.1925, Abschrift in ebd.

226 Comité secret, 29.12.1919, in Archives AdS Paris, Comité secret 1919–1928, Bl. 61; vgl. Schröder-Gudehus, *Deutsche Wissenschaft*, S. 119.

227 Vgl. Comité secret, 29.12.1919, in Archives AdS Paris, Comité secret 1919–1928, Bl. 61.

menschlossen. Mit vereinter Kraft ließen sich gemeinsame Projekte eben besser realisieren. Schon ein Jahr später erreichte die Confédération, daß auf ihren Antrag hin das französische Parlament beträchtliche Summen für Referatenorgane in verschiedenen Disziplinen zur Verfügung stellte.[228]

So konnte Charles Flahault, Generalsekretär der Union internationale des Sciences biologiques, bereits auf der zweiten Generalversammlung des Internationalen Forschungsrats 1922 in Brüssel berichten, daß die Fédération française des Sociétés des Sciences naturelles, zu der sich die französischen biologischen Gesellschaften vereinigt hatten, beabsichtige, das französischsprachige Referatenwesen in der Biologie zu reorganisieren. Die öffentlichen Gelder hatten es inzwischen ermöglicht, daß *L'Année biologique*, die französische Bibliographie zur Botanik, wiederhergestellt sowie Bibliographien zur Physiologie und Biochemie geschaffen werden konnten.[229]

Ein weiteres öffentlich subventioniertes französischsprachiges Unternehmen war die 1919 erfolgte Gründung des *Index generalis*, der ausschließlich den Zweck verfolgte, das deutsche Jahrbuch *Minerva*, das vor dem Krieg in Straßburg herausgegeben wurde und über Universitäten und andere wissenschaftliche Einrichtungen in aller Welt informierte, zu verdrängen. Dessen Boykott wurde deshalb offensiv propagiert. Der erste Jahrgang des französischen Konkurrenzunternehmens, in dem die Einrichtungen in Deutschland und Österreich erst gar nicht erwähnt wurden, rechtfertigte einleitend sein Erscheinen mit der suggestiven Frage:

> Pouvait on laisser aux Allemands, à des gens coupables d'user de procédés de guerre barbares renouvelés de l'antiquité, le monopole de grands annuaires internationaux?[230]

In einem Rundschreiben an verbündete Institutionen warb der Herausgeber, R. de Montessus de Ballore, Professor in Lille und Paris, für den *Index generalis* als „œuvre anti-allemande", welches das deutsche Jahrbuch *Minerva* ersetzen sollte. Er bat, das neue Werk zu unterstützen und keine Informationen über wissenschaftliche Einrichtungen an den deutschen Herausgeber von *Minerva* zu liefern, was er mit moralischem Nachdruck zu bekräftigen suchte:

> n'oubliez pas que, avec vous, la France a sauvé le monde de la barbarie prussienne.[231]

---

228 Vgl. Ulrike Fell, *Disziplin*, S. 202f.

229 Vgl. International Research Council, Second Assembly, 1922, Reports of Proceedings, S. 31.

230 Zitiert nach Schwenke, Preußische Staatsbibliothek, an RMI, 17.6.1920, in BA Berlin, R 1501/108962, Bl. 161.

231 Zitiert nach *Mitteilungen des Verbandes des Deutschen Hochschulen*, II, 4, 15.2.1922, S. 41; vgl. Schröder-Gudehus, *Deutsche Wissenschaft*, S. 120.

Neben der französischen Sprache wurde im *Index generalis* ab 1925 auch Englisch verwendet, für die Darstellung der britischen und amerikanischen wissenschaftlichen Institutionen.[232]

In Belgien gründete die Gesellschaft der Geologischen Gesellschaft (Société géologique de Belgique) 1920 die *Revue de géologie et des sciences connexes*, die gegen das *Geologische Zentralblatt* antrat und deutsche wissenschaftliche Arbeiten weitgehend ignorierte. Im ersten Heft dieses Referatenorgans, das 1922 herauskam, waren unter 278 Referaten lediglich 8 Arbeiten in deutscher Sprache vertreten, davon waren 2 in schwedischen, 2 in schweizerischen und 4 in deutschen Zeitschriften erschienen, unter letzteren befanden sich gerade 2 ‚reichsdeutsche' Autoren, wie der deutsche Geologe Konrad Keilhack, Professor an der Technischen Hochschule Berlin und Herausgeber des *Geologischen Zentralblatts*, zählte.[233]

Während die alliierten Wissenschaftler in Europa nur in begrenztem Maße Gegenprojekte zu den deutschen Fachblättern auf den Weg brachten, spielten hinsichtlich der nationalen publizistischen Aktivitäten eine herausragende Rolle die USA, die über die notwendige Organisationsmacht sowie Ressourcen verfügten, um eine intensive Wissenschaftspolitik und Publikationstätigkeit zu entfalten, die es ermöglichte, die deutschsprachige Fachliteratur allmählich zurückzudrängen und die internationale Führungsrolle in den Wissenschaften zu übernehmen.

> However distasteful it may be, publish we must if we are to be regarded as leaders,

lautete eine Aufforderung in *Science*. [234]

Die sprachlichen, wissenschaftlichen, politischen und moralischen Einsprüche gegen die deutsche Fachliteratur, als deren besonderer Makel es galt, daß sie in deutscher Sprache verfaßt war, hatten zu den radikalsten Aktionen in den USA geführt, wo die Stimmung gegen Deutschland während des Weltkriegs so eskalierte, daß der Deutschunterricht an Schulen und Hochschulen sowie deut-

232 Vgl. William Herbert Hobbs, The Index Generalis, in *Science* 62, 23.10.1925, S. 373.

233 Nach Karl Kerkhof, *Der Krieg gegen die deutsche Wissenschaft*, S. 13 f.; vgl. Schröder-Gudehus, *Deutsche Wissenschaft*, S. 120.

234 P. G. Nutting, National Prestige in Scientific Achievement, in *Science* 48, 20.12.1918, S. 605–608, Zitat S. 606.

sche Bücher und Zeitschriften in weiten Teilen des Landes vorübergehend verboten wurden.[235]

„American Students Boycotting German", hieß der Titel eines Berichts in *Literary Digest.*[236] Man scheute sich nicht einmal, deutsche Bücher zu verbrennen, wie in *Science* verkündet wurde:

> In penance we now burn our German books and studiously avoid reading anything in that language. We are surprised to find how well we can get along without anything in that language and for how little we are really indebted to that nation.[237]

Allerdings waren zur gleichen Zeit auch Gegenstimmen zu vernehmen. Die Ohio Academy of Science verabschiedete auf ihrer Jahresversammlung 1918 eine Resolution, in der sie gegen das Verbot des Deutschstudiums an amerikanischen Colleges eintrat:

> The Ohio Academy of Science places itself on record as deprecating the suppression of the study of the German language in the curricula of some of our colleges.
> The study of German should be continued not only by reason of its direct utility to our troops abroad, but also because it is fundamentally necessary to science and productive scholarship.
> It is not the language, but Prussian ideas, which are antagonistic to the Allied nations; and any action which prevents the efficient development of scholarship and science, and of the industry dependent upon them, will prove advantageous to our enemies.[238]

Ebenso wandte sich der Council of the American Association of University Professors 1918 in einer Resolution gegen die Aktion „for the reduction, or elimination, of instruction in the German language". Zwar wurde die Streichung des Deutschunterrichts in den Grundschulen befürwortet, weil man der Ansicht war, daß dieser in der Vergangenheit für deutsche Propaganda mißbraucht worden sei. Doch sprach sich die Vereinigung der amerikanischen Professoren dafür aus, daß in den High Schools und Colleges weiterhin Deutsch gelehrt werden solle, da man zwischen der Sprache und dem Land der Sprache unterscheiden müsse und

---

235 Vgl. Paul Finkelman, The War on German Language and Culture, 1917–1925, in Hans-Jürgen Schröder (Hrsg.), *Confrontation and Cooperation. Germany and the United States in the Era of World War I, 1900–1924*, Vol. 2, Oxford 1993, S. 177–205.

236 *Literary Digest* 56, 30. 3. 1918, zitiert nach ebd., S. 190.

237 P. G. Nutting, National Prestige in Scientific Achievement, in *Science* 48, 20.12.1918, S. 605; vgl. Finkelman, S. 190.

238 The Ohio Academy of Science, in *Science* 48, 13.9.1918, S. 277.

Deutschkenntnisse wichtig seien, um über die wissenschaftlichen Aktivitäten und Forschungen in Deutschland unterrichtet zu bleiben.[239]

Diese Stimmen setzten sich jedoch nicht landesweit durch. Vielmehr zeigte der Boykott gegen die deutsche Sprache gravierende Folgen: 1922 lernte weniger als ein Prozent aller Schüler an den High Schools noch Deutsch gegenüber rund 25 Prozent 1915.[240] Der Niedergang des Deutschunterrichts an den höheren Schulen der USA wirkte sich zwangsläufig auf den gesamten Wissenschaftsbetrieb dort aus. Gleichwohl wurden deutsche Bücher und Zeitschriften noch rezipiert, zumal die Geschichte in den Wissenschaften nicht ignoriert werden konnte und es nicht so schnell zu bewerkstelligen war, Äquivalente zu produzieren. Amerikanische Chemiker gelangten aufgrund einer Analyse der Zitate in *The Journal of the American Chemical Society* von 1926, die den Zeitraum von 1871 bis 1925 umfaßten – ausgenommen waren die Zitate der Zeitschrift selbst – zu dem Ergebnis, daß für studierende Chemiker die Lektüre deutscher Zeitschriften wie der *Berichte der deutschen chemischen Gesellschaft*, der *Zeitschrift für physikalische Chemie*, *Liebigs Annalen der Chemie* sowie der *Annalen der Physik*, der *Zeitschrift für Physik* und der *Physikalischen Zeitschrift* nach wie vor unumgänglich sei. Studenten, die Chemie als Hauptfach studierten, sollten wenigstens in der Lage sein, deutsche Fachliteratur zu lesen.[241]

An erster Stelle stand jetzt freilich die englischsprachige Literatur. Schon während des Krieges waren in den USA Schritte unternommen worden, um englischsprachige Zeitschriften, insbesondere Referatenorgane, zu gründen oder bestehende auszubauen, vor allem auf den Gebieten, auf denen die Deutschen führend gewesen waren.

> The number of journals which have sprung into existence since 1914 is very noticeable. Many of these probably owe their existence, in part at least, to the fact that publication in German magazines was cut off by the war.

Das stellte ein Mitarbeiter des Rockefeller Institute for Medical Research in einer Untersuchung über die Entwicklung amerikanischer Fachzeitschriften der Bio-

239 General Announcements, in *Bulletin of the American Association of University Professors*, Vol. IV, No. 5, Mai 1918, S. 3f., Zitat S. 3.

240 David Tyack u. a., *Law and the Shaping of Public Education, 1785–1954*, Madison 1987, S. 170, nach Finkelmann, S. 189; siehe dazu auch unten, S. 505.

241 P. L. K. Gross, E. M. Gross, College Libraries and Chemical Education, in *Science* 66, 1927, S. 385–389; siehe dazu auch unten, S. 494; vgl. Ulrich Ammon, Entwicklung der deutschen Wissenschaftssprache im 20. Jahrhundert, S. 60f.

logie, Medizin und Chemie fest.[242] Nach dieser Aufstellung wurden zwischen 1915 und 1917 allein elf Zeitschriften neu gegründet, die für Biologen von Interesse waren. Zur gleichen Zeit konnte eine erhebliche Erweiterung des Umfangs bereits bestehender amerikanischer Zeitschriften registriert werden.[243] Wie eine Zählung ergab, nahm zwischen 1909 und 1915 die Anzahl der Artikel im *Journal of Biological Chemistry* um 202 Prozent und der Seiten um 150 Prozent zu, im *Journal of Industrial and Engineering Chemistry* um 124 Prozent (Artikel) und 78 Prozent (Seiten), im *Journal of the American Chemical Society* um 60 Prozent (Artikel) und 88 Prozent (Seiten).[244] Diese Tendenz setzte sich in den folgenden Jahren fort.[245] Dabei konnten auch die Auflagen erheblich gesteigert werden.[246]

Der Umstand, daß während des Krieges deutsche Publikationen nicht leicht zu beziehen waren, wobei das in Deutschland verhängte Ausfuhrverbot ebenso wie die Zensur sich auswirkten, förderte auf der amerikanischen Seite das Bestreben, von der deutschen Fachliteratur möglichst unabhängig zu werden und ein eigenes Publikationswesen umfassend aufzubauen. Die Verzahnung der Natur- und Technikwissenschaften mit dem Krieg machte das um so notwendiger, weil man sich über den neuesten wissenschaftlichen Entwicklungsstand schnell und vollständig informieren mußte. Schließlich konnte die alliierte Boykottpolitik gegen Deutschland nur durchgesetzt werden, wenn nichtdeutsche Fachliteratur in großem Ausmaß und von hoher Qualität hergestellt wurde.

Einerseits ergriff man in den USA in Verbindung mit der Bildung nationaler Sektionen zu den neu gegründeten internationalen Fachunionen publizistische Initiativen. So schuf zum Beispiel die Amerikanische Sektion der geplanten Internationalen Astronomischen Union – den Vorsitz der Sektion hatte George Ellery Hale inne – noch vor der Brüsseler Konferenz 1919 ein besonderes „Committee on Abstracts and Bibliographies“,[247] und die Amerikanische Sektion der

242 Clarence J. West, A Survey of American Biological Chemical Literature, in *Science* 47, 28.6. 1918, S. 623–626, Zitat S. 624; für die Zeitschriftenliteratur in Chemie vgl. Marion E. Sparks, W. A. Noyes, A Census of the Periodical Literature of Chemistry published in the United States, in *Science* 45, 16.2.1917, S. 168–171.

243 Vgl. Clarence J. West, A Survey of American Biological Chemical Literature.

244 Marion E. Sparks, W. A. Noyes, A Census of the Periodical Literature of Chemistry, S. 168.

245 Vgl. Clarence J. West, A Survey of American Biological Chemical Literature, in *Science* 47, 28.6.1918, S. 625.

246 Vgl. z. B. Publications of the American Medical Association, in *Science* 49, 20.6.1919, S. 585 f.

247 Joel Stebbins, Secretary, Organization Meeting of the American Section of the proposed International Astronomical Union, in *Science* 49, 30.5.1919, S. 508–510, hier S. 509.

Internationalen Geophysikalischen Union errichtete ein „Committee on Publications“.[248]

Andererseits setzten amerikanische Wissenschaftler und Wissenschaftsverbände Aktivitäten in Gang, um Fachpublikationen in englischer Sprache zu fördern. Diese Absicht verfolgte offensichtlich auch ein Überblick über neue Literatur der Chemie, in dem nur englischsprachige Bücher genannt wurden, darunter zwei Übersetzungen aus dem Deutschen.[249] Deutsche Nachschlagewerke und Jahrbücher fanden ebenfalls ihr Pendant in englischer Sprache:

> In line with the current effort to supplant German reference works by English equivalents, "The Chemist's Year Book" for 1918–1919 [...] is worthy of note,

lautete die Empfehlung eines englischen Werks in *Science*.[250] Statt Deutsch wurde jetzt „Chemical French“ als fremde Wissenschaftssprache bevorzugt, „in line with the trend of the times“.[251] Studenten sollten chemische Literatur auf Französisch lesen können. Demgegenüber ließen sich jedoch andere amerikanische Chemiker nach wie vor nicht davon abhalten, auf die Verwendung deutscher Lehrbücher und Zeitschriften das größte Gewicht zu legen, solange es keine englischsprachigen Äquivalente gab.[252]

Im Zuge der Protektion und Verbreitung englischsprachiger Publikationen entstanden auch Gemeinschaftsprojekte von amerikanischen und britischen Verbänden, die teilweise international ausgeweitet wurden, unter Ausschluß deutscher und österreichischer Wissenschaftler und Organisationen. So wurden die *Physiological Abstracts* ab 1916 von der Physiological Society (Großbritannien und Irland) in Zusammenarbeit mit der American Physiological Society und weiteren amerikanischen und britischen wie irländischen Wissenschaftsverbänden herausgegeben, denen sich Verbände und Wissenschaftler aus Frankreich, Belgien, Italien, Rußland und Japan sowie aus den ehemals neutralen Ländern Dänemark, Schweden, den Niederlanden und der Schweiz anschlossen – ein

---

248 Harry O. Wood, Organization of the American Section of the proposed International Geophysical Union, in *Science* 59, 1919, S. 233–238, hier S. 236.

249 Vgl. H. P. Talbot, Massachusetts Institute of Technology, Scientific Books. A brief Survey of some recent Chemical Literature, in *Science* 50, 12.9.1919, S. 253–255.

250 Ebd., S. 255.

251 Ebd.

252 Vgl. Marion E. Sparks, University of Illinois, Chemical Literature and its Use, in *Science* 47, 19.4.1918, S. 377–381; vgl. P. L. K. Gross, E. M. Gross, College Libraries and Chemical Education, in *Science* 66, 1927, S. 385–389, siehe oben S. 238 f. und unten S. 493 f.

internationales Bündnis also, das im Sinne der alliierten Boykottpolitik gegen die deutschen physiologischen Referatendienste auf den Plan trat.[253]

Ein anderes amerikanisch-britisches Zeitschriftenunternehmen war das *Journal of Physical Chemistry*, das, ursprünglich amerikanisch, ab 1922 von den drei großen englischsprachigen Chemikerverbänden, der American Chemical Society, der Chemical Society London und der britischen Faraday Society, gemeinsam ediert wurde.[254]

Um den Bezug englischsprachiger Fachliteratur aus dem Ausland zu begünstigen, setzte sich die American Association for the Advancement of Science dafür ein, daß die Einfuhr wissenschaftlicher Bücher in englischer Sprache für Bildungseinrichtungen in den USA weiterhin steuerfrei bleiben sollte, weil diese Bücher für Forschung und Lehre dringend gebraucht wurden, „especially since it is undesirable that scientific publications in languages other than English should be artificially favored in the United States".[255]

Was man außerdem in den USA unternahm, um Referatenorgane in englischer Sprache ins Leben zu rufen, läßt sich exemplarisch in der Biologie zeigen. Zu den Neugründungen gehörten hier zunächst neben den erwähnten *Physiological Abstracts* (1916) die *Abstracts of Bacteriology* (1917) und die *Botanical Abtracts* (1918).

In der Botanik sei Deutschland vor dem Krieg führend gewesen und habe das Referatenwesen monopolisiert, wurde in *Science* nochmals herausgestellt:

> Before the war Germany held a prominent and unique place in the botanical world. [...] Germany held moreover an almost complete monopoly of the publication of abstracts of botanical papers.[256]

Das deutschsprachige *Botanische Centralblatt*, über das schon berichtet wurde, war weltweit das einzige umfassende Referatenorgan in der Botanik gewesen. Um es auf eine breite internationale Grundlage zu stellen, hatte es die Internationale Assoziation der Botaniker 1902 unter Beibehaltung des deutschen Namens zu ihrem dreisprachigen Fachorgan gemacht. Schon in der internationalen Redak-

---

253 Vgl. das Titelblatt der *Physiological Abstracts*, Vol. V, 1920.

254 Vgl. The Journal of Physical Chemistry, in *Science* 56, 15.9.1922, S. 304; *Science* 56, 24.11.1922, S. 600.

255 The American Association for the Advancement of Science. Duty on Scientific Apparatus for Educational Institutions, in *Science* 53, 27.5.1921, S. 494 f., Zitat S. 495.

256 Neil E. Stevens (Bureau of Plant Industry, Washington D.C.), American Botany and the Great War, in *Science* 48, 23.8.1918, S. 177–179, Zitat S. 177.

tion unter der Leitung des holländischen Chefredakteurs Jan Paulus Lotsy hatten amerikanische Botaniker aktiv mitgearbeitet.[257]

Es war wohl weniger die Kritik an der Unzulänglichkeit dieses Referatenorgans als der Bruch mit den deutschen Wissenschaftlern und der deutschen Sprache, der nach dem Kriegseintritt der USA gegen Deutschland amerikanische Botaniker veranlaßte, an die Stelle des *Botanischen Centralblatts* ein eigenes englischsprachiges Referatenorgan zu setzen.

Jedenfalls leitete im Dezember 1917 eine Gruppe amerikanischer Botaniker die Gründung der *Botanical Abstracts* in die Wege, eines amerikanischen Referatenorgans in englischer Sprache, dessen monatliches Erscheinen man in Zusammenarbeit mit den Fachgesellschaften der USA organisieren wollte. Ein „Temporary Board of Control of Botanical Abstracts" wurde zunächst gebildet, das mit amerikanischen Wissenschaftsverbänden Verbindung aufnehmen und diese um Entsendung von zwei Mitgliedern in einen permanenten Ausschuss ersuchen sollte. Die Leitung des Unternehmens übertrug man einem Exekutivkomitee, und als Hauptherausgeber wurde Burton Edward Livingston gewählt, Professor an der Johns Hopkins University in Baltimore und Leiter der Sektion Botanik der American Association for the Advancement of Science. Er wurde später ständiger Sekretär dieser renommierten Vereinigung.

Nachdem man für fünfzehn Sektionen die Redakteure bestimmt hatte, sollte sofort die Auswertung der internationalen Literatur ab dem Jahr 1918 beginnen und die Publikation vorbereitet werden.[258] In die Recherchen bezog man auch Wissenschaftler aus Kanada und Großbritannien ein.[259]

Da auf dem Gebiet der Biologie neben den *Botanical Abstracts* noch weitere Referatenorgane in den USA existierten und die Aufsplitterung des Referatenwesens auf einzelne Spezialgebiete zu doppelter Arbeit und Überschneidungen führte, die Nachfrage verringerte und die Kosten erhöhte – *Botanical Abstracts* machte Verluste – entschloß man sich, nach dem Vorbild der *Chemical Ab-*

---

257 Zur Geschichte der amerikanischen Beteiligung am *Botanischen Centralblatt* vgl. J. P. Lotsy, Die Entstehung der „Association Internationale des Botanistes", in *Botanisches Centralblatt.* Referirendes Organ der Association Internationale des Botanistes für das Gesammtgebiet der Botanik, 23. Jg., Bd. 89, No. 1, 1902, S. 2–7; William Campbell Steere, *Biological Abstracts/BIOSIS. The First Fifty Years. The Evolution of a Major Science Information Service*, New York, London 1976, S. 14 ff.; siehe oben S. 225 ff.

258 Vgl. Botanical Abstracts, in *Science* 47, 7.6.1918, S. 558; J. R. Schramm, Botanical Abstracts, in *Science* 49, 21.2.1919, S. 195 f.; Steere, *Biological Abstracts/BIOSIS*, S. 13–27. Steere erwähnt jedoch nicht den Zusammenhang mit dem Boykott gegen deutsche Wissenschaftler und die deutsche Sprache.

259 Vgl. Notes in *Nature* 101, 4.7.1918, S. 348 f.; The Societies now represented and the Members of the Board of Control, in *Botanical Abstracts*, Vol. VII, 1921, S. III.

stracts[260] einen die internationale Literatur aller Zweige der Biologie umfassenden Referatendienst zu schaffen, die *Biological Abstracts* (Abb. 30).

Gefördert wurde dieses Projekt, in das man die einzelnen Abstractdienste, also auch *Abstracts of Bacteriology* und *Botanical Abstracts*, integrierte, durch den seit 1920 in die Wege geleiteten Zusammenschluß der biologischen Fachverbände der USA zu der Union of American Biological Societies im Jahr 1923, der bald neunzehn Organisationen angehörten.[261] Die Vertreter der Union of Biological Societies sahen zusammen mit den Vertretern der ebenfalls daran beteiligten American Association for the Advancement of Science und der Division of Biology and Agriculture of the National Research Council den Hauptgrund für jenen Zusammenschluß gerade im Aufbau eines gemeinsamen Referatenorgans:

> [...] there is little doubt that the possibility of greatly improved abstracting and indexing services in biology through strong united effort was largely responsible for the general sentiment favoring the establishment of an union.[262]

Ein „Publication Committee" war bereits 1922 eingerichtet worden, das die notwendigen Vorbereitungen traf. Dabei konnte man sich auf die Erfahrungen stützen, die mit *Botanical Abstracts* gesammelt worden waren. Biologen in aller Welt wurden aufgefordert, Referate zu liefern.

Schließlich konnten die *Biological Abstracts*, von der Rockefeller Foundation mit einem Betrag von 350000 $ zunächst für einen Zeitraum von zehn Jahren unterstützt, erstmals im Dezember 1926 erscheinen. Die Sprache der Abstracts war von Anfang an ausschließlich Englisch.[263]

---

260 Die chemischen Gesellschaften in den USA hatten sich zur American Chemical Society zusammengeschlossen und als deren Referatenorgan 1907 die *Chemical Abstracts* gegründet; vgl. Appeal of the American Chemical Society, in *Science* 55, 24.3.1922, S. 307–310; siehe dazu oben, S. 58 und unten, S. 488–492.

261 Vgl. A. Franklin Shull, The proposed Federation of Biological Societies, in *Science* 55, 3.3. 1922, S. 245 f.; ders., Proposed Federation of American Biological Societies, in *Science* 56, 29.9. 1922, S. 359–361; J. R. Schramm, The Abstracting and Indexing of Biological Literature, in *Science* 56, 3.11.1922, S. 495–501; A. Parker Hitchens u. a., Biological Abstracts, in *Science* 58, 28.9.1923, S. 236–239; Steere, *Biological Abstracts/BIOSIS*, S. 21–27, 49; zu den *Abstracts of Bacteriology* vgl. ebd., S. 27–39.

262 Herbert Osborn u. a., Biological Abstracts, in *Science* 60, 28.11.1924, S. 485–489, Zitat S. 486.

263 J. R. Schramm, Biological Abstracts, in *Science* 62, 11.12.1925, S. 533–536; Steere, *Biological Abstracts/BIOSIS*, S. 41–52. Zu den *Biological Abstracts* vgl. auch Ulrich Ammon, *Ist Deutsch noch internationale Wissenschaftssprache?*, S. 10 f., und die dort zitierte Literatur. Allerdings wird hier der Zusammenhang mit dem Boykott noch nicht gesehen.

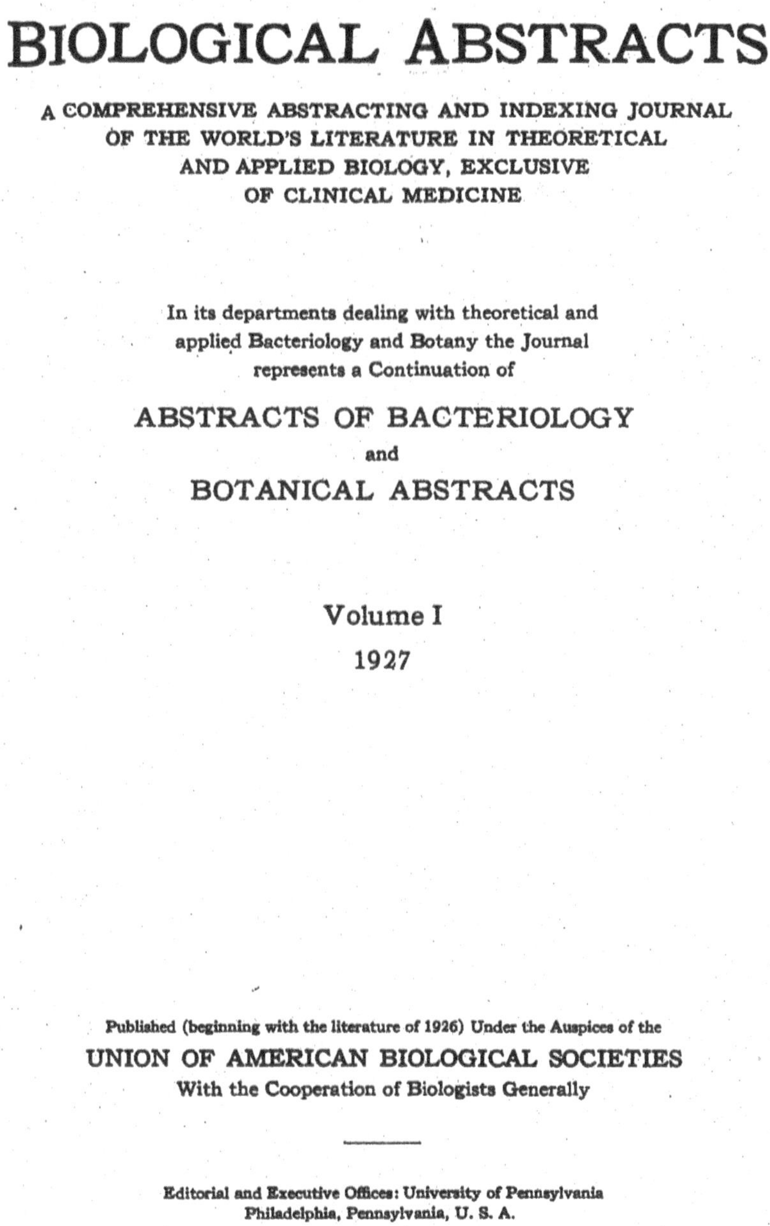

BIOLOGICAL ABSTRACTS

A COMPREHENSIVE ABSTRACTING AND INDEXING JOURNAL OF THE WORLD'S LITERATURE IN THEORETICAL AND APPLIED BIOLOGY, EXCLUSIVE OF CLINICAL MEDICINE

In its departments dealing with theoretical and applied Bacteriology and Botany the Journal represents a Continuation of

ABSTRACTS OF BACTERIOLOGY
and
BOTANICAL ABSTRACTS

Volume I
1927

Published (beginning with the literature of 1926) Under the Auspices of the
UNION OF AMERICAN BIOLOGICAL SOCIETIES
With the Cooperation of Biologists Generally

Editorial and Executive Offices: University of Pennsylvania
Philadelphia, Pennsylvania, U. S. A.

Abb. 30: Biological Abstracts. Vol. 1. 1927. Titelblatt

Wenngleich amerikanische Wissenschaftler bereit waren oder sich dafür einsetzten, weiterhin deutschsprachige Fachliteratur zu lesen und für das Studium zu empfehlen, wurden damals mit dem Auf- und Ausbau eines Netzes englischsprachiger Fachjournale und Referatenorgane in den USA[264] Grundlagen gelegt, die bis heute wirksam blieben: Deutschsprachige Fachorgane wurden durch amerikanische Zeitschriften in englischer Sprache aus ihrer internationalen Stellung langfristig verdrängt, und damit auch Deutsch als internationale Publikationssprache der Wissenschaft.

Unter den Bedingungen des Krieges und des anschließenden Boykotts gegen die deutschen Wissenschaftler, die deutsche Fachliteratur und die deutsche Sprache konnten die USA ihre internationale Führungsmacht in den Wissenschaften aufbauen,

> making this country a center of the world's scientific life and progress,

wie der Physiker Robert Andrews Millikan, stellvertretender Vorsitzender des National Research Council im Krieg und 1923 Nobelpreisträger, in seiner Vorlesung an der Universität Chicago 1919 verhieß,

> [...] then in a very few years we shall be in a new place as a scientific nation and shall see men coming from the ends of the earth to catch the inspiration of our leaders and to share in the results which have come from our developments in science.[265]

Schließlich war, wie Millikan betonte, die Wissenschaft, die auch die Kriegführung maßgeblich bestimmte, die Grundlage der modernen Zivilisation – und des Aufstiegs zur Weltmacht:

> If anything has been demonstrated by the history of the last century it is that that nation which is in the forefront in scientific developments is the nation which is going to lead in commerce and in industry and in every other phase of human activity.[266]

Deshalb war es für die amerikanischen Wissenschaftsstrategen so wichtig, den Deutschen ihre Führungsrolle zu entwinden, nicht zuletzt auf dem Feld der internationalen Wissenschaftssprache und Fachliteratur.

---

264 Der Ersatz der deutschen Referatenliteratur war Anfang der zwanziger Jahre auch Gegenstand mehrerer Besprechungen in der Auslandsabteilung der amerikanischen National Academy of Science, vgl. Schröder-Gudehus, *Les scientifiques*, S. 140.

265 Robert Andrews Millikan, The New Opportunity in Science, in *Science* 50, 26.9.1919, S. 285–297, Zitat S. 297.

266 Ebd., S. 296.

3. Die Ausschaltung des Deutschen als internationale Kongreßsprache

Persönliche Begegnungen mit deutschen Wissenschaftlern hielten die Vertreter der alliierten Akademien lange Zeit für unmöglich. Da neben oder in Verbindung mit internationalen Vereinigungen regelmäßig internationale Kongresse abgehalten wurden, um, gestützt auf die neuesten Forschungsergebnisse, Erfahrungen und Gedanken persönlich auszutauschen, gerieten gerade diese Wissenschaftsforen ins Visier der Boykottorganisatoren. Der Vorwurf, Deutschland hätte ohnehin nur versucht, internationale Veranstaltungen zu nutzen, um seine Wissenschaftsmacht zu demonstrieren und auszubauen, untermauerte den alliierten Beschluß, deutsche und mit ihnen verbündete Wissenschaftler von internationalen Kongressen auszuschließen.

William Ramsay hatte bereits 1915 als Folge der deutschen Kriegspolitik den Ausschluß deutscher und österreichischer Wissenschaftler von internationalen Versammlungen vorausgesagt,[267] und Émile Picard hatte davor gewarnt, daß Deutschland internationale Kongresse als „Sprungbrett für den Germanismus" weiterhin mißbrauchen würde.[268] Schließlich sanktionierten die Konferenzen der alliierten Akademien von 1918 und 1919 mit der Gründung neuer internationaler Wissenschaftsverbände die Verbannung deutscher und mit ihnen verbündeter Wissenschaftler sowie der deutschen Sprache von internationalen Fachkongressen. Deutsche und Österreicher wurden zu internationalen Kongressen nicht mehr eingeladen, Deutschland und Österreich als Kongreßländer disqualifiziert und die deutsche Sprache als internationale Kongreßsprache weitgehend ausgeschaltet, als Verhandlungs- wie als Publikationssprache, als offizielle und als zugelassene Sprache.[269] Auch andere internationale Wissenschaftsorganisationen, die zwar dem Forschungsrat nicht unterstanden, in denen aber alliierte Wissenschaftler das Wort führten, schlossen sich diesen Usancen an.

Dieser Abbruch der wissenschaftlichen Verständigung mit deutschsprachigen Gelehrten, der Versuch, die deutsche Sprache aus der internationalen Wissenschaftskommunikation zu verdrängen und die englisch-französische Zweisprachigkeit langfristig festzuschreiben, traf auch Gelehrte aus anderssprachigen Ländern, die bis dahin auf Kongressen sich des Deutschen bedient hatten oder mit deutschen und österreichischen Wissenschaftlern weiterhin verkehrten.

267 Siehe oben S. 126.
268 Siehe oben S. 159.
269 Siehe dazu oben, Kapitel II.1.

https://doi.org/10.1515/9783110572643-010

Wenngleich viele Wissenschaftler eine der beiden Sprachen – in der Regel Französisch – mehr oder weniger gut beherrschten, fiel denjenigen, die sich früher in der deutschen Wissenschaftssprache ausgedrückt hatten, die sprachliche Umstellung nicht immer leicht.

Solche Beobachtungen machte zum Beispiel der deutsche Gesandte in Prag, Walter Koch, auf dem zweiten Internationalen Anthropologenkongreß 1924 in Prag, der unter Ausschluß der deutschen und österreichischen Wissenschaftler und der deutschen Sprache von dem 1920 in Paris errichteten Internationalen Anthropologischen Institut veranstaltet wurde. In seinem Bericht an das Auswärtige Amt, der überschrieben war: „Die antideutschen tschechischen Gelehrten auf dem Prager Anthropologenkongress", schilderte Koch, wie viele Kongreßteilnehmer offenbar nur mit Mühe französisch statt deutsch sprachen.

> Die deutsche Sprache wurde auf dem Kongress selbstverständlich auf tschechischen Wunsch boykottiert,

entrüstete sich Koch.

> So waren Gelehrte aus den Nordstaaten, die viel geläufiger deutsch als französisch sprechen, gezwungen, sich der französischen Sprache zu bedienen. Auch die tschechischen Professoren, denen natürlich das Deutsche viel näher liegt als das Französische, bemühten sich, so gut es eben ging, mit ihren französischen Kenntnissen durchzukommen.[270]

Es gab anscheinend niemanden auf dem Kongreß in Prag, der darauf bestand, deutsch zu sprechen.

Allerdings protestierten Kongreßteilnehmer gegen die Abwesenheit ihrer deutschen und österreichischen Kollegen. So trat der holländische Anthropologe van Vuuren gegen diese Ausschlußpolitik auf und forderte, sobald Deutschland Mitglied des Völkerbunds geworden sei, die deutschen und österreichischen Wissenschaftler zu den Kongressen einzuladen. Sein Antrag fand zwar nicht nur bei allen neutralen, sondern auch englischen und sogar französischen Wissenschaftlern Zustimmung, wurde aber mit Rücksicht auf die ablehnende Haltung der tschechischen Gastgeber nicht zur Abstimmung gestellt.[271] – Die tschechisch-deutschen Konflikte, die unmittelbar nach dem Ersten Weltkrieg zu gewaltsamen Auseinandersetzungen geführt hatten, wirkten sich in dieser Form auch auf den internationalen Anthropologenkongreß in Prag aus.

---

270 Deutsche Gesandtschaft Prag (Koch), an AA, 23.9.1924, in PA AA, R 64500.

271 Vgl. ebd.; Sobald Deutschland im Völkerbund ..., in *Vossische Zeitung*, No. 442, 17.9.1924.

Auf zahlreichen anderen Kongressen wandten sich vor allem Gelehrte aus neutralen Ländern gegen den Ausschluß der verfemten Wissenschaftler und der deutschen Sprache. Doch fanden sie zunächst keine Mehrheit. Ohnehin wurden wichtige internationale Fachkongresse von den neugegründeten Unionen einberufen, in denen die deutsche Sprache von Anfang an nicht zugelassen worden war, als Wissenschaftler aus neutralen Ländern noch nicht mitsprechen und ihre Einwände vorbringen konnten.

Es war wohl naheliegend, daß sich die Proteste gegen den Boykott in erster Linie auf die Wiederzulassung der ausgesperrten Gelehrten richteten. Erst an zweiter Stelle stand die deutsche Sprache. Solange deutsche und österreichische Wissenschaftler nicht an internationalen Kongressen teilnehmen durften, schien es nicht notwendig und wenig aussichtsreich zu sein, unabhängig davon die Verwendung des Deutschen als Kongreßsprache zu fordern.[272] Selbst als Deutsche und Österreicher endlich wieder zu Kongressen eingeladen wurden, hatte damit nicht automatisch die deutsche Sprache ihre alten Privilegien wiedererlangt, wie an einzelnen Beispielen gezeigt wird.

Gleichwohl wurden, während die alliierten Wissenschaftler den Boykott verhängten, zur gleichen Zeit internationale Kongresse auch von anderen, dem Forschungsrat und seiner Boykottpolitik nicht unterworfenen Organisationen einberufen, von der deutschen Seite kräftig gefördert oder selbst initiiert, um die Zusammenarbeit mit den deutschen und österreichischen Gelehrten ohne Restriktionen fortzusetzen und eine Gegenstrategie aufzubauen. Immerhin gelang es auf diese Weise, eine Reihe internationaler Kongresse mit deutscher und österreichischer Beteiligung durchzuführen, auf denen auch die deutsche Sprache zur Geltung kam. Allerdings war die Internationalität dieser Veranstaltungen begrenzt. Sie wurden von alliierten Wissenschaftlern nur selten anerkannt und besucht, wobei sich Franzosen und Belgier besonders hervortaten, indem sie sich vor allem in den ersten Jahren nach dem Krieg von allen Kongressen fernhielten, zu denen Deutsche und Österreicher eingeladen worden waren. Schon gar nicht beteiligten sie sich an Tagungen, die in Deutschland oder Österreich stattfanden. Dem lag die Absicht zugrunde, solche Veranstaltungen zu diskreditieren und einen konsequenten Boykott durchzusetzen.

---

272 Eine Ausnahme bildete der Internationale Byzantinistenkongreß 1924 in Bukarest, von dem die Deutschen ausgeschlossen waren, auf dem jedoch zwei Rumänen, drei Jugoslawen und ein Grieche in deutscher Sprache vortrugen; vgl. *Deutsche Allgemeine Zeitung*, 1.7.1924; Georg Karo, *Der geistige Krieg gegen Deutschland*, S. 8; Schröder-Gudehus, *Deutsche Wissenschaft*, S. 115. Eine weitere Ausnahme stellte der Beschluß dar, auf dem Internationalen Chirurgenkongreß 1926 in Rom die deutsche Sprache zuzulassen, obwohl die deutschen und österreichischen Chirurgen noch nicht eingeladen wurden; siehe dazu unten, S. 309 f.

Über die Anzahl der verschiedenen Kongresse, die in den Jahren nach dem Ersten Weltkrieg die deutschen Wissenschaftler ausschlossen – davon betroffen war auch die deutsche Sprache –, geben folgende Zahlen Aufschluß:

An den 14 internationalen Kongressen des Jahres 1919 nahmen überhaupt keine deutschen Wissenschaftler teil. In den Jahren danach besserte sich die Lage nur geringfügig, doch mit aufsteigender Tendenz. So waren im Jahr 1920 von insgesamt 20 internationalen Kongressen deutsche Wissenschaftler von 17 Kongressen (85 %) und 1921 von 22 (ca. 60 %) der insgesamt 36 Kongresse ausgeschlossen. In dem folgenden Zeitraum von 1922–1924 veranstalteten alliierte Organisationen 106 internationale wissenschaftliche Kongresse, davon 86 (81 %) ohne deutsche Teilnehmer. Zur gleichen Zeit (1922–1924) wurden von neutralen Ländern oder den Mittelmächten 21 internationale Kongresse organisiert, darunter nur 1 Kongreß, der deutsche Teilnehmer nicht zuließ, während der Völkerbund 8 Kongresse einberief, von denen 2 unter Ausschluß Deutschlands stattfanden. Die Gesamtbilanz für 1922–1924 weist also 135 internationale wissenschaftliche Kongresse aus, von denen 89 (66 %) Kongresse deutsche Wissenschaftler ausschlossen.

In den folgenden Jahren verringerte sich die Ausschlußquote nach und nach: So folgten im Jahr 1925 von 52 Kongressen, welche die Alliierten durchführten, noch 34 (65 %) dem Boykottbeschluß, während im gleichen Jahr 10 von neutralen Ländern und den Mittelmächten und 6 vom Völkerbund anberaumte Kongresse mit deutscher Beteiligung stattfanden. In diesem Jahr waren es also von insgesamt 68 Kongressen noch 34 Kongresse (50 %), die deutschen Wissenschaftlern die Teilnahme verweigerten.

Im Jahr 1926, in dem Deutschland dem Völkerbund beitrat und der Boykott offiziell aufgehoben wurde, zählte man immerhin noch 13 Kongresse (ca. 25 %), die von den 51 von den Alliierten veranstalteten Kongressen an den Boykottbestimmungen festhielten. Demgegenüber verliefen 30 von neutralen Ländern und den Mittelmächten abgehaltene Kongresse und 5 Kongresse des Völkerbunds ohne derartige Restriktionen. Es blieben also in diesem Jahr von insgesamt 86 Kongressen nur noch 13 Kongresse (15 %) deutschen Wissenschaftlern verschlossen.

Betrachtet man den gesamten Zeitraum von 1919 bis 1926, dann waren deutsche Wissenschaftler von 189 (53 %) der insgesamt 359 internationalen wissenschaftlichen Kongresse ausgeschlossen.[273]

---

273 Nach Karl Kerkhof, Die deutsche Wissenschaft und das Ausland. (Vorläufiger Bericht), 30.10. 1926, in PA AA, R 65494; ders., Internationale wissenschaftliche Kongresse und Organisationen, in *Forschungen und Fortschritte*, 9. Jg., Nr. 22, 1.8.1933, S. 330–332. Bei Kerkhof stimmen hier allerdings die Prozentangaben (S. 331) nicht genau mit der graphischen Darstellung (Abb. 2,

Tab. 2: Internationale wissenschaftliche Kongresse 1922–1926

	Internationale Wissenschaftliche Kongresse 1922–1924		1925		1926	
Veranstalter	Insges.	Deutschl. ausgeschl.	Insges.	Deutschl. ausgeschl.	Insges.	Deutschl. ausgeschl.
Alliierte	106	86	52	34	51 (57)	13 (17)
– Geistes- u. Naturwiss. incl. Medizin	57	51	34	24	29 (33)	8 (10)
– Völkerrecht, Intern. Recht, Sozialwiss.	8	2	2	1	4	1
– Technische Wissenschaften	20	17	8	5	11 (12)	4 (5)
– Hilfswissenschaften	21	16	8	4	7 (8)	– (1)
Neutrale o. Mittelmächte	21	1	10	–	30 (36)	–
Völkerbund	8	2	6 (10)	–	5(6)	–
Insgesamt	135	89	68 (72)	34	86 (99)	13 (17)

Tabelle nach Karl Kerkhof, Die deutsche Wissenschaft und das Ausland (Vorläufiger Bericht), 30.10.1926.[274]

Die Zahlen können natürlich keine Auskunft geben über die Bedeutung, die jeweils einzelnen Disziplinen und Kongressen für die internationalen Wissenschaftsbeziehungen und Machtkonflikte zukam. Auch sind die heftigen Auseinandersetzungen um die Aufhebung des Boykotts und, damit verknüpft, die Wiederzulassung der deutschen Sprache damit nicht erfaßt. Sie werden in den folgenden Kapiteln eingehend untersucht. Die Zurücknahme der Boykottbe-

S. 332) überein. Fast die gleiche Graphik findet sich auch bei K. Kerkhof, Das Versailler Diktat und die deutsche Wissenschaft, Sonderdurck aus *Monatshefte für auswärtige Politik*, H. 11, November 1940, S. 10. Außerdem gibt Kerkhof in seinen Aufsätzen 1933 und 1940 z. T. höhere Zahlen an als in seinem Bericht von 1926. Eine genaue statistische Erhebung der internationalen wissenschaftlichen Kongresse nach dem Ersten Weltkrieg steht noch aus. Auch die von Shenton, *Cosmopolitan Conversation*, ist unvollständig, ganz abgesehen davon, daß sie erst mit dem Jahr 1923 einsetzt und den Boykott ignoriert. – Österreicher waren gleichfalls vom Boykott betroffen. Doch fehlen hier genaue Zahlen.

274 In PA AA, R 65494. Kerkhof bezeichnet seinen 16seitigen Bericht als „vorläufig" und „vertraulich". Eine endgültige Fassung konnte jedoch nicht gefunden werden. Später nennt er seinen Bericht vom 30.10.1926 eine „Denkschrift" (Kerkhof, 8.1.1930, in GStA PK, I. HA Rep.76, Vc Sekt. 1 Tit. XI Teil III Nr. 18 Bd .5, Bl. 290–294.). – Die Zahlen, die in der Tabelle oben in Klammern gesetzt sind, finden sich bei Siegfried Grundmann, Der Boykott, S. 800. Grundmann stützt sich ebenfalls auf die Tabelle Kerkhofs (abgesehen von den Zahlen in Klammern), gibt jedoch keine Quelle an. Schröder-Gudehus, *Les scientifiques*, S. 134, übernimmt die Tabelle von Grundmann.

schlüsse und die Einladung deutscher und österreichischer Wissenschaftler zu ihnen vorher versperrten internationalen Kongressen bedeutete keineswegs, daß gleichzeitig auch die deutsche Sprache ihren alten Status als offizielle Kongreßsprache zurückgewann. Vielmehr führten deutsche Wissenschaftler darum einen erbitterten Kampf, der nur in einzelnen Fällen zum Erfolg führte. Während deutsche und österreichische Wissenschaftler ihre Beteiligung an internationalen Verbänden und Kongressen unter anderem von der Wiederanerkennung der deutschen Sprache als offizielle Vereins- und Kongreßsprache abhängig machten, verteidigten die alliierten Wissenschaftler ihre inzwischen fest etablierte Bastion der englisch-französischen Zweisprachigkeit. Dabei konnten sie sich nach ihrem sieben Jahre lang praktizierten Boykott auf den Prozeß der Gewöhnung anderssprachiger Wissenschaftler an die neue Sprachenbegrenzung stützen – und nicht zuletzt auf die Autorität, welche die von den Alliierten lancierte Entscheidung ausübte, nur Französisch und Englisch zu den offiziellen Sprachen des Völkerbunds zu erheben. Die Auseinandersetzung um die Revision der Sprachenregelung zog sich bis in die dreißiger Jahre hin, bis es erneut zum Bruch mit den Wissenschaftlern des nationalsozialistischen Deutschland im Zweiten Weltkrieg kam.

Welche Formen der Boykott vor und auf internationalen Kongressen verschiedener Disziplinen annahm und wie die Auseinandersetzungen um seine Aufhebung geführt wurden, soll an einzelnen Beispielen gezeigt werden.

a) Geographenkongresse

Auf dem 10. Internationalen Geographenkongreß 1913 in Rom war beschlossen worden, den nächsten Kongreß 1916 in St. Petersburg durchzuführen. Doch wegen des Ersten Weltkriegs und der Revolution in Rußland wurde der Kongreß verschoben. Nachdem einige Jahre verstrichen waren, bemühte sich die ägyptische Geographische Gesellschaft (Société Sultanieh de Géographie) darum, anläßlich ihres fünfzigjährigen Bestehens den 11. Kongreß 1925 in Kairo zu veranstalten. Obwohl das Organisationskomitee (Commission Exécutive) des 10. Geographenkongresses in Rom die Vollmachten bereits 1915 an das St. Petersburger Komitee abgetreten hatte, entschloß es sich im April 1922, die Organisation wieder in die Hand zu nehmen und dem Wunsch der ägyptischen Gesellschaft entsprechend Kairo als Ort des nächsten Kongresses zu bestimmen. Die ägyptische Geographische Gesellschaft wurde nun aufgefordert, zur Organisierung des Kongresses in Kairo einen Ausschuß zu bilden. Für den nachfolgenden 12. Kongreß sollte aber auf jeden Fall das Recht, diesen zu organisieren, St. Petersburg vorbehalten bleiben, wie es in dem Beschluß des römischen Organisationskomitees ausdrücklich hieß.[275]

Für das Engagement des römischen Komitees schienen noch andere Gründe zu sprechen. Dieses habe, befand man in der Royal Geographical Society in Großbritannien, an die früheren internationalen Geographenkongresse anknüpfen und in Ägypten, das dem Internationalen Forschungsrat damals nicht angehörte, einen Kongreß veranstalten wollen, an dem auch deutsche, österreichische und türkische Wissenschaftler teilnehmen könnten. Als treibende Kraft hinter diesem Vorhaben, das darauf gerichtet war, den Boykott zu umgehen, wurde der Generalsekretär der Reale Società Geografica Italiana, Roncagli, vermutet, der gleichzeitig Generalsekretär des römischen Kongreßkomitees war und als „deutschfreundlich" galt.[276]

Jedenfalls handelte das Organisationskomitee in Rom, obwohl Italien Mitglied des Conseil international de recherches war und den Boykott eigentlich unterstützte, in ‚verdächtiger' Weise gegen die alliierten Beschlüsse, indem es in seiner Entscheidung nicht nur die Einladung der sonst boykottierten Wissenschaftler ins Auge faßte, sondern darüber hinaus die herkömmliche Sprachenregelung der internationalen Geographenkongresse besonders hervorhob, wonach die deutsche Sprache mit der französischen, englischen und italienischen gleichgestellt war. So betonte das Komitee in seiner Resolution:

> dans le but d'éviter toute incertitude qui pourrait se présenter à l'avenir, elle estime nécessaire de rappeler que: [...] les langues allemande, anglaise, française et italienne seront également et exclusivement les langues officielles du Congrès. [277]

Zusammen mit einem Bericht wurde die Resolution des italienischen Kongreßkomitees den Regierungen, Universitäten, Geographischen Gesellschaften und Institutionen zahlreicher Länder auf Französisch zugesandt. Die italienische Botschaft in Berlin überreichte dem Auswärtigen Amt ein Exemplar mit der Bitte, die zuständigen Fachkreise und Institute zu informieren.[278]

---

275 Commission Exécutive du Xème Congrès International de Géographie (Rome 1913), Session extraordinaire, 30.4.1922, Commandant Roncagli (Secrétaire Général), in PA AA, R 64508; zum Geographenkongreß in Kairo vgl. Schröder-Gudehus, *Deutsche Wissenschaft*, S. 125–133, hier S. 125.

276 Vgl. Mechtild Roessler, La géographie aux congrès internationaux, S. 188; The Future of International Congresses, in *The Geographical Journal* 61, No. 6, June 1923, S. 440–443, hier S. 442f.; Schröder-Gudehus, *Deutsche Wissenschaft*, S. 131.

277 Commission Exécutive du Xème Congrès International de Géographie (Rome 1913), Session extraordinaire, 30.4.1922, in PA AA, R 64508.

278 Italienische Botschaft an AA, 6.6.1922, in ebd.

Es dauerte nicht lange, bis man in Ägypten mit den Vorbereitungen des Kongresses begann. Bereits im Juni 1922 überreichte der ägyptische Außenminister Saroit dem damaligen deutschen Gesandten in Kairo, Erich Schroetter, die an die deutsche Regierung gerichtete Einladung zum Kongreß mit der Bitte, offizielle Delegierte zu benennen. Schroetter leitete sogleich die Einladung an das Auswärtige Amt weiter mit der Bemerkung, daß er eine zusagende Antwort begrüßen würde.[279]

Allerdings tauchten bald Hindernisse auf. Europäische wie arabische Zeitungen verbreiteten die Nachricht, daß Franzosen und Belgier an dem Kongreß in Kairo nicht teilnehmen wollten, wenn deutsche Wissenschaftler dorthin kämen:

> [...] la France et la Belgique qui ont conditionné leur acceptation à ce que les savants allemands ne siégeront pas dans cette séance scientifique,

meldete die Zeitung *Wadinnil.* Nach Auskunft der Zeitung wollte jedoch die ägyptische Regierung sich ihre Einladungspolitik nicht vorschreiben lassen und auf die Beteiligung der deutschen Wissenschaftler nicht verzichten:

> La réponse du Gouvernement fut que le congrès est scientifique et que l'Allemagne a déjà accepté l'invitation,

lautete der Zeitung zufolge die Antwort aus Ägypten. Franzosen und Belgier aber beharrten auf ihren Bedingungen.[280]

In Deutschland indessen bat das Reichsministerium des Innern die Notgemeinschaft der Deutschen Wissenschaft, von ihrem zuständigen Fachausschuß die Frage prüfen zu lassen, ob Deutschland sich an dem Kongreß beteiligen und einen amtlichen Vertreter entsenden solle.[281]

Der Fachvertreter für Geographie in der Notgemeinschaft der Deutschen Wissenschaft, Alfred Philippson, Professor an der Universität Bonn und Vorsitzender des Zentralausschusses für den 1925 stattfindenden Deutschen Geographentag, sprach sich in seinem Gutachten dafür aus, angesichts des Ausschlusses deutscher Gelehrter vom Internationalen Geologenkongreß 1922 in Brüssel

---

279 A. Saroit an Schroetter, 22.6.1922, Abschrift als Anlage zum Bericht Schroetter an AA, 27.6. 1922, in ebd.

280 *Wadinnil*, 18.7.1922 (Les suites de la guerre), Abschrift in ebd.

281 Vgl. RMI an die Unterrichtsverwaltungen der Länder mit Hochschulen, 6.2.1923 (Abschr. an AA), in ebd. [Zur Notgemeinschaft der Deutschen Wissenschaft siehe Kapitel V.2.).

> die in freundlichster Form gehaltene Einladung der Aegyptischen Regierung [...] aus politischen Gründen [...] und ebenso im Interesse der deutschen Wissenschaft an[zu]nehmen. [...] Nach langer Kriegspause wird die Tagung in Kairo der deutschen Geographie Gelegenheit geben, die Verbindungen mit den ausländischen Fachgelehrten wieder anzuknüpfen, deren Erfahrungen und Fortschritte kennen zu lernen, wie andererseits die deutsche geographische Wissenschaft in ihrer grossen Bedeutung wieder zur Geltung zu bringen.

Der Fachvertreter empfahl deshalb „dringend“, Delegierte des Deutschen Reiches zu entsenden.[282]

Das Fachgutachten wurde allerdings erst im Januar des folgenden Jahres von der Notgemeinschaft an das Reichsministerium des Innern geschickt.[283] Sowohl dieses als auch das preußische Kultusministerium stimmten den Ausführungen zu.[284] Die Unterrichtsverwaltungen der Länder mit Hochschulen wurden aufgefordert, mitzuteilen, ob sie einen amtlichen Vertreter entsenden wollten.[285]

Inzwischen aber wendete sich das Blatt, da die Geographen der ehemals alliierten Länder nicht untätig blieben: Im Mai 1922 hatte sich die Union géodésique et géophysique internationale auf ihrer Generalversammlung in Rom dafür ausgesprochen, daß man Ägypten einladen solle, sich an den Arbeiten des Conseil international de recherches und der Fachunionen zu beteiligen.[286] Zwei Monate später wurde auf der Generalversammlung des Conseil in Brüssel die Union géographique internationale gegründet, von der man – wie auch in den anderen dem Conseil unterstellten Fachunionen – die deutschen Wissenschaftler und die deutsche Sprache ausschloß. Die neugegründete Geographie-Union, mit einem französischen Präsidenten, Prinz Roland Bonaparte, und einem britischen Generalsekretär, Colonel Sir Charles Close, der bereits früher im Weltkartenprojekt eine maßgebliche Rolle gespielt hatte,[287] stellte nun den Anspruch, unter ihrer Ägide die internationalen Geographenkongresse durchzuführen und diesen ihre Bedingungen zu oktroyieren. Vermutlich im Hinblick auf den Geographenkongreß in Kairo wurde ein solcher Passus, wonach der Union die Organisierung der in-

282 A. Philippson an Notgemeinschaft der Deutschen Wissenschaft, 13.9.1922 (Abschr.), in ebd.; vgl. Schröder-Gudehus, *Deutsche Wissenschaft*, S. 125 f.

283 Notgemeinschaft der Deutschen Wissenschaft, Fehling, an RMI, 4.1.1923 (Abschr.), in PA AA, R 64508.

284 Vgl. RMI, Becker, an AA, 27.7.1923, und Preußisches Ministerium für Wissenschaft, Kunst und Volksbildung (Kultusministerium), Boelitz, an RMI, 13.7.1923, in ebd.

285 RMI an die Unterrichtsverwaltungen der Länder mit Hochschulen, 6.2.1923 (Abschr. an AA), in ebd.

286 Vgl. Union géodésique et géophysique internationale. Première Assemblée générale, Rom 1922, S. 43; Rapport du Comité Exécutif, in International Research Council. Second Assembly, 1922, Reports of Proceedings, S. 54; vgl. Schröder-Gudehus, *Deutsche Wissenschaft*, S. 126.

287 Siehe oben S. 102–108.

ternationalen Geographenkongresse und der damit verbundenen Kommissionen oblag, in die Statuten der Union ausdrücklich aufgenommen – im Entwurf von 1919 fand er sich noch nicht. Der Antrag des Präsidenten der Union géodésique et géophysique internationale, Charles Lallemand, hingegen, der vorsah, daß die internationalen Geographenkongresse mit den Versammlungen der Union géographique internationale zusammenfallen und nur deren Mitgliedern offenstehen sollten, wurde nicht angenommen. Vielmehr vereinbarte man, die Geographenkongresse, wenn auch im Rahmen der Union, so doch selbständig und öffentlich zu veranstalten.[288]

Die neugeschaffene Internationale Geographie-Union, deren Sitz Paris war, setzte nun alles daran, den Kongreß in Kairo ihrer Führung zu unterstellen. Welcher Mittel sie sich dabei bediente, schilderte der deutsche Gesandte in Kairo, der sich auf vertrauliche Informationen stützen konnte, in seinem Bericht an das Auswärtige Amt: So habe der Conseil international de recherches der ägyptischen Regierung vorgehalten, daß sie eigentlich nicht berechtigt sei, den Kongreß nach Kairo einzuberufen, da das römische Exekutivkomitee nicht befugt gewesen wäre, über den Kongreßort und die Organisierung des Kongresses zu bestimmen. Über dieses Recht verfüge allein der Conseil und die ihm untergeordnete Union. Man habe der ägyptischen Regierung außerdem damit gedroht, daß die Länder und Wissenschaftsverbände, die der Internationalen Geographischen Union angehörten, an dem Kongreß nicht teilnehmen würden, wenn sie nicht sofort in den Conseil international de recherches einträte. Diesem Druck habe die ägyptische Regierung nachgegeben und sich zum Beitritt entschlossen.[289] Wie später der ägyptische Außenminister dem deutschen Gesandten auf dessen Anfrage erläuterte, sei man damals in Kairo mit der Situation konfrontiert gewesen, daß von 26 eingeladenen Staaten nur fünf ihre Teilnahme zugesagt hätten. Deshalb, so stellte er es dar, habe man sich an den Conseil gewandt.[290]

Jedenfalls gelang der Coup. Der Generalsekretär des ägyptischen Kongreßkomitees, Adolphe Cattaui, gab im November 1923 bekannt, die ägyptische Regierung habe Ende Mai des Jahres den Beschluß gefaßt, dem Conseil international de recherches beizutreten. Sie habe nun die Organisation des Kongresses in Kairo unter das Patronat der Union géographique internationale gestellt und damit auf

---

288 Vgl. International Geographical Union, in International Research Council. Second Assembly, 1922, Reports of Proceedings, S. 39–41, 136; vgl. Schröder-Gudehus, *Deutsche Wissenschaft*, S. 126 ff.

289 Vgl. Deutsche Gesandtschaft, Mertens, an AA, 13.2.1924, in PA AA, R 64508.

290 Vgl. Wacyf Boutros Ghali, Ministre des Affaires Etrangères, an Mertens, 2.3.1924 (Abschr.), in ebd.

die Grundlage von deren Statuten. Die vorangegangenen Zirkulare seien infolgedessen als „nulles et non avenues" zu betrachten.[291]

Über die neue Kongreßorganisation hatte schon vorher der französische Präsident der Union und Mitglied des Institut de France, Prinz Roland Bonaparte, in einem Zirkular die dem Conseil angehörenden Länder und wissenschaftlichen Organisationen informiert.[292] Das ägyptische Kongreßkomitee sanktionierte schließlich die Führungsrolle der Internationalen Geographie-Union, indem es deren Präsidenten Bonaparte zum Präsidenten des Kongresses wählte.[293]

Da jetzt nach den Statuten die Mittelmächte von der Teilnahme am Kongreß ausgeschlossen waren, sah sich ebenso wie das Kongreßkomitee auch die ägyptische Regierung zur Rücknahme ihrer ursprünglichen Einladung („l'annulation des invitations précédemment envoyées") gezwungen.[294] Während sie jedoch an die Regierungen der dem Conseil angehörenden Länder – also nicht mehr an Deutschland und seine ehemaligen Verbündeten – zugleich eine neue offizielle Einladung aussprach und die nun zuständige Union géographique internationale an jene Länder neue Einladungen verschickte,[295] war Deutschland auf diesem Wege ausgeladen worden.[296] Dennoch bedauerte es die ägyptische Regierung, daß nach dem Statut des Internationalen Forschungsrats Deutschland nicht berechtigt war, am Kongreß teilzunehmen.[297]

Gleichzeitig schloß man – entgegen den römischen Empfehlungen – die deutsche Sprache von den offiziellen Sprachen des Kongresses in Kairo aus, ohne das überhaupt zu erwähnen oder gar zu begründen. Im „Règlement intérieur du Congrès International de Géographie" hieß es jetzt einfach zu den „Langues officielles":

> Les langues officielles du Congrès sont: l'arabe, le français, l'anglais et l'italien.

---

291 Vgl. Cattaui, Le Secrétaire Général du Comité d'Organisation du Congrès, Union géographique internationale, Congrès international de Géographie, Le Caire 1925, 15.11.1923, in ebd; Schröder-Gudehus, *Deutsche Wissenschaft*, S. 128 f.

292 Le Président de l'Union géographique internationale, Bonaparte, 16.9.1923, in PA AA, R 64508.

293 Adly Yeghen (Président du Comité d'Organisation) an Bonaparte, 11.11.1923, abgedruckt in Union géographique internationale, Congrès international de Géographie, Le Caire – Avril 1925, Compte Rendu, Tome Premier, 1925, S. 22. Bonaparte konnte dieses Amt jedoch nicht mehr ausüben, da er 1924 starb; vgl. ebd., Tome Second, S. 197.

294 Wacyf Boutros Ghali, Circulaire, an Mertens, 14.2.1924 (Abschr.), in PA AA, R 64508.

295 Ders., Circulaire 16.2.1924 (Abschr.), in ebd.; vgl. Schröder-Gudehus, *Deutsche Wissenschaft*, S. 129.

296 Vgl. dazu Deutsche Gesandtschaft Kairo, Mertens, an AA, 13.2.1924 und 21.2.1924, in PA AA, R 64508.

297 Vgl. Wacyf Boutros Ghali an Mertens, 2.3.1924 (Abschr.), in ebd.

Spanisch erkannte man später noch als weitere Kongreßsprache an. Zwar wurden Beiträge auch in allen anderen Sprachen zugelassen, doch nur, wenn sie zusätzlich in eine der offiziellen Sprachen übersetzt wurden: „elles devront être accompagnées d'une traduction dans une des langues officielles ci-dessus mentionnées". [298]

In einem Artikel, der in der *Gazette de Lausanne* erschien, stand dazu die Bemerkung:

> On remarquera qu'il n'est pas fait mention de l'allemand qui, autrefois, était aussi une langue officielle de tous les congrès internationaux.[299]

Freilich wurde diese Ausschlußpolitik nicht von allen eingeladenen Ländern und wissenschaftlichen Vereinigungen akzeptiert. Die Regierungen von Schweden, Norwegen, Dänemark und Finnland sowie deren geographische Gesellschaften lehnten eine Teilnahme am Kongreß in Kairo ab, und die niederländische Regierung zog ihre Zusage wieder zurück. Die Verhandlungen, welche vorher der deutsche Gesandte in Kairo mit den Gesandten ehemals neutraler Länder aufgenommen und welche deutsche Gesandte in deren Ländern weitergeführt hatten, werden darauf einen gewissen Einfluß ausgeübt haben.[300]

Auch in arabischen Zeitungen machte sich Unmut breit, zumal weitere Länder dem Kongreß fernbleiben wollten.[301] Der „Orientalische Studentenverein Hilal" in Jena wurde ebenfalls aktiv und schickte im September 1923 an den ägyptischen Außenminister eine Eingabe, in der er darum bat, die deutschen Geographen zum Kongreß einzuladen. Dabei wies er darauf hin, daß gerade deutsche Gelehrte an der Gründung der Ägyptischen Geographischen Gesellschaft maßgeblich beteiligt gewesen waren.[302] – Der erste Präsident dieser Gesellschaft war nämlich der deutsche Afrikaforscher Georg Schweinfurth gewesen, der zu dem Kongreß ebenfalls nicht eingeladen worden war.

Um sich gegen die Angriffe zu verteidigen, sah sich jedenfalls die ägyptische Regierung gezwungen, ein offizielles Communiqué in der Presse zu veröffentli-

---

298 Union géographique internationale, Congrès International de Géographie, Le Caire – avril 1925, Compte Rendu, Tome Premier, 1925, S. 24 f.

299 Le Congrès international de géographie du Caire, in *Gazette de Lausanne*, Nr. 74, 16.3.1925.

300 Vgl. Mertens an AA, 12.3.1924, Runderlaß des AA an alle Auslandsvertretungen, 2.4.1924, und die Gesandtenberichte aus verschiedenen Ländern, in PA AA, R 64508; vgl. dazu auch Schröder-Gudehus, *Deutsche Wissenschaft*, S. 130 ff.

301 Vgl. Mertens an AA, 4.3.1924, in PA AA, R 64508.

302 Fathalla Allam, Vorsitzender, Eingabe des orientalischen Studentenvereins Hilal, Jena, an den Minister des Äußeren von Ägypten, September 1923, Abschrift in ebd.

chen, in dem, ähnlich wie gegenüber dem deutschen Gesandten, die Geschichte des Kongresses erläutert wurde.[303]

Nur kurze Zeit später veröffentlichte die Gesellschaft für Erdkunde zu Berlin in ihrer Zeitschrift eine Stellungnahme aus deutscher Sicht, die der Vorsitzende der Gesellschaft, Albrecht Penck, vorher mit dem Auswärtigen Amt abgesprochen hatte[304] und die auf die Ereignisse im Vorfeld des Kongresses ausführlich einging. Darin wurde der ursprüngliche Beschluß des römischen Geographenkongresses für maßgebend gehalten, den 11. Kongreß in St. Petersburg abzuhalten. Demgegenüber betrachteten die deutschen Geographen „die Zusammenkunft in Kairo nicht als Glied in der Reihe der internationalen Geographenkongresse". [305]

Die Erklärung der Berliner Gesellschaft für Erdkunde wurde als Sonderdruck herausgegeben und zusammen mit Abschriften der Eingabe des Studentenvereins Hilal vom Auswärtigen Amt an die Auslandsvertretungen gesandt.[306] Die Folge war, daß in arabischen Zeitungen, denen jene Schriftstücke zugeleitet worden waren, das Vorgehen in Kairo nochmals heftig kritisiert wurde, so in *Al Akhbar* und *Al Mokattam.*[307] Andere Journale wie *Al Ahram* und *El Messauar* ließen es sich nicht nehmen, am Tag der Eröffnung des Kongresses demonstrativ die Verdienste Georg Schweinfurths zu rühmen, so daß – vermutlich unter diesem Eindruck – die französische Delegation auf dem Kongreß sogar den Antrag stellte, ein Begrüßungstelegramm an den alten Ehrenpräsidenten der Société Royale de Geographie d' Égypte zu senden, was jedoch die italienischen und belgischen Geographen verhindert haben sollen. Der französische Delegierte Paul Pelliot beschränkte sich schließlich darauf, auf dem Abschiedsbankett Georg Schweinfurths als des letzten noch lebenden Mitbegründers der ägyptischen Geographischen Gesellschaft zu gedenken.[308]

Ansonsten fand der Kongreß in der von der Union géographique internationale geplanten Form statt. (Abb. 31)

Man war auch sogleich damit beschäftigt, das von französischen Geographen lancierte Projekt einer neuen internationalen geographischen Bibliographie zu

303 Vgl. Mertens an AA, 12.3.1924, in ebd.; *La Bourse Egyptienne*, 7.3.1924: „Le Congrès de Géographie. Pourquoi l'Allemagne, l'Autriche, la Hongrie et la Bulgarie n'ont pas été invitées. Une note officielle du Gouvernement égyptien", Anlage in ebd.

304 Vgl. Heilbron (AA) an Legationssekretär von Lentz als aide mémoire, 9.4.1924, in PA AA, R 64508.

305 Internationaler Geographenkongreß in Kairo, in *Zeitschrift der Gesellschaft für Erdkunde zu Berlin*, Nr. 5–7, 1924, S. 248 f.; Sonderabdruck in PA AA, R 64508.

306 Runderlaß AA, 1.12.1924, in ebd.

307 *Al Akhbar*, 7.1.1925, und *Al Mokattam*, 14.1.1925, mit Übersetzung in ebd.; vgl. Mertens an AA, 16.1.1925, in ebd.

308 Vgl. Mertens an AA, 16.4.1925, in ebd.; vgl. Schröder-Gudehus, *Deutsche Wissenschaft*, S. 132.

UNION GÉOGRAPHIQUE INTERNATIONALE

CONGRÈS INTERNATIONAL DE GÉOGRAPHIE

LE CAIRE — AVRIL 1925

COMPTE RENDU PUBLIÉ PAR LE SECRÉTAIRE GÉNÉRAL DU CONGRÈS

TOME SECOND

IMPRIMÉ PAR L'IMPRIMERIE
DE L'INSTITUT FRANÇAIS D'ARCHÉOLOGIE ORIENTALE DU CAIRE
POUR LA SOCIÉTÉ ROYALE DE GÉOGRAPHIE D'ÉGYPTE

M DCCCC XXV

Abb. 31: Internationaler Geographenkongreß 1925 in Kairo. Titelblatt des Berichts

erörtern, jetzt auf der Grundlage eines französischen Werkes, um damit, ohne es zu erwähnen, die von der Gesellschaft für Erdkunde zu Berlin herausgebene *Bibliotheca Geographica*, die vom Geographenkongreß als internationale Bibliographie einst anerkannt worden war, stillschweigend zu ersetzen.

Diesen Plan hatte bereits die Union géographique internationale auf ihrer Versammlung 1923 in Brüssel gefaßt. Die Association des Géographes français nutzte sogleich die günstige Gelegenheit, die jährlich erscheinende Bibliographie der von ihr herausgegebenen *Annales de Géographie*, die *Bibliographie géographique annuelle*, zur internationalen Bibliographie zu erweitern. Zur Mitarbeit hatte sie zuallererst die American Geographical Society, New York, gewinnen können, welche die Bibliographie geographischer Schriften in den USA erstellte, und wenig später das Comitato Geografico Italiano. Weitere Vereinbarungen waren mit dem britischen und belgischen Fachverband vorgesehen. Zudem rechnete man mit der Unterstützung der nationalen Komitees der Internationalen Geographie-Union. Jedenfalls konnten es die französischen Geographen erreichen, daß das von ihnen herausgegebene Werk, das sie dem Kongreß auch gleich präsentierten, von diesem als internationale Bibliographie anerkannt wurde. – Die Taktik, die sie dabei anwandten, war derjenigen nicht unähnlich, die deutsche Geographen früher mit der *Bibliotheca Geographica* verfolgt hatten, jetzt allerdings operierte man in umgekehrter Richtung und unter Ausschluß der deutschen Sprache.[309]

Ein weiteres Projekt, an dem Deutschland früher beteiligt gewesen war und für dessen Fortsetzung der Kongreß eintrat, war die Herstellung der Weltkarte im Maßstab 1: 1 000000. Der damit befaßte Beschluß wurde – im Unterschied zu früher – auf Französisch, Italienisch und Englisch formuliert und im Kongreßbericht dreisprachig abgedruckt.[310] Ebenfalls in diesen drei Sprachen oder nur auf Französisch und Englisch sollten, wie ein französischer Vorschlag zu einem anderen Projekt lautete, geographische Fachausdrücke präzisiert, abgestimmt und zusammengestellt werden. Auch dabei wurde die deutsche Sprache ignoriert.[311]

Insgesamt dominierte auf dem Geographenkongreß in Kairo die französische Sprache. Das kam dadurch zum Ausdruck, daß nicht nur die meisten Beiträge auf französisch gehalten wurden, sondern daß Französisch die Sprache des Kon-

309 Union géographique internationale, Congrès International de Géographie, Le Caire 1925, Compte Rendu, Tome Premier, S. 136 und Tome Second, S. 7. Zur *Bibliotheca Geographica* siehe oben S. 97–101. Diese hatte mit Band 19 (1917) ihr Erscheinen einstellen müssen.

310 Vgl. Union géographique internationale, Congrès International de Géographie, Le Caire 1925, Compte Rendu, Tome Premier, S. 136; Tome Second, S. 15–24, 197. Zur Weltkarte siehe oben S. 102-108.

311 Vgl. ebd., Tome Troisième, S. 187–190.

greßberichts war, der im übrigen vom Institut Français d'Archéologie Orientale du Caire gedruckt wurde.[312]

Die Union géographique internationale entschied, den nächsten internationalen Geographenkongreß 1928 in London und Cambridge abzuhalten. Nachdem der Ausschlußparagraph 1926 aus den Statuten des Conseil international de recherches gestrichen worden war, schickte man sowohl an die deutsche Regierung als auch geographische Gesellschaften in Deutschland und den Zentralausschuß des Deutschen Geographentags Einladungen zum Kongreß. Um den deutschen Gelehrten ihr Kommen zu erleichtern, war ausdrücklich beschlossen worden, daß auch Geographen eingeladen werden könnten, die nicht der Union géographique internationale angehörten.[313]

Doch jetzt sperrten sich die deutschen Geographen. Die „ausgesprochen deutschfeindlichen Tendenzen" schienen ihnen im Conseil und der Union géographique internationale, unter deren Führung der Kongreß stand, dennoch nicht ausgeräumt zu sein. Es waren diese Vorbehalte, die der ablehnenden Resolution zugrunde lagen, welche, vom Zentralausschuß vorgeschlagen, der 22. Deutsche Geographentag 1927 in Karlsruhe einstimmig verabschiedete:

> Internationale Geographenkongresse sind seit ihrer Unterstellung unter die Union géographique und den Conseil de recherches nicht mehr selbständig und wissenschaftlich frei. Der Deutsche Geographentag kann deshalb den deutschen Geographen die Teilnahme am Internationalen Geographenkongreß in London und Cambridge 1928 nicht empfehlen, ehe jene Unterstellung unter die Union géographique und den Conseil de recherches aufgehört hat.[314]

Auch das Kartell der deutschen Akademien lehnte eine Teilnahme am Geographenkongreß in Großbritannien ab.[315] Die deutschen Geographen blieben also dem Kongreß fern, die Österreicher ebenfalls, und so hatte auch die deutsche Sprache dort keine Vertreter.[316]

Auffallend ist, daß die auf Englisch und Französisch gedruckte Kongreßordnung in Cambridge – im Unterschied zu Kairo – keine explizite Sprachenre-

---

312 Vgl. ebd., Tome I-V.

313 Vgl. International Geographical Congress. Cambridge July 1928. Report of the Proceedings. Published by the Executive Committee of the Congress, Cambridge 1930 (Kraus Reprint Nendeln/Liechtenstein 1972), S. XX.

314 Verhandlungen und Wissenschaftliche Abhandlungen des 22. Deutschen Geographentages zu Karlsruhe, 7. bis 9. Juni 1927, Breslau 1928, S. 27.

315 Vgl. Protokoll der Kartellsitzung in Würzburg, 21.5.1927, in BBAW-Archiv, II-XII-7, Bl. 67.

316 Vgl. International Geographical Congress Cambridge July 1928. Report of the Proceedings, S. 5–20.

gelung enthielt, so daß möglicherweise über die Wiederzulassung der deutschen Sprache hätte verhandelt werden können, wenn deutsche und österreichische Geographen sich zur Teilnahme entschlossen hätten.[317]

Nach dem Kongreß bemühte sich der damalige italienische Generalsekretär der Union und Vizepräsident des nächsten Kongresses in Paris, Filippo de Filippi, Verbindung mit seinen deutschen Kollegen aufzunehmen, „in der Hoffnung, dieselben von den Vorteilen, welche Deutschland durch einen Anschluss an den ‚International Council of Research' und an alle ‚Unions' finden würde, überzeugen zu können", wie er in deutscher Sprache an den Leiter der Kulturabteilung des Auswärtigen Amts, Hans Freytag, schrieb. Seinem Schreiben fügte er die Statuten des Conseil und der Union hinzu und bezeichnete es als „sehr wünschenswert", wenn Deutschland sich anschließen und an der 1931 anstehenden Revision der Statuten beteiligen würde.[318]

Doch die deutschen Geographen winkten ab. Auf dem 23. Deutschen Geographentag in Magdeburg 1929 fand eine besondere Sitzung des Zentralausschusses mit rund 30 Hochschullehrern der Geographie statt, auf der man zwar die Wiederaufnahme internationaler Wissenschaftsbeziehungen begrüßte, aber den Conseil international de recherches und die Union géographique internationale sowie die von diesen organisierten Kongresse weiterhin ablehnte, weil sie politisch belastet seien. Deshalb komme ein Beitritt der deutschen Geographen derzeit nicht in Frage. Stattdessen sollten internationale Geographenkongresse von politischen Tendenzen befreit werden, wie sie es angeblich früher waren.[319]

Auf dem nächsten Deutschen Geographentag 1931 in Danzig war man noch nicht sehr viel weiter gekommen. Abermals sprach sich die Versammlung der deutschen Geographen dagegen aus, in diesem Jahr eine offizielle Delegation zum internationalen Geographenkongreß in Paris zu entsenden, zu dem sie wieder eingeladen worden waren. Zwar begrüßten die deutschen Geographen „einen weiteren Fortschritt zur wissenschaftlichen Verständigung", die sie selbst anstreben würden. Doch hatte man sich noch nicht dazu durchgerungen, die geplante Änderung der Statuten der Union géographique internationale, die den deutschen Wünschen nach Eigenständigkeit der Union entgegenkam, zu akzeptieren und dieser beizutreten.

„Eine offizielle Vertretung der deutschen Geographie", so wurde einstimmig beschlossen,

317 Vgl. ebd., S. XII-XV.
318 Filippo de Filippi an Freytag (AA), 21.12.1928, in PA AA, R 65824.
319 Vgl. Kerkhof an AA und RMI, 1.7.1929, in ebd.

> kann der Geographentag jedoch nicht befürworten, weil die Grundlagen für den Eintritt Deutschlands in eine autonome und wissenschaftlich freie Geographische Union erst dann gegeben sein werden, wenn die geplanten neuen Statuten der Union vom Zentralausschuß des Deutschen Geographentages gebilligt sind.[320]

Dennoch nahmen erstmals wieder einzelne deutsche Geographen – es waren nicht mehr als sieben – 1931 an dem Kongreß in Paris teil. Gleichzeitig wurde auch die deutsche Sprache als Kongreßsprache wieder anerkannt. In dem „Règlement du Congrès International de Géographie de Paris, 1931" traf man eine Sprachenregelung, in der Deutsch neben vier weiteren Sprachen zugelassen war, während als offizielle Kongreßsprache allerdings nur Französisch galt. So durften Reden in einer der fünf Sprachen gehalten werden, mit der Auflage, den Text vorher dem Sekretariat zu schicken und anderssprachigen Texten eine französische Übersetzung beizulegen.

> Ils pourront être prononcés en français, anglais, allemand, italien ou espagnol ; mais, dans le cas où le texte ne serait pas en français, il devrait être accompagné d'une traduction déposée au Secrétariat dans les délais prévus.[321]

Ebenso konnte man Vorträge in einer dieser Sprachen halten, wobei gleichfalls empfohlen wurde, eine Zusammenfassung auf Französisch hinzuzufügen.[322]

Die auf Deutsch gehaltenen Vorträge wurden im Kongreßbericht auch in deutscher Sprache gedruckt. Deutsch kehrte also auf dem Geographenkongreß in Paris nach einer langen Unterbrechung wieder zurück; Französisch aber hatte sich inzwischen als einzige offizielle Kongreßsprache etabliert.

Diese Sprachenregelung wurde beibehalten, als Deutschland bald danach in die Union géographique internationale eintrat,[323] nachdem diese nach einer Revision der Statuten eine größere Unabhängigkeit vom ebenfalls umgestalteten Conseil international de recherches erlangt hatte. Die neue Situation wirkte sich auf die Teilnahme an den folgenden internationalen Geographenkongressen aus, was sowohl Prominenz als auch Zahl der deutschen Gelehrten betraf.

---

320 Verhandlungen und Wissenschaftliche Abhandlungen des 24. Deutschen Geographentages zu Danzig 26. bis 28. Mai 1931, Breslau 1932, S. 32; vgl. Mechtild Roessler, La géographie aux congrès internationaux, S. 189.

321 Union géographique internationale, Comptes Rendus du Congrès International de Géographie Paris 1931, Tome Premier, Paris 1932, S. 26.

322 Ebd., S. 27.

323 Zum Eintritt Deutschlands in die Union, vermutlich Anfang 1934, vgl. Union géographique internationale, Comptes Rendus du Congrès International de Géographie. Varsovie 1934, Tome Premier, Varsovie 1935, S. 14.

> Der Deutsche Geographentag beschließt die Teilnahme deutscher Geographen an dem Internationalen Geographentag in Warschau,

lautete erstmals 1934 der einstimmig gefaßte Beschluß.[324]

So war Deutschland in diesem Jahr auf dem Kongreß in Warschau mit einer starken offiziellen Delegation und insgesamt 52 Wissenschaftlern vertreten.[325] Die deutsche Sprache war dadurch rein quantitativ gut repräsentiert. Allerdings hatte sie den Status einer offiziellen Kongreßsprache verloren.[326]

b) Tuberkulosekonferenzen

Als der Generalsekretär der 1902 in Berlin gegründeten Internationalen Vereinigung gegen die Tuberkulose (Association contre la Tuberculose),[327] Gotthold Pannwitz, es wagte, Anfang 1920 in einem Schreiben an den französischen Verband gegen die Tuberkulose noch das offizielle Papier der alten internationalen Vereinigung zu benutzen, auf dessen Briefkopf deren französischer Präsident Léon Bourgeois aufgeführt war, wurde ihm das ebenso wie jegliche Aktivitäten im Namen der alten Vereinigung vom französischen Außenministerium über die französische Botschaft in Berlin untersagt, da die alte Vereinigung aufgelöst sei, „qui n'a plus fonctionné depuis le début des hostilités, a cessé d'exister".[328]

Ein halbes Jahr später fand unter dem Vorsitz eben dieses ehemaligen französischen Präsidenten der alten Internationalen Vereinigung gegen die Tuberkulose, Léon Bourgeois, die 12. Internationale Tuberkulosekonferenz in Paris statt, auf der man die alte internationale Tuberkulosevereinigung und deren Zentralbüro in Berlin endgültig auflöste und eine neue Vereinigung, jetzt mit Sitz in Paris, unter dem Namen „Union Internationale contre la Tuberculose" gründete. Wenngleich diese Tuberkulose-Union nicht dem Internationalen Forschungsrat unterstand, wurden Deutschland und die deutsche Sprache ausgeschlossen. „Dieser Ausschluß deutscher Forscher von einer internationalen

---

324 Verhandlungen und Wissenschaftliche Abhandlungen des 25. Deutschen Geographentages zu Bad Nauheim 22. bis 24. Mai 1934, Breslau 1935, S. 15.

325 Vgl. Union géographique internationale, Comptes Rendus du Congrès International de Géographie. Varsovie 1934, Tome Premier, S. 33, 43, 105 f.

326 Die Regelung der Kongreßsprachen, zu denen als Sprache des Gastlandes noch Polnisch hinzukam, war ähnlich wie vorher in Paris, vgl. Règlement du Congrès International de Géographie Varsovie 1934, in ebd., S. 25 f.

327 Siehe dazu oben S. 109 – 119.

328 Ambassade de la République Française an Pannwitz, 8.4.1920 (Abschr.), in PA AA, R 65511.

Organisation des Kampfes gegen einen gemeinsamen Feind, an deren Begründung und Leitung gerade Deutschland hervorragenden Anteil gehabt hatte, wirkte besonders erbitternd", gaben die *Mitteilungen der Gesellschaft Deutscher Naturforscher und Aerzte* die Stimmung in deutschen Fachkreisen wieder.[329] (Abb. 32)

Wie ein holländischer Konferenzteilnehmer später dem Präsidenten der Verwaltungskommission der alten Tuberkulosevereinigung, Franz Bumm, der gleichzeitig Präsident des Reichsgesundheitsamts war, berichtete, waren die Einladungen zur Pariser Konferenz vom französischen Nationalkomitee zur Tuberkulosebekämpfung an alle Länder verschickt worden, die sich dem Völkerbund angeschlossen hatten, und die USA. Etwa dreißig Staaten nahmen an der Konferenz teil, darunter auch die vormals neutralen Länder. Diese unternahmen offenbar nichts gegen den Ausschluß der deutschen Vertreter, wohl in der Annahme, Deutschland werde bald in den Völkerbund eintreten und sich dann der neuen Union gegen die Tuberkulose ohnehin anschließen.[330]

Dieser Schritt jedoch ließ auf sich warten, mit weitreichenden Folgen. So wurden von den folgenden internationalen Tuberkulosekonferenzen 1921 in London, 1922 in Brüssel, 1924 in Lausanne und 1926 in Washington, welche die Union Internationale contre la Tuberculose durchführte, deutsche Teilnehmer und die deutsche Sprache ebenfalls verbannt.

Die neue Tuberkuloseorganisation übernahm es nicht nur, die internationalen Tuberkulosekongresse ohne deutsche und mit ihnen verbündete Mediziner zu veranstalten, sondern sie sorgte gleichzeitig dafür, daß das früher in Berlin in drei Sprachen herausgegebene Zentralorgan der alten Vereinigung, *Tuberculosis*, durch ein neues Zentralorgan ersetzt wurde, die Vierteljahresschrift *Bulletin de l'Union Internationale contre la Tuberculose*, die ab 1924 erschien und ebenfalls die deutsche Sprache boykottierte. Alle Artikel und Mitteilungen, die Berichte über die Sitzungen des Exekutivkomitees der Union, des Verwaltungsrats und die Konferenzen ebenso wie die Berichte aus verschiedenen Ländern wurden im *Bulletin* nur noch in zwei Sprachen gedruckt, und zwar parallel auf der linken Seite Englisch, auf der rechten Französisch.[331] (Abb. 33)

---

329 Die Beteiligung Deutschlands an internationalen Kongressen, in *Mitteilungen der Gesellschaft Deutscher Naturforscher und Aerzte*, 1. Jg., Nr. 6, Juni 1924, S. 21.

330 Vgl. Comité National de Défense contre la Tuberculose Paris. Conférence Internationale contre la Tuberculose des Délégués des États ayant adhéré à la Société des Nations et des États-Unis d'Amérique. Paris 17–21 octobre 1920, Paris 1921; M.W. Pijnappel an Bumm, 17.11.1920 (Abschr.), in PA AA, R 65511.

331 *Bulletin de l'Union Internationale contre la Tuberculose – Bulletin of the International Union against Tuberculosis*. Publié par le Comité Exécutif – Issued by the Executive Committee, Paris.

Comité National de Défense contre la Tuberculose

Siège social : 66bis, rue Notre-Dame-des-Champs, Paris.

CONFÉRENCE INTERNATIONALE

CONTRE

LA TUBERCULOSE

des Délégués des États ayant adhéré à la Société des Nations et des États-Unis d'Amérique.

PARIS, 17-21 OCTOBRE 1920

MASSON ET Cie, ÉDITEURS
LIBRAIRES DE L'ACADÉMIE DE MÉDECINE
120, Boulevard Saint-Germain, PARIS (VIe)
1921

Abb. 32: Titelblatt des Berichts über die 12. Internationale Tuberkulose-Konferenz 1920 in Paris. Exemplar der Bibliothèque nationale de France, Paris

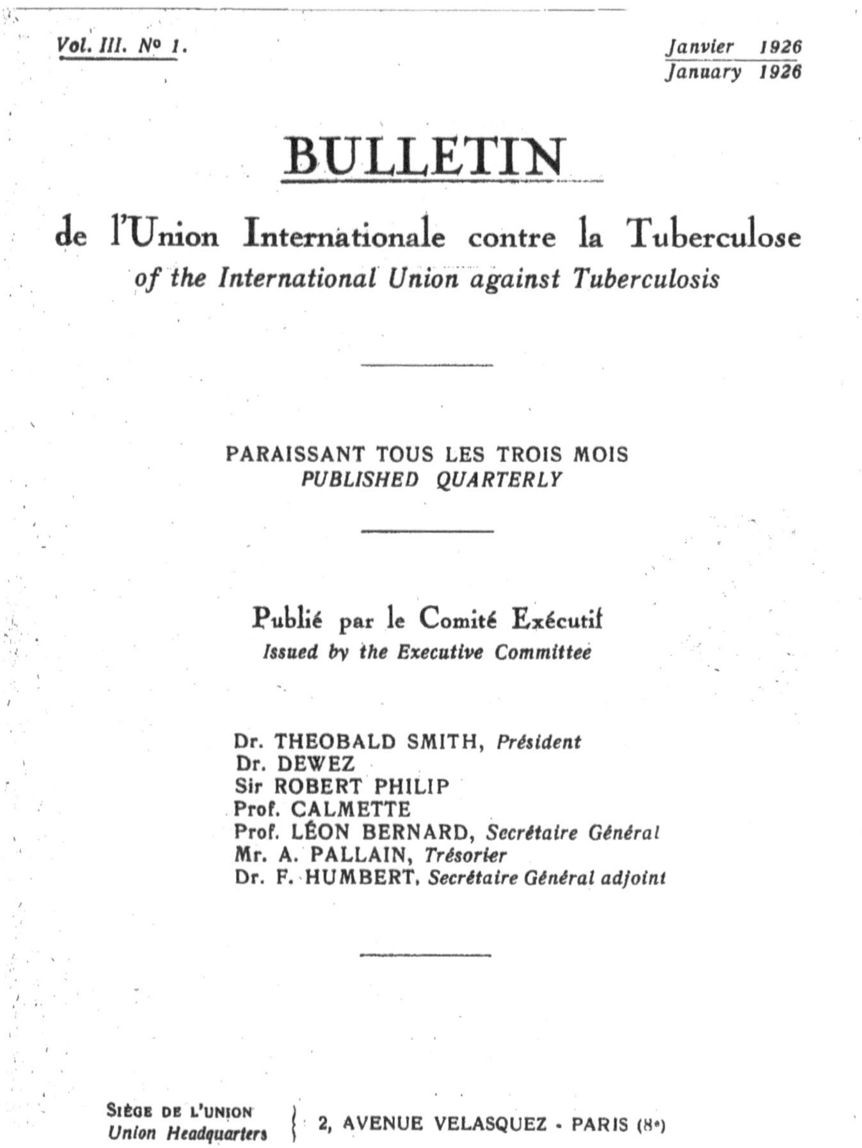

Vol. III. N° 1. *Janvier 1926*
January 1926

BULLETIN

de l'Union Internationale contre la Tuberculose
of the International Union against Tuberculosis

PARAISSANT TOUS LES TROIS MOIS
PUBLISHED QUARTERLY

Publié par le Comité Exécutif
Issued by the Executive Committee

Dr. THEOBALD SMITH, *Président*
Dr. DEWEZ
Sir ROBERT PHILIP
Prof. CALMETTE
Prof. LÉON BERNARD, *Secrétaire Général*
Mr. A. PALLAIN, *Trésorier*
Dr. F. HUMBERT, *Secrétaire Général adjoint*

SIÈGE DE L'UNION / *Union Headquarters* 2, AVENUE VELASQUEZ - PARIS (8e)

Abb. 33: Zweisprachiges Titelblatt des *Bulletin* der Internationalen Union gegen die Tuberkulose aus dem Jahr 1926

Allerdings blieb dieses Vorgehen nicht unwidersprochen. Bald widersetzten sich der fortdauernden Ausgrenzung der deutschen Ärzte und Forscher Wissenschaftler in ehemals neutralen Ländern. So ließ die Vereinigung zur Bekämpfung der Tuberkulose in Finnland die an sie ergangene Einladung zur Konferenz 1922 in Brüssel unbeantwortet und entsandte keine Vertreter, „weil Deutschland und Oesterreich nicht auch zu dem Kongress zugezogen worden sind", wie die Deutsche Gesandtschaft in Helsingfors das Auswärtige Amt unterrichtete.[332] Gleichwohl nahmen an der Konferenz in Brüssel Vertreter aus etwa dreißig Ländern teil.

Die kritischen Stimmen aber verstummten nicht. Auch in Schweden stieß die Politik der alliierten Mediziner auf Unverständnis. So erschien unmittelbar nach der Konferenz in Brüssel in der Stockholmer Zeitung *Aftonbladet* ein Artikel „Der politische Hass und die Lungenschwindsucht", der sich auf Mitteilungen des schwedischen Delegierten Gustaf Neander stützte und in dem im Hinblick auf den Ausschluß Deutschlands gefragt wurde:

> Was hat wohl der Kampf gegen die Tuberkulose, der ja im Interesse der Wohlfahrt aller Völker liegt, mit widerstreitenden nationalen Stimmungen und Gefühlen zu tun? Wenn es gilt, eine Krankheit zu bekämpfen, die unter allen Völkern herrscht, dann sollten doch alle Nationen für die Hilfe dankbar sein, die in diesem Kampf von jedem Land der Welt geleistet werden kann. Ist der politische Hass wichtiger als die Erfahrungen, die man im Kampf gegen die Tuberkulose in Deutschland gemacht hat?[333]

Vor der nächsten Konferenz 1924 in Lausanne prallten dann in der Ärzteschaft der Schweiz die unterschiedlichen Auffassungen aufeinander. Hier setzte sich die Deutsch-Schweizerische Ärzteorganisation dafür ein, daß auch deutsche Ärzte zur Konferenz eingeladen werden sollten. Doch die Westschweizer, insbesondere die Neuenburger, lehnten den Vorschlag ab.[334] Denn Franzosen und Belgier hatten vorher zu erkennen gegeben, daß sie sonst nicht kommen würden.

Keine Bedenken hingegen bestanden bei den französischsprachigen Medizinern, österreichische Ärzte einzuladen und ihnen auf der Konferenz in Lausanne zu begegnen. Aber nicht alle eingeladenen Österreicher wollten sich gegen ihre deutschen Kollegen ausspielen lassen. So erkundigte sich der Professor der pathologischen Anatomie an der Universität Graz, Hermann Beitzke, den man zur Konferenz eingeladen hatte, zuerst nach der Einladung deutscher Teilnehmer, weil er davon seine Zusage abhängig machen wollte. Als er vom Sekretär des Organisationskomitees des Kongresses in Lausanne den Bescheid erhielt:

---

332 Deutsche Gesandtschaft in Helsingfors, Göppert, an AA, 24.7.1922, in PA AA, R 66122.
333 *Aftonbladet*, 20.7.1922, Übersetzung als Anlage zu Nadolny, Deutsche Gesandtschaft Stockholm, an AA, 22.7.1922, in ebd.
334 Vgl. Deutsche Gesandtschaft Bern, Adolf Müller, an AA, 24.6.1924, in ebd.

> [...] nous sommes arrivés à la conviction qu' une invitation des Allemands entrainerait l'abstention presqu' absolue des Belges et des Français,[335]

sagte Beitzke seinen Kongreßbesuch ab. Dennoch nahm ein Vertreter der österreichischen Regierung an dem Kongreß teil und legte dort einen offiziellen Bericht auf Französisch vor.[336]

Unmittelbar vor der Konferenz drückten die *Basler Nachrichten* ihren Unmut über die Einladungspolitik aus:

> [...] Was uns an der Konferenz nicht gefällt, besonders da sie auf Schweizerboden tagt und von der Schweizer Sektion organisiert wurde, ist die Tatsache, dass die Deutschen entsprechend einem Statutenparagraphen zu ihr nicht zugelassen sind. Fünf Jahre nach Friedensschluss, im Momente, wo die Deutschen zur Londoner Konferenz eingeladen werden,[337] wo man also politisch wieder auf gleichem Fuß mit ihnen verhandeln will [...], halten Leute der Wissenschaft, die doch so gerne und mit Recht vom übernationalen Charakter der Wissenschaft reden, an Velleitäten des Völkerkrieges und des Völkerhasses fest. Wenn sich Angehörige der ehemals kriegführenden Länder noch immer nicht von der Kriegspsychose frei machen können, so sollte man wenigstens von Schweizern verlangen dürfen, dass sie nicht durch Übernahme der Organisation die Hand bieten zur Abhaltung solcher exklusiver Konferenzen. Es ist nur zu hoffen, dass die heutige die letzte dieser Art sei.[338]

Obwohl die meisten Ärzte aus der deutschsprachigen Schweiz gegen den Ausschluß der Deutschen waren, nahmen sie trotzdem an der Konferenz teil. Doch dabei waren auch sie mit dem Beschluß konfrontiert, daß die deutsche Sprache, ihre Muttersprache und eine der Landessprachen der Schweiz, als Verhandlungssprache ebenfalls ausgeschlossen werden sollte. Zwar bemühten sich die Schweizer Vertreter im Kongreßausschuß, die Zulassung der deutschen Sprache dennoch zu erreichen, aber sie hatten damit keinen Erfolg. Einerseits waren es pragmatische Erwägungen, die dazu führten, daß sie die französisch-englische Zweisprachigkeit dann doch akzeptierten, andererseits spielte auch das Argument eine Rolle, daß ihre italienischsprachigen Kollegen aus dem Tessin schließlich auch nicht ihre Muttersprache sprechen könnten. So lautete jedenfalls der Kom-

---

335 Sekretär des Organisationskomitees des Kongresses in Lausanne an den Leiter des kantonalen Gesundheitsamts in Lausanne, Prof. Delay, 17.6.1924, in ebd. Delay leitete die Antwort am 26.6.1924 an Beitzke weiter und dieser an das Reichsgesundheitsamt, vgl. ebd.

336 Vgl. Hermann Schroetter (Vienne). (Rapport officiel), in Association Suisse contre la Tuberculose, IVme Conférence de l'Union Internationale contre la Tuberculose. Lausanne, 5–7 Août 1924, Lausanne, S. 358–364.

337 Verhandlungen 1924 in London mit Deutschland über seinen Eintritt in den Völkerbund.

338 4. Konferenz der Internationalen Vereinigung gegen die Tuberkulose, in *Basler Nachrichten* 4.8.1924, Beilage zu Nr. 358.

mentar eines Hochschullehrers aus der deutschsprachigen Schweiz zum Ausschluß der deutschen Sprache, den er nach dem Kongreß in den *Basler Nachrichten* gab: „Diese Maßnahme", so meinte er,

> konnte höchstens als Unhöflichkeit gegenüber den Deutschschweizern aufgefasst werden, denen es auf diese Weise verunmöglicht war, in ihrem eigenen Lande ihre Muttersprache zu sprechen. Aber vom praktischen Standpunkte aus ist zu sagen, dass die Beschränkung auf zwei Verhandlungssprachen (französisch und englisch) ihre großen Vorteile hat und dass wir Deutschschweizer uns schließlich in gleicher Lage befanden wie unsere Mitbürger aus der italienischen Schweiz. Deshalb hat auch Prof. Sahli aus Bern einen Hauptvortrag übernommen und in französischer Sprache gehalten.[339]

Offenbar wurde die politische Absicht, die hinter dem Sprachboykott stand, entweder verdeckt oder nicht erkannt; jedenfalls setzte man sich in der Öffentlichkeit damit nicht auseinander.

Französisch war die Sprache des Konferenzberichts sowie der meisten Beiträge, nicht zuletzt wegen der französischsprachigen Umgebung in der Westschweiz und der hohen Zahl der Teilnehmer aus Frankreich. Die drei Hauptvorträge druckte man sowohl in französischer (zuerst) als auch englischer Sprache, während die Diskussionsbeiträge jeweils in einer der beiden Sprachen erschienen, wobei sich nur die Briten und US-Amerikaner des Englischen bedienten. So standen lediglich 9 Diskussionsbeiträge in englischer Sprache 47 in französischer Sprache gegenüber; Teilnehmer aus anderssprachigen Ländern – vertreten waren insgesamt 30 Länder – verwendeten also ausschließlich Französisch.[340]

Das französisch-englische Sprachenregime behauptete sich auch auf der folgenden Konferenz 1926 in Washington, D.C., nachdem das Exekutivkomitee der Internationalen Tuberkuloseunion vorher nochmals ausdrücklich – in englischer und französischer Sprache – auf die etablierte Zweisprachigkeit gepocht hatte:

> Official languages in use at the Union are those of the League of Nations, French and English (and, on principle, the language of the country in which the Conference is beeing held). The text of official reports will only be published in French and English.[341]

---

339 Prof. Dr. R. St. [vermutlich Staehelin], Die internationale Tuberkulose-Konferenz, in *Basler Nachrichten* 27.8.1924; vgl. Schröder-Gudehus, *Deutsche Wissenschaft*, S. 115.

340 Vgl. IVme Conférence de l'Union Internationale contre la Tuberculose. Lausanne 1924. Von insgesamt 378 Teilnehmern kamen u.a. 129 aus der Schweiz, 75 aus Frankreich, 35 aus Großbritannien, 29 aus Italien, 28 aus den USA, 15 aus der Tschechoslowakei, 12 aus Belgien, 7 aus Luxemburg, 6 aus Schweden, je 4 aus Dänemark, den Niederlanden, Spanien und Polen.

341 *Bulletin de l'Union Internationale contre la Tuberculose*, Vol. III, No. 1, Janvier 1926, S. 54, 56; französische Fassung S. 55, 57.

Die Redner sollten vorher den Text ihrer Vorträge sowohl dem Sekretariat der Union als auch dem amerikanischen Komitee schicken, wobei es erlaubt war, außer einem englischen und französischen auch einen italienischen Text abzuliefern, der dann ins Englische und Französische übersetzt wurde. Das Sekretariat der Union in Paris übernahm die Übersetzung vom Englischen und Italienischen ins Französische, das amerikanische Komitee vom Französischen und Italienischen ins Englische. Deutsch war also nicht einmal für Redemanuskripte zugelassen, die übersetzt wurden.

Die entsprechende Resolution des Exekutivkomitees lautete:

> The Executive Committee requests the speakers to send in the final text of their reports to both the secretariat of the International Union and the American National Association, before the 1st June, 1926. The Secretariat of the Union will undertake the translation from English or Italian into French, and requests the American national Association to undertake the translation from French or Italian into English.[342]

In Washington war, der Sprache des Kongreßlandes Rechnung tragend, die Sprache des Konferenzberichts Englisch. Wiederum fanden sich im Bericht die Hauptvorträge hintereinander, jetzt in umgekehrter Reihenfolge, erst in englischer, dann französischer Sprache, ebenso der Bericht des Generalsekretärs und die Statuten. Bei den Diskussionsbeiträgen überwog dieses Mal bei weitem Englisch angesichts der hohen Teilnehmerzahl aus den USA: 22 Beiträge waren auf Englisch und nur 3 auf Französisch. Nur drei Mediziner – aus Frankreich, Italien und der Schweiz – sprachen französisch.[343]

Während die deutsche Sprache also weiterhin übergangen wurde, bahnten sich indes neue Wege der Zusammenarbeit mit den deutschen Medizinern an. Bereits vor dem Kongreß in Washington hatte das Exekutivkomitee der Union mit dem Präsidium des Deutschen Zentralkomitees zur Bekämpfung der Tuberkulose über die Teilnahme deutscher Wissenschaftler an der Washingtoner Konferenz und den Beitritt zur Union verhandelt. Dabei stellte, wie später der Generalsekretär dem Verwaltungsrat der Union in Washington berichtete, das deutsche Zentralkomitee zwei Bedingungen: An erster Stelle forderte es die Verwendung der deutschen Sprache auf den internationalen Konferenzen („l'emploi de la langue allemande aux Conférences internationales"). Dann nannte es die Betei-

342 Ebd., S. 58, 60; französische Fassung S. 59, 61.

343 Vgl. National Tuberculosis Association of the United States of America, Fifth Conference of the International Union against Tuberculosis, Washington, D. C. September 30-October 2, 1926, New York. Auf der Konferenz waren von insgesamt 427 Teilnehmern allein 326 aus den USA, außerdem 35 aus Kanada, 11 aus Großbritannien und 10 aus Frankreich.

ligung Deutschlands an der Verwaltung der Union („la participation de l'Allemagne à l'administration de l'Union").[344]

Was die Verwendung der deutschen Sprache betraf, reagierte der Verwaltungsrat eher ausweichend. Man verwies allgemein darauf, daß in den Statuten nichts gegen den Gebrauch irgendeiner Sprache stünde, daß aber eine Beschränkung auf diejenigen Sprachen sinnvoll sei, die von der großen Mehrheit der Kollegen verstanden würden. – Hier hatte man freilich in den vergangenen Jahren an einer Verständigung, die sich auf Englisch und Französisch beschränkte, zielstrebig gearbeitet. Jedenfalls deuteten sich in der Sprachenfrage größere Schwierigkeiten an. Weniger problematisch schien die Wahl eines deutschen Vertreters in das Exekutivkomitee der Union zu sein, da alle Mitglieder des Verwaltungsrats, dem Deutschland ohnehin nach seinem Beitritt angehören würde, wählbar waren.[345]

Ohne nun auf einer klaren Zusage in der Sprachenfrage zu bestehen, erklärte am 3. Juni 1927 das Präsidium des Deutschen Zentralkomitees zur Bekämpfung der Tuberkulose seinen Beitritt zur Internationalen Tuberkulose-Union.[346]

Die Folge davon war, daß sich Deutschland erstmals nach dem Krieg wieder an einem internationalen Kongreß zur Bekämpfung der Tuberkulose beteiligte, und zwar am Kongreß 1928 in Rom, der von der italienischen Sektion der Union Internationale contre la Tuberculose organisiert wurde. Die offizielle Einladung war von der italienischen Regierung über die italienische Botschaft in Berlin an das Auswärtige Amt erfolgt. Aus Deutschland kamen nun zahlreiche Kongreßteilnehmer, allein acht Vertreter der Reichsregierung und weitere 45 Teilnehmer sowie als einziger Vortragender Prof. Dr. Ludolph Brauer, Direktor des Eppendorfer Krankenhauses Hamburg, der über die „Chirurgie der Lungentuberkulose" sprach, wenn auch nicht im Rahmen eines Hauptvortrags.[347]

Nach Ansicht des deutschen Botschafters in Rom war jedenfalls der deutsche Auftritt ein „voller Erfolg": „Wie mir von verschiedenen Seiten versichert wurde", berichtete er an das Auswärtige Amt,

> sind die deutschen Kongressteilnehmer italienischerseits mit besonderer Aufmerksamkeit behandelt worden. So wurden beim Tuberkulosekongress, der von Mussolini selbst eröffnet worden war, Deutschlands Verdienste um die Tuberkuloseforschung mehrfach rühmend hervorgehoben, so dass das Bestreben erkennbar gewesen sei, den deutschen Vertretern, die

---

344 La Ve Conférence de l'Union Internationale contre la Tuberculose. Washington, 30 Septembre-2 Octobre 1926, Séance du Conseil de Direction, in *Bulletin de l'Union Internationale contre la Tuberculose*, Vol. IV, No. 1, Janvier 1927, S. 3–13, Zitat S. 11.

345 Vgl. ebd., S. 11, 13 (französisch), S. 10, 12 (englisch).

346 Vgl. *Bulletin de l'Union Internationale contre la Tuberculose*, Vol. IV, No. 3, Juillet 1927, S. 264 f.

347 Liste der deutschen Teilnehmer in PA AA, R 66122.

> zum ersten Mal wieder als Mitglieder der Union in Erscheinung traten, einen besonders herzlichen Empfang zuteil werden zu lassen. Auch dass Prof. Brauer – Hamburg für seinen sehr stark besuchten Vortrag das beste der vorhandenen Auditorien zur Verfügung gestellt worden war, muss als besonderes Entgegenkommen bezeichnet werden.[348]

Allerdings hatte die deutsche Sprache ihren Status als offizielle Kongreßsprache nicht zurückgewonnen. Das Programm war nur auf Französisch und Englisch verfaßt worden. Und über die Sprachenregelung auf der Konferenz gab ein „Règlement intérieur de la VI conférence“ Auskunft, in dem als offizielle Sprachen – Verhandlungs- und Publikationssprachen – Französisch, Englisch und Italienisch (als Sprache des Kongreßlandes) bestimmt wurden, während man in den Diskussionen auch andere Sprachen zuließ, allerdings mit der Empfehlung, sich möglichst einer der offiziellen Sprachen zu bedienen, um sich der Mehrheit der Zuhörer verständlich machen zu können.

In dem Reglement hieß es dazu:

> Un résumé de la discussion sera donné après chaque orateur dans la langue utilisée par le rapporteur principal. Tout orateur prenant part à la discussion est prié de remettre au Secrétariat du Congrès, pendant la séance, un texte ou résumé écrit de son intervention. [...] Les rapports principaux seront imprimé en français, anglais et en italien, pour les orateurs qui se serviront de cette langue. Les discussions et conférences spéciales seront publiées dans l'une de ces trois langues, selon la langue ou le choix de l'orateur. L'Union Internationale a adopté le principe, pour des raisons purement pratique de plus large compréhension, de maintenir le français et l'anglais pour les publications et discussions régulières de l'Union, d'y ajouter comme langue de discussion celle du Pays où se tiennent les conférences internationales, d'admettre cependant les autres langues dans les discussions tout en recommandant aux orateurs d'adopter de préférence l'une des langues mentionnées, afin que le plus grand nombre d'auditeurs soient en mesure des suivre les débats.[349]

Zwar wurde von dem unmittelbar vor dem Kongreß tagenden Verwaltungsrat der Präsident des Deutschen Zentralkomitees zur Bekämpfung der Tuberkulose, Carl Hamel, in das Exekutivkomitee der Union gewählt[350] und sodann auf dem Kongreß mit der Leitung einer wissenschaftlichen Sitzung betraut, doch die gehobene Position der deutschen Vertretung wirkte sich nicht in der Weise aus, daß man der deutschen Sprache den gleichen Rang zuerkannte, den Französisch und Englisch hatten. Die Hauptvorträge hielten ohnehin französische, italienische und britische Mediziner. Von der Erlaubnis, sich einer anderen als der drei offiziellen

348 Deutsche Botschaft Rom an AA, 4.10.1928, in ebd.

349 Règlement intérieur de la VI conférence, Programme Général, in ebd.

350 Vgl. *Bulletin de l'Union Internationale contre la Tuberculose*, Vol. V, No. 4, Octobre 1928, S. 278.

Konferenzsprachen beim Kurzvortrag und in der Diskussion zu bedienen, machten nur alle deutschen Teilnehmer Gebrauch. Als lingua franca hingegen wurde Deutsch von anderssprachigen Wissenschaftlern nicht mehr wie früher benutzt, als offizielle Kongreßsprache von den führenden Organisatoren nicht zugelassen.[351]

Auf der folgenden Konferenz 1930 in Oslo unterschied sich die Sprachenregelung nur wenig von derjenigen in Rom. Das Programm der Konferenz verbreitete man nun in norwegischer, französischer und englischer Sprache. Englisch und Französisch blieben die vorherrschenden Sprachen der Materialien, die dort verteilt wurden, und der wissenschaftlichen Vorträge im Kongreßbericht.[352]

Immerhin waren die Norweger bemüht, alle organisatorischen Bekanntmachungen nicht nur in norwegischer, französischer und englischer, sondern auch in deutscher Sprache anzuschlagen. Auch erklärten sie sich bereit, in den wissenschaftlichen Veröffentlichungen neben der französischen und englischen die deutsche Sprache zu verwenden. Doch dagegen sträubte sich das französische Generalsekretariat der Internationalen Tuberkulose-Union in Paris und verhinderte den Einzug der deutschen Sprache in die Kongreßpublikation. Deutsche Beiträge wurden darin nur in französischer oder englischer Übersetzung gedruckt, während die Hauptbeiträge sowohl in französischer als auch englischer Sprache hintereinander erschienen. Das galt ebenso für den Hauptvortrag, den erstmals in Oslo wieder ein deutscher Arzt auf einer internationalen Tuberkulosekonferenz hielt. Es war Wilhelm His, Professor und Direktor der Medizinischen Klinik (Charité) in Berlin, dem diese Ehre zuteil wurde.

> Les rapports principaux seront imprimés en français et en anglais, les discussions dans l'une de ces deux langues selon le choix de l'orateur,

bestimmte die Sprachenregelung der Konferenz in Oslo, ohne dieses Mal Norwegisch als Sprache des Gastlandes für die Hauptvorträge zuzulassen.[353] Darauf hatte die norwegische Kongreßleitung verzichtet, weil sie damit rechnen mußte, daß außer den Norwegern nur wenige Teilnehmer Norwegisch verstanden.[354]

Nicht nur im Konferenzbericht von 1930, dessen Sprache Französisch war, sondern auch im Zentralorgan, dem *Bulletin de l'Union Internationale contre la*

---

351 Vgl. J. E. Kayser-Petersen, 6. Konferenz der Internationalen Vereinigung gegen die Tuberkulose in Rom, 25.–27.IX.1928, in *Deutsche Medizinische Wochenschrift*, Nr. 47, 23.11.1928, S. 1995.
352 Vgl. Association Nationale Norvegienne contre la Tuberculose. Oslo, VIIème Conference de l'Union Internationale contre la Tuberculose. Oslo 12–15 Août 1930, Oslo 1931, S. XIVf.
353 Ebd., S. XIV.
354 Vgl. *Bulletin de l'Union Internationale contre la Tuberculose*, Vol. X, No. 2, Avril 1933, S. 138 f.

Tuberculose, waren zur gleichen Zeit deutschsprachige Beiträge immer noch nicht zu finden und von maßgeblicher Seite auch nicht erwünscht. So wurde der Bericht des Generalsekretärs des Deutschen Zentralkomitees zur Bekämpfung der Tuberkulose nur in englischer und gleichzeitig französischer Übersetzung im *Bulletin* abgedruckt.[355]

Doch die Zurücksetzung der deutschen Sprache wollten die deutschen Mitglieder der Internationalen Tuberkulose-Union nicht mehr hinnehmen. Der deutsche Oberarzt und Privatdozent J. E. Kayser-Petersen aus Jena, Geschäftsführer der Deutschen Tuberkulose-Gesellschaft und später Professor, äußerte sich empört darüber in der *Deutschen Medizinischen Wochenschrift:*

> Es muß deshalb ganz deutlich betont werden, daß es so nicht weitergehen kann! Eine internationale Tuberkulose-Vereinigung, welche die Sprache *R. Virchows, R. Kochs, Brehmers, Röntgens* und *Rankes*, um nur diese ganz großen Forscher zu nennen, offiziell nicht kennt, kann auf die Dauer nicht auf die Mitarbeit der deutschen Teilnehmer rechnen.

Während man über die Frage, „ob die Gleichberechtigung der deutschen Sprache nicht bereits vor dem Beitritt zur Union hätte gefordert werden sollen", geteilter Meinung sein könne, sei nun aber der Zeitpunkt gekommen, erklärte der Vertreter der Deutschen Tuberkulose-Gesellschaft, Kayser-Petersen, die Benachteiligung der deutschen Sprache nicht länger zu dulden. Als „ein Gebot nationaler Selbstachtung" verstand er die Forderung nach Gleichstellung der deutschen mit der englischen und französischen Sprache. Dabei betonte er, daß es nicht mehr um die Zulassung des Deutschen in Vorträgen und Diskussionen ging, denn das hatte man inzwischen erreicht. So sei neben Französisch, Englisch und Italienisch auch viel Deutsch in Oslo gesprochen worden. Um so unverständlicher und „in höchstem Grade bedauerlich" fand Kayser-Petersen es, daß „zwei Deutsch-Österreicher und ein Deutsch-Schweizer es fertigbrachten, englisch zu sprechen". Doch worum es Kayser-Petersen jetzt hauptsächlich ging, war „die Anerkennung des Deutschen als offizieller Verhandlungssprache beim Druck der wissenschaftlichen Verhandlungen". [356]

Diese Vorgänge auf dem Osloer Kongreß, so berichtete der Sinologe Otto Franke, der Vorsitzende des Auslandsausschusses des Verbandes der Deutschen

---

355 Helm, Secretary General of the Central German Committee against Tuberculosis, Organization of the Campaign against Tuberculosis in Germany [parallel dazu französischer Text], in *Bulletin de l'Union Internationale contre la Tuberculose*, Vol. VII, No. 2, April 1930, S. 110–137.
356 J. E. Kayser-Petersen, 7. Konferenz der Internationalen Vereinigung gegen die Tuberkulose in Oslo, 13.–15.VIII. 1930, in *Deutsche Medizinische Wochenschrift*, Nr. 39, 26.9.1930, S. 1677–1679, Zitate S. 1677; Hervorhebung i. Orig.

Hochschulen, auf dessen Vorstandssitzung, hätten bereits deutsche Forscher veranlaßt, aus der Tuberkulose-Union wieder auszutreten. „Sie zeigen", vermutete Franke, „daß die Forderung uneingeschränkter Gleichberechtigung der deutschen Sprache mit der englischen und französischen noch zu manchen Auseinandersetzungen führen wird. Es kann aber nur immer wieder betont werden, daß diese Forderung unter keinen Umständen preisgegeben werden darf. Das Verhalten der beiden Österreicher und des Schweizers darf nicht vorbildlich werden."[357]

Die Deutsche Tuberkulose-Gesellschaft schritt jetzt ebenfalls ein und schloß sich einer Protestkundgebung der deutschen Heilstättenärzte gegen die Benachteiligung der deutschen Sprache auf internationalen Konferenzen an. Auf ihrer Tagung im Frühjahr 1932 in Bad Harzburg verabschiedete sie dazu folgende Resolution:

> Die Deutsche Tuberkulose-Gesellschaft erhebt für die Versammlung der Internationalen Tuberkulose-Union im Haag die Forderung, daß bei zukünftigen Tagungen der Union die deutsche Sprache gleichberechtigte offizielle Verhandlungssprache sein muß. Falls sich das im Haag nicht mehr erreichen läßt, wird sie ihre Mitglieder auffordern, in Zukunft keine Vorträge oder Ansprachen zu halten und nicht an den Tagungen teilzunehmen.[358]

Es war naheliegend, daß unter dem Druck dieser Proteste vor der nächsten Konferenz 1932 in Den Haag und Amsterdam über die Anerkennung des Deutschen als offizieller Konferenzsprache verhandelt werden mußte, nachdem die niederländische Gesandtschaft in Berlin dem Auswärtigen Amt das Einladungsschreiben zum Kongreß auf Französisch überreicht hatte.[359]

Der Präsident des Reichsgesundheitsamts und gleichzeitige Präsident des Deutschen Zentralkomitees zur Bekämpfung der Tuberkulose sowie Mitglied des Exekutivkomitees der Internationalen Tuberkulose-Union, Hamel, der später vom Reichsminister des Innern zum Führer der deutschen Delegation auf dem Kongreß in den Niederlanden ernannt wurde,[360] korrespondierte wegen dieses Sprachenkonflikts mit dem Generalsekretär der Internationalen Tuberkulose-Union in Paris, Léon Bernard.

Hamel war mitgeteilt worden, daß Bernard „die bisher bestehenden Schwierigkeiten bezüglich der Aufnahme der deutschen Sprache als Kongresssprache [...] überwindbar erscheinen und eine Wiederzulassung der deutschen

357 Bericht Otto Frankes auf der Vorstandssitzung des VDH am 27.10.1930 in Würzburg, in *Mitteilungen des Verbandes der Deutschen Hochschulen*, 11. Jg., H. 1/2, Februar 1931, S. 16.
358 Zitiert nach *Deutsche Medizinische Wochenschrift*, Nr. 23, 3.6.1932, S. 905.
359 Niederländische Gesandtschaft an AA, 8.3.1932, in PA AA, R 66123.
360 Vgl. RMI an AA, 13.7.1932, in ebd.

Sprache als 3. offizieller Verhandlungssprache im Bereiche des Möglichen liegt". Deshalb dankte Hamel Bernard „für das grosszügige Verstehen [...] und für die wahrhaft internationale und vornehme Neutralität" die er „als Generalsekretär in der Behandlung dieser delikaten Frage bekundet" habe. Das Deutsche Zentralkomitee sei jederzeit bereit, Übersetzungsarbeiten ebenso wie die Durchsicht aller Korrekturabzüge vor der Drucklegung der Kongreßberichte zu übernehmen.[361]

In seiner Antwort an Hamel bestätigte Bernard seine „grundsätzliche Zustimmung zum Gebrauch der deutschen Sprache als Geschäftssprache der Internationalen Union". Er wollte dazu aber noch einige Punkte klären: In den mündlichen Verhandlungen sollten weiterhin alle Sprachen zugelassen werden, stellte er klar. Was hingegen die gedruckten Veröffentlichungen betreffe, könne man nicht regelmäßig fünf verschiedene Sprachen gebrauchen. Bevor nun der Antrag zum Gebrauch der deutschen Sprache gestellt würde, solle deswegen Hamel, wie dieser bereits zugesagt habe, sich mit den italienischen und spanischen Kollegen ins Einvernehmen setzen, „damit die Zulassung der deutschen Sprache nicht gleichartige Wünsche bezüglich der Verwendung der italienischen und spanischen Sprache in den erwähnten Veröffentlichungen nach sich zieht."[362]

Wenn dann der Sprachenantrag auf dem Kongreß angenommen worden sei, müßten, befand Bernard, die sachlichen und finanziellen Folgen geregelt werden, was die Drucklegung der Konferenzberichte ebenso wie die Herstellung des periodisch erscheinenden Bulletins angehe. Bernard machte keinen Hehl daraus, daß die Arbeit des Sekretariats in Paris dadurch notwendigerweise erschwert werde.[363]

Daraufhin schlug Hamel vor, bei den Veröffentlichungen genauso zu verfahren wie bei der früheren internationalen Vereinigung gegen die Tuberkulose, wodurch sich die sachlichen Schwierigkeiten seiner Ansicht nach leicht beheben ließen:

> Damals wurden Einladungen, Begrüssungsansprachen und ähnliche allgemeine Angelegenheiten stets dreisprachig abgefasst, hingegen wurden sowohl in dem Organ der Vereinigung wie in den Konferenzberichten alle Vorträge und Aufsätze nur in der ursprünglichen Sprache, d. h. in einer der drei offiziellen Sprachen, im vollen Wortlaut gedruckt, in den beiden anderen Sprachen dagegen in Form kurzer Resumés wiedergegeben. Diskussionsbemerkungen erschienen nur in einer Sprache. Man könnte hier vielleicht, wenn es gewünscht werden sollte, auch noch ein kurzes Resumé in den beiden übrigen Sprachen

361 Hamel an Bernard, 9.5.1932 (Abschr.), in ebd. Von dem Brief wurde für Bernard eine Übersetzung ins Französische erstellt.

362 Bernard an Hamel, 24.5.1932 (Übersetzung), in ebd.

363 Ebd.

> hinzufügen. Die Wiederaufnahme dieses Verfahrens würde sicherlich den Betrieb der Geschäftsstelle der Union und die Druckkosten der Veröffentlichungen nicht höher belasten, sondern vielleicht sogar verbilligen. Für die Uebersetzung ins Deutsche und die entsprechenden Korrekturen würde die Geschäftsstelle des Deutschen Zentralkomitees auf Wunsch unentgeltlich ihre Arbeit einsetzen. Durch eine solche Regelung dürften die finanziellen Bedenken sich wohl völlig ausräumen lassen.[364]

Mit seinen italienischen und spanischen Kollegen hatte Hamel allerdings noch nicht gesprochen.

Auf der Sitzung des Deutschen Zentralkomitees zur Bekämpfung der Tuberkulose im Juli 1932, an der ein Vertreter des Reichsministeriums des Innern teilnahm, wurde die Sprachenfrage ebenfalls diskutiert. Dabei wurde Einverständnis darüber erzielt, daß die deutsche Regierung auf dem Kongreß in Den Haag durch eine Delegation vertreten sein müsse, „nachdem durch die vertraulichen Vorverhandlungen die Regelung der Sprachenfrage einer befriedigenden Lösung zugeführt zu werden scheint. Auf der Konferenz wird ein Antrag in dieser Richtung gestellt werden."[365]

Sollte diesem Antrag jedoch nicht stattgegeben werden, wolle man Konsequenzen ziehen, wie der Vertreter des Reichsministeriums des Innern, Taute, unmißverständlich zu verstehen gab:

> Ich habe in der Besprechung wiederholt und ausdrücklich darauf hingewiesen, dass von dem Schicksal des der Internationalen Tuberkulosekonferenz in der Sprachenfrage zugehenden Antrags die weitere Haltung der Reichsregierung gegenüber der Union internationale contre la Tuberculose entscheidend beeinflusst werde. Wenn keine befriedigende Lösung gefunden werde, so seien die sich hieraus selbstverständlich ergebenden Konsequenzen zu ziehen.[366]

Als das Reichsministerium des Innern, Auswärtige Amt und Preußische Ministerium für Volkswohlfahrt die Zusammensetzung der deutschen Delegation auf dem Kongreß besprachen, äußerte das preußische Ministerium noch einmal Bedenken gegen die Entsendung deutscher Regierungsvertreter, weil von der Internationalen Union gegen die Tuberkulose die deutsche Sprache als Verhandlungssprache auf der Konferenz immer noch nicht zugelassen sei.[367] Doch dieser Einspruch konnte mit dem Hinweis auf die Verhandlungen zwischen Hamel und Bernard entkräftet werden. „Nach dem bisherigen Verlauf dieser Verhandlungen", versicherte der Reichsminister des Innern, „ist mit einer den deutschen Wünschen

---

364 Hamel an Bernard, 4.6.1932, in ebd.
365 Taute, RMI, Vermerk, 28.6.1932 (Abschr.), in ebd.
366 Ebd.
367 Vgl. dazu RMI, i. A. Dammann, an AA, 13.7.1932, in ebd.

gerecht werdenden Lösung der Sprachenfrage mit Wahrscheinlichkeit zu rechnen."[368]

Jedenfalls sagte die deutsche Regierung die Teilnahme an der Tuberkulosekonferenz in Den Haag und Amsterdam zu und benannte die Delegierten.[369]

Die deutschen Wünsche aber erfüllten sich nur zum Teil. Hamel hatte mit seinen italienischen und spanischen Kollegen offensichtlich keine Einigung erzielt. Diese waren nämlich nicht bereit, auf den Kongressen auf ihre Sprachen zugunsten der deutschen zu verzichten. Deshalb mußte man einen Kompromiß aushandeln.

Zu Beginn der Konferenz in Den Haag wurde auf einer Sitzung des Verwaltungsrats, an der auch Hamel teilnahm, über den deutschen Antrag, Deutsch neben Französisch und Englisch als dritte offizielle Sprache der Union anzuerkennen, weiterverhandelt. Dabei ging es vor allem um die gleichwertige Verwendung der deutschen Sprache in den Veröffentlichungen der Organisation. Der Generalsekretär Léon Bernard gab zwar zu, daß die Sprachregelungen in der alten und der neuen internationalen Tuberkulosevereinigung nicht übereinstimmten, was er mit den unterschiedlichen Organisationsformen zu begründen versuchte:

> Avant la guerre il existait déjà un groupement international de la tuberculose, auquel bon nombre des personnalités présentes appartenaient. La composition de ce groupe était différente de celle de l'Union. Le Siège social de cette organisation était à Berlin, le Secrétaire Général Allemand et le Président de nationalité Française. L'ancienne Association publiait un bulletin qui paraissait en trois langues: allemand, anglais, français.[370]

Doch nach Ansicht Bernards war die alte Vereinigung, als hätte nicht deren französischer Präsident die Auflösung betrieben, 1914 verschwunden:

> Cette organisation a disparu en 1914.[371]

Allein als Folge davon, wie Bernard es darstellte, sei auf Vorschlag des französischen Komitees zur Bekämpfung der Tuberkulose die Union Internationale contre la Tuberculose 1920 in Paris gegründet worden.

---

368 Ebd.

369 AA an Niederländische Gesandtschaft, 20.8.1932, in ebd.

370 Séance du Conseil de Direction, 6.9.1932, in *Bulletin de l'Union Internationale contre la Tuberculose*, Vol. IX, No. 4, Octobre 1932, S. 429, 431; englische Fassung S. 428, 430.

371 Ebd., S. 431. Im englischen Text steht eine andere Version, die dem deutschen Komitee die Auflösung der alten Tuberkulosevereinigung zuschreibt: „As the result of political events, this organization was dissolved by the German Committee in 1920"; ebd., S. 428, 430.

Auf den Boykott gegen Deutschland und seine Verbündeten ging Bernard gar nicht erst ein. Vielmehr zog er es vor, lediglich darauf zu verweisen, daß man sich bei der Gründung der Union im Hinblick auf die Mitgliedschaft und die Sprachen am Völkerbund orientiert habe, wenngleich die USA, die dem Völkerbund nicht angehörten, ebenfalls Mitglied der Tuberkulose-Union wurden. Jedenfalls führte Bernard die Festlegung auf die englisch-französische Zweisprachigkeit auf das Vorbild des Völkerbunds zurück, der allerdings auch eine von den Alliierten dominierte Bündnisorganisation der Nachkriegszeit war. Man habe diesen Weg eingeschlagen, um Schwierigkeiten zu vermeiden, erklärte Bernard, indem er den Konflikt, der schließlich den Boykott begründet hatte, mit dieser allgemeinen und nichtssagenden Floskel zudeckte:

> Pour éviter toutes difficultés on résolut de constituer l'Union sur le modèle de la Société des Nations, en y adjoignant les États-Unis d'Amérique. Il s'ensuivit l'adoption des deux langues, anglais et français, en usage à la Société des Nations.[372]

Nach dem Muster des Völkerbunds drucke man auch die Publikationen der Union auf Englisch und Französisch.

Nachdem solchermaßen der historische Rahmen kurz abgesteckt worden war, behandelte man im Verwaltungsrat den deutschen Antrag, Deutsch als dritte offizielle Sprache der Union – „une troisième langue officielle: l'allemand" – einzuführen.

Hamel, der den Antrag in der Sitzung vertrat, wies auf drei Gesichtspunkte hin, die den Anspruch, der deutschen Sprache die gewünschte Stellung einzuräumen, rechtfertigen sollten: Erstens die Usancen in der Vergangenheit, also in der Zeit vor dem Ersten Weltkrieg, zweitens die herausragende wissenschaftliche Stellung Deutschlands, der Rechnung zu tragen die anderen durchaus für angemessen hielten, wie sie bekundeten, und drittens den Umstand, daß Deutsch in Zentraleuropa und zahlreichen Ländern Osteuropas verbreitet war.[373]

Diese Argumente vermochten jedoch nicht alle zu überzeugen. Das Stichwort „Prestige" tauchte auf, wurde aber sogleich als unzulässiges Motiv verworfen.

Einwände erhob vor allem Generalsekretär Léon Bernard. Gegen das deutsche Begehren führte er ins Feld, daß die Kosten und Schwierigkeiten für das Sekretariat größer würden, je mehr Sprachen berücksichtigt werden müßten. Bernard war jedenfalls äußerst bemüht, die deutschen Ansprüche zu begrenzen und schlug deshalb vor, den Begriff „offizielle Sprache" („langue officielle") nicht mehr zu gebrauchen und stattdessen im Hinblick auf die Publikationen der Union

372 Ebd., S. 431.
373 Ebd.

nur noch von „verwendeten Sprachen" („langues en usage") – im Sinne von zugelassenen Sprachen – zu sprechen. In diesem Rahmen, so sein Vorschlag, sollte darüber entschieden werden, in welchen Sprachen die Konferenzberichte und in welchen das *Bulletin* der Union zu publizieren wären.[374]

Mit diesem Schachzug gelang es Bernard, die Forderung nach dem offiziellen Status des Deutschen zu unterlaufen. Da es vorgeblich keine „offiziellen" Sprachen mehr gab, konnte auch die Forderung danach nicht mehr gestellt werden. Wie wenig Bernard in diesem Zusammenhang an präzisen Klarstellungen gelegen war, zeigt, soweit aus dem Bericht hervorgeht, die Vernachlässigung der Frage, was denn konkret unter „langues en usage" zu verstehen sei.

Es blieb nicht aus, daß auch andere Länder die Gelegenheit ergriffen, ihre Sprachwünsche vorzubringen. Während der Vertreter der spanischsprechenden Länder sogleich den Anspruch anmeldete, im Falle, daß eine dritte Sprache eingeführt werden sollte, auch Spanisch zuzulassen, sprach sich der Vertreter der italienischen Delegation für den Vorschlag Hamels aus, freilich nur unter der Bedingung, daß Italienisch ebenfalls zur offiziellen Sprache der Union erklärt würde.

Bernard indes gab den Rat, den gewünschten Umgang mit fünf Sprachen in der Organisation unter praktischen Gesichtspunkten zu prüfen. Zwar habe er gegen Hamels Anregung, Einladungen zu Konferenzen in fünf Sprachen zu verschicken, nichts einzuwenden. Doch das *Bulletin* der Union fünfsprachig herauszugeben, sei aus finanziellen und technischen Gründen ganz unmöglich („absolument impossible"). Da es aber dem Wunsch aller Mitglieder offensichtlich nicht entsprechen würde, am Status quo festzuhalten, schlug Bernard eine ihm praktikabel erscheinende Lösung vor: Im *Bulletin* könnten hinfort alle wissenschaftlichen Aufsätze in einer der fünf Sprachen der Union veröffentlicht werden, während die Mitteilungen und Dokumente der Union weiterhin nur auf Englisch und Französisch erscheinen sollten.

Diese Lösung unterstützte der italienische Vertreter, indem er ergänzend in Anregung brachte, den wissenschaftlichen Aufsätzen eine Zusammenfassung in den anderen Sprachen der Union hinzuzufügen. Dagegen favorisierten die slawischen Länder eigentlich die bisherige Praxis. Sie würden jedoch einer Änderung zustimmen, wie der jugoslawische Vertreter versprach, wenn in die Aufnahme weiterer Sprachen auch eine slawische Sprache einbezogen würde.[375]

---

374 Ebd.
375 Ebd., S. 433.

Schließlich wurden drei Anträge abgestimmt:

1. Die Aufrechterhaltung des Status quo wurde mit 23 gegen 14 Stimmen abgelehnt.
2. Die Aufnahme von fünf hauptsächlichen Sprachen („ langues principales “): Deutsch, Englisch, Französisch, Italienisch und Spanisch wurde in Verbindung mit dem Vorschlag abgestimmt, im *Bulletin* die wissenschaftlichen Abhandlungen in einer dieser Sprachen, mit Zusammenfassungen in den anderen vier Sprachen, zu drucken, die Mitteilungen der Union („partie documentaire“ – „current information“)[376] jedoch nur auf Englisch und Französisch wie bisher. Dieser Antrag wurde mit 27 Stimmen angenommen. Gegenstimmen oder Enthaltungen werden im Bericht nicht erwähnt.
3. Die Aufnahme einer slawischen Sprache wurde mit 19 gegen 16 Stimmen angenommen. Es sollte den slawischen Ländern überlassen bleiben, eine Sprache zu wählen. – Sie entschieden sich später für Polnisch.

Auffallend ist, daß weder über die Sprachen der Konferenzberichte noch über den Antrag Hamels, nur Englisch, Französisch und Deutsch als offizielle Sprachen der Union zu verwenden, abgestimmt wurde – eine Rücknahme dieses Antrags ist nicht dokumentiert. Während der Generalsekretär die Publikation der Konferenzberichte als Angelegenheit des jeweiligen Konferenzlandes hinstellte, was, wie man in Oslo erfahren konnte, eigentlich nicht ohne Absprachen möglich war, mahnte er nur in recht allgemeiner Weise, die Veröffentlichungen der Konferenzen nicht unnötig zu komplizieren, womit er wohl meinte, sie nicht mit zu vielen Sprachen zu befrachten, also auch die deutsche Sprache möglichst nicht zu privilegieren.

Hamel hingegen betonte, daß es für die Union ebenso wie für Deutschland gerade von Vorteil sei, wenn dem Deutschen als der geläufigsten Sprache in Zentraleuropa in den Konferenzberichten Rechnung getragen würde. Wie er Bernard bereits vorher in seinem Brief mitgeteilt hatte, versicherte er, daß das deutsche Zentralkomitee zur Bekämpfung der Tuberkulose bereit wäre, für die Übersetzungen ins Deutsche zu sorgen:

> Le Comité Central Allemand de lutte antituberculeuse se tiendra à la disposition des différents Comités Nationaux pour tous les travaux ou traductions en langue allemande.

---

376 Ebd., S. 434 f.

Ein solches Verfahren hielt Hamel, wie er hinzufügte, um so mehr für geboten, als Länder, in denen Konferenzen stattfänden, auf die Verwendung ihrer Sprachen verzichteten, wenn diese nicht verbreitet seien.[377]

Doch diese Frage wurde nicht weiter diskutiert. Bernard wollte zunächst die finanziellen Lasten der Einführung weiterer Sprachen, die der Verwaltungsrat beschlossen hatte, zusammen mit dem Schatzmeister prüfen und den Bericht, bevor der Verwaltungsrat sich damit wieder befassen würde, dem Exekutivkomitee vorlegen.

Auf jeden Fall hatten die deutschen Mitglieder die Gleichstellung der deutschen mit der französischen und englischen Sprache nicht erreicht.

Zwar tauchte im *Bulletin de l'Union Internationale contre la Tuberculose* die deutsche Sprache erstmals 1933 in wissenschaftlichen Abhandlungen sowie den Zusammenfassungen anderssprachiger Beiträge auf, doch die Berichte über die Generalversammlungen der Union und Sitzungen des Verwaltungsrats, die dort gehaltenen Vorträge mit anschließender Diskussion sowie die Berichte aus den verschiedenen Ländern, die alle in dem Teil „News of the Union" – „Nouvelles de l'Union" abgedruckt wurden und einen breiten Raum einnahmen, erschienen nach wie vor nur auf Englisch und gleichzeitig Französisch, auch dann, wenn die Berichte aus Deutschland oder Österreich kamen. Das, was im Text des zweiten im Verwaltungsrat abgestimmten Antrags – möglicherweise bewußt unklar gehalten oder heruntergespielt – als Mitteilungen der Union („current information" – „partie documentaire") bezeichnet wurde, umfaßte also, wie sich herausstellte, ein weites Gebiet und füllte den größten Teil des *Bulletins* aus. Damit blieben allein Französisch und Englisch die offiziellen Sprachen der Union, ohne daß man sie so nannte und ohne dem Deutschen den gleichen Status zu gewähren.

Wie die Gewichte verteilt wurden, konnte man am *Bulletin* ablesen. Im ersten Heft des *Bulletins* von 1934 fand sich zum Beispiel ein einziger wissenschaftlicher Aufsatz, immerhin in deutscher Sprache, von 24 Seiten, dem Zusammenfassungen in sechs Sprachen folgten, die insgesamt 5 Seiten füllten. Dem standen jedoch 76 Seiten „News of the Union" – „Nouvelles de l'Union" in englischer und französischer Sprache gegenüber.[378]

Zunächst nahm zwar für kurze Zeit die Anzahl der im *Bulletin* abgedruckten wissenschaftlichen Aufsätze in einer der sechs zugelassenen Sprachen, wenn auch in geringem Umfang zu. Andererseits aber gab man zahlreiche Hefte heraus, die ausschließlich über Konferenzen und Sitzungen, die im Rahmen der Union stattfanden, informierten und Länderberichte abdruckten, und das nur, wie üb-

---

377 Ebd., S. 435.

378 Vgl. *Bulletin de l'Union Internationale contre la Tuberculose*, Vol. XI, No. 1, Janvier 1934.

lich, auf Englisch und Französisch. Wer also das Ergebnis der Verhandlungen über die Sprachen überprüfte, konnte durchaus den Eindruck gewinnen, daß das deutsche Anliegen, die Gleichstellung der deutschen mit der englischen und französischen Sprache herbeizuführen, geschickt abgebogen worden war. Offensichtlich waren das französische Generalsekretariat und weitere Unionsmitglieder darauf bedacht, der deutschen Sprache nicht allzu viel Macht zuzugestehen. Über die Frage, warum eigentlich diese doppelte Veröffentlichung auf Englisch und Französisch notwendig war, zumal dadurch Kosten entstanden, wurde anscheinend nicht debattiert. Auf der anderen Seite war wohl kaum zu übersehen, daß sich hinter dem beharrlichen Festhalten an der englisch-französischen Zweisprachigkeit die Absicht verbarg, die deutsche Sprache zu disqualifizieren.

Das Tauziehen um die Hebung der internationalen Stellung der deutschen Sprache ging also weiter.

Wenige Monate vor der nächsten Konferenz in Warschau 1934 beraumte deswegen der Reichsminister des Innern in Berlin eine neue Besprechung an, zu der er Vertreter des Auswärtigen Amts, des Reichsministeriums für Volksaufklärung und Propaganda, des preußischen Ministeriums des Innern, des Reichs-Tuberkulose-Ausschusses – wie das Deutsche Zentralkomitee zur Bekämpfung der Tuberkulose jetzt hieß – sowie den Präsidenten des Reichsgesundheitsamts einlud. „Betrifft: Neunte Konferenz der Internationalen Union zur Bekämpfung der Tuberkulose in Warschau und Sprachenfrage auf den internationalen Tuberkulosekongressen“, stand auf der Einladung. Die Besprechung sollte die Frage der amtlichen Beteiligung Deutschlands an dem Kongreß in Warschau klären und zu „einer grundsätzlichen Stellungnahme in der Sprachenfrage auf den internationalen Tuberkulosekongressen“ führen.[379]

Jetzt schlug man einen neuen Weg ein. Auf der Besprechung wurden von den anderen Reichsbehörden die Bedenken, die der Reichs-Tuberkulose-Ausschuß gegen eine Teilnahme an einem Kongreß in Polen erhob, weil dort unter anderem deutsche Ärzte von den polnischen Behörden diskriminiert würden, nicht geteilt.[380] Vielmehr einigte man sich darauf, am Kongreß auf jeden Fall teilzunehmen, die Teilnahme also auch nicht, wie das Reichsgesundheitsamt vorgeschlagen hatte, von Konzessionen in der Sprachenfrage abhängig zu machen. Stattdessen sollten „auf [dem] Kongreß selbst Schritte wegen einer Veröffentlichung der Kongreßreferate auch in deutsch[er] Sprache unternommen werden“.[381]

379 RMI, Hering, an AA u. a., 9.6.1934, in PA AA, R 66123.
380 Vgl. Reichs-Tuberkulose-Ausschuß, Denker, an AA, 8.12.1933, in ebd.
381 Handschr. Notiz auf dem Rundschreiben des RMI vom 9.6.1934, ebd.

Gleichzeitig wollte man propagandistisch in die Offensive gehen. Nicht nur wurden etwa vierzig Delegierte entsandt und mehrere deutsche Vorträge angemeldet, sondern es war darüber hinaus geplant, eine „besonders starke Bearbeitung der Presse" vorzunehmen, „um die deutsche Beteiligung an dem Kongress öffentlich stark in Erscheinung treten zu lassen". Schließlich beabsichtigte man, den nächsten Kongreß nach Berlin einzuladen.

Das Reichspropagandaministerium wurde in dieser Sache schnell aktiv und wies in einem Erlaß die Deutsche Gesandtschaft in Warschau an, „Ihren Presse-Attaché darauf hinzuweisen, dass die dortigen Redaktionen entsprechend vorbereitet werden". Dabei sollten die Zeitungen auch darüber informiert werden, „dass der Führer der deutschen Delegation, Herr Ministerialdirektor Dr. Gütt, der oberste deutsche Medizinalbeamte, Bearbeiter des Sterilisationsgesetzes und sämtlicher übriger Gesundheitsgesetze des neuen Deutschland ist."[382] – Die politische Instrumentalisierung internationaler Kongresse nahm also einen neuen Anfang.

Ministerialdirektor Dr. Arthur Gütt hatte bereits kurze Zeit vorher, auf „Anregung des Herrn Reichsministers für Volksaufklärung und Propaganda" und im Auftrag des Reichsministers des Innern, die beteiligten Behörden zu einer „grundsätzliche[n] Aussprache" eingeladen,

> [u]m die künftigen internationalen Kongresse innerhalb wie außerhalb der Reichsgrenzen, bei denen medizinische und gesundheitliche Fragen erörtert werden, in stärkerem Maße als bisher in den Dienst der Auslandspropaganda für das Reich zu stellen.[383]

Immerhin wurde, auf der Grundlage der Beschlüsse von Den Haag, die deutsche Sprache erstmals auf dem Kongreß in Warschau 1934 nicht nur in den mündlichen Verhandlungen, sondern auch in der Kongreßpublikation als Kongreßsprache anerkannt. In dem „Règlement des séances" hieß es nun:

> Les rapports principaux seront imprimés dans une des six langues de l'Union (allemand, anglais, espagnol, français, italien, polonais) au choix du rapporteur, avec un résumé qui ne devra pas dépasser 300 mots, dans les cinq autres langues; les autres communications seront imprimées dans une des six langues de l'Union selon le choix de l'orateur.

---

382 Reichsministerium für Volksaufklärung und Propaganda, Haegert, an Deutsche Gesandtschaft Warschau, 22.8.1934 (Abschr.), in ebd. – Das „Gesetz zur Verhütung erbkranken Nachwuchses" vom 14.7.1933 verfügte die Zwangssterilisierung angeblich erbkranker Menschen; vgl. dazu *Enzyklopädie des Nationalsozialismus*, hrsg. von Wolfgang Benz, Hermann Graml, Hermann Weiß, Stuttgart 1997, S. 241.

383 RMI, Gütt, an AA, Preußischen Minister des Innern, Präsidenten des Reichsgesundheitsamts, Reichsausschuß für Volksgesundheitsdienst E.V. in Berlin, 1.8.1934, in PA AA, R 66135.

> Pour les interventions orales toutes les langues sont admises; il est cependant vivement recommandé aux orateurs de se servir d'une langue qui puisse être comprise de la plus grande partie de l'auditoire afin de faciliter la participation immédiate à la discussion commune.[384]

Allerdings befand sich dieses Mal unter den drei Hauptrednern kein Vertreter der deutschen Sprache – die Vorträge hielten ein Pole[385], ein Italiener und ein Franzose –, so daß Deutsch nur in den Zusammenfassungen der Hauptbeiträge sowie in den Korreferaten – es waren insgesamt 33 – und Diskussionsbeiträgen – insgesamt 92 – im Kongreßbericht zur Geltung kam.

Einige Zahlen können über die Verteilung der Sprachen im Rahmen der Korreferate und Diskussionen Aufschluß geben: Neben fünf Beiträgen von deutschen und zwei Beiträgen von österreichischen Teilnehmern erschienen hier noch fünf Beiträge von anderssprachigen Beteiligten auf Deutsch, von zwei Finnen, zwei Polen und einem Japaner. Ebenfalls relativ schwach vertreten war hier die englische Sprache: Sieben Referenten aus Ländern, in denen Englisch Landessprache war, schlossen sich noch drei Referenten aus anderssprachigen Ländern mit vier Beiträgen an. Demgegenüber lag Französisch mit großem Abstand an bevorzugter Stelle. So wählten allein fünfundfünfzig Kongreßteilnehmer, die aus anderssprachigen Ländern kamen, die französische Sprache als Vortrags- und Diskussionssprache neben achtzehn Beteiligten aus Frankreich, Belgien und der Westschweiz. Von den Referenten aus anderen Ländern, die Französisch für ihren Beitrag wählten, kamen allein dreizehn aus Rumänien (mit zwölf Beiträgen), zwölf aus Polen und acht aus Italien (mit elf Beiträgen).[386]

---

384 Union des organisations antituberculeuses de Pologne, IXème Conférence de l'Union Internationale contre la Tuberculose. Varsovie 4–6 septembre 1934, Varsovie, S. 16.

385 Der Hauptvortrag des Polen wurde sowohl auf Polnisch als auch auf Französisch im Konferenzband abgedruckt; vgl. ebd., S. 89–342.

386 Weitere Referenten, die Französisch wählten, kamen aus der Sowjetunion (4), den Niederlanden (3), Jugoslawien (2), Dänemark (2), Schweden (2), Bulgarien (2) und je einer aus Ungarn, der Tschechoslowakei, Lettland, Litauen, Griechenland, Brasilien und Uruguay. Auf die Zahl der Referenten und deren Sprachenwahl wirkte sich freilich auch die Zahl der Teilnehmer aus den verschiedenen Ländern aus. So nahmen an dem Kongreß in Warschau insgesamt 905 Mediziner aus 36 Ländern teil, und zwar aus Polen: 486, Italien: 78, Frankreich: 70, Deutschland: 37, Rumänien: 27, Niederlande: 25, USA: 22, Tschechoslowakei: 19, Belgien: 16, Schweden: 16, Schweiz: 14, Estland: 13, Lettland: 10, Litauen: 6, Bulgarien: 6, Portugal: 6, Sowjetunion: 5, Jugoslawien: 5, Dänemark: 5, Spanien: 5, Brasilien: 5, Finnland: 4, Großbritannien: 3, Österreich: 3, Ungarn: 3, Norwegen: 2, Luxemburg: 2, Griechenland: 2, Japan: 2, Algerien: 2, Monaco: 1, Ägypten: 1, Türkei: 1, Uruguay: 1, Argentinien: 1, Indien: 1; vgl. ebd., S. 21.

Tab. 3: Internationale Tuberkulosekonferenz 1934 in Warschau. Sprachen der Korreferate und Diskussionsbeiträge, Herkunftsländer der Referenten [387] (Frankreich: F, Belgien: B, Schweiz: CH, Großbritannien: GB, Polen: PL, Estland: EST, Ägypten: ET, Deutschland: D, Österreich: A, Finnland: FIN, Japan: J)

Sprachen	Referenten	Beiträge	Referenten (Beitr.) n. Herkunftsländern
Französisch	73 (60,8 %)	76 (60,8 %)	F: 10(12), B: 5(4), CH: 3, andere 55(57)
Englisch	10 (8,3 %)	11 (8,8 %)	GB: 2, USA: 5, PL: 1(2), EST: 1, ET: 1
Deutsch	12 (10,0 %)	12 (9,6 %)	D: 5, A: 2, FIN: 2, PL: 2, J: 1
Polnisch	10 (8,3 %)[388]	10 (8,0 %)	Polen: 9, UdSSR: 1
Italienisch	13 (10,9 %)	14 (11,2 %)	Italien: 13 (14)
Spanisch	2(1,7 %)	2 (1,6 %)	Spanien: 2
Insgesamt	120	125	

Französisch war jedenfalls die vorherrschende Vortrags-, Diskussions- und Publikationssprache des Kongresses in Warschau, die über 60 Prozent der Referenten für ihre Beiträge benutzten; allein 45 Prozent der Referenten wählten sie als lingua franca, während sich gerade nur etwa 4 Prozent der Referenten für Deutsch als lingua franca entschieden. Die Vorherrschaft des Französischen zeigte sich ebenso im Titelblatt des Konferenzberichts wie in allgemeinen Angaben und Bestimmungen, die, wie zum Beispiel das „Règlement des séances“, nach wie vor nur auf Französisch abgedruckt wurden. Französisch fungierte als die Sprache des Kongreßberichts.

Diese Vorrangstellung der französischen Sprache hatte verschiedene Ursachen, die miteinander verknüpft waren. Abgesehen davon, daß Französisch in der alten internationalen Tuberkulosevereinigung – damals neben Deutsch und Englisch – bereits offizielle Sprache gewesen war, besuchten nicht nur Franzosen die Tuberkulosekongresse in recht großer Zahl, sondern auch Ärzte aus romanischsprachigen Ländern, denen Französisch in der Regel geläufig war. In Warschau wirkten sich zudem die engen französisch-polnischen Wissenschaftsbeziehungen in der Weise aus, daß Polen, die ohnehin sehr zahlreich erschienen waren, neben Polnisch meistens Französisch sprachen. Andererseits und

387 Die Zahl der Beiträge weicht geringfügig von derjenigen der Referenten ab, da wenige Referenten zwei oder drei Beiträge lieferten oder, wenn auch selten, zwei Referenten gemeinsam einen Vortrag hielten.

388 Hinzu kamen 4 Redner, deren Beiträge im Konferenzband in polnischer und französischer Sprache abgedruckt wurden; welche von den beiden Sprachen beim Vortrag verwendet wurde, läßt sich nicht rekonstruieren. Sie werden hier zu den Rednern gezählt, die Französisch als Fremdsprache benutzten.

gleichzeitig aber hinterließ der langjährige Boykott gegen deutschsprachige Teilnehmer und die deutsche Sprache sowie die damit verbundene Verlegung des Zentralbüros und Generalsekretariats der internationalen Tuberkulosevereinigung von Berlin nach Paris tiefe Spuren.

Auch im Zentralorgan der Vereinigung, dem *Bulletin de l'Union Internationale contre la Tuberculose*, blieb, wie oben gezeigt wurde, Französisch neben Englisch die offizielle Sprache der Union. Auf der Generalversammlung der Union in Warschau, die dort in Verbindung mit der Konferenz abgehalten wurde, rechtfertigte der französische Generalsekretär die bevorzugte Verwendung von Französisch und Englisch im *Bulletin* auf Kosten der anderen zugelassenen Sprachen:

> Si nous n'avons pas fait un usage plus étendu de ceux-ci [d'un si grand nombre de langages, R.R.], c'est pour deux raisons principales: le fait que la grande majorité de nos lecteurs comprennent surtout l'anglais et le français; les ressources et le personnel extrêmement restreints de notre Secrétariat.[389]

Darauf, daß Französisch und Englisch von der Mehrheit der Leser des *Bulletins* verstanden wurde, hatte man schließlich auch zielstrebig hingearbeitet.

Das Sprachverhalten nicht-deutschsprachiger Leser wie Kongreßteilnehmer blieb davon nicht unberührt. So bevorzugten auf der Konferenz in Warschau Mediziner aus skandinavischen Ländern sowie Ost- und Südosteuropa, die früher oft Deutsch gesprochen hatten, nun die französische, selten die englische Sprache.

Ähnlich wie in Warschau war die Sprachenregelung auf der nächsten Konferenz 1937 in Lissabon. – Da Portugal sich vorher beworben hatte, war Deutschland erst danach als Kongreßland vorgemerkt.[390]

In Lissabon waren wie bei den vorangegangenen Konferenzen alle Sprachen in den mündlichen Verhandlungen zugelassen, für deren Übersetzung die Kongreßleitung sorgte. Auf den Sitzungen, so berichtete die deutsche Gesandtschaft in Lissabon,

> sprachen die namhaftesten der anwesenden deutschen Gelehrten. Für fachkundige Übersetzer der Kongress-Verhandlungen und Ansprachen hatte die Kongress-Leitung Sorge getragen, so dass sich die deutsche Delegation durchweg der deutschen Sprache bedienen konnte.[391]

---

389 Assemblée Générale de l'Union Internationale contre la Tuberculose, 6.9.1934, in *Bulletin de l'Union Internationale contre la Tuberculose*, Vol. XI, No. 4, Octobre 1934, S. 395.

390 Vgl. dazu Mirabaud, Union Internationale contre la Tuberculose, an Denker, Vorsitzender des Reichs-Tuberkulose-Ausschusses, 22.8.1934 (Abschr.), in PA AA, R 66123.

391 Deutsche Gesandtschaft Lissabon an AA, 22.9.1937, in ebd.

Um so mehr irritierte oder empörte es auch hier die deutschen Repräsentanten, daß der österreichische Delegierte sein Referat auf Französisch hielt.[392]

Im Kongreßbericht wurden die vier Hauptbeiträge wieder nur in einer der sechs Sprachen der Union je nach Wahl des Vortragenden gedruckt, das waren in diesem Fall Französisch und Englisch.[393] Bei den kurzen Zusammenfassungen hingegen sollte man sich laut Kongreßordnung nur noch auf drei Sprachen beschränken, auf Portugiesisch und zwei andere der offiziell zugelassenen Sprachen, die der Vortragende wählen konnte.[394] Da die Hauptvorträge ohnehin schon in französischer oder englischer Sprache erschienen, fiel bei deren Zusammenfassung die Sprachenwahl auf die deutsche und, je nach der Vortragssprache, auf die englische oder französische Sprache. Auf Deutsch waren zudem wieder einige Korreferate und Diskussionsbeiträge verfaßt.

Wie stark trotz aller Bemühungen deutscherseits die französisch-englische Zweisprachigkeit sich im Geschäftsbetrieb inzwischen durchgesetzt hatte, zeigten Einladungen und Programm zur Konferenz, die auf Französisch und Englisch verschickt worden waren.[395] Von denjenigen Teilnehmern, deren Muttersprache weder Englisch noch Französisch oder Deutsch war, wählten auf dem Kongreß in Lissabon – ebenso wie in Warschau – die meisten als Vortrags- und Diskussionssprache Französisch, was noch dadurch begünstigt wurde, daß sich der Kongreß in einem romanischsprachigen Land abspielte.

So sprachen im Rahmen der Korreferate und Diskussionen außer siebzehn Rednern aus französischsprachigen Ländern oder Regionen dreißig Referenten aus anderssprachigen Ländern Französisch, wohingegen nur zwei Portugiesen und ein Finne neben sechs deutschsprachigen Teilnehmern die deutsche Sprache und nur ein Schwede und ein Portugiese neben zehn englischsprachigen Rednern die englische Sprache verwendeten. Insgesamt sprachen hier also 47 Referenten französisch, das waren wieder über 60 Prozent, fast 40 Prozent gebrauchten

392 Vgl. ebd.; J. E. Kayser-Petersen, Internationale Tuberkulosetagung in Lissabon, in *Münchener Medizinische Wochenschrift*, Nr. 42, 15.10.1937, S. 1675–1677, hier S. 1677.

393 Ein Portugiese und ein Norweger hielten jeweils einen Hauptvortrag auf Französisch, ein US-Amerikaner und ein Brite auf Englisch.

394 Règlement des séances, in Assistencia Nacional aos Tuberculosos, Xème Conférence de l'Union Internationale contre la Tuberculose 5–11 septembre 1937, Lisbonne, S. 18 f.; vgl. Deutsche Gesandtschaft Lissabon an AA, 22.9.1937, in PA AA, R 66123.

395 Vgl. Xème Conférence de l'Union Internationale contre la Tuberculose, Lisbonne, du 7 au 10 septembre 1936, Programme Préliminaire, S. 7, in PA AA, R 66123. Die Konferenz war um ein Jahr verschoben worden.

Französisch als lingua franca. Daneben trugen 12 Konferenzteilnehmer englisch und 9 deutsch vor, außerdem 3 portugiesisch, 2 italienisch und 4 spanisch.[396]

Tab. 4: Internationale Tuberkulosekonferenz 1937 in Lissabon. Sprachen der Korreferate und Diskussionsbeiträge, Herkunftsländer der betr. Referenten (Frankreich: F, Belgien: B, Schweiz: CH)

Sprachen	Referenten	Referenten nach Herkunftsländern
Französisch	47 (61,0 %)	F: 13, B: 1, CH: 3, aus andersspr. Ländern: 30[397]
Englisch	12 (15,6 %)	Großbrit.: 2, USA: 8, Portugal: 1, Schweden: 1
Deutsch	9 (11,7 %)	Deutschland: 6, Portugal: 2, Finnland: 1
Portugiesisch	3 (3,9 %)	Portugal: 1, Brasilien: 2
Italienisch	2 (2,6 %)	Italien: 1, Polen: 1
Spanisch	4 (5,2 %)	Spanien: 4
Insgesamt	77	

Französisch konnte also weiterhin vor den anderen Sprachen seinen großen Vorsprung behaupten, während Deutsch seine frühere Stellung nicht wiedererlangte.

Als das Exekutivkomitee der Union zum Gedenken an den verstorbenen langjährigen Generalsekretär Léon Bernard erstmals 1938 für einen wissenschaftlichen Aufsatz über den sozialen Aspekt der Tuberkulose einen Preis vergeben wollte, bestimmte es, daß dieser entweder auf englisch oder französisch geschrieben sein sollte. Diese sprachliche Festlegung machte ebenfalls deutlich, wie weit man noch davon entfernt war, Deutsch als internationale Wissenschaftssprache dem Englischen und Französischen gleichzustellen.[398]

Auf der Generalversammlung der Union in Lissabon, die in Verbindung mit der Tuberkulosekonferenz 1937 einberufen worden war, wurde schließlich der

396 Dabei wirkte sich wiederum die jeweilige Zahl der Teilnehmer aus den verschiedenen Ländern aus. Von insgesamt 530 Teilnehmern aus 36 Ländern kamen u. a. 209 aus Portugal, 98 aus Frankreich, 37 aus Spanien, 24 aus Deutschland, 24 aus Schweden, 21 aus den USA, 11 aus den Niederlanden, 9 aus Belgien, 9 aus der Schweiz, 8 aus Großbritannien, 8 aus Norwegen, 7 aus Rumänien, 6 aus Polen, 6 aus Dänemark, 5 aus Italien, 5 aus der Tschechoslowakei, 4 aus Litauen, 4 aus Jugoslawien, 1 aus Österreich und 1 aus Finnland; vgl. Assistencia Nacional aos Tuberculosos, Xème Conférence de l'Union Internationale contre la Tuberculose 5 – 11 septembre 1937, Lisbonne.

397 Aus Portugal: 7, Polen: 4, Rumänien: 3, Jugoslawien: 3, Dänemark: 3, Norwegen: 2, Chile: 2, jeweils 1 aus Schweden, Spanien, Italien, Österreich, Tschechoslowakei und Litauen, vgl. ebd.

398 Vgl. Rapport du Trésorier, Assemblée Générale de l'Union Internationale contre la Tuberculose, 9. 9. 1937, in *Bulletin de l'Union Internationale contre la Tuberculose*, Vol. XIV, No. 4, Octobre 1937, S. 613, 615.

deutsche Antrag angenommen, die nächste Konferenz im September 1939 in Berlin durchzuführen. Gleichzeitig wählte man den damaligen Präsidenten des deutschen Reichs-Tuberkulose-Ausschusses, der auch Mitglied des Exekutivkomitees der Union geworden war, Dr. Gottfried Frey, zum zukünftigen Präsidenten der Internationalen Tuberkulose-Union. Dieses Amt sollte er nach der Konferenz in Berlin antreten. Der französische Generalsekretär Fernand Bezançon, würdigte die Wahl Berlins als Stätte der nächsten internationalen Konferenz und die Wahl eines Deutschen zum Präsidenten der Union:

> D'après les statuts, il appartient à chaque Assemblée Générale désigner le pays où se réunira la prochaine Conférence, ainsi que le futur Président de l'Union. Je suis certain d'interpréter les sentiments unanimes de mes Collègues en vous recommandant le choix de Berlin comme siège de notre XIe Conférence, et la nomination de M. le Dr. Frey comme Président élu. Nous prions celui-ci de bien vouloir exprimer au 'Reichs-Tuberkulose-Ausschuss' nos très sincères remerciements. Le rôle joué dans la lutte antituberculeuse par la patrie de Robert Koch, d' Ehrlich et de Behring, nous est un sûr garant du succès de nos prochaines assises internationales.[399]

„Adopté par acclamations", so hielt der Bericht die Zustimmung der Versammelten fest.[400] Die deutschen Mediziner und Gesundheitspolitiker waren wieder voll rehabilitiert. Als Vertreter Nazi-Deutschlands erhielten sie die internationale Anerkennung, die ihnen in der Zeit der Weimarer Republik versagt worden war. Auch die deutsche Sprache sollte davon profitieren.

Da Deutsch die Sprache des Gastlandes der geplanten Konferenz war, durfte es erstmals nach dem Ersten Weltkrieg wieder offizielle Sprache der internationalen Tuberkulosekonferenz werden. Das Exekutivkomitee der Union billigte einstimmig diese Regelung:

> Pour la Conférence de Berlin, le Comité recommande à l'unanimité le règlement adopté à Lisbonne, l'allemand étant substitué à la langue portugaise dans le texte original.[401]

Diese Sprachenregelung galt ausdrücklich nur für die Berliner Konferenz. Um so mehr bemühten sich die deutschen Veranstalter, die Gleichstellung der deutschen mit der französischen und englischen Sprache endlich zurückzugewinnen. So legte die Berliner Kongreßleitung als gleichwertige Konferenzsprachen vier Sprachen fest: Französisch, Englisch, Italienisch und Deutsch. Einladungen,

---

399 Rapport Administratif à l'Asemblée Générale [Rapport du Secrétaire générale], ebd., S. 605, 607 [englische Übersetzung S. 604, 606].

400 Ebd, S. 607.

401 Réunion du Comité exécutif de l'Union Internationale contre la Tuberculose, 29.1.1938, in *Bulletin de l'Union Internationale contre la Tuberculose*, Vol. XV, No. 1, Janvier 1938, S. 33.

Vorläufiges Programm und Anmeldungsformulare druckte man folglich in diesen vier Sprachen. Ebenso wollte man alle Vorträge (Hauptvorträge mit Zusammenfassungen und Korreferate) in vier Sprachen vor Beginn der Tagung zur Verfügung stellen, zu den drei Themen in der jeweiligen Sprache in einer Broschüre.[402]

In den mündlichen Verhandlungen des Kongresses in Berlin sollten dann die Hauptberichterstatter in einer der vier Konferenzsprachen vortragen, und die Nebenberichterstatter möglichst auch, während für die Diskussion wie früher alle Sprachen zugelassen wurden. Um die Verständigung zu erleichtern, hatte man vor, eine „Siemens-Übersetzeranlage“ mit Kopfhörern zu installieren. „Damit“, verhieß das „Vorläufige Programm“, „ist jeder Konferenzteilnehmer in der Lage, durch Einschaltung einer der Sprachen am Empfangsgerät seines Platzes die Rede gleichzeitig in der ihm vertrauten Sprache zu hören.“[403]

Doch die Konferenz fand nicht statt, da mit dem deutschen Angriff auf Polen der Zweite Weltkrieg begann.

---

402 Vgl. XI. Konferenz der Internationalen Vereinigung zur Bekämpfung der Tuberkulose. XIème Conférence de l'Union Internationale contre la Tuberculose. XI Conference of the International Union against Tuberculosis. XI Conferenza dell'Unione Internazionale contro la Tubercolosi, Berlin 16.–20. September 1939. Vorläufiges Programm. Programme Provisoire. Provisional Programme. Programma Provvisorio; XI. Konferenz der Internationalen Vereinigung zur Bekämpfung der Tuberkulose. Berlin September 1939, Biologisches Thema. Haupt- und Nebenberichte – Klinisches Thema. Haupt- und Nebenberichte – Soziales Thema. Haupt- und Nebenberichte [deutschsprachiger Teil].

403 Ebd, S. 10 f; Zitat S. 11.

III. Gegenaktionen

1. Proteste gegen den Boykott

Zahlreiche Wissenschaftler in Ländern, die im Krieg neutral geblieben waren und die, von den alliierten Akademien wohlkalkuliert, zu den Gründungsversammlungen der Boykottorganisationen nicht eingeladen worden waren, widersetzten sich von Anfang an der Auflösung der alten internationalen Assoziationen und, was damit bezweckt worden war, der Isolierung der deutschen und österreichischen Gelehrten.

So wandten sich im Jahr 1919 allein 177 Mitglieder von Akademien, die der alten Internationalen Assoziation der Akademien angehört hatten – es waren namhafte Wissenschaftler aus Schweden, Norwegen, Finnland, Dänemark, den Niederlanden, der Schweiz und Spanien – in einem an die Mitglieder der alliierten Akademien gerichteten achtseitigen Aufruf „Aux Membres des Académies des Nations Alliées et des États-Unis d'Amérique" gegen deren 1918 in London und Paris gefaßten Beschlüsse, mit denen diese die Ablösung der bis dahin bestehenden internationalen Vereinigungen durch neue Organisationen verfügt und die Wissenschaftler der ehemaligen Kriegsgegner davon ausgeschlossen hatten. Diese Wissenschaftler wegen ihres Verhaltens im Krieg pauschal abzuurteilen, ohne die konkreten Umstände zu untersuchen, ihnen eine andere Humanität und niedrigere Moralität zu unterstellen und von vorneherein eine Zusammenarbeit auszuschlagen, hielten die Unterzeichner des Aufrufs für ungerechtfertigt und schädlich für den Fortschritt der Wissenschaft.

> Si les savants des empires centraux n'ont pas protesté contre certains procédés de la guerre ou même s'ils les ont approuvés, vous ne pouvez pas conclure de ce seul fait qu'ils appartiennent à une autre humanité, ni que le niveau de leur moralité soit moins élevé que le vôtre, et qi'ils ne méritent plus l'honneur de collaborer avec vous aux progrès de la Science.[1]

Und was, fragten die Akademiemitglieder, würde man denn erreichen, wenn die gedemütigten Wissenschaftler später eine Wiederaufnahme der Beziehungen ablehnten.

> A qui la responsabilité, si plus tard les savants centraux, se sentant insultés, refusent de renouer les liens que vous déchirez?[2]

---

1 Aux Membres des Académies des Nations Alliées et des États-Unis d'Amérique [1919], mit Liste der Unterzeichner, in BBAW-Archiv, II-XII-23, Bl. 149. Zahlreiche weitere Unterschriften kamen noch hinzu.

2 Ebd.; vgl. Schröder-Gudehus, *Les scientifiques*, S. 123. Nach Schröder-Gudehus war die Initiative zu dem Protestschreiben von dem holländischen Astronomen Kapteyn, Groningen, aus-

https://doi.org/10.1515/9783110572643-011

Eine solche Spaltung der Wissenschaftler, die früher gut kooperiert hatten, die Bestrafung der ohnehin Besiegten von der stärkeren Machtposition aus und die Mißachtung der *gemeinsamen* humanen Aufgaben der Wissenschaft behinderten nach Ansicht der Gelehrten den Wiederaufbau des zerrütteten Europa.[3]

Im gleichen Jahr unterzeichneten 110 spanische Wissenschaftler eine an die Friedenskonferenz in Versailles gerichtete Botschaft, in der sie die „unmittelbare Wiederherstellung der internationalen wissenschaftlichen Beziehungen ohne irgendwelche Ausnahme, einschließlich des Austausches ihrer Veröffentlichungen und wissenschaftlichen Materialien" verlangten.

„Keinem Volk", erklärten sie,

> am wenigsten einem, das wie das deutsche und andere Völker Mitteleuropas in so hervorragendem Maße zum Fortschritt der Wissenschaft beigetragen hat, darf die Weiterentwicklung seiner Wissenschaft und seines berechtigten und segensreichen geistigen Einflusses auf das Ausland beschränkt werden.[4]

Aber auch in den Gelehrtenkreisen der alliierten Länder erhob sich Protest gegen den Boykott und ergriff man Initiativen, um ihn zu brechen. 57 Hochschullehrer der Universität Oxford wandten sich 1920 in einer Kundgebung an die deutschen und österreichischen Professoren und Mitglieder der Universitäten und wissenschaftlichen Gesellschaften und reichten ihnen die Hand zur Versöhnung. Dabei äußerten sie den Wunsch, die freundschaftliche wissenschaftliche Zusammenarbeit wiederaufzunehmen, was ihnen um so dringlicher erschien, als politische Zwistigkeiten das Einvernehmen der großen europäischen Staaten zu vernichten drohten:

> While political dissensions are threatening to extinguish the honourable comity of the great European States, we pray that we may help to hasten that amicable reunion which civilization demands.[5]

---

gegangen, und im Oktober 1919 waren über 200 Unterschriften gesammelt worden. Es wurde dann in der internationalen Presse veröffentlicht.

3 Vgl. Aux Membres des Académies des Nations Alliées et des États-Unis d'Amérique.

4 Zitiert nach *Süddeutsche Monatshefte*, 17. Jg. 1919/20, S. 162; Die Botschaft ist vom 28.5.1919; vgl. Deutsche Botschaft Madrid an AA, 15.11.1922, in PA AA R 64174.

5 To the Professors of the Arts and Sciences and to Members of the Universities and Learned Societies in Germany and Austria, July 1920, mit Liste der Unterzeichner, in BBAW-Archiv, II-XII-31, Bl. 131; deutsche Übersetzung, Sept. 1, 1920, in ebd., Bl. 130; vgl. Cock, Chauvinism and Internationalism, S. 259.

Bei vielen anderen britischen Wissenschaftlern indes stieß diese Aktion nicht gerade auf Zustimmung.

Doch mit der Zeit wandelte sich in Großbritannien die allgemeine Stimmung. Ein Zeichen davon war, daß vier Jahre nach der Kundgebung in Oxford das Exekutivkomitee der National Union of Scientific Workers in London einstimmig die folgende, von dem renommierten britischen Mathematiker Godfrey Harold Hardy eingebrachte Resolution beschloß:

> That the organisation of scientific unions or congresses which are described as international but from which particular nations are excluded on political grounds is unworthy of the spirit of science.[6]

Hardy hatte bereits die Oxforder Erklärung mitunterzeichnet. Als Präsident der National Union of Scientific Workers schickte er, vom Exekutivkomitee damit beauftragt, gemeinsam mit deren Sekretär A. G. Church die Resolution an wissenschaftliche Akademien und Gesellschaften in Europa und Amerika sowie an die Presse, und zwar in Verbindung mit einem Schreiben, das zum Protest gegen die restriktive Politik des International Research Council aufrief. Der Boykott wurde als Werk einer kleinen Minderheit, die unter dem Druck insbesondere von zwei Ländern stehe – gemeint waren Frankreich und Belgien –, angeprangert.

> Effectively, the Council exists not to promote "international co-operation" but to exclude the Germans from it. [...] Einstein, then, is excluded from "international co-operation" in astronomy until 1931.[7]

In Japan protestierten ebenfalls viele Wissenschaftler gegen die Verbannung Deutschlands und Österreichs aus internationalen Vereinigungen und Kongressen. Auf der Tagung des Vereins für wissenschaftliche Studien „Gakujitsu Kenkyu Kai" im Jahr 1920 wurde nach heftigen Auseinandersetzungen einstimmig eine Resolution verabschiedet, welche die Rücknahme der Pariser Beschlüsse und die Zulassung aller Staaten zu internationalen Veranstaltungen verlangte.[8] Die Empörung gerade jüngerer Professoren über die Kollaboration des Vizepräsidenten des Vereins, des Chemikers Prof. Sakurai, der den Pariser Ausschlußbeschluß

---

6 G. H. Hardy, A. G. Church, "International" Scientific Unions, in *Manchester Guardian*, 3.6. 1924, zitiert nach Cock, Chauvinism and Internationalism, S. 262.

7 Zitiert nach Aufruf aus dem "Manchester Guardian" vom 3. Juni 1924, in Georg Karo, *Der geistige Krieg gegen Deutschland*, Halle 1925, S. 18 f., Zitat S. 19; vgl. Cock, Chauvinism and Internationalism, S. 262 f.; Schröder-Gudehus, *Deutsche Wissenschaft*, S. 241.

8 Vgl. Deutsche Botschaft Tokio, Solf, an AA, 14.12.1920, in PA AA, R 64979; vgl. Schröder-Gudehus, *Deutsche Wissenschaft*, S. 240.

mitunterschrieben hatte, war so groß, daß Sakurai sich gezwungen sah, den Posten des Vizepräsidenten niederzulegen und die Versammlung zu verlassen.[9]

Vor allem japanische Ärzte bekundeten ihre Hochachtung vor der deutschen Medizin. Auf dem 1920 in Wiesbaden tagenden balneologischen Kongreß des deutschen Bäderverbandes gab der japanische Arzt Dr. Miadera aus Tokio eine Erklärung im Namen der japanischen Ärzte ab. Darin wurde deren Bewunderung und Sympathie für die deutsche Medizin zum Ausdruck gebracht und betont, daß sie mit irgendwelchen Maßnahmen, die andere Nationen oder einzelne Ärzte gegen deutsche Ärzte ergreifen würden, nichts zu tun hätten. Dies gelte nicht nur für die japanischen Ärzte, sondern auch die japanische Regierung.[10]

Während einige Akademien und Fachgesellschaften verschiedener Länder dem Internationalen Forschungsrat und den ihm unterstellten Fachunionen fernblieben,[11] versuchten andere, nachdem sie in diese neuen Organisationen eingetreten waren, unter deren Mitgliedern darauf hinzuwirken, daß der Boykottbeschluß aufgehoben wurde. Doch angesichts der etablierten Machtstrukturen stellten sich dem große Hindernisse in den Weg.

Bereits auf der zweiten Generalversammlung des Forschungsrats 1922, der ersten Versammlung, zu der ausgewählte neutrale Länder eingeladen worden waren, stellte der schwedische Delegierte, der Ophthalmologe und Nobelpreisträger Allvar Gullstrand, den Antrag, alle Länder ohne Einschränkung zuzulassen und folglich aus den Statuten den Boykottparagraphen zu streichen, der sich auf Artikel 1 der Londoner Resolution bezog,[12] die Bestimmung also: „Conformément à l'article 1er des résolutions de Londres (octobre, 1918)", wie sie in Artikel 1 der Statuten des Forschungsrats lautete und nochmals in Artikel 3 in leicht abgewandelter Formulierung wiederholt wurde.[13] In dem Antrag wurde außerdem noch gefordert, eine für die kleinen Staaten günstigere Aufteilung der Delegiertenstimmen vorzunehmen.

Doch Gullstrands Antrag unterstützte nur noch der Schweizer Astronom Raoul Gautier, während die Vertreter der alliierten Mächte eine Änderung der Sta-

---

9 Bericht darüber in *Jiji*, 13.12.1920, Übersetzung in BA Berlin, R 1501/108963, Bl. 25.

10 Vgl. *Der Tag* 22.3.1921.

11 Zur Lage in Großbritannien vgl. Cock, Chauvinism and Internationalism, S. 261 ff.; Schröder-Gudehus, *Les scientifiques*, S. 120 ff.

12 Siehe dazu unten, Kapitel IV.1. und im Anhang, Dokument IV und V.

13 International Research Council. Second Assembly 1922, Reports of Proceedings, S. 6; vgl. Statuten, International Research Council. Constitutive Assembly 1919, Reports of Proceedings, S. 155 f.; siehe im Anhang, Dokument IV und V.

tuten strikt ablehnten. Angesichts dieser Machtkonstellation erschien es Gullstrand aussichtslos, den Antrag überhaupt zur Abstimmung zu stellen.[14]

Auf der nächsten Generalversammlung des Conseil 1925 war die Opposition schon viel stärker geworden. Die Akademien Schwedens, der Niederlande und Dänemarks hatten Vorschläge zur Aufhebung des Boykotts vorgelegt, außerdem Australien in vorsichtig allgemeiner Form und die Schweiz mit der Einschränkung, daß die Länder, die aufgenommen würden, dem Völkerbund angehören müßten.[15]

Auf der Versammlung selbst trug der niederländische Physiker und Nobelpreisträger von 1902, Hendrik Antoon Lorentz, einen Brief vor, den er zusammen mit den anderen drei niederländischen Nobelpreisträgern, Willem Einthoven, Heike Kamerlingh Onnes und Pieter Zeeman, an den Internationalen Forschungsrat geschrieben hatte. In diesem Brief verlangten die Wissenschaftler, die sich auf die Vorschläge der Akademien von Amsterdam und Kopenhagen stützten, die Restriktionen gegen die Mittelmächte aufzuheben und alle Nationen zuzulassen, zumal die wissenschaftliche Zusammenarbeit mit jenen Ländern auf einigen Gebieten einfach unumgänglich sei und sich bereits Bahn gebrochen habe, nicht zuletzt auch im Rahmen des Völkerbunds. Schließlich sei die Nachkriegsstimmung einem Geist der Versöhnung gewichen. Wie es selbst in den Kriegsjahren durchaus deutsche Gelehrte gegeben habe, die sich ihren Gegnern gegenüber guten Willens gezeigt hätten, hieß es in dem Brief, so würden bei einer Mitgliedschaft Deutschlands diejenigen deutschen Wissenschaftler, die an der Zusammenarbeit sich beteiligten, ihre Versöhnungsbereitschaft gerade dadurch beweisen:

> [...] nous sommes convaincus que, lorsque l'Allemagne aura une place dans le Conseil de Recherches, ceux de ses savants qui assisteront aux réunions et qui prendront part au travail commun, feront preuve par cela même, de cet esprit de réconciliation que nous aimerions voir régner dans le monde et qui seul peut le protéger contre la guerre et la violence.[16]

14 Vgl. International Research Council 1922, Reports of Proceedings, S. 6 f.; vgl. Schröder-Gudehus, *Deutsche Wissenschaft*, S. 241 f.

15 Die Vorschläge sind abgedruckt in International Research Council. Third Assembly 1925, Reports of Proceedings, S. 25 f.

16 W. Einthoven, H. A. Lorentz, H. Kamerlingh Onnes, P. Zeeman, Au Conseil International de Recherches, Juillet 1925, in ebd., S. 6 f.; Zitat S. 7; die Anfangsbuchstaben von Einthovens Vornamen sind hier allerdings falsch wiedergegeben. Zeeman hatte zusammen mit Lorentz 1902 den Nobelpreis für Physik erhalten, der Physiker Kamerlingh Onnes hatte ihn 1913 bekommen und der Physiologe Willem Einthoven 1924.

Die Royal Society hatte inzwischen ebenfalls zwei Resolutionen verabschiedet, in denen die Zulassung der Mittelmächte zum nächstmöglichen Zeitpunkt gewünscht wurde. Deshalb sprach sich auf der Generalversammlung 1925 neben den Delegierten mehrerer neutraler Staaten jetzt auch der britische Delegierte im Namen der Royal Society für die sofortige Beseitigung der Barrieren aus, ebenso der Vertreter der USA im Namen der amerikanischen Gelehrten sowie der italienische Mathematiker Volterra, Vizepräsident des Conseil international de recherches.[17]

Auch in den Fachunionen formierten sich die Kräfte gegen den Boykott. Auf der ersten Generalversammlung der Internationalen Astronomischen Union 1922 in Rom forderte der italienische Astronom Vincenzo Cerulli, Professor in Rom und Vizepräsident der Union, die Ausgrenzungen zu beenden und alle Länder zuzulassen. Er führte die Absurdität jener Restriktionen den Versammelten eindringlich vor Augen: „Immaginate, o Signori, quale colmo, quale *esponente* di assurdo, una Commissione di relatività senza Einstein!" Seine Rede endete mit dem Wunsch, „che il prossimo Congresso dell'Unione abbia ed allietarsi della presenza di tutti."[18]

In der Union internationale de la Chimie pure et appliquée wurde beantragt, wenigstens alle Länder, die dem Völkerbund angehörten, auch in die Union aufzunehmen.[19] Doch nun eine neue Völkerbund-Klausel zu ersinnen, wurde von den meisten Delegierten auf der Generalversammlung des Forschungsrats im Jahr 1925 für zwecklos befunden.

Wenngleich Franzosen und Belgier nach wie vor nicht nachgeben wollten und eine Aufhebung des Boykotts für verfrüht hielten, drohte andererseits die Gefahr, daß der Internationale Forschungsrat gespalten oder aufgelöst werden könnte, wovor Lorentz nachdrücklich warnte.[20] Vor diesem Hintergrund brachte die Abstimmung über den Antrag auf Streichung der Boykottparagraphen, den Schweden, Dänemark und Holland stellten, eine Mehrheit von 28:19 Stimmen.

Doch damit war die im Statut verankerte Zweidrittelmehrheit der Stimmen der Mitgliedsländer noch nicht erreicht, welche die alliierten Initiatoren ja gerade eingebaut hatten, um unliebsame Quertreibereien zu Fall zu bringen.[21] Gleich-

17 Vgl. ebd., S. 9 ff.

18 Address by Professor Cerulli, in Transactions of the International Astronomical Union, Rome 1922, S. 145 ff., Zitate S. 146 und 147; Hervorhebung im Original; siehe dazu auch unten S. 363 f.

19 Vgl. International Research Council. Third Assembly 1925, Reports of Proceedings, S. 7 f.

20 Ebd., S. 10. Zu ähnlichen Befürchtungen Arthur Schusters siehe Schröder-Gudehus, *Les scientifiques*, S. 266.

21 Für den Antrag stimmten: Großbritannien und Irland (5), USA (5), Italien (5), Japan (5), Schweden (2), Niederlande (2), Dänemark (1), Norwegen (1), Schweiz (1), Südafrika (1); dagegen

wohl wurden mit jenen Mehrheitsverhältnissen Weichen gestellt, die bereits im folgenden Jahr zu der gewünschten Statutenänderung führten. Andernfalls hätten, so mußte man befürchten, womöglich zahlreiche Delegierte dem Forschungsrat den Rücken gekehrt.

Da nun von allen Seiten der Druck weiter zunahm, sah sich das Exekutivkomitee des Internationalen Forschungsrats schließlich genötigt, 1926 eine außerordentliche Generalversammlung einzuberufen, einzig und allein zu dem Zweck, über die Beseitigung der Boykottbestimmungen, wie sie bereits 1922 und 1925 gefordert worden waren, zu entscheiden und dabei eine Lösung möglichst einstimmig herbeizuführen, um den Bestand der neuen Wissenschaftsorganisation zu retten. Das schließlich gelang: Den Boykott – in Gestalt des ins Statut eingefügten Artikels 1 der Londoner Beschlüsse – hob die Generalversammlung des Forschungsrats 1926 nun ohne eine einzige Gegenstimme auf,[22] nachdem vorher Verhandlungen und Absprachen zwischen Wissenschaftlern und Regierungen stattgefunden und die schwedische Akademie, die Royal Society, die Akademie der Wissenschaften Amsterdam, die norwegische Akademie und der National Research Council der USA entsprechende Vorschläge unterbreitet hatten.[23] Auch der Präsident des Internationalen Forschungsrats, Émile Picard, hatte die Gefahr der Isolation erkannt:

> la France risquerait de se trouver isolée si la suppression du veto résultant des délibérations de Londres n'était pas votée.[24]

Eine weitere wichtige Entscheidung fällte die außerordentliche Delegiertenversammlung 1926. Sie nahm eine von dem englischen Physiker und Nobelpreisträger Sir Ernest Rutherford im Namen der Royal Society eingebrachte Resolution ebenfalls einstimmig an. Dieser hatten sich die schwedischen und holländischen Delegierten sogleich angeschlossen. Sie wurde außerdem von den Vertretern Norwegens, der USA, Japans und Italiens unterstützt:

---

stimmten: Frankreich (5), Polen (4), Tschechoslowakei (3), Ägypten (3), Belgien (2), Marokko (2). Spanien (5) enthielt sich der Stimme. Die Zahlen in Klammern beziehen sich auf die den einzelnen Ländern zugeteilten Delegiertenstimmen entsprechend ihrer Bevölkerungszahl; vgl. International Research Council. Third Assembly 1925, Reports of Proceedings, S. 12; Schröder-Gudehus, *Deutsche Wissenschaft*, S. 244; Cock, Chauvinism and Internationalism, S. 254.

22 70 Stimmen votierten dafür; vgl. Conseil international de recherches, Assemblée générale extraordinaire ... Bruxelles, le 29 juin, 1926. Procès-verbal de la séance, avec annexes, S. 3.

23 Die Vorschläge sind abgedruckt in ebd., S. 12–19 (Annexe II, A-E), hintereinander jeweils der englische und französische Text. Zu den Absprachen vgl. Schröder-Gudehus, *Les scientifiques*, S. 266 ff.; Cock, Chauvinism and Internationalism, S. 265 f.

24 Comité secret, 12.10.1925, Archives AdS Paris, Comité secret 1919–1928, Bl. 328.

> L'Assemblée Générale, sur la proposition de la Grande Bretagne, de la Suède et des Pays-Bas, invite l'Allemagne, l'Autriche, la Hongrie et la Bulgarie à adhérer au Conseil international de Recherches et aux diverses Unions qui y sont rattachées, en indiquant l'institution destinée à dévenir l'organisme adhérent.[25]

Doch die an Deutschland, Österreich, Ungarn und Bulgarien gerichtete Einladung, dem Internationalen Forschungsrat und den ihm angegliederten Unionen beizutreten, stieß in deutschen Gelehrtenkreisen vorerst auf Ablehnung.[26]

Im folgenden soll an einzelnen Beispielen, der Internationalen Gesellschaft für Chirurgie und deren Kongressen sowie den internationalen Kongressen für Ophthalmologie und für Mathematik, gezeigt werden, wie dort die Proteste gegen den Boykott und die Bemühungen um seine Aufhebung verliefen, wobei insbesondere die Rolle, welche die deutsche Sprache in diesen Auseinandersetzungen spielte, untersucht wird.

a) Chirurgenkongresse

Die 1902 gegründete Société Internationale de Chirurgie, deren Sitz in Brüssel angesiedelt war, hatte auf ihrem 5. Kongreß am 22. Juli 1920 in Paris alle Mitglieder, die den Mittelmächten angehörten, ausgeschlossen, ebenso alle Chirurgen, die sich mit diesen solidarisiert hatten. (Abb. 34)

Als Grund führte die internationale Gesellschaft der Chiurgen die Unterzeichnung des Aufrufs „An die Kulturwelt!" von 1914 an sowie die Weigerung der deutschen Wissenschaftler, sich davon zu distanzieren, als die falschen Behauptungen und Lügen widerlegt waren, und Methoden der wissenschaftlichen Erörterung und Überprüfung anzuwenden.

Die einstimmig verabschiedete Erklärung lautete:

> La Société internationale de chirurgie, basant ses travaux sur l'application des méthodes de la science pure, déplore que des hommes de savoir et d'enseignement aient pu plier leur conscience à signer notamment le manifeste du 4 octobre 1914, plein d'affirmations mensongères et erronées; que leur raison ne les ait pas préservés d'une aussi outrageuse vilenie; que leur cœur ne leur ait pas dicté la moindre rétractation, alors que la fausseté de leurs accusations était devenue évidente et démontrée.
>
> Cette renonciation déplorable aux méthodes de discussion et de contrôle scientifiques a conduit la Société internationale de chirurgie à rayer de la liste des membres de la Société

25 Conseil international de recherches, Assemblée générale extraordinaire 1926, S. 4; vgl. Schröder-Gudehus, *Les scientifiques*, S. 269.
26 Siehe dazu unten Kapitel IV.

CINQUIÈME CONGRÈS

DE LA

Société Internationale de Chirurgie

PARIS, 19-23 JUILLET 1920

RAPPORTS
PROCÈS-VERBAUX ET DISCUSSIONS

publiés par le

Docteur L. MAYER
Secrétaire général

BRUXELLES
M. HAYEZ, imprimeur de l'Académie royale de Belgique
Rue de Louvain, 112

1921

Abb. 34: 5. Kongreß der Internationalen Gesellschaft für Chirurgie 1920 in Paris. Titelblatt des Berichts

> les noms de tous les membres appartenant aux puissances centrales et de tous les chirurgiens qui se sont solidarisés avec eux.[27]

Die Reaktion der Deutschen Chirurgischen Gesellschaft auf diesen Ausschluß und seine Begründung war eine Rechtfertigung des Aufrufs „An die Kulturwelt!" von 1914, bar jeglicher Einsicht und Kritik.

Der damalige Vorsitzende der Deutschen Gesellschaft für Chirurgie, August Bier, Professor an der Universität Berlin, der zwar nicht jenen Aufruf, doch – wie auch andere Chirurgen – die „Erklärung der Hochschullehrer des Deutschen Reiches" mitunterzeichnet hatte, veröffentlichte im Auftrag des Ausschusses der Gesellschaft folgende Erklärung:

> Die Deutsche Gesellschaft für Chirurgie verzichtet auf jede Aeusserung gegenüber der internationalen Gesellschaft für Chirurgie. Dagegen erklärt sie:
>
> 1. Der Aufruf der 93, der als einziger Grund für den Ausschluss angegeben wird, ist zufällig von keinem deutschen Chirurgen unterzeichnet.
>
> 2. Der Aufruf ist entstanden in politisch erregter Zeit, als fast die ganze Welt gegen Deutschland stand, und nicht nur mit den Waffen des Krieges, sondern auch mit den gehässigsten Verdächtigungen und falschen Anschuldigungen gegen uns kämpfte. Ebenso wie wir 4 Jahre hindurch uns mit den Waffen gewehrt haben, war es unser Recht, den gegnerischen Verleumdungen in der Presse entgegenzutreten und den deutschen Standpunkt zu bekennen. Dies war der Sinn jenes Aufrufes von 1914. Wir halten die Berechtigung zu dieser Abwehr auch jetzt noch ausdrücklich aufrecht. Denjenigen ausländischen Chirurgen, die uns diese Berechtigung bestreiten, können wir nur anheimstellen, ihre Beteiligung an den Arbeiten der Deutschen Gesellschaft für Chirurgie aufzugeben.[28]

Noch im selben Jahr wandten sich Chirurgen aus anderen Ländern an die Internationale Gesellschaft für Chirurgie und verlangten die Wiederaufnahme der deutschen und österreichischen Mitglieder.

---

27 Cinquième Congrès de la Société Internationale de Chirurgie, Paris, 19–23 juillet 1920. Rapports, Procès-Verbaux et Discussions, Bruxelles 1921, S. 875 f. Eine Übersetzung ins Deutsche findet sich in *Münchener Medizinische Wochenschrift*, 26.11.1920, S. 1397; vgl. H. Küttner, Eröffnungsrede auf dem deutschen Chirurgenkongreß 1927, abgedruckt in einem Auszug der Rede unter dem Titel „Die Wiederaufnahme der Chirurgen der Mittelmächte in die Internationale Gesellschaft für Chirurgie", in *Mitteilungen des Verbandes der Deutschen Hochschulen*, 7. Jg., 1927, S. 77–81, hier S. 77.

28 Im Auftrage des Ausschusses der Deutschen Gesellschaft für Chirurgie, Bier, Vorsitzender für das Jahr 1920, 16.11.1920, abgedruckt in *Münchener Medizinische Wochenschrift*, 26.11.1920, S. 1397; vgl. Karl Kerkhof, *Der Krieg gegen die deutsche Wissenschaft*, Wittenberg [1922], S. 42.

Der in der Schweiz geborene und in Amsterdam lehrende Professor Otto Lanz trat aus Protest gegen den Ausschluß der Wissenschaftler der Mittelmächte aus der Internationalen Gesellschaft für Chirurgie aus. In einem Brief an die Gesellschaft, der in der *Münchener Medizinischen Wochenschrift* veröffentlicht wurde, begründete er seinen Schritt:

> Dagegen, dass 2 Jahre nach Friedensbeginn ein solcher Beschluss möglich und zur Tatsache geworden ist, kann ich nur schärfstens protestieren und ich kann dies in keiner schärferen Form tun, als indem ich meinen Austritt aus der Gesellschaft erkläre, die durch ihren Beschluss den Anspruch auf die Qualifikation einer *internationalen* Gesellschaft verloren hat.

Die Chirurgen der Mittelmächte seien genauso wenig für den Krieg verantwortlich wie die Chirurgen der Entente und hätten wie diese während des Krieges lediglich ihre ärztliche Pflicht getan, gegenüber ihren Feinden ebenso wie ihren Verbündeten. Die „Disqualifikation von seiten der Ententekollegen" hätten sie nicht verdient.

Wogegen Lanz sich außerdem verwahrte, war der Beschluß,

> die deutsche Sprache als Verhandlungssprache auszuschliessen. Auch dagegen kann ich nur schärfstens protestieren, denn das Deutsch ist meine Muttersprache,

schrieb Lanz in seiner Austrittserklärung. Zugleich kündigte er eine weitere Protestaktion an: Da er Französisch, Englisch und Italienisch beherrsche, habe er zwar „bis heute aus Gründen der Höflichkeit mit jedem Kollegen in *seiner* Muttersprache verkehrt." Doch das wollte er nun ändern: „Gegen den Ausschluss der deutschen Sprache kann ich in keiner schärferen Form protestieren", erklärte Lanz, „als indem ich (bis zu dem Tage, an dem Ihr fataler Beschluss aufgehoben sein wird) mit ausländischen Kollegen, die der holländischen Sprache nicht mächtig sind, nur noch in der deutschen, *meiner* Muttersprache, verkehre."[29]

Zur gleichen Zeit unterzeichneten 69 Chirurgen in der Schweiz einen im November 1920 verbreiteten Aufruf „Zum Ausschluß der deutschen Chirurgen vom internationalen Chirurgenkongreß", der an den Präsidenten des nächsten Kongresses der Société internationale de Chirurgie, Sir William Macewen in Glasgow, gerichtet war. Der Schweizer Aufruf wurde nicht nur diesem mit den Unterschriften zugesandt, sondern gleichzeitig auch dem Präsidenten der Deutschen Gesellschaft für Chirurgie und verschiedenen Chirurgen in neutralen Ländern.[30]

---

29 Lanz, in *Münchener Medizinische Wochenschrift*, Nr. 49, 3.12.1920, S. 1427; Hervorhebung i. Orig.

30 Der Aufruf mit der Liste der Unterzeichner ist abgedruckt in *Schweizerische Medizinische Wochenschrift*, Jg. 2, Nr. 22, 2.6.1921, S. 523f.

In diesem Aufruf, der auf die Kundgebung der Professoren der Universität Oxford verweist, wird die Wiederaufnahme wissenschaftlicher Beziehungen mit den Gelehrten Deutschlands und Österreichs gewünscht und zugleich darauf hingewiesen,

> daß keiner der deutschen Chirurgen dieses Manifest unterschrieben hat, und daß sie deshalb für diesen Erlaß, der später nach besserer Information und ruhiger Ueberlegung von verschiedenen Unterzeichnern verleugnet worden ist, nicht verantwortlich zu machen sind.

Ein Schweigen zu dem „der Kriegsmentalität entsprungene[n] Manifest" könne nicht als Zustimmung ausgelegt werden. Doch genau das unterstelle der Kongreßbeschluß. „Der internationale Kongreß", beklagt der Schweizer Aufruf, „teilt diese unsere Auffassung nicht, sondern betrachtet [...] die deutschen Chirurgen von vorneherein als mitschuldig, weil sie das Manifest nicht spontan desavouiert und nicht ein peccavi abgegeben haben." Aber man habe sich noch nicht einmal, bevor man den Ausschluß beantragte, an die deutschen Chirurgen gewandt, um ihnen Gelegenheit zu geben, sich zur Anklage zu äußern und sich zu rechtfertigen, wie es bei Gerichtsverfahren selbstverständlich sei. – Die oben zitierte Erklärung der deutschen Chirurgen war den Schweizern offenbar nicht bekannt.

Jedenfalls lehnten die Schweizer Chirurgen es ab, „die Angehörigen einer kriegführenden Seite, das heißt die besiegt Darniederliegenden auszuschließen und an ihnen damit einen Strafakt zu vollziehen." Dagegen gaben sie den Rat, internationale Kongresse solange nicht durchzuführen, bis die feindselige Stimmung „unter dem störenden Einflusse der Kriegserinnerung, der nationalen Gegensätze oder gar des Völkerhasses" sich gelegt und eine „ruhige unpolitisch-internationale, rein wissenschaftliche Atmosphäre herrscht".

Schließlich bedauerten es die Chirurgen, daß neutrale Ärzte auf dem Kongreß in Paris nicht versucht hätten, „vermittelnd und ausgleichend zu wirken", daß sie nicht „gemeinsam in offenem Manneswort gegen diesen Gewaltakt und den damit verbundenen Ausschluß der deutschen Sprache als Kongreßsprache Einspruch erhoben haben". Deshalb fühlten sich jetzt die Schweizer verpflichtet, die Chirurgen aller Länder aufzurufen, mit ihnen gegen die in Paris gefaßten Beschlüsse zu protestieren.[31]

Im gleichen Monat wandte sich ein japanischer Mediziner, Prof. S. Kitasato vom Institut für Infektionskrankheiten in Tokio, in einem offenen Brief an den Herausgeber der *Deutschen Medizinischen Wochenschrift*, Julius Schwalbe, und verurteilte ebenso wie die Schweizer den von der Internationalen Gesellschaft für Chirurgie in Paris gefaßten Beschluß, die Mitglieder der Mittelmächte aus ihrem

31 Ebd.

Verzeichnis zu streichen. Auf der Pariser Versammlung seien nur zwei japanische Nichtmediziner anwesend gewesen. Wären japanische Mediziner dort gewesen, so meinte der Briefschreiber, hätten sie dem Beschluß wahrscheinlich nicht zugestimmt. Auch wenn es einige deutschfeindliche Gelehrte in Japan gäbe, so stünden doch die medizinische Wissenschaft Japans wie

> auch wohl der bei weitem größere Teil der japanischen Wissenschaften anderer Gebiete der deutschen Wissenschaft wieder sympathisch und ohne Vorurteil gegenüber, bereit zu gemeinsamer, uneigennütziger Forschung nicht nur zum Nutzen und Segen Deutschlands oder Japans, nein, zum Vorteil der ganzen Welt.

In diesem Zusammenhang bedauerte der Japaner auch den Ausschluß der deutschen Sprache und unterstrich deren Bedeutung für die japanische Wissenschaft:

> Die deutsche Sprache wird nach wie vor von der heranwachsenden Jugend Japans, den Vertretern der Zukunft, fleißig gelernt, und es wäre bedauerlich, wenn diese Bestrebungen durch Mißverständnisse der Wissenschaft beider Länder, die sich über die tägliche Politik zu erheben imstande sein sollte, einen Abbruch erleiden sollten.[32]

Möglicherweise angeregt durch die Schweizer Aktion, erhoben auch die finnischen Chirurgen Protest gegen den Pariser Beschluß der Internationalen Gesellschaft für Chirurgie. Ähnlich wie die Schweizer schickten die finnischen Mitglieder der Gesellschaft an dn Präsidenten des nächsten Kongresses, Macewen, ein Schreiben, in dem sie „diese demütigende Entscheidung" verurteilten, „die den Zentralmächten angehörigen Mitglieder der Gesellschaft aus der Mitgliederliste zu streichen", da sie die Vorwürfe nicht für gerechtfertigt hielten und sie der Ansicht waren, daß „die Feindseligkeiten auf dem Gebiete der Wissenschaft" nach dem Friedensschluß nicht wieder aufgenommen werden sollten. Deshalb verlangten sie „eine baldige Aenderung dieses verderblichen Beschlusses".[33]

Doch erst nach dem in London 1923 abgehaltenen 6. internationalen Chirurgenkongreß wurden die gegen den Boykott gerichteten Aktionen verstärkt. Bereits in London hatte man im Hinblick auf den nächsten Kongreß 1926 in Rom die Wiederzulassung der deutschen Sprache beschlossen, obwohl man die deutschen Chirurgen noch nicht zur Diskussion einladen wollte. Der Beschluß bedeutete lediglich ein Zugeständnis an Ärzte aus der Schweiz sowie skandina-

---

32 Zitiert nach „Ein japanischer Gelehrter für Völkerversöhnung", in *Tägliche Rundschau* Berlin, Nr. 542, 27.11.1920.

33 W. Sch., Finnische Chirurgen für die Internationalität der Wissenschaft, in *Deutsche Allgemeine Zeitung*, 1.11.1921.

vischen Ländern, die weder eine romanische Sprache noch Englisch bis dahin gelernt hatten, sondern wünschten, Deutsch zu sprechen.

Die französische Zeitung *Le Matin* verkündete diesen Sprachenbeschluß unter der Überschrift: „Au prochain congrès international de chirurgie on parlera allemand“:

> [...] L'usage de la langue allemande, interdit depuis la guerre sera autorisé, bien que les congressistes aient repoussé à l'unanimité le principe de réadmettre aux discussions les chirurgiens allemands.
>
> La conduite honteuse des intellectuels germaniques, pendant la guerre, et récemment encore, ne saurait autoriser la reprise des relations confraternelles.
>
> Mais comme certains médecins suisses ou scandinaves ne connaissent que l'allemand, ils seront autorisé à son usage s' ils le désirent ... à moins que d' ici là ils n'aient consenti à apprendre une langue latine ou l'anglais.[34]

Bevor jedoch der Kongreß in Rom veranstaltet wurde, ergriffen japanische Chirurgen eine weitere Initiative. Ursprünglich wollten einige von ihnen ihren Beitritt zur Internationalen Gesellschaft für Chirurgie im Jahr 1924 an die Bedingung knüpfen, daß die deutschen und österreichischen Chirurgen als Mitglieder wieder aufgenommen werden. Zwar stimmte die Mehrzahl der japanischen Chirurgen grundsätzlich zu, was die Aufnahme der deutschen und österreichischen Chirurgen in die Gesellschaft betraf, hielt aber die Zeit noch nicht für reif und wollte beide Fragen nicht miteinander verbinden.[35]

Nachdem das nationale Komitee der Internationalen Chirurgischen Gesellschaft in Japan gebildet worden war, erklärten sich, wie Hayashi Miyake, Professor an der Kaiserlichen Universität in Fukuoka und Direktor der Ersten Chirurgischen Klinik dort, dem deutschen Botschafter in Tokio, Wilhelm Solf, mitteilte, von den insgesamt 13 Mitgliedern mindestens 10 dazu bereit, für die Aufnahme der ausgeschlossenen deutschen und österreichischen Ärzte einzutreten und einen entsprechenden Antrag auf Statutenänderung auf dem nächsten Kongreß in Rom 1926 zu stellen. Doch erforderlich für den Änderungsantrag waren 20 Mitglieder der Internationalen Gesellschaft für Chirurgie. Deshalb wollte Miyake dafür sorgen, daß weitere Mitglieder aus anderen Ländern den Antrag unterstützten, und so fragte er den deutschen Botschafter in Tokio, wie man von japanischer Seite wohl am besten dabei vorgehen könne – eine dezente Bitte um Vermittlung.

---

34 *Le Matin*, 12.8.1923.

35 Vgl. Deutsche Botschaft Tokio, Trautmann, an AA, 26.7.1924 (Abschr.), in BA Berlin, R 1501/111138, Bl. 272.

Der Botschafter fragte daraufhin sogleich beim Auswärtigen Amt an, ob bereits von deutschen Ärzten Beziehungen zu Zweigvereinen der Gesellschaft in neutralen Ländern angeknüpft worden seien und welche sonstigen Länder noch in Frage kämen, den Zulassungsantrag der japanischen Ärzte zu unterstützen. Daß die deutschen Ärzte an einer solchen Hilfsaktion interessiert sein müßten, davon ging der deutsche Botschafter ohnehin aus: „Ich nehme als selbstverständlich an, dass die deutsche Ärzteschaft, insbesondere die deutsche Gesellschaft für Chirurgie, auf die Zulassung Wert legt“.[36]

Das Auswärtige Amt schickte kurze Zeit später eine Abschrift des Berichts aus Tokio an die Deutsche Botschaft in Madrid sowie an Gesandtschaften in Stockholm, Oslo, Kopenhagen, Den Haag, Bern, Wien und das Konsulat in Genf und forderte die deutschen Vertretungen auf, sich um Unterstützung des japanischen Vorgehens durch die dortige Ärzteschaft zu bemühen.[37]

Bald konnte eine von 13 Mitgliedern des japanischen Zweigvereins der Société Internationale de Chirurgie unterzeichnete Deklaration zusammen mit einem Rundschreiben an Chirurgen in anderen Ländern verbreitet werden – die Unterzeichner waren alle Professoren, darunter 12 Klinikdirektoren.

Im Zeichen von „Menschenliebe und Humanität“, denen gerade Ärzte verpflichtet seien, sowie des gemeinsamen wissenschaftlichen Forschens beantragten die japanischen Hochschullehrer in ihrer Erklärung, die auf Japanisch, Französisch, Deutsch und Englisch verfaßt wurde, die Zulassung der deutschen und österreichischen Chirurgen zur Gesellschaft und ihrem Kongreß.[38] Unterzeichnet wurde der Antrag nach kurzer Zeit außerdem von 22 Chirurgen: aus der Schweiz (8), den USA (9), den Niederlanden (2), aus Schweden (1), Finnland (1) und Dänemark (1).[39] Die anderen Chirurgen wurden gebeten, den Antrag auf dem Kongreß in Rom zu unterstützen, da eine Zweidrittelmehrheit für die Annahme erforderlich war.

Unmittelbar vor dem Kongreß sprach sich auch der französische Chirurg Émile Forgues, Professor an der Universität in Montpellier, der gerade zum korrespondierenden Mitglied der Pariser Académie des Sciences gewählt worden war, für die Zulassung der deutschen Chirurgen zum internationalen Chirurgenkongreß aus. Doch verlangte er Gegenseitigkeit in einer friedlichen wissenschaftlichen Zusammenarbeit. Er hielt es für notwendig, zitierte ihn der *Petit Parisien*,

---

36 Solf an AA, 25.6.1925, in PA AA, R 64981.
37 Vgl. AA, Erlaß vom 24.7.1925, in ebd.
38 Erklärung, November 1925, und Rundschreiben, Anlagen zum Bericht Solf an AA, 11.2.1926, in PA AA, R 64982; Déclaration, Novembre 1925, in BA Berlin, R 1501/111139, Bl. 175f.
39 Vgl. Solf an AA, 11.2.1926, in PA AA, R 64982; Solf an AA, 18.2.1926, in ebd.

> que cet état d'esprit cordial et pacifique soit réciproque, que disparaissent à jamais les pensées d'hégémonie et de domination allemandes dans l'ordre scientifique, comme dans tous les autres domaines et que les universités germaniques *cessent* de retentir des paroles de haine et des cris de revanche qu'on y entend encore.[40]

Auf dem Kongreß im April 1926 in Rom wurde der japanische Antrag zwar angenommen, doch – möglicherweise aufgrund der Forderungen, die Forgues gestellt hatte – mit dem einschränkenden Zusatz, daß Deutschland erst dem Völkerbund angehören müßte.

Miyake war von diesem Ergebnis, über das er noch aus Rom den deutschen Botschafter in Tokio in deutscher Sprache sofort informierte, enttäuscht: „Hierdurch beehre ich mich Ihnen mitzuteilen", schrieb er,

> dass unser Antrag in der delegierten sowie in der allgemeinen Sitzung am 6. und 9. April unter der Bedingung genehmigt worden ist, d. h., die deutschen und österreichischen Chirurgen werden dann in der internationalen Gesellschaft für Chirurgie zugelassen werden können, wo die beiden Reiche (Deutschland und Österreich) im Völkerbund teilgenommen haben.
>
> Von diesem Beschluss bin ich gar nicht zufrieden. In der delegierten Sitzung habe ich ausdrücklich betont, dass man die Wissenschaft mit der Politik nie vermischen darf; so muss die Zulassung der deutschen und österreichischen Gelehrten zu dieser Gesellschaft ohne irgend welche Bedingung geschehen. Leider hatte meine Debatte wenigen Erfolg gefunden. Während die französischen, belgischen, italienischen und englischen Delegierten gegen uns verteidigten, nahmen die schweizerischen, holländischen, norwegischen und amerikanischen Delegierten die zustimmende Stellung für uns. Die übrigen Delegierten blieben zurückgezogen und nahmen bei der Abstimmung keinen Anteil.[41]

Immerhin wurde auf dem Kongreß in Rom erstmals nach dem Krieg die deutsche Sprache wieder benutzt: Drei Schweizer Chirurgen hielten ihre Hauptvorträge auf Deutsch, und Miyake lieferte einen deutschsprachigen Diskussionsbeitrag.[42]

Deutschlands Eintritt in den Völkerbund im September 1926 räumte schließlich das Hindernis aus dem Weg, das der Zusammenarbeit mit den deutschen Chirurgen zuletzt noch entgegengestellt worden war. Das Ständige Büro der Internationalen Gesellschaft für Chirurgie gab nun in einem Schreiben an ehe-

---

40 L'Admission des chirurgiens allemands dans les congrés internationaux, in *Petit Parisien*, 3.4.1926, Hervorhebung i. Orig.; Kopie des Artikels in PA AA, R 64982.

41 Miyake an deutschen Botschafter in Tokio, 10.4.1926 (Abschr.), in BA Berlin, R 1501/111139, Bl. 326.

42 Vgl. Septième Congrès de la Société Internationale de Chirurgie, Rome, 7–10 avril 1926, Rapports, Procès-Verbaux et Discussions, Vol. I-II, Bruxelles 1926 (I, S. 147–196, 563–757, 773–784; II, S. 315–317).

malige deutsche Mitglieder bekannt, daß, auf der Grundlage der Beschlüsse der Versammlung in Rom, die deutschen, österreichischen und ungarischen Chirurgen, die 1914 Mitglieder waren, wieder in die Gesellschaft reintegriert werden sollten. Außerdem bot man ihnen an, auf die Tagesordnung des nächsten internationalen Chirurgenkongresses 1929 in Warschau ein von ihnen gewähltes viertes Verhandlungsthema zu setzen.[43]

Doch jetzt blockten die deutschen Chirurgen ab. Bereits 1924 und 1925 hatte der Ausschuß der Deutschen Gesellschaft für Chirurgie beschlossen, sich an keiner internationalen Veranstaltung zu beteiligen, bevor nicht der Beschluß der Internationalen Gesellschaft für Chirurgie vom 22. Juli 1920, die Chirurgen der Mittelmächte auszuschließen, offiziell aufgehoben und die deutschen und österreichischen Chirurgen unter völliger Gleichberechtigung eingeladen würden.[44] Die Schreiben des Ständigen Büros der internationalen Gesellschaft sowie des Vorsitzenden des nächsten Kongresses an die deutschen Chirurgen enthielten diese gewünschten Konditionen nicht, ohne die jedoch die Deutsche Gesellschaft für Chirurgie nicht bereit war, den Wiedereintritt ihrer Mitglieder in die internationale Gesellschaft überhaupt zu erörtern.[45]

Aus diesem Grunde lehnte die deutsche Gesellschaft auch eine Teilnahme am Warschauer Kongreß 1929 ab, da, wie Hermann Küttner, der Vorsitzende der Deutschen Gesellschaft für Chirurgie und Professor in Breslau, dem Ständigen Büro der internationalen Gesellschaft sowie dem Vorsitzenden des Kongresses in Warschau mitteilte, der Ausschuß der deutschen Gesellschaft an seinem noch im Januar 1927 bekräftigten und im April desselben Jahres von der Generalversammlung einstimmig angenommenen Beschluß festhalten wolle,

> dass der nach Form und Inhalt ungerechtfertigte und schwer beleidigende Pariser Beschluss vom 22. Juli 1920 ohne jede Einschränkung von dem Kongress zurückgenommen wird.

---

43 Vgl. Le président Prof. Willems, le secrétaire général Dr. L. Mayer, le trésorier Dr. J. Lorthioir, Bruxelles, 21.2.1927, Bericht in Huitième Congrès de la Société Internationale de Chirurgie, Varsovie 22–25 juillet 1929, Vol. II., S. 295; vgl. Léon Daudet, La science allemande et le patriotisme, 28.9.1927.

44 Vgl. W. Körte, Vorsitzender der Deutschen Gesellschaft für Chirurgie, an AA, 10.8.1926, in PA AA, R 64982.

45 Vgl. H. Küttner, Die Wiederaufnahme der Chirurgen der Mittelmächte in die Internationale Gesellschaft für Chirurgie, in *Mitteilungen des Verbandes der Deutschen Hochschulen*, 7. Jg., 1927, S. 77–81, hier S. 78.

Ohnehin lasse sich kein angesehener deutscher Chirurg finden, der bereit wäre, das Amt eines Delegierten auf dem Kongreß in Warschau zu übernehmen.[46]

Ein weiterer Grund kam hinzu, der es den deutschen Chirurgen verwehrte, an einem Kongreß in Warschau teilzunehmen. Es war das gespannte Verhältnis zu Polen und Frankreich und deren wissenschaftlicher Beziehung, auf das Küttner in seiner Eröffnungsrede auf dem deutschen Chirurgenkongreß einging. So hätten die Polen die deutschen Knappschaftsärzte, meistens Chirurgen, in Oberschlesien rücksichtslos abgebaut, empörte er sich. Ganz besonders aber mißfiel Küttner, daß nicht nur der Vorsitzende des Kongresses in Warschau ein Franzose war, sondern daß anläßlich der Gründung eines französischen Instituts 1925 in Warschau etwa 600 französische Gelehrte eine an die Präsidenten, Rektoren und Mitglieder der Akademie und der Universitäten Polens gerichtete Erklärung unterzeichnet hatten, die Küttner als ein „in höchstem Maße deutschfeindliche[s] Manifest" brandmarkte.[47]

In dieser französischen Erklärung wurde nämlich vor dem deutschen Eroberungsstreben gewarnt:

> [...] L'Allemagne n'a point désarmé. Elle ne réclame plus seulement ce qui est légitime, le droit de vivre : elle aspire à conquérir. Il est vrai, on ne parle aujourd'hui que de rectifier des frontières: demain ce sera le rattachement de l'Autriche, la Pologne exclue de la mer, par la réunion de la Poméranie et de la Prusse, ou frappée dans son activité économique par l'annexion de la Silésie. Toute la politique de Frédéric II. et jusqu'à ses procédés et ses formules.
>
> Le germanisme reste le grand péril, et c'est contre lui, non contre ses victimes, que le monde doit prendre ses sûretés. Pour sa part, la France ne saurait admettre que les peuples de l'Europe centrale affranchis par la victoire soient réduits à une indépendance diminuée. [...][48]

Angesichts solcher Anschuldigungen nach Warschau zu gehen, hielt Küttner für unzumutbar. Die anderen deutschen Chirurgen schienen seine Ansicht zu teilen. Denn seine Rede fand auf ihrer Versammlung „[s]türmische allgemeine Zustimmung".[49]

---

46 H. Küttner [an das Ständige Büro der Internationalen Gesellschaft für Chirurgie und den Vorsitzenden des Kongresses in Warschau], o. D., abgedruckt in Léon Daudet, La science allemande et le patriotisme, *L'Action Française*, 28.9.1927; auch zitiert in Küttner, Die Wiederaufnahme der Chirurgen, S. 81.

47 Küttner, Die Wiederaufnahme der Chirurgen, S. 79.

48 Aus der Zeitung *La Pologne* (Paris), abgedruckt in *Mitteilungen des Verbandes der Deutschen Hochschulen*, 5. Jg., 1925, S. 147 f.

49 Küttner, Die Wiederaufnahme der Chirurgen, S. 81.

Doch gerade auf dem internationalen Chirurgenkongreß 1929 in Warschau wurden die Weichen gestellt für eine Wiederannäherung der Kontrahenten. Denn der Kongreß in Warschau nahm, wie von deutscher Seite gefordert, den Beschluß von 1920, die Chirurgen der Mittelmächte auszuschließen, ohne Einschränkung einstimmig zurück. Das aber reichte den Betroffenen noch nicht. Sie verlangten darüber hinaus eine Erklärung und die Wiederherstellung gleichberechtigter Beziehungen. Über diese Forderungen und, in Verbindung damit, die Bedingungen des Wiedereintritts der deutschen Chirurgen in die internationale Gesellschaft verhandelten in den folgenden Jahren zwei Delegierte des Comité International de la Société Internationale de Chirurgie, dem 34 Länder angehörten, und zwar de Quervain und Shoemaker, mit dem Vorsitzenden und dem Ausschuß der Deutschen Gesellschaft für Chirurgie. Das Ergebnis war, wie der Generalsekretär der Société Internationale de Chirurgie, Léopold Mayer, dem Vorsitzenden der Deutschen Gesellschaft für Chirurgie, Victor Schmieden, mitteilte, daß das Internationale Komitee die Resolution des Warschauer Kongresses bestätigte und nochmals bekräftigte,

> dass der Pariser Beschluss von 1920 auf Grund irrtümlicher, sehr bedauerlicher Annahmen entstanden ist.

Zugleich hätten die Mitglieder des Internationalen Komitees ihren Wunsch ausgedrückt,

> die Vertreter der Chirurgie aller Nationen von neuem zu fruchtbringender Arbeit in einer Atmosphäre gegenseitigen Vertrauens, gegenseitiger Achtung und herzlichen Einvernehmens zu vereinigen.

Ihre Erklärung stützten sie, wie Mayer schrieb, auf die Feststellung:

> 1) dass das sogenannte Manifest der 93 von den Deutschen Kollegen öffentlich der damaligen politischen Erregung zugeschrieben ist.
>
> 2) dass das betreffende Manifest von keinem der deutschen oder österreichischen Mitglieder [der] Société Internationale unterschrieben ist.
>
> 3) dass keines der deutschen oder österreichischen Mitglieder je die Absicht gehabt hat, in einer unfreundlichen Weise gegen die Chirurgen der anderen Nationen vorzugehen.[50]

---

50 Léopold Mayer, Generalsekretär der Société Internationale de Chirurgie, an Victor Schmieden, Vorsitzender der Deutschen Gesellschaft für Chirurgie, Brüssel, 23.3.1931, in GStA PK, I. HA Rep. 76, Vc Sekt. 1 Tit. XI Teil I Nr. 34 Bd. I, Bl. 183.

Um die Wiedereingliederung vorzubereiten, ersuchte die internationale Gesellschaft die noch lebenden Vertreter der ehemaligen deutschen, österreichischen und ungarischen nationalen Komitees, den Mitgliederbestand ihrer Komitees zu vervollständigen. Da mit den deutschen und österreichischen Mitgliedern auch die deutsche Sprache in der internationalen Gesellschaft wieder stärker vertreten war, bat deren Generalsekretär den Vorsitzenden der Deutschen Gesellschaft für Chirurgie darum, einen Kollegen „als ‚Rapporteur' in deutscher Sprache für jede Frage des nächsten Congresses" zu ernennen.[51]

Die internationale Chirurgengesellschaft kam jedenfalls den Erwartungen der deutschen Chirurgen weit entgegen, um ihnen die Rückkehr in die sie einst verschmähende Gesellschaft zu erleichtern. In seiner Antwort an den Generalsekretär der Société Internationale de Chirurgie beteuerte der Vorsitzende der deutschen Gesellschaft,

> daß nunmehr auch für die Deutsche Gesellschaft für Chirurgie alle Voraussetzungen erfüllt sind, um mit den Vertretern der Chirurgie aller Nationen wiederum in vollstem Vertrauen, in gegenseitiger Achtung und herzlichem Einvernehmen zusammenzuarbeiten.[52]

Schmieden hatte vorher auf dem Kongreß der Deutschen Gesellschaft für Chirurgie in seiner Eröffnungsansprache über den erfolgreichen Abschluß der Verhandlungen berichtet und „unter einmütiger Zustimmung der Versammlung die deutschen Chirurgen aufgefordert, die Tagungen der Société Internationale de Chirurgie wieder zu besuchen."[53]

Erstmals nach dem Krieg nahmen die deutschen Chirurgen wieder an einem Kongreß der Internationalen Gesellschaft für Chirurgie teil. Es war der Kongreß, der 1932 in Madrid stattfand. Für die deutsche Sprache, die als Kongreßsprache sowohl in den Vorträgen und Diskussionen als auch deren Publikation zugelassen war, hatten die deutschen Chirurgen, wie vorgesehen, zu jedem Thema einen „Rapporteur" ernannt.[54] Der Vorsitzende des Kongresses, Prof. de Quervain aus Bern, der an den Verhandlungen mit den deutschen Chirurgen als Delegierter der internationalen Gesellschaft beteiligt gewesen war, unterbrach seine französische Ansprache, um die deutschen Teilnehmer in deutscher Sprache zu begrüßen.[55]

---

51 Ebd., Bl. 184.

52 Victor Schmieden, A. Borchard (1. Schriftführer) an Léopold Mayer, 8.4.1931, in ebd., Bl. 181 f.

53 Ebd., Bl. 181.

54 Ebd., Bl. 182.

55 Vgl. Neuvième Congrès de la Société Internationale de Chirurgie, Madrid, 15–18 mars 1932, Vol. I-III. Rapports, Procès-Verbaux et Discussions, Brüssel 1932; *Münchener Medizinische Wochenschrift*, Nr. 13, 25.3.1932, S. 535 f.

b) Ophthalmologenkongresse

Im Jahr 1922 fand der 12. internationale Ophthalmologenkongreß, der erste nach dem Ersten Weltkrieg, in Washington, D.C., statt. Deutsche und Österreicher wurden nicht eingeladen und die deutsche Sprache als Verhandlungssprache ausgeschlossen. Kongreßsprachen waren Englisch, Französisch und Spanisch. Entsprechend wurden in dem Programm die Abstracts der Vorträge auf Englisch, Französisch und Spanisch abgedruckt.[56]

Gegen diesen Boykott der deutschen und österreichischen Wissenschaftler und der deutschen Sprache protestierten, noch bevor der Kongreß eröffnet wurde, die finnischen Augenärzte. Sie betrachteten diese Ausgrenzung als schweres Unrecht, das nicht nur Deutschland, sondern der gesamten Ophthalmologie angetan würde, da seit Helmholtz und Graefe die deutsche Ophthalmologie bahnbrechend gewirkt habe. Deshalb sagten die Finnen ihre Teilnahme am Kongreß in Washington ab.[57]

Das finnische Außenministerium hatte vorher vom Präsidium des Kongresses eine an die finnische Regierung adressierte Einladung erhalten und diese über das Innenministerium an die Medizinalverwaltung in Finnland zur Äußerung übersandt, welche daraufhin das Einladungsschreiben an das Präsidium des Vereins der finnischen Augenärzte weiterleitete. Wie die deutsche Gesandtschaft in Helsinki dem Auswärtigen Amt in Berlin schrieb, berichteten die finnischen Zeitungen *Hufvudstadsbadet* und *Svenska Tidningen* am 5.12.1921 unter der Überschrift: „Finnischer Protest gegen die Boykottierung des wissenschaftlichen Deutschland“ über die entschiedene Reaktion des Vereins der finnischen Augenärzte:

„Als Antwort“, so stand im Schreiben der Gesandtschaft,

> teilte der Verein der Medizinalverwaltung mit, dass er seinerseits nicht wünsche, beim Kongress vertreten zu sein, da keine deutschen und österreichischen Augenärzte eingeladen seien und weil die deutsche Sprache, die bei früheren Kongressen ähnlicher Art offizielle Sprache gewesen sei, diesmal als offizielle Sprache gestrichen sei. Zugleich mit dieser Äußerung an die Medizinalverwaltung übersandte das Präsidium des Vereins ein gleiches Schreiben an das Präsidium des Kongresses. Die Medizinalverwaltung hat die Äußerung des Vereins der finnischen Augenärzte an das Innenministerium weitergegeben.[58]

---

56 Vgl. An International Congress of Ophthalmology. Program, Washington, D. C., April 25, 26, 27, 28. 1922, in BA Berlin, R 1501/109003, Bl. 170.

57 Vgl. *Bayerische Hochschulzeitung*, München, 3.12.1921, nach *Mitteilungen des Verbandes der Deutschen Hochschulen*, 2. Jg., H. 1, 1.1.1922, S. 13.

58 Deutsche Gesandtschaft Helsingfors, Göppert, an AA, 6.12.1921 (Abschrift), in BA Berlin, R 1501/109003, Bl. 98.

Die schwedischen Ophthalmologen verurteilten ebenfalls den Boykott gegen die deutschen Wissenschaftler und die deutsche Sprache, doch verfolgten sie eine andere Taktik. Sie nahmen an dem Kongreß in Washington teil, um dort ihren Einspruch vorzubringen und die Aufhebung des Boykotts zu verlangen. In ihrem Auftrag stellte der schwedische Ophthalmologe und Nobelpreisträger von 1911, Allvar Gullstrand, der an der Universität Uppsala lehrte, auf dem Kongreß den Antrag, den nächsten 1925 in London geplanten Ophthalmologenkongreß auf die Vertreter der Mittelmächte auszudehnen und als offizielle Verhandlungssprache die deutsche Sprache zuzulassen. Dieser Antrag wurde angenommen.[59]

Auf andere Weise protestierte der deutsche Ophthalmologe Theodor Axenfeld, Professor an der Universität Freiburg i. Br. und Vorstandsmitglied der Deutschen Ophthalmologischen Gesellschaft, gegen den in Washington verhängten Boykott. Er schickte seinen amerikanischen Kollegen, welche diesem Beschluß zugestimmt hatten, ein Rundschreiben, in dem er die Unterstützung, die sie der von ihm herausgegebenen Zeitschrift *Klinische Monatsblätter für Augenheilkunde* gewährten, ablehnte und die bereits gezahlten Beträge zurückschickte.

> Ich kann unter den gegenwärtigen Umständen und nach Empfang Ihrer Erklärung," schrieb er, „die freundlichst übersandte Unterstützung für unsere Zeitschrift nicht behalten. Denn es ist unmöglich, dass von einer Seite, die uns Deutsche demütigen und strafen zu dürfen glaubt, und die das jetzt in der Gestaltung des Kongresses vor aller Welt zum Ausdruck bringt und aufrecht erhält, wir eine solche Hilfe entgegennehmen. Das hiesse, jener Verurteilung beistimmen, und das wäre ein Frevel an unserem unglücklichen Volke, mit dem wir lieber alle Not und Entbehrung teilen.[60]

Ein Unrechtsbewußtsein lag dem deutschen Ophthalmologen offenbar vollkommen fern. – Axenfeld hatte im Krieg die „Erklärung der Hochschullehrer des Deutschen Reiches" mitunterzeichnet.[61]

Gleichwohl hatte seine Aktion Erfolg. Die amerikanischen Spender erklärten daraufhin, daß sie die Streichung der deutschen Sprache auf dem Kongreß in Washington mißbilligen würden, und baten darum, ihre Spende anzunehmen,

59 Vgl. Deutsche Gesandtschaft Stockholm, Nadolny, an AA, 6.6.1922. in ebd., Bl. 172. Gullstrand setzte sich als schwedischer Delegierter auch auf der Generalversammlung des Conseil international de recherches 1922 in Brüssel für die Aufhebung des Boykotts ein; siehe dazu oben S. 300 f.

60 Zitiert nach Karl Kerkhof an AA, 19.2.1923 (Abschr.), in GStA PK, I. HA Rep. 76, Vc Sekt. 1 Tit. XI Teil VI Nr. 7, Bd. III, Bl. 410 f.

61 Zu dieser Erklärung siehe oben S. 123 und im Anhang, Dokument II.

was sie dann auch mit ihrer Erklärung erreichten. Danach soll die Zeitschrift in den USA eine größere Verbreitung als vorher gefunden haben.[62]

Angesichts der Proteste hatte sich auf dem Kongreß in Washington dessen Vizepräsident, Lucien Howe, der gleichzeitig auch Vizepräsident der amerikanischen ophthalmologischen Gesellschaft war, bereits veranlaßt gesehen, eine kurze Ansprache auf deutsch zu halten, um zu demonstrieren, daß man keine Vorbehalte gegen die deutsche Sprache hege. Nachträglich entschuldigte er sich persönlich beim deutschen Botschafter in Washington, daß deutsche Ärzte nicht eingeladen und die deutsche Sprache als Kongreßsprache nicht zugelassen worden waren. Nach dem Bericht des Botschafters führte Howe folgende Gründe an, die zwar wenig überzeugend klangen, doch immerhin das Bemühen zeigten, sich, wenn auch indirekt, vom Boykott zu distanzieren:

> Die Einladungen zu der genannten Tagung seien vor 2 Jahren durch Vermittlung der hiesigen amtlichen Missionen erfolgt. Da die Mittelmächte zu dieser Zeit keine Vertretung hier unterhalten hätten, so habe eine Einladung auf diesem Wege nicht erfolgen können. Von einer nichtamtlichen Aufforderung habe man aber absehen wollen. Ein zweiter Grund zu der Nichteinladung deutscher Ärzte sei der gewesen, dass die Verhandlungen in englisch, französisch und spanisch, den drei Verhandlungssprachen, hätten gedruckt werden müssen und dass, wenn die Deutschen an der Tagung Teil genommen hätten, auch eine deutsche Ausgabe der Berichte hätte hergestellt werden müssen, was bei den außerordentlich hohen Kosten und der schlechten finanziellen Lage der amerikanischen ophthalmologischen Gesellschaft unmöglich gewesen sein würde. Die deutsche Sprache an sich habe man durchaus nicht vom Kongress ausschließen wollen, und um dieses öffentlich zu bezeugen habe er, Dr. Howe, als Vize-Präsident der Gesellschaft eine kurze deutsche Ansprache gehalten.[63]

Howe versprach, den gedruckten Bericht über die Konferenz deutschen Kollegen zu schicken und, wie der deutsche Botschafter anregte, das Amerika-Institut in Berlin über das Ergebnis des Kongresses zu informieren.

Später schickte die deutsche Botschaft in Washington den gedruckten Kongreßbericht an das Auswärtige Amt mit der Bemerkung:

> Auf die für die internationalen Beziehungen der deutschen Gelehrtenwelt wichtige Ansprache des amerikanischen Vize-Präsidenten des Kongresses, Dr. Howe, in der dieser gegen den Gedanken des „Boykottes" der deutschen Sprache Verwahrung einlegt (vergl. Seite 702 des Berichtes) bitte ich besonders hinweisen zu dürfen.[64]

62 Vgl. Kerkhof an AA, 19.2.1923 (Abschr.), in GStA PK, I. HA Rep. 76, Vc Sekt. 1 Tit. XI Teil VI Nr. 7 Bd. III, Bl. 410 f.

63 Deutsche Botschaft Washington, Lang, an AA, 3.5.1922, in BA Berlin, R 1501/109003, Bl. 126 f.

64 Deutsche Botschaft Washington, Wiedfeldt, an AA, 3.11.1922, in ebd., Bl. 225.

Der Vorstand der Deutschen Ophthalmologischen Gesellschaft begrüßte ebenfalls dieses Verhalten der amerikanischen Gelehrten „mit Genugtuung“, wie er auch den finnischen Augenärzten für ihre Solidarität dankte. Auf der Versammlung der Gesellschaft in Jena, zu der die finnischen Gelehrten eingeladen worden waren, hatte man als Zeichen des Dankes dem Vorsitzenden ihrer Gesellschaft die Leitung einer Sitzung übertragen und außerdem die Gelegenheit ergriffen, die finnischen Augenärzte zu einem Essen einzuladen, bei dem „in einer kleinen Ansprache auf die freundschaftliche Gesinnung der Finnländer hingewiesen“ wurde.[65] Den schwedischen Nobelpreisträger Gullstrand, der als Mitglied des Vorstands der Deutschen Ophthalmologischen Gesellschaft diesen ohnehin über sein Vorgehen in Washington vorher informiert hatte, wählte man wieder in den Vorstand der Gesellschaft, der er seit Jahren angehörte.[66]

Doch die Umsetzung der in Washington verabschiedeten Resolution, zum nächsten Kongreß in London 1925 die deutschen und österreichischen Wissenschaftler einzuladen und die deutsche Sprache zuzulassen, stieß bei Franzosen und Belgiern auf Widerstand. Sie kündigten an, unter diesen Bedingungen die Einladung ihrer englischen Kollegen abzulehnen und am Kongreß in London nicht teilzunehmen, weil sie es vermeiden wollten, mit deutschen Ärzten zusammenzutreffen, die während des Krieges im besetzten Belgien und Frankreich sich geweigert hätten, Belgier und Franzosen zu behandeln. Angesichts dieser Widerstände wurde der Kongreß erst einmal verschoben.

Aus französischer und belgischer Sicht gab die französische Zeitung *Le Matin* eine kurze Darstellung des Konflikts:

> Un incident symptomatique.
>
> Les ophtalmologistes français et belges déclinent l'invitation de leurs confrères anglais pour éviter de rencontrer les Allemands.
> Le comité des ophtalmologistes anglais avait été chargé d'organiser un congrès international d'ophtalmologie pour 1925, à la suite du dernier congrès de Washington de 1922. A Washington, il avait été décidé que la réunion scientifique en question serait internationale et que, par conséquent, les Allemands y seraient admis et la langue allemande reconnue pour une des langues officielles.
> Mais dans les circonstances actuelles, à la suite de l'attitude odieuse des médecins allemands qui, pour la première fois dans l'histoire de l'humanité, ont récemment refusé de soigner les Français et les Belges des régions occupées, la Société française d'ophtalmo-

65 Prof. Brückner, Direktor der Univ[ersitäts-] Augenklinik, Vorsitzender des Orts-Ausschusses Jena der 43. Vers[ammlung] der Deutschen Ophthalmologischen Gesellschaft, an den Reichsminister des Innern (RMI), 8.7.1922, in ebd., Bl. 171.

66 Prof. Dr. Wagenmann, Schriftführer der Deutschen Ophthalmologischen Gesellschaft, an RMI, 25.7.1922, in ebd., Bl. 192.

logie, la Société belge d'ophtalmologie et la Société d'ophtalmologie de Paris ont décliné l'invitation des confrères anglais.

Devant ces faits, le congrès anglais est ajourné.[67]

Das britische Kongreßkomitee hatte sich nicht dem Druck der Franzosen und Belgier beugen und die deutschen Ärzte wieder ausladen wollen. Vielmehr hielt in dieser Situation das Komitee es für sinnvoll, den Kongreß zu verschieben, um die Spaltung der Wissenschaftler nicht weiter zu befördern und den wissenschaftlichen Fortschritt dadurch zu hemmen. In der Zeitschrift *Science* stand dazu folgender Bericht:

> The Committee of British Ophthalmologists appointed to organize an International Congress in 1925 finds, with regret, that it is unable to do so in accordance with the conditions under which the British invitation was accepted by the Washington Ophthalmological Congress in 1922. At Washington it was decided that the next congress should be strictly international and that German should be one of the official languages. The committee has since been informed that the Société Française d'Ophtalmologie, the Société d'Ophthalmologie de Paris and the Société Belge d'Ophtalmologie have passed resolutions to the effect that they feel themselves unable to participate in a congress if Germans are invited. The committee is of opinion that to proceed with the congress in these circumstances would tend to perpetuate a schism in the ranks of ophthalmology and militate permanently against the progress of sience, which all desire to promote. The committee has, therefore, reluctantly decided to postpone the congress.[68]

Um die abgebrochenen internationalen Wissenschaftsbeziehungen wiederherzustellen, bildeten 1925 in London britische und amerikanische Ophthalmologen eine Kommission. Die Kommission setzte sich alsbald mit holländischen Ophthalmologen in Verbindung und kam mit ihnen überein, 1927 in Scheveningen eine Konferenz abzuhalten, zu der alle Staaten eingeladen werden sollten, Vertreter zu entsenden. Diese Konferenz, an der neben französischen und belgischen auch zwei deutsche (Axenfeld, Wessely) und österreichische (Lindner, Fuchs) Ophthalmologen teilnahmen – es kamen 43 Delegierte aus 24 Ländern –, vereinbarte die Statuten für die zukünftigen internationalen Ophthalmologenkongresse und bereitete den nächsten Kongreß vor.[69]

Auf der Konferenz in Scheveningen begrüßte der Präsident der niederländischen ophthalmologischen Gesellschaft, Rochat, die Delegierten in vier Sprachen: auf Englisch, Französisch, Deutsch und Italienisch. Der kurze Bericht über

67 *Le Matin*, 10.8.1923.
68 *Science* 58, 28.9.1923, S. 245.
69 Vgl. XIII Concilium Ophthalmologicum. Amsterdam – Den Haag – Sept. 1929. Bericht .... Compte-Rendu. Transactions, Tome II, Amsterdam 1930, S. 730 f.

die Geschichte der internationalen Ophthalmologenkongresse, den der britische Gelehrte Treacher Collins, der dem 1925 gebildeten Komitee angehörte, in englischer Sprache vortrug, wurde von einem holländischen Kollegen sogleich ins Französische und Deutsche übersetzt. Damit brachte man von Anfang an deutlich zum Ausdruck, daß Deutsch neben Französisch und Englisch wieder als gleichrangige Konferenzsprache galt.

Was nun den nächsten Kongreß betraf, einigte man sich darauf, diesen 1929 in Amsterdam und Den Haag zu veranstalten. Eine offizielle Kongreßsprache wollte man jedoch, wohl mit Rücksicht auf die Rivalitäten, in den Statuten nicht festlegen. Vielmehr sollte, wie der in Scheveningen gewählte Präsident des Kongresses, van der Hoeve, ankündigte, in der Diskussion jeder die Möglichkeit haben, in der von ihm gewünschten Sprache zu sprechen. Allerdings war beabsichtigt, daß alle Beiträge auf Englisch, Französisch und Deutsch wiederholt werden sollten, da mindestens eine dieser Sprachen von allen Teilnehmern verstanden werden könnte. Anderssprachigen Beiträgen sollte deshalb eine Übersetzung in eine jener Sprachen hinzugefügt werden.[70] Das kam freilich der Empfehlung gleich, sich möglichst von vorneherein einer der drei gängigen Sprachen zu bedienen. Auch für die Vorträge (Travaux originaux) galt, daß vorher ein Resümee mit Übersetzungen in mindestens drei Sprachen abgeliefert werden sollte.[71]

An dem 13. Internationalen Ophthalmologenkongreß 1929, für dessen Veranstaltung man ebenso wie für die Vorkonferenz ein ehemals neutrales Land gewählt hatte, nahmen dann sowohl deutsche und österreichische als auch französische und belgische Augenärzte gemeinsam teil. Gleichzeitig hatte dort die deutsche Sprache, wie vorgesehen, ihre dem Französischen und Englischen gleichgestellte Position weitgehend zurückerlangt. So hielten zahlreiche Teilnehmer, die aus nichtdeutschsprachigen Ländern kamen, ihre Vorträge auf Deutsch.[72]

Später im Kongreßbericht, auf dessen Titelblatt, wie um die Gleichstellung der drei Sprachen zu unterstreichen, „Bericht ... Compte-Rendu. Transactions“ stand, wurden die verschiedenen Beiträge auf Französisch, Englisch, Deutsch, Italienisch oder Spanisch gedruckt. Allerdings erschienen dort allgemeine Angaben sowie der Bericht über die Tagung in Scheveningen und die dort verabschiedeten Statuten nur auf Französisch, wohl in der Annahme, daß Französisch

70 Ebd., S. 732.

71 Règlement intérieur du congrès, in ebd., S. 738.

72 Das waren Teilnehmer aus den Niederlanden, Dänemark, Schweden, Polen, Tschechoslowakei, Ungarn, Rumänien, Jugoslawien, Palästina, Japan und aus der Sowjetunion, vgl. ebd., Tome I und II.

alle verstanden. Dem gesamten Kongreß hingegen gab man einen unverfänglichen lateinisch-griechischen Namen: „XIII Concilium Ophthalmologicum".

Die holländische Kongreßleitung war äußerst bemüht, die nun erstmals nach dem Ersten Weltkrieg wieder teilnehmenden deutschen Ärzte freundlich und zuvorkommend zu behandeln und ihnen die gewünschte Stellung einzuräumen. Der Präsident des Kongresses, Prof. Dr. J. van der Hoeve, hatte vorher in einem auf Deutsch geschriebenen Brief den offiziellen Delegierten der deutschen Reichsregierung, den Geheimen Medizinalrat Prof. Dr. Emil Krückmann, Mitglied des Reichsgesundheitsrats und Direktor der Universitäts-Augenklinik in Berlin, gebeten, bei der Eröffnung des Kongresses eine kurze Ansprache als „Vertreter des deutschen Sprachgebiets" zu halten, wie auch Vertreter der englischen, französischen, italienischen und spanischen Sprache hintereinander sprechen würden. Die Rede des deutschen Vertreters sollte an 3. Stelle stehen.[73]

Das Auswärtige Amt hielt es damals jedoch für politisch nicht opportun, wenn Krückmann „das gesamte deutsche Sprachgebiet" vertreten würde und erteilte ihm dazu eine genaue Anweisung, wie aus der Aufzeichnung eines Gesprächs mit ihm im Auswärtigen Amt hervorgeht:

> Gemäß Weisung des Herrn Gesandten Freytag habe ich ihn gebeten, davon Abstand zu nehmen in seiner Ansprache zu erwähnen, dass er für das gesamte deutsche Sprachgebiet spreche. Dagegen habe ich es ihm für unbedenklich erklärt, dass er einen Auftrag seiner österreichischen Kollegen zum Ausdruck bringt, falls er sich vorher mit diesen hierüber geeinigt hat. Herr Krückmann wird diese Weisungen befolgen und ist zwecks Regelung der Sache mit seinen österreichischen Kollegen und der Kongressleitung bereits 2 Tage vor Beginn des Kongresses in Amsterdam.[74]

Gleichwohl begrüßte der holländische Präsident des Kongresse in seiner Eröffnungsrede die „Damen und Herren des deutschen Sprachgebietes", die „Repräsentanten der Sprache von Helmholtz und Gräfe" in deutscher Sprache – wie er andere Ophthalmologen in ihrer Muttersprache begrüßte – und hob rühmend hervor, „[w]ieviel die Augenheilkunde Gelehrten des deutschen Sprachgebietes zu verdanken hat".[75]

73 J. van der Hoeve an Krückmann (Auszug, Abschr.), von RMI an AA am 28.8.1929 weitergeleitet, in PA AA, R 66130.

74 Aufzeichnung 4.9.1929, vermutlich von Legationsrat Krümmer, in ebd.

75 Discours du Président M. le Prof. Dr. J. van der Hoeve, Leiden, in XIII Concilium Ophthalmologicum. Amsterdam – Den Haag – Sept. 1929. Bericht .... Compte-Rendu. Transactions, Tome I, Amsterdam 1930, S. IX-XII, Zitat S. XI.

Nach dem Kongreß schickte Krückmann ordnungsgemäß eine Abschrift seiner auf Deutsch gehaltenen Ansprache auf der Eröffnungstagung[76] dem Reichsministerium des Innern und erstattete Bericht:

> [...] Die Gastfreundschaft der Holländer war in jeder Weise liebenswürdig und freundlich. Bei der Besprechung der drei großen Themata präsidierte ein Engländer, ein Franzose und ein Deutscher. Der Deutsche war ich. Das meiner Leitung anvertraute Thema behandelte die Epidemien des Trachoms (Granulose, ägyptische Augenkrankheit).
> Im allgemeinen herrschte wegen des zahlreichen Erscheinens ihrer Vertreter die englische Sprache vor.
> Die deutschen Kollegen hielten sich zurück, ohne servil zu sein. Auch habe ich nichts bemerkt von irgendwelchen Aufdringlichkeiten oder Anbiederungsversuchen.
> Die Franzosen verkehrten viel mit den Amerikanern.
> Die Engländer waren viel unter sich.
> Große Freundlichkeiten wurden den Deutschen von den Südamerikanern und Spaniern erwiesen.
> Es wurde mir der Auftrag zuteil, auch im Namen der Österreicher zu sprechen, doch hielt ich das an dieser Stelle für unvorsichtig. Die österreichischen Kollegen haben dies auch eingesehen. Deutsche und Österreicher haben intim mit einander verkehrt. Weiter bestand ein fast kameradschaftliches Verhältnis mit den Nordländern.
> Wissenschaftlich und rhetorisch haben die Deutschen gut abgeschnitten.[77]

Nationale Interessen und Empfindlichkeiten spielten also nach wie vor eine wichtige Rolle.

Doch in den folgenden Jahren verbesserten sich offenbar die Beziehungen. Bereits 1932 vertrat Krückmann die deutschen Augenärzte auf der 50jährigen Erinnerungsfeier der französischen Ophthalmologischen Gesellschaft in Paris[78], und im April 1933 trat er auf dem 14. Internationalen Ophthalmologenkongreß in Madrid als offizieller deutscher Delegierter auf.[79] Jetzt schien Krückmann keine Hemmungen mehr zu haben, „für alle deutschen Sprachgebiete" zu sprechen.[80] Zudem habe er „es mit außerordentlichem Geschick zu erreichen verstanden, daß die ursprünglich wenig deutschfreundliche Stimmung auf diesem Kongreß völlig zu Gunsten Deutschlands umschlug", teilte das Reichsministerium des Innern dem preußischen Ministerium des Innern mit, um damit zu unterstreichen, wie

---

76 Die Rede Krückmanns ist auf Deutsch abgedruckt in ebd., S. XVIIf.

77 Krückmann an RMI, 2.9.1930 (Abschr.), in PA AA, R 66132.

78 Vgl. AA an Deutsche Botschaft Paris, 6.7.1932, in PA AA, R 66134.

79 Vgl. RMI, Taute, an AA, 31.12.1932, in ebd.

80 Preußisches Ministerium des Innern (PrMI), Loehrs, an RMI, 18.8.1933 (Abschr.), in GStA PK, I. HA Rep. 76, Vc Sekt. 1 Tit. XI Teil VI Nr. 7 Bd. IV.

nützlich eine Teilnahme Deutschlands an internationalen wissenschaftlichen Kongressen war.[81]

Als der nächste Kongreß 1937 in Kairo stattfand, sahen sich die Vertreter des nationalsozialistischen Deutschland allerdings damit konfrontiert, daß auch emigrierte deutschsprechende jüdische Wissenschaftler an dem Kongreß teilnahmen, wie Josef Igersheimer, der früher an der Universität Frankfurt am Main gelehrt hatte und, nachdem er von der Universität vertrieben worden war, im Exil in Istanbul lebte. Die nationalsozialistischen Ophthalmologen bemühten sich nun, den nächsten Kongreß 1941 nach Deutschland zu holen,[82] was mit neuen Ausgrenzungen – jetzt von deutscher Seite – verbunden worden wäre. Doch der Beginn des Zweiten Weltkriegs durchkreuzte diesen Plan.

c) Mathematikerkongresse

Vor dem Ersten Weltkrieg waren auf den internationalen Mathematikerkongressen die offiziellen Kongreßsprachen Deutsch, Französisch, Englisch und Italienisch gewesen. Zwar hatte man auf dem ersten Kongreß 1897 in Zürich zu den offiziellen Sprachen zunächst nur Deutsch und Französisch gewählt, was damit zusammenhing, daß in der Mathematik Deutschland und Frankreich damals als die führenden Länder galten. Italienisch und Englisch waren in den Versammlungen allerdings zugelassen.

So hieß es im Reglement des Kongresses, das ebenfalls in deutscher und französischer Sprache erschien:

> Die offiziellen Publikationen des Kongresses erfolgen in deutscher und französischer Sprache. In den Hauptversammlungen und Sektionssitzungen sind auch Voten und Vorträge in italienischer und englischer Sprache zulässig. [...] Die Verhandlungen des Kongresses werden in einer deutschen und einer französischen Ausgabe erscheinen. [...] Die vom Komite [sic] zur Veröffentlichung bestimmten Vorträge werden in derjenigen Sprache gedruckt, in welcher sie gehalten worden sind.[83]

Dieser offiziellen Zweisprachigkeit trug man im Vorstand des Kongresses dadurch Rechnung, daß man zwei Generalsekretäre, „der deutschen und französischen Sprache angehörig“, wählte, die zugleich als Übersetzer fungierten.[84] Sie bildeten

81 RMI an PrMI, 8.9.1933, in ebd.

82 Vgl. Internationaler Ophthalmologenkongreß in Kairo, Dezember 1937, in PA AA, R 66136.

83 Reglement, in Verhandlungen des Ersten Internationalen Mathematiker-Kongresses in Zürich vom 9. bis 11. August 1897. Herausgegeben von Dr. Ferdinand Rudio, Leipzig 1898, S. 14f.

84 Ebd., S. 14.

zusammen mit dem Präsidenten des Kongresses das Komitee, das die Veröffentlichung der Vorträge leitete.

Bei den Vorträgen setzte sich die deutsch-französische Zweisprachigkeit weitgehend durch. So wurden vier Hauptvorträge (Plenarvorträge) gehalten, zwei auf Deutsch, einer auf Französisch und einer auf Italienisch. Von 30 Sektionsvorträgen waren 16 in französischer, 13 in deutscher und 1 in italienischer Sprache. Die englische Sprache war damals noch nicht vertreten, weil nur wenige Mathematiker aus Großbritannien und den USA am Kongreß teilnahmen und diese keinen Vortrag hielten. Das änderte sich jedoch auf den Kongressen in den folgenden Jahren.

Da die Vorträge in der Sprache, in der sie gehalten worden waren, publiziert wurden, verzichtete der Herausgeber des Kongreßbandes, Ferdinand Rudio, auf die aufwendige Herstellung einer deutschen und einer französischen Ausgabe, wie ursprünglich geplant war. Denn der Vortragsteil wäre dann in beiden Ausgaben „völlig identisch ausgefallen“. Deshalb beschränkte sich Rudio darauf, „um der geforderten Zweisprachigkeit zu genügen, [...] in dem ersten Teile alle Mitteilungen von besonderem Interesse deutsch und französisch“ wiederzugeben.[85] Ansonsten war die Sprache des Verhandlungsberichts des ersten internationalen Mathematiker-Kongresses in Zürich (Titelblatt, Inhaltsverzeichnis, Vorwort, Überschriften über die einzelnen Teile) entsprechend dem deutschsprachigen Kongreßort Deutsch.

Gegenüber diesem ersten Kongreß verschoben sich auf dem zweiten Kongreß 1900 in Paris allerdings die Gewichte zugunsten der französischen und englischen Sprache. In der französischsprachigen Kongreßpublikation wurden von 37 Vorträgen 29 auf Französisch, 7 auf Englisch und 1 auf Italienisch abgedruckt. Auffallend ist, daß die deutsche Sprache in der Publikation als Vortragssprache keine Verwendung fand; lediglich in dem Vortrag eines schwedischen Gelehrten tauchten deutschsprachige Zitate auf. Wahrscheinlich waren von den drei Vorträgen deutscher Mathematiker ein Hauptvortrag und ein Sektionsvortrag auf Französisch gehalten worden, um sich dem überwiegend französischsprachigen Teilnehmerkreis verständlich zu machen. Doch David Hilbert hielt seinen Hauptvortrag auf Deutsch. Man hatte dazu eine Zusammenfassung in französischer Sprache verteilt und im Kongreßband Hilberts Vortrag vom Deutschen ins Französische übersetzt.[86] Diese Dominanz des Französischen lag offensichtlich

85 Rudio, Vorwort, in ebd., S. IIIf.

86 David Hilbert, Sur les problèmes futurs des Mathématiques (traduite par M. L. Laugel), in Compte Rendu du Deuxième Congrès International des Mathématiciens tenu à Paris du 6 au 12 août 1900. Procès-Verbaux et Communications. Publiés par E. Duporcq, Paris 1902 [Kraus Reprint Nendeln/Liechtenstein 1967], S. 58–114; vgl. Guillermo P. Curbera, *Mathematicians of the World, Unite! The International Congress of Mathematicians – a Human Endeavor*, Wellesley 2009, S. 21.

im Interesse der Pariser Veranstalter, wurde jedoch auf den folgenden Kongressen wieder zurückgedrängt, auf denen sich nun die vier Sprachen Deutsch, Französisch, Englisch und Italienisch als gleichrangige Sprachen etablierten, mit unterschiedlichen Präferenzen, je nachdem, wo der Kongreß stattfand.

So wurde auf dem Kongreß 1904 in Heidelberg von den wissenschaftlichen Hauptvorträgen

> je ein Vortrag in deutscher, in englischer, in französischer und in italienischer Sprache gehalten[87]

und im Kongreßband ebenso abgedruckt. In den Sektionsbeiträgen teilten sich die Sprachen folgendermaßen auf die Beiträge auf: Deutsch: 50, Französisch: 18, Englisch: 6 und Italienisch: 1.

Auf dem nächsten Kongreß 1908 in Rom jedoch erwähnte man die viersprachige Regelung lediglich in Verbindung mit einem technischen Aspekt im „Regolamento del Congresso":

> Per gli scritti in lingue straniere (francese, tedesco, inglese) è richiesto l'uso della macchina da scrivere.[88]

Eine ähnliche Version übernahm der nächste Kongreß 1912 in Cambridge, dessen „Reglement" außerdem in den vier Kongreßsprachen im Verhandlungsbericht erschien.[89] Da im allgemeinen die Sprache des jeweiligen Kongreßlandes nicht nur den Kongreßband prägte, sondern auch in den Vorträgen stärker zur Geltung kam, dominierte in Heidelberg Deutsch, in Rom Italienisch, dicht gefolgt von Französisch, und in Cambridge Englisch.[90]

Nach dem Krieg änderte sich die Sprachenregelung der Kongresse mit den von den alliierten Akademien etablierten neuen Organisationsstrukturen und

---

87 Verhandlungen des Dritten Internationalen Mathematiker-Kongresses in Heidelberg vom 8. bis 13. August 1904. Herausgegeben von dem Schriftführer des Kongresses, Dr. A. Krazer, Leipzig 1905, S. 4.

88 Atti del IV Congresso Internazionale dei Matematici (Roma, 6 – 11 Aprile 1908). Pubblicati per cura del Segretario Generale G. Castelnuovo, Vol. I, Roma 1909, S. 22.

89 Proceedings of the Fifth International Congress of Mathematicians (Cambridge, 22 – 28 August 1912). Edited by the General Secretaries of the Congress, E. W. Hobson and A. E. H. Love, Vol. I, Cambridge 1913, S. 29 – 32.

90 Laut Kongreßbericht waren in Rom (1908) von den Hauptvorträgen auf Französisch 6, Italienisch 3, Deutsch 1, Englisch 1, von den Sektionsvorträgen auf Italienisch 46, Französisch 41, Deutsch 22 und Englisch 16. In Cambridge (1912) waren von den Hauptvorträgen auf Englisch 5, Französisch 1, Deutsch 1, Italienisch 1; von den Sektionsvorträgen auf Englisch 72, Französisch 25, Deutsch 20, Italienisch 6.

dem Ausschluß deutschsprachiger Wissenschaftler. Bereits auf der Gründungsversammlung des Conseil international de recherches 1919 in Brüssel wurde beschlossen, ein Jahr später einen Mathematiker-Kongreß in Straßburg durchzuführen, auf dem die Union internationale mathématique gegründet werden sollte, ohne Mathematiker aus Deutschland und den mit ihm verbündeten Ländern. Den Entwurf der Statuten veröffentlichte man ebenso wie die Statuten der anderen Fachunionen im Bericht der Gründungsversammlung des Internationalen Forschungsrats auf Französisch und Englisch, wobei der französische Text als der authentische galt. Damit wurde in der Internationalen Mathematischen Union wie in den anderen Unionen von vornherein die französisch-englische Zweisprachigkeit grundsätzlich festgelegt.[91]

Unter der Leitung des französischen Mathematikers Émile Picard, des Präsidenten des Internationalen Forschungsrats, nahm das nationale Komitee der französischen Mathematiker die Organisation des Kongresses sogleich in die Hand. So fiel es nicht schwer, auf dem Kongreß 1920 in Straßburg französischen Einfluß auszuüben und Französisch als vorherrschende Kongreßsprache durchzusetzen. Das gelang um so besser, als die französischen Mathematiker allein vierzig Prozent der Teilnehmer stellten und als Vorsitzender des Kongresses ebenfalls Picard agierte. (Abb. 35)

Auch an die Spitze der neugegründeten Union mathématique internationale traten französischsprachige Gelehrte. Das Amt des Präsidenten übernahm Charles de la Vallée Poussin von der Académie Royale de Belgique, das des Generalsekretärs Gabriel Koenigs, Mitglied der Académie des Sciences de Paris und der Société Mathématique de France, Professor an der Sorbonne. Koenigs vertrat ebenso wie Picard, der zum Ehrenpräsidenten der Internationalen Mathematischen Union (IMU) ernannt wurde, eine unnachgiebige Politik des Boykotts gegen die Deutschen. Als Vizepräsidenten standen ihnen jeweils ein Mathematiker aus Frankreich (P. Appell), Italien (L. Bianchi) und den USA (L. E. Dickson) sowie zwei Mathematiker aus Großbritannien (J. Larmor, W. H. Young) zur Seite.[92]

---

91 Vgl. Union internationale de Mathématiciens, in International Research Council. Constitutive Assembly, Brussels 1919, Reports of Proceedings, S. 26; Projet de Statuts pour une Union internationale de Mathématiciens, in ebd., S. 185–189; Proposed Statutes for an International Mathematical Union, in ebd., S. 247–250. Im Französischen wurde der Name unterschiedlich verwendet.

92 Vgl. Comptes Rendus du Congrès International des Mathématiciens (Strasbourg, 23–30 Septembre 1920). Publiés par Henri Villat. Professeur à l'Université de Strasbourg, Toulouse 1921. Zum Kongreß, zur Gründung der Union mathématique internationale (International Mathematical Union, IMU) und zur personellen Zusammensetzung des Exekutivkomitees der Union vgl. Olli Lehto, *Mathematics without borders. A History of the International Mathematical Union*, New York, 1998, S. 24–30.

COMPTES RENDUS

DU

CONGRÈS INTERNATIONAL

DES

MATHÉMATICIENS

(Strasbourg, 22-30 Septembre 1920)

PUBLIÉS PAR

Henri VILLAT

Professeur à l'Université de Strasbourg.

TOULOUSE

IMPRIMERIE ET LIBRAIRIE ÉDOUARD PRIVAT

Librairie de l'Université

14, RUE DES ARTS (SQUARE DU MUSÉE)

1921

Abb. 35: Internationaler Mathematikerkongreß 1920 in Straßburg. Titelblatt des Berichts

Die deutsche Sprache schloß man auf dem Straßburger Kongreß nicht ausdrücklich aus. Vielmehr wurde in dem „Règlement intérieur du Congrès" im Hinblick auf die Veröffentlichung der Beiträge in der Kongreßpublikation die früher in Rom (1908) und Cambridge (1912) gegebene Anweisung für die Manuskripte derart abgewandelt, daß nur noch vom Französischen und allgemein von Sprachen die Rede war, die nicht Französisch waren. Bestimmte Sprachen wurden im Gegensatz zu früher nicht mehr erwähnt. Die Anordnung lautete jetzt:

> Les manuscrits devront être très lisibles, autant que possible tapés à la machine [...] et obligatoirement à la machine s'ils sont rédigés dans une langue autre que le français.[93]

Diese offene Formulierung erlaubte es immerhin dem Schweizer Mathematiker Rudolf Fueter, in Straßburg seinen Vortrag auf Deutsch zu halten, der dann genauso im Kongreßbericht abgedruckt wurde.[94] Allerdings war der Anteil der deutschen Sprache verschwindend gering, wenn man bedenkt, daß gegenüber einem einzigen deutschsprachigen Vortrag 59 Vorträge auf Französisch und 13 auf Englisch gehalten wurden. Als offizielle Sprache jedenfalls wurde Deutsch nicht mehr verwendet. Französisch war ohnehin – wie im Internationalen Forschungsrat und den anderen Fachunionen – die maßgebliche Dokumentensprache der Statuten. Damit schienen für die folgenden Kongresse, die man in Verbindung mit den Generalversammlungen der Union und unter ihrer Führung alle vier Jahre einberufen wollte,[95] die Grundlagen gelegt worden zu sein, was die Sprachen betraf.

Doch allmählich formierten sich auch in der Mathematik Gegenkräfte gegen die rigide Boykottpolitik. Bereits im Gründungskomitee der Internationalen Mathematischen Union (IMU) hatte der englische Mathematiker Hardy, damals Sekretär der London Mathematical Society, deren Wunsch vorgebracht,

> that any union which should be formed should be thrown open to the mathematicians of all nations at the earliest practicable opportunity.

---

93 Comptes Rendus du Congrès International des Mathématiciens, Strasbourg 1920, S. XXIV.
94 R. Fueter (Zürich), Einige Sätze aus der Theorie der komplexen Multiplikation der Elliptischen Funktionen, in ebd., S. 156 – 159.
95 Vgl. Statuts de l'Union internationale mathématique, in International Research Council. Third Assembly held at Brussels July 7th to July 9th, 1925. Reports of Proceedings. Edited by Sir Arthur Schuster, General Secretary, London 1925, S. 74 – 78.

Diese Forderung wurde jedoch zurückgewiesen, weil sie den Statuten des Internationalen Forschungsrats widersprach.[96] Die London Mathematical Society schloß sich daraufhin der Internationalen Mathematischen Union nicht an, während allerdings Großbritannien der Union beitrat.[97]

Auch die American Mathematical Society lehnte den Boykott ab. Auf ihr Betreiben mußte deshalb der ursprüngliche Plan, den nächsten Kongreß in New York zu veranstalten, fallengelassen werden.[98] Als dann der Kongreß 1924 in Toronto stattfand, blieb Finnland, das schon in Straßburg nicht vertreten war, wegen des Ausschlusses der deutschen Universitäten demonstrativ fern,[99] und auf dem Kongreß selbst setzten sich die Vertreter der American Mathematical Society – viele hatten von dem Ausschluß der deutschen Mathematiker erst dort erfahren – für die Aufhebung des Boykotts ein. In diesem Sinne forderte die amerikanische Sektion der Internationalen Mathematikerunion in einer Resolution:

> The American Section of the International Union request the International Research Council to consider whether the time is ripe for the removal of restrictions on membership now imposed by the rules of the Council.

Wenngleich die Resolution von den Delegierten Dänemarks, Großbritanniens, der Niederlande, Italiens, Norwegens und Schwedens unterstützt wurde, verhinderte die belgisch-französische Spitze der Union unter Hinweis auf die Statuten des Conseil international de recherches, auf deren Grundlagen auch der Kongreß in Toronto veranstaltet wurde, die Abstimmung. Stattdessen versprach man, die Resolution an das Exekutivkomitee des Conseil weiterzuleiten.[100]

Obwohl deutschen und österreichischen Mathematikern die Teilnahme am Kongreß in Toronto verwehrt war, konnte man auch dort die deutsche Sprache, wenn auch nur in zwei von 249 Vorträgen, vernehmen: Zwei Mathematiker, der eine aus Stockholm, der andere aus Leningrad, hielten ihre Vorträge auf Deutsch,

---

96 G. H. Hardy, The International Research Council, 21.3.1921, in *Nature*, Vol. 107, No. 2682, 24.3.1921, S. 107f., Zitat S. 108.

97 Vgl. Cock, Chauvinism and Internationalism in Science, S. 262.

98 Vgl. Lehto, *Mathematics without borders*, S. 33f.

99 Vgl. AA an Deutsche Botschaft in London, RMI, Reichszentrale für naturwissenschaftliche Berichterstattung, 9.9.1924 (Konzept), in PA AA, R 64525.

100 Die Resolution ist abgedruckt in Atti del Congresso Internazionale dei Matematici. Bologna 3–10 settembre 1928 (VI). Tomo I. Rendiconto del Congresso. Conferenze, Bologna, S. 5.; vgl. Proceedings of the International Mathematical Congress. Held in Toronto, August 11–16, 1924. Edited by J. C. Fields, Toronto 1928 (Kraus Reprint, Nendeln/Liechtenstein 1967), Vol. I, S. 66; vgl. dazu Cock, Chauvinism and Internationalism in Science, S. 263f.; Lehto, *Mathematics without borders*, S. 34–37.

während der Schweizer, der noch in Straßburg allein die deutsche Sprache hochgehalten hatte, nun auf Englisch umschwenkte.[101]

Immerhin hatte sich unter den Mathematikern eine starke Fraktion gegen den Boykott herausgebildet, so daß der englische Mathematiker Hardy sich sicher war: „It is safe to say that the Toronto congress was the last ‚boycott' congress of mathematics." [102] Deshalb mußte man auch die Absicht, den nächsten Kongreß in Brüssel abzuhalten, aufgeben, um in einem günstigeren Umfeld die Zusammenarbeit mit den deutschen Gelehrten wieder anzubahnen. Der Weg dahin schien offen zu sein, nachdem der Conseil international de recherches unter dem massiven Druck vieler Mitgliedsländer im Jahr 1926 beschloß, Deutschland, Österreich, Ungarn und Bulgarien nicht mehr auszuschließen.[103]

In den folgenden Jahren war es der Vorsitzende der italienischen Mathematikervereinigung und Präsident der Union internationale mathématique seit 1924, Salvatore Pincherle, der sich in besonderer Weise für die Mitarbeit der deutschen Gelehrten engagierte. So drang er darauf, an der Tradition der vor dem Ersten Weltkrieg veranstalteten Mathematikerkongresse wiederanzuknüpfen und jegliche Restriktionen zu verwerfen. In seinem Vorgehen ließ Pincherle, wie er dem dänischen Mathematiker Harald Bohr in Kopenhagen schrieb, sich grundsätzlich von folgendem Gedanken leiten:

> Puisque une circonstance exceptionnelle va réunir un si grand nombre de mathématiciens de tous pays, il faut saisir cette occasion, au prix même de quelque sacrifice d'amour propre, pour rétablir définitivement la concorde parmi les cultures de la Science qui, plus que toute autre, a pour but suprême la recherche de la vérité.[104]

Nach Pincherles Vorschlag wurde Bologna zum Tagungsort des internationalen Kongresses der Mathematiker im Jahr 1928 gewählt, zu dem man die deutschen Mathematiker erstmals nach dem Krieg wieder einlud. Dabei sorgte Pincherle auf geschickte Weise dafür, daß der Kongreß unter die Schirmherrschaft der Universität Bologna – und nicht der Union – gestellt wurde und das lokale Organisationskomitee sich aus Professoren der Universität zusammensetzte, mit dem Rektor als Präsidenten. Er selbst übernahm die Leitung des internationalen Exekutiv-

---

101 Vgl. Proceedings of the International Mathematical Congress, Toronto, 1924, Vol. I, S. 75; Vol. II., S. 57–60, 489–504. Allerdings hielt der Schweizer Mathematiker Rudolf Fueter auf dem folgenden Kongreß 1928 in Bologna seinen Vortrag wieder auf Deutsch. 1932 fungierte er als Präsident des Kongresses in Zürich.

102 G. H. Hardy, in *The Scientific Worker*, abgedruckt in *Science* 60, 26.12.1924, S. 591f., Zitat S. 592.

103 Siehe dazu oben, S. 303f. und unten S. 422f.

104 Pincherle an Harald Bohr, 31.5.1928, Auszug in BBAW-Archiv, II-XIII-14, Bl. 81.

komitees.[105] Die Einladungen zum Kongreß wurden somit nicht von der italienischen Sektion der Internationalen Mathematischen Union (IMU), sondern vom Rektor der Universität Bologna verschickt, was wohlüberlegt war, um die Verbindung des Kongresses mit dem Internationalen Forschungsrat und der Union in den Hintergrund zu rücken und den Deutschen ihre Teilnahme zu erleichtern.

Diesem Ziel diente ebenso die Sprachenregelung, wonach Deutsch neben Italienisch, Französisch, Englisch, Spanisch und Latein erstmals wieder als Kongreßsprache ausdrücklich anerkannt wurde. In bewußter Abwandlung der Regelung des Straßburger Kongresses und Wiederaufnahme der vor dem Ersten Weltkrieg gebräuchlichen Kongreßordnung – hinzugekommen waren jetzt noch Spanisch und Latein – stand in dem „Regolamento del Congresso" in Bologna:

> Per gli scritti in lingue straniere (francese, inglese, spagnolo, tedesco), in latino classico ed in latino *sine flexione*, è richiesto l'uso della macchina da scrivere.[106]

Hinter diesem scheinbar nebensächlichen technischen Aspekt verbarg sich also die Regelung der Verwendung der Sprachen, die auch in der gesamten Veranstaltung des Kongresses zum Tragen kam. So versandte man bereits die Ankündigung des Kongresses an alle wissenschaftlichen Gesellschaften, Akademien und Hochschulen in fünf Sprachen. Die wissenschaftlichen Institutionen in Deutschland erhielten also die Zirkulare auf Deutsch. Auf dem Kongreß konnten die Vorträge in den sechs zugelassenen Sprachen gehalten werden. – Latein verwendete später allerdings nur der Rektor der Universität Bologna und Präsident des Kongresses, Giuseppe Albini, in seiner Ansprache sowie der schwedische Mathematiker K.-G. Hagstroem aus Stockholm in seinem Vortrag.[107] Den erstmals wieder eingeladenen deutschen Gelehrten kam man außerdem dadurch entgegen, daß die Kongreßleitung dem Göttinger Mathematiker David Hilbert anbot, den ersten wissenschaftlichen Hauptvortrag in deutscher Sprache zu halten.[108]

Allerdings stellten sich den Wiederannäherungsbemühungen noch Hindernisse von zwei Seiten in den Weg.

---

105 Vgl. Atti del Congresso Internazionale dei Matematici. Bologna 1928 (VI), Tomo I-VI, hier I, S. 5f. Die römische Ziffer (VI) hinter der Jahreszahl 1928 entsprach hier der Zeitrechnung der italienischen Faschisten. In der 1. Auflage meines Buches (S. 277) habe ich die Angabe (VI) falsch interpretiert und irrtümlich angenommen, daß damit im Anschluß an den 5. Kongreß 1912 in Cambridge der Kongreß in Bologna als 6. Internationaler Mathematikerkongreß bezeichnet wurde, weil die Kongresse in Straßburg und Toronto wegen des Ausschlusses der Mittelmächte nicht als wirklich international galten.

106 Ebd., S. 14.

107 Vgl. ebd., S. 6, 12ff., S. 69–72; Tomo V, S. 427–441.

108 David Hilbert, Probleme der Grundlegung der Mathematik, in ebd., Tomo I, S. 135–141.

Auf der einen Seite protestierte der französische Generalsekretär der Internationalen Mathematischen Union (IMU), Gabriel Koenigs, Mitglied der Académie des Sciences und Professor in Paris, der sich mit dem Präsidenten des Internationalen Forschungsrats, Émile Picard, abgesprochen hatte, gegen Pincherles Vorgehen, weil die Universität Bologna, und nicht die Union, als Veranstalter auftrat und deutsche Mathematiker und wissenschaftliche Gesellschaften eingeladen wurden, die nicht Mitglieder der Union und des Forschungsrats waren. Alle Einladungen seien deshalb illegal: „Ce manquement grave [...] rend illégales toutes ces convocations".[109] Koenigs erkannte den Kongreß nicht als Kongreß der Union an und wollte deren Mitglieder nicht zum Kongreß einladen. Stattdessen schickte er diesen seine ablehnende Stellungnahme.[110]

Daraufhin wandte sich Pincherle in einem Brief an Picard, in dem er seine Einladungs- und Organisationspolitik rechtfertigte. Wie er Picard darlegte, könne er sich auf die meisten seiner italienischen Kollegen und die italienische Regierung stützen sowie eine Reihe anderer Länder, die bereits in Toronto protestiert hatten und nun damit drohten, daß sie dem Kongreß fernbleiben würden, wenn er nicht wirklich international sei, also die bis dahin geächteten Wissenschaftler einschlösse.[111] Doch Picard unterstützte Koenigs und sagte seine Teilnahme am Kongreß ebenso wie dieser ab.[112]

Auf der anderen Seite weigerten sich einige namhafte deutsche Mathematiker, zum Kongreß nach Bologna zu fahren, wie auch mehrere deutsche Wissenschaftsverbände und Universitäten ebenso wie die Preußische und die Bayerische Akademie der Wissenschaften keine Vertreter schickten, weil sie den vorangegangenen Boykott und die Verbindung des Kongresses mit der Union und dem Conseil international de recherches nach wie vor übelnahmen.[113] Der Ausschuß der Deutschen Mathematikervereinigung lehnte es ab, Delegierte zu entsenden,[114] und der Verband der Deutschen Hochschulen verschickte ein Rundschreiben, in dem er den Rat gab, sich nicht zu beteiligen.[115]

---

109 Koenigs an Pincherle, 29.5.1928, Auszug abgedruckt in ebd., S. 8.

110 Vgl. ebd.; Lehto, *Mathematics without borders*, S. 46.

111 Pincherle an Picard, 8.6.1928, abgedr. in Atti del Congresso. Bologna 1928., I, S. 8f.; vgl. Lehto, S. 47.

112 Vgl. Pincherle, in Atti del Congresso Internazionale dei Matematici. Bologna 1928, I, S. 9; Lehto, S. 47.

113 Vgl. Atti del Congresso Internazionale dei Matematici, Bologna 1928, I, S. 7; Deutsche Botschaft Rom, Smend, an AA, 6.9.1928, in BA Berlin, R 1501/126826/2, Bl. 60 – 62.

114 Vgl. *Mitteilungen des Verbandes der Deutschen Hochschulen*, 8. Jg., H. 3 – 4, 1928, S. 92.

115 Das Rundschreiben des Verbands der Deutschen Hochschulen datiert vom 27.6.1928, vgl. Franke, Bericht über die internationalen wissenschaftlichen Beziehungen, [erstattet auf dem VI. Deutschen Hochschultag, 7.-9.3.1928 in München], in ebd., 9. Jg., 1929, S. 70.

Die Frage der Teilnahme am Kongreß in Bologna wurde allerdings in deutschen Gelehrten- und Universitätskreisen kontrovers diskutiert. Als der Rektor der Universität Halle, Geheimrat Ziehen, beim Akademischen Auskunftsamt der Friedrich-Wilhelms-Universität in Berlin wegen des Kongresses anfragte, erhielt er von dem Mathematikprofessor Ludwig Bieberbach, der damals Dekan der Philosophischen Fakultät der Berliner Universität war, umgehend die Antwort, daß eine Teilnahme am Kongreß nicht wünschenswert sei. Dabei verwies Bieberbach auf Formulierungen in früheren Zirkularen, die belegen würden, daß es sich bei dem Kongreß um eine Veranstaltung der Internationalen Mathematischen Union handele, auch wenn das italienische Organisationskomitee in seinem neuesten Zirkular diesen Tatbestand „mit grosser Gewandtheit zu verschleiern" suche und „ein diplomatisches Kunststück" vorführe. Kongresse der Union aber würden in jedem Fall nicht beschickt.

Als eine „besondere Taktlosigkeit" empfand der Dekan zudem die Ankündigung einer Exkursion zum Ledrosee in Südtirol[116], dem im Krieg verlorenen österreichischen Grenzgebiet, zur Besichtigung eines dortigen Elektrizitätswerks. Zwar könne, räumte Bieberbach unter Hinweis auf die Empfehlung der Preußischen Akademie der Wissenschaften ein, einzelnen Gelehrten, denen das wissenschaftlich unbedingt notwendig erscheine, als Privatpersonen, nicht jedoch als Vertretern einer Körperschaft, die Beteiligung am Kongreß zugestanden werden, wobei man auf deren „Verantwortungsgefühl" und „Takt" vertraue, doch er würde „einen zahlreichen Besuch seitens der deutschen Mathematiker tief bedauern".[117]

Sich vom Kongreß fernzuhalten, hielt Bieberbach ohnehin für die beste Taktik, um Druck auszuüben:

> Nur wenn diesem rettungslos kompromittierten Kongress durch den Mangel deutscher Beteiligung wesentlicher Abbruch geschieht, können wir mit Sicherheit darauf rechnen, dass der nächste internationale Mathematikerkongress wirklich international ohne Einmischung der union mathématique internationale sein wird oder dass diese gänzlich überflüssige und tatenlose Organisation sich durch Ablösung vom conseil de recherches, resp. eine völlige den deutschen Wünschen entsprechende Umgestaltung des letzteren reinigt.[118]

---

116 Heute Trentino in der italienischen Region Trentino- Alto Adige (Trient-Südtirol).

117 Bieberbach an Ziehen, Rektor der Universität Halle, 18.6.1928 (Abschr.), in UA HU Berlin, Phil. Fak. Nr. 1407, Bl. 73–75; vgl. Annette Vogt, „Wir müssen wissen. Wir werden wissen." David Hilbert zum 125. Geburtstag, in *Mitteilungen der Mathematischen Gesellschaft der DDR*, H. 1–2, 1987, S. 98–111, hier S. 107.

118 Bieberbach an Ziehen, 18.6.1928, Abschr. in UA HU Berlin, Phil. Fak. Nr. 1407, Bl. 75; Bieberbach wurde später aktiver Nationalsozialist und propagierte eine „Deutsche Mathematik"; siehe dazu Stanford L. Segal, *Mathematicians under the Nazis*, Princeton 2003, S. 334–416.

Gegen diese „in schroffster Weise“ betriebene Denunziation des Kongresses in Bologna verwahrte sich hingegen der Göttinger Mathematiker David Hilbert – übrigens ein ehemaliger Lehrer von Bieberbach –, der sich dabei auf viele Kollegen in Göttingen und anderswo stützen konnte. Hilbert schickte sogleich an die Rektoren aller Hochschulen und die Leiter der mathematischen Seminare in Deutschland eine Gegendarstellung, um „seine den Ausführungen des Bieberbachschen Briefes diametral entgegengesetzte Ueberzeugung zum Ausdruck zu bringen“, die mitzuteilen er für „eine dringende Pflicht“ hielt. Denn er befürchtete, daß „[d]as Votum eines Mathematikers in so angesehener und verantwortlicher Stellung [...] zweifellos an vielen Orten Beachtung finden“ wird.[119]

Jedenfalls sahen Hilbert und andere Mathematiker in der von Bieberbach propagierten Ablehnung der Einladung zum Kongreß in Bologna eine für die deutsche Wissenschaft äußerst schädliche Politik: „Wir sind davon überzeugt“, hielt Hilbert dagegen, „dass der von Herrn Bieberbach verfolgte Weg der deutschen Wissenschaft zum Schaden gereichen und uns berechtigter Kritik von wohlwollender Seite aussetzen würde.“ Denn nicht nur die italienischen Gelehrten, wie Hilbert anmerkte, sondern auch Mathematiker aus anderen Ländern, wie Harald Bohr aus Dänemark und Godfrey Harold Hardy aus Großbritannien, hätten sich für die Zusammenarbeit mit den deutschen Kollegen eingesetzt und „zur Klärung der Sachlage“ an die italienischen Kollegen gewandt.

Aufgrund dieser Interventionen – auch deutsche Mathematiker hatten den italienischen Gastgebern ihre Bedenken vorgetragen –, habe das einladende Kongreßkomitee, erläuterte Hilbert, die Verbindung mit der Internationalen Mathematischen Union gelöst. Seitdem sei irgendeine derartige Anbindung in den Druckschriften und Schreiben nicht mehr erwähnt worden. Zudem verwies Hilbert auf den oben erwähnten Brief Pincherles an Émile Picard in Paris. Schon allein die Reaktion Picards bestätige den Bruch. Denn Picard habe gegen die Loslösung des Kongresses von der Union protestiert und seine Teilnahme abgesagt.[120]

Was nach Ansicht Hilberts für eine deutsche Beteiligung vor allem sprach, war die Zusicherung des Kongreßkomitees, „dass sämtliche Mitglieder des Kongresses – mögen sie der Union angehören oder nicht – in jeder Hinsicht völlig gleichberechtigt sind“ und „dass der Tagungsort des nächsten Kongresses nicht

---

119 Hilbert an die Rektoren der deutschen Hochschulen und die Leiter der mathematischen Seminare, 29.6.1928, in BBAW-Archiv, II-XIII-14, Bl. 85; Hilberts Brief ist im Anhang abgedruckt, S. 581–583.

120 Ebd.; vgl. dazu auch Pincherle an H. Bohr, 31.5.1928, Auszug in ebd., Bl. 81.

von der Union, sondern von der Mitgliederversammlung bestimmt werden soll."[121]

Angesichts dieses Entgegenkommens der italienischen Kongreßleitung würde, so empfand Hilbert, eine Ablehnung der Einladung die italienischen Kollegen brüskieren und die Bereitschaft der deutschen Mathematiker zur Zusammenarbeit in Frage stellen.

„Die italienischen Kollegen", führte Hilbert aus,

> haben mit dem grössten Idealismus und Aufwand an Zeit und Kraft seit Jahr und Tag sich darum bemüht, einen wahrhaft internationalen Kongress zustande zu bringen. Sie haben den deutschen Kollegen zuliebe den offenen Bruch mit der Union und mit sehr einflussreichen und angesehenen ihrer Mitglieder nicht gescheut. Wenn angesichts dieser Tatsache einzelne Personen oder wissenschaftliche Körperschaften in Deutschland noch eine demonstrative Zurückhaltung üben wollten, so würde das für unsere italienischen Kollegen und Freunde geradezu einen Schlag ins Gesicht bedeuten und denjenigen Leuten Waffen in die Hand geben, welche die Ehrlichkeit und Offenheit des internationalen Verständigungswillens deutscher Wissenschaftler anzweifeln.

Unter diesen Umständen betrachtete Hilbert es

> einfach als ein Gebot der Geradheit und der elementarsten Höflichkeit, dem Kongress gegenüber eine freundliche Haltung einzunehmen. [...] Es wäre im Interesse der deutschen Wissenschaft und des deutschen Ansehens aufs Dringendste zu wünschen, dass keine Hochschule und keine Akademie es unterlässt, die an sie ergangene offizielle Einladung zur Teilnahme in freundlicher Weise anzunehmen.[122]

Bieberbach konterte sogleich Hilberts Aktion, indem er seinerseits ein Schreiben an die Hochschulrektoren und Leiter der mathematischen Seminare lancierte, um seine Sicht der Dinge zu verteidigen. Die „Zwangslage" und „Unklarheit", in welche die einladenden Italiener zwischen Union und Kongreß getrieben worden seien, habe, so Bieberbach, „ihren symbolischen Ausdruck in dem Januskopf des Herrn Pincherle als gleichzeitigem Haupt der union mathématique internationale und der Kongressleitung" gefunden. So war nach Auffassung Bieberbachs nach wie vor die Union im Spiel. Daß hier ein Ausweg aus einer festgefahrenen Konfrontation gesucht wurde, wollte er in seiner nationalistischen Sicht nicht wahrhaben.

---

121 Hilbert an die Rektoren der deutschen Hochschulen und die Leiter der mathematischen Seminare, 29.6.1928, in BBAW-Archiv, II-XIII-14, Bl. 85; siehe im Anhang, Dokument VII, S. 581 ff.
122 Ebd.; siehe Hilberts Schreiben im Anhang, Dokument VII; vgl. dazu auch Constance Reid, *Hilbert*, Berlin u.a. 1970, S. 188, darin findet sich nur ein kurzer Auszug aus Hilberts Brief in englischer Übersetzung.

Selbst in der Gleichberechtigung der Deutschen mit den übrigen Kongreßteilnehmern, die Hilbert zu Recht betont hatte, wollte Bieberbach kein „Zugeständnis“, sondern vielmehr eine „Selbstverständlichkeit“ sehen. Worauf es indes dem Berliner Dekan vor allem ankam, war die „Zufriedenstellung des Gefühls der eigenen Würde“[123], wobei er offensichtlich – nicht ohne eine gewisse Überheblichkeit – ein anderes Verständnis als Hilbert von Würde oder würdevollem Verhalten in dieser Situation hatte. Angesichts seines Befundes setzte Bieberbach jedenfalls sein Vertrauen darauf, „dass auch in diesem Falle wieder die Hochschulen dem bewährten Rat des Hochschulverbandes entsprechend solidarisch handeln werden“[124], der Veranstaltung also fernbleiben.

Wie zu erwarten, fiel bei einer Reihe von Universitäten der Vorstoß des Berliner Dekans auf fruchtbaren Boden. Der Rektor der Universität Halle, an den Bieberbachs Stellungnahme ursprünglich gerichtet war, setzte alsbald die Rektoren der anderen deutschen Hochschulen davon in Kenntnis,

> dass es mir nach soeben eingegangenen weiteren und sehr zuverlässigen Informationen richtig zu sein scheint, wenn die Deutschen Hochschulen von der Entsendung von Vertretern zu dem Kongress absehen, schon in Anbetracht des vorgesehenen Ausfluges in das „befreite“ Südtirol.[125]

Eine Abschrift dieser Erklärung überreichte der Rektor der Universität Berlin, Eduard Norden, dem Dekan der Philosophischen Fakultät mit der Bemerkung:

> Der hiesigen Gepflogenheit gemäss wird die Friedrich-Wilhelms-Universität zu dem genannten Kongress keinen Vertreter entsenden.[126]

Unterstützung hingegen fand Hilbert bei Richard Courant und seinen anderen Göttinger Kollegen. Wie Courant an den Vorsitzenden Sekretär der Gesellschaft der Wissenschaften zu Göttingen, Hermann Thiersch, schrieb, war er im Hinblick auf den Kongreß davon überzeugt,

> dass die von unserer Seite erhobenen Forderungen in einem Ausmasse erfüllt sind, wie wir es kaum erwarten konnten. Nämlich völlige Loslösung des Kongresses von der Union.[127]

---

123 Bieberbach an die Rektoren der Deutschen Hochschulen und an die Leiter der mathematischen Seminare, 3.7.1928, in UA HU Berlin, Phil. Fak. Nr. 1407, Bl. 76. Auszüge aus dem Schreiben Hilberts werden in Bieberbachs Schreiben zitiert.

124 Ebd.; vgl. Vogt, Hilbert, S. 108.

125 Voelcker, Rektor der Universität Halle, an die Rektoren der deutschen Hochschulen, 3.8.1928, Abschr. in UA HU Berlin, Phil. Fak. Nr. 1407, Bl. 76a.

126 Norden an den Dekan der Philosophischen Fakultät, 10.8.1928, in ebd.

127 Courant an Thiersch, 2.7.1928, Abschr. in BBAW-Archiv, II-XIII-14, Bl. 86.

Sowohl Pincherles Brief an Picard als auch den Mitteilungen des Leiters der amerikanischen Delegation hatte Courant entnommen, daß „auf dem Kongress ein Versuch gemacht werden soll, die Union gänzlich von dem Conseil zu lösen und dadurch wahrhaft international zu machen." Damit, betonte Courant, seien „alle Gründe zur Zurückhaltung gegenüber dem Kongress für die Deutschen hinfällig".[128] Die Einladung zum Kongreß solle unbedingt angenommen werden:

> Es erscheint den der Göttinger Gesellschaft der Wissenschaften angehörigen Mathematikern als dringend notwendig, dass die Gesellschaft die an sie ergangene Einladung freundlich annimmt, und dass sie von dem Sachverhalt den übrigen kartellierten Akademien Mitteilung macht, um dadurch von diesen eine ähnliche Stellungnahme zu erzielen.[129]

Als Thiersch daraufhin den Beschluß der Göttinger Gesellschaft der Wissenschaften, sich offiziell an dem Kongreß in Bologna zu beteiligen, der Preußischen Akademie der Wissenschaften zu Berlin mitteilte und auch den anderen kartellierten Akademien eine solche Beteiligung empfahl,[130] bedauerte die Berliner Akademie die Entscheidung der Göttinger Gesellschaft und lehnte aus ähnlichen Gründen, wie Bieberbach sie geltend gemacht hatte, eine Teilnahme strikt ab.[131] Auch den anderen wissenschaftlichen Akademien schickten die Berliner ihre abweisende Stellungnahme.[132]

Gleichwohl fand der Kongreß, wie von der italienischen Kongreßleitung geplant, in Bologna statt, und zwar mit sehr viel mehr Teilnehmern (836), als 1920 in Straßburg (200) und 1924 in Toronto (444) anwesend gewesen waren. Zahlreiche deutsche Mathematiker – insgesamt 76 – nahmen trotz der Gegenpropaganda daran teil, darunter befanden sich Delegierte der Akademien der Wissenschaften in Heidelberg und Leipzig und der Gesellschaft der Wissenschaften zu Göttingen sowie Vertreter von elf deutschen Hochschulen. Auch die deutsche Regierung hatte einen Repräsentanten geschickt. Aus Österreich waren neun Wissen-

---

128 Ebd.

129 Ebd.

130 Thiersch an die Preußische Akademie der Wissenschaften, Berlin, 5.7.1928, in BBAW-Archiv, II-XIII-14, Bl. 80.

131 Vgl. Auszug aus dem Protokoll der Gesamtsitzung vom 12. Juli 1928, gez. Heymann, in ebd., Bl. 92.

132 Vgl. Vorsitzender Sekretär der Preußischen Akademie der Wissenschaften, Heymann, an Thiersch, Gesellschaft der Wissenschaften zu Göttingen, 12.7.1928 und an die kartellierten Akademien Leipzig, Heidelberg, München, Wien, 14.7.1928, in ebd., Bl. 94.

schaftler gekommen, darunter ein Delegierter der Akademie der Wissenschaften in Wien, und aus Frankreich 56.[133] (Abb. 36)

Nicht nur die mutige Einladungspolitik Pincherles, sondern auch das Engagement Hilberts und seiner Kollegen hatten die starke deutsche Präsenz auf dem Kongreß herbeigeführt, die sich zwangsläufig auf die Stellung der deutschen Sprache dort auswirkte. Da viele deutsche Mathematiker Vorträge auf Deutsch hielten, gewann die deutsche Sprache nach langer Zeit auf den internationalen Mathematikerkongressen erstmals wieder an Gewicht. So waren von 16 Hauptvorträgen 6 auf Italienisch, 5 auf Französisch, 3 auf Deutsch und 2 auf Englisch; von 329 Sektionsvorträgen wurden 124 auf Französisch gehalten, 104 auf Italienisch, 48 auf Deutsch, 44 auf Englisch, 8 auf Spanisch und 1 auf Latein.[134]

Der Kongreß in Bologna wurde allseits als Erfolg gewertet, wofür man vor allem Pincherle dankte, dessen Kongreßorganisation nun auch auf der Generalversammlung der Union internationale mathématique, auf der allerdings der französische Generalsekretär und der belgische Schatzmeister fehlten, einhellige Zustimmung fand. Pincherle dankte der Versammlung für dieses Vertrauensvotum. Gleichwohl teilte er mit, daß er das Amt des Präsidenten der Union nicht länger ausüben könne, und bat das Präsidium, seinen Rücktritt entgegenzunehmen, der unwiderruflich sei. Danach übergab er das Amt des Präsidenten der Union dem belgischen Ehrenpräsidenten Charles de la Vallée Poussin, der einst 1920 in Straßburg als erster Unionspräsident gewählt worden war.[135]

Mit seinem Rücktritt wandte sich Pincherle gegen die unhaltbaren Zustände im Präsidium der Union. Seine Aufgabe hatte er vor allem darin gesehen, die Wissenschaftsbeziehungen mit den verfemten Mathematikern wiederaufzunehmen und somit die Internationalität der Mathematikerkongresse wiederherzustellen und diese aus der Abhängigkeit von einer restriktiven Union zu befreien. Das war ihm schließlich gelungen. Denn es hatte sich gezeigt, daß auf beiden Seiten der Wille zu Versöhnung und Zusammenarbeit stärker war als das Bestreben, die Fronten zu verhärten.

Andererseits und gleichzeitig aber führten, nachdem der Internationalen Mathematischen Union die Macht über die Kongresse entzogen worden war, die

133 Von den 836 Teilnehmern kamen 336 aus Italien, 76 aus Deutschland, 56 aus Frankreich, 52 aus den USA, 47 aus Großbritannien, 31 aus Polen, 29 aus der Schweiz, 27 aus der Sowjetunion (dazu 10 aus der Ukraine), 22 aus Ungarn, 15 aus der Tschechoslowakei, 11 aus Japan, 11 aus Rumänien, 11 aus Spanien und 10 aus Belgien; vgl. Atti del Congresso Internazionale dei Matematici, Bologna 1928 (VI), I, S. 63.

134 Vgl. ebd., Tomo I-VI.

135 Vgl. ebd., I, S. 83; Lehto, *Mathematics without borders*, S. 48.

ATTI

DEL

CONGRESSO INTERNAZIONALE DEI MATEMATICI

BOLOGNA 3-10 SETTEMBRE 1928 (VI)

TOMO I.

RENDICONTO DEL CONGRESSO

CONFERENZE

BOLOGNA

NICOLA ZANICHELLI

EDITORE

Abb. 36: Internationaler Mathematikerkongreß 1928 in Bologna. Titelblatt des 1. Bandes des Berichts

divergierenden Bestrebungen in der Union und die Unfähigkeit, ihre Aufgaben neu zu bestimmen, in den folgenden Jahren unweigerlich zu deren Auflösung.[136]

Der Kongreß in Bologna wählte mit Zürich als nächstem Kongreßort wohl nicht zufällig eine Stadt in der deutschsprachigen Schweiz und übertrug die Organisation des Kongresses den Schweizer Mathematikern. Da die Unabhängigkeit der Veranstaltung nun gesichert war, beteiligten sich an dem Kongreß 1932 in Zürich weitaus mehr deutsche Mathematiker als in Bologna, und zwar insgesamt 118, darunter dieses Mal eine große Zahl von Delegierten der Akademien der Wissenschaften, der Universitäten und Fachverbände. Auch diejenigen, die sich vom Kongreß in Bologna noch ferngehalten hatten, waren jetzt da. Hilbert, Pincherle und de la Vallée Poussin fungierten als Vizepräsidenten des Kongresses, und Bieberbach hielt einen Hauptvortrag.

Diese starke Beteiligung aus Deutschland und die Durchführung des Kongresses in einer deutschsprachigen Umgebung bewirkten, daß die deutsche Sprache auf dem Kongreß in Zürich überaus gut repräsentiert war. Alle Vorträge wurden in einer der vier anerkannten Kongreßsprachen: Französisch, Englisch, Italienisch oder Deutsch gehalten, von den Mathematikern aus anderssprachigen Ländern vorzugsweise auf Französisch oder auf Deutsch, und später veröffentlicht. So waren von 20 allgemeinen Plenarvorträgen 9 auf Deutsch, 9 auf Französisch und 2 auf Englisch; von 254 im Kongreßband abgedruckten Sektionsvorträgen waren 100 Vorträge auf Französisch (39,4 %), 91 auf Deutsch (35,8 %), 37 auf Englisch (14,5 %) und 26 auf Italienisch (10,2 %). In fünf von acht Sektionen dominierte sogar die deutsche Sprache. Darüber hinaus war die Hauptsprache des Züricher Kongreßberichts (Titelblatt und allgemeine Angaben) Deutsch.[137] – In der Mathematik hatte die deutsche Sprache ihre frühere Stellung wiedergewonnen.

---

136 Die Internationale Mathematische Union wurde 1932 aufgelöst. Besiegelt wurde die Auflösung 1935, nachdem die Bemühungen einer auf dem Kongreß 1932 in Zürich gebildeten Kommission, die internationalen Beziehungen der Mathematiker zu reorganisieren, erfolglos geblieben waren; vgl. Comptes Rendus du Congrès international des mathématiciens. Oslo 1936. Tome I-II, Oslo 1937, hier I, S. 46. Erst 1951 wurde die Union wieder neu gegründet; vgl. dazu Lehto, *Mathematics without borders*, S. 50 – 60, 84 – 88; siehe dazu unten, S. 542 – 544.

137 Von insgesamt 667 Teilnehmern kamen u. a. aus der Schweiz: 144, aus Deutschland: 118, Frankreich: 69, USA: 66, Italien: 64, England: 37, Polen: 20, den Niederlanden: 16, der Tschechoslowakei: 12, Ungarn: 12, Österreich: 10, Spanien: 10, der Sowjetunion: 10, Norwegen: 9, Belgien: 7, Rumänien: 7, Dänemark: 6, Schweden: 5, Finnland: 3. Vgl. Verhandlungen des Internationalen Mathematiker-Kongresses Zürich 1932, 2 Bde., Zürich und Leipzig; David Eugene Smith, The International Congress of Mathematicians, Zurich, September 4 – 12, 1932, in *Science* 76, 18. 11. 1932, S. 468 – 471.

Internationaler Mathematiker-Kongreß 1932 in Zürich:
Sektionen[138]:

I. Algebra und Zahlentheorie
II. Analysis
III. Geometrie
IV. Wahrscheinlichkeitsrechnung, Versicherungsmathematik und Statistik
V. Mathematisch-technische Wissenschaften und Astronomie
VI. Mechanik und Mathematische Physik
VII. Philosophie und Geschichte
VIII. Pädagogik

Tab. 5: Internationaler Mathematikerkongreß 1932 in Zürich. Sprachen der Beiträge in den einzelnen Sektionen[a)]

Sektionen	I	II	III	IV	V	VI	VII	VIII	Insges.
Französisch	6	44	17	5	3	28	4	5	112
Deutsch	13	24	23	8	5	14	6	2	95
Englisch	6	12	7	2	1	3	2	4	37
Italienisch	1	11	4	2	0	5	1	0	24
Insgesamt	26	91	51	17	9	50	13	11	268

[a)]Nach David Eugene Smith, The International Congress of Mathematicians, Zurich, September 4–12, 1932, in *Science* 76, 18.11.1932, S. 469; nicht alle hier gezählten Beiträge wurden vorgetragen.

Tab. 6: Zahl der Referenten in den Sektionen, nach Herkunftsländern[a)]

Deutschland	46	Großbritannien	10
Frankreich	38	Polen	9
Italien	28	Jugoslawien	6
USA, Kanada	23	Österreich	6
Schweiz	18	Niederlande	5
Sowjetunion	15	Norwegen	4
Tschechoslowakei	11	Schweden	4

Dazu kamen 23 Länder mit 1–3 Beiträgen.
[a)]Nach ebd.

138 Protokolle der Sektionssitzungen und Sektionsvorträge, in Verhandlungen des Internationalen Mathematiker-Kongresses Zürich 1932, Bd. 1 und 2.

Tab. 7: Internationaler Mathematikerkongreß 1932 in Zürich. Sprachen der Allgemeinen Vorträge, Herkunftsländer der Referenten[a)]

Länder	Deutsch	Französisch	Englisch
Dänemark	1		
Deutschland	4		
Finnland	1		
Frankreich		3	
Italien		1	
Österreich	1		
Polen		1	
Schweden		1	
Schweiz	1	1	
Sowjetunion	1	1	
Ungarn		1	
USA			2
Insgesamt	9	9	2

[a)]Nach Verhandlungen des Internationalen Mathematiker-Kongresses Zürich 1932, Bd.I.

Die Zahl und die Aufteilung der in den Kongreßbänden veröffentlichten Beiträge weichen geringfügig von der Aufstellung von Smith ab, da offensichtlich nicht alle vorgelegten oder vorgetragenen Ausarbeitungen in die Publikation aufgenommen wurden. Dabei sind, wie das Smith ebenfalls anmerkt, Ungenauigkeiten einzukalkulieren, die entweder auf die Zusammenstellung sowie Fehler der Redaktion des Kongreßbandes zurückgehen oder auf die Gleichsetzung von Herkunftsland, das bei jedem Autor angegeben ist, und Staatsangehörigkeit.

Auf dem folgenden Kongreß 1936 in Oslo dominierte Deutsch sogar in den allgemeinen Plenarvorträgen. So wurden von 21 allgemeinen Vorträgen 12 auf Deutsch, 7 auf Englisch und 2 auf Französisch gehalten. Demgegenüber war die Zahl der deutsch-, französisch- und englischsprachigen Sektionsvorträge zum ersten Mal ungefähr gleich hoch, wenn auch hier die deutsche Sprache führend war. So wurden von den 204 Sektionsvorträgen 69 auf Deutsch, 68 auf Französisch und 67 auf Englisch gehalten. Von allen 225 Vorträgen zusammen waren also 81 (36%) auf Deutsch, 74 (32,9%) auf Englisch und 70 (31%) auf Französisch. Die englische Sprache hatte also inzwischen den Vorsprung der anderen beiden Sprachen eingeholt – und Französisch sogar überholt.[139] Allerdings hatten die USA und Großbritannien auch die meisten Teilnehmer und Referenten geschickt.

139 Vgl. Comptes Rendus du Congrès international des mathématiciens. Oslo 1936.

Tab. 8: Internationaler Mathematikerkongreß 1932 in Zürich. Sprachen der Sektionsvorträge, Herkunftsländer der Referenten[a)]

Länder	Deutsch	Französisch	Englisch	Italienisch
Ägypten		1	1	
Algerien		2 (1)		
Belgien		4 (5)		
Bulgarien	2	1		
Dänemark	1			
Deutschland	38 (36)		1	
Finnland	1			
Frankreich		32		
Griechenland	1	2		
Großbritannien	1		8 (10)	
Indien			1	
Iran		3 (1)		
Irland			2	
Italien	2	5		26 (22)
Japan	1			
Jugoslawien		4		
Kanada			2	
Niederlande	6			
Norwegen	5			
Österreich	4			
Peru		1		
Polen	6 (5)	8 (7)		
Portugal		1		
Rumänien		7 (6)		
Schweden	2			
Schweiz	6	15		
Sowjetunion	6	8 (6)	1 (2)	
Tschechoslowakei	5	6 (5)		
Ungarn	3			
USA	1		21 (20)	
Insgesamt	91 (88)	100 (93)	37 (39)	26 (22)

[a)]Nach ebd., Bd. II; die Zahlen in Klammern beziehen sich auf die Zahl der Referenten, wenn diese von der Zahl der Vorträge abweicht, denn einige Referenten haben mehrere Vorträge gehalten oder zusammen mit einem Korreferenten vorgetragen.

Doch das Titelblatt und die allgemeinen Angaben des Osloer Kongreßberichts erschienen dieses Mal auf Französisch.

Der Kongreß in Oslo nahm die Einladung der American Mathematical Sociey an, den nächsten Kongreß 1940 in den USA abzuhalten. Doch dieser Termin mußte wegen des Zweiten Weltkriegs verschoben werden. Der Kongreß fand erst im Jahr 1950 in Cambridge (Mass.) an der Harvard University statt.[140]

140 Siehe dazu unten, S. 540 f.

2. Gegenveranstaltungen und -organisationen

Wissenschaftler der ehemals neutralen Länder sowie Deutschlands und Österreichs, aber auch einzelne Gelehrte aus Ländern der Alliierten setzten sich von Anfang an über die Boykottmaßnahmen hinweg und beschleunigten damit gleichzeitig deren Aufhebung. Korrespondenzen, Vortragsreisen und gegenseitige Besuche wurden nach dem Krieg wieder aufgenommen, und daneben organisierte man Veranstaltungen mit begrenzter internationaler Beteiligung. Ohnehin bot sich in Deutschland und Österreich die Gelegenheit, zu Tagungen deutscher Fachverbände ausländische Wissenschaftler einzuladen, wie das schon früher der Brauch gewesen war, zumal auch Wissenschaftler aus anderen Ländern Mitglieder in deutschen Fachverbänden waren. Daran hatte sich auch nach dem Krieg wenig geändert. So beteiligten sich im Jahr 1922 an der Versammlung der Gesellschaft Deutscher Naturforscher und Ärzte in Leipzig, an dem Geologenkongreß in Breslau, der Tagung der Deutschen Gesellschaft für Vererbungswissenschaft in Wien und 1923 an dem Deutschen Röntgenkongreß in München Wissenschaftler aus neutralen Ländern, auch aus den USA, nicht jedoch aus Frankreich und Belgien.[145]

Darüber hinaus gingen deutsche Wissenschaftler daran, internationale Vereinigungen ins Leben zu rufen auf Gebieten, die bislang noch nicht international organisiert worden waren. So gründeten sie, nach Abstimmung mit schwedischen Wissenschaftlern, im Jahr 1922 in Kiel die Internationale Vereinigung für theoretische und angewandte Limnologie, der sich – ohne die Alliierten – rund zwanzig Staaten anschlossen.[146] Den Gründungsaufruf hatten sie auf Deutsch, Englisch und Französisch verschickt.[147] Der Vorschlag zur Gründung und das vorläufige Programm erschienen auf Deutsch.[148]

Auch bilaterale Wissenschaftsbeziehungen wurden zielstrebig aufgebaut. Besonderes Gewicht legte man dabei auf deutsch-sowjetische Gemeinschaftsunternehmen, denen um so größere Bedeutung beigemessen wurde, als die sowjetischen Wissenschaftler von den alliierten Wissenschaftsverbänden ebenfalls

145 Siehe dazu *Internationale wissenschaftliche Kongresse 1922–23*, S. 15f.; vgl. Schröder-Gudehus, *Deutsche Wissenschaft*, S. 239.

146 Vgl. Gründungsversammlung der Internationalen Vereinigung für theoretische und angewandte Limnologie in Kiel, in *Mitteilungen des Verbandes der Deutschen Hochschulen*, 2. Jg., H. 21, 1.11.1922, S. 275f.; Schröder-Gudehus, *Deutsche Wissenschaft*, S. 239.

147 Aufruf zur Gründung einer Internationalen Vereinigung für theoretische und angewandte Limnologie, in PA AA, R 64520.

148 Vorschlag zur Gründung einer Internationalen Vereinigung für theoretische und angewandte Limnologie und Vorläufiges Programm in ebd.

https://doi.org/10.1515/9783110572643-012

ausgeschlossen waren. So schien es günstig zu sein, gerade dort vor Augen zu führen, wie hoch der Stand deutscher Wissenschaft war und wie gut die Zusammenarbeit funktionierte. Zudem konnte man sich darauf stützen, daß Osteuropa seit langem Einflußbereich der deutschen Sprache und Wissenschaft war. Gleichzeitig bot sich die Gelegenheit, die deutsche Minderheit dort in jeder Hinsicht zu stärken und nicht zuletzt mit der Ostorientierung zu demonstrieren, daß man auf den Westen überhaupt nicht angewiesen war. Jedenfalls wollte man diese vorteilhafte Lage ausnutzen und von dem „durch die frühzeitige Aufnahme der politischen Beziehungen mit Sowjetrussland gewonnenen Vorsprung auch auf wissenschaftlichem Gebiete"[149] profitieren und an wichtiges wissenschaftliches Material herankommen. Dabei waren die deutschen Wissenschaftsstrategen vor allem daran interessiert, „ähnlichen Absichten anderer Länder, insonderheit Frankreichs, zuvorzukommen."[150]

Veranstaltungen wie die Zweihundertjahrfeier der Russischen Akademie der Wissenschaften in Leningrad und Moskau im Jahr 1925, die russische Naturforscherwoche 1927 in Berlin – eingeladen wurden in erster Linie Astronomen, Physiker, Chemiker, Geologen und Mediziner –, gemeinsame Forschungsexpeditionen in den Alai und Pamir oder Arbeiten in Laboratorien und Instituten, auch die Gründung deutschsprachiger oder bilingualer Zeitschriften in Rußland wie der *Deutsch-Russischen Medizinischen Zeitschrift* ermöglichten es, die Isolation zu durchbrechen und das Ansehen der deutschen Wissenschaft und Sprache im Ausland zu heben.[151]

Gefördert wurde die Verbreitung des Deutschen außerdem dadurch, daß deutschsprachige Fachliteratur in größerem Ausmaß vertrieben, getauscht oder verschenkt wurde und man russischen Wissenschaftlern großzügig anbot, in deutschen Zeitschriften zu publizieren. Dabei war man schnell bereit, die Ansprüche herunterzuschrauben, nur um russische Wissenschaftler davon abzuhalten, ihre Arbeiten französisch- oder englischsprachigen Konkurrenzblättern anzuvertrauen. Der Berliner Pathologe Otto Lubarsch schrieb dazu in seiner Biographie:

> Meine Ansicht über die Notwendigkeit der Aufrechterhaltung aller wissenschaftlichen Beziehungen auch zum neuen Rußland bestimmt auch mein Verhalten zur Aufnahme russischer Arbeiten in Virchows Archiv und den „Ergebnissen". Ich bin ihnen gegenüber er-

---

149 Deutsche Gesellschaft zum Studium Osteuropas, 11.6.1927, Russische Naturforscherwoche in Berlin 19. bis 25. Juni 1927, in BA Berlin, R 1501/126758, Bl. 55–59, Zitat Bl. 56.
150 Ebd., Bl. 57.
151 Vgl. ebd; Paul Weindling, The League of Nations; Jürgen Nötzold, Die deutsch-sowjetischen Wissenschaftsbeziehungen.

> heblich weitherziger gewesen, als gegen deutsche und von anderen Ausländern, weil ich ihre Abwanderung in französische und englische Zeitschriften verhindern wollte.[152]

So wirkten sich die Rivalitäten auch auf das Niveau der deutschsprachigen Fachzeitschriften aus.

Im folgenden sollen auf dem Gebiet der Naturwissenschaften internationale Veranstaltungen und Organisationen beschrieben werden, die das Ziel verfolgten, ein Gegengewicht gegen den Boykott aufzubauen und diesen zu Fall zu bringen.

a) Meteorologentagungen

Auf einer Meteorologenversammlung 1872 in Leipzig hatten sich Meteorologen aus verschiedenen Ländern zusammengeschlossen und den Aufbau einer Internationalen Meteorologischen Organisation in die Wege geleitet. Bald schuf man ein Internationales Meteorologisches Komitee, in das die Mitgliedsländer Delegierte entsandten und das internationale Kongresse und Konferenzen der Direktoren meteorologischer Institute in regelmäßigen Abständen einberief. Darüber hinaus wurden für zahlreiche Spezialgebiete wissenschaftliche Kommissionen gebildet.[153] Die Sprachen, die man verwendete, waren Deutsch, Englisch und Französisch.

Obwohl die 1919 gegründete Internationale Geodätische und Geophysikalische Union eine Sektion für Meteorologie einrichtete, in der ebenso wie in der Union die deutschen Wissenschaftler und die deutsche Sprache boykottiert wurden, baute man unabhängig davon die Internationale Meteorologische Organisation mit ihrem Komitee, den Direktorenkonferenzen und wissenschaftlichen Kommissionen nach dem Krieg wieder neu auf. Allerdings wurden auch von dieser Organisation, von der Versammlung des Komitees 1919 in London ebenso wie von den Konferenzen der Direktoren und des Komitees 1919 in Paris und 1921 in London die Meteorologen der Mittelmächte und mit ihnen die deutsche Sprache ausgeschlossen.

---

152 Otto Lubarsch, *Ein bewegtes Gelehrtenleben*, Berlin 1931, S. 369; vgl. Forman, Scientific Internationalism, S. 167. Lubarsch gab *Virchows Archiv für pathologische Anatomie und Physiologie und für klinische Medizin* und *Ergebnisse der allgemeinen Pathologie und pathologischen Anatomie des Menschen und der Tiere* heraus.

153 Dazu ausführlich: Hendrik Gerrit Cannegieter, *The history of the International Meteorological Organization 1872–1951* (Annalen der Meteorologie, Neue Folge Nr. 1), Offenbach a. M. 1963; vgl. Lyons, *Internationalism in Europe 1815–1914*, S. 236 f.

Da viele Meteorologen der neutralen Länder die alliierte Ausschlußpolitik jedoch mißbilligten, waren sie sofort bereit, gemeinsam mit den deutschen und österreichischen Fachgelehrten dagegen vorzugehen.

Der erste Schritt bestand nun darin, daß sich im Jahr 1921 einundzwanzig Meteorologen aus Deutschland, Österreich, Norwegen, Schweden und den Niederlanden in Lindenberg versammelten. Den Anlaß dazu hatte der Direktor des norwegischen Geophysikalischen Instituts in Bergen, Vilhelm Bjerknes, gegeben. Er hatte 1919 Hugo Hergesell, den Direktor des Preußischen Aeronautischen Observatoriums in Lindenberg, als Präsidenten der Internationalen Kommission für die Erforschung der freien Atmosphäre abgelöst und wollte nun vor deren Versammlung in Bergen Hergesell in Lindenberg besuchen. Da Hergesell außerdem der Vorsitzende der Direktorenkonferenz der deutschen meteorologischen Institute war, wollte Bjerknes mit ihm über die internationalen aerologischen Beziehungen verhandeln und zwei wissenschaftliche Vorträge halten. Hergesell nahm diese Gelegenheit wahr, um – vermutlich in Absprache mit Bjerknes – weitere Kollegen zu den Verhandlungen einzuladen.

„Besonders wertvoll" erschien Hergesell bei den Verhandlungen nicht nur die Anwesenheit von Bjerknes, sondern auch von Ewoud van Everdingen, dem Direktor des Niederländischen Instituts für Meteorologie in De Bilt bei Utrecht und damaligen Generalsekretär – später (1923–1935) Präsidenten – des 1919 unter Ausschluß der Deutschen und Österreicher in Paris neugebildeten Internationalen Meteorologischen Komitees. Diese beiden führenden Meteorologen waren entschlossen, sich für die Mitarbeit ihrer deutschen und österreichischen Kollegen in der Internationalen Meteorologen-Organisation aktiv einzusetzen und mit ihrem Rücktritt zu drohen, falls sie weiterhin auf große Widerstände stoßen sollten, die in erster Linie von den Franzosen und Belgiern ausgingen. Jedenfalls sollten auf der bevorstehenden Tagung der Direktoren 1923 in Utrecht die Deutschen und Österreicher unbedingt teilnehmen, dafür wollten van Everdingen und Bjerknes sorgen. Wie Hergesell berichtete, erklärte van Everdingen,

> daß er zu dieser holländischen Versammlung die Deutschen und Österreicher unter allen Umständen einladen und darauf dringen würde, daß diese in dem neuen Komitee vertreten sein sollen. Wenn das nicht gelänge, würde er sein Amt niederlegen. Herr Professor Bjerknes sprach ähnliche Ansichten über die vom Pariser Komitee geschaffene aerologische Kommission aus. Auch er ist der Meinung, daß in der im nächsten Jahre neu zu bildenden Kommission Deutsche und Österreicher unbedingt vorhanden sein müssten.[154]

---

154 Hergesell an Preußischen Minister für Wissenschaft, Kunst und Volksbildung [Kultusminister], 21.7.1921, Abschr. in PA AA, R 64527.

Doch laut Hergesells Bericht hielt insbesondere Bjerknes „ein zu frühzeitiges Zusammenarbeiten“ der ehemaligen Kriegsgegner für „gefährlich“, da es auf Sitzungen zu Zwischenfällen kommen könnte. Dem stimmten die deutschen Gelehrten zu. Hergesell bekräftigte noch diese Befürchtungen, indem er darauf hinwies, „daß bei dem jetzigen Zustande auch die meisten deutschen Gelehrten auf dem Standpunkt stehen, mit den Franzosen und Belgiern nicht zusammenzukommen.“ Sie wollten auch nicht, wie es von einigen Neutralen, so zum Beispiel der Schweiz, gedacht sei, zu Kommissionsberatungen hinzugezogen werden „wie artige Kinder, die nunmehr durch ihr Wohlverhalten bezeugt hätten, daß sie einer solchen Ehre würdig seien.“[155] Erst auf einer Direktorenkonferenz, auf der alle Mächte gleichberechtigt zugelassen und alle Komitees und Kommissionen neu gebildet würden, betonte Hergesell, könnte eine internationale allgemeine Zusammenarbeit wieder stattfinden.[156]

Vor diesem Hintergrund unterbreitete Hergesell den Versammelten in Lindenberg den Vorschlag, eine Arbeitsgemeinschaft zu gründen, allerdings nicht ohne einen gewissen Druck auf die anwesenden ausländischen Fachgelehrten auszuüben. „Unter Hinweis darauf“, berichtete er dem preußischen Kultusministerium,

> daß uns die Neutralen, die bei den Pariser Beratungen ohne jede Reserve dem Ausschluß der Mittelmächte beigetreten sind, eine gewisse Genugtuung schuldig seien, schlug ich nunmehr vor, hier in Lindenberg eine Arbeitsgemeinschaft aus den Staaten zu bilden, die mit uns ohne jeden Zwang und ohne jeden Rückhalt arbeiten wollten. Ein Vertrag müsse die Grundlinien festsetzen. Dieser Vorschlag wurde angenommen.[157]

Die Arbeitsgemeinschaft sollte eine Art Überbrückung für die Zeit des Boykotts bilden, da man die Zusammenarbeit mit den französischen und belgischen Fachgenossen erst langsam anbahnen wollte.[158] Das in deutscher Sprache verfaßte Übereinkommen vom 5. Juli 1921 wurde von zehn Meteorologen unterzeichnet, darunter von Bjerknes, van Everdingen und dem schwedischen Meteorologen K. Angström.[159]

In dem Übereinkommen erklärten die Meteorologen, es sei zur Zeit noch verfrüht, daß Wissenschaftler ehemals feindlicher Staaten zu persönlichen Beratungen zusammenkommen. Deshalb habe man eine Arbeitsgemeinschaft derjenigen Institute gegründet, „die schon heute ohne jeden Zwang wissenschaftlich

155 Ebd.
156 Ebd.
157 Ebd.; vgl. dazu auch Schröder-Gudehus, *Deutsche Wissenschaft*, S. 244.
158 Hergesell an Peußischen Kultusminister, 21.7.1921, Abschr. in PA AA R 64527.
159 Übereinkommen vom 5.7.1921, in ebd.

miteinander verkehren und verkehren wollen, und die bis zu dem Zeitpunkte bestehen soll, wo ein allgemeines internationales Zusammenwirken wieder eintreten wird." Dabei sollten wichtige wissenschaftliche Fragen „für eine große internationale Behandlung" vorbereitet werden. So könnten Mitglieder der Arbeitsgemeinschaft, die den nach dem Kriege gegründeten internationalen Meteorologen-Vereinigungen angehörten, in diesen die in der Arbeitsgemeinschaft behandelten Fragen vortragen, wie in umgekehrter Richtung in der Arbeitsgemeinschaft Fragen erörtert werden könnten, die in jenen Vereinigungen diskutiert würden. Auf diese Weise meinte man, Lösungen gemeinsam erarbeiten zu können. Um die Arbeit zu organisieren, sollte ein Verwaltungsausschuß eingesetzt werden, „in dem je ein Vertreter von Deutschland, Österreich und den anderen Staaten ist".[160]

Die anwesenden neutralen Gelehrten hatten vor, bei ihren nächsten Beratungen noch weitere neutrale Staaten für die Unterzeichnung dieses Abkommens zu gewinnen. Es bestanden also günstige Aussichten, über den Umweg der Arbeitsgemeinschaft die Integration der deutschen Meteorologen in die internationale Organisation vorzubereiten.

Den nächsten Schritt unternahm wieder Bjerknes, als er auf der Tagung der Internationalen Kommission für die Erforschung der freien Atmosphäre, die unmittelbar nach der Lindenberger Versammlung unter seinem Vorsitz in Bergen stattfand, in seiner Eröffnungsrede auf die Zusammenarbeit mit den Zentralmächten einging und den Vertrag über die Arbeitsgemeinschaft bekanntgab.

Wie er später Hergesell berichtete, diskutierte er darüber zu Beginn der Konferenz mit dem britischen Meteorologen Sir William Napier Shaw, Professor am Royal College of Science in London, der damals nicht nur Präsident des Internationalen Meteorologischen Komitees, sondern zugleich auch der Sektion Meteorologie der Internationalen Geodätischen und Geophysikalischen Union war. Ebenso besprach sich Bjerknes mit dem französischen und belgischen Vertreter. In diesen Gesprächen habe er ausdrücklich betont, daß es sich bei der Arbeitsgemeinschaft nicht um ein Konkurrenzunternehmen zu der 1919 in Paris wiederaufgebauten Meteorologischen Organisation, sondern um eine Ergänzung handele. Eine Diskussion oder Abstimmung über die Arbeitsgemeinschaft habe er von vornherein vermieden.[161]

Der Vertrag über die Arbeitsgemeinschaft wurde sodann, um ihn weiteren Kreisen zur Kenntnis zu bringen, im Anhang des Berichts über die Tagung in Bergen veröffentlicht, und zwar wie im Original auf Deutsch und zugleich in

160 Ebd.
161 Bjerknes an Hergesell, 3.8.1921, Abschr. in ebd.

französischer Übersetzung. Während ansonsten die Sprachen der Tagung und des Berichts nur Englisch (vorwiegend) und Französisch waren, wurde damit erstmals wieder die deutsche Sprache in einem internationalen Meteorologenbericht respektiert.[162]

Auf der Kommissionstagung in Bergen war außerdem beschlossen worden, den gedruckten Verhandlungsbericht sowie das Programm des nächsten Direktorentreffens auch den nicht vertretenen Instituten zuzustellen. Das betraf nicht nur die Mittelmächte. Vielmehr hoffte Bjerknes, daß auf diesem Wege das Lindenberger Dokument auch außerhalb des meteorologischen Kreises wirken und einen gewissen Einfluß auf die Wiederaufnahme der Zusammenarbeit mit den boykottierten Wissenschaftlern ausüben würde. Der Sekretär der dänischen Gesellschaft der Wissenschaften habe ihn bereits um eine Anzahl Exemplare des Verhandlungsberichts gebeten, „weil dort immer ein Kampf geführt wird zwischen den geschäftlichen Illusionisten, welche um jeden Preis möglichst bald die früheren Feinde ‚zusammenbringen' wollen, und den mehr Vorsichtigen, die dieses Experiment noch zu riskabel finden."[163]

Nach kurzer Zeit traten weitere Meteorologen der Arbeitsgemeinschaft bei, so der Direktor des Schwedischen Meteorologischen Instituts in Stockholm und Delegierte Schwedens im Internationalen Meteorologischen Komitee, Axel Wallén[164], und Carl Dorno aus Davos. Verhandlungen mit Spaniern waren im Gange.[165]

Zwei Jahre später ging es darum, die deutschen und österreichischen Direktoren meteorologischer Institute zur internationalen Direktorenkonferenz in Utrecht einzuladen. Um die Modalitäten der Beteiligung der deutschen Direktoren zu vereinbaren, verhandelte vorher in Bremen van Everdingen, der als Vizepräsident der Konferenz fungierte, mit Hergesell sowie dem Präsidenten der Deutschen Seewarte, Hans Capelle, und dem Direktor des Meteorologischen Observatoriums in Bremen, Wilhelm Grosse. Die Teilnahme der Franzosen an der Konferenz in Utrecht sei gesichert, teilte Everdingen mit. Man beabsichtige, die Deutschen in das Internationale Komitee zu wählen.[166]

---

162 Vgl. Report of the Proceedings of the Seventh Meeting of the International Commission for the Investigation of the Upper Air. Held in Bergen 25th – 29th July 1921. Published by the President [Bjerknes].

163 Bjerknes an Hergesell, 3.8.1921, Abschr. in PA AA, R 64527.

164 Wallén war von 1930 – 1936 Präsident der Assoziation für Meteorologie der Internationalen Geodätischen und Geophysikalischen Union.

165 Vgl. Hergesell an Preußischen Minister für Wissenschaft, Kunst und Volksbildung, 23.9.1921, Abschr. in PA AA, R 64527.

166 Auszug aus dem Protokoll der Besprechung am 9.8.1923 im Meteorologischen Observatorium in Bremen über die Teilnahme an der Direktorenkonferenz in Utrecht, in ebd.

Doch die Direktoren-Konferenz der deutschen meteorologischen Institute hatte inzwischen den Beschluß gefaßt, daß wegen der Besetzung des Ruhrgebiets eine Teilnahme nicht möglich sei. Wie Hergesell erklärte, wollten in dieser Situation die deutschen Direktoren mit französischen und belgischen Meteorologen nicht zusammentreffen. Um aber das Unternehmen nicht scheitern zu lassen, bat er Everdingen, darauf hinzuwirken, daß die deutschen Meteorologen trotz ihrer Abwesenheit auf der Utrechter Versammlung in das Komitee und die Kommissionen hineingewählt würden. „Sobald das geschehen sei, werde ganz von selbst die Mitarbeit einsetzen", versicherte Hergesell.[167]

Van Everdingen agierte in diesem Sinne: So wurden in Utrecht in ihrer Abwesenheit Hergesell als Vertreter Deutschlands in das internationale Komitee und weitere deutsche Meteorologen in verschiedene Kommissionen gewählt. Österreicher nahm man zur gleichen Zeit auf. Angesichts dieses Erfolgs würdigte Hergesell die Meteorologenversammlung 1923 in Utrecht als

> einen Markstein in den internationalen Beziehungen nach dem Kriege, als zum ersten Male, soweit mir bekannt ist, in Gegenwart von Franzosen und Belgiern eine Zusammenarbeit mit Deutschen offiziell anerkannt worden ist.[168]

Die von ihm lancierte Arbeitsgemeinschaft hatte ihre Aufgabe erfüllt; sie war nun „überflüssig" geworden.[169]

Eine offene Frage war noch das Verhältnis der Internationalen Meteorologischen Organisation zur Internationalen Geodätischen und Geophysikalischen Union und deren Sektion für Meteorologie. Während diese daran interessiert war, sich mit der Direktorenkonferenz zusammenzuschließen, legten die deutschen Meteorologen den allergrößten Wert auf die Trennung der beiden Organisationen, zumal die Union die deutschen und österreichischen Wissenschaftler nach wie vor boykottierte.

Was nun die Beziehungen zwischen diesen beiden Organisationen betraf, hielten die in Utrecht versammelten Direktoren in einem Beschluß ausdrücklich fest, daß die Direktorenkonferenz von der Internationalen Geodätischen und Geophysikalischen Union vollkommen unabhängig sei. Dennoch befürwortete man durchaus eine enge Zusammenarbeit, legte aber zugleich der Union nahe, ebenso wie die Direktorenkonferenz der Meteorologen Wissenschaftler aus allen Ländern zuzulassen. Das war ein klares Votum gegen den Boykott:

---

167 Ebd.

168 Hergesell an Soehring (AA), 6.3.1925, in ebd.

169 Hergesell an Pr. Minister für Wissenschaft, Kunst und Volksbildung, 26.10.1923, Abschr. in ebd.

> After having very carefully examined the proposition of the Geodetic and Geophysical International Union "to consider whether there is any overlapping of the functions of the Conference and those of the Union and to make propositions as to the most intimate collaboration between these two organizations", the Conference of the Directors is of the opinion that – as far as they know – there is no overlapping of the functions of the Union with those of the Conference of Directors, which only aim at the exclusive study of the questions, which interest all the national meteorological services and which imply the utilisation of their own reseaux. The Conference will be very happy to establish the most intimate collaboration between these two organizations; it hopes that the circumstances will allow the Union to admit as soon as possible the delegates of all the nations of the world, as is the case with the Conference of Directors.[170]

Da die deutschen Meteorologen an der Konferenz in Utrecht nicht teilnahmen, spielte auch die deutsche Sprache dort keine Rolle. Die Sprache des Verhandlungsberichts war hauptsächlich Englisch, einzelne Beiträge und Berichte erschienen auf Französisch, Beschlüsse waren synoptisch in englischer und französischer Sprache gedruckt.[171]

Es dauerte noch zwei Jahre, bis Hergesell sich erstmals an der Tagung der Internationalen Kommission für die Erforschung der freien Atmosphäre im Jahr 1925 in London beteiligte. Wegen seiner wichtigen Position als deutscher Vertreter im Internationalen Meteorologischen Komitee, in das er 1923 gewählt worden war, hatte er, wie gewünscht, vom Auswärtigen Amt einen Dienstpaß erhalten.[172]

Hergesell rühmte seine überaus freundliche Aufnahme in London. Ganz besonders angetan war er außerdem davon, daß zum ersten Mal nach dem Kriege unter Mitwirkung von Franzosen eine offizielle internationale Arbeit unter Vorsitz eines Deutschen besprochen worden sei, und zwar in einer von ihm vorgeschlagenen neuen Kommission.[173] Ferner wertete Hergesell es als großen Erfolg, daß sein Antrag, die ozeanographisch-meteorologische Expedition des Schiffes der deutschen Marine „Meteor" im Südatlantik (1925 – 1927) zu unterstützen und den Meteorologischen Diensten der Küstenstaaten eine Zusammenarbeit zu empfeh-

170 Koninklijk Nederlandsch Meteorologisch Instituut No. 112. Report of the International Meteorological Conference of Directors and of the Meeting of the International Meteorological Committee at Utrecht. September 1923. Utrecht 1924, S. 58.

171 Vgl. ebd.

172 Vgl. Hergesell an Soehring (AA), 6. 3. 1925, in PA AA, R 64527; Preußisches Ministerium für Wissenschaft, Kunst und Volksbildung an AA, 4. 3. 1925, in ebd.; Anweisung des AA vom 31. 3. 1925, in ebd.

173 Es handelte sich um eine Kommission, die sich mit Ballonmessungen befaßte, vgl. Hergesell an Minister für Wissenschaft, Kunst und Volksbildung, 6. 6. 1925, Bericht über die Sitzung der Internationalen Kommission für die Erforschung der freien Atmosphäre vom 16.–22. April 1925 in London, in ebd.

len, von der Kommission einstimmig angenommen wurde.[174] Die deutsche Forschungsexpedition erlangte damit internationale Anerkennung.

Der Beschluß, die nächste Sitzung der Kommission für die Erforschung der freien Atmosphäre 1927 in Leipzig abzuhalten und damit erstmals wieder in Deutschland zu tagen, zeugte gleichfalls von dem Willen zu gleichberechtigter Zusammenarbeit. Schließlich wurden damit auch Hergesells Verdienste besonders gewürdigt: Hergesell, der bereits von 1896 bis 1914 diese Internationale Kommission geleitet hatte, wurde in Leipzig wieder zu ihrem Präsidenten gewählt – auf Vorschlag des französischen Meteorologen Ph. Wehrlé vom Office national météorologique in Paris, der im selben Jahr Sekretär der Sektion bzw. Assoziation für Meteorologie der Internationalen Geodätischen und Geophysikalischen Union wurde und es bis 1936 blieb. Die Geste des französischen Meteorologen bewies, daß sich auch in der Union die Verhältnisse gewandelt hatten. – Das Amt des Kommissionspräsidenten übte Hergesell bis 1935 aus.[175]

Ein weiteres Präsidentenamt wurde einem deutschen Meteorologen angetragen, und zwar dem Direktor des Preußischen Meteorologischen Instituts, Heinrich von Ficker, in der 1929 gegründeten Kommission für Klimatologie. So konnten die deutschen Wissenschaftler wieder einflußreiche Posten besetzen und bald die Tagung des Internationalen Meteorologischen Komitees in Berlin veranstalten. Diese fand dort im Jahr 1939 statt.[176]

Die Verhandlungssprache der Tagung der Internationalen Kommission für die Erforschung der freien Atmosphäre 1925 in London war vorwiegend Englisch. Doch beim offiziellen Dinner hielt Hergesell, wie er in seinem Bericht ausdrücklich hervorhob, einen „Haupttoast [...] mit Absicht nach einigen einleitenden englischen Worten in deutscher Sprache".[177]

Zwar wurde die deutsche Sprache in der Organisation wieder zugelassen, doch hatte man sich in den Jahren des Boykotts an den Gebrauch des Englischen und Französischen weitgehend gewöhnt, so daß die deutschen Meteorologen nicht umhin konnten, darauf Rücksicht zu nehmen. So berichtete Heinrich von Ficker über die Internationale Meteorologische Direktoren-Konferenz 1929 in Kopenhagen:

---

174 Vgl. ebd.; zur „Meteor"-Expedition siehe auch unten S. 510.
175 Vgl. Cannegieter, *The history*, S. 171, 261.
176 Vgl. ebd., S. 83 ff.
177 Hergesell an Terdenge (AA), 15.12.1926, in PA AA, R 64527.

> Verhandlungssprache[n] der Konferenz waren deutsch, französisch, englisch; deutsch trat etwas in den Hintergrund, weil die deutschen Mitglieder meist englisch und französisch sprachen und deshalb oft auf die Übersetzung verzichteten.[178]

Da jedoch die Leitung von zwei Kommissionen in deutschen Händen lag und nicht nur Kommissionssitzungen, sondern auch Tagungen des Komitees wieder in Deutschland und Österreich stattfanden,[179] trat mit der Zeit die deutsche Sprache in der Organisation wieder stärker in den Vordergrund.

Der Vorschlag des dem Völkerbund unterstellten Internationalen Instituts für geistige Zusammenarbeit in Paris, in seinen Räumen das Büro der Internationalen Meteorologischen Organisation unterzubringen, den die französische Regierung zugleich mit einem großzügigen Spendenangebot unterstützte, hätte, wenn er angenommen worden wäre, zwangsläufig dem Französischen mehr Gewicht verliehen. Er wurde jedoch von den Meteorologen dankend abgelehnt, weil sie sich die Unabhängigkeit ihrer Organisation bewahren wollten und es vorzogen, ihr Büro in ein kleineres Land zu legen. Das waren lange Zeit die Niederlande.[180]

b) Chemikertreffen in Utrecht

Ähnlich wie in der Meteorologie bahnten sich auch in der Chemie internationale wissenschaftliche Beziehungen mit den deutschen und österreichischen Gelehrten an, während diese von der Internationalen Chemie-Union und deren Konferenzen ausgeschlossen waren. So wurde im Jahr 1922 eine kleinere internationale chemische Tagung gemeinsam mit deutschen und österreichischen Chemikern in Utrecht durchgeführt.

Den Plan dazu hatten zwei ehemalige ausländische Studenten der Universität Leipzig geschmiedet, als diese in England zusammengetroffen waren: Prof. Frederick George Donnan, Nachfolger Sir William Ramsays auf dem Lehrstuhl für Chemie in London, und Prof. Ernst Cohen, Direktor des Van't Hoff-Laboratoriums an der Universität Utrecht. Die Utrechter Professoren Ernst Cohen, Hugo R. Kruyt und Pieter van Romburgh nahmen auf ‚neutralem' Boden die Durchführung des Vorhabens in die Hand. Dabei bemühten sie sich, möglichst behutsam vorzugehen.

---

178 H. von Ficker, Bericht über die Internationale Meteorologische Direktoren-Konferenz in Kopenhagen, an Preußischen Minister für Wissenschaft, Kunst und Volksbildung, 10.10.1929, (an Terdenge (AA) 11.10.1929), Abschr. in PA AA, R 65824.

179 1926 tagte das Komitee in Wien und 1937 in Salzburg.

180 Vgl. Cannegieter, *The history*, S. 61, 215.

Um eine erste Annäherung herbeizuführen und „von Mensch zu Mensch“ die „Fachgenossen aus den einzelnen Ländern in möglichst enge persönliche Fühlung zu bringen“, wie der Professor für Chemie in Münster und Vorsitzende des Deutschen Hochschulverbandes, Rudolf Schenck, das Vorgehen beschrieb, sowie grundsätzliche Fragen zu klären, luden die holländischen Gelehrten zunächst über persönliche Beziehungen aus jedem Land einen Chemieprofessor zu einer Aussprache 1921 nach Utrecht ein. An diesem Vorbereitungstreffen, das „nahezu vollständig in deutscher Sprache“ geführt wurde, so berichtete Schenck, nahmen neben ihm und Donnan sowie den holländischen Kollegen noch Paul Walden aus Rostock, E. Biilmann aus Kopenhagen, V. Henry aus Zürich und Wegscheider aus Wien teil. Einige Chemiker aus anderen Ländern waren verhindert, standen jedoch dem Unternehmen wohlwollend gegenüber, „nur in Belgien verhielt man sich ablehnend gegen den Gedanken einer Wiederannäherung“, und in Frankreich, konstatierte Schenck.[181]

Beschlossen wurde auf diesem Vorbereitungstreffen in Utrecht, den Austausch wissenschaftlicher Publikationen, wie früher üblich, wiederaufzunehmen – als Vermittlungsstelle sollte das niederländische Van't Hoff-Laboratorium fungieren – und 1922 eine internationale Chemikerversammlung mit beschränkter Teilnehmerzahl nach Utrecht einzuberufen.

Nachdem es in einem ersten Schritt gelungen war, die persönlichen Verbindungen wiederaufzunehmen, fanden sich dann ein Jahr später von 100 eingeladenen Fachgelehrten 40 Chemiker zu einem kleinen Kongreß in Utrecht ein, darunter je 8 aus Deutschland und Österreich. Gekommen waren außerdem neben den vollzählig vertretenen holländischen Professoren Kollegen aus Dänemark, Großbritannien, den Vereinigten Staaten, der Schweiz, der Tschechoslowakei, Lettland und Rußland. Die französischen und belgischen Chemiker, obwohl eingeladen, kamen hingegen nicht. Gleichwohl wertete Schenck das Unternehmen als „glücklich verlaufene[n] Versuch, eine Zahl von chemischen Fachgenossen aus den früheren Kriegsländern und den neutralen Staaten zu harmonischer Zusammenarbeit und freundschaftlicher Aussprache zu bringen“, was auch anderen Fächern zur Nachahmung zu empfehlen sei.[182]

Das Auswärtige Amt, dem der Bericht von Schenck bereits vor seiner Veröffentlichung übermittelt worden war, hielt diesen für so wichtig, daß es ihn nicht

---

181 R. Schenck, Ein internationaler wissenschaftlicher Kongreß in Utrecht, in *Mitteilungen des Verbandes der Deutschen Hochschulen*, 2. Jg., H. 17, 1.9.1922, S. 223–225, Zitate S. 224. Das Vorbereitungstreffen fand am 23. und 24.6.1921 in Utrecht statt.

182 Ebd., S. 223; der Kongreß tagte vom 21.-24.6.1922 in Utrecht; siehe dazu auch Elisabeth Crawford, *Nationalism and internationalism in science. 1880–1939. Four studies of the Nobel population*, Cambridge 1992, S. 68 f.

nur an das Reichsministerium des Innern, das Kultusministerium und Kerkhof von der Reichszentrale für naturwissenschaftliche Berichterstattung weiterleitete, sondern auch den Gesandtschaften in Haag, Brüssel, Kopenhagen und Wien sowie Botschaften in London, Paris und Washington schickte.[183]

Zweifellos hat jene Chemikerversammlung in Utrecht den deutschen und österreichischen Wissenschaftlern den Weg in die Internationale Chemie-Union geebnet, was noch dadurch begünstigt wurde, daß einer ihrer Organisatoren, der niederländische Chemiker Ernst Cohen, 1925 zum Präsidenten der Internationalen Chemie-Union gewählt wurde.[184]

c) Versammlungen der Astronomen

In der Astronomie rissen die internationalen Kontakte mit den deutschen und österreichischen Wissenschaftlern – entgegen den Ambitionen der Boykottorganisatoren – ebenfalls nicht ab. Da die Astronomische Gesellschaft ursprünglich eine deutsche Gründung war, wenn auch mit internationaler Mitgliedschaft und internationalen Projekten, fiel sie nicht unter das Verdikt des Friedensvertrags von Versailles und konnte auch nicht von den alliierten Autoritäten aufgelöst werden. Trotz der nach dem Ersten Weltkrieg neu gegründeten Internationalen Astronomischen Union blieben zahlreiche ausländische Astronomen weiterhin Mitglieder der Astronomischen Gesellschaft, in der nach wie vor Deutsch Geschäftssprache war – andere Sprachen waren in den wissenschaftlichen Beiträgen zugelassen –, und beteiligten sich an deren Versammlungen, Publikationen und Forschungsvorhaben.

Zwar hatten die alliierten Astronomen 1919 in Brüssel beschlossen, eine neue Zentralstelle für astronomische Telegramme am Observatorium in Uccle bei Brüssel, dessen Direktor Georges Lecointe war, zu errichten und damit die alte Zentralstelle in Kiel, welche die Astronomische Gesellschaft seit 1884 betrieb, zu ersetzen. Doch bereits während des Krieges war es dem schwedisch-dänischen Astronomen Elis Strömgren, Professor der Astronomie und Direktor der Universitäts-Sternwarte in Kopenhagen, gelungen, an der Kopenhagener Sternwarte eine Zwischenstation und Vermittlerstelle einzurichten, um von dort aus, in enger Verbindung mit der Kieler Zentralstelle, den internationalen telegraphischen Austausch astronomischer Nachrichten weiterhin aufrechtzuerhalten, als die Kommunikation zwischen den Kriegsgegnern abgebrochen war. Nach dem Krieg

183 Vgl. Schenck an AA, 21.8.1922, in PA AA, R 64526; AA an RMI u.a., 4.9.1922, in ebd.
184 Siehe dazu unten im Kapitel „Verhandlungen“.

erreichte Strömgren, daß die Sternwarte in Kopenhagen ebenso die Vermittlung zwischen der neuen Zentralstelle in Brüssel und der alten in Kiel übernahm,[185] bis die Union astronomique internationale sie 1922 zu ihrem internationalen Zentralbüro für astronomische Telegramme und Strömgren zum Präsidenten der betreffenden Kommission ernannte.[186]

Strömgren, der den Ausschluß der deutschen und anderen Gelehrten für falsch hielt und sich dafür einsetzte, die internationalen Wissenschaftsbeziehungen wieder herzustellen – in diesem Zusammenhang engagierte er sich auch für den Austausch wissenschaftlicher Publikationen –, wurde auf der Versammlung der Astronomischen Gesellschaft 1921 in Potsdam zu ihrem Vorsitzenden gewählt und übte dieses Amt bis 1930 aus. Unter Strömgrens Führung – als stellvertretender Vorsitzender stand ihm zunächst der niederländische Astronom und Professor in Groningen, Jacobus Cornelius Kapteyn zur Seite, der 1919 den Aufruf der Mitglieder neutraler Akademien an die alliierten initiiert hatte[187] –, gelang es der Astronomischen Gesellschaft, mit den Astronomen in aller Welt weiterhin zusammenzuarbeiten und damit ein Gegengewicht gegen die Boykottpolitik der Internationalen Astronomischen Union zu schaffen.

Dabei ließ Strömgren sich, was die Integration der deutschen Gelehrten in internationale Vereinigungen betraf, von dem „Hauptgedanke[n]“ leiten: „Ausbau der alten Gesellschaften, die die Internationalität im Prinzip bewahrt haben, und kein Drängen auf Aufnahme in Assoziationen, die noch nicht dafür reif sind.“ Auch wenn er das nicht dogmatisch verstanden wissen wollte, ging er im allgemeinen davon aus, daß, solange eine entschlossene Minorität sich gegen die Teilnahme der Deutschen wehrte, eine Zusammenarbeit in solchen Assoziationen wenig ergiebig war.[188]

An der ersten nach dem Krieg abgehaltenen Versammlung der Astronomischen Gesellschaft 1921 in Potsdam, die Strömgren arrangierte, nahmen von den rund 400 Mitgliedern 140 Astronomen teil, darunter Fachvertreter aus Finnland, Norwegen, Schweden, Dänemark, Großbritannien, den Niederlanden, Italien, der Schweiz, der Tschechoslowakei, Jugoslawien, Bulgarien und natürlich aus Deutschland und Österreich. Auch Albert Einstein beteiligte sich an der Veran-

185 Vgl. Ansprache Strömgrens auf der Versammlung der Astronomischen Gesellschaft 1921 in Potsdam, in *Vierteljahresschrift der Astronomischen Gesellschaft*, 56. Jg., 1921, S. 145 f.

186 Vgl. International Research Council, Constitutive Assembly 1919, Reports of Proceedings, S. 171 f.; Transactions of the International Astronomical Union, Vol. I, First General Assembly, Rome May 2nd to May 10th, 1922, S. 225, 232, 234; International Research Council, Third Asembly 1925, Reports of Proceedings, S. 60 f.; Schröder-Gudehus, *Les scientifques*, S. 145.

187 Siehe oben S. 297f.

188 Strömgren an Kerkhof, 13.5.1923, in PA AA, R 64538.

staltung. Gelehrte aus Frankreich und Belgien hingegen kamen nicht, weil sie sich an die Londoner Beschlüsse von 1918 hielten und das Vertrauen zu den ehemaligen Feinden noch nicht wiedergewonnen hatten.[189]

Wegen ihrer wissenschaftlichen und politischen Bedeutung, gerade im Hinblick auf den Boykott, wurde die Versammlung in Potsdam von der deutschen Regierung mit 6000 Mark finanziell unterstützt.[190] Überdies ging der Astronomischen Gesellschaft eine großzügige Spende des amerikanischen Astronomen Thomas Jefferson Jackson See zu.[191]

Im Jahr 1926 hielt die Astronomische Gesellschaft zum ersten Mal nach dem Krieg ihre Tagung wieder im Ausland ab, und zwar in Kopenhagen, am Sitz der von dem Vorsitzenden der Gesellschaft, Strömgren, geleiteten Universitäts-Sternwarte. Strömgren organisierte die Tagung.[192] Das internationale Interesse an der Versammlung war inzwischen gewachsen, einerseits wegen Strömgrens persönlichen Einsatzes und des dänischen Versammlungsorts, andererseits, weil kurze Zeit vorher der Boykottbeschluß des Internationalen Forschungsrats aufgehoben worden war. So kamen nach Kopenhagen Astronomen aus 19 Ländern, darunter jetzt auch Fachgelehrte aus den USA, aus Polen, Japan und der Sowjetunion, allerdings immer noch keine Vertreter aus Frankreich und Belgien.[193]

Um die Teilnahme der deutschen Astronomen an der Kopenhagener Veranstaltung zu fördern und sie dort in möglichst großer Zahl auftreten zu lassen, stifteten preußisches Kultusministerium und Auswärtiges Amt „im Interesse einer würdigen deutschen Vertretung" Reisebeihilfen.[194] Paul Guthnick, der Direktor der Universitäts-Sternwarte in Berlin-Babelsberg und Schriftführer der Astrono-

189 Vgl. *Nation Belge*, Nr. 238, 26.8.1921.

190 Vgl. H. Ludendorff, Direktor des Astrophysikalischen Observatoriums in Potsdam, an Pr. Kultusministerium, 26.5.1921, in GStA PK, I. HA Rep. 76, Vc Sekt. 1 Tit. 11 Teil VI Nr. 4 Bd. I, Bl. 39; Pr. Kultusminister an Finanzminister, 17.6.1921, in ebd., Bl. 39a-40; Pr. Kultusminister an Regierung in Potsdam und Ludendorff sowie an AA, 25.7.1921, in ebd., Bl. 45 f.; Pr. Kultusministerium an Regierung in Potsdam, 23.8.1921, in ebd., Bl. 50; AA an Pr. Kultusministerium, 13.9.1921, in ebd., Bl. 59.

191 Vgl. H. Ludendorff, Bericht über den Verlauf der 25. Generalversammlung der Astronomischen Gesellschaft, in ebd., Bl. 65–67.

192 Die Astronomische Gesellschaft hatte vor dem Krieg ihre alle zwei Jahre stattfindenden Versammlungen abwechselnd in Deutschland und im Ausland abgehalten, um den internationalen Charakter der Gesellschaft zu betonen.

193 Vgl. Bericht über die Versammlung der Astronomischen Gesellschaft zu Kopenhagen 1926, August 16–20, in *Vierteljahresschrift der Astronomischen Gesellschaft*, 61. Jg., 1926; Guthnick, Die 27. Generalversammlung der Astronomischen Gesellschaft in Kopenhagen vom 16. bis 20. August 1926, in PA AA, R 64505.

194 AA an Preußisches Kultusministerium, 3.8.1926, in ebd.

mischen Gesellschaft, hatte seinen Antrag mit der besonderen Bedeutung der Tagung begründet:

> Die Kopenhagener Versammlung wird die erste Versammlung der Astronomischen Gesellschaft nach dem Kriege sein, an der sich das Ausland, vor allem auch das ehemals feindliche Ausland, wieder *in sehr starkem Maße* beteiligen wird. Es würde einen trübseligen Eindruck erwecken und für den vorherrschenden deutschen Einfluß in der Gesellschaft nicht ohne bedenkliche Gefahren sein, wenn demgegenüber die Teilnahme der Deutschen nur schwach sein würde.[195]

Wie Guthnick später in einem vertraulichen Bericht erläuterte, waren vor allem deshalb Reisebeihilfen für eine größere Zahl deutscher Astronomen dringend erwünscht, weil man erwartete, daß in Kopenhagen über den Eintritt der Astronomischen Gesellschaft in die Internationale Astronomische Union verhandelt werden würde und man dafür sorgen wollte,

> der Gefahr irgendwelcher für die Deutschen unannehmbaren Beschlüsse durch die Anwesenheit einer möglichst grossen Zahl von deutschen Mitgliedern der Gesellschaft zu begegnen.[196]

Deutsche Machtpolitik stand also weiterhin auf dem Programm, um so mehr, als, wie Guthnick im Hinblick auf eine spätere Veranstaltung betonte,

> die Astronomische Gesellschaft ein sehr wirksames Gegenmittel gegen die internationale Astronomische Union ist.[197]

Die solchermaßen getroffenen Vorbereitungen bewirkten, daß von 138 Teilnehmern der Versammlung in Kopenhagen allein 60 Astronomen aus Deutschland kamen, also rund 44 Prozent. Diese starke deutsche Präsenz begünstigte freilich die Verwendung der deutschen Sprache in den wissenschaftlichen Vorträgen. So trugen die meisten nichtdeutschen Gelehrten ihre Forschungsergebnisse in deutscher Sprache vor, während nur zwei Briten und drei jüngere Astronomen aus Schweden und Norwegen englisch sprachen. Alle Begrüßungsreden erfolgten ebenfalls auf Deutsch, wie die Satzung es vorschrieb.

---

195 Guthnick an Preußisches Kultusministerium, 26.6.1926 (Abschr.), in ebd.; Hervorhebung i. Orig.

196 Guthnick, Bericht über einige besondere, die Versammlung betreffende oder mit ihr im Zusammenhang stehende Fragen, 9.10.1926, in ebd.

197 Guthnick an Min.Rat Leist (Preußisches Kultusministerium), 23.7.1930, in GStA PK, I. HA Rep. 76, Vc Sekt. 1 Tit. 11 Teil VI Nr. 4 Bd. I, Bl. 462f.

Welche Bedeutung die Zahl der Teilnehmer und deren Landessprachen, sofern sie verbreitet waren, für die auf der Tagung verwendeten Sprachen in den wissenschaftlichen Vorträgen hatten, zeigte der Umstand, daß niemand Französisch sprach, obwohl Französisch neben Englisch die offizielle Sprache der Union astronomique internationale war und Mitglieder dieser Union der Versammlung in Kopenhagen beiwohnten. Die Abwesenheit der Franzosen und Belgier hatte sich also insgesamt auf die Sprachenwahl ausgewirkt, wie in umgekehrter Richtung der Ausschluß der deutschen und österreichischen Gelehrten aus der Internationalen Astronomischen Union es deren Organisatoren erleichterte, die deutsche Sprache aus ihrem Wissenschaftsbetrieb herauszuhalten. Andererseits drückte es wohl eine besondere Würdigung der deutschen Astronomen und der deutschen Sprache aus und kam einer Demonstration gegen deren Unterdrückung in den Boykottorganisationen gleich, wenn ein Engländer in Kopenhagen seinen Vortrag in deutscher Sprache hielt.[198]

Zu den Teilnehmern der Kopenhagener Veranstaltung gehörten Mitglieder der Astronomischen Gesellschaft, die gleichzeitig führende Mitglieder der Internationalen Astronomischen Union waren, so deren 1925 gewählter niederländischer Präsident Willem de Sitter, Professor der Astronomie und Direktor der Sternwarte in Leiden, sowie zwei Vizepräsidenten der Union, der britische Astronom Sir Arthur Stanley Eddington, Professor und Direktor der Sternwarte in Cambridge, und der italienische Astronomieprofessor Vincenzo Cerulli aus Rom – letzterer agierte sogar in den Vorständen beider Organisationen zugleich –, außerdem Sir Frank Dyson, Direktor der Sternwarte in Greenwich und Delegierter der Internationalen Astronomischen Union beim Forschungsrat.[199] Auch Strömgren, der Vorsitzende der Astronomischen Gesellschaft, gehörte als dänischer Delegierter der Union an. Es gab also zahlreiche Verschränkungen und doppelte Mitgliedschaften.

Die Wertschätzung der Arbeit der deutschen Astronomen und mit ihnen der Astronomischen Gesellschaft sowie das Interesse an einer Zusammenarbeit waren bereits auf den vorangegangenen Generalversammlungen der Internationalen Astronomischen Union zum Ausdruck gebracht worden. Schon auf deren erster Generalversammlung 1922 in Rom hatte Cerulli, Vizepräsident der Union, in seiner Ansprache sich gegen den Ausschluß von Astronomen gewandt und die abwe-

198 Vgl. H. Ludendorff, Bericht auf der Gesamtsitzung der Akademie der Wissenschaften in Berlin, 2.2.1928, in PA AA, R 66593.

199 Dyson war 1928–1932 Präsident der Internationalen Astronomischen Union, Eddington 1938–1944.

senden Nationen zur Teilnahme eingeladen.[200] Zwei Jahre später drohte die norwegische Akademie der Wissenschaften deswegen mit dem Rückzug, und Anfang 1925 unternahm Willem de Sitter, damals noch Vizepräsident, einen Vorstoß im Exekutivkomitee der Union, um dessen Mitglieder dafür zu gewinnen, auf den Forschungsrat einen gewissen Druck auszuüben und die Aufhebung des Boykottparagraphen zu verlangen.[201]

Schließlich erklärte die amerikanische Delegation auf der Generalversammlung der Astronomischen Union 1925 in Cambridge, England, sie wolle Astronomen aus den USA die Teilnahme an künftigen Kongressen nicht empfehlen, solange nicht die Astronomen aller Länder daran teilnehmen könnten. Und Cerulli forderte im Namen der italienischen Delegation, daß keine Versammlung der Union mehr stattfinden sollte, solange sie nicht vollständig international sei. Diese Forderung stimmte mit einer Eingabe Strömgrens an den Präsidenten und das Exekutivkomitee der Union überein, das von 59 Mitgliedern der Generalversammlung in Cambridge unterzeichnet wurde. Viele Delegierte aus anderen Ländern sprachen sich ebenfalls in diesem Sinne aus.

Doch die Mehrheit der in Cambridge versammelten Astronomen knüpfte diesen Wunsch, entsprechend dem Vorschlag der britischen, französischen und belgischen Delegation, an die Bedingung, die Zulassung der Mittelmächte von ihrem Eintritt in den Völkerbund abhängig zu machen.[202] Neun angesehene britische Astronomen traten daraufhin demonstrativ in die Astronomische Gesellschaft ein.[203]

In dieser Situation, die in anderen Fachunionen in ähnlicher Weise eskalierte, dauerte es nicht lange, bis der Forschungsrat sich gezwungen sah, den Boykottartikel aus seinen Statuten zu streichen.[204]

Die Frage des Eintritts der Astronomischen Gesellschaft in die neue Union – Mitglieder der Union waren nicht einzelne Wissenschaftler, sondern nationale Institutionen –, die daraufhin de Sitter, inzwischen Präsident der Union, 1926 in einem Schreiben an Strömgren anregte, wurde allerdings nur im Vorstand der

---

200 Vgl. Address by Professor Cerulli, in Transactions of the International Astronomical Union, Vol. I, First General Assembly held at Rome 1922, S. 145 ff.; siehe dazu oben S. 302.

201 Vgl. Blaauw, *History of the IAU*, S. 72 f.

202 Vgl. Transactions of the International Astronomical Union, Vol. II, Second General Assembly held at Cambridge July 14 to July 22, 1925, London 1925, S. 4, 219 f., 223; Blaauw, *History of the IAU*, S. 74.

203 Vgl. H. Ludendorff, Bericht auf der Gesamtsitzung der Akademie der Wissenschaften in Berlin, 2.2.1928, in PA AA, R 66593; Astronomers in Germany. Question of Entry into World Union, in *Morning Post*, 23.7.1925.

204 Siehe dazu oben S. 303.

Gesellschaft, in dem die deutschen Astronomen die Hälfte der acht Sitze einnahmen, besprochen. Der Vorstand gelangte übereinstimmend zu der Auffassung, daß die Astronomische Gesellschaft bereits eine internationale, keine deutsche Vereinigung sei und deshalb auch nicht als nationale Vertretung Deutschlands der Union astronomique internationale beitreten könne. Es waren also erst besondere deutsche Vertreter zu wählen, was jedoch angesichts der kontroversen Einstellungen der deutschen Astronomen längere Zeit in Anspruch nahm. De Sitter zog jedenfalls sein Schreiben zurück, weil er von anderen Voraussetzungen ausgegangen war.[205]

Um der internationalen wissenschaftlichen Arbeit der Gesellschaft, nicht zuletzt gegenüber den Forschungsvorhaben der Internationalen Astronomischen Union, größeres Gewicht zu verleihen, wurde auf der Versammlung in Kopenhagen beschlossen, das Zonenunternehmen der Astronomischen Gesellschaft, das einst mit dem für alle Sternwarten unentbehrlichen Zonenkatalog den internationalen Ruhm der Gesellschaft begründet hatte, fortzuführen.[206] Es oblag dem Vorstand, die betreffenden Regierungen deswegen um finanzielle Unterstützung zu ersuchen.

Zu diesem Zweck legte Strömgren dem Preußischen Kultusministerium in Berlin eine Denkschrift vor, die von den deutschen Mitgliedern der für das Projekt eingesetzten Kommission ausgearbeitet worden war.[207] Das Kultusministerium befürwortete diesen Plan, den es sogleich an das Finanzministerium weiterleitete, nicht ohne die Bedeutung dieses Unternehmens für die wissenschaftliche Einflußnahme Deutschlands im Ausland, gewissermaßen als Gegenpart zur Boykottpolitik, zu unterstreichen:

> Das geplante internationale Zonenunternehmen stellt eine Veranstaltung dar, die in hervorragendem Maße geeignet ist, das Ansehen der deutschen Wissenschaft im Auslande zu heben und den kulturellen Einfluss Deutschlands zur Geltung zu bringen. Da ferner besonderer Wert darauf gelegt werden muss, dass derartige internationale Veranstaltungen, unabhängig von den wissenschaftlichen Organisationen, die ausgesprochenermaßen gegen die deutsche Wissenschaft gegründet worden sind, wie z.B. der Conseil de recherches, durchgeführt werden, bitte ich, die vorgetragenen Pläne besonders wohlwollend zu prüfen.[208]

---

205 Vgl. Guthnick, Bericht..., 9.10.1926, in PA AA, R 64505; dazu auch Blaauw, *History of the IAU*, S. 84ff.

206 Zum Zonenunternehmen siehe oben S. 50.

207 Vgl. Strömgren an Preußisches Kultusministerium, 2.2.1927, in GStA PK, I. HA Rep. 76, Vc Sekt. 1 Tit. 11 Teil VI Nr. 4 Bd. I, Bl. 271; Denkschrift über die Wiederholung des Zonen-Unternehmens der Astronomischen Gesellschaft, in ebd., Bl. 261–270.

208 Preußischer Kultusminister an Finanzminister, 25.3.1927, in ebd., Bl. 272.

Das astronomische Zonenunternehmen, das alsbald von sechs deutschen Sternwarten sowie der russischen Sternwarte in Pulkowo besorgt wurde, finanzierten, soweit es die Sternwarten in Deutschland betraf, die deutschen Regierungen sowie die Notgemeinschaft der Deutschen Wissenschaft.[209]

Unterdessen trieben Strömgren und de Sitter die Aufnahme deutscher Astronomen in die Union und die Zusammenarbeit der beiden Vereinigungen weiter voran. Als nächsten Schritt planten sie, die Versammlungen beider Organisationen zeitlich miteinander zu verknüpfen, indem sie diese im Jahr 1928 kurz hintereinander anberaumten, zuerst die der Internationalen Astronomischen Union in Leiden und dann die der Astronomischen Gesellschaft in Heidelberg. Dadurch konnten Teilnehmer der Leidener Versammlung an der Heidelberger Tagung teilnehmen und umgekehrt. Dies entsprach auch dem von den amerikanischen und britischen Astronomen geäußerten Wunsch.

De Sitter machte dabei von seinem Recht als Präsident der Union Gebrauch, Gäste zur Versammlung in Leiden einzuladen, die nicht Mitglieder der Union waren, und bat den Vorstand der Astronomischen Gesellschaft darum, den deutschen, österreichischen und ungarischen Astronomen seine Einladung zu übermitteln.[210]

Die amerikanischen und englischen Astronomen hatten vorher den deutschen zu verstehen gegeben, sie würden nur dann nach Heidelberg kommen, wenn sie ihre deutschen Kollegen vorher in Leiden träfen, und damit einen gewissen Druck auf die zögernden deutschen Wissenschaftler ausgeübt, welche die ehemaligen Boykottorganisationen nicht anerkennen wollten.[211]

Während die Bayerische Akademie der Wissenschaften es ihren Mitgliedern untersagte, an der Unionsversammlung in Leiden teilzunehmen,[212] rang sich die Preußische Akademie der Wissenschaften zu dem Beschluß durch, einzelnen Astronomen die Teilnahme freizustellen. Andernfalls bestand die Gefahr, die Astronomen anderer Länder, insbesondere diejenigen, die sich für die Zusammenarbeit eingesetzt hatten, zu verprellen, was sich gleichzeitig gegen die Astronomische Gesellschaft richten würde, wie Hans Ludendorff, Direktor des Astrophysikalischen Observatoriums in Potsdam und Schriftführer der Astrono-

---

209 Siehe dazu den Bericht Guthnicks vom 1.7.1930, in ebd., Bl. 476–491.

210 Vgl. De Sitter an Strömgren, 7.2.1928, in PA AA, R 66593; vgl. Transactions of the International Astronomical Union, Vol. III, Third General Assembly held at Leiden July 5 to July 13, 1928, Cambridge 1929, S. 12; Blaauw, *History of the IAU*, S. 94.

211 Vgl. H. Ludendorff auf der Gesamtsitzung der Akademie der Wissenschaften in Berlin, 2.2.1928, in PA AA, R 66593.

212 Vgl. Der „Internationale" Astronomische Kongreß und Deutschland, in *Deutsche Allgemeine Zeitung*, 12.7.1928.

mischen Gesellschaft, auf der Akademiesitzung zu bedenken gab: „Es kann leider keine Frage sein", warnte er, „dass die Nichtbeteiligung an der Leidener Versammlung die Astronomische Gesellschaft schädigen würde."[213]

Der widerstreitenden wissenschaftlichen und nationalen oder eher nationalistischen Interessen war sich Ludendorff sehr wohl bewußt, um so mehr, als er davon ausging, daß die Mehrzahl der deutschen Astronomen „ein starkes nationales Empfinden" habe. Sie würden sich deshalb „in einem argen Dilemma" befinden, meinte Ludendorff:

> Das Nationalbewusstsein spricht durchaus *gegen* eine Beteiligung an der Versammlung der U.A.I., da diese vom Conseil de Recherches abhängt. Das wissenschaftliche Gewissen spricht dagegen *für* eine Teilnahme.

Die Aussprache auf der Gesamtsitzung der Berliner Akademie, die dazu dienen sollte, „aus diesem Dilemma herauszuhelfen"[214], kam schließlich zu folgendem Ergebnis:

> Im Sinne aller dieser Ausführungen stellt die Akademie fest, dass sie nach wie vor mit der Union astr[onomique] int[ernationale], als einem Organ des Conseil de recherches, keinerlei Beziehungen unterhält, dass sie aber, besonders im Interesse der gedeihlichen wissenschaftlichen Zusammenarbeit innerhalb der Astronomischen Gesellschaft, kein Bedenken dagegen erhebt, wenn einzelne deutsche Astronomen auf eigene Verantwortung als Gäste die Leidener Tagung der U.A.I. besuchen.[215]

Daraufhin nahmen erstmals an einer Versammlung der Union astronomique internationale 1928 in Leiden auf Einladung deren Präsidenten de Sitter vierzehn deutsche Astronomen als Gäste teil, denen Kultusministerium und Auswärtiges Amt zu diesem Zweck Reiseunterstützungen gewährten. Wie Guthnick berichtete, wurde auf Wunsch der deutschen Gäste in den Kommissionen, wohl zum ersten Mal,

> selbstverständlich die deutsche Sprache als dritte Verhandlungssprache (z. B. bei Übersetzungen) gebraucht.[216]

---

213 H. Ludendorff auf der Gesamtsitzung der Akademie der Wissenschaften in Berlin, 2. 2. 1928, in PA AA, R 66593.
214 Ebd., Hervorhebung i. Orig.
215 Auszug aus dem Protokoll der Gesamtsitzung der Preußischen Akademie der Wissenschaften in Berlin am 2. Februar 1928, in ebd.
216 Guthnick, Bericht über die Versammlung der International Astronomical Union in Leiden, Juli 1928, in PA AA, R 64505; vgl. Transactions of the International Astronomical Union, Vol. III, Third General Assembly held at Leiden July 5 to July 13, 1928, Cambridge 1929, S. 291.

Die deutschen Veranstalter sorgten indessen für eine starke Repräsentanz ihrer Landsleute in Heidelberg, wofür sie ebenfalls von der Regierung Reisegelder eintreiben konnten. Denn man wollte „die Zahl der Teilnehmer in Heidelberg möglichst groß [...] machen" und „alles daransetzen", hatte Guthnick in seinem dem Preußischen Kultusministerium unterbreiteten Antrag beteuert, „dass die Heidelberger Versammlung den Vergleich mit Leiden ehrenvoll bestehen kann."[217]

So kam in Heidelberg immerhin die größte Versammlung der Astronomischen Gesellschaft seit ihres Bestehens mit 174 Teilnehmern aus 27 Ländern zustande,[218] nachdem zahlreiche Besucher der Unionsversammlung nach Heidelberg gekommen waren, darunter auch der französische Astronom Jean Mascart, Professor an der Universität und Direktor der Sternwarte in Lyon. Allerdings stand sie, was die Teilnehmerzahl betraf, hinter der Unionsversammlung in Leiden zurück, die fast 300 Astronomen besucht hatten.

Daß aber die deutschen Gastgeber in Heidelberg den Begrüßungsabend mit einer „Schloßbeleuchtung unter Absingen des Deutschlandliedes" beenden mußten,[219] zeugte nicht gerade von Feingefühl. Es war eine nationalistische Machtdemonstration.

d) Baltische Geodätische Kommission

Gegen Ende des Krieges hatte sich der finnische Geodät Ilmari Bonsdorff, Professor an der Universität und Direktor des neu gegründeten Geodätischen Instituts in Helsinki, an den amtierenden Direktor des Geodätischen Instituts in Potsdam, Louis Krüger, gewandt, um Fragen der Vermessung Finnlands sowie der Ausbildung von zwei jüngeren finnischen Gelehrten am Potsdamer Institut zu besprechen, da Finnland beabsichtigte, nach dem Krieg der Internationalen Erdmessung beizutreten. Außerdem bat er um Zusendung der Publikationen des Potsdamer Instituts und Zentralbüros der Internationalen Erdmessung.[220] Bei dieser Gele-

---

217 Guthnick an Preußisches Kultusministerium, 18.6.1928, in GStA PK, I. HA Rep. 76, Vc Sekt. 1 Tit. 11 Teil VI Nr. 4 Bd. I, Bl. 361 f.

218 Vgl. Bericht über die Versammlung der Astronomischen Gesellschaft zu Heidelberg 1928, Juli 18–21, in *Vierteljahresschrift der Astronomischen Gesellschaft*, 63. Jg., 1928, S. 248–271.

219 Kongreß der Internationalen Astronomischen Gesellschaft, in *Berliner Lokal-Anzeiger*, 22.7. 1928.

220 Vgl. Preußischer Kultusminister an AA, 7.10.1918, in PA AA, R 64778; Bonsdorff an Krüger, 10.10.1918 (Abschr.), in ebd.

genheit nahm auch die preußische Landesaufnahme Verbindung mit der finnischen Landesvermessung auf.[221]

Als nach dem Krieg von den Alliierten die Union géodésique et géophysique internationale ohne und gegen die deutschen und österreichischen Gelehrten gegründet und das Zentralbüro der für aufgelöst erklärten Internationalen Erdmessung aus Potsdam abgezogen worden war, fanden weitere Absprachen zwischen Bonsdorff und dem Wirklichen Admiralitätsrat Ernst Kohlschütter, dem seit 1922 amtierenden Direktor des Geodätischen Instituts in Potsdam, statt. – Finnland war der Union géodésique et géophysique internationale aus Protest gegen die Ausschlußpolitik nicht beigetreten. Wie Kohlschütter später dem Kultusministerium unter der Überschrift: „Betrifft: Neue Internationale Geodätische Vereinigung" berichtete, hatte er mit Bonsdorff verabredet,

> daß durch einen Vorschlag der finnischen Regierung versucht werden solle, eine neue internationale Vereinigung zum Zwecke gemeinsamer geodätischer Arbeiten ins Leben zu rufen.

Das Ziel dabei war, einen „Ersatz für die alte Internationale Erdmessung" zu schaffen, und damit eine Gegenorganisation zur neu gegründeten Union.[222]

Doch nach Sondierungen Bonsdorffs in verschiedenen neutralen Staaten, insbesondere in Schweden, schien es ratsam zu sein, die geplante Organisation allmählich auf- und auszubauen, also zunächst mit einer bestimmten Aufgabe zu beginnen und dann nach und nach weitere Aufgaben anzuschließen, bis die gewünschte große Vereinigung sich daraus entwickeln würde, die „den ganzen Aufgabenkreis der früheren Internationalen Erdmessung umfassen soll". Daß das Geodätische Institut in Potsdam, das lange Zeit das Zentralbüro der Internationalen Erdmessung gewesen war, „bei der Organisation der neuen Vereinigung in hervorragender Weise beteiligt wird" und „seine frühere internationale Stellung [...] zu erhalten" sucht, war für Kohlschütter selbstverständlich.[223]

Die Aufgabe, die man nun als erstes in Angriff nehmen wollte, war die Messung einer Dreieckskette um die Ostsee herum, die durch astronomische Bestimmungen der Längen, Breiten und Azimute ergänzt und nach einheitlichen Methoden durchgeführt werden sollte. Daran beteiligen wollte man die an die Ostsee grenzenden Länder Estland, Lettland, Litauen, Polen, Danzig, Deutsch-

221 Vgl. Chef des Reichsamts für Landesaufnahme, Weidner, an AA durch RMI, 19.6.1923, in PA AA, R 64779.
222 Kohlschütter an Preußisches Kultusministerium, 2.7.1923, in ebd.
223 Ebd.

land, Dänemark, Schweden und Finnland. – Die Sowjetunion wurde zunächst nicht hinzugezogen.

Wie geplant, ging die offizielle Einladung zu diesem Unternehmen – in französischer Sprache verfaßt – von Finnland aus. Das finnische Außenministerium bat darin die Regierungen der betroffenen Länder, Spezialisten als Delegierte zu benennen, welche die Organisation der Arbeit in die Hand nahmen. Als Vertreter Finnlands fungierte von Anfang an Bonsdorff.[224]

Die deutsche Regierung zögerte nicht, die Gründung der vorgesehenen internationalen geodätischen Vereinigung zu unterstützen, was auch vom Chef der Marineleitung im Reichswehrministerium „warm befürwortet" wurde.[225]

Nachdem die finnische Regierung mit den skandinavischen und baltischen Ländern über die geplante Zusammenarbeit zwecks Vereinheitlichung des Systems der geodätischen und astronomischen Vermessungen der Küsten am Baltischen Meer korrespondiert hatte, lud sie, unter Beifügung eines französischsprachigen Programms, das die Aufgaben detailliert aufzählte, die betroffenen Staaten zu einer geodätischen Konferenz (conférence géodésique) 1924 nach Helsinki ein.[226]

Wenngleich die Finanzlage des Deutschen Reichs schlecht war, sprach sich die deutsche Regierung dennoch für eine Beteiligung an der Konferenz sowie die Übernahme der späteren Kosten von voraussichtlich 6000 Goldmark jährlich aus, weil es dabei um eine Gegenveranstaltung gegen die alliierte Boykottpolitik ging und Deutschland auf diese Weise seine führende Stellung in der Geodäsie zurückgewinnen könnte, wie das Hugo Andres Krüss, Vertreter des preußischen Kultusministeriums, dem Auswärtigen Amt darlegte:

> In Anbetracht der Tatsache, daß es sich bei dieser Konferenz um einen Versuch handelt, eine neue Internationale Erdmessung im Gegensatz zu der Geodetical und Geophysical Union der Feindbund-Länder, von der Deutschland ausgeschlossen ist, allmählich wieder aufzubauen, und da bisher Preußen durch sein Geodätisches Institut, das zugleich Zentralbüro der Erdmessung war, in der alten Vereinigung an erster Stelle stand, muß meines Erachtens versucht werden, bei der geplanten Konferenz wiederum die Grundlagen für eine ähnliche hervorragende Stellung Deutschlands und Preußens zu schaffen. Voraussetzung dafür ist,

224 Finnisches Außenministerium an deutschen Gesandten in Helsingfors (auf französisch), 30.4.1923 (Abschr.), in ebd.; die Einladung ist abgedruckt in Comptes Rendus des séances de la Conférence géodésique réunie à Helsingfors du 28 juin au 2 juillet 1924, rédigés par le Secrétaire-Général Ilmari Bonsdorff, Helsinki 1925, S. 1f.; vgl. Lerbs, *Geodätisches Institut Potsdam*, S. 54f., 105.

225 Reichswehrministerium, Chef der Marineleitung, an AA, 10.8.1923, in PA AA, R 64779.

226 Finnisches Außenministerium an deutschen Gesandten in Helsingfors (auf französisch), 17.1. 1924, in ebd.; Programme de la Conférence géodésique d'Helsingfors, in ebd.; abgedruckt in Comptes Rendus, Conférence géodésique 1924, S. 7f., 38ff.

> daß wenigstens der an erster Stelle als deutscher Vertreter bezeichnete Direktor des Geodätischen Instituts nach Helsingfors entsandt wird.[227]

Darüber, daß Kohlschütter als Delegierter des Deutschen Reichs zur Konferenz fahren sollte, begleitet von dem Vertreter des Reichsamts für Landesaufnahme, Thilo, konnten sich die Reichsbehörden schnell einigen.

Auf der Konferenz in Helsinki vereinbarten dann, wie vorgesehen, die dort versammelten Delegierten der Ostseeländer – von den eingeladenen Ländern hatte nur Dänemark noch keine Vertreter geschickt –, eine „Baltische Geodätische Kommission" zu gründen, der ein stimmberechtigtes Mitglied jedes beteiligten Staates und bei Bedarf nicht stimmberechtigte Sachverständige angehören sollten, die die Ausführung der Vermessungsarbeiten zu überwachen hatten. Anderen Staaten wurde der Beitritt ausdrücklich offengehalten. (Abb. 37)

Kohlschütter setzte sich dafür ein, daß auch solche Länder, die nicht an die Ostsee grenzten, sich anschließen könnten, wobei er zuerst an „Deutsch-Österreich" dachte.[228]

> Die Verhandlungssprache war Deutsch,

betonten sowohl der deutsche Gesandte in Helsinki als auch Kohlschütter in ihren Berichten über die Konferenz mit einer gewissen Befriedigung.[229] Der polnische Vertreter bediente sich allerdings in seiner Ansprache der französischen Sprache, ebenso der finnische Außenminister in seiner Eröffnungsrede, wie auch der Schriftwechsel des finnischen Außenministeriums mit den diplomatischen Vertretungen der Ostseeländer meistens auf Französisch erfolgt war.[230]

Zum Präsidenten der Kommission wurde in Helsinki der schwedische Geodät Prof. Karl D. P. Rosén, Chef der trigonometrischen Abteilung des schwedischen Generalstabs, zum Vizepräsidenten Prof. Banachiewicz aus Polen und zum Generalsekretär Bonsdorff gewählt. Generalsekretär wäre eigentlich auch gerne Kohlschütter geworden, was vorher mit der deutschen Regierung so abgesprochen worden war.

---

227 Krüss, Preußisches Kultusministerium, an AA, 17.3.1924, in PA AA, R 64779; vgl. Aufzeichnung vom 25.3.1924 über die Ressortbesprechung am 22.3.1924, in ebd.

228 Comptes Rendus, Conférence géodésique 1924, S. 33 f., 128–137, Zitat S. 136; vgl. Lerbs, *Geodätisches Institut Potsdam*, S. 106.

229 Zech an AA, 11.7.1924, in PA AA, R 64779; Kohlschütter, Bericht über die Geodätische Konferenz in Helsingfors im Juni und Juli 1924, in ebd.

230 Vgl. Comptes Rendus, Conférence géodésique 1924, S. 1–12, 41 f., 49.

COMPTES RENDUS

DES SÉANCES

DE LA CONFÉRENCE GÉODÉSIQUE

RÉUNIE À HELSINGFORS DU 28 JUIN AU 2 JUILLET 1924.

RÉDIGÉS PAR LE SECRETAIRE-GÉNÉRAL

ILMARI BONSDORFF

VERHANDLUNGEN

DER IN HELSINGFORS VOM 28 JUNI BIS 2 JULI 1924 ABGEHALTENEN

GEODÄTISCHEN KONFERENZ

REDIGIERT VOM GENERALSEKRETÄR

ILMARI BONSDORFF

HELSINKI 1925

VALTIONEUVOSTON KIRJAPAINO

Abb. 37: Geodätische Konferenz 1924 in Helsingfors. Zweisprachiges Titelblatt des Verhandlungsberichts

Doch in einer Vorbesprechung mit den schwedischen und finnischen Vertretern vor den Präsidiumswahlen, die Kohlschütter veranlaßt hatte, um seine Wahl auszuhandeln, war er mit seinem Wunsch nicht durchgedrungen. „Weisungsgemäß habe ich dabei versucht", beteuerte Kohlschütter in seinem Bericht,

> den Posten des Generalsekretärs für Deutschland zu sichern, stieß jedoch auf den Widerstand Schwedens und Finnlands, deren Vertreter der Ansicht waren, daß der Posten des Generalsekretärs in erster Linie Herrn Professor Bonsdorff zukäme, weil er die Anregung zu der Konferenz gegeben habe.[231]

Da Kohlschütter es für ausgeschlossen hielt, ohne Zustimmung Schwedens und Finnlands die Stimmen der anderen zu gewinnen, insbesondere nicht der „kleinen Randstaaten", die „vor Rußland sowohl wie vor Deutschland Furcht haben, und in den nordischen Staaten Finnland und Schweden ihre natürlichen Vormächte sehen", und er „den Eindruck vermeiden wollte, nach der Remuneration zu streben, die mit diesem Posten verbunden ist", machte er keinen weiteren Versuch mehr, den Posten des Generalsekretärs zu erobern. Auch habe Rosén ihm geraten, „Deutschland solle möglichst jedes Hervortreten vermeiden."[232] – Offensichtlich waren Rosén und Bonsdorff bemüht, das deutsche Machtstreben im Zaum zu halten und gleichzeitig Kohlschütter in alle Arbeiten und Entscheidungen der Organisation einzubeziehen.

Mit dem Amt des Vizepräsidenten hingegen wollte Kohlschütter sich nicht ‚abspeisen' lassen: „Den Posten des Vicepräsidenten habe ich ausgeschlagen", berichtete er, „da er mir der wissenschaftlichen Bedeutung Deutschlands nicht zu entsprechen schien."

Unabhängig von der Besetzung des Vorstands jedoch meinte Kohlschütter nicht ohne Überheblichkeit, daß Deutschland, wenn auch verdeckt und indirekt, seine Führungsrolle ohnehin wahrnehmen könne:

> Trotzdem somit Deutschland im Präsidium der Kommission nicht vertreten ist, so ging aus dem ganzen Verlauf der Verhandlungen und aus vielen Äußerungen hervor, daß die wissenschaftliche Überlegenheit und geistige Führerschaft Deutschlands auf geodätischem Gebiete allgemein anerkannt wurde.[233]

Mit besonderer Genugtuung verbuchte es Kohlschütter deshalb, daß Rosén ihn „als heimlichen wirklichen Präsidenten der Kommission" tituliert habe.

---

231 Kohlschütter, Bericht über die Geodätische Konferenz, in PA AA, R 64779.
232 Ebd.
233 Ebd.

Schließlich wertete Kohlschütter es als geschickte Taktik, einstweilen im Hintergrund zu agieren: „Es schien mir klug", erläuterte er in seinem Bericht,

> daß sich Deutschland zunächst mit der tatsächlichen wissenschaftlichen Führung begnügt und auf die äußere Sichtbarmachung dieser Stellung verzichtet.

Mit der Randbemerkung „ja" fand diese Einschätzung im Auswärtigen Amt ausdrücklich Zustimmung.

Kohlschütter war jedenfalls überzeugt, daß das Präsidium keine Schritte unternehmen würde, ohne sich vorher seiner Zustimmung vergewissert zu haben. „Es wird dazu nur notwendig sein", meinte er, „die guten Beziehungen zu Professor Bonsdorff und Professor Rosén aufrecht zu erhalten."[234] Der weitere Verlauf schien ihm recht zu geben: Denn zum Schluß habe Bonsdorff ihn um Rat gefragt, was nun zu veranlassen sei. Er habe Bonsdorff dann empfohlen, die finnische Regierung solle auf diplomatischem Wege die übrigen Staaten zum Abschluß einer entsprechenden zwischenstaatlichen Vereinbarung einladen. Daraufhin habe Bonsdorff ihn, Kohlschütter, gebeten, den Text einer solchen Vereinbarung zu entwerfen, den er dann an seine Regierung weitergeben wolle.[235]

Kurze Zeit später schickte Kohlschütter an Bonsdorff den erbetenen Entwurf einer „Vereinbarung, betreffend die Baltische Geodätische Kommission". In diesen Entwurf schrieb Kohlschütter, ohne daß das vorher abgesprochen war, von sich aus eine Sprachenregelung hinein, und zwar bestimmte er in Artikel 7 der von ihm entworfenen Satzung:

> Die Verhandlungssprache der Baltischen Geodätischen Kommission ist deutsch.[236]

Den Umstand, daß der polnische Vertreter und gewählte Vizepräsident der Kommission, Prof. Banachiewicz von der Sternwarte Krakau, ob aus politischen Gründen oder nicht, es auf der Konferenz in Helsinki vorgezogen hatte, in seiner Ansprache französisch zu sprechen, sowie der finnische Außenminister auch – dessen Ministerium hatte mit den diplomatischen Vertretungen ebenfalls auf Französisch, der traditionellen Diplomatensprache, korrespondiert –, und daß in der alten Internationalen Erdmessung neben Deutsch Französisch offizielle Sprache war, schien Kohlschütter schlichtweg zu ignorieren.

234 Ebd.

235 Ebd.

236 Vereinbarung, betreffend die Baltische Geodätische Kommission [Entwurf von Kohlschütter], in ebd.

Auch den gutgemeinten Rat Roséns, jedes Hervortreten möglichst zu vermeiden, hatte Kohlschütter wohl schnell wieder vergessen. Vermutlich ging es ihm hier – in alter Manier – um die Sicherung einer Machtposition und ein Gegengewicht gegen die französisch-englische Zweisprachigkeit der Boykottorganisationen, so wie die Baltische Geodätische Kommission ja ursprünglich auch als eine Gegenorganisation gedacht war.

Doch die Finnen machten dieses Machtspiel nicht mit, sondern waren vielmehr bestrebt, die Interessen aller beteiligten Staaten in gleicher Weise zu respektieren und deren Sprachenwünsche zu beachten, ohne darüber noch offiziell zu verhandeln. So schickte die finnische Gesandtschaft in Berlin alsbald dem Auswärtigen Amt

> einen von finnischer Seite ausgearbeiteten Entwurf zu einem Übereinkommen in der Frage in deutscher und französischer Sprache.[237]

In dem Entwurf des Übereinkommens über die Baltische Geodätische Kommission stand zuerst der französische Text, dem anschließend der deutsche Text folgte. Während die von Kohlschütter vorgeschlagene Regelung, Deutsch zur einzigen Verhandlungssprache zu erheben, stillschweigend gestrichen worden war, hieß es jetzt, was die Sprachenfrage betraf, lediglich zum Schluß des finnischen Entwurfs:

> Diese Vereinbarung, die in französischer und deutscher Sprache, die beide gleichberechtigt sind, abgefasst ist, ist bindend, nachdem sie von allen obengenannten Staaten ratifiziert ist und die Ratificationsurkunden in Helsingfors ausgetauscht sind.[238]

Mit dieser Formulierung wurden Französisch und Deutsch zu den offiziellen Sprachen der Kommission erklärt. Dagegen konnten Kohlschütter und die deutsche Regierung freilich nichts einwenden. Kohlschütter, dessen Entwurf ansonsten weitgehend berücksichtigt worden war, versuchte dann vor allem, sprachliche Differenzen zwischen dem französischen und dem deutschen Text auszugleichen.[239]

Auch im gedruckten Konferenzbericht, den Bonsdorff erst ein Jahr später herausgab, wurde die französisch-deutsche Zweisprachigkeit betont. Während die Verhandlungen durchweg in deutscher Sprache wiedergegeben waren, erschienen Bonsdorffs Bericht über die Vorbereitungen und den Verlauf der Konferenz

237 Finnische Gesandtschaft in Berlin an AA, 17.12.1924, in ebd.
238 Finnischer Entwurf zu dem Übereinkommen, in ebd.
239 Vgl. Kohlschütter an Preußisches Kultusministerium, 10.2.1925, in ebd.

sowie das Programm auf Französisch. Das Titelblatt des Konferenzberichts war französisch und deutsch, in dieser Reihenfolge.[240]

Mit der Tatsache, daß die Deutschen bei den Präsidiumswahlen nicht zum Zuge gekommen waren, konnte man sich auf deutscher Seite offenbar nicht leicht abfinden. So regte das Auswärtige Amt in einer internen Beratung an, wenigstens für eine „Beteiligung am Vorstande irgendwelche Garantien [zu] verlangen".[241] Doch in einer Besprechung, welche Vertreter der zuständigen Reichsbehörden mit Sachverständigen über den Vertragsentwurf führten, fand der Vorschlag des Auswärtigen Amts keine Zustimmung. Vielmehr habe man, wurde eingewandt, aus „politischen und taktischen Gründen [...] gerade zu Anfang auf die Besetzung einer der drei Stellen durch Geheimrat Kohlschütter, die bei dessen überragender Bedeutung sicher war, verzichtet." Ohnehin gehe man davon aus, stand im Protokoll des Reichsministeriums des Innern, daß Deutschland später im Vorstand vertreten sein würde:

> Für die Zukunft wird die wissenschaftliche und sonstige Bedeutung Deutschlands für die auszuführenden Arbeiten neben der Persönlichkeit Kohlschütters unter allen Umständen zu einer entsprechenden Wahl des Vorstandes führen, ohne dass es einer besonderen statutarischen Sicherung bedarf, die schwer zu formulieren und jedenfalls geeignet ist, Schwierigkeiten hervorzurufen.[242]

In der Aufzeichnung des Vertreters des Auswärtigen Amts über jene Besprechung nahmen die Gegenstimmen gegen die Forderung, sich einen Posten im Vorstand garantieren zu lassen, so realitätsfern und undiplomatisch diese Forderung auch war, einen noch überheblicheren Ton an: Die Forderung, so gab die Aufzeichnung wieder, „sei auch unnötig, da Deutschland in der Kommission eine solch beherrschende Stellung einnehme, daß deren Arbeiten von der Mitwirkung Deutschlands unbedingt abhängig seien." – „Um so besser!" stand dazu in einer Randbemerkung. Als könnten die deutschen Vertreter in der Kommission selbstherrlich nach Belieben schalten und walten, habe man sich auf der erwähnten Besprechung sogar zu der Ansicht verstiegen:

> Es hänge tatsächlich schon jetzt nur von dem Willen Deutschlands ab, ob es einen Sitz im Vorstand erhalte oder nicht.[243]

---

240 Vgl. Comptes Rendus, Conférence géodésique 1924, Helsinki 1925.
241 Nöldeke, AA, Abt. V an Abt. VIB, 26.8.1925, in PA AA, R 64779.
242 RMI, Bericht über die Besprechung am 30. September 1925, betreffend den Entwurf eines Vertrages über die Baltische Geodätische Kommission, 15.10.1925 (Abschr. an AA), in PA AA, R 64780.
243 Aufzeichnung im AA vom 8.10.1925, in ebd.

Dagegen sorgte man jedoch in der vereinbarten Konvention für eine gewisse Verteilung der Macht insofern, als die Vorstandsmitglieder nur für die Dauer von drei Jahren gewählt werden sollten und eine Wiederwahl des Präsidenten und Vizepräsidenten für die unmittelbar folgende Periode nicht zugelassen war. Das Amt des Generalsekretärs indes blieb fest in finnischer Hand.

Die Baltische Geodätische Konvention, synoptisch in französischer und deutscher Sprache gedruckt, wurde von den beteiligten Ostseeländern offiziell am 31.12.1925, von dem deutschen Vertreter am 15.1.1926, unterzeichnet.[244] Sie war ab 1. Januar 1925 zunächst für zwölf Jahre gültig, trat jedoch erst, nachdem alle Staaten sie ratifiziert hatten, am 29.2.1928 in Kraft. 1936 wurde sie um weitere zwölf Jahre verlängert,[245] danach jedoch nicht mehr.

Im Jahr 1929 hatte die Kommission eine bedeutsame Erweiterung erfahren, als die Sowjetunion der Konvention beitrat; diese schied jedoch 1938 wieder aus, nachdem sie in die Union géodésique et géophysique internationale 1937 eingetreten war.[246]

Die deutsche Sprache kam auf den Konferenzen der Vereinigung, die alle ein bis zwei Jahre an wechselnden Orten stattfanden, ausgiebig zur Geltung. So führte man die Verhandlungen durchgängig in deutscher Sprache. Deutsch war, bis auf wenige Ausnahmen, die Sprache der Korrespondenzen, Berichte des Generalsekretärs, der Landesberichte und Vorträge sowie, abgesehen von dem zweisprachigen Titelblatt, der Publikation der Verhandlungsberichte. Nur in den offiziellen Eröffnungsreden wurden zuweilen auch andere Sprachen gebraucht, manchmal Französisch, später, insbesondere von einzelnen eingeladenen Gästen aus Großbritannien, Englisch. Colonel Boulnois, der Chef der Geographischen Sektion des britischen Generalstabs, entschuldigte sich sogar dafür, daß er englisch sprach: „I hope you will excuse my speaking in English for, although I understand German a little, I cannot speak it."[247]

Einmal, im Rahmen der gleichen Tagung 1935, auf dem Empfang der Kommission an der Universität Tartu, hielt der Prorektor der Universität, H. Kruus,

---

244 Exemplar in ebd.

245 Vgl. Comptes Rendus de la neuvième session de la Commission géodésique baltique, réunie à Helsinki du 21 au 25 juillet 1936, rédigés par le Secrétaire-Général Ilmari Bonsdorff, Helsinki 1937, S. 57 f.

246 Vgl. dazu Bericht des Generalsekretärs, Ilmari Bonsdorff, in Comptes Rendus de la dixième session de la Commission géodésique baltique, réunie à Kaunas du 14 au 17 juin 1938, Helsinki 1938, S. 42 ff.

247 Colonel Boulnois, Ansprache auf der Eröffnungssitzung, in Comptes Rendus de la huitième session de la Commission géodésique baltique, réunie à Tallinn et Tartu du 20 au 23 août 1935, Helsinki 1936, S. 16.

seine Ansprache auf Estnisch und Englisch, woraufhin der schwedische Geodät Rosén auf Latein antwortete.[248]

Erstmals im Jahr 1928 tagte die Kommission in Berlin – ausschließlich in deutscher Sprache,[249] und 1930 wurde auf der Konferenz in Kopenhagen Kohlschütter für drei Jahre zu ihrem Präsidenten gewählt.[250]

Acht Jahre später kam mit dem Nachfolger Kohlschütters, Otto Eggert, wieder ein deutscher Präsident an die Reihe, der im übrigen sogleich dafür sorgte, daß bei den Länderberichten Deutschland an die erste Stelle rückte, indem er sich auf die französische Sprache berief, in der Allemagne bei alphabetischer Reihenfolge der Ländernamen zuerst darankam.[251]

Die nächste Tagung sollte 1940 wieder in Berlin veranstaltet werden, doch fiel sie wegen des Zweiten Weltkriegs aus. Gleichwohl fanden während des Krieges jährlich Präsidiumssitzungen unter aktiver deutscher Beteiligung statt. Denn die geodätische Vermessung der Ostseeländer war auch für militärische Eroberungen von großem Wert.[252]

Durch die Gründung und führende Mitarbeit in der Baltischen Geodätischen Kommission war es den deutschen Geodäten, insbesondere Kohlschütter, gelungen, in einem umgrenzten Bereich die von den Alliierten betriebene Isolierung auf dem Gebiet der Geodäsie und Geophysik zu durchbrechen und die deutsche Sprache als internationale Fachsprache der Geodäsie institutionell zu verankern.

Die Ausdehnung auf weitere Gebiete der Geodäsie und auf weitere Länder war zwar geplant, wurde jedoch nicht mehr durchgeführt. Aber man lud einzelne Geodäten aus Norwegen, Österreich, Ungarn, Rumänien, Großbritannien, Frankreich, den Niederlanden und China zu den Versammlungen als Gäste ein. Gleichzeitig bestanden enge personelle Verbindungen zwischen der Section de Géodésie – später Association de Géodésie – der Union géodésique et géophysique internationale und der Baltischen Geodätischen Kommission.

So waren der finnische Generalsekretär der Kommission, Bonsdorff, der schwedische Geodät Rosén, Präsident der Kommission von 1925 bis 1927 und 1940

---

248 Vgl. ebd., S. 43 ff.

249 Vgl Comptes Rendus de la quatrième séance de la Commission géodésique baltique, réunie à Berlin du 24. au 28. septembre 1928, Helsinki 1929.

250 Vgl. Comptes Rendus de la cinquième séance de la Commission géodésique baltique, réunie à Copenhague du 13 au 18 octobre 1930, Helsinki 1931, S. 33.

251 Vgl. Comptes Rendus de la dixième session de la Commission géodésique baltique, Kaunas 1938, S. 14, 45.

252 Vgl. den Überblick über die Zusammensetzung der Präsidien der Kommission bei Lerbs, *Geodätisches Institut Potsdam*, S. 107 ff.; die letzte Sitzung des Präsidiums der Baltischen Geodätischen Kommission fand 1947 statt.

bis 1942, der dänische Geodät Nörlund, Präsident der Kommission von 1928 bis 1930 und 1934 bis 1936, und der polnische Geodät Banachiewicz zur gleichen Zeit Mitglieder der Sektion bzw. Assoziation für Geodäsie der Internationalen Union. Bonsdorff wurde zudem 1930 in das Exekutivkomitee der Geodätischen Sektion der Internationalen Union gewählt.[253] Es bestanden also günstige Voraussetzungen, um die Aufnahme der deutschen Geodäten in die Union vorzubereiten.

Nach einer gewissen Zeit lud man gegenseitig führende Vertreter der anderen Organisation zu den eigenen Versammlungen als Gäste ein. In diesem Rahmen nahm Kohlschütter, kurz bevor er zum Präsidenten der Kommission gewählt wurde, zusammen mit anderen deutschen Wissenschaftlern erstmals 1930 an der Generalversammlung der Union und den Beratungen der Sektion für Geodäsie in Stockholm als Gast teil.[254] Zur Generalversammlung der Union 1936 in Edinburgh wurde zum ersten Mal die Baltische Geodätische Kommission als internationale Institution eingeladen.[255] In umgekehrter Richtung beteiligten sich führende Vertreter der Internationalen Assoziation für Geodäsie, wie die vormalige Geodätische Sektion der Union jetzt hieß, an den Tagungen der Baltischen Geodätischen Kommission, so ab 1934 der französische Generalsekretär, General Georges Perrier, und 1936 erstmals der damalige niederländische Präsident der Internationalen Assoziation, F. A. Vening Meinesz. „Es wäre aufs höchste zu beglückwünschen", führte dieser in seiner auf Deutsch gehaltenen Rede aus, „wenn der persönliche Verkehr allmählich zu einer festen Zusammenarbeit zwischen der Baltischen Geodätischen Kommission und der Internationalen Assoziation führen würde."[256] Doch dazu kam es nicht mehr.

---

253 Vgl. Union géodésique et géophysique internationale, Quatrième Assemblée Générale, réunie à Stockholm 15–23 août 1930, Toulouse, 1931, S. 49.

254 Vgl. ebd., S. 69.

255 Vgl. Union géodésique et géophysique internationale, Sixième Assemblée Générale, réunie à Édimbourgh 14–25 septembre 1936, London, Southampton 1937, S. 172.

256 Vening Meinesz, Ansprache auf der Eröffnungssitzung, in Comptes Rendus de la neuvième session de la Commission géodésique baltique, Helsinki 1936, S. 14.

3. Rettungsaktion für die deutschen Referatenorgane

Referatenorgane waren damals wie heute für Wissenschaftler in aller Welt deshalb so wichtig geworden, weil sie die ungeheuer anschwellende Fachliteratur sonst nicht mehr überblicken konnten und diese nicht immer leicht zugänglich war. Sie nahmen also, was die schnelle gegenseitige Information und die internationale Zusammenarbeit der Referenten betraf, eine Schlüsselrolle in den Wissenschaftsbeziehungen ein. Da es den deutschen Wissenschaftlern vor dem Ersten Weltkrieg gelungen war, auf verschiedenen Fachgebieten ein weltweites Netz von Referenten zu knüpfen und international anerkannte Referatenorgane herauszubringen, hatte Deutschland hier eine Machtstellung errungen, die auch der Verbreitung der deutschen Sprache zugute kam. Denn nicht nur wurde, was naheliegend war, die deutschsprachige Literatur in diesen Fachzeitschriften umfassend berücksichtigt, sondern auch die Referate waren größtenteils auf Deutsch.

Krieg und Inflation, vor allem aber die Boykottpolitik der alliierten Wissenschaftler, die in diesem Zusammenhang auch das deutsche Referatenmonopol bekämpften und Deutsche von der Mitarbeit an internationalen Bibliographien ausschlossen,[257] bedrohten die Existenz der deutschen *Zentralblätter*, *Jahresberichte* und *Fortschritte*, wogegen sich deren Herausgeber, unterstützt von den dahinterstehenden Fachverbänden, der Preußischen Akademie der Wissenschaften und den zuständigen Reichsbehörden, entschieden zur Wehr setzten. Denn auf der einen Seite standen, abgesehen von den ökonomischen Interessen der Verlage, Ansehen und Einfluß der deutschen Wissenschaft im Ausland auf dem Spiel, auf der anderen Seite blieben Wissenschaftler in Deutschland um so mehr auf die Information der deutschen Referatenorgane angewiesen, als sie von der ausländischen Literatur weitgehend abgeschnitten waren. Nicht zuletzt sollte der Wiederaufbau der Referierdienste es erleichtern, Verbindungen zu den Wissenschaftlern anderer Länder neu zu knüpfen.

In dieser Situation wandten sich im April 1919 die Herausgeber des *Chemischen Zentralblatts* (Albert Hesse), des *Neuen Jahrbuchs für Mineralogie, Geologie und Paläontologie* (Theodor Liebisch), des *Jahrbuchs über die Fortschritte der Mathematik* (Arthur Korn) und der *Fortschritte der Physik* (Karl Scheel) mit einer Eingabe an das preußische Kultusministerium. In dieser Eingabe beklagten sie „erhebliche Schwierigkeiten", in welche die Herausgeber der Referatenorgane

257 Siehe dazu oben Kapitel II.

https://doi.org/10.1515/9783110572643-013

einerseits wegen der hohen Druck- und Lohnkosten, andererseits „infolge des Ausfalles der ausländischen Abonnenten" geraten waren, so daß sie um den Weiterbestand der angesehenen Fachzeitschriften sich sorgten.

Um Abhilfe zu schaffen, schlugen die Herausgeber der Zeitschriften vor, unter Mitwirkung des Kultusministeriums und mit staatlicher Förderung sich zu einer Arbeitsgemeinschaft zusammenzuschließen, die, arbeitsteilig und einheitlich geregelt, die Bearbeitung der wissenschaftlichen Literatur organisieren und die dazu benötigte Literatur möglichst kostenlos beschaffen sollte. Indem die Arbeitsgebiete eingeteilt und abgegrenzt würden, ließen sich, betonten die Wissenschaftler, mehrfache Literaturbestellungen und Literaturbearbeitungen vermeiden.

Darüber hinaus hofften sie, die gleiche Vergünstigung wie das frühere Deutsche Büro der internationalen Bibliographie der Naturwissenschaften, das die bibliographischen Daten der deutschen Literatur an das Zentralbüro des *International Catalogue of Scientific Literature* in London geliefert hatte und unmittelbar nach Kriegsbeginn aufgelöst worden war,[258] beanspruchen zu können. Diesem hatte nämlich der deutsche Buchhandel etwa 1300 deutsche Zeitschriften unentgeltlich zur Verfügung gestellt.

Einen erfahrenen Organisator hatte man auch schon ins Auge gefaßt: Karl Kerkhof, den ehemaligen Mitarbeiter jenes deutschen Büros der internationalen Bibliographie.[259]

Die Eingabe wurde,

> um diese wissenschaftliche Sammelliteratur im Interesse unserer Wissenschaft und Industrie lebensfähig erhalten zu können,

von der Berliner Mathematischen Gesellschaft, der Deutschen Physikalischen Gesellschaft, der Deutschen Chemischen Gesellschaft und der Deutschen Geologischen Gesellschaft unterstützt, mit denen ohnehin die Herausgabe der Zeitschriften verbunden war.[260]

---

258 Siehe dazu oben S. 137 ff.

259 Eingabe vom 10.4.1919, Abschr. in BBAW-Archiv, II-XIV-41, Bl. 2; vgl. Schlicker, *Die Berliner Akademie der Wissenschaften* II, S. 130 f.; Behrends, *Technisch-wissenschaftliche Dokumentation*, S. 62; Dieter Hoffmann, Das Verhältnis der Akademie zu Republik und Diktatur. Max Planck als Sekretar, in Wolfram Fischer (Hrsg.), *Die Preußische Akademie der Wissenschaften zu Berlin 1914–1945*, Berlin 2000, S. 53–85, hier S. 60 f.

260 Berliner Mathematische Gesellschaft, Prof. Dr. Schur, u. a., an Pr. Kultusministerium (Pr. Ministerium für Wissenschaft, Kunst und Volksbildung), 16.5.1919, Abschr. in BBAW-Archiv, II-XIV-41, Bl. 5.

Zu diesem Unterstützerkreis zählten später außerdem noch die Astronomische Gesellschaft, die Deutsche Gesellschaft für technische Physik und die Deutsche Botanische Gesellschaft, wie auch die Herausgeber des *Astronomischen Jahresberichts*, der *Fortschritte der technischen Physik*, des *Geologischen Zentralblatts*, des *Botanischen Zentralblatts*, des *Zoologischen Berichts* und des *Zentralblatts für Bakteriologie und Parasitenkunde* sich der Arbeitsgemeinschaft nach kurzer Zeit anschlossen.[261]

Kerkhof setzte sich sogleich mit einer eigenen Denkschrift für die geplante Arbeitsgemeinschaft der deutschen Referatenorgane ein, indem er, mehr die Maßnahmen der ehemaligen Kriegsgegner vor Augen, auf die Gefahren hinwies, die nach den Londoner und Pariser Boykottbeschlüssen der alliierten Akademien gerade auf dem Gebiet der Bibliographien drohten. Neben der finanziellen Hilfe könnte durch die „Zentralisation der Arbeit", erklärte Kerkhof, „eine schnelle und umfassende Beschaffung der Literatur", der inländischen ebenso wie der ausländischen, ermöglicht werden, so daß die Verleger den „Vorsprung" der deutschen Bibliographien „[g]egenüber den Konkurrenzorganen des feindlichen Auslandes" weiterhin halten könnten.[262]

Das Preußische Kultusministerium hatte bereits vorher die Preußische Akademie der Wissenschaften um eine Stellungnahme zu dem Antrag der Herausgeber der vier naturwissenschaftlichen Zeitschriften ersucht.[263] Daraufhin wurde von Gelehrten der physikalisch-mathematischen Klasse der Akademie zur Vorberatung eine Kommission gebildet, der auch deren vorsitzender Sekretar, der Physiker und Nobelpreisträger von 1918, Max Planck, angehörte.[264]

Das Ergebnis der Beratung war, daß die Akademie, wie sie kurze Zeit später dem Kultusministerium mitteilte, den Plan befürwortete. Dabei würdigte sie

---

261 Vgl. Kerkhof, Bericht über die Arbeiten der Reichszentrale für naturwissenschaftliche Berichterstattung im Jahre 1921, in ebd., Bl. 73; ders., Nachtrag zu dem Bericht vom 11. März 1922, in ebd., Bl. 96; Deutsche Gesellschaft für technische Physik an Preußisches Kultusministerium, 18.9. 1919, in GStA PK, I. HA Rep. 76, Vc Sekt. 1 Tit. XI Teil III Nr. 18 Bd. IV.

262 Karl Kerkhof, 16.5.1919, Abschr. in BBAW-Archiv, II-XIV-41, Bl. 6; vgl. Schlicker, *Die Berliner Akademie der Wissenschaften* II, S. 130; Friedrich Künzel, *Max Plancks Wirken an der Berliner Akademie der Wissenschaften als Ordentliches Mitglied und Sekretar zwischen 1894 und 1947*, Diss. HU Berlin, 1984, Bd. I, S. 75. Künzel irrt sich hier jedoch im Monat.

263 Pr. Kultusministerium an Preußische Akademie der Wissenschaften, 13.5.1919, in BBAW-Archiv, II-XIV-41, Bl. 1; vgl. Schlicker, *Die Berliner Akademie der Wissenschaften* II, S. 130; Künzel, *Max Planck*, S. 75.

264 Der Kommission gehörten außerdem Emil Fischer, Theodor Liebisch, Erhard Schmidt, Heinrich Rubens, Gottlieb Haberlandt und Max Rubner an; vgl. Auszug aus dem Protokoll der Sitzung der phys.-math. Klasse vom 22. Mai 1919, gez. Planck, in BBAW-Archiv, II-XIV-41, Bl. 3; vgl. Künzel, *Max Planck*, S. 75; Behrends, *Technisch-wissenschaftliche Dokumentation*, S. 63.

> die hohe Bedeutung, welche eine schnelle und vollständige Berichterstattung für die naturwissenschaftliche Forschung in allen Ländern besitzt, zusammen mit der Wichtigkeit der Aufgabe, Deutschland auf diesem Gebiet die bisherige hervorragende Stellung zu erhalten.[265]

Aufgrund dieser Empfehlungen hielt auch der Reichsminister des Innern die geplante Gründung einer Arbeitsgemeinschaft der naturwissenschaftlichen Referatenblätter

> aus nationalen und wirtschaftlichen Gründen der Förderung wert

und beauftragte Kerkhof, der zu diesem Zweck von seinen Dienstgeschäften in der Reichsanstalt für Maß und Gewicht entlastet wurde, einen Plan für die Zusammenfassung der deutschen Bibliographien zu erstellen.[266]

Nachdem Planck mit Kerkhof über „die Wichtigkeit der Frage" gesprochen hatte, beschloß die physikalisch-mathematische Klasse der Akademie „nach einer eingehenden Besprechung [...], daß diese Frage in einer gemeinschaftlichen Besprechung der Herausgeber der Bibliographien mit einer akademischen Kommission behandelt werden soll." Später, so wurde angeregt, sollten auch noch die Fächer Biologie und Geographie an dem Unternehmen beteiligt werden.[267]

Im Anschluß an diese gemeinsame Besprechung, zu der auch Kerkhof hinzugezogen worden war,[268] und vermutlich wie dort vereinbart, legten die Herausgeber der vier naturwissenschaftlichen Referatenorgane, zu denen inzwischen noch der Herausgeber des *Astronomischen Jahresberichts*, Fritz Cohn, gestoßen war, der Akademie eine weitere Eingabe an das Reichsministerium des Innern vor,[269] in der sie beantragten, die Mittel, die früher dem deutschen Büro der internationalen Bibliographie der Naturwissenschaften gewährt worden waren – das waren jährlich 40 000 Mark –, nun der neugebildeten Arbeitsgemeinschaft

---

265 Preußische Akademie der Wissenschaften an Preußisches Kultusministerium, 12. 6. 1919, in BBAW-Archiv, II-XIV-41, Bl. 8.

266 Reichsminister des Innern an Preußischen Kultusminister, 18. 6. 1919, in GStA PK, I. HA Rep. 76, Vc Sekt. 1 Tit. XI Teil III Nr. 18 Bd. IV.

267 Auszug aus dem Protokoll der Sitzung der phys.-math. Klasse vom 19. Juni 1919, gez. Planck, in BBAW-Archiv, II-XIV-41, Bl. 3; zu Mitgliedern der akademischen Kommission wurden Th. Liebisch, E. Schmidt, H. Rubens, Walther Nernst, Hermann Struve, Gustav Müller und Gustav Hellmann berufen; vgl. Schlicker, *Die Berliner Akademie der Wissenschaften* II, S. 131.

268 Vgl. Planck, Protokoll über die Beratung in der Angelegenheit der naturwissenschaftlichen Bibliographien am 4. Juli 1919, in BBAW-Archiv, II-XIV-41, Bl. 14.

269 Vgl. Lichtenstein, für das *Jahrbuch über die Fortschritte der Mathematik*, u .a., 4. 7. 1919, in ebd., Bl. 13.

der Fachzeitschriften zur Verfügung zu stellen. Die Berliner Akademie der Wissenschaften, die diesen Antrag der „Herausgeber der in ihrem Fach bedeutendsten naturwissenschaftlichen Bibliographien Deutschlands" guthieß, sandte ihn an das Preußische Kultusministerium als der ihr übergeordneten Behörde mit der Bitte, ihn an das Reichsinnenministerium weiterzuleiten. In ihrem Begleitschreiben fügte sie nochmals hinzu, daß auch die Förderung der übrigen Bibliographien, insbesondere für Geographie und Biologie, angesichts ihrer bedrängten Lage „im Interesse der Aufrechterhaltung ihres Arbeitsbetriebes und damit des internationalen Einflusses der deutschen Wissenschaft dringend geboten erscheint". Die internationale Lage, so die Akademie, erfordere schnelles Handeln und große Opfer:

> Gelingt es jetzt, den in neutralen und feindlichen Ländern auftauchenden Konkurrenzunternehmungen von Anfang an wirksam zu begegnen, so ist mit Sicherheit zu erwarten, daß auch größere für diesen Zweck dargebrachte außerordentliche Opfer sich in Zukunft reichlich belohnen können.[270]

In einem weiteren Schreiben an den zuständigen Ministerialdirektor im Preußischen Kultusministerium, Hugo Andres Krüss, ging Planck noch ausführlicher auf die Dringlichkeit der Hilfsaktion für die deutschen Referatenorgane ein:

> Daß auf diesem Gebiete gegenwärtig eine ernste Gefahr droht, beweisen die jetzt in verschiedenen Ländern, besonders in Amerika, Frankreich und England auftauchenden Konkurrenzunternehmen, welche den Augenblick für günstig halten, um die deutsche Berichterstattung zu ersetzen, sie dadurch auszuschalten und ihr Erbe anzutreten. Dem gegenüber gilt es rasch und kräftig zuzufassen und vor Allem dasjenige festzuhalten, was bisher in unserem sicheren Besitz war.[271]

Um den drohenden Bankrott abzuwenden, hatte die Akademie dem *Jahrbuch über die Fortschritte der Mathematik* aus eigenen Mitteln bereits 15000 Mark für die nächsten drei Jahre gespendet, eine ähnliche oder noch höhere Summe wollte sie den *Fortschritten der Physik* zukommen lassen. Weitere Referatenorgane wurden von der Akademie finanziell gefördert, so unter anderem der *Astronomische Jahresbericht.*[272]

---

270 Preußische Akademie der Wissenschaften an Preußisches Kultusministerium, 17.7.1919, in ebd., Bl. 16; vgl. Auszug aus dem Protokoll der Sitzung der phys.-math. Klasse vom 10. Juli 1919, gez. Planck, in ebd., Bl. 15.

271 Planck an Krüss, 8.8.1919, in ebd., Bl. 17; vgl. Künzel, *Max Planck*, S. 75 f.

272 Vgl. Planck an Krüss, 8.8.1919, in BBAW-Archiv, II-XIV-41, Bl. 17; vgl. Künzel, *Max Planck*, S. 76 ff.

Was die zentrale Organisation der Referatendienste betraf, so hatte man vor, ein Zentralbüro der Arbeitsgemeinschaft der Referatenorgane zu gründen, für das die Akademie in ihrem eigenen Gebäude bereitwillig Räume zur Verfügung stellte. Doch zuallererst mußte die Finanzierung geregelt werden. Deshalb wies Planck in seinem Schreiben an Krüss eindringlich darauf hin, daß

> für einen günstigen Ausgang des Kampfes, den die deutsche Wissenschaft jetzt um ihre Weltgeltung führen muß,

die tatkräftige Unterstützung des Reichs von entscheidender Bedeutung sei. Die Akademie wäre unter solchen Bedingungen bereit, eine ständige Kommission einzurichten, die sich an die Spitze des Unternehmens stellen würde.

Vor allem aber drängte Planck den Ministerialdirektor, keine Zeit mehr zu verlieren, sondern dafür zu sorgen, daß die Arbeitsgemeinschaft mit ihrer Tätigkeit spätestens am 1. Januar 1920 beginnen könne. „Denn nur", warnte Planck,

> wenn möglichst bald bekannt und fühlbar wird, daß hier in Deutschland sogleich mit Ernst und Nachdruck die Arbeit aufgenommen wird, ist darauf zu rechnen, daß den im Ausland auftauchenden gegenteiligen Bestrebungen von vornherein begegnet werden kann. Hier ist jeder Gewinn von Zeit gleichzeitig ein Gewinn von Prestige.[273]

Diese eindringlichen Mahnungen verfehlten nicht ihre Wirkung. Das Reichsministerium des Innern, vom Kultusministerium entsprechend informiert, erklärte sich alsbald mit der Einrichtung einer Zentralstelle der Arbeitsgemeinschaft in den Räumen der Akademie einverstanden, bezweifelte jedoch zunächst, ob die gewünschten Reichszuschüsse, die früher der Arbeit für den Internationalen Katalog zugute gekommen waren, in voller Höhe bewilligt werden könnten.[274]

Das Preußische Kultusministerium hingegen verteidigte die Umverteilung der Gelder zugunsten der deutschen Bibliographien, zumal es dabei lediglich „um die Wiederherstellung eines früheren Etatstitels" ging, und drängte nun ebenfalls,

> die Einrichtung der Zentralstelle mit tunlichster Beschleunigung ins Werk zu setzen, um zu verhindern, daß das Ausland in dem gegenwärtig beginnenden Wettstreit einen späterhin nicht wieder einzuholenden Vorsprung gewinnt.

Insbesondere unterstrich das Kultusministerium die Bedeutung der „auf der Höhe erhaltenen Referaten-Organe" für die Beziehungen zu Wissenschaftlern der neutralen Länder, da diese Publikationen als „starkes Bindeglied" dienten. Nur

---

273 Planck an Krüss, 8.8.1919, in BBAW-Archiv, II-XIV-41, Bl. 17a.

274 Reichsministerium des Innern an Preußisches Kultusministerium, 22.8.1919, in ebd., Bl. 18.

wenn man die deutschen Fachzeitschriften großzügig fördern würde, könnte der Gefahr vorgebeugt werden,

> daß die Wissenschaftsorganisation der Neutralen ganz in das Fahrwasser der mit großer Energie betriebenen Bestrebungen der Ententestaaten gerät, die auf die völlige Isolierung Deutschlands in der Wissenschaft abzielen.[275]

Unterdessen hatte Kerkhof einen umfassenden „Plan über die Zusammenfassung der deutschen Bibliographien" vorgelegt. Darin umriß er die Aufgaben der zu gründenden Zentralstelle, wobei er die in der gemeinsamen Beratung mit der akademischen Kommission und den Herausgebern der Zeitschriften entwickelten Vorstellungen aufgriff:

1. Beschaffung der deutschen Literatur (Zeitschriften vom Verlagsbuchhandel, wissenschaftliche Abhandlungen, Dissertationen und Habilitationsschriften von den wissenschaftlichen Institutionen, Patentschriften vom Patentamt) und der ausländischen Literatur (Ankauf der ausländischen Zeitschriften oder Tausch).
2. Bearbeitung und Verteilung der Zeitschriften (zusätzlich Herstellung von photographischen Reproduktionen und von Übersetzungen).
3. Bearbeitung und Austausch der Verweise.

Zudem stellte Kerkhof einen detaillierten Personal- und Kostenplan auf, der mit zwei beurlaubten Beamten, die also nicht zusätzlich zu bezahlen waren, und sechs Dienstkräften in etwa dem Etat des ehemaligen deutschen Büros der internationalen naturwissenschaftlichen Bibliographie entsprach.[276]

Nachdem die Preußische Akademie der Wissenschaften Kerkhofs Plan für gut befunden und nochmals deutlich gemacht hatte, daß sie nur dann mitwirken würde, wenn der ehemalige Etatposten für die internationale Bibliographie der Naturwissenschaften wiedereingestellt würde,[277] beantragte schließlich der Reichsinnenminister Koch, mit dem Vermerk „*Eilt sehr!*", beim Finanzminister trotz der angespannten Haushaltslage den gewünschten Reichszuschuß von

275 Preußisches Kultusministerium an Reichsministerium des Innern, 8.9.1919, in GStA PK, I. HA Rep. 76, Vc Sekt. 1 Tit. XI Teil III Nr. 18 Bd. IV; vgl. Pr. Kultusministerium an RMI, 9.10.1919, in ebd.

276 Karl Kerkhof, Plan über die Zusammenfassung der deutschen Bibliographien, 15.8.1919, in ebd.; vgl. Behrends, *Technisch-wissenschaftliche Dokumentation*, S. 63 f.

277 Vgl. Eingabe vom 6.10.1919 an Reichsministerium des Innern, in BBAW-Archiv, II-XII-4, Bl. 155; Anlage zu dem in der Gesamtsitzung am 3. Oktober von Hrn. Planck erstatteten Bericht über die geplante Arbeitsgemeinschaft deutscher naturwissenschaftlicher Bibliographien, 6.10. 1919, Beilage III, in Protokolle der Kartellversammlung des Verbandes deutscher wissenschaftlicher Körperschaften in Berlin am 3. und 4. Oktober 1919, Berlin 1920, S. 12–16.

jährlich 40 000 Mark, „[a]ngesichts der nachgewiesenen großen Bedeutung des geplanten Unternehmens für die deutsche Wissenschaft und Technik".[278]

Um die wissenschaftliche Leitung des Betriebs zu übernehmen, wählte die physikalisch-mathematische Klasse der Berliner Akademie eine ständige Akademische Kommission für die Reichszentralstelle der naturwissenschaftlichen Berichterstattung, mit Planck als Vorsitzendem, der sich von Anfang an für das Projekt stark engagiert hatte.[279] Sobald das Preußische Kultusministerium sich bereit gefunden hatte, vorerst einen einmaligen Zuschuß von 10 000 Mark vorzustrecken, begann man, die Arbeit in Angriff zu nehmen.[280]

So konnte die Reichszentrale für naturwissenschaftliche Berichterstattung, wie sie bald hieß, im Gebäude der Berliner Akademie der Wissenschaften ihre Arbeitsräume beziehen und im Januar 1920 mit der Bearbeitung der Fachliteratur anfangen. Als ihren Leiter bestimmte man Karl Kerkhof.

Was die inländische Fachliteratur betraf, so wurden noch im selben Monat die Verleger in einem Aufruf „An den deutschen Verlagsbuchhandel!" von der akademischen Kommission und der Arbeitsgemeinschaft naturwissenschaftlicher Referatenorgane gemeinsam aufgefordert, Zeitschriften und Monographien kostenlos abzuliefern, wie sie das vor dem Krieg dem Deutschen Büro der internationalen Bibliographie gewährt hätten. Um die Forderung zu begründen und ihr Nachdruck zu verleihen, prangerte der Aufruf die „feindlichen Maßregeln" der alliierten Boykottpolitik an, die darauf abzielten, die deutschen Referatenorgane durch neue Bibliographien zu verdrängen, wodurch „besonders der deutsche Verlagsbuchhandel [...] aufs Schwerste geschädigt werden dürfte".

Auf dem gleichen Blatt bat der Vorstand des Börsenvereins der deutschen Buchhändler seine Mitglieder, an die er den Aufruf schickte, die Bestrebungen zu unterstützen und „alle einschlägigen Zeitschriften der genannten Stelle sofort (wenn auch nur leihweise) zur Verfügung" zu stellen.[281]

Später fügte die Ende Oktober 1920 gegründete Notgemeinschaft der Deutschen Wissenschaft, ein durch Reichszuschüsse und Stiftungen finanzierter

---

278 Reichsminister des Innern, Koch, an Reichsminister der Finanzen, 1.11.1919, Abschr. in GStA PK, I. HA Rep. 76, Vc Sekt. 1 Tit. XI Teil III Nr. 18 Bd. IV.

279 In die ständige Akademische Kommission wurden Planck (Physik), Schmidt (Mathematik), Rubens (Physik), Haber (Chemie), Liebisch (Mineralogie), Hellmann (Meteorologie) und Müller (Astrophysik) gewählt; vgl. Auszug aus dem Protokoll der Sitzung der phys.-math. Klasse vom 4. Dezember 1919, gez. Rubner, in BBAW-Archiv, II-XIV-41, Bl. 23.

280 Vgl. Preußisches Kultusministerium an Preußische Akademie, 5.12.1919, in ebd., Bl. 25; Auszug aus dem Protokoll der Sitzung der Gesamtakademie vom 11. Dezember 1919, in ebd., Bl. 23.

281 An den deutschen Verlagsbuchhandel!, Berlin, im Januar 1920, Leipzig, den 29. Januar 1920, Beilage in ebd., Bl. 118; vgl. Behrends, *Technisch-wissenschaftliche Dokumentation*, S. 65.

Förderverein, zu dem sich Universitäten, Hochschulen und Wissenschaftsverbände zusammengeschlossen hatten, dem Aufruf eine auf einem kleinen roten Zettel gedruckte Empfehlung hinzu, unterzeichnet von ihrem Präsidenten, Friedrich Schmidt-Ott:

> Für die Erhaltung der deutschen wissenschaftlichen Forschung ist eine möglichst weitgehende Unterstützung der naturwissenschaftlichen Referatenorgane von großer Bedeutung. Der vorstehende Aufruf an den deutschen Verlagsbuchhandel wird daher warm befürwortet.[282]

Der Verlagsbuchhandel erfüllte dann auch mit wenigen Ausnahmen die an ihn gestellten Ansprüche.

Das Preußische Kultusministerium indes wies, nachdem es von der Preußischen Akademie der Wissenschaften nochmals daran erinnert worden war, die Universitäten und Technischen Hochschulen an, wissenschaftliche Abhandlungen auf den verschiedenen naturwissenschaftlichen Gebieten – genannt wurden Mathematik, Mechanik, Physik, Chemie, Mineralogie, Geologie, Paläontologie, Astronomie und Meteorologie –, insbesondere Dissertationen und Habilitationsschriften, ebenfalls der Reichszentrale für naturwissenschaftliche Berichterstattung zu schicken.[283] Eine ähnliche Aufforderung erging an die einschlägigen Reichs- und Landesbehörden sowie Institute hinsichtlich der dort vorhandenen Schriften.

Schwieriger war es, die ausländische Literatur, die für die Referatendienste besonders wichtig war, rechtzeitig und möglichst vollständig zu beschaffen, um so mehr, als der früher übliche internationale Literaturaustausch eingebrochen war und zudem die Preise der ausländischen Zeitschriften wegen des niedrigen Werts der Mark sehr hoch waren.

Zunächst bat deshalb die Preußische Akademie der Wissenschaften das Kultusministerium, bei anderen Bibliotheken, insbesondere der Staatsbibliothek in Berlin, darauf hinzuwirken, daß diese die ihnen aus dem Ausland zugegangenen naturwissenschaftlichen Zeitschriften, bevor sie im Lesesaal ausgelegt würden, der Arbeitsgemeinschaft der Referatenorgane zur Durcharbeitung für

---

282 Notgemeinschaft der Deutschen Wissenschaft, 5.9.1921, in BBAW-Archiv, II-XIV-41, Beilage zu Bl. 118; zur Geschichte der Notgemeinschaft: Kurt Zierold, *Forschungsförderung in drei Epochen*; Steffen Richter, *Forschungsförderung in Deutschland 1920–1936*; Notker Hammerstein, *Die Deutsche Forschungsgemeinschaft in der Weimarer Republik und im Dritten Reich.*

283 Vgl. Preußisches Kultusministerium an Universitätskuratoren, 3.4.1920, in BBAW-Archiv, II-XIV-41, Bl. 40; Preußische Akademie der Wissenschaften an Pr. Kultusministerium, 10.2.1920, in ebd., Bl. 39.

eine kurze Zeit leihweise überlassen sollten.[284] Diesem Wunsch kam der Generaldirektor der Staatsbibliothek, Adolf von Harnack, weitgehend nach.[285] Auch mit weiteren Bibliotheken wurde ein Leihverkehr aufgenommen.

Da damit jedoch der Bedarf bei weitem nicht gedeckt werden konnte, bemühte sich die Reichszentrale, einen Literaturaustausch mit Gelehrten und wissenschaftlichen Institutionen des In- und Auslands in die Wege zu leiten. Hier zeigte sich besonders die amerikanische Emergency Society for German and Austrian Science and Art, New York, nicht nur mit Literatur-, sondern auch Geldspenden sowie Austauschvereinbarungen äußerst großzügig, ebenso die Wissenschaftlich-Technische Informationsabteilung des Obersten Volkswirtschaftsrats der Sowjetunion, die Referate russischer Arbeiten in deutscher Übersetzung sowie naturwissenschaftliche Fachliteratur schickte und eine größere Summe für den Kauf deutscher Referatenorgane bereitstellte.[286]

Bald übernahm die Notgemeinschaft der Deutschen Wissenschaft über ihren Verlagsausschuß, der Druckkostenzuschüsse gewährte, eine wichtige Rolle bei der Förderung deutscher wissenschaftlicher Literatur, während ihr Bibliotheksausschuß vor allem ausländische Zeitschriften, aber auch Monographien für Universitäts-, Hochschul- und Staatsbibliotheken besorgte, durch Tausch oder Kauf in Zusammenarbeit mit dem Börsenverein der deutschen Buchhändler. Dadurch wurde zugleich ein Netz internationaler Tauschbeziehungen wiederaufgebaut. Die Reichszentrale indes erreichte es, daß ihr die Zeitschriften, welche die Notgemeinschaft aus dem Ausland bezog, vor deren Zuteilung an deutsche Bibliotheken zur Bearbeitung kurzfristig ausgeliehen wurden.[287]

Damit die Referenten und anderen Wissenschaftler die ansonsten schwer zugängliche Auslandsliteratur lesen konnten, begann die Reichszentrale im Jahr 1922, photographische Reproduktionen anzufertigen – eine Neuheit zur damaligen Zeit –, die gegen geringe Kosten vertrieben wurden und bald einen reißenden

---

284 Vgl. Preußische Akademie der Wissenschaften an Preußisches Kultusministerium, 5.1.1920, in ebd., Bl. 30.

285 Vgl. Adolf von Harnack, Beirat für Bibliotheks-Angelegenheiten, an Preußisches Kultusministerium, 10.2.1920, Abschr. in ebd., Bl. 32; vgl. Behrends, *Technisch-wissenschaftliche Dokumentation*, S. 64 f.

286 Vgl. Planck an Reichsministerium des Innern, 24.7.1922, in BBAW-Archiv, II-XIV-41, Bl. 79; Kerkhof, Bericht über die Arbeiten der Reichszentrale für naturwissenschaftliche Berichterstattung im Jahre 1921, 11.3.1922, in ebd., Bl. 72–75, hier Bl. 74 f.; vgl. Behrends, *Technisch-wissenschaftliche Dokumentation*, S. 65 f.

287 Vgl. Bericht der Notgemeinschaft der Deutschen Wissenschaft über ihre Tätigkeit bis zum 31. März 1922, darin Bericht des Verlagsausschusses, S. 18–25, Bericht des Bibliotheksausschusses, S. 25–32; vgl. Behrends, *Technisch-wissenschaftliche Dokumentation*, S. 66.

Absatz fanden. Die dazu erforderlichen Apparate finanzierte ebenfalls die Notgemeinschaft der Deutschen Wissenschaft.[288]

Zwei Vergünstigungen erreichte man noch: Ein Erlaß des Reichspostministeriums verfügte, daß Verlegern in Deutschland für das Versenden ihrer Zeitschriften an die Reichszentrale für naturwissenschaftliche Berichterstattung Dienstmarken, versehen mit deren Anschrift und Dienstsiegel, zur Verfügung gestellt wurden, so daß ihre Sendungen portofrei waren. Und die Außenhandelsnebenstelle für das Buchgewerbe war bereit, Kreuzbänder zu überlassen, mit denen Zeitschriften ins Ausland abgabenfrei geschickt werden konnten.[289]

Um den Absatz der solchermaßen geförderten deutschen Fachblätter zu steigern, verschickte die Reichszentrale einen Werbezettel, der die „Deutschen Referatenorgane auf dem naturwissenschaftlich-medizinischen Gebiete" anpries, „die jetzt infolge einer einheitlich geregelten Literaturbeschaffung und Literaturbearbeitung in der Lage sind, nicht nur über die Weltliteratur des Fachgebietes, sondern auch über die Grenzwissenschaften *schnell[,] vollständig und sachgemäß* Bericht zu erstatten." Bestellungen sollten an die Reichszentrale oder die ebenfalls aufgeführten Verleger gerichtet werden.[290] (Abb. 38)

Mit einigen Ländern, die sich dem Boykott nicht angeschlossen hatten, so zum Beispiel mit der Sowjetunion oder vormals neutralen Staaten, aber auch mit Wissenschaftsgesellschaften und Stiftungen der USA und anderer Länder, wurden im Zuge der Wiederherstellung der Wissenschaftsbeziehungen besondere Austauschvereinbarungen getroffen, die größtenteils die Notgemeinschaft der Deutschen Wissenschaft vermittelte.[291] Dadurch gelang es, den deutschsprachigen Referatenorganen Absatzgebiete zu sichern und weitere zu erschließen.

Mit der Zeit dehnte die Reichszentrale ihre Aktivitäten auf nahezu alle Wissenschaftsgebiete, also auch die Geisteswissenschaften, aus, so daß sie zehn

---

288 Vgl. Reichszentrale für naturwissenschaftliche Berichterstattung. Aufgaben und Arbeiten der Reichszentrale seit ihrer Begründung 1919, 24.11.1926, in PA AA, R 65007; vgl. Behrends, *Technisch-wissenschaftliche Dokumentation*, S. 67.

289 Vgl. Kerkhof, Bericht über die Arbeiten der Reichszentrale für naturwissenschaftliche Berichterstattung im Jahre 1920, 31.12.1920, in BBAW-Archiv, II-XIV-41, Bl. 49.

290 [Werbezettel], Berlin, Januar 1923, Hervorhebung i. Orig., in PA AA, R 65495; siehe Abbildung 38. Zu den bereits genannten Referatenorganen – aus den *Fortschritten der Physik*, dem *Halbmonatlichen Literaturverzeichnis der Fortschritte der Physik* und den *Beiblättern zu den Annalen der Physik* waren 1920 die *Physikalischen Berichte* hervorgegangen – waren jetzt noch die *Berichte über die gesamte Physiologie und experimentelle Pharmakologie* und das *Zentralblatt für die gesamte Hygiene und ihre Grenzgebiete* hinzugekommen.

291 Vgl. Kerkhof, Bericht über die Arbeiten der Reichszentrale ... im Jahre 1921, 11.3.1922, in BBAW-Archiv, II-XIV-41, Bl. 74 f.; Planck an Reichsministerium des Innern, 24.7.1922, in ebd., Bl. 79. Vgl. auch die Berichte der Notgemeinschaft der Deutschen Wissenschaft über ihre Tätigkeit.

Berlin, Januar 1923.

Der Krieg und seine Nachwirkungen haben zur Folge gehabt, daß in allen Ländern die Auslandsliteratur, auch in den größeren Bibliotheken, nur noch lückenweise vorhanden ist. Die Gelehrten, die zum größten Teil aus wirtschaftlichen Gründen nicht imstande sind, sich selbst die notwendigste Fachliteratur zu halten, sind immer mehr auf die Referatenorgane angewiesen, um eine Uebersicht über die Weltliteratur zu gewinnen. Dieses gilt besonders für das naturwissenschaftlich-medizinische Gebiet, weil hier für den wissenschaftlich Arbeitenden sich geradezu die Notwendigkeit ergibt, sich schnell über die wisssenschaftlichen und technischen Neuerungen zu unterrichten.

Diesem Bedürfnisse suchen die unten genannten, zum Teil seit vielen Jahrzehnten bestehenden

Deutschen Referatenorgane auf dem naturwissenschaftlich-medizinischen Gebiete.

gerecht zu werden, die jetzt infolge einer einheitlich geregelten Literaturbeschaffung und Literaturbearbeitung in der Lage sind, nicht nur über die Weltliteratur des Fachgebietes, sondern auch über die der Grenzwissenschaften

schnell vollständig und sachgemäß

Bericht zu erstatten.

Bestellungen sind zu richten an die **Reichszentrale für naturwissenschaftliche Berichterstattung**, Berlin NW. 7, Unter den Linden 38, oder an die folgenden Verleger:

Jahrbuch über die Fortschritte der Mathematik Astronomischer Jahresbericht	Vereinigung wiss. Verleger W. d. Gruyter & Co., Berlin W. 10, Genthinerstr. 38.
Physikalische Berichte	Friedr. Vieweg & Sohn, Braunschweig.
Chemisches Zentralblatt	Verlag Chemie G. m. b. H., Berlin W. 10, Sigismundstr. 4.
Neues Jahrbuch für Mineralogie, Geologie und Paläontologie	Schweizerbart'sche Verlagsbuchhandl., Stuttgart.
Zoologischer Bericht . . . . Botanisches Centralblatt . . . . Centralblatt für Bakteriologie und Parasitenkunde	Gustav Fischer, Jena.
Berichte über d. ges. Physiologie und exper. Pharmakologie . . . . Zentralblatt f. d. ges. Hygiene und ihre Grenzgebiete	Julius Springer, Berlin, W. 9.

Abb. 38: Werbezettel der Reichszentrale für naturwissenschaftliche Berichterstattung aus dem Jahr 1923. Exemplar des Politischen Archivs des Auswärtigen Amts, Berlin

Jahre nach ihrer Gründung ihren Namen änderte und fortan Reichszentrale für wissenschaftliche Berichterstattung hieß.[292]

Jedenfalls hatte diese gegen die alliierten Boykottmaßnahmen geschaffene Institution in den zwanziger Jahren wirksam agiert.

So konnte Planck 1930 rückblickend feststellen, daß die Reichszentrale die ihr übertragene Aufgabe,

> die durch die Folgen des Krieges in ihrem Bestand bedrohten wichtigen Referier-Organe verschiedener naturwissenschaftlicher Fächer am Leben zu erhalten und durch gegenseitige Förderung zu vervollkommnen,

nicht nur befriedigend gelöst, sondern im Lauf der Zeit noch

> sehr erfolgreich erweitert [habe].[293]

Das kam zugleich der Verbreitung der deutschen Fachsprache und Fachliteratur zugute.

Allerdings konnte dadurch die Ausdehnung konkurrierender Zeitschriften und Sprachen in den Wissenschaften nicht verhindert werden.

---

292 Vgl. Kerkhof, 3.1.1930, Jahresbericht der Reichszentrale für wissenschaftliche Berichterstattung 1930/31, in BBAW-Archiv, II-XIV-41, Bl. 136; Behrends, *Technisch-wissenschaftliche Dokumentation*, S. 70.

293 Planck an Preußisches Kultusministerium, 14.3.1930, in BBAW-Archiv, II-XIV-41, Bl. 139; vgl. Künzel, *Max Planck*, S. 77.

4. Gegenboykott

Einige deutsche Wissenschaftler und Wissenschaftsinstitutionen griffen zum Druckmittel des Gegenboykotts, indem sie es strikt ablehnten, mit den Gelehrten und Organisationen derjenigen Länder, die den Boykott gegen Deutschland und seine Verbündeten verhängt oder sich diesem angeschlossen hatten, zusammenzuarbeiten, während sie die Motive des Boykotts verwarfen und von anderen Wissenschaftlern verlangten, sich davon zu distanzieren.[294] Doch ein geschlossener und umfassend organisierter Gegenboykott konnte sich in Deutschland und Österreich nicht Bahn brechen, weil die ausländischen Wissenschaftler nicht mitmachten. Dort wurden jedenfalls keine Vereinigungen mit internationalem Anspruch ins Leben gerufen, aus denen man alliierte Wissenschaftler und deren Sprachen ausdrücklich ausschloß. Vielmehr waren es einzelne Aktionen, mit denen ein Gegenboykott propagiert und in zahlreichen Fällen durchgesetzt wurde, während man ansonsten versuchte, den Boykott mit Gegenveranstaltungen und -maßnahmen zu unterlaufen und die Zusammenarbeit, wenn auch zögernd und unter bestimmten Bedingungen, wiederaufzunehmen, wie oben exemplarisch gezeigt wurde und im Kapitel über die Verhandlungen noch beschrieben wird.

Gleichwohl erschwerten Gegenboykottmaßnahmen die Wiederannäherung der entzweiten Gelehrten, die zunächst über persönliche Kontakte sich anbahnte, und behinderten die Rückkehr der deutschen Sprache in die internationale Wissenschaftskommunikation.

Neben anderen Unternehmungen blieben auch die Bemühungen um die Wiederaufnahme des unentbehrlichen Literaturaustausches von einzelnen Blockaden nicht verschont.

> Zuwendung von polnischer Seite verbeten,

mit diesen Worten schickte der Direktor des Mathematischen Instituts der Universität Jena, Haussner, die ihm von einem Warschauer Mathematikprofessor zugesandte Zeitschrift *Fundamenta Mathematicae* umgehend zurück.[295]

---

294 Den Begriff „Gegenboykott“ verwendet Grundmann (S. 804), ebenso Forman, *The Environment and Practice of Atomic Physics*, S. 5f.; ders., Scientific Internationalism, S. 156; Schröder-Gudehus in späteren Schriften: *Les scientifiques*, S. 239, 244f. – hier auf Französisch und in Anführungszeichen; dies., Internationale Wissenschaftsbeziehungen, S. 858, 867.

295 *Kurjer Warszawski*, 17.6.1921; Haussner an die Redaktion der *Fundamenta Mathematicae*, 31.5.1921, in PA AA, R 64979; vgl. Deutsche Gesandtschaft, von Dirksen, an AA, 18.6.1921, in ebd.; Schröder-Gudehus, *Deutsche Wissenschaft*, S. 210.

https://doi.org/10.1515/9783110572643-014

Die Hamburger Universitätsbibliothek reagierte keineswegs freundlicher, als, noch dazu auf ihre Anfrage, die Universität Bratislava sich bereit erklärte, akademische Publikationen mit ihr auszutauschen. Die Hamburger Bibliothek lehnte dieses Angebot brüsk ab,[296] nachdem auf dem Hochschultag 1925 in Darmstadt beschlossen worden war, daß der Austausch von Schriften mit tschechischen Hochschulen so lange unterbleiben sollte, „wie die unwürdige Behandlung der Vertreter deutscher Wissenschaft bei der Veranstaltung von Kongressen u.dgl. keine Änderung erfahren hat."[297] – Wissenschaftler aus Polen und der Tschechoslowakei hatten sich dem Boykott angeschlossen.[298]

Was die Publikationstätigkeit selbst betraf, so weigerten sich einige deutsche Gelehrte, Aufsätze in ausländischen Fachzeitschriften zu veröffentlichen. Der Breslauer Chirurg und Vorsitzende der Deutschen Chirurgischen Gesellschaft, Hermann Küttner, schlug die Bitte des Herausgebers der amerikanischen Zeitschrift *Surgery, Gynecology and Obstetrics* aus, einen Artikel zu schicken, den er, wie man ihm anbot, auf Deutsch schreiben könnte, und den man dann ins Englische übersetzen wollte. Küttner winkte ab,

> da die amerikanischen Chirurgen noch immer den Ausschluß der deutschen Chirurgen aus der Internationalen Gesellschaft für Chirurgie aufrecht erhalten.[299]

In umgekehrter Richtung sträubten sich deutsche Wissenschaftler dagegen, Arbeiten ihrer Kollegen aus den alliierten Ländern in deutschen Zeitschriften zu veröffentlichen, es sei denn, diese waren bereit, eine Erklärung zu unterschreiben, in der sie den gegen die deutsche Wissenschaft verhängten Boykott bedauerten und sich verpflichteten, in ihrem Land dagegen aufzutreten.[300]

Der Berliner Pathologe Otto Lubarsch, Herausgeber von *Virchows Archiv für pathologische Anatomie und Physiologie und für klinische Medizin* sowie der *Er-*

---

296 Wahl, Direktor der Staats- und Universitätsbibliothek in Hamburg, an das Rektorat der Comenius-Universität in Bratislava, 7.4.1925, Abschr. in PA AA, R 64981; vgl. Die Hamburger Universitätsbibliothek im Dienste der intellektuellen Zusammenarbeit, in *Prager Presse*, 14.5.1925; Schröder-Gudehus, *Deutsche Wissenschaft*, S. 210.

297 Entschließung über Schriftenaustausch mit der Tschechoslowakei, in *Mitteilungen des Verbandes der Deutschen Hochschulen*, 5. Jg., H. 2, Febr. 1925, S. 51; Schröder-Gudehus, *Deutsche Wissenschaft*, S. 210.

298 Siehe dazu Reinbothe, Languages and Politics of International Scientific Communication in Central Eastern Europe after World War I, S. 162–170.

299 Franklin H. Martin an Küttner, 27.11.1925, Küttner an Martin o. D., in *Mitteilungen des Verbandes der Deutschen Hochschulen*, 6. Jg., H. 1/2, 1926, S. 36f.; vgl. Schröder-Gudehus, *Deutsche Wissenschaft*, S. 208.

300 Vgl. Otto Lubarsch, *Ein bewegtes Gelehrtenleben*, Berlin 1931, S. 362f.

gebnisse der allgemeinen Pathologie und pathologischen Anatomie des Menschen und der Tiere, der solche Erklärungen verlangte, lehnte es im Jahr 1920 rigoros ab, einen Bericht des Leiters des Laboratoriums am pathologischen Institut der Universität Straßburg über das französische Schrifttum der allgemeinen Pathologie und pathologischen Anatomie, das seit 1914 erschienen und in Deutschland während des Krieges nicht zugänglich gewesen war, in die *Ergebnisse* aufzunehmen. Lubarsch ließ dem französischen Pathologen, der darauf hingewiesen hatte, daß der Kriegszustand zwischen Deutschland und Frankreich nunmehr beendet sei, durch seine Sekretärin antworten,

> daß die Voraussetzungen seines Angebotes nicht zuträfen, da zur Zeit ein, wenn auch leider nur einseitiger Kriegszustand zwischen Deutschland und Frankreich noch herrsche.[301]

Ähnliche Reaktionen zeigten sich im Universitätsbetrieb. Sowohl Lubarsch als auch andere Professoren lehnten es ab, ausländische Gelehrte an ihren Instituten zu empfangen oder als Mitarbeiter aufzunehmen, wenn sie aus den Ländern der ehemaligen Kriegsgegner kamen und nicht bereit waren, sich öffentlich vom Boykott zu distanzieren und Loyalitätserklärungen abzugeben. Richtungweisend dabei war der 1921 auf der deutschen Hochschulkonferenz in Badenweiler über die „Zulassung serbischer Ärzte zur informatorischen Beschäftigung an deutschen Universitätskliniken" gefaßte Beschluß:

> Es herrscht Einmütigkeit darüber, daß serbische Ärzte zur Beschäftigung an Instituten der Universitäten nur dann zuzulassen seien, wenn der Nachweis erbracht werde, daß die Gelehrtengesellschaften Serbiens nicht mehr an dem Boykott gegen die deutschen Wissenschaften festhielten. Der gleiche Nachweis solle auch von Angehörigen anderer ehemaliger Feindstaaten verlangt werden, bevor sie zu Arbeiten in Hochschulinstituten zugelassen würden.[302]

An diese Richtlinie hielten sich zahlreiche Professoren. Danach handelte ebenfalls der Direktor des Pathologischen Instituts der Universität Freiburg i. Br., Ludwig Aschoff, als der japanische Konsul in Berlin bei ihm anfragte, ob an seinem Institut ein japanischer Mediziner arbeiten könnte.[303] Aschoff stimmte grundsätzlich zu, zumal dieser Mediziner von seinem früheren japanischen

301 Ebd., S. 365f., Zitat S. 366.
302 Niederschrift über die Verhandlungen der deutschen Hochschulkonferenz in Badenweiler (Schwarzwald) vom 15.-18.9.1921, S. 33, in PA AA, R 64174. Den Hochschulkonferenzen gehörten auch Vertreter des RMI und der Unterrichtsverwaltungen der Länder an.
303 Kaiserlich Japanisches Konsulat, A. Schinzinger, an Aschoff, 6.3.1921, Abschr. in PA AA, R 64979.

Schüler, Prof. Nagayo in Tokio, kam, verlangte jedoch, daß zuerst „die nötigen Vorbedingungen" erfüllt sein müßten. Dazu gehörte eine „öffentliche Absage von dem Pariser Beschluss".[304]

Da der Vertreter der japanischen Akademie den Beschluß der alliierten Akademien in Paris, Deutschland von allen wissenschaftlichen Kongressen auszuschließen, mitgefaßt hätte, sei es nun, stellte Aschoff klar,

> mit der Ehre der deutschen Professoren unvereinbar [...], dass sie Mitglieder von Nationen zu gemeinsamen wissenschaftlichen Arbeiten zulassen, solange die offiziellen Vertreter der betr. Nation den Verruf über die deutsche Wissenschaft aufrecht erhalten.

Aus diesem Grunde, erklärte Aschoff, habe er bereits mehrfach, sowohl schriftlich als auch mündlich, durch ihn besuchende japanische Kollegen nach Japan den Wunsch übermitteln lassen,

> dass Vertreter der wichtigsten medizinischen Gesellschaften in Tokio durch eine gemeinsame öffentliche Kundgebung gegen diese Ausschliessung der Deutschen protestieren und erklären, dass sie nach wie vor die deutsche Wissenschaft in gleicher Weise achten und schätzen wie die der übrigen Nationen. Solange ein solcher öffentlicher Protest nicht vorliegt, ist es mir unmöglich, mit einem japanischen Kollegen zusammen zu arbeiten.

Es sei für den japanischen Gesandten sicherlich nicht schwer, meinte Aschoff, telegraphisch eine solche Kundgebung in Tokio zu veranlassen.

> Sobald dieselbe mir im Wortlaut vorliegt, werde ich Herrn Dr. Kamiya einen Platz im Institut anweisen.[305]

Ähnliche Vorstellungen hatte Aschoff bereits Kamiya persönlich mitgeteilt, als dieser ihn in seinem Institut besucht hatte, und von diesem ebenfalls verlangt, „ehe er die Arbeit am hiesigen Institut beginnt", ihm schriftlich zu erklären, „dass er auch seinerseits diesen Beschluss missbilligt und seinerseits die deutsche medizinische Wissenschaft ebenso hoch achtet wie die der anderen Nationen."[306]

In einem weiteren Vorschlag jedoch beschränkte Aschoff zunächst seine Forderung an die medizinischen Gesellschaften in Japan auf die pathologische Gesellschaft, die eben nur sein Fachgebiet betraf, bezog hier jedoch ausdrücklich

---

304 Aschoff an Schinzinger, 9.3.1921, Abschr. in ebd.; vgl. Schröder-Gudehus, *Deutsche Wissenschaft*, S. 208 f.

305 Aschoff an Schinzinger, 9.3.1921, Abschr. in PA AA, R 64979; vgl. Schröder-Gudehus, *Deutsche Wissenschaft*, S. 209.

306 [Aufzeichnung Aschoffs] 9.3.1921, Abschr. in PA AA, R 64979; vgl. Schröder-Gudehus, *Deutsche Wissenschaft*, S. 209.

die deutsche Sprache ein, indem er verlangte, den Pariser Beschluß zu bedauern, „welcher die Deutschen und die deutsche Sprache von den internationalen Kongressen ausschliesst." Als Schluß der Erklärung, die sonst ähnlich wie die oben zitierte formuliert war, empfahl Aschoff noch, das Bekenntnis hinzuzufügen, daß man sich nach Kräften bemühen wolle, „die Zusammenarbeit mit deutschen Gelehrten auf internationalen Kongressen wieder herbeizuführen".[307]

Da die Zeit bis zum 1. April, an dem der japanische Arzt seine Arbeit am Institut aufnehmen sollte, recht kurz war, fand Aschoff sich bereit, eine vorläufige Erklärung zu akzeptieren, und zwar ein „offizielles Schreiben" des japanischen Konsuls „im Auftrag des Herrn Botschafters", in dem die Überzeugung ausgesprochen werde, daß die japanischen medizinischen Gesellschaften – im Sinne der bereits vorgeschlagenen Formulierung – den Pariser Beschluß bedauern würden. Aschoff betonte, wie wichtig ein solches Schreiben für ihn sei, um die Zusammenarbeit mit einem japanischen Kollegen vor seinen Assistenten und Studenten sowie seinem eigenen Gewissen rechtfertigen zu können.[308]

Schließlich wurden Aschoffs Forderungen erfüllt. Er erhielt das gewünschte Schreiben, ganz so wie er es vorgeschlagen hatte.[309] Auch aus Tokio kamen bald die ersehnten Nachrichten. So traf bei der Redaktion der *Deutschen Medizinischen Wochenschrift* ein Telegramm ein, unterzeichnet von den Vorständen der neun medizinischen Gesellschaften für Pathologie, Hygiene, Bakteriologie, innere Medizin, Gynäkologie, Dermatologie, Ophthalmologie, Otologie, Psychiatrie und Neurologie. Die Mitglieder dieser japanischen Gesellschaften hatten in einem einstimmig gefaßten Beschluß „den dringenden Wunsch" ausgesprochen,

> mit den deutschen und österreichischen Medizinern zur Förderung der Wissenschaft und zur Pflege der Kultur und Zivilisation in freundschaftlichen Verkehr genau wie vor dem Krieg zu treten und dafür zu sorgen, daß der geistige Verkehr zu beiderseitigem Nutzen ein immer lebhafterer und innigerer wird.[310]

Vom Protest gegen den Boykott war allerdings nicht mehr die Rede.

Ähnliche Vorfälle ereigneten sich auch an anderen Universitäten. Als die Inter-State Post Graduate Medical Association of America 1925 für 350 Ärzte eine Studienreise durch Europa organisierte und dabei einen Besuch Berliner Kliniken sowie Vorträge deutscher Professoren einplante, wurde sie von der Medizinischen

---

307 Aschoff an Schinzinger, 23.3.1921, Abschr. in PA AA, R 64979.

308 Ebd.

309 Schinzinger an Aschoff, zitiert in Aschoff an Badisches Ministerium des Kultus und Unterrichts, 4.4.1921, Abschr. in ebd.

310 Zitiert nach: Die japanischen Mediziner an die deutschen, in *Berliner Tageblatt*, 24.4.1921.

Fakultät der Berliner Universität zunächst abschlägig beschieden. Der Dekan Otto Lubarsch teilte im Namen der Professoren der Medizinischen Fakultät mit, daß sie sich einerseits über einen Besuch freuen würden, andererseits aber nicht in der Lage wären, die amerikanischen Mediziner in Berlin zu empfangen,

> solange die Beschlüsse bestehen bleiben, wodurch die österreichischen und deutschen Gelehrten von den internationalen Veranstaltungen und die deutsche Sprache als Verhandlungssprache ausgeschlossen sind.[311]

Doch wollten sie einlenken, wenn sich die Mitglieder der Assoziation bereit fänden, eine schriftliche Erklärung abzugeben, „daß sie die erwähnten, die deutschen und österreichischen Gelehrten und das gesamte deutsche Volk beleidigenden Beschlüsse mißbilligen und für deren Aufhebung nachdrücklichst einzutreten entschlossen sind".[312]

In diesem Sinne legte die Fakultät den amerikanischen Medizinern folgende Erklärung vor, die sie unterzeichnen sollten:

> Ich erkläre, daß ich den teils durch besondere Beschlüsse, teils durch Nichteinladungen erfolgten Ausschluß der deutschen und österreichischen Gelehrten von internationalen wissenschaftlichen Veranstaltungen und den Ausschluß des Deutschen als Verhandlungssprache mißbillige, und ich verpflichte mich, nachdrücklichst für die Aufhebung dieses Boykotts einzutreten.[313]

Eine Abschrift seines Briefs schickte Lubarsch an alle Medizinischen Fakultäten in Deutschland, um sie zu ähnlichen Maßnahmen anzuregen, sowie an den zuständigen Ministerialdirektor im Auswärtigen Amt, Heilbron. Diesem teilte Lubarsch noch den grundsätzlichen Beschluß der Berliner Mediziner mit, den diese aus Anlaß des geplanten Besuchs der amerikanischen Ärzte gefaßt hatten:

> Die medizinische Fakultät der Universität Berlin, in der alle politischen Anschauungen mit Ausnahme der kommunistischen vertreten sind, hat sich *einstimmig* auf den Standpunkt gestellt, daß ein offizieller Verkehr mit wissenschaftlichen Vereinigungen von Feindverbandsstaaten so lange unmöglich ist, wie der Ausschluß der deutschen Sprache und der deutschen und österreichischen Gelehrten besteht.

---

311 Lubarsch an Inter-State Post Graduate Assembly of America, 23.5.1925, Abschr. in PA AA, R 64982. Der Brief ist abgedruckt in Lubarsch, *Ein bewegtes Gelehrtenleben*, S. 374; vgl. dazu auch Schröder-Gudehus, *Deutsche Wissenschaft*, S. 209.

312 Lubarsch an Inter-State Post Graduate Assembly of America, 23.5.1925, Abschr. in PA AA, R 64982.

313 Abschr. in ebd.; abgedruckt in Lubarsch, *Ein bewegtes Gelehrtenleben*, S. 374; Schröder-Gudehus, *Deutsche Wissenschaft*, S. 209.

Zugleich bat er Heilbron, beim Reichsaußenminister dafür einzutreten, diese Forderungen auch den Bedingungen hinzufügen, von denen Deutschlands Eintritt in den Völkerbund abhängig gemacht werden sollte, daß also

> *vorher* oder zum mindestens gleichzeitig mit dem Eintritt der Ausschluß der deutschen und österreichischen Gelehrten und der deutschen Sprache als Verhandlungssprache aufgehoben und vollständig Gleichberechtigung bewilligt wird.[314]

Daraufhin wurde das Schreiben von Lubarsch mit den beigefügten Erklärungen von der Kulturabteilung des Auswärtigen Amts dem Referat Völkerbund „mit dem Anheimstellen der weiteren Veranlassung ergebenst vorgelegt".[315]

Daß dieses Verhalten der Berliner Universität gegenüber den amerikanischen Medizinern nicht gerade einen guten Eindruck im Ausland hinterließ, war wenig verwunderlich. Die *Evening Post* veröffentlichte dazu unter der Überschrift – hier in deutscher Übersetzung wiedergegeben – „Amerikanische Ärzte an Berliner Kliniken nicht zugelassen. Die von den Universitäten eingenommene Haltung der Repressalien, um den Boykott der deutschen Vertreter an [sic] den Internationalen wissenschaftlichen Kongressen aufzuheben" einen kritischen Kommentar, der in deutscher Übersetzung lautete:

> Diese Methode der üblichen Repressalien, einen Boykott aufzuheben, ist nicht geeignet, in nichtdeutschen wissenschaftlichen Kreisen die Aufnahme der guten Beziehungen zu fördern.[316]

In der Medizinischen Fakultät setzte man unterdessen eine Kommission ein, der August Bier, Wilhelm His und später noch Alfred Goldscheider angehörten und die mit dem Vertreter der amerikanischen Medizinervereinigung, Prof. Carl Beck aus Chicago, verhandelte. Dabei gab, wie sowohl das Protokoll dieser Sitzung als auch das Protokoll der Fakultätssitzung festhielt, Beck schließlich im Namen der Vereinigung die verlangte Erklärung in aller Kürze ab:

> Die Interstate Medical Association of America missbilligt den Ausschluss deutscher und österreichischer Gelehrter aus den internationalen Gelehrtengesellschaften und -versammlungen.[317]

---

314 Lubarsch an Heilbron, 28.7.1925, Hervorhebung i. Orig., Abschr. in PA AA, R 64982.
315 AA, Abt. VI B, an Referat Völkerbund, 12.8.1925, in ebd.
316 *Evening Post*, Auslandsdienst, 19.12.1925, Übersetzung in UA HU Berlin, Med. Fak. Nr. 1489, Bl. 10 f.
317 Medizinische Fakultät der Friedrich-Wilhelms-Universität, Protokoll der Fakultätssitzung vom 16.2.1926, 17.2.1926, in UA HU Berlin, Med. Fak., MF 41, Bl. 141; Protokoll der Verhandlungen zwischen Beck, Goldscheider, Bier und His am 12.2.1926, in ebd., Bl. 144.

Daraufhin war man an der Berliner Universität bereit, den Besuch aus den USA zu empfangen.

Da wohl die meisten der amerikanischen Ärzte kein Deutsch konnten, baten sie ihre Gastgeber darum, bei den Vorträgen der deutschen Professoren Leitsätze in englischer Sprache in großer Druckschrift zu projizieren. Ohnehin sollten nur diejenigen Herren auf Englisch vortragen, die die englische Sprache vollständig beherrschten. Ansonsten würden Dolmetscher zur Verfügung stehen.[318] Dennoch sagten einige deutsche Gelehrte, die eingeladen worden waren, einen Vortrag zu halten, ab, unter anderem deshalb, weil sie die englische Sprache nicht ausreichend beherrschten, so Max Planck sowie der Direktor des Kaiser-Wilhelm-Instituts für Biologie, Carl Correns.[319] Planck gab darüber hinaus zu bedenken, daß die amerikanischen Mediziner an einem wissenschaftlichen Vortrag über theoretische Physik möglicherweise wenig interessiert wären.[320]

Protagonisten einer nationalistischen Gegenstrategie gegen den Boykott waren Karl Kerkhof, der Leiter der Reichszentrale für naturwissenschaftliche Berichterstattung, der Sinologe Otto Franke, Leiter des Auslandsausschusses des 1920 gegründeten Deutschen Hochschulverbandes, und der Archäologe Georg Karo, ehemaliger Direktor des Deutschen Archäologischen Instituts in Athen, die sich mit einschlägigen Propagandaschriften profilierten[321] und gleichzeitig auf Reichsbehörden und Universitäten Einfluß zu gewinnen suchten. Das schien ihnen um so dringlicher zu sein, als mit der Zeit die Boykottfront zu bröckeln begann und deutsche Gelehrte sich zur Zusammenarbeit mit den früheren Gegnern bereit fanden.

Um dieser sich anbahnenden Kooperation einen Riegel vorzuschieben, beantragte Kerkhof im Januar 1923 in einer ausführlichen, an das Auswärtige Amt gerichteten Denkschrift – eine Abschrift reichte er dem Reichsinnenministerium ein – sogar den Austritt Deutschlands aus der Internationalen Meterkonvention und dem Internationalen Landwirtschaftlichen Institut in Rom, die beide zu den internationalen Assoziationen gehörten, die nach den Bestimmungen des Arti-

---

318 Vgl. Sitzung der Kommission am 12. 2. 1926, Anlage I. Wünsche der amerikanischen Aerzte, in ebd., Bl. 145.

319 Max Planck an Dekan, 18. 3. 1926, in UA HU Berlin, Med. Fak., Nr. 1490, Bl. 12; Correns an Goldscheider, Dekan der Medizinischen Fakultät der Friedrich-Wilhelms-Universität, 11. 3. 1926, in ebd., Bl. 11.

320 Ebd.

321 Vgl. u. a. Karl Kerkhof, *Der Krieg gegen die deutsche Wissenschaft. Eine Zusammenstellung von Kongreßberichten und Zeitungsmeldungen*, Wittenberg 1922; Georg Karo, *Der geistige Krieg gegen Deutschland*, Halle 1925; Otto Franke, „Geistige Zusammenarbeit", in *Deutsche Allgemeine Zeitung*, 29. 7. 1925, abgedruckt in *Mitteilungen des Verbandes der Deutschen Hochschulen*, 5. Jg., H. 9/10, 1925, S. 170 – 174.

kel 282 des Versailler Friedensvertrags von der Auflösung ausdrücklich ausgenommen worden waren. Kerkhof begründete seinen Antrag damit, daß die Behandlung der verdienten deutschen Delegierten in diesen Institutionen „der Würde und den Interessen der deutschen Wissenschaft" nicht entsprechen würde.[322]

So war der Astronom Wilhelm Foerster, langjähriger Präsident des mit der Meterkonvention verbundenen internationalen Komitees für Maße und Gewichte, auf dessen erster Sitzung nach dem Krieg 1920 in Paris wegen seiner Unterschrift unter den berüchtigten Aufruf „An die Kulturwelt!" von anderen Mitgliedern angefeindet worden, die deshalb der Komiteesitzung demonstrativ fernblieben. – Das waren der französische Mathematiker Paul Appell und der italienische Mathematiker Vito Volterra, Mitglied des Exekutivkomitees des Internationalen Forschungsrats. Foerster wurde damals gezwungen, seinen Vorsitz niederzulegen; als seinen Nachfolger wählte man Volterra.

In ähnlicher Weise, so Kerkhof, habe am Internationalen Landwirtschaftlichen Institut in Rom „die Ententegruppe unter Führung des französischen Vizepräsidenten" versucht, den Einfluß des deutschen Delegierten auszuschalten. Auch in anderen Organisationen spielten sich derartige Vorgänge ab, und die Neugründungen von Internationalem Forschungsrat und Fachunionen unter Ausschluß Deutschlands zeigten diese Bestrebungen nur allzu deutlich.

Deshalb dehnte Kerkhof seinen Antrag auch auf diese neuen Institutionen aus, indem er vor der „zu eifrig[en]" Bereitschaft deutscher Gelehrter warnte, Einladungen zu deren Kongressen anzunehmen und Beziehungen zu den „Ententegelehrten" wiederanzuknüpfen – „sei es aus Unkenntnis und edlen Motiven, sei es aus persönlichen Ambitionen oder Mangel an nationalen Hemmungen". Französische und ihnen verbundene Wissenschaftler seien ohnehin nur darauf bedacht, ihre Macht auszubauen und erst dann, wenn sie die Organisationsstrukturen gefestigt „und die Kommissionen mit durchweg französisch orientierten Gelehrten besetzt" hätten, die für sie unentbehrlichen deutschen Mitarbeiter hinzuzuziehen. Unter solchen Umständen jedoch sei „jede Beteiligung an den oben gekennzeichneten internationalen Kongressen abzulehnen".

Da zudem, wie Kerkhof meinte, der Widerstand der Gelehrtenwelt gegen den „französischen Imperialismus" ohnehin stärker würde, gab er den Rat, statt in jene französisch dominierten „deutschfeindlichen Organisationen" einzutreten, neue Arbeitsgemeinschaften als Gegenorganisationen ins Leben zu rufen, in denen die Deutschen „gleichberechtigte" Mitglieder wären. Auf diese Weise könnten

---

322 Karl Kerkhof an AA, 11.1.1923, Abschr. in GStA PK, I. HA Rep. 76, Vc Sekt. 1 Tit. 11 Teil VI Nr. 1 Bd. XXI, Bl. 382–387, Zitat Bl. 387; vgl. Grundmann, Boykott, S. 804.

auch die Wissenschaftler anderer Länder ermutigt werden, aus jenen ‚imperialistischen' Gebilden auszuscheiden und sich neuen ‚deutschfreundlichen' Einrichtungen anzuschließen.[323]

Doch die Ansichten Kerkhofs, der die deutschen Möglichkeiten weit überschätzte, wurden weder von der Mehrheit der dazu befragten Wissenschaftsinstanzen noch den Reichsbehörden geteilt. Zwar schlossen sich die Reichszentrale für Erdbebenforschung in Jena und das Preußische Aeronautische Observatorium in Lindenberg den Vorschlägen Kerkhofs an, während sich die Kaiser-Wilhelm-Gesellschaft der Stimme enthielt, aber die Reichsanstalt für Maß und Gewicht, die Physikalisch-Technische Reichsanstalt, Reichsgesundheitsamt, Statistisches Reichsamt und Notgemeinschaft der Deutschen Wissenschaft sprachen sich dagegen aus, weil andernfalls wichtige internationale Verbindungen zerstört und die Wiederanbahnung der Wissenschaftsbeziehungen mit den alliierten Gelehrten blockiert würden.[324]

Während diese Auseinandersetzung im internen Rahmen sich abspielte, trat im selben Jahr, also 1923, der Vorsitzende des 1921 eingesetzten Auslands-Ausschusses des Verbandes der Deutschen Hochschulen, der Sinologe Otto Franke, mit einem „Auslands-Merkblatt", das als Beilage der *Mitteilungen* des Hochschulverbandes abgedruckt wurde, an die Öffentlichkeit. Darin beklagte Franke die von deutscher Seite unternommenen „Versöhnungsversuche" und maßte sich an, seinen Gelehrtenkollegen „Richtlinien" gegen die „ausländischen Annäherungsversuch[e]" zu empfehlen.

Als Grundregel stellte er auf:

> Mit Frankreich und Belgien sollte ein Zusammenarbeiten unter allen Umständen ausgeschlossen sein.

Was nun „[p]rivate Annäherungsversuche einzelner Hochschulen, Körperschaften oder Gelehrter aus den Ententeländern an die deutschen Hochschulen" betraf, sollten diese – wie es bereits die Hochschulkonferenz 1921 beschlossen hatte – damit beantwortet werden, daß man öffentliche Erklärungen verlangte, in denen der Boykott zu verurteilen war. In umgekehrter Richtung hätten „Annäherungsversuch[e] gegenüber der Entente" ohnehin zu unterbleiben, stattdessen sollten

---

323 Karl Kerkhof an AA, 11.1.1923, Abschr. in GStA PK, I. HA Rep. 76, Vc Sekt. 1 Tit. 11 Teil VI Nr. 1 Bd. XXI, Bl. 386 f.

324 Vgl. Plato, Direktor der Reichsanstalt für Maß und Gewicht, an Reichswirtschaftsminister, 9.3.1923, in PA AA, R 64989; Grundmann, S. 804. Grundmann ist jedoch die Stellungnahme der Reichsanstalt für Maß und Gewicht, die erst am 1.10.1923 in die Physikalisch-Technische Reichsanstalt eingegliedert wurde, nicht bekannt.

die deutschen Gelehrten dieser gegenüber „kalte Zurückhaltung und vornehmes Sich-suchen-lassen" an den Tag legen. Schließlich, so unterstrich das Auslands-Merkblatt, sei es

> wichtiger, daß auch im Einzelfalle die deutsche Ehre und Würde gewahrt bleibe, als daß deutsche Gelehrte zu benötigtem wissenschaftlichem Material gelangen.[325]

Wissenschaftliche Interessen hatten also hinter nationalen politischen, oder vielmehr nationalistischen Interessen zurückzustehen.

Bereits 1922 hatte der Hauptausschuß des Verbandes der Deutschen Hochschulen entschieden:

> Entsendung von deutschen Vertretern nach Hochschulen der früher feindlichen Länder wird vorderhand nicht für richtig gehalten.[326]

Auf dem 4. Hochschultag 1925 in Darmstadt wurde dann einstimmig eine „Entschließung betr. Maßnahmen zum Schutze der deutschen Wissenschaft gegen ausländische Feindseligkeiten" verabschiedet. Diese Resolution prangerte den fortwährenden Ausschluß der deutschen Gelehrten von wissenschaftlichen Kongressen und Organisationen sowie die Verfemung der deutschen Sprache an. Gleichzeitig verurteilte man alle Versuche, einzelne deutsche Wissenschaftler zu internationalen Kongressen oder anderer Zusammenarbeit hinzuziehen, „während der deutschen Nation ausdrücklich der Zugang verwehrt wird". Deutsche Wissenschaftler sollten sich nicht von ihrer Volksgemeinschaft abspalten lassen, so beschwor man die volksgemeinschaftliche Abwehrfront:

> Der Hochschultag hält es für selbstverständlich, daß kein deutscher Hochschullehrer einem solchen Ansinnen Folge leistet, sondern daß jeder derartige Versuch, den einzelnen von seinem Volke zu trennen, als beleidigende Zumutung zurückgewiesen wird.[327]

---

325 Auslands-Merkblatt. Herausgegeben vom Auslands-Ausschuß des Verbandes der Deutschen Hochschulen, Beilage zu den *Mitteilungen des Verbandes der Deutschen Hochschulen*, 3. Jg., Dezember 1923; siehe dazu unten im Anhang, Dokument VI; vgl. Schröder-Gudehus, *Deutsche Wissenschaft*, S. 207.

326 Auszug aus der Niederschrift über die Ergebnisse der Hauptausschußsitzungen am Montag, den 3., und Dienstag, den 4. April 1922 in Münster, in *Mitteilungen des Verbandes der Deutschen Hochschulen*, 2. Jg., H. 10, 1922, S. 121.

327 IV. Deutscher Hochschultag, Entschließung betr. Maßnahmen zum Schutze der deutschen Wissenschaft gegen ausländische Feindseligkeiten, in *Mitteilungen des Verbandes der Deutschen Hochschulen*, 5. Jg., H. 2, Febr. 1925, S. 50; vgl. Forman, *Environment*, S. 6.

Ein Jahr später, als die Aufhebung des Wissenschaftsboykotts bevorstand, verfügte der Hauptausschuß des Hochschulverbandes auf seiner Sitzung in Breslau, daß sich die deutschen Wissenschaftler am Internationalen Forschungsrat nicht beteiligen sollten.[328]

Das entsprach jedenfalls ganz der Linie Frankes, der in einer Besprechung im Reichsministerium des Innern gemeinsam mit Kerkhof die Auffassung vertreten hatte, daß eine Beteiligung Deutschlands am Conseil international de recherches unerwünscht sei; vielmehr solle dessen Auflösung angestrebt und der Zustand wiederhergestellt werden, wie er vor dem Ersten Weltkrieg bestanden habe, als ließen sich Deutschlands Niederlage und die veränderten Machtverhältnisse ignorieren.[329]

Franke konnte, von gleichgesinnten Kollegen unterstützt, im Verband der Deutschen Hochschulen offenbar großen Einfluß ausüben. Denn er hatte sich als Obmann des Auslandsausschusses des Verbandes nicht nur in allen Auslandsfragen die alleinige Entscheidungbefugnis verschaffen können, sondern er war außerdem noch, nachdem er 1923 nach Berlin berufen worden war, neben dem Rektor einer der beiden Vertreter der Berliner Universität im Hochschulverband und zugleich Landesvertreter für Preußen.[330] Daß Franke den Verband als geeignetes Kampffeld ansah, um gegen den Wissenschaftsboykott vorzugehen, bestätigen seine späteren Erinnerungen:

> Was meine Arbeit im Verbande der deutschen Hochschulen von 1921 bis 1932 ausgemacht hat,

führte er rückblickend aus,

> war die Leitung der heimischen Reaktion auf den im Versailler Diktat gegründeten Boykott der deutschen Wissenschaftler und der deutschen Wissenschaft. Der Hochschulverband war die gegebene Stelle, die als Repräsentant der deutschen Wissenschaft den Kampf aufnehmen und führen mußte [...].

Über den Hochschulverband, so kalkulierte Franke, könnte am besten auf die deutschen Gelehrten eingewirkt werden, von denen die meisten seiner Ansicht

---

328 Die Tagung fand vom 8.-9.1.1926 in Breslau statt; vgl. Scheel an Heilbron, AA, 15.3.1926, in PA AA, R 65499.

329 An dieser Besprechung nahm auch Fritz Haber teil, der jedoch anderer Auffassung als Franke und Kerkhof war; vgl. RMI, Aktenvermerk vom 5.10.1925, Abschr. in PA AA, R 65493; vgl. Schröder-Gudehus, *Deutsche Wissenschaft*, S. 250.

330 Vgl. Otto Franke, *Erinnerungen aus zwei Welten. Randglossen zur eigenen Lebensgeschichte*, Berlin 1954, S. 165 f.

nach eher unpolitisch waren und von sich aus keine Maßnahmen gegen den Boykott ergreifen wollten.

„Wäre der Hochschulverband nicht gewesen", meinte er später,

> so hätte vermutlich unsere Professorenschaft, deren politische Einsicht im allgemeinen schwach entwickelt war, den Boykott-Bestrebungen gegenüber eine klägliche Rolle gespielt.[331]

Franke war also an der Organisierung des Gegenboykotts führend beteiligt. In seinem politischen Engagement konnte er auf Erfahrungen zurückgreifen, die er vor dem Ersten Weltkrieg als Akteur der deutschen Kolonial-, Sprach- und Wissenschaftspolitik im Konkurrenzkampf der Westmächte um Einflußsphären in China gesammelt hatte. Damals hatte er die Weltmachtambitionen des Staatssekretärs im Reichsmarineamt, Großadmiral Alfred von Tirpitz, aktiv unterstützt und in dessen Auftrag eine deutsche Hochschulgründung in China in die Wege geleitet. Später, im Ersten Weltkrieg, unterzeichnete er nicht nur die „Erklärung der Hochschullehrer des Deutschen Reiches", sondern trat auch mit chauvinistischen Propagandavorträgen hervor.[332] So kam es Franke sicherlich nicht ungelegen, daß sich ihm nach dem Krieg die Möglichkeit bot, den Kampf gegen die Alliierten auf wissenschaftlichem Terrain fortzuführen.

Auch im Senat und in der Philosophischen Fakultät der Friedrich-Wilhelms-Universität in Berlin gelang es Franke, seinen Einfluß geltend machen.

So sei, hieß es im Protokoll der 12. Fakultätssitzung 1925, im Senat

> auf Antrag von Kollegen Franke einstimmig beschlossen worden, dass ein einzelner deutscher Gelehrter einer Einladung für einen internationalen Kongress, der Deutschland im ganzen nicht zulasse, nicht entsprechen dürfe; das sei eine Anstandspflicht eines deutschen Professors.[333]

Ein Jahr später erklärte der Senat der Berliner Universität, wie es im Protokoll hieß,

---

331 Ebd., S. 166.

332 Vgl. Roswitha Reinbothe, Die Gründung der „Deutsch-Chinesischen Hochschule" in Tsingtau (Qingdao) und die Rolle Otto Frankes, in *Bochumer Jahrbuch zur Ostasienforschung*, Bd. 25, 2001, S. 223–241; dies., *Kulturexport und Wirtschaftsmacht. Deutsche Schulen in China vor dem Ersten Weltkrieg*, Frankfurt 1992, S. 79ff., 200–209; Otto Franke, Das Deutschtum in China, Vortrag, gehalten vor Arbeitern im Hamburger Volksheim am 12. März 1915, Hamburg 1915.

333 Protokoll der 12. Fakultätssitzung am 29.1.1925, UA HU Berlin, Phil. Fak., MF Nr. 37, Bl. 36; vgl. Erhard Moritz, Zu den Auslandsbeziehungen der Berliner Universität in der Zeit der Weimarer Republik, S. 477.

> in einer nicht für die Öffentlichkeit bestimmten Eingabe an die beteiligten Reichsämter und das Kultusministerium den Eintritt Deutschlands in das Institut des Völkerbundes für tragbar, dagegen unsere Beteiligung an der ‚Union' und dem ‚Conseil de recherches' in ihrer jetzigen Form für unmöglich.[334]

Allerdings wurde dann im Text der Kundgebung des Senats der Berliner Universität die „Union", womit die Internationale Akademie-Union gemeint war, nicht mehr erwähnt und damit auch eine Beteiligung an dieser nicht ausdrücklich ausgeschlossen.[335]

Die Erklärung des Berliner Senats, die dem 1926 gefaßten Beschluß des Hochschulverbandes entsprach, ging fast wörtlich in die Kundgebung von dreizehn deutschen Universitäten ein, in der „[n]achdrücklichst" darum gebeten wurde,

> dass eine Beteiligung Deutschlands an den wissenschaftlichen Kampforganisationen der Völkerbundländer – wie dem Conseil international de recherches – unterbleibt. Die deutschen Hochschulen erklären, dass sie sich an den Arbeiten des Conseil jedenfalls nicht beteiligen werden.[336]

Der Rektor der Berliner Universität, Pompeckj, nannte in seinem Bericht an das Auswärtige Amt die Gründe, warum die deutschen Hochschulen es ablehnten, in den Internationalen Forschungsrat einzutreten:

> 1) Der „Conseil" wurde, wie das die Inaugurationsrede des Professor Lacroix-Paris ganz unzweideutig bekundete, zum Zwecke der Boykottierung der deutschen Wissenschaft und der deutschen Gelehrten begründet.
>
> 2) Der „Conseil" hatte die ganz bestimmte Aufgabe, deutsche wissenschaftliche Unternehmungen – besonders die deutschen referierenden Organe – zu bekämpfen.

Diese Aufgabe hätte er allerdings nicht erfüllt.

Es könne, schloß Pompeckj daraus, „den Deutschen unmöglich zugemutet werden", „[i]n diese Kampforganisation, in den zur Bekämpfung deutscher wis-

---

334 Nach Protokoll der 20. Fakultäts-Sitzung vom 6. Mai 1926, gez. Diels, in UA HU Berlin, Phil. Fak., MF Nr. 37, Bl. 207 f.; vgl. Moritz, Zu den Auslandsbeziehungen der Berliner Universität, S. 478.

335 Vgl. Wortlaut der Kundgebung des Senats der Universität Berlin, o. D., Anlage zu Pompeckj, Rektor der Friedrich-Wilhelms-Universität, Berlin, an AA, 22.7.1926, in PA AA, R 65493.

336 Kundgebung deutscher Universitäten zur Beteiligung Deutschlands an den wissenschaftlichen Organisationen des Völkerbundes, o. D., unterzeichnet vom Rektor der Universität Berlin sowie von Rektor und Senat der Universitäten Breslau, Freiburg, Gießen, Göttingen, Halle, Heidelberg, Jena, Königsberg, Marburg, Leipzig, Würzburg und München, Anlage in ebd.; vgl. Schröder-Gudehus, *Deutsche Wissenschaft*, S. 256.

senschaftlicher Arbeit begründeten ‚Conseil' einzutreten". Deshalb bat er das Auswärtige Amt „dringendst", der Stellungnahme der Universitäten, die er beifügte, „Rechnung zu tragen". Die einschränkende Formulierung in der eigenen Erklärung des Senats der Universität Berlin, sich an den Arbeiten „des ‚Conseil' in seiner jetzigen Form und Art" nicht zu beteiligen, versuchte Pompeckj indes herunterzuspielen: Damit werde „eine so weit gehende Umgestaltung des ‚Conseil' in seiner Satzung gefordert, dass diese Formel der Ablehnung zur Mitarbeit am ‚Conseil' gleichkommt." [337]

Auch in den folgenden Jahren sträubten sich Berliner Gelehrte, an Veranstaltungen des Forschungsrats, der Fachunionen oder anderer Wissenschaftseinrichtungen der vormals alliierten Länder teilzunehmen. Noch im Jahr 1931 wandte sich Franke gemeinsam mit dem Romanisten Ernst Gamillscheg gegen die Entsendung eines Vertreters der Universität zum Jubiläum des Collège de France in Paris, obwohl das der Senat – ebenso wie die Preußische Akademie der Wissenschaften – bereits beschlossen hatte. Der Vorwurf lautete, der bekannte Romanist Charles Bédier, der als Mitglied des Collège de France die Einladung unterzeichnet hatte, sei „einer der schärfsten Deutschenfeinde während des Krieges gewesen". Gamillscheg wollte belastendes Material zusammenstellen, das, wie die Philosophische Fakultät entschied, dem Rektor vorgelegt werden sollte.[338]

Es waren vor allem zwei Motive, die den Gegenaktionen gegen den Boykott zugrunde lagen: Zum einen waren es der verletzte nationale Stolz der deutschen Gelehrten, ihre nationale „Ehre" oder „Würde", die sie immer wieder beschworen, zugleich aber auch ein beschädigtes Selbstwertgefühl,[339] während sie die Motive der ehemaligen Kriegsgegner nicht reflektierten. Sie verlangten Erklärungen gegen den Boykott, waren aber nicht bereit, sich von den eigenen chauvinistischen Kriegsaufrufen zu distanzieren.

Zum anderen ging es den Vertretern eines Gegenboykotts darum, Druck auszuüben, also um eine politische Taktik, die darauf abzielte, die Boykottorganisationen zu diskreditieren und „auszuhungern", was man für um so erfolgreicher hielt, als man in aller Überheblichkeit sich einbildete, daß die internationale Wissenschaft auf lange Sicht ohnehin nicht auf die Deutschen verzichten könnte. Nur so, meinten die Anhänger dieser Politik, wäre es zu erreichen, daß der Boykott aufgehoben und die ihn betreibenden Organisationen aufgelöst werden könnten. Daß es darüber unter deutschen Wissenschaftlern freilich gegensätzliche An-

337 Pompeckj an AA, 22.7.1926, mit Anlage, in PA AA, R 65493.

338 Protokoll der Fakultätssitzung vom 30.4.1931, in UA HU Berlin, Phil. Fak., MF 39, Bl. 63 f.; vgl. Moritz, Zu den Auslandsbeziehungen der Berliner Universität, S. 478.

339 Schröder-Gudehus spricht von einem „seltsam unsichere[n] Selbstbewusstsein", in *Deutsche Wissenschaft*, S. 200.

sichten und heftige Auseinandersetzungen gab, zeigte die Kontroverse, die sich im Hinblick auf den internationalen Mathematikerkongreß 1928 in Bologna zwischen Ludwig Bieberbach und David Hilbert entspann.[340]

Die deutsche Ablehnungsfront jedenfalls, deren Strategie sowieso nicht aufging, verlängerte eher die Ausgrenzung der deutschen Wissenschaftler aus jenen von den Alliierten neu geschaffenen internationalen Verbänden und befestigte, von einzelnen Ausnahmen abgesehen, damit um so mehr die französisch-englische Zweisprachigkeit zu Ungunsten der Verwendung des Deutschen als internationale Wissenschaftssprache.

340 Siehe oben S. 335–339; Hilberts Schreiben ist im Anhang (Dokument VII) abgedruckt.

IV. Verhandlungen

1. Conseil international de recherches

Bereits vor der außerordentlichen Generalversammlung des Internationalen Forschungsrats im Juni 1926 in Brüssel, die den Beschluß faßte, den Boykott aufzuheben, hatten sich Wissenschaftler sowie Vertreter der Regierungen verschiedener Länder für die Aufnahme der deutschen und österreichischen Gelehrten in den Internationalen Forschungsrat und die Fachunionen eingesetzt und deswegen inoffizielle Verhandlungen aufgenommen. Als Ende 1925, nach dem Abschluß der Locarno-Verträge[1], die Aufhebung der Boykottbeschlüsse sich ankündigte, wurden in Deutschland sowohl von Gelehrten und Wissenschaftsverbänden als auch den damit befaßten Reichsbehörden – dem Reichsministerium des Innern, Auswärtigen Amt und preußischen Kultusministerium – zahlreiche, auch gemeinsame Sitzungen einberufen, um sich darüber zu beraten und abzustimmen, wie man denn nun von deutscher Seite auf die neue Situation sich vorbereiten sollte. Dabei war, in Verbindung mit dem „Boykott gegen die deutsche Wissenschaft", auch der „Boykott [...] gegen die deutsche Sprache als Verhandlungssprache" internationaler Veranstaltungen, der Mißstand, daß immer noch „die deutsche Sprache als Verhandlungssprache verboten" war, wie der Pathologe Ludwig Aschoff klagte,[2] Gegenstand von Besprechungen, Korrespondenzen und Zeitungsartikeln.

Doch es war nicht einfach, zu einem Konsens zu gelangen, weil in deutschen Gelehrtenkreisen nach wie vor starke Ressentiments vorhanden waren und weitreichende Bedingungen für den Eintritt in die einstigen Boykottorganisationen gestellt wurden, wenn man diesen nicht vollständig ablehnte, wie der Verband der Deutschen Hochschulen es empfahl. Zu den Bedingungen, die an einen Beitritt Deutschlands zum Internationalen Forschungsrat und den ihm unterstellten Fachunionen geknüpft wurden, gehörte auch die Wiederzulassung der deutschen Sprache als offizielle Verbands- und Kongreßsprache, gleichberechtigt mit Französisch und Englisch.

Allerdings stellten die Bayerische und die Preußische Akademie der Wissenschaften sowie das Kartell der deutschen Akademien, dem auch die österreichische Akademie angehörte, Forderungen, die kaum zu erfüllen waren, um, wie es in einer Denkschrift der Münchner Akademie in maßloser Übertreibung hieß,

---

1 Die Locarno-Verträge vom 16.10.1925, in denen Deutschland, Frankreich, Belgien, Großbritannien und Italien sich zu einer friedlichen Regelung aller Streitigkeiten verpflichteten, brachten eine politische Entspannung in Europa und hatten den Eintritt Deutschlands in den Völkerbund (10.9.1926) zur Folge.

2 Ludwig Aschoff, Der Geist von Locarno und die Wissenschaft, in *Frankfurter Zeitung*, 1.5.1926.

https://doi.org/10.1515/9783110572643-016

> die deutsche Wissenschaft und die deutsche Erziehung [...] vor völliger Knebelung beschützen zu können.

Die „deutsch[e] Gelehrtenwelt" solle nur dann ihren Eintritt in die neu geschaffenen Organisationen, deren „Feindseligkeit und Gefährlichkeit" offensichtlich seien, in Erwägung ziehen, gab die Bayerische Akademie den Rat,

> *wenn sie unter ausdrücklicher Zurücknahme der Motivierung für ihren früheren Ausschluß dazu ausdrücklich eingeladen wird.*[3]

Dieser anmaßende und unrealistische Vorschlag wurde auf der Versammlung der kartellierten Akademien im Januar 1926 in Wien in die dort verabschiedete Resolution aufgenommen und noch erweitert, indem man zusätzlich verlangte:

> Wegfall aller Bestimmungen, welche durch diese Motivierung begründet wurden, ferner die selbstverständliche Erfüllung der Forderung nach voller Gleichberechtigung der deutschen Sprache.

Die in der Resolution erhobenen Forderungen wurden sogar als „Vorbedingung für jedwede weitere Verhandlung" genannt.[4]

Daß dieses Verhalten der Akademien in Deutschland und Österreich nicht nur keinerlei Einsicht, diplomatisches Geschick und Entgegenkommen zeigte, sondern eher einer Obstruktionspolitik gleichkam, wie sie der Rektor der Universität Berlin, Pompeckj, kurze Zeit später in seinem Schreiben an das Auswärtige Amt rechtfertigte,[5] war offenkundig. Bei den Reichsbehörden hingegen fand diese Politik nicht allzuviel Rückhalt. Auf den Leiter des Völkerbundreferats im Auswärtigen Amt, Bernhard Wilhelm von Bülow, hatte schon die Denkschrift der Bayerischen Akademie „mit ihren zahlreichen Übertreibungen wie eine politische Propagandaschrift" gewirkt, in der das darin zum Ausdruck gebrachte Mißtrauen stellenweise an „Verfolgungswahn" grenze.[6]

Wie wenig die deutschsprachigen Akademien an einer Mitarbeit in Forschungsrat und Unionen tatsächlich interessiert waren, kam auch darin zum Vorschein, daß sie zur gleichen Zeit bemüht waren, zusammen mit der Akademie

---

3 Bayerische Akademie der Wissenschaften, München, an die Preußische Akademie der Wissenschaften in Berlin, 5.12.1925, Abschr. in PA AA, R 65493; Hervorhebung i. Orig.

4 Anlage 2 zum Bericht über die Sitzung, betreffend die internationale wissenschaftliche Zusammenarbeit, am 13. Januar 1926 im Reichsministerium des Innern, 13.1.1926, Abschr. in PA AA, R 65499. Die Sitzung des Kartells fand am 7.-8.1.1926 in Wien statt.

5 Siehe oben. Kapitel III.4., S. 406 f.

6 Bülow, 28.12.1925, in PA AA, R 65499.

der Wissenschaften in Leningrad die alte Internationale Assoziation der Akademien wiederzubeleben. Das war von ihnen durchaus als Gegenprojekt gedacht, das sich gegen den Internationalen Forschungsrat und die Akademie-Union richten und deren Auflösung betreiben sollte. Denn es waren die von den Alliierten neu gegründeten Organisationen, die die alte Assoziation verdrängt und sich an deren Stelle gesetzt hatten und in denen, anders als in der Assoziation, die Natur- und Geisteswissenschaften in zwei getrennte Vereinigungen aufgesplittert worden waren, was den deutschen Gelehrten ohnehin nicht behagte.[7] Doch diese Wiederbelebungsversuche an der alten Assoziation blieben erfolglos, weil die Wissenschaftler der vormals neutralen Länder nicht mitmachten.[8]

Einen ersten umfassenden Forderungskatalog, der ebenfalls sehr weitreichend, wenn auch in abgeschwächter Form, mehrere Bedingungen zusammenstellte, unter denen die Zusammenarbeit mit den ehemaligen Kriegsgegnern auf allen Wissenschaftsgebieten wiederaufgenommen werden könnte, legte der Geodät Ernst Kohlschütter der Deutschen Geophysikalischen Gesellschaft zur Abstimmung vor. Die Gesellschaft und insbesondere Kohlschütter waren in dieser Sache besonders aktiv, da die deutsche Geophysik auf die internationale Zusammenarbeit angewiesen war und der Boykott sie hart getroffen hatte. Um der drohenden Isolation entgegenzuwirken, hatte Kohlschütter sich bereits für die Gründung der Baltischen Geodätischen Kommission eingesetzt und dabei sein Verhandlungsgeschick unter Beweis gestellt, ohne freilich auf den deutschen Führungsanspruch verzichten zu wollen.[9]

Jedenfalls verabschiedete die Deutsche Geophysikalische Gesellschaft auf ihrer Tagung in Göttingen im Dezember 1925 einstimmig die von Kohlschütter vorgeschlagene Resolution. Zu den Grundsätzen, die darin aufgestellt wurden, zählte auch die Gleichstellung der deutschen mit der französischen und englischen Sprache, im mündlichen wie schriftlichen Verkehr und in den offiziellen Drucksachen.

Die Resolution der Geophysiker lautete:

> Die Deutsche Geophysikalische Gesellschaft hält es für unbedingt erforderlich, daß bei der Wiederanknüpfung der wissenschaftlichen Zusammenarbeit mit den früheren Feindbundländern folgende Gesichtspunkte beachtet werden:

---

7 Vgl. Preußische Akademie der Wissenschaften, Auszug aus dem Protokoll der Gesamt-Sitzung vom 14.1.1926, in BBAW-Archiv, II-XII-6, Bl. 14 ff.; vgl. Grau, Preußische Akademie, S. 296 ff.

8 Vgl. Heilbron, Vorlage für Außenminister, 19.3.1926, in PA AA, R 65499.

9 Zu Kohlschütter und der Baltischen Geodätischen Kommission siehe oben, Kapitel III, S. 368–379.

1. Die Zusammenarbeit muß durch die Regierungen oder die anerkannten wissenschaftlichen Organisationen eingeleitet werden und darf sich nicht nur auf einzelne Persönlichkeiten erstrecken.

2. Es ist in irgend einer Form zum Ausdruck zu bringen, dass der bisherige Ausschluß Deutschlands nicht gerechtfertigt war.

3. Die Einbeziehung Deutschlands in die internationale Gemeinschaftsarbeit kann nur auf Grundlage völliger Gleichberechtigung erfolgen. Zur Gleichberechtigung gehört unter anderem folgendes:
   a) Die deutsche Sprache ist nicht nur bei Vorträgen, Aufsätzen und in der Diskussion zuzulassen, sondern es werden die Satzungen und amtlichen Mitteilungen der internationalen Organisation außer in französischer und englischer auch in deutscher Sprache veröffentlicht.
   b) Eine der wissenschaftlichen Bedeutung Deutschlands entsprechende Anzahl von Zentralstellen, Generalsekretariaten und internationalen Instituten wird nach Deutschland verlegt.[10]

Die Versammlung beschloß, diese Resolution an die zuständigen Regierungsstellen in Deutschland, die Akademien und die Notgemeinschaft der Deutschen Wissenschaft zu senden und sie damit als geeignete Grundlage für Verhandlungen zu empfehlen.

Noch im selben Monat nahm Fritz Haber, Direktor des Kaiser-Wilhelm-Instituts für physikalische Chemie und Elektrochemie und Nobelpreisträger von 1918, der allerdings auch für den deutschen Gaskrieg wissenschaftlich verantwortlich gewesen war, informelle Gespräche mit drei Gelehrten der niederländischen Akademie der Wissenschaften auf, mit dem Botaniker und Präsidenten der Akademie Friedrich Went sowie den Chemikern Hugo Rudolph Kruyt, der Vorsitzender des Chemischen Rats der Niederlande war, und Ernst Cohen, Direktor des Van't Hoff-Laboratoriums an der Universität Utrecht. – Kruyt und Cohen hatten drei Jahre vorher die gemeinsame Chemikerversammlung in Utrecht organisiert,[11] und Haber, der vom Reichsministerium des Innern bereits zu der Besprechung mit Franke und Kerkhof hinzugezogen worden war,[12] schien als deutscher Vermittler besonders geeignet zu sein.[13]

---

10 Bericht über die Tagung der Deutschen Geophysikalischen Gesellschaft in Göttingen vom 7. bis 9. Dezember 1925, erstattet vom geschäftsführenden Vorsitzenden, in *Zeitschrift für Geophysik* H. 1, 1926, S. 45 – 48, Resolution S. 47.

11 Siehe oben, Kapitel III.2.b), S. 357 – 359.

12 Siehe dazu oben S. 404.

13 Zur Vermittlungstätigkeit Habers siehe Schröder-Gudehus, *Deutsche Wissenschaft*, S. 250; dies., Internationale Wissenschaftsbeziehungen, S. 869 ff.; Szöllösi-Janze, *Fritz Haber*, S. 586 ff.

In ihrem Gespräch mit Haber stellten nun die niederländischen Kollegen unmißverständlich klar, daß die Bestrebungen, die alte Internationale Assoziation der Akademien wiederzubeleben, vollkommen aussichtslos seien. Zugleich warnten sie davor, wie Haber berichtete, daß die Versuche von deutscher Seite, den Internationalen Forschungsrat durch eine intransigente Haltung zu sprengen, selbst wenn das gelingen sollte, für mindestens ein Jahrzehnt jede neue internationale Organisation, auch die Erneuerung der alten Internationalen Assoziation der Akademien, unmöglich machen würden. Schließlich gaben sie den Rat, zunächst eine Verständigung zwischen deutschen und französischen Gelehrten herbeizuführen.[14] Doch sollten auch die Besprechungen mit den niederländischen Wissenschaftlern in jedem Fall fortgesetzt werden, wurde vereinbart. Ob Haber selbst sich jedoch an weiteren Verhandlungen beteiligen würde, hielt er für fraglich, da er, wie er zu bedenken gab, „durch den Gaskrieg international belastet" sei.[15]

Seinen Bericht über das Gespräch schickte Haber sofort an die zuständigen Reichsbehörden sowie Wissenschaftsinstitutionen, und zwar an Max Planck, Sekretar der Preußischen Akademie der Wissenschaften, Adolf von Harnack, Präsident der Kaiser-Wilhelm-Gesellschaft zur Förderung der Wissenschaften, und Friedrich Schmidt-Ott, Präsident der Notgemeinschaft der Deutschen Wissenschaft.

Nachdem auch die kartellierten Akademien ihre Bereitschaft bekundet hatten, mit neutralen Gelehrten über die Förderung der internationalen wissenschaftlichen Beziehungen sich auszusprechen,[16] führten die drei Sekretare der Preußischen Akademie der Wissenschaften, der Indologe Heinrich Lüders, der Physiker Max Planck und der Physiologe Max Rubner, die inoffizielle Besprechung mit Went und Kruyt fort.

---

14 Die niederländischen Gelehrten wollten deshalb mit ihren französischen Kollegen, insbesondere dem Mathematiker und damaligen Kriegsminister, Paul Painlevé, Verbindung aufnehmen. Auf die französischen Wissenschaftler übte außerdem die französische Regierung einen gewissen Druck aus, damit sie sich der Wiederaufnahme der Zusammenarbeit mit den deutschen Wissenschaftlern nicht entgegensetzten. Zu den diplomatischen Aktivitäten zwischen Frankreich und Deutschland und der Vorbereitung dieser Gespräche, die allerdings nicht mehr zustande kamen: Hoesch an AA, 3.5.1926, in PA AA, R 65499; ders. an AA, Telegramm, 3.6.1926, in PA AA, R 65493; Terdenge, Niederschrift über die Besprechung der internationalen wissenschaftlichen Zusammenarbeit am 7. Juni 1926, 7.6.1926, in PA AA, R 65499; Aufzeichnung über den Boykott der deutschen Wissenschaft, 3.9.1926, in PA AA, R 65494; vgl. Schröder-Gudehus, *Les scientifiques*, S. 264f.; dies., Internationale Wissenschaftsbeziehungen, S. 871.

15 Haber an Ministerialrat Donnevert (RMI) u.a., 19.12.1925, in PA AA, R 65493.

16 Vgl. Anlage 3 zum Bericht über die Sitzung am 13.1.1926 im RMI, 13.1.1926, Abschr. in PA AA, R 65499.

Auf der Grundlage dieses Gesprächs stellten Lüders, Planck und Rubner Forderungen auf, deren Erfüllung sie an die Einladung zum Eintritt in den Forschungsrat knüpften. So gingen sie – ähnlich wie der Beschluß des Kartells der deutschen Akademien und die Resolution der Deutschen Geophysikalischen Gesellschaft – von der Erwartung aus, daß der Conseil international de recherches die Gründe für die vergangene Ausschließung Deutschlands und Österreichs „als nichtig" ansehen, diesen je einen Sitz im Exekutivkomitee zur Verfügung stellen und „eine der wissenschaftlichen Bedeutung Deutschlands entsprechende Zahl von Zentralstellen und internationalen Instituten nach Deutschland verleg[en] wird".[17]

Die Wiederzulassung der deutschen Sprache erhielt ebenfalls großes Gewicht:

> Was die Regelung der Sprachenfrage betrifft, so wird erwartet, daß den deutschen Vertretern für die mündlichen Verhandlungen der Gebrauch ihrer Sprache frei steht, und daß für den schriftlichen amtlichen Verkehr, wenn für diesen mehr als eine Sprache zugelassen wird, das Deutsche als gleichberechtigt anerkannt wird.[18]

Immerhin waren sie also bereit, darauf zu verzichten, daß unter allen Umständen Deutsch als offizielle Sprache des Forschungsrats anerkannt wurde, allerdings nur unter der Voraussetzung, daß entweder Englisch oder Französisch gleichfalls den offiziellen Status einbüßen würde, was freilich nicht zu erwarten war.

Ihre weitreichenden Forderungen legten die drei Sekretare der Preußischen Akademie in einem Memorandum nieder, das sie den Niederländern übergaben, die es auch anderen Gelehrten zur Kenntnis brachten.

Als Lüders die Ergebnisse der Besprechung mit Went und Kruyt auf der Sitzung der philosophisch-historischen Klasse der Preußischen Akademie mitteilte, ging dem Germanisten Gustav Roethe die Sprachenforderung jedoch noch nicht weit genug. Er bemerkte dazu, wie das Protokoll wiedergab,

> daß die Zulassung der deutschen Sprache für die Verhandlungen nicht nur für die deutschen Vertreter, sondern allgemein gefordert werden müsse.

---

17 Lüders, Planck, Rubner [Bericht über die Besprechung mit Went und Kruyt am 19.3.1926], 19.3.1926, Abschr. in ebd.; vgl. Heilbron, Vorlage für Außenminister, 19.3.1926, in ebd.; vgl. Cock, Chauvinism, S. 267; Szöllösi-Janze, *Fritz Haber*, S. 588.

18 Lüders, Planck, Rubner, 19.3.1926, Abschr. in PA AA, R 65499; vgl. Cock, Chauvinismus, S. 267.

Man verständigte sich schließlich darauf, daß „[d]ieser Punkt [...] bei künftigen Besprechungen zu beachten" sei.[19] Mit diesem Anspruch war wohl die begründete Hoffnung verbunden, Deutsch könnte künftig im Forschungsrat zumindest von einigen anderssprachigen Gelehrten als lingua franca benutzt werden, wie das in der alten Internationalen Assoziation der Akademien der Fall gewesen war.

Auf Anregung der Bayerischen Akademie, die nach wie vor

> sehr gewichtige Bedenken gegen den Eintritt Deutschlands und Österreichs und Ungarns [...] in den Conseil (und die Union) [hegte], solange seine Satzung nicht von Grund aus geändert wird,[20]

wurde nochmals eine Versammlung des Kartells der deutschen Akademien nach München einberufen, um sich hinsichtlich der Forderungen abzustimmen. Diese wurden dann allerdings auf der Versammlung in München wesentlich schärfer formuliert als in dem Memorandum von Lüders, Planck und Rubner, indem man jetzt eine grundlegende Umgestaltung der Organisationsstruktur des Forschungsrats und der Akademie-Union verlangte. Das betraf die Mitgliedschaft – es sollten neben den Delegierten der Akademien und Wissenschaftsverbände keine Regierungsvertreter mehr beteiligt werden –, die Aufteilung der Stimmen – diese sollten nicht mehr nach der Bevölkerungszahl der Länder sich richten – und den Versammlungsort – dieser sollte regelmäßig wechseln. Den „Eintritt in diese Organisationen" hielt man jedenfalls, wie schon die Bayerische Akademie erwogen hatte, für „ausgeschlossen, ehe ihre Satzungen nicht in den entscheidenden sachlichen Punkten abgeändert sind."

Die größte Provokation aber bestand in der Forderung, die schon wiederholt erhoben worden war, daß nämlich die Einladung der Mittelmächte an das Bekenntnis geknüpft werden sollte,

> daß die Gründe für den bisherigen Ausschluß nichtig sind.[21]

Die Anmaßung, Ignoranz und Überheblichkeit der deutschen und österreichischen Gelehrten, die in diesem Verhalten zum Ausdruck kam, zeigten sich auch in weiteren Äußerungen und Plänen, die deutlich machten, daß sie die veränderten

---

19 Auszug aus dem Protokoll der Sitzung der phil.-hist. Klasse am 25.3.1926, in BBAW-Archiv, II-XII-6, Bl. 90.

20 Bayerische Akademie der Wissenschaften an Preußische Akademie der Wissenschaften, 28.3.1926, von Haber Ministerialdirektor Heilbron überreicht, in PA AA, R 65499.

21 Protokoll der Versammlung der Delegierten des Verbandes der deutschen Akademien am 7.5.1926 in München, in BBAW-Archiv, II-XII-6, Bl. 115.

Machtverhältnisse kaum zur Kenntnis nahmen und die eigenen Fähigkeiten und Kräfte maßlos überschätzten.

So war auf der Kartellversammlung in München die Rede davon, daß der Forschungsrat und die Akademie-Union „im wesentlichen zu französischen Propagandainstituten" verkommen und „wegen ihrer unsachlichen Gestaltung vermutlich zum baldigen Zusammenbruch verurteil[t]" seien, denen man durch einen Beitritt nicht auch noch einmal „neues Leben" einflößen wolle.[22] Die Stimmung, die für eine Ablehnung des Beitritts in den Forschungsrat sprach, war jedenfalls stark, wobei man sich den Beschlüssen des Verbandes der Deutschen Hochschulen eng verbunden fühlte.

Der britische Wissenschaftshistoriker und Biologe A. G. Cock beschreibt treffend diese Haltung der führenden deutschen Gelehrten:

> They were prepared to enter only on conditions which could readily be construed as a German victory, rather than as an act of reconciliation, and which could therefore be a powerful emollient to injured German pride.[23]

Damit jedoch die „entgegenkommenden Neutralen" von einer „schroffe[n] Ablehnung" nicht allzusehr verprellt wurden, wollten ihnen die deutschsprachigen Akademien die „sachlichen Einwände gegen die jetzige Gestalt von Conseil und Union" in freundlicher Form mitteilen, „nicht in der Form von Bedingungen für unsern ev. Beitritt, sondern nur als Begründung für unsere Haltung."[24]

Wie nicht anders zu erwarten war, erschienen den niederländischen Gelehrten die Beschlüsse des Kartells „nicht gerade geeignet [...], diesen Zusammenschluß bald zu Stande kommen zu lassen", da einige Forderungen in ihren Augen „nicht realisierbar" seien, wie Went an Rubner schrieb.

> Ganz besonders gilt das für Forderungen über Zurücknahme von früheren Äußerungen, welche Forderungen wir stets, von welcher Seite sie auch kamen, als unmöglich bestritten haben.[25]

Das bezog sich auf die Motive, welche dem Boykott zugrunde gelegt worden waren und die nun auf Wunsch der deutschen Gelehrten für „nichtig" erklärt werden sollten. Wenngleich die Beschlüsse des Kartells die Vertreter der niederländischen Akademie „einigermaßen enttäuscht" hätten, wie Went es ausdrückte, wollten sie

---

22 Ebd.

23 Cock, Chauvinismus, S. 267.

24 Protokoll der Versammlung ... am 7.5.1926 in München, in BBAW-Archiv, II-XII-6, Bl. 115.

25 Went an Rubner, 14.6.1926, Abschr. in PA AA, R 65499; vgl. Conrad Grau, Die Preußische Akademie, S. 299.

dennoch in Brüssel dafür eintreten, den Mittelmächten den Zutritt zum Conseil und den Unionen zu ermöglichen und es ihnen überlassen, wie sie dann damit umgingen.[26]

Unterdessen setzte sich Fritz Haber in gemäßigteren Tönen über seine privaten Kontakte weiterhin für die Aufnahme in den Forschungsrat und die Fachunionen ein. Dabei sprach er sich gleichfalls dafür aus, daß die deutsche Sprache in den internationalen Organisationen wieder zur Geltung kommen sollte.

„Schließlich muß anerkannt werden," schrieb Haber an den sozialdemokratischen Politiker Rudolf Hilferding, der kurze Zeit Finanzminister gewesen war und über gute internationale Beziehungen verfügte,

> daß unsere Vertreter bei den Sitzungen des Conseils und des Exekutivkomitees [...] sich der deutschen Sprache bedienen dürfen, ebenso wie dies im Komitee des Völkerbundes für die geistige Zusammenarbeit durch Herrn Einstein bisher geschieht, und nach der Erklärung des Vorsitzenden, des Herrn H. A. Lorentz, auch künftig geschehen soll. Soweit aber nicht formlose mündliche Äußerungen, sondern Berichte und druckschriftliche Veröffentlichungen in Frage kommen, muß nach deutscher Meinung entweder eine einzige Sprache zugelassen sein, von der wir nicht verlangen, daß es die deutsche ist, oder aber, wenn mehrere Sprachen gewählt werden, müssen wir Anspruch erheben, daß sich unter ihnen auch die deutsche Sprache befindet.[27]

Das bedeutete jedenfalls, wie das schon die Sekretare der Berliner Akademie gefordert hatten, daß Deutsch auf jeden Fall zugelassen werden sollte, daß es aber die dritte offizielle Sprache des Internationalen Forschungsrats und der Unionen nur dann werden müßte, wenn diese wie bisher auf den gleichrangigen Gebrauch des Französischen und Englischen nicht verzichten wollten. Das schien vor allem eine Prestigefrage zu sein. Auf der anderen Seite jedoch wurde immerhin die Bereitschaft signalisiert, nicht in jedem Fall auf dem offiziellen Status des Deutschen zu bestehen, wenn man sich auf eine einzige offizielle Sprache einigen würde, die nicht unbedingt die deutsche sein müßte.

Haber führte die Wiederzulassung der deutschen Sprache als dritte Bedingung für den Eintritt in den Forschungsrat an, hinter der Forderung, eine würdige Form der Einladung zu wählen, aus der hervorgehe, daß Deutschlands Beitritt willkommen und erwünscht sei, sowie der Zusage von zwei Sitzen für die Gelehrten der Mittelmächte in einem erweiterten Exekutivkomitee.

---

26 Went an Rubner, 14.6.1926, Abschr. in PA AA, R 65499.

27 Haber an Hilferding, 24.3.1926, Abschr. in ebd.

„Es ist meine Überzeugung", betonte er,

> daß wir von diesen 3 Bedingungen nicht abgehen können, ohne uns etwas zu vergeben, was wir uns nicht vergeben dürfen. Ich glaube andererseits, daß wir nicht mehr fordern brauchen und fordern werden.

Damit schränkte Haber den Forderungskatalog der Deutschen Geophysikalischen Gesellschaft sowie der Sekretare der Berliner Akademie und des Kartells ein, indem er nicht mehr verlangte, zu erklären, daß der Ausschluß Deutschlands ungerechtfertigt gewesen sei, und auch nicht mehr darauf bestand, internationale Zentralbüros, Generalsekretariate und Institute nach Deutschland zu verlegen. Ebensowenig beharrte er darauf, Deutsch zur dritten offiziellen Sprache der Organisation in jedem Fall zu erheben.

In seinem Schreiben, von dem er dem Auswärtigen Amt eine Abschrift schickte, bat Haber Hilferding, den belgischen Unterrichtsminister, mit dem dieser befreundet sei, zu fragen, mit wem er, Haber, sich wegen der Modalitäten, die Deutschlands Eintritt in den Forschungsrat betrafen, in Belgien in Verbindung setzen könnte.[28]

Am gleichen Tag ging Haber in einem Brief an Oberst Muraour, den Direktor des Laboratoire des poudres in Paris, ebenfalls auf die drei Bedingungen für den Eintritt in den Forschungsrat ein. Dabei erläuterte er noch ausführlicher die Forderung, der deutschen Sprache die ihr gebührende Stellung einzuräumen, die er – wie in dem Brief an Hilferding – davon abhängig machte, ob man eine oder mehrere offizielle Sprachen bestimmen würde:

> Schließlich werden Sie verstehen, daß wir auf eine Regelung der Sprachenfrage ein Gewicht legen müssen. Wir haben nichts dagegen, daß eine einheitliche offizielle Sprache seitens des Conseils für seine Verhandlungen und für die Verhandlungen des Exekutivkomitees festgesetzt wird, welche nicht die deutsche Sprache ist. Wird die französische Sprache dafür gewählt, so werden wir keine Schwierigkeit machen, daß alle offiziellen Berichte und Drucksachen in dieser Sprache ausgegeben werden. Aber es muß erlaubt sein, daß wir mündlich uns der deutschen Sprache bedienen, schon darum weil wir nicht in der Lage sind, zu gewährleisten, daß die Vertreter, die wir schicken, einer fremden Sprache so mächtig sind, wie es zu einer Diskussion schwieriger Gegenstände in verfeinerten Formen erforderlich ist. Ich glaube auch nicht, daß darin eine Schwierigkeit gelegen sein wird, denn auch in der Commission für die geistige Zusammenarbeit beim Völkerbunde wird dasjenige, was in

---

28 Ebd. Der belgische Unterrichtsminister Camille Huysmans, 1905–1922 Sekretär des Internationalen Sozialistischen Büros, instruierte die belgischen Delegierten, im Conseil für die Aufhebung des Ausschlusses und die Einladung der deutschen Wissenschaftsverbände einzutreten; vgl. Huysmans an Hilferding, zitiert in Haber an Staatssekretär Zweigert (RMI) u. a., 29.6.1926, in PA AA, R 65493.

> anderen Sprachen gesagt wird, jedes Mal sofort übertragen. Wenn aber mehr als eine offizielle Sprache zugelassen wird, so glauben wir, daß unter den offiziellen Sprachen auch das Deutsche sein sollte, weil in der deutschen Sprache seit Jahrhunderten wissenschaftlich soviel mitgeteilt worden ist.[29]

Haber sprach sich in seinem Brief an Muraour nochmals für eine Besprechung französischer und deutscher Gelehrter über die zukünftige Zusammenarbeit aus, die jedoch nicht mehr zustande kam.

Auch gegenüber den niederländischen Kollegen spielte Haber eine vermittelnde Rolle. Went hatte ihm eine Abschrift seines Briefs an Rubner geschickt, in dem die Enttäuschung über die intransigente Haltung der deutschen Akademien zum Ausdruck kam. Haber versuchte zu beschwichtigen und befürwortete in seinem Antwortschreiben ausdrücklich den Antrag, den die niederländische Akademie auf der Sitzung des Conseil stellen wollte. Denn in diesem Antrag wurde nicht nur vorgeschlagen, den Boykott aufzuheben, sondern auch das Exekutivkomitee um zwei Stellen zu erweitern. Diese Erweiterung sollte später den deutschen und österreichischen Gelehrten zugute kommen, wenngleich eine Sitzverteilung nach Ländern im Exekutivkomitee nicht zulässig war.[30]

Jedenfalls würdigte Haber den niederländischen Antrag als geeignete Grundlage, auf der später weitere Vereinbarungen getroffen werden könnten. Gleichzeitig war er realistisch genug, um zu erkennen, daß die weitreichenden Forderungen der kartellierten Akademien kaum zu erfüllen waren. Schon das Schriftstück von Lüders, Planck und Rubens hätte man in England als „foolish" angesehen.[31] Ebenso räumte Haber im Hinblick auf die Sprachenforderung ein:

> Es wird auch vielleicht nicht möglich sein, die Sprachenfrage, die in dem niederländischen Antrage unerwähnt geblieben ist, jetzt bei dem Conseil International zu erledigen.[32]

Doch ging er davon aus, daß später, nach dem Eintritt der deutschen und österreichischen Gelehrten in den Conseil, die deutsche Sprache zugelassen würde,

29 Haber an Oberst Muraour, 24.3.1926, Abschr. in PA AA, R 65499.

30 Der Antrag der niederländischen Akademie ist abgedruckt in Conseil international de recherches, Assemblée générale extraordinaire ... Bruxelles, le 29 juin, 1926. Procès-verbal de la séance, avec annexes, S. 16 f.

31 Haber an Went und Kruyt, 18.6.1926, (Abschrift an Heilbron und Planck), in PA AA, R 65499; vgl. dazu auch Aufzeichnung von Heilbron, 17.6.1926, in ebd. Zu dem Schriftstück (Memorandum) von Lüders, Planck und Rubner vom 19.3.1926 mit den darin genannten Forderungen siehe oben S. 416.

32 Haber an Went und Kruyt, 18.6.1926, (Abschrift an Heilbron und Planck), in PA AA, R 65499.

was der niederländische Physiker Hendrik Antoon Lorentz ebenfalls für möglich hielt.[33]

Auf der außerordentlichen Generalversammlung des Internationalen Forschungsrats im Juni 1926 in Brüssel wurde dann der Boykott einstimmig aufgehoben, und die Mittelmächte wurden eingeladen, sich dem Forschungsrat und den Fachunionen anzuschließen.[34] Der weitergehende niederländische Antrag war vorher zurückgezogen worden. Denn England, Holland und Schweden hatten sich bereit erklärt, auf ihre Anträge zu verzichten, wenn ein anderer Antrag, der sich für die Aufhebung des Boykotts aussprach, angenommen würde, was dann geschah. Schließlich konzentrierte man sich zunächst auf die Streichung des Boykottparagraphen und die Einladung der Mittelmächte. (Abb. 39)

„Der Sieg ist errungen", teilte Went noch am selben Tag Haber erfreut mit und informierte ihn über die Vorgänge.[35] Haber hingegen wollte nicht wie Went von einem „Sieg" sprechen, weil das „Minimum" nicht erreicht worden sei, das der niederländische Antrag verlangt hätte. Gleichwohl erwartete er, daß später weitere Zugeständnisse zu erringen seien, wie er in seinem Schreiben an Planck, Rubner und Lüders ausführte. So habe der britische Physiker Sir William Bragg schon vorgeschlagen, seinen Sitz im Exekutiv-Komitee und damit den Vorsitz in der Union für Physik an Planck abzutreten.

Hinsichtlich der Zulassung der deutschen Sprache wie auch der anderen Forderungen gab Haber sich ebenfalls optimistisch:

> Auch halte ich für möglich, dass in der Sprachenfrage dem entsprochen werden wird, was Sie, sehr geehrte Herren Kollegen, seinerzeit als Forderung schriftlich niedergelegt haben und ebenso hinsichtlich der anderen Punkte, die in jenem Schriftstück erwähnt sind, weil die Erfahrung lehrt, dass, wenn eine so große Versammlung so weit umschwingt, dass sie Beschlüsse der mitgeteilten Art einstimmig fasst, das Pendel nach derselben Richtung auch noch weiterfliegt. [36]

In dieser Richtung fanden jedenfalls weitere Verhandlungen statt, aber auch Kundgebungen in entgegengesetzter Richtung.

Weil man es vermeiden wollte, daß eine direkte Einladung des Forschungsrats an die deutschen Akademien von diesen zurückgewiesen wurde, und außerdem Befürchtungen geäußert wurden, daß, wenn französische und deutsche Wissenschaftler zusammentreffen würden, die Gegensätze sich eher verschärfen könnten, beauftragte der Forschungsrat die englischen Delegierten, an die deut-

33 Vgl. Lorentz, 15.3.1926, Abschr. in ebd.
34 Siehe dazu oben S. 303 f.
35 Went an Haber, 29.6.1926, Abschr. in PA AA, R 65499.
36 Haber an Lüders, Rubner, Planck, 2.7.1926, in ebd.

CONSEIL INTERNATIONAL DE RECHERCHES.

ASSEMBLÉE GÉNÉRALE EXTRAORDINAIRE

TENUE

AU PALAIS DES ACADÉMIES, À BRUXELLES,

LE 29 JUIN, 1926.

PROCÈS-VERBAL DE LA SÉANCE,
AVEC ANNEXES.

Abb. 39: Titelblatt des Berichts über die außerordentliche Generalversammlung des Conseil international de recherches 1926 in Brüssel

schen Gelehrten heranzutreten, um mit ihnen die Modalitäten ihres Eintritts zu vereinbaren.[37]

Zunächst übernahm es die britische Botschaft in Berlin, der deutschen Regierung den Beschluß des Forschungsrats zusammen mit der Einladung zu übermitteln, mit der Bitte, die wissenschaftlichen Körperschaften davon zu unterrichten.[38]

Nachdem das Auswärtige Amt die offizielle Einladung erhalten hatte, bat es, damit die zuständigen Ressorts erst einmal die notwendigen Kenntnisse über den Forschungsrat sich verschaffen konnten, die britische Botschaft darum, ihm die Statuten des Forschungsrats und der Unionen zuzusenden sowie eine „Mitteilung der Bestimmungen darüber, welche Sprachen bei den Verhandlungen des Conseil de Recherches und der angegliederten Unionen zugelassen bzw. üblich sind."[39]

Vermutlich nach Rücksprache mit dem britischen Generalsekretär des Forschungsrats, Sir Arthur Schuster, teilte daraufhin die Botschaft Großbritanniens die ihr gegebene Auskunft über die im Forschungsrat gebräuchlichen Sprachen mit:

> The Council state that they have no regulations whatever on the subject of the language employed in their business. In formal documents, such as the Statutes which have hitherto been issued in English and French, it has been found necessary to indicate the text which should be taken as authoritative in case of doubt; and Brussels being the headquarters of the Council, French was selected as the guiding text. At meetings, formal resolutions are usually read out in both English and French, and, should any desire be expressed to secure a translation in some other language, it would be natural to comply with such a request. In scientific discussions, however, it is not possible to have interpreters giving literal translations in a number of different languages; if some member present is unable to follow the discussion, he rises and asks for further information, and it is found that there is always someone present who can supply the gist of what has been said. The Council state that their procedure is in fact exactly that of pre-war scientific congresses.[40]

Obwohl hier bestritten wurde, daß es im Forschungsrat eine generelle Sprachenregelung überhaupt gab, bestätigten diese Ausführungen andererseits, daß die offiziellen Sprachen des Forschungsrats in der Praxis Französisch und Englisch waren, auch wenn keine explizite Sprachenregelung im Statut verankert worden war, außer der Bestimmung, daß der französische Text als der authentische galt – eine Vorzugsstellung der französischen Sprache, die man auf den Sitz

37 Vgl. Hoesch an AA, Telegramm, 15.7.1926, in PA AA, R 65500; Haber an Morsbach, 13.12.1926, Abschr. in PA AA, R 65494.

38 Britische Botschaft an Außenminister, 27.7.1926, in PA AA, R 65494.

39 AA an Britische Botschaft, 7.10.1926, Abschr. in ebd.

40 Britische Botschaft, Berlin, an Außenminister, 30.10.1926, Abschr. in ebd.

der Organisation in Brüssel zurückführte. Übersetzungen in andere Sprachen seien in Einzelfällen auf Anforderung zugelassen, so hieß es.

Diese weitgehend praktizierte französisch-englische Zweisprachigkeit, die in dem Schreiben der britischen Botschaft erwähnt wurde, korrespondierte nicht zufällig mit der Besetzung der Führungsposten des mächtigen Exekutivkomitees des Forschungsrats, was eine schriftlich fixierte Sprachenregelung offenbar erst gar nicht notwendig machte.[41] Allerdings war die Behauptung, die im Forschungsrat übliche Verwendung der Sprachen stimme mit der Sprachenpraxis internationaler Kongresse vor dem Ersten Weltkrieg überein, falsch. Denn auf diesen Kongressen war in der Regel Deutsch gleichrangig mit Englisch und Französisch verwendet worden, ebenso wie in der alten Internationalen Assoziation der Akademien, dem Vorläufer des Conseil international de recherches.[42]

Die Unterstellung jedoch, der Conseil setze nur die frühere Praxis des Sprachgebrauchs fort – beruhte sie nun auf Unkenntnis, Vergeßlichkeit oder bewußter Verdrehung der Tatsachen –, sollte anscheinend den Vertretern des Conseil die Unannehmlichkeit ersparen, auf die nach dem Ersten Weltkrieg vorgenommenen Veränderungen hinsichtlich der Sprachen einzugehen und die damit verbundenen Entscheidungen womöglich wieder zur Disposition zu stellen. Offensichtlich wollte man dem Vorwurf, die deutsche Sprache ausgeschlossen zu haben, den Boden entziehen, ebenso dem Verlangen nach Wiedereinsetzung der deutschen Sprache in ihre altbewährten Rechte.

Es ist anzunehmen, daß dem Generalsekretär des Conseil, Sir Arthur Schuster, und nicht nur diesem, die Regelung der Dreisprachigkeit in der alten Internationalen Assoziation der Akademien, in der er einst eine aktive Rolle gespielt hatte, durchaus in Erinnerung geblieben war, daß er aber, wie auch andere Gründungsmitglieder des Conseil, die Bastion der englisch-französischen Zweisprachigkeit weiterhin verteidigen und den Anspruch, die deutsche Sprache wie früher in den gleichen Rang wie Englisch und Französisch zu heben und damit den Deutschen wieder eine Machtposition einzuräumen, unterbinden wollte. – Auch auf dieser Seite betrieb man weiterhin Machtpolitik, wie sich nicht nur im Forschungsrat, sondern auch in einzelnen Fachunionen zeigte.[43]

Ähnlich beschönigend oder ausweichend schien Schuster dem österreichischen Gesandten in London auf dessen Frage nach den Sprachen im Forschungsrat geantwortet zu haben, wie dieser berichtete:

---

41 Siehe dazu oben S. 184, und unten S. 426, 433.

42 Siehe dazu oben Kapitel I.

43 Vgl. z.B. die Auseinandersetzungen in der Internationalen Tuberkulose-Union; siehe dazu oben S. 265–293.

> Es gibt keine offizielle Verhandlungssprache. Jeder Delegierte kann in seiner eigenen Muttersprache sprechen, doch wird er gewöhnlich eine solche Sprache wählen, durch welche er einer möglichst großen Zahl seiner Kollegen seine Gedanken verständlich machen kann. Am häufigsten wurde deshalb die französische Sprache benützt. Offizielle Übersetzer sind nicht vorgesehen, doch kann in wichtigen Fällen eine Übersetzung verlangt werden.

Sollten Deutschland und Österreich wünschen, „dass die Statuten auch in deutscher Sprache gedruckt werden, so könne dies ohne weiteres geschehen", habe Schuster beteuert.[44]

Auch dem deutschen Botschafter in London erklärte Schuster in einem Gespräch, das vom Auswärtigen Amt erbeten worden war, daß im Forschungsrat jeder Delegierte seine Sprache benutzen könne, die meisten Delegierten jedoch Französisch sprechen würden, weil das die romanischsprachigen Delegierten verstehen würden und weil der Sitz des Council in Brüssel sei. Doch stünde dem nichts im Wege, habe Schuster versichert, wenn die deutschen und österreichischen Gelehrten sich der deutschen Sprache bedienen wollten. Zudem sei es durchaus denkbar, daß im Zuge geplanter Satzungsänderungen auch der Sitz des Forschungsrats in eine andere Stadt verlegt werden könnte.[45]

Immerhin wurde den deutschen Wissenschaftlern in Aussicht gestellt, daß sie, wenn sie in den Conseil eintreten würden, dort Deutsch sprechen könnten, die deutsche Sprache also als Verhandlungssprache zugelassen werde. Von einem offiziellen Status der deutschen Sprache oder einer der französischen und englischen Sprache gleichrangigen Stellung, welche die deutschen Wissenschaftler forderten, war hingegen in Schusters Auslassungen keine Rede. Später, auf der Generalversammlung des Conseil im Jahr 1928, führte Schuster lediglich ökonomische Gründe dafür an, daß in den Versammlungsberichten des Conseil wichtige Beschlüsse nur in englischer und französischer und keiner weiteren Sprache gedruckt wurden.[46] – An einer offenen Auseinandersetzung über die Sprachenfrage schien man im Exekutivkomitee des Conseil jedenfalls nicht interessiert zu sein.

Schon vorher hatten in Deutschland die zuständigen Reichsministerien mit den deutschen Akademien verhandelt, um sie zum Eintritt in den Forschungsrat zu überreden. Auswärtiges Amt, Reichsministerium des Innern und preußisches Kultusministerium waren sich einig darin, daß der Eintritt in den Forschungsrat

---

44 Zitiert nach Bundesminister für Unterricht, Schmitz, an das Präsidium der Akademie der Wissenschaften in Wien, 31.1.1927, Abschr. in PA AA, R 65823.

45 Vgl. Sthamer an AA, 7.4.1927, in ebd.

46 Siehe dazu oben, S. 189.

und die ihm unterstellten Unionen „aus außen- und kulturpolitischen Gründen wünschenswert“ sei, wenn man es damit auch nicht gerade eilig hatte.[47]

Während die Vertreter der Reichsbehörden die Ansicht vertraten, daß die von der britischen Botschaft übermittelte Einladung zum Beitritt bereits die Nichtigkeit der bisherigen Ausschlußgründe erkennen lasse und damit eine Forderung der Akademien erfüllt sei, waren sie gleichzeitig dagegen, daß die deutschen Akademien ihren Eintritt in den Conseil von weiteren Forderungen abhängig machen wollten. Vielmehr hielt man es für zweckmäßig, daß diese Forderungen, die man durchaus als berechtigt ansah, erst nach dem Eintritt der deutschen Wissenschaftler in den Forschungsrat verhandelt wurden. Zu diesen Forderungen gehörte auch die Anerkennung der deutschen Sprache. „Schließlich erscheint auch die Sprachenfrage nicht zu einer vorherigen Erledigung im gegenwärtigen Stadium für geeignet“, befanden die Reichsvertreter, wie es in einer Aufzeichnung über ihre Besprechung hieß, die sich um das Einladungsschreiben der britischen Botschaft drehte.[48]

Eher zurückhaltend äußerten sich hingegen Wissenschaftler aus dem neutralen Lager, die der Geodät Ernst Kohlschütter zu der von ihm veranlaßten Resolution der Deutschen Geophysikalischen Gesellschaft befragte[49] und deren Aussagen er in einem „Stimmungsbericht“ niederschrieb, den er den verschiedenen Reichsbehörden und zentralen Wissenschaftsorganisationen mit der beigefügten Resolution zusandte.[50]

Was Kohlschütter schließlich einleuchtete, war der Einwand einiger der von ihm befragten Gelehrten, daß die unter Punkt 3 der Resolution genannten Bedingungen auf keinen Fall vor dem Eintritt Deutschlands in den Forschungsrat und die Unionen geregelt werden könnten. Diese Bedingungen betrafen die Gleichberechtigung der deutschen Sprache sowie die Verlegung von Zentralbüros, Generalsekretariaten und internationalen Instituten nach Deutschland, was sich außerdem auf den Status der deutschen Sprache auswirken würde. Man verstand nicht, weshalb Deutschland seinen Eintritt in den Forschungsrat, für den sich so viele Wissenschaftler engagiert hatten, mit solchen Ansprüchen aufs Spiel setzte,

---

47 Aufzeichnung [der Besprechung am 20.8.1926 im AA über die britische Verbalnote], 24.8. 1926, Abschr. in PA AA, R 65494.

48 Ebd.

49 Zur Resolution siehe oben S. 413f.

50 Kohlschütter, Stimmungsbericht hinsichtlich des Beitritts Deutschlands zum Internationalen Forschungsrate (Research Council), [5.12.1926], in PA AA, R 65494. Eine Abschrift des Berichts wurde u. a. vom Reichsministerium des Innern am 22.3.1927 an den Präsidenten der Kaiser-Wilhelm-Gesellschaft, Adolf von Harnack, geschickt; vgl. RMI, Pellengahr, an Harnack, 22.3.1927, in MPG-Archiv, I. Abt., Rep. 1 A, Nr. 1048, Bl. 130 – 139.

von denen mit Sicherheit nicht zu erwarten war, daß sie einstimmig anerkannt würden.

Aber auch, wenn sich Deutschland zum Eintritt in den Forschungsrat entschließen würde, sollten Einschränkungen akzeptiert werden, wie der Vertreter der Schweiz in der Internationalen Geodätischen und Geophysikalischen Union und Professor für Geodäsie an der Eidgenössischen Technischen Hochschule in Zürich, Carl Fridolin Baeschlin, empfahl. So habe Baeschlin, der deutschsprachiger Schweizer war, die Forderung nach voller Gleichberechtigung der deutschen mit der englischen und französischen Sprache durchaus skeptisch beurteilt, berichtete Kohlschütter:

> Die Forderung, das Deutsche als dritte offizielle Sprache des Forschungsrates anzuerkennen, würde sich schwerlich durchdrücken lassen, weil das Vorhandensein von drei offiziellen Sprachen die Verhandlungen allzu schwerfällig machen würde. Denn dann müßte alles, was in einer anderen Sprache gesprochen würde, nicht nur ins Französische und Englische, sondern auch ins Deutsche übersetzt werden.[51]

Das schien aus praktischen Gründen nicht zweckmäßig zu sein. Baeschlin schlug deshalb einen Kompromiß vor, den auch Kohlschütter akzeptabel fand:

> Wenn wir aber darauf verzichten, daß alle Reden auch ins Deutsche übersetzt werden müßten, und bloß für die Satzungen und offiziellen Bekanntmachungen die Gleichberechtigung verlangen würden, wäre sie vielleicht zu erreichen.[52]

Von anderen Gelehrten wurde außerdem noch eingewandt, daß, wenn die Deutschen die Gleichberechtigung der deutschen Sprache verlangen würden, die Spanier und Italiener das ebenso für Spanisch und Italienisch beanspruchen könnten.

Kohlschütters Gegenargument, „daß in den Satzungen und offiziellen Schriftstücken des Forschungsrates nicht nur die Hauptsprachen der Siegerstaaten, sondern auch die Hauptsprachen der besiegten Staaten enthalten sein müßten, wenn man volle Gleichberechtigung erstrebe", wurde von dem Astronomen J. E. de Vos van Steenwijk, dem niederländischen Leiter der Abteilung für wissenschaftliche Beziehungen am Internationalen Institut für geistige Zusammenarbeit in Paris, das dem Völkerbund unterstand, zurückgewiesen. Er erwiderte zu Recht, wie Kohlschütter mitteilte, „daß diese Frage nicht unter dem Gesichtspunkt von Siegerstaaten und besiegten Staaten behandelt werden dürfe, sondern daß dabei nur die wissenschaftliche Bedeutung und die Verbreitung der

---

51 Kohlschütter, Stimmungsbericht [5.12.1926], in PA AA, R 65494.
52 Ebd.

einzelnen Sprachen maßgebend sein könne. Und von diesem Gesichtspunkte aus könnten die Ansprüche von Spaniern und Italienern auf Gleichberechtigung ihrer Sprachen nicht abgewiesen werden."

Unter diesen Umständen jedoch sah Kohlschütter den einzigen Ausweg darin, „eine neutrale Sprache, nämlich das Esperanto, als offizielle Sprache des Forschungsrates einzuführen".[53] Doch diese Frage wurde nicht weiter diskutiert.

Was die von den Deutschen begehrten Generalsekretariate und Zentralbüros betraf, so sah der Schweizer Geodät Baeschlin hier ebenfalls Schwierigkeiten, zum einen, weil man sie damit betrauten Persönlichkeiten und Staaten wieder wegnehmen müßte, „wodurch vielerlei Mißstimmung erzeugt werden würde." Zum anderen hätte man mit den deutschen Zentralbüros nicht immer gute Erfahrungen gemacht. So sei das frühere Zentralbüro der Internationalen Erdmessung, das mit dem Geodätischen Institut in Potsdam eng verbunden war, „als eine Art Bevormundung recht unangenehm empfunden worden, besonders in England und Amerika, aber auch von vielen Neutralen."[54] – Ein Vorwurf, der Kohlschütter nicht unbekannt war. Befürchtungen, solche Bestrebungen könnten wieder aufleben, waren jedenfalls vorhanden und auch nicht unbegründet.

Immerhin nahm Kohlschütter die Bedenken, die gegen die hochgesteckten deutschen Erwartungen erhoben wurden, durchaus ernst und war bereit, seine früheren Ansichten teilweise zu revidieren – das bezog sich allerdings nicht auf die grundlegende Forderung, daß die Begründung des Boykotts zurückgenommen werden müßte.

Die Möglichkeit jedenfalls, daß später im Forschungsrat die deutsche Sprache in den Verhandlungen verwendet und offizielle Dokumente nicht nur auf Französisch und Englisch, sondern auch auf Deutsch gedruckt werden könnten, schien keineswegs ausgeschlossen zu sein, auch wenn eine solche Sprachenregelung als Eintrittsbedingung nicht durchzusetzen war.

Diese Meinung vertrat auch Fritz Haber, nachdem ihm berichtet worden war, daß niederländische Wissenschaftler sich ebenfalls in diesem Sinne ausgesprochen hätten. So schrieb er an das Auswärtige Amt:

> Der Conseil international de recherches gibt Protokolle und sonstige offizielle Mitteilungen in einem französischen Hauptexemplar mit beigeschlossenem englischen Neben-Exemplar heraus. Ich habe den Eindruck, dass es keine Schwierigkeit machen wird, zu veranlassen, dass auch ein deutsches Nebenexemplar hergestellt und verteilt wird. Was die mündliche Verhandlungssprache anlangt, so wird das Muster des Völkerbundes entscheidend sein, in

53 Ebd.

54 Ebd.

> welchem Herr Stresemann gerade in diesen Tagen das Beispiel der Benutzung der deutschen Sprache gegeben hat.[55]

Doch die deutschsprachigen Akademien wollten nicht nachgeben und beharrten, unterstützt vom Verband der Deutschen Hochschulen und der Mehrheit der Universitäten,[56] weiterhin auf ihren überzogenen Ansprüchen,[57] die sie in einer umfangreichen Denkschrift nochmals ausbreiteten. In dieser Denkschrift beanstandeten sie nicht nur die Machtfülle des Exekutivkomitees des Forschungsrats, die Möglichkeit, die Funktionäre unbegrenzt wiederzuwählen, und die Bestimmung, Brüssel als ständigen Sitz zu behalten, sondern, in Verbindung damit, auch „den herrschenden Gebrauch der Sprachen".[58] Ohnehin wollten sie die Regel, daß nicht nur Akademien und Wissenschaftsverbände, sondern auch Länder Mitglieder des Forschungsrats sein konnten – wie das im übrigen auch früher in der Internationalen Erdmessung, der Internationalen Seismologischen Assoziation und der Internationalen Vereinigung gegen die Tuberkulose der Fall gewesen war – nicht hinnehmen. Eine so weitreichende Umorganisierung hätte den fünf deutschen Akademien zusammen mit der österreichischen freilich mehr Gewicht verliehen.

Wenigstens zeigten sich die kartellierten Akademien zu weiteren Gesprächen mit Vertretern des Forschungsrats in einem neutralen Land bereit, um über ihre Forderungen zu verhandeln.[59] Haber hatte sich bereits, wie er Außenminister Stresemann schrieb, mit dem französischen Mathematiker und damaligen Kriegsminister Paul Painlevé in Paris über eine Aussprache zwischen deutschen, französischen, englischen und anderen Gelehrten unter dem Vorsitz des nieder-

---

55 Fritz Haber an Terdenge (AA), 9.3.1927, in PA AA, R 65823. Allerdings gelang es nicht, im Völkerbund die Gleichrangigkeit der deutschen mit der französischen und englischen Sprache zu erreichen.

56 Zum Verband der Deutschen Hochschulen siehe oben S. 402–405 und unten im Anhang, Dokument VI; S. 578–581; zur Kundgebung der 13 Universitäten und der Berliner Universität siehe oben S. 405f.

57 Vgl. Besprechung über den Eintritt der kartellierten Akademien in den Conseil International de Recherches und die Union Académique Internationale am 20. April 1927 [im AA]. Streng vertraulich, [Protokoll] in PA AA, R 65823; vgl. Grau, Preußische Akademie, S. 303.

58 Denkschrift der kartellierten Akademien über den Conseil International de Recherches, o. D., in PA AA, R 65823. Die Denkschrift wurde von dem Chemiker Max Le Blanc (Leipzig) am 29.5.1927 Freytag (AA) übersandt, vgl. ebd. Sie war von Max von Gruber (München) ausgearbeitet worden, vgl. Protokoll der Kartellsitzung in Würzburg, 21.5.1927, in BBAW-Archiv, II-XII-7, Bl. 67; vgl. Grau, Preußische Akademie, S. 303f.

59 Vgl. Le Blanc an Gesandten Freytag (AA), 23.12.1927, in PA AA, R 65823.

ländischen Physikers Hendrik Antoon Lorentz verständigt.[60] Auch der Sekretär der Commission de Coopération Intellectuelle des Völkerbunds, Oprescu, hatte sich deswegen mit Lorentz, der inzwischen zum Präsidenten dieser Kommission gewählt worden war, ausgetauscht und eine solche Besprechung nahegelegt.[61] Daraufhin wurde das entscheidende Treffen in den Niederlanden vorbereitet. Doch als Lorentz im Februar 1928 starb, fanden die Gespräche nicht mehr statt.

Der Forschungsrat indes befaßte sich mit der Revision seiner Statuten, in die einige Forderungen der deutschen und anderen Gelehrten, die eine Umgestaltung der Organisationsstruktur verlangt hatten, aufgenommen wurden. Die Generalversammlung bestätigte 1931 die vorgeschlagene Umwandlung und änderte, entsprechend der nun den Unionen gewährten Selbständigkeit, den Namen in Conseil international des unions scientifiques (International Council of Scientific Unions)– Präsident wurde jetzt Hale, Generalsekretär Sir Henry Lyons. (Abb. 40)

Was die Sprachen anging, blieb jedoch alles beim alten, da die Verfechter der Gleichberechtigung der deutschen Sprache dem Conseil nach wie vor fernblieben, obwohl sie vorher aufgefordert worden waren, an der Überarbeitung der Statuten mitzuwirken. Kohlschütter, der den Satzungsentwurf überprüft hatte, bemerkte zu den Sprachen, die wie vorher – und später im verabschiedeten Statut – nicht festgelegt wurden, bis auf die Regelung, daß der französische als der authentische Text der Statuten gelten sollte:

> Die Sprachenfrage, die schon so häufig auf internationalen Kongressen zu Schwierigkeiten Veranlassung gegeben hat, ist dadurch umgangen worden, daß in dem neuen Satzungsentwurf überhaupt keine Bestimmungen getroffen worden sind, außer der, daß der französische Text der Satzungen maßgebend sein soll. Zunächst ist der Satzungsentwurf auch nur in Französisch und Englisch veröffentlicht worden.

Das deutete darauf hin, daß man weiterhin an der französisch-englischen Zweisprachigkeit festhalten wollte. Gleichwohl war Kohlschütter zuversichtlich, daß später, wenn die deutschen Wissenschaftler sich anschließen würden,

> für den Druck von Satzungen, Einladungen, Protokollen und sonstigen Auslassungen des Internationalen Rates die Gleichberechtigung der deutschen Sprache mit Französisch und Englisch erreicht werden wird.[62]

---

60 Vgl. Haber an Stresemann, 15.4.1927, in ebd.

61 Vgl. Oprescu an Freytag, 6.12.1927, in PA AA, R 65824.

62 Kohlschütter,Die Weiterentwicklung des Internationalen Forschungsrates (Research Council), o. D., in PA AA, R 65825; vgl. International Council of Scientific Unions, Fifth Assembly of the International Research Council and the First Assembly of the International Council of Scientific Unions, held at Brussels, July 11th, 1931. Reports of Proceedings.

INTERNATIONAL COUNCIL OF SCIENTIFIC UNIONS.

FIFTH ASSEMBLY

OF THE

INTERNATIONAL RESEARCH COUNCIL

AND THE

FIRST ASSEMBLY

OF THE

INTERNATIONAL COUNCIL OF SCIENTIFIC UNIONS

HELD AT

BRUSSELS,

JULY 11TH, 1931.

REPORTS OF PROCEEDINGS

EDITED BY

SIR HENRY LYONS, F.R.S.,

GENERAL SECRETARY.

Price Six Shillings.

Abb. 40: Titelblatt des Berichts über die 1. Versammlung des International Council of Scientific Unions 1931 in Brüssel

Doch die deutschen Akademien traten auch unter den neuen Bedingungen nicht in den Internationalen Rat der wissenschaftlichen Vereinigungen, wie er in deutscher Übersetzung hieß, ein. Eine offizielle Antwort auf die offizielle Einladung der britischen Regierung von 1926 blieb aus. Man hielt es ohnehin für zweckmäßiger, sich zuerst den Fachunionen anzuschließen, wo die wissenschaftliche Arbeit geleistet wurde.

Erst nach dem Zweiten Weltkrieg wurde im Jahr 1952 die Bundesrepublik Deutschland, vertreten von der Deutschen Forschungsgemeinschaft, Mitglied des International Council of Scientific Unions. Die DDR folgte 1961, vertreten von der Deutschen Akademie der Wissenschaften zu Berlin. Die Forderung, Deutsch mit Englisch und Französisch gleichrangig zu behandeln, wurde dann allerdings nicht mehr gestellt.

Präsidenten des Internationalen Forschungsrats (ab 1931 Internationaler Rat der wissenschaftlichen Vereinigungen):

1919–1931	Émile Picard	(Frankreich)
1931–1934	George Ellery Hale	(USA)
1934–1937	Niels Erik Nörlund	(Dänemark)
1937–1945	Charles Fabry	(Frankreich)

Generalsekretäre:

1919–1928	Arthur Schuster	(Großbritannien)
1928–1937	Henry Lyons	(Großbritannien)
1937–1952	Frederick John Marrion Stratton	(Großbritannien)

2. Union académique internationale

Die Verhandlungen über den Eintritt der deutschen Akademien in die Union académique internationale, den Verband für die Geisteswissenschaften, verliefen indes etwas erfolgreicher. Das hing damit zusammen, daß die Internationale Akademie-Union die Mittelmächte nicht ausdrücklich ausgeschlossen – wenn auch nicht eingeladen – hatte und die Satzung etwas liberaler war.[63]

Schon 1922 und 1923 hatten sich Mitglieder der französischen Académie des Inscriptions et Belles-Lettres sowie Delegierte der Niederlande und Italiens an die Wiener Akademie der Wissenschaften gewandt und ihr nahegelegt, sich um Aufnahme in die Akademie-Union zu bewerben.[64] Die Wiener Akademie wollte diesen Schritt jedoch nur gemeinsam mit den deutschen Akademien unternehmen. Diese aber interessierten sich damals mehr für die Erneuerung der alten Internationalen Assoziation der Akademien und nicht für den Eintritt in die Akademie-Union.[65]

Einen neuen Vorstoß unternahm 1925 der Präsident der Norwegischen Akademie der Wissenschaften, der Historiker und Politiker Halvdan Koht, um die philosophisch-historischen Klassen der deutschsprachigen Akademien zum Eintritt in die Akademie-Union zu bewegen und eine entsprechende Einladung vorzubereiten.[66] Das schien um so aussichtsreicher zu sein, als zur gleichen Zeit der Internationale Forschungsrat sich anschickte, den Boykott gegen die Mittelmächte aufzuheben. Daß die Internationale Akademie-Union in ihre Statuten keine Boykottklausel eingeschrieben hatte, konnte das Vorhaben wesentlich erleichtern. So wollten die Delegierten der norwegischen, US-amerikanischen und niederländischen Akademien gemeinsam auf der nächsten Jahresversammlung der Union beantragen, die Mittelmächte einzuladen. Vorher aber wollten sie sich bei diesen vergewissern, ob sie eine Einladung überhaupt annehmen würden.

Doch das Kartell der deutschen Akademien lehnte den Beitritt zunächst ab. Denn man betrachtete ebenso wie den Forschungsrat auch die Akademie-Union als eine ursprünglich gegen die deutschen Gelehrten gerichtete „Kampforgani-

63 Siehe dazu oben S. 202ff.

64 Vgl. Präsidium der Akademie der Wissenschaften in Wien (Redlich, Becke) an die Akademie der Wissenschaften in Berlin, 30.6.1922, in BBAW-Archiv, II-XII-5, Bl. 23; dass. an Akademie der Wissenschaften in Berlin, 18.7.1922, in ebd., Bl. 27; Oswald Redlich an Gaetano de Sanctis (Akademie der Wissenschaften in Turin), 18.7.1922, in ebd., Bl. 25; C. van Vollenhoven, Akademie der Wissenschaften in Amsterdam, an den Präsidenten der Akademie der Wissenschaften in Wien, 15.5.1923, in ebd., Bl. 35.

65 Vgl. Niederschrift [über die Kartelltagung in Bamberg], 20.9.1923, in ebd., Bl. 82.

66 Vgl. Koht an Lüders, 10.11.1925, in BBAW-Archiv, II-XII-6, Bl. 29–31.

https://doi.org/10.1515/9783110572643-017

sation“ der Nachkriegszeit.[67] Zudem sah man Schwierigkeiten darin, Organisationen sich anzuschließen, welche die Einheit der Wissenschaften aufgegeben und Geistes- und Naturwissenschaften in zwei getrennte Vereinigungen aufgeteilt hatten. Besonderer Stein des Anstoßes aber war – wie beim Forschungsrat – der ständige Sitz der Akademie-Union in Brüssel, der, davon war man überzeugt, wegen der Stellung Belgiens im Weltkrieg gewählt worden sei. In enger Verbindung damit monierte man die Ausgrenzung der deutschen Sprache.[68]

In Anbetracht der ablehnenden Haltung der deutschen und österreichischen Gelehrten, aber auch aufgrund von Vorbehalten anderer Mitglieder der Akademie-Union wurde auf deren Jahresversammlung im Mai 1926 eine Resolution einstimmig verabschiedet, die lediglich in allgemeiner Weise betonte, daß aus der Union kein Land ausgeschlossen sei, daß im Gegenteil ausländische Akademien und Wissenschaftsverbände eintreten könnten. Die Resolution lautete:

> L'U.A.I. rappelle que ses statuts n'excluent aucun pays, mais qu'au contraire ils envisagent le moyen par lequel les académies et les corps savants, qui sont encore étrangers à l'Union, peuvent y entrer.[69]

Das war immerhin eine indirekte Aufforderung an die Mittelmächte zum Beitritt und gleichzeitig eine Mahnung an den Internationalen Forschungsrat, der einen Monat später über die Aufhebung des Boykotts beraten wollte. Sobald der deutsche Botschafter in Paris davon erfahren hatte, telegraphierte er die Neuigkeit sogleich an das Auswärtige Amt.[70]

Da sich aber auch bis zur nächsten Jahresversammlung der Union an der Haltung der deutschsprachigen Akademien wenig änderte, zogen die Delegierten der norwegischen, US-amerikanischen und niederländischen Akademien ihren geplanten Antrag auf Aufnahme der Mittelmächte vorerst zurück.

Unterdessen wurden die deutschen Akademien in einer Besprechung mit Vertretern der zuständigen Reichsbehörden im Auswärtigen Amt dazu gedrängt, die Versöhnungsangebote endlich anzunehmen. Wie der Leiter des Völkerbund-

---

67 Besprechung über den Eintritt der kartellierten Akademien in den Conseil International de Recherches und die Union Académique Internationale am 20. April 1927 [im AA]. Streng vertraulich, [Protokoll] in PA AA, R 65823; vgl. Protokoll der Versammlung der Delegierten des Verbandes der deutschen Akademien am 7.5.1926 in München, in BBAW-Archiv, II-XII-6, Bl. 115.

68 Vgl. Besprechung am 20. April 1927, in PA AA, R 65823; Auszug aus dem Protokoll der Gesamt-Sitzung [der Preußischen Akademie der Wissenschaften] vom 14.1.1926, in BBAW-Archiv, II-XII-6, Bl. 14.

69 Union Académique Internationale, Compte rendu de la septième session annuelle du Comité (10–12 mai 1926), Bruxelles 1926, S. 42.

70 Hoesch an AA, Telegramm, 5.6.1926, in PA AA, R 65493.

referats im Auswärtigen Amt, Bülow, mahnte, müsse „die Isolierung Deutschlands endgültig verschwinden“. Denn, so seine Einschätzung, „[d]ie schlimmste Folge des Krieges sei der Boykott Deutschlands gewesen, der endgültig zusammengebrochen sei.“ Diese „günstig[e] Lage“ müsse man jetzt nutzen.[71] Das Drängen Bülows und anderer Gesprächsteilnehmer blieb nicht ohne Wirkung. Jedenfalls erklärten die Vertreter der deutschsprachigen Akademien nun ihre Bereitschaft, der Internationalen Akademie-Union beizutreten, aber nur dann, wenn man sich vorher über einige wissenschaftliche und organisatorische Fragen mit deren Vertretern verständigen könne.

Nach wie vor schienen sich die deutschen Gelehrten in einer Position der Stärke zu fühlen, wie der Altphilologe Wilamowitz-Moellendorff auf der Besprechung im Auswärtigen Amt zu erkennen gab, was folgendermaßen protokolliert wurde:

> Die ganzen Unternehmungen der U.A.I. seien ohne besonderen Wert. Das wisse man auf der anderen Seite sehr wohl und wolle jetzt die Deutschen nur haben, damit sie helfen. Nicht eine Bruderhand, sondern die Hand eines Ertrinkenden sei es, die sich entgegenstrecke. [...] Es sei klar, daß die kartellierten Akademien in die U.A.I. eintreten, und daß sie dann nicht nur mitwirken, sondern entsprechend den Leistungen der deutschen Wissenschaft auch führen würden.

Nach weiteren Auslassungen anderer Akademiegelehrter in dieser Richtung meinte laut Protokoll der Leiter der Kulturabteilung des Auswärtigen Amts, Freytag, etwas spöttisch: „Da die deutsche Wissenschaft nach ihrer Angabe doch bald ohne weiteres die Leitung erhalten werde, könne sie ruhig eintreten und das Weitere der späteren Entwicklung überlassen.“[72]

Jedenfalls kam wieder etwas Bewegung in die festgefahrenen Verhandlungen. Schon drei Wochen später trafen sich auf Anregung von Waldo G. Leland, Sekretär des American Council of Learned Societies, Washington, D. C., und Delegierter in der Akademie-Union,[73] anläßlich der Tagung des internationalen Historikerkomitees (Comité international des Sciences historiques) im Mai 1927 in Göttingen Gelehrte der deutschsprachigen Akademien zu einem inoffiziellen Gespräch mit ihren Kollegen aus Norwegen (Koht), den USA (Leland), den Niederlanden (Colenbrander), aus Großbritannien (Baxter) und Italien (de Sanctis und Ussani). Gaetano de Sanctis war damals Präsident der Internationalen Akademie-Union, was dem Gespräch um so mehr Gewicht verlieh. Dieses Amt habe er nur deshalb

71 Besprechung im AA am 20. April 1927, [Protokoll] in PA AA, R 65823.
72 Ebd.
73 Vgl. Leland, 28.4.1927, Abschr. in BBAW-Archiv, II-XII-7, Bl. 33.

übernommen, sagte er dem Historiker Karl Brandi, um an der Aufnahme der Deutschen in die Union mitzuwirken.[74]

Neben Fragen zur Kooperation in wissenschaftlichen Unternehmungen wurden in dem Gespräch von dem Berliner Indologen Heinrich Lüders – wie schon früher – „drei Hauptpunkte" genannt, die den deutschen und österreichischen Herren besonders wichtig waren:

1. die Einheit von Natur- und Geisteswissenschaften,
2. „Anstelle der ständigen Zentralisation in Brüssel [...] ein periodischer Wechsel des Vororts nach Akademien" – dadurch würde die Organisation angeblich „entpolitisiert",
3. die Sprachen. „In der UAI gilt als offizielle Geschäftssprache nur das Französische", bemängelte Lüders. „Es wäre zu wünschen, dass auch Englisch, Deutsch und Italienisch anerkannt würden."[75]

Koht, der anmerkte, daß der Wechsel des Versammlungsorts – er sprach nicht vom Sitz oder Vorort der Organisation – auch von anderen Delegierten der Union für gut befunden worden sei, meinte zu den Sprachen, daß Französisch zwar als Geschäftssprache bestimmt sei und für die Veröffentlichung der Verhandlungen sich empfohlen habe, daß aber sowohl für wissenschaftliche Publikationen als auch die mündlichen Verhandlungen die vier anderen Sprachen zugelassen seien oder zugelassen werden könnten. So seien zum Beispiel in dem Archiv Du Cange, wie Baxter ergänzte, Deutsch, Englisch, Französisch, Italienisch und Lateinisch zugelassen.

Die Deutschen wollten, erklärte Wilamowitz-Moellendorff nun vorsichtig zurückhaltend, auf gar keinen Fall Bedingungen an ihren Eintritt knüpfen, sondern an der Verwirklichung ihrer Wünsche mitarbeiten, wenn sie in die Akademie-Union eingetreten seien. Beim örtlichen Wechsel des Vororts würde sich dann die Frage der Geschäftssprache ohnehin „von selbst regeln". Dieser Ansicht pflichtete auch der Vertreter der Wiener Akademie bei, indem er vor allem betonte:

> aber das Kriegsmemento „Brüssel" müsste aus dem Weg geräumt werden.[76]

74 Vgl. Brandi an AA (Soehring), o. D. [eing. 13.12.1926], in PA AA, R 65827.

75 Bericht über eine unoffizielle Besprechung, die Union Académique Internationale betr., 14.5.1927, in BBAW-Archiv, II-XII-7, Bl. 51.

76 Ebd.

Zum Schluß versprachen die Vertreter der deutschsprachigen Akademien, den anderen Akademien eine Denkschrift vorzulegen, in der sie ihre Vorstellungen nochmals klar darlegen wollten.

Es war Lüders, der den Entwurf der „Denkschrift über die Stellungnahme des Kartells der deutschen Akademien zu der Frage des Eintritts in die Union Académique Internationale“ vorlegte. Lüders Entwurf wurde dann auf der Kartelltagung in Leipzig im Juli 1927 mit geringfügigen Korrekturen verabschiedet.

Diese Denkschrift hob nochmals die Bereitschaft zur Zusammenarbeit in der Akademie-Union hervor und ging ausführlich auf die Frage des Sitzes der Union und der Geschäftssprache ein, worin man nicht zu Unrecht einen engen Zusammenhang erblickte. Dabei war es ein vorrangiges Anliegen der deutschen und österreichischen Gelehrten, die mit dem Brüsseler Sitz der Organisation verbundene Privilegierung der französischen Sprache aufzuheben, um auch der deutschen Sprache wieder mehr Geltung zu verschaffen.

So bekräftigte die Denkschrift

> *die bestimmte Erwartung, daß im Sitz der Organisation künftig ein regelmäßiger Wechsel eintritt.* In der Bestimmung von Artikel 20 der Satzungen der UAI, daß Brüssel dauernd den Sitz der Union bilden soll, müssen sie eine Politisierung der Organisation sehen, die verschwinden sollte. *Im Zusammenhange damit würde dann künftig auch das Französische als die alleinige Geschäftssprache der UAI in Wegfall kommen müssen.* Dieses Monopol des Französischen kann als einigermaßen berechtigt gelten, solange Brüssel das Zentrum der Union bildet. Der Wechsel im Sitz der Organisation müßte aber zwangsläufig auch einen Wechsel in der Geschäftssprache nach sich ziehen: jedes Land, das den Sitz erhält, muß selbst bestimmen können, welche Geschäftssprache es wünscht. Wie das Französische müssen auch das Deutsche, das Englische und das Italienische zulässig sein.[77]

Doch bei dem Versuch, den Sitz der Akademie-Union zu verlegen und das „Monopol des Französischen“ zu brechen, stießen die deutschen und österreichischen Gelehrten bei ihren ausländischen Kollegen auf Widerstand.

Leland, dem die Denkschrift sogleich zugeschickt worden war und der sich mit den amerikanischen Akademiemitgliedern beraten hatte, differenzierte in seiner Erwiderung sehr genau zwischen dem Sitz der Organisation und dem Ort der Jahrestagungen sowie den damit verbundenen Sprachen. Während amerikanische Gelehrte den ständigen Wechsel des Sitzes der Organisation nicht für zweckmäßig und notwendig halten würden, so Leland, wäre jedoch der regel-

77 Denkschrift über die Stellungnahme des Kartells der deutschen Akademien zu der Frage des Eintritts in die Union Académique Internationale, o. D., in ebd., Bl. 85; Hervorhebung i. Orig.; vgl. Protokoll der Kartelltagung der deutschen Akademien der Wissenschaften in Leipzig am 21.7.1927, in ebd., Bl. 102.

mäßige Wechsel der Jahresversammlungen, ihre Abhaltung in verschiedenen Ländern, sehr erwünscht:

> I beg to say that we shall be glad to see such a change in the constitution of the U.A.I. as will allow its annual meetings to be held in rotation in different countries. We believe that such a change is desirable, in order to equalize the burden of attendance among the various Academies that are affiliated with the U.A.I. It is clearly unjust that the more distant countries should every year have to bear the great expense of sending delegates to Brussels, whereas the countries nearest to that city have little or no expense.[78]

Ebenso unterschieden die amerikanischen Wissenschaftler zwischen der Geschäftssprache und den Verhandlungssprachen der Union, wie Leland ausführte:

> With regard to the question of language, however, we wish to point out that the constitution of the U.A.I., which prescribes French for the correspondence and administrative documents, is entirely silent with respect to the language which is to be used in the annual meetings. It is clear, therefore, that other languages than French can now be used in the annual meetings.[79]

Ähnliche Ansichten äußerte Koht, der wenige Monate später den kartellierten Akademien ein „Projet de communication" schickte, in dem er auf die in der Denkschrift gestellten Forderungen einging. Vermutlich plante Koht, in der Akademie-Union dieses Schriftstück zusammen mit den niederländischen und amerikanischen Delegierten vorzulegen, wenn sie die Einladung der kartellierten Akademien beantragen würden. Vorher aber wollte er deren Einverständnis einholen.

Hinsichtlich des Sitzes der Organisation, der Jahresversammlungen und der Sprachen wurden in dem „Projet de communication" zunächst die Erwartungen der deutschen Akademien und der Wiener Akademie wiedergegeben:

> qu'il serait utile de ne pas continuer de réunir toujours l'assemblée annuelle de l'U.A.I. dans la même ville. Elles pensent qu'il serait préférable, de plusieurs points de vue, que le siège de l'Union changerait d'après un système de roulement entre les pays membres, système qui comporterait aussi un changement de sa langue d'affaires d'après le lieu de son siège. [80]

78 Leland an A. Fischer (Leipzig), 19.8.1927, Abschr. in ebd., Bl. 100.

79 Ebd.

80 Projet de communication, o. D., in BBAW-Archiv, II-XII-8, Bl. 3. Koht schickte das Schriftstück am 6.12.1927 an Fischer (Leipzig).

Auffallend ist, daß Koht dann jedoch nur – ähnlich wie Leland – den Wechsel des Ortes der Jahresversammlungen befürwortete, während er den Wunsch, den Sitz der Organisation zu verlegen, nicht kommentierte:

> Par rapport à cette question, nous nous permettons de remarquer que, certainement, il y a de bonnes raisons pratiques pour la proposition de changer de temps en temps le lieu de réunion de notre assemblée annuelle.[81]

Dieses „Projet de communication" fand dann auf der Sitzung der Vertreter der kartellierten Akademien Ende Dezember 1927 Zustimmung. Zugleich betonten sie aber, daß ihre in der Denkschrift formulierten Anträge – dieses Wort tauchte hier erstmals auf – zwar keine Bedingungen für ihren Eintritt in die Union darstellen sollten, daß sie jedoch damit rechnen würden, daß ihre Anträge insbesondere von den Akademien Norwegens, der USA und der Niederlande unterstützt würden. Dieses Ergebnis der Beratung des Akademie-Kartells teilte Le Blanc, der Vorsitzende der Sächsischen Akademie in Leipzig, die damals als Vorort des Kartells fungierte, Koht mit.[82]

Bald ging auch eine Stellungnahme der niederländischen und amerikanischen Mitglieder der Akademie-Union bei den kartellierten Akademien ein, in der die Bereitschaft der deutschen und österreichischen Akademien zur Zusammenarbeit in der Akademie-Union begrüßt wurde.[83] Keine Schwierigkeit, versicherte dieses Memorandum, bestünde in der Aufnahme der gesamten Akademien, also nicht nur ihrer philosophisch-historischen, sondern gleichzeitig auch ihrer physikalisch-mathematischen Klassen, sowie in der Fortführung ihrer wissenschaftlichen Unternehmungen, wie das von den deutschsprachigen Akademien gewünscht worden war.

Dagegen stimmte man – ebensowenig wie vorher Leland und Koht – den Forderungen der kartellierten Akademien nach Verlegung des Sitzes der Union und Aufgabe des Französischen als Geschäftssprache nicht zu.

In dem Memorandum hieß es dazu:

81 Ebd.

82 Vgl. Protokoll der Sitzung der Vertreter der kartellierten deutschen Akademien am 22.12.1927 zu Leipzig, in ebd., Bl. 8; Le Blanc an Koht, 23.12.1927, Abschr. in ebd., Bl. 10.

83 Memorandum of the Dutch and American Members of the U.A.I. in reply to the Memorandum of the Kartell of the German and Austrian Academies, March 1928, unterzeichnet von Kon. Akademie van Wetenschappen, van Vollenhoven, und American Council of Learned Societies, Permanent Secretary, Leland, Washington, Abschr. in GStA PK, I. HA Rep. 76, Vc Sekt. 1 Tit. 11 Teil VI Nr. 8 Bd. II, unfoliiert.

With regard to those paragraphs of the memorandum of the Kartell which relate to the headquaters of the U.A.I., the question of language, and the place of meetings, the Dutch and American members feel that they must, in all loyalty, offer the following observation:

1. The Dutch and American members are unable to agree with their German and Austrian colleagues as to the desirability of changing the location of the headquaters of the U.A.I. Without prejudice to any future consideration of this question, they feel that for the present, at least, the U.A.I. has every reason to be satisfied with the existing arrangements, and they could not now support, and indeed would feel obliged to oppose, any motion that might be made in the assembly of the U.A.I. to bring about such a change. They beg, therefore, to be excused from presenting this part of the memorandum to the U.A.I.

2. Similarly, with regard to the matter of language, the Dutch and American members feel that there is a distinct advantage in having a single language for the correspondence and administrative documents of the U.A.I. They venture to recall that the American and British members, who also speak a language of great diffusion, find no difficulty in accepting the present arrangement. They also beg to call the attention of the German and Austrian Academies to the fact that the statutes of the U.A.I. do not prescribe the language of its *meetings*, or of its *scientific publications* and that in these important activities German, English and Italian may be freely used, as well as French. [84]

Was die jährlichen Tagungen betraf, hielt man in dem Memorandum einen Ortswechsel aus praktischen Gründen für wünschenswert, um den Aufwand für Mitglieder, die in entfernteren Ländern wohnten, zu begrenzen. Doch sollten die Tagungen wenigstens alle drei bis vier Jahre an dem Sitz der Union, also in Brüssel, stattfinden.[85]

Diese praktische Frage, so rieten die Unterzeichner des Memorandums, sollte aber auf gar keinen Fall mit dem Eintritt in die Union verbunden werden („is one of a practical nature which should not in any way be connected, or appear to be connected, with the entrance of the German and Austrian Academies into the U.A.I.“). Deshalb würden sie diese Frage zum gegenwärtigen Zeitpunkt auch nicht vorlegen. Zum Schluß des Memorandums wurde nochmals der Wunsch bekräftigt, daß die deutschen und österreichischen Akademien zum frühestmöglichen Zeitpunkt und unter Bedingungen, die für eine Zusammenarbeit aller Länder möglichst günstig sind, der Union beitreten.[86]

Wenngleich der „Erwartung bezüglich eines regelmäßigen Wechsels in dem Sitz der Organisation“, welche die kartellierten Akademien hegten, in dem Memorandum nicht entsprochen wurde, sah die Preußische Akademie der Wissen-

84 Ebd.; Hervorhebung i. Orig.
85 Ebd.
86 Ebd.

schaften, wie Max Planck der Gesellschaft der Wissenschaften zu Göttingen mitteilte, doch wichtige Forderungen erfüllt. Den Vorschlag zur Verwendung der Sprachen könne die Berliner Akademie ebenfalls akzeptieren, schrieb Planck:

> Auch eine befriedigende Regelung der Sprachenfrage erscheint günstige Aussichten zu bieten, da nach den Erklärungen des Memorandums die deutsche Sprache in keinem Falle weniger gut gestellt werden soll als etwa die englische.[87]

Da jedoch in der Denkschrift der kartellierten Akademien eigentlich alles gesagt sei, wolle die Berliner Akademie, ohne vorher nochmals zu dem Memorandum Stellung zu beziehen, es den Vertretern der norwegischen, niederländischen und US-amerikanischen Akademien überlassen, ob sie ihren angekündigten Antrag, die kartellierten Akademien aufzunehmen, auf der Jahresversammlung der Akademie-Union im Mai 1928 einbringen wollten.[88]

Dennoch schickte der Vorsitzende Sekretar der Gesellschaft der Wissenschaften zu Göttingen, der Archäologe Hermann Thiersch, mit Zustimmung der anderen deutschsprachigen Akademien an die Delegierten der Niederlande und USA in der Akademie-Union, van Vollenhoven und Leland, ein kurzes Antwortschreiben, in dem einerseits die Befriedigung über einige in dem Memorandum unterstützte Forderungen ausgedrückt wurde, andererseits aber auch Bedauern darüber,

> daß in der Angelegenheit des ständigen Sitzes der „Union Académique Internationale" schon die Kgl. Akademie zu Amsterdam und der American Council of Learned Societies unseren bestimmten Erwartungen nicht glauben entsprechen zu können. Wir behalten uns in dieser Frage alles Weitere vor.[89]

Auch an Koht, dem er eine Abschrift des Schreibens an van Vollenhoven und Leland schickte, schrieb Thiersch:

> Wir können nicht verhehlen, daß es uns mit ernster Besorgnis erfüllt, zu sehen, welchen Widerstand einer der für uns wichtigen Punkte schon bei den neutralen Akademien findet.[90]

Unter diesen Umständen war es allerdings nicht verwunderlich, daß von den drei engagierten Akademien auf der Jahresversammlung der Internationalen Akade-

87 Planck an Gesellschaft der Wissenschaften zu Göttingen, 30.3.1928, in GStA PK, I. HA Rep. 76, Vc Sekt. 1 Tit. 11 Teil VI Nr. 8 Bd. II.
88 Vgl. ebd.
89 Thiersch an C. van Vollenhoven und W. G. Leland, 10.4.1928, Entwurf, Abschr. in ebd.
90 Thiersch an Koht, 11.4.1928, Abschr. in ebd.

mie-Union 1928 kein Antrag gestellt wurde, die kartellierten Akademien aufzunehmen. Denn obwohl die Vertreter der norwegischen, niederländischen und US-amerikanischen Akademien in ihren Memoranden sich sehr differenziert und klar ausgedrückt hatten, setzten sich die deutschen und österreichischen Gelehrten über diese Differenzen einfach hinweg und gingen auf die konkreten Vorschläge überhaupt nicht ein.

Wie Thiersch danach an die Preußische Akademie der Wissenschaften in Berlin schrieb, war man sich durchaus dessen bewußt, daß man für die Forderung, die Zentrale der Union weg von Brüssel zu verlegen, bei den drei befreundeten Akademien keine Unterstützung gefunden hatte und daß deshalb der Antrag auf Aufnahme der deutschsprachigen Akademien bei der Akademie-Union nicht gestellt worden war. Gleichzeitig aber bedauerte es Thiersch, daß die kartellierten Akademien nun noch nicht Mitglieder der Union geworden waren, und er befürchtete, daß

> manche Mitglieder der „Union", die sich sonst an uns angeschlossen hätten, dem deutschen Einfluss nun entzogen werden und nicht nur ihre Hinneigung zum Deutschtum, sondern auch ihre eigene Selbständigkeit der Gegenseite gegenüber jetzt sehr viel schwerer werden aufrecht erhalten können.

Außerdem rechnete Thiersch damit, daß die befreundeten Akademien nun „verstimmt" seien und sich „fühlbar zurückhalten" würden.

In dieser Situation schlug Thiersch vor, einen neuen Versuch zu machen und möglicherweise den Wunsch nach Verlegung der Zentrale, gegen den es durchaus sachliche Gründe gebe, wie er einräumte, erst nach dem Eintritt zu verhandeln.[91]

Es dauerte nochmals drei weitere Jahre, bis eine Forderung der deutschen und österreichischen Gelehrten, die sich auf den Wechsel des Versammlungsortes bezog und bereits die Zustimmung der norwegischen, niederländischen und amerikanischen Kollegen gefunden hatte, aufgegriffen wurde.

So stellten auf der Jahresversammlung der Akademie-Union im Jahr 1931 die englischen, dänischen und italienischen Akademien den Antrag, in die Satzung der Organisation einen Passus aufzunehmen, wonach Jahresversammlungen sowohl in Brüssel als auch auf Einladung einzelner Akademien an deren Sitz durchgeführt werden könnten. Zudem wurden besondere Befugnisse des Büros, Versammlungen einzuberufen, gestrichen. Aber den zentralen Sitz der Union in Brüssel und Französisch als Geschäftssprache tastete man nicht an.

Der Antrag auf Änderung des betreffenden Artikel 21 der Satzung lautete:

---

91 Thiersch an Preußische Akademie der Wissenschaften, 9.6.1928, in BBAW-Archiv, II-XII-8, Bl. 22.

> Les membres se réunissent au moins une fois l'an à Bruxelles, en session ordinaire. Néanmoins, l'Assemblée est libre d'accepter, de la part de corps savants affiliés, des invitations à tenir des sessions ordinaires dans les villes où sont les sièges de ces corps affiliés. À chaque réunion, l'Assemblée fixe la date de la réunion suivante.[92]

Wie Lüders dazu auf der Kartellversammlung in Berlin ausführte, sah er in diesem Antrag einen Erfolg für die Verwendung der deutschen Sprache. Denn die Teilnehmer der Versammlungen könnten dann an anderen Orten auch andere Sprachen wählen, während man bis dahin die Verhandlungen nur in französischer Sprache geführt hätte, weil es in Brüssel die einzige Sprache sei, die alle verstehen würden.[93]

Doch der Antrag auf die Änderung der Statuten der Internationalen Akademie-Union erreichte auf deren Jahresversammlung 1931 nicht die erforderliche Dreiviertel-Mehrheit. 17 Delegierte stimmten dafür, 17 dagegen und 2 enthielten sich der Stimme.[94]

Jetzt rang sich endlich das Kartell der deutschsprachigen Akademien zu der Auffassung durch, daß es sich mit jener geplanten, doch vorerst gescheiterten Statutenänderung der Akademie-Union einverstanden erklären könnte. Ein Zusatzwunsch, den der Altphilologe Eduard Schwartz aus München vorbrachte und der darauf hinauslief, der deutschen Sprache noch ein weiteres Terrain zu sichern, fand auf der Kartelltagung ebenfalls Zustimmung. Danach sollten „Anträge auf Wunsch in der Sprache des Antragstellers protokolliert werden, gegebenenfalls mit französischer Übersetzung, jedoch so, daß in Zweifelsfällen die Fassung in der ursprünglichen Sprache, nicht in der Übersetzung, maßgebend sein solle."[95] Doch für solche weiteren Zugeständnisse an die Verwendung anderer Sprachen schien die Zeit noch nicht reif zu sein.

---

92 Union Académique Internationale, Compte rendu de la douzième session annuelle du Comité (25–28 mai 1931), Bruxelles 1931, S. 5 f. Der ursprüngliche Artikel 21 der Satzung, der nun geändert werden sollte, lautete: «Les membres se réunissent au moins une fois l'an à Bruxelles, en session ordinaire. Ils fixent à chaque réunion la date de la réunion suivante. Ils peuvent être convoqués, hors session, par le Bureau, si celui-ci le juge nécessaire.» (Statuts, in BBAW-Archiv, II-XII-33, Bl. 1).

93 Vgl. Protokoll der Kartelltagung in Berlin am 5.6.1931, in BBAW-Archiv, II-XII-8, Bl. 167 f.

94 Jedes Mitgliedsland verfügte über 2 Stimmen. Dafür stimmten: Großbritannien (2), USA (2), Italien (2), Dänemark (2), Finnland (1), Norwegen (2), Ungarn (2), Spanien (2), Japan (2); dagegen stimmten: Frankreich (2), Niederlande (2), Finnland (1), Polen (2), Rumänien (2), Tschechoslowakei (2), Jugoslawien (2), Griechenland (2), Portugal (2); Belgien (2) enthielt sich der Stimme; vgl. Union Académique Internationale, Compte rendu 1931, S. 6.

95 Protokoll der Kartelltagung in Berlin am 5.6.1931, in BBAW-Archiv, II-XII-8, Bl. 168.

Bereits auf der nächsten Jahresversammlung der Internationalen Akademie-Union 1932 legte ein Unterausschuß einen vorsichtig modifizierten Antrag auf Satzungsänderung vor, der die Rechte des Büros, Versammlungen einzuberufen, anerkannte, aber gleichzeitig als Ausnahme die Möglichkeit, den Versammlungsort zu wechseln, einräumte.[96] Dieser Antrag konnte, nachdem man allen Delegierten ausgiebig Zeit gelassen hatte, sich dazu schriftlich zu äußern, auf der folgenden Jahresversammlung der Union im Jahr 1933 schließlich mit großer Mehrheit verabschiedet werden.[97]

Der Artikel 21 der Satzung wurde nun folgendermaßen geändert:

> Les membres se réunissent au moins une fois l'an en session ordinaire. Ils fixent à chaque réunion la date de la réunion suivante. Ils peuvent être convoqués hors session par le Bureau, si celui-ci le juge nécessaire.
>
> Les réunions se tiennent normalement à Bruxelles. Toutefois si une Assemblée le juge utile pour les travaux de l'Union, elle peut accepter l'invitation d'un Corps savant affilié tendant à ce que l'Assemblée ordinaire suivante se réunisse dans une autre ville, siège de ce Corps savant.[98]

Den Beschluß setzten die dänischen Delegierten sogleich in die Tat um, indem sie die Jahresversammlung im Jahr 1935 nach Kopenhagen einluden.[99]

Nachdem nun eine wichtige Forderung der deutschen Gelehrten erfüllt worden war, bereitete Koht den nächsten Schritt vor, der darin bestand, daß die norwegische Akademie zusammen mit zwei anderen Akademien den Antrag stellte, die deutschen Akademien und die Wiener Akademie in die Akademie-Union hinzuzuwählen.

Jetzt war man auch im Akademie-Kartell bereit, die hohen Ansprüche vorerst zurückzustellen. Die Berliner Akademie erklärte sich damit einverstanden, in die Union einzutreten unter der Bedingung,

> 1) dass der Ort der Tagungen der Union wechselt und nicht an Brüssel gebunden ist. Gegen Brüssel als Sitz des Büros wurden keine Bedenken erhoben;

---

96 Union Académique Internationale, Compte rendu de la treizième session annuelle du Comité (23–26 mai 1932), Bruxelles 1932, S. 7 f.

97 Vgl. Union Académique Internationale, Compte rendu de la quatorzième session annuelle du Comité (22–25 mai 1933), Bruxelles 1933, S. 8. Nur Rumänien sprach sich gegen eine Satzungsänderung aus, und Griechenland hatte seine Ansicht nicht mitgeteilt.

98 Ebd., S. 8 f.; vgl. Union Académique Internationale, Statuts, in BBAW-Archiv, II-XII-33, Bl. 1.

99 Union Académique Internationale, Compte rendu 1933, S. 9.

> 2) dass als offizielle Sprache der Union allein die französische gilt. Wenn mehrere Sprachen, etwa Englisch und Französisch als offizielle Sprachen zugelassen sein sollten, so müsste auch die Zulassung des Deutschen gefordert werden.[100]

Die erste Bedingung war ohnehin gerade im Statut der Akademie-Union verankert worden und wurde mit der Einladung der Unionsversammlung 1935 nach Kopenhagen zum ersten Mal praktisch erfüllt. Die zweite Bedingung schien auch keine Schwierigkeiten zu bereiten, da nach dem Statut ohnehin Französisch die Geschäftssprache war, und ansonsten auf den Versammlungen, wie Delegierte versicherten, auch andere Sprachen gewählt werden könnten.[101]

Noch einen politischen Gesichtspunkt, der mit der Errichtung des Nationalsozialismus in Deutschland zusammenhing, führte Lüders in seinem Bericht über den Verlauf der bisherigen Verhandlungen an, der ihn selbst, der früher gegen den Eintritt gewesen sei, bewogen habe, dafür einzutreten, die Aufforderung der norwegischen Akademie anzunehmen:

> Deutschland hat zur Zeit im Ausland so wenig Freunde, dass wir es uns nicht leisten können, freundschaftliche Anerbieten zurückzuweisen, und vielleicht können die deutschen Akademiker etwas zum Ausgleich der Stimmung beitragen.[102]

Lüders Bericht über die Verhandlungen wurde auf der Kartellversammlung 1934 in Göttingen verlesen. Die Versammlung faßte daraufhin einstimmig den Beschluß,

> auf Aufforderung in die Union einzutreten.[103]

Ein Jahr später, auf der Jahresversammlung der Internationalen Akademie-Union in Kopenhagen, wurden auf Antrag der norwegischen, niederländischen und amerikanischen Akademien die deutschen Akademien und die österreichische

---

100 Lüders an Thiersch, 29.7.1934, Abschr. in BBAW-Archiv, II-XII-9, Bl. 92. Lüders teilte den Beschluß der Berliner Akademie auch Koht mit; vgl. Lüders an Koht, 8.7.1934, in BBAW-Archiv, II-XII-33, Bl. 8; vgl. Conrad Grau, Wolfgang Schlicker, Liane Zeil, *Die Berliner Akademie der Wissenschaften in der Zeit des Imperialismus. Teil III. Die Jahre der faschistischen Diktatur 1933 bis 1945*, Berlin 1979, S. 81.

101 Vgl. Lüders an Thiersch, 29.7.1934, Abschr. in BBAW-Archiv, II-XII-9, Bl. 92.

102 Ebd.

103 Verhandlungsprotokoll der Vertreterversammlung des Kartells der deutschen Akademien am 20.10.1934 in Göttingen, in ebd., Bl. 91; vgl. Grau u. a., *Die Berliner Akademie*, III, S. 81.

Akademie in die Union einstimmig aufgenommen.[104] Die Kartellversammlung 1935 in Heidelberg bestätigte anschließend den Beitritt.[105]

Erstmals nahmen im Jahr 1936 an der Jahresversammlung der Akademie-Union in Brüssel Vertreter der deutschsprachigen Akademien teil. Sie wurden von dem italienischen Vizepräsidenten der Union, Vincenzo Ussani, freundlich begrüßt:

> [...] les représentants des Académies qui viennent pour la première fois prendre part à nos travaux, les représentants des Académies allemandes et les représentants de l'Académie viennoise. Ils ne sont pas venus ici sans y être désirés; au contraire, nous les avons attendus plusieurs années et l'on a eu un signe de cette attente dans le vote unanime par lequel leur volonté d'entrer a été accueillie par l'Assemblée de Copenhague. Nous nous félicitons de les voir ici.[106]

Wenngleich der Göttinger Historiker Karl Brandi, einer der beiden deutschen Delegierten in der Akademie-Union, die wissenschaftliche Bedeutung der Union nicht gerade hoch einschätzte, war, wie er in Übereinstimmung mit dem zweiten deutschen Delegierten, Heinrich Lüders, betonte, „die Mitwirkung der deutschen und oesterreichischen Akademien an der Union sachlich und aus Gründen der internationalen Repräsentation notwendig".[107]

Aus Repräsentationsgründen wollte man auch die Jahresversammlung der Akademie-Union bald nach Deutschland oder Österreich einladen, was für die Einführung der deutschen Sprache in die Verhandlungen nur von Vorteil sein konnte. Dabei sollte man möglichst geschickt vorgehen, gab Brandi den Rat, und nicht sofort den Antrag stellen, obwohl für das nächste Jahr noch keine Einladung eines anderen Landes vorlag; „doch werden die Deutschen und Oesterreicher gut daran tun", empfahl er, „zunächst eine andere Akademie, wie etwa Amsterdam oder Rom, zur Einladung zu bestimmen, um später von dem zu ihren Gunsten beschlossenen Wechsel auch für Deutschland oder Oesterreich Gebrauch zu machen."[108] Die Aussichten schienen um so günstiger zu sein, als auf der Jah-

104 Es waren nur 14 von 18 Ländern vertreten, die Delegierten der Akademien von Athen, Bukarest, Budapest und Lissabon fehlten; vgl. Union Académique Internationale, Compte rendu de la seizième session annuelle du Comité (13 – 16 mai 1935), Bruxelles 1935, S. 4, 10.

105 Vgl. Kartellsitzung der Deutschen Akademien in Heidelberg, 22.10.1935 [Protokoll], in BBAW-Archiv, II-XII-9, Bl. 123, vgl. Grau u. a., *Die Berliner Akademie*, III, S. 82.

106 Union Académique Internationale, Compte rendu de la dix-septième session annuelle du Comité (11 – 14 mai 1936), Bruxelles 1936, S. 5.

107 Brandi, Bericht über die Union académique internationale, besonders über die Sitzungen vom 11.–14. Mai 1936 in Brüssel, in BBAW-Archiv, II-XII-9, Bl. 165.

108 Ebd.

resversammlung der Union im Mai 1939 in London der deutsche Altphilologe Johannes Stroux für die Jahre 1940 bis 1942 zum Vizepräsidenten gewählt wurde.[109] Sein Amt konnte er dann allerdings wegen des Zweiten Weltkriegs nicht mehr antreten.

Die Auseinandersetzung um die Verwendung verschiedener Sprachen, und nicht nur des Französischen, auf den Versammlungen der Union stand jedoch noch bevor.

Brandi schrieb dazu in seinem Bericht über die Brüsseler Versammlung 1936:

> In der Tat würde eine Aufhebung des Zwanges französisch zu sprechen, politisch und sachlich auf die Dauer erwünscht sein. Denn der vor allem durch die Resignation der Engländer bedingte Vorrang des Französischen belastet mehr als alle anderen die Engländer und Amerikaner, die das Französische besonders schlecht und ungewandt sprechen. Er gibt ausserdem den Franzosen und Belgiern, die sich ihrer Muttersprache bedienen, einen ausserordentlichen Vorsprung und das zweifelhafte Privileg der Breite.[110]

Als Vorbild, das man anstreben müsse, nannte Brandi die Sprachenregelung des 1926 gebildeten Internationalen Historikerkomitees, für die er sich als deutscher Delegierter eingesetzt hatte. Dort waren fünf Sprachen zugelassen: Deutsch, Französisch, Englisch, Italienisch und Spanisch. „Jeder kann sich der eigenen Sprache bedienen und ist nur gezwungen, die übrigen zu verstehen, was unter den Gelehrten aller Länder fast eine Selbstverständlichkeit ist."[111]

Doch in der Internationalen Akademie-Union wurde die Sprachenregelung damals nicht verändert. Der Versammlungsbericht erschien nach wie vor nur auf Französisch. Nur ein einziges Mal wurde eine kurze Nachricht auf Deutsch abgedruckt: Die Mitteilung der Akademie der Wissenschaften in Wien im Jahr 1938, daß sie „ihr Mandat in der Union für erloschen ansieht" und ihr bisheriger Vertreter ausscheidet – „[m]it Rücksicht auf den Eintritt Oesterreichs in das grossdeutsche Reich".[112]

---

109 Vgl. Union Académique Internationale, Compte rendu de la vingtième session annuelle du Comité. 8 – 11 mai 1939, Bruxelles 1939, S. 55.

110 Brandi, Bericht, in BBAW-Archiv, II-XII-9, Bl. 165.

111 Ebd.

112 Union Académique Internationale, Compte rendu de la dix-neuvième session annuelle du Comité. 16 – 19 mai 1938, Bruxelles 1938, S. 4.

Präsidenten der Internationalen Akademie-Union[113]:

1920 – 1923	Henri Pirenne	(Belgien)
1923 – 1926	Théophile Homolle	(Frankreich)
1926 – 1929	Gaetano de Sanctis	(Italien)
1929 – 1932	Frederic G. Kenyon	(Großbritannien)
1932 – 1934	C. van Vollenhoven	(Niederlande)
1934 – 1935	J. J. Salverda de Grave	(Niederlande)
1935 – 1937	L. Nicolau d'Olwer	(Spanien)
1938 – 1940	Waldo G. Leland	(USA)

113 Die Präsidenten der Internationalen Akademie-Union wurden nach den Berichten der Jahresversammlungen von 1920 – 1939 (1 – 20) ermittelt.

3. Union astronomique internationale

Die Verbindung der 3. Generalversammlung der Internationalen Astronomischen Union 1928 in Leiden mit der Versammlung der Astronomischen Gesellschaft in Heidelberg,[114] der intensive Verhandlungen vorausgegangen waren, bildete einen Wendepunkt in der Wiederaufnahme der internationalen Zusammenarbeit der Astronomen und ebnete den Weg für den Eintritt der deutschen Astronomen in die Internationale Astronomische Union. Deutsche Astronomen nahmen von da an als Gäste an den Generalversammlungen der Union teil und arbeiteten in einzelnen Kommissionen mit, nachdem der Antrag der amerikanischen Delegation angenommen worden war, daß mit Zustimmung der Mitglieder der jeweiligen Kommission interessierte Astronomen an deren Versammlungen und Diskussionen sich beteiligen könnten.[115]

Bald darauf änderte die Union auf ihrer außerordentlichen Generalversammlung 1931 in London ihre Statuten und sprach sich einstimmig für den Beitritt der deutschen und österreichischen Astronomen aus.[116] Jetzt war die Mitgliedschaft in der Union nicht mehr an die Mitgliedschaft im International Council of Scientific Unions, der Nachfolgeorganisation des Internationalen Forschungsrats, gebunden und dessen Bedingungen unterworfen. In einem besonderen Reglement wurde der Präsident ermächtigt, Gäste zu den Generalversammlungen einzuladen, und die Kommissionen erhielten nicht nur eine größere Selbständigkeit, sondern grundsätzlich das Recht, Mitglieder zu kooptieren, die, wenn sie nicht einem Mitgliedsland der Union angehörten, berechtigt waren, an den Arbeiten der Kommissionen und den Generalversammlungen der Union mit beratender Stimme teilzunehmen.[117] Diese Regelung konnte die Zusammenarbeit mit den deutschen und österreichischen Astronomen erheblich erleichtern und deren Eintritt vorbereiten, und sie wurde wohl gerade deswegen eingeführt.

In Deutschland war zwar die Mehrheit der Astronomen daran interessiert, in die Union einzutreten, doch stellte sich die Frage der nationalen Organisation der Mitgliedschaft. Denn die Astronomische Gesellschaft hatte es abgelehnt, als na-

---

114 Siehe dazu oben S. 366ff.

115 Vgl. Transactions of the International Astronomical Union, Vol. III, Third General Assembly held at Leiden, July 5 to July 13, 1928, Cambridge 1929, S. 12, 169.

116 Vgl. Max Wolf an AA, 8.5.1932, in PA AA, R 66593a.

117 Vgl. Transactions of the International Astronomical Union, Vol. IV, Fourth General Assembly held at Cambridge, Massachusetts, September 2 to September 9, 1932, Cambridge 1933, S. 6f.; Statuts, in ebd., S. 291f.; Projet de Règlement, in ebd., S. 292ff.; siehe dazu auch Transactions of the International Astronomical Union, Vol. VI, Sixth General Assembly held at Stockholm, August 3 to August 10, 1938, Cambridge 1939, S. 465–468; vgl. Blaauw, *History of the IAU*, S. 106.

https://doi.org/10.1515/9783110572643-018

tionale Vertretung der deutschen Astronomen sich der Union anzuschließen, weil sie sich schon immer als internationale Vereinigung verstand, also eher als Parallel- oder Konkurrenzorganisation, noch dazu mit einer viel längeren Geschichte.[118]

Um dennoch den Eintritt in die Union astronomique internationale in die Wege zu leiten, hatte sich bereits auf der Versammlung der deutschen Astronomen 1930 ein „Ausschuß der deutschen Astronomen" gebildet.[119] Der Ausschuß setzte sich „aus den Direktoren der auf dem Gebiete der Astronomie tätigen wissenschaftlichen staatlichen Institute" zusammen und sollte als „Träger der Mitgliedschaft in der Internationalen Astronomischen Union" fungieren.[120]

Nachdem die organisatorischen Voraussetzungen geschaffen worden waren, faßten die Astronomen zwei Jahre später auf ihrer Versammlung in Berlin-Babelsberg den Beschluß:

> Die deutschen Astronomen halten den Beitritt zur Internationalen Union für zweckmäßig.

Zum Vorsitzenden des Ausschusses wählte man Max Wolf, Direktor der Badischen Landessternwarte Heidelberg-Königstuhl und damals Vorsitzender der Astronomischen Gesellschaft.[121]

In der Satzung des Ausschusses, die gleichzeitig verabschiedet wurde, verlor man allerdings über die Sprachen kein Wort.[122] Da Deutsch die offizielle Sprache der Astronomischen Gesellschaft war, erwartete man wohl, daß die deutsche Sprache, sobald die deutsche Mitgliedschaft in der Union geregelt war, darin gebührend zur Geltung kommen würde. Als gutes Zeichen galt es bereits, daß auf der Versammlung 1928 in Leiden der niederländische Präsident der Union, Willem de Sitter, die deutschen Gäste in deutscher Sprache begrüßt hatte, daß sich deutsche Astronomen in den Kommissionen der deutschen Sprache bedienen konnten – für die Übersetzungen einzelner Beiträge und die Resolutionen hatte man Dolmetscher eingestellt – und daß in dem Versammlungsbericht erstmals eine deutschsprachige Mitteilung abgedruckt wurde.[123]

---

118 Siehe dazu oben S. 364 f.
119 Vgl. Max Wolf an AA, 8. 5. 1932, in PA AA, R 66593a.
120 Wolf an RMI, 27. 5. 1932, Abschr. in ebd.
121 Ebd.
122 Vgl. ebd.; Wolf an AA, 8. 5. 1932, in ebd.
123 Vgl. Transactions ..., Vol. III, Leiden 1928, S. 210, 213, 253; Guthnick, Bericht über die Versammlung der International Astronomical Union in Leiden, Juli 1928, in PA AA, R 64505; siehe auch oben S. 367.

Doch die deutschen Astronomen konnten der Internationalen Astronomischen Union vorerst nicht beitreten, weil die deutsche Regierung wegen der schlechten Finanz- und Devisenlage den Beitritt nicht für „zweckmäßig“ hielt und den erforderlichen Mitgliedsbeitrag von jährlich 3.600 RM nicht zur Verfügung stellte.[124] Ein kleiner staatlicher Zuschuß wurde immerhin gewährt, der gerade noch für begrenzte Reisebeihilfen reichte, so daß wenigstens ein oder zwei Vertreter des Ausschusses der deutschen Astronomen die Generalversammlungen der Union als Gäste besuchen konnten. Das ermöglichte es auch dem Direktor des Astronomischen Rechen-Instituts in Berlin-Dahlem, August Kopff, an der Versammlung der Union 1932 in Cambridge, Massachusetts, als einziger deutscher Astronom teilzunehmen[125] und im Namen der deutschen Astronomen eine kurze Ansprache auf Deutsch zu halten, in der er erklärte, warum die deutschen Astronomen immer noch nicht Mitglieder waren:

> Wie Sie soeben gehört haben, ist vor einiger Zeit ein deutsches nationales Komitee gebildet worden, der *Ausschuss der deutschen Astronomen*, der sich die Angabe [sic] gestellt hat, den Eintritt der deutschen Astronomie in die Internationale Astronomische Union durchzuführen. Der Eintritt ist beschlossen worden; aus finanziellen Gründen allein hat er bisher nicht erfolgen können. Doch werden sich auch diese Schwierigkeiten hoffentlich bald überwinden lassen.[126]

Der damalige englische Präsident der Union, Sir Frank Dyson, drückte Erleichterung aus, daß es dieses Mal „nur“ finanzielle Gründe waren, die dem Fernbleiben der Deutschen und Österreicher zugrunde lagen:

> I am sure that we are all delighted that it is only financial considerations in these very trying times which have delayed the entrance of Germany and Austria to our Union.[127]

An der folgenden Generalversammlung 1935 in Paris beteiligte sich Kopff zusammen mit dem Direktor der Universitäts-Sternwarte in Göttingen, Hans Kienle, wiederum nur als deutscher Gast.[128]

---

124 Der Reichs- und Preußische Minister für Wissenschaft, Erziehung und Volksbildung an AA, 13.3.1935, in PA AA, R 66593b; vgl. RMI an Wolf, 14.6.1932, nach Schorr an RMI, 27.1.1935, in ebd.

125 Vgl. R. Schorr, Direktor der Hamburger Sternwarte, Vorsitzender des Ausschusses der deutschen Astronomen, an RMI, 27.1.1935, in ebd.; an der Versammlung der Union in Cambridge, Mass., nahm auch ein Österreicher als Gast teil.

126 Kopff, Ansprache, in Transactions ..., Vol. IV, Cambridge, Massachusetts, 1932, S. 216; Hervorhebung i. Orig.

127 Dyson, Ansprache, in ebd., S. 215.

128 Vgl. AA an Deutsche Botschaft Paris, 25.5.1935, in PA AA, R 66593b; Kühn, Deutsche Botschaft Paris, an AA, 3.8.1935, in ebd. Im Verhandlungsbericht wurden ihre Namen in der Liste der

Es war naheliegend, daß unter solchen Bedingungen die deutsche Sprache in der Internationalen Astronomischen Union nicht an Bedeutung gewann. Vielmehr blieben die offiziellen Sprachen weiterhin Englisch und Französisch.

Als die Revision der Statuten der Union – zur gleichen Zeit wie die der Statuten des Forschungsrats – 1928 vorbereitet worden war, hatte es sogar den Vorschlag gegeben, nur noch Französisch zu verwenden. Damals regte der englische Generalsekretär der Union, F. J. M. Stratton, in einem Rundbrief an die Mitglieder des Exekutivkomitees an, sich auf Französisch als einzige offizielle Sprache zu beschränken, um die Verständigung zu vereinfachen. Möglicherweise war das als Zugeständnis an die Franzosen gedacht, um im Gegenzug deren Einwilligung in die Änderung der Statuten zu erreichen, wie Blaauw vermutet.[129] Doch der französische Astronom Henri Andoyer, einer der fünf Vizepräsidenten der Union, verstand nicht, warum man nicht nach den Regeln des Völkerbunds Englisch und Französisch als offizielle Sprachen der Union verwenden wollte, während er anderseits – einem Handel wenig zugeneigt – durchaus Bedenken äußerte gegen die geplante Statutenänderung, nach der die Union vom Forschungsrat unabhängig werden sollte.[130]

Eine Sprachenregelung wurde jedoch in die geänderten Statuten nicht aufgenommen, außer der vorher schon bestehenden Klausel, daß der französische Text als der maßgebliche gelten sollte.[131] Die Entscheidungen des Exekutivkomitees von 1919, Publikationen der Union auf Englisch oder Französisch herauszugeben, und der Generalversammlung von 1922, Beschlüsse über astronomische Fragen auf Französisch und Englisch zu veröffentlichen, blieben nach wie vor gültig.[132] Allerdings wurden im Verhandlungsbericht der Union die Resolutionen der Kommissionen nur noch auf Französisch abgedruckt, die Statuten hingegen sowohl auf Englisch als auch Französisch.

Englisch hatte sich jedoch als führende Sprache etabliert; es war nicht nur die Sprache der Edition der Konferenzbände, sondern auch die vorherrschende Sprache der Beiträge und Berichte der über dreißig Kommissionen der Union. Das hing damit zusammen, daß zum einen das Generalsekretariat von 1919 bis 1935 in

Mitglieder und Gäste allerdings nicht genannt. Kopff wurde jedoch als Sekretär einer Kommission aufgeführt und im Bericht über die Diskussion in der Kommission wiederholt erwähnt; vgl. Transactions of the International Astronomical Union, Vol. V, Fifth General Assembly held at Paris, July 10 to July 17, 1935, Cambridge 1936, S. 281 ff., 362 ff.

129 Vgl. Blaauw, *History of the IAU*, S. 105.

130 Vgl. ebd.

131 Vgl. Statuts, in Transactions ..., Vol. IV, Cambridge, Mass., 1932, S. 291 f.; Projet de règlement, in ebd., S. 292 ff.

132 Vgl. Transactions..., Vol. I, Rome 1922, S. 6, 153; siehe dazu auch oben S. 190 f.

englischen Händen lag und zum anderen die Astronomen aus den USA und aus Großbritannien nicht nur führend waren, sondern auch die Versammlungen – außer 1935 in Paris – zahlenmäßig dominierten. Auch die Präsidenten der über dreißig Kommissionen wurden vorwiegend von US-amerikanischen und britischen Astronomen gestellt, wobei die USA in Führung lagen – erst an dritter Stelle standen die Franzosen mit ziemlich viel Abstand. Das gleiche galt für das Amt des alle drei Jahre zu wählenden Präsidenten der Union, mit dem man zwischen 1919 und 1938 im Wechsel jeweils zwei Astronomen aus Frankreich, den USA und Großbritannien betraute. Die einzige Ausnahme in dieser Zeit blieb der niederländische Astronom Willem de Sitter, der von 1925 bis 1928 Präsident der Union war und sich, was die Anbahnung der Zusammenarbeit mit den deutschen Astronomen anging, besondere Verdienste erworben hatte. Es lag auf der Hand, daß sich diese personellen und nationalen Konstellationen auf die Verwendung der Sprachen auswirkten.

Seitdem deutsche Astronomen als Gäste an den Generalversammlungen und Kommissionen teilnahmen, tauchten in den Verhandlungsberichten auch hier und da deutschsprachige Ausführungen auf. Als auf der Generalversammlung 1938 in Stockholm, zehn Jahre nach der Leidener Tagung, erstmals wieder mehr deutsche Astronomen als Gäste erschienen – es waren insgesamt 11 – schlug sich das sofort in der Zahl und dem Umfang deutschsprachiger Beiträge nieder, die jedoch gegenüber den englisch- und französischsprachigen Beiträgen nur einen verschwindenden Teil ausmachten.

Abgesehen davon, daß die deutschen Astronomen immer noch nicht die Mitgliedschaft erworben hatten, mußten sie zur Kenntnis nehmen, daß der langjährige Boykott gegen die deutsche Sprache eben seine Spuren hinterlassen hatte und Englisch und Französisch zu den offiziellen Sprachen der Astronomischen Union avanciert waren. So sahen sich die deutschen Astronomen gezwungen, sich häufiger der englischen oder französischen Sprache zu bedienen, weil sie sich sonst nicht allen Teilnehmern verständlich machen konnten.

Wohl aus diesem Grunde erschien ein Bericht des Astronomischen Recheninstituts in Berlin-Dahlem im Verhandlungsbericht der Union in englischer Sprache.[133] Und ein deutscher Astronom, der seinen Vortrag auf Deutsch vorbereitet hatte, hielt ihn auf Englisch, weil die Mehrheit der Mitglieder der betreffenden Kommission ihn darum gebeten hatte. Der Vortrag wurde dann jedoch im Verhandlungsbericht auf Deutsch abgedruckt, mit der vorangestellten Bemerkung:

133 Vgl. Transactions ... Vol. V, Paris 1935, S. 318 f.

> Dr. Unsöld then addressed the meeting on the continuous absorption in the spectrum of the stars. Though it had been originally arranged that his lecture would be delivered in German, he was kind enough tu use the English language at the request of the majority of the members present.[134]

Insgesamt spielte die deutsche Sprache in der Union nur eine marginale Rolle als Muttersprache der deutschsprachigen Teilnehmer. Die einzige Ausnahme bildete eine Resolution des nationalen Komitees der italienischen Astronomen, die sich an ihren japanischen Kollegen Hisashi Kimura, Direktor des Zentralbüros des Internationalen Breitendienstes in Mizusawa in Japan und Präsident der Commission de la variation des latitudes, richtete. Diese Resolution war auf Deutsch verfaßt worden, das offensichtlich als lingua franca zwischen den Italienern und dem Japaner diente, und erschien im Verhandlungsbericht ebenfalls auf Deutsch.[135] – Kimura hingegen bediente sich der englischen Sprache.[136]

Möglicherweise wäre, was die Stellung der deutschen Sprache betraf, die Entwicklung anders verlaufen, wenn die deutschen Astronomen sich der Internationalen Astronomischen Union früher angeschlossen hätten. Doch Mitglied wurde Deutschland erst 1951.[137]

Präsidenten der Internationalen Astronomischen Union:

1919–1922	Benjamin Baillaud	(Frankreich)
1922–1925	William Wallace Campbell	(USA)
1925–1928	Willem de Sitter	(Niederlande)
1928–1932	Frank W. Dyson	(Großbritannien)
1932–1935	Frank Schlesinger	(USA)
1935–1938	Ernest Benjamin Esclangon	(Frankreich)
1938–1944	Arthur Stanlay Eddington	(Großbritannien)

Generalsekretäre der Internationalen Astronomischen Union:

1919–1925	Alfred Fowler	(Großbritannien)
1925–1935	Frederick J. M. Stratton	(Großbritannien)
1935–1948	Jan Hendrik Oort	(Niederlande)

134 Vorbemerkung zu A. Unsöld, Die Energieverteilung in den kontinuierlichen Sternspektren, in Transactions ..., Vol. VI, Stockholm 1938, S. 419–422, Zitat S. 419.

135 Vgl. Prof. Luigi Carnera, Giovani Peisino, An den Hochgeehrten Herrn Vorstand der XIX Kommission, Prof. Dr. H. Kimura, 9.11.1931, in Transactions .... Vol. IV, Cambridge, Mass., 1932, S. 112f.

136 Vgl. Kimura, Proposal from Dr. H. Kimura with regard to the change of the Star-Program for the North International Parallel, 30.3.1932, in ebd., S. 113ff.

137 Vgl. Blaauw, *History of the IAU*, S. 162.

Tab. 9: Internationale Astronomische Union. Zahl der Präsidenten der Kommissionen und Unterkommissionen nach Herkunftsländern (über 2 Präsidenten)[138]

Jahr	USA	Großbr.	Frankr.	Niederl.	Dänem.	Insgesamt
1922	11	9	8	–	–	32
1925	12	7	4	–	1	27
1928	10	7	3	3	2	27
1932	7	10	4	3	3	31
1935	9	8	5	3	2	34
1938	15	5	8	3	2	44

138 Zahlen nach den Angaben in den jeweiligen Verhandlungsberichten der Generalversammlungen der Internationalen Astronomischen Union (Transactions ...).

4. Union géodésique et géophysique internationale

Nachdem die deutschen Geodäten und Geophysiker und die deutsche Sprache von den Generalversammlungen der Union géodésique et géophysique internationale, die 1922 in Rom, 1924 in Madrid und 1927 in Prag stattgefunden hatten, ausgeschlossen worden waren, und damit auch von den Sektionen für Geodäsie, Seismologie, Meteorologie, Erdmagnetismus und Elektrizität, Physikalische Ozeanographie, Vulkanologie und Wissenschaftliche Hydrologie – ab 1932 hießen die Sektionen, um ihre Selbständigkeit zum Ausdruck zu bringen, Assoziationen –, bemühten sich schwedische und andere Wissenschaftler darum, daß ihre deutschen Kollegen sich an der nächsten Generalversammlung der Union im Jahr 1930 beteiligen konnten. Um diesen ihre Teilnahme zu erleichtern, setzten sie sich mit Erfolg dafür ein, daß die Versammlung nicht, wie ursprünglich geplant, in Warschau tagte, sondern in Stockholm.[139]

Zur gleichen Zeit nahm der Direktor des Geodätischen Instituts in Potsdam und Vorsitzende der Deutschen Geophysikalischen Gesellschaft, Ernst Kohlschütter, mit dem amerikanischen Präsidenten der Sektion für Geodäsie der Internationalen Geodätischen und Geophysikalischen Union, William Bowie, sowie dem neuen Generalsekretär des Internationalen Forschungsrats, Sir Henry Lyons, Verbindung auf, um den Eintritt der deutschen Wissenschaftler in die Union und den Forschungsrat vorzubereiten.[140] Dabei konnte Kohlschütter sich auf die guten Beziehungen stützen, die zwischen der Baltischen Geodätischen Kommission und der Union bereits bestanden.[141] Aber auch Bowie, der vier Jahre später Präsident der Union wurde und damit die über vierzehn Jahre währende Präsidentschaft Lallemands ablöste, und Lyons, von 1919 bis 1928 Generalsekretär der Union, machten ihren Einfluß geltend, um die Zusammenarbeit mit den einst verfemten Wissenschaftlern anzubahnen. In einem Brief an Kohlschütter gab Bowie ein Jahr

139 Vgl. Ficker, Versammlung der Internationalen Kommission für Geodäsie und Geophysik in Stockholm im August 1930, an Terdenge (AA), 11.10.1929, in PA AA, R 65824.

140 Briefwechsel zwischen Kohlschütter und Bowie sowie Kohlschütter und Lyons 1929, in ebd. Die Deutsche Geophysikalische Gesellschaft war 1924 aus der 1922 in Leipzig gegründeten Deutschen Seismologischen Gesellschaft hervorgegangen, die als „eine Art Gegengewicht" (Oskar Hecker an AA, 20.5.1926, in PA AA R 64746) gegen die von den Alliierten neugegründete Sektion Seismologie der Internationalen Geodätischen und Geophysikalischen Union gelten sollte, von der Deutschland ausgeschlossen war. Ab 1924 gab die Gesellschaft die *Zeitschrift für Geophysik* heraus.

141 Siehe dazu oben S. 378 f.

https://doi.org/10.1515/9783110572643-019

vor der Stockholmer Tagung (1930) seiner Hoffnung Ausdruck, daß Deutschland sich der Union anschließen und eine starke Delegation nach Stockholm schicken werde. Zudem hielt er es für wünschenswert, daß deutsche Wissenschaftler daran mitwirkten, eine neue Konvention für die Union zu erarbeiten.[142]

Kohlschütter antwortete Bowie mit einem langen Brief in deutscher Sprache, in dem er ausführlich auf die Probleme einging, die Deutschland mit seinem Eintritt in den Forschungsrat und die Unionen hatte. Erste Voraussetzung sei, wie er betonte, die Lossagung von der Londoner Erklärung von 1918.[143] Dann nannte er weitere Bedingungen, welche die Grundlage für eine Zusammenarbeit bilden sollten:

> Diese Bedingungen lassen sich folgendermaßen kurz dahin zusammenfassen, daß die Form des Zusammenschlusses frei von irgend welcher Bevormundung und Voraussetzung in der einem jeden einzelnen Wissenschaftszweige gemäßen Weise erfolgt, daß keine Stimmenstaffelung vorhanden ist, und daß der deutschen Sprache die volle Gleichberechtigung gewährt wird. Das letztere umfasst nicht nur das Recht auf Vorträge in deutscher Sprache, sondern auch die Veröffentlichung der Satzungen, Einladungen, Tagesordnungen und Beschlüss[e] in dieser Sprache, und das Recht, die Wiedergabe des Inhalts von Diskussionsreden in Deutsch zu verlangen.[144]

Die Frage der Teilnahme deutscher Geodäten und Geophysiker an der Versammlung in Stockholm werde auf der Tagung der Deutschen Geophysikalischen Gesellschaft im Oktober 1929 erörtert, teilte Kohlschütter Bowie mit. Er selbst würde sich für die Annahme einer etwaigen Einladung aussprechen. Doch könnten nur einzelne deutsche Gelehrte daran teilnehmen, da Deutschland noch nicht Mitglied der Union sei. Aus dem gleichen Grunde müßte eine besondere Form für die Mitarbeit an der Änderung der Konvention gefunden werden. Kohlschütter gab sich indes überzeugt, daß Deutschland der Union sofort beitreten würde, sobald diese unabhängig vom Forschungsrat geworden sei.[145]

Die Mitgliederversammlung der Deutschen Geophysikalischen Gesellschaft traf im Jahr 1929 jedoch noch keine Entscheidung, sondern ermächtigte ihren

---

142 Vgl. Bowie an Kohlschütter, 16.7.1929 [auf Englisch], Abschr. in PA AA, R 65824.
143 Zur Londoner Erklärung siehe oben S. 166 ff. und unten im Anhang, Dokument IV, S. 574 – 577.
144 Kohlschütter an Bowie, 20.8.1929, Abschr. (15 S.) in PA AA, R 65824. Die Forderungen entsprachen weitgehend der Resolution der Deutschen Geophysikalischen Gesellschaft; siehe dazu oben S. 413 f. Ein Auszug des Briefes ist abgedruckt in Ernst Kohlschütter, Über den Stand der Bestrebungen zur Wiederanknüpfung der internationalen wissenschaftlichen Beziehungen, in *Mitteilungen des Verbandes der Deutschen Hochschulen*, 10. Jg., 1930, S. 33 – 40.
145 Kohlschütter an Bowie, 20.8.1929, Abschr. in PA AA, R 65824.

Vorstand, weiter zu verhandeln.[146] Das Ergebnis dieser Verhandlungen war, daß schließlich im April 1930 auf dem Umweg über die deutsche Botschaft in London und das Auswärtige Amt die offizielle Einladung des Präsidenten der Union, Lallemand, an die deutschen Wissenschaftler erging, an der Generalversammlung in Stockholm teilzunehmen. Da Lallemand gleichzeitig jedoch forderte, die deutschen Teilnehmer, die ja nicht Mitglieder waren, sollten an ihn erst den Antrag stellen, als Gäste die Versammlung der Union besuchen zu dürfen, verzögerte sich das Projekt. Denn die Deutschen empfanden Lallemands Forderung als herabwürdigend und wollten einen solchen Antrag nicht stellen. Erst als am ersten Tag der Stockholmer Versammlung alle dort anwesenden Delegierten sofort die telegraphische Einladung der deutschen Vertreter verlangten, kam deren Beteiligung im letzten Moment doch noch zustande.[147] Erstmals nach dem Krieg nahmen sechs deutsche Wissenschaftler, darunter auch Kohlschütter, an der Generalversammlung der Internationalen Geodätischen und Geophysikalischen Union 1930 in Stockholm als Gäste teil.[148]

Einen Monat später erstattete Kohlschütter der Mitgliederversammlung der Deutschen Geophysikalischen Gesellschaft über die Verhandlungen mit der Union und den Besuch der Tagung in Stockholm sowie die geplanten Änderungen der Statuten von Union und Forschungsrat Bericht. Dabei machte er deutlich, daß er ebenso wie die anderen deutschen Delegierten empfahl, sich der Union anzuschließen. Die Mitgliederversammlung billigte daraufhin nicht nur das Verhalten des Vorstands und der Stockholmer Delegierten, sondern auch die notwendigen Vorbereitungen zum Eintritt in die Union. Dazu gehörte auch die Einbeziehung weiterer Fachverbände, die gleichfalls davon betroffen waren. Der Auftrag der versammelten Geophysiker lautete deshalb:

> Die Mitgliederversammlung beauftragt den Vorstand unter Hinzuziehung der Deutschen Meteorologischen Gesellschaft, des Reichsbeirates für das Vermessungswesen, der Direktoren-Konferenz der Deutschen Hydrologischen Institute und der beteiligten großen deutschen Institute den Beitritt Deutschlands zur Internationalen Geodätisch-Geophysikalischen Union vorzubereiten.

---

146 Vgl. Bericht über die achte Tagung der Deutschen Geophysikalischen Gesellschaft, vom 3. bis 5. Oktober 1929 in Dresden, Verhandlungen der achten ordentlichen Mitglieder-Versammlung am Donnerstag, dem 3. Oktober 1929, in *Zeitschrift für Geophysik*, 1929, S. 326.

147 Zu den Vorgängen vgl. F. Linke, Jahresbericht des Vorstandes der Deutschen Geophysikalischen Gesellschaft über das Gesellschaftsjahr 1929/30 (vom 1. Oktober 1929 bis September 1930), in *Zeitschrift für Geophysik*, 1930, S. 503 – 506, hier S. 504 f.

148 Vgl. Union géodésique et géophysique internationale, Quatrième Assemblée générale, réunie à Stockholm 15 – 23 août 1930, Toulouse 1931, S. 69.

Einen Zusatz zu dieser Entschließung hielt man freilich für unverzichtbar:

> In der Beitrittserklärung soll zum Ausdruck gebracht werden, daß der Beitritt unter der Voraussetzung erfolgt, daß die Londoner Erklärung vom 10. November 1918 von der Union für unberechtigt angesehen wird.[149]

Der nächste Schritt folgte Anfang 1932, als die beteiligten deutschen Institutionen die Deutsche Vereinigung für Geodäsie und Geophysik gründeten, die als Träger der deutschen Mitgliedschaft in der Internationalen Geodätischen und Geophysikalischen Union dienen sollte. Es lag nahe, daß man zu deren Präsidenten Kohlschütter ernannte, der sein Engagement und Verhandlungsgeschick bereits bewiesen hatte. Noch im gleichen Jahr wurden aus den verschiedenen Fachgebieten, die den sieben Assoziationen der Union entsprachen, Vertreter in den Ausschuß der Deutschen Vereinigung für Geodäsie und Geophysik gewählt.[150]

Das Hauptproblem bestand nun – wie bei den Astronomen – darin, von der Reichsregierung die notwendigen Gelder für die Jahresbeiträge und Reisen zu den Tagungen zu erhalten. Zwar befürwortete die deutsche Regierung den Beitritt zur Union, stellte aber wegen der schlechten Finanz- und Devisenlage die jährlich anfallenden 9600 RM vorerst nicht bereit. Immerhin wurde die Teilnahme der deutschen Gast-Delegierten an den Generalversammlungen der Union 1933 in Lissabon und 1936 in Edinburgh mit Reisebeihilfen unterstützt[151] – ein Verfahren, das die deutsche Regierung ebenso bei einzelnen Astronomen anwandte, um es ihnen zu ermöglichen, die Veranstaltungen der Internationalen Astronomischen Union als Gäste zu besuchen. Gleichzeitig war die deutsche Regierung darauf bedacht, die Auswahl der Teilnehmer zu kontrollieren.

So konnten an der internationalen Versammlung der Geodäten und Geophysiker in Edinburgh bereits vierzehn Wissenschaftler aus Deutschland als Gäste teilnehmen. Dort empfing man sie nicht nur überaus freundlich, sondern forderte sie nachdrücklich dazu auf, der Union endlich beizutreten. Als wollte man die deutsche Sprache, die über Jahre hinweg geächtet war, nun rehabilitieren und die deutschen Gäste dadurch besonders ehren, sprachen zwei führende Wissen-

---

149 Ordentliche Mitgliederversammlung der Deutschen Geophysikalischen Gesellschaft in Potsdam am 13. September 1930, in *Zeitschrift für Geophysik*, 1930, S. 502 f., Zitat S. 503; vgl. F. Linke, Jahresbericht, in ebd., S. 505. Die Konferenz der alliierten Akademien fand allerdings vom 9.–11. Oktober in London statt.

150 Vgl. Kohlschütter, Bericht des Vorstandes über die Geschäftsjahre vom 1. Oktober 1930 bis 30. September 1932, in *Zeitschrift für Geophysik*, 1932, S. 486 f.

151 Vgl. Bericht des Vorstandes über die Zeit vom 1. Oktober 1932 bis zum 14. September 1934, in *Zeitschrift für Geophysik*, 1934, S. 395.

schaftler, der eine aus Schottland, der andere aus Dänemark, in ihren Ansprachen neben Französisch und Englisch auch Deutsch.

Nachdem der Präsident der Royal Society of Edinburgh, D'Arcy Wentworth Thompson, die Delegierten in französischer Sprache begrüßt und die französische Sprache, diplomatisch um Ausgleich bemüht, gerühmt hatte – „la belle langue universelle, la langue de la diplomatie, la langue de la haute culture, la langue qui se parle à Paris et qui se fait entendre dans tous les pays du monde" – , würdigte er in besonderer Weise die deutsche Sprache als Sprache der Wissenschaft auf Deutsch:

> Aber meine Herrn, es giebt noch eine andere grosse Kultursprache, die heutzutage noch mehr vielleicht als die französische, noch mehr als die unsrige, zur echten Muttersprache der Wissenschaft geworden ist. Und in dieser schönen wohlklingenden Deutschen Sprache möchte ich gern nicht nur unsere Gastfreunde aus Deutschland, sondern die ganze freundliche hochberühmte Gesellschaft begrüssen, die aus den nordischen Ländern zu uns gekommen ist.[...][152]

Dann wandte sich Thompson in seiner Rede an die Gelehrten aus den Niederlanden, Dänemark, Schweden und Norwegen in deutscher Sprache als der herkömmlichen lingua franca. Anschließend setzte er seine Ansprache auf Englisch fort.

Später bekannte sich noch ein anderer Redner auf der Versammlung in Edinburgh demonstrativ zur Dreisprachigkeit. Es war der neugewählte Präsident der Union, der dänische Meteorologe D. La Cour, der unmittelbar nach seiner Wahl eine kurze Rede nicht nur in englischer und französischer, sondern auch in deutscher Sprache hielt:

> Ich bitte schliesslich um Ihre Erlaubnis, auch in Deutsch meinen Dank für das Vertrauen, das Sie mir heute gezeigt haben, auszusprechen.
> Ich habe schon in Englisch und Französisch den Wunsch ausgesprochen, dass unsere Union als ein leuchtendes Beispiel von Verständigung zwischen allen Nationen fortschreiten soll. Ich möchte aber gern schon in der ersten Stunde des neugewählten Präsidenten eben in deutscher Sprache die Hoffnung aussprechen, dass die Hand der Union nach gemeinsamer, freundlicher und fruchtbarer Unterstützung und Hilfe nicht umsonst ausgestreckt ist.[153]

Das war nochmals eine eindringliche Einladung der deutschen Gelehrten zur Mitarbeit in der Union, in ihrer Muttersprache an sie gerichtet. Sicherlich war

---

152 Address of Welcome by Professor D'Arcy Wentworth Thompson, in Union géodésique et géophysique internationale, Sixième Assemblée générale, réunie à Edimbourg 14 – 25 septembre 1936, S. 29 f.

153 La Cour, in ebd., S.55; vgl. der Bericht von Julius Bartels, zitiert bei Cremer, *Seismik*, S. 276 f.

beiden Rednern die Bedeutung bekannt, welche die deutschen Wissenschaftler der Einführung des Deutschen in die Union beimaßen, und es kündigte sich an, daß unter der Präsidentschaft La Cours die deutsche Sprache in den Verhandlungen und Publikationen Verwendung finden würde, sobald die Deutschen mitwirkten.

Eigentlich erwartete man, daß die Deutschen schon in Edinburgh ihren Beitritt zur Union erklären würden. Doch es dauerte noch einige Monate, bis Deutschland sich entschloß, in die Internationale Geodätische und Geophysikalische Union einzutreten. Erst im Februar 1937 sandte Kohlschütter, von der Reichsregierung autorisiert, an den Präsidenten La Cour die offizielle Beitrittserklärung. Darin betonte er, was ihm besonders wichtig war, daß Deutschland die Einladung zum Beitritt in der Überzeugung annehme, daß die Union durch diese Einladung die Londoner Erklärung von 1918 „für unberechtigt hält".[154] Als die Vertreter der Union sich auf diese Interpretation allerdings nicht einließen, ihr aber auch nicht ausdrücklich widersprachen, sondern den Beitritt Deutschlands annahmen, legte man das auf deutscher Seite einfach als Zustimmung aus. „Da der Beitritt nach dieser amtlichen Erklärung angenommen wurde, ist damit jene alte Beschimpfung abgewaschen", hieß es selbstgerecht in einem Nachruf auf Kohlschütter 1942.[155] So schien man jedenfalls einen Weg gefunden zu haben, sich weiterhin im Recht zu fühlen und der Auseinandersetzung über die Vergangenheit auszuweichen.

Die anderen Forderungen, welche die deutschen Beitrittskandidaten gestellt hatten, waren mit der Änderung der Statuten weitgehend erfüllt worden, bis auf eine Ausnahme: Die Zusicherung, die deutsche mit der französischen und englischen Sprache in der Union gleichzustellen, wurde nicht gegeben.

Zur nächsten Generalversammlung der Union 1939 in Washington, D.C., der La Cour als Präsident vorstand, meldeten sich 23 deutsche Wissenschaftler an, die nun erstmals als Mitglieder auftreten konnten. Ihre Mitgliedschaft nutzten sie umgehend aus, um sich aktiv in die Vorbereitungen einzuschalten und zahlreiche Beiträge und Anträge in deutscher Sprache einzureichen. Darunter befand sich zum Beispiel der Antrag, ein Fachwörterbuch der Geodäsie in deutscher, englischer, französischer und italienischer Sprache herzustellen.[156] Die deutschen

---

154 Kohlschütter an La Cour, 6.2.1937, abgedruckt in Kohlschütter, Beitritt Deutschlands zur IGGV, in *Zeitschrift für Geophysik*, 1937, S. 202f., Zitat S. 202; vgl. Cremer, *Seismik*, S. 278. Cremer bezeichnet irrtümlicherweise Bartels als den Verfasser des Briefes an La Cour.

155 H. Maurer, Ernst Kohlschütter [Nachruf], im November 1942, in *Zeitschrift für Geophysik*, 1941/42, S. 253–256, Zitat S. 255.

156 Vgl. Proposal of Prof. Dr. H. Schmehl, Comptes Rendus de la septième Assemblée générale de l'Association de Géodésie de l'Union géodésique et géophysique internationale, réunie à Wa-

Mitglieder schienen jedenfalls entschlossen zu sein, ihre neu gewonnenen Rechte auszuschöpfen und auch der deutschen Sprache wieder Geltung zu verschaffen. Doch sie mußten ihre Reise nach Washington abbrechen, weil Deutschland den Zweiten Weltkrieg begonnen hatte.

Präsidenten der Internationalen Geodätischen und Geophysikalischen Union:

1919–1933	Charles Lallemand	(Frankreich)
1933–1936	William Bowie	(USA)
1936–1939	D. La Cour	(Dänemark)

Generalsekretäre der Internationalen Geodätischen und Geophysikalischen Union:

1919–1928	Sir Henry Lyons	(Großbritannien)
1928–1939	H. St. J. L. Winterbotham	(Großbritannien)

Tab. 10: Internationale Geodätische und Geophysikalische Union. Präsidenten und Sekretäre (kursiv) der Sektionen bzw. Assoziationen nach Herkunftsländern (Geodäsie, Seismologie, Meteorologie, Erdmagnetismus und Elektrizität, Physikalische Ozeanographie, Vulkanologie und Wissenschaftliche Hydrologie)

Jahr	Geod.	Seism.	Meteor.	Erdm.	Ozean.	Vulk.	Hydr.
1919–22	USA,*F*	GB,*F*	GB,*USA*	J,*USA*	MC,*I*	F,*I*	
1922–24	USA,*F*	GB,*F*	GB,*I*	GB,*USA*	MC,*I*	F,*I*	ET,*I*
1924–27	USA,*F*	GB,*F*	GB,*I*	GB,*USA*	E,*I*	F,*I*	ET,*I*
1927–30	USA,*F*	GB,*F*	GB,*F*	USA,*F*	E,*I*	F,*I*	ET,*I*
1930–33	USA,*F*	I,*F*	S,*F*	USA,*F*	DK,*FIN*	I,*I*	ET,*F*
1933–36	NL,*F*	I,*F*	S,*F*	USA,*DK*	DK,*GB*	GR,*I*	CS,*F*
1936–39	NL,*F*	USA,*F*	GB,*N*	USA,*GB*	N,*GB*	F,*I*	CH,*F*

USA, Frankreich (F), Großbritannien (GB), Italien (I), Niederlande (NL), Dänemark (DK), Finnland (FIN), Schweden (S), Norwegen (N) Monaco (MC), Spanien (E), Griechenland (GR), Tschechoslowakei (CS), Schweiz (CH), Ägypten (ET), Japan (J).

shington du 3 au 15 septembre 1939, in *Bulletin géodésique*, No. 65, 1940, S. 99. Zu den deutschen Teilnehmern, vgl. ebd., S. 3f.; zu den Anträgen in der Assoziation für Geodäsie, vgl. *Bulletin géodésique*, No. 62–63, 1939.

5. Union internationale de la Chimie pure et appliquée

Auf der 6. Internationalen Konferenz der Union internationale de la Chimie pure et appliquée 1925 in Bukarest wurde der niederländische Chemiker Ernst Cohen zum Präsidenten der Union gewählt.[157] Diese Wahl schuf günstige Voraussetzungen für die Verhandlungen mit den deutschen Chemikern über ihre Aufnahme in die Union. Denn Cohen hatte sich bereits einige Jahre vorher erfolgreich dafür eingesetzt, eine kleine internationale Chemikerversammlung gemeinsam mit deutschen und österreichischen Fachgenossen durchzuführen.[158]

Die Mehrheit der Delegierten in Bukarest verlangte außerdem eine Revision der Statuten des Conseil international de recherches und damit die Aufhebung des Ausschlußparagraphen, der auch in der Union wegen ihrer Unterordnung unter den Conseil wirksam war. Doch gingen die Ansichten darüber auseinander, ob alle Länder uneingeschränkt zu Conseil und Unionen zugelassen werden sollten, wofür sich die Vertreter Schwedens, der Niederlande, Italiens und der USA aussprachen, oder ob die Mitgliedschaft im Völkerbund Voraussetzung für den Beitritt sein sollte. Vorerst einigte man sich auf die zweite Version.[159]

Nachdem auf der außerordentlichen Generalversammlung des Internationalen Forschungsrats im Juni 1926 der Boykott uneingeschränkt aufgehoben und Deutschland, Österreich, Ungarn und Bulgarien aufgefordert worden waren, sich dem Forschungsrat anzuschließen, beschloß im selben Jahr – Deutschland war gerade dem Völkerbund beigetreten – der Rat (Conseil) der Internationalen Chemie-Union auf der Konferenz in Washington, D. C., die bisher ausgeschlossenen Chemiker zu den künftigen Tagungen einzuladen.[160] Während Bulgarien sogleich die Einladung annahm, zog sich ein solcher Entschluß bei den Wissenschaftlern der anderen Länder noch länger hin.

---

157 Vgl. Union internationale de la Chimie pure et appliquée. Comptes rendus de la sixième Conférence internationale de la Chimie. Bucarest: 22–25 juin 1925, S. 47.

158 Siehe dazu oben S. 357 ff.

159 Vgl. Comptes rendus, Conférence Bucarest 1925, S. 46 f., 60, 64 f.; Fennell, *History of IUPAC*, S. 19. Eine entsprechende Änderung der Statuten war vom Büro der Union bereits auf der Konferenz 1924 in Kopenhagen vorgeschlagen worden; vgl. Union internationale de la Chimie pure et appliquée. Comptes rendus de la cinquième Conférence internationale de la Chimie. Copenhague: 26 juin-1er juillet 1924, S. 52 f.

160 Vgl. Deutsche Botschaft Washington (Dieckhoff) an AA, 15.9.1926, in PA AA, R 64526; beigefügt Artikel: „Chemists Readmit Germany To Union. International Body in Washington Removes Ban Established During World War", in *The New York Times*, 14.9.1926.

https://doi.org/10.1515/9783110572643-020

Ein wichtiger Schritt zur Annäherung bedeutete die Teilnahme deutscher Chemiker an der Hundertjahrfeier zum Gedenken an den französischen Chemiker Marcelin Berthelot 1927 in Paris. Jean Gérard, Generalsekretär der Internationalen Chemie-Union (IUPAC) und gleichzeitig der Berthelot-Feier, bezeichnete das „eine glänzende Gelegenheit für die deutschen Chemiker, in unmittelbare Berührung mit den französischen Chemikern zu treten."[161] Allerdings war diese Zusammenkunft in deutschen Gelehrtenkreisen heftig umstritten; ihr gingen angespannte Verhandlungen voraus, und die deutschen Akademien der Wissenschaften beteiligten sich nicht.

Der nächste Schritt folgte ein Jahr später, als auf Anregung der niederländischen Chemiker deutsche und österreichische Wissenschaftler als Gäste der Internationalen Chemikerkonferenz 1928 in Den Haag beiwohnten. Gekommen waren aus Deutschland Haber, Bodenstein, Marckwald und Stock, aus Österreich Wegscheider. Sie wurden auf der Konferenz von dem Präsidenten der Union, Ernst Cohen, aufs freundlichste in deutscher Sprache begrüßt.[162]

In Den Haag wurde über die Verwendung der Sprachen auf den internationalen Chemikerkongressen, die man erstmals nach dem Krieg wieder einberufen wollte – bislang hatte man nur Konferenzen durchgeführt –, ausführlich diskutiert. Das wichtigste Ergebnis dieser Diskussion war, daß die deutsche Sprache, die auf der ersten internationalen Chemie-Konferenz nach dem Krieg 1920 in Rom ausgeschlossen worden war, wieder Eingang in die Geschäftsordnung („Règlement") der Union fand, und zwar in dem Teil, der sich auf die Kongresse bezog, der sich zugleich aber auch auf den gesamten Betrieb der Union auswirkte.

Auf der Konferenz in Den Haag war von der Kommission, die sich mit der Revision der Geschäftsordnung befaßt hatte, ein Vorschlag zur Sprachenregelung auf den internationalen Chemikerkongressen unterbreitet worden. Darin wurde die Sprachenregelung von 1920 weitgehend übernommen, allerdings mit dem einzigen Unterschied, daß man die dort gestrichene deutsche Sprache wieder hinzugefügt hatte. Statt der 1920 in Rom beschlossenen Regel: „Les langues

---

161 Gérard an Muraour, 30.10.1926, deutsche Übersetzung von Haber an AA (Terdenge), RMI (Donnevert), PrMWKV (Richter), 1. Chemisches Institut der Universität Berlin (Schlenk), 2.11.1926, in PA AA, R 64526; Gérard und Muraour bemühten sich um die Zusammenführung der deutschen und französischen Gelehrten. Zur Berthelot-Feier und zu Habers Engagement: Szöllösi-Janze, *Fritz Haber*, S. 591 ff.

162 Vgl. Union internationale de la Chimie pure et appliquée. Comptes rendus de la neuvième Conférence internationale de la Chimie. La Haye: 18 – 22 juillet 1928, S. 21 f., 25 f.; zu Cohen siehe auch oben, S. 357 f. und unten, S. 535.

usuelles sont l'anglais, le français et l'italien"[...]"[163] hieß es jetzt in Kapitel IV, Artikel 13 der vorgeschlagenen Geschäftsordnung:

> Les langues usuelles sont l'allemand, l'anglais, le français et l'italien.
>
> Les auteurs de communications pourront user d'une autre langue à la condition de fournir un résumé ou une traduction dans une des langues usuelles.
>
> En vue d'éviter les erreurs d'interprétation, tous les rapports, les vœux, les résolutions et les actes officiels, s'ils ne sont pas rédigés originellement en français, doivent être traduits en cette langue.[164]

In der Beratung auf der Haager Konferenz über diesen Sprachenartikel, in dem nach wie vor die französische Sprache eine privilegierte Stellung einnahm, verlangte nun der spanische Delegierte, auch Spanisch zu den „langues usuelles" zu zählen, was mehrheitlich Zustimmung fand. Der britische Delegierte schlug daraufhin vor, jeder solle die Möglichkeit haben, irgendeine Sprache zu wählen, jedoch nur dann, wenn er in französischer oder englischer Sprache für eine Zusammenfassung oder Übersetzung sorgen würde. Ein anderer wandte ein, daß man dann in gleicher Weise auch die deutsche Sprache für das Resümee hinzuziehen müsse. Wiederum ein anderer Delegierter bevorzugte ausschließlich die französische Sprache. Angesichts der auseinanderstrebenden Vorstellungen war es freilich nicht leicht, eine Einigung herbeizuführen. Deshalb beschloß man in Den Haag, die Entscheidung über die Sprachenfrage zu vertagen.[165]

Nach der Haager Konferenz setzten sich die Verhandlungen fort. Der Vorsitzende des Chemischen Rats der Niederlande, Hugo Rudolph Kruyt, wandte sich an Fritz Haber, um den Eintritt der deutschen Chemiker in die Union vorzubereiten und die Bildung eines nationalen Ausschusses zu veranlassen. Diese organisatorische Maßnahme ließ dann auch nicht lange auf sich warten. Noch im gleichen Jahr schlossen sich die Deutsche Chemische Gesellschaft, die Deutsche Bunsen-Gesellschaft für angewandte physikalische Chemie und der Verein deutscher Chemiker zum Verband Deutscher Chemischer Vereine zusammen, der als Träger der deutschen Mitgliedschaft in der Internationalen Chemie-Union (IUPAC) fungieren sollte und dessen Vorsitz Haber übernahm.

---

163 Siehe dazu oben S. 199.

164 Règlement, in Comptes rendus, Conférence La Haye 1928, S. 60–62, Zitat S. 61f. Der Kommission gehörten Cohen, Biilmann, Kruyt, Gérard, Moureu, Giordani und Miall an; vgl. Union internationale de la Chimie pure et appliquée. Comptes rendus de la huitième Conférence internationale de la Chimie. Varsovie: 4 septembre-14 septembre 1927, S. 33.

165 Comptes rendus, Conférence La Haye 1928, S. 39–42.

Als der Verband Deutscher Chemischer Vereine, angeführt von Haber, mit Vertretern der Union – darunter befanden sich der neue dänische Präsident der Union, Einar Biilmann, sowie die ehemaligen Präsidenten Ernst Cohen und William Pope, außerdem Gabriel Bertrand, Präsident der Fédération Nationale des Associations de Chimie de France – im Juni 1929 in Scheveningen unter der Leitung Kruyts zwei Tage lang in deutscher und in französischer Sprache intensiv verhandelte, erklärten sich die deutschen Chemiker schließlich bereit, unter bestimmten Bedingungen in die Union einzutreten. Zu diesen Bedingungen gehörte die Unabhängigkeit der Union vom Internationalen Forschungsrat – „die Autonomie und freie Entwicklung der Union" –, außerdem die Umbenennung des Namens in „Union internationale de Chimie" und der Wechsel des Sitzes der Union, über den auf jedem internationalen Chemiekongreß neu abgestimmt werden sollte[166] – eine Forderung, die von den deutschen Wissenschaftlern auch an den Internationalen Forschungsrat und die Internationale Akademie-Union gestellt wurde.

Mit dem ständigen Ortswechsel wollte man freilich verhindern, daß Paris, das in der bisherigen Satzung der Chemie-Union als vorläufiger Sitz genannt wurde, sich unter der Hand als ständiger Sitz etablierte, was im übrigen auch Auswirkungen auf die Sprachenwahl haben würde. Die Änderung des Namens indes sollte eine gewisse Distanzierung von der nach dem Krieg gegründeten Union symbolisieren und deren Umwandlung markieren, wie Haber nachträglich Botschaftsrat Roediger in Den Haag erläuterte.[167]

Auf diese Bedingungen konnte man sich in Scheveningen einigen und eine gemeinsame Vereinbarung unterzeichnen:

> Les personnes présentes à la réunion de Scheveningen (chimistes allemands et membres de l'Union i. c.) ont constaté une parfaite identité de vue sur le moyen de réaliser une collaboration internationale dans le domaine de la chimie. [...].

Dabei wurde hervorgehoben, daß die Union ihre Unabhängigkeit vom Forschungsrat bereits praktisch verfolgt habe und die Unterzeichner alle Anstrengungen unternehmen würden, sie auch weiterhin zu verteidigen.[168]

---

166 Protokoll der Sitzung in Scheveningen am 29. und 30. Juni 1929. Nicht für die Presse bestimmt!, in PA AA, R 65824; vgl auch Haber: Eintritt Deutschlands in die Union internationale de chimie, in *Zeitschrift für Angewandte Chemie*, 42. Jg., Nr. 49, 7.12.1929, S. 1124–1127; Fennell, *History of IUPAC*, S. 29f.; Szöllösi-Janze, *Fritz Haber*, S. 593ff.

167 Vgl. Roediger, Aufzeichnung, 1.7.1929, in PA AA, R 65824.

168 Protokoll der Sitzung in Scheveningen, in ebd.; vgl. Fennell, *History of IUPAC*, S. 30; Szöllösi-Janze, *Fritz Haber*, S. 595f.

Daraufhin trat der Verband Deutscher Chemischer Vereine unter gewissen Vorbehalten am 1. Januar 1930 der Chemie-Union bei. Diese Vorsicht schien geboten zu sein, weil die Statuten des Forschungsrats noch nicht revidiert worden waren und man dem rechten Flügel des deutschen Verbandes Rechnung tragen müsse, wie Haber dem Botschaftsrat in Den Haag erklärt hatte.[169]

Der Ausschuß (Conseil) der Internationalen Chemie-Union, der sich aus den Delegierten der Mitgliedsländer zusammensetzte, bestätigte in einer brieflichen Umfrage einstimmig die Aufnahme Deutschlands. Der gewünschten Umwandlung des Namens stimmte er ebenso zu wie dem möglichen Wechsel des Sitzes. Entsprechend änderte man die Satzung:

> Il est institué une *Union Internationale de Chimie* [...] Elle a son siège provisoire à Paris. Un vote conforme aux statuts fixera tous les quatre ans le lieu du siège de l'*Union*.[170]

Unter Beifall betraten danach auf der Konferenz 1930 in Lüttich die deutschen Delegierten den Saal: „Les délégués allemands font alors leur entrée dans la salle du Conseil aux applaudissements des membres présents. La bienvenue leur est souhaitée par le Président."[171]

Der Verband Deutscher Chemischer Vereine hatte vierzehn Delegierte geschickt. Eine besondere Ehre wurde Haber dadurch erwiesen, daß er zum Vizepräsidenten der Union gewählt wurde. Haber wollte jedoch dieses Amt vorerst nicht ausüben, solange das Verhältnis der Union zum Internationalen Forschungsrat nicht geklärt sei. Verständnisvoll respektierte man Habers Zurückhaltung und hielt ihm den Posten des Vizepräsidenten frei. – Die gewünschte Änderung der Statuten des Forschungsrats erfolgte dann 1931.[172] Haber konnte nun das Amt des Vizepräsidenten der Internationalen Chemie-Union übernehmen.

Auf der Konferenz 1930 in Lüttich führte man die Auseinandersetzung über die Sprachenfrage fort. Hinzugekommen war nun noch ein Antrag der Division of Chemistry and Chemical Technology des National Research Council der USA, der forderte, die englische genauso wie die französische Sprache als offizielle Sprache aller Dokumente und Berichte der Union zu verwenden.[173] Offensichtlich wollte

---

169 Vgl. Roediger, Aufzeichnung, 1.7.1929, in PA AA, R 65824; Szöllösi-Janze, *Fritz Haber*, S. 597.
170 Réunion du Conseil, in Union internationale de Chimie. Comptes rendus de la dixième Conférence. Liège: 14 septembre – 20 septembre 1930, S. 17 f., Zitat S. 18.
171 Ebd., S. 18; vgl. Fennell, *History of IUPAC*, S. 31.
172 Vgl. Réunion du Conseil, in Union internationale de Chimie. Comptes rendus 1930, S. 35; zum Forschungsrat siehe oben, Kapitel IV.1., S. 431 f.
173 Réunion du Conseil, in Comptes rendus, Conférence Liège 1930, S. 33.

man sich nicht damit abfinden, daß zwar auf den Konferenzen – unter anderem von dem Präsidenten der Union, Ernst Cohen – außer französisch auch englisch gesprochen wurde,[174] die englische Sprache aber in den von dem französischen Generalsekretär Jean Gérard herausgegebenen Konferenzberichten nur selten auftauchte. Deren Publikationssprache war Französisch.

Der britische Chemiker und frühere Präsident der Union, Sir William Pope, bemühte sich, den amerikanischen Vorschlag abzumildern, indem er empfahl, Französisch für die offiziellen Dokumente beizubehalten, die Mitteilungen jedoch gleichzeitig in englischer und französischer Sprache zu verfassen. Daraufhin entspann sich eine heftige Debatte, in welcher der amerikanische Delegierte, Charles L. Reese, Vizepräsident der Union, auf der weitergehenden Aufwertung des Englischen insistierte, wobei er auf die große Zahl der englischsprachigen Chemiker verwies:

> [...] tous les actes soient traduits en français et en anglais, par suite du grand nombre de chimistes de langue anglaise.[175]

Doch gegen diese französisch-englische Aufteilung der Kongreßverhandlungen wandten sich der britische Chemiker Henry Edward Armstrong und Haber. Sie plädierten dafür, nur eine Sprache für die offiziellen Aktenstücke zu gebrauchen.[176] Zwar wurde es nicht im Protokoll vermerkt, aber Haber hätte vermutlich, wenn Englisch gleichrangig mit Französisch als offizielle Sprache anerkannt worden wäre, den gleichen Anspruch für die deutsche Sprache erhoben. Wahrscheinlich machte er das auch deutlich.

Schließlich einigte man sich darauf, Französisch weiterhin als einzige offizielle Sprache der Geschäftsberichte, Anträge, Beschlüsse und offiziellen Dokumente gelten zu lassen, während man die Sprachenwahl in den Vorträgen, Mitteilungen und Diskussionen der freiwilligen Entscheidung der Redner anvertrauen wollte. Diese Öffnung hing vor allem damit zusammen, daß der spanische Delegierte verlangt hatte, Spanisch ebenfalls als Kongreßsprache zuzulassen. Ohnehin konnte man davon ausgehen, daß von den Teilnehmern der Kongresse nur die verbreiteten und bekannten Sprachen gewählt wurden. Damit jedoch wurde die deutsche Sprache – ebensowenig wie Englisch und Italienisch – nicht mehr ausdrücklich erwähnt, aber auch nicht diskriminiert, wie es empfunden wurde und auch so gemeint war, als vorher zwar Französisch, Englisch

---

174 Vgl. dazu den Hinweis in Comptes rendus, Conférence Varsovie 1927, S. 9; Comptes rendus, Conférence La Haye 1928, S. 14, 24; Fennell, *History of IUPAC*, S. 43.
175 Comptes rendus, Conférence Liège 1930, S. 33f., Zitat S. 34.
176 Vgl. ebd., S. 34.

und Italienisch als Kongreßsprachen bezeichnet wurden, Deutsch aber nicht. Sobald der Sprachboykott aufgehoben worden war, brauchte man eben diese ausgrenzende Festlegung nicht mehr zu treffen. Andererseits aber fiel die Forderung, bei dem Gebrauch anderer Sprachen ein Resümee oder eine Übersetzung in einer der namentlich aufgeführten Sprachen beizufügen, weg, und damit auch die vorher dem Deutschen zugestandene Verwendung als eine der Übersetzungssprachen. Gleichzeitig vermochte die französische Sprache ihre privilegierte Position zu behaupten.

Die neue, einstimmig beschlossene Vereinbarung hinsichtlich der Kongreßsprachen lautete jetzt:

> Le choix de la langue dans laquelle seront faites les communications est facultatif.
>
> En vue d'éviter les erreurs d'interprétation, tous les rapports relatifs aux questions administratives, les vœux, les résolutions et les actes officiels, s'ils ne sont pas rédigés originellement en français, doivent être traduits en cette langue.[177]

Die Wiederzulassung der deutschen Sprache als Kongreßsprache war eine wichtige Voraussetzung für die Bereitschaft der deutschen Chemiker gewesen, der Internationalen Chemie-Union beizutreten. Als man den internationalen Chemikerkongreß erstmals nach dem Krieg 1934 in Madrid veranstaltete, lautete, in einer gewissen Mischung der früheren und der neuen Sprachenregelung, die Anweisung in einem deutschsprachigen Programm:

> In Übereinstimmung mit den geäusserten Wünschen und den auf der Tagung in Lüttich gefassten Beschlüssen können die für den Kongress bestimmten Arbeiten in der Muttersprache des Verfassers abgefasst werden. Das Organisationskomitee erlaubt sich jedoch den Gebrauch von Sprachen zu empfehlen, die dem spanischen Drucker keine Schwierigkeiten machen (lateinische Typen). Die Zusammenfassung einer jeden Arbeit muss unbedingt in spanisch, englisch, französisch, deutsch oder italienisch abgefasst sein.
>
> Die Beschlüsse und Entscheidungen verwaltungstechnischer Art müssen immer französisch abgefasst sein.[178]

Hier nannte man, im Unterschied zu dem Beschluß in Lüttich, doch wieder Deutsch neben vier anderen ausgewählten Sprachen als Übersetzungssprache für die Zusammenfassungen der Vorlagen und Vorträge. Es lag nahe, daß, abgesehen von wenigen Ausnahmen, diese fünf Sprachen als Vortrags- und Diskussionssprachen auf dem Kongreß in Madrid verwendet wurden. So hielten die deutschen

---

177 Ebd.; vgl. Fennell, *History of IUPAC*, S. 48.

178 IX Internationaler Kongress für reine und angewandte Chemie, Madrid, 5 bis 11 April 1934, Sekretariat, [Programm], S. 18 f., in MPG-Archiv, I. Abt., Rep. 1 A, Nr. 1050, 5.

Teilnehmer zahlreiche Vorträge in deutscher Sprache, die genauso in den Kongreßbänden abgedruckt wurden.[179] Allerdings hatte die deutsche Sprache ihren offiziellen Status eingebüßt.

Präsidenten der Internationalen Chemie-Union:

1919 – 1922	Charles Moureu	(Frankreich)
1922 – 1925	William Pope	(Großbritannien)
1925 – 1928	Ernst Cohen	(Niederlande)
1928 – 1934	Einar Biilmann	(Dänemark)
1934 – 1938	Nicola Parravano	(Italien)
1938 – 1947	Marston Taylor Bogert	(USA)

Generalsekretär der Internationalen Chemie-Union:

1919 – 1945	Jean Gérard	(Frankreich)

179 Vgl. IX Congreso Internacional de Quimica pura y aplicada. Madrid, 5 – 11 Abril 1934, Tomo I-VII.

V. Auswirkungen

1. Die Dominanz der französischen und englischen Sprache und der Rückgang des Deutschen

Englisch und Französisch waren die Sprachen der führenden Siegermächte. Es wurden die offiziellen Sprachen der Friedenskonferenz und des Friedensvertrags von Versailles, des Völkerbunds in Genf und des Ständigen Internationalen Gerichtshofs im Haag. Der Versuch Frankreichs, Französisch allein zur offiziellen Sprache des Versailler Vertrags zu erheben und somit seine traditionelle Rolle als internationale Diplomatensprache fortzuschreiben, war an der Intervention der Vertreter Großbritanniens und der USA gescheitert. Insbesondere der amerikanische Präsident Woodrow Wilson vermochte kraft seiner Autorität und des politischen Gewichts der USA die gleichrangige Anerkennung der Weltsprache Englisch durchzusetzen. Die damals getroffene Entscheidung für die französisch-englische Zweisprachigkeit fand ebenso ihren Niederschlag im Völkerbund, dessen Satzung im Versailler Vertrag verankert worden war.[1]

Das, was sich auf der politischen Bühne abspielte, wirkte sich gleichfalls auf die internationalen Wissenschaftsbeziehungen aus, um so mehr, als diese damals mit den staatlichen Beziehungen oft eng verknüpft waren. Doch um die französisch-englische Zweisprachigkeit in den internationalen Wissenschaftsverbänden gegen die Macht der deutschen Sprache durchzusetzen, bedurfte es des Wissenschafts- und Sprachboykotts.

Zwar wurden auch im Rahmen des Völkerbunds Institutionen aufgebaut, die sich mit internationalen wissenschaftlichen Fragen befaßten, so die Commission internationale de coopération intellectuelle, die sich 1922 konstituierte, und das mit dieser verbundene, 1926 in Paris eröffnete Institut international de coopération intellectuelle sowie auf medizinischem Gebiet die Gesundheitsorganisation des Völkerbunds. In diesen Völkerbundsorganisationen dominierten ebenfalls Französisch und Englisch.[2] – Deutschland trat ohnehin erst 1926 in den Völkerbund ein und 1933 wieder aus.

---

1 Vgl. dazu ausführlich: Alexander Ostrower, *Language, Law, and Diplomacy. A Study of Linguistic Diversity in Official International Relations and International Law*, 2 Bde., Philadelphia 1965, hier Bd. 1, S. 359–377; Walter Rudolf, *Die Sprache in der Diplomatie und internationalen Verträgen*, Frankfurt a. M. 1972, S. 93–101; Ulrich Ammon, *Die internationale Stellung der deutschen Sprache*, Berlin, New York 1991, S. 288 ff.

2 Zu diesen Völkerbundsorganisationen: Margarete Rothbarth, *Geistige Zusammenarbeit im Rahmen des Völkerbundes* (*Deutschtum und Ausland*, H. 44), Münster 1931; Schröder-Gudehus, *Deutsche Wissenschaft*, S. 135–179; Paul Weindling, The League of Nations and International

https://doi.org/10.1515/9783110572643-021

Der weitaus größte Teil der wissenschaftlichen Kommunikation jedoch fand außerhalb des Völkerbunds statt und knüpfte zwangsläufig an die vor dem Krieg entwickelten Formen der internationalen Zusammenarbeit an. Da aber deutsche Wissenschaftler und die deutsche Sprache in den internationalen Wissenschaftsverbänden vor dem Ersten Weltkrieg eine starke Stellung eingenommen hatten, die mit der Niederlage Deutschlands nicht automatisch erschüttert war, ging nach Waffenstillstand und Friedensvertrag der alliierte Kampf gegen diese deutschen Machtbastionen weiter. Die Waffe, die man in diesem Wissenschaftskrieg einsetzte, war der Boykott gegen die deutschen und mit ihnen verbündeten Wissenschaftler und die deutsche Sprache. Um die mit dem Boykott betriebene Isolation der deutschen Wissenschaft umfassend zu organisieren, errichtete man unmittelbar nach dem Ersten Weltkrieg in den Naturwissenschaften als Machtzentrale den Internationalen Forschungsrat, dem auf den einzelnen Wissenschaftsgebieten Fachunionen zugeordnet wurden, mit Französisch und Englisch als offiziellen Sprachen der Versammlungen ebenso wie der Publikationen. Parallel dazu entstand für die geisteswissenschaftlichen Disziplinen die Internationale Akademie-Union, die einzig und allein Französisch zu ihrer Verbandssprache wählte.

So richteten sich die sprachlichen Präferenzen in den von den Alliierten neugeschaffenen Wissenschaftsverbänden nach deren Hauptsprachen Französisch und Englisch. Für die Verankerung dieser beiden Sprachen in dem weitverzweigten Institutionengeflecht sorgte das französisch-belgisch-britisch-US-amerikanische Führungspersonal, das die Spitze von Internationalem Forschungsrat, Fachunionen und Akademie-Union von Anfang an besetzte.[3] Die Errichtung des jeweiligen Sitzes der neuen Organisationen auf französisch- oder englischsprachigem Terrain ebenso wie die Wahl der Konferenzorte förderten gleichfalls die französisch-englische Zweisprachigkeit. Denn den Sitz von Forschungsrat und Akademie-Union legte man nach Brüssel, wo fast alle Generalversammlungen dieser zentralen Organisationen stattfanden, den der Chemie-Union nach Paris, während die Generalsekretariate des Forschungsrats, der Astronomischen wie der Geodätischen und Geophysikalischen Union nach England vergeben wurden.

Da die neuen Fachunionen mit ihren zahlreichen Sektionen und Kommissionen nicht nur die Verhandlungsberichte ihrer regelmäßigen Konferenzen, sondern darüber hinaus eigene Fachorgane herausgaben, meist *Bulletin* oder

---

Medical Communication in Europe between the First and Second World Wars, in Roger Chartier, Pietro Corsi (Hrsg.), *Sciences et langues en Europe*, Paris 1996, S. 209 – 219.

3 Siehe dazu die jeweilige Aufstellung im Kapitel Verhandlungen.

Travaux genannt, breiteten sich auch in den Publikationen Französisch und Englisch aus, ergänzt durch Referatenorgane, Bibliographien und andere Schriftwerke in den verschiedenen Disziplinen, die entweder von den neuen Organisationen oder von Fachgelehrten und -gesellschaften der einzelnen Länder veröffentlicht wurden, wobei sich die USA dank ihrer Ressourcen besonders hervortaten.

Die französischen Wissenschaftsstrategen vermochten außerdem durchzusetzen, daß ihre Sprache eine privilegierte Rolle übernahm, indem sie zur maßgeblichen Dokumentensprache der neugeschaffenen Vereinigungen avancierte. Diese hervorgehobene Position sowie der Umstand, daß man am Sitz des zentralen Forschungsrats in Brüssel Französisch favorisierte und auf den Versammlungen dort die französischsprachigen Teilnehmer dominierten, Französisch zudem die offizielle Sprache der Internationalen Akademie-Union und der Chemie-Union (mit Sitz in Paris) wurde, zeigten, wie sehr Französisch von dem Boykott gegen Deutsch zunächst profitierte.

Andererseits und gleichzeitig aber gewann Englisch aufgrund der wissenschaftlichen Führungsmacht der USA vor allem in der Internationalen Astronomie-Union und in der Union für Geodäsie und Geophysik sowie auf dem Feld wissenschaftlicher Publikationen zunehmend an Gewicht.

Die Ausgrenzung der deutschen Sprache aus den von den alliierten Wissenschaftsorganisatoren aufgebauten Institutionen und Unternehmungen konnte um so reibungsloser betrieben werden, als die deutschen und österreichischen Wissenschaftler lange Zeit ausgeschlossen waren und dieser Ausschluß durch die Obstruktionspolitik der deutschen Akademien der Wissenschaften und des Deutschen Hochschulverbands noch verlängert wurde. Die Wissenschaftler aus ehemals neutralen Ländern konnten an den sprachlichen Entscheidungen nicht mehr viel ändern, zumal sie erst später hinzugeladen und dann vor vollendete Tatsachen gestellt wurden. Da diese Wissenschaftler häufig des Französischen oder Englischen mächtig waren, fiel ihnen die Sprachumstellung vermutlich nicht allzu schwer.

Selbst wenn einzelne Gelehrte, was selten vorkam, sich dennoch hier und da der deutschen Sprache bedienten, weil sie Französisch oder Englisch nicht ausreichend beherrschten, hatte das langfristig keine Folgen. Denn auch sie gewöhnten sich mit der Zeit an die französisch-englische Dominanz, ganz abgesehen davon, daß eine neue Gelehrtengeneration heranwuchs, die sich mit den neuen Sprachverhältnissen arrangierte.

So gelang es den alliierten Siegermächten mit Hilfe des Boykotts, die deutsche Sprache in zentralen naturwissenschaftlichen, medizinischen und technischen internationalen Organisationen zurückzudrängen und die Macht der französisch-englischen Zweisprachigkeit aufzubauen. Es waren Bereiche, in denen die deutsche Sprache vor dem Ersten Weltkrieg mit Französisch und Englisch gleichberechtigt, wenn nicht führend gewesen war. Dieser Bruch mit der Sprachentradition in der internationalen wissenschaftlichen Zusammenarbeit, der in den vorhergehenden Kapiteln eingehend dargestellt worden ist, soll noch einmal in einem knappen Überblick vor Augen geführt werden:

- In der 1899 gegründeten Internationalen Assoziation der Akademien waren Deutsch, Französisch und Englisch in gleicher Weise offizielle Sprachen gewesen, dabei hatte die deutsche Sprache aufgrund der fünf beteiligten deutschsprachigen Akademien eine starke Position innegehabt. – Dagegen wurde in den von den Alliierten nach dem Krieg geschaffenen zentralen Nachfolge- und Ersatzorganisationen, dem Internationalen Forschungsrat für die Naturwissenschaften und der Internationalen Akademie-Union für die Geisteswissenschaften, die deutsche Sprache auf Dauer ausgeschlossen. Französisch und Englisch wurden die offiziellen Sprachen des Forschungsrats, wobei Französisch nicht nur durch den Sitz in Brüssel begünstigt wurde, sondern darüber hinaus als maßgebliche Dokumentensprache fungierte. – Allein Französisch wurde offizielle Sprache der Internationalen Akademie-Union. (Deutschland trat erst 1935 in die Akademie-Union ein; erst 1952 wurde die Bundesrepublik, vertreten durch die Deutsche Forschungsgemeinschaft, Mitglied im Internationalen Rat der wissenschaftlichen Vereinigungen.)
- In der 1863 in Deutschland gegründeten Astronomischen Gesellschaft, die als internationale Vereinigung sich verstand, war allein Deutsch zur offiziellen Sprache bestimmt worden, andere Sprachen waren zugelassen. Diese herausragende Stellung der deutschen Sprache in der Astronomie hatte sich in zahlreichen bedeutenden Publikationen niedergeschlagen. Auch in der 1904 auf Initiative des amerikanischen Astrophysikers George Ellery Hale gegründeten Solar-Union war Deutsch neben Englisch und Französisch zur offiziellen Sprache erklärt worden. – Dagegen schloß man die deutsche Sprache aus der 1919 ins Leben gerufenen Internationalen Astronomie-Union, die über dreißig Kommissionen umfaßte und in der die Solar-Union aufging, vollständig aus. Englisch und Französisch wurden zu den offiziellen Sprachen erklärt, Französisch außerdem maßgebliche Dokumentensprache. (Deutschland trat erst 1951 in die Internationale Astronomie-Union ein.)
- In der Chemie hatten deutschsprachige Zeitschriften Weltrang erworben. Auf den ersten internationalen Chemie-Kongressen und in der 1911 gegründeten Internationalen Assoziation der Chemischen Gesellschaften waren vor dem Ersten Weltkrieg Französisch, Deutsch und Englisch die vorherrschenden Sprachen gewesen; Italienisch kam auf den Kongressen später noch hinzu. – Dagegen fungierten in der 1919 gegründeten Internationalen Chemie-Union (IUPAC) Französisch als offizielle und daneben Englisch und Italienisch als

zugelassene Sprachen. Beim Eintritt der deutschen Chemiker in die Chemie-Union 1930 fiel Deutsch nur noch unter die zugelassenen Sprachen, die man nun nicht mehr ausdrücklich nannte, weil es jetzt den Rednern freigestellt wurde, ihre Vortragssprache zu wählen. Einzige offizielle Sprache blieb indes Französisch.

- In der 1886 in Berlin gegründeten Internationalen Erdmessung, mit ihrem Zentralbüro in Berlin, später Potsdam, waren die offiziellen Sprachen Deutsch und Französisch gewesen, ebenso in der 1903 in Straßburg gegründeten Internationalen Seismologischen Assoziation, deren Zentralbüro in Straßburg lag. In beiden Vereinigungen hatte Deutsch dominiert. – Dagegen wurden die offiziellen Sprachen der 1919 gegründeten Internationalen Geodätischen und Geophysikalischen Union mit sieben Sektionen bzw. Assoziationen (Geodäsie, Seismologie, Meteorologie, Erdmagnetismus und Elektrizität, physikalische Ozeanographie, Vulkanologie, wissenschaftliche Hydrologie) Französisch und Englisch, Französisch außerdem maßgebliche Dokumentensprache. Als die deutschen Wissenschaftler 1937 in die Internationale Geodätische und Geophysikalische Union eintraten, wurde die deutsche Sprache in den Verhandlungen und Publikationen zwar zugelassen; offizielle Sprache, im gleichen Rang wie Französisch und Englisch, wurde sie jedoch nicht. Erstmals wollten Deutsche als Mitglieder an der Generalversammlung der Union im September 1939 in Washington, D. C., teilnehmen und Vorträge auf Deutsch halten. Doch der Beginn des Zweiten Weltkriegs durchkreuzte diesen Plan.
- Auf den internationalen Geographenkongressen waren vor dem Ersten Weltkrieg Französisch, Englisch, Italienisch und Deutsch die offiziellen Sprachen gewesen. Dagegen wurden von der Internationalen Geographie-Union und dem Geographenkongreß 1925 in Kairo deutsche Geographen und Deutsch ausgeschlossen. Als Deutschland 1934 in die Union eintrat und am Geographenkongreß in Warschau teilnahm, wurde Deutsch als Kongreßsprache zwar zugelassen, hatte aber den offiziellen Status verloren. Offizielle Sprache war nunmehr ausschließlich Französisch.
- In der 1902 in Berlin gegründeten Internationalen Vereinigung gegen die Tuberkulose – mit Sitz in Berlin – waren die offiziellen Sprachen Deutsch, Französisch und Englisch gewesen, wobei die deutsche Sprache eine führende Rolle spielte. – Dagegen galten in der 1920 gegründeten Internationalen Tuberkulose-Union mit Sitz in Paris nur noch Französisch und Englisch als offizielle Sprachen. Deutsch wurde bis 1927, dem Eintritt der Deutschen in die Union, auf Konferenzen nicht zugelassen. Die deutschen Sprache verlor langfristig ihre Stellung als offizielle Sprache.

Begünstigt wurde der Sprachenwechsel durch den Abzug der Zentralbüros und Institute internationaler wissenschaftlicher Vereinigungen aus Deutschland und deren Verlegung in alliierte Länder.

Nach einer von Karl Kerkhof vorgenommenen Gegenüberstellung der Anzahl der zentralen wissenschaftlichen Institutionen (Zentralbüro, Sitz oder Sekretariat einer internationalen Organisation) in einzelnen Ländern im Jahr 1914 und im Jahr 1923 verschoben sich folgendermaßen die Gewichte[4]:

Tab. 11: Zentrale wissenschaftliche Institutionen (Zentralbüros) nach Ländern 1914, 1923

Zentr. Inst.	Frankr.	Belgien	Großbr.	Italien	Deutschl.	Österr.
1914	18	13	9	3	14	3
1923	37	21	14	4	6	3

Bei den für Deutschland und Österreich angegebenen zentralen Wissenschaftsinstitutionen im Jahr 1923 ist allerdings zu berücksichtigen, daß diese von den Alliierten nicht anerkannt wurden.[5]

Als der Boykott gegen die deutschen und österreichischen Wissenschaftler 1926 aufgehoben wurde, hatte man die französisch-englische Sprachmacht bereits fest etabliert. Die Bemühungen der deutschen Wissenschaftler, nur unter der Bedingung in einzelne Unionen einzutreten, daß der deutschen Sprache wie in den Vorkriegsorganisationen der gleiche Rang verliehen würde, wie er dem Französischen und Englischen zukam, schlugen fast alle fehl.

Ohnehin traten erst, nachdem ein bis zwei Jahrzehnte verstrichen waren, deutsche Wissenschaftler in einzelne von den Alliierten gegründete Verbände ein, so 1927 in die Internationale Tuberkulose-Union, 1930 in die Internationale Chemie-Union, 1934 in die Internationale Geographie-Union, 1935 in die Internationale Akademie-Union und 1937 in die Internationale Union für Geodäsie und Geophysik. Nach langwierigen Verhandlungen hatten sie immerhin erreicht, daß sie in den genannten Fachunionen die deutsche Sprache in Ansprachen, Mitteilungen und wissenschaftlichen Vorträgen als ihre Muttersprache benutzen durften, Deutsch also als Vortrags-, Diskussions- und Publikationssprache zugelassen wurde. Doch alle von deutscher Seite immer wieder von neuem unternommenen

4 *Die deutsche Wissenschaft und das Ausland* (Denkschrift der Reichszentrale für naturwissenschaftliche Berichterstattung vom 29. Januar 1925), S. 5; vgl. Grundmann, Zum Boykott, S. 800; Schröder-Gudehus, *Deutsche Wissenschaft*, S. 116.

5 Vgl. *Die deutsche Wissenschaft und das Ausland* (Denkschrift); Georg Karo, *Der geistige Krieg gegen Deutschland*, S. 5; Schröder-Gudehus, *Deutsche Wissenschaft*, S. 116.

Versuche, Deutsch neben Französisch und Englisch als dritte offizielle Sprache der internationalen Wissenschaftsvereinigungen einzuführen, wurden, wie ausführlich geschildert, mit allerlei Argumenten und Finessen abgewehrt. Wie hartnäckig um solche Statusfragen gerungen wurde, zeigen die Auseinandersetzungen in der Internationalen Tuberkulose-Union, die sich bis zum Zweiten Weltkrieg hinzogen.[6] Jedenfalls wollten die alliierten Wissenschaftsstrategen der deutschen Sprache den offiziellen Status nicht mehr zugestehen.

Um dann wenigstens nur noch eine einzige offizielle Sprache anerkennen zu müssen, erklärten sich die deutschen Wissenschaftler bei ihrem Eintritt in die Internationale Akademie-Union, die Chemie- und die Geographie-Union bereit, aus pragmatischen und finanziellen Gründen Französisch allein die offizielle Rolle zu überlassen. Während sie sich mit der Zurückstufung des Deutschen als zugelassene Sprache in den Unionen vorläufig abfanden, verzichteten sie in der Akademie-Union zunächst sogar auf die Zulassung der deutschen Sprache und akzeptierten als einzige Verbandssprache Französisch. Mit diesen Zugeständnissen glaubten die deutschen Wissenschaftsstrategen die Macht der französisch-englischen Zweisprachigkeit untergraben zu können. Andernfalls hätten sie auf der Wiedereinführung von Deutsch als dritter offizieller Sprache bestanden oder den Beitritt verweigert. Denn in ihren Augen bedeutete die Dominanz des französisch-englischen Sprachengespanns einen Affront gegen die wissenschaftliche Bedeutung der deutschen Sprache und damit einen gewaltigen Prestigeverlust. So aber konnte die deutsche mit der ebenfalls bedeutsamen englischen Wissenschaftssprache die Zurücksetzung teilen, während man den pragmatischen Aspekt in den Vordergrund schob. Ohnehin spekulierte man darauf, später einmal diese Sprachenregelung wieder zu ändern.[7]

In anderen, dem Forschungsrat nicht unterstellten Vereinigungen und auf zahlreichen internationalen Kongressen zeichneten sich ähnliche Entwicklungen ab. Die Sprachenumstellung hatte aber noch weitere Konsequenzen. Zwar konnten die deutschen Wissenschaftler an internationalen Konferenzen nach einiger Zeit wieder teilnehmen und dort ihre Sprache benutzen. Doch von anderssprachigen Konferenzteilnehmern wurde Deutsch nur noch selten als lingua franca verwendet, wie das Beispiel der Tuberkulosekonferenzen zeigt.

Als die deutschen Historiker, nachdem sie von dem Internationalen Historikerkongreß 1923 in Brüssel ausgeschlossen worden waren, sich an der Gründungsversammlung des Internationalen Historikerkomitees (Comité international

6 Siehe dazu oben S. 265–293.

7 Zu solchen Überlegungen im Hinblick auf die Internationale Akademie-Union siehe oben, Kapitel IV.2., S. 442–448.

des Sciences historiques) 1926 in Genf beteiligten, beobachteten sie ebenfalls, daß Deutsch seine Rolle als lingua franca weitgehend ausgespielt hatte. Darüber berichtete der Vorsitzende des Verbandes der Deutschen Historiker, Reincke-Bloch, der an der Versammlung in Genf teilgenommen hatte:

> Trotzdem als Verhandlungssprachen Deutsch, Englisch, Französisch, Italienisch und Spanisch zugelassen waren, haben mit einziger Ausnahme der Deutschen und Oesterreicher sämtliche Vertreter sich bei den Verhandlungen und bei den Tischreden der französischen Sprache bedient; nur einmal hat Herr Aage-Friis[8] auch deutsch in die Beratungen eingegriffen und [der] japanische Vertreter sich der englischen Sprache bedient. Es ist unverkennbar, dass alle die Bemühungen um die deutsche Wissenschaft darauf zielen, sie, so bereit man auch ist, sie anzuerkennen, doch in das Gefolge der französischen Kulturbestrebungen einzugliedern.[9]

Um so mehr bemühte man sich, der deutschen Sprache mehr Gewicht zu verleihen, als die Tagung des Historikerkomitees 1927 nach Göttingen gelegt wurde. Dabei schienen die Sprachen der Stenographen eine große Rolle zu spielen. Karl Brandi, der die Vorbereitungen traf, berichtete darüber dem Auswärtigen Amt:

> Was zunächst die Technik der Sitzungen betrifft, so hatte ich mich zunächst um einen Stenographen für Deutsch und Französisch bemüht. Ein solcher schien nur in Bern zu haben und war so teuer, dass Herr Lhéritier nun vorzieht, seine französische Stenotypistin mitzubringen. Da aber aus diesem „technischen Grunde" das Französische, gegen unsere Erwartung, wieder wie in Genf und Paris dominieren würde, bemühe ich mich um einen Stenographen wenigstens für Englisch und Deutsch.

Schießlich sei man schon in Paris, wo die vorangegangene Sitzung nur in französischer Sprache stattgefunden habe, mit der Erwartung auseinandergegangen,

> dass in Deutschland dementsprechend vorwiegend Deutsch gesprochen würde. Eben dieses möchte ich durch gute Stenographen erleichtern oder erzwingen.[10]

Daraufhin schickte der Sprachendienst des Auswärtigen Amts nach Göttingen zwei Stenographen für Französisch und Englisch sowie Dolmetscher.[11] Nicht zu-

---

8 Dänischer Historiker aus Kopenhagen.

9 Reincke-Bloch, Bericht über die internationale Tagung der Historiker am 14. und 15. Mai 1926. Vertraulich!, in GStA PK, I. HA Rep. 76, Vc Sekt. 1 Tit. 11 Teil VI Nr. 13 Bd. I, Bl. 388–392, Zitat Bl. 392. An der Tagung nahmen Vertreter aus den USA, aus Frankreich, Belgien, Italien, den Niederlanden, skandinavischen Ländern, aus Polen, Rumänien, der Tschechoslowakei und der Schweiz teil; Delegierte aus Großbritannien waren wegen eines Streiks nicht gekommen.

10 Brandi an AA (Soehring), 19.4.1927, in PA AA, R 65827.

11 Der Leiter des Sprachendienstes (AA) an Conrad (Referat I D), 10.5.1927, in ebd.

letzt mit dieser Hilfe gelang es, daß in Göttingen mehr Historiker als sonst deutsch sprachen.[12] Doch auf dem nächsten Internationalen Historikerkongreß 1928 in Oslo dominierte wieder Französisch.

Es gab allerdings auch größere Veranstaltungen wie die Internationalen Physiologenkongresse, auf denen Deutsch von zahlreichen Wissenschaftlern wieder als lingua franca verwendet wurde. Nachdem 1921 auf dem Physiologenkongreß in Paris deutsche und österreichische Wissenschaftler noch ausgeschlossen worden waren, wandten sich die Edinburgher Veranstalter des folgenden Kongresses im Jahr 1923, unterstützt von ihren englischen, amerikanischen und niederländischen Kollegen, von dieser Boykottpolitik ab und luden die deutschen und österreichischen Gelehrten in deutscher Sprache zu dem Kongreß ein.[13] Obgleich die belgische Akademie der Wissenschaften[14] ebenso wie die französische Société de Biologie[15] daraufhin ihre Teilnahme am Kongreß absagten, ließen sich die Veranstalter von ihrer Einladungs- und Sprachenpolitik nicht abbringen und setzten damit Zeichen für die folgenden Kongresse. Deutsch wurde neben Englisch, Französisch und Italienisch wieder wie früher offizielle Kongreßsprache der internationalen Physiologenkongresse und von anderssprachigen Wissenschaftlern als lingua franca benutzt. Da noch nicht so viel Zeit verstrichen war, bereitete es weniger Schwierigkeiten, an den herkömmlichen Sprachgebrauch anzuknüpfen.

Ebenso wie auf den Physiologenkongressen wurde auf den Internationalen Chirurgen- und Ophthalmologenkongressen,[16] allerdings erst nach einer längeren Ausschlußphase, Deutsch wieder als offizielle Kongreßsprache anerkannt und von anderssprachigen Medizinern als lingua franca verwendet.

Ein weiteres Beispiel für die Wiederherstellung vormaliger Sprachregelungen stellte der Internationale Mathematikerkongreß dar. Nachdem sich Mathematiker aus verschiedenen Ländern unter aktiver Beteiligung des italienischen Präsidenten der Internationalen Mathematischen Union gemeinsam gegen die französische Boykottstrategie zur Wehr gesetzt hatten, erreichten sie, daß mit der Teilnahme der deutschen Wissenschaftler an dem Kongreß 1928 in Bologna auch die deutsche Sprache ihre offizielle Stellung zurückgewann. Dieser Coup führte gleichzeitig allerdings zur Auflösung der Internationalen Mathematischen Union.

---

12 Vgl. Brandi an AA (Freytag), 14.5.1927, in ebd.

13 Vgl. W. Trendelenburg, Vorstand des Physiologischen Instituts in Tübingen und Vorsitzender der Deutschen Physiologischen Gesellschaft, an Ministerialdirektor Heilbron (AA), 17.12.1922, in PA AA, R 66119.

14 Vgl. *Bulletin de la Classe des Sciences*, Nr. 12, 1922, S. 631.

15 Vgl. Rudolf Magnus (Utrecht), 25.5.1923, in PA AA, R 66119.

16 Siehe dazu oben S. 309f., 316, 321f.

Auch die Baltische Geodätische Kommission fiel aus dem Rahmen der alliierten Boykottorganisationen heraus. Die unter tatkräftiger Mitwirkung deutscher Geodäten 1924 ins Leben gerufene Organisation wurde, jedenfalls von deutscher Seite, gerade als Gegenprojekt gegen die Internationale Geodätische und Geophysikalische Union aufgebaut. Wenngleich die deutsche Sprache in ihr vorherrschend war, bestanden jedoch die skandinavischen Mitglieder darauf, nicht nur Deutsch, wie es die deutschen Vertreter wünschten, sondern auch Französisch zur offiziellen Sprache zu deklarieren, um der Internationalität der Vereinigung Rechnung zu tragen, aber auch, um den deutschen Vormachtanspruch einzudämmen. So erschien das Titelblatt der Verhandlungsberichte zweisprachig, französisch und deutsch, in dieser Reihenfolge.

Schließlich fanden sich internationale wissenschaftliche Vereinigungen und Kongresse, die sich von Anfang an den Boykottaktionen nicht anschlossen. Dazu gehörte die Internationale Psychoanalytische Vereinigung, deren 6. Kongreß 1920 in Den Haag mit Teilnehmern aus Deutschland und Österreich stattfand, während Vertreter aus Frankreich und Italien fehlten. Vortragssprachen waren infolgedessen ausschließlich Englisch und Deutsch. Sigmund Freud sprach dort über Probleme der Traumdeutung.[17]

Die Internationalen Zoologenkongresse verweigerten sich ebenfalls der Boykottpolitik. Sie wurden erst nach einer längeren Pause – der erste Internationale Zoologenkongreß nach dem Krieg fand 1927 in Budapest statt – wie vor dem Krieg abgehalten, mit Deutsch, Englisch und Französisch als gleichberechtigten Kongreßsprachen. Die deutschen Zoologen bedankten sich in Budapest mit einer überaus hohen Teilnehmerzahl. So stellten sie nach den Ungarn, von denen 242 teilnahmen, die zweitgrößte Teilnehmergruppe mit 166 von insgesamt 707 Kongreßbesuchern, was sicherlich von anderer Seite auch als unerwünschte Dominanz empfunden wurde.[18] Deutsch war infolgedessen die vorherrschende Kongreßsprache. Doch die Sprache des Titelblatts und sonstiger Angaben des Verhandlungsberichts richtete sich wie früher nach der Sprachentscheidung des lokalen Organisationskomitees; dieses wählte in Budapest Französisch.[19]

Bedeutsam ist jedoch, daß auf anderen wichtigen wissenschaftlichen Gebieten – nicht zufällig waren die Naturwissenschaften, die mit Industrie- und

---

17 Vgl. Hattingberg, VI. Kongress der Internationalen Psychoanalytischen Vereinigung, in *Münchener Medizinische Wochenschrift*, Nr. 41, 8.10.1920, S. 1187.

18 Hinzu kamen noch 33 Zoologen aus Österreich. Aus Frankreich hingegen waren nur 23 Zoologen, aus Belgien 5, Großbritannien 35, den USA 33 und der Tschechoslowakei 31 gekommen; vgl. Xe Congrès international de Zoologie. Tenu à Budapest du 4 au 10 septembre 1927, Budapest 1929, Teil I, S. 64.

19 Vgl. ebd.

Kriegstechnik eng verbunden waren, besonders betroffen – Deutsch als internationale Wissenschaftssprache nachhaltig zurückgedrängt wurde.

Der amerikanische Soziologe Herbert N. Shenton, der die Sprachen auf internationalen Konferenzen zwischen 1923 und 1929 untersucht hat,[20] kommt ebenfalls zu dem Ergebnis, daß auf den Konferenzen an erster Stelle Französisch und dann Englisch verwendet wurde, erst an dritter Stelle Deutsch. Die dominante Rolle der französischen Sprache stellt Shenton in den Zusammenhang damit, daß die meisten Konferenzen in französischsprachigen Ländern stattfanden und internationale Organisationen vorzugsweise in diesen Ländern ihren Sitz aufgeschlagen hatten, was nicht nur eine hohe Teilnehmerzahl französischsprachiger Gelehrter auf den Konferenzen, sondern auch den offiziellen Status der französischen Sprache gesichert habe.[21]

Einschränkend ist allerdings zu Shentons Studie anzumerken, daß nur ein kleiner Teil seiner umfangreichen statistischen Auswertung sich mit wissenschaftlichen Konferenzen befaßt, daß Shenton den Boykott gegen die deutsche Wissenschaft und Sprache vollkommen außer Acht läßt und archivalische Materialien, selbst Konferenz- und Kongreßpublikationen, nicht einbezieht. Dagegen stützt er sich überwiegend auf Veröffentlichungen des Völkerbunds sowie Angaben der von ihm angeschriebenen Organisationen. So kann Shenton weder die schwächere Position von Deutsch gegenüber Französisch und Englisch oder seine Nichtverwendung auf Kongressen noch spätere Änderungen der Sprachenregelungen und die begrenzte Wiederzulassung von Deutsch erklären und historisch einordnen.

Das wird zum Beispiel an seiner Darstellung der internationalen Chemiekonferenzen und -kongresse deutlich. Die Auseinandersetzungen, die innerhalb der Internationalen Chemie-Union um die Sprachen geführt wurden,[22] kennt Shenton offensichtlich nicht. Pauschal hält er, ohne sein Zitat zu belegen, fest: „The language to be used is French."[23] Nun sei aber gleichwohl, so Shenton, dem Gebrauch anderer Sprachen ein gewisser Spielraum zugestanden und neben dem offiziellen Französisch auch Englisch verwendet worden. Daß 1920 in der Geschäftsordnung eine Regelung getroffen worden war, die neben Französisch und Englisch auch Italienisch als Kongreßsprache zuließ, Deutsch aber nicht, wird jedoch nicht erwähnt. Zudem geht Shenton auf den Zusammenhang zwischen der prominenten Stellung des Französischen und der französischen Führung der

20 Herbert Newhard Shenton, *Cosmopolitan Conversation. The Language Problems of International Conferences*, New York 1933.

21 Vgl. ebd., S. 463 f.

22 Siehe dazu oben S. 465 – 471.

23 Shenton, *Cosmopolitan Conversation*, S. 362.

Chemie-Union – der erste Präsident und der langjährige Generalsekretär waren Franzosen, und den Sitz der Union legte man nach Paris – nicht ein.

Vor allem aber fällt ins Gewicht, daß ebenso wie der Boykott auch die Verhandlungen mit den deutschen Chemikern über ihren Entritt in die Chemie-Union außerhalb seines Blickfelds liegen. Mit der Nichtbeachtung oder Unkenntnis dieser Vorgänge mag zusammenhängen, daß Shenton nicht verstehen kann, warum auf der Internationalen Chemie-Konferenz 1928 in Den Haag die Sprachenregelung der Kongreßordnung geändert und nun Deutsch, Englisch, Französisch und Italienisch zugelassen wurden. „No reason was given for this change of policy“, bemerkt Shenton dazu, ohne den Ursachen nachzuspüren.[24] Gleichzeitig entging ihm, daß in der Union die französische Sprache dennoch ihren offiziellen Status weiterhin behaupten konnte.[25]

Jedenfalls zeigt sich an diesem Beispiel die begrenzte Aussagekraft einer Datenerhebung, die weder die Vorgänge genau untersucht noch den politischen Zusammenhang einbezieht.

Ein Überblick über die offiziellen Sprachen internationaler wissenschaftlicher Organisationen und Kongresse im Jahr 1932 zeigt, daß die französische Sprache bei 351 (98,5 %), die englische bei 298 (83,5 %) und die deutsche bei 217 (60,5 %) der 359 untersuchten internationalen wissenschaftlichen Einrichtungen als offizielle Sprachen zugelassen waren, jeweils in unterschiedlicher Kombination. Die deutsche Sprache war demnach in 142 (39,5 %) der internationalen Wissenschaftsorganisationen und Kongresse nicht als offizielle Sprache anerkannt, in denen dagegen hauptsächlich Französisch oder Französisch und Englisch das Feld beherrschten, während fast überall, wo die deutsche Sprache zugelassen war, Französisch und Englisch ebenfalls gewählt werden konnten. Es lag nahe, daß eine solche Verteilung und Gewichtung der Sprachen die Sprachenwahl anderssprachiger Wissenschaftler auf internationalen Veranstaltungen beeinflußte, sie also veranlaßte, sich eher des Französischen oder Englischen als des Deutschen zu bedienen.

In dieser Statistik von Kerkhof wird allerdings nichts über die Bedeutung der jeweiligen Kongresse und Organisationen ausgesagt und eine Differenzierung zwischen zugelassenen und offiziellen Sprachen nicht vorgenommen:

---

24 Ebd.

25 Siehe dazu oben S. 469 f.

Tab. 12: Offizielle Sprachen internationaler wissenschaftlicher Organisationen und Kongresse im Jahr 1932:[26]

Erfaßte Organisationen	F	E	F, E	F, E, I	D	D, F	D, E, L	D, F, E	D, E, F, I, Sp	D, E, F, I, Sp, Nl, Port.
359	52	2	82	6	5	4	1	107	85	15
100 %	14,5 %	0,5 %	23 %	1,5 %	1 %	1 %	–	30 %	24 %	4,5 %

Karl Kerkhof, der diese Zahlen ermittelt hatte, wollte damit nachweisen, daß wegen der „Boykottierung der deutschen Sprache" diese „ihre volle Gleichberechtigung im internationalen wissenschaftlichen Leben noch nicht erreicht" hatte.[27]

Da sich die Sprache des Landes, in dem ein Kongreß stattfand – insbesondere dann, wenn es eine international verbreitete Sprache war –, auf den Status und die Verwendung dieser Sprache auf dem betreffenden Kongreß auswirkte, erleichterte die mit dem Boykott einhergehende Ausschaltung Deutschlands und Österreichs als Kongreßländer die Zurücksetzung der deutschen Sprache.

Über die Verteilung der internationalen wissenschaftlichen Kongresse auf die verschiedenen Länder hat Kerkhof weitere Zahlen vorgelegt und, wenn auch in großen Zeitabschnitten, die Entwicklung zwischen 1845 und 1932 dargestellt.

Tab. 13: Aufteilung der internationalen wissenschaftlichen Kongresse auf die Kongreßländer von 1845 bis 1932:[28]

Zeitraum	Insges.	D	USA	GB	F	B	I	A	CH	NL	Andere
1845–1870	51	9	0	3	13	12	2	4	3	2	3
1870–1900	550	45	34	40	180	69	40	21	48	24	49
1900–1914	444	78	25	47	58	69	43	24	25	24	51
1915–1918	7	–	2	3	–	1	–	–	–	1	–
1919–1932	1199	83	65	104	241	109	108	40	123	92	234

26 Nach Karl Kerkhof, Die Sprachen im internationalen wissenschaftlichen Leben, in *Forschungen und Fortschritte*, 9. Jg., Nr. 25, 1.9.1933, S. 370–371, hier S. 371. Zur Abkürzung der Sprachen: D (Deutsch), E (Englisch), F (Französisch), I (Italienisch), L (Lateinisch), Nl (Niederländisch), Port. (Portugiesisch), Sp (Spanisch).
27 Ebd., S. 370.
28 Nach Karl Kerkhof, Internationale wissenschaftliche Kongresse und Organisationen, in *Forschungen und Fortschritte*, 9. Jg., Nr. 22, 1.8.1933, S. 331. Zu den Abkürzungen: D (Deutschland), GB (Großbritannien), F (Frankreich), B (Belgien), I (Italien), A (Österreich), CH (Schweiz), NL (Niederlande). Bei den Kongressen von 1870–1900 hatte Kerrkhof sich verrechnet. Die Gesamtzahl ergibt 550 Kongresse (statt 549).

Während nach dieser Statistik Deutschland zwischen 1900 und 1914 mit einem Anteil von über 17 % die meisten internationalen wissenschaftlichen Kongresse veranstaltete, fiel dieser Anteil zwischen 1919 und 1932 auf weniger als 7 % zurück, wobei in den ersten Jahren nach dem Krieg entweder keine oder nur gerade zwei bis drei Kongresse dort stattfanden, die aber von den Alliierten nicht als internationale anerkannt wurden. Führendes Kongreßland wurde in dieser Zeit Frankreich, das über 20 % der internationalen wissenschaftlichen Kongresse durchführte.[29] (Abb. 41)

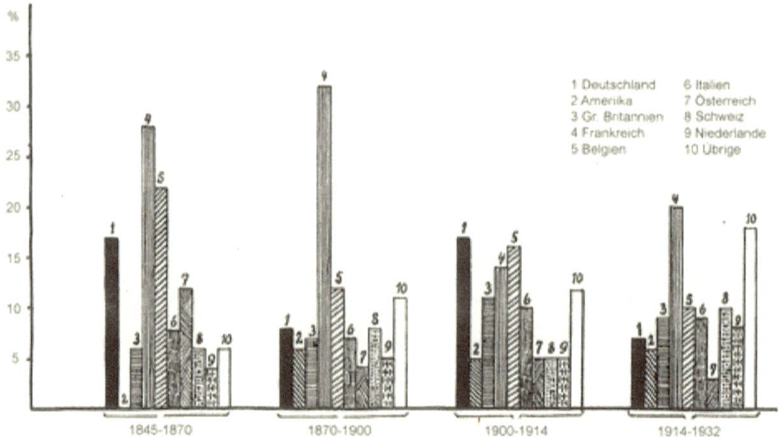

Abb. 41: Anteil der Länder an der Veranstaltung internationaler Kongresse in Prozenten (nach Kerkhof)

Was wissenschaftliche Publikationen betraf, verlor die deutsche Sprache gleichfalls ihre Vormachtstellung. Dabei wirkten sich die von den neuen Fachunionen herausgegebenen oder geförderten Zeitschriften, Kongreßberichte und Bücher in französischer und englischer Sprache ebenso aus wie die gesteigerte Literaturproduktion in den USA.

Wie der Umfang der in den USA rezipierten deutschen chemischen Literatur abnahm, illustriert eine Untersuchung der in dem amerikanischen Referatenorgan *Chemical Abstracts* referierten Beiträge (Abstracts). Dort hatte im Jahr 1909 der Anteil der Publikationen aus Deutschland allein 45 Prozent der insgesamt referierten Publikationen betragen und 1913 noch 34,4 Prozent – so stark war

29 Vgl. ebd., S. 331 f.

damals die Übermacht der deutschen Chemie gewesen. Doch während des Ersten Weltkriegs und danach sank der Anteil der deutschen Publikationsleistungen ganz erheblich, vor allem im Verhältnis zu demjenigen der USA. Im Jahr 1923 erreichte er immerhin wieder 27 Prozent und 1929 noch 26,9 Prozent und konnte in diesem Jahr sogar für kurze Zeit die Menge der US-amerikanischen Publikationen überholen. Allerdings setzte sich in den folgenden Jahren der Abstieg der deutschen Literaturproduktion fort. Der weite Vorsprung der deutschen chemischen Literatur vor dem Ersten Weltkrieg ging danach endgültig verloren. Die englischsprachige Literatur nahm jetzt den größten Raum ein.[30]

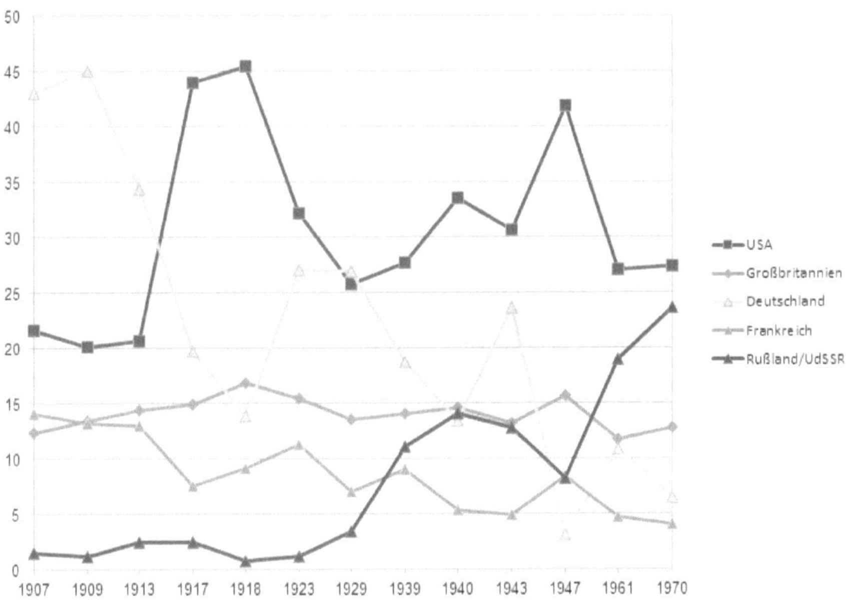

Abb. 42: Anteil der in *Chemical Abstracts* referierten chemischen Publikationen aus den USA, Großbritannien (Commonwealth), Deutschland, Frankreich, Rußland bzw. Sowjetunion von 1907 bis 1970 in Prozenten. Nach den veröffentlichten Daten von Crane, Growth of Chemical Literature, S. 1479 f., und von Baker/Tate/Rowlett, Changing Patterns, S. 91.

30 Vgl. Crane, Growth of Chemical Literature, S. 1478 – 1481, 1496; Baker/Tate/Rowlett, Changing Patterns, S. 90 f.; siehe dazu die folgenden Tabellen; zur Herstellung von *Chemical Abstracts* siehe E. J. Crane (Hrsg.), CA today. The production of Chemical Abstracts, Washington, D. C. 1958.

Tab. 14: Anteil der in *Chemical Abstracts* referierten chemischen Publikationen aus den USA, Großbritannien (Commonwealth), Deutschland, Frankreich, Rußland bzw. Sowjetunion und Japan in Prozenten

	1907	1909	1913	1917	1918	1923	1929	1939	1940	1943	1947	1961	1970
USA	21,6	20,1	20,7	43,9	45,4	32,1	25,8	27,7	33,5	30,6	41,8	27,0	27,4
Brit.Comm.	12,3	13,4	14,4	14,9	16,8	15,4	13,5	14,1	14,6	13,2	15,6	11,7	12,8
Deutschland	43,0	45,0	34,4	19,7	13,8	27,0	26,9	18,7	13,4	23,6	3,1	10,9	6,5
Frankreich	14,1	13,2	13,0	7,6	9,2	11,3	7,0	9,1	5,3	4,9	8,4	4,7	4,1
Rußland/UdSSR	1,5	1,2	2,5	2,5	0,7	1,2	3,4	11,1	14,1	12,8	8,2	18,9	23,6
Japan	0,7	0,3	0,37	1,58	2,78	2,19	3,7	4,4	5,0	0,5	4,4	8,8	7,2
Andere	6,8	6,8	14,63	9,82	11,32	10,81	19,7	14,9	14,1	14,4	18,5	18,0	18,4

[a] Nach Crane, a. a. O., S. 1480, und Baker/Tate/Rowlett, Changing Patterns, S. 91; die Reihenfolge der Länder wurde von mir geändert; vgl. auch Schröder-Gudehus, *Les scientifiques*, S. 142.

Tab. 15: Zahl der in *Chemical Abstracts* referierten chemischen Publikationen aus den USA, Großbritannien (Commonwealth), Deutschland, Frankreich, Rußland bzw. Sowjetunion und Japan[31]

	1909	1913	1917	1918	1923	1929	1939	1940
USA	2294	3940	4604	4136	6014	7498	12615	14054
Brit.Comm.	1533	2741	1560	1531	2890	3929	6423	5810
Deutschland	5131	6539	2065	1258	5064	7841	8503	5019
Frankreich	1510	2481	794	841	2214	2045	4142	1837
Rußland/UdSSR	132	474	264	67	234	990	5063	6184
Japan	35	71	166	254	412	1079	2029	2050
Insgesamt	11455	19025	10921	9283	19507	29082	45414	40624

Die quantitive Analyse der in *Chemical Abstracts* referierten chemischen Literatur verschiedener Länder (Tab. 14, 15, Abb. 42) zeigt klar, daß der Anteil der Beiträge aus Deutschland in der Zeit des Ersten Weltkriegs und danach und nochmals nach dem Zweiten Weltkrieg erheblich zurückging. Der Anteil der Sprachen Englisch, Französisch und Deutsch war noch etwas größer als die jeweilige Literaturproduktion in den USA, Großbritannien, Frankreich und Deutschland, weil auch in anderen Ländern Autoren in diesen Sprachen publizierten, vor dem Ersten Weltkrieg vorzugsweise auf Deutsch, und danach zunehmend auf Englisch, das die Dominanz des Deutschen verdrängte. Zum Niedergang des Deutschen in der Chemie bemerkte E. J. Crane, der langjährige Herausgeber von *Chemical Abstracts:*

> Germany's leadership in 1909 was so strong that she produced almost half of the chemical papers abstracted. Her leadership was still strong in 1913 when her contribution was a little over one third of the chemical papers published, but chemical publication in Germany dropped rapidly thereafter as an effect of World War I.[32]

Der in *Chemical Abstracts* belegte, nur vorübergehende Anstieg deutscher Publikationen in den zwanziger Jahren lag vor allem daran, daß man in Deutschland angesichts der Kriegsfolgen und Boykottmaßnahmen große Anstrengungen unternahm, die deutschen Zeitschriften wiederaufzubauen und die während des Krieges blockierte oder liegengebliebene Literatur nachträglich zu veröffentlichen.[33]

31 Nach Crane, Growth of Chemical Literature, S. 1480.
32 Crane, Growth of Chemical Literature, S. 1481.
33 Siehe dazu oben die Kapitel I.3. und III.3.

Die Berechnung der Menge der Referate sagt natürlich nichts aus über die jeweilige Qualität der Literaturproduktion. Ohnehin wuchs in allen Ländern kontinuierlich der Umfang der wissenschaftlichen Publikationen, gerade auch in der Chemie. So vervierfachte sich in *Chemical Abstracts* allein von 1909 bis 1939 die Zahl der Referate. Dabei zeichneten sich die USA während und nach dem Ersten Weltkrieg durch rege publizistische Aktivitäten aus und übernahmen in den Naturwissenschaften die Führung, die Deutschland verlor. Gleichzeitig sorgten sie, unterstützt von Großbritannien, für die Verbreitung des Englischen als internationale Wissenschaftssprache auf Kosten des Deutschen.[34] Der Wettkampf um die Hegemonie in den Naturwissenschaften spielte sich damals zwischen den USA und Deutschland sowie dem Englischen und Deutschen ab, während Frankreich und das Französische bereits zurückgeblieben waren. Zu diesem Führungswechsel, bezogen auf die Chemie, bemerkte Crane 1918:

> The United States and Germany have exchanged places, Germany having been first by a big lead in 1913 and the United States second, and vice versa in 1917; it is to be noted that the lead of the United States in 1917 was greater than the lead of Germany in 1913.[35]

Danach wurden die USA das führende Zentrum der Chemie. Crane stellte 1924 fest:

> It is to be noted particularly that the United States still retains its lead, taken from Germany for the first time during the war.[36]

In diesem Sinne hatte sich auf der Tagung der American Chemical Society im Jahr 1923 auch der schottische Chemiker, J. C. Irvine, geäußert:

> The center of chemistry has moved to America.[37]

Es ist offensichtlich, daß gerade in der Chemie Frankreich seine einst führende Rolle bereits vor dem Ersten Weltkrieg eingebüßt hatte und auch danach in der wissenschaftlichen Produktion weit hinter Deutschland und die USA zurückfiel. Die großen Abstände konnte es kaum noch verringern, obwohl gerade französische Chemiker den Boykott gegen die Deutschen und die deutsche Sprache forciert, zentrale Positionen in der Internationalen Chemie-Union besetzt und

34 Vgl. Crane, Growth of Chemical Literature, S. 1478, 1481.

35 E. J. Crane, Chemical Research in the Various Countries before the War and in 1917, in *The Journal of Industrial and Engineering Chemistry* 10/3 1918, S. 236 f., Zitat S. 237.

36 E. J. Crane, Chemical Research Activity in the Various Countries of the World, in *Industrial and Engineering Chemistry* 16/7 1924, S. 754.

37 Zitiert nach ebd.

Französisch neben Englisch als offizielle Sprache der Union, sogar als deren maßgebliche Dokumentensprache, durchgesetzt hatten. Doch konnten sie ihre Machtpositionen und den privilegierten Status des Französischen in den neuen Wissenschaftsorganisationen nicht mit umfangreichen eigenen Publikationsleistungen untermauern. Vielmehr bahnten sie mit ihrer Wissenschafts- und Sprachpolitik der Vorherrschaft der USA und damit auch des Englischen in den Wissenschaften den Weg. Allerdings hatte auch das Verhalten der deutschen Wissenschaftler daran großen Anteil.

Die Untersuchungen Ulrich Ammons über chemische Fachzeitschriften berücksichtigen nicht die von Crane und von Baker, Tate und Rowlett ermittelten Daten aus *Chemical Abstracts* und stellen die historische Entwicklung der naturwissenschaftlichen Publikationssprachen falsch dar. Noch 2015 nimmt Ammon irrtümlich an, daß „Deutsch noch um 1920 die international höherrangige Wissenschaftssprache der Chemie war als Englisch".[38] Doch stützen andere Untersuchungen, auf die Ammon sich bezieht, diese These ebenfalls nicht. So weist eine Analyse der Zitate angesehener deutscher Zeitschriften wie der *Berichte der Deutschen Chemischen Gesellschaft*, von *Liebigs Annalen der Chemie* und der *Zeitschrift für physikalische Chemie*, die im Jahr 1926 in *The Journal of the American Chemical Society* zu den meistzitierten zählten, nach, daß gerade für die Zeit von 1916 bis 1920 die Zitate dieser deutschen Zeitschriften beträchtlich zurückgingen und einen Tiefpunkt erreichten. Zur gleichen Zeit überrundeten die Zitate des englischen *Journal of the Chemical Society* erstmals diejenigen der *Berichte der Deutschen Chemischen Gesellschaft* und stiegen weiter an.[39] Ausgenommen wurden von dieser Untersuchung die Zitate des *Journal of the American Chemical Society* selbst. Jedenfalls wurden die Anschaffung und Lektüre jener und anderer deutscher Zeitschriften der Chemie und Physik an US-amerikanischen Universitäten empfohlen. Jeder Student der Chemie, so der Vorschlag, sollte deshalb Deutschkenntnisse erwerben, die durch das Erlernen des Französischen zwar ergänzt, aber nicht ersetzt werden könnten.[40]

---

38 Ammon, *Die Stellung der deutschen Sprache in der Welt* (2015), S. 556–558, Zitat S. 557; vgl. ders., *Ist Deutsch noch internationale Wissenschaftssprache? (* 1998), S. 45–53; siehe dazu auch oben, S. 488–491.

39 Siehe dazu Tab. 16; zu den deutschen chemischen Zeitschriften siehe oben, S. 57–60.

40 Gross/Gross, College Libraries and Chemical Education (1927), S. 387 f.; siehe dazu auch oben, S. 239.

Tab. 16: Zitate der deutschen Zeitschriften *Berichte der Deutschen Chemischen Gesellschaft (Chemische Berichte)*, *Liebigs Annalen der Chemie*, *Zeitschrift für Physikalische Chemie* und der englischen Zeitschrift *The Journal of the Chemical Society* in *The Journal of the American Chemical Society* im Jahr 1926[41]

	Chemische B.	L. Annalen	Zeitschr. Phys. Chemie	J. Chemical Soc.
1871–1875	33	–	–	–
1876–1880	44	13	–	1
1881–1885	53	18	–	2
1886–1890	56	19	6	5
1891–1895	60	21	16	20
1896–1900	64	22	28	21
1901–1905	79	23	19	47
1906–1910	115	33	29	45
1911–1915	67	37	21	60
1916–1920	30	8	6	37
1921–1925	78	26	53	122
Insgesamt	686	278	191	390

Die Ergebnisse der Auswertung der *Chemical Abstracts* und des *Journal of the American Chemical Society*, die den langfristigen Aufstieg des Englischen und Rückgang des Deutschen belegen, hat Minoru Tsunoda in Grundzügen bestätigt, doch ohne diese Untersuchungen einzubeziehen. Tsunoda wertete US-amerikanische, deutsche, französische und russische Referatenorgane und Bibliographien der Mathematik, Biologie, Chemie, Geologie, Physik und Medizin im Hinblick auf die Publikationssprachen der dort aufgeführten Literatur – Englisch, Französisch, Deutsch, Russisch und Japanisch – aus, und zwar von 1879 bis 1980 anhand von Stichproben, überwiegend im Abstand von etwa zehn Jahren, allerdings in unterschiedlichen Zeiträumen, was den Beginn der Zählungen betrifft.[42]

Der Befund Tsunodas für die Zeit von 1879 bis 1940 ermöglicht jedoch noch nicht eine einigermaßen ausgewogene Zusammenstellung der Sprachenanteile von Englisch, Französisch und Deutsch in den Fachpublikationen jener Disziplinen, da sich Tsunoda für die Zeit von 1879 bis 1910 auf die US-amerikanische

41 Auszug nach Gross/Gross, College Libraries and Chemical Education, S. 386; vgl. Ammon, *Ist Deutsch noch internationale Wissenschaftssprache?* (1998), S. 43 ff.

42 Minoru Tsunoda, Les langues internationales dans les publications scientifiques et techniques, in *Sophia Linguistica* 13/1983, S. 70–79.

medizinische Bibliographie *Index Medicus*[43] beschränkt und französische Informationsdienste erst ab 1940 hinzuzieht. Bekanntlich ist in den nationalen Bibliographien und Referatenorganen der Anteil der eigenen Sprache relativ hoch. Jedenfalls scheinen mir die von Tsunoda ermittelten Daten nicht auszureichen, um historische Entwicklungslinien des weltweiten Anteils der fünf Wissenschaftssprachen an den naturwissenschaftlichen Publikationen seit 1879 genau nachzeichnen zu können.[44] Tsunoda selbst spricht zurückhaltend auch nur von allgemeinen Tendenzen („tendances générales"), die er zeigen will.[45] – Eine historische Analyse dieser Entwicklung steht also noch aus.

Deshalb ist gegen eine vorläufige Bilanz der naturwissenschaftlichen Publikationssprachen, die, gestützt auf Tsunoda, deren Verlauf in einem größeren Zeitrahmen wiedergibt, einzuwenden, daß sie, dem lückenhaften Kenntnisstand entsprechend, nicht genau sein kann. Insbesondere die Entwicklung vor, während und nach dem Ersten Weltkrieg ist aus den Daten Tsunodas nicht konkret zu ermitteln, da Tsunoda in seiner Erhebung in Abständen von zehn Jahren mißt (1910/12–1920–1930) und nur eine äußerst begrenzte Zahl der Fachorgane berücksichtigt.

So beachtet Tsunoda hinsichtlich des Zeitraums von 1910 bis 1920 nicht, daß sowohl der *Index Medicus* als auch die beiden von ihm herangezogenen deutschen Referatenorgane, das *Zentralblatt für die gesamte innere Medizin und ihre Grenzgebiete* und die *Physikalischen Berichte*, den Beschränkungen der Kriegs- und Nachkriegszeit unterworfen waren. Zensur und Ausfuhrverbote des Deutschen Reichs hatten im Krieg außerdem dafür gesorgt, daß deutsche Fachliteratur im Ausland und ausländische Fachliteratur in Deutschland nicht zugänglich waren und die deutsche Literaturproduktion eingeschränkt werden mußte.[46] Zum Beispiel erschien das *Zentralblatt für die gesamte innere Medizin und ihre Grenzgebiete* von 1915 bis 1919 nicht, und im *Index Medicus* waren von 1915 bis einschließlich 1918 kaum deutschsprachige Publikationen zu finden. Während einige Zeitschriften wegen der wirtschaftlichen Notlage eingingen, entfaltete man andererseits nach dem Krieg eine rege Produktionstätigkeit, um Liegengebliebenes

---

43 Der *Index Medicus* wird zuweilen irrtümlicherweise als Referatenorgan bezeichnet, so von Skudlik, *Sprachen in den Wissenschaften*, S. 28, und Ammon, *Die internationale Stellung der deutschen Sprache*, S. 252.

44 Vgl. dagegen das Liniendiagramm bei Ulrich Ammon, *Die internationale Stellung der deutschen Sprache* (1991), S. 254; ders., *Ist Deutsch noch internationale Wissenschaftssprache?* (1998), S. 53, 139; ders., *Die Stellung der deutschen Sprache in der Welt* (2015), S. 551, und in zahlreichen weiteren Beiträgen.

45 Tsunoda, Les langues internationales, S. 71.

46 Siehe dazu oben, S. 137–151.

oder Versäumtes nachzuholen. Die Bibliographien und Referatenzeitschriften mußten nicht nur diese anschwellende Literatur, sondern auch die Schriftwerke der Kriegsjahre aufarbeiten. Das führte freilich in diesen Jahrgängen zu einem relativ hohen Anteil deutschsprachiger Literatur, in den deutschen Referatenorganen ebenso wie im *Index Medicus.*

Auf der anderen Seite bewirkte der Boykott, daß für die deutschen Gelehrten ausländische Literatur, die sie früher vornehmlich über Tauschbeziehungen bezogen hatten, noch nicht wieder leicht zu beschaffen war. Überdies waren die Anschaffungskosten der ausländischen Literatur in die Höhe geschnellt. Das führte dazu, daß die Zahl der ausländischen Zeitschriften, die in sämtlichen deutschen Bibliotheken gehalten wurden, von rund 3000 vor dem Krieg im Jahr 1920 auf 250 herabsank. Die Berliner Staatsbibliothek konnte statt 2300 nur noch 150 ausländische Zeitschriften halten.[47] Gleichzeitig waren die deutschen Referatenorgane einer wachsenden Konkurrenz ausgesetzt.

Um die damit verbundenen Gefahren, die dem Wissenschaftsbetrieb und dem Fortbestand der Referatendienste in Deutschland drohten, abzuwehren, hatte man 1920 eine Arbeitsgemeinschaft der führenden deutschen Referatenorgane gebildet und die Reichszentrale für naturwissenschaftliche Berichterstattung ins Leben gerufen, welche die Aufgabe hatte, ausländische Literatur zu beschaffen und an die Redaktionen und Wissenschaftler mit Hilfe von Kopien gegen geringe Kosten zu verteilen.[48]

In diesem Zusammenhang entstanden auch die von Tsunoda ausgewerteten *Physikalischen Berichte*, die, als Fortsetzung der *Fortschritte der Physik*, des *Halbmonatlichen Literaturverzeichnisses der Fortschritte der Physik* und der *Beiblätter zu den Annalen der Physik*, gemeinsam von der Deutschen Physikalischen Gesellschaft und der Deutschen Gesellschaft für technische Physik erstmals 1920 herausgegeben wurden. Da die *Fortschritte der Physik* mit dem Jahrgang 1918 ihr Erscheinen einstellten, hatten die *Physikalischen Berichte* 1920 außer den Neuerscheinungen noch die gesamte Literatur von 1919 zu erfassen. Zudem wies deren Redaktion ausdrücklich auf „die bezüglich der ausländischen Literatur z. Z. noch bestehenden Lücken" hin, die man möglichst bald schließen wolle. Das Ziel, über die gesamte physikalische und physikalisch-technische Literatur schnell und vollständig zu berichten, könne „nur allmählich in dem Maße erreicht werden, wie die inneren und äußeren politischen Verhältnisse sich bessern."[49]

47 Vgl. Eduard Wildhagen, Die Not der deutschen Wissenschaft, in *Internationale Monatsschrift für Wissenschaft, Kunst und Technik*, 15. Jg., H. 1, Oktober 1920, Sp. 1–32, hier Sp. 18.
48 Siehe dazu oben, S. 380–392.
49 Ankündigung, in *Physikalische Berichte*, 1. Jg., Nr. 1, 1.1.1920, S. 1; zu den *Physikalischen Berichten* siehe auch Forman, *The Environment and Practice of Atomic Physics*, S. 183 ff.

Erschwerend kam hinzu, daß unmittelbar nach dem Krieg, verbunden mit dem Boykott, ausländische Autoren Aufsätze oder Referate seltener in deutschen Zeitschriften veröffentlichten. Sie wurden ohnehin davon abgehalten, als einige deutsche Herausgeber von ihnen Loyalitätserklärungen verlangten. Während im Jahr 1913 in einer Reihe deutscher medizinischer Zeitschriften der Anteil ausländischer Beiträge etwa 50 Prozent betragen hatte, sank er 1920 auf 23 Prozent herab. In deutschen Zeitschriften der Physik und Chemie zeichneten sich ähnliche Entwicklungen ab. Dort betrug der Anteil ausländischer Beiträge 1920 nur noch 13 Prozent gegenüber 37 Prozent im Jahr 1913.[50] Auch amerikanische Chemiker hatten vor dem Ersten Weltkrieg oft in deutschen Zeitschriften publiziert, danach jedoch amerikanische Zeitschriften bevorzugt.[51] Im Jahr 1920 sank in den *Astronomischen Nachrichten*, wo ebenfalls nur noch wenige ausländische Beiträge – und gar keine aus Belgien und Frankreich – zu finden waren, der Anteil der englischen und französischen Sprache unter 5 Prozent gegenüber 15 – 20 Prozent 1910, während die deutschsprachigen Beiträge von 60 Prozent 1910 auf über 95 Prozent im Jahr 1920 stiegen.[52]

Vor diesem Hintergrund ist es zu erklären, daß auch in den beiden von Tsunoda ausgewerteten deutschen Referatenorganen der Medizin und Physik 1920 die deutschsprachige Literatur besonders stark repräsentiert war, während die englisch- und französischsprachigen Schriften weniger Berücksichtigung fanden. Darüber hinaus ist zu bedenken, daß sich insbesondere gegen französischsprachige Literatur in Deutschland Ressentiments bemerkbar machten.[53] Das zeigte auch die Weigerung des Berliner Pathologen Otto Lubarsch, in eine von

50 Vgl. Karl Kerkhof, Die Weltgeltung des deutschen Schrifttums, in *Forschungen und Fortschritte*, 9. Jg., Nr. 27, 20.9.1933, S. 401. Kerkhof, der dabei allerdings nicht die Sprachen untersuchte, wertete folgende Zeitschriften aus: *Anatomischer Anzeiger*, *Zentralblatt für Chirurgie*, *Archiv für Protistenkunde*, *Zentralblatt für Bakteriologie und Parasitenkunde* I und II, *Zeitschrift für Immunitätsforschung*, *Mitteilungen aus den Grenzgebieten der Medizin und Chirurgie*, *Annalen der Physik*, *Berichte der Deutschen Chemischen Gesellschaft*, *Zeitschrift für anorganische und allgemeine Chemie* und *Kolloid-Zeitschrift*. In der Medizin stieg jedoch bis 1930 der Anteil ausländischer Artikel in deutschen Zeitschriften wieder auf 50 Prozent, in der Physik und Chemie auf 33 Prozent; vgl. ebd.; Armin Hermann, Das goldene Zeitalter der Physik, in Debus, Kollmann, Pörksen (Hrsg.), *Deutsch als Wissenschaftssprache im 20. Jahrhundert* (2000), S. 209 – 227, hier S. 222.

51 Vgl. William H. Brock, *Viewegs Geschichte der Chemie*, Wiesbaden 1997, S. 283.

52 Vgl. *Astronomische Nachrichten* 1920 (Bd. 211 – 212); siehe dazu oben die Graphiken nach Herrmann, S. 43 ff.

53 So betrug im *Zentralblatt für innere Medizin und ihre Grenzgebiete* im 1. Jahrgang 1912 der Anteil der französischsprachigen Literatur 25,73 Prozent, 1920 aber nur 9,92 Prozent, nach Tsunoda, Les langues internationales, S. 78.

ihm herausgegebene medizinische Zeitschrift im Jahr 1920 einen Bericht über die seit 1914 erschienene französische Literatur aufzunehmen.[54]

Jedenfalls scheint mir eine Berechnung des Mittelwerts der Daten des Jahres 1920, die Tsunoda für die beiden deutschen Referatenorgane *Zentralblatt für die gesamte innere Medizin und ihre Grenzgebiete*[55] und *Physikalische Berichte* sowie den US-amerikanischen *Index Medicus* ermittelt hat – nur diese drei Publikationen hat Tsunoda für dieses Jahr ausgewertet –, nicht die tatsächlichen Relationen zwischen den Wissenschaftssprachen bzw. der Menge der jeweiligen Literaturproduktion wiederzugeben, ganz abgesehen davon, daß es sich hier um unterschiedliche Publikationsformen handelt, nämlich eine Bibliographie (*Index Medicus*), also ein reines Literaturverzeichnis, und zwei Referatenorgane.[56] Die auf Tsunodas Ergebnisse gestützte Vermutung, die deutsche Sprache hätte als Publikationssprache der Naturwissenschaften um 1920 weltweit und historisch den „Höhepunkt" erklommen und mit einem Anteil von 44 Prozent den der englischen (33,26 Prozent) und französischen (14,35 Prozent) Sprache weit übertroffen,[57] erst danach oder sogar erst um 1930 hätte ihr Abstieg begonnen, wird dem internationalen Stand der naturwissenschaftlichen Publikationssprachen zum damaligen Zeitpunkt nicht gerecht.[58] Gleichwohl hat Peter von Polenz die falsche Darstellung von Ammon ungeprüft in seine Sprachgeschichte übernommen.[59]

---

54 Siehe dazu oben, S. 394 f.

55 Es nannte sich ab 1920 *Kongreßzentralblatt für die gesamte innere Medizin und ihre Grenzgebiete.*

56 Nach Tsunoda erreichte 1920 im *Zentralblatt für die gesamte innere Medizin und ihre Grenzgebiete* der Anteil der deutschsprachigen Literatur 51,15 Prozent gegenüber 29,77 Prozent der englisch- und 9,92 Prozent der französischsprachigen Literatur. Die entsprechenden Sprachenanteile in den *Physikalischen Berichten* betrugen: 69,0 Prozent Deutsch, 16,5 Prozent Englisch und 10,5 Prozent Französisch. Demgegenüber weist der *Index Medicus* für 1920 ein anderes Zahlenverhältnis auf: 28,0 Prozent Deutsch gegenüber 43,4 Prozent Englisch und 18,5 Prozent Französisch; aus diesen Zahlen errechnete Ammon einfach den Mittelwert und übertrug diesen in sein Liniendiagramm, als hätten im Jahr 1920 allein diese drei Publikationen die Naturwissenschaften international repräsentiert; vgl. Ammon, *Die internationale Stellung der deutschen Sprache* (1991), S. 253 f.; ders., *Die Stellung der deutschen Sprache in der Welt* (2015), S. 551; zum *Index Medicus* siehe Tab. 17.

57 Ammon, *Die internationale Stellung der deutschen Sprache*, S. 253, und das Liniendiagramm, S. 254; ders., *Ist Deutsch noch internationale Wissenschaftssprache?*, S. 139; siehe dazu auch oben, S. 11.

58 In dieser Hinsicht sind auch die aus chemischen Fachzeitschriften des Jahres 1920 von Ammon wiedergegebenen Daten fragwürdig sowie seine darauf gestützte Annahme, „daß das Deutsche noch um 1920 die wichtigere Wissenschaftssprache der Chemie war als das Englische." (Ammon, *Ist Deutsch noch internationale Wissenschaftssprache?* (1998) S. 45 – 53, Zitat S. 51; ders., Die Stellung der deutschen Sprache in der Welt (2015), S. 557; Siehe dazu oben, S. 493.

Tab. 17: Der Anteil von Englisch, Französisch und Deutsch an den im *Index Medicus* aufgeführten Publikationen nach Tsunoda[60]

Jahr	Englisch	Französisch	Deutsch
1879	35,8 %	27,2 %	23,6 %
1890	37,5 %	27,6 %	22,3 %
1910	35,9 %	25,6 %	27,6 %
1920	43,4 %	18,5 %	28,0 %
1930	75,1 %	7,8 %	12,0 %
1940	84,2 %	4,4 %	6,0 %
1960	47,4 %	14,4 %	13,1 %
1970	50,0 %	8,6 %	9,9 %
1980	70,8 %	3,8 %	6,4 %

Nach der Auswertung Tsunodas weist der *Index Medicus* immerhin ein starkes Übergewicht der englischsprachigen Literatur gegenüber der deutsch- und französischsprachigen auf, seit 1920 mit aufsteigender Tendenz. Daß nach Tsunodas Tabelle im *Index Medicus* der Anteil der deutschen Sprache im Jahr 1920 noch um 0,4 % gegenüber 1910 gestiegen und erst danach abgefallen ist, sagt jedoch nichts über die tatsächliche Entwicklung zwischen 1910 und 1920 aus. Einerseits ist nämlich anzunehmen, daß der Anteil der deutschen Sprache 1913 höher als 1920 lag – wie das auch für die Chemie in *Chemical Abstracts* und den Zitaten in *The Journal of the American Chemical Society* belegt wird[61], andererseits wirkte sich, wie bereits dargestellt, aus, daß die Lücken der Kriegsjahre aufgefüllt wurden.

Eine Hinneigung zur englischen und französischen Sprache oder nur zum Englischen machte sich in anderen internationalen Zeitschriften ebenfalls bemerkbar.

Die von George Sarton in Belgien im Jahr 1913 gegründete und von ihm herausgegebene renommierte Zeitschrift zur Wissenschaftsgeschichte *Isis* veröffentlichte vor dem Ersten Weltkrieg, mit einem französischsprachigen Titelblatt versehen, Beiträge in französischer, englischer, deutscher und italienischer

---

59 Vgl. Polenz, *Deutsche Sprachgeschichte*, Bd. 3, S. 217 ff.; ders., Vom Sprachimperialismus zum gebremsten Sprachstolz. Das 20. Jahrhundert in der sprachenpolitischen Geschichte der deutschsprachigen Länder, in Heidrun Kämper, Hartmut Schmidt (Hrsg.), *Das 20. Jahrhundert. Sprachgeschichte – Zeitgeschichte*, Berlin, New York 1998, S. 9 – 26, hier S. 20.

60 Tsunoda, Les langues internationales, S. 74; hinsichtlich des relativ hohen Anteils der deutschen Sprache im Jahr 1920 ist zu berücksichtigen, daß Tsunoda die vorangegangenen Jahre 1911 – 1919 nicht untersucht hat; siehe dazu die Ausführungen oben, S. 494 – 497.

61 Siehe Tab. 14-16 und Abb. 42, S. 489 ff., 494.

Sprache.[62] Nach einer über fünfjährigen Unterbrechung wegen des Krieges, in dem Sartons Bibliothek von den deutschen Besatzern geplündert worden war und er, wie er schrieb, das Leben eines „Juif errant" an verschiedenen Orten führen mußte,[63] konnte *Isis* im Jahr 1919 wieder erscheinen, unterstützt von der Carnegie Institution in Washington, D. C.

Die vormalige Viersprachigkeit der Zeitschrift wurde jetzt allerdings auf die französisch-englische Zweisprachigkeit reduziert, mit dem ausdrücklichen Akzent auf Englisch, wie Sarton in seinem Vorwort zur ersten Nummer nach dem Krieg erklärte:

> La nouvelle Isis [...] sera très différente de l'ancienne: au lieu d'être tétraglotte, elle ne sera publiée qu'en deux langues, le français et l'anglais, surtout la dernière [...].[64]

Demgemäß erhielt auch das Titelblatt eine zweisprachige Fassung. Anderssprachige Artikel sollten ohnehin ins Englische übersetzt werden,[65] und Sartons Leitartikel erschien gleich auf Englisch: „War and Civilization".[66]

Sarton kündigte bereits an, daß er auch Französisch zugunsten der alleinigen Verwendung der englischen Sprache aufgeben wolle, um die internationale Verbreitung der Zeitschrift zu fördern:

> It is precisely to increase the international value of Isis that I decided to restrict its publication to one language instead of four. There are, of course, far more people able to read comfortably anyone of these four languages than the four of them. I found out that the polyglottism of Isis was a serious und unnecessary obstacle to its circulation and consequently to the diffusion of the history of science and of the ideal of the New Humanism.[67]

In Englisch sah Sarton damals die Sprache einer humanen Zivilisation und die zukünftige internationale Sprache der Welt.[68] In dieser Sprache sollte *Isis*, so plante er, zum internationalen Zentralorgan der Wissenschaftsgeschichte und -philosophie und, in Verbindung damit, des neuen Humanismus werden.[69]

---

62 Vgl. *Isis*, Revue consacrée à l'histoire et à l'organisation de la science, publiée par George Sarton, juin 1914.

63 Sarton, Avant-propos, in *Isis* II, No. 6, septembre 1919, S. 313.

64 Ebd., S. 314.

65 Vgl. Sarton, The Publication of Isis, in *Science* 49/1919, Nr. 1259, S. 170 f., hier S. 170.

66 Sarton, War and Civilization, in *Isis* II, No. 6, 1919, S. 315–320.

67 Sarton an den Herausgeber der *New York Evening Post*, 20.2.1919, abgedruckt in *Isis* II, No. 6, 1919, S. 320 f., Zitat S. 321.

68 Ebd.

69 Vgl. Sarton, The Publication of Isis, in *Science* 49, 1919, Nr. 1259, S. 170.

Ein Jahr später erschien bereits der Untertitel der Zeitschrift nur noch in englischer Sprache: „International Review devoted to the History of Science and Civilization“.[70] Ab 1920/21 wurde *Isis* in Cambridge, Mass., herausgegeben[71] und 1924 zur offiziellen Zeitschrift der amerikanischen History of Science Society erklärt.[72] Sarton, inzwischen nach Cambridge übergesiedelt, fungierte jetzt als Vorsitzender des Publikations-Ausschusses dieser Gesellschaft.[73] Fünf Jahre später wurde *Isis* außerdem noch das Organ des International Committee of the History of Science.[74]

Hin und wieder waren gleichwohl noch anderssprachige Artikel, auch in deutscher Sprache, in *Isis* zu finden. Doch der Weg zur englischsprachigen Zeitschrift war eingeschlagen. „The internationalism of an organ is not determined by the language but by the subject“, bekräftigte Sarton seine Entscheidung für Englisch.[75]

Ein anderes Beispiel sind die von der Schwedischen Gesellschaft für Geographie und Anthropologie in Stockholm damals herausgegebenen *Geographischen Annalen*, die als internationale Zeitschrift gegründet worden waren, in der Schweden nicht Schwedisch, sondern eine der verbreiteten Sprachen gebrauchten, unter anderem Deutsch. Schwedische Autoren wurden nun im Jahr 1925 dazu aufgefordert, keine deutschsprachigen Aufsätze mehr zu bringen – also Deutsch nicht mehr als lingua franca zu benutzen, sondern nur noch solche in französischer und englischer Sprache. Die deutsche Sprache wurde zwar nicht ausgeschlossen, aber sie blieb den deutschsprachigen Autoren als deren Muttersprache vorbehalten, sie war also zugelassen, wurde aber nicht mehr von Schweden als internationale Publikationssprache verwendet.

> Unsere ausländischen Freunde hören nunmehr auf, sich der deutschen Sprache zu bedienen,

stellte in diesem Zusammenhang der deutsche Geograph Albrecht Penck besorgt fest.[76] Erläuternd fügte er hinzu:

---

70 *Isis* III, No. 8, 1920.

71 *Isis* III, No. 9, 1921.

72 *Isis*, VII,1, No. 21, 1924.

73 Vgl. The History of Science Society, in *Science* 59, No. 1524, 14.3.1924, S. 252, hier S. 253.

74 *Isis* XII,1, No. 40, 1929.

75 Sarton, Preface to Volume VIII, in *Isis* VIII,1, No. 25, 1926, S. 8.

76 Penck an Kerkhof, 14.5.1925, Abschr. in PA AA, R 64981.

> Es liegt hier gewiss kein deutschfeindlicher Akt der Gesellschaft vor, deren Ehrenmitglied ich bin, sondern lediglich der Wunsch, dass der Schwede, wenn er vor ein internationales Publikum tritt, sich nunmehr einer der anerkannten Sprachen bedienen soll.[77]

Deutsch gehörte demnach nicht mehr wie früher zu den international anerkannten Sprachen.

Einen ähnlichen Eindruck hatte Penck auch in anderen skandinavischen Ländern gewonnen. So hatte er beobachtet,

> dass das Deutsche bei unseren nordischen Nachbarn, und zwar auch in Finnland, seit einigen Jahren weniger gepflegt wird als bisher. Da nun deutsche Lehr- und Handbücher vielfach aussergewöhnlich teuer sind, so fürchte ich, wird unser kultureller Einfluss im Norden rasch zurückgehen.[78]

Das Auswärtige Amt schickte Pencks Bericht sogleich an die deutsche Gesandtschaft in Stockholm. Eine Bemerkung im Entwurf des Begleitschreibens, das der Paraphe nach von Soehring stammte, wurde nachträglich zwar wieder durchgestrichen, gibt jedoch eine nicht unrealistische Einschätzung der von Penck geschilderten Vorgänge wieder:

> Diese Mitteilung zeigt erneut den Rückgang der Weltgeltung der deutschen Sprache und beweist eindringlich die Notwendigkeit, dem mit allen Mitteln und auf allen Gebieten entgegenzutreten.[79]

Aber nicht nur der Anteil der deutschen Sprache in ausländischen und internationalen Fachzeitschriften ging zurück, sondern auch der weltweite Absatz deutschsprachiger Fachliteratur. Die Ächtung der deutschen Sprache und Literaturproduktion hinterließ hier ebenso ihre Spuren wie die zugleich lancierte Aufwertung und Verbreitung des Französischen und Englischen und der in diesen Sprachen publizierten Zeitschriften und Bücher.

So betrieb Frankreich nach dem Krieg in zahlreichen Ländern eine offensive Kulturpropaganda, um für die französische Sprache und Literatur zu werben. Zur gleichen Zeit dienten die großzügigen Förder- und Stipendienprogramme amerikanischer Stiftungen wie der Rockefeller Foundation, Carnegie Institution oder Smithsonian Institution der Ausbreitung des Englischen. Die Rockefeller Foundation zum Beispiel vergab Stipendien mit der Auflage, die englische Sprache zu

77 Ebd.

78 Ebd.

79 AA (Soehring) an Gesandtschaft Stockholm, 25.5.1925, Konzept in ebd.

beherrschen.[80] Die Auswirkungen dieser breit angelegten Sprachenoffensive zugunsten des Französischen und Englischen waren fast überall spürbar.

Eine Folge davon war, daß der Verkauf deutscher wissenschaftlicher Bücher und Zeitschriften im Ausland rapide zurückging. In den Niederlanden, den skandinavischen Ländern, Estland und Litauen, also Ländern, in denen deutschsprachige Literatur traditionell einen großen Interessentenkreis fand, wurden, abgesehen von dem Absatzrückgang wegen des Krieges seit 1914, im Jahr 1923 nur noch 70,4 Prozent, im Jahr 1924 43 Prozent und 1925 35,8 Prozent der Gesamtmenge der deutschen Bücher, die 1922 abgesetzt worden waren, verkauft – „ein mehr oder weniger rasches, *beständiges* und scheinbar unaufhaltsames Hinabgleiten in die Tiefe", wie der Leiter der Auslandabteilung des Börsenvereins der deutschen Buchhändler, August von Löwis of Menar, 1926 in seinem Tätigkeitsbericht klagte.[81] In anderen Ländern war die Situation nicht viel besser.

Beschleunigt wurde diese Entwicklung außerdem durch die Preispolitik der deutschen Verleger, die ihre Produkte im Ausland viel zu teuer verkauften, um ihre kriegsbedingten Verluste wieder wettzumachen, sowie die vom Reich erhobenen Valutazuschläge für Ausländer. Diese wenig weitsichtige Preispolitik konnte der zielstrebigen Werbung für französisch- und englischsprachige Bücher, die billiger angeboten oder verschenkt wurden, geradewegs in die Hände arbeiten. Aus Helsinki zum Beispiel wußte der deutsche Gesandte 1924 dem Auswärtigen Amt zu berichten,

> dass hiesige Universitätslehrer und Studierende, nachdem seit jeher das finnische Geistesleben sich fast ausschließlich aus deutschen Quellen genährt und dadurch deutsche Denkweise die gebildeten Kreise Finnlands ausschlaggebend beeinflusst hatte, nunmehr immer mehr dazu übergegangen sind, das benötigte wissenschaftliche Lehrmaterial aus Frankreich und England zu beziehen. Große Bücherbestellungen in Deutschland sind, als man hier die Preise erfuhr, rückgängig gemacht worden. Ich sehe in dieser Entwicklung eine außerordentliche Gefahr für unseren kulturellen Einfluss in Finnland, – eine Gefahr, die sich früher oder später auch auf politischem Gebiet fühlbar machen muss.[82]

Berichte aus anderen Ländern sorgten sich gleichfalls um den stark rückläufigen Buchabsatz. Der Präsident der Notgemeinschaft der Deutschen Wissenschaft,

---

80 Vgl. Reinhard Siegmund-Schultze, *Rockefeller and the Internalization of Mathematics between the two World Wars. Documents and Studies for the Social History of Mathematics in the 20th Century*, Basel, Boston, Berlin 2001, S. 89.

81 August von Löwis of Menar, Tätigkeitsbericht der Auslandabteilung des Börsenvereins, Ausschuss: Deutsche Gesellschaft für Auslandbuchhandel für das Jahr 1925, Leipzig, April 1926, in PA AA, R 65052; Hervorhebung i. Orig.

82 Der deutsche Gesandte in Helsingfors, Graf von Zech-Burkersroda, an AA, 4.4.1924, in PA AA, R 65352.

Friedrich Schmidt-Ott, stellte dazu 1925 in einer „Denkschrift über den Rückgang in der Verbreitung deutscher wissenschaftlicher Werke und Zeitschriften im Auslande“ fest, daß im gleichen Maße, wie die Ausfuhr von Druckschriften Deutschlands zurückgegangen, diejenige Frankreichs gestiegen sei. So hätten nach dem Jahresbericht des Maison du Livre Français für 1924 die Auslandsabteilungen gegenüber 1923 den Umsatz verdoppelt.[83]

Meldungen aus dem Ausland bestätigten die beachtlichen Erfolge der Konkurrenten. Die Universitätsbibliotheken in Christiania, Lund und Uppsala, fuhr die Denkschrift fort, würden den Eingang französischer Schriften in ihren Berichten besonders betonen, und dem Reichsbibliothekar von Schweden habe der Generaldirektor der Bibliothèque Nationale in Paris angeboten, ihm alle von ihm gewünschten französischen Publikationen geschenkweise zu überlassen. Ähnliche Nachrichten trafen aus anderen Ländern ein. Gleichzeitig würde auch englischsprachige Literatur verstärkt verbreitet, warnte die Denkschrift, und so dienten

> an den Auslandsuniversitäten [...] englische, amerikanische oder französische Compendien als Unterlagen zu den Vorlesungen, wo bisher unbestritten das deutsche Buch herrschte.[84]

Diesem Mißstand wollte die Notgemeinschaft, mit Unterstützung der zuständigen Reichsbehörden, entgegenwirken und beantragte für das erste Jahr 500000 M, „um eine planmäßige Arbeit zugunsten der Verbreitung des deutschen wissenschaftlichen Buches einleiten zu können.“[85]

Doch der französisch-englische Einfluß, der sich auf dem Buch- und Zeitschriftenmarkt ausbreitete, ließ sich nicht mehr zurückdrängen.

Auch der Sprachunterricht an Schulen und Hochschulen des Auslands blieb von den Auswirkungen des Boykotts und dem Ansehensverlust der deutschen Sprache und Fachliteratur nicht unberührt. Sobald Englisch und Französisch im internationalen Wissenschaftsbetrieb als führend galten, war es naheliegend, daß in den Curricula ausländischer Lehranstalten jenen Sprachen vor Deutsch der Vorzug gegeben wurde.

In den USA war, wie bereits dargelegt, der Deutschunterricht an den High Schools abgestürzt und sollte sich von diesem Rückschlag nicht wieder erholen. So lag 1922 der Anteil der Schüler, die an den öffentlichen High Schools Deutsch

83 Schmidt-Ott, Denkschrift über den Rückgang in der Verbreitung deutscher wissenschaftlicher Werke und Zeitschriften im Auslande, 27.1.1925, in PA AA, R 65082.

84 Ebd.

85 Ebd.

lernten, bei 0,65 Prozent gegenüber 24,39 Prozent 1915. Demgegenüber stieg der Anteil der Französisch- und Spanischlernenden beträchtlich.

Tab. 18: Entwicklung des Anteils der Schüler, die Deutsch, Französisch und Spanisch an den Public High Schools in den USA zwischen 1890 und 1922 lernten[86]:

Jahr	Schüler insges.	Deutsch	Französisch	Spanisch
1890	202.963	21.338 (10,5%)	11.858 (5,8%)	-
1895	350.099	39.901 (11,4%)	22.813 (6,5%)	-
1900	519.251	74.408 (14,3%)	40.395 (7,8%)	-
1905	679.702	137.661 (20,2%)	62.120 (9,1%)	-
1910	739.143	175.083 (23,7%)	73.161 (9,9%)	4.920 (0,7%)
1915	1.165.495	284.294 (24,4%)	102.516 (8,8%)	31.743 (2,7%)
1922	2.155.460	13.918 (0,6%)	333.162 (15,5%)	242.715 (11,3%)

Zwar erhöhte sich in den folgenden Jahren in den USA die Zahl der Deutschlernenden an den Schulen und Universitäten geringfügig.[87] Doch Deutsch fiel langfristig weit hinter Französisch und Spanisch, das bald dem Französischen den Rang ablief, zurück.[88]

Auch in skandinavischen Ländern, ehemaligen Hochburgen des Deutschen als Fremdsprache, wurde an den Schulen der Deutschunterricht zugunsten des Unterrichts in der englischen und französischen Sprache zurückgestuft. So gab in Schweden 1924 eine Sachverständigenkommission sogar den Rat, den Deutschunterricht in der Prima des Gymnasiums völlig zu streichen. Nach weiteren Beratungen der schwedischen Schulreform konnte das zwar verhindert werden, doch im Schulgesetz von 1933 verlor die deutsche Sprache gerade in den höheren Klassen der Gymnasien nicht nur ihre privilegierte Stellung, sondern ihr wurde nicht einmal mehr der gleiche Rang wie Englisch und Französisch zuerkannt.

---

86 Nach Karl Remme (Direktor des Akademischen Auskunftsamts in Berlin), Der deutsche Sprachunterricht in den Vereinigten Staaten von Amerika, in Franz Schmidt, Otto Boelitz (Hrsg.), *Aus deutscher Bildungsarbeit im Auslande. Erlebnisse und Erfahrungen in Selbstzeugnissen aus aller Welt*, Bd. 2, Langensalza 1928, S. 511–520, hier S. 515; siehe dazu auch oben S. 237 ff.; vgl. Ammon, *Die internationale Stellung der deutschen Sprache*, S. 427, und die dort angegebene Literatur.

87 Vgl. Karl Remme, Der deutsche Sprachunterricht in den Vereinigten Staaten von Amerika, S. 514, 516.

88 1982 lernten noch 2,1 Prozent der Schüler an den staatlichen Sekundarschulen Deutsch. Finkelman sieht den Ausgangspunkt dieses Abstiegs der deutschen Sprache in den USA in den Repressionen während des Ersten Weltkriegs und unmittelbar danach; vgl. Finkelman, The War on German Language and Culture, S. 196, 204 f.

Immerhin blieb Deutsch die zuerst gelernte Fremdsprache in den Schulen mit verhältnismäßig viel Unterrichtsstunden und konnte in der Prima fakultativ als „Zuwahlfach", als „freiwilliges Extrafach" weitergelernt werden, ohne schriftliche Arbeiten und mit besonderer Erlaubnis des Rektors und der Klassenkonferenz. Demgegenüber wurden jedoch Englisch und Französisch zu obligatorischen Kern- und Examensfächern bestimmt, Deutsch aber nicht, und damit erheblich aufgewertet, was auf spätere Hochschulstudien nicht ohne Einfluß blieb.

> Jedenfalls ist ein sehr beträchtlicher Niedergang des deutschen Studiums der Primaner sicher,

folgerte daraus der deutsche Pädagoge Martin Tamsen, der seit fünfzehn Jahren in Schweden lebte und als Beauftragter der schwedischen Regierung den Deutschunterricht an den schwedischen Schulen kontrollierte, in seinem damit befaßten Gutachten.[89]

Die auf verschiedenen Gebieten beschriebenen Beispiele machen deutlich, in welchem Ausmaß der Erste Weltkrieg und der ihm folgende alliierte Boykott gegen die deutsche Wissenschaft und Sprache die Wertschätzung und Verbreitung der deutschen Sprache untergruben. Mit ihrer Sprachenpolitik gelang es den Boykottorganisatoren, eine historische Wende in der Stellung des Deutschen als internationale Wissenschaftssprache herbeizuführen. In Wissenschaftsvereinigungen, auf Kongressen, an Schulen und Hochschulen und in Publikationen verlor die deutsche Sprache weitgehend ihren internationalen Rang, den sie vor dem Krieg erworben hatte. Dagegen etablierten sich Französisch und Englisch als die vorherrschenden Sprachen, bis dann nach dem Zweiten Weltkrieg Englisch allein zur lingua franca in der internationalen wissenschaftlichen Zusammenarbeit aufstieg.

Mehrere Untersuchungen haben nachgewiesen, daß Deutsch als internationale Wissenschaftssprache nach dem Ersten Weltkrieg hinter Französisch und Englisch auf internationalen Konferenzen und hinter Englisch in internationalen Publikationen zurückfiel, ohne jedoch die damit verbundene Politik zu berücksichtigen. Auf der anderen Seite scheint mir Schröder-Gudehus in ihren wichtigen Studien zum Boykott gegen die deutsche Wissenschaft dessen nachhaltige Folgen für die internationale Stellung der deutschen Sprache zu unterschätzen, wenn sie geltend macht, daß die deutsche Fachliteratur doch bereits 1930 die Hälfte ihrer

---

89 Martin Tamsen, Die Stellung des Deutschen im neuen schwedischen Schulgesetz vom 17. März 1933, 9.4.1933, in PA AA, Botschaft Stockholm, 334; vgl. Deutsche Gesandtschaft Stockholm, von Rosenberg, an AA, 24.1.1933, in ebd.; siehe dazu auch Roswitha Reinbothe, Geschichte des Deutschen als Wissenschaftssprache im 20. Jahrhundert (2011), S. 59.

Vorkriegsposition zurückgewonnen hätte, während die andere Hälfte wegen der beträchtlichen Produktionsleistungen der USA verloren gegangen sei.[90] Daß hier jedoch ein Zusammenhang mit dem Boykott gegen die deutsche Wissenschaft und Sprache und dessen Folgen bestand, versucht die vorliegende Arbeit deutlich zu machen.

Wie der Astronom und Geodät Wolfgang R. Dick feststellt, hat die Gründung der Internationalen Astronomie-Union (1919) dazu beigetragen, daß nicht nur Deutschlands Bedeutung in der astronomischen Forschung abnahm, sondern auch die Bedeutung des Deutschen als Fachsprache der Astronomie.[91] Ähnliche Entwicklungen vollzogen sich in anderen Disziplinen.

90 Vgl. Schröder-Gudehus, *Les scientifiques*, S. 142.

91 Vgl. Dick, Die Astronomische Gesellschaft zwischen internationaler Wirksamkeit und nationalen Schranken, in Dick, Hamel (Hrsg), *Beiträge zur Astronomiegeschichte* 2000, S. 159.

2. Nationale Repräsentation, Weltgeltung und Sprachpolitik

Ebenso wie der Vertrag von Versailles wurde der Boykott gegen die deutsche Wissenschaft und Sprache in Deutschland als nationale Demütigung empfunden. Einer kritischen Auseinandersetzung mit Deutschlands Kriegsschuld und den deutschen Kriegsverbrechen sowie mit der Machtpolitik im internationalen Wissenschaftsbetrieb des Kaiserreichs wichen die meisten deutschen Wissenschaftler aus. Gleichzeitig wurde auch von deutschen Politikern eine radikale Aufklärung über die Schuld des Deutschen Kaiserreichs am Ersten Weltkrieg gezielt hintertrieben. Der Umgang mit der Vergangenheit, die Leugnung von Deutschlands Schuld am Ersten Weltkrieg und der Protest gegen die angebliche „Kriegsschuldlüge" der Siegermächte verstärkten zugleich nationalistische Ambitionen. Das Auswärtige Amt spielte dabei eine unrühmliche Rolle.[94]

In diesem Zusammenhang standen der alliierte Boykott gegen die deutsche Wissenschaft und Sprache sowie die Reaktionen der deutschen Wissenschaftler darauf. Es war nicht der Boykott, der die Hinwendung deutscher Wissenschaftler, die ihre Karrieren größtenteils dem Kaiserreich verdankten, zu nationalistischen Denkweisen bewirkte oder verstärkte, sondern jene deutsche Politik, die auch der Grund für den Boykott war. Andererseits schien der Boykott wohl auch nicht das geeignete Mittel zu sein, um die deutschen Gelehrten dazu zu bewegen, sich von der Kriegspolitik des Deutschen Reichs und damit auch von dem berüchtigten Aufruf „An die Kulturwelt!" zu distanzieren. Dieses Ziel erreichte er jedenfalls nicht, gleichwohl aber die nachhaltige Schwächung der internationalen Stellung der deutschen Wissenschaft und Sprache. Wenngleich die deutschen Wissenschaftler bestrebt waren, die verlorengegangenen Bastionen zurückzuerobern, mußten sie der Tatsache Rechnung tragen, daß sich in den internationalen Wissenschaftsbeziehungen die Gewichte verschoben hatten, zumal Krieg und Boykott die Entwicklung der Wissenschaften in den alliierten Ländern, insbesondere in den USA, forciert hatten.

Auf diese grundlegende Verschiebung der Machtverhältnisse machte Fritz Haber in seiner Rede aufmerksam, die er im Jahr 1924 auf der Generalversammlung der Deutschen Chemischen Gesellschaft hielt. Man müsse zur Kenntnis nehmen, befand er, daß in den Augen anderer Gelehrter die Zusammenarbeit mit ihren deutschen Kollegen nicht mehr so wichtig sei wie vor dem Krieg:

---

94 Vgl. Hahn, The German Foreign Ministry; Grupp, *Deutsche Außenpolitik*; Heinemann, *Die verdrängte Niederlage*.

https://doi.org/10.1515/9783110572643-022

> Freundliche Einladungen zu neuer Mitarbeit bedeuten keineswegs die Bereitwilligkeit, uns wieder jene Art Weltmeisterschaft beizulegen, die wir unbeschadet unsterblicher Einzelleistungen aus dem Kreise der anderen großen Kulturvölker als nationale Fachgesamtheit vor dem Kriege besessen haben. Der Primat in der Wissenschaft, der Vorsprung in der Technik und die Überlegenheit in der Wirtschaft hängen in keinem Fache so eng zusammen wie in dem unsrigen. Man hat in den Kriegsjahren unsere Erzeugnisse vermißt, manche davon bitter entbehrt, aber man ist seit 1914 draußen in der Welt, besonders in den Vereinigten Staaten, ohne uns vorangekommen und auf vielen Teilgebieten unseres Faches nicht mehr geneigt, uns für so ausschlaggebend anzusehen wie früher. *Dies* ist die bedeutsame internationale Nachwirkung des verlorenen Krieges, die sich *nicht* von selber im Laufe der Zeit verliert, sondern nur schwinden wird, wenn wir durch neue Arbeit alle das fachliche Verdienst noch einmal erwerben, das uns früher in den Augen der Welt die Vorzugsstellung gegeben hat.[95]

Ein Bruch mit der vergangenen Wissenschaftspolitik wurde von Haber ebensowenig wie von den meisten anderen deutschen Wissenschaftlern vollzogen. Vielmehr richteten sich, als müßte man erneut einen Wettkampf austragen, die nationalen Anstrengungen nach dem verlorenen Krieg darauf, die „Weltmeisterschaft“ wieder zu gewinnen.

Um nach der Niederlage „[t]rotz der fast vollkommenen Abschließung vom gesamten für die Wissenschaft bedeutsamen Ausland“[96] die Konkurrenzfähigkeit und Macht der deutschen Wissenschaft und, in Verbindung damit, der Technik und Wirtschaft wiederherzustellen, war 1920 unter führender Beteiligung Habers von den Akademien der Wissenschaften in Berlin, München, Göttingen, Heidelberg und Leipzig, der Kaiser-Wilhelm-Gesellschaft, der Gesellschaft deutscher Naturforscher und Ärzte, dem Deutschen Verband Technisch-Wissenschaftlicher Vereine sowie den Universitäten und Hochschulen in Berlin die Notgemeinschaft der Deutschen Wissenschaft gegründet worden. Präsident wurde Friedrich Schmidt-Ott, der vormalige preußische Kultusminister, einer seiner beiden Stellvertreter Fritz Haber. Finanziert wurde das Unternehmen hauptsächlich aus dem Reichsetat, darüber hinaus mit Spenden der Industrie.

Die Notgemeinschaft der Deutschen Wissenschaft, die sich später den Namen Deutsche Forschungsgemeinschaft gab, förderte nicht nur mit Druckkostenzuschüssen das wissenschaftliche Publikationswesen und mit Literaturbeschaffungen und Tauschverbindungen die Ausstattung der Bibliotheken, sondern fi-

95 Fritz Haber, Rede auf der Generalversammlung der Deutschen Chemischen Gesellschaft, deren Präsident er war, am 12.5.1924, abgedruckt in *Mitteilungen der Gesellschaft Deutscher Naturforscher und Ärzte*, 1. Jg., Nr. 6, 1924, S. 23; Hervorhebung i. Orig.

96 Eduard Wildhagen, Die Not der deutschen Wissenschaft, in *Internationale Monatsschrift für Wissenschaft, Kunst und Technik*, 15. Jg., H. 1, Oktober 1920, Sp. 1. Wildhagen war enger Mitarbeiter von Schmidt-Ott.

nanzierte neben einzelnen Arbeiten bald auch größere Forschungsprojekte wie das Zonenunternehmen der Astronomischen Gesellschaft[97] oder die Atlantik-Expedition mit dem Vermessungsschiff „Meteor" der deutschen Marine. Auf dieser von 1925 bis 1927 unternommenen Forschungsreise wurden ozeanographische, hydrologische, chemische, geologische, geophysikalische, biologische, mineralogische und meteorologische Forschungen betrieben und deren Ergebnisse anschließend in einem sechzehn Bände umfassenden Werk publiziert.[98]

Zudem protegierte die Notgemeinschaft die Zusammenarbeit mit den Wissenschaftlern der Sowjetunion, darunter die gemeinsam mit der Akademie der Wissenschaften der UdSSR 1928 veranstaltete Expedition in das Alaigebirge und den Pamir.[99]

Diese wissenschaftlichen Unternehmungen können ebenso wie die Gründung der Baltischen Geodätischen Kommission[100] und weitere organisatorische Initiativen als Veranstaltungen betrachtet werden, die über die bedeutsamen Forschungen hinaus das Ziel verfolgten, die alliierte Boykottpolitik gegen die deutsche Wissenschaft zu unterlaufen und das wissenschaftliche Ansehen Deutschlands im Ausland zu heben. Nicht zufällig umfaßten jene Forschungen gerade diejenigen Disziplinen, die im Mittelpunkt der wichtigsten Fachunionen des Internationalen Forschungsrats standen, von denen die Deutschen ausgeschlossen waren.

Einerseits wurden auf diese Weise wissenschaftliche Gegenkräfte gegen den Boykott mobilisiert, wobei auch die deutsche Sprache Beachtung fand. Andererseits aber verstärkten sich im Zuge der Abwehrmaßnahmen und des nationalen Geltungsbedürfnisses nationalistische Bestrebungen, geschürt vor allem vom Verband der Deutschen Hochschulen, der sich als „Repräsentant der deutschen Wissenschaft" verstand, sekundiert von dem Obmann seines Auslandsausschusses, Otto Franke, der für eine Art Gegenboykott warb.[101]

„Nationale Selbstachtung", „deutsche Ehre und Würde" wurden eindringlich beschworen und mit dem Appell an die „Einheit" der deutschen Gelehrten verknüpft, um Annäherungs- und Versöhnungsversuche von Wissenschaftlern der alliierten Länder geschlossen zurückzuweisen und einen Gegendruck auszuüben, der den Boykott schnell zusammenbrechen lassen sollte. Der Leiter der Kulturabteilung des Auswärtigen Amts, Ministerialdirektor Heilbron, bemerkte zu diesem nationalen Gelehrtendünkel, der zudem die auswärtige Kulturpolitik blo-

97 Siehe oben S. 366.
98 Vgl. Zierold, *Forschungsförderung*, S.160 f.; siehe dazu auch oben S. 355 f.
99 Vgl. ebd.; siehe dazu auch oben S. 347 f.
100 Siehe dazu oben, Kapitel III.2.d).
101 Siehe dazu oben, Kapitel III.4., S. 393 – 408, und im Anhang, Dokument VI.

ckierte: „Speziell die deutschen Hochschullehrer, die sich im Verband der deutschen Hochschulen eine Art von Standesvertretung geschaffen haben, gehen im Betonen nationaler Würde gelegentlich sogar zu weit". Er bezog sich dabei auf die solchermaßen begründete Ablehnung der Einladung zum Universitätsjubiläum 1924 in Neapel.[102]

Nachdem der alliierte Wissenschaftsboykott 1926 aufgehoben und Verhandlungen über die Zusammenarbeit aufgenommen worden waren, setzten Vertreter der deutschen Akademien der Wissenschaften, des Hochschulverbands, zahlreicher Universitäten und einzelner Fachverbände mit überzogenen Forderungen ihre nationalistische Politik fort und torpedierten damit den Eintritt in die ehemaligen Boykottorganisationen und die Integration in die internationale Arbeit. Gleichzeitig bemühten sie sich, um ihren Bestrebungen Nachdruck zu verleihen, die Verhandlungen über die Wiederaufnahme der Wissenschaftsbeziehungen ihrer Autorität zu unterstellen und individuelle Kontakte zu unterbinden. „Einzelaktionen oder Parallelaktionen neben der Leitung des Verbandes" seien zu unterlassen, warnte Franke seine Kollegen und appellierte an ihre „Einheitlichkeit und Geschlossenheit", ihr „Festhalten an der einheitlichen Front". Eindringlich mahnte er: „Nur wenn diese bestehen bleibt, wird es dem Verbande möglich sein, die Wahrung der nationalen Würde und Selbstachtung auch in Zukunft bei den Verhandlungen über die internationalen wissenschaftlichen Beziehungen durchzuführen."[103] – Allerdings war der Hochschulverband mit den Verhandlungen gar nicht betraut. Vielmehr verhandelten mit dem Internationalen Forschungsrat und der Internationalen Akademie-Union Vertreter der deutschen Akademien der Wissenschaften und mit den Fachunionen Vertreter der zuständigen deutschen Fachverbände.

Daß sich dennoch engagierte Wissenschaftler von sinnvollen Einzelaktionen nicht abhalten ließen, zeigten die Göttinger Mathematiker David Hilbert und Richard Courant, die sich für die Beteiligung deutscher Mathematiker am Kongreß 1928 in Bologna einsetzten.

Doch auch Haber, der die Verhandlungen über den Eintritt der deutschen Chemikerverbände in die Internationale Chemie-Union führte, beachtete dabei sorgsam die „nationale Fachgesamtheit", wie man in umgekehrter Richtung ja auch von den alliierten Boykottorganisatoren ursprünglich als Kollektiv behandelt worden war. So erklärte Haber in einer Besprechung im Auswärtigen Amt, er stelle die Einigkeit der deutschen Wissenschaft höher als die Beschleunigung des

---

102 Heilbron, 3.4.1924, in PA AA, R 65520.

103 Franke, Bericht des Auslandsausschusses, in *Mitteilungen des Verbandes der Deutschen Hochschulen*, 7. Jg., H. 9, 1927, S. 125.

Eintritts in die Internationale Chemie-Union. Er müsse eben Rücksicht nehmen auf den rechten Flügel des Verbandes deutscher Chemikervereine.[104]

Ins Zentrum der Forderungen, die bei sämtlichen Verhandlungen erhoben wurden, rückte die offizielle Anerkennung der deutschen Sprache. Denn auf dieses Privileg wollte man ungern verzichten, weil der Gebrauch der deutschen Sprache den deutschen Wissenschaftlern in der internationalen Zusammenarbeit große Vorteile verschaffen konnte, zumal sie sich in ihrer Muttersprache besser als in einer Fremdsprache ausdrücken konnten und dann nicht verpflichtet waren, eine andere Wissenschaftssprache perfekt zu beherrschen. Darüber hinaus aber verstand man die deutsche Sprache nicht nur als Verständigungsmittel, sondern zugleich als nationales Symbol und Instrument von Prestige und Macht. Vor allem aus diesen Gründen wurde in den Verhandlungen über die Wiederaufnahme der internationalen wissenschaftlichen Zusammenarbeit der Gleichstellung der deutschen mit der französischen und englischen Sprache, wie sie vor dem Krieg selbstverständlich gewesen war, solch große Bedeutung beigemessen.

Diese Rolle der deutschen Wissenschaftssprache hatte auch der Sinologe und Hochschulpolitiker Otto Franke im Sinn, als er nachdrücklich vor dem Verlust der „wissenschaftlichen Weltstellung" der deutschen Sprache warnte. Ausgerechnet Franke jedoch hatte als Akteur des Gegenboykotts gleichfalls dazu beigetragen, daß die Verwendung der deutschen Sprache in den internationalen Wissenschaftsorganisationen langfristig zurückgedrängt werden konnte. Das von ihm verfaßte „Auslands-Merkblatt" des Verbandes der Deutschen Hochschulen von 1923 hatte das Sprachenproblem noch nicht einmal erwähnt.[105] Nun aber rief er in seinem Bericht, den er als Obmann des Auslandsausschusses des Verbandes der Deutschen Hochschulen auf dem 5. Hochschultag in Aachen 1927 erstattete, dazu auf, keinen Millimeter in der Sprachenfrage zurückzuweichen, obwohl die Entwicklung längst weiter vorgeschritten war:

> Wir werden auch für die Zukunft Anlaß genug haben, auf der Hut zu sein, und zwar vor allen Dingen hinsichtlich der Wahrung der wissenschaftlichen Weltstellung für die deutsche Sprache. Mir scheint, daß diese Frage wichtiger ist als der ganze, längst der Lächerlichkeit verfallene wissenschaftliche Boykott Deutschlands. Es sind zwar sehr starke Bestrebungen am Werke, die deutsche Sprache von ihrer bisherigen Stellung herunterzudrücken, und diesen Bestrebungen gegenüber darf es für uns keine Schwäche und keine Zugeständnisse geben. Wir haben für das Deutsche die unbedingte Gleichstellung mit dem Englischen und

104 Aufzeichnung von Terdenge (AA), 26.6.1929, in PA AA, R 65824; vgl. Schröder-Gudehus, Internationale Wissenschaftsbeziehungen, S. 874.

105 Auslands-Merkblatt, Beilage zu den *Mitteilungen des Verbandes der Deutschen Hochschulen*, Dez. 1923; siehe dazu oben S. 402–407 und Dokument VI, im Anhang, S. 578–581.

> Französischen zu verlangen, wie sie vor dem Kriege bestand und wie sie für die deutsche Wissenschaft ein Lebensbedürfnis ist.[106]

Vier Jahre später wiederholte Franke seine Forderung im Hinblick auf die Verhandlungen über den Beitritt in den Internationalen Rat der wissenschaftlichen Vereinigungen (Conseil international des unions scientifiques, International Council of Scientific Unions), der die Nachfolge des Internationalen Forschungsrats antrat:

> Zumutungen, die für unsere nationale Selbstachtung kränkend sind,

verkündete er, seien strikt abzulehnen, und er betonte:

> In erster Linie gilt dies von der Stellung unserer Sprache in den internationalen Verbänden: als dritte wissenschaftliche Weltsprache hat das Deutsche den gleichen Rang zu verlangen wie das Englische und Französische, auf diesem Anspruch muß von deutscher Seite immer und ohne Einschränkung bestanden werden.[107]

Die Resolution der Deutschen Geophysikalischen Gesellschaft hatte bereits 1925 den Anspruch auf Gleichstellung der deutschen mit der englischen und französischen Sprache formuliert. Ebenso bestanden die deutschsprachigen Akademien in den Verhandlungen über ihren Eintritt in den Internationalen Forschungsrat und die Internationale Akademie-Union auf dieser Sprachforderung. Nicht zuletzt standen auch die Bemühungen um den Fortbestand der deutschen Referatenorgane im Zeichen des Kampfes um die „Weltstellung" deutscher Wissenschaft und Sprache.

Doch einerseits war die Wissenschaftsentente an der „Weltstellung" der deutschen Sprache gerade nicht interessiert, sondern darauf bedacht, diese zu unterminieren. Andererseits bewirkte die intransigente Politik der Repräsentanten der deutschen Wissenschaft, daß die Deutschen dem International Council of Scientific Unions zunächst nicht beitraten und folglich auch die deutsche Sprache dort keine Rolle spielte.

Angesichts der veränderten Kräfteverhältnisse sah sich die deutsche Seite schließlich doch noch gezwungen, beim Eintritt in andere internationale Institutionen vorerst Kompromisse einzugehen und eine einzige offizielle Sprache zu

---

106 Franke, Bericht des Auslandsausschusses, in *Mitteilungen des Verbandes der Deutschen Hochschulen*, 7. Jg., H. 9, 1927, S. 123 – 125, Zitat S. 125.

107 Franke, Beziehungen der deutschen Wissenschaft zum Auslande, in *Mitteilungen des Verbandes der Deutschen Hochschulen* 11. Jg., H. 9 – 10, November 1931, S. 126 – 128, Zitat S. 128.

akzeptieren, die nicht die deutsche war, sondern in der Regel Französisch. Man bestand aber auf der Gleichrangigkeit des Deutschen, sobald zwei oder mehrere Sprachen offiziellen Status erhielten. Denn die französisch-englische Zweisprachigkeit wollte man auf keinen Fall hinnehmen, weil man darin eine nationale Degradierung der deutschen Sprache sah. Ausgenommen sollten nur Sprachregelungen sein, die bereits vor dem Ersten Weltkrieg mit deutscher Zustimmung getroffen worden waren, wie der Deutsche Verband Technisch-Wissenschaftlicher Vereine in seinen „Richtlinien für die Teilnahme an internationalen technisch-wissenschaftlichen Veranstaltungen" bestimmte:

> Sofern außer der Sprache des Landes, in dem die Veranstaltung stattfindet, andere Sprachen als Verhandlungssprachen zugelassen werden, muß auch Deutsch als Verhandlungssprache zugelassen sein, es sei denn, daß es sich um einen Kongreß handelt, der hierfür schon vor 1914 andere Richtlinien mit Einwilligung und unter Teilnahme Deutschlands aufgestellt hat.[108]

In technisch-wirtschaftlichen Organisationen hatte man bereits vor dem Krieg andere Sprachenregelungen gebilligt.

Neben der Forderung, in internationalen Wissenschaftsvereinigungen die deutsche Sprache mit der französischen und englischen gleichzustellen, setzte man vielfältige Mittel ein, um den Wert der deutschen Sprache auf internationalen Veranstaltungen zu erhöhen.

Eine möglichst zahlreiche Beteiligung deutscher Wissenschaftler an Kongressen im Ausland, sofern es mit ihrer „Ehre" vereinbar war, und viele Vorträge in deutscher Sprache sollten ebenso der Aufwertung des Deutschen dienen wie die Durchführung internationaler Kongresse in Deutschland, auf denen die deutsche Sprache wegen der hohen Zahl deutscher Teilnehmer auf jeden Fall gut repräsentiert war und zudem offiziellen Status erwarb. Gerade deshalb setzten sich die deutschen Wissenschaftsstrategen in den Verhandlungen über den Eintritt in den Forschungsrat, die Akademie-Union sowie die Chemie-Union so vehement dafür ein, den Sitz der Organisation oder zumindest den Versammlungsort regelmäßig zu wechseln, also nicht in Brüssel oder Paris zu belassen, weil sie die zentrale Position der französischen Sprache schwächen und zugleich dem Deutschen ein Einfallstor öffnen wollten. Darauf waren sie um so mehr bedacht, als sie nicht damit rechnen konnten, daß der Sitz oder die Zentralstelle einer von den Alliierten geschaffenen Organisation allzubald nach Deutschland verlegt werden würde.

---

108 Richtlinien ..., in *Mitteilungen des Verbandes der Deutschen Hochschulen*, 8. Jg., H. 1, Januar 1928, S. 55 f., Zitat S. 56.

Allerdings gelang es erst nach einer langen Unterbrechung, internationale wissenschaftliche Kongresse und Tagungen wieder in Deutschland abzuhalten. Die erste Veranstaltung war der Internationale Kongreß für Sexualforschung im Oktober 1926 in Berlin. Einen Monat später folgten der internationale Kongreß für Photogrammetrie und ein Jahr später die Tagung des Internationalen Historikerkomitees (Comité international des sciences historiques) in Göttingen, der Internationalen Meteorologischen Kommission für die Erforschung der freien Atmosphäre in Leipzig sowie der Internationale Kongreß für Vererbungswissenschaft in Berlin. 1928 fanden in Heidelberg mit internationaler Beteiligung die Tagung der Astronomischen Gesellschaft und in Berlin die Konferenz der Baltischen Geodätischen Kommission statt, 1930 tagte, ebenfalls in Berlin, die zweite Weltkraftkonferenz.

Die Obsession der deutschen Astronomen jedoch, auf der Tagung in Heidelberg ihren ausländischen Gästen, mit denen sie sich zum ersten Mal nach dem Krieg wieder in einer deutschen Stadt trafen, zum Abschluß des Begrüßungsabends das „Deutschlandlied" vorsingen zu müssen, zeugte allerdings von einem übersteigerten Bedürfnis nach nationaler Selbstdarstellung.[109]

Solche Zwangsvorstellungen verstärkten sich freilich unter dem nationalsozialistischen Regime. Wie die propagandistische Vorbereitung auf die Internationale Tuberkulosekonferenz 1934 in Warschau zeigt, legte man nun um so größeres Gewicht darauf, internationale Kongresse in den Dienst der Auslandspropaganda zu stellen.[110] Die nationale Präsenz und Demonstration der Stärke auf solchen Kongressen, auf denen man die Werbung für die deutsche Sprache mit der Propaganda für die nationalsozialistische Politik verband, wurden wesentlich höher bewertet als der wissenschaftliche Austausch mit den anderen Gelehrten.

Diesem Ziel diente auch das Bestreben, internationale Kongresse im nationalsozialistischen Deutschland zu veranstalten. So konnte man in Berlin 1935 den Internationalen Kongreß für Bevölkerungswissenschaften, 1938 den Internationalen Kongreß für Entomologie und 1939 den Internationalen Kongreß für Archäologie sowie die Tagung des Internationalen Meteorologischen Komitees organisieren.

Die Durchführung weiterer Kongresse dort war geplant wie der Internationale Ophthalmologenkongreß für das Jahr 1941.[111] Auch die Jahresversammlung der Internationalen Akademie-Union wollte man möglichst bald nach Deutschland

---

109 Siehe dazu oben S. 368.
110 Siehe dazu oben S. 286.
111 Siehe dazu oben S. 325.

oder Österreich einladen.[112] Ein vielversprechendes Zeichen war es bereits, daß auf der Jahresversammlung im Mai 1939 in London der deutsche Altphilologe Johannes Stroux zum Vizepräsidenten der Akademie-Union gewählt wurde.

In der Tuberkuloseforschung sah es für die deutschen Mediziner nicht schlechter aus. Auf der Generalversammlung der Internationalen Tuberkulose-Union 1937 in Lissabon war schon der deutsche Antrag angenommen worden, die nächste Konferenz im Herbst 1939 in Berlin abzuhalten. Zudem erwies man dem Präsidenten der Reichs-Tuberkulose-Ausschusses, Gottfried Frey, die Ehre, ihn zum Präsidenten der Internationalen Tuberkulose-Union zu wählen, und zwar für die Zeit nach der Berliner Konferenz, die jedoch dann wegen des von Deutschland entfesselten Zweiten Weltkriegs ausfiel.[113]

Auch auf internationalen Veranstaltungen anderer Fachrichtungen im Ausland konnten nationalsozialistische Wissenschaftspolitiker hier und da Erfolge verbuchen. Als nationale Demonstration wirkte zum Beispiel die große Zahl der deutschen Teilnehmer auf dem Internationalen Chemikerkongreß, der 1938 in Rom stattfand. Unter den rund 2500 Teilnehmern aus 34 Ländern befanden sich allein 773 Chemiker aus Deutschland. Diese Zahl wurde nur noch von den Italienern übertroffen, die 914 Kongreßteilnehmer stellten, was aber dem Veranstaltungsort zuzuschreiben war. Demgegenüber kamen aus Frankreich 256, Großbritannien 117 und den USA 51 Chemiker.[114] Das massive deutsche Aufgebot konnte schließlich den in Rom zu treffenden Entscheidungen gebührenden Nachdruck verleihen. Denn dort wurde beschlossen, die deutsche Einladung anzunehmen und im Herbst 1942 den Internationalen Chemikerkongreß in Berlin zu veranstalten.[115] Doch der Zweite Weltkrieg machte diesen Plan zunichte.

Auffallend ist, daß in den Jahren des Nationalsozialismus bis zum Zweiten Weltkrieg deutschen Wissenschaftlern und ihren offiziellen Repräsentanten von ihren ausländischen Kollegen nicht selten mehr Anerkennung, Vertrauen oder Opportunismus entgegengebracht wurde als in der Zeit der Weimarer Republik. Möglicherweise wollte man die Diskriminierung, die mit dem Boykott verbunden gewesen war, wiedergutmachen und scheute sich, noch einmal Barrieren aufzubauen. Andererseits und gleichzeitig aber waren Mißtrauen und Ablehnung nicht vollständig gewichen und führten oftmals zu Konfrontationen.

Die nationalsozialistischen Wissenschaftsvertreter betrieben jedenfalls eine zielstrebige Kongreß-, Posten- und Sprachpolitik, die allerdings auch mit Re-

---

112 Siehe dazu oben S. 447 f.

113 Siehe dazu oben S. 292 f.

114 Atti del X° Congresso Internazionale di Chimica, Roma – 15–21 Maggio 1938. XVI, Vol. I, Roma 1938, S. 6 f.

115 Vgl. ebd., S. 397, 418.

striktionen gegen mißliebige Wissenschaftler verbunden war.[116] In einer Denkschrift über die Frage, ob die Deutschen an dem siebten Internationalen Historikerkongreß 1933 in Warschau teilnehmen sollten, bemerkte der damalige Vorsitzende des Verbandes der Deutschen Historiker und spätere Leiter der deutschen Delegation, Karl Brandi, zur Zweckmäßigkeit einer solchen Beteiligung:

> Dass die internationale Arbeit an sich eine verhältnismässig geringe wissenschaftliche Bedeutung hat, ist richtig. Sehr viel grösser ist ihre nationale Bedeutung. Sie liegt in erster Linie in der Geltendmachung der starken Stellung, die die deutsche Wissenschaft im Ausland besitzt. Es handelt sich also um eine Art nationaler Repräsentation. Dem entspricht die führende Beteiligung der reichsdeutschen und österreichischen Wissenschaft an den einzelnen Unternehmungen der internationalen Organisation.[117]

So rühmte Brandi die führende deutsche Mitarbeit an der internationalen Bibliographie, welche das Internationale Historikerkomitee herausgab, sowie weiteren Projekten und Veranstaltungen:

> Alle diese Veranstaltungen haben das Ihrige zur Herstellung der Weltgeltung der deutschen Wissenschaft und der deutschen Sprache beigetragen, also bereits im nationalen Sinne gewirkt.[118]

An anderer Stelle würdigte er die Mitwirkung deutscher Wissenschaftler in internationalen Vereinigungen wie der Internationalen Akademie-Union und dem Internationalen Historikerkomitee – beiden Organisationen gehörte er als deutscher Delegierter an – als Frage der „internationalen Repräsentation“,[119] als ob „international“ und „national“ austauschbare Begriffe wären.

Bereits im Kaiserreich waren internationale Wissenschaftsforen für die nationale Selbstdarstellung instrumentalisiert worden. An dieser Politik schien sich nach dem Ersten Weltkrieg und nach der Aufhebung des Boykotts wenig geändert zu haben. Die Befürchtungen, die der französische Mathematiker und langjährige Präsident des Internationalen Forschungsrats, Émile Picard, hegte, daß nämlich

---

116 Vgl. Grau, Schlicker, Zeil, *Die Berliner Akademie der Wissenschaften*, III, S. 83 ff.

117 Karl Brandi, Denkschrift über den Besuch des VII. Internationalen Historiker-Kongresses in Warschau [1933], an PrMWKV, AA, RMI, 4.5.1933, in GStA PK, I. HA Rep. 76, Vc Sekt. 1 Tit XI Teil VI Nr. 13, Bd. III, Bl. 52 f., Zitat Bl. 52; vgl. Ingo Haar, *Historiker im Nationalsozialismus. Deutsche Geschichtswissenschaft und der „Volkstumskampf“ im Osten*, Göttingen 2000, S. 135.

118 Karl Brandi, Denkschrift 1933, in GStA PK, I. HA Rep. 76, Vc Sekt. 1 Tit XI Teil VI Nr. 13 Bd. III, Bl. 52; vgl. Haar, *Historiker im Nationalsozialismus*, S. 135 f.

119 K. Brandi, Bericht über die Union académique internationale, besonders über die Sitzungen vom 11.–14. Mai 1936 in Brüssel, in BBAW-Archiv, II-XII-9, Bl. 165.

deutsche Wissenschaftler internationale Kongresse für ihre Germanisierungsbestrebungen mißbrauchen würden, waren nicht aus der Luft gegriffen.[120]

Ein anschauliches Beispiel dafür lieferten die Vorbereitungen auf den Internationalen Historikerkongreß 1933 in Warschau.

Eigentlich wäre es die Aufgabe der deutschen Historiker gewesen, die Ursachen und den Verlauf des Ersten Weltkriegs gemeinsam mit ihren Kollegen aus anderen Ländern gründlich zu erforschen und in Kommissionen und auf Kongressen zu diskutieren. Doch daran hatten sie gar kein Interesse. Als 1931 in der Sitzung des Allgemeinen Deutschen Historiker-Ausschusses ein österreichischer Historiker die Frage aufwarf, ob in Warschau die Kriegsschuldfrage zur Erörterung gestellt werden sollte, wurde dies einmütig verneint.[121] Da man jedoch damit rechnen mußte, daß gerade in Warschau von anderer Seite diese wichtige Frage, auch in Verbindung mit weiteren aktuellen Problemen, angesprochen werden könnte, war es zweckmäßig, darauf vorbereitet zu sein. Deshalb gab der Historiker Karl Brandi, der mit dem Einsatz der deutschen Kongreßteilnehmer beschäftigt war, den Rat, eine „sehr sorgfältige Auswahl" der Delegierten und Vortragenden zu treffen,

> auch mit Rücksicht auf das Eingreifen in die Diskussion über Fragen der deutsch-polnischen und osteuropäischen Geschichte, sowie in allen Problemen der sogenannten Kriegsschuldfrage.[122]

Dabei kam es den deutschen Historikern gerade nicht auf eine wissenschaftliche Auseinandersetzung und Klärung der Fragen der jüngsten Vergangenheit an, sondern sie sollten, wie Brandi als Leiter der Delegation empfahl, auf dem Warschauer Kongreß als deutsche „Truppe im Felde"[123], als „Kampftruppe"[124] auftreten.

Von der „Kulturgemeinschaft" mit der deutschen Minderheit war Unterstützung zu erwarten, versicherte Brandi, wie umgekehrt die deutsche Historikertruppe diese stärken sollte.

Als einen günstigen Umstand hatte Brandi es bereits 1927 bezeichnet, daß im Verband Deutscher Historiker „ausser den Reichsdeutschen Historikern auch die Danziger, die Oesterreicher, die Deutschen aus der Tschechoslowakei und aus der

---

120 Siehe dazu oben S. 159.

121 Vgl. Robert Holtzmann, Bericht über die 5. Sitzung des Allgemeinen Deutschen Historiker-Ausschusses im RMI am 2.5.1931, in PA AA, R 65827.

122 Brandi, Denkschrift 1933, in GStA PK, I. HA Rep. 76 Vc Sekt. 1 Tit XI Teil VI Nr. 13 Bd. III, Bl. 52.

123 Ebd., Bl. 53.

124 Brandi an PrMWKV (Gerullis), 1.8.1933, in ebd., Bl. 80.

Schweiz" versammelt seien, was er im Sinne „jener sehr alten und glücklichen Zusammenarbeit innerhalb der deutschen Kulturgemeinschaft" für ebenso wichtig hielt wie die Verbindung der nationalen Ausschüsse mit dem Internationalen Komitee. Angesichts dieser kulturellen und sprachlichen Verbindungen zum Ausland verstand Brandi seine Aufgaben im Internationalen Historikerkomitee eher als politische denn als wissenschaftliche:

> [...] die Verantwortung im internationalen Ausschuss liegt viel weniger in der Mitwirkung bei der Vorbereitung internationaler Kongresse, auch nicht so sehr in der Teilnahme an der Organisation historischer Arbeit, als in der unausgesetzten Beziehung dieser Dinge auf unsere politische Weltstellung.[125]

Um diese politische „Weltstellung", die immer wieder beschworen wurde, ging es den deutschen Historikern, gestützt auf die deutsche Sprach- und Kulturgemeinschaft mit der deutschen Minderheit in Polen und anderen osteuropäischen Ländern, auch auf dem internationalen Kongreß 1933 in Warschau. Wichtiges Ziel dabei war, der deutschen Sprache im internationalen Wissenschaftsbetrieb wieder mehr Geltung zu verschaffen und den wachsenden Einfluß der französischen Sprache zurückzudrängen.

Auf die Dringlichkeit, die deutsche Sprache auf dem Historikerkongreß in Warschau verstärkt einzusetzen, um dort der Übermacht des Französischen entgegenzutreten, wies der Danziger Historiker Erich Keyser hin:

> In jedem Falle wird die französische Sprache durchaus im Vordergrunde stehen. Die polnische Sprache wird in den Vorträgen kaum angewandt werden. Dagegen ist es wahrscheinlich, dass die nicht unmittelbar polnisch oder französisch eingestellten Vertreter osteuropäischer Nationen die deutsche Sprache bevorzugen. Um ein Gegengewicht gegen die geschlossene polnisch-französische Front zu schaffen, ist der Besuch der Tagung durch nicht zu wenige deutsche Historiker erwünscht. Sie haben sich in jedem Falle grundsätzlich der deutschen Sprache zu bedienen, um diese stärker, als es in Oslo der Fall war, als gleichgenutzt neben der französischen Sprache zu erweisen.[126]

Aus ähnlichen Gründen sprach sich 1931 der Allgemeine Deutsche Historiker-Ausschuß für den Kongreßbesuch aus. Die Deutschen sollten in Warschau „stark und eindrucksvoll" vertreten sein, war nach dem Bericht von Hermann Oncken die einhellige Meinung,

---

125 Brandi an RMI, 17.5.1927, in PA AA, R 65827.

126 Erich Keyser, Vorschläge für die Vorbereitung des Internationalen Historikertages vom 21.–28. August 1933 in Warschau [30.5.1930], in GStA PK, I. HA Rep. 76, Vc Sekt. 1 Tit XI Teil VI Nr. 13 Bd. III, Bl. 42f.; Keyser an PrMWKV (Vahlen), 2.6.1933, in ebd., Bl. 41. In Oslo hatte 1928 der sechste Internationale Historikerkongreß getagt.

> um in den Diskussionen das Übergewicht des Auslandes nicht zu gross werden zu lassen, sondern die nötige Resonanz zu haben.[127]

Großes Gewicht legte man auch im Historiker-Ausschuß auf die Verwendung der deutschen Sprache. Durch eine „starke Vertretung der deutschen Sprache und des deutschen Elements", unterstrich dort der Vertreter des Landesverbands Danzig, sollten die deutschen Minderheiten, die dort zahlreich erscheinen würden, „geschützt" werden.[128] In diesem Zusammenhang regte Oncken an, das auf dem Warschauer Kongreß geplante Spezialthema „Stadtpläne" zum Anlaß zu nehmen,

> um eine Ausstellung der deutschen Stadtpläne auf der ganzen Ostfront, vom Baltenlande bis Siebenbürgen, zu veranstalten, und mit diesem unverfänglichen Unternehmen eine Ausstellung von Reproduktionen deutscher städtischer Kultur und Kunst zu verbinden.

Mit diesem nationalistischen Projekt beabsichtigte er, nicht nur die Geschichte des ‚Deutschtums' in Osteuropa herauszustellen, sondern auch eine Gegenveranstaltung zu französischen Ausstellungen zu lancieren und „damit neben dem Kongress eine Wirkung auszuüben, wie sie den Franzosen in Oslo mit ihrer Kunst des 19. Jahrhunderts gelang." Im Bericht hieß es zu diesem Vorschlag: „Der Gedanke wurde sympathisch begrüsst."[129] Im kleinen Kreis wurde später jedoch geltend gemacht, daß eine solche Ausstellung außerhalb der Landesgrenzen nur gezeigt werden dürfte,

> wenn man das deutsche Element innerhalb der Stadtkultur eindeutig bestimmen könne – wofür schwer eine Lösung zu finden sein würde.[130]

An nichtdeutschen Kulturen war man offensichtlich nicht interessiert.

Die Bedeutung, welche der Verwendung der deutschen Sprache auf dem Kongreß in Warschau zukam, betonte in einer später verfaßten Denkschrift nochmals Karl Brandi. Mit Blick auf die „weiten Gebiete des Ostens" würdigte er die deutsche Sprache als wichtiges Instrument „deutscher Möglichkeiten" – im Vorgriff auf die deutsche Expansion – und hielt es deshalb für unbedingt notwendig, auf einem Kongreß wie in Warschau die Stellung der deutschen Sprache gegen die Konkurrenz des Französischen abzusichern. In seiner Denkschrift, die

127 Hermann Oncken, Bericht über die im Allgemeinen Historiker-Ausschuß am 19./20. Juni 1931 veranstaltete Besprechung über die Teilnahme der deutschen Historiker an dem Internationalen Historikerkongreß in Warschau, 8.11.1931, in ebd., Bl. 2–6, Zitat Bl. 4.

128 Ebd., Bl. 3f.

129 Ebd., Bl. 4.

130 Ebd., Bl. 5. An dem „kleinen Kreis" beteiligten sich Oncken, Aubin, Keyser und Koebner.

er gleichzeitig dem preußischen Kultusministerium, Auswärtigen Amt und Reichsministerium des Innern überreichte, begründete Brandi seine Empfehlung, an dem Kongreß in Warschau auf jeden Fall teilzunehmen:

> Erstens muss der Osten Europas vorzüglich als der Raum deutscher Möglichkeiten betrachtet werden; im Gebiete der Randstaaten von Rumänien bis Finnland darf ein internationaler Kongress nicht stattfinden ohne massgebendes Hervortreten der deutschen Sprache. Zum zweiten wird dieser Umstand dadurch besonders gewichtig, dass sich die Redner in Warschau nach den Satzungen der internationalen Organisation wohl der deutschen, nicht aber der polnischen Sprache bedienen dürfen. Die weiten Gebiete des Ostens werden also in ganz besonderem Masse von der deutschen Sprache erfasst werden können, da Spanisch, Italienisch und Englisch hier so gut wie gar nicht in Betracht kommen, neben dem Deutschen aber nur das Französische erlaubt ist; dieses würde vollkommen beherrschend sein, wenn die Deutschen fehlen. Wenn also überhaupt eine nationale Repräsentation deutscher Wissenschaft im Ausland von ideeller und praktischer Bedeutung sein kann, so muss sie es in diesem Falle in ungewöhnlichem Masse werden.[131]

Brandis Auffassung wurde von führenden Vertretern der deutschen Minderheit in Polen geteilt, zu denen er gereist war, um ihre Meinung einzuholen und für die Unterstützung des Kongresses zu werben. Dort habe man ihm zu verstehen gegeben, berichtete er den Reichsbehörden,

> dass es unerträglich sein würde, wenn bei einem internationalen Kongress im Osten Deutschland und die deutsche Sprache nicht gehört würden.[132]

In diesem Sinne hätten ihm auch Deutsche aus Polen geschrieben,

> dass sie sich vollkommen verlassen vorkommen würden, wenn bei einer derartigen Gelegenheit allein die Polen und Franzosen das Feld beherrschen würden, dass der Kampf um den Osten auch mit geistigen Waffen durchgeführt werden müsse und dass ein Besuch der Historiker den Deutschen in Polen Rückgrat und Stärkung geben würde.[133]

---

131 Karl Brandi, Denkschrift 1933, in ebd., Bl. 52; vgl. Haar, *Historiker im Nationalsozialismus*, S. 136. Haar interpretiert Brandis Ausführungen jedoch nicht richtig, wenn er schreibt, daß auf dem Warschauer Kongreß neben der französischen nur die deutsche Sprache erlaubt gewesen sei. Haar übersieht, daß Englisch, Italienisch und Spanisch nach der Satzung des Internationalen Historikerkomitees auch zugelassen waren und im übrigen auf dem Kongreß in Warschau auch verwendet wurden, nur rechnete Brandi nicht damit, daß sie benutzt würden. Polnisch war zwar nicht offizielle Sprache des Internationalen Komitees bzw. der Kongresse, wurde aber dennoch in Warschau von drei polnischen Wissenschaftlern in ihren Beiträgen gebraucht; vgl. den Bericht in *Bulletin of the International Committee of Historical Sciences*, Vol. VII, pt. II, No. 27, June 1935, S. 139.
132 Karl Brandi, Denkschrift 1933, Bl. 52f.
133 Ebd., Bl. 53.

Auf diese Weise holte Brandi sich Rückendeckung für seine Kongreßpolitik. Der Auftritt der deutschen Historiker in Warschau sollte die Position der deutschen Minderheit gegenüber den nationalen Interessen Polens untermauern, wie umgekehrt die „Auslandsdeutschen" als wichtige Stütze des Kampfes gegen die internationale Hegemonie der französischen Sprache und für die „Weltstellung" der deutschen gebraucht wurden.

Dabei war man, was die deutsche Sprache betraf, recht erfolgreich, wie Brandi danach in einem vertraulichen Bericht an das Kultusministerium hervorhob:

> Wenn man bedenkt, wie sehr nach altem Herkommen der Diplomatie die französische Sprache begünstigt ist, so wird man der Tatsache, dass in dem wissenschaftlichen Teile des Kongresses das Deutsche dem Französischen etwa das Gleichgewicht hielt, schon einige Bedeutung beimessen.[134]

Das war allerdings weit übertrieben. Der deutsche Gesandte von Moltke indes korrigierte Brandis Rechnung; er hatte nämlich festgestellt, daß auf dem Kongreß die französische Sprache überwog, während Deutsch immerhin an zweiter Stelle stand, das auch von zahlreichen polnischen und anderen osteuropäischen Referenten und Diskussionsrednern benutzt wurde.[135]

Genaue Angaben über die Teilnehmer, Beiträge und Sprachen auf dem Kongreß in Warschau lassen sich dem offiziellen Bericht des Internationalen Historikerkomitees entnehmen (Tab. 19, 20)[136]:

Tab. 19: Internationaler Historikerkongreß 1933 in Warschau. Teilnehmer und Beiträge nach Ländern Frankreich (F), Belgien (B), Deutschland (D), Österreich (A), Italien (I), Großbritannien (GB), USA, Spanien (E), Polen (P)

Länder	37	F	B	D	A	I	GB	USA	E	P
Teiln.	1214	108	33	59	7	86	51	47	14	600
Beitr.	284	51	8	23	4	39	9	12	3	73

134 Brandi an PrMWKV (Gerullis), 30.9.1933, Vertraulicher Bericht über das Comité international des sciences historiques und über die Tätigkeit der deutschen Delegation auf dem VII. Internationalen Historiker-Kongreß zu Warschau und Krakau 21. bis 29. August 1933, in ebd., Bl. 118–129, Zitat Bl. 128.

135 Deutsche Gesandtschaft in Warschau (v. Moltke) an AA, 30.8.1933, Bericht über den Kongreß in Warschau, in ebd., Bl. 89–99, hier Bl. 91.

136 *Bulletin of the International Committee of Historical Sciences*, Vol. VII, pt. II, No. 27, June 1935, S. 139.

Tab. 20: Internationaler Historikerkongreß 1933 in Warschau. Anteil der Sprachen an den Beiträgen

Sprachen	Französisch	Deutsch	Italienisch	Englisch	Spanisch	Polnisch
Beiträge	149	61	43	25	3	3
Prozent	52,4 %	21,5 %	15,1 %	8,8 %	1,1 %	1,1 %

Die Statistik zeigt, daß auf dem Kongreß in Warschau im Vergleich zu den deutschsprachigen Beiträgen mehr als doppelt so viele auf Französisch gehalten wurden. Allerdings nahmen über doppelt so viele Historiker aus Frankreich und Belgien wie aus Deutschland und Österreich teil. Doch Französisch gebrauchten auch zahlreiche Redner als lingua franca. So wurden 90 französischsprachige Beiträge von Teilnehmern gehalten, die nicht aus Frankreich oder Belgien kamen, darunter befand sich allerdings der Beitrag eines Teilnehmers aus Algerien und eines Teilnehmers aus Kanada. Demgegenüber wurden 34 Beiträge auf Deutsch von Teilnehmern gehalten, die nicht aus Deutschland oder Österreich kamen. Anzunehmen ist, daß zu diesen Rednern auch Vertreter der deutschen Minderheit in Polen oder anderen osteuropäischen Ländern gehörten. Hinzu kamen noch 3 Beiträge von Schweizer Historikern, von denen einer deutsch sprach, während bei den anderen nicht zu ermitteln war, aus welchem Teil der Schweiz sie angereist waren. Jedenfalls dominierte auf dem Warschauer Kongreß Französisch mit einem großen Vorsprung vor Deutsch, insbesondere als lingua franca. Das „Gleichgewicht“, das Brandi angeblich beobachtet hatte, schien also seinen Wunschvorstellungen entsprungen zu sein oder der Absicht, den Reichsbehörden auf jeden Fall eine Erfolgsmeldung zu verkünden. Gleichwohl war die deutsche Sprache auf dem Kongreß gut repräsentiert.

Ein Erfolg Brandis war es sicherlich, daß er in Warschau zum Vizepräsidenten des Internationalen Historikerkomitees aufsteigen konnte. Dies bot ihm die Gelegenheit, dafür zu sorgen, daß die deutsche Sprache in der Organisation häufiger verwendet wurde, wie er in seinem Bericht an das Kultusministerium versicherte:

> die Stelle hat auch praktische Vorteile, da der Vicepräsident öfter repräsentativ hervortreten muss und dann seine Sprache zur Geltung bringen kann.[137]

Allerdings wurden die Deutschen auf dem Kongreß in Warschau nicht nur freundlich begrüßt. Dreißig namhafte englische Gelehrte legten dort eine Protesterklärung gegen die nationalsozialistische Universitätspolitik vor. Die polni-

137 Brandi an PrMWKV, 30.9.1933, Vertraulicher Bericht, in GStA PK, I. HA Rep. 76, Vc Sekt. 1 Tit XI Teil VI Nr. 13 Bd. III, Bl. 119.

sche Kongreßleitung lehnte es jedoch ab, diese zu verlesen, weil sie bemüht war, den Kongreß nicht in ein „deutschfeindliches Fahrwasser“ zu lenken, wie der deutsche Gesandte aus Warschau meldete.[138] In vielen Gesprächen mußten sich die deutschen Historiker „verächtliche oder feindselige Urteile über den neuen deutschen Staat“ anhören, teilte der Freiburger Historiker Gerhard Ritter dem Auswärtigen Amt mit. Man habe in Warschau den „Eindruck politischer Isolierung Deutschlands“ gewonnen.[139] Die deutsche Kongreßstrategie ging also nicht in jeder Hinsicht auf.

Der weltweiten Zurückdrängung der deutschen Wissenschaft und Wissenschaftssprache wollte man noch mit weiteren Mitteln entgegenwirken. So wurden erstmals in Deutschland in den Jahren nach dem Ersten Weltkrieg zentrale Institutionen aufgebaut, um eine auswärtige Kultur- und Sprachpolitik des Deutschen Reichs in die Wege zu leiten und die abgebrochenen Wissenschaftsbeziehungen mit dem Ausland wiederaufzunehmen.[140] Symptomatisch war, daß diese Maßnahmen von einer nationalistischen Deutschtumsideologie tief durchdrungen waren.

Zum ersten Mal wurde 1920 im Auswärtigen Amt eine Kulturabteilung unter dem Namen „Deutschtum im Ausland und kulturelle Angelegenheiten“ eingerichtet und 1926 ein Referat für Wissenschaftsbeziehungen hinzugefügt. In Ergänzung dazu gründeten im Jahr 1925 Vertreter der Wissenschaft, Politik und Wirtschaft nach zweijährigen Vorbereitungen in München die „Deutsche Akademie“, die sich eigentlich „Akademie zur wissenschaftlichen Erforschung und zur Pflege des Deutschtums. Deutsche Akademie“ nannte,[141] mit dem Ziel der

Herbeiführung der dem deutschen Volke gebührenden Stellung und Anerkennung in der Welt![142]

---

138 v. Moltke an AA, 30. 8. 1933, Bericht über den Kongreß in Warschau, Abschr. in ebd., Bl. 93 f.; vgl. Haar, *Historiker im Nationalsozialismus*, S. 146.

139 Zitiert nach Haar, *Historiker im Nationalsozialismus*, S. 145.

140 Vgl. Manfred Abelein, *Die Kulturpolitik des Deutschen Reiches*; Kurt Düwell, *Deutschlands Auswärtige Kulturpolitik*; Roswitha Reinbothe, Die Anfänge der auswärtigen Kulturpolitik in der Zeit des Kaiserreichs, in Armin Wolff, Harald Tanzer (Hrsg.), *Sprache-Kultur-Politik*, Regensburg 2000, S. 55 – 81, hier S. 76 ff.

141 Siehe dazu Michels, *Von der Deutschen Akademie zum Goethe-Institut*. Michels stellt allerdings keine Verbindung zum Wissenschafts- und Sprachboykott her. Auch Jacobsen berücksichtigt nicht diesen Zusammenhang; vgl. Hans-Adolf Jacobsen, *Karl Haushofer. Leben und Werk*, 2 Bde., Boppard 1979; ders., Auswärtige Kulturpolitik als „geistige Waffe“. Karl Haushofer und die Deutsche Akademie (1923 – 1937), in Kurt Düwell, Werner Link (Hrsg.), *Deutsche Auswärtige Kulturpolitik seit 1871. Geschichte und Struktur: Referate eines interdisziplinären Symposions*, Köln, Wien 1981, S. 218 – 256.

142 Die Deutsche Akademie, o. D., [Aufruf mit Liste der Unterzeichner], in PA AA, R 64006, Hervorhebung i. Orig.

An anderer Stelle war von der

> Erringung einer Weltgeltung der deutschen Gesamtkultur[143]

die Rede und im Satzungsentwurf von 1923 gar von einem

> Mittelpunkt für ein *geistiges Großdeutschtum* in der Welt.[144]

Wie das Generalsekretariat der Deutschen Akademie 1925 erklärte, richtete man neben der wissenschaftlichen eine praktische Abteilung ein:

> Um die nationale Verantwortlichkeit durch völlig parteilose Einflußnahme auf die Heimat zu erwecken, um den deutschen Gedanken unter den Auslandsdeutschen zu fördern, um auf das fremdländische Kulturleben in deutschem Geiste einzuwirken, um das Deutschtum in den abgetrennten und gefährdeten Gebieten zu erhalten, um die gestörten wissenschaftlichen Beziehungen zum Auslande wieder aufbauen zu helfen.[145]

Die „praktische Abteilung" der Akademie, die anfangs auch als „Propaganda-Abteilung" bezeichnet wurde[146] und aus der 1932 das Goethe-Institut hervorging, widmete sich in diesem Rahmen der Verbreitung der deutschen Sprache und Kultur im Ausland. Sie bot Ausländern Deutschkurse in Deutschland an, darunter Fortbildungskurse für ausländische Deutschlehrer, und sandte Lektoren an ausländische Bildungseinrichtungen. Offenbar versuchte man, mit der Deutschen Akademie eine deutsche Version der Alliance Française aufzubauen.[147]

Darüber hinaus wurden mit einzelnen Ländern die Hochschulbeziehungen neu belebt und ein Wissenschaftler- und Studentenaustausch in Gang gesetzt. Besonderes Augenmerk legte man dabei auf den wissenschaftlichen Nachwuchs

---

143 Einführung in den Plan der Deutschen Akademie. Streng vertraulich!, o. D., in ebd.

144 Die Deutsche Akademie (D. A.), Satzungen (Genehmigt durch die vorbereitende Generalversammlung vom 26. Juni 1923), Vertraulich!, 23.12.1924, in ebd., Hervorhebung i. Orig.

145 Die Deutsche Akademie, Generalsekretariat [Ulrich Frey], 4.2.1925, in BA Berlin, R 1501/106001, Bl. 30.

146 Die Deutsche Akademie, Generalsekretariat, Protokoll-Auszug der Sitzung vom 16. Juni 1924 [Ausführungen von Pfeilschifter], 1.7.1924, Abschrift in ebd., Bl. 10.

147 Vgl. Michels, *Von der Deutschen Akademie zum Goethe-Institut*; Jacobsen, Auswärtige Kulturpolitik, S. 231. Der Germanist Gustav Roethe, der befürchtete, die wissenschaftliche Abteilung der Deutschen Akademie könnte für die Akademien der Wissenschaften zur unliebsamen Konkurrenz werden, mokierte sich über die „Nachahmung der ‚Académie française'"; zitiert nach Jörg Judersleben, *Philologie als Nationalpädagogik. Gustav Roethe zwischen Wissenschaft und Politik*, Frankfurt a. M. u. a. 2000, S. 255.

der deutschen Minderheiten im Ausland, insbesondere in denjenigen Gebieten, die nach dem Krieg verlorengegangen waren.

In diesem Zusammenhang entstand auf Betreiben des Auswärtigen Amts 1925 in Berlin als Stipendienorganisation die „Alexander von Humboldt-Stiftung". Deren erster Vorsitzender wurde Theodor Lewald, inzwischen Staatssekretär a. D., der bereits als Vertreter des Reichsamts des Innern an der Wissenschaftspolitik des Kaiserreichs aktiv beteiligt gewesen war. Im selben Jahr konstituierte sich in Heidelberg der Akademische Austauschdienst (AAD), um zunächst den Studentenaustausch mit den USA aufzunehmen.

Eine weitere zentrale Einrichtung war die 1927 geschaffene Deutsche Akademische Auslandsstelle des Verbandes der Deutschen Hochschulen. Mit ihr verbunden wurden die Akademischen Auslandsstellen an den Universitäten, die, wie in Berlin und Leipzig, bereits bestanden oder an anderen Universitäten ins Leben gerufen wurden. Deren Aufgabe war es, die ausländischen Studenten zu betreuen und Sprachkurse durchzuführen.

Damit sie sichergingen, daß sich der Aufwand auch lohnte und keine illoyalen Ausländer in den Genuß der Fördermittel kamen, legten die deutschen Wissenschafts- und Kulturpolitiker großen Wert darauf, die „deutschfreundlichen" Studenten und Wissenschaftler des Auslands herauszufiltern und nach Deutschland zu ziehen. So überprüfte die Alexander von Humboldt-Stiftung bei der Stipendiatenauslese unter ausländischen Studenten, ob sie nicht nur „begabt", sondern auch „deutschfreundlich" sind und voraussichtlich „uns später in ihrer Heimat politisch und wirtschaftlich nützlich sein werden".[148] Gleichzeitig wurden von der „Vereinigten Fürsorge für das Auslandsdeutschtum", die mit dem „Verein für das Deutschtum im Ausland" zusammenarbeitete, nach den Förderrichtlinien des Reichsinnenministeriums auslandsdeutsche Studenten, die außer ihrer Begabung und Bedürftigkeit eine „zweifelsfreie deutsche Gesinnung" erkennen ließen, besonders gefördert, um „geistig[e] Führer für das Auslandsdeutschtum" heranzubilden.[149]

Jene Hochschuleinrichtungen in Deutschland entstanden unter dem Eindruck der Betreuung ausländischer Studenten an französischen Universitäten, die man gründlich studierte. So legte Karl Remme, Direktor des Akademischen Auskunftsamts an der Universität Berlin und des dort 1922 errichteten Deutschen

---

148 Zitiert nach Volkhard Laitenberger, Organisations- und Strukturprobleme der auswärtigen Kulturpolitik und des akademischen Austauschs in den zwanziger und dreißiger Jahren, in Kurt Düwell, Werner Link (Hrsg.), *Deutsche Auswärtige Kulturpolitik seit 1871*, S. 77; dazu auch S. 78.
149 Zitiert nach Manfred Abelein, *Die Kulturpolitik des Deutschen Reiches*, S. 123.

Instituts für Ausländer[150] der Deutschen Hochschulkonferenz 1928 seine Studie „Die französische Kulturpropaganda" vor, in der er die „gewaltige, klug und kunstvoll aufgebaute Organisation" schilderte, die in Frankreich die Kultur- mit der Spracharbeit verband:

> *Kulturpropaganda ist in erster Linie Sprachpropaganda.* Diese Wahrheit hat man in Frankreich begriffen. Im Zeichen der Sprachpropaganda steht die gesamte Kulturpolitik mit ihren vielgestaltigen Maßnahmen.[151]

In diesem Sinne wollte man auch in Deutschland aktiv werden und ein Gegengewicht aufbauen.

Um die Kultur- und Spracharbeit unter Ausländern effektiver zu organisieren, wurden die verschiedenen Institutionen, die den Studenten- und Wissenschaftleraustausch in Deutschland betrieben, zusammengefaßt. Aus der Vereinigung von Akademischem Austauschdienst, Alexander von Humboldt-Stiftung und der Deutschen Akademischen Auslandsstelle des Verbandes der deutschen Hochschulen ging 1931 mit Unterstützung des Auswärtigen Amtes der Deutsche Akademische Austauschdienst (DAAD) hervor.[152]

Die Gründung dieser Organisationen wurde als Reaktion auf den Boykott der deutschen Wissenschaft und Sprache entscheidend befördert. So sollten die kulturpolitischen Maßnahmen, die in dem „Kampf um deutsche Weltgeltung" eingesetzt wurden, wie es der Leiter des DAAD, Adolf Morsbach, ausdrückte,[153] dazu beitragen, daß die schädlichen Auswirkungen des Boykotts auf das weltweite Ansehen der deutschen Wissenschaft und Sprache abgewehrt, die tiefe „Erniedrigung"[154] kompensiert und die Isolation durchbrochen werden konnten. Zugleich galt es, der französischen Sprach- und Kulturpropaganda, die mit dem Boykott einherging und durch diesen begünstigt wurde, entgegenzuarbeiten und sich dabei ähnlicher Mittel zu bedienen. Dabei schien es zweckmäßig zu sein, wenn man sich in erster Linie an die akademische Jugend wandte.

---

150 Vgl. Roswitha Günther, *Das Deutsche Institut für Ausländer an der Universität Berlin in der Zeit von 1922 bis 1945. Ein Beitrag zur Erforschung des Lehrgebiets Deutsch als Fremdsprache*, Berlin 1988.

151 Karl Remme und M. Esch, *Die französische Kulturpropaganda. Auf der Grundlage französischen Quellenmaterials und eigener Beobachtungen im Ausland*, Berlin 1927, S. 21, 79, Hervorhebung. i. Orig.

152 Vgl. Kurt Düwell, *Deutschlands Auswärtige Kulturpolitik*, S. 170–176. Zur Geschichte des DAAD: Volkhard Laitenberger, *Akademischer Austausch und auswärtige Kulturpolitik*.

153 Adolf Morsbach, Deutsche Kulturpolitik im Ausland, in *Volkstum und Kulturpolitik*, 1932, S. 237–265, Zitat S. 252.

154 Einführung in den Plan der Deutschen Akademie, in PA AA, R 64006.

Eine besondere Rolle spielte in diesem Zusammenhang die starke Hinwendung zum „Deutschtum“, insbesondere zur Sprach- und Kulturgemeinschaft mit den deutschen Minderheiten in Osteuropa, die, ähnlich wie später auf dem Internationalen Historikerkongreß 1933 in Warschau, mit dem Kampf gegen die Hegemonie der französischen Sprache und Wissenschaft in Europa verknüpft wurde.

> Die Stellung, die die deutsche Wissenschaft vor dem Weltkrieg im Auslande hatte, ist [...] geschwächt worden. Ob es uns gelingen wird, die alte Stellung vollständig wiederzugewinnen, ist eine Frage der Zukunft,

erklärte der Vorsitzende des Verbandes der Deutschen Hochschulen, der Theologe und Historiker Otto Scheel, in seiner Eröffnungsrede auf dem 5. Hochschultag 1927 in Aachen. Auf jeden Fall wolle man „auf dieses Ziel hinarbeiten“. Doch zunächst müßten „Frankreichs erkennbarer Wille, Paris zum Zentrum der europäischen Wissenschaft und der Auslandsstudien überhaupt zu machen“, und die damit einhergehende „französische Kulturpropaganda“ durchkreuzt werden. Deshalb solle „das nächste Ziel“ der damals neu einzurichtenden Deutschen Akademischen Auslandsstelle des Verbandes sein,

> daß unter allen Umständen ein Primat Frankreichs auf wissenschaftlichem Boden verhindert werde, Paris also gleichsam das Zentrum der europäischen Wissenschaft werde. Es müßte zum mindesten zwei Brennpunkte auf dem Festlande geben, zwei Brennpunkte einer Ellipse: Frankreich und Deutschland. Deswegen haben wir auch diese neue Arbeit aufgegriffen. Aber nicht bloß um abzuwehren, sondern auch um dort, wo deutsche Sprache und deutsche Arbeit beinahe mit der Gewalt des Selbstverständlichen an erster Stelle standen, wieder die alte Geltung zu gewinnen.[155]

Der Blick richtete sich dabei auf Osteuropa. Dort die deutsche Sprache und Wissenschaft zu fördern und zu verbreiten, sollte die vordringliche Aufgabe der Akademischen Auslandsstelle sein:

> Das große Gebiet, das der deutschen Wissenschaft vor ihr Tor gelegt ist, ist der weite Osten. Die deutsche Sprache war die Verkehrssprache, der deutsche Gelehrte war der Vermittler jedes höheren Wissens. Die Einrichtung der Randstaaten, die Begründung neuer Staaten mit starken nationalen, wenn ich nicht sagen soll, nationalistischen Trieben, hat uns riesige Mauern aufgerichtet. Dort wieder die alte Geltung zu gewinnen, ist eine der großen positiven Aufgaben, die uns für die nächste Zeit gestellt sind. Diese Aufgabe mit fördern zu helfen, soll

---

155 Scheel, Vorsitzender des V.D.H., Eröffnung der Verhandlungen des 5. Hochschultags in Aachen am 6.10.1927, in *Mitteilungen des Verbandes der Deutschen Hochschulen*, 8. Jg., H. 1, Januar 1928, S. 34f.

> der Hochschulverband verpflichtet sein. Deswegen auch will er die Akademische Auslandsstelle einrichten.[156]

Die „Weltgeltung" der deutschen Wissenschaft und Sprache wollte man auf solchen Wegen wiedergewinnen. Doch „der Raum deutscher Möglichkeiten" in Osteuropa, von dem Brandi sprach, wurde schließlich vom nationalsozialistischen Eroberungs- und Vernichtungskrieg verwüstet.

156 Ebd.

3. Neuorganisation nach dem Zweiten Weltkrieg und Vordringen des Englischen

Nach dem vom nationalsozialistischen Deutschland entfesselten Zweiten Weltkrieg gingen die Wissenschaftler der alliierten Siegermächte daran, die von ihnen nach dem Ersten Weltkrieg gegründeten internationalen Wissenschaftsorganisationen wiederaufzubauen, zu erweitern und zu zentralisieren. Dabei sorgten sie dafür, daß der Einfluß der deutschen Wissenschaft und Sprache noch wirksamer zurückgedrängt wurde, nachdem zahlreiche jüdische und oppositionelle Wissenschaftler von den Nazis vertrieben oder ermordet worden waren. Viele deutsche Wissenschaftler hatten Hitler und seine brutale Expansions- und Germanisierungspolitik unterstützt und sich an den nationalsozialistischen Verbrechen beteiligt.[157] Ihr Verhalten übertraf noch in erschreckendem Ausmaß die Befürchtungen der alliierten Wissenschaftler, die nach dem Ersten Weltkrieg den Boykott gegen die deutschen Wissenschaftler organisiert hatten. Doch die Umwälzung des internationalen Wissenschaftsbetriebs war nicht mehr so einschneidend wie nach dem Ersten Weltkrieg, weil die alliierten Wissenschaftler auf den von ihnen damals geschaffenen und weiterbestehenden Organisationsstrukturen und Sprachenregelungen aufbauen konnten. Der Boykott nach dem Ersten Weltkrieg hatte die Fundamente gelegt.

Als Dachorganisation der wissenschaftlichen Vereinigungen fungierte weiterhin der Internationale Rat der wissenschaftlichen Unionen (International Council of Scientific Unions, ICSU), der anfangs in Brüssel residierte und später in Paris. Dieser 1919 als Internationaler Forschungsrat (Conseil international de recherches, International Research Council, IRC) errichtete Verband, der die Naturwissenschaften umfaßte, hatte den Boykott gegen die deutschen Wissenschaftler und die deutsche Sprache nach dem Ersten Weltkrieg maßgeblich betrieben und war 1931 umbenannt worden. Mit ihm verbunden waren weiterhin die im Rahmen des Boykotts 1919 gegründeten drei großen Unionen der Astronomie, Geodäsie und Geophysik sowie Chemie: die Internationale Astronomische Union (International Astronomical Union, Union astronomique internationale, IAU), die Internationale Geodätische und Geophysikalische Union (International

---

157 Siehe dazu u. a. Max Weinreich, *Hitler's Professors. The Part of Scholarship in Germany's Crimes against the Jewish People*, New Haven (1. Auflage 1946) 1999; Alan D. Beyerchen, *Wissenschaftler unter Hitler. Physiker im Dritten Reich*, Frankfurt a. M. 1982; Christopher M. Hutton, *Linguistics and the Third Reich. Mother-tongue fascism, race and the science of language*, London, New York 1999; Doris Kaufmann (Hrsg.), *Geschichte der Kaiser-Wilhelm-Gesellschaft im Nationalsozialismus. Bestandsaufnahme und Perspektiven der Forschung*, 2 Bde., Göttingen 2000.

https://doi.org/10.1515/9783110572643-023

Union of Geodesy and Geophysics, Union géodésique et géophysique internationale, IUGG) und die Internationale Chemie-Union, die 1949 wieder ihren ursprünglichen Namen annahm: International Union of pure and applied Chemistry, Union internationale de la Chimie pure et appliquée (IUPAC). Damit machte man die Änderung des Namens, wie sie von den deutschen Chemikern vor ihrem Eintritt in die Union gewünscht worden war, wieder rückgängig.[158]

Der britische Astrophysiker Frederick J. M Stratton übte noch das Amt des Generalsekretärs des ICSU aus, das er bereits 1937 angetreten hatte; vorher war er von 1925 bis 1935 Generalsekretär der Internationalen Astronomischen Union gewesen, als die Zusammenarbeit mit den deutschen Astronomen angebahnt worden war. Zum Präsidenten des ICSU wurde 1946 der US-amerikanische Geophysiker John Adam Fleming gewählt. Mit diesen Wissenschaftlern war zunächst die englische Sprache im Vorstand gut repräsentiert.

Einige der noch existierenden internationalen Fachunionen wurden erweitert und darüber hinaus mehrere neue Vereinigungen ins Leben gerufen. Alle naturwissenschaftlichen Unionen blieben oder wurden Mitglieder im ICSU. Ähnliche organisatorische Maßnahmen ergriff man in der Medizin, in der die verschiedenen Vereinigungen 1949 in dem neu gebildeten Council for International Organizations of Medical Sciences (CIOMS) zusammengeschlossen wurden. Im selben Jahr entstand in den Geisteswissenschaften ein neuer Dachverband, der International Council for Philosophy and Human Sciences (ICPHS), der unter anderen die Internationale Vereinigung der Philosophischen Gesellschaften, das Internationale Komitee der Historiker und die Internationale Akademie-Union vereinte. In den Sozialwissenschaften wurde der International Social Science Council (ISSC) im Jahr 1952 gegründet.

Die internationalen Wissenschaftsorganisationen wurden nun mit der UNESCO (United Nations Educational, Scientific and Cultural Organisation) eng verknüpft und von dieser finanziell unterstützt. Die UNESCO, mit Sitz in Paris, war 1945 auf Veranlassung Großbritanniens und Frankreichs auf einer Konferenz in London gegründet worden. Sie diente als Sonderorganisation der Vereinten Nationen (UNO), die 1945 an die Stelle des Völkerbunds traten und ihren Sitz nach New York legten. So wurde ein noch viel dichteres und ausgedehnteres Netz internationaler wissenschaftlicher Organisationen geschaffen als nach dem Ersten Weltkrieg, das sich jedoch weitgehend auf die damals errichteten Verbände stützte. Mit den neuen Bedingungen der internationalen Zusammenarbeit der

158 Siehe dazu oben, S. 467.

Wissenschaftler nach dem Zweiten Weltkrieg befaßte sich auch die erste Generalversammlung des ICSU 1946 in London.[159] (Abb. 43)

Als Sprachen der internationalen Wissenschaftsorganisationen galten, wie nach dem Ersten Weltkrieg verfügt, weiterhin nur Französisch und Englisch, die man zu den offiziellen Sprachen oder Arbeitssprachen erklärte und auf Kongressen, in Vorstandssitzungen, Generalversammlungen und Publikationen vorrangig benutzte. Dieser Sprachgebrauch entsprach auch der bevorzugten Praxis der UNESCO, deren Gründungsstatut die englische und französische Textfassung als gleichermaßen verbindlich bezeichnete und damit diesen beiden Sprachen die größte Bedeutung beimaß – ähnlich wie die UNO und vorher der Völkerbund. Englisch, Französisch und Spanisch fungierten in den Generalversammlungen der UNESCO als Arbeitssprachen, in die und aus denen gedolmetscht wurde, und als Publikationssprachen ihrer Zeitschriften. Deutsch spielte hier keine Rolle.[160]

Ohnehin nahmen die deutschen Wissenschaftler an den unmittelbar nach dem Zweiten Weltkrieg getroffenen Entscheidungen nicht teil, zumal Deutschland 1933 aus dem Völkerbund ausgetreten und internationalen Vereinigungen wie dem ICSU noch nicht beigetreten war,[161] abgesehen davon, daß die deutsche Wissenschaft durch ihre nationalsozialistische Vergangenheit schwer belastet war. Während Österreich dem ICSU bereits 1949 beitrat, wurde die BRD erst 1952 Mitglied, und die DDR 1961. In die UNESCO trat Österreich im Jahr 1948 ein, die Schweiz 1949, die BRD 1951 und die DDR erst 1972.[162]

Die deutschen Wissenschaftler wurden erst allmählich wieder in den internationalen Wissenschaftsbetrieb einbezogen. Zu vielen internationalen Kongressen und Versammlungen hatte man sie erst einmal nicht eingeladen, z. B. nicht zu den internationalen Kongressen der Chemiker (1947, 1951), Physiker (1948), Zoologen (1948), Chirurgen (1947, 1949) und Historiker (1950). Das beeinträchtigte dort zugleich die Verwendung des Deutschen. Dagegen konnten ausgewählte deutsche Wissenschaftler an Versammlungen und Kongressen der Astronomen (1948), Psychologen (1948), Philosophen (1948) und Mathematiker (1950) teilnehmen.

---

159 International Council of Scientific Unions, The Fourth General Assembly of the International Council of Scientific Unions. Held in London, July 22nd to 24th 1946. Reports of Proceedings, edited by F.J.M. Stratton, General Secretary, Cambridge 1946; vgl. Greenaway, *Science International*, S. 183–189.

160 Darüber hinaus wurden bald weitere offizielle Sprachen der Generalkonferenzen der UNESCO anerkannt. Deren offizielle Sprachen waren schließlich: Arabisch, Chinesisch, Englisch, Französisch, Hindi, Italienisch, Russisch und Spanisch. Auch hier wurde Deutsch nicht berücksichtigt.

161 Zu den Verhandlungen siehe oben, Kapitel IV.

162 Österreich wurde 1955 in die UNO aufgenommen, Deutschland (BRD und DDR) folgten erst 1973, die Schweiz 2002.

INTERNATIONAL COUNCIL OF SCIENTIFIC UNIONS

THE FOURTH GENERAL ASSEMBLY OF THE
INTERNATIONAL COUNCIL OF
SCIENTIFIC UNIONS

Held at LONDON

July 22nd TO *24th*
1946

REPORTS *of* PROCEEDINGS

edited by

F. J. M. STRATTON
General Secretary

CAMBRIDGE
PRINTED AT THE UNIVERSITY PRESS
1946

Abb. 43: Titelblatt des Berichts über die 4. Generalversammlung des International Council of Scientific Unions 1946 in London

Oft riefen die Generalsekretäre der internationalen Verbände, wie bereits auf der Gründungsversammlung des Internationalen Forschungsrats (IRC) 1919 angeregt, zusätzlich zu den Kongreßpublikationen Zeitschriften auf Englisch und Französisch ins Leben, in die sie Teile der Kongreß- und Kommissionsberichte auslagerten. Als solche Zeitschriften dienten die von den Organisationen herausgegebenen *Bulletins*, die Mitteilungen zu den Kongressen, weitere Informationen sowie Forschungsberichte enthielten. Solche *Bulletins* erschienen z. B. in der Zoologie ab 1943/1951, Geschichtswissenschaft ab 1926/1953, Geodäsie und Geophysik ab 1922/1952, Mathematik ab 1955, Chemie ab 1956, Chirurgie ebenfalls ab 1956 und Astronomie ab 1959. Die in diesen *Bulletins* praktizierte Zweisprachigkeit Englisch/Französisch machte deutlich, daß man den anderen traditionellen internationalen Verbands-, Publikations- und Kongreßsprachen, insbesondere dem Deutschen, keine Bedeutung mehr beimaß.

Diese Sprachenpolitik stärkte vorübergehend die Position der französischen Sprache, zumal wichtige Wissenschaftsorganisationen lange Zeit in Brüssel oder Paris ihren Sitz hatten und unter der Verwaltung französischsprachiger Generalsekretäre standen. Eine Zeitlang konnte die starke Stellung der französischen Sprache dazu genutzt werden, die französischen Wissenschaftler in die Organisationsarbeit einzuspannen und die deutsche Sprache auszuschalten. Doch Französisch wurde allmählich vom Englischen verdrängt. Denn britische und US-amerikanische Wissenschaftler setzten sich, gestützt auf die führende Rolle der USA, dafür ein, Englisch zur vorherrschenden Sprache der internationalen Vereinigungen, Kongresse und Publikationen zu machen. Mit dem massiven Auftreten, den Finanzmitteln und den Leistungen der amerikanischen Wissenschaftler konnten die französischen nicht mithalten.

Der 1949 gewählte Schweizer Präsident des Internationalen Rats der wissenschaftlichen Vereinigungen (ICSU), der Physiologe Alexander von Muralt, betonte damals in einer Vorstandssitzung, wie wichtig für ihn die wissenschaftliche Führung der Vereinigten Staaten war:

> He would like to emphasize the growing importance of America's contribution to science; in many fields it had now taken the lead. The Council had been built up mainly in Europe and reflected rather the position in 1919, when the main collaboration in international scientific work took place naturally in Europe. The centre of gravity had shifted and we wanted to arrange for United States scientists to take an increased interest in the work of the Council and its Unions. He believed that the Americans were willing and we must do our share in facilitating a closer rapprochement.[163]

163 The President [A. von Muralt], in ICSU. The second meeting of the Executive Board, August 10, 1950, Bern, Copy for information of Members NRC, in IMU Archive 2 A.

Am Beispiel chemischer Publikationen wurde bereits der wachsende Einfluß der amerikanischen Wissenschaftler und der englischen Sprache gezeigt.[164] Um nach dem Zweiten Weltkrieg den Wiederaufbau der Internationalen Chemie-Union, deren Verbindung mit dem ICSU und die Veranstaltung von Kongressen vorzubereiten, trafen sich 1945 der britische Präsident der Royal Society, Sir Robert Robinson, und der US-amerikanische Präsident der Internationalen Chemie-Union (IUPAC), Marston-Taylor Bogert, in den USA. Bereits ein Jahr später wurde eine Versammlung in London mit Vertretern aus zwanzig Ländern einberufen. Daraufhin fand 1947 in London, verbunden mit einer Unions-Konferenz (Mitgliederversammlung), der 11. Internationale Kongreß für reine und angewandte Chemie statt, an dem rund 1800 Chemiker aus 29 Ländern teilnahmen. Die deutschen und japanischen Chemiker waren jedoch ausgeschlossen. (Abb. 44)

Auf der begleitenden Unionskonferenz wurde daran erinnert, daß der frühere niederländische Präsident der Union, Ernst Cohen, von den Nazis in Auschwitz ermordet worden war[165] – Cohen hatte sich früher gegen den Boykott und für die Zusammenarbeit mit den deutschen Chemikern engagiert.[166] Die Abwesenheit der deutschen Chemiker auf den Versammlungen bewirkte auch die Abwesenheit der deutschen Sprache. Die Vortragssprachen beschränkten sich nur noch auf Englisch, Französisch und Italienisch, wobei Englisch mit großem Abstand an erster Stelle lag.[167]

Dennoch befürwortete eine Kommission die Fertigstellung der wichtigen deutschsprachigen Handbücher der Chemie: *Gmelins Handbuch der anorganischen Chemie* und *Beilsteins Handbuch der organischen Chemie*. Damit jedoch ein deutsches Monopol verhindert wurde, stellte man den deutschen Herausgebern einen internationalen Beirat zur Seite und ersuchte die UNESCO um finanzielle Unterstützung.[168] Übersetzungen in andere Sprachen, insbesondere ins Englische, waren zusätzlich geplant. Allerdings erschienen später die beiden Handbücher dann nur noch in englischer Sprache – *Gmelins Handbuch* ab 1981 und *Beilsteins Handbuch* ab 1985.

Auch auf den chemischen Konferenzen und Kongressen breitete sich die englische Sprache aus, so zunächst auf dem großen Chemikerkongreß 1951 in New York, der sich mit der Jubiläumsveranstaltung zum 75. Gründungsjahr der

---

164 Siehe oben, Tab. 14, 15 und Abb. 42, S. 489 ff.

165 Union international de Chimie. Comptes Rendus de la Quatorzième Conférence. Londres 17–24 Juillet 1947, S. 28.

166 Siehe oben, Kapitel III.2.b).

167 Proceedings of the XIth International Congress of Pure and Applied Chemistry, London 17th – 24th July, 1947, Vol. I-IV, London o. J.; vgl. Fennell, *History of IUPAC*, S. 80 – 98.

168 Vgl. Union international de Chimie. Comptes Rendus. Londres 1947, S. 60 – 64; zu den Handbüchern siehe oben, S. 57.

PROCEEDINGS

of the

XIth INTERNATIONAL CONGRESS

of

PURE AND APPLIED

CHEMISTRY

LONDON

17th — 24th July, 1947

Volume II

Organic Chemistry

Biochemistry

Abb. 44: 11. Internationaler Kongreß für reine und angewandte Chemie 1947 in London. Titelblatt des Berichts

American Chemical Society verband und die Macht der amerikanischen Chemie eindrucksvoll vorführte. Von den rund 6000 Teilnehmern kamen nur etwa 600 aus dem Ausland. Zwar wurden Englisch und Französisch als Kongreßsprachen bestimmt, jedoch mit der ausdrücklichen Empfehlung, Englisch vorzuziehen. Das Programm und der Bericht des Kongresses erschienen auf englisch in der Zeitschrift der American Chemical Society *Chemical and Engineering News*. Auf der mit dem Kongreß verbundenen Mitgliederversammlung der Internationalen Chemie-Union wurde nun beschlossen, Deutschland und Japan wieder als Mitglieder in die Union aufzunehmen. Während die Entscheidung für Japan einstimmig war, stimmte aus naheliegenden Gründen Israel gegen den Aufnahmeantrag der Bundesrepublik Deutschland, und sowohl Belgien als auch Dänemark enthielten sich der Stimme.[169]

Daraufhin nahmen zahlreiche deutsche Chemiker wieder offiziell an den Internationalen Chemikerkongressen und den Mitgliederversammlungen der Union teil und verschafften dort in Vorträgen und Diskussionen der deutschen Sprache erneut Gewicht. Auch viele anderssprachige Referenten wählten nun wieder Deutsch. Während Englisch sich inzwischen als vorherrschende Sprache der Chemie etabliert hatte, gestützt auf eine große Zahl amerikanischer und britischer Referenten, stand in den Vorträgen einiger Kongresse Deutsch sogar an zweiter Stelle gleich hinter Englisch und weit vor Französisch, so auf den Kongressen 1953 in Stockholm und Uppsala und 1959 in München. Hier waren von insgesamt 535 Vorträgen 233 auf englisch, 228 auf deutsch und nur 74 auf französisch.[170] Die Veranstaltung des IUPAC-Kongresses in München bedeutete zugleich die Wiederanerkennung der deutschen Chemie. An dem Kongreß nahmen allerdings auch Chemiker teil, die im „Dritten Reich" Karriere gemacht hatten. So hielt Adolf Butenandt, der im Nationalsozialismus zum führenden Biochemiker aufgestiegen war, den Eröffnungsvortrag in zwei mit dem Kongreß verbundenen Symposien über Biochemie.[171] (Abb. 45)

---

169 XII International Congress of Pure and Applied Chemistry, New York City, Sept. 10 – 13, 1951, in *Chemical and Engineering News*, 29/26 1951, S. 2592 – 2594, 2600 – 2626; 29/40 1951, S. 4073; vgl. Fennell, *History of IUPAC*, S. 99 – 101.

170 Vgl. XIIIth International Congress of Pure and Applied Chemistry. Abstracts of Papers, Stockholm July 29 to August 4, 1953, Uppsala August 5 to 7, 1953; XVII. Internationaler Kongress für Reine und Angewandte Chemie, München 30. August – 6. September 1959 [Das Titelblatt des Münchner Kongreßberichts erschien dreisprachig: deutsch, englisch und französisch.]

171 Adolf Butenandt hatte 1933 das „Bekenntnis der Professoren an den deutschen Universitäten und Hochschulen zu Adolf Hitler und dem nationalsozialistischen Staat" unterschrieben, er war NSDAP-Mitglied geworden, hatte enge Beziehungen zur Chemie-Industrie und zu nationalsozialistischen Institutionen, war Direktor des Kaiser-Wilhelm-Instituts für Biochemie in Berlin 1936 – 1944 und nach dessen Verlegung in Tübingen bis 1956 (ab 1949 als Max-Planck-Institut geführt).

XVII. INTERNATIONALER KONGRESS FÜR REINE UND ANGEWANDTE CHEMIE

XVIIth INTERNATIONAL CONGRESS OF PURE AND APPLIED CHEMISTRY

XVIIème CONGRÈS INTERNATIONAL DE CHIMIE PURE ET APPLIQUÉE

München, 30. August bis 6. September 1959

Hauptvorträge — Main Lectures — Conférences plénières

Band II: ***Biochemie und Angewandte Chemie***
Vol. II: ***Biochemistry and Applied Chemistry***
Tome II: ***Biochimie et Chimie appliquée***

1960
BUTTERWORTHS · LONDON
VERLAG CHEMIE, GMBH · WEINHEIM/BERGSTR.

Abb. 45: 17. Internationaler Kongreß für reine und angewandte Chemie 1959 in München. Dreisprachiges Titelblatt des Berichts

Nach diesen Erfahrungen wurde jedoch der zunehmende Gebrauch des Deutschen auf den folgenden internationalen Chemiker-Kongressen wieder eingeschränkt. Gegen die auf den Kongressen in Stockholm/Uppsala (1953), Zürich (1955), Lissabon (1956), Paris (1957) und München (1959) gepflegte Dreisprachigkeit von Englisch, Französisch und Deutsch setzte man zunächst wieder die nach dem Ersten Weltkrieg verfügte Zweisprachigkeit der Internationalen Chemie-Union. Auf englisch und in französischer Übersetzung erschienen die Statuten, die Verhandlungs- und Kommissionsberichte sowie Mitteilungen der Union.[172] Doch die Zweisprachigkeit wurde allmählich in die Einsprachigkeit, ins Englische als alleinige Sprache der Union überführt. Diesen Sprachenwechsel verfolgte ein Publikationskomitee der Union, das unter englischer Leitung in einem englischen Verlag das 1956 geschaffene *Information Bulletin* der Union und die 1960 gegründete Unions-Zeitschrift *Pure and Applied Chemistry* herausgab. Die Veröffentlichung der Kongreß-, Konferenz- und Kommissionsberichte in diesen Zeitschriften wurde so dem jeweiligen lokalen Kongreßkomitee entzogen und der Union unterstellt. Schließlich beschlossen die Delegierten, daß nur noch Englisch als offizielle Sprache der Berichte der Union und maßgebliche Sprache der Statuten gelten sollte – das akzeptierten jetzt sogar die französischen Chemiker. In einer geheimen Abstimmung über die Wahl einer einzigen Sprache – wenn auch zunächst nur für eine begrenzte Zeit – wurden 115 Stimmen für Englisch und nur 8 für Französisch abgegeben.[173] Diese Entscheidung führte dazu, daß auf späteren Kongressen und in Publikationen immer mehr Chemiker – auch deutsche – die englische Sprache wählten und schließlich Englisch zur einzigen Verbands-, Kongreß- und Publikationssprache in der Internationalen Chemie-Union avancierte.

Auch in anderen internationalen Fachunionen und auf Kongressen dehnte sich Englisch immer mehr aus. So fanden unmittelbar nach dem Zweiten Weltkrieg weitere internationale Kongresse in Großbritannien und in den USA unter Beteiligung zahlreicher englischsprachiger Wissenschaftler vorwiegend auf Englisch statt, so z. B. in der Mathematik, Chirurgie und Psychologie. Gleichzeitig verfolgten hier insbesondere US-amerikanische Wissenschaftler eine internatio-

---

1939 wurde ihm der Nobelpreis für Chemie verliehen. 1960 bis 1972 war er Präsident der Max-Planck-Gesellschaft; siehe dazu Wolfgang Schieder, Achim Trunk (Hrsg.), *Adolf Butenandt und die Kaiser-Wilhelm-Gesellschaft. Wissenschaft, Industrie und Politik im ‚Dritten Reich'*, Göttingen 2004.

172 Vgl. IUPAC Publication Committee, in International Union of Pure and Applied Chemistry, *Information Bulletin* 9/1959, S. 22.

173 IUPAC, Comptes Rendus XXII Conference, London, 5th to 9th July 1963, S. 154; IUPAC, Comptes Rendus XXIII Conference, Paris, 2 to 9 July 1965, S. 126 f.; IUPAC, Comptes Rendus XXIV Conference, Prague, 4 to 10 September 1967, S. 110; vgl. Fennell, *History of IUPAC*, S. 152–162, 193.

nale Anglisierungspolitik. Das soll am Beispiel der Mathematik und Psychologie gezeigt werden.

Als der Internationale Mathematikerkongreß nach dem Krieg erstmals 1950 in den USA, in Cambridge (Mass.) an der Harvard University, stattfand, zählten die US-amerikanischen Mathematiker allein 80 Prozent der 1700 ordentlichen Mitglieder und 68 Prozent der Referenten. Diese übermäßig starke Beteiligung der Gastgeber begünstigte wiederum die Dominanz des Englischen. Von allen 469 im Kongreßband aufgeführten Vorträgen waren allein 411 (87,6 %) auf englisch, 40 (8,5 %) auf französisch, 13 (2,8 %) auf deutsch und 5 (1 %) auf italienisch. Zu einem Hauptvortrag in der von ihm geleiteten Sektion hatte auch Richard Courant, der, von den Nationalsozialisten aus Göttingen vertrieben, 1934 in die USA emigriert war, den Direktor des Mathematischen Instituts der Universität Göttingen, Franz Rellich, eingeladen. Dieser hatte einst bei ihm, dem früheren Direktor des Instituts in Göttingen, promoviert.[174] (Abb. 46)

Auf eine stärkere Betonung der Mehrsprachigkeit legte das Organisationskomitee des folgenden Internationalen Mathematikerkongresses 1954 in Amsterdam noch großen Wert. Die Veranstaltung dieses Kongresses lag allein in der Hand des niederländischen Kongreßkomitees, das bewußt an die alte Kongreßtradition anknüpfte. So ließ das niederländische Kongreßkomitee ausdrücklich alle Sprachen auf dem einwöchigen Kongreß zu, führte jedoch seine Korrespondenz mit den ausländischen Mathematikern hauptsächlich auf englisch, französisch und deutsch. Erstmals waren auch mehrere russische Mathematiker zum Internationalen Mathematikerkongreß nach dem Zweiten Weltkrieg gekommen und beteiligten sich mit zwei Plenarvorträgen auf deutsch, einem auf russisch und einem auf englisch sowie einem russischsprachigen Kurzvortrag. Damals wurde zum ersten Mal Russisch als Vortragssprache auf internationalen Mathematikerkongressen eingeführt. Doch auch auf dem Mathematikerkongreß 1954 in Amsterdam dominierte – bei starker Beteiligung britischer und amerikanischer Mathematiker – die englische Sprache, wenn auch nicht in dem Ausmaß wie auf dem vorangegangenen Kongreß in den USA. So wurden in Amsterdam von insgesamt 621 Vorträgen 323 (52 %) auf englisch, 147 (24 %) auf deutsch, 119 (19 %) auf französisch, 28 (4,5 %) auf italienisch, 2 (0,3 %) auf spanisch und 2 (0,3 %) auf

174 Vgl. Proceedings of the International Congress of Mathematicians, Cambridge, Massachussetts, U.S.A., August 30 – September 6, 1950, Vol. I-II, Providence 1952; vgl. Lehto, *Mathematics without borders*, S. 88; zu Courant siehe Reinhard Siegmund-Schultze, *Mathematiker auf der Flucht vor Hitler. Quellen und Studien zur Emigration einer Wissenschaft*, Braunschweig, Wiesbaden 1998.

PROCEEDINGS

OF THE

INTERNATIONAL CONGRESS

OF

MATHEMATICIANS

Cambridge, Massachussetts, U. S. A.

August 30—September 6, 1950

PUBLISHED BY THE

AMERICAN MATHEMATICAL SOCIETY

80 Waterman Street, Providence, R. I.

1952

Abb. 46: Internationaler Mathematikerkongreß 1950 in Cambridge (Mass.), USA, Titelblatt des Berichts.

russisch gehalten. Englisch war auch die Publikationssprache des Kongreßberichts.[175]

Die folgenden Internationalen Mathematikerkongressen zeigten ein weiteres Vordringen des Englischen. Dafür sorgten nicht zuletzt die Aktivitäten der US-amerikanischen Mathematiker, die den Wiederaufbau der 1932 aufgelösten Internationalen Mathematischen Union (International Mathematical Union, IMU) in die Wege leiteten. Mit dieser wurden die Kongresse wieder eng verknüpft, ohne sogleich die alte Restriktionspolitik gegen die ehemaligen Kriegsgegner fortzusetzen.

Die Neugründung der Internationalen Mathematischen Union betrieb seit 1947 vor allem Marshall H. Stone, Präsident der American Mathematical Society 1943–1944 und ab 1949 Vorsitzender des „Policy Committee for Mathematics". Dieses trat nach dem Krieg an die Stelle des „War Policy Committee for Mathematics", das den Kriegseinsatz der amerikanischen Mathematiker organisiert hatte. Nun widmete es sich dem Wiederaufbau der IMU.[176] Ein vorläufiges Komitee (Interim Committee for the International Mathematical Union) wurde bereits auf einer Vorbereitungskonferenz 1950 in New York gebildet. Diesem gehörten Vertreter der USA, Großbritanniens, Frankreichs, Italiens, Dänemarks, Polens und Indiens an.[177] Die IMU wurde auf diesem Wege als eine Vereinigung von Ländern, nicht von Personen oder einzelnen Gesellschaften 1951 wiedergegründet. Schon die Zusammensetzung des Komitees legte es nahe, daß wie früher Englisch und Französisch als die bevorzugten Sprachen der Organisation gewählt wurden. Das begünstigte ebenfalls die enge Anbindung der Mathematischen Union an den Internationalen Rat der wissenschaftlichen Vereinigungen (International Council of Scientific Unions, ICSU) und an die UNESCO.

Stone, der erster Präsident der IMU 1952–1954 wurde, hatte bereits an den Internationalen Mathematikerkongressen 1932 in Zürich und 1936 in Oslo teilgenommen und dort die mehrsprachige Kommunikation, insbesondere die starke

---

175 Proceedings of the International Congress of Mathematicians 1954, Amsterdam, September 2 – September 9, Vol. I-III, Amsterdam 1957. Von den 1553 regulären Mitgliedern (außer denen noch 567 assoziierte Mitglieder teilnahmen) kamen die meisten aus Großbritannien: 261, den USA: 242, den Niederlanden: 223, Deutschland: 212 und Frankreich: 158; ebd., I, S. 134 ff.; vgl. Lehto, *Mathematics without borders* S. 117 f.; Reinbothe, Geschichte des Deutschen als Wissenschaftssprache, S. 62 f.

176 Vgl. dazu Lehto, *Mathematics without borders*, S. 75.

177 International Mathematical Union. Union Mathématique Internationale, Interim Committee, December 1950, in IMU Archive 2 A. Der an zweiter Stelle stehende französische Name tauchte später allerdings nicht mehr auf; vgl. Lehto, *Mathematics without borders*, S. 98.

Stellung des Deutschen, aber gleichzeitig auch die Auflösung der IMU erlebt. In seinen Vorbereitungen zur Neugründung der IMU legte er jedenfalls großes Gewicht auf eine verbindliche Sprachenregelung. Zunächst empfahl er, 1950 auf der Vorbereitungskonferenz vier Sprachen zuzulassen, wie das früher bei den Kongressen üblich gewesen war: Englisch, Französisch, Deutsch und Italienisch.[178] Um die Verständigung zu gewährleisten, sollten Übersetzungsdienste (Simultandolmetscher) der UNO in Anspruch genommen werden. Doch schon hier tauchten Probleme auf. Von der US-Vertretung bei der UNO in New York kam nämlich die Auskunft, daß Übersetzungsdienste in den drei offiziellen Sprachen Englisch, Französisch und Spanisch leicht zu vermitteln seien, doch für Deutsch und Italienisch sei das sehr schwer und viel teurer. Deshalb gab der für die UNESCO zuständige Vertreter der USA den Rat, diese Sprachen möglichst zu vermeiden.[179] Hinter den pragmatischen und ökonomischen Gründen verbargen sich offensichtlich auch politische. Jedenfalls zog Stone es daraufhin vor, statt gegen den ihm erteilten Rat zu handeln und hohe Übersetzungskosten aufzutreiben, Deutsch und Italienisch einfach zu streichen. Das schien ihm auch keineswegs schwerzufallen:

> It does not surprise me that we have run into difficulties with simultaneous translation systems. My suggestion is that we restrict the languages of the Conference to English and French, as it is almost certain that every delegate can use one of these two languages. We could then hire in New York a competent stenographer to take down the French portion of the proceedings. Possibly we could also hire someone to make oral translations from English into French and vi[ce] versa when requested by the Conference. I do not believe that this would be very expensive. It might be that we could obtain assistance from the French Consulate General in New York in finding suitable personnel.[180]

Der Sekretär des Policy Committee for Mathematics und der American Mathematical Society, John Robert Kline, an den das Schreiben von Stone gerichtet war, stimmte dem Vorschlag zu, die Konferenzsprachen auf Englisch und Französisch zu beschränken, bestand aber darauf, eine kompetente Stenographin für den französischen Teil der Verhandlungen sowie einen Dolmetscher für alle Übersetzungen vom Englischen ins Französische und umgekehrt hinzuziehen.[181] Das

178 Marshall H. Stone, Policy Committee for Mathematics, to H. Bohr, E. Bompiani, M. Brelot, W. V. D. Hodge, K. Kuratowski, April 12, 1950, in IMU Archive 2 A. Die Adressaten gehörten dem Organisationsausschuß (Steering Committee) an, der die Konferenz vorbereitete.
179 Max McCullough, Acting Director UNESCO Relations Staff, an J. R. Kline, Secretary, Policy Committee for Mathematics, June 21, 1950, Kopie in IMU Archive 2 A.
180 Marshall H. Stone an J. R. Kline, July 3, 1950, in IMU Archive 2 A; vgl. Lehto, *Mathematics without borders*, S. 84.
181 Kline an Stone, July 10, 1950, in IMU Archive 2 A.

französische Konsulat war gerne bereit, die gewünschte Stenographin zur Verfügung zu stellen. Stone schlug außerdem vor, alle Delegierten zu fragen, ob sie eine der beiden Sprachen verwenden und verstehen könnten, und es jedem Delegierten, dem das Schwierigkeiten bereiten sollte, wenigstens zu erlauben, in der Diskussion deutsch oder italienisch zu sprechen.[182]

Im Hinblick auf die für die IMU geltenden Statuten und Zusatzbestimmungen, zu denen Stone Entwürfe vorlegte und sich dabei an die alte IMU anlehnte, stellte sich ebenfalls die Frage nach den maßgeblichen Dokumentensprachen. Deren Festlegung wirkte sich zwangsläufig auf den Sprachgebrauch in der Organisation aus. Auf jeden Fall kam deutlich zum Ausdruck, daß Stone Englisch bevorzugte. So wurden anfangs auch die Entwürfe der Satzung und Zusatzbestimmungen nur in einer englischen Fassung vorgelegt und verschickt, und bald fungierte in den betreffenden Artikeln der Satzungsentwürfe ausdrücklich Englisch als die maßgebliche Dokumentensprache.[183]

Doch gegen diese Einsprachigkeit der wiedererrichteten IMU setzten sich sogleich französische und italienische Mathematiker erfolgreich zur Wehr. Daraufhin fungierten als Sprachen der ersten Generalversammlung der neuen IMU 1952 in Rom wieder Englisch und Französisch. Dort zirkulierten bereits französische Übersetzungen der englischen Texte, und Französisch wurde als gleichwertige Dokumentensprache der Statuten und Zusatzbestimmungen sowie der Resolutionen festgelegt. Übersetzungen in andere Sprachen verschob man auf später.[184] So kam im Jahr 1958 auf Wunsch der russischen Mathematiker, die 1957 der IMU beigetreten waren, noch Russisch als gleichwertige Dokumentensprache mit einer entsprechenden Übersetzung hinzu.[185] Es war offensichtlich, daß Deutsch in diesen sprachlichen Entscheidungen keine Rolle mehr spielte. Ohnehin setzte sich mit der Zeit Englisch doch noch als einzige maßgebliche Sprache der Internationalen Mathematischen Union durch.

Immerhin blieb Deutsch neben Englisch, Französisch und Italienisch noch offizielle Sprache der Internationalen Mathematischen Unterrichtskommission (IMUK). Diese war 1908 auf dem Internationalen Mathematikerkongreß in Rom gegründet und lange Zeit von dem deutschen Mathematiker Felix Klein geleitet worden. Die alliierten Mathematiker hatten sie zwar im Rahmen ihrer Boykottpolitik und der damit verbundenen Gründung der IMU 1920 aufgelöst, aber auf dem Kongreß 1928 in Bologna, der sich von der Vormacht der IMU freigemacht

---

182 Stone to the Steering Committee of the Union Conference, July 18, 1950, in ebd.

183 Entwürfe in ebd.

184 International Mathematical Union, Record of the First General Assembly held on 6–8 March 1952 in Rome, in IMU Archive 3 A.

185 Vgl. Lehto, *Mathematics without borders*, S. 122.

hatte, wurde sie wieder gebildet und konnte 1932 die Auflösung der IMU überleben. Nach dem Zweiten Weltkrieg schloß sie sich 1952 der neugegründeten IMU wieder an, bewahrte sich aber zugleich eine gewisse Unabhängigkeit, was auch die Sprachen betraf.[186] Der geschäftsführende Ausschuß dieser Kommission benutzte jetzt allerdings ebenfalls nur noch Englisch und Französisch.[187]

Ab 1969 führte die Internationale Mathematische Unterrichtskommission eigene Kongresse durch. Im Hinblick auf den mathematischen Unterricht stellte sich der Umgang mit den verschiedenen Sprachen und die Bevorzugung des Englischen als lingua franca freilich schwieriger dar als auf den anderen Internationalen Mathematikerkongressen, befand der finnische Mathematiker und spätere Sekretär der IMU, Olli Lehto:

> Mathematics education imposed greater linguistic demands on the speaker and hearer than did the presentation of mathematics. Mathematics educators lacked largely the international terminology and vocabulary of the mathematician and could not resort with equal facility to a universal set of symbols.[188]

Während bereits zu dieser Zeit als internationale Terminologie die englische galt, wurde an den Schulen und Hochschulen der verschiedenen Länder im Mathematikunterricht wie selbstverständlich damals die jeweilige Landessprache benutzt. Weder von den Mathematiklehrern noch von den Schülern konnte verlangt werden, die englische Terminologie zu beherrschen.

Jedenfalls zeigte die Diskussion des mathematischen Unterrichts, wie wichtig es in der internationalen Zusammenarbeit war, die verschiedenen mathematischen Begriffe, Erklärungen der Symbole und Terminologien in verschiedenen Sprachen aufeinander abzustimmen. Das war den Mathematikern durchaus bewußt, als sie in der IMU planten, ein mehrsprachiges Verzeichnis mathematischer Begriffe und Symbole herauszugeben, und zwar mit Definitionen in den fünf Sprachen Englisch, Französisch, Deutsch, Italienisch und Russisch.[189] Doch das zu diesem Zweck auf der ersten Generalversammlung der neuen IMU 1952 in Rom

---

186 Vgl. ebd., S. 97, 108–113, 259–261. Der englische Name „International Commission on the Teaching of Mathematics" wurde 1954 umgewandelt in „International Commission on Mathematical Instruction" (ICMI); vgl. ebd.

187 Vgl. International Mathematical Union, Annual report of the Executive Committee to the National Adhering Organisations (By-Laws 1–7) concerning the period March 9, 1952 – February 14, 1953, in IMU Archive 3 A.

188 Lehto, *Mathematics without borders*, S. 260.

189 Vgl. International Mathematical Union, Record of the First General Assembly held on 6–8 March 1952 in Rome, in IMU Archive 3 A, teilweise veröffentlicht in *Nachrichten der Österreichischen Mathematischen Gesellschaft*, Juni 1952, Nr. 19/20.

gebildete Komitee nahm diese Arbeit erst gar nicht auf. Weder wurde ein Programm erstellt noch eine Sitzung einberufen und ein Vorsitzender gewählt. Als ein Komiteemitglied die Arbeit in Angriff nehmen wollte, wurde ihm von dem amerikanischen Präsidenten der IMU, Stone, beschieden, daß die Diskussion über mathematische Symbole nicht dringend sei.[190] Das bedeutete allerdings eine Absage an diese wichtige Arbeit. Es ist anzunehmen, daß die Bevorzugung des Englischen als maßgebliche Sprache der Mathematik, die Stone im Auge hatte, es eher überflüssig zu machen schien, auch andere Sprachen in die Begriffsbildung einzubeziehen und sich darüber auszutauschen. Schließlich wurde die „Commission on a Directory of Mathematical Symbols“ auf der Generalversammlung 1954 in Den Haag aufgelöst.[191]

Ein anderes mehrsprachiges Unternehmen, das die Mitteilungen der IMU eine Zeitlang einbeziehen konnte, waren die seit 1947 herausgegebenen *Nachrichten der Österreichischen Mathematischen Gesellschaft*. Diese Zeitschrift, die sich von Anfang an in den Dienst der internationalen Zusammenarbeit stellte, fand bald unter Mathematikern weltweit Anerkennung und entwickelte sich zum internationalen mehrsprachigen Nachrichtenblatt. Deshalb bot es sich aus praktischen Gründen an, diese *Nachrichten* für Mitteilungen und Berichte der IMU und der internationalen Kongresse zu benutzen. So vereinbarte man 1951, die Zeitschrift auch als Mitteilungsorgan der IMU zu verwenden und einen dreisprachigen Titel einzuführen: *Internationale Mathematische Nachrichten – International Mathematical News – Nouvelles Mathématiques Internationales*. Die Reihenfolge dieser drei Titel wurde abwechselnd geändert. Auf dem Titelblatt erschien weiterhin als Untertitel „Nachrichten der Österreichischen Mathematischen Gesellschaft“ und ab 1953 noch ergänzend „Union News“.[192] In der Zeitschrift selbst erschienen Berichte, Mitteilungen und Einladungen der IMU unter der Überschrift „Union News“ in einem besonderen Teil. Sie waren meistens auf englisch verfaßt, doch einzelne erschienen auch in deutscher, französischer oder italienischer Sprache, also in Sprachen, die auch andere Artikel der Zeitschrift gebrauchten. So wurde zum Beispiel die Ankündigung des Internationalen Mathematikerkongresses 1954 in Amsterdam, die das dortige Organisationskomitee bekanntgab, auf deutsch

190 Vgl. Lehto, *Mathematics without borders*, S. 96, 114.

191 Vgl. Resolution on discharging the Commission of Mathematical Symbols, International Mathematical Union. Record of the Second General Assembly held on August 31 – September 1, 1954 at the Hague, in IMU Archive 3 A.

192 Der Untertitel „Union News“ wurde ab Nr. 27/28 von August 1953 bis Nr. 35/36 vom November 1954 verwendet.

abgedruckt,[193] ebenso der Bericht der Internationalen Mathematischen Unterrichtskommission (IMUK).[194] (Abb. 47)

Im Jahr 1955 wurden auf Veranlassung der IMU die „Union News" in „Bulletin of the International Mathematical Union" umbenannt. Den neuen Namen führte man von da an sowohl als Untertitel auf dem Titelblatt als auch in dem der IMU vorbehaltenen Teil der *Nachrichten* ein.[195] Doch 1971 beendete die IMU die Zusammenarbeit mit der Österreichischen Mathematischen Gesellschaft bei der Herausgabe der *Internationalen Mathematischen Nachrichten*, und gab von da an das *Bulletin of the International Mathematical Union* gesondert als eigene Zeitschrift in englischer Sprache heraus.[196] – Ein weiterer Schritt von der Mehrsprachigkeit zur Einsprachigkeit.

Die deutschen Mathematiker waren erst später in die Vorbereitungen zur Gründung der IMU einbezogen worden, nachdem sich die Mathematiker anderer Länder in einer entsprechenden Umfrage für deren Mitarbeit ebenso wie die der Japaner ausgesprochen hatten. Die Deutsche Mathematiker-Vereinigung gehörte dann allerdings bereits zu den Gründungsmitgliedern, und ihr ehemaliger Vorsitzender Erich Kamke wurde für die Zeit von 1952 bis 1954 zum zweiten Vizepräsidenten der IMU gewählt.[197]

Die Forderung, die deutsche Sprache wie früher auf den Kongressen ebenfalls zur offiziellen Sprache der IMU zu erklären, wagte Kamke vermutlich wegen der belasteten deutschen Vergangenheit nicht zu stellen, wenngleich er wie auch Mathematiker aus der Schweiz seine Briefe an den Vorstand vorwiegend auf

193 Internationaler Mathematikerkongress 1954, in *Internationale Mathematische Nachrichten* 7/25–26, April 1953, S. 1f.

194 Internationale Mathematische Unterrichtskommission (IMUK), in *Internationale Mathematische Nachrichten* 7/27–28, August 1953, S. 10f.

195 Ab Nr. 37–38 vom April 1955 lautete auf dem Titelblatt der Untertitel: „Bulletin of the International Mathematical Union", in der Zeitschrift jedoch erschienen die Mitteilungen der IMU erst ab Nr. 39–40 vom August 1955 als „Bulletin of the International Mathematical Union".

196 Vgl. H. J. Stetter, Vorsitzender der ÖMG (Österreichische Mathematische Gesellschaft), 25 Jahre „Nachrichten", in *Internationale Mathematische Nachrichten*, 26/100, Jänner 1972, S. 1f.; Lehto, *Mathematics without borders*, S. 177f.

197 Kamke nahm bereits am Kongreß 1932 in Zürich teil sowie am Kongreß 1950 in den USA. Da er eine jüdische Frau hatte, von der er sich nicht trennen wollte, verlor er unter den Nationalsozialisten seine Stelle an der Universität Tübingen. Nach dem Krieg (1945) wehrte er sich zusammen mit anderen erfolgreich gegen die Berufung Heideggers nach Tübingen wegen dessen Nazivergangenheit. Er engagierte sich für den Wiederaufbau der Deutschen Mathematiker-Vereinigung, deren Vorsitzender er 1948–1952 wurde. Bereits im November 1949 teilte Kamke das Interesse der Deutschen Mathematiker-Vereinigung, sich an den Gründungsvorbereitungen der IMU zu beteiligen, Stone mit; vgl. Kamke an Stone, Tübingen, 3.11.1949, in IMU Archive 2 A; zu Kamke siehe auch Sanford L. Segal, *Mathematicians under the Nazis*, Princeton 2003, S. 105f.

INTERNATIONAL MATHEMATICAL NEWS
NOUVELLES MATHÉMATIQUES INTERNATIONALES
INTERNATIONALE MATHEMATISCHE NACHRICHTEN

Vormals

NACHRICHTEN DER ÖSTERREICHISCHEN MATHEMATISCHEN GESELLSCHAFT

*

Herausgegeben von der

ÖSTERREICHISCHEN MATHEMATISCHEN GESELLSCHAFT

7. Jahrgang | **Wien — April 1953** | **Nr. 25/26**

INTERNATIONALER MATHEMATIKERKONGRESS 1954

In seiner Schlußsitzung faßte der Internationale Mathematikerkongreß 1950 in Cambridge (Mass.) den Beschluß, einer Einladung der niederländischen Delegation Folge zu leisten und den nächsten Kongreß in den Niederlanden abzuhalten. Dementsprechend wird unter den Auspizien des „Wiskundig Genootschap" (der niederländischen Mathematischen Gesellschaft) der Internationale Mathematikerkongreß 1954 vom 2. bis 9. September in Amsterdam stattfinden. Das „Wiskundig Genootschap" hofft vom ganzen Herzen, daß der Kongreß 1954, auf dem man die Mathematiker der ganzen Welt erwartet, zu einem fruchtbaren internationalen Mathematikertreffen werden möge.

Das Organisationskomitee hat eine Reihe prominenter Mathematiker aufgefordert, einstündige Vorträge zu halten, in denen ein Gesamtbild der gegenwärtigen Mathematik entworfen werden soll. — Der Kongreß zerfällt in sieben Sektionen: 1. *Algebra und Zahlentheorie*, 2. *Analysis*, 3. *Geometrie und Topologie*, 4. *Wahrscheinlichkeitsrechnung und Statistik*, 5. *Mathematische Physik und angewandte Mathematik*, 6. *Logik und Grundlagenforschung*, 7. *Philosophie, Geschichte und Unterricht*. In jeder dieser Sektionen wird eine Anzahl führender Gelehrter vom Organisationskomitee zu halbstündigen Vorträgen aufgefordert werden. — Zum Halten kurzer Vorträge können sich die Kongreßmitglieder beim Organisationskomitee anmelden. Die Dauer eines kurzen Vortrages ist mit einer Viertelstunde festgesetzt. Von der Zahl der Anmeldungen wird die etwaige Gliederung der Sektionen in Untersektionen abhängen.

— 1 —

Abb. 47: Internationaler Mathematikerkongreß 1954 in Amsterdam. Ankündigung des Organisationskomitees in den dreisprachigen *Internationalen Mathematischen Nachrichten* der Österreichischen Mathematischen Gesellschaft auf deutsch

deutsch schrieb. Nur in allgemeiner Weise plädierte er dafür, nicht einfach die Sprachenregelung der UNESCO zu übernehmen – das sei auf der Generalversammlung der IMU auch nicht beschlossen worden –, sondern mit der Verwendung der Sprachen liberaler umzugehen und auch für die Konferenzen keine festen Sprachenregeln mehr aufzustellen. Vielmehr sollten alle Sprachen zugelassen werden, was, ohne daß er es ausdrücklich erwähnte, natürlich auch den Gebrauch des Deutschen erleichtern würde. Es sollte seiner Ansicht nach in der Diskussion den Delegierten selbst überlassen bleiben, in ihrem eigenen Interesse diejenige Sprache zu wählen, in der sie unmittelbar ohne Einschaltung eines Dolmetschers verstanden würden – das seien ohnehin meistens Englisch und Französisch. Jedenfalls könnten sich die Delegierten miteinander gut verständigen und bei Schwierigkeiten selbst für die Übersetzung ihres Beitrags sorgen. Mit einer solchen Übereinkunft würde sich auch keine Nation zurückgesetzt fühlen; nationale Rivalitäten könnten auf diese Weise ausgeschaltet werden. Zum Beispiel sollte auch einem Chinesen die Möglichkeit eingeräumt werden, Chinesisch zu sprechen und seine Rede von einem Dolmetscher übersetzen zu lassen.[198]

Doch dieser Vorschlag wurde vermutlich nicht diskutiert, jedenfalls ist eine Diskussion darüber nicht dokumentiert und war wahrscheinlich auch nicht erwünscht, weil dadurch das angestrebte Monopol der Zwei- bzw. Einsprachigkeit hätte aufgebrochen werden können.

Auf den Generalversammlungen der IMU, die nicht zufällig immer kurz vor den Kongressen einberufen wurden, um die enge Verbindung zu festigen, sorgte man für Übersetzungen nur in die englische und französische, später auch die russische Sprache. Als der damalige Präsident der IMU, der Schweizer Mathematiker Heinz Hopf, auf der 3. Generalversammlung 1958 in St. Andrews (Schottland) die Delegierten auf englisch fragte, ob sie Übersetzungen der Diskussionen aus dem Englischen in irgendeine andere Sprache wünschten, baten der französische Delegierte um Übersetzungen ins Französische und der russische Delegierte ins Russische, was konsekutiv jeweils ein Schweizer und ein russischer Mathematiker übernahmen. Letzterer übersetzte einmal sogar zusätzlich noch ins Deutsche. Von deutschsprachigen Delegierten wurde jedoch eine solche Bitte um Übersetzung nicht vorgetragen, soweit das den Berichten zu entnehmen ist. Nur im Hinblick auf die Statuten machte der deutsche Delegierte in deutscher Sprache geltend, daß die deutschsprachigen Länder eigentlich auch das Recht hätten, eine deutsche Version der Statuten zu verlangen, was er aber

---

198 Kritische Bemerkungen Kamkes zur Generalversammlung der IMU 1952 in Rom, o. D., Bericht darüber auf englisch: A. Record of the General Assembly in Rome, point (5), in IMU Archive 6 B; sein Name wird hier allerdings nicht genannt, er ist jedoch aus Hinweisen zu erschließen.

nicht klar als Antrag formulierte und worüber auch nicht abgestimmt wurde. Möglicherweise hatte man sein Deutsch nicht richtig verstanden.[199]

Offensichtlich aber ist, daß man der deutschen Sprache nicht mehr so viel Geltung verschaffen wollte. Übersetzungen aus anderen Sprachen ins Englische und Französische waren ohnehin bald nicht mehr vorgesehen. Simultandolmetscher in Anspruch zu nehmen, schien nach wie vor viel zu teuer zu sein. Was die Übersetzungsarbeit betraf, wies ein Delegierter aus den USA auf die Schwierigkeit hin, allein schon im Englischen und Französischen genau übereinstimmende Bedeutungen zu finden.[200] Das schien eher eine lästige Arbeit zu sein. Die Einsicht, daß gerade die Nuancen und Differenzen die Einbeziehung verschiedener Sprachen gerechtfertigt hätten, um die gedankliche Auseinandersetzung zu vertiefen, war jedenfalls nicht verbreitet. Schließlich zog man es vor, den Übersetzungsproblemen aus dem Weg zu gehen und Englisch als einzige Sprache der IMU zu befördern.

Die Sprachenregelung der IMU wirkte sich zwangsläufig auf die Internationalen Mathematikerkongresse aus, und das um so mehr, als von seiten der IMU erfolgreich darauf hingearbeitet wurde, die Planung der Kongresse in die Hand des IMU-Vorstands zu legen, was schließlich 1962 gelang.[201] Olli Lehto, Sekretär der IMU von 1983 bis 1990, stellte rückblickend fest:

> Time has taken care of Stone's viewpoint. English has since been used so exclusively that for practical purposes the Union has become monolingual.[202]

Ein anderes Beispiel für die amerikanische Wissenschafts- und Sprachenpolitik ist die Gründung der Internationalen Union für wissenschaftliche Psychologie (International Union of Scientific Psychology, IUSP). Obwohl die internationalen Psychologenkongresse sich dem Boykott nach dem Ersten Weltkrieg nicht angeschlossen hatten, wurde nun in Anlehnung an die damals den Boykott betreibenden Fachunionen auch in der Psychologie ein internationaler Verband geschaffen, der die internationalen Psychologenkongresse organisierte. Die Gründung der Internationalen Psychologie-Union erfolgte 1951 auf dem Interna-

---

199 Vgl. Third General Assembly of IMU, St. Andrews (Scotland), August 11–13, 1958, First Draft, in IMU Archive 3 A.

200 Vgl. ebd.

201 Vgl. Lehto, *Mathematics without borders*, S. 114 f., 147–154.

202 Ebd., S. 109. An dieser Dominanz der englischen Sprache in der IMU änderte sich auch nichts, nachdem das Ständige Sekretariat und das Archiv der IMU 2011 nach Berlin gelegt worden waren.

tionalen Psychologenkongreß in Stockholm. Ihr traten die psychologischen Gesellschaften der verschiedenen Länder bei. Sie wurde später Mitglied im ICSU und erhielt ebenfalls Unterstützung von der UNESCO.[203]

Die treibende Kraft hinter dieser Gründung war der US-amerikanische Psychologe Herbert S. Langfeld, der dafür mit dem Amt des Generalsekretärs der Internationalen Psychologie-Union belohnt wurde. Das Generalsekretariat lag fortan bis 1984 – also über dreißig Jahre – in US-amerikanischen Händen. Damit verbunden war die Entscheidung, den Sitz der Union in den USA zu errichten.

Dem Vorstand der Internationalen Psychologie-Union gehörten anfangs außerdem noch ein britischer und französischer Psychologe an. Das erleichterte es, von Anfang an Englisch und Französisch als offizielle Verbands- und Kongreßsprachen einzuführen. Die englisch-französische Zweisprachigkeit wurde bereits festgeschrieben, als man die Statuten der IUSP erst auf englisch und dann in französischer Übersetzung druckte.[204] Englisch und Französisch wurden zu den offiziellen Arbeitssprachen der Psychologie-Union erklärt, die dementsprechend unter englischem und französischem Namen auftrat. Auf Versammlungen und Kongressen ließ man daneben nur noch die Sprache des jeweiligen Gastlandes zu. Mit dieser Sprachenregelung wurde gleichzeitig die auf vorangegangenen Kongressen praktizierte Mehrsprachigkeit aufgehoben, die das permanente Internationale Komitee der Psychologenkongresse gewährleistet hatte, in dem allerdings bereits Englisch dominierte. Dieses Komitee der Mehrsprachigkeit löste man kurzerhand auf, nachdem es in die Union integriert worden war.

Immerhin wurde noch ein dreisprachiges Wörterbuch der Psychologie in den Sprachen Englisch, Französisch und Deutsch mit Erklärungen und Interpretationen erarbeitet, um Grundlagen für Übersetzungen zu schaffen. Das Wörterbuch konnte jedoch erst 1975 in drei Bänden publiziert werden.[205] (Abb. 48)

Dennoch breitete sich Englisch auf den Kongressen immer mehr aus. Das führte schließlich dazu, daß der Vorstand der Internationalen Psychologie-Union im Jahr 1991 Englisch zur einzigen offiziellen Sprache der internationalen Psychologenkongresse erklärte. Nur die Sprache des jeweiligen Gastlandes durfte

203 Vgl. Thirteenth International Congress of Psychology held at the University of Stockholm, July 16th to 21th 1951. Proceedings and Papers, Stockholm 1952. Die Internationale Psychologie-Union nannte sich ab 1965 International Union of Psychological Science (IUPS, ab 1982 IUPsyS).

204 Vgl. ebd., S. 14–18.

205 Trilingual Psychological Dictionary – Dictionnaire de Psychologie en trois langues – Dreisprachiges Psychologisches Wörterbuch. Edited by/Edité par/Herausgegeben von International Union of Psychological Science – Union internationale de Psychologie Scientifique – Internationale Vereinigung für wissenschaftliche Psychologie – Hubert C. J. Duijker, Maria J. van Rijswijk, Bern 1975.

Trilingual Psychological Dictionary

Dictionnaire de Psychologie en trois langues

Dreisprachiges Psychologisches Wörterbuch

Edited by / Edité par / Herausgegeben von
International Union of Psychological Science
Union Internationale de Psychologie Scientifique
Internationale Vereinigung für wissenschaftliche Psychologie
Hubert C. J. Duijker
Maria J. van Rijswijk

Volume 1: English / French / German
Volume 2: Français / Allemand / Anglais

Volume 3: Deutsch / Englisch / Französisch

UNESCO subvention DG/3.2/41/78

© 1975 by Internationale Vereinigung für wissenschaftliche Psychologie
Satz und Druck: Lang Druck AG, Bern-Liebefeld
Printed in Switzerland

ISBN 3-456-30560-5

Abb. 48: Dreisprachiges Psychologisches Wörterbuch. Titelblatt der 1. Ausgabe 1975

nach wie vor zusätzlich verwendet werden. Auch in den Publikationen arbeitete der Vorstand auf die Alleinherrschaft des Englischen hin. So wurde die 1966 gegründete, ursprünglich englisch-französischsprachige Zeitschrift der Union, *International Journal of Psychology*, in der ohnehin nur Bibliographien der englischsprachigen psychologischen Literatur erschienen, im Jahr 1999 zum englischsprachigen Journal erklärt. Wenigstens Abstracts druckte man noch in englischer, französischer und spanischer Sprache.[206]

Auch die Literaturberichterstattung in der Psychologie, die Referatendienste, steuerte man in die Richtung der Alleinherrschaft des Englischen. Ursprünglich hatten sich die Mitglieder der Internationalen Psychologie-Union dafür ausgesprochen, regelmäßig Übersetzungen wichtiger psychologischer Artikel aus weniger bekannten Sprachen herauszugeben. Als Übersetzungssprache wählte man zunächst Englisch. Nun wurden die Mitgliedsgesellschaften vom Vorstand gebeten, Literaturberichte gleich an die *Psychological Abstracts* zu schicken, also an das Referatenorgan der American Psychological Association, und diesem beratend zur Seite zu stehen.[207] (Abb. 49)

Mit anderen Zeitschriften der USA, so empfahl der damalige amerikanische Generalsekretär der Union, sollten gleichfalls die Beziehungen verbessert und zu diesem Zweck Zusammenfassungen der in anderssprachigen Zeitschriften veröffentlichten Artikel auf englisch oder französisch erstellt werden. Um dem nachzukommen und die deutschsprachige psychologische Forschung international bekannt zu machen, erschien dann auf Initiative des Vorstands der Deutschen Gesellschaft für Psychologie ab 1977 *The German Journal of Psychology*, das über den Stand der Psychologie in Deutschland, Österreich und der Schweiz in englischer Sprache informierte und Referate deutschsprachiger Bücher und Zeitschriftenartikel in englischen Übersetzungen publizierte.[208] (Abb. 50)

Die Machtansprüche in den USA gingen sogar so weit, daß die American Psychological Association, die Herausgeberin der *Psychological Abstracts*, im Jahr 1993 verfügte, die *Psychological Abstracts* sollten nur noch über Publikationen referieren, deren Originalsprache Englisch war. Auf diese Weise wollte man Autoren und Verlage anderer Länder dazu bewegen, nur noch auf englisch zu publizieren, wenn sie daran interessiert waren, in *Psychological Abstracts* berücksichtigt zu werden.

206 Vgl. Mark R. Rosenzweig, Wayne H. Holtzman, Michel Sabourin, David Bélanger, *History of the International Union of Psychological Science (IUPsyS)*, Hove 2000, S. 113, 132, 199, 243.

207 Vgl. Actes du Quinzième Congrès International de Psychologie, Bruxelles 1957, S. Xf.

208 *The German Journal of Psychology. A Quaterly of Abstracts and Review Articles* wurde unter der Schirmherrschaft der Internationalen Psychologie-Union und mit Förderung der Deutschen Forschungsgemeinschaft bis 1994 herausgegeben.

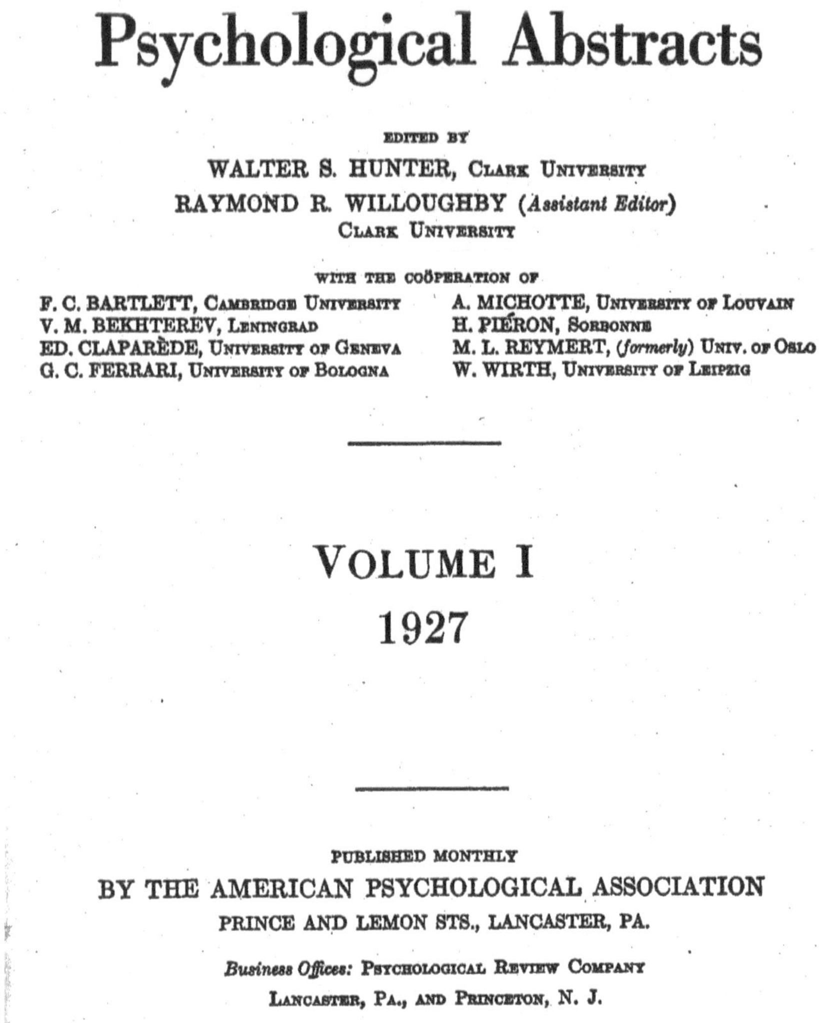

Psychological Abstracts

EDITED BY

WALTER S. HUNTER, CLARK UNIVERSITY

RAYMOND R. WILLOUGHBY (*Assistant Editor*)

CLARK UNIVERSITY

WITH THE COÖPERATION OF

F. C. BARTLETT, CAMBRIDGE UNIVERSITY
V. M. BEKHTEREV, LENINGRAD
ED. CLAPARÈDE, UNIVERSITY OF GENEVA
G. C. FERRARI, UNIVERSITY OF BOLOGNA
A. MICHOTTE, UNIVERSITY OF LOUVAIN
H. PIÉRON, SORBONNE
M. L. REYMERT, (*formerly*) UNIV. OF OSLO
W. WIRTH, UNIVERSITY OF LEIPZIG

VOLUME I

1927

PUBLISHED MONTHLY

BY THE AMERICAN PSYCHOLOGICAL ASSOCIATION

PRINCE AND LEMON STS., LANCASTER, PA.

Business Offices: PSYCHOLOGICAL REVIEW COMPANY

LANCASTER, PA., AND PRINCETON, N. J.

Abb. 49: *Psychological Abstracts*. Vol. I. 1927. Titelblatt

Gegen eine solche Mißachtung der psychologischen Literatur in anderen Sprachen wandte sich allerdings der damalige österreichische Präsident der Internationalen Psychologie-Union, Kurt Pawlik, und sprach sich wie auch andere für eine „Internationalisierung“ der Informationsdienste aus. Er erreichte immerhin, daß die Herausgeber der *Psychological Abstracts* noch Besprechungen

The German Journal of Psychology

A Quarterly of Abstracts and Review Articles

Volume 1 · 1977

C. J. Hogrefe Inc., Toronto/Canada

Abb. 50: *The German Journal of Psychology*. Titelblatt des 1. Bandes aus dem Jahr 1977

anderssprachiger Literatur auf englisch zuließen.[209] Doch die Absicht der Herausgeber dieser und anderer Referatendienste, Bibliographien und Fachzeitschriften der USA war, die englischsprachige Literatur in jedem Fall zu bevorzugen und weltweit zu verbreiten.

Das veranlaßte – wie gewünscht – viele anderssprachige Autoren und Verlage, gleich auf englisch zu publizieren, um auf dem englischsprachigen Markt Beachtung zu finden. Deshalb stellte auch *The German Journal of Psychology* 1994 das Erscheinen ein, weil sich nun Übersetzungen ins Englische weitgehend erübrigten. Andererseits und gleichzeitig aber sahen englischsprachige Wissenschaftler überhaupt keine Notwendigkeit mehr, fremde Sprachen zu lernen und anderssprachige Fachliteratur zu lesen und zu zitieren. Die Aufhebung der foreign language requirements an US-Hochschulen in den 1960er Jahren war Ausdruck der Geringschätzung anderer Sprachen und anderssprachiger Publikationen und förderte eine solche Ignoranz.

Jedenfalls setzte sich Englisch, befördert durch eine zielstrebige Sprachenpolitik der Wissenschaftsmacht USA und gestützt auf die seit Ende des Ersten Weltkriegs bestehenden internationalen Wissenschaftsorganisationen und Sprachenregeln, in den 1960er Jahren als dominante und teilweise alleinige Wissenschaftssprache international durch. Sicherlich hat es praktische Vorteile, wenn sich Wissenschaftler weltweit in der lingua franca Englisch verständigen können. Zurückgedrängt wurde gleichzeitig aber die seit dem 19. Jahrhundert in Europa verbreitete Mehrsprachigkeit in den Wissenschaften.

Der starke Anpassungsdruck bewirkte, daß wie in anderen Ländern auch in Deutschland Wissenschaftszeitschriften englische Titel einführten und Englisch als Publikationssprache übernahmen, insbesondere in Naturwissenschaften und Mathematik. Die berühmten *Annalen der Physik* erscheinen zwar ebenso wie die *Astronomischen Nachrichten* bis heute mit ihrem traditionellen deutschen Titel. Allerdings rückte dieser bei den *Astronomischen Nachrichten* nur noch an die zweite Stelle hinter den englischen Titel *Astronomical Notes*. In beiden Zeitschriften wurde aber die Publikationssprache Englisch. Die Redaktion der *Angewandten Chemie*, der Fachzeitschrift der Gesellschaft Deutscher Chemiker, entschied sich, parallel zur deutschen Ausgabe ab 1962 unter Beibehaltung des deutschen Titels eine *International Edition in English* herauszugeben. In der Psychologie wurde im Jahr 1974 die 1921 gegründete Zeitschrift *Psychologische For-*

---

209 Vgl. Rosenzweig, Holtzman, Sabourin, Bélanger, *History of the International Union of Psychological Science*, S. 210, 217. Pawlik war von 1984 bis 1992 Generalsekretär der Internationalen Psychologie-Union und 1992–1996 ihr Präsident. Er war vorher Mitherausgeber von *The German Journal of Psychology* gewesen.

schung durch eine englische Ausgabe ersetzt: *Psychological Research.*[210] Ebenfalls nur noch auf englisch erschien später die seit 1890 herausgegebene *Zeitschrift für Psychologie* unter dem zweisprachigen Titel *Zeitschrift für Psychologie – Journal of Psychology.*

Auch in anderen Fächern vermehrten sich unter den deutschen Zeitschriften die englischsprachigen Ausgaben.[211] Einige Zeitschriften gingen gleich in US-amerikanischen Publikationen auf, wie das renommierte deutsche *Chemische Zentralblatt*, das seit 1830 erschienen war und 1969 in die *Chemical Abstracts* integriert wurde.[212] Keineswegs besser erging es dem weltweit verbreiteten deutschsprachigen Referatenorgan der Astronomie, dem ab 1900 herausgegebenen *Astronomischen Jahresbericht.* Dieser hatte erstmals die astronomische Literatur des Jahres 1899 referiert. Er erschien 1968 zum letzten Mal auf deutsch. Seine englischsprachige Fortsetzung fand sich in den ab 1969 herausgegebenen *Astronomy and Astrophysics Abstracts.*[213] Diese wurden allerdings 2001 von der elektronischen Datenbank der nationalen Luft- und Raumfahrtbehörde der USA, NASA (National Aeronautics and Space Administration), verdrängt: *The NASA astrophysics datasystem.*[214]

Die Berechnung der Zitierhäufigkeit wissenschaftlicher Publikationen, womit eine amerikanische Firma deren Marktwert ermittelt und Geschäfte macht, bevorzugt die englischsprachigen Ausgaben. Zum „impact factor" erhoben, wird die errechnete Quote der Zitierhäufigkeit von Zeitschriften wie ein Qualitätssiegel gehandelt, das Autoren, die in solchen hoch bewerteten Zeitschriften publizieren, Anerkennung verschafft und allein schon als Qualifikationsnachweis gilt. Die

---

210 Zur Auseinandersetzung um die Einführung des Englischen als Publikationssprache der Psychologie siehe Werner Traxel, Internationalität oder Provinzialismus? Über die Bedeutung der deutschen Sprache für deutschsprachige Psychologen, in *Psychologische Beiträge* 17/1975, S. 584–594; G. A. Lienert, Über Werner Traxel: Internationalität oder Provinzialismus, zur Frage: Sollten Psychologen in Englisch publizieren?, in *Psychologische Beiträge* 19/1977, S. 487–492; siehe dazu auch Gordin, *Scientific Babel*, S. 300 f.

211 Vgl. Herbert Lippert, Rückzug der deutschen Sprache aus der Medizin? Die Sprachen medizinischer Zeitschriftentitel der letzten 100 Jahre, in: *Medizinische Klinik* 73/14 1978, S. 487–496; Christopher Baethge, Die Sprachen der Medizin, in *Deutsches Ärzteblatt* 105/3 2008, S. 37–40. Zur Anglisierung in den Wissenschaften siehe auch Skudlik, *Sprachen in den Wissenschaften;* Ammon, *Die Stellung der deutschen Sprache in der Welt*, S. 539–693.

212 Zur Fachsprache der Chemie siehe Henning Hopf, Die Lage der Wissenschaftssprache Deutsch in der Chemie, in: Eins, Glück, Pretscher (Hrsg.), *Wissen schaffen – Wissen kommunizieren*, S. 95–108.

213 Vgl. Lutz D. Schmadel, 100 Jahre astronomische Bibliographie in Deutschland, in: *Mitteilungen zur Astronomiegeschichte* 16/2000, S. 1.

214 Diese Datenbank besteht seit 1997 und umfaßt Literatur (Abstracts) aus Astronomie, Astrophysik, Physik und Geophysik.

Anglisierung des Publizierens wird dadurch noch weitergetrieben.[215] Selbst an deutschen Universitäten wurden in einzelnen Fächern englischsprachige Studiengänge eingeführt,[216] und deutsche Wissenschaftler neigen mitunter dazu, auch mit Kollegen, die Deutsch können, Englisch zu sprechen.[217]

Wenngleich sich Englisch vor allem in Naturwissenschaften und Mathematik als vorherrschende internationale Sprache weltweit durchsetzen konnte, spielen daneben in den Wissenschaften die hochentwickelten Landessprachen und damit auch das Deutsche weiterhin eine wichtige Rolle und sollten nicht leichtfertig zugunsten einer weltweiten Einsprachigkeit vernachlässigt oder aufgegeben werden.

Es liegt in der Verantwortung der Wissenschaftler, die jeweils eigene Sprache, die sie am besten beherrschen, weiter auszubauen und mit sorgfältigen Übersetzungen aus dem Englischen und anderen Sprachen zu bereichern. Ebenso haben sie das Verständnis des in anderen Sprachen Mitgeteilten zu fördern und sich kritisch damit auseinanderzusetzen. So hat z. B. eine deutschsprachige Kommission von Chemikern aus Österreich, der Schweiz und der Bundesrepublik die *Internationalen Regeln für die chemische Nomenklatur und Terminologie*, die in der Internationalen Union für reine und angewandte Chemie (IUPAC) nur auf englisch erstellt wurden, in gemeinsamer Arbeit aus dem Englischen ins Deutsche übersetzt, interpretiert und kommentiert. Der Deutsche Zentralausschuß für Chemie publizierte 1975 die deutsche Ausgabe.[218]

In ähnlicher Weise engagierten sich die deutschsprachigen Mitglieder der Internationalen Kommission für Zoologische Nomenklatur für eine deutsche Übersetzung der Nomenklaturregeln, die nur in englischer und französischer Sprache herausgegeben worden waren. Die deutsche Übersetzung erlebte mehrere Auflagen. Übersetzungen in weitere Sprachen folgten.[219]

---

215 Vgl. G. Winkmann, S. Schlutius, H. G. Schweim, Publikationssprachen der Impact Faktor-Zeitschriften und medizinischer Literaturdatenbanken, in *Deutsche Medizinische Wochenschrift* 127/2002, S. 131–137; W. Haße, R. J. Fischer, Zitierverhalten deutscher Autoren in „Der Chirurg". Publizieren unter der Dominanz des Impact-Faktors, in *Der Chirurg* 4/2010, S. 1–4; Ralph Mocikat, Die Diktatur der Zitatenindices: Folgen für die Wissenskultur, in GAIA 18/2 2009, S. 100–103.

216 Vgl. Markus Motz (Hrsg.), *Englisch oder Deutsch in Internationalen Studiengängen?*, Frankfurt am Main 2005.

217 Vgl. dazu Wieland Eins, Helmut Glück, Sabine Pretscher (Hrsg.), *Wissen schaffen – Wissen kommunizieren. Wissenschaftssprachen in Geschichte und Gegenwart*, Wiesbaden 2011; Reinbothe, Geschichte des Deutschen als Wissenschaftssprache, S. 64 ff.

218 Deutscher Zentralausschuß für Chemie, *Internationale Regeln für die chemische Nomenklatur und Terminologie*, Weinheim 1975.

219 *Internationale Regeln für die Zoologische Nomenklatur*, beschlossen vom XV. Internationalen Kongress für Zoologie. Deutscher Text. Ausgearbeitet von O. Kraus (Frankfurt am Main), gebilligt

Aus einer anderen Initiative entwickelte sich ebenfalls ein mehrsprachiges Projekt: Einige deutsche Hochschulen stellten in der Chemie auf deutsch das *Neue und Nachhaltige Organisatorische Praktikum – NOP*, mit umfangreichem Daten-, Tabellen- und Bildmaterial, offen zugänglich ins Internet. Es wurde von Chemikern in zahlreichen anderen Sprachen aufgegriffen und gemeinsam weiterentwickelt. So kann heute auch in den Wissenschaften noch in vielen Sprachen kommuniziert werden.[220]

von den deutschsprachigen Mitgliedern der Internationalen Kommission für Zoologische Nomenklatur. Herausgegeben durch die Senckenbergische Naturforschende Gesellschaft, Frankfurt am Main 1962; siehe dazu auch Reinbothe, Der Rückgang des Deutschen als internationale Wissenschaftssprache, S. 91f.

220 Vgl. Hopf, Die Lage der Wissenschaftssprache Deutsch in der Chemie, S. 105f.

Schlußbemerkung

Mit Deutschlands Niederlage im Ersten Weltkrieg, dem Vertrag von Versailles, der Errichtung des Völkerbunds und zentraler internationaler Wissenschaftsorganisationen hatten sich die Machtverhältnisse grundlegend verschoben. Das spiegelte sich im internationalen Status der Sprachen wider: Französisch und Englisch waren die Sprachen des Versailler Vertrags, des Völkerbunds und der von den Alliierten neu gegründeten internationalen Wissenschaftsverbände. Deutsch verlor seine vormals privilegierte Stellung als dritte offizielle Sprache im internationalen Wissenschaftsbetrieb. Diese Entwicklung setzte sich nach dem Zweiten Weltkrieg fort.

Der enge Zusammenhang zwischen Wissenschaft, Industrie, Politik und Krieg bildete die Grundlage des Wissenschaftsboykotts. Politisches, ökonomisches, militärisches und wissenschaftliches Hegemoniestreben hatten sich in Deutschland verbunden und alliierte Wissenschaftler zur Gegenwehr herausgefordert. So war im Jahr 1917 von dem amerikanischen Astronomen William Campbell, 1922–1925 Präsident der Internationalen Astronomischen Union, ebenso wie vorher von dem britischen Chemiker William Ramsay und dem französischen Mathematiker Émile Picard der Einsatz der deutschen Wissenschaft für die Weltmachtambitionen des Deutschen Reiches scharf verurteilt worden:

> Germany, the most scientific of nations, has prostituted science to the base ambition of „Deutschland über Alles", not figuratively, but literally. Her ambitions in Weltpolitik have cost the world unthinkable quantities of human blood and human suffering, and science has been her principal weapon.[1]

Die deutsche Kriegsschuld (die Verantwortung für den Ausbruch des Ersten Weltkriegs und die Kriegsverbrechen) und das Verhalten der deutschen Gelehrten im Krieg, die mit jenen Weltmachtambitionen eng zusammenhingen, bildeten ein wichtiges Motiv des Boykotts, und es lag auf der gleichen Linie, daß viele deutsche Wissenschaftler den Boykott ebenso wie den Vertrag von Versailles und die angebliche „Kriegsschuldlüge" als nationale Demütigung verwarfen und später den Nationalsozialismus unterstützten.

Bedeutsam für die Begründung des Boykotts waren die Vorherrschaftsansprüche deutscher Wissenschaftler, welche diese bereits vor dem Krieg im inter-

1 William Campbell, zitiert nach Badash, British and American Views, S. 107; vgl. Brigitte Schröder-Gudehus, Challenge to Transnational Loyalties: International Scientific Organizations after the First World War, in *Science Studies* 3, 1973, S. 93–118, hier S. 116.

https://doi.org/10.1515/9783110572643-024

nationalen Wissenschaftsbetrieb durchsetzten. Was Paul Forman am Beispiel der deutschen Physiker für die Zeit der Weimarer Republik festgestellt hat, nämlich das Bestreben, den wissenschaftlichen Internationalismus für nationale Interessen zu instrumentalisieren,[2] galt bereits für die deutsche Wissenschaftspolitik vor dem Ersten Weltkrieg, als die deutschen Wissenschaftler über eine starke internationale Wissenschaftsmacht verfügten und die deutsche Sprache dabei an führender Stelle stand.

Auf verschiedenen wissenschaftlichen Gebieten zeigten sich die Methoden der deutschen Machtpolitik. Zweifellos verfolgten die Wissenschaftler anderer Länder auch nationale Interessen. Doch das notwendige Bemühen, einen Ausgleich der verschiedenen nationalen Interessen herzustellen und einen gemeinsamen Konsens unter den konkurrierenden Mächten zu finden, wurde von deutschen Wissenschaftsvertretern häufig mißachtet. Forman spricht von „antisocial behavior".[3] Die Bevorzugung des Deutschen und die Benachteiligung anderer Sprachen in Vereinigungen und Publikationen vor dem Ersten Weltkrieg zeugten von diesem anmaßenden Verhalten, das nach dem Krieg sich keineswegs wandelte, wie am Beispiel der Bestrebungen in der Baltischen Geodätischen Kommission, in der sich ebenfalls wissenschaftliche mit politischen und militärischen Interessen verbanden, geschildert wird. Jetzt jedoch fühlten sich die neutralen Wissenschaftler stark genug, ihre deutschen Kollegen in die Schranken zu weisen, ihnen das Generalsekretariat nicht, wie gewünscht, zu überlassen und die angestrebte Alleinherrschaft des Deutschen nicht zu akzeptieren, sondern neben die deutsche die französische als gleichberechtigte offizielle Sprache zu stellen.

Es war wohl kein Zufall, daß führende Protagonisten des Boykotts wie der britische Physiker Arthur Schuster mit seinem Interesse an Astronomie und Seismologie[4] und der US-amerikanische Astrophysiker George Ellery Hale bereits vor dem Ersten Weltkrieg an den Abwehrmaßnahmen gegen das deutsche Hegemoniestreben aktiv beteiligt waren. Die wichtigsten Fachunionen, die deutsche Wissenschaftler nach dem Ersten Weltkrieg ausschlossen, wurden in der Astronomie, Geodäsie, Geophysik und Chemie gegründet, also auf Gebieten, auf denen die Deutschen vor dem Krieg dominierten, und mit ihnen die deutsche Sprache. Als nach der Aufhebung des Boykotts die Verhandlungen über den Eintritt der deutschen Wissenschaftsverbände in jene Organisationen geführt wurden, rangelte man wieder um Positionen der Macht, wozu auch die Stellung des Deutschen gehörte. Ein Bruch mit der Vergangenheit kam den deutschen Gelehrten nicht in

---

2 Forman, *The Environment and Practice of Atomic Physics*, S.201; ders., Scientific Internationalism.

3 Forman, Scientific Internationalism, S. 169.

4 Vgl. Kevles, „Into Hostile Political Camps", S. 49f.

den Sinn. Die Wiederaufnahme der Zusammenarbeit verzögerte sich dadurch lange Zeit. Durch den Nationalsozialismus und den Zweiten Weltkrieg wurde sie noch weiter zurückgeworfen.

Mit Hilfe des Boykotts gelang es, die internationale Stellung der deutschen Wissenschaft und Sprache nachhaltig zu schwächen. Sicherlich hatte auch der Aufstieg der Wissenschaftsmacht USA und der englischen Sprache daran großen Anteil. Doch wurde dieser Aufstieg durch den Ersten Weltkrieg und den anschließenden Boykott erheblich forciert, zumal ein starker Konkurrent besiegt und ein Macht- und Sprachenwechsel im internationalen Wissenschaftsbetrieb herbeigeführt werden konnten. Deshalb sollten die Auswirkungen des Boykotts nicht unterschätzt und der Rückgang des Deutschen als internationale Wissenschaftssprache nicht allein dem Wissenschaftspotential der USA zugeschrieben werden.[5] Ohne den Boykott hätte die internationale Wissenschaftssprache Deutsch niemals so schnell zurückgedrängt werden können. Der engagierten Vermittlung zahlreicher Wissenschaftler vor allem aus den ehemals neutralen Ländern war es immerhin zu verdanken, daß die deutschen Wissenschaftler in die internationale Zusammenarbeit wieder einbezogen werden konnten und die deutsche Sprache in vielen Vereinigungen wieder zugelassen wurde, wenn auch nicht mehr im gleichen Rang wie Französisch und Englisch.

Eine kritische Auseinandersetzung mit der eigenen Wissenschafts- und Sprachpolitik hat der Boykott in deutschen Gelehrtenkreisen nicht bewirkt. Vielmehr nutzten Nationalisten die Gelegenheit, an den Universitäten gegen die nationale Demütigung Propaganda zu machen. Schließlich versuchten die Nationalsozialisten, ihre nationalistischen, rassistischen und hegemonialen Ambitionen in schrecklichen Ausmaßen durchzusetzen.

Die Rivalitäten um die Stellung der drei führenden Wissenschaftssprachen Französisch, Englisch und Deutsch führten dazu, daß die Mehrsprachigkeit, wie sie in der Internationalen Assoziation der Akademien und anderen Wissenschaftsorganisationen eingeführt worden war, nicht aufrechterhalten werden konnte. Es war absehbar, daß die weitgehende Reduktion auf die Zweisprachigkeit von Französisch und Englisch, welche man auf Kosten des Deutschen erreichte, nur eine Übergangsphase bildete, die schließlich nach dem Zweiten Weltkrieg in die Vorherrschaft der englischen Sprache in den Wissenschaften mündete.

Damals wurde die Chance vertan, die Mehrsprachigkeit im internationalen Wissenschaftsbetrieb langfristig zu verankern. Das wäre nur möglich gewesen, wenn man ein ausgewogenes Verhältnis zwischen den drei führenden Wissen-

5 So bewertet das hingegen Schröder-Gudehus in *Les scientifiques*, S. 142.

schaftssprachen entwickelt und die Stellung des Französischen und Deutschen gegen die sich anbahnende Dominanz des Englischen gemeinsam verteidigt hätte. Die vorübergehende Privilegierung der französischen Sprache in internationalen Vereinigungen und auf Kongressen war ohnehin nur von kurzer Dauer. Denn mit den Aktivitäten und finanziellen Möglichkeiten der US-amerikanischen Wissenschaftler, die, gestützt auf die 1919/20 geschaffenen internationalen Wissenschaftsorganisationen und Sprachenregelungen, ihre Führungsmacht ausbauten und die Hegemonie des Englischen durchsetzten, konnten die französischen Wissenschaftler nicht mithalten. Heute freilich richtet sich die Kritik, wenn auch auf andere Weise, als sie vor und nach dem Ersten Weltkrieg an der Macht der deutschen Wissenschaftssprache geübt wurde, gegen die Omnipotenz des Englischen.

Welche Vorteile es hatte, außerhalb der miteinander konkurrierenden Wissenschaftsmächte und –sprachen sich zu bewegen und mehrere Fremdsprachen zu beherrschen, unterstrich der niederländische Präsident der Internationalen Astronomischen Union, Willem de Sitter, auf der Generalversammlung der Union 1928 in Leiden, an der erstmals deutsche Astronomen als Gäste teilnahmen:

> The citizens of small nations have some very real advantages over those of the countries of great political power. Perhaps the greatest of these advantages, though one that is only appreciated by those that have outgrown the school age, is that they are compelled to learn several foreign languages. [...] Every language gives access to a new literature, to a new attitude towards the great problems of life. As the consequence of this possibility of knowing from direct acquaintance the different standpoints, and also because they – perhaps more by necessity than by choice – partake in the world's strife more as spectators than as actors, the outlook of the denizens of small countries is apt to be more unprejudiced, and it is easier for them to take an international point of view of problems involving the interests of all nations.[6]

6 Address by the President of the Union, Prof. W. de Sitter, in Transactions of the International Astronomical Union, Vol. III, Third General Assembly held at Leiden July 5 to July 12, 1928, Cambridge 1929, S. 207 f., Zitat S. 208.

Anhang

Dokumente

I. Der Aufruf „An die Kulturwelt!“ vom 4. Oktober 1914
II. Erklärung der Hochschullehrer des Deutschen Reiches vom 23. Oktober 1914
III. Aufruf an die Europäer vom Oktober 1914
IV. Interalliierte Konferenz im Oktober 1918 in London
V. Statuten des International Research Council 1919
VI. Auslands-Merkblatt des Verbandes der Deutschen Hochschulen von 1923
VII. Schreiben des Göttinger Mathematikers David Hilbert an die Rektoren der deutschen Hochschulen und die Leiter der mathematischen Seminare wegen der Teilnahme am Internationalen Mathematiker-Kongreß 1928 in Bologna

I. Der Aufruf „An die Kulturwelt!“

An die Kulturwelt!

Wir als Vertreter deutscher Wissenschaft und Kunst erheben vor der gesamten Kulturwelt Protest gegen die Lügen und Verleumdungen, mit denen unsere Feinde Deutschlands reine Sache in dem ihm aufgezwungenen schweren Daseinskampfe zu beschmutzen trachten. Der eherne Mund der Ereignisse hat die Ausstreuung erdichteter deutscher Niederlagen widerlegt. Um so eifriger arbeitet man jetzt mit Entstellungen und Verdächtigungen. Gegen sie erheben wir laut unsere Stimme. Sie soll die Verkünderin der Wahrheit sein.

Es ist nicht wahr, daß Deutschland diesen Krieg verschuldet hat. Weder das Volk hat ihn gewollt noch die Regierung noch der Kaiser. Von deutscher Seite ist das Äußerste geschehen, ihn abzuwenden. Dafür liegen der Welt die urkundlichen Beweise vor. Oft genug hat Wilhelm II. in den 26 Jahren seiner Regierung sich als Schirmherr des Weltfriedens erwiesen; oft genug haben selbst unsere Gegner dies anerkannt. Ja, dieser nämliche Kaiser, den sie jetzt einen Attila zu nennen wagen, ist jahrzehntelang wegen seiner unerschütterlichen Friedensliebe von ihnen verspottet worden. Erst als eine schon lange an den Grenzen lauernde Übermacht von drei Seiten über unser Volk herfiel, hat es sich erhoben wie ein Mann.

Es ist nicht wahr, daß wir freventlich die Neutralität Belgiens verletzt haben. Nachweislich waren Frankreich und England zu ihrer Verletzung entschlossen. Nachweislich war Belgien damit einverstanden. Selbstvernichtung wäre es gewesen, ihnen nicht zuvorzukommen.

Es ist nicht wahr, daß eines einzigen belgischen Bürgers Leben und Eigentum von unseren Soldaten angetastet worden ist, ohne daß die bitterste Notwehr es

https://doi.org/10.1515/9783110572643-025

gebot. Denn wieder und immer wieder, allen Mahnungen zum Trotz, hat die Bevölkerung sie aus dem Hinterhalt beschossen, Verwundete verstümmelt, Ärzte bei der Ausübung ihres Samariterwerkes ermordet. Man kann nicht niederträchtiger fälschen, als wenn man die Verbrechen dieser Meuchelmörder verschweigt, um die gerechte Strafe, die sie erlitten haben, den Deutschen zum Verbrechen zu machen.

Es ist nicht wahr, daß unsere Truppen brutal gegen Löwen gewütet haben. An einer rasenden Einwohnerschaft, die sie im Quartier heimtückisch überfiel, haben sie durch Beschießung eines Teils der Stadt schweren Herzens Vergeltung üben müssen. Der größte Teil von Löwen ist erhalten geblieben. Das berühmte Rathaus steht gänzlich unversehrt. Mit Selbstaufopferung haben unsere Soldaten es vor den Flammen bewahrt. – Sollten in diesem furchtbaren Kriege Kunstwerke zerstört worden sein oder noch zerstört werden, so würde jeder Deutsche es beklagen. Aber so wenig wir uns in der Liebe zur Kunst von irgend jemand übertreffen lassen, so entschieden lehnen wir es ab, die Erhaltung eines Kunstwerks mit einer deutschen Niederlage zu erkaufen.

Es ist nicht wahr, daß unsere Kriegführung die Gesetze des Völkerrechts mißachtet. Sie kennt keine zuchtlose Grausamkeit. Im Osten aber tränkt das Blut der von russischen Horden hingeschlachteten Frauen und Kinder die Erde, und im Westen zerreißen Dumdumgeschosse unseren Kriegern die Brust. Sich als Verteidiger europäischer Zivilisation zu gebärden, haben die am wenigsten das Recht, die sich mit Russen und Serben verbünden und der Welt das schmachvolle Schauspiel bieten, Mongolen und Neger auf die weiße Rasse zu hetzen.

Es ist nicht wahr, daß der Kampf gegen unseren sogenannten Militarismus kein Kampf gegen unsere Kultur ist, wie unsere Feinde heuchlerisch vorgeben. Ohne den deutschen Militarismus wäre die deutsche Kultur längst vom Erdboden getilgt. Zu ihrem Schutze ist er aus ihr hervorgegangen in einem Lande, das jahrhundertelang von Raubzügen heimgesucht wurde wie kein zweites. Deutsches Heer und deutsches Volk sind ein. Dieses Bewußtsein verbrüdert heute 70 Millionen Deutsche ohne Unterschied der Bildung, des Standes und der Partei.

Wir können die vergifteten Waffen der Lüge unseren Feinden nicht entwinden. Wir können nur in alle Welt hinausrufen, daß sie falsches Zeugnis ablegen wider uns. Euch, die Ihr uns kennt, die Ihr bisher gemeinsam mit uns den höchsten Besitz der Menschheit gehütet habt, Euch rufen wir zu:

Glaubt uns! Glaubt, daß wir diesen Kampf zu Ende kämpfen werden als ein Kulturvolk, dem das Vermächtnis eines Goethe, eines Beethoven, eines Kant ebenso heilig ist wie sein Herd und seine Scholle.

Dafür stehen wir Euch ein mit unserem Namen und mit unserer Ehre!

Adolf von Baeyer, Exz.,
Professor der Chemie,
München.

Prof. Peter Behrens,
Berlin.

Emil von Behring, Exz.,
Professor der Medizin,
Marburg.

Wilhelm von Bode, Exz.,
Generaldirektor der
Kgl. Museen, Berlin.

Alois Brandl,
Professor, Vorsitzender
der Shakespeare-Gesellschaft,
Berlin.

Lujo Brentano,
Professor der National-
ökonomie, München.

Prof. Justus Brinkmann,
Museumsdirektor, Hamburg.

Johannes Conrad,
Professor der National-
ökonomie, Halle.

Franz von Defregger,
München.

Richard Dehmel,
Hamburg.

Adolf Deißmann,
Professor der protest.
Theologie, Berlin.

Prof. Wilhelm Dörpfeld,
Berlin.

Friedrich von Duhn,
Professor der Archäologie,
Heidelberg.

Prof. Paul Ehrlich, Exz.,
Frankfurt a. Main.

Albert Ehrhard,
Professor der kath. Theologie,
Straßburg.

Karl Engler, Exz.,
Professor der Chemie,
Karlsruhe.

Gerhard Esser,
Professor der kath. Theologie,
Bonn.

Rudolf Eucken,
Professor der Philosophie, Jena.

Herbert Eulenberg,
Kaiserswerth.

Heinrich Finke,
Professor der Geschichte,
Freiburg.

Emil Fischer, Exz.,
Professor der Chemie, Berlin.

Wilhelm Foerster,
Professor der Astronomie,
Berlin.

Ludwig Fulda,
Berlin.

Eduard von Gebhardt,
Düsseldorf.

J. J. de Groot,
Professor der Ethnographie,
Berlin.

Fritz Haber,
Professor der Chemie, Berlin.

Ernst Haeckel, Exz.,
Professor der Zoologie, Jena.

Max Halbe,
München.

Prof. Adolf von Harnack,
Generaldirektor der
Kgl. Bibliothek, Berlin.

Gerhart Hauptmann,
Agnetendorf.

Karl Hauptmann,
Schreiberhau.

Gustav Hellmann,
Professor der Meteorologie,
Berlin.

Wilhelm Herrmann,
Professor der protest.
Theologie, Marburg.

Andreas Heusler,
Professor der nordischen Philologie, Berlin.

Adolf von Hildebrand,
München.

Ludwig Hoffmann,
Stadtbaumeister, Berlin.

Engelbert Humperdinck,
Berlin.

Leopold Graf Kalckreuth,
Präsident des Deutschen Künstlerbundes, Eddelsen.

Arthur Kampf,
Berlin.

Fritz Aug. v. Kaulbach,
München.

Theodor Kipp,
Professor der Jurisprudenz, Berlin.

Felix Klein,
Professor der Mathematik, Göttingen.

Max Klinger,
Leipzig.

Alois Knoepfler,
Professor der Kirchengeschichte, München.

Anton Koch,
Professor der kath. Theologie, Tübingen.

Paul Laband, Exz.,
Professor der Jurisprudenz, Straßburg.

Karl Lamprecht,
Professor der Geschichte, Leipzig.

Philipp Lenard,
Professor der Physik, Heidelberg.

Maximilian Lenz,
Professor der Geschichte, Hamburg.

Max Liebermann,
Berlin.

Franz von Liszt,
Professor der Jurisprudenz, Berlin.

Ludwig Manzel,
Präsident der Akademie der Künste, Berlin.

Josef Mausbach,
Professor der kath. Theologie, Münster.

Georg von Mayr,
Professor der Staatswissenschaft, München.

Sebastian Merkle,
Professor der kath. Theologie, Würzburg.

Eduard Meyer,
Professor der Geschichte, Berlin.

Heinrich Morf,
Professor der romanischen Philologie, Berlin.

Friedrich Naumann,
Berlin.

Albert Neisser,
Professor der Medizin, Breslau.

Walter Nernst,
Professor der Physik, Berlin.

Wilhelm Ostwald,
Professor der Chemie, Leipzig.

Bruno Paul,
Direktor der Kunstgewerbeschule, Berlin.

Max Planck,
Professor der Physik, Berlin.

Albert Plehn,
Professor der Medizin, Berlin.

Georg Reicke,
Berlin.

Prof. Max Reinhardt,
Direktor des Deutschen Theaters, Berlin.

Alois Riehl,
Professor der Philosophie, Berlin.

Karl Robert,
Professor der Archäologie, Halle.

Wilhelm Röntgen, Exz.,
Professor der Physik, München.

Max Rubner,
Professor der Medizin, Berlin.

Fritz Schaper,
Berlin.

Adolf von Schlatter,
Professor der protest. Theologie, Tübingen.

August Schmidlin,
Professor der Kirchengeschichte, Münster.

Gustav von Schmoller, Exz.,
Professor der National-ökonomie, Berlin.

Reinhold Seeberg,
Professor der protest. Theologie, Berlin.

Martin Spahn,
Professor der Geschichte, Straßburg.

Franz von Stuck,
München.

Hermann Sudermann,
Berlin.

Hans Thoma,
Karlsruhe.

Wilhelm Trübner,
Karlsruhe.

Karl Vollmöller,
Stuttgart.

Richard Voß,
Berchtesgaden.

Karl Voßler,
Professor der romanischen Philologie, München.

Siegfried Wagner,
Bayreuth.

Wilhelm Waldeyer,
Professor der Anatomie, Berlin.

August von Wassermann,
Professor der Medizin, Berlin.

Felix von Weingartner.

Theodor Wiegand,
Museumsdirektor, Berlin.

Wilhelm Wien,
Professor der Physik, Würzburg.

Ulrich von Wilamowitz-Moellendorff, Exz.,
Professor der Philologie, Berlin.

Richard Willstätter,
Professor der Chemie, Berlin.

Wilhelm Windelband,
Professor der Philosophie, Heidelberg.

Wilhelm Wundt, Exz.,
Professor der Philosophie, Leipzig.

Aufruf vom 4. Oktober 1914. Nach Jürgen von Ungern-Sternberg; Wolfgang von Ungern-Sternberg, *Der Aufruf ‚An die Kulturwelt!'. Das Manifest der 93 und die Anfänge der Kriegspropaganda im Ersten Weltkrieg. Mit einer Dokumentation*, Stuttgart 1996, S. 144–147, Hervorhebung nach ebd.; siehe dazu oben, S. 121 ff.

II. Die Erklärung der Hochschullehrer des Deutschen Reiches

Berlin, den 23. Oktober 1914.

Erklärung der Hochschullehrer des Deutschen Reiches.

Wir Lehrer an Deutschlands Universitäten und Hochschulen dienen der Wissenschaft und treiben ein Werk des Friedens. Aber es erfüllt uns mit Entrüstung, daß die Feinde Deutschlands, England an der Spitze, angeblich zu unsern Gunsten einen Gegensatz machen wollen zwischen dem Geiste der deutschen Wissenschaft und dem, was sie den preußischen Militarismus nennen. In dem deutschen Heere ist kein anderer Geist als in dem deutschen Volke, denn beide sind eins, und wir gehören auch dazu. Unser Heer pflegt auch die Wissenschaft und dankt ihr nicht zum wenigsten seine Leistungen. Der Dienst im Heere macht unsere Jugend tüchtig auch für alle Werke des Friedens, auch für die Wissenschaft. Denn er erzieht sie zu selbstentsagender Pflichttreue und verleiht ihr das Selbstbewußtsein und das Ehrgefühl des wahrhaft freien Mannes, der sich willig dem Ganzen unterordnet. Dieser Geist lebt nicht nur in Preußen, sondern ist derselbe in allen Landen des Deutschen Reiches. Er ist der gleiche in Krieg und Frieden. Jetzt steht unser Heer im Kampfe für Deutschlands Freiheit und damit für alle Güter des Friedens und der Gesittung nicht nur in Deutschland. Unser Glaube ist, daß für die ganze Kultur Europas das Heil an dem Siege hängt, den der deutsche „Militarismus“ erkämpfen wird, die Manneszucht, die Treue, der Opfermut des einträchtigen freien deutschen Volkes.

Nach dem Exemplar der Universitätsbibliothek Marburg, in dem auch die Unterzeichner aufgeführt sind. Diese „Erklärung“, ursprünglich vom 16. Oktober 1914, hatte der bekannte Altphilologe Ulrich von Wilamowitz-Moellendorff verfaßt. Sie fand über dreitausend Unterzeichner an allen Universitäten und Hochschulen des Deutschen Reiches; siehe dazu oben, S. 123.

III. Aufruf an die Europäer

Aufruf an die Europäer.

Während Technik und Verkehr uns offensichtlich zur faktischen Anerkennung internationaler Beziehungen und damit zu einer allgemeinen Weltkultur drängen, hat noch nie ein Krieg die kulturelle Gemeinschaftlichkeit des Zusammenarbeitens so intensiv unterbrochen, wie der gegenwärtige. Vielleicht kommt es uns allerdings auch nur deshalb so auffällig zum Bewußtsein, weil eben so zahlreiche gemeinschaftliche Bande vorhanden waren, deren Unterbrechung wir schmerzlich verspüren.

Darf uns also dieser Zustand auch nicht wundernehmen, so wären doch diejenigen, denen jene gemeinsame Weltkultur auch nur im geringsten am Herzen liegt, doppelt verpflichtet, für die Aufrechterhaltung dieser Prinzipien zu kämpfen. Diejenigen aber, bei denen man solche Gesinnung vermuten sollte – also vornehmlich Wissenschaftler und Künstler –, haben bis jetzt fast ausschließlich Dinge gesagt, die vermuten lassen, als ob mit der Unterbrechung der tatsächlichen Beziehungen auch selbst der Wunsch zu deren Fortsetzung geschwunden sei, sie haben aus einer erklärlichen Kampfstimmung heraus gesprochen – zum mindesten nicht zum Frieden geredet.

Solche Stimmung ist durch keine nationale Leidenschaft zu entschuldigen, sie ist unwürdig dessen, was bisher alle Welt unter dem Namen der Kultur verstanden hat, und sollte sie Allgemeingut der Gebildeten werden, so wäre das ein Unglück.

Aber nicht nur ein Unglück für die Kultur, sondern – davon sind wir fest überzeugt – ein Unglück dafür, wofür letzten Endes all diese Barbarei entfesselt ist; nämlich für den nationalen Bestand der einzelnen Staaten.

Die Welt ist durch die Technik kleiner geworden, die Staaten der großen Halbinsel Europa erscheinen heute einander so nahe gerückt, wie in alter Zeit die Städte jeder einzelnen kleineren Mittelmeerhalbinsel, und Europa – ja man könnte fast sagen die Welt – stellt bereits durch die mannigfaltigsten Beziehungen eine in den Bedürfnissen und Erlebnissen jedes einzelnen begründete Einheit dar.

Da wäre es doch wohl Pflicht der gebildeten und wohlwollenden Europäer, wenigstens den Versuch zu machen, um zu verhindern, daß Europa infolge seiner mangelhaften Gesamtorganisation dasselbe tragische Geschick erleidet, wie einst Griechenland. Soll auch Europa sich durch Bruderkrieg allmählich erschöpfen und zugrunde gehen?

Denn der heute tobende Kampf wird kaum einen Sieger, sondern wahrscheinlich nur Besiegte zurücklassen. Darum scheint es nicht nur gut, sondern bitter nötig, daß *gebildete Männer aller Staaten* ihren Einfluß dahin aufbieten, daß – wie auch der heute noch ungewisse Ausgang des Krieges sein mag – die *Bedingungen des Friedens nicht die Quelle künftiger Kriege werden, daß vielmehr die Tatsache, daß durch diesen Krieg alle europäischen Verhältnisse in einen gleichsam labilen und plastischen Zustand geraten sind, dazu benutzt werde, um aus Europa eine organische Einheit zu schaffen. – Die technischen und intellektuellen Bedingungen dafür sind gegeben.*

In welcher Weise diese Ordnung Europas möglich ist, soll hier nicht erörtert werden. Wir wollen nur grundsätzlich betonen, daß wir fest davon überzeugt sind, daß die Zeit da ist, in der *Europa als Einheit auftreten muß, um seinen Boden, seine Bewohner und seine Kultur zu schützen.*

Wir glauben, daß dieser Wille latent in vielen vorhanden ist, und wir wollen durch gemeinsames Aussprechen dieses Willens bewirken, daß er eine Macht werde.

Zu diesem Zwecke erscheint es vorerst notwendig, daß sich alle diejenigen zusammentun, die ein Herz haben für die europäische Kultur, die also das sind, was Goethe einmal vorahnend *„gute Europäer"* genannt hat, denn man darf die Hoffnung nicht aufgeben, daß ihr gesammeltes Wort – auch unter dem Klange der Waffen – nicht ganz ungehört verhalle, vor allem, wenn unter diesen „guten Europäern von morgen" alle jene zu finden sind, die heute schon bei ihren gebildeten Standesgenossen Ansehen und Autorität genießen.

Aber es ist notwendig, daß die Europäer erst einmal zusammenkommen, und wenn – was wir hoffen – sich genügend *Europäer in Europa* finden, d.h. Menschen, denen Europa nicht nur ein geographischer Begriff, sondern eine wichtige Herzenssache ist, so wollen wir versuchen, einen solchen Europäerbund zusammenzurufen. – Der soll dann sprechen und entscheiden.

Wir selber wollen hierzu nur anregen und auffordern, und so bitten wir Sie, falls Sie uns Gesinnungsgenosse und gleich uns entschlossen sind, *dem europäischen Willen einen möglichst weitreichenden Widerhall* zu verschaffen, Ihre Unterschrift zu senden.

Aufruf vom Oktober 1914, aus: Georg Friedrich Nicolai, *Die Biologie des Krieges. Betrachtungen eines Naturforschers den Deutschen zur Besinnung*, 1. Originalausgabe, 2. Aufl., Zürich 1919, Aufruf an die Europäer, S. 12–14; Hervorhebung nach ebd. Der Aufruf Nicolais fand nur ganz wenige Unterzeichner. Deshalb wurde er damals nicht verbreitet; siehe dazu oben, S. 124.

IV. Interalliierte Konferenz im Oktober 1918 in London

Preliminary Report of Inter-Allied Conference on International Scientific Organizations.

Held at the Royal Society on October 9–11, 1918.

Representation.

The following countries were represented:

Belgium. –	Maj. Lecointe, Prof. Massart, M. de la Vallée Poussin.
Brazil. –	M. C. M. D. de Carvalho.
France. –	M. B. Baillaud, M. G. Bigourdan, M. A. Haller, M. Lacroix, M. Ch. Lallemand, M. Moureu, M. Emile Picard.
Italy. –	Prof. V. Volterra.

Japan. –	Prof. J. Sakurai, Prof. A. Tanakadate.
Portugal. –	Prof. Braamcamp Freire.
Serbia. –	Prof. B. Popovitch.
United States. –	Dr. H. A. Bumstead, Col. J. J. Carty, Dr. W. J. Durand, Dr. S. Flexner, Prof. G. Hale, Dr. A. A. Noyes.
United Kingdom. –	Sir J. J. Thomson (Pres. R. S.), Sir Alfred Kempe, Prof. A. Schuster, Mr. W. B. Hardy, Prof. W. A. Herdman, Sir F. Dyson, Mr. J. H. Jeans, Col. H. G. Lyons, Prof. J. A. McClelland (*Royal Irish Academy*), Sir E. Sharpey Schafer (*Royal Society of Edinburgh*), Prof. C. S. Sherrington, Sir W. Tilden.

The delegate nominated by the Government of Portugal did not arrive in England in time to take part in the Conference.

Declaration.

The following declaration serving as introduction to the resolutions was adopted unanimously:

When more than four years ago the outbreak of war divided Europe into hostile camps, men of science were still able to hope that the conclusion of peace would join at once the broken threads, and that the present enemies might then once more be able to meet in friendly conference, uniting their efforts to advance the interests of science; for ever since the revival of learning in the Middle Ages the prosecution of knowledge has formed a bond strong enough to resist the strain of national antagonism. And this bond was strengthened during the latter part of last century, when branches of science developed requiring for their study the co-operation of all the civilized nations of the world. International Associations and Conferences rapidly multiplied, and the friendly intercourse between the learned representatives of different countries grew more intimate, in spite of their political differences, which were admitted, but not insisted upon.

In former times war frequently interrupted the co-operation of individuals without destroying the mutual esteem based on the recognition of intellectual achievements; peace then soon effaced the scars of a strife that was ended. If to-day the representatives of the Scientific Academies of the Allied Nations are forced to declare that they will not be able to resume personal relations in scientific matters with their enemies until the Central Powers can be re-admitted into the concert of civilized nations, they do so with a full sense of responsibility, and they feel bound to record the reasons which have led them to this decision.

Civilization has imposed restrictions on the conduct of nations which are intended to serve the interests of humanity, and to maintain a high standard of honour, such as the recognition of the sanctity ot treaties – especially those designed to apply to a state of war – and the avoidance of unnecessary cruelties inflicted on civilians. In both these respects, the Central Powers have broken the ordinances of civilization, disregarding all conventions, and unbridling the worst passions which the ferocity of war engenders. War is necessarily full of cruelties; individual acts of barbarity cannot be avoided and have to be borne. It is not of these we speak, but of the organized horrors encouraged and initiated from above with the sole object of terrorizing unoffending communities. The wanton destruction of property, the murders and outrages on land and sea, the sinking of hospital ships, the insults and tortures inflicted on prisoners of war, have left a stain on the history of the guilty nations, which cannot be removed by mere compensation of the material damage inflicted. In order to restore the confidence without which no scientific intercourse can be fruitful, the Central Powers must renounce the political methods which have led to the atrocities that have shocked the civilized world.

Resolutions.

The following resolutions were passed:

1. That it is desirable that the nations at war with the Central Powers withdraw from the existing Conventions relating to International Scientific Associations in accordance with the statutes or regulations of such conventions respectively, as soon as circumstances permit; and

That new associations deemed to be useful to the progress of science and its applications be established without delay by the nations at war with the Central Powers with the eventual co-operation of neutral nations.

2. That certain associations, such as the Metric Convention, depending on diplomatic agreements, be taken into consideration during the peace negotiations.

3. It is not intended that these measures be applied to agreements relating to indispensable administrative relations between public services, such as those regulating navigation, meteorological telegrams, railways, telegraphs, & c.

4. A Committee of Enquiry be constituted by the Conference, the Academies of the countries at war with the Central Powers having power to add further members. This Committee shall prepare a general scheme of international organizations to meet the requirements of the various branches of scientific and industrial research including those relating to national defence.*

5. Each of the Academies represented at the Conference shall be invited to initiate the formation of a National Council for the promotion of the researches specified in Resolution 4.

6. An International Council, having as nucleus the Committee specified in Resolution 4, shall be formed by the federation of the National Councils.

7. The Conference beeing of opinion that all industrial, agricultural and medical progress depends on pure science, draws attention of the various Governments to the importance of theoretical and disinterested researches, which after the restoration of peace should be supported by large endowments. The Conference urges similarly the creation of large laboratories for experimental science, both private and national.

Resolved further:

8. That the resolutions of the Conference, 1 to 7, be communicated by the Academies to their respective Governments.

9. That the Academies be requested to inform other learned Societies in their respective countries of the resolutions adopted by the Conference.

10. That the Royal Society be requested to inform – so far as possible – the Bureaux of the International Associations of the resolutions adopted by the Conference with the request that they should take action in conformity with them. [...][19]

* The Committee, with Prof. Schuster as Acting President, will meet in Paris during the second fortnight in November.

Auszug aus: *Year-Book of the Royal Society of London*, 23/1919, S. 181–184; Bericht über die Konferenz auf französisch in : Conference des Académies des Sciences interalliées tenue à Londres en octobre 1918, Compte Rendu, in Académie Royale de Belgique, *Bulletin de la Classe des Sciences*, 1/1919, S. 49–61; siehe dazu oben, S. 166 ff.

V. Statuten des International Research Council 1919

INTERNATIONAL RESEARCH COUNCIL

STATUTES OF CONVENTION

I. OBJECTS OF INTERNATIONAL COUNCIL AND CONDITIONS OF ADMISSION.

1. The purpose of the International Research Council is: –
   (1) To co-ordinate international efforts in the different branches of science and its applications;

19 Es folgen noch Vorschläge („Proposals"), die internationale Austauschbeziehungen (Universitäten, Literatur) und die Organisation bibliographischer Arbeiten auf allen Wissenschaftsgebieten betreffen, um sich unabbhängig von den deutschen Zeitschriften wie „Central- Blatt" und „Jahresbericht" zu machen. Beschlossen wird, diese Vorschläge an das Committee (Resolution 4) zu leiten (S. 183 f.). Siehe oben, Kapitel II.1 und II.2.

(2) To initiate the formation of international Associations or Unions deemed to be useful to the progress of science in accordance with Article I of the resolutions adopted at the Conference of London, October, 1918;*

(3) To direct international scientific activity in subjects which do not fall within the purview of any existing international associations;

(4) To enter through the proper channels into relation with the Governments of the countries adhering to the International Research Council in order to promote investigations falling within the competence of the Council. [...]

* "That it is desirable that the nations at war with the Central Powers withdraw from the existing conventions relating to International Scientific Associations in accordance with the Statutes or Regulations of such Conventions respectively, as soon as circumstances permit; and

"That new associations, deemed to be useful to the progress of science and its applications, be established without delay by the nations at war with the Central Powers with the eventual co-operation of neutral nations."

Auszug aus: International Research Council, Constitutive Assembly held at Brussels, July 18th to July 28th, 1919. Reports of Proceedings, edited by Sir Arthur Schuster, London 1920, S. 222; französische Version ebd., S. 155. Die Statuten sollten bis zum 31. Dezember 1931 gelten; vgl. ebd., S. 226 bzw. S. 159. Die Verbindung mit Artikel 1 der Londoner Konferenz vom Oktober 1918 („Boykottparagraph") wurde jedoch bereits 1926 aufgehoben. Siehe dazu Kapitel II.1., IV.1. und Dokument IV.

VI. Auslands – Merkblatt des Verbandes der Deutschen Hochschulen

Auslands-Merkblatt.

Herausgegeben vom Auslands-Ausschuß des Verbandes der Deutschen Hochschulen

[...]

Die vereinigten interalliierten Akademien haben inzwischen die Neutralen zum Beitritt eingeladen und tun ihr möglichstes, die Isolierung der reichsdeutschen Akademien vollständig zu machen, neuerdings sogar unter Lockungen an die Österreicher.

Die Wirkungen dieses organischen Boykotts haben sich deutlich fühlbar gemacht. Die weitaus überwiegende Mehrzahl der großen und kleinen internationalen Kongresse, auch noch in den Jahren 1922 und 1923, hat unter ausdrücklichem Ausschluß der Deutschen stattgefunden. Eingeladen und geduldet waren sie lediglich auf den vom Völkerbund organisierten Kongressen. Indessen wurden sie auf der Tagung der elektrotechnischen Kommission in Genf (November 1922) nur als Gäste der Schweizer Mitglieder zugelassen, und auf den vom Versailler Dokument ausdrücklich ihnen geöffneten Sitzungen der Meterkommission in Paris (September 1920) und des Landwirtschaftlichen Institutes in Rom (1920) wurden sie in unwürdiger, zum Teil schimpflicher Weise behandelt.

Diesen Zuständen gegenüber ist es unbedingt erforderlich, daß die deutschen Hochschulen als die größte Organisation des deutschen Gelehrtentums eine einheitliche Stellung einnehmen, was leider bisher nicht in dem wünschenswerten Maße der Fall gewesen ist. Es kann als selbstverständlich angesehen werden – zahlreiche Vorkommnisse beweisen es –, daß auch in den Ententeländern einzelne Persönlichkeiten diese Verfemung der deutschen Wissenschaft mißbilligen, auch an vereinzelten Protesten gegen die Ausschließung der deutschen Gelehrten hat es nicht gefehlt, aber nur sehr wenige haben den Mut, ihre Stimme laut und nachdrücklich gegen die Verhetzung durch irregeführte Fanatiker und unredliche Geschäftsspekulanten zu erheben, und diese wenigen sind der allgemeinen Stimmung gegenüber machtlos.

Bedauerlich, wie der Zustand im Interesse der Wissenschaft sein mag, wird er sicherlich nicht dadurch beseitigt werden, daß von deutscher Seite immer wieder Versöhnungsversuche gemacht oder Einladungen von zweifelhafter Gestalt mit begeistertem Danke angenommen werden. Es mag dahingestellt bleiben, ob nicht das Ententeausland die deutsche Wissenschaft nötiger hat als umgekehrt, und ob nicht manche angebliche Freundschaftsbezeugung hier ihre wahre Ursache hat, jedenfalls kann kein Zweifel darüber sein, daß die wirkliche wissenschaftliche Gemeinschaftsarbeit erst dann und nur dann wieder hergestellt werden kann, wenn der Krieg gegen die deutsche Wissenschaft ganz, in aller Form und ohne Hintergedanken aufgegeben wird. Bis dahin verlangt es die nationale und persönliche Selbstachtung, daß der deutsche Gelehrte die kriegführenden Länder und ihre Angehörigen meidet, ihren Einladungen und Freundschaftsversicherungen das Mißtrauen entgegenbringt, das sie erfahrungsgemäß verdienen. Selbstverständlich brauchen davon nicht die persönlichen freundschaftlichen Beziehungen berührt zu werden, die zwischen einzelnen deutschen und ausländischen Gelehrten bestehen, nur möge der Einzelne dafür Sorge tragen, daß er dabei nicht in eine Lage gerät, die seiner selbst oder seines Landes unwürdig ist, vor allem wolle größte Vorsicht geübt werden bei Unterstützungsgesuchen, Anerbietungen von Vorträgen und ähnlichem, auch wenn sie an Angehörige neutraler Länder gerichtet waren. Mitteilungen von dort zeigen, daß derartige Gesuche vielfach als deutsche Zudringlichkeiten peinlich empfunden worden sind. Gewarnt werden muß anderseits auch davor, Studierenden, wie es wiederholt geschehen ist, Promotionsthemata aus dem Gebiet des Auslandsnachrichtenwesens und der Tätigkeit zwischenstaatlicher Wirtschafts- und Kulturverbände zu geben. Bei solchen Arbeiten besteht die Gefahr, daß dabei Dinge ausgeplaudert werden, die ihrem Wesen nach zur Veröffentlichung ungeeignet sind.

In der Annahme, daß diese Anschauungen in Übereinstimmung sind mit denen der überwältigenden Mehrheit der Mitglieder, und angeregt durch die zahlreichen Wünsche und Anfragen hinsichtlich des Verhaltens ausländischen Annäherungsversuchen gegenüber hat die Verbandsleitung es für notwendig gehalten, die folgenden Richtlinien den Herren Kollegen zu empfehlen, um so mehr, als sich des öfteren herausgestellt hat, daß die tatsächliche Lage der Dinge nicht oder nicht genügend bekannt ist.

1. Die deutschen Hochschulen, sowie einzelne deutsche Gelehrte sollten grundsätzlich und sorgsam alles vermeiden, was irgendwie als ein Annäherungsversuch gegenüber der Entente gedeutet werden könnte. Im Auslande besteht vielfach die Anschauung, daß es nur eines Winkes bedürfe, um die Deutschen zu veranlassen, ihre Dienste für internationale wissenschaftliche Arbeit bedingungslos zur Verfügung zu stellen. Es sollte keine Gelegenheit ungenutzt gelassen werden, um das Irrige dieser Ansicht zu erweisen. Ein Ausgleich der Gegensätze wird sich durch nichts besser erreichen lassen, als durch kalte Zurückhaltung und vornehmes Sich-suchen-lassen der deutschen Gelehrten.

2. Private Annäherungsversuche einzelner Hochschulen, Körperschaften oder Gelehrter aus den Ententeländern an die deutschen Hochschulen sollten diese mit dem Hinweis auf die Boykottbeschlüsse der großen Verbände beantworten, die offene persönliche Beziehungen zu deutschen Gelehrten untersagen. Ein Verkehr über die Hintertreppe sollte als unwürdig abgelehnt werden mit der Forderung, daß zunächst die Verrufserklärungen in derselben feierlichen Form öffentlich zurückgenommen werden, in der sie ausgesprochen sind. Es ist nicht angängig, daß deutsche Gelehrte an festlichen Veranstaltungen im Auslande teilnehmen, solange nicht unbedingte Sicherheit besteht, daß sie dort nicht einer unwürdigen Behandlung ausgesetzt werden.

3. Mit Frankreich und Belgien sollte ein Zusammenarbeiten unter allen Umständen ausgeschlossen sein.

4. Die Haltung des einzelnen deutschen Gelehrten gegenüber ehemaligen Freunden in den Ententeländern muß seinem eigenen Taktgefühl überlassen bleiben. Aber er sollte niemals vergessen, daß er nicht bloß Gelehrter und Diener der Wissenschaft ist, sondern auch ein Sohn seines Landes, und daß er diesem nicht weniger als der Wissenschaft verantwortlich bleibt. Er sollte immer wieder

darauf hinweisen, daß die Welt ein Verbrechen an seinem Volkstum begangen hat und daß sie ihm Genugtuung dafür schuldet.

5. Wenn sich Entente-Gelehrte mit Anfragen und Wünschen an deutsche Fachgenossen wenden, sollten diese ein solches Ansuchen nur dann gewähren, wenn ausdrücklich Gegenseitigkeit gewährleistet wird; ohne ein solches vorheriges Ansuchen sollten deutsche Gelehrte es unterlassen, sich mit Anfragen oder Wünschen an Entente-Gelehrte zu wenden. Es ist schließlich wichtiger, daß auch im Einzelfalle die deutsche Ehre und Würde gewahrt bleibe, als daß deutsche Gelehrte zu benötigtem wissenschaftlichem Material gelangen.

[...]

Beilage zu den *Mitteilungen des Verbandes der Deutschen Hochschulen*, Dezember 1923 [Auszug]. Leiter des Auslands-Ausschusses war der Sinologe Otto Franke; siehe dazu oben, S. 402–408.

VII. Der Göttinger Mathematiker David Hilbert zum Internationalen Mathematikonkreß 1928 in Bologna

Mathematisches Institut
Der Universität

Göttingen, den 29.6.1928

An die
Herren Rektoren der deutschen Hochschulen und die Leiter
der mathematischen Seminare.

Betrifft den Internationalen Mathematiker-Kongress in Bologna

Magnifizenz!
Sehr verehrte Herren Kollegen!

Durch unseren Herrn Rektor wurde mir die Abschrift eines Briefes zugänglich, welchen Herr Ludwig Bieberbach, ord. Professor der Mathematik in Berlin, an den Hallenser Rektor gerichtet hat. Dieses Schreiben nimmt in schroffster Weise Stellung gegen den diesen Herbst in Bologna stattfindenden Internationalen Mathematiker-Kongress, denunziert den Kongress als eine Veranstaltung des conseil international de recherches und rät daher dringend zu einer Ablehnung der an die Universitäten usw. ergangenen Einladung. Das Votum eines Mathematikers in so angesehener und verantwortlicher Stellung wird zweifellos an vielen Orten Beachtung finden. Gerade darum aber erscheint es dem Unterzeichneten – der gleichzeitig im Sinne seiner übrigen Göttinger und vieler auswärtiger Kollegen spricht – eine dringende Pflicht, den beteiligten Instanzen gegenüber seine den Ausführungen des Bierbachschen Briefes diametral entgegengesetzte Ueberzeugung zum Ausdruck zu bringen. Wir sind davon überzeugt, dass der von Herrn Bieberbach verfolgte Weg der deutschen Wissenschaft zum Schaden gereichen und uns berechtigter Kritik von wohlwollender Seite aussetzen würde.

Das Votum von Herrn Bieberbach findet in der tatsächlichen Lage keinerlei Stütze. Offenbar hat er statt authentischer Äusserungen der massgebenden italienischen Leiter des Kongresses nur indirekte Quellen zur Grundlage seiner Urteilsbildung gemacht. Solche authentische Äusserungen sowohl von dem Präsidenten des Kongresses als auch von andern hochangesehenen und allgemeinstes Vertrauen geniessenden italienischen Kollegen liegen uns hier vor, und zwar aufgrund von Anfragen, die teils von uns selbst, teils von Prof. Harald Bohr in Kopenhagen im Einvernehmen mit Prof. G. H. Hardy in Oxford zur Klärung der Sachlage an die italienischen Kollegen gerichtet wurden.

Der ganze Vorstoss von Herrn Bieberbach beruht auf der Voraussetzung, dass der Kongress in Bologna eine Veranstaltung der union mathématique bzw. des conseil international de recherches ist. Diese Behauptung ist vollständig irreführend und widerspricht den Tatsachen. Gemäss den uns offiziell abgegebenen Erklärungen hat das einladende Komitee des Kongresses seit diesem Mai, als die deutschen Bedenken gegen die Verbindung des Kongresses mit der Union den italienischen Kollegen zum Bewusstsein kamen, die Verbindung mit der Union gelöst. Diese Loslösung kommt zum Ausdruck darin, dass seitdem in keiner Druckschrift und keinem Schreiben des Kongresses überhaupt mehr auf die Union Bezug genommen wird, dass alle Einladungen von dem italienischen Komitee ausgehen und gezeichnet sind, dass sämtliche Mitglieder des Kongresses – mögen sie der Union angehören oder nicht – in jeder Hinsicht völlig gleichberechtigt sind; dass der Tagungsort des nächsten Kongresses nicht von der Union, sondern von der Mitgliederversammlung bestimmt werden soll. Die Trennung von der Union ist durch den Präsidenten des Kongresses, Prof. Pincherle, in einem offiziellen Schreiben vom 8. Juni dem Präsidenten des conseil international, Prof. Picard in Paris, mitgeteilt worden, der seinerseits hierauf protestiert und persönlich – er ist ein führender französischer Mathematiker – seine Teilnahme an dem Kongress abgesagt hat.

Die italienischen Kollegen haben mit dem grössten Idealismus und Aufwand an Zeit und Kraft seit Jahr und Tag sich darum bemüht, einen wahrhaft internationalen Kongress zustande zu bringen. Sie haben den deutschen Kollegen zuliebe den offenen Bruch mit der Union und mit sehr einflussreichen und angesehenen ihrer Mitglieder nicht gescheut. Wenn angesichts dieser Tatsache einzelne Personen oder wissenschaftliche Körperschaften in Deutschland noch eine demonstrative Zurückhaltung üben wollten, so würde das für unsere italienischen Kollegen und Freunde geradezu einen Schlag ins Gesicht bedeuten und denjenigen Leuten Waffen in die Hand geben, welche die Ehrlichkeit und Offenheit des internationalen Verständigungswillens deutscher Wissenschaftler anzweifeln. Es erscheint uns unter den jetzigen Umständen einfach als ein Gebot der Geradheit und der elementarsten Höflichkeit, dem Kongress gegenüber eine freundliche Haltung einzunehmen.

Nachdem klargestellt ist, dass der Ausgangspunkt des von Herrn Bieberbach ausgehenden Angriffes gegen den Kongress völlig unhaltbar ist, erübrigt es sich wohl, auf einzelne mehr nebensächliche Punkte seines Briefes einzugehen. Wir sind überzeugt davon, dass angesichts der nunmehr offenkundig vorliegenden Tatsachen mit unserm hiesigen Kreise auch die übrigen bisher skeptischen deutschen Kollegen eine freundliche Haltung gegenüber dem Kongress einnehmen müssen. Es wäre im Interesse der deutschen Wissenschaft und des deutschen Ansehens aufs Dringendste zu wünschen, dass keine Hochschule und keine Akademie es unterlässt, die an sie ergangene offizielle Einladung zur Teilnahme in freundlicher Weise anzunehmen.

gez. Prof. Dr. D. Hilbert
Universität Göttingen

BBAW-Archiv, II-XIII-14, Bl. 85; siehe dazu oben, S. 335–340.

Quellen- und Literaturverzeichnis

I. Archivalien

1. Politisches Archiv des Auswärtigen Amts, Berlin (PA AA)

Auswärtiges Amt, Kulturabteilung (Kunst und Wissenschaft, Wissenschaft)

R 64005, R 64006, R 64174 – 64177, R 64497 – 64502, R 64505, R 64507 – 64509, R 64520, R 64525 – 64527, R 64538, R 64543, R 64614, R 64744 – 64746, R 64777 – 64780, R 64979 – 64982, R 64988, R 64989, R 65007, R 65052, R 65082, R 65085, R 65350 – 65353, R 65492 – 65496, R 65499 – 65500, R 65511, R 65519 – 65522, R 65823 – 65825, R 65827, R 66119, R 66122 – 66123, R 66126, R 66130, R 66132, R 66134 – 66136, R 66593, R 66593a, R 66593b.

Deutsche Botschaft Paris

1026 B, Bd. 5.

Deutsche Botschaft Stockholm

334.

2. Bundesarchiv Berlin-Lichterfelde (BA Berlin)

Reichsministerium des Innern R 1501

106001, 108962 – 108965, 108969, 108975, 108977, 109003 – 109005, 111138-111140, 111153 – 111154, 111759, 126758 – 126759, 126769/1 – 2, 126826/1-126828, 126829a.

3. Geheimes Staatsarchiv Preußischer Kulturbesitz (GStA PK)

Preußisches Kultusministerium I. HA Rep. 76,

Vc Sekt. 1 Tit. XI Teil I Nr. 34 Bd. I.
Vc Sekt. 1 Tit. XI Teil III Nr. 18 Bd. II-V.
Vc Sekt. 1 Tit. XI Teil VI Nr. 1 Bd. XXI.
Vc Sekt. 1 Tit. XI Teil VI Nr. 2 Bd. I-III.

https://doi.org/10.1515/9783110572643-026

Vc Sekt. 1 Tit. XI Teil VI Nr. 4 Bd. I.
Vc Sekt. 1 Tit. XI Teil VI Nr. 7 Bd. II-IV.
Vc Sekt. 1 Tit. XI Teil VI Nr. 8 Bd. I-II.
Vc Sekt. 1 Tit. XI Teil VI Nr. 13 Bd. I-III.
Vc Sekt. 1 Tit. XI Teil VII Nr. 41 Adhib. A Bd. I-II.
Vc Sekt. 1 Tit. XI Teil VII Nr. 41 Adhib. B Bd. I.

4. Archiv der Berlin-Brandenburgischen Akademie der Wissenschaften, Berlin (BBAW-Archiv)

Historische Abteilung

II-XII, 4–9; II-XII, 23; II-XII, 31–33; II-XII, 37–39; II-XIII, 14; II-XIV, 41.

5. Archiv zur Geschichte der Max-Planck-Gesellschaft, Berlin (MPG-Archiv)

Kaiser-Wilhelm-Gesellschaft, Generalverwaltung

I. Abt., Rep. 1 A, Nr. 919–925, 1047–1050, 1070–1071, 1073, 1087–1088.

6. Universitätsarchiv der Humboldt-Universität zu Berlin (UA HU Berlin)

Friedrich-Wilhelms-Universität Berlin

Med. Fak., Nr. 41 (MF), 53–55 (MF), 141, 294–295, 1489–1490.
Phil. Fak., Nr. 37 (MF), 39 (MF), 1406–1407 (MF).

7. Bundesarchiv Koblenz (BA Koblenz)

Notgemeinschaft der Deutschen Wissenschaft/Deutsche Forschungsgemeinschaft

R 73, Nr. 3–7, 37, 69, 213–220.

8. Archives Académie des Sciences Paris (Archives AdS Paris)

Association internationale des Académies.
Comité secret 1912–1928.

Commission administrative 1913–1918.
Émile Picard, Correspondance administrative, Lettres de Picard à Lacroix 1904–1927.

9. Archive of the International Mathematical Union, Berlin (IMU Archive)

1 A The old IMU
2 A Foundation of the new IMU
3 A General Assemblies 1952–1970
3 B General Assemblies 1974–1978
4 A Executive Committees 1953–1962
6 A Presidents and Secretaries 1952–1955
6 B Presidents and Secretaries 1954–1962

II. Veröffentlichte Quellen

Der Vertrag von Versailles. Der Friedensvertrag zwischen Deutschland und den Alliierten und Assoziierten Mächten nebst dem Schlußprotokoll und der Vereinbarung betr. die militärische Besetzung der Rheinlande. Amtlicher Text der Entente und amtliche deutsche Übertragung. Auf Grund der endgültigen, neu durchgesehenen amtlichen Revision. Im Auftrage des Auswärtigen Amtes, Berlin 1924[2].

Akademien

Académie des Sciences de l'Institut de France, *Comptes rendus hebdomadaires des séances*, 1914–1932.
Académie des Inscriptions et Belles-Lettres, *Comptes rendus des séances de l'année 1914*, Paris 1914.
Académie Royale de Belgique, *Bulletins de la Classe des Lettres et des Sciences Morales et Politiques*, Bruxelles 1919.
Académie Royale de Belgique, *Bulletin de la Classe des Sciences*, 1919–1930.
Kaiserliche Akademie der Wissenschaften Wien, Almanach für das Jahr 1915, 65. Jg., Wien 1915.
Preußische Akademie der Wissenschaften zu Berlin, *Sitzungsberichte*, 1919–1932.
Year-Book of the Royal Society of London 1919–1920.

Internationale Assoziation der Akademien

Association internationale des Académies. Première Assemblée générale, tenue à Paris, du 16 au 20 avril 1901. Compte rendu. Procès-verbaux des séances, Paris 1901.

International Association of Academies. Second General Assembly, held in London, May 25–27, 1904. Report of Proceedings, London 1904.
Internationale Assoziation der Akademien. Vorbericht für die am 30. Mai 1906 zu Wien beginnende Zusammentretung des Ausschusses, Wien 1906.
Internationale Assoziation der Akademien. Zweiter Vorbericht enthaltend die Darstellung des Standes der Verhandlungen der Internationalen Assoziation vom 1. Juni 1906 bis zum 15. April 1907, Wien 1907.
Internationale Assoziation der Akademien, 29. Mai bis 2. Juni 1907. Dritte Generalversammlung in Wien. Bericht über die Verhandlungen, Wien 1907.
Associazione internazionale delle Accademie. Relazione delle adunanze tenute in Roma dall' Associazione internazionale delle Accademie nei giorni 9–15 maggio 1910, Roma 1911.
Actes de la cinquième session de l' Association internationale des Académies, St.-Pétersbourg, 1913, St.-Pétersbourg 1914.
Conférence des Académies des sciences interalliées tenue à Londres en octobre 1918. Compte rendu, in Académie Royale de Belgique, *Bulletin de la classe des sciences*, No. 1, 1919, S. 49–61.
Preliminary Report of Inter-Allied Conference on International Scientific Organizations. Held at the Royal Society on October 9–11, 1918, in *Year-Book of the Royal Society of London*, 1919, S. 181–184.
Conférence des Académies des sciences interalliées (deuxième session) tenue à Paris en novembre 1918. Compte rendu, in Académie Royale de Belgique, *Bulletin de la classe des sciences*, No. 1, 1919, S. 63–81.
Aux Membres des Académies des Nations Alliées et des États-Unis d'Amérique [o. O.] 1919.

Internationaler Forschungsrat (IRC, ICSU)

International Research Council. Constitutive Assembly held at Brussels, July 18th to July 28th, 1919. Reports of Proceedings, edited by Sir Arthur Schuster, London 1920.
International Research Council. Second Assembly held at Brussels July 25th to July 29th, 1922. Reports of Proceedings, ed. by Sir Arthur Schuster, London 1923.
International Research Council. Third Assembly held at Brussels, July 7th to July 9th, 1925. Reports of Proceedings, edited by Sir Arthur Schuster, London 1925.
Conseil international de recherches, Assemblée générale extraordinaire tenue au Palais des Académies, à Bruxelles, le 29 juin, 1926. Procès-verbal de la séance, avec annexes, [o. O.] 1926.
International Research Council. Fourth Assembly held at Brussels, July 13th, 1928. Reports of Proceedings, edited by Sir Arthur Schuster, London 1928.
International Council of Scientific Unions. Fifth Assembly of the International Research Council and the First Assembly of the International Council of Scientific Unions, held at Brussels, July 11th, 1931. Reports of Proceedings, edited by Sir Henry Lyons, London 1931.
International Council of Scientific Unions. The Second General Assembly of the International Council of Scientific Unions, held at Brussels, July 9th to 13th, 1934. Reports of Proceedings, edited by Sir Henry Lyons, London 1935.

International Council of Scientific Unions. The Third General Assembly of the International Council of Scientific Unions, held at London, April 24th to May 3rd 1937. Reports of Proceedings, edited by F. J. M. Stratton, Cambridge 1937.

International Council of Scientific Unions. The Fourth General Assembly of the International Council of Scientific Unions, held at London, July 22nd to 24th 1946. Reports of Proceedings, edited by F. J. M. Stratton, Cambridge 1946.

International Council of Scientific Unions. The Fifth General Assembly of the International Council of Scientific Unions, held at Copenhagen, September 14th to 16th 1949. Reports of Proceedings, edited by F. J. M. Stratton, Cambridge 1950.

International Council of Scientific Unions. The Sixth General Assembly of the International Council of Scientific Unions, held at Amsterdam, October 1st to 3rd 1952. Reports of Proceedings, edited by F. J. M. Stratton, Cambridge 1953.

Internationale Akademie-Union

Union Académique Internationale, Compte rendu de la Conférence préliminaire de Paris, 15 et 17 mai 1919, Paris 1919.

Union Académique Internationale, Compte rendu de la seconde Conférence académique, tenue à Paris, 15–18 octobre 1919, Paris 1919.

Union Académique Internationale, Compte rendu de la première session annuelle du Comité (26–28 mai 1920), Bruxelles 1920.

Union Académique Internationale, Compte rendu de la deuxième session annuelle du Comité (26–28 mai 1921), Bruxelles 1921.

Union Académique Internationale, Compte rendu de la troisième session annuelle du Comité (25–27 mai 1922), Bruxelles 1922.

Union Académique Internationale, Compte rendu de la quatrième session annuelle du Comité (16–18 avril 1923), Bruxelles 1923.

Union Académique Internationale, Compte rendu de la cinquième session annuelle du Comité (12–14 mai 1924), Bruxelles 1924.

Union Académique Internationale, Compte rendu de la sixième session annuelle du Comité (11–13 mai 1925), Bruxelles 1925.

Union Académique Internationale, Compte rendu de la septième session annuelle du Comité (10–12 mai 1926), Bruxelles 1926.

Union Académique Internationale, Compte rendu de la huitième session annuelle du Comité (9–11 mai 1927), Bruxelles 1927.

Union Académique Internationale, Compte rendu de la neuvième session annuelle du Comité (21–23 mai 1928), Bruxelles 1928.

Union Académique Internationale, Compte rendu de la dixième session annuelle du Comité (13–15 mai 1929), Bruxelles 1929.

Union Académique Internationale, Compte rendu de la onzième session annuelle du Comité (12–14 mai 1930), Bruxelles 1930.

Union Académique Internationale, Compte rendu de la douzième session annuelle du Comité (25–28 mai 1931), Bruxelles 1931.

Union Académique Internationale, Compte rendu de la treizième session annuelle du Comité (23–26 mai 1932), Bruxelles 1932.

Union Académique Internationale, Compte rendu de la quatorzième session annuelle du Comité (22–25 mai 1933), Bruxelles 1933.
Union Académique Internationale, Compte rendu de la quinzième session annuelle du Comité (21–24 mai 1934), Bruxelles 1934.
Union Académique Internationale, Compte rendu de la seizième session annuelle du Comité (13–16 mai 1935), Bruxelles 1935.
Union Académique Internationale, Compte rendu de la dix-septième session annuelle du Comité (11–14 mai 1936), Bruxelles 1936.
Union Académique Internationale, Compte rendu de la dix-huitième session annuelle du Comité. 24–27 mai 1937, Bruxelles 1937.
Union Académique Internationale, Compte rendu de la dix-neuvième session annuelle du Comité. 16–19 mai 1938, Bruxelles 1938.
Union Académique Internationale, Compte rendu de la vingtième session annuelle du Comité. 8–11 mai 1939, Bruxelles 1939.

Astronomie, Astrophysik

Bericht über die zweite Astronomen-Versammlung zu Heidelberg vom 27. bis 29. August 1863. Publication der Astronomischen Gesellschaft. Leipzig 1864.
Bericht über die Versammlung der Astronomischen Gesellschaft zu Hamburg 1913, August 6–9, in *Vierteljahrsschrift der Astronomischen Gesellschaft*, 48. Jg., 1913.
Transactions of the International Union for Co-operation in Solar Research, Vol. I (First and Second Conferences), Manchester 1906.
Transactions of the International Union for Co-operation in Solar Research, Vol. IV (Bonn 1913), Manchester 1914.
Transactions of the International Astronomical Union, Vol. I. First General Assembly held at Rome May 2nd to May 10th, 1922, edited by Prof. A. Fowler, F.R.S. (General Secretary). London 1922.
Transactions of the International Astronomical Union, Vol. II, Second General Assembly held at Cambridge July 14 to July 22, 1925, London 1925.
Transactions of the International Astronomical Union, Vol. III, Third General Assembly held at Leiden July 5 to July 13, 1928, Cambridge 1929.
Transactions of the International Astronomical Union, Vol. IV, Fourth General Assembly held at Cambridge, Massachusetts, September 2 to September 9, 1932, Cambridge 1933.
Transactions of the International Astronomical Union, Vol. V, Fifth General Assembly held at Paris, July 10 to July 17, 1935, Cambdrige 1936.
Transactions of the International Astronomical Union, Vol. VI, Sixth General Assembly held at Stockholm, August 3 to August 10, 1938, Cambridge 1939.

International Catalogue of Scientific Literature

International Catalogue of Scientific Literature. Published for the International Council by the Royal Society of London.

Royal Society of London, Report of the Proceedings at the International Conference on an Catalogue of Scientific Literature held in London July 14 – 17, 1896.

Chemie

Compte rendu des séances du congrès international des chimistes réuni à Carlsruhe le 3, 4 et 5 septembre 1860, Anlage 8, in Richard Anschütz, *August Kekulé*, Bd. 1, Berlin 1929, S. 671 – 688.

Congrès International de Chimie appliquée, organisé par l'Association belge des Chimistes, Bruxelles-Anvers 4 – 11 Août 1894. Compte rendu par Fr. Sachs Bruxelles 1894.

2e Congrès International de Chimie appliquée … réunie à Paris du 27 juillet au 5 août 1896, sous la Présidence de M. Berthelot. Comptes rendus, par François Dupont, Tome I-III, Paris 1897.

Bericht über den III. Internationalen Congress für angewandte Chemie, Wien 1898, von Friedrich Strohmer, 3 Bde., Wien 1899.

IVe Congrès international de Chimie appliquée. Tenu à Paris, du 23 au 28 Juillet 1900. Compte Rendu in-extenso par M. Henri Moissan, Président du Congrès, et M. François Dupont, Secrétaire Général, Tome I-III, Paris 1902.

V. Internationaler Kongress für angewandte Chemie. Berlin 2.–8. Juni 1903. Bericht, erstattet vom Präsidenten des Kongresses, Dr. Otto N. Witt und dem wissenschaftlichen Sekretär des Kongresses, Dr. Georg Pulvermacher, Bd. I-IV, Berlin 1904.

Atti del VI Congresso Internazionale di Chimica Applicata, Roma, 26 Aprile – 3 Maggio 1906. Compilati a Cura del Prof. Emanuele Paternò, Presidente del Congresso, e del Prof. Vittorio Villavecchia, Segretario Generale del Congresso, Vol. I-VII, Roma 1907.

Seventh International Congress of Applied Chemistry. London, May 27th to June 2nd, 1909, edited by Sir William Ramsay, K.C.B., F.R.S. (Acting President of the Congress) and William Macnab (Hon. General Secretary), Vol. I-XII, London 1910.

Eighth International Congress of Applied Chemistry. Washington and New York. September 4 to 13, 1912. Original Communications, Vol. I-XXIX.

Union internationale de la Chimie pure et appliquée. Comptes rendus de la première Conférence internationale de la Chimie. Rome 22 – 24 juin 1920, [Hrsg.] Secrétariat Général, Jean Gérard, Paris.

Union internationale de la Chimie pure et appliquée. Comptes rendus de la cinquième Conférence internationale de la Chimie. Copenhague: 26 juin-1er juillet 1924, [Hrsg.] Secrétariat Général, Jean Gérard, Paris.

Union internationale de la Chimie pure et appliquée. Comptes rendus de la sixième Conférence internationale de la Chimie. Bucarest : 22 – 25 juin 1925, [Hrsg.] Secrétariat Général, Jean Gérard, Paris.

Union internationale de la Chimie pure et appliquée. Comptes rendus de la huitième Conférence internationale de la Chimie. Varsovie: 4 septembre-14 septembre 1927, [Hrsg.] Secrétariat Général, Jean Gérard, Paris.

Union internationale de la Chimie pure et appliquée. Comptes rendus de la neuvième Conférence internationale de la Chimie. La Haye: 18 – 22 juillet 1928, [Hrsg.] Secrétariat Général, Jean Gérard, Paris.

Union internationale de Chimie. Comptes rendus de la dixième Conférence. Liège: 14 septembre – 20 septembre 1930, [Hrsg.] Secrétariat Général, Jean Gérard, Paris.
IX Congreso Internacional de Química pura y aplicada. IXème Congrès international de Chimie pure et appliquée. Madrid, 5–11 Abril 1934, Tomo I-VII.
Atti del X° Congresso Internazionale di Chimica, Roma – 15–21 Maggio 1938, Vol. I-V, Roma 1938.
Proceedings of the XIth International Congress of Pure and Applied Chemistry, London 17th – 24th July, 1947, Vol. I-IV.
Union Internationale de Chimie. International Union of Chemistry, Comptes Rendus de la Quatorzième Conférence, Londres 17–24 Juillet 1947, Secrétaire Général: Prof. B. Delaby, Paris.
XII International Congress of Pure and Applied Chemistry, New York City, Sept. 10–13, 1951, in *Chemical and Engineering News*, 29/26 1951, S. 2592–2594, 2600–2626; 29/40 1951, S. 4073.
XIIIth International Congress of Pure and Applied Chemistry. Abstracts of Papers, Stockholm July 29 to August 4, 1953, Uppsala August 5 to 7, 1953 (IUPAC, International Union of Pure and Applied Chemistry).
XVII. Internationaler Kongress für Reine und Angewandte Chemie. XVIIth International Congress of Pure and Applied Chemistry. XVIIème Congrès International de Chimie Pure et Appliquée, München 30. August – 6. September 1959, 2 Bde.
Union Internationale de Chimie Pure et Appliquée, Comptes Rendus de la Vingtième Conférence, Munich, 26 août-6 septembre 1959, Secrétaire Général Dr. R. Morf, Bâle (Suisse).
IUPAC. International Union of Pure and Applied Chemistry, Union Internationale de Chimie Pure et Appliquée, Comptes Rendus XXII Conférence, London, 5th to 9th July 1963, Secretary General: Dr. R. Morf, Basle (Switzerland).
IUPAC. International Union of Pure and Applied Chemistry, Union Internationale de Chimie Pure et Appliquée, Comptes Rendus XXIII Conference, Paris, 2 to 9 July 1965, Secretary General: Dr. R. Morf, Basle (Switzerland).
IUPAC. International Union of Pure and Applied Chemistry, Union Internationale de Chimie Pure et Appliquée, Comptes Rendus XXIV Conference, Prague, 4 to 10 September 1967, Secretary General: Dr. R. Morf, Basle (Switzerland).
Deutscher Zentralausschuß für Chemie, *Internationale Regeln für die chemische Nomenklatur und Terminologie*, Weinheim 1975.

Geodäsie, Geophysik

Protokolle der Verhandlungen der permanenten Commission der europäischen Gradmessung vom 23. bis 29. September 1869 in Florenz. (Als Manuskript gedruckt).
Generalbericht über die Europäische Gradmessung für das Jahr 1869, Berlin 1870.
Protokolle über die Verhandlungen der permanenten Commission der europäischen Gradmessung, abgehalten am 19., 20. und 21. September und am 28. und 30. September 1871 in Wien. (Als Manuskript gedruckt.)
Bericht über die Verhandlungen der vom 21. bis 30. September 1871 in Wien abgehaltenen Dritten allgemeinen Conferenz der Europäischen Gradmessung, zugleich als

Generalbericht für 1871 herausgegeben vom Central-Bureau der Europäischen Gradmessung, Berlin 1872.

Verhandlungen der vom 27. Oktober bis zum 1. November 1886 in Berlin abgehaltenen Achten Allgemeinen Conferenz der Internationalen Erdmessung und deren Permanenten Commission. Herausgegeben von der Permanenten Commission der Internationalen Erdmessung. – Comptes – Rendus [...], Berlin 1887.

Verhandlungen der vom 25. September bis 12. October 1895 in Berlin abgehaltenen Elften Allgemeinen Conferenz der Internationalen Erdmessung und deren Permanenten Commission. – Comptes – Rendus [...], Berlin 1896.

Union géodésique et géophysique internationale. Première Assemblée générale réunie à Rome du 2 au 10 mai 1922, Toulouse 1923.

Union géodésique et géophysique internationale, Quatrième Assemblée générale, réunie à Stockholm 15 – 23 août 1930, Toulouse, 1931.

Union géodésique et géophysique internationale. International Union of Geodesy and Geophysics. Cinquième Assemblée générale réunie à Lisbonne 17 – 25 septembre, 1933, London and Southampton 1934.

Union géodésique et géophysique internationale. International Union of Geodesy and Geophysics, Sixième Assemblée générale réunie à Édimbourg 14 – 15 septembre 1936, London and Southampton 1937.

Comptes Rendus de la septième Assemblée générale de l'Association de Géodésie de l'Union géodésique et géophysique internationale, réunie à Washington du 3 au 15 septembre 1939, in *Bulletin géodésique*, No. 65, 1940.

Comptes Rendus des séances de la Conférence géodésique réunie à Helsingfors du 28 juin au 2 juillet 1924, rédigés par le Secrétaire-Général Ilmari Bonsdorff. Verhandlungen der in Helsingfors vom 28. Juni bis 2. Juli 1924 abgehaltenen Geodätischen Konferenz, redigiert vom Generalsekretär Ilmari Bonsdorff, Helsinki 1925.

Comptes Rendus de la quatrième séance de la Commission géodésique baltique, réunie à Berlin du 24. au 28. septembre 1928, rédigés par le Secrétaire-Général Ilmari Bonsdorff. Verhandlungen der in Berlin vom 24. bis 28. September 1928 abgehaltenen vierten Tagung der Baltischen Geodätischen Kommission, redigiert vom Generalsekretär Ilmari Bonsdorff, Helsinki 1929.

Comptes Rendus de la cinquième séance de la Commission géodésique baltique, réunie à Copenhague du 13 au 18 octobre 1930, rédigés par le Secrétaire-Général Ilmari Bonsdorff. Verhandlungen [...], Helsinki 1931.

Comptes Rendus de la huitième session de la Commission géodésique baltique, réunie à Tallinn et Tartu du 20 au 23 août 1935, rédigés par le Secrétaire-Général Ilmari Bonsdorff. Verhandlungen [...], Helsinki 1936.

Comptes Rendus de la neuvième session de la Commission géodésique baltique, réunie à Helsinki du 21 au 25 juillet 1936, rédigés par le Secrétaire-Général Ilmari Bonsdorff. Verhandlungen [...], Helsinki 1937.

Comptes Rendus de la dixième session de la Commission géodésique baltique, réunie à Kaunas du 14 au 17 juin 1938, rédigés par le Secrétaire-Général Ilmari Bonsdorff. Verhandlungen [...], Helsinki 1938.

Seismologie

Verhandlungen der vom 11. bis 13. April 1901 zu Strassburg abgehaltenen Ersten Internationalen Seismologischen Konferenz, red. von Emil Rudolph, in *Beiträge zur Geophysik*, Ergänzungsband I, 1902.

Verhandlungen der vom 24. bis 28. Juli 1903 zu Strassburg abgehaltenen Zweiten Internationalen Seismologischen Konferenz, red. von Emil Rudolph, in *Beiträge zur Geophysik*, Ergänzungsband II, Leipzig 1904.

Denkschrift über die Durchführung der vom Kuratorium der Kaiserlichen Hauptstation für Erdbebenforschung beschlossenen Organisation des seismischen Beobachtungsdienstes in den deutschen Bundesstaaten und den Schutzgebieten, in *Beiträge zur Geophysik*, Bd. VII, 1905, S. 415–421.

Denkschrift über die von den Vertretungen des Deutschen Reichs im Auslande eingegangenen Erdbebennachrichten, in *Beiträge zur Geophysik*, Bd. VII, 1905, S. 423–435.

Jahresbericht des Direktors der Kaiserlichen Hauptstation für Erdbebenforschung für das Rechnungsjahr 1904 ff., in *Beiträge zur Geophysik* 1905–1913, 1915.

Katalog der im Jahre 1903 bekannt gewordenen Erdbeben, im Auftrage der Kaiserlichen Hauptstation für Erdbebenforschung zu Strassburg i. Els. Zusammengestellt und herausgegeben von Prof. Dr. E. Rudolph, in *Beiträge zur Geophysik*, Ergänzungsband III, Leipzig 1905.

Comptes Rendus des séances de la première réunion de la Commission Permanente de l'Association Internationale de Sismologie réunie à Rome du 16 au 20 Octobre 1906. Rédigé par le secrétaire général R. de Kövesligethy.

Comptes Rendus des séances de la deuxième réunion de la Commission Permanente et la première Assemblée Générale de l'Association Internationale de Sismologie réunie à La Haye du 21 au 25 Septembre 1907. Rédigé par le secrétaire général R. de Kövesligethy.

Comptes Rendus des séances de la troisième réunion de la Commission Permanente de l'Association Internationale de Sismologie réunie à Zermatt du 30 Août au 2 Septembre 1909. Rédigé par le secrétaire général R. de Kövesligethy, Budapest 1910.

Comptes Rendus des séances de la quatrième conférence de la Commission Permanente et de la deuxième Assemblée Générale de l'Association Internationale de Sismologie réunie à Manchester du 18 au 21 Juillet 1911, Budapest 1912.

Mitteilungen des Zentralbureaus der Internationalen Seismologischen Assoziation, Nr. 1–5, in *G. Gerlands Beiträge zur Geophysik*, Bd. XIII, 1914, Beilage, S. 1–125.

Comptes-Rendus des séances de la cinquième conférence de la Commission Permanente et de la troisième et dernière Assemblée Générale, Assemblée Générale de dissolution de l'Association internationale de Sismologie réunie à Strasbourg les 24 et 25 Avril 1922, rédigés par l'ancien Secrétaire Général R. de Kövesligethy, Budapest 1922.

Union géodésique et géophysique internationale. Section de Sismologie. Comptes Rendus des Séances de la Première Conférence. Réunie à Rome du 2 au 10 mai 1922. Rédigés par le Secrétaire E. Rothé, Toulouse 1922.

Geographie

Compte Rendu du Congrès des Sciences Géographiques, Cosmographiques et Commerciales, tenu à Anvers du 14 au 22 Août 1871, Tome I-II, Anvers 1872 (Reprint Nendeln/Liechtenstein 1972).

Congrès International des Sciences Géographiques, tenu à Paris du 1er au 11 Août 1875, Compte Rendu des Séances, Tome I-II, Paris 1880.

Compte Rendu du Vme Congrès des Sciences Géographiques, tenu à Berne du 10 au 14 Août 1891/Verhandlungen des fünften internationalen Kongresses der geographischen Wissenschaften zu Bern, 10. bis 14. August 1891, Bern 1892 (Reprint Nendeln/Liechtenstein 1972).

Report of the Sixth International Geographical Congress held in London, 1895, London 1896.

Verhandlungen des Siebenten Internationalen Geographen-Kongresses Berlin 1899, Teil I-II, London, Berlin, Paris 1901.

Neuvième Congrès International de Géographie. Genève, 27 Juillet – 6 Août 1908, Compte Rendu des Travaux du Congrès, Tome I-III, Genève 1909.

Atti del X Congresso Internazionale di Geografia, Roma MCMXIII, Part 1–2, Roma 1915 (Reprint Nendeln/Liechtenstein 1972).

Union Géographiques Internationale, Congrès International de Géographie, Le Caire – Avril 1925, Compte Rendu, Tome I-V.

Verhandlungen und Wissenschaftliche Abhandlungen des 22. Deutschen Geographentages zu Karlsruhe, 7. bis 9. Juni 1927, Breslau 1928.

International Geographical Congress. Cambridge July 1928. Report of the Proceedings. Published by the Executive Committee of the Congress, Cambridge 1930 (Kraus Reprint Nendeln/Liechtenstein 1972).

Verhandlungen und Wissenschaftliche Abhandlungen des 24. Deutschen Geographentages zu Danzig 26. bis 28. Mai 1931, Breslau 1932.

Union Géographique Internationale, Comptes Rendus du Congrès International de Géographie Paris 1931, Tome I-III, Paris 1932.

Union Géographique Internationale, Comptes Rendus du Congrès International de Géographie. Varsovie 1934, Tome I-III, Varsovie 1935.

Verhandlungen und Wissenschaftliche Abhandlungen des 25. Deutschen Geographentages zu Bad Nauheim 22. bis 24. Mai 1934, Breslau 1935.

Union Géographique Internationale, Comptes Rendus du Congrès International de Géographie. Amsterdam 1938, Tome I-II, Leiden 1938.

Mathematik

Verhandlungen des ersten Internationalen Mathematiker-Kongresses in Zürich vom 9. bis 11. August 1897. Herausgegeben von Dr. Ferdinand Rudio, Leipzig 1898.

Compte Rendu du Deuxième Congrès International des Mathématiciens tenu à Paris du 6 au 12 août 1900. Procès-Verbaux et Communications. Publiés par E. Duporcq, Paris 1902 [Kraus Reprint Nendeln/Liechtenstein 1967].

Verhandlungen des dritten Internationalen Mathematiker-Kongresses in Heidelberg vom 8. bis 13. August 1904. Herausgegeben von dem Schriftführer des Kongresses, Dr. A. Krazer, Leipzig 1905.
Atti del IV Congresso Internazionale dei Matematici (Roma, 6–11 Aprile 1908). Pubblicati per cura del Segretario Generale G. Castelnuovo, Vol. I-III, Roma 1909.
Proceedings of the Fifth International Congress of Mathematicians (Cambridge, 22–28 August 1912). Edited by the General Secretaries of the Congress, E. W. Hobson and A. E. H. Love, Vol. I-II, Cambridge 1913.
Comptes Rendus du Congrès International des Mathématiciens (Strasbourg, 23–30 Septembre 1920). Publiés par Henri Villat. Professeur à l'Université de Strasbourg, Toulouse 1921.
Proceedings of the International Mathematical Congress. Held in Toronto, August 11–16, 1924. Edited by J. C. Fields, Vol. I-II, Toronto 1928 (Kraus Reprint, Nendeln/Liechtenstein 1967).
Atti del Congresso Internazionale dei Matematici. Bologna 3–10 settembre 1928 (VI). Tomo I-VI, Bologna.
Verhandlungen des Internationalen Mathematiker-Kongresses. Zürich 1932, 2 Bde., Zürich und Leipzig.
Comptes Rendus du Congrès International des Mathématiciens. Oslo 1936. Tome I-II, Oslo 1937.
Proceedings of the International Congress of Mathematicians, Cambridge, Massachussetts, U.S.A., August 30 – September 6, 1950, Vol. I-II, Providence 1952.
Proceedings of the International Congress of Mathematicians 1954, Amsterdam, September 2 – September 9, Vol. I-III, Amsterdam 1957.

Medizin

Zum Ausschluß der deutschen Chirurgen vom internationalen Chirurgenkongreß, in *Schweizerische Medizinische Wochenschrift*, Jg. 2, Nr. 22, 2.6.1921, S. 523f.
Cinquième Congrès de la Société Internationale de Chirurgie, Paris, 19–23 juillet 1920. Rapports, Procès-Verbaux et Discussions, Bruxelles 1921.
Sixième Congrès de la Société Internationale de Chirurgie, Londres, 17–20 juillet 1923. Rapports, Procès-Verbaux et Discussions. Vol. I-II, Bruxelles 1924.
Septième Congrès de la Société Internationale de Chirurgie, Rome, 7–10 avril 1926, Rapports, Procès-Verbaux et Discussions. Vol. I-II, Bruxelles 1926.
Huitième Congrès de la Société Internationale de Chirurgie, Varsovie, 22–25 juillet 1929. Rapports, Procès-Verbaux et Discussions. Vol. I-II, Bruxelles 1929.
Neuvième Congrès de la Société Internationale de Chirurgie, Madrid, 15–18 mars 1932, Rapports, Procès-Verbaux et Discussions. Vol. I-III, Bruxelles 1932.
XIII Concilium Ophthalmologicum. Amsterdam – Den Haag – Sept. 1929. Bericht. Compte-Rendu. Transactions, Tome I-III, Amsterdam 1930.
Die Erste Internationale Tuberkulose-Konferenz, Berlin, 22.–26. Oct. 1902. Bericht. Im Auftrage des Internationalen Central-Bureaus zur Bekämpfung der Tuberkulose herausgegeben von: Prof. Dr. Pannwitz, Berlin 1903.
Congrès International de la Tuberculose, tenu à Paris, du 2 au 7 Octobre 1905, Tome I, Paris 1906.

Neunte Internationale Tuberkulose-Konferenz, Brüssel, 6.–8. Oktober 1910 [...]. Bericht [...]. Im Auftrage der Verwaltungskommission der Internationalen Vereinigung gegen die Tuberkulose herausgegeben vom Generalsekretär [...] Prof. Dr. Pannwitz, Berlin-Charlottenburg 1911.

Zehnte Internationale Tuberkulose-Konferenz, Rom, 10.–14. April 1912 [...]. Bericht [...], hrsg. vom Generalsekretär [...] Prof. Dr Pannwitz, Berlin-Charlottenburg 1912.

Elfte Internationale Tuberkulose-Konferenz, Berlin, 22.–25. Oktober 1913 [...]. Bericht. [...] Im Auftrage der Verwaltungskommission der Internationalen Vereinigung gegen die Tuberkulose herausgegeben vom Generalsekretär [...] Prof. Dr. Pannwitz, Berlin-Charlottenburg 1914.

Comité National de Défense contre la Tuberculose Paris. Conférence Internationale contre la Tuberculose des Délégués des États ayant adhéré à la Société des Nations et des États-Unis d'Amérique. Paris 17 – 21 octobre 1920, Paris 1921.

Association Suisse contre la Tuberculose, IVme Conférence de l'Union Internationale contre la Tuberculose. Lausanne, 5 – 7 Août 1924, Lausanne.

National Tuberculosis Association of the United States of America, Fifth Conference of the International Union against Tuberculosis, Washington, D.C., September 30-October 2, 1926, New York.

Association Nationale Norvegienne contre la Tuberculose. Oslo, VIIème Conférence de l'Union Internationale contre la Tuberculose. Oslo 12 – 15 août 1930, Oslo 1931.

Union des organisations antituberculeuses de Pologne, IXème Conférence de l'Union Internationale contre la Tuberculose. Varsovie 4 – 6 septembre 1934, Varsovie.

Assistencia Nacional aos Tuberculosos, Xème Conférence de l'Union Internationale contre la Tuberculose 5 – 11 septembre 1937, Lisbonne.

XI. Konferenz der Internationalen Vereinigung zur Bekämpfung der Tuberkulose. XIème Conférence de l'Union Internationale contre la Tuberculose. XI Conference of the International Union against Tuberculosis. XI Conferenza dell'Unione Internazionale contro la Tubercolosi, Berlin 16.–20. September 1939. Vorläufiges Programm. Programme Provisoire. Provisional Programme. Programma Provvisorio.

Meteorologie

Report of the Proceedings of the Seventh Meeting of the International Commission for the Investigation of the Upper Air. Held in Bergen 25th – 29th July 1921. Published by the President [Bjerknes].

Koninklijk Nederlandsch Meteorologisch Instituut No. 112. Report of the International Meteorological Conference of Directors and of the Meeting of the International Meteorological Committee at Utrecht. September 1923. Utrecht 1924.

Notgemeinschaft der Deutschen Wissenschaft

Bericht der Notgemeinschaft der Deutschen Wissenschaft über ihre Tätigkeit bis zum 31. März 1922, Halle 1922.

Zweiter Bericht der Notgemeinschaft der Deutschen Wissenschaft, umfassend ihre Tätigkeit vom 1. April 1922 bis zum 31. März 1923, Halle 1923.

Psychologie

Thirteenth International Congress of Psychology held at the University of Stockholm, July 16th to 21th 1951. Proceedings and Papers, Stockholm 1952

Actes du Quinzième Congrès International de Psychologie, Bruxelles 1957.

Trilingual Psychological Dictionary – Dictionnaire de Psychologie en trois langues – Dreisprachiges Psychologisches Wörterbuch. Edited by/Edité par/Herausgegeben von International Union of Psychological Science – Union internationale de Psychologie Scientifique – Internationale Vereinigung für wissenschaftliche Psychologie – Hubert C. J. Duijker, Maria J. van Rijswijk, Bern 1975.

Zoologie

Xe Congrès international de Zoologie. Tenu à Budapest du 4 au 10 septembre 1927, Budapest 1929.

Internationale Regeln für die Zoologische Nomenklatur, beschlossen vom XV. Internationalen Kongress für Zoologie. Deutscher Text. Ausgearbeitet von O. Kraus (Frankfurt am Main), gebilligt von den deutschsprachigen Mitgliedern der Internationalen Kommission für Zoologische Nomenklatur. Herausgegeben durch die Senckenbergische Naturforschende Gesellschaft, Frankfurt am Main 1962.

III. Zeitgenössische Literatur

[Anonym] The Co-ordination of Scientific Publication, in *Nature* 101, 16.5.1918, S. 213.

[Anonym] Botanical Abstracts, in *Science* 47, 7.6.1918, S. 558.

[Anonym] Publications of the American Medical Association, in *Science* 49, 20.6.1919, S. 585 f.

[Anonym] The Interallied Chemical Conference, in *Science* 50, 5.9.1919, S. 224 – 215.

[Anonym] Ein japanischer Gelehrter für Völkerversöhnung, in *Tägliche Rundschau* Berlin, Nr. 542, 27.11.1920.

[Anonym] Appeal of the American Chemical Society, in *Science* 55, 24.3.1922, S. 307 – 310.

[Anonym] The Journal of Physical Chemistry, in *Science* 56, 15.9.1922, S. 304.

[Anonym] The Future of International Congresses, in *The Geographical Journal* 61, No. 6, June 1923, S. 440 – 443.

[Anonym] Au prochain congrès international de chirurgie on parlera allemand, in *Le Matin*, 12.8.1923.

[Anonym] Die Beteiligung Deutschlands an internationalen Kongressen, in *Mitteilungen der Gesellschaft Deutscher Naturforscher und Aerzte*, 1. Jg., Nr. 6, Juni 1924, S. 21.

[Anonym] Konferenz der Internationalen Vereinigung gegen die Tuberkulose, in *Basler Nachrichten*, 4.8.1924, Beilage zu Nr. 358.

[Anonym] Le Congrès international de géographie du Caire, in *Gazette de Lausanne*, Nr. 74, 16. 3. 1925.

[Anonym] Astronomers in Germany. Question of Entry into World Union, in *Morning Post*, 23. 7. 1925.

[Anonym] Chemists Readmit Germany To Union. International Body in Washington Removes Ban Established During World War, in *The New York Times*, 14. 9. 1926.

[Anonym] Der „Internationale" Astronomische Kongreß und Deutschland, in *Deutsche Allgemeine Zeitung*, 12. 7. 1928.

[Anonym] Bericht über die Versammlung der Astronomischen Gesellschaft zu Heidelberg 1928, Juli 18 – 21, in *Vierteljahresschrift der Astronomischen Gesellschaft*, 63. Jg., 1928, S. 248 – 271.

[Anonym] Kongreß der Internationalen Astronomischen Gesellschaft, in *Berliner Lokal-Anzeiger*, 22. 7. 1928.

Appell, Paul, Le conflit de deux civilisations, in *Revue Scientifique*, 52. Jg., 8.8.-14. 11. 1914, S. 173.

Aschoff, Ludwig, Der Geist von Locarno und die Wissenschaft, in *Frankfurter Zeitung*, 1. 5. 1926.

Aufruf „An die Kulturwelt!" vom 4. Oktober 1914, abgedr. in Hermann Kellermann (Hrsg.), *Der Krieg der Geister*, Dresden 1915, S. 64 – 68; Jürgen und Wolfgang von Ungern-Sternberg, *Der Aufruf ‚An die Kulturwelt!'*, Stuttgart 1996, S. 144 – 147.

Aus fünfzig Jahren deutscher Wissenschaft. Die Entwicklung ihrer Fachgebiete in Einzeldarstellungen. Festschrift für Friedrich Schmidt-Ott, hrsg. von G. Abb, Berlin, Freiburg, München, Leipzig 1930.

Auslands-Merkblatt. Herausgegeben vom Auslands-Ausschuß des Verbandes der Deutschen Hochschulen, Beilage zu den *Mitteilungen des Verbandes der Deutschen Hochschulen*, 3. Jg., Dezember 1923.

Born, Max, Recherches récentes sur la théorie de l'affinité chimique, in *„Scientia"* 1924 (Jg. 18), S. 155 – 168.

Crane, E. J., Chemical Research in the Various Countries before the War and in 1917, in *The Journal of Industrial and Engineering Chemistry* 10/3 1918, S. 236 f.

Crane, E. J., Chemical Research Activity in the Various Countries of the World, in *Industrial and Engineering Chemistry* 16/7 1924, S. 754.

Crane, E. J., Growth of Chemical Literature. Contributions of Certain Nations and the Effects of War, in *Chemical and Engineering News*, 22/ 17 1944, S. 1478 – 1481, 1496.

Crane, E. J. (Hrsg.), CA today. The production of Chemical Abstracts, Washington, D. C. 1958.

Dastre, Albert, Du role restreint de l'Allemagne dans le progrès des sciences, in Petit, Leudet (Hrsg.), *Les Allemands et la Science*, Paris 1916, S. 75 – 97.

Daudet, Léon, La science allemande et le patriotisme, *L'Action Française*, 28. 9. 1927.

Die deutsche Wissenschaft und das Ausland. Denkschrift der Reichszentrale für naturwissenschaftliche Berichterstattung vom 29. Januar 1925 , Berlin 1925.

Diels, Hermann, Die Organisation der Wissenschaft, in Paul Hinneberg (Hrsg.), *Die Kultur der Gegenwart. Ihre Entwicklung und ihre Ziele*, Berlin, Leipzig 1912, S. 632 – 691.

Engler, Karl, Vier Jahrzehnte chemischer Forschung unter besonderer Rücksicht auf Baden als Heimstätte der Chemie, in *Festgabe zum Jubiläum der Vierzigjährigen Regierung seiner Königlichen Hoheit des Grossherzogs Friedrich von Baden*, Karlsruhe 1892.

Flick, Lawrence F., The International Congress on Tuberculosis, in *Tuberculosis* Vol. VII (1908), No. 3, S. 307.

Foerster, Wilhelm, Die Errichtung einer Centralstelle für astronomische Telegramme in Kiel, in *Astronomische Nachrichten*, Nr. 2472, Bd. 103, 1882, Sp. 369–374.

Foerster, Wilhelm, Die internationale Organisation der Erdmessung, in *Internationale Wochenschrift für Wissenschaft, Kunst und Technik*, 4.5.1907, Sp. 159–164.

Foerster, Wilhelm, 50 Jahre internationaler Erdmessungsarbeit, in *Norddeutsche Allgemeine Zeitung*, Unterhaltungs-Beilage, Nr. 219, 18.9.1912.

Franke, Otto, Das Deutschtum in China, Vortrag, gehalten vor Arbeitern im Hamburger Volksheim am 12. März 1915, Hamburg 1915.

Franke, Otto, „Geistige Zusammenarbeit", in *Deutsche Allgemeine Zeitung*, 29.7.1925, abgedruckt in *Mitteilungen des Verbandes der Deutschen Hochschulen*, 5. Jg., H. 9/10, 1925, S. 170–174.

Franke, Otto, Bericht des Auslandsausschusses, in *Mitteilungen des Verbandes der Deutschen Hochschulen*, 7. Jg., H. 9, 1927, S. 123–125.

Franke, Otto, Bericht über die internationalen wissenschaftlichen Beziehungen, [erstattet auf dem VI. Deutschen Hochschultag, 7.-9.3.1928 in München], in *Mitteilungen des Verbandes der Deutschen Hochschulen*, 9. Jg., H. 3–4, 1929, S. 70.

Franke, Otto, Bericht auf der Vorstandssitzung des Verbandes der Deutschen Hochschulen am 27.10.1930 in Würzburg, in *Mitteilungen des Verbandes der Deutschen Hochschulen*, 11. Jg., H. 1/2, Februar 1931, S. 14–17.

Franke, Otto, Beziehungen der deutschen Wissenschaft zum Auslande, in *Mitteilungen des Verbandes der Deutschen Hochschulen* 11. Jg., H. 9–10, November 1931, S. 126–128.

Fränkel, Bernhard, Die Internationale Vereinigung gegen die Tuberkulose, in *Internationale Wochenschrift für Wissenschaft, Kunst und Technik*, 11.5.1907, Sp. 185–192.

Fränkel, Bernhard, Fr. Althoff und die Bekämpfung der Tuberkulose, in *Deutsche Medizinische Wochenschrift*, Jg. 34, 2 (5.11.1908), S. 1948f.

Gerland, Georg, Die Einrichtung eines Internationalen Systems von Erdbeben-Stationen, Auszug in Report of the Sixth International Geographical Congress held in London, 1895, London 1896, S. 767.

Gerland, Georg, Die Kaiserl. Hauptstation für Erdbebenforschung in Strassburg und die moderne Seismologie, in *Beiträge zur Geophysik*, Bd. 4, 1900, S. 427–472.

Gerland, Georg, Aufruf zur Gründung einer Internationalen Seismologischen Gesellschaft, in Verhandlungen des Siebenten Internationalen Geographen-Kongresses, Berlin 1899, Erster Teil, London, Berlin, Paris 1901, S. 298–302.

Gerland, Georg, Über Verteilung, Einrichtung und Verbindung der Erdbebenstation im Deutschen Reich, in *Beiträge zur Geophysik* Bd. VI, 1904, S. 464–480.

Gerland, Georg, Jahresbericht des Direktors der Kaiserl. Hauptstation für Erdbebenforschung und der übrigen deutschen Stationen für das Rechnungsjahr vom 1. April 1906 bis 31. März 1907, in *Beiträge zur Geophysik*, Bd. IX, 1908, S. 573.

Gley, Émile, Science et Savants, in Gabriel Petit, Maurice Leudet [Hrsg.], *Les Allemands et la Science*, Paris 1916, S. 179–198.

Gley, Émile, Remarques sur la „Quadruple Entente Scientifique", in *Revue générale des Sciences pures et appliquées* 28, 15.6.1917, S. 326–332.

Green, Warren K., The Meeting of the International Astronomical Union, in *Science* 62, 18.12.1925, S. 555–557.

Griewank, Karl, *Staat und Wissenschaft im Deutschen Reich. Zur Geschichte und Organisation der Wissenschaftspflege in Deutschland*, Freiburg i. Br. 1927.

Griewank, Karl, Aus den Anfängen gesamtdeutscher Wissenschaftspflege, in Heinrich Konen, Johann Peter Steffes (Hrsg.), *Volkstum und Kulturpolitik*, Köln 1932.
Gross, P. L. K., Gross, E. M., College Libraries and Chemical Education, in *Science* 66, 1927, S. 385–389.
Grumbach, Salomon, *Das annexionistische Deutschland.* Eine Sammlung von Dokumenten, die seit dem 4. August 1914 in Deutschland öffentlich oder geheim verbreitet wurden, Lausanne 1917.
Haber, Fritz, Rede auf der Generalversammlung der Deutschen Chemischen Gesellschaft am 12.5.1924, abgedr. in *Mitteilungen der Gesellschaft Deutscher Naturforscher und Ärzte*, 1. Jg., Nr. 6, 1924, S. 23.
Haber, Fritz, Eintritt Deutschlands in die Union internationale de chimie, in *Zeitschrift für Angewandte Chemie*, 42. Jg., Nr. 49, 7.12.1929, S. 1124–1127.
Hampson, G. F., Systematic papers published in the German language, in *Science* 49, 21.2.1919, S. 193.
Hardy, Godfrey Harold, The International Research Council, 21.3.1921, in *Nature*, Vol. 107, No. 2682, 24.3.1921, S. 107–108.
Hardy, Godfrey Harold, in *The Scientific Worker*, zitiert in Quotations. International Congresses, in *Science* 60, 26.12.1924, S. 591–592.
Hattingberg, VI. Kongress der Internationalen Psychoanalytischen Vereinigung, in *Münchener Medizinische Wochenschrift*, Nr. 41, 8.10.1920, S. 1187.
Heilbron, Friedrich, Hochschule und auswärtige Politik, in *Das Akademische Deutschland*, hrsg. von Michael Doeberl, Otto Scheel u. a., Bd. 3, Berlin 1930, S. 143–152.
Helm, F., Organization of the Campaign against Tuberculosis in Germany, in *Bulletin de l'Union Internationale contre la Tuberculose*, Vol. VII, No. 2, April 1930, S. 110–137.
Henneguy, F., Du rôle de l'Allemagne dans l'évolution des sciences biologiques, in *Revue Scientifique* 53, 27.2.-6.3.1915, S. 70–74.
Hilbert, David, Sur les problèmes futurs des Mathématiques (traduite par M. L. Laugel), in Compte Rendu du Deuxième Congrès International des Mathématiciens tenu à Paris du 6 au 12 août 1900. Procès-Verbaux et Communications, Paris 1902, S. 58–114.
Hilbert, David, Probleme der Grundlegung der Mathematik, in Atti del Congresso Internazionale dei Matematici. Bologna 3–10 settembre 1928 (VI). Tomo I, Bologna S. 135–141.
Hinneberg, Paul (Hrsg.), *Die Kultur der Gegenwart. Ihre Entwicklung und ihre Ziele*, Berlin, Leipzig 1912.
Hitchens, A. Parker u. a., Biological Abstracts, in *Science* 58, 28.9.1923, S. 236–239.
Hobbs, William Herbert, The Index Generalis, in *Science* 62, 23.10.1925, S. 373.
Holland, W. J., [Discussion and Correspondence: Shall writers upon the biological sciences agree to ignore systematic papers published in the German language since 1914?], 18.10.1918, in *Science* 48, 8.11.1918, S. 469–471.
Internationale wissenschaftliche Kongresse 1922–1923, Berlin 1923.
Jürgens, Adolf, Das Buch als Wegbereiter. Ein Beitrag zur Erkenntnis des Aufstiegs der Vereinigten Staaten von Nordamerika, in *Volkstum und Kulturpolitik*, hrsg. von H. Konen und J. P. Steffes, Köln 1932, S. 579–605.
Karo, Georg, Der Krieg der Wissenschaft gegen Deutschland, in *Kriegshefte der Süddeutschen Monatshefte*, April 1919 bis September 1919, S. 162–168.

Karo, Georg, *Die Verantwortung der Entente am Weltkriege*. Nach Zeugnissen ihrer führenden Staatsmänner, Halle 1921².

Karo, Georg, *Der Krieg der Wissenschaft gegen Deutschland. Dokumente feindlicher Wissenschaft*, München 1919.

Karo, Georg, *Der geistige Krieg gegen Deutschland*, Halle 1925.

Kautsky, Karl, *Wie der Weltkrieg entstand. Dargestellt nach dem Aktenmaterial des Auswärtigen Amts*, Berlin 1919.

Kayser-Petersen, Julius E., 6. Konferenz der Internationalen Vereinigung gegen die Tuberkulose in Rom, 25.–27.IX.1928, in *Deutsche Medizinische Wochenschrift*, Nr. 47, 23.11.1928, S. 1995.

Kayser-Petersen, Julius E., 7. Konferenz der Internationalen Vereinigung gegen die Tuberkulose in Oslo, 13.–15.VIII.1930, in *Deutsche Medizinische Wochenschrift*, Nr. 39, 26.9.1930, S. 1677–1679.

Kayser-Petersen, Julius E., Internationale Tuberkulosetagung in Lissabon, in *Münchener Medizinische Wochenschrift*, Nr. 42, 15.10.1937, S. 1675–1677.

Kellermann, Hermann (Hrsg.), *Der Krieg der Geister. Eine Auslese deutscher und ausländischer Stimmen zum Weltkriege 1914*, Dresden 1915.

Kerkhof, Karl, Die internationalen naturwissenschaftlichen Organisationen vor und nach dem Weltkriege und die deutsche Wissenschaft, in *Internationale Monatsschrift für Wissenschaft, Kunst und Technik*, Jg. 12, H. 3, Januar 1921, Sp. 225–242.

Kerkhof, Karl, *Der Krieg gegen die deutsche Wissenschaft*. Eine Zusammenstellung von Kongreßberichten und Zeitungsmeldungen, Wittenberg 1922.

Kerkhof, Karl, Internationale wissenschaftliche Kongresse und Organisationen, in *Forschungen und Fortschritte*, 9. Jg., Nr .22, 1.8.1933, S. 330–332.

Kerkhof, Karl, Die Sprachen im internationalen wissenschaftlichen Leben, in *Forschungen und Fortschritte*, 9. Jg., Nr. 25, 1.9.1933, S. 370–371.

Kerkhof, Karl, Die Weltgeltung des deutschen Schrifttums, in *Forschungen und Fortschritte*, 9.Jg., Nr. 27, 20.9.1933, S. 401–402.

Kerkhof, Karl, Das Versailler Diktat und die deutsche Wissenschaft. Ein Beitrag zur Geschichte der internationalen Organisationen, Sonderdruck aus *Monatshefte für auswärtige Politik*, H. 11, November 1940.

Kohlschütter, Ernst, Über den Stand der Bestrebungen zur Wiederanknüpfung der internationalen wissenschaftlichen Beziehungen, in *Mitteilungen des Verbandes der Deutschen Hochschulen*, 10. Jg., 1930, S. 33–40.

Kopff, August, Die Versammlung der Astronomischen Gesellschaft in Kopenhagen, in *Die Naturwissenschaften* 14. Jg., 1926, H. 42 (Sonderdruck).

Krüss, Hugo Andres, *Deutschland und die internationale wissenschaftliche Zusammenarbeit*. Vortrag, gehalten im Sitzungssaale der Ungarischen Akademie der Wissenschaften in Budapest am 29. November 1927, Budapest 1928.

Küttner, Hermann, Die Wiederaufnahme der Chirurgen der Mittelmächte in die Internationale Gesellschaft für Chirurgie, in *Mitteilungen des Verbandes der Deutschen Hochschulen*, 7. Jg., 1927, S. 77–81.

Lanz, Otto, [Brief an die Internationale Gesellschaft für Chirurgie], in *Münchener Medizinische Wochenschrift*, Nr. 49, 3.12.1920, S. 1427.

Lecointe, Georges, Guchtenaere, H., Les relations intellectuelles internationales d'après guerre, Paris, 14.12.1917, in Académie Royale de Belgique, *Bulletin de la Classe des Sciences*, 1, 1919, S. 39–47.

Leyden, Ernst von, Zur Einführung, in *Zeitschrift für Tuberkulose und Heilstättenwesen*, 1. Bd., Leipzig 1900, S. 3.

Lotsy, Jan Paulus, Die Entstehung der „Association Internationale des Botanistes", in *Botanisches Centralblatt*. Referirendes Organ der Association Internationale des Botanistes für das Gesammtgebiet der Botanik, 23. Jg., Bd. 89, No. 1, 1902, S. 2–7.

Lubarsch, Otto, *Ein bewegtes Gelehrtenleben. Erinnerungen und Erlebnisse. Kämpfe und Gedanken*, Berlin 1931.

Lyons, Henry G., The Brussels meeting of the International Research Council, in *Nature*, 14.8.1919, S. 464–466.

Maquenne, Léon, Quelques Mots sur la Mentalité-Allemande, in *Revue Scientifique* 53, 27.3.-3.4.1915, S. 97–100.

Maurer, H., Ernst Kohlschütter [Nachruf], im November 1942, in *Zeitschrift für Geophysik*, 1941/42, S. 253–256.

Milkau, Fritz, *Die Internationale Bibliographie der Naturwissenschaften nach dem Plane der Royal Society*. Eine orientierende Übersicht, Berlin 1899.

Miller, George Abram, Scientific Activity and the War, in *Science* 48, 2.8.1918, S. 117.

Millikan, Robert Andrews, The New Opportunity in Science, in *Science* 50, 26.9.1919, S. 285–297.

Morsbach, Adolf, Deutsche Kulturpolitik im Ausland, in *Volkstum und Kulturpolitik*, hrsg. von H. Konen und J. P. Steffes, Köln 1932, S. 237–265.

Nicolai, Georg Friedrich, *Die Biologie des Krieges. Betrachtungen eines Naturforschers den Deutschen zur Besinnung*, 1. Originalausgabe, 2. Aufl., Zürich 1919.

Nutting, Perley Gilman, National Prestige in Scientific Achievement, in *Science* 48, 20.12.1918, S. 605–608.

Osborn, Herbert u.a., Biological Abstracts, in *Science* 60, 28.11.1924, S. 485–489.

Petit, Gabriel, Leudet, Maurice (Hrsg.), *Les Allemands et la Science*, Paris 1916.

Patterson, Austin M., International Chemistry, in *Science* 69, 24.5.1929, S. 531–536.

Picard, Émile, Discours et mélanges, Paris 1922.

Picard, Émile, L'histoire des sciences et les prétentions allemandes, in Gabriel Petit, Maurice Leudet (Hrsg.), *Les Allemands et la Science*, Paris 1916, S. 283–299.

Picard, Émile, Les relations scientifiques internationales après la guerre, in *Journal des débats* 17.10.1917.

Pirenne, Henri, Souvenirs de captivité en Allemagne (mars 1916 – novembre 1918), Bruxelles 1921, abgedruckt in ders., Histoire de l'Europe éditée d'après les carnets de captivité (1916–1918), Bruxelles 2014, Tome II, S. 423–490.

Ramsay, William, Germany's Aims and Ambitions, in *Nature* 94, 8.10.1914, S. 137–139.

Ramsay, William, Ambitions et visées germaniques, in *Revue Scientifique*, 52. Jg., 8.8.-14.11.1914, S. 173–175.

Ramsay, William, in *Süddeutsche Monatshefte*, August 1915, S. 829.

Rebeur-Paschwitz, Ernst von, Vorschläge zur Errichtung eines internationalen Systems von Erdbeben-Stationen, in *Beiträge zur Geophysik* 2, 1895, S. 773–782.

Reichenbach, Hans, Die relativistische Zeitlehre, in „*Scientia*" 1924 (Jg. 18), S. 361–382.

Remme, Karl, Esch, Margarete, *Die französische Kulturpropaganda. Auf der Grundlage französischen Quellenmaterials und eigener Beobachtungen im Ausland*, Berlin 1927.
Remme, Karl, Der deutsche Sprachunterricht in den Vereinigten Staaten von Amerika, in Franz Schmidt, Otto Boelitz (Hrsg.), *Aus deutscher Bildungsarbeit im Auslande. Erlebnisse und Erfahrungen in Selbstzeugnissen aus aller Welt*, Bd. 2, Langensalza 1928, S. 511–520.
Rignano, Eugenio, A Plea for a Scientific Quadruple Entente [Letter to the Editor], in *Nature* 98, 25.1.1917, S. 408–409.
Rignano, Eugenio, Pour une Quadruple Entente Scientifique, in *Revue générale des Sciences pures et appliquées* 28, 30.1.1917, S. 38–40.
Roethe, Gustav (Hrsg.), Akademiker des feindlichen Auslands über Deutschland. Materialien, beim Leipziger Kartelltage der deutschen Akademien der Wissenschaften im Mai 1915 mitgeteilt von Gustav Roethe.
Rothbarth, Margarete, *Geistige Zusammenarbeit im Rahmen des Völkerbundes*, Münster 1931.
Rothbarth, Margarete, Die deutschen Gelehrten und die internationalen Wissenschaftsorganisationen, in *Volkstum und Kulturpolitik*, hrsg. von H. Konen und J. P. Steffes, Köln 1932, S. 143–157.
Sachse, Arnold, *Friedrich Althoff und sein Werk*, Berlin 1928.
Sarton, George, Avant-propos, in *Isis*, Tome II, No. 6, septembre 1919, S. 313 f.
Sarton, George, War and Civilization, in *Isis*, Tome II, No. 6, septembre 1919, S. 315–320.
Sarton, George, [An den Herausgeber der *New York Evening Post*, 20.2.1919], abgedruckt in *Isis* II, No. 6, 1919, S. 320 f.
Sarton, George, Preface to Volume VIII, in *Isis*, Vol. VIII,1, No. 25, 1926, S. 8–11.
Sch., W., Finnische Chirurgen für die Internationalität der Wissenschaft, in *Deutsche Allgemeine Zeitung*, 1.11.1921.
Schenck, Rudolf, Ein internationaler wissenschaftlicher Kongreß in Utrecht, in *Mitteilungen des Verbandes der Deutschen Hochschulen*, 2 .Jg., H. 17, 1.9.1922, S. 223–225.
Schramm, J. R., Botanical Abstracts, in *Science* 49, 21.2.1919, S. 195–196.
Schramm, J. R., The Abstracting and Indexing of Biological Literature, in *Science* 66, 3.11.1922, S. 495–501.
Schramm, J. R., Biological Abstracts, in *Science* 62, 11.12.1925, S. 533–536.
Schreiber, Georg, *Die Not der deutschen Wissenschaft und der geistigen Arbeiter. Geschehnisse und Gedanken zur Kulturpolitik des Deutschen Reiches*, Leipzig 1923.
Schulze, Alfred, Eine Forderung an die deutsche Bibliographie, in *Börsenblatt für den Deutschen Buchhandel*, No. 89, 20.4.1897.
Schuster, Arthur, The International Research Council [Letter to the Editor], in *Nature*, Vol. 107, No. 2681, 17.3.1921, S. 72.
Shenton, Herbert N., *Cosmopolitan Conversation. The Language Problems of International Conferences*, New York 1933.
Shull, A. Franklin, The proposed Federation of Biological Societies, in *Science* 55, 3.3.1922, S. 245–246.
Shull, A. Franklin, Proposed Federation of American Biological Societies, in *Science* 56, 29.9.1922, S. 359–361.
Smith, David Eugene, The International Congress of Mathematicians, Zurich, September 4–12, 1932, in *Science* 76, 18.11.1932, S. 468–471.
Sparks, Marion E., Noyes, W. A., A Census of the Periodical Literature of Chemistry published in the United States, in *Science* 45, 16.2.1917, S. 168–171.

Sparks, Marion E., Chemical Literature and its Use, in *Science* 47, 19.4.1918, S. 377–381.
Spragg, Frank A., Biological Literature in English, in *Science* 49, 3.1.1919, S. 23–24.
St., R., Die internationale Tuberkulose-Konferenz, in *Basler Nachrichten* 27.8.1924.
Staudinger, Otto, Wocke, M., *Catalog der Lepidopteren des europaeischen Faunengebietes*, Dresden 1871.
Stebbins, Joel, Organization Meeting of the American Section of the proposed International Astronomical Union, in *Science* 49, 30.5.1919, S. 508–510.
Stevens, Neil E., American Botany and the Great War, in *Science* 48, 23.8.1918, S. 177–179.
Strömgren, Elis, [Ansprache auf der Versammlung der Astronomischen Gesellschaft 1921 in Potsdam], in *Vierteljahresschrift der Astronomischen Gesellschaft*, 56. Jg., 1921, S. 145–146.
Talbot, H. P., Scientific Books. A brief Survey of some recent Chemical Literature, in *Science* 50, 12.9.1919, S. 253–255.
The American Association for the Advancement of Science. Duty on Scientific Apparatus for Educational Institutions, in *Science* 53, 27.5.1921, S. 494–495.
The Ohio Academy of Science, in *Science* 48, 13.9.1918, S. 277.
Tirpitz, Alfred von, *Erinnerungen*, Leipzig 1920.
Volkstum und Kulturpolitik. Eine Sammlung von Aufsätzen. Gewidmet Georg Schreiber zum fünfzigsten Geburtstage. Hrsg. von H. Konen und J. P. Steffes, Köln 1932.
Walsingham, German Naturalists and Nomenclature [Letter to the Editor], in *Nature* 102, 5.9.1918, S. 4.
Wehberg, Hans, *Wider den Aufruf der 93! Das Ergebnis einer Rundfrage an die 93 Intellektuellen über die Kriegsschuld*, Charlottenburg (Berlin) 1920.
West, Clarence J., A Survey of American Biological Chemical Literature, in *Science* 47, 28.6.1918, S. 623–626.
Wiechert, Emil, Internationale Erdbebenforschung, in *Internationale Wochenschrift für Wissenschaft, Kunst und Technik*, 15.6.1907, Sp. 349–356.
Wiechert, Emil, Entwurf einer Denkschrift über seismologische Beobachtungen in den Deutschen Kolonien, in Verhandlungen der vom 24. bis 28. Juli 1903 zu Strassburg abgehaltenen Zweiten Internationalen Seismologischen Konferenz, red. von Emil Rudolph, in *Beiträge zur Geophysik*, Ergänzungsband II, 1904, S. 313–318.
Wildhagen, Eduard, Die Not der deutschen Wissenschaft, in *Internationale Monatsschrift für Wissenschaft, Kunst und Technik*, 15. Jg., H. 1, Oktober 1920, Sp. 1–32.
Wilson, Edwin Bidwell, Insidious Scientific Control, 23.10.1918, in *Science* 48, 15.11.1918, S. 491–493.
Wood, Harry O., Organization of the American Section of the proposed International Geophysical Union, in *Science* 59, 1919, S. 233–238.
Wurtz, Adolphe [Hrsg.], Discours préliminaire. Histoire des doctrines chimiques depuis Lavoisier, in ders.[Hrsg.], *Dictionnaire de Chimie pure et appliquée* [Separatdruck], Paris 1868.
Wurtz, Adolphe [Hrsg.], *Dictionnaire de Chimie pure et appliquée*, 3 Bde., Paris 1869–1878.

IV. Zeitungen, Zeitschriften

Zeitungen

Aftonbladet
Basler Nachrichten
Berliner Lokal-Anzeiger
Berliner Tageblatt
Der Tag
Deutsche Allgemeine Zeitung
Deutsche Zeitung
Die Post
Frankfurter Zeitung
Gazette de Lausanne
Journal des débats
Le Matin
Morning Post
Nation Belge
National-Zeitung
Norddeutsche Allgemeine Zeitung
Petit Parisien
Tägliche Rundschau
The New York Times
The Times
Vossische Zeitung
Wadinnil

Zeitschriften

Abstracts of Bacteriology
Anatomischer Anzeiger
Angewandte Chemie
Annalen der Chemie und Pharmacie
Annalen der Pharmacie
Annalen der Physik
Annales de Géographie
Archiv für Hydrobiologie
Astronomical Notes
Astronomische Nachrichten
Astronomy and Astrophysics Abstracts
Astronomischer Jahresbericht
Beiträge zur Geophysik (G. Gerlands Beiträge zur Geophysik)
Berichte der Deutschen Chemischen Gesellschaft (Chemische Berichte)
Berliner klinische Wochenschrift
Bibliographia Zoologica

Bibliotheca Geographica
Biological Abstracts
Börsenblatt für den Deutschen Buchhandel
Botanical Abstracts
Botanisches Centralblatt
Bulletin astronomique
Bulletin de l'Union Internationale contre la Tuberculose
Bulletin géodésique
Bulletin of the American Association of University Professors
Bulletin of the International Committee of Historical Sciences
Bulletin of the International Mathematical Union
Bulletin Volcanologique
Centralblatt (Zentralblatt) für Bakteriologie und Parasitenkunde
Centralblatt (Zentralblatt) für Physiologie
Chemical Abstracts
Chemical and Engineering News
Chemische Berichte
Chemisches Zentralblatt (Central-Blatt)
Chemisch-Phamaceutisches Central-Blatt
Chimie et Industrie
Concilium Bibliographicum
Der Chirurg
Deutsche Medizinische Wochenschrift
Die Naturwissenschaften
Die Sterne
Ergebnisse der allgemeinen Pathologie und pathologischen Anatomie des Menschen und der Tiere
Ergebnisse der Anatomie und Entwicklungsgeschichte
Forschungen und Fortschritte
Fortschritte der Physik
Fundamenta Mathematicae
Geografiska Annaler
Geologisches Zentralblatt
Index Generalis
Index Medicus
Industrial and Engineering Chemistry
Information Bulletin (IUPAC)
Internationale Mathematische Nachrichten
Internationale Monats(Wochen-)schrift für Wissenschaft, Kunst und Technik
International Journal of Psychology
Isis
Jahrbuch über die Fortschritte der Mathematik
Jahresbericht der Anatomie und Entwicklungsgeschichte
Journal of Biological Chemistry
Journal of Industrial and Engineering Chemistry
Journal of Physical Chemistry

Journal of the American Chemical Society
Just's Botanischer Jahresbericht
Klinische Monatsblätter für Augenheilkunde
L'Année biologique
Liebigs Annalen der Chemie (und Pharmacie)
Minerva
Mitteilungen des Verbandes der Deutschen Hochschulen
Mitteilungen der Gesellschaft Deutscher Naturforscher und Aerzte
Münchener Medizinische Wochenschrift
Nachrichten der Österreichischen Mathematischen Gesellschaft
Nature
Neues Jahrbuch für Mineralogie, Geologie und Paläontologie
Pharmaceutisches Central-Blatt
Physikalische Berichte
Physikalische Zeitschrift
Physiological Abstracts
Psychological Abstracts
Psychological Research
Psychologische Forschung
Pure and Applied Chemistry
Revue de géologie et des sciences connexes
Revue générale des Sciences pures et appliquées
Revue Scientifique
Schweizerische Medizinische Wochenschrift
Science
„Scientia"
Süddeutsche Monatshefte
The Geographical Journal
The German Journal of Psychology
The Journal of Industrial and Engineering Chemistry
The Journal of the American Chemical Society
The Journal of the Chemical Society
The Journal of Tuberculosis
The NASA astrophysics datasystem
Travaux de la Section de Géodésie de l'Union géodésique et géophysique internationale
Travaux Scientifiques
Tuberculosis
Vierteljahresschrift der Astronomischen Gesellschaft
Virchows Archiv für pathologische Anatomie und Physiologie und für klinische Medizin
Zeitschrift der Gesellschaft für Erdkunde zu Berlin
Zeitschrift für Angewandte Chemie
Zeitschrift für Geophysik
Zeitschrift für Physik
Zeitschrift für Physikalische Chemie
Zeitschrift für Physiologische Chemie
Zeitschrift für Psychologie

Zeitschrift für Tuberkulose und Heilstättenwesen
Zeitschrift für Vulkanologie
Zeitschrift für wissenschaftliche Mikroskopie und mikroskopische Technik
Zentralblatt für Bakteriologie und Parasitenkunde
Zentralblatt für Biochemie und Biophysik
Zentralblatt für die gesamte innere Medizin und ihre Grenzgebiete
Zentralblatt für Zoologie, allgemeine und experimentelle Biologie
Zoologischer Bericht
Zoologischer Jahresbericht
Zoological Record

V. Nachschlagewerke

Annuaire de la vie internationale 1905–1906, hrsg. von Institut international de la Paix, Monaco.

Annuaire de la vie internationale 1908–1909, hrsg. von Office Central des Institutions Internationales, Bruxelles, Monaco.

Biographisches Handbuch des deutschen Auswärtigen Dienstes 1871–1945, hrsg. vom Auswärtigen Amt, Historischer Dienst, 5 Bde., Paderborn u. a. 2000–2014.

Das Akademische Deutschland, hrsg. von Michael Doeberl, Otto Scheel u. a., 3 Bde. und 1 Registerband, Berlin 1930–1931.

Deutsche Biographische Enzyklopädie, hrsg. von Walther Killy, Rudolf Vierhaus, München 1995–2003.

Dictionary of Scientific Biography, hrsg. von Charles Coulston Gillispie, 14 Bde., New York 1970–1976.

Encyclopedia of Astronomy and Astrophysics, hrsg. von Paul Murdin, London u. a. 2001.

Enzyklopädie Erster Weltkrieg, hrsg. von Gerhard Hirschfeld, Gerd Krumeich, Irina Renz, in Verbindung mit Markus Pöhlmann, Paderborn 2003.

Enzyklopädie des Nationalsozialismus, hrsg. von Wolfgang Benz, Hermann Graml, Hermann Weiß, Stuttgart 1997.

Handbuch für das Deutsche Reich, hrsg. vom Reichs- und Preußischen Ministerium des Innern 1874–1936.

International Congresses and conferences 1840–1937. A union list of their publications available in libraries of the United States and Canada. Hrsg. von Winifred Gregory. Under the Auspices of the Bibliographical Society of America, New York 1938.

Kürschners Deutscher Gelehrten-Kalender, hrsg. von Gerhard Lüdtke u. a.

Minerva-Jahrbuch der gelehrten Welt, (Straßburg), Berlin, Leipzig.

Reichshandbuch der deutschen Gesellschaft. Das Handbuch der Persönlichkeiten in Wort und Schrift, hrsg. vom Deutschen Wirtschaftsverlag, 2 Bde., Berlin 1931.

Union of International Associations, *The 1.978 International Organizations founded since the Congress of Vienna.* Chronological List. With an Introduction by G. P. Speeckaert, Documents No. 7, Brussels 1957.

Union des Associations internationales, *Les Congrès internationaux de 1681 à 1899.* Liste complète, Documents No. 8, Bruxelles 1960.

Union des Associations internationales, *Les Congrès internationaux de 1900 à 1919*. Liste complète, Documents No. 14, Bruxelles 1964.

VI. Sonstige Literatur

Abelein, Manfred, *Die Kulturpolitik des Deutschen Reiches und der Bundesrepublik Deutschland. Ihre verfassungsgeschichtliche Entwicklung und ihre verfassungsrechtlichen Probleme*. Köln, Opladen 1968.

Alter, Peter, Internationale Wissenschaft und nationale Politik. Zur Zusammenarbeit der wissenschaftlichen Akademien im frühen 20. Jahrhundert, in Lothar Kettenacker, Manfred Schlenke, Hellmut Seier (Hrsg.), *Studien zur Geschichte Englands und der deutsch-britischen Beziehungen. Festschrift für Paul Kluke*, München 1981, S. 201 – 221.

Alter, Peter, Bewunderung und Ablehnung. Deutsch-britische Wissenschaftsbeziehungen von Liebig bis Rutherford, in Lothar Jordan, Bernd Kortländer (Hrsg.), *Nationale Grenzen und internationaler Austausch. Studien zum Kultur- und Wissenschaftstransfer in Europa*, Tübingen 1995, S. 296 – 311.

Ammon, Ulrich, *Die internationale Stellung der deutschen Sprache*, Berlin, New York 1991.

Ammon, Ulrich, *Ist Deutsch noch internationale Wissenschaftssprache? Englisch auch für die Lehre an den deutschsprachigen Hochschulen*, Berlin, New York 1998.

Ammon, Ulrich, Entwicklung der deutschen Wissenschaftssprache im 20. Jahrhundert, in Friedhelm Debus, Franz Gustav Kollmann, Uwe Pörksen (Hrsg.), *Deutsch als Wissenschaftssprache im 20. Jahrhundert. Vorträge des Internationalen Symposions vom 18./19. Januar 2000*, Stuttgart 2000, S. 59 – 80.

Ammon, Ulrich, *Die Stellung der deutschen Sprache in der Welt*, Berlin, München, Boston 2015.

Badash, Lawrence, British and American Views of the German Menace in World War I, in *Notes and Records of the Royal Society of London*, 34 (1), 1979, S. 91 – 121.

Baethge, Christopher, Die Sprachen der Medizin, in *Deutsches Ärzteblatt* 105/3 2008, S. 37 – 40.

Baker, D. B., Tate, F. A., Rowlett, R. J., Changing Patterns in the International Communication of Chemical Research and Technology, in *Journal of Chemical Documentation*, Vol. 11, No. 2, 1971, S. 90 – 98.

Baldauf, Richard B., Jernudd, Björn H., Language of Publications as a Variable in Scientific Communication, in *Australian Review of Applied Linguistics*, 6/1 1983, S. 97 – 108.

Baumgart, Peter (Hrsg.), Bildungspolitik in Preußen zur Zeit des Kaiserreichs, Stuttgart 1980.

Behrends, Elke, *Technisch-wissenschaftliche Dokumentation in Deutschland von 1900 bis 1945 unter besonderer Berücksichtigung des Verhältnisses von Bibliothek und Dokumentation*, Wiesbaden 1995.

Bensaude-Vincent, Bernadette, Karlsruhe, septembre 1860: l'atome en congrès, in Les Congrès Scientifiques Internationaux, *Relations internationales* 62/1990, S. 149 – 169.

Berghahn, Volker, *Der Erste Weltkrieg*, München 2003.

Beyerchen, Alan D., *Wissenschaftler unter Hitler. Physiker im Dritten Reich*, Frankfurt am Main 1982.

Blaauw, Adriaan, *History of the IAU. The Birth and First Half-Century of the International Astronomical Union*, Dordrecht, Boston, London 1994.

Bleuel, Hans Peter, *Deutschlands Bekenner. Professoren zwischen Kaiserreich und Diktatur*, Bern, München, Wien 1968.

Boemeke, Manfred F., Feldman, Gerald D., Glaser, Elisabeth (Hrsg.), *The Treaty of Versailles. A reassessment after 75 years*, Cambridge 1998.

Böhme, Klaus (Hrsg.), *Aufrufe und Reden deutscher Professoren im Ersten Weltkrieg*, Stuttgart 1975.

Brandt, Lutz, F. W. Bessel und die Zonenunternehmen der Astronomischen Gesellschaft, in *Sterne und Weltraum*, 24. Jg., 1985, S. 10–15.

Brock, William H., *Viewegs Geschichte der Chemie*, Wiesbaden 1997.

Brocke, Bernhard vom, Hochschul- und Wissenschaftspolitik in Preußen und im Deutschen Kaiserreich 1882–1907: das „System Althoff", in Peter Baumgart (Hrsg.), Bildungspolitik in Preußen zur Zeit des Kaiserreichs, Stuttgart 1980, S. 9–118.

Brocke, Bernhard vom, ‚Wissenschaft und Militarismus'. Der Aufruf der 93 ‚An die Kulturwelt!' und der Zusammenbruch der internationalen Gelehrtenrepublik im Ersten Weltkrieg, in William M. Calder III, Hellmut Flashar, Theodor Lindken (Hrsg.), *Wilamowitz nach 50 Jahren*, Darmstadt 1985, S. 649–719.

Brocke, Bernhard vom (Hrsg.), *Wissenschaftsgeschichte und Wissenschaftspolitik im Industriezeitalter: Das „System Althoff" in historischer Perspektive*, Hildesheim 1991.

Bruch, Rüdiger vom, Henning, Eckart (Hrsg.), *Wissenschaftsfördernde Institutionen im Deutschland des 20. Jahrhunderts*, Berlin 1998 (Dahlemer Archivgespräche Bd. 5).

Bruch, Rüdiger vom, Kaderas, Brigitte (Hrsg.), *Wissenschaften und Wissenschaftspolitik. Bestandsaufnahmen zu Formationen, Brüchen und Kontinuitäten im Deutschland des 20. Jahrhunderts*, Stuttgart 2002.

Burchardt, Lothar, *Wissenschaftspolitik im Wilhelminischen Deutschland*, Göttingen 1975.

Cahan, David, *Meister der Messung. Die Physikalisch-Technische Reichsanstalt im Deutschen Kaiserreich*, Weinheim, New York u. a. 1992.

Cannegieter, Hendrik Gerrit, *The history of the International Meteorological Organization 1872–1951* (Annalen der Meteorologie, Neue Folge Nr. 1), Offenbach a. M. 1963.

Chartier, Roger, Corsi, Pietro (Hrsg.), *Sciences et langues en Europe*, Paris 1996.

Chen, Heng-an, *Die Sexualitätstheorie und „Theoretische Biologie" von Max Hartmann in der ersten Hälfte des zwanzigsten Jahrhunderts*, Stuttgart 2003.

Cock, A. G., Chauvinism and Internationalism in Science: The International Research Council, 1919–1926, in *Notes and Records of the Royal Society* 37 (2), 1983, S. 249–288.

Crawford, Elisabeth, *Nationalism and internationalism in science. 1880–1939. Four studies of the Nobel population*, Cambridge 1992.

Crawford, Elisabeth, Shinn, Terry, Sörlin, Sverker (Hrsg.), *Denationalizing Science. The Contexts of International Scientific Practice*, Dordrecht, Boston, London 1993.

Cremer, Marielle, *Seismik zu Beginn des 20. Jahrhunderts – Internationalität und Disziplinbildung*, Berlin 2001.

Crosland, Maurice P., The History of the International Organisation of Science: Some Preliminary Sketches, in Frank R. Pfetsch (Hrsg.), *Internationale Dimensionen in der Wissenschaft*, Erlangen 1979, S. 37–60.

Curbera, Guillermo P, *Mathematicians of the World, Unite! The International Congress of Mathematicians – a Human Endeavor*, Wellesley 2009.

Debus, Friedhelm, Kollmann, Franz Gustav, Pörksen, Uwe (Hrsg.), *Deutsch als Wissenschaftssprache im 20. Jahrhundert. Vorträge des Internationalen Symposions vom*

18./19. Januar 2000 (Akademie der Wissenschaften und der Literatur, Mainz, Abhandlungen der Geistes- und sozialwissenschaftlichen Klasse, Jg. 2000, Nr. 10), Stuttgart 2000.

Dick, Wolfgang R., Die Verlegung der Berliner Sternwarte nach Babelsberg – ein konservativer Neubeginn, in *Berichte zur Wissenschaftsgeschichte* 20, 1997, S. 297 – 305.

Dick, Wolfgang R., Jürgen Hamel (Hrsg.), *Beiträge zur Astronomiegeschichte*, Bd. 3, Acta Historica Astronomiae Vol. 10, Frankfurt a. M. 2000.

Dick, Wolfgang R., Die Astronomische Gesellschaft zwischen internationaler Wirksamkeit und nationalen Schranken (1863 – 1933), in Wolfgang R. Dick, Jürgen Hamel (Hrsg.), Beiträge zur Astronomiegeschichte Bd. 3, Acta Historica Astronomiae Vol. 10, Frankfurt a. M. 2000, S. 148 – 159.

Dick, Wolfgang R., Jürgen Hamel (Hrsg.), *Astronomie von Olbers bis Schwarzschild. Nationale Entwicklungen und internationale Beziehungen im 19. Jahrhundert.* Acta Historica Astronomiae. Vol. 14, Frankfurt a. M. 2002.

Dilg, Peter (Hrsg.), *Perspektiven der Pharmaziegeschichte. Festschrift für Rudolf Schmitz zum 65. Geburtstag*, Graz 1983.

Düwell, Kurt, *Deutschlands Auswärtige Kulturpolitik 1918 – 1932. Grundlinien und Dokumente.* Köln, Wien 1976.

Düwell, Kurt, Link, Werner (Hrsg.), *Deutsche Auswärtige Kulturpolitik seit 1871. Geschichte und Struktur: Referate eines interdisziplinären Symposions*, Köln, Wien 1981.

Düwell, Kurt, Die deutsch-amerikanischen Wissenschaftsbeziehungen im Spiegel der Kaiser-Wilhelm- und der Max-Planck-Gesellschaft, in Rudolf Vierhaus, Bernhard vom Brocke (Hrsg.), *Forschung im Spannungsfeld von Politik und Gesellschaft*, S. 747 – 777.

Ehlich, Konrad, Mehrsprachigkeit in der Wissenschaftskommunikation – Illusion oder Notwendigkeit?, in Konrad Ehlich, Dorothee Heller (Hrsg.), *Die Wissenschaft und ihre Sprachen*, Bern u. a. 2006.

Einhundert Jahre Beilsteins Handbuch der Organischen Chemie. Festschrift [Hrsg.: Beilstein Institut für Literatur der Organischen Chemie, Frankfurt a. M.], Frankfurt a. M. 1981.

Eins, Wieland, Glück, Helmut, Pretscher, Sabine (Hrsg.), *Wissen schaffen – Wissen kommunizieren. Wissenschaftssprachen in Geschichte und Gegenwart*, Wiesbaden 2011.

Erdmann, Karl Dietrich, *Die Ökumene der Historiker. Geschichte der Internationalen Historikerkongresse und des Comité International des Sciences Historiques*, Göttingen 1987.

Fell, Ulrike, *Disziplin, Profession und Nation. Die Ideologie der Chemie in Frankreich vom Zweiten Kaiserreich bis in die Zwischenkriegszeit*, Leipzig 2000.

Fennell, Roger, *History of IUPAC 1919 – 1987*, Oxford 1994.

Finkelman, Paul, The War on German Language and Culture, 1917 – 1925, in Hans-Jürgen Schröder (Hrsg.), *Confrontation and Cooperation. Germany and the United States in the Era of World War I, 1900 – 1924*, Vol. 2, Oxford 1993, S. 177 – 205.

Fischer, Fritz, *Griff nach der Weltmacht. Die Kriegszielpolitik des kaiserlichen Deutschland 1914/18*, Düsseldorf 1961.

Fischer, Fritz., *Krieg der Illusionen. Die deutsche Politik von 1911 – 1914*, Düsseldorf 1970^2.

Fischer, Fritz, *Bündnis der Eliten. Zur Kontinuität der Machtstrukturen in Deutschland 1871 – 1945*, Düsseldorf 1979.

Fischer, Wolfram (Hrsg.), *Die Preußische Akademie der Wissenschaften zu Berlin 1914 – 1945*, Berlin 2000.

Forman, Paul, *The Environment and Practice of Atomic Physics in Weimar, Germany: A Study in the History of Science*, Diss. Berkeley 1967 (Mikrofilm Ann Arbor 1981).

Forman, Paul [Rezension], Brigitte Schröder-Gudehus, Deutsche Wissenschaft und internationale Zusammenarbeit 1914–1928, in *Isis* 60, 4, 204, 1969, S. 588–590.

Forman, Paul, Scientific Internationalism and the Weimar Physicists: The Ideology and Its Manipulation in Germany after World War I, in *Isis* 64, 1973, S. 151–180.

Franke, Otto, *Erinnerungen aus zwei Welten. Randglossen zur eigenen Lebensgeschichte*, Berlin 1954.

Fuchs, Eckhardt, Wissenschaft, Kongreßbewegung und Weltausstellungen: Zu den Anfängen der Wissenschaftsinternationale vor dem Ersten Weltkrieg, in *Comparativ* (Leipziger Beiträge zur Universalgeschichte und vergleichenden Gesellschaftsforschung), H. 5–6, 1996, S. 156–177.

Fuchs, Eckhardt, Schriftenaustausch, Copyright und Dokumentation: Das Buch als Medium der internationalen Wissenschaftskommunikation vor dem Ersten Weltkrieg unter besonderer Berücksichtigung Deutschlands und der Vereinigten Staaten von Amerika, in *Leipziger Jahrbuch zur Buchgeschichte* 7, 1997, S. 125–168.

50 Jahre Kaiser-Wilhelm-Gesellschaft und Max-Planck-Gesellschaft zur Förderung der Wissenschaften 1911–1961. Beiträge und Dokumente. Hrsg. von der Generalverwaltung der Max-Planck-Gesellschaft zur Förderung der Wissenschaften E. V., Göttingen, Göttingen 1961.

Gizycki, Rainald von, Centre and Periphery in the International Scientific Community: Germany, France and Great Britain in the 19th Century, in *Minerva* 11, 1973, S. 474–494.

Glück, Helmut, Deutsch als Wissenschaftssprache, in *Osnabrücker Beiträge zur Sprachtheorie* 74/2008, S. 55–63.

Glum, Friedrich, *Zwischen Wissenschaft, Wirtschaft und Politik. Erlebtes und Erdachtes in vier Reichen*, Bonn 1964.

Gordin, Michael D., *Scientific Babel. How science was done before and after global English*, Chicago, London 2015.

Grau, Conrad, *Die Berliner Akademie der Wissenschaften in der Zeit des Imperialismus.* Teil I: Von den neunziger Jahren des 19. Jahrhunderts bis zur Großen Sozialistischen Oktoberrevolution, Berlin 1975.

Grau, Conrad, Wolfgang Schlicker, Liane Zeil, *Die Berliner Akademie der Wissenschaften in der Zeit des Imperialismus.* Teil III: Die Jahre der faschistischen Diktatur 1933 bis 1945, Berlin 1979.

Grau, Conrad, Die Preußische Akademie der Wissenschaften zu Berlin. Eine deutsche Gelehrtengesellschaft in drei Jahrhunderten, Heidelberg, Berlin, Oxford 1993.

Grau, Conrad, Die Preußische Akademie und die Wiederanknüpfung internationaler Wissenschaftskontakte nach 1918, in Wolfram Fischer (Hrsg.), *Die Preußische Akademie der Wissenschaften zu Berlin 1914–1945*, Berlin 2000, S. 279–315.

Greenaway, Frank, *Science International. A history of the International Council of Scientific Unions*, Cambridge 1996.

Grundmann, Siegfried, Der Boykott der deutschen Wissenschaft nach dem ersten Weltkrieg, in *Wissenschaftliche Zeitschrift der Technischen Universität Dresden*, Jg. 14, H. 3, 1965, S. 799–806.

Grundmann, Siegfried, *Einsteins Akte. Wissenschaft und Politik – Einsteins Berliner Zeit*, Berlin u. a. 2004².

Grupp, Peter, *Deutsche Außenpolitik im Schatten von Versailles 1918–1920. Zur Politik des Auswärtigen Amts vom Ende des Ersten Weltkriegs und der Novemberrevolution bis zum Inkrafttreten des Versailler Vertrags*, Paderborn 1988.
Günther, Roswitha, *Das Deutsche Institut für Ausländer an der Universität Berlin in der Zeit von 1922 bis 1945. Ein Beitrag zur Erforschung des Lehrgebiets Deutsch als Fremdsprache*, Berlin 1988.
Haar, Ingo, *Historiker im Nationalsozialismus. Deutsche Geschichtswissenschaft und der „Volkstumskampf" im Osten*, Göttingen 2000.
Haber, Ludwig F., *The poisonous cloud. Chemical warfare in the First World War*, Oxford 1986.
Hahn, Erich J. C., The German Foreign Ministry and the Question of War Guilt in 1918–1919, in Carole Fink, Isabel V. Hull, MacGregor Knox (Hrsg.), *German Nationalism and the European Response, 1890–1945*, Norman, London 1985, S. 43–70.
Hamel, Jürgen, H. C. Schumacher – Zentrum der internationalen Kommunikation in der Astronomie und Mittler zwischen Dänemark und Deutschland, in Wolfgang R. Dick, Jürgen Hamel (Hrsg.), *Astronomie von Olbers bis Schwarzschild. Nationale Entwicklungen und internationale Beziehungen im 19. Jahrhundert*. Acta Historica Astronomiae. Vol. 14, Frankfurt am Main 2002, S. 89–120.
Hamel, Rainer Enrique, The dominance of English in the international periodical literature and the future of language use in science, in *AILA Review* Vol. 20, 2007, S. 53–71.
Hammerstein, Notker, *Die Deutsche Forschungsgemeinschaft in der Weimarer Republik und im Dritten Reich. Wissenschaftspolitik in Republik und Diktatur 1920–1945*, München 1999.
Haße, W., Fischer, R. J., Zitierverhalten deutscher Autoren in „Der Chirurg". Publizieren unter der Dominanz des Impact-Faktors, in *Der Chirurg* 4/2010, S. 1–4.
Heilbron, John L., *Max Planck. Ein Leben für die Wissenschaft 1858–1947. Mit einer Auswahl der allgemeinverständlichen Schriften von Max Planck*, Stuttgart 1988.
Heinemann, Ulrich, *Die verdrängte Niederlage. Politische Öffentlichkeit und Kriegsschuldfrage in der Weimarer Republik*, Göttingen 1983.
Henning, Eckart, Auslandsbeziehungen der Kaiser-Wilhelm-/Max-Planck-Gesellschaft im Überblick (1911–1998), in Rüdiger vom Bruch, Eckart Henning (Hrsg.), *Wissenschaftsfördernde Institutionen im Deutschland des 20. Jahrhunderts*, Berlin 1998 (Dahlemer Archivgespräche Bd. 5), S. 95–113.
Hermann, Armin, Das goldene Zeitalter der Physik, in Friedhelm Debus, Franz Gustav Kollmann, Uwe Pörksen (Hrsg.), *Deutsch als Wissenschaftssprache im 20. Jahrhundert*, Stuttgart 2000, S. 209–227.
Herrmann, Dieter B., *Die Entstehung der astronomischen Fachzeitschriften in Deutschland (1798–1821)*, Berlin-Treptow 1972 (Veröffentlichungen der Archenhold-Sternwarte Berlin-Treptow Nr. 5).
Herrmann, Dieter B., Zur Frühentwicklung der Astrophysik in Deutschland und in den USA. Ein quantitativer Vergleich, in *Mitteilungen der Archenhold-Sternwarte Berlin-Treptow* Nr. 95, Berlin-Treptow 1974 [Sonderdruck aus NTM-Schriftenreihe Geschichte der Naturwissenschaften, Technik, Medizin, Leipzig 10 (1973) 1, S. 38–44].
Herrmann, Dieter B., Zur Internationalität der ersten astronomischen Fachzeitschriften. Bemerkungen und Resultate von Auszählungen, in *Mitteilungen der Archenhold-Sternwarte Berlin-Treptow* Nr. 96, Berlin-Treptow 1974, S. 3–7.
Herrmann, Dieter B., *Geschichte der modernen Astronomie*, Berlin 1984.

Herrmann, Dieter B., *Ejnar Hertzsprung. Pionier der Sternforschung*, Berlin, Heidelberg u. a. 1994.

Hoffmann, Dieter, Das Verhältnis der Akademie zu Republik und Diktatur. Max Planck als Sekretar, in Wolfram Fischer (Hrsg.), *Die Preußische Akademie der Wissenschaften zu Berlin 1914–1945*, Berlin 2000, S. 53–85.

Hopf, Henning, Die Lage der Wissenschaft in der Chemie, in Wieland Eins, Helmut Glück, Sabine Pretscher (Hrsg.), *Wissen schaffen – Wissen kommunizieren. Wissenschaftssprachen in Geschichte und Gegenwart*, Wiesbaden 2011, S. 95–108.

Horne, John, Kramer, Alan, *German Atrocities, 1914. A History of Denial*, New Haven, London 2001.

Walter Hückel, 100 Jahre Geschichte der Berichte, in *Chemische Berichte* 100/1 1967, S. I-LIII.

Hutton, Christopher M., *Linguistics and the Third Reich. Mother-tongue fascism, race and the science of language*, London, New York 1999.

Jacobsen, Hans-Adolf, *Karl Haushofer. Leben und Werk*, 2 Bde., Boppard 1979.

Jacobsen, Hans-Adolf, Auswärtige Kulturpolitik als „geistige Waffe". Karl Haushofer und die Deutsche Akademie (1923–1937), in Kurt Düwell, Werner Link (Hrsg.), *Deutsche Auswärtige Kulturpolitik seit 1871*, S. 218–256.

Jordan, Lothar, Kortländer, Bernd (Hrsg.), *Nationale Grenzen und internationaler Austausch. Studien zum Kultur- und Wissenschaftstransfer in Europa*, Tübingen 1995.

Judersleben, Jörg, *Philologie als Nationalpädagogik. Gustav Roethe zwischen Wissenschaft und Politik*, Frankfurt a. M. u. a. 2000.

Kalverkämper, Hartwig, Weinrich, Harald (Hrsg.), *Deutsch als Wissenschaftssprache. 25. Konstanzer Literaturgespräch des Buchhandels, 1985*, Tübingen 1986.

Kaufmann, Doris (Hrsg.), *Geschichte der Kaiser-Wilhelm-Gesellschaft im Nationalsozialismus. Bestandsaufnahme und Perspektiven der Forschung*, 2 Bde., Göttingen 2000.

Kettenacker, Lothar, Schlenke, Manfred, Seier, Hellmut (Hrsg.), *Studien zur Geschichte Englands und der deutsch-britischen Beziehungen. Festschrift für Paul Kluke*, München 1981.

Kevles, Daniel, „Into Hostile Political Camps": The Reorganization of International Science in World War I, in *Isis* 62, 1971, S. 47–60.

Kleinert, Andreas, Von der Science allemande zur Deutschen Physik. Nationalismus und moderne Naturwissenschaft in Frankreich und Deutschland zwischen 1914 und 1940, in *Francia* 6, 1978, S. 509–525.

Kocka, Jürgen (Hrsg.), *Die Königlich Preußische Akademie der Wissenschaften zu Berlin im Kaiserreich*, Berlin 1999.

Kocka, Jürgen, Mehrsprachiges Europa. Die Bedeutung der eigenen Sprache in der Wissenschaft, in *Valerio* 1/2005, S. 19–24.

Krüger, Peter, *Die Außenpolitik der Republik von Weimar*, Darmstadt 1985.

Künzel, Friedrich, *Max Plancks Wirken an der Berliner Akademie der Wissenschaften als ordentliches Mitglied und Sekretar zwischen 1894 und 1947*, Diss. HU Berlin 1984.

Laitenberger, Volkhard, *Akademischer Austausch und auswärtige Kulturpolitik. Der Deutsche Akademische Austauschdienst (DAAD) 1923–1945*, Göttingen u. a. 1976.

Laitenberger, Volkhard, Organisations- und Strukturprobleme der auswärtigen Kulturpolitik und des akademischen Austauschs in den zwanziger und dreißiger Jahren, in Kurt Düwell, Werner Link (Hrsg.), *Deutsche Auswärtige Kulturpolitik seit 1871*, S. 72–96.

Langanke, Dunja, Das Chemische Zentralblatt im Wandel der Zeiten – der Weg von der gedruckten zur elektronischen Ausgabe, in *Information. Wissenschaft & Praxis* 60/3 2009, S. 143–150.
Lehto, Olli, *Mathematics without borders. A History of the International Mathematical Union*, New York 1998.
Lerbs, Lothar, *Über die Entwicklung des Geodätischen Instituts Potsdam von der Gründung 1870 bis zur Eingliederung in das Zentralinstitut Physik der Erde 1969*, Diss. rer. nat., Berlin 1970.
Liebermann-Meffert, Dorothea, White, Harvey, *A Century of International Progress and Tradition in Surgery. An illustrated History of the International Society of Surgery*, Heidelberg 2001.
Lienert, G. A., Über Werner Traxel: Internationalität oder Provinzialismus, zur Frage: Sollten Psychologen in Englisch publizieren?, in *Psychologische Beiträge* 19/1977, S. 487–492.
Lippert, Herbert, Rückzug der deutschen Sprache aus der Medizin? Die Sprachen medizinischer Zeitschriftentitel der letzten 100 Jahre, in *Medizinische Klinik* 73, Nr. 14, 1978, S. 487–496.
Lyons, F. S. L., *Internationalism in Europe 1815–1914*, Leyden 1963.
MacLeod, Roy, Der wissenschaftliche Internationalismus in der Krise. Die Akademien der Alliierten und ihre Reaktion auf den Ersten Weltkrieg, in: Wolfram Fischer (Hrsg.), *Die Preußische Akademie der Wissenschaften zu Berlin 1914–1945*, Berlin 2000, S. 317–349.
Meinel, Christoph, Nationalismus und Internationalismus in der Chemie des 19. Jahrhunderts, in Peter Dilg (Hrsg.), *Perspektiven der Pharmaziegeschichte. Festschrift für Rudolf Schmitz zum 65. Geburtstag*, Graz 1983, S. 225–242.
Mellon, M. G., *Chemical Publications. Their Nature and Use*, [1928], New York, Toronto, London 1958³.
Metzler, Gabriele, *Internationale Wissenschaft und nationale Kultur. Deutsche Physiker in der internationalen Community 1900–1960*, Göttingen 2000.
Michalka, Wolfgang (Hrsg.), *Der Erste Weltkrieg. Wirkung. Wahrnehmung, Analyse*, hrsg. im Auftrag des Militärgeschichtlichen Forschungsamtes, München, Zürich 1994.
Michels, Eckard, *Von der Deutschen Akademie zum Goethe-Institut. Sprach- und auswärtige Kulturpolitik 1923–1960*, München 2005.
Mocikat, Ralph, Die Diktatur der Zitatenindices: Folgen für die Wissenskultur, in *GAIA* 18/2 2009, S. 100–103.
Mommsen, Hans, *Die verspielte Freiheit. Der Weg der Republik von Weimar in den Untergang 1918 bis 1933*, Berlin 1989.
Moritz, Erhard, Zu den Auslandsbeziehungen der Berliner Universität in der Zeit der Weimarer Republik, in *Forschen und Wirken. Festschrift zur 150-Jahr-Feier der Humboldt-Universität zu Berlin*, Bd. I, Berlin 1960, S. 471–497.
Motz, Markus (Hrsg.), *Englisch oder Deutsch in Internationalen Studiengängen?*, Frankfurt am Main 2005.
Münzel, Gisela, Beiträge zur Geschichte der Astronomischen Gesellschaft aus Leipziger Archivalien, in *Die Sterne*, H. 5, 69 (1993), S. 289–293.
Navarro, F. A., Englisch oder Deutsch? Die Sprache der Medizin aufgrund der in der Deutschen Medizinischen Wochenschrift erschienenen Literaturangaben (1920–1995), in *Deutsche Medizinische Wochenschrift* 121/1996, S. 1561–1566.

Nötzold, Jürgen, Die deutsch-sowjetischen Wissenschaftsbeziehungen, in Rudolf Vierhaus, Bernhard vom Brocke (Hrsg.), *Forschung im Spannungsfeld von Politik und Gesellschaft*, S. 778–800.

Nye, Mary Jo, *The Question of the Atom : From the Karlsruhe Congress to the First Solvay Conference, 1860–1911*, Los Angeles, San Francisco 1984.

Ostrower, Alexander, *Language, Law, and Diplomacy. A Study of Linguistic Diversity in Official International Relations and International Law*, 2 Bde., Philadelphia 1965.

Parshall, Karen Hunger, Rice, Adrian C. (Hrsg.), *Mathematics Unbound: The Evolution of an International Research Community, 1800–1945*, Providence 2002.

Paul, Harry W., *The Sorcerer's Apprentice. The French Scientist's Image of German Science 1840–1919*, Gainesville 1972.

Perrier, Georges, *Kurze Geschichte der Geodäsie. Wie der Mensch die Erde gemessen und gewogen hat*, Bamberg 1950.

Pfetsch, Frank R., *Zur Entwicklung der Wissenschaftspolitik in Deutschland 1750–1914*, Berlin 1974.

Pfetsch, Frank R. (Hrsg.), *Internationale Dimensionen in der Wissenschaft*, Erlangen 1979.

Pflücke, Maximilian, Das Chemische Zentralblatt 125 Jahre alt, in *Angewandte Chemie* 66/17–18 1954, S. 537–541.

Polenz, Peter von, *Deutsche Sprachgeschichte vom Spätmittelalter bis zur Gegenwart*, Bd. 3, 19. und 20. Jahrhundert, Berlin, New York 1999.

Polenz, Peter von, Vom Sprachimperialismus zum gebremsten Sprachstolz. Das 20. Jahrhundert in der sprachenpolitischen Geschichte der deutschsprachigen Länder, in Heidrun Kämper, Hartmut Schmidt (Hrsg.), *Das 20. Jahrhundert. Sprachgeschichte – Zeitgeschichte*, Berlin, New York 1998, S. 9–26.

Pyenson, Lewis, *Cultural Imperialism and Exact Sciences. German Expansion Overseas 1900–1930*, New York, Bern, Frankfurt a. M. 1985.

Rasmussen, Anne, Jalons pour une histoire des congrès internationaux au XIXe siècle: régulation scientifique et propagande intellectuelle, in *Relations internationales*, No. 62, été 1990, S. 115–133.

Rasmussen, Anne, *L'Internationale Scientifique (1890–1914)*, Thèse de doctorat d'histoire, Paris 1995 (Mikrofiche).

Reid, Constance, *Hilbert*, Berlin u. a. 1970.

Reinbothe, Roswitha, *Kulturexport und Wirtschaftsmacht. Deutsche Schulen in China vor dem Ersten Weltkrieg*, Frankfurt a. M. 1992.

Reinbothe, Roswitha, Die Anfänge der auswärtigen Kulturpolitik in der Zeit des Kaiserreichs, in Armin Wolff, Harald Tanzer (Hrsg.), *Sprache-Kultur-Politik* (Materialien Deutsch als Fremdsprache H. 53), Regensburg 2000, S. 55–81.

Reinbothe, Roswitha, Die Gründung der „Deutsch-Chinesischen Hochschule" in Tsingtau (Qingdao) und die Rolle Otto Frankes, in *Bochumer Jahrbuch zur Ostasienforschung* 25/2001, S. 223–241.

Reinbothe, Roswitha, Mehrsprachigkeit in der internationalen Wissenschaftskommunikation vor dem Ersten Weltkrieg, in *Deutsch als Fremdsprache* 45/1 2008, S. 34–40.

Reinbothe, Roswitha, Die deutsche Sprache auf internationalen Chirurgenkongressen – vor und nach dem 1. Weltkrieg (Zusammenfassung eines Vortrags, gehalten im Rahmen einer Vortragssitzung des Arbeitskreises „Deutsche Sprache in der Chirurgie" auf dem 125.

Kongreß der Deutschen Gesellschaft für Chirurgie 2008 in Berlin), in Deutsche Gesellschaft für Chirurgie, *Mitteilungen* 37/4, Oktober 2008, S. 368–370.

Reinbothe, Roswitha (Hrsg.), *Tongji-Universität in Shanghai. Dokumente zur Gründungsgeschichte*, Wiesbaden 2009.

Reinbothe, Roswitha, Languages and Politics of International Scientific Communication in Central Eastern Europe after World War I, in Martin Kohlrausch, Katrin Steffen, Stefan Wiederkehr (Hrsg.), *Expert Cultures in Central Eastern Europe. The Internationalization of Knowledge and the Transformation of Nation States since World War I* (Deutsches Historisches Institut Warschau), Osnabrück 2010, S. 161–177.

Reinbothe, Roswitha, L'exclusion des scientifiques allemands et de la langue allemande des congrès scientifiques internationaux après la Première Guerre mondiale, in *Revue Germanique Internationale* 12/2010: La fabrique internationale de la science. Les congrès scientifiques de 1865 à 1945, S. 193–208.

Reinbothe, Roswitha, Die deutsche Sprache in der Baltischen Geodätischen Kommission (1924–1939), in Michael Prinz, Jarmo Korhonen (Hrsg.), *Deutsch als Wissenschaftssprache im Ostseeraum – Geschichte und Gegenwart.* Akten zum Humboldt-Kolleg an der Universität Helsinki, 17. bis 29. Mai 2010, Frankfurt am Main 2011, S. 273–288.

Reinbothe, Roswitha, Geschichte des Deutschen als Wissenschaftssprache im 20. Jahrhundert, in Wieland Eins, Helmut Glück, Sabine Pretscher (Hrsg.), *Wissen schaffen – Wissen kommunizieren. Wissenschaftssprachen in Geschichte und Gegenwart*, Wiesbaden 2011, S. 49–66.

Reinbothe, Roswitha, Der Boykott gegen die deutschen Wissenschaftler und die deutsche Sprache nach dem Ersten Weltkrieg, in *Deutsche Medizinische Wochenschrift* 138/51–52, 20.12.2013, S. 2685–2690.

Reinbothe, Roswitha, Der Rückgang des Deutschen als internationale Wissenschaftssprache, in Michael Szurawitzki, Ines Busch-Lauer, Paul Rössler, Reinhard Krapp (Hrsg.), *Wissenschaftssprache Deutsch – international, interdisziplinär, interkulturell*, Tübingen 2015, S. 81–94.

Richter, Friedrich, Beilsteins Handbuch – 75 Jahre organisch-chemischer Dokumentation, in *Angewandte Chemie* 70/10, 1958, S. 279–284.

Richter, Steffen, *Forschungsförderung in Deutschland 1920–1936*, Düsseldorf 1972.

Roessler, Mechtild, La géographie aux congrès internationaux: échanges scientifiques et conflits politiques, in *Relations internationales* No. 62, 1990, S. 183–187.

Rosenzweig, Mark R., Holtzman, Wayne H., Sabourin, Michel, Bélanger, David, *History of the International Union of Psychological Science (IUPsyS)*, Hove 2000.

Rudolf, Walter, *Die Sprache in der Diplomatie und internationalen Verträgen*, Frankfurt a. M. 1972.

Ruske, Walter, *100 Jahre Deutsche Chemische Gesellschaft.* Im Auftrage der Gesellschaft Deutscher Chemiker, Weinheim/Bergstr. 1967.

Schieder, Wolfgang, Trunk, Achim (Hrsg.), *Adolf Butenandt und die Kaiser-Wilhelm-Gesellschaft. Wissenschaft, Industrie und Politik im ‚Dritten Reich'*, Göttingen 2004.

Schlicker, Wolfgang, *Die Berliner Akademie der Wissenschaften in der Zeit des Imperialismus.* Teil II: Von der Großen Sozialistischen Oktoberrevolution bis 1933, Berlin 1975.

Schmadel, Lutz D., 100 Jahre astronomische Bibliographie in Deutschland, in *Mitteilungen zur Astronomiegeschichte*, Nr. 16, Juni 2000, S. 1.

Schmeidler, Felix, *Die Geschichte der Astronomischen Gesellschaft*, Jubiläumsband 125 Jahre Astronomische Gesellschaft, Hamburg 1988.

Schmidt-Ott, Friedrich, *Erlebtes und Erstrebtes, 1860–1950*, Wiesbaden 1952.

Schreiber, Georg, *Zwischen Demokratie und Diktatur. Persönliche Erinnerungen an die Politik und Kultur des Reiches (1919–1944)*, Münster 1949.

Schreiber, Georg, *Deutsche Wissenschaftspolitik von Bismarck bis zum Atomwissenschaftler Otto Hahn*, Köln, Opladen 1954.

Schröder, Hans-Jürgen (Hrsg.), *Confrontation and Cooperation. Germany and the United States in the Era of World War I, 1900–1924*, 2 Vol., Oxford 1993.

Schröder-Gudehus, Brigitte, *Deutsche Wissenschaft und internationale Zusammenarbeit 1914–1928. Ein Beitrag zum Studium kultureller Beziehungen in politischen Krisenzeiten*, Diss. Genf 1966.

Schröder-Gudehus, Brigitte, Caractéristiques des Relations Scientifiques Internationales, 1870–1914, in *Cahiers D'Histoire Mondiale*, Vol. X, 1966, S. 161–177.

Schröder-Gudehus, Brigitte, Challenge to Transnational Loyalties: International Scientific Organizations after the First World War, in *Science Studies* 3, 1973, S. 93–118.

Schröder-Gudehus, Brigitte, *Les scientifiques et la paix. La communauté scientifique internationale au cours des années 20*, Montréal 1978.

Schröder-Gudehus, Brigitte, Internationale Wissenschaftsbeziehungen und auswärtige Kulturpolitik 1919–1933. Vom Boykott und Gegen-Boykott zu ihrer Wiederaufnahme, in Rudolf Vierhaus, Bernhard vom Brocke, (Hrsg.), *Forschung im Spannungsfeld von Politik und Gesellschaft. Geschichte und Struktur der Kaiser-Wilhelm-/Max-Planck-Gesellschaft*, Stuttgart 1990, S. 858–885.

Schröder-Gudehus, Brigitte, Les congrès scientifiques et la politique de coopération internationale des académies des sciences, in *Relations internationales*, No. 62, été 1990, S. 135–148.

Schroeder-Gudehus, Brigitte, Die Akademie auf internationalem Parkett. Die Programmatik der internationalen Zusammenarbeit wissenschaftlicher Akademien und ihr Scheitern im Ersten Weltkrieg, in Jürgen Kocka (Hrsg.), *Die Königlich Preußische Akademie der Wissenschaften zu Berlin im Kaiserreich*, Berlin 1999, S. 175–195.

Schwabe, Klaus, *Wissenschaft und Kriegsmoral. Die deutschen Hochschullehrer und die politischen Grundfragen des Ersten Weltkrieges*, Göttingen, Zürich, Frankfurt a. M. 1969.

Segal, Stanford L., *Mathematicians under the Nazis*, Princeton 2003.

Seggewiss, Wilhelm, Die Versammlungen der Astronomischen Gesellschaft 1863–1981, in *Mitteilungen der Astronomischen Gesellschaft*, Nr. 57, 1982, S. 135–142.

Siegmund-Schultze, Reinhard, *Mathematiker auf der Flucht vor Hitler. Quellen und Studien zur Emigration einer Wissenschaft*, Braunschweig, Wiesbaden 1998.

Siegmund-Schultze, Reinhard, *Rockefeller and the Internalization of Mathematics between the two World Wars. Documents and Studies for the Social History of Mathematics in the 20th Century*, Basel, Boston, Berlin 2001.

Skudlik, Sabine, *Sprachen in den Wissenschaften. Deutsch und Englisch in der internationalen Kommunikation*, Tübingen 1990.

Solla Price, Derek J. de, *Little Science, Big Science. Von der Studierstube zur Großforschung*, Frankfurt a. M. 1974.

Sontheimer, Kurt, *Antidemokratisches Denken in der Weimarer Republik. Die politischen Ideen des deutschen Nationalismus zwischen 1918 und 1933*, 4. Aufl., München 1992.
Steere, William Campbell, *Biological Abstracts/BIOSIS. The First Fifty Years. The Evolution of a Major Science Information Service*, New York, London 1976.
Stock, Alfred, *Der internationale Chemiker-Kongreß. Karlsruhe 3.–5. September 1860, vor und hinter den Kulissen*, Berlin 1933.
Stoltzenberg, Dietrich, *Fritz Haber. Chemiker, Nobelpreisträger, Deutscher, Jude. Eine Biographie*, Weinheim u. a. 1998.
Szöllösi-Janze, Margit, *Fritz Haber 1868–1934. Eine Biographie*, München 1998.
Thackray, Arnold, Sturchio, Jeffrey L., Caroll, P. Thomas, Bud, Robert, *Chemistry in America 1876–1976. Historical Indicators*, Dordrecht, Boston, Lancaster 1985.
Thielmann, Winfried, *Deutsche und englische Wissenschsftssprache im Vergleich: Hinführen – Verknüpfen – Benennen*, Heidelberg 2009.
Tiemann, Klaus-Harro, The founding meeting of the astronomical society on August 28, 1863 and its members, in Astronomische Gesellschaft, *Abstract Series* No. 4, 1990, S. 82.
Tiemann, Klaus-Harro, Die Zusammenarbeit von Friedrich Althoff und Wilhelm Foerster bei der Reorganisation des preußischen Geodätischen Instituts und der Europäischen Gradmessung zur Internationalen Erdmessung 1885/1886, in Bernhard vom Brocke (Hrsg.), *Wissenschaftsgeschichte und Wissenschaftspolitik im Industriezeitalter: Das „System Althoff" in historischer Perspektive*, Hildesheim 1991, S. 405–424.
Traxel, Werner, Internationalität oder Provinzialismus? Über die Bedeutung der deutschen Sprache für deutschsprachige Psychologen, in *Psychologische Beiträge* 17/1975, S. 584–594.
Trimble, Virginia, Hoskin, Michael, Astronomical Societies and Publications, in *Encyclopedia of Astronomy and Astrophysics*, Vol. 1, S. 121–124.
Tsunoda, Minoru, Les langues internationales dans les publications scientifiques et techniques, in *Sophia Linguistica* 13, 1983, S. 70–79.
Ungern-Sternberg, Jürgen von, Ungern-Sternberg, Wolfgang von, *Der Aufruf ‚An die Kulturwelt!'. Das Manifest der 93 und die Anfänge der Kriegspropaganda im Ersten Weltkrieg. Mit einer Dokumentation*, Stuttgart 1996.
Union der deutschen Akademien der Wissenschaften, Sächsische Akademie der Wissenschaften zu Leipzig (Hrsg.), *„Werkzeug Sprache". Sprachpolitik, Sprachfähigkeit, Sprache und Macht.* 3. Symposion der deutschen Akademien der Wissenschaften, Hildesheim, Zürich, New York 1999.
Vierhaus, Rudolf, Brocke, Bernhard vom (Hrsg.), *Forschung im Spannungsfeld von Politik und Gesellschaft. Geschichte und Struktur der Kaiser-Wilhelm-/Max-Planck-Gesellschaft*, Stuttgart 1990.
Vogt, Annette, „Wir müssen wissen. Wir werden wissen." David Hilbert zum 125. Geburtstag, in *Mitteilungen der Mathematischen Gesellschaft der DDR*, H. 1–2, 1987, S. 98–111.
Völter, Ulrich, *Geschichte und Bedeutung der Internationalen Erdmessung*, Diss. Ing. (Deutsche Geodätische Kommission bei der Bayerischen Akademie der Wissenschaften, Reihe C, Heft 63), München 1963.
Weindling, Paul, The League of Nations and International Medical Communication in Europe between the First and Second World Wars, in Roger Chartier, Pietro Corsi (Hrsg.), *Sciences et langues en Europe*, Paris 1996, S. 209–219.

Weinreich, Max, *Hitler's Professors. The Part of Scholarship in Germany's Crimes against the Jewish People*, New Haven (1. Auflage 1946) 1999.

Weiske, Christian, Das Chemische Zentralblatt – ein Nachruf, in *Chemische Berichte* 106/4, 1973, S. I-XVI.

Wiegand, Herbert Ernst (Hrsg.), *Sprache und Sprachen in den Wissenschaften. Geschichte und Gegenwart. Festschrift für Walter de Gruyter & Co. anläßlich einer 250jährigen Verlagstradition*, Berlin, New York 1999.

Winkler, Heinrich August, *Der lange Weg nach Westen*, Bd. 1. *Deutsche Geschichte vom Ende des Alten Reiches bis zum Untergang der Weimarer Republik*, 5. durchges. Auflage, München 2002.

Winkler, Heinrich August, *Weimar 1918–1933. Die Geschichte der ersten deutschen Demokratie*, 4. durchges. Aufl., München 2005.

Winkmann, G., Schlutius, S., Schweim, H. G. , Publikationssprachen der Impact Faktor-Zeitschriften und medizinischer Literaturdatenbanken, in *Deutsche Medizinische Wochenschrift* 127/2002, S. 131–137.

Wolfschmidt, Gudrun, Internationalität von der VAG (1800) bis zur Astronomischen Gesellschaft, in Dick, Hamel (Hrsg.), *Astronomie von Olbers bis Schwarzschild*, S. 182–240.

Zierold, Kurt, *Forschungsförderung in drei Epochen. Deutsche Forschungsgemeinschaft. Geschichte – Arbeitsweise – Kommentar*, Wiesbaden 1968.

Zuelzer, Wolf, *Der Fall Nicolai*, Frankfurt a. M. 1981.

Zuelzer, Wolf, *The Nicolai Case. A Biography*, Detroit 1982.

Personenregister

Abelein, Manfred 9 f., 524, 526
Albini, Giuseppe 333
Althoff, Friedrich 71, 83, 109 f., 112, 116, 119
Ammon, Ulrich 10–13, 29, 239, 244, 475, 493, 495, 498, 505
Andoyer, Henri 453
Angström, K. 351
Appell, Paul 128, 134, 153, 155, 328, 401
Armstrong, Henry Edward 469
Arrhenius, Svante 55
Aschoff, Ludwig 395–397, 411
Asher, Leon 145
Aubin, Hermann 520
Auwers, Arthur von 35
Axenfeld, Theodor 318, 321

Badash, Lawrence 125, 127, 560
Baeschlin, Carl Fridolin 428 f.
Baeyer, Johann Jakob 67, 70 f.
Baeyer, Adolf von 122, 132 f., 569
Baillaud, Benjamin 182, 455, 574
Baker, Dale B. 10, 30, 199, 489 f., 493
Bakhuyzen, Hendrikus Gerardus van de Sande 74, 76
Banachiewicz, Thaddeus 371, 374, 379
Bartels, Julius 461
Barth, Ambrosius 115
Baschin, Otto 98, 101
Bassot, Léon 73
Baxter, J. H. 436 f.
Beck, Carl 399
Becke, Friedrich 434
Bédier, Charles 407
Behrends, Elke 8
Behrens, Peter 569
Behring, Emil von 122, 292, 569
Beilstein, Friedrich Konrad 57, 200 f., 535
Beitzke, Hermann 269 f.
Berliner, Arnold 152
Bernard, Léon 277–284, 291
Berthelot, Marcelin 63, 465
Bertrab, Hermann Karl von 104, 106–108
Bertrand, Gabriel 467
Bezançon, Fernand 292
Bianchi, Luigi 328
Bieberbach, Ludwig 335–339, 342, 408, 582 f.
Biedermann, Jean 146
Bier, August 306, 399
Bigourdan, Guillaume 228, 574
Biilmann, Einar 358, 466 f., 471
Bjerknes, Vilhelm 350–353
Blaauw, Adrian 453
Bode, Wilhelm von 569
Bodenstein, Max 465
Bogert, Marston-Taylor 471, 535
Bohr, Harald 332, 336, 543, 582
Bompiani, Enrico 543
Bonaparte, Prince Roland 255, 257
Bonsdorff, Ilmari 368–371, 373–375, 377 f.
Born, Max 222
Boulnois 377
Bourgeois, Léon 112, 265
Boutros Ghali, Wacyf 256 f.
Bowie, William 183, 192, 457 f., 463
Braamcamp Freire, Anselmo 575
Bragg, William 422
Brandes, Rudolph 58
Brandi, Karl 437, 447 f., 482 f., 517–523, 529
Brandl, Alois 569
Brauer, Ludolph 118, 273 f.
Brelot, Marcel 543
Brentano, Lujo 124, 569
Brinkmann, Justus 569
Brocke, Bernhard vom 125
Brouardel, Paul 112, 114
Brückner, Arthur 320
Buek, Otto 124
Bülow, Bernhard Wilhelm von 412, 436
Bumm, Franz 112, 266
Bumstead, Henry A. 575
Butenandt, Adolf 537
Butler, Nicolas Murray 129

Camp, Oskar de la 118
Campbell, William Wallace 183, 455, 560

https://doi.org/10.1515/9783110572643-027

Capelle, Hans 353
Carnera, Luigi 455
Carty, John Joseph 575
Carvalho, C. M. D. de 574
Cattaui, Adolphe 256 f.
Caullery, Maurice 212
Cerulli, Vincenzo 302, 363 f.
Chatelain, Émile 127
Church, A. G. 299
Close, Charles 103, 105, 255
Cock, A. G. 418
Cohen, Ernst 357, 359, 414, 464–467, 469, 471, 535
Cohn, Fritz 383
Colenbrander, Hermann Theodor 436
Conrad, Johannes 569
Correns, Carl 400
Courant, Richard 338 f., 511, 540
Crane, Evan J. 10, 199, 489, 491–493

Dammann, Bruno 279
Darboux, Gaston 35
Darwin, George 73
Dastre, Albert 133, 212, 215
Davis, William Morris 103
Davison, Charles 89
Defregger, Franz von 569
Dehmel, Richard 569
Deißmann, Adolf 569
Delage, Yves 233
Delay 270
Delbrück, Hans 124
Delbrück, Clemens von 137
Denker, Hans 289
De Sanctis, Gaetano 434, 436, 449
Deslandres, Henri 190
Deutelmoser, Erhard 142
Dick, Wolfgang R. 45–47, 53, 55, 507
Dickson, Leonard Eugene 328
Dieckhoff, Hans Heinrich 464
Diels, Hermann 31, 34, 406
Dirksen, Herbert von 393
Donnan, Frederick George 357 f.
Donnevert, Max 465
Dorno, Carl W. M. 353
Dörpfeld, Wilhelm 133, 569
Drechsler, Walther 152
Duhn, Friedrich von 569
Dupont, François 63
Durand, William James 575
Düwell, Kurt 524, 527
Dyck, Walther von 26, 35
Dyson, Frank W. 183, 363, 452, 455, 575

Eddington, Arthur Stanlay 363, 455
Eggert, Otto 378
Ehrhard, Albert 569
Ehrlich, Paul 122, 124, 292, 569
Einstein, Albert 124, 299, 302, 360, 419
Einthoven, Willem 301
Engler, Karl 569
Epstein, Friedrich 152
Erman, Adolf 135
Esclangon, Ernest Benjamin 455
Esmarch, Friedrich von 144
Esser, Gerhard 569
Eucken, Rudolf 122, 569
Eulenberg, Herbert 569
Everdingen, Ewoud van 350 f., 353 f.

Fabry, Charles 433
Falk, Adalbert 94
Fantoli, Gaudenzio 228
Fechner, Gustav Theodor 57
Ficker, Heinrich von 356 f., 457
Field, Herbert Haviland 139, 232
Filippi, Filippo de 263
Finke, Heinrich 569
Fischer, August 439
Fischer, Emil 122, 132 f., 135, 141, 143, 149, 382, 569
Fischer, Fritz 120
Flahault, Charles 224 f., 233, 236
Flexner, Simon 575
Foerster, Wilhelm 23, 48 f., 51, 53, 69, 71, 74, 122, 124, 401, 569
Forgues, Émile 311 f.
Forman, Paul 4, 7 f., 206, 349, 393, 403, 496, 561
Forsch, Ed. von 76
Fowler, Alfred 183, 190, 455
Francke, Alexander 145
Franke, Otto 276, 334, 400, 402, 404 f., 407, 414, 510–513, 581

Fränkel, Bernhard 110, 112, 116
Frankland, Percy Faraday 174
Franzoni, Ausonio 97
Freud, Sigmund 484
Frey, Gottfried 292, 516
Frey, Ulrich 525
Freytag, Hans 263, 323, 430 f., 436, 483
Friedlaender, Immanuel 234 f.
Fuchs, Ernst 321
Fueter, Rudolf 330, 332
Fulda, Ludwig 123, 569
Fuster, Eduard 113

Galitzin, Fürst Boris Borisowitsch 92
Gallenkamp, Hugo 139
Gamillscheg, Ernst 407
Gautier, Armand 185
Gautier, Raoul 186, 300
Gebhardt, Eduard von 569
Geiger, Philipp Lorenz 58
Gérard, Jean 183, 196, 465 f., 469, 471
Gerhardt, Carl 110, 116
Gerland, Georg 78, 80–83, 86–88, 90, 92
Gerullis, Georg 518, 522
Giordani, Francesco 466
Gley, Émile 213, 220 f., 223
Gmelin, Leopold 57, 535
Goebel, Karl Eberhard von 225
Goldscheider, Alfred 399 f.
Göppert, Otto 269, 317
Graefe, Albrecht von 317, 323
Grau, Conrad 32, 34, 133, 135, 413, 418, 430, 446 f., 517
Grisebach, August 94
Groot, Johann Jakob Maria de 133, 569
Gross, P. L. K., Gross, E. M. 10, 239, 241, 493 f.
Grosse, Wilhelm 353
Gruber, Max von 430
Grundmann, Siegfried 8, 251, 393, 401 f.
Guchtenaere, H. de 161, 222
Guignard, Léon 224
Gullstrand, Allvar 186, 300 f., 318, 320
Guthnick, Paul 361 f., 365–368, 451
Gütt, Arthur 286
Gyldén, Hugo 50

Haar, Ingo 521, 524
Haber, Fritz 122, 142, 149–152, 201, 387, 414–417, 419–422, 424, 429–431, 465–469, 508 f., 511, 569
Haberlandt, Gottlieb 382
Hadamard, Jacques 153
Haeckel, Ernst 122, 569
Haegert, Wilhelm 286
Hagstroem, Karl-Gustav 333
Halbe, Max 569
Hale, George Ellery 53, 55 f., 160–162, 168–171, 177, 185 f., 240, 431, 433, 561, 575
Haller, Albin 64, 66, 173, 574
Hamel, Carl 274, 277–281, 283
Hamel, Jürgen 39, 41, 46, 507
Hampson, George F. 209 f.
Hardy, Godfrey Harold 299, 330–332, 336, 575, 582
Harnack, Adolf von 122, 133, 138, 389, 415, 427, 569
Hartmann, Max 29
Hattingberg, Hans von 484
Hauptmann, Gerhart 122, 569
Hauptmann, Karl 569
Haushofer, Karl 524
Haussner, Robert 393
Hecker, Oskar 90, 92, 457
Heilbron, Friedrich 259, 398 f., 404, 413, 416 f., 421, 483, 510 f.
Hellmann, Gustav 383, 387, 569
Helm, F. 276
Helmert, Friedrich Robert 72, 74, 82, 85
Helmholtz, Hermann von 317, 323
Henneguy, Félix 131, 136, 211–213, 215–219
Henry, V. 358
Herdman, W. A. 575
Hergesell, Hugo 350–356
Herrmann, Dieter B. 38 f., 41, 43–45, 53, 55 f.
Herrmann, Wilhelm 569
Hertzsprung, Ejnar 55 f.
Hesse, Albert 152, 380
Heusler, Andreas 570
Heymann, Ernst 339
Hilbert, David 11, 124, 326, 333, 335–338, 340, 342, 408, 511, 567, 581–583

Hildebrand, Adolf von 570
Hilferding, Rudolf 419 f.
Hirsch, Adolphe 75
His, Wilhelm 275, 399
Hitchens, A. Parker 244
Hodge, William V. D. 543
Hoesch, Leopold von 201, 415, 424, 435
Hoeve, J. van der 322 f.
Hoff, v'ant Hoff, Jacobus Henricus 60
Hoffmann, Ludwig 570
Hohenlohe-Schillingsfürst, Chlodwig Fürst zu 98, 100
Holland, W. J. 210
Holtzmann, Robert 518
Homolle, Théophile 449
Hopf, Heinz 549
Howe, Lucien 319
Humperdinck, Engelbert 570
Huysmans, Camille 420

Ibañez, Carlos 76
Igersheimer, Josef 325
Irvine, J. C. 492

Jacobsen, Hans-Adolf 524
Jeans, J. H. 575
Jensen, Paul 148 f.

Kalckreuth, Leopold Graf 570
Kamerlingh Onnes, Heike 301
Kamiya 396
Kamke, Erich 547, 549
Kammerer, Otto 141, 149
Kampf, Arthur 570
Kapteyn, Jacobus Cornelius 297, 360
Karo, Georg 249, 299, 400, 480
Kaulbach, Fritz August von 570
Kautsky, Karl 120
Kayser-Petersen, Julius E. 275 f., 290
Keilhack, Konrad 237
Kekulé, August 62
Kellermann, Hermann 127
Kempe, Alfred 575
Kenyon, Frederic G. 449
Kerkhof, Karl 28, 237, 250 f., 263, 306, 318 f., 359 f., 381–383, 386 f., 389 f., 392, 400–402, 404, 414, 486–488, 497, 501
Keyser, Erich 519 f.
Kienle, Hans 452
Kimura, Hisashi 455
Kipp, Theodor 570
Kitasato, Shibasaburo 308
Klein, Felix 122, 133, 544, 570
Kline, John Robert 543
Klinger, Max 570
Knoepfler, Alois 570
Koch, Anton 570
Koch, Robert 109, 292
Koch, Walter 248
Koch-Weser, Erich 386 f.
Koebner, Richard 520
Koenigs, Gabriel 328, 334
Kohlschütter, Ernst 369, 371, 373–376, 378 f., 413, 427–429, 431, 457–460, 462
Koht, Halvdan 434, 436 f., 439 f., 442, 445 f.
Kollm, Georg 94
Kopff, August 53, 452 f.
Korn, Arthur 380
Körte, Werner 313
Kövesligethy, Rádo von 89 f., 92, 184
Krückmann, Emil 323 f.
Krüger, Adalbert 45
Krüger, Louis 170, 368
Krüss, Hugo Andres 370, 384 f.
Kruus, Hans 377
Kruyt, Hugo Rudolph 197, 357, 414–416, 421, 466
Kühn, Joachim 452
Kuntzen, Ernst 138
Kuratowski, Kasimierz 543
Küttner, Hermann 306, 313 f., 394

La Cour, D. 461–463
Laband, Paul 570
Lacroix, Alfred 153, 159 f., 164, 184 f., 206, 217, 234 f., 406, 574
Laitenberger, Volkhard 10, 526 f.
Lallemand, Charles 170, 172, 182 f., 192, 217, 256, 459, 463, 574
Lamprecht, Karl 122, 570
Lang, Karl 319
Langfeld, Herbert S. 551

Lanz, Otto 307
Larmor, Joseph 328
Le Blanc, Max Julius Louis 430, 440
Lecointe, Georges 92, 161, 166, 169, 182 f., 222, 359, 574
Lecornu, Léon François Alfred 153, 217
Lehto, Olli 8, 328, 331, 334, 340, 342, 540, 542–547, 550
Leland, Waldo G. 436, 438–440, 442, 449
Lenard, Philipp 122, 570
Lenz, Maximilian 570
Lewald, Theodor 20, 67, 74, 76 f., 81, 83, 137, 526
Leyden, Ernst von 110, 116, 118
Lhéritier, Michel 482
Lichnowsky, Karl Max Fürst von 137
Lichtenstein, Leon 383
Liebermann, Max 122, 570
Liebig, Justus von 58, 125, 239
Liebisch, Theodor 380, 382 f., 387
Lienert, Gustav A. 557
Lindner, Karl 321
Linke, Franz 459 f.
Liszt, Franz von 570
Livingston, Burton Edward 243
Loehrs, Edgar Georg 324
Löhlein, Heinrich 143
Lorentz, Hendrik Antoon 301 f., 419, 422, 431
Lorthioir, Jules 313
Lotsy, Jan Paulus 243
Löwis of Menar, August von 503
Lubarsch, Otto 348 f., 394 f., 398 f., 497
Ludendorff, Hans 56, 361, 363 f., 366 f.
Lüders, Heinrich 415–417, 421 f., 434, 437 f., 444, 446 f.
Lyons, Henry G. 178, 182 f., 431, 433, 457, 463, 575

Macewen, William 307, 309
Macnab, William 64
Magnus, Rudolf 483
Malladra, Alessandro 234 f.
Manzel, Ludwig 570
Maquenne, Léon 130, 217
Maragliano, Edoardo 114
Marckwald, Willy 465
Margerie, Emmanuel de 105
Martin, Franklin 394
Mascart, Jean 368
Massart, Jean 223 f., 227 f., 574
Matschoß, Conrad 152
Maurer, Hans 462
Mausbach, Josef 570
Mayer, Léopold 313, 315 f.
Mayr, Georg von 570
McClelland, J. A. 575
McCullough, Max 543
Meiner, Arthur 147 f.
Merkle, Sebastian 570
Mertens, Josef 256–259
Meyer, Eduard 122, 124, 135, 570
Miadera 300
Miall, Stephen 466
Michels, Eckard 10, 524
Mill, Hugh Robert 101
Miller, George Abram 206, 208
Millikan, Robert Andrews 246
Milne, John 78, 89
Mirabaud, Eugène 289
Miyake, Hayashi 310, 312
Moellendorff, Wichard von 150
Moissan, Henri 63
Moltke, Hans Adolf von 522, 524
Montessus de Ballore, R. de 236
Morf, Heinrich 570
Morsbach, Adolf 424, 527
Moureu, Charles 174, 182 f., 185, 200, 235, 466, 471, 574
Müller, Adolf 269
Müller, Gustav 383, 387
Münzel, Gisela 44, 47
Muralt, Alexander von 534
Muraour, Henri 420 f., 465
Mussolini, Benito 273

Nadolny, Rudolf 269, 318
Nagayo 396
Napier Shaw, William 352
Nasini, Raffaello 174
Naumann, Friedrich 570
Neander, Gustaf 269
Neisser, Albert 124, 570
Nernst, Walther 122, 132, 149, 383, 570
Neumayer, Georg 82

Nicolai, Friedrich 124, 574
Nicolau d'Olwer, Luis 449
Nöldeke, Wilhelm 376
Norden, Eduard 338
Nörlund, Niels Erik 379, 433
Noyes, William Albert 174, 240, 575
Nutting, Perley Gilman 237 f.

Oncken, Hermann 519 f.
Oort, Jan Hendrik 455
Oprescu, George 431
Osborn, Herbert 244
Ostwald, Wilhelm 31, 60, 64, 66, 122, 130, 132, 173, 570
Otlet, Paul 227 f., 233

Painlevé, Paul 153, 161, 163 f., 170–172, 415, 430
Pannwitz, Gotthold 110, 112, 114–116, 119, 265
Parravano, Nicola 471
Paternò, Emanuele 64
Paul, Bruno 570
Pawlik, Kurt 554, 556
Peisino, Giovani 455
Pellengahr, Ludwig 427
Pelliot, Paul 259
Penck, Albrecht 102–107, 149, 259, 501 f.
Perrier, Edmond 224
Perrier, Georges 67, 183, 194, 379
Pfeilschifter, Georg 525
Philippson, Alfred 254 f.
Picard, Émile 131–134, 159 f., 164, 169–172, 176, 184–186, 206, 214 f., 217, 247, 303, 328, 334, 336, 339, 433, 517, 560, 574, 582
Picot, Georges 36
Pijnappel, Mari Willem 266
Pincherle, Salvatore 332, 334, 336 f., 340, 342, 582
Pirenne, Henri 204, 449
Planck, Max 15, 122, 135, 138, 381–387, 389 f., 392, 400, 415–417, 421 f., 442, 570, 585
Plato, Fritz 402
Plehn, Albert 570
Polenz, Peter von 11, 498 f.
Pompeckj, Joseph Felix 406 f., 412
Pope, William 183, 467, 469, 471
Popovitch, B. 575
Posner, Carl 21 f., 144, 146 f.
Pulvermacher, Georg 63
Puttkamer, Robert von 49, 51, 53
Pyenson, Lewis 10

Quénu, Édouard 153
Quervain, Fritz de 145, 316

Ramsay, William 64, 66, 125–129, 135 f., 159, 196, 212, 247, 357, 560
Rasmussen, Anne 17
Rebeur-Paschwitz, Ernst von 78, 80 f.
Redlich, Oswald 434
Reese, Charles L. 469
Reichenbach, Hans 222
Reicke, Georg 570
Reimer, Georg 74
Reincke-Bloch, Hermann 482
Reinhardt, Max 122, 570
Rellich, Franz 540
Remme, Karl 505, 526 f.
Ricco, Annibale 183
Richter, Werner 138, 465
Richthofen, Ferdinand von 82, 94, 98, 100
Riehl, Alois 571
Rignano, Eugenio 217–220, 222 f.
Ritter, Gerhard 524
Robert, Karl 122, 133, 571
Robinson, Robert 535
Rochat, G. F. 321
Roediger, Conrad 467 f.
Roethe, Gustav 127, 133 f., 139, 416, 525
Romburgh, Pieter van 357
Ronand 170
Roncagli, Giovanni 253
Röntgen, Wilhelm Conrad 122, 571
Rosén, Karl D. P. 371, 373–375, 378
Rosenberg, Frederic Hans von 506
Rothé, Edmond 183, 195
Rubens, Heinrich 382 f., 387, 421
Rubner, Max 20, 122, 132, 141, 149, 382, 387, 415–419, 421 f., 571
Rudio, Ferdinand 325 f.

Rudolph, Emil 81, 83, 88, 92
Rutherford, Ernest 303

Sahli, Hermann 271
Sakurai, Joji 174, 299, 575
Salverda de Grave, J. J. 449
Sanctis, Gaetano de 434, 436, 449
Sande Bakuyzen, Hendrikus Gerardus van de 74, 76
Saroit, A. 254
Sarton, George 499–501
Sauppe, Hermann 33
Schaper, Fritz 571
Scheel, Karl 380
Scheel, Otto 404, 528
Schenck, Rudolf 358 f.
Schinzinger, A. 395–397
Schlatter, Adolf von 571
Schlenk, Wilhelm 465
Schlesinger, Frank 455
Schmehl, Heinz 462
Schmeidler, Felix 46, 50
Schmidlin, August 571
Schmidt, Erhard 382 f., 387
Schmidt-Ott, Friedrich 388, 415, 504, 509
Schmieden, Victor 315 f.
Schmitz, Richard 426
Schmoller, Gustav von 571
Schoen, Wilhelm von 107
Schokalsky, Jules de 103
Schönfeld, Eduard 44
Schorr, Richard 452
Schrader, Franz 103
Schramm, J. R. 243 f.
Schröder, Georg 118
Schröder-Gudehus, Brigitte 7, 17, 33, 123, 125, 127, 132, 159–162, 166–170, 172, 174, 177, 185 f., 210, 218, 221 f., 230 f., 233, 235–237, 246, 249, 251, 253, 255–259, 271, 297, 299–304, 347, 351, 360, 393 f., 396, 398, 403 f., 406 f., 414 f., 475, 480, 490, 506 f., 512, 560, 562
Schroetter, Erich 254
Schroetter, Hermann 270
Schrötter, Leopold von 109
Schuchardt, Hugo 132
Schultzen, Wilhelm 150 f.
Schulze, Alfred 30
Schumacher, Heinrich Christian 38 f., 44
Schuman, Richard 69, 77
Schur, Issai 381
Schuster, Arthur 33, 35–37, 55 f., 85, 90, 92, 160 f., 167, 169, 171, 174, 177, 184, 186, 189, 330, 424–426, 433, 561, 575, 577 f.
Schwalbe, Julius 144, 146 f., 308
Schwartz, Eduard 444
Schweinfurth, Georg 258
See, Thomas Jefferson Jackson 143, 361
Seeberg, Reinhold 571
Seeliger, Hugo 48 f.
Sering, Max 141, 149
Sharpey-Schafer, Edward A. 575
Shenton, Herbert N. 10 f., 13, 251, 485 f.
Sherrington, Charles Scott 575
Shull, A. Franklin 244
Siegismund, Karl 141–143
Sitter, William de 190, 363 f., 366 f., 451, 454 f., 563
Skudlik, Sabine 11, 13, 495
Smith, David Eugene 342–344
Soehring, Otto 437, 482, 502
Solf, Wilhelm 299, 310 f.
Solla Price, Derek J. de 212
Solvay, Ernest 66
Spahn, Martin 571
Sparks, Marion E. 240 f.
Spragg, Frank A. 207 f., 215, 218
Staudinger, Otto 209
Steere, William Campbell 243 f.
Stetter, H. J. 547
Stevens, Neil E. 207, 242
Sthamer, Friedrich 426
Stock, Alfred 465
Stone, Marshall H. 542–544, 546 f., 550
Stratton, Frederick John Marrion 433, 453, 455
Stresemann, Gustav 430 f.
Strohmer, Friedrich 63
Strömgren, Elis 56, 359–361, 363–366
Stroux, Johannes 448, 516
Struve, Otto 49, 383
Stuck, Franz von 571

Sudermann, Hermann 123, 571
Supan, Alexander 82

Tamsen, Martin 506
Tanakadate, Aikichi 575
Taute, Max Reinhold 279, 324
Terdenge, Hermann 356 f., 415, 430, 457, 465, 512
Thiersch, Hermann 338 f., 442 f., 446
Thilo, G. 371
Thoma, Hans 571
Thompson, D'Arcy Wentworth 461
Thomson, Joseph John 575
Tiemann, Klaus-Harro 46, 72
Tilden, William 575
Tirpitz, Alfred von 108, 405
Trautmann, Oskar 310
Traxel, Werner 557
Treacher Collins, E. 322
Trendelenburg, Wilhelm 483
Trott zu Solz, August von 20, 107 f., 141, 144, 149
Trübner, Wilhelm 571
Tsunoda, Minoru 10 f., 494–499
Turner, Herbert Hall 170, 183, 195

Uhlworm, Oskar 28, 32, 137, 225
Ungern-Sternberg, Jürgen von 122
Ungern-Sternberg, Wolfgang von 122
Unsöld, Albrecht 455
Urban, Eduard 147 f.
Ussani, Vincenzo 436, 447

Vahlen, K. Theodor 519
Vallée Poussin, Charles de la 328, 340, 342, 574
Vening Meinesz, Felix Andries 379
Villavecchia, Vittorio 64
Voelcker, Fritz 338
Vollenhoven, Cornelis van 434, 440, 442, 449
Vollmöller, Karl 571
Volterra, Vito 169, 302, 401, 574
Voß, Richard 571
Vos van Steenwijk, J. E. de 428
Voßler, Karl 122, 571
Vuuren, van 248

Wagenmann, August 320
Wagner, Hermann 82, 101
Wagner, Siegfried 571
Wahl, Gustav 394
Walden, Paul 358
Waldeyer, Wilhelm 21 f., 122, 133, 149, 571
Wallén, Axel 353
Walsingham 208–210
Wandel, Franz von 140 f., 151
Wassermann, August von 122, 124, 571
Wegscheider, Rudolf 358, 465
Wehrlé, Ph. 356
Weidner, Georg 369
Weindling, Paul 4, 9, 348, 475
Weingartner, Felix von 571
Weltzien, Karl 62
Went, Friedrich A. F. C. 414–416, 418 f., 421 f.
Wessely, Karl 321
Wiedfeldt, Otto 319
Wiegand, Theodor 571
Wien, Wilhelm 122, 571
Wilamowitz-Moellendorff, Ulrich von 122–124, 133, 436 f., 571 f.
Wildhagen, Eduard 496, 509
Willem, Charles 313
Willstätter, Richard 123, 132, 571
Wilson, Edwin Bidwell 205–207, 218
Wilson, Woodrow 168
Windelband, Wilhelm 571
Winterbotham, H. St. J. L. 192, 463
Witt, Otto N. 63
Wocke, M. 209
Wolf, Max 451
Wolfschmidt, Gudrun 46
Wundt, Wilhelm 123, 571
Wurtz, Charles Adolphe 31, 62

Yeghen, Adly 257
Young, William Henry 328

Zech-Burkersroda, Julius Graf von 503
Zeeman, Pieter 301
Zehme, Ernst Conrad 152
Ziehen, Theodor 335

www.ingramcontent.com/pod-product-compliance
Lightning Source LLC
LaVergne TN
LVHW092123300926
849161LV00002B/206